中国科学院研究生院教材
Textbooks of Graduate University of Chinese Academy of Sciences

计算流体力学教程

Jisuan Liuti Lixue Jiaocheng

张德良 编著

A Course in Computational Fluid Dynamics

高等教育出版社·北京

内容简介

本书属于“中国科学院研究生院教材”系列。本书主要介绍计算流体力学中的有限差分算法和有限体积算法及它们的应用。全书共分上、下两篇：上篇共有8章，主要介绍差分算法理论基础；下篇共有6章，主要介绍差分算法应用研究和网格生成技术。为便于读者学习和应用，配书光盘包含若干算法的算例和用C语言和FORTRAN77语言编写的计算程序。

本书强调基础、突出应用、关注最新进展。通过学习本书，读者能对计算流体力学有一个系统和深入的理解，并掌握扎实的理论基础和具备较强的解决实际问题的能力。

本书可作为力学、机械、航空航天、热能等专业及相关专业的研究生教学用书，以及高年级的本科生学习计算流体力学的教材，也可作为从事数值模拟的科研人员和工程技术人员的参考书。

图书在版编目(CIP)数据

计算流体力学教程/张德良编著.—北京:高等教育出版社,2010.11(2023.11重印)
ISBN 978-7-04-029741-6

Ⅰ.①计… Ⅱ.①张… Ⅲ.①计算流体力学-研究生-教材 Ⅳ.①O35

中国版本图书馆CIP数据核字(2010)第140809号

策划编辑 水 渊 责任编辑 赵向东 封面设计 张 志
版式设计 马敬茹 责任校对 金 辉 责任印制 田 甜

出版发行	高等教育出版社	咨询电话	400-810-0598
社 址	北京市西城区德外大街4号	网 址	http://www.hep.edu.cn
邮政编码	100120		http://www.hep.com.cn
印 刷	涿州市京南印刷厂	网上订购	http://www.landraco.com
开 本	787×1092 1/16		http://www.landraco.com.cn
印 张	31.75	版 次	2010年11月第1版
字 数	660 000	印 次	2023年11月第7次印刷
购书热线	010-58581118	定 价	60.00元

物 料 号 29741-00

总　　序

在中国科学院研究生院和高等教育出版社的共同努力下，凝聚着中国科学院新老科学家、研究生导师们多年心血和汗水的中国科学院研究生院教材面世了。这套教材的出版，将对丰富我院研究生教育资源、提高研究生教育质量、培养更多高素质的科技人才起到积极的推动作用。

作为科技国家队，中国科学院肩负着面向国家战略需求，面向世界科学前沿，为国家作出基础性、战略性和前瞻性的重大科技创新贡献和培养高级科技人才的使命。中国科学院研究生教育是我国高等教育的重要组成部分，在新的历史时期，中国科学院研究生教育不仅要为我院知识创新工程提供人力资源保障，还担负着落实科教兴国战略和人才强国战略，为创新型国家建设培养一大批高素质人才的重要使命。

集成中国科学院的教学资源、科技资源和智力资源，中国科学院研究生院坚持教育与科研紧密结合的"两段式"培养模式，在突出科学教育和创新能力培养的同时，重视全面素质教育，倡导文理交融、理工结合，培养的研究生具有宽厚扎实的基础知识、敏锐的科学探索意识、活跃的思维和唯实、求真、协力、创新的良好素质。

研究生教材建设是研究生教育中重要的基础性工作。由一批活跃在科学前沿，同时又具有丰富教学经验的科学家编写的中国科学院研究生院教材，适合在校研究生学习使用，也可作为高校教师和专业研究人员的参考书。这套研究生教材内容力求科学性、系统性、基础性和前沿性的统一，使学习者不仅能获得比较系统的科学基础知识，也能体会蕴于其中的科学精神、科学思想、科学方法，为进入科学研究的学术殿堂奠定良好的基础；优秀教材不但是体现教学内容和教学方法的知识载体、开展教学的基本条件和手段，也是深化教学改革、提高教育质量、促进科学教育与人文教育结合的重要保证。

"十年树木，百年树人"。我相信，经过若干年的努力，中国科学院研究生院一定能建设起多学科、多类型、多品种、多层次配套的研究生教材体系，为我国研究生教育百花园增添一枝新的奇葩，为我国高级科技人才的培养作出新的贡献。

中国科学院常务副院长
中国科学院研究生院院长
中国科学院院士

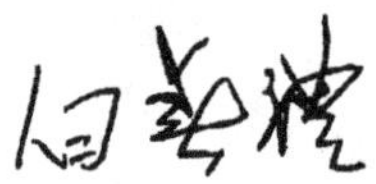

二〇〇六年二月二十八日

序　　言

近50年来,计算流体力学(简称CFD)的建立和快速发展给流体力学学科及其交叉研究领域带来了新的研究手段,即数值模拟。该手段与原有的研究手段(实验观测和理论分析)相结合,有力地推动着流体力学及其交叉学科向纵深发展。在信息科学和技术飞速发展的大背景下,CFD越来越显示出其重要作用,不仅成为力学研究的重要手段,而且已深入到相关工程技术领域,形成供工程设计用的包含CFD的数值计算软件,并由此构成虚拟仿真技术。

CFD本身就是流体力学与计算数学、计算机科学的交叉分支学科,有着自己的理论和方法。因此,在与CFD相关的学科和工程技术领域就读的研究生中,普及CFD的理论、方法和实践应用,深入且熟练地掌握其知识和技能,十分必要。

中国科学院研究生院是为中国科学院各研究所培养研究生,特别是为他们开设基础性课程的教育基地,多科性、综合性、教学与科研结合是中国科学院研究生院的教学特色。我们很早就开设了计算流体力学课程,选课的学生来自力学、工程热物理、地球科学、化工和其他相关学科,他们从事的研究工作涉及航空航天、能源、大气、海洋、环境、交通等工程科学领域,选课的人数逐年增加,已达到百人以上的规模。

从1991年起,我们聘请了中国科学院力学研究所的张德良教授来研究生院讲授这门课程。近20年来,他本着"注重概念,强调基础;学以致用,突出应用;启发教育,学研结合"的教学理念,不断改进授课的内容和形式。例如,他在期末采用了独特的考试方式,给学生布置各不相同的计算作业,要求独立完成编程、计算、验证、分析和讨论的全过程,最后进行口试,以培养学生应用CFD独立解决实际问题的能力。在不断积累教学经验的基础上,他编写和印发了这门课程的讲义。多年来的实践表明,这门课的教学特色明显,深受学生欢迎,多次被评为中国科学院研究生院优秀课程,并在2008年获得我院集中教学突出贡献奖。

现在,张德良教授编著的《计算流体力学教程》即将由高等教育出版社出版,多年的辛勤耕耘,终结硕果。我谨向作者表示祝贺,并相信,这本书会受到读者的欢迎。

童秉纲

2009 年 12 月于北京

前　言

在欢庆国庆60周年之际,《计算流体力学教程》一书终于完稿,即将出版,我内心感到无比欣慰。这是我近20年的长期教学实践的结晶,也是对国庆60周年表达的点滴心意。

1991年,我接受中国科学院研究生院物理部的聘请,讲授计算流体力学课程。根据研究生院课程设置的要求,在长期的教学实践中,我对这门课程的讲授内容和形式,以及考试方式进行了不断摸索和改进,深感需要有一本内容系统完整,理论紧密联系应用,读后既能掌握基本概念和基础理论,又会编制和调试程序,也能应用于工程实践的教科书。《计算流体力学教程》就是根据这一思路写成的,希望本书能成为读者学习计算流体力学的入门书,也能成为他们在计算流体力学领域中进一步发展和开拓的专业教科书。本书的主要特色如下:

(1) **注重概念,强调基础**。本书包括上、下两篇。上篇为差分算法理论基础,下篇为差分算法应用研究。无论理论基础部分,还是算法应用研究部分,都涉及较多流体力学知识和数学理论。但本书不是偏重于高深的理论推导,而是注重于物理概念、核心思想和应用思路的讲述,特别是重视基本概念和基础理论的讲解和应用。希望本书能为读者打下良好的理论基础,也为他们今后的发展奠定基础。

(2) **学以致用,突出应用**。本书注重理论联系实际,强调学以致用。本书在讲授理论和算法时,都配有算例,帮助读者对讲解的理论和算法深入理解,掌握它们的要点和核心。书后附有光盘,其中包括若干可压缩无黏流动和不可压缩黏性流动的实际应用算例和采用C语言和FORTRAN77语言编制的程序,供读者学习参考,有助于他们学习编制计算程序,以培养读者的动手能力和独立解决问题的能力。

(3) **启发教育,学研兼顾**。中国科学院研究生院的学生都来自中国科学院的各个研究所、各个不同的学科领域,为此作者在讲授本书时,注意采用启发式教育,并把课程内容与各研究所的研究工作和学生的研究论文结合起来。所以本书适应性较强,适合于比较广泛的专业读者的学习。

本书出版前经历了近20年的教学实践的检验,也在各种不同的学术活动和培训学习中试讲过,从学生的反映来看,教学效果是好的,基本上达到了作者的设想。本书适合于流体力学、气体动力学、工程热物理、地球流体力学、环境流体力学以及与流体力学相关的航空航天领域和其他工程科学的硕士生、博士生和工程技术人员,还可以供对计算机数值实验和数值仿真感兴趣的读者阅读和学习之用。

在作者授课和写作本书过程中,曾得到各方面的学者同仁的支持和帮助。在这里,作者特别要感谢中国科学院研究生院的童秉纲院士,他在教学过程中给予我特别的支持和帮助;也要感谢中国科学院力学研究所的傅德薰研究员和马延文研究员,无论在学术上还是教学上都给了我很多悉心指教和真诚的帮助;作者还要感谢马晖扬教授对本书的认真校对和为本书出版提出的宝贵意见。作者也对多年来各任助教和听课的各届学生对本课程的支持和帮助表示感谢,在完成本书的过程中也包含了他们的努力。此外,中国科学院研究生院领导和高等教育出版社对本书的出版给予了支持,作者在此表示衷心感谢!

作者希望本书的出版能有助于促进我国计算流体力学的理论研究、流动数值仿真和工程应用的深入发展。但由于作者才疏学浅,难免存在不当之处,希望使用本书的广大读者给予批评和指正。

张德良

2009年10月于北京

目　　录

—— 下篇　差分算法应用研究 ——

第一章 绪　　论

第1节 引　　言

计算流体力学(Computational Fluid Dynamics,简称CFD)是20世纪60年代伴随着计算机科学迅速崛起而形成的,它是通过计算机数值模拟(或数值仿真)和可视化处理,对流体流动和热传导等相关物理现象进行计算机数值分析和研究的一门力学分支学科[1,2]。

计算流体力学是一门新兴学科。1965年美国学者Harlow和Fromm在美国的《Scientific American Article》杂志上发表了"流体力学中的计算机实验"论文[3],受到各国学者的普遍关注。人们对计算机数值模拟所具有的强大发展潜力产生了浓厚兴趣。几乎同时,法国学者Macagno在法国的《Le Houille Blanche》杂志上发表了另一篇类似的论文"流体力学模拟的某些新概念"。这两篇论文明确和清晰地提出了关于计算机数值模拟和计算机实验的某些基本概念,成为计算流体力学兴起的重要标志。在这两篇论文发表之后,"计算流体力学"一词被正式提出来,计算流体力学也作为一门独立学科正式被确立。

随后,1966年出版了一本专门研究流体力学和相关物理学数值模拟的计算物理杂志《Journal of Computational Physics》;1969年又出版了两本专门研究数值算法的杂志:《International Journal for Numerical Method in Fluids》和《International Journal for Numerical Method in Engineering》;接着,1973年和1975年又出版了两本数值计算方面的杂志:《Computer Progress in Science and Engineering》和《Computer and Fluids》;1976年出版了由Roache编著的第一本计算流体力学专著《Computational Fluid Dynamics》[4]。从此正式确立了计算流体力学在流体力学中的地位,并使它进入了发展和繁荣时期。

在过去的半个世纪里计算流体力学得到了飞速发展,已经深入到流体力学各个领域。它的研究方法——计算机数值模拟已成为研究流体力学的三大方法(分析、实验和数值模拟)之一。它作为流体力学一个重要分支,独立存在于力学领域之中。目前,它仍然以旺盛的生命力不断地向前发展和开拓,并对力学的发展产生重要的影响。

计算流体力学是一门交叉科学。它是现代流体力学、计算数学和计算机科学相结合的产物。它以计算机为工具,应用各种离散方法,对近代流体力学中基础理论和工程应用问题进行数值模拟和分析,解决工程实践中各种流动问题,揭示新的流动规律,开拓新的流体力学方向。流体力学实验研究和理论分析成为建立计算流体力学计算模型的理论依据;偏微分方程理论和数值算法的发展为计算流体力学奠定了算法基础;超高速大容量巨型计算机不断涌现为复杂流动数值模拟提供了强大的计算工具。因此,计算流体力学发展是和相关学科发展密不可分的。

采用离散数值算法求解流体力学问题的思想早在20世纪初就由Rechard提出来了。当时,由于问题的复杂性和计算工具的落后,他的数值解法思想一直没有引起人们的重视。1928年Courant、Fredrichs和Lewy发表了数值解法基础理论的经典论文[5],严格地证明了采用有限差分算法求解连续的椭圆型、抛物型和双曲型方程组解的存在性和唯一性。该论文成为计算流体力学中有限差分算法发展的基础。随着人类进入航空时代,设计航空飞行器的理论基础——空气动力学逐步形成,在20世纪40年代第二次世界大战期间空气动力学得到迅速发展。20世纪60年代人类进入太空时代,人造卫星、宇宙飞船和航天飞机的出现,标志着高速空气动力学已经达到完全成熟阶段,并进入了高超声速飞行时代。空气动力学发展为计算流体力学提供了应用背景,也为计算机广泛使用提供了需要。第一代电子计算机在1946年问世时,使用计算机对流体力学和其他相关学科中基础理论和工程应用问题进行数值模拟变成现实。1963年美国学者Harlow和Fromm成功地使用当时的IBM7090电子计算机解决了二维柱体绕流问题,给出了尾流的计算结果和涡街的演变过程。当时美国著名数学家Von Neumann就曾经预言:“数值解法将可以取代解析解法,来解决流体力学中各种非线性问题”。计算流体力学理论和应用的发展完全证实了Von Neumann的这一预言。20世纪70年代,人们根据生产实践的迫切需要,开始对能源开发、环境保护、减灾防灾等进行研究,提出了一些新的流体力学课题和研究方向,逐渐形成了海洋流体力学、环境流体力学、灾害流体力学等新兴学科分支。20世纪80年代以来,自然界中的混沌现象、非线性不稳定现象一一被揭示,这些新兴学科分支的形成和发展,进一步推动了计算流体力学的发展。目前,流体力学仍在向前发展,产生了不少崭新的学科分支:微米和纳米尺度流体力学、湍流、流动控制、化学流体力学、多相流体力学和生物流体力学等。相信流体力学的发展一定会把计算流体力学推向一个新的时代。由此可以看出,计算流体力学的发展是和流体力学紧密相关的。流体力学是计算流体力学的基础之一,同时,流体力学的发展又不断推动着计算流体力学的发展。

计算流体力学是流体力学基础研究和工程应用的重要手段。众所周知,力学实验需要耗费大量经费和时间,有了数值模拟就可以大大节省实验经费和时间。例如,在设计一种新型飞行器或发动机时,可以先用数值模拟对各种设计方案进行初步试算,对各种设计方案进行优化,在此基础上再进行实验,这样就能较快得到一个最佳设计方案。计算流体力学也能启发人们安排新的重要实验,例如,等离子体在磁场中运动时,会产生一种 T 层现象。这一现象首先是通过数值模拟发现的,随后专门为它设计了新的实验方案,并进行了大量的实验研究,证实了 T 层现象的存在。计算流体力学促使人们发现流体力学新现象,发展流体力学新理论。例如,水波理论中的孤立波现象原来是通过求解非线性 KdV 方程进行研究的。但是,当时采用解析方法只能得到一些特殊的孤立波解。后来,利用数值模拟研究 KdV 方程,系统地发现了各种不同的孤立波之间相互撞击、追赶和分散等现象,促使人们建立了新的孤立波理论。因此,计算流体力学推动着流体力学理论和实验的发展和创新。

综上所述,可以看出计算流体力学是从生产实践和工程应用需要中产生和形成的,又在广泛的生产实践和工程应用中得到发展。它具有很强的理论性,又具有广泛的应用性,它不仅推动了流体力学理论发展,同时也是流体力学工程应用的强大而有力的工具。我国力学界老前辈钱学森先生从 20 世纪 50 年代开始就高瞻远瞩地指出计算机数值模拟的重要性,并一再强调它在力学研究和工程应用中的重要地位和特殊作用。钱学森先生在“论技术科学”(1957 年)一文中就指出用计算机数值求解流体力学问题的重要性和发展前景[6];在“现代力学”(1978 年)一文中再次强调“必须明确要把电子计算机和力学结合起来,不然就不是现代力学”[7];又在“我对今日力学的认识”(1995 年)一文中指出:“力学是一门处理宏观问题的学问”,“力学是用理论,通过具体数字计算解答一个个实际问题”,“今日力学是一门用计算机计算去回答一切宏观的实际科学技术问题,计算方法非常重要;另一个辅助手段是巧妙设计实验”[8]。半个世纪以来计算流体力学的发展历史和应用实践完全证实了钱学森先生的预言。可以相信,计算流体力学必将在力学研究和工程应用中越来越显示出强大的生命力和不可替代的作用。

第 2 节 什么是计算流体力学

根据在计算流体力学领域中多年研究工作的体会,我们认为计算流体力学是以计算数学、近代流体力学和计算机科学为基础,把高速大容量计算机作为主要工具,通过数值模拟和可视化处理来探索自然界、工程实践和社会生活中各种流动现象的机理,研究和发现它的规律和特点,实现对它的准确分析和预报的一门力学分支学科。它的基本思路:由流体力学基本物理定律出发,确定控制流动的基本方程组(质量守恒方程、动量守恒方程和能量守恒方程);然后,通过在网格节点上数值离散,把原来在时间域及空间域上的连续流动量,如速度场、密度场、压力场和温度场,用有限的离散节点上的变量集合来代替;通过一定的数值处理原则和计算方法,建立离散节点上变量之间所满足的代数方程组,并数值求解这些代数方程组,获得连续流动量在这些离散节点上的近似值;得到各种复杂流动问题的流动量的分布,以及它们随时间和空间的变化规律;并结合计算机辅助设计,对各种科学问题、工程应用和生产实践进行预报和优化设计。

下面以 Shoemaker-Levy 9 号彗星(简称 SL-9 彗星)撞击木星事件预报工作实例来说明计算流体力学的本质和基本思路。

SL-9 彗星于 1992 年 3 月 24 日曾第一次靠近木星,在木星引力作用下被撕裂成 21 块,如图 1.1 所示。世界上各天文台都预测在 1994 年 7 月 17 日 SL-9 彗星将再次飞近木星。图 1.2 是 SL-9 彗星飞向木星的轨道及与木星的相撞示意图。图 1.3 是 SL-9 彗星撞击木星的模拟照片。当时,世界各国学者关心的问题是:SL-9 彗星到底会不会和木星相撞?撞击木星后会产生多大破坏作用?这样一个复杂课题既无法用实验方法来模拟,也根本不可能用理论分析方法求出解析解。于是学者们把目光转向计算机数值模拟,试图采用计算机数值模拟对这一事件进行预报与分析。

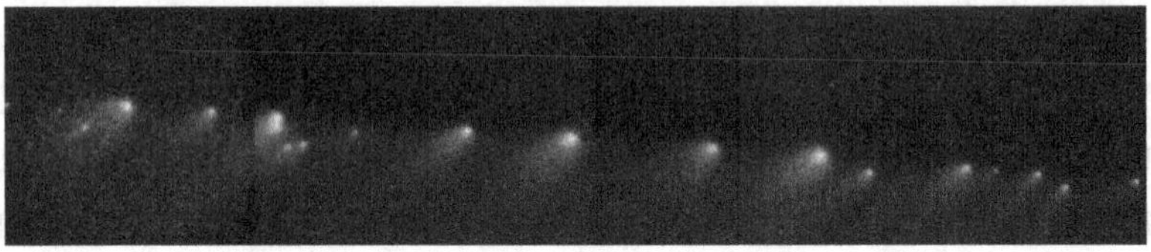

图 1.1　SL-9 彗星被木星引力撕裂成 21 块

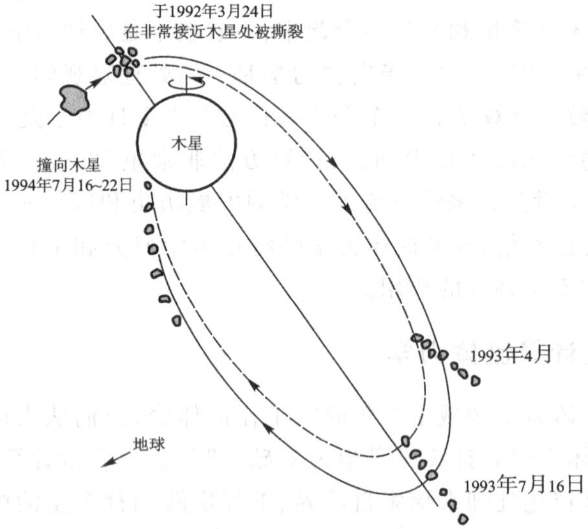

图 1.2　SL-9 彗星飞向木星的轨道及与木星的相撞

为了对它进行数值模拟,首先需要建立一个简化的数学模型。根据天文学提供的资料知道,彗星的主要成分是冰(也含有一些小石块),21 块彗星中有 10 块彗星的直径大约为 2 km,以大约 60 km/s 的速度飞向木星。

图 1.3 SL-9 彗星从不同方向撞击木星的模拟照片

根据这些资料，可以把 SL-9 彗星撞击木星过程简化为：一个直径为 2 km 的冰球，以 60 km/s 飞行速度冲向木星的数学模型。天文学家们曾提供在木星上空某一高度处的一个测点的温度数据，根据这个温度数据可以近似地推算出木星上空大气层基本结构和彗星的初始状态。彗星从木星上空大气压力接近于零的地方开始冲向木星，随着彗星接近木星，木星上空大气越来越稠密，彗星所受阻力也越来越大。假定木星上空大气层是理想流体，并采用 Euler 方程组和高阶精度 CIP 算法，以及运动网格技术对这一事件进行完整的数值计算[9]。为了检验不同介质模型对计算结果的影响，在数值计算中把 SL-9 彗星分别简化为三种不同的介质：冰、水和理想气体。计算结果列在图 1.4 和图 1.5 中。图 1.4 给出了把彗星简化为冰介质时，彗星在冲向木星过程中烧蚀和裂解的过程。图 1.5 是把彗星简化为冰、水和气体三种介质时，彗星在大气中的能量消耗过程。

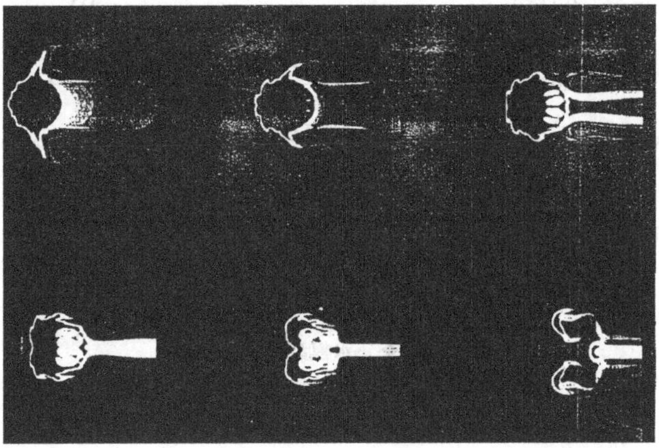

图 1.4 SL-9 彗星简化为冰模型时烧蚀和裂解过程

计算结果表明：SL-9 彗星撞击木星过程中，由于飞行速度非常高，在彗星头部会形成一道极强的激波。在激波后面形成极高温度和压力的区域，致使彗星头部发生强烈烧蚀，彗星头部物质逐渐被烧掉，烧蚀物质沿着彗星表面流动，形成不稳定表面波，并把烧蚀物质抛向彗星的后面。由于头部和两侧烧蚀不均匀，彗星可能被裂解成几块，如图 1.4 所示。在彗星飞行过程中它的能量也被逐渐地消耗掉，当飞行到木星上空大约 120 km 附近，能量基本已消耗完了，如图 1.5 所示。无论把 SL－9 彗星介质简化成冰，还是水或气体，能量消耗状态都差不多。

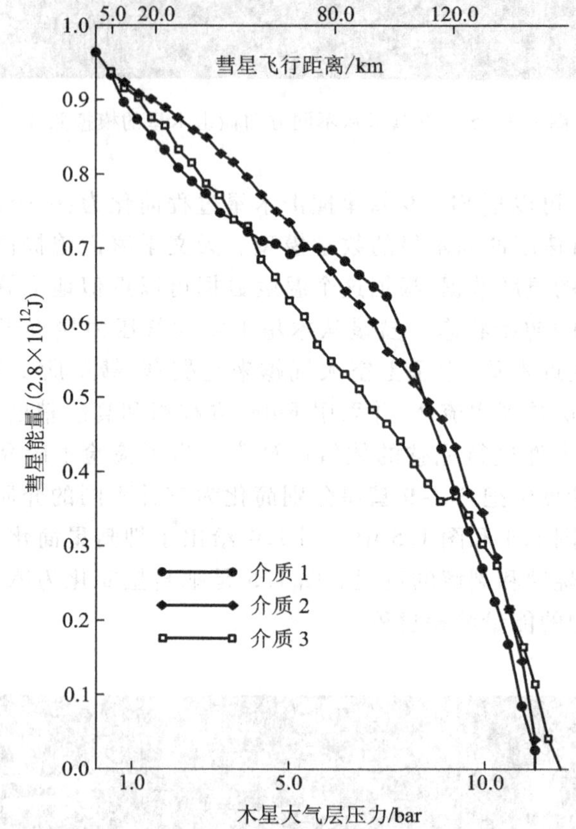

图 1.5　SL－9 彗星为冰、水和气体模型时撞击木星过程中能量在大气中的消耗过程

□　冰模型

◆　水模型

●　气体模型

计算结果表明，彗星将在木星的大气层中完全烧掉，因此 SL－9 彗星不会撞到木星，彗星在木星上实现所谓的“软着陆”。这一计算结果和美国加州理工大学地球物理系 Arens 教授和英国的 Maclow 教授的计算结果进行了比较，结论是一致的。最后，世界各个天文台观察结果也证明了 SL－9 彗星确实是在木星上空烧毁，实现“软着陆”。

利用数值模拟方法来研究分析 SL－9 彗星撞击木星事件只是计算流体力学应用中的一个特例。实际上,目前数值模拟已经在科学研究、工程应用和生产实践,甚至人们日常生活中都得到了非常广泛的应用。应用范围遍及力学、物理各个领域(从高速流动到低速流动,从宏观到微观,从一般流动到化学反应流动、多相流动和湍流),甚至在化学、生物学、大气、天文和海洋学以及其他相关学科中也常常应用计算机数值模拟。有关各种数值模拟的应用实例,这里就不再一一介绍。

从上述 SL－9 彗星撞击木星事件中可以发现,如果要对各种复杂流动问题进行数值模拟,必须满足以下两个基本条件:

(1) 对实际流动问题的物理本质一定要有深刻的认识,然后才能采用合适的数学模型和流动控制方程组,并选择相应的数值算法。

(2) 需要有足够规模的计算机及其辅助设备,以便能在可以接受的时间范围内完成数值计算,给出合理的计算结果,并实现可视化。

各种复杂流动数值模拟全过程可以按图 1.6 所示的流程图进行:

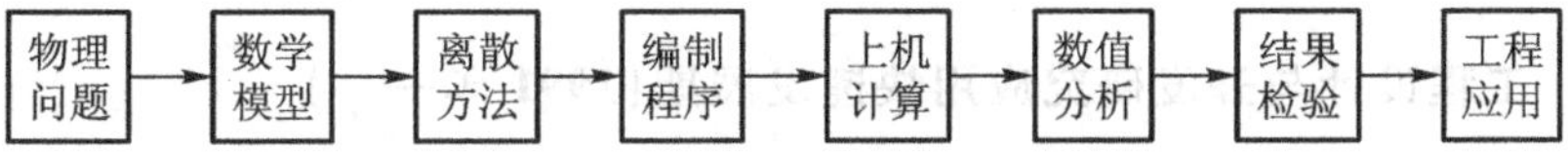

图 1.6 各种流动问题数值模拟的流程图

第 3 节 计算流体力学发展概况

计算流体力学是随着现代流体力学、计算机技术及数值算法的发展而发展的。从 20 世纪 60 年代至今,其发展过程大致可分为如下三个阶段。

1－3－1 初创阶段(1965—1974 年)

初创阶段主要研究内容是:解决计算流体力学中一些基本的理论问题,如模型方程(湍流、流变、传热、辐射、气体－颗粒作用、化学反应、燃烧等)、数值算法(差分格式、代数方程求解等)、网格划分、程序编制与调试,以及通过计算结果与实验现象及理论分析比较,确定数值算法的可靠性、精确性等。

这个阶段著名研究成果有:Von Neumann 的激波数值处理——人工黏性算法和 Lax 差分格式、Lax-Wendroff 和 MacCormack 差分格式,以及 Patankar 和 Spalding 的 SIMPLE 算法雏形 P－S 算法等。

另一方面,为了解决具有复杂边界流动的工程问题,开始研究计算网格数值变换问题,如 Thompson 等人提出了采用微分方程生成贴体坐标系等,由此开始逐步形成了“网格生成技术”分支学科。

1－3－2 走向工程应用阶段(1975—1990 年)

数值算法在这一阶段得到充分的发展和完善。Harten 提出的 TVD 差分算法是最有代表性的算法。在此基础上出现一批高阶精度数值算法,如 Godunov 差分格式、Roe 差分格式、MUSCL 差分格式和 NND 差分格式等。同时,Patankar 也完成了 SIMPLE 算法的改进。计算流体力学也开始面向一些新的学科领域,如高超声速流动、湍流、多相流、非牛顿流、化学反应流、燃烧与爆轰等。

这一阶段的另一个关键问题是如何使计算流体力学在工程实践中得到广泛应用。它的主要研究内容是探讨计算流体力学在解决实际工程问题中的可行性、可靠性。在初创阶段开发的计算程序和研究成果都需要由非常专业的研究队伍来操作和应用,软件没有通用性,只能自己开发,自己使用。一般工程技术人员通常需要花相当大的精力去阅读前人开发的程序,理解程序设计意图,通过改进才能使用,因此首先要解决的问题是如何把计算程序软件化。为此,学者们开始研究计算程序软件化,组建软件公司。1981 年由 Spalding 等人组建的 CHAM 公司,开创了计算程序商业化的先河,推出凤凰(PHONICS)计算软件,并正式投放市场。但是该软件使用起来比较麻烦,软件的推广工作并没有达到预期的效果。

1-3-3 工程设计与开发研究应用快速发展期(1991 年—)

如何在计算流体力学基础研究与工程设计和开发应用之间建立一个桥梁?如何将研究成果为工程技术人员所掌握,并最大限度地应用于工程咨询、工程设计与开发研究?这正是本阶段计算流体力学所追求的目标。随着计算机图形学、计算机微机技术快速进步,在这一阶段中计算流体力学的前后处理得到了迅速发展,如 TECHPLOT、GRAPHER、GAMBIT、GRIDGEN 和 ICEM - CFD 等。在此基础上,不少软件公司纷纷推出功能齐全、经济实用的商业软件,如美国的 FLUNENT、STAR - CD、ANSYS、LS - DYNA 及英国的 CFX 等。近年来这些商业软件在工程设计和开发研究上都得到广泛应用,并取得了较好成效,并被学术界和工程部门充分认可。值得指出的是,在这一阶段中计算流体力学基础研究,特别在数值算法方面,进展并不显著,至今仍被传统算法统治着,如 Harten 的 TVD 差分算法和 Patankar 的 SIMPLE 算法。近年来已有不少学者对此提出了一些新观点、新概念和新算法,在不久的将来一定会在计算流体力学基础研究方面取得突破性进展。

第 4 节 计算流体力学、理论流体力学及实验流体力学的关系

众所周知,数值模拟(或数值仿真)具有很多优势:首先,实际流动问题一般都是非线性的方程组,自变量多、几何形状和边界条件复杂,很难求得它们的解析解,而数值模拟就有可能找出满足工程设计需要的数值解;其次,通过各种数值试验,可以对工程设计进行优化;再者,数值模拟省钱、省时和省人力,有较多的灵活性,能给出详细和完整的计算资料;特别是,它具有不受物理模型和实验条件限制的优点,很容易模拟那些具有特殊尺寸、高温、有毒、易燃等在实际模拟实验中无法实现的复杂物理问题。

但是,计算机数值模拟也存在一定的局限性。第一,它是一种离散近似求解算法,依赖于在物理上合理、数学上适合于在计算机上模拟的离散的数学模型。计算结果并不能提供解析表达式,只是给出在有限离散节点上的数值结果,并有一定的计算误差;第二,它不能像物理实验那样,能给出清晰和客观的流动现象;同时数值模拟需要由现场或实验观测提供某些流动参数,数学模型和计算结果必须要由实验验证;第三,程序编制及资料收集、整理与正确利用,在很大程度上依赖于计算者的经验与技巧;第四,由于某些原因,数值模拟有可能得到的不是真实的物理解,如由数值黏性和频散所产生的非物理效应;此外,数值模拟常需要配备较高性能的计算机软件、硬件设备。

由此可知,计算流体力学虽然有自身的理论、算法、特点和广泛的应用范围,但是,它又不能完全替代理论分析、实验观测。表 1.1 给出了计算流体力学、理论流体力学和实验流体力学各自的优缺点。从表中可以看出,计算流体力学、理论流体力学和实验流体力学是不可分割的,必须相互联系、相互补充和相互促进。

表 1.1 计算流体力学、理论流体力学、实验流体力学比较

	优点	缺点
实验	物理现象和测试结果可靠	(1) 设备要求高,设计制造周期长 (2) 真实模拟物理问题困难 (3) 测试仪器调试复杂 (4) 只能得到有限的实验数据 (5) 实验经费庞大
理论	(1) 物理概念清晰 (2) 物理规律能公式化 (3) 物理规律简洁	(1) 分析只适用于简单的流动 (2) 线性问题能得到分析结果,非线性问题分析十分困难
计算	(1) 适用于线性和非线性问题 (2) 能处理复杂流动问题 (3) 可以得到流动的全过程	(1) 计算模型和结果可靠性不易检验 (2) 边界数值处理复杂 (3) 计算量大,数据分散,流动规律不直观

近年来随着计算流体力学迅猛发展,应用范围不断扩大,数值模拟几乎可以做到无处不在、无所不能的地步。于是给人们造成一种错觉,似乎今后无需建立什么实验室,也没有必要发展理论分析了,数值模拟似乎可以解决一切复杂的流体流动问题,这种想法是十分荒谬的。必须清楚地指出,实验现象和理论分析是数值模拟基础,计算结果又必须由实验现象和理论分析来验证。因此,无论是今天,还是将来,不管计算流体力学发展到何种程度,它永远离不开实验现象和理论分析。为此,人们还专门提出了一种“综合设计方法”,来说明研究和发展计算流体力学的正确思路,如图 1.7 所示。

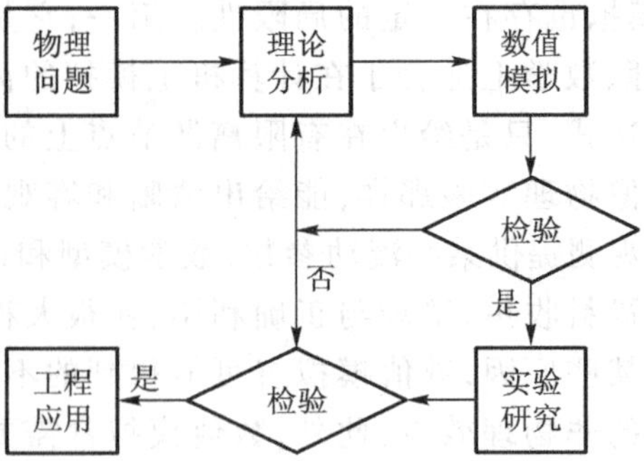

图 1.7　综合设计方法示意图

第 5 节　验证与确认

1-5-1　关于数值模拟可信度研究

计算机数值模拟(或数值仿真)可以为我们提供经过考验的计算程序,并能用这些程序来模拟各种复杂流动和工程应用问题,计算结果可以为各种重大项目系统性能、安全性和可靠性做出重要决策。正因为数值模拟是如此重要,如果决策失误将要为此付出沉重代价,因此它的可信度就越来越引起人们的关注。

目前数值模拟的计算程序和商业软件随处可得,广大的科研和工程技术人员都在使用它们进行各种各样复杂流动和工程应用问题的计算。但是,由这些商业软件所得到的大量计算结果的可信度一直难以确定,甚至连这些计算程序和商业软件开发者自己都不能给出明确的答案。这样就使商业软件开发者和广大科研及工程技术人员们对计算机数值模拟持有一种特殊的矛盾心态:一方面希望利用这些计算程序和商业软件来计算复杂流动和工程应用问题,它们是快捷和经济的设计工具,能简易和高效地给出大量的计算结果;另一方面,他们又对所得到的计算结果心存疑虑,不知道这些计算结果是否合理和准确。如何评估计算的数学模型和计算结果的可靠性,就成为必须面对的一个严峻问题。为此,必须对数值模拟的可信度开展认真和深入的研究。

长期以来,数值模拟的验证工作一直没有得到足够的重视。一般的做法只是把计算结果简单地和实验现象或理论分析进行比较,如果吻合,就认为计算结果是可靠的。实际上,这种做法是不科学的,也是没有依据的。可信度研究是一种方法论,也是一种哲学思想体现。可信度研究必须贯穿于计算过程各个环节,需要分析每一个环节中的不确定性和误差,并给出这些不确定性和误差评估手段。只有这样做才可以定性地,甚至定量地考察计算结果精度,评价数学模型和物理真实问题的逼近程度,最后对计算结果的可信度做出准确判断。由于这种可信度研究立足于科学分析基础之上,不是以某个人的看法和意见为依据,因此,它所得到的结论可以被计算程序和商业软件开发者所接受;也可以让使用这些计算程序和商业软件的科研和工程技术人员,对计算所得到的大量数据的可信度有明确的认识,从而避免在重大工程项目的决策中出现失误。

早在 20 世纪 80 年代,美国、欧洲等发达国家和地区已对数值模拟可信度开展了大规模、有组织、有计划的研究工作。例如,1992 年美国 NASA 对数值模拟可信度研究的投资占计算流体力学总投资的 51% 。

数值模拟可信度研究是一个逐步发展过程:大约在 20 世纪三四十年代,在运筹学相关领域中各国学者就开始对数学模型可信度进行研究。其主要内容就是数学模型的验证与确认。1979 年国际计算机模拟协会(SCS)首次定义了"验证"(Verification)与"确认"(Validation)这两个概念。同时也提出了两个与验证和确认有关的概念,即"计算模型"(Computational model)和"概念模型"(Conceptual model)。1998 年美国航空航天协会(AIAA)计算流体力学标准委员会首次对"验证"与"确认"概念提出了完整的定义,这标志着数值模拟可信度研究进入了一个新阶段[10]。

1-5-2 验证和确认基本概念

数值模拟可信度研究的基本内容和方法主要包括两个方面,即验证和确认,简称为 V&V 研究。"验证"是对计算模型求解精度进行评估,即在给定的计算精度范围内,计算模型反映概念模型程度的论证过程。验证过程不考虑计算结果和物理问题的关系。"确认"是通过与实验现象对比,来对计算结果精度进行评估,即对与物理问题相容的计算模型的精度、可信度进行确认的过程。确认考虑计算结果和实验结果之间的关系[11]。

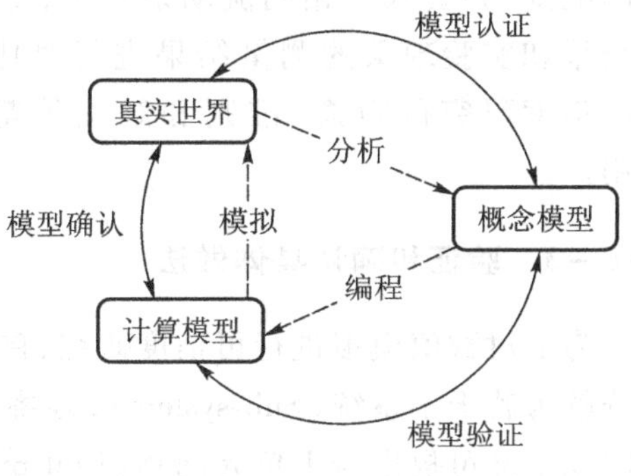

图 1.8 "概念模型"、"计算模型"、"真实世界"、"验证"、"确认"之间关系的示意图

图 1.8 给出了"概念模型"、"计算模型"、"真实世界"、"验证"、"确认"之间的关系。从图中可以看出:从"概念模型"到"计算模型"是通过编程完成的,它们之间需要经过模型"验证";从"计算模型"到"真实世界"通过计算机数值模拟来实现,它们之间需要经过模型"确认";从"真实世界"返回到"概念模型",需要经过分析结果对"概念模型"认证。

验证过程就是正确求解物理问题的过程,因此验证过程强调求解过程是否正确,重点考察计算模型误差。数值模拟精度一般是由简单模型问题精确解或高精度数值解来确定的,因此,验证过程重点不在于建立概念模型与真实世界之间的关系。图 1.9 表示验证过程的基本原理。确认过程是确定计算模型模拟真实世界的精确度，要求正确求解真实世界的物理问题，强调求解物理问题是否正确，计算结果是否可信。计算精度一般是由实验现象测量结果来确定的，确认过程考察的是概念模型误差。图 1.10 是确认过程基本原理示意图。

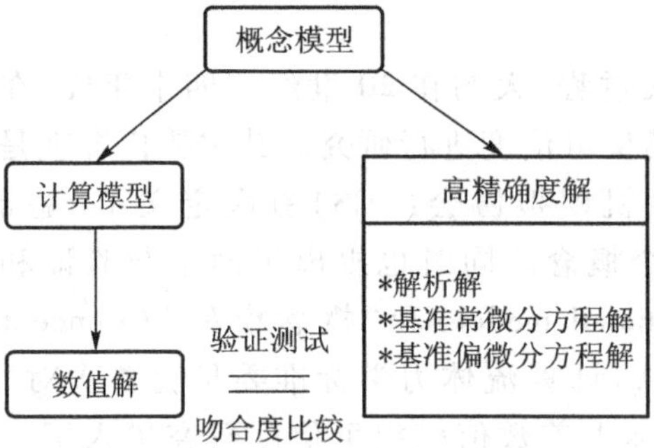

图 1.9　验证过程原理示意图

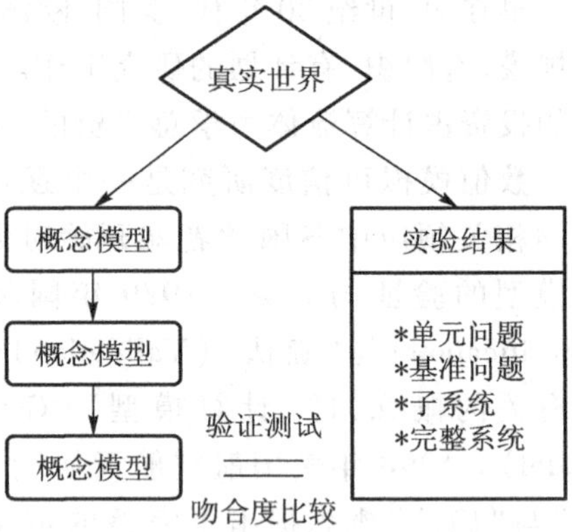

图 1.10　确认过程原理示意图

为了开展数值模拟的可信度研究，首先，需要给出可信度研究中必要和确切的概念和定义，如“概念模型”和“计算模型”等；然后，需要在数值模拟过程中坚持一定的准则，如要求在相同流动条件下，得到已知的测量不确定性的实验现象，把数值结果和实验现象的测量结果进行对比等；最后，必须采用正确的验证方法。目前可信度研究的概念、准则和解法等都已经建立，并已在可信度研究方面得到应用。

1-5-3　验证和确认具体做法

为了对数值模拟进行可信度研究，首先需要对系统进行分解。一个复杂系统可以分解为若干子系统（Sub-system），再将子系统分解为基准问题（Benchmark），从基准问题中又可提出若干单元问题（Unit-problem）。对各个层次进行可信度分析，然后综合各个层次可信度分析结果，得到整个复杂系统可信度。图 1.11 给出了确认过程中系统分解后各个层次结构的示意图。

要对数值模拟进行确认，没有精细的实验是不行的。确认实验必须遵循以下原则：

(1) 必须由实验人员、模型设计人员和程序开发人员以及程序使用人员共同设计确认实验，从实验的设计阶段到最终文件归档，所有人员都必须密切合作。

(2) 要把最感兴趣的、本质的物理特性设计在确认实验中，包括将来用于程序设计确认过程中所有相关的物理模型数据、初边值条件等。

(3) 应该强调实验与数值算法内在的协同性。一方面计算结果可以指导实验，另一方面实验又可以确认计算结果。

(4) 测量结果和数值模拟计算结果必须“背靠背”地完成。就是说,在实验方案确定以后,实验人员和计算人员应该互不影响地开展工作。在双方都得到最终结果后,再进行比较,共同研究误差产生的原因。

(5) 实验测量过程也需要建立一个由简到难的层次结构,遵循从全局物理量到局部物理量进行分层次的测量和误差分析。

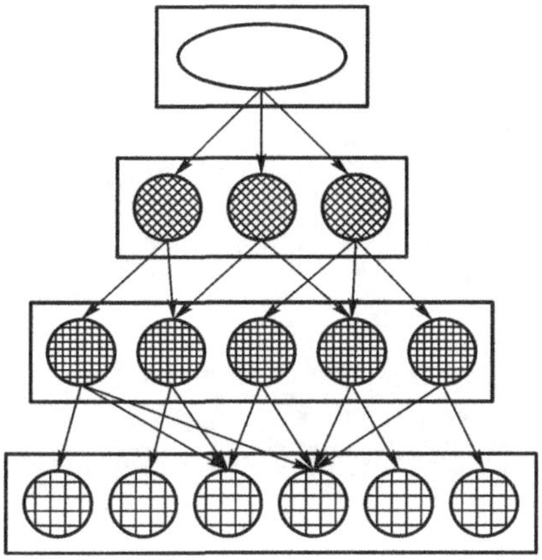

图 1.11 确认过程中的层次结构示意图

参考文献

[1] Anderson J D Jr. Computational fluid dynamics: the basics with application [M]. New York: McGraw-Hill, 1995.

[2] Versyeeg H K, Malalakera W. An introduction to computational fluid dynamics [M]. England Longman Group Ltd., 1995.

[3] Harlow F H, Fromm J E. Computer experiments in fluid dynamics [J]. Scientific American, 1965, 212(3):104 - 110.

[4] Roache R J. Computational fluid dynamics [M]. Hermosa Publishers, 1976.

[5] Courant R, Fredrichs K O, Lewy H. Uber die Partiellen Differenzengleichungen der Mathematischen Physik [J]. Annals of Mathematics, 1928, 100:32 - 74.

[6] 钱学森. 论技术科学[J]. 科学通报,1957(4):97 - 104.

[7] 钱学森. 现代力学[J]. 力学与实践,1979(1):4 - 9.

[8] 钱学森. 我对今日力学的认识[J]. 力学与实践,1995(4):1.

[9] Yabe T, Zhang D L. Effect of EOS on break-up of Shoemaker-Levy's entering Jovian atmosphere [J]. Journal of Geomagnetism and Geoelectricity. 1994, 46: 657 - 662.

[10] Reston V A. Guide for verification and validation of computational fluid dynamics simulations [R]. AIAA Paper G - 077, 1998.

[11] 邓小刚,宗文刚,等. 计算流体力学中的验证与确认[J]. 力学进展,2007,37(2):279 - 287.

—— 上篇　差分算法理论基础 ——

第二章　流体力学基本方程组

自然界中一切流动都必须遵循质量、动量和能量守恒定律。反映流动守恒定律的方程组——连续方程、动量方程和能量方程，通常称为流体力学基本方程组。

流体力学基本方程组是在连续介质假设下得到的[1]。所谓连续介质假设就是指流体质点连续地充满所在的整个空间，它的宏观流动量（质量、速度、压力和温度）应该满足一切宏观物理规律及性质。若流场中的特征尺度（如飞行器主要尺寸）比流体分子平均自由程大得多时，连续介质假设是适用的；但是，若流场中的特征尺度和流体分子平均自由程是同一个量级时，连续介质假设就不适用了。对于不满足连续介质假设的流体，就不能用流体力学基本方程组来描述流体运动。

第1节　描述流体运动的方法

在描述流体运动时，一般采用以下两种不同的描述方法[2]。一种是 Lagrangian 方法，它着眼于流体质点运动，主要研究流体质点流动量随时间的变化，分析任意时间流体质点的运动轨迹、速度、压力、密度等。另一种是 Eulerian 方法，它着眼于固定不动的空间中指定位置的状态，主要研究这个指定位置上流动量随时间的变化，分析流体流过指定位置时流体质点的瞬间速度、压力、密度等。它们之间存在一定的联系。

为了说明它们之间的联系需要提出两个基本概念：系统和控制体。

系统是指确定的流体质点集合的总体。系统将和它所包围的质点一起运动，系统所包围的空间的形状和大小随运动变化。系统与外界无质量交换，在边界上与外界力有相互作用和能量交换。如果研究的对象是系统，则可以采用 Lagrangian 方法。

控制体是指流体所在的坐标系中固定不动的空间体积。控制体的形状和大小是不变的，但是控制体内的流体是随时间变化的。控制体和外界力有相互作用，并可以有质量、能量交换。如果要描述控制体内流动，则可以采用 Eulerian 方法。

设在 Lagrangian 坐标中系统体积为 $\tau_0(t)$，系统的流动量 $\phi(\boldsymbol{r},t)$ 的随体导数为 $\frac{\mathrm{D}}{\mathrm{D}t}\int_{\tau_0}\phi \mathrm{d}V_0$。Reynolds 输运定理给出了 Lagrangian 坐标中系统随体导数和在 Eulerian 坐标下的空间导数之间的关系：

$$\frac{\mathrm{D}}{\mathrm{D}t}\int_{\tau_0}\phi \mathrm{d}V_0 = \int_{\tau}\frac{\partial \phi}{\partial t}\mathrm{d}V + \int_{s}\phi \boldsymbol{V}\cdot \boldsymbol{n}\mathrm{d}s \tag{2.1.1}$$

其中，τ 和 S 分别表示 t 时刻系统体积 τ_0 所对应的 Eulerian 坐标中控制体的体积及表面积。公式(2.1.1)表示在 t 时刻 Lagrangian 坐标下系统的流动量随时间的变化率是 Eulerian 坐标下它所对应的控制体内流动量的两部分变化之和：控制体中流动量的时间变化率和单位时间内通过控制体空间边界输运的流动量变化率。

由于把系统作为研究对象的 Lagrangian 描述方法应用起来不很方便，因此，在流体力学中一般采用 Eulerian 描述方法。

第 2 节　推导流体力学基本方程组的基本思路

采用 Eulerian 描述方法。在 Cartesian 坐标系下，设在时刻 t，流场中任意一点 (x,y,z) 处，取固定不动的微六面体单元（控制体），如图 2.1 所示。流体中微六面体单元的边长为 δx、δy、δz，设流体密度为 ρ，某一流动量为 ϕ。在 δt 时间内从 $x = x_0$ 的 $\delta y \delta z$ 面上流入的流动量为 $\rho \phi u \delta t \delta y \delta z$，而从 $x = x_0 + \delta x$ 的 $\delta y \delta z$ 面上流出的流动量为 $\left\{\rho\phi u + \frac{\partial(\rho\phi u)}{\partial x}\delta x\right\}\delta t \delta y \delta z$。对于 $\delta x \delta y$ 面和 $\delta x \delta z$ 面上流入和流出的流动量 ϕ 也可以得到完全类似的表示式。

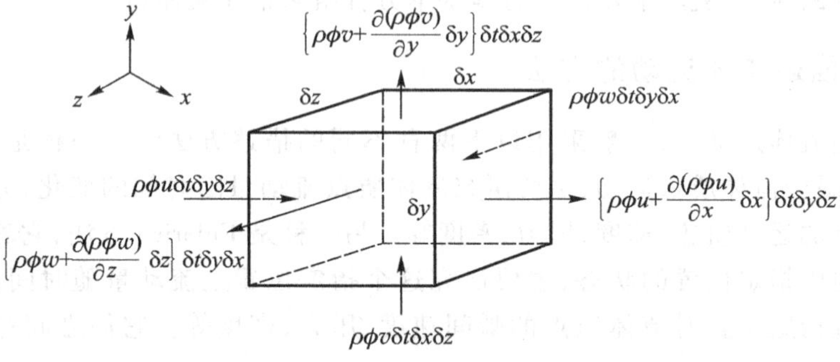

图 2.1　流体流过微六面体单元时流动量 ϕ 的变化示意图

在 δt 时间内，通过微六面体单元各表面的流动量 ϕ 的净增量（对流增量）为：

$$\left\{\frac{\partial(\rho\phi u)}{\partial x} + \frac{\partial(\rho\phi v)}{\partial y} + \frac{\partial(\rho\phi w)}{\partial z}\right\}\delta t \delta x \delta y \delta z \tag{2.2.1}$$

同时，在微六面体单元内流动量 ϕ 的净增量（局部增量）为：

$$\frac{\partial(\rho\phi)}{\partial t}\delta t\delta x\delta y\delta z \tag{2.2.2}$$

两者之和就是流动量 ϕ 在 δt 时间内，在微六面体单元内流动量 ϕ 的总增量。把它除以 $\rho\delta t\delta x\delta y\delta z$，就得到单位质量流动量 ϕ 随时间变化的总增量：

$$\begin{aligned}&\frac{1}{\rho}\left\{\frac{\partial(\rho\phi)}{\partial t}+\frac{\partial(\rho\phi u)}{\partial x}+\frac{\partial(\rho\phi v)}{\partial y}+\frac{\partial(\rho\phi w)}{\partial z}\right\}\\&=\frac{1}{\rho}\left\{\frac{\partial(\rho\phi)}{\partial t}+\nabla\cdot(\rho\phi\boldsymbol{V})\right\}=\frac{\mathrm{D}\phi}{\mathrm{D}t}+\phi\left(\frac{1}{\rho}\frac{\mathrm{D}\rho}{\mathrm{D}t}+\nabla\cdot\boldsymbol{V}\right)\end{aligned} \tag{2.2.3}$$

如果在上式中把流动量 ϕ 取为质量、动量和能量就可以得到单位质量流体的质量、动量及能量随时间变化总增量的表达式，由此得到流体力学基本方程组——质量、动量及能量守恒方程。

上面是从宏观角度出发推导流体力学基本方程组。同样，也可以从微观角度出发，采用统计力学方法，建立关于微观粒子速度分布函数所满足的 Boltzmann 方程。Boltzmann 方程是采用分子运动论观点描述流动从非平衡态到平衡态不可逆过程的方程，由它也可以推导出流体力学基本方程组。无论从宏观角度出发，还是从微观角度出发，推导出的流体力学基本方程组应该是一致的，都能确切地描述真实流体运动[3,4]。

第 3 节　流体力学基本方程组

流体力学基本方程组包括连续方程、运动方程、能量方程和状态方程[5]。

2-3-1　连续方程——质量守恒定律

根据质量守恒定律，把单位质量流体 $\phi=1$ 代入式(2.2.3)，可得到 Cartesian 坐标系下单位质量流体连续方程：

$$\frac{\partial\rho}{\partial t}+\frac{\partial(\rho u)}{\partial x}+\frac{\partial(\rho v)}{\partial y}+\frac{\partial(\rho w)}{\partial z}=0 \tag{2.3.1}$$

或写成矢量形式：

$$\frac{\partial\rho}{\partial t}+\nabla\cdot(\rho\boldsymbol{V})=0 \tag{2.3.1a}$$

或写成张量形式：

$$\frac{\partial\rho}{\partial t}+\frac{\partial\rho u_i}{\partial x_i}=0 \tag{2.3.1b}$$

其中，ρ 为流体密度，$\boldsymbol{V}$ 为流动速度矢量，u、v、w 是其在 x、y、z 方向上的分量，x_i是空间点的坐标，u_i为在时间 t 坐标 x_i点的速度分量，$i=1,2,3$。

2-3-2　运动方程——动量守恒定律

根据动量守恒定律，Cartesian 坐标系下单位质量动量守恒方程为：

$$
\left.\begin{aligned}
\frac{\mathrm{D}u}{\mathrm{D}t} &= \frac{\partial u}{\partial t} + u\frac{\partial u}{\partial x} + v\frac{\partial u}{\partial y} + w\frac{\partial u}{\partial z} = -\frac{1}{\rho}\frac{\partial p}{\partial x} + F_x + \frac{1}{\rho}\left(\frac{\partial \tau_{xx}}{\partial x} + \frac{\partial \tau_{xy}}{\partial y} + \frac{\partial \tau_{xz}}{\partial z}\right) + S_{mx}\\
\frac{\mathrm{D}v}{\mathrm{D}t} &= \frac{\partial v}{\partial t} + u\frac{\partial v}{\partial x} + v\frac{\partial v}{\partial y} + w\frac{\partial v}{\partial z} = -\frac{1}{\rho}\frac{\partial p}{\partial y} + F_y + \frac{1}{\rho}\left(\frac{\partial \tau_{yx}}{\partial x} + \frac{\partial \tau_{yy}}{\partial y} + \frac{\partial \tau_{yz}}{\partial z}\right) + S_{my}\\
\frac{\mathrm{D}w}{\mathrm{D}t} &= \frac{\partial w}{\partial t} + u\frac{\partial w}{\partial x} + v\frac{\partial w}{\partial y} + w\frac{\partial w}{\partial z} = -\frac{1}{\rho}\frac{\partial p}{\partial z} + F_z + \frac{1}{\rho}\left(\frac{\partial \tau_{zx}}{\partial x} + \frac{\partial \tau_{zy}}{\partial y} + \frac{\partial \tau_{zz}}{\partial z}\right) + S_{mz}
\end{aligned}\right\} \tag{2.3.2}
$$

$$
\left.\begin{aligned}
\tau_{xx} &= 2\mu\frac{\partial u}{\partial x} + \left(\mu' - \frac{2}{3}\mu\right)\left(\frac{\partial u}{\partial x} + \frac{\partial v}{\partial y} + \frac{\partial w}{\partial z}\right), \quad \tau_{xy} = \tau_{yx} = \mu\left(\frac{\partial v}{\partial x} + \frac{\partial u}{\partial y}\right)\\
\tau_{yy} &= 2\mu\frac{\partial v}{\partial y} + \left(\mu' - \frac{2}{3}\mu\right)\left(\frac{\partial u}{\partial x} + \frac{\partial v}{\partial y} + \frac{\partial w}{\partial z}\right), \quad \tau_{yz} = \tau_{zy} = \mu\left(\frac{\partial w}{\partial y} + \frac{\partial v}{\partial z}\right)\\
\tau_{zz} &= 2\mu\frac{\partial w}{\partial z} + \left(\mu' - \frac{2}{3}\mu\right)\left(\frac{\partial u}{\partial x} + \frac{\partial v}{\partial y} + \frac{\partial w}{\partial z}\right), \quad \tau_{zx} = \tau_{xz} = \mu\left(\frac{\partial u}{\partial z} + \frac{\partial w}{\partial x}\right)
\end{aligned}\right\} \tag{2.3.3}
$$

它的矢量形式：

$$
\frac{\mathrm{D}\boldsymbol{V}}{\mathrm{D}t} = \frac{\partial \boldsymbol{V}}{\partial t} + u\frac{\partial \boldsymbol{V}}{\partial x} + v\frac{\partial \boldsymbol{V}}{\partial y} + w\frac{\partial \boldsymbol{V}}{\partial z} = -\frac{1}{\rho}\nabla p + \boldsymbol{F} + \frac{1}{\rho}\nabla\cdot\boldsymbol{\tau} + \boldsymbol{S}_{m} \tag{2.3.2a}
$$

$$
\boldsymbol{\tau} = \begin{pmatrix} \tau_{xx} & \tau_{xy} & \tau_{xz}\\ \tau_{yx} & \tau_{yy} & \tau_{yz}\\ \tau_{zx} & \tau_{zy} & \tau_{zz} \end{pmatrix} \tag{2.3.3a}
$$

它的张量形式：

$$
\frac{\mathrm{D}u_i}{\mathrm{D}t} = \frac{\partial u_i}{\partial t} + u_j\frac{\partial u_i}{\partial x_j} = -\frac{1}{\rho}\frac{\partial p}{\partial x_i} + F_i + \frac{1}{\rho}\frac{\partial \tau_{i,j}}{\partial x_i} + S_{mi} \tag{2.3.2b}
$$

$$
\tau_{i,j} = \mu\left(\frac{\partial u_i}{\partial x_j} + \frac{\partial u_j}{\partial x_i}\right) + \left(\mu' - \frac{2}{3}\mu\right)\delta_{i,j}\frac{\partial u_k}{\partial x_k} \tag{2.3.3b}
$$

其中，p 为流体压力，$\boldsymbol{F}$ 为单位质量流体所受外部体力，F_x、F_y、F_z是其在 x、y、z 方向上的分量，F_i为其在时间 t 坐标 x_i点上的分量，$i=1,2,3$，$\boldsymbol{\tau}$ 为流体的黏性应力，$\tau_{i,j}$为其在(i,j)上的张量分量，$i=1,2,3$ 和 $j=1,2,3$。μ 为流体动力黏性系数（或黏度），通常称为黏性系数，μ'为膨胀黏性系数。流体黏性系数 μ 和 μ'的大小是由流体分子的性质和分子之间的相互作用决定的，它们是温度的函数。由于流体的 μ'值往往要比 μ 值小得多，一般情况下膨胀黏性系数 μ'是可以忽略的。上式中 $\delta_{i,j}$为 Kronecker 符号，$\delta_{i,j}=\begin{cases}1, & i=j\\0, & i\neq j\end{cases}$；$\boldsymbol{S}_m$为流体质量源（汇），$S_{mx}$、$S_{my}$、$S_{mz}$是其在 x、y、z 方向上的分量，S_{mi}为其在时间 t 坐标 x_i点上的分量，$i=1,2,3$。

对于牛顿流体，流体黏性系数常常可以看做是常数，并可忽略膨胀黏性系数 μ'，则动量守恒方程式(2.3.2)在 Cartesian 坐标系下可写成：

$$\left.\begin{aligned}
\frac{Du}{Dt} &= -\frac{1}{\rho}\frac{\partial p}{\partial x} + F_x + \nu\left(\frac{\partial^2 u}{\partial x^2} + \frac{\partial^2 u}{\partial y^2} + \frac{\partial^2 u}{\partial z^2}\right) + \frac{\nu}{3}\frac{\partial}{\partial x}\left(\frac{\partial u}{\partial x} + \frac{\partial v}{\partial y} + \frac{\partial w}{\partial z}\right) + S_{mx} \\
\frac{Dv}{Dt} &= -\frac{1}{\rho}\frac{\partial p}{\partial y} + F_y + \nu\left(\frac{\partial^2 v}{\partial x^2} + \frac{\partial^2 v}{\partial y^2} + \frac{\partial^2 v}{\partial z^2}\right) + \frac{\nu}{3}\frac{\partial}{\partial y}\left(\frac{\partial u}{\partial x} + \frac{\partial v}{\partial y} + \frac{\partial w}{\partial z}\right) + S_{my} \\
\frac{Dw}{Dt} &= -\frac{1}{\rho}\frac{\partial p}{\partial z} + F_z + \nu\left(\frac{\partial^2 w}{\partial x^2} + \frac{\partial^2 w}{\partial y^2} + \frac{\partial^2 w}{\partial z^2}\right) + \frac{\nu}{3}\frac{\partial}{\partial z}\left(\frac{\partial u}{\partial x} + \frac{\partial v}{\partial y} + \frac{\partial w}{\partial z}\right) + S_{mz}
\end{aligned}\right\} \tag{2.3.4}$$

其中，$\nu = \dfrac{\mu}{\rho}$为流体运动黏性系数（或运动黏度）。它的矢量形式：

$$\frac{D\boldsymbol{V}}{Dt} = -\frac{1}{\rho}\nabla p + \boldsymbol{F} + \nu\nabla^2\boldsymbol{V} + \frac{\nu}{3}\nabla(\nabla\cdot\boldsymbol{V}) + \boldsymbol{S}_m \tag{2.3.4a}$$

其中，$\nabla^2 = \dfrac{\partial^2}{\partial x^2} + \dfrac{\partial^2}{\partial y^2} + \dfrac{\partial^2}{\partial z^2}$。它的张量形式：

$$\frac{Du_i}{Dt} = \frac{\partial u_i}{\partial t} + u_j\frac{\partial u_i}{\partial x_j} = -\frac{1}{\rho}\frac{\partial p}{\partial x_i} + F_i + \nu\frac{\partial}{\partial x_j}\frac{\partial u_i}{\partial x_j} + \frac{\nu}{3}\frac{\partial}{\partial x_i}\frac{\partial u_j}{\partial x_j} + S_{mi} \tag{2.3.4b}$$

2-3-3 能量方程——能量守恒定律

定义 E 为单位体积流体总能量，E_m为单位质量流体总能量，它是由单位质量理想流体内能 $e = \dfrac{p}{(\gamma-1)\rho}$和动能$\dfrac{1}{2}|\boldsymbol{V}|^2 = \dfrac{1}{2}u_iu_i = \dfrac{1}{2}(u^2 + v^2 + w^2)$两部分组成。单位体积流体总能量 $E = \rho E_m$。单位质量流体所做的功是由外力 $\boldsymbol{F}$ 和内部应力做功组成。单位质量流体所受外力做功为 $\boldsymbol{V}\cdot\boldsymbol{F}$，应力张量所做功是压力和黏性力张量所做的功$\dfrac{1}{\rho}\pi_{i,j}\dfrac{\partial u_i}{\partial x_j}$，$i = 1,2,3$ 和 $j = 1,2,3$，其中，$\pi_{i,j}$为黏性力张量分量。单位时间内外部加给单位体积流体的热能为 Q，单位时间内外部加给单位质量流体的热能是$\dfrac{Q}{\rho}$。同时，流体通过热传导要向外部扩散能量。设 q_i为单位时间内单位体积流体通过热传导向外部扩散的热能，单位时间内单位质量流体向外部扩散的能量是$\dfrac{1}{\rho}\dfrac{\partial q_i}{\partial x_i}$，$i = 1,2,3$。热焓是流体力学中很重要的热力学量，特别在空气动力学中，这里定义单位质量流体热焓为 $h = e + \dfrac{p}{\rho}$。

根据能量守恒定律，得到张量形式能量守恒方程：

$$\frac{De}{Dt} = \frac{Q}{\rho} - \frac{1}{\rho}\frac{\partial q_i}{\partial x_i} - \frac{1}{\rho}\pi_{i,j}\frac{\partial u_i}{\partial x_j} \tag{2.3.5}$$

利用质量守恒方程和动量守恒方程，可把上式改写为：

$$\frac{D}{Dt}\left(e + \frac{1}{2}u_iu_i\right) = \frac{Q}{\rho} + u_iF_i - \frac{1}{\rho}\frac{\partial q_i}{\partial x_i} + \frac{1}{\rho}\frac{\partial}{\partial x_i}(\tau_{i,j}u_j) - \frac{1}{\rho}\frac{\partial}{\partial x_i}(pu_i) \tag{2.3.6}$$

或

$$\frac{\mathrm{D}}{\mathrm{D}t}\left(h+\frac{1}{2}u_iu_i\right)=\frac{Q}{\rho}+u_iF_i+\frac{1}{\rho}\frac{\partial p}{\partial t}-\frac{1}{\rho}\frac{\partial q_i}{\partial x_i}+\frac{1}{\rho}\frac{\partial}{\partial x_i}(\tau_{i,j}u_j) \tag{2.3.7}$$

再利用热传导方程：

$$q_i=-k\frac{\partial T}{\partial x_i} \tag{2.3.8}$$

式中，T 为流体温度，k 为流体热传导系数。通过黏性应力张量公式(2.3.3b)，得到张量形式的能量守恒方程：

$$\frac{\mathrm{D}e}{\mathrm{D}t}=\frac{Q}{\rho}+\frac{1}{\rho}\frac{\partial}{\partial x_i}\left(k\frac{\partial T}{\partial x_i}\right)-\frac{p}{\rho}\frac{\partial u_i}{\partial x_i}+\frac{\Phi}{\rho} \tag{2.3.6a}$$

$$\frac{\mathrm{D}h}{\mathrm{D}t}=\frac{Q}{\rho}+\frac{1}{\rho}\frac{\partial}{\partial x_i}\left(k\frac{\partial T}{\partial x_i}\right)+\frac{1}{\rho}\frac{\mathrm{D}p}{\mathrm{D}t}+\frac{\Phi}{\rho} \tag{2.3.7a}$$

其中，耗散函数 Φ 为黏性耗散所产生的热能。它由下式得到：

$$\Phi=\tau_{i,j}\frac{\partial u_j}{\partial x_i}=\frac{1}{2}\tau_{i,j}\left(\frac{\partial u_i}{\partial x_j}+\frac{\partial u_j}{\partial x_i}\right)=\frac{1}{2}\mu\left(\frac{\partial u_i}{\partial x_j}+\frac{\partial u_j}{\partial x_i}\right)^2+\left(\mu'-\frac{2}{3}\mu\right)\left(\frac{\partial u_i}{\partial x_i}\right)^2 \tag{2.3.9}$$

能量守恒方程(2.3.6)的矢量形式：

$$\frac{\mathrm{D}}{\mathrm{D}t}\left(e+\frac{1}{2}\boldsymbol{V}\cdot\boldsymbol{V}\right)=\frac{Q}{\rho}+\boldsymbol{V}\cdot\boldsymbol{F}-\frac{1}{\rho}\nabla\cdot\boldsymbol{q}+\frac{1}{\rho}\nabla\cdot(\boldsymbol{\tau}\cdot\boldsymbol{V})-\frac{1}{\rho}\nabla\cdot(p\boldsymbol{V}) \tag{2.3.6b}$$

$$\frac{\mathrm{D}}{\mathrm{D}t}\left(h+\frac{1}{2}\boldsymbol{V}\cdot\boldsymbol{V}\right)=\frac{Q}{\rho}+\boldsymbol{V}\cdot\boldsymbol{F}+\frac{1}{\rho}\frac{\partial p}{\partial t}-\frac{1}{\rho}\nabla\cdot\boldsymbol{q}+\frac{1}{\rho}\nabla\cdot(\boldsymbol{\tau}\cdot\boldsymbol{V}) \tag{2.3.7b}$$

其中，$E_{\mathrm{m}}=e+\dfrac{1}{2}\boldsymbol{V}\cdot\boldsymbol{V}$ 为单位质量流体总能。能量守恒方程(2.3.6a)的矢量形式：

$$\frac{\mathrm{D}e}{\mathrm{D}t}=\frac{Q}{\rho}+\frac{1}{\rho}\nabla\cdot(k\nabla T)-\frac{p}{\rho}\nabla\cdot\boldsymbol{V}+\frac{\Phi}{\rho} \tag{2.3.6c}$$

$$\frac{\mathrm{D}h}{\mathrm{D}t}=\frac{Q}{\rho}+\frac{1}{\rho}\nabla\cdot(k\nabla T)+\frac{1}{\rho}\frac{\mathrm{D}p}{\mathrm{D}t}+\frac{\Phi}{\rho} \tag{2.3.7c}$$

耗散函数 Φ 为：

$$\Phi=\frac{1}{2}\boldsymbol{\tau}:(\nabla\boldsymbol{V}+\boldsymbol{V}\nabla)=\frac{1}{2}\mu(\nabla\boldsymbol{V}+\boldsymbol{V}\nabla):(\nabla\boldsymbol{V}+\boldsymbol{V}\nabla)^{\mathrm{T}}+\left(\mu'-\frac{2}{3}\mu\right)\nabla\boldsymbol{V} \tag{2.3.9a}$$

最后，得到 Cartesian 坐标系下单位质量流体能量守恒方程：

$$\begin{aligned}\frac{\mathrm{D}}{\mathrm{D}t}\left[e+\frac{1}{2}(u^2+v^2+w^2)\right]&=\frac{Q}{\rho}+(uF_x+vF_y+wF_z)-\frac{1}{\rho}\left(\frac{\partial q_x}{\partial x}+\frac{\partial q_y}{\partial y}+\frac{\partial q_z}{\partial z}\right)+\\&\frac{1}{\rho}\left[\frac{\partial}{\partial x}(\tau_{xx}u+\tau_{xy}v+\tau_{xz}w)+\frac{\partial}{\partial y}(\tau_{yx}u+\tau_{yy}v+\tau_{yz}w)+\frac{\partial}{\partial z}(\tau_{zx}u+\tau_{zy}v+\tau_{zz}w)\right]-\\&\frac{1}{\rho}\left[\frac{\partial}{\partial x}(pu)+\frac{\partial}{\partial y}(pv)+\frac{\partial}{\partial z}(pw)\right]\end{aligned} \tag{2.3.10}$$

或

$$\frac{\mathrm{D}}{\mathrm{D}t}\left[h+\frac{1}{2}(u^2+v^2+w^2)\right]=\frac{Q}{\rho}+(uF_x+vF_y+wF_z)+\frac{1}{\rho}\frac{\partial p}{\partial t}-\frac{1}{\rho}\left(\frac{\partial q_x}{\partial x}+\frac{\partial q_y}{\partial y}+\frac{\partial q_z}{\partial z}\right)+$$
$$\frac{1}{\rho}\left[\frac{\partial}{\partial x}(\tau_{xx}u+\tau_{xy}v+\tau_{xz}w)+\frac{\partial}{\partial y}(\tau_{yx}u+\tau_{yy}v+\tau_{yz}w)+\frac{\partial}{\partial z}(\tau_{zx}u+\tau_{zy}v+\tau_{zz}w)\right]\tag{2.3.11}$$

它也可改写为：

$$\frac{\mathrm{D}e}{\mathrm{D}t}=\left(\frac{\partial e}{\partial t}+u\frac{\partial e}{\partial x}+v\frac{\partial e}{\partial y}+w\frac{\partial e}{\partial z}\right)=\frac{Q}{\rho}+$$
$$\frac{1}{\rho}\left[\frac{\partial}{\partial x}\left(k\frac{\partial T}{\partial x}\right)+\frac{\partial}{\partial y}\left(k\frac{\partial T}{\partial y}\right)+\frac{\partial}{\partial z}\left(k\frac{\partial T}{\partial z}\right)\right]-\tag{2.3.10a}$$
$$\frac{p}{\rho}\left[\frac{\partial u}{\partial x}+\frac{\partial v}{\partial y}+\frac{\partial w}{\partial z}\right]+\frac{\Phi}{\rho}$$

或

$$\frac{\mathrm{D}h}{\mathrm{D}t}=\left(\frac{\partial h}{\partial t}+u\frac{\partial h}{\partial x}+v\frac{\partial h}{\partial y}+w\frac{\partial h}{\partial z}\right)=\frac{Q}{\rho}+$$
$$\frac{1}{\rho}\left[\frac{\partial}{\partial x}\left(k\frac{\partial T}{\partial x}\right)+\frac{\partial}{\partial y}\left(k\frac{\partial T}{\partial y}\right)+\frac{\partial}{\partial z}\left(k\frac{\partial T}{\partial z}\right)\right]+\tag{2.3.11a}$$
$$\frac{1}{\rho}\left[\frac{\partial p}{\partial t}+u\frac{\partial p}{\partial x}+v\frac{\partial p}{\partial y}+w\frac{\partial p}{\partial z}\right]+\frac{\Phi}{\rho}$$

黏性耗散函数 Φ 为：

$$\Phi=\mu\left\{2\left[\left(\frac{\partial u}{\partial x}\right)^2+\left(\frac{\partial v}{\partial y}\right)^2+\left(\frac{\partial w}{\partial z}\right)^2\right]+\left(\frac{\partial w}{\partial y}+\frac{\partial v}{\partial z}\right)^2+\left(\frac{\partial u}{\partial z}+\frac{\partial w}{\partial x}\right)^2+\left(\frac{\partial v}{\partial x}+\frac{\partial u}{\partial y}\right)^2\right\}+$$
$$\left(\mu'-\frac{2}{3}\mu\right)\left(\frac{\partial u}{\partial x}+\frac{\partial v}{\partial y}+\frac{\partial w}{\partial z}\right)^2\tag{2.3.9b}$$

通常把上述的流体质量、动量和能量守恒方程组通称为流体力学基本方程组，或称为 Navier-Stokes 方程组，简称 N－S 方程组。

2－3－4 流体状态方程

从上述流动的质量、动量和能量守恒方程组中可以看出，在 Cartesian 坐标系中方程组有四个独立变量，它们是空间位置 $\boldsymbol{r}(x,y,z)$ 和时间 t。反映流体运动的流动量是流体速度矢量 $\boldsymbol{V}(x,y,z,t)$（三个速度分量为 u、v、w），热力学量为压力 $p(x,y,z,t)$、密度 $\rho(x,y,z,t)$、温度 $T(x,y,z,t)$、内能 $e(x,y,z,t)$、焓 $h(x,y,z,t)$、熵 $s(x,y,z,t)$ 等。根据热力学关系可知，这些热力学量只有三个是独立的，其他热力学量都可以由这三个独立热力学量转换得到。因此，在流动基本方程组中共有六个独立未知量，需要有六个方程才能完全封闭。然而，上述的流动方程组中只有五个方程。为此，需要再增添一个独立的方程，它就是流体状态方程。

流体状态方程表示流体本身热力学量之间的关系，通常可表示为：

$$p=p(\rho,T)\text{ 或 }p=p(\rho,e)\tag{2.3.12}$$

在计算流体力学中通常遇到的流体是空气和水，下面简单介绍一下空气和水的状态方程[6]。

1. 空气的状态方程

当空气压力和温度都不很高时，空气可以看作是理想气体。它的状态方程可写成：

$$p = R\rho T = (\gamma - 1)\rho e \tag{2.3.13}$$

其中，$R = c_p - c_v$是气体常数，c_p为比定压热容，c_v为比定容热容，$\gamma = \dfrac{c_p}{c_v}$为气体比热容比。在温度变化不大时，对于双原子气体 $\gamma = 1.4$，并可把 c_p、c_v及 γ 近似看做常数。但当温度变化很大时，c_p、c_v和 γ 就不再是常数，而是温度 T 的函数，这些函数关系式需要由实验来确定。对于空气来说，黏性系数 μ 在温度变化不大时也可以看作是常数。但是，在温度变化很大时黏性系数 μ 是温度的函数，一般可由 Sutherland 关系式表示：

$$\mu = \mu_0 \left(\frac{T}{T_0}\right)^{\frac{3}{2}} \left(\frac{T_0 + 110}{T + 110}\right) \tag{2.3.14}$$

其中，μ_0为某一参数温度 T_0下的黏性系数，T 或 T_0都用绝对温度表示。

2. 水的状态方程

水的状态方程要比空气的状态方程复杂得多。一般只能采用半经验半理论方法得到。水的状态方程有以下两种：

(1) 当把水看做不可压缩流体时，密度可看作是常数。在水的流动速度不大时，水的温度变化也可忽略不计。在这种情况下求解流动方程组时，就无需用到水的状态方程。

(2) 如果考虑水的可压缩性时，求解流动守恒方程组就需要用到状态方程。但水的可压缩性很小，密度变化很小。因此，可以采用近似的方法得到水的状态方程。由于水的可压缩性很小，可假定 $\rho = \rho_0 + \rho'$，$\dfrac{\rho'}{\rho_0} \ll 1$，采用小扰动声学近似，即 $a \approx a_0$，则有 $p = p_0 + p'$，$\dfrac{p'}{p_0} \ll 1$。再利用等熵关系，就得到水的压力和密度之间的关系为：

$$\frac{p + B}{\rho^n} = \frac{p_0 + B}{\rho_0^n} \tag{2.3.15}$$

当 $p_0 \ll B$，水的状态方程可简化为：

$$\frac{p + B}{B} = \left(\frac{\rho}{\rho_0}\right)^n \tag{2.3.15a}$$

其中，ρ_0为在标准大气压强条件下水的密度，$n = 7.44$ 和 $B = 299.4$ MPa。

一般在标准条件下，水的状态方程(2.3.15a)的计算值和实测结果的误差不大。因此，它在工程中被普遍采用。但是，在实际使用过程中，由于不同条件下水的性质差异很大，为了提高计算精度，常常需要根据实际情况对 n 和 B 作适当修正。

2-3-5　黏性流动 N-S 方程组的微分形式和积分形式

在 Cartesian 坐标系下单位体积黏性流动 N-S 方程组的微分形式如下：

$$\left.\begin{aligned}
&\frac{\partial\rho}{\partial t}+\nabla\cdot(\rho V)=0\\
&\frac{\partial\rho u}{\partial t}+\nabla\cdot(\rho uV)=\nabla\cdot(\mu\ \nabla u)+\frac{\mu}{3}\left[\frac{\partial}{\partial x}(\nabla\cdot V)\right]-\frac{\partial p}{\partial x}+F_x+S_{mx}\\
&\frac{\partial\rho v}{\partial t}+\nabla\cdot(\rho vV)=\nabla\cdot(\mu\ \nabla v)+\frac{\mu}{3}\left[\frac{\partial}{\partial y}(\nabla\cdot V)\right]-\frac{\partial p}{\partial y}+F_y+S_{my}\\
&\frac{\partial\rho w}{\partial t}+\nabla\cdot(\rho wV)=\nabla\cdot(\mu\ \nabla w)+\frac{\mu}{3}\left[\frac{\partial}{\partial z}(\nabla\cdot V)\right]-\frac{\partial p}{\partial z}+F_z+S_{mz}\\
&\frac{\partial\rho e}{\partial t}+\nabla\cdot(\rho eV)=\nabla\cdot(k\ \nabla T)-p\ \nabla\cdot V+\Phi+Q
\end{aligned}\right\}\tag{2.3.16}$$

$$\Phi=\tau_{i,j}\frac{\partial u_j}{\partial x_i}=\frac{1}{2}\mu\left(\frac{\partial u_i}{\partial x_j}+\frac{\partial u_j}{\partial x_i}\right)^2+\left(\mu'-\frac{2}{3}\mu\right)\left(\frac{\partial u_i}{\partial x_i}\right)^2\tag{2.3.17}$$

流体状态方程：

$$p=p(\rho,e)\text{或}\ p=p(\rho,T)$$

上述微分形式黏性流动 N-S 方程组中各个方程具有不同变量，代表不同的守恒定律，但它们的形式都十分相似。如果引入一个通用的特征变量 ϕ，在不同的方程中 ϕ 代表不同的变量，就可以把它写成通用变量形式。

非定常（瞬态）通用变量 N-S 方程为：

$$\frac{\partial(\rho\phi)}{\partial t}+\nabla\cdot(\rho\phi V)=\nabla\cdot(\Gamma_\phi\ \nabla\phi)+S_\phi\tag{2.3.18}$$

定常（稳态）通用变量 N-S 方程为：

$$\nabla\cdot(\rho\phi V)=\nabla\cdot(\Gamma_\phi\ \nabla\phi)+S_\phi\tag{2.3.19}$$

其中，ϕ 为特征变量，Γ_ϕ 为扩散和热传导系数，S_ϕ 为方程组的源项。在连续方程、动量方程和能量方程中它们分别取表 2.1 中的变量。

表 2.1　通用变量在各方程中的取值

方程名称	ϕ	Γ_ϕ	S_ϕ
连续方程	1	0	0
x-动量方程	u	μ	$\frac{\mu}{3}\left[\frac{\partial}{\partial x}(\nabla\cdot V)\right]-\frac{\partial p}{\partial x}+F_x+S_{mx}$
y-动量方程	v	μ	$\frac{\mu}{3}\left[\frac{\partial}{\partial y}(\nabla\cdot V)\right]-\frac{\partial p}{\partial y}+F_y+S_{my}$
z-动量方程	w	μ	$\frac{\mu}{3}\left[\frac{\partial}{\partial z}(\nabla\cdot V)\right]-\frac{\partial p}{\partial z}+F_z+S_{mz}$
能量方程	e	k	$-p\ \nabla\cdot V+\Phi+Q$

表中，F_x、F_y、F_z是单位质量流体所受外部体力在 x、y、z 方向上的分量，S_{mx}、S_{my}、S_{mz}是单位质量流体的质量源（或汇）在 x、y、z 方向上的分量。一般把流动方程组(2.3.18)和(2.3.19)称为统一的微分形式通用变量方程或通用输运方程。

在求解流体流动问题时常常采用微分形式通用变量方程，但根据问题需要，有时也要采用积分形式通用变量方程。在流体中取一个控制单元，将微分形式通用变量方程在控制单元内积分得到：

$$\frac{\partial}{\partial t}\int_{\Omega}\rho\phi\mathrm{d}\Omega+\int_{\Omega}\nabla\cdot(\rho\phi\boldsymbol{V})\mathrm{d}\Omega=\int_{\Omega}\nabla\cdot(\Gamma_{\phi}\ \nabla\phi)\mathrm{d}\Omega+\int_{\Omega}S_{\phi}\mathrm{d}\Omega \tag{2.3.20}$$

根据 Gauss 散度定律，矢量 $\boldsymbol{a}$ 的散度的体积分和面积分有如下关系：

$$\int_{\Omega}\nabla\cdot\boldsymbol{a}\mathrm{d}\Omega=\int_{s}\boldsymbol{n}\cdot\boldsymbol{a}\mathrm{d}s \tag{2.3.21}$$

由此可得到统一的积分形式通用变量方程：

$$\frac{\partial}{\partial t}\int_{\Omega}\rho\phi\mathrm{d}\Omega+\int_{s}(\rho\phi\boldsymbol{V})\cdot\boldsymbol{n}\mathrm{d}s=\int_{s}(\Gamma_{\phi}\ \nabla\phi)\cdot\boldsymbol{n}\mathrm{d}s+\int_{\Omega}S_{\phi}\mathrm{d}\Omega \tag{2.3.22}$$

式中，$\boldsymbol{n}$ 是控制单元表面 s 外法线矢量。

在上式中等号左端第一项是特征变量 ϕ 在控制单元 Ω 内随时间变化量。等号左端第二项中$(\rho\phi\boldsymbol{V})\cdot\boldsymbol{n}$ 是特征变量 ϕ 在控制单元表面外法线方向 $\boldsymbol{n}$ 上由对流产生的流动率，它表示在控制单元中由于边界对流所引起的 ϕ 净减少量。等号右端第一项中$(\Gamma_{\phi}\ \nabla\phi)\cdot\boldsymbol{n}$ 是 ϕ 向控制单元内扩散率，它表示控制单元内的特征变量 ϕ 在表面扩散流动引起的净增加量。得到统一的积分形式通用变量 N－S 方程如下：

非定常（瞬态）通用变量 N－S 方程组为：

$$\int_{\Delta t}\frac{\partial}{\partial t}\int_{\Omega}(\rho\phi\mathrm{d}\Omega)\mathrm{d}t+\int_{\Delta t}\int_{s}(\rho\phi\boldsymbol{V})\cdot\boldsymbol{n}\mathrm{d}s\mathrm{d}t=\int_{\Delta t}\int_{s}(\Gamma_{\phi}\ \nabla\phi)\cdot\boldsymbol{n}\mathrm{d}s\mathrm{d}t+\int_{\Delta t}\int_{\Omega}S_{\phi}\mathrm{d}\Omega\mathrm{d}t \tag{2.3.23}$$

定常（稳态）通用变量 N－S 方程组为：

$$\int_{\Delta t}\int_{s}(\rho\phi\boldsymbol{V})\cdot\boldsymbol{n}\mathrm{d}s\mathrm{d}t=\int_{\Delta t}\int_{s}(\Gamma_{\phi}\ \nabla\phi)\cdot\boldsymbol{n}\mathrm{d}s\mathrm{d}t+\int_{\Delta t}\int_{\Omega}S_{\phi}\mathrm{d}\Omega\mathrm{d}t \tag{2.3.24}$$

统一的积分形式通用变量 N－S 方程组中的特征变量 ϕ、Γ_{ϕ} 和 S_{ϕ} 仍然可取表 2.1 中的变量。

流体力学基本方程组微分形式是有限差分法的基础，而它的积分形式是有限体积法的基础。下面我们讨论的有限差分法中各种差分格式都从微分形式方程组中导出；而有限体积法中的各种离散格式都从积分形式方程组中导出。

第 4 节　流体力学基本方程组分析和应用

2－4－1　量纲为一的曲线坐标系中的 N－S 方程组

引入如下一些参考量：L_*、u_*、ρ_*、T_*、a_*、g_*，其中，L_* 为流场中物体特征长度，

u_*为自由来流在 x 方向的速度,ρ_*和 T_*为自由来流密度、温度,a_*为自由来流等熵声速,对于理想气体 $a_* = \sqrt{\gamma RT_*}$,g_*为标准状态下重力加速度。由此可以定义如下各量纲为一[①]的流动量为:

$$\bar{x} = \frac{x}{L_*},\quad \bar{y} = \frac{y}{L_*},\quad \bar{z} = \frac{z}{L_*},\quad \bar{t} = \frac{t}{(L_*/u_*)} \tag{2.4.1a}$$

$$\left.\begin{aligned} &\bar{u} = \frac{u}{u_*},\quad \bar{v} = \frac{v}{u_*},\quad \bar{w} = \frac{w}{u_*} \\ &\bar{\rho} = \frac{\rho}{\rho_*},\quad \bar{T} = \frac{T}{T_*},\quad \bar{p} = \frac{p}{\rho_* u_*^2},\quad \bar{E} = \frac{E}{\rho_* u_*^2},\quad \bar{e} = \frac{e}{u_*^2} \\ &\bar{\mu} = \frac{\mu}{\mu_*},\quad \bar{\nu} = \frac{\nu}{\nu_*},\quad \bar{k} = \frac{k}{k_*},\quad \bar{d} = \frac{d}{d_*},\quad \bar{\sigma} = \frac{\sigma}{\sigma_*} \end{aligned}\right\} \tag{2.4.1b}$$

其中,带上画线符号的量为量纲为一的流动量。把它们代入有量纲 N－S 方程组(2.3.16)、(2.3.17)后,得到量纲为一的黏性流动 N－S 方程组。为了方便,常常把量纲为一的流动量上的上画线符号略去。

在量纲为一的黏性流动 N－S 方程组中常常会出现一些反映流动特性的量纲为一的参数。这些量纲为一的参数十分重要。计算流体力学中通常遇到的量纲为一的参数有:

$$\left.\begin{aligned} &M = \frac{V}{a}\text{——马赫数(Mach 数)} \\ &Re = \frac{\rho VL}{\mu}\text{——雷诺数(Reynolds 数)} \\ &Pr = \frac{c_p\mu}{k}\text{——普朗特数(Prandtl 数)} \\ &Kn = \frac{l}{L}\text{——克努森数(Knudsen 数)} \\ &Fr = \frac{V^2}{gL}\text{——弗劳德数(Froude 数)} \\ &We = \frac{\rho V^2 l}{\sigma}\text{——韦伯数(Weber 数)} \end{aligned}\right\} \tag{2.4.2}$$

其中,V 为流动特征速度。

当不考虑体力、外部热源和流体源(汇)条件下,在 Cartesian 坐标系下三维量纲为一的守恒型黏性层流微分形式 N－S 方程组为:

$$\frac{\partial \boldsymbol{u}}{\partial t} + \frac{\partial \boldsymbol{f}}{\partial x} + \frac{\partial \boldsymbol{g}}{\partial y} + \frac{\partial \boldsymbol{h}}{\partial z} = \frac{\partial \boldsymbol{s}_x}{\partial x} + \frac{\partial \boldsymbol{s}_y}{\partial y} + \frac{\partial \boldsymbol{s}_z}{\partial z} \tag{2.4.3}$$

其中,$\boldsymbol{u}$ 为未知的流动量矢量,$\boldsymbol{f}$、$\boldsymbol{g}$、$\boldsymbol{h}$ 分别为流动在 x、y、z 方向上的流通量分量,$\boldsymbol{s}_x$、$\boldsymbol{s}_y$、$\boldsymbol{s}_z$分别为流动在 x、y、z 方向上黏性应力分量和热传导流通量分量之和。N－S 方程组(2.4.3)中 $\boldsymbol{u}$、$\boldsymbol{f}$、$\boldsymbol{g}$、$\boldsymbol{h}$ 和 $\boldsymbol{s}_x$、$\boldsymbol{s}_y$、$\boldsymbol{s}_z$分别表示为:

---

① 量纲为一的量以前常称为无量纲量。见国家标准《量和单位》(GB 3100～3102—93)。

$$\left.\begin{aligned}
&\boldsymbol{u}=\begin{pmatrix}\rho\\ \rho u\\ \rho v\\ \rho w\\ E\end{pmatrix},\ \boldsymbol{f}=\begin{pmatrix}\rho u\\ \rho u^2+p\\ \rho uv\\ \rho uw\\ (E+p)u\end{pmatrix},\ \boldsymbol{g}=\begin{pmatrix}\rho v\\ \rho uv\\ \rho v^2+p\\ \rho vw\\ (E+p)v\end{pmatrix},\ \boldsymbol{h}=\begin{pmatrix}\rho w\\ \rho uw\\ \rho vw\\ \rho w^2+p\\ (E+p)w\end{pmatrix}\\
&\boldsymbol{s}_x=\frac{1}{Re}\begin{pmatrix}0\\ \tau_{xx}\\ \tau_{xy}\\ \tau_{xz}\\ u\tau_{xx}+v\tau_{xy}+w\tau_{xz}-q_x\end{pmatrix},\ \boldsymbol{s}_y=\frac{1}{Re}\begin{pmatrix}0\\ \tau_{yx}\\ \tau_{yy}\\ \tau_{yz}\\ u\tau_{yx}+v\tau_{yy}+w\tau_{yz}-q_y\end{pmatrix},\ \boldsymbol{s}_z=\frac{1}{Re}\begin{pmatrix}0\\ \tau_{zx}\\ \tau_{zy}\\ \tau_{zz}\\ u\tau_{zx}+v\tau_{zy}+w\tau_{zz}-q_z\end{pmatrix}
\end{aligned}\right\}\tag{2.4.3a}$$

$$\left.\begin{aligned}
&\tau_{xx}=(2\mu+\lambda)u_x+\lambda(v_y+w_z),\quad \tau_{yy}=(2\mu+\lambda)v_y+\lambda(u_x+w_z)\\
&\tau_{zz}=(2\mu+\lambda)w_z+\lambda(u_x+v_y),\quad \tau_{xy}=\tau_{yx}=\mu(u_y+v_x)\\
&\tau_{xz}=\tau_{zx}=\mu(u_z+u_z),\quad \tau_{yz}=\tau_{zy}=\mu(v_z+w_y)
\end{aligned}\right\}\tag{2.4.3b}$$

$$q_x=-\frac{c_pk}{Pr}\frac{\partial T}{\partial x},\quad q_y=-\frac{c_pk}{Pr}\frac{\partial T}{\partial y},\quad q_z=-\frac{c_pk}{Pr}\frac{\partial T}{\partial z}\tag{2.4.3c}$$

这里 λ 为体积黏性系数。它们通常满足 Stokes 关系式：

$$3\lambda+2\mu=0,\quad \lambda=-\frac{2}{3}\mu\tag{2.4.3d}$$

上述的微分形式 N－S 方程组也可写成统一的积分形式 N－S 方程组：

$$\int_{\Delta t}\frac{\partial}{\partial t}\int_{\Omega}(\rho\phi\mathrm{d}\Omega)\mathrm{d}t+\int_{\Delta t}\int_{s}(\rho\phi\boldsymbol{V})\cdot\boldsymbol{n}\mathrm{d}s\mathrm{d}t=\int_{\Delta t}\int_{s}(\Gamma_{\phi}\ \nabla\phi)\mathrm{d}s\mathrm{d}t+\int_{\Delta t}\int_{\Omega}S_{\phi}\mathrm{d}\Omega\mathrm{d}t\tag{2.4.4}$$

但是，在上式的源项 S_ϕ 中不包括热源和流体源（汇）部分。

设曲线坐标系 (ξ,η,ζ)，若采用如下坐标变换：

$$\tau=t,\quad \xi=\xi(t,x,y,z),\quad \eta=\eta(t,x,y,z),\quad \zeta=\zeta(t,x,y,z)\tag{2.4.5}$$

通过坐标变换，得到曲线坐标系下的黏性流动 N－S 方程组为：

$$\frac{\partial\bar{\boldsymbol{u}}}{\partial\tau}+\frac{\partial\bar{\boldsymbol{f}}}{\partial\xi}+\frac{\partial\bar{\boldsymbol{g}}}{\partial\eta}+\frac{\partial\bar{\boldsymbol{h}}}{\partial\zeta}=\frac{\partial\bar{\boldsymbol{s}}_x}{\partial\xi}+\frac{\partial\bar{\boldsymbol{s}}_y}{\partial\eta}+\frac{\partial\bar{\boldsymbol{s}}_z}{\partial\zeta}\tag{2.4.6}$$

上述方程组中带"－"的量是在曲线坐标系 (ξ,η,ζ) 中的流动量。这样，曲线坐标系下的 $\bar{\boldsymbol{u}}$、$\bar{\boldsymbol{f}}$、$\bar{\boldsymbol{g}}$、$\bar{\boldsymbol{h}}$ 和 Cartesian 坐标系下的 $\boldsymbol{u}$、$\boldsymbol{f}$、$\boldsymbol{g}$、$\boldsymbol{h}$ 之间存在如下关系：

$$\left.\begin{aligned}
&\bar{\boldsymbol{u}}=J^{-1}\boldsymbol{u}\\
&\bar{\boldsymbol{f}}=J^{-1}(\xi_t\boldsymbol{u}+\xi_x\boldsymbol{f}+\xi_y\boldsymbol{g}+\xi_z\boldsymbol{h})\\
&\bar{\boldsymbol{g}}=J^{-1}(\eta_t\boldsymbol{u}+\eta_x\boldsymbol{f}+\eta_y\boldsymbol{g}+\eta_z\boldsymbol{h})\\
&\bar{\boldsymbol{h}}=J^{-1}(\zeta_t\boldsymbol{u}+\zeta_x\boldsymbol{f}+\zeta_y\boldsymbol{g}+\zeta_z\boldsymbol{h})
\end{aligned}\right\}\tag{2.4.7}$$

其中,J 为坐标变换中的 Jacobian 行列式:

$$J=\left|\frac{\partial(\xi,\eta,\zeta)}{\partial(x,y,z)}\right|=\begin{vmatrix}\xi_x & \xi_y & \xi_z\\ \eta_x & \eta_y & \eta_z\\ \zeta_x & \zeta_y & \zeta_z\end{vmatrix} \tag{2.4.8}$$

可以看出,在曲线坐标系(ξ,η,ζ)和 Cartesian 坐标系(x,y,z)中黏性流动 N-S 方程组的形式是相似的。

2-4-2 无黏流动

当流动雷诺数 $Re\to\infty$ 时,黏性流动 N-S 方程组就简化为无黏流动 Euler 方程组。对某些主流方向的黏性效应进行简化,就得到简化的抛物型 N-S 方程组。如果流动满足无旋、等熵条件,无黏流动 Euler 方程组还可以进一步简化为全位势方程组。若流场中扰动较小时,全位势方程就能简化为更简单的小扰动位势方程组。在工程流动问题中,所有这些简化的流动方程组都已得到广泛应用。

2-4-3 简化的黏性流动

在某些特定条件下,黏性流动也可以被简化。例如,在黏性流动 N-S 方程组中把黏性耗散项中沿着某个主流方向(如在 x 方向)的导数项中的一部分或全部忽略掉,它就被简化成薄层 N-S 方程组(TLNS 方程组):

$$\frac{\partial \boldsymbol{u}}{\partial t}+\frac{\partial \boldsymbol{f}}{\partial x}+\frac{\partial \boldsymbol{g}}{\partial y}=\frac{\partial \boldsymbol{s}_y'}{\partial y} \tag{2.4.9}$$

在定常条件下,薄层 N-S 方程组就是抛物型 N-S 方程组:

$$\frac{\partial \boldsymbol{f}^*}{\partial x}+\frac{\partial \boldsymbol{g}}{\partial y}=\frac{\partial \boldsymbol{s}_y''}{\partial y} \tag{2.4.10}$$

其中,$\boldsymbol{s}_y'$表示在 N-S 方程组中的 $\boldsymbol{s}_y$项中忽略了一部分主流方向的导数项,而 $\boldsymbol{s}_y''$表示在 N-S 方程组中的 $\boldsymbol{s}_y$项中忽略所有的主流方向的导数项。薄层 N-S 方程组和抛物型 N-S 方程组统称为扩散抛物型[(DP)NS]方程组。

众所周知,在定常 N-S 方程组中如果略去$\dfrac{1}{Re^{\frac{1}{2}}}$和更小量级的项,则 N-S 方程组还可以简化为边界层方程组。

第 5 节 湍流基本方程组简介

2-5-1 湍流

湍流的基本特征是具有随机性质的涡旋结构以及这些涡旋在流体内部的不规则随机运动引起流体的速度、压力、温度等各种流动物理量的脉动。在湍流中包含着各种不同尺度的涡旋运动,组成连续的涡旋谱。所有的涡旋都经历着发展和衰减过程，直到完全消失。

在湍流中大涡旋尺度与流动边界条件密切相关，决定着湍流的主要力学特征。大尺度涡旋主要受惯性力的影响，不断从主流获得能量，通过涡旋之间的相互作用，把能量逐渐传递给小尺度的涡旋，它是引起低频脉动的主要原因。而小尺度涡旋主要和黏性作用有关，在黏性作用下不断把湍流的机械能转化为热能，使湍流能量逐渐被消耗，它是引起高频脉动的主要原因。尽管湍流是由各种不同尺度涡旋结构组成的，但是，瞬态的和不规则随机脉动的湍流仍然符合连续介质假设。因此湍流中所有的流动量仍然遵守连续介质的一般运动规律，其瞬态量仍满足黏性流动的 N－S 方程组。由于湍流具有不规则随机脉动特性，因此湍流问题十分复杂，至今仍没有完全解决，是当今流体力学中研究的热门课题之一。

2－5－2　湍流的数值模拟

湍流的数值模拟目前主要有以下三类[7,8]：

1. 直接数值模拟算法(DNS 算法)

湍流直接数值模拟(DNS)是采用非常紧密的空间网格和非常小的时间步长，在不加任何假设和简化条件下直接对瞬时的 N－S 方程组进行求解的算法。DNS 算法的最大优点是，没有对湍流作任何简化和近似。理论上说，可以得到相对准确的计算结果。但是，实验测试结果表明，在一个不太大的流动区域内(大约 10 cm × 10 cm × 10 cm)高雷诺数($Re = 10^7 \sim 10^8$)湍流中的涡旋尺度可以小到 μm 量级。如果要描述出湍流中所有的涡旋，则计算网格数要高达 $10^9 \sim 10^{12}$，时间步长必须取为 10～100 μs以下。对于这样的计算要求，以目前计算机能力还不能完全实现。由于湍流 DNS 算法对计算机计算速度和内存要求很高，因此，目前还无法做到真正意义上的工程计算，只能对非常简单的湍流进行直接数值模拟，但有关 DNS 算法大量的探索性的研究工作目前仍在不断开展之中。

2. 大涡模拟算法(LES 算法)

由湍流理论可知，湍流是由许多不同尺度大小的涡旋组成的。在湍流中大尺度涡旋对不规则随机脉动与混合过程起着比较重要的作用，对平均流动影响比较大。各种湍流变量的扩散和交换，质量、动量和能量的转换都是通过大尺度涡旋来实现的。同时，各种不同的流动和边界条件也对大尺度涡旋有十分明显的作用，使大尺度涡旋具有明显的各向异性特性。而小尺度涡旋主要对耗散起作用，通过耗散效应影响各种湍流变量，受边界条件的影响小。在高雷诺数流动中小尺度涡旋可以近似看作各向同性，有较大的共性，容易建立通用的模型。基于上述物理分析，近几十年来发展了一种有一定应用前景的大涡模拟数值算法(LES 算法)。它的基本思路是：把湍流中的大尺度涡旋和小尺度涡旋的作用分开处理，大尺度涡旋可通过对 N－S 方程组直接求解，而小尺度涡旋可通过亚网格尺度近似模型和大尺度涡旋建立关系，计算小尺度涡旋对大尺度涡旋的影响。目前，大涡模拟算法已经成为湍流数值计算的主流算法。

LES 算法中对大尺度涡旋的各种流动量计算不能简单地使用原来的 N－S 方程，必须通过滤波函数对 N－S 方程进行修改。滤波函数的作用是滤掉由小尺度涡旋产生的高频波，保留由大尺度涡旋产生的低频波，但是，仍然允许把能量从大尺度涡旋传递给小尺度涡旋。滤波以后大尺度涡旋并不是平均量，仍然具有大尺度涡旋的脉动现象。滤波函数需要滤掉多大尺度的波，由滤波尺度 Δ 来控制。

如果把流动速度分解成大尺度和亚网格尺度速度分量之和，即 $u_i = \overline{u}_i + u'_i$，然后，把它代入滤波后的 N－S 方程，通过滤波把原来的 N－S 方程进行简化和修正，就可以得到滤波后的简化方程。以不可压缩黏性流动为例，滤波后的简化方程为：

$$\frac{\partial \overline{u}_i}{\partial t} + \frac{\partial}{\partial x_j}(\overline{u}_i\overline{u}_j) = -\frac{1}{\rho}\frac{\partial \overline{p}}{\partial x_i} + \frac{\partial}{\partial x_j}\left(v\frac{\partial \overline{u}_i}{\partial x_i} - \tau_{i,j}\right) \tag{2.5.1}$$

其中亚网格雷诺应力为：

$$\tau_{i,j} = (\overline{\overline{u}_i\overline{u}_j} - \overline{u}_i\overline{u}_j) + \overline{\overline{u}_i u'_j} + \overline{u'_i\overline{u}_j} + \overline{u'_i u'_j} \tag{2.5.2}$$

这是一个由非线性效应产生的未知量，也称为拟雷诺应力。式中$\overline{u'_i u'_j}$是由亚网格尺度速度分量组成，不包含大尺度运动，反映了小尺度量对大尺度量的影响。因此，它对主流影响的量级和重要性都要比雷诺应力低得多。为了求解滤波后的简化方程(2.5.1)，可通过不同的亚网格尺度模型建立亚网格雷诺应力与大尺度涡旋量之间的关系，由此可形成不同的亚网格尺度模型。

3. 雷诺时均算法(RANS 算法)

在工程湍流数值计算中应用最为广泛的是雷诺时均算法(RANS 算法)。它的基本思路是：把湍流的 N－S 方程组对时间进行平均，得到雷诺时均(RANS)方程组。为此，必须在原来的 N－S 方程组中引入反映湍流特征的脉动量概念，即把湍流的瞬态量 ϕ 分解为时间平均量 $\overline{\phi}$ 和脉动量 ϕ'，则有：

$$\phi = \overline{\phi} + \phi' \tag{2.5.3}$$

其中平均量 $\overline{\phi}$ 为瞬态量 ϕ 的时间平均量：

$$\overline{\phi} = \lim_{t\to\infty}\frac{1}{t}\int_{t_0}^{t_0+t}\phi \mathrm{d}t \tag{2.5.4}$$

一般把这种对时间的平均称为雷诺时均(Reynolds Average)，所得到的方程组称为雷诺时均(RANS)方程组。

RANS 算法实际上就是把具有不规则随机脉动的湍流当作层流来处理，这样，湍流 RANS 方程组和层流 N－S 方程组在形式上完全一样，但方程组中参数不是瞬态量，而是平均量。雷诺时均 RANS 方程组为：

$$\left.\begin{aligned}&\frac{\partial\rho}{\partial t}+\frac{\partial}{\partial x_j}(\rho\bar{u}_j)=0\\&\frac{\partial}{\partial t}(\rho\bar{u}_i)+\frac{\partial}{\partial x_j}(\rho\bar{u}_i\bar{u}_j)=-\frac{\partial p}{\partial x_i}+\frac{\partial}{\partial x_j}\left[\mu\left(\frac{\partial\bar{u}_i}{\partial x_j}+\frac{\partial\bar{u}_j}{\partial x_i}\right)-\rho\overline{u'_iu'_j}\right]-\frac{2}{3}\frac{\partial}{\partial x_j}\left(\mu\frac{\partial\bar{u}_j}{\partial x_i}\right)\\&\frac{\partial}{\partial t}(\rho c_p\bar{T})+\frac{\partial}{\partial x_j}(\rho c_p\bar{u}_j\bar{T})=\frac{\partial}{\partial x_j}\left[\frac{\mu}{Pr}\frac{\partial}{\partial x_j}(c_p\bar{T})-\rho c_p\overline{u'_jT'}\right]+Q\end{aligned}\right\}\tag{2.5.5}$$

其中 u'_i、T'是湍流脉动速度和脉动温度,$\bar{u}_i$、$\bar{T}$是湍流平均速度和平均温度。

在上述时间平均过程中实际上忽略了密度的脉动变化。在不可压缩流动中一般是可行的,但对于密度变化较大的流动,密度脉动是必须要考虑的。然而,考虑了密度脉动变化后的湍流 RANS 方程组中会出现许多与密度脉动有关的二阶和三阶的相关项,这样方程组就变得十分复杂。为此,Favre 提出了密度加权平均概念,即把压力和密度采用时间平均,而其他变量都采用密度加权平均。采用密度加权平均后的方程组被称为 FANS 方程组。

由上述 RANS 方程组中可以看出,在采用了雷诺时均近似算法后,在 N－S 方程组中就会出现一些新的未知的雷诺相关项(二阶相关项),如雷诺应力项 $-\overline{\rho u'v'}$、雷诺扩散项 $-\overline{\rho u'm'}$、雷诺热传导项 $-\overline{\rho c_p u'T'}$等,其中,$m'$为湍流脉动扩散质量。这些未知的附加项的出现使 RANS 方程组不再是封闭的方程组。为了使 RANS 方程组封闭,必须对 RANS 方程中这些未知的附加项进行近似处理,即建立近似计算湍流脉动量的湍流模型。在 FANS 方程组中也会出现类似的问题,也可采用和 RANS 方程组类似的近似处理方法。采用不同的近似方法,就构成不同的 RANS 方程组和 FANS 方程组近似湍流模型。

目前在工程应用中采用的最多的近似湍流模型是湍流黏性系数模型。这类模型把湍流的切应力表示成湍流黏性系数的函数,整个计算的关键是如何确定湍流黏性系数。若忽略密度脉动和其他小量脉动的影响,根据 Boussionesq 假设,可把湍流黏性看做是各向同性的标量。对于二维非定常湍流流动,雷诺应力项为:

$$-\overline{\rho u'v'}=\mu_t\frac{\partial u}{\partial y},\qquad -\overline{\rho v'^2}=-2\mu_t\frac{\partial v}{\partial y}+\frac{2}{3}\rho k\tag{2.5.6}$$

其中 u'、v'为湍流脉动速度分量,μ_t为湍流黏性系数,$k=\frac{1}{2}(u'^2+v'^2)$为湍流动能。

在上述假设下,仍可用上述微分形式或积分形式 N－S 方程组,方程组中 μ 应该取为:

$$\mu=\mu_l+\mu_t\tag{2.5.7}$$

其中 μ_l是层流黏性系数。通常 $\mu_t\gg\mu_l$,而湍流黏性系数 μ_t需要通过各种不同的工程湍流模型来确定。

2-5-3 工程湍流模型

工程湍流模型的合理选取和确定对湍流的数值计算结果会产生重要影响。一般说来,采用不同的工程湍流模型,对计算过程并不会造成严重困难,但是,计算结果会有明显的差别。工程湍流模型主要有以下几种:

(1) 代数湍流模型

它采用简单的代数关系式把湍流黏性系数与湍流平均量联系起来。其中应用较广泛的是 Baldwin-Lomax 模型,简称 B-L 模型。B-L 湍流模型简单直观,在边界层流动和不存在太大分离的流动中计算效果较好,应用也较广泛。但是,B-L 湍流模型需要确定黏性层的厚度,而如何确定黏性层的厚度是比较麻烦的问题。

(2) 一方程湍流模型

它通过建立一个计算湍流脉动动能的方程,把湍流黏性系数与湍流脉动动能及脉动特征尺度联系起来。由于这类湍流模型没有经过广泛应用检验,因此,原始的一方程湍流模型已很少被应用。但是,近年有学者提出一种改进的 Spalart-Allmaras 湍流模型,简称为 S-A 模型,在湍流计算中取得较好的计算效果,重新引起人们对一方程湍流模型的关注,并在航空航天领域中得到推广应用。

(3) 两方程湍流模型

它通过建立两个计算湍流脉动动能的方程,把湍流黏性系数与湍流脉动动能及脉动特征尺度联系起来。这类湍流模型中,$k-\varepsilon$ 模型是应用最广泛的湍流模型。根据定义,湍流动能为 $k=\dfrac{1}{2}(u'^2+v'^2)$,而湍流黏性系数 $\mu_t=\dfrac{l_0}{t_0}$,式中 l_0 为湍流长度尺度,t_0 为湍流时间尺度。一般假设 l_0 和 t_0 与湍流动能 k 和湍流耗散率 ε 有关,即 $l_0\propto\dfrac{k^{\frac{3}{2}}}{\varepsilon}$,$t\propto\dfrac{k}{\varepsilon}$,因此,湍流黏性系数定义为:

$$\mu_t=\frac{c_\mu\rho k^2}{\varepsilon} \tag{2.5.8}$$

这样就得到两方程的 $k-\varepsilon$ 模型。1972 年 Launder-Spalding 提出了原始 $k-\varepsilon$ 模型,并给出了 k 和 ε 的控制式方程:

$$\frac{\partial k}{\partial t}+\overline{u}_i\frac{\partial k}{\partial x_i}=p-\varepsilon+\frac{\partial}{\partial x_i}\left(\frac{\mu_t}{\sigma_k}\frac{\partial k}{\partial x_i}\right) \tag{2.5.9}$$

$$\frac{\partial \varepsilon}{\partial t}+\overline{u}_i\frac{\partial \varepsilon}{\partial x_i}=C_{\varepsilon1}\frac{\varepsilon}{k}p-C_{\varepsilon2}\frac{\varepsilon^2}{k}+\frac{\partial}{\partial x_i}\left(\frac{\mu_t}{\sigma_\varepsilon}\frac{\partial \varepsilon}{\partial x_i}\right) \tag{2.5.10}$$

式中湍流动能生成项为:

$$p=2\mu_t\overline{S}_{i,j}\overline{S}_{i,j} \tag{2.5.11}$$

$$\overline{S}_{i,j}=\frac{1}{2}\left(\frac{\partial\overline{u}_i}{\partial x_j}+\frac{\partial\overline{u}_j}{\partial x_i}\right) \tag{2.5.11a}$$

两方程 $k-\varepsilon$ 湍流模型系数为:

$$c_{\mu}=0.09,\quad C_{\varepsilon1}=1.44,\quad C_{\varepsilon2}=1.92,\quad \sigma_k=1.0,\quad \sigma_{\varepsilon}=1.3 \tag{2.5.12}$$

由于 $k-\varepsilon$ 湍流模型形式简单,使用方便,多年来被广泛应用于工程问题。但是,大量的计算结果与实验数据比较表明,它仅仅适用于射流、管流等比较简单的湍流流动。对于一些具有很强涡旋、分离等的复杂湍流流动,计算效果并不好。为了扩大 $k-\varepsilon$ 湍流模型的应用范围,许多学者对它进行了改造和修正,提出了其他形式的两方程湍流模型,其中 $k-\omega$ 湍流模型是近年来最受关注和被推广应用的湍流模型。

虽然两方程湍流模型形式简单,使用方便,但它总是无法反映湍流的各向异性特性。为此,一些学者直接从雷诺时均方程组出发导出雷诺应力输运方程,这就是雷诺应力模型,也可以称为二阶矩封闭模型。然而,雷诺应力模型又会引入一些新的二阶、三阶未知相关量,使方程的形式变得很复杂,求解的方程数目也增多,虽然可以采用一些近似方法来处理,但仍会带来不少困难。于是有些学者提出一种便于工程应用的代数应力模型,或非线性湍流黏性模型。它的基本思路是在两方程 $k-\varepsilon$ 湍流模型的基础上,采用简化的应力与应变关系,例如采用二次或三次应力应变关系式,来简化雷诺应力模型。代数应力模型既考虑了湍流各向异性效应,又比雷诺应力模型简单得多,是一种有发展前景的湍流模型。

第 6 节　连续介质力学基本方程组简介

2-6-1　流体弹塑性模型

连续介质力学模型[9,10](也称流体弹塑性模型)是在研究超高速撞击、强爆炸、激光和高能粒子与物质相互作用以及其他极端条件下的动态过程时提出来的。以超高速撞击和强爆炸为例,由于它们在极短时间(μs 量级)和较小空间中释放出巨大的能量,具有很高的能量率(单位时间内释放出的能量),在中心点附近的介质(无论是气体、液体等流体,还是金属、岩土等固体)中形成极高压力和极高温度的强间断——强激波。强激波在周围介质中传播和扩展,并逐渐减弱。周围的介质在强激波作用下经历了相变(气化和液化)、变形(塑性和弹性)和破坏(破碎和断裂)等复杂过程。

由于强激波后的压力和温度极高,中心点附近的固体介质会产生相变(气化、液化)。在早期和中心点附近,和激波后的压力相比,周围固体介质内的切应力和屈服强度可以被忽略,因此,可以把固体介质看做是流体。在后期或远区,激波强度随着时间和距离增加而逐渐减弱,固体介质内的切应力和屈服强度明显比激波后压力高,介质的流动特征已不明显,这时介质就成为固体。即使在中心点附近的介质,早期处于流体状态,但是随着时间增加,由于其压力和温度下降,也会由原来的流体状态重新转化为固体状态。

早期在研究极端条件下的动态过程时,主要采用分区算法。在中心点附近,介质被看做是流体，采用流体模型计算；而在远区，介质被看做是固体，采用弹塑性模型计算。由于在这种动态过程中介质无法严格区分为流体和固体，也无法确定流体和固体的确切边界。因此，这种分区算法带有明显的人为因素，既不能真实反映物理问题的基本特性，也十分不合理。

由此可知，在这种动态过程中把周围的介质简单地看成是固体或流体已不能准确地反映这一复杂的过程。为了反映介质在早期和晚期、中心点附近和远区连续而自然地过渡和变化的状态特性，流体弹塑性模型（FEP 模型）是唯一能很好反映这一特性的数学模型[11]。

2-6-2 流体弹塑性模型的基本方程组

FEP 模型的基本思路是：首先，把介质的受力状态看做是内应力 $\sigma_{i,j}$，并把它分解为各向均匀的静水压力 $-p\delta_{i,j}$（负号表示应力是以拉应力为正）与应力偏量 $S_{i,j}$ 之和：

$$\sigma_{i,j} = -p\delta_{i,j} + S_{i,j} \tag{2.6.1}$$

其中

$$p = -\left(\frac{1}{3}\right)\sigma_{i,i} \tag{2.6.2}$$

同时，介质在受力状态下会产生变形，它可以由应变率 $\dot{e}_{i,j}$ 来反映。和应力分解类似，也把应变率 $\dot{e}_{i,j}$ 分解为各向均匀比容变化率 $\frac{1}{3}\left(\frac{\dot{V}}{V}\right)\delta_{i,j}$ 与反映介质畸变的应变率偏量 $\dot{\varepsilon}_{i,j}$ 之和：

$$\dot{e}_{i,j} = \frac{1}{3}\left(\frac{\dot{V}}{V}\right)\delta_{i,j} + \dot{\varepsilon}_{i,j} \tag{2.6.3}$$

其中应变率 $\dot{e}_{i,j}$ 为应变 $e_{i,j}$ 对时间的导数，$\dot{V}$ 为比容 V 对时间的导数，$\dot{\varepsilon}_{i,j}$ 为应变偏量 $\varepsilon_{i,j}$ 对时间的导数，$\delta_{i,j}$ 为 Kronecker 符号，也称为单位矩阵。同时有：

$$\left(\frac{\dot{V}}{V}\right) = \dot{e}_{i,i} \tag{2.6.4}$$

描述 FEP 模型同样也有两种方法[12]：Eulerian 方法和 Lagrangian 方法。它的基本方程组也存在两种形式：微分形式和积分形式。在忽略重力、黏性和热传导情况下，FEP 模型的 Eulerian 型的微分形式方程组为：

$$\left.\begin{aligned}
&\frac{\mathrm{d}\rho}{\mathrm{d}t} + \rho\frac{\partial u_i}{\partial x_i} = 0\\
&\rho\frac{\mathrm{d}u_i}{\mathrm{d}t} - \frac{\partial}{\partial x_j}(\sigma_{i,j}) = 0\\
&\rho\frac{\mathrm{d}E_{\mathrm{m}}}{\mathrm{d}t} - \frac{\partial}{\partial x_i}(\sigma_{i,j}u_j) = 0
\end{aligned}\right\} \tag{2.6.5}$$

Eulerian 型的积分形式方程组为：

$$\left.\begin{aligned}
&\frac{\partial}{\partial t}\int_{\Omega}\rho\mathrm{d}\Omega=-\int_{s}(\rho u_i)n_i\mathrm{d}s\\
&\frac{\partial}{\partial t}\int_{\Omega}\rho u_j\mathrm{d}\Omega=-\int_{s}pn_j\mathrm{d}s+\int_{s}S_{i,j}n_i\mathrm{d}s-\int_{s}\rho u_j(u_in_i)\mathrm{d}s\\
&\frac{\partial}{\partial t}\int_{\Omega}\rho E_{\mathrm{m}}\mathrm{d}\Omega=-\int_{s}pu_in_i\mathrm{d}s+\int_{s}S_{j,i}u_jn_i\mathrm{d}s-\int_{s}(\rho u_iE_{\mathrm{m}})n_i\mathrm{d}s
\end{aligned}\right\}\tag{2.6.6}$$

式(2.6.5)中 x_i是空间坐标，ρ 是密度，n_i是单元面法线方向余弦，E_{m}是单位质量流体总能量，$E_{\mathrm{m}}=e+\frac{1}{2}u_iu_i$，$e$ 为单位质量内能，u_i为介质速度。

同样，也可以导出 Lagrangian 型的微分形式和积分形式方程组。这里不再详细推导。

介质的静水压力 p 是各向同性的，它满足介质热力学状态方程，即静水压力 p 是比容 V、密度 ρ 或内能 e 的函数：

$$p=(V,e)\text{或}p=(\rho,e)\tag{2.6.7}$$

而应力偏量 $S_{i,j}$是各向异性的，需满足介质的本构关系，即应力偏量 $S_{i,j}$是应变偏量 $\varepsilon_{i,j}$、应变率偏量 $\dot{\varepsilon}_{i,j}$、内能 e 和表征破坏的特征量 K 的函数：

$$S_{i,j}=S_{i,j}(\varepsilon_{i,j},\dot{\varepsilon}_{i,j},e,K)\tag{2.6.8}$$

从本构关系式(2.6.8)中可以看出，一方面，体积变化会影响介质所受的静水压力和内能变化，从而改变介质强度特性，最终会影响到介质畸变；另一方面，介质畸变所消耗的塑性功又能使内能增加，反过来也会影响介质的体积变化。这表明，采用流体弹塑性模型时，在介质的体积变形和剪切变形之间，力学效应和热效应之间存在着强烈的相互耦合作用。因此，在极端条件下的动态过程中介质不能简单地把体积变形和剪切变形、静水压力和应力偏量、力学效应和热效应完全分开来单独处理，而必须考虑它们之间的耦合作用。

在 FEP 模型中当应力偏量很小或等于零时，介质可以看做是流体状态；若应力偏量很大时，可认为介质是固体状态。当介质是固体状态时，介质可能呈现弹性或塑性特性。在弹性状态时一般情况下可用胡克定律来描述；在塑性状态时可用理想塑性关系描述，即 Von Mises 屈服准则来判断介质是否发生屈服和进入塑性状态。若介质已经屈服并进入塑性状态，则可采用 Prandtl-Reuss 关系来描述屈服后应力和应变关系。介质也可能发生断裂。当介质发生断裂时，必须采用动态断裂准则来进行判别，并进行断裂的处理。应该指出的是，动态断裂准则和断裂的描述目前尚处在研究阶段，还没有很好的适合于工程应用的办法，通常采用比较简单的近似方法，如用比容来判断是否发生断裂等。

第 7 节 流体力学基本方程组数学性质及其类型

2-7-1 流体力学问题的物理类型

自然界中存在各种复杂流动。它们大体上可分为:演化问题和平衡问题。

1. 演化问题

演化问题是指一类和时间有关的、并随时间变化的瞬态流动问题。例如,瞬态热传导问题、非定常流动和波传播问题等。这类问题的基本方程(组)是双曲型方程(组)或抛物型方程(组)。

双曲型方程(组)描述的是和时间有关的、不存在耗散效应的流动和波传播问题。它们一般必须给出 $t=0$ 时的初始条件和 $t>0$ 时所有的边界条件。因此,双曲型方程(组)所描述的问题称为初边值问题。流动内部允许存在间断是双曲型方程(组)最明显的特点,例如,在流动中存在激波间断。正因为流动内部允许存在间断,双曲型方程(组)描述的流体流动问题需要有一套独特的数值算法。

抛物型方程(组)描述的也是和时间有关的、伴随着明显耗散效应的流动问题。例如,非定常黏性流动、热传导和扩散问题。它们一般必须给出 $t=0$ 时的初始条件和 $t>0$ 时所有的边界条件。因此,抛物型方程(组)所描述问题也是初边值问题。由于存在耗散效应,求解区域内 $t>t_p$ 时解总是光滑的,即使初始条件存在间断。

特别需要指出的是,并不只是所有的演化问题的方程(组)都是双曲型的和抛物型的。在某些特殊的定常问题中,方程(组)也可能是双曲型的和抛物型的。

2. 平衡问题

平衡问题是指一类定常的、和时间无关的流动问题。例如,各种黏性和无黏定常流动问题和热传导问题。这类问题的方程(组)是椭圆型的。最典型的椭圆型方程是 Laplace 方程或 Poisson 方程。它们一般只要给出 $t>0$ 时所有的边界条件,就能求出它们的解,而且解是唯一的。因此,椭圆型方程(组)所描述的问题称为边值问题。它的主要特点:求解区域内某一点值是和所有相邻点值紧密相关的,解的影响范围遍及全流场。即使在求解区域边界上存在间断,它的解总是光滑的。

2-7-2 分析偏微分方程数学性质和类型的意义

在数学上偏微分方程一般划分为双曲型、抛物型和椭圆型三种类型。不同类型方程所描述的流动主要特征与物理背景是很不一样的,它们的数学性质、定解条件提法和数值算法也大相径庭。三种类型方程数学性质的基本差别是:

(1) 不同类型方程对定解条件的提法是不同的。椭圆型方程:

$$\frac{\partial^2 u}{\partial x^2}+\frac{\partial^2 u}{\partial y^2}=f(x,y),\ (x,y)\in D \tag{2.7.1}$$

它的定解条件只需要边值条件:

$$u(x,y)=g(x,y),\ (x,y)\in\partial D \tag{2.7.1a}$$

其中 D 是边界为 ∂D 的有界区域。此时方程是适定的，即解是存在的。

双曲型方程或抛物型方程：

$$\left.\begin{aligned}\frac{\partial^2 u}{\partial t^2}-\frac{\partial^2 u}{\partial x^2}=0\\ \frac{\partial u}{\partial t}+\frac{\partial u}{\partial x}=\frac{\partial^2 u}{\partial x^2}\end{aligned}\right\} \tag{2.7.2}$$

它的定解条件必须有初始条件和边界条件。这样的定解条件下，它们才是适定的，解是存在的。

(2) 不同类型方程对定解条件的光滑性要求是不同的。一般说来，椭圆型、抛物型方程的解总是充分光滑的，因此，它对定解条件光滑性要求不高；而双曲型方程的解可能出现间断，所以它对定解条件光滑性要求较高。

(3) 不同类型方程有不同影响区和依赖区，求解算法也会有不同。双曲型方程和抛物型方程的解的影响区是有界的，在求解双曲型方程时，采用迎风型差分格式比较合理；而椭圆型方程的解的影响范围遍及全流场，采用中心差分格式计算效果较好。

2-7-3　分析流动方程组数学性质和类型的基本思路

流动方程组通常都是一阶或二阶拟线性偏微分方程组，因此，在讨论它们的数学性质和分类时，仍然可以采用数学上讨论偏微分方程组数学性质和类型的方法。

设一阶拟线性偏微分方程组为：

$$\boldsymbol{A}\frac{\partial \boldsymbol{u}}{\partial x}+\boldsymbol{B}\frac{\partial \boldsymbol{u}}{\partial y}=\boldsymbol{H} \tag{2.7.3}$$

其中 $\boldsymbol{u}=(u_1\quad u_2\quad\cdots\quad u_n)^{\mathrm{T}}$，$\boldsymbol{H}=(H_1\quad H_2\quad\cdots\quad H_n)^{\mathrm{T}}$ 为 n 阶列矢量，矩阵 $\boldsymbol{A}$ 和 $\boldsymbol{B}$ 为 $n\times n$ 阶矩阵。方程组(2.7.3)的特征方程为：

$$\det(\sigma_{1i}a_{i,j}+\sigma_{2i}b_{i,j})=0 \tag{2.7.4}$$

其中 det 表示矩阵行列式，$a_{i,j}$ 和 $b_{i,j}$ 为矩阵 $\boldsymbol{A}$ 和 $\boldsymbol{B}$ 中所对应的元素，σ_{1i} 和 σ_{2i} 是特征方程的系数。它的特征根为：

$$\lambda_i=-\frac{\sigma_{1i}}{\sigma_{2i}},\quad (i=1,2,\cdots,n) \tag{2.7.5}$$

一般说来，当 λ_i 为 n 个相异的实根时，该方程组是双曲型的；当 λ_i 为 n 个重根时，该方程组主要具有抛物型性质，但也有可能部分方程是双曲型的，部分方程是抛物型的；当 λ_i 为 n 个虚根或复根时，该方程组是椭圆型的。

流体力学中的定常无黏可压缩流动方程组可简化为由两个未知函数 $u_1(x,t)$ 和 $u_2(x,t)$ 组成的二阶拟线性方程组：

$$(a^2-u_x^2)\frac{\partial^2 u}{\partial x^2}-2u_xu_y\frac{\partial^2 u}{\partial x\partial y}+(a^2-u_y^2)\frac{\partial^2 u}{\partial y^2}=0 \tag{2.7.6}$$

其中 a 为流动声速。设

$$A = a^2 - u_x^2,\quad B = 2u_x u_y,\quad C = a^2 - u_y^2$$

则它的特征方程为：

$$A\lambda^2 + B\lambda + C = 0 \tag{2.7.7}$$

由偏微分方程分类法可知：

当 $B^2 - 4AC > 0$ 时，λ 有两个相异的实根，它是双曲型的；

当 $B^2 - 4AC = 0$ 时，λ 有一个实根，它是抛物型的；

当 $B^2 - 4AC < 0$ 时，λ 有两个虚根，它是椭圆型的。

对于一般形式的二阶偏微分方程(组)的类型的分析比较复杂。设具有 N 个变量的二阶非线性偏微分方程为：

$$\sum_i^N \sum_j^N A_{i,j}\frac{\partial^2 u}{\partial x_i \partial x_j} + H = 0 \tag{2.7.8}$$

这里 $A_{i,j}$ 为系数矩阵的元素，且有 $A_{i,j} = A_{j,i}$。它的特征方程为：

$$\det(\boldsymbol{A} - \lambda \boldsymbol{I}) = 0 \tag{2.7.9}$$

这里 $\boldsymbol{I}$ 是单位矩阵。原则上它可以采用以下的分类规则：

(1) 若有任意一个特征值 $\lambda = 0$，则它是抛物型方程。

(2) 若所有特征值 $\lambda \neq 0$ 且同号，则它是椭圆型方程。

(3) 若所有特征值 $\lambda \neq 0$ 且只有一个不同号，则它是双曲型方程。

对于一般形式的具有 N 个变量的高阶非线性偏微分方程(组)的数学性质和类型的分析要比上述分类方法更为复杂。高阶非线性偏微分方程(组)的数学性质和分类的详细讨论，可参考有关数学专著，在此不再详述。

流体流动的基本方程组可能是一阶偏微分方程，也可能是二阶偏微分方程，也可能是一阶、二阶混合偏微分方程。所有这些偏微分方程的类型的分析都可以通过引入某些辅助变量，将它们转化为一阶偏微分方程组，然后再讨论它们的类型。因此，通常可以通过分析一阶偏微分方程组的数学性质和类型，来确定流体力学基本方程组的数学性质和类型。实践表明，这样的做法是可行的。但需要注意的是，在选择辅助变量时，必须保证把高阶偏微分方程组转化成一阶偏微分方程组后，它的系数矩阵无奇异性。

2-7-4　分析流动方程组的数学性质和类型的基本假设[13]

为了便于分析流动方程组的数学性质和类型，假设：

(1) 允许方程组中不同方程有不同的数学性质和类型，且在求解过程中各自保持自己的类型。在对方程组提定解条件时必须十分谨慎，所提的定解条件必须和相应的方程类型相适应。

(2) 整个方程组的数学性质和类型应由方程组中占主导地位的一个或几个方程的数学性质来决定。例如，方程组为：

$$\frac{\partial u}{\partial x} + \frac{\partial v}{\partial y} = 0 \tag{2.7.10}$$

$$\frac{\partial v}{\partial x}+\frac{\partial u}{\partial y}=b\frac{\partial^2 v}{\partial y^2} \tag{2.7.11}$$

显然方程(2.7.10)是双曲型的,方程(2.7.11)是抛物型的。把这两个方程写成矢量形式:

$$\begin{pmatrix}u\\v\end{pmatrix}_x+\begin{pmatrix}0&1\\1&0\end{pmatrix}\begin{pmatrix}u\\v\end{pmatrix}_y=\begin{pmatrix}0\\bv_{yy}\end{pmatrix} \tag{2.7.12}$$

并将式(2.7.10)和式(2.7.11)相加,得到:

$$(u+v)_x+(u+v)_y=bv_{yy} \tag{2.7.13}$$

将式(2.7.10)和式(2.7.11)相减,得到:

$$(v-u)_x+(u-v)_y=bv_{yy} \tag{2.7.14}$$

再将式(2.7.13)和式(2.7.14)写成矢量形式:

$$\begin{pmatrix}u+v\\v-u\end{pmatrix}_x+\begin{pmatrix}u+v\\u-v\end{pmatrix}_y=b\begin{pmatrix}v_{yy}\\v_{yy}\end{pmatrix} \tag{2.7.15a}$$

令 $r=u+v, s=u-v$,则上式变成:

$$\begin{pmatrix}r\\-s\end{pmatrix}_x+\begin{pmatrix}r\\s\end{pmatrix}_y=\frac{b}{2}\begin{pmatrix}r-s\\r-s\end{pmatrix}_{yy} \tag{2.7.15b}$$

显然式(2.7.15b)中两个方程都是抛物型的。由此可知,若方程组中一个是抛物型,另一个是双曲型,则总体上方程组是抛物型的。因此方程(2.7.11)是这个方程组中占主导地位的方程。

(3) 若方程组中各个方程是由多个变量所组成,这时应该根据各个方程的物理特性确定一个主变量,并由它来分析各个方程的类型。例如,定常连续方程:

$$u\frac{\partial\rho}{\partial x}+\rho\frac{\partial u}{\partial x}+v\frac{\partial\rho}{\partial y}+\rho\frac{\partial v}{\partial y}=0 \tag{2.7.16}$$

方程中 ρ 是主要变量。同样,在动量方程中速度 u 是主要变量。

(4) 流场中不同区域的方程组数学性质和类型是不同的。因此,在不同区域内方程组的数学性质和类型,应由不同区域内占主导地位的方程来决定。例如,在一定攻角下气流绕过薄机翼时,在机翼附近存在很薄的边界层,在边界层内方程是抛物型的,而在边界层外方程是双曲型的。

(5) 方程组的数学性质和类型又和具体流动状态有关。流动一般可分为:定常流和非定常流;超声速流、亚声速流和跨声速流;黏性流和无黏流等,在不同的流动中方程组应有不同的数学性质和类型。

流动方程组一般都是非线性方程组。数学上至今对非线性方程组数学性质分析没有成熟理论。目前一般的做法是:首先必须对它们进行线性化,然后,再对线性化后的方程组进行分析和讨论。自然界中流体运动是十分复杂的,不同条件下流动性质不同,方程组形式不同,它们具有的数学性质和类型也不同。要对所有的流动方程组都一一进行分析和讨论是不现实的。在这里仅对流体力学领域中最典型和最有代表性的几种流动进行分析和讨论。它们是:

1）可压缩黏性流动。

2）可压缩无黏流动。

3）不可压缩黏性流动。

4）不可压缩无黏流动。

在上述四种流动中又可分为非定常流动和定常流动。不失一般性，我们以 Cartesian 坐标系下二维非定常守恒型层流 N－S 方程组为基础，对上述四种流动的数学性质和类型进行分析和讨论。但是，要严格分析和讨论它的数学性质和类型是不容易的，这里所介绍的方法只是一种具有启示性的方法[13,14]。

在不考虑体力、外部热源和流体源（汇）条件下，Cartesian 坐标系下二维非定常守恒型层流 N－S 方程组为：

$$\frac{\partial \boldsymbol{u}}{\partial t}+\frac{\partial \boldsymbol{f}}{\partial x}+\frac{\partial \boldsymbol{g}}{\partial y}=\frac{\partial \boldsymbol{s}_x}{\partial x}+\frac{\partial \boldsymbol{s}_y}{\partial y} \tag{2.7.17}$$

$$\left.\begin{aligned}&\boldsymbol{u}=\begin{pmatrix}\rho\\ \rho u\\ \rho v\\ E\end{pmatrix},\ \boldsymbol{f}=\begin{pmatrix}\rho u\\ \rho u^2+p\\ \rho uv\\ (E+p)u\end{pmatrix},\ \boldsymbol{g}=\begin{pmatrix}\rho v\\ \rho uv\\ \rho v^2+p\\ (E+p)v\end{pmatrix}\\ &\boldsymbol{s}_x=\frac{1}{Re}\begin{pmatrix}0\\ \tau_{xx}\\ \tau_{xy}\\ \tau_{xx}u+\tau_{xy}v-q_x\end{pmatrix},\ \boldsymbol{s}_y=\frac{1}{Re}\begin{pmatrix}0\\ \tau_{yx}\\ \tau_{yy}\\ \tau_{yx}u+\tau_{yy}v-q_y\end{pmatrix}\end{aligned}\right\} \tag{2.7.17a}$$

$$\left.\begin{aligned}&E=\frac{1}{\gamma-1}p+\frac{1}{2}(u^2+v^2)\rho,\quad \tau_{xx}=(2\mu+\lambda)u_x+\lambda v_y\\ &\tau_{yy}=(2\mu+\lambda)v_y+\lambda u_x,\quad \tau_{xy}=\tau_{yx}=\mu(u_y+v_x)\end{aligned}\right\} \tag{2.7.17b}$$

$$q_x=-\frac{c_p k}{Pr}\frac{\partial T}{\partial x},\ q_y=-\frac{c_p k}{Pr}\frac{\partial T}{\partial y} \tag{2.7.17c}$$

这里 λ 为体积黏性系数。它们通常满足 Stokes 关系式：

$$3\lambda+2\mu=0 \text{ 或 } \lambda=-\frac{2}{3}\mu \tag{2.7.17d}$$

2－7－5 可压缩黏性流动方程组（N－S 方程组）的数学性质和类型

1. 非定常可压缩黏性流动 N－S 方程组的数学性质和类型

二维非定常可压缩黏性流动 N－S 方程组为：

$$\frac{\partial \boldsymbol{u}}{\partial t}+\frac{\partial \boldsymbol{f}}{\partial x}+\frac{\partial \boldsymbol{g}}{\partial y}=\frac{\partial \boldsymbol{s}_x}{\partial x}+\frac{\partial \boldsymbol{s}_y}{\partial y} \tag{2.7.18}$$

为了便于分析，首先把上述守恒型方程组改写成非守恒型方程组：

$$\left.\begin{aligned}
&\frac{\partial \rho}{\partial t}+u\frac{\partial \rho}{\partial x}+v\frac{\partial \rho}{\partial y}+\rho\left(\frac{\partial u}{\partial x}+\frac{\partial v}{\partial y}\right)=0\\
&\frac{\partial u}{\partial t}+u\frac{\partial u}{\partial x}+v\frac{\partial u}{\partial y}+\frac{1}{\rho}\frac{\partial p}{\partial x}=\\
&\quad\frac{1}{\rho Re}\left\{\frac{\partial}{\partial x}\left[\mu\left(\frac{4}{3}\frac{\partial u}{\partial x}-\frac{2}{3}\frac{\partial v}{\partial y}\right)\right]+\frac{\partial}{\partial y}\left(\mu\frac{\partial v}{\partial x}\right)+\frac{\partial}{\partial y}\left(\mu\frac{\partial u}{\partial y}\right)\right\}+\\
&\quad\frac{1}{\rho Re}\left\{\frac{\partial}{\partial x}\left[\mu\left(\frac{4}{3}\frac{\partial u}{\partial x}-\frac{2}{3}\frac{\partial v}{\partial y}\right)\right]+\frac{\partial}{\partial x}\left(\mu\frac{\partial v}{\partial x}\right)+\frac{\partial}{\partial y}\left(\mu\frac{\partial u}{\partial y}\right)\right\}\\
&\frac{\partial v}{\partial t}+u\frac{\partial v}{\partial x}+v\frac{\partial v}{\partial y}+\frac{1}{\rho}\frac{\partial p}{\partial y}=\\
&\quad\frac{1}{\rho Re}\left\{\frac{\partial}{\partial y}\left[\mu\left(\frac{4}{3}\frac{\partial v}{\partial y}-\frac{2}{3}\frac{\partial u}{\partial x}\right)\right]+\frac{\partial}{\partial x}\left(\mu\frac{\partial v}{\partial x}\right)+\frac{\partial}{\partial x}\left(\mu\frac{\partial u}{\partial y}\right)\right\}\\
&\quad\frac{\partial T}{\partial t}+\left(u\frac{\partial T}{\partial x}+v\frac{\partial T}{\partial y}\right)+(\gamma-1)T\left(\frac{\partial u}{\partial x}+\frac{\partial v}{\partial y}\right)=\\
&\quad\frac{(\gamma-1)\Phi}{\rho ReR}+\frac{\gamma}{\rho PrRe}\left[\frac{\partial}{\partial x}\left(k\frac{\partial T}{\partial x}\right)+\frac{\partial}{\partial y}\left(k\frac{\partial T}{\partial y}\right)\right]
\end{aligned}\right\}\tag{2.7.19}$$

$$\Phi=\mu\left[2\left(\frac{\partial u}{\partial x}\right)^2+2\left(\frac{\partial v}{\partial y}\right)^2+2\frac{\partial u}{\partial x}\frac{\partial v}{\partial y}-\frac{2}{3}\left(\frac{\partial u}{\partial x}+\frac{\partial v}{\partial y}\right)^2+\left(\frac{\partial u}{\partial y}\right)^2+\left(\frac{\partial v}{\partial x}\right)^2\right]\tag{2.7.19a}$$

对上述非守恒型方程组进行适当变换,令

$$\frac{\partial u}{\partial x}=x_u,\quad \frac{\partial u}{\partial y}=y_u,\quad \frac{\partial v}{\partial x}=x_v,\quad \frac{\partial v}{\partial y}=y_v,\quad \frac{\partial T}{\partial x}=x_T,\quad \frac{\partial T}{\partial y}=y_T\tag{2.7.20}$$

利用理想气体状态方程:

$$p=\rho RT\tag{2.7.21}$$

把非守恒型方程组(2.7.19)中的压力项消去后,则可简化为下式:

$$\boldsymbol{A}_0\frac{\partial \boldsymbol{Z}}{\partial t}+\boldsymbol{A}\frac{\partial \boldsymbol{Z}}{\partial x}+\boldsymbol{B}\frac{\partial \boldsymbol{Z}}{\partial y}=\boldsymbol{H}\tag{2.7.22}$$

其中

$$\boldsymbol{Z}=(\rho\quad u\quad x_u\quad y_u\quad v\quad x_v\quad y_v\quad T\quad x_T\quad y_T)^{\mathrm{T}}\tag{2.7.22a}$$

$$\boldsymbol{A}_0=\begin{pmatrix}
1&0&0&0&0&0&0&0&0&0\\
0&-1&0&0&0&0&0&0&0&0\\
0&0&0&0&-1&0&0&0&0&0\\
0&0&0&0&0&0&0&-1&0&0\\
0&0&0&0&0&0&0&0&0&0\\
0&0&0&0&0&0&0&0&0&0\\
0&0&0&0&0&0&0&0&0&0\\
0&0&0&0&0&0&0&0&0&0\\
0&0&0&0&0&0&0&0&0&0\\
0&0&0&0&0&0&0&0&0&0
\end{pmatrix}\tag{2.7.22b}$$

$$
\boldsymbol{A}=\begin{pmatrix}
u & 0 & 0 & 0 & 0 & 0 & 0 & 0 & 0 & 0\\
-\dfrac{RT}{\rho} & 0 & \dfrac{4\mu}{3\rho Re} & 0 & 0 & 0 & \dfrac{-2\mu}{3\rho Re} & 0 & 0 & 0\\
0 & 0 & 0 & \dfrac{\mu}{\rho Re} & 0 & \dfrac{\mu}{\rho Re} & 0 & 0 & 0 & 0\\
0 & 0 & 0 & 0 & 0 & 0 & 0 & 0 & \dfrac{\gamma k}{\rho Pr Re} & 0\\
0 & 1 & 0 & 0 & 0 & 0 & 0 & 0 & 0 & 0\\
0 & 0 & 0 & 1 & 0 & 0 & 0 & 0 & 0 & 0\\
0 & 0 & 0 & 0 & 1 & 0 & 0 & 0 & 0 & 0\\
0 & 0 & 0 & 0 & 0 & 0 & 1 & 0 & 0 & 0\\
0 & 0 & 0 & 0 & 0 & 0 & 0 & 1 & 0 & 0\\
0 & 0 & 0 & 0 & 0 & 0 & 0 & 0 & 0 & 1
\end{pmatrix} \tag{2.7.22c}
$$

$$
\boldsymbol{B}=\begin{pmatrix}
v & 0 & 0 & 0 & 0 & 0 & 0 & 0 & 0 & 0\\
0 & 0 & 0 & \dfrac{\mu}{\rho Re} & 0 & \dfrac{\mu}{\rho Re} & 0 & 0 & 0 & 0\\
-\dfrac{RT}{\rho} & 0 & -\dfrac{2\mu}{3\rho Re} & 0 & 0 & 0 & \dfrac{4\mu}{3\rho Re} & 0 & 0 & 0\\
0 & 0 & 0 & 0 & 0 & 0 & 0 & 0 & 0 & \dfrac{\gamma k}{\rho Pr Re}\\
0 & 0 & 0 & 0 & 0 & 0 & 0 & 0 & 0 & 0\\
0 & 0 & -1 & 0 & 0 & 0 & 0 & 0 & 0 & 0\\
0 & 0 & 0 & 0 & 0 & 0 & 0 & 0 & 0 & 0\\
0 & 0 & 0 & 0 & 0 & -1 & 0 & 0 & 0 & 0\\
0 & 0 & 0 & 0 & 0 & 0 & 0 & 0 & 0 & 0\\
0 & 0 & 0 & 0 & 0 & 0 & 0 & 0 & -1 & 0
\end{pmatrix} \tag{2.7.22d}
$$

$$
\boldsymbol{H}=\begin{pmatrix}
-\rho(x_u+y_v)\\
ux_u+vy_u+Rx_T\\
ux_v+vy_v+Ry_T\\
(ux_T+vy_T)+(\gamma-1)T(x_u+y_v)-\dfrac{(\gamma-1)\Phi}{\rho ReR}\\
x_u\\
0\\
x_v\\
0\\
x_T\\
0
\end{pmatrix} \tag{2.7.22e}
$$

系数矩阵 $\boldsymbol{A}_0$、$\boldsymbol{A}$ 和 $\boldsymbol{B}$ 的特征方程为：

$$\det\begin{pmatrix} \sigma_0+u\sigma_1+v\sigma_2 & 0 & 0 & 0 & 0 & 0 & 0 & 0 & 0 & 0 \\ -\frac{RT}{\rho}\sigma_1 & -\sigma_0 & \frac{4\mu\sigma_1}{3\rho Re} & \frac{\mu\sigma_2}{\rho Re} & 0 & \frac{\mu\sigma_2}{\rho Re} & -\frac{2\mu\sigma_1}{3\rho Re} & 0 & 0 & 0 \\ -\frac{RT}{\rho}\sigma_2 & 0 & -\frac{2\mu\sigma_2}{3\rho Re} & \frac{\mu\sigma_1}{\rho Re} & -\sigma_0 & \frac{\mu\sigma_1}{\rho Re} & \frac{4\mu\sigma_2}{3\rho Re} & 0 & 0 & 0 \\ 0 & 0 & 0 & 0 & 0 & 0 & 0 & -\sigma_0 & L\sigma_1 & L\sigma_2 \\ 0 & \sigma_1 & 0 & 0 & 0 & 0 & 0 & 0 & 0 & 0 \\ 0 & 0 & -\sigma_2 & \sigma_1 & 0 & 0 & 0 & 0 & 0 & 0 \\ 0 & 0 & 0 & 0 & \sigma_1 & 0 & 0 & 0 & 0 & 0 \\ 0 & 0 & 0 & 0 & 0 & -\sigma_2 & \sigma_1 & 0 & 0 & 0 \\ 0 & 0 & 0 & 0 & 0 & 0 & 0 & \sigma_1 & 0 & 0 \\ 0 & 0 & 0 & 0 & 0 & 0 & 0 & 0 & -\sigma_2 & \sigma_1 \end{pmatrix}=0 \tag{2.7.23}$$

即

$$\det(\sigma_0 a_{0i,j}+\sigma_1 a_{i,j}+\sigma_2 b_{i,j})=0 \tag{2.7.23a}$$

式(2.7.23)中 $L=\dfrac{\gamma k}{\rho Pr\ Re}$。对上式进行 Laplace 展开，得到特征方程：

$$(\sigma_0+u\sigma_1+v\sigma_2)\sigma_1^3(\sigma_1^2+\sigma_2^2)^3=0 \tag{2.7.24}$$

其中 $a_{0i,j}$、$a_{i,j}$和 $b_{i,j}$分别是矩阵 $\boldsymbol{A}_0$、$\boldsymbol{A}$ 和 $\boldsymbol{B}$ 的元素，而 σ_0、σ_1和 σ_2是矩阵 $\boldsymbol{A}_0$、$\boldsymbol{A}$ 和 $\boldsymbol{B}$ 的特征面法线的三个方向导数。对于 σ_1来说，除了有一个实根存在，可用 $\boldsymbol{V}\cdot\boldsymbol{n}=0$ 表示外，其他均是重根。由此可知，该方程组是抛物型的，但是也具有双曲型性质。从总体上说，它是抛物型的。

2. 定常可压缩黏性流动 N－S 方程组的数学性质和类型

删掉式(2.7.22)中的时间项$\left(\dfrac{\partial}{\partial t}\right)$，得到定常可压缩黏性流动 N－S 方程组：

$$\boldsymbol{A}\frac{\partial \boldsymbol{Z}}{\partial x}+\boldsymbol{B}\frac{\partial \boldsymbol{Z}}{\partial y}=\boldsymbol{H} \tag{2.7.25}$$

其中 $\boldsymbol{Z}$、$\boldsymbol{A}$、$\boldsymbol{B}$、$\boldsymbol{H}$ 的表达式和 N－S 方程组(2.7.19)是完全一样的，得到它的系数矩阵 $\boldsymbol{A}$ 和 $\boldsymbol{B}$ 的特征方程：

$$\det(\sigma_1 a_{i,j}+\sigma_2 b_{i,j})=0 \tag{2.7.26}$$

对上式进行 Laplace 展开，得到特征方程：

$$(u\sigma_1+v\sigma_2)\sigma_1^3(\sigma_1^2+\sigma_2^2)^3=0 \tag{2.7.27}$$

它的特征根为：

$$\left.\begin{array}{ll}\lambda_{1,2,3}=0, & \lambda_4=\dfrac{v}{u} \\ \lambda_{5,6,7}=\mathrm{i}, & \lambda_{8,9,10}=-\mathrm{i}\end{array}\right\} \tag{2.7.28}$$

由于该方程组的特征根有虚根，它是椭圆型的。需要指出的是，虽然它是椭圆型的，但由于还存在一些实根，因此它也具有某些双曲型性质。这种以椭圆型为主要特征，又有部分双曲型性质方程组的数学性质和类型是不确定的。

2-7-6　可压缩无黏流动方程组(Euler 方程组)的数学性质和类型

1. 非定常可压缩无黏流动 Euler 方程组的数学性质和类型

先讨论一维非定常可压缩无黏流动 Euler 方程组。它的方程组为：

$$\left.\begin{aligned} &\frac{\partial \rho}{\partial t}+\rho\frac{\partial u}{\partial x}+u\frac{\partial \rho}{\partial x}=0\\ &\frac{\partial u}{\partial t}+u\frac{\partial u}{\partial x}+\frac{1}{\rho}\frac{\partial p}{\partial x}=0\\ &\frac{\partial p}{\partial t}+u\frac{\partial p}{\partial x}+a^2\rho\frac{\partial u}{\partial x}=0 \end{aligned}\right\} \tag{2.7.29}$$

其中 a 为流动声速。写成矢量形式为：

$$\frac{\partial \boldsymbol{u}}{\partial t}+\boldsymbol{A}\frac{\partial \boldsymbol{u}}{\partial x}=\boldsymbol{0} \tag{2.7.29a}$$

其中

$$\boldsymbol{u}=\begin{pmatrix}\rho\\ u\\ p\end{pmatrix},\ \boldsymbol{A}=\begin{pmatrix}u & \rho & 0\\ 0 & u & \dfrac{1}{\rho}\\ 0 & a^2\rho & u\end{pmatrix} \tag{2.7.29b}$$

系数矩阵 $\boldsymbol{A}$ 的特征方程为：

$$\det(\boldsymbol{A}-\lambda\boldsymbol{I})=0 \tag{2.7.30}$$

即：

$$(u-\lambda)^3-a^2(u-\lambda)=0 \tag{2.7.30a}$$

它的特征根为：

$$\lambda_1=u,\qquad \lambda_{2,3}=u\pm a \tag{2.7.31}$$

由于该方程组具有三个相异的实特征根，所以无论流动是超声速流，还是亚声速流，它都是双曲型的。

再讨论二维非定常可压缩无黏流动 Euler 方程组。直接分析它的数学性质和类型有一定困难。我们可以通过确定它的特征面的法线方向导数来确定它的数学性质和类型。设方程组为：

$$\boldsymbol{A}_0\frac{\partial \boldsymbol{u}}{\partial t}+\boldsymbol{A}\frac{\partial \boldsymbol{u}}{\partial x}+\boldsymbol{B}\frac{\partial \boldsymbol{u}}{\partial y}=\boldsymbol{0} \tag{2.7.32}$$

系数矩阵 $\boldsymbol{A}_0$、$\boldsymbol{A}$、$\boldsymbol{B}$ 的特征方程为：

$$\det(\sigma_0 a_{0i,j}+\sigma_1 a_{i,j}+\sigma_2 b_{i,j})=0 \tag{2.7.33}$$

设 σ_0、σ_1、σ_2表示特征面法线的方向导数。如果这些法线存在，则三个方向导数必然是实数，方程组就一定是双曲型的。

二维非定常可压缩无黏流动 Euler 方程组：

$$\left.\begin{aligned}&\frac{\partial\rho}{\partial t}+\rho\left(\frac{\partial u}{\partial x}+\frac{\partial v}{\partial y}\right)+u\frac{\partial\rho}{\partial x}+v\frac{\partial\rho}{\partial y}=0\\&\frac{\partial u}{\partial t}+u\frac{\partial u}{\partial x}+v\frac{\partial u}{\partial y}+\frac{1}{\rho}\frac{\partial p}{\partial x}=0\\&\frac{\partial v}{\partial t}+u\frac{\partial v}{\partial x}+v\frac{\partial v}{\partial y}+\frac{1}{\rho}\frac{\partial p}{\partial y}=0\\&\frac{\partial p}{\partial t}+u\frac{\partial p}{\partial x}+v\frac{\partial p}{\partial y}+a^2\rho\left(\frac{\partial u}{\partial x}+\frac{\partial v}{\partial y}\right)=0\end{aligned}\right\}\tag{2.7.34}$$

写成矢量形式：

$$\boldsymbol{A}_0\frac{\partial\boldsymbol{u}}{\partial t}+\boldsymbol{A}\frac{\partial\boldsymbol{u}}{\partial x}+\boldsymbol{B}\frac{\partial\boldsymbol{u}}{\partial y}=\boldsymbol{0}\tag{2.7.34a}$$

其中 $\boldsymbol{u}$、$\boldsymbol{A}_0$、$\boldsymbol{A}$、$\boldsymbol{B}$ 为：

$$\boldsymbol{u}=\begin{pmatrix}\rho\\u\\v\\p\end{pmatrix},\ \boldsymbol{A}_0=\begin{pmatrix}1&0&0&0\\0&1&0&0\\0&0&1&0\\0&0&0&1\end{pmatrix},\ \boldsymbol{A}=\begin{pmatrix}u&\rho&0&0\\0&u&0&\frac{1}{\rho}\\0&0&u&0\\0&a^2\rho&0&u\end{pmatrix},\ \boldsymbol{B}=\begin{pmatrix}v&0&\rho&0\\0&v&0&0\\0&0&v&\frac{1}{\rho}\\0&0&a^2\rho&v\end{pmatrix}\tag{2.7.34b}$$

系数矩阵 $\boldsymbol{A}_0$、$\boldsymbol{A}$、$\boldsymbol{B}$ 的特征方程为：

$$\det\begin{pmatrix}\sigma_0+\sigma_1u+\sigma_2v&\sigma_1\rho&\sigma_2\rho&0\\0&\sigma_0+\sigma_1u+\sigma_2v&0&\frac{\sigma_1}{\rho}\\0&0&\sigma_0+\sigma_1u+\sigma_2v&\frac{\sigma_2}{\rho}\\0&\sigma_1a^2\rho&\sigma_2a^2\rho&\sigma_0+\sigma_1u+\sigma_2v\end{pmatrix}=0\tag{2.7.35}$$

即：

$$\det(\sigma_0a_{0i,j}+\sigma_1a_{i,j}+\sigma_2b_{i,j})=0\tag{2.7.35a}$$

对上式进行 Laplace 展开，得到特征方程：

$$(\sigma_0+u\sigma_1+v\sigma_2)^2[(\sigma_0+u\sigma_1+v\sigma_2)^2-a^2(\sigma_1^2+\sigma_2^2)]=0\tag{2.7.36}$$

它的特征根为：

$$(\sigma_0+u\sigma_1+v\sigma_2)_{1,2}=0\tag{2.7.37}$$

$$(\sigma_0+u\sigma_1+v\sigma_2)_{3,4}=\pm a\sqrt{\sigma_1^2+\sigma_2^2}\tag{2.7.37a}$$

设特征面的法线矢量为 $\boldsymbol{n}=\sigma_0\boldsymbol{i}+\sigma_1\boldsymbol{j}+\sigma_2\boldsymbol{k}$，矢量 $\boldsymbol{V}=\boldsymbol{i}+u\boldsymbol{j}+v\boldsymbol{k}$，则式(2.7.37)表示为$\boldsymbol{V}\cdot\boldsymbol{n}=0$。由于 $\boldsymbol{n}$ 的长度是任意的，故可在物理平面 xy 上，设特征面法线长度为 $l=\sqrt{\sigma_1^2+\sigma_2^2}$。特征根(2.7.37a)可表示为：

$$n_t + un_x + vn_y = \boldsymbol{V} \cdot \boldsymbol{n} = \pm a \tag{2.7.38}$$

由此得到特征面法线为：

$$\boldsymbol{V} \cdot \boldsymbol{n} = 0, \qquad \boldsymbol{V} \cdot \boldsymbol{n} = \pm a \tag{2.7.39}$$

其中

$$n_x = \frac{\sigma_1}{\sqrt{\sigma_1^2 + \sigma_2^2}}, \quad n_y = \frac{\sigma_2}{\sqrt{\sigma_1^2 + \sigma_2^2}}, \quad n_t = \frac{\sigma_0}{\sqrt{\sigma_1^2 + \sigma_2^2}} \tag{2.7.39a}$$

由于它的特征面法线确实存在，其方向导数为实数，因此它是双曲型的。

2. 定常可压缩无黏流动 Euler 方程组的数学性质和类型

删掉式(2.7.34)中的时间项$\left(\frac{\partial}{\partial t}\right)$，得到二维定常无黏流动 Euler 方程组：

$$\boldsymbol{A}\frac{\partial \boldsymbol{u}}{\partial x} + \boldsymbol{B}\frac{\partial \boldsymbol{u}}{\partial y} = \boldsymbol{0} \tag{2.7.40}$$

系数矩阵 $\boldsymbol{A}$、$\boldsymbol{B}$ 的特征方程为：

$$\det(\sigma_1 a_{i,j} + \sigma_2 b_{i,j}) = 0 \tag{2.7.41}$$

对上式进行 Laplace 展开，在 $\sigma_0 = 0$ 时，得到特征方程：

$$(u\sigma_1 + v\sigma_2)^2 [(u\sigma_1 + v\sigma_2)^2 - a^2(\sigma_1^2 + \sigma_2^2)] = 0 \tag{2.7.42}$$

它的特征根为：

$$\lambda_{1,2} = \frac{v}{u}, \quad \lambda_{3,4} = \frac{uv \pm a\sqrt{(u^2 + v^2) - a^2}}{u^2 - a^2} \tag{2.7.43}$$

其中 a 为流动声速。可以看出，该方程组的数学性质和类型是和流动速度有关的。当流动是超声速时，即$(u^2 + v^2) \geqslant a^2$，它是双曲－抛物型方程；当流动是跨声速时，即$(u^2 + v^2) = a^2$，它是抛物型的；当流动是亚声速时，即$(u^2 + v^2) < a^2$，它是椭圆－抛物型的。因此，流动是超声速和跨声速时，它的数学性质是确定的；而流动是亚声速时，它的数学性质是不确定的。

2-7-7　不可压缩黏性流动方程组的数学性质和类型

1. 非定常不可压缩黏性流动方程组的数学性质和类型

讨论不可压缩黏性流动方程组的数学性质和类型一般有两种方法：一种方法是采用上述可压缩黏性流动的分析方法，直接求出方程组的特征方程和特征根；另一种方法是把它转换成涡量－流函数方程组，然后再求出它们的特征方程和特征根。

非定常不可压缩黏性流动方程组为：

$$\left.\begin{aligned}
&\frac{\partial u}{\partial x} + \frac{\partial v}{\partial y} = 0\\
&\frac{\partial u}{\partial t} + u\frac{\partial u}{\partial x} + v\frac{\partial u}{\partial y} + \frac{1}{\rho}\frac{\partial p}{\partial x} = \frac{1}{\rho Re}\left(\frac{\partial^2 u}{\partial x^2} + \frac{\partial^2 u}{\partial y^2}\right)\\
&\frac{\partial v}{\partial t} + u\frac{\partial v}{\partial x} + v\frac{\partial v}{\partial y} + \frac{1}{\rho}\frac{\partial p}{\partial y} = \frac{1}{\rho Re}\left(\frac{\partial^2 v}{\partial x^2} + \frac{\partial^2 v}{\partial y^2}\right)
\end{aligned}\right\} \tag{2.7.44}$$

写成矢量形式：

$$\boldsymbol{A}_0\frac{\partial \boldsymbol{u}}{\partial t}+\boldsymbol{A}\frac{\partial \boldsymbol{u}}{\partial x}+\boldsymbol{B}\frac{\partial \boldsymbol{u}}{\partial y}=\boldsymbol{H} \tag{2.7.44a}$$

其中

$$\left.\begin{aligned}
&\boldsymbol{u}=\begin{pmatrix} u\\ v\\ p\\ u_x\\ u_y\\ v_x\end{pmatrix},\quad \boldsymbol{H}=\begin{pmatrix}0\\0\\0\\u_x\\0\\0\end{pmatrix},\quad \boldsymbol{A}_0=\begin{pmatrix}1&0&0&0&0&0\\0&1&0&0&0&0\\0&0&0&0&0&0\\0&0&0&0&0&0\\0&0&0&0&0&0\\0&0&0&0&0&0\end{pmatrix}\\
&\boldsymbol{A}=\begin{pmatrix} u&0&\frac{1}{\rho}&-\frac{1}{\rho Re}&0&0\\ 0&u&0&0&0&-\frac{1}{\rho Re}\\ 1&0&0&0&0&0\\ 1&0&0&0&0&0\\ 0&0&0&0&1&0\\ 0&0&0&1&0&0\end{pmatrix},\boldsymbol{B}=\begin{pmatrix} v&0&0&0&-\frac{1}{\rho Re}&0\\ 0&v&\frac{1}{\rho}&\frac{1}{\rho Re}&0&0\\ 0&1&0&0&0&0\\ 0&0&0&0&0&0\\ 0&0&0&-1&0&0\\ 0&0&0&0&0&1\end{pmatrix}
\end{aligned}\right\} \tag{2.7.44b}$$

系数矩阵 $\boldsymbol{A}_0$、$\boldsymbol{A}$、$\boldsymbol{B}$ 的特征方程为：

$$\det\begin{pmatrix}
\sigma_0+\sigma_1 u+\sigma_2 v & 0 & \frac{\sigma_1}{\rho} & -\frac{\sigma_1}{\rho Re} & -\frac{\sigma_2}{\rho Re} & 0\\
0 & \sigma_0+\sigma_1 u+\sigma_2 v & \frac{\sigma_2}{\rho} & \frac{\sigma_2}{\rho Re} & 0 & -\frac{\sigma_1}{\rho Re}\\
\sigma_1 & \sigma_2 & 0 & 0 & 0 & 0\\
\sigma_1 & 0 & 0 & 0 & 0 & 0\\
0 & 0 & 0 & -\sigma_2 & \sigma_1 & 0\\
0 & 0 & 0 & \sigma_1 & 0 & \sigma_2
\end{pmatrix}=0 \tag{2.7.45}$$

即：

$$\det(\sigma_0 a_{0i,j}+\sigma_1 a_{i,j}+\sigma_2 b_{i,j})=0 \tag{2.7.45a}$$

对上式进行 Laplace 展开，得到特征方程：

$$\sigma_1\sigma_2\left(\sigma_1^2+\sigma_2^2\right)^2=0 \tag{2.7.46}$$

它的特征根为：

$$\lambda_1=0,\quad \lambda_2=\infty,\quad \lambda_{3,4}=\mathrm{i},\quad \lambda_{5,6}=-\mathrm{i} \tag{2.7.47}$$

由于该方程组不存在特征面法线的方向导数，因此，它不是双曲型的。但是，在上述的特征根中有零值的特征根（无穷大的根其实是零值根的倒数）和两个共轭复根，它具有抛物型性质，也具有椭圆型性质。它是椭圆－抛物型的。

也可以通过涡量和流函数方程进行分析。首先,需要引入涡量和流函数。

设流函数为 φ:

$$u=\frac{\partial\varphi}{\partial y},\quad v=-\frac{\partial\varphi}{\partial x} \tag{2.7.48}$$

涡量(旋度)为 ω:

$$\omega=\frac{\partial v}{\partial x}-\frac{\partial u}{\partial y} \tag{2.7.49}$$

把方程组(2.7.44)中的 x 方向动量方程对 y 求导,y 方向动量方程对 x 求导,然后,两式相减可得到涡量方程:

$$\omega_t+\varphi_y\omega_x-\varphi_x\omega_y=\frac{1}{Re}(\omega_{xx}+\omega_{yy}) \tag{2.7.50a}$$

由定义可知:

$$\varphi_{xx}+\varphi_{yy}=-\omega \tag{2.7.50b}$$

可以看出,涡量方程(2.7.50a)和非定常可压缩黏性流动 N－S 方程组中动量方程形式十分相似,它是抛物型方程。而流函数方程(2.7.50b)特征根判别式为 $\Delta=B^2-4AC<0$,它是椭圆型方程。由于它的两个方程的数学性质和类型是不一致的,求解这组方程会有一定困难。但是,在特定的情况下,它仍然是可解的。

2. 定常不可压缩黏性流动方程组的数学性质和类型

删掉式(2.7.44)中的时间项$\left(\frac{\partial}{\partial t}\right)$,得到定常不可压缩黏性流动方程组:

$$\varphi_y\omega_x-\varphi_x\omega_y=\frac{1}{Re}(\omega_{xx}+\omega_{yy}) \tag{2.7.51a}$$

$$\varphi_{xx}+\varphi_{yy}=-\omega \tag{2.7.51b}$$

分析它的特征根可知,该方程组的数学性质和类型是确定的,它是椭圆型的。

2－7－8　不可压缩无黏流动方程组的数学性质和类型

1. 非定常不可压缩无黏流动方程组的数学性质和类型

非定常不可压缩无黏流动方程组为:

$$\left.\begin{aligned}&\frac{\partial u}{\partial x}+\frac{\partial v}{\partial y}=0\\&\frac{\partial u}{\partial t}+u\frac{\partial u}{\partial x}+v\frac{\partial u}{\partial y}+\frac{1}{\rho}\frac{\partial p}{\partial x}=0\\&\frac{\partial v}{\partial t}+u\frac{\partial v}{\partial x}+v\frac{\partial v}{\partial y}+\frac{1}{\rho}\frac{\partial p}{\partial y}=0\end{aligned}\right\} \tag{2.7.52}$$

写成矢量形式为:

$$\boldsymbol{A}_0\frac{\partial\boldsymbol{u}}{\partial t}+\boldsymbol{A}\frac{\partial\boldsymbol{u}}{\partial x}+\boldsymbol{B}\frac{\partial\boldsymbol{u}}{\partial y}=\boldsymbol{0} \tag{2.7.52a}$$

其中

$$\boldsymbol{u}=\begin{pmatrix}u\\v\\p\end{pmatrix},\quad \boldsymbol{A}_0=\begin{pmatrix}1&0&0\\0&1&0\\0&0&0\end{pmatrix},\quad \boldsymbol{A}=\begin{pmatrix}u&0&\dfrac{1}{\rho}\\0&u&0\\1&0&0\end{pmatrix},\quad \boldsymbol{B}=\begin{pmatrix}v&0&0\\0&v&\dfrac{1}{\rho}\\0&1&0\end{pmatrix}\tag{2.7.52b}$$

系数矩阵 $\boldsymbol{A}_0$、$\boldsymbol{A}$、$\boldsymbol{B}$ 的特征方程为：

$$\det(\sigma_0 a_{0i,j}+\sigma_1 a_{i,j}+\sigma_2 b_{i,j})=0\tag{2.7.53}$$

对上式进行 Laplace 展开，得到特征方程：

$$(\sigma_0+u\sigma_1+v\sigma_2)(\sigma_1^2+\sigma_2^2)=0\tag{2.7.54}$$

其中$(\sigma_0+u\sigma_1+v\sigma_2)=0$，即 $\boldsymbol{V}\cdot\boldsymbol{n}=0$。这表示该方程组的特征面法线的方向导数是存在的，它具有双曲型性质。而由$(\sigma_1^2+\sigma_2^2)=0$ 可知，它的特征根是虚根，因此，它又具有椭圆型性质。它是双曲－椭圆型的，其数学性质是不确定的。

2. 定常不可压缩无黏流动方程组数学性质和分类

将式(2.7.52)中的时间项$\left(\dfrac{\partial}{\partial t}\right)$删掉，得到定常不可压缩无黏流动方程组：

$$\boldsymbol{A}\frac{\partial\boldsymbol{u}}{\partial x}+\boldsymbol{B}\frac{\partial\boldsymbol{u}}{\partial y}=\boldsymbol{0}\tag{2.7.55}$$

类似于上述做法，引入流函数 φ 和涡量 ω，得到涡量－流函数方程组：

$$\varphi_y\omega_x-\varphi_x\omega_y=0\tag{2.7.56a}$$

$$\varphi_{xx}+\varphi_{yy}=-\omega\tag{2.7.56b}$$

涡量方程(2.7.56a)主要变量是 ω，它是双曲型的；而流函数方程(2.7.56b)主要变量是 φ，它是椭圆型的。该方程组既具有双曲型性质，又具有椭圆型性质。它是双曲－椭圆型的，它的数学性质也是不确定的。

2－7－9　其他定常流动简化方程的数学性质和类型

1. 定常抛物型 N－S 方程组的数学性质和类型

如果以 x 方向为流动主流方向，略去黏性项中 x 方向的导数项，得到定常抛物型 N－S 方程组为：

$$\left.\begin{aligned}&u\frac{\partial\rho}{\partial x}+v\frac{\partial\rho}{\partial y}+\rho\left(\frac{\partial u}{\partial x}+\frac{\partial v}{\partial y}\right)=0\\&u\frac{\partial u}{\partial x}+v\frac{\partial u}{\partial y}+\frac{1}{\rho}\frac{\partial p}{\partial x}=\frac{\mu}{\rho Re}\frac{\partial^2 u}{\partial y^2}\\&u\frac{\partial v}{\partial x}+v\frac{\partial v}{\partial y}+\frac{1}{\rho}\frac{\partial p}{\partial y}=\frac{4\mu}{3\rho Re}\frac{\partial^2 v}{\partial y^2}\\&u\frac{\partial T}{\partial x}+v\frac{\partial T}{\partial y}+(\gamma-1)T\left(\frac{\partial u}{\partial x}+\frac{\partial v}{\partial y}\right)=\\&\qquad\frac{(\gamma-1)}{\rho ReR}N+\frac{\gamma}{\rho PrRe}\frac{\partial}{\partial y}\left(k\frac{\partial T}{\partial y}\right)\end{aligned}\right\}\tag{2.7.57}$$

其中 $N=\mu\left[\left(\frac{\partial u}{\partial y}\right)^2+\frac{4}{3}\left(\frac{\partial v}{\partial y}\right)^2\right]$。假设黏性系数 μ 的变化不影响方程的性质，并令：

$$\boldsymbol{Z}=(\rho\quad u\quad v\quad T\quad y_u\quad y_v\quad y_T)^{\mathrm{T}} \tag{2.7.58}$$

其中 $y_u=\frac{\partial u}{\partial y}$、$y_v=\frac{\partial v}{\partial y}$、$y_t=\frac{\partial T}{\partial y}$，则方程组(2.7.57)可简化为：

$$\boldsymbol{A}\frac{\partial \boldsymbol{Z}}{\partial x}+\boldsymbol{B}\frac{\partial \boldsymbol{Z}}{\partial y}=\boldsymbol{H} \tag{2.7.59}$$

$$\boldsymbol{A}=\begin{pmatrix} u & \rho & 0 & 0 & 0 & 0 & 0 \\ \frac{RT}{\rho} & u & 0 & R & 0 & 0 & 0 \\ 0 & 0 & u & 0 & 0 & 0 & 0 \\ 0 & (\gamma-1)T & 0 & u & 0 & 0 & 0 \\ 0 & 0 & 0 & 0 & 0 & 0 & 0 \\ 0 & 0 & 0 & 0 & 0 & 0 & 0 \\ 0 & 0 & 0 & 0 & 0 & 0 & 0 \end{pmatrix} \tag{2.7.59a}$$

$$\boldsymbol{B}=\begin{pmatrix} v & 0 & \rho & 0 & 0 & 0 & 0 \\ 0 & v & 0 & 0 & -\frac{\mu}{\rho Re} & 0 & 0 \\ \frac{RT}{\rho} & 0 & v & R & 0 & -\frac{4\mu}{3\rho Re} & 0 \\ 0 & 0 & (\gamma-1)T & v & 0 & 0 & -\frac{\gamma k}{\rho PrRe} \\ 0 & 1 & 0 & 0 & 0 & 0 & 0 \\ 0 & 0 & 1 & 0 & 0 & 0 & 0 \\ 0 & 0 & 0 & 1 & 0 & 0 & 0 \end{pmatrix} \tag{2.7.59b}$$

$$\boldsymbol{H}=\begin{pmatrix} 0 \\ 0 \\ 0 \\ \frac{(\gamma-1)N}{\rho ReR} \\ y_u \\ y_v \\ y_T \end{pmatrix} \tag{2.7.59c}$$

系数矩阵 $\boldsymbol{A}$、$\boldsymbol{B}$ 的特征方程为：

$$\det(\sigma_1 a_{i,j}+\sigma_2 b_{i,j})=0 \tag{2.7.60}$$

对上式进行 Laplace 展开，得到特征方程：

$$(u\sigma_1+v\sigma_2)\sigma_2^6=0 \tag{2.7.61}$$

它的特征根为：

$$\lambda_1 = -\frac{\sigma_1}{\sigma_2} = \frac{v}{u}, \quad \lambda_{2,3,4,5,6,7} = 0 \tag{2.7.62}$$

除了连续方程外，它有若干个相同的特征根，因此它是抛物型的，但它具有双曲型性质，因此总体上它是双曲－抛物型方程。

定常抛物型 N－S 方程组在流体流动数值计算中占有十分重要的地位，在工程应用中也十分广泛。这里需要特别说明一下有关次特征的概念。

一般说来，方程的数学性质可由方程中最高阶偏导数项来确定，称为方程主特征性质。但是，在某些特殊情况下，仅仅考虑方程主特征性质还不能完全确定方程的性质，需要考虑删掉方程最高阶导数项后的方程的数学性质，这就是方程的次特征性质。

定常可压缩黏性流动的 N－S 方程组的数学性质是确定的，呈椭圆型特征，因此，不需再考虑次特征性质。定常可压缩无黏流动的 Euler 方程的数学性质也是明确的，也不需再考虑次特征性质。但是，对于定常抛物型 N－S 方程组，仅仅考虑它的主特征性质还不能完全确定它的数学性质。这是因为，从该方程组的主特征性质分析来看，它具有抛物型性质；而从它的次特征性质分析来看，删掉它的最高阶偏导数项后，该方程组就转换成定常 Euler 方程组。定常 Euler 方程组的数学性质和类型和流动速度有关：当流动是超声速时，它是抛物－双曲型的；当流动是亚声速时，它是椭圆型的。这时流场中的扰动有可能逆主流方向传播，影响到全流场。因此，从总体上看，该方程组的数学性质和类型是不确定的。求解它时，必须考虑它的次特征性质，并作某些特殊处理。

2. 全位势方程组的数学性质和类型

对无黏流动 Euler 方程组进行简化，就能得到全位势方程：

$$(a^2 - \varphi_x^2)\varphi_{xx} - 2\varphi_x\varphi_y\varphi_{xy} + (a^2 - \varphi_y^2)\varphi_{yy} = 0 \tag{2.7.63}$$

它的特征方程为：

$$A\lambda^2 + B\lambda + C = 0 \tag{2.7.64}$$

其中

$$A = (a^2 - \varphi_x^2), \quad B = (-2\varphi_x\varphi_y), \quad C = (a^2 - \varphi_y^2)$$

$$\Delta = B^2 - 4AC = (-2\varphi_x\varphi_y)^2 - 4(a^2 - \varphi_x^2)(a^2 - \varphi_y^2) = 4a^2(q^2 - a^2)$$

其中 $q = u^2 + v^2 = \varphi_x^2 + \varphi_y^2$ 为流动速度平方之和。由 $\Delta = B^2 - 4AC$ 大于或小于零可确定该方程数学性质和类型，由此可以看出它和流动速度有关。当流动是超声时，它是双曲型的；当流动是亚声速时，它是椭圆型的。

3. 速度势方程组的数学性质和类型

对全位势方程再进一步简化可得到速度势方程：

$$(1 - M_x^2)\varphi_{xx} + \varphi_{yy} = 0 \tag{2.7.65}$$

它的特征判别式为：

$$\Delta = 4(M_x^2 - 1) \tag{2.7.66}$$

该方程的数学性质和类型也和流动速度有关。当流动是超声速时，它是双曲型的；

当流动是亚声速时，它是椭圆型的。

4. 跨声速流动小扰动速度势方程的数学性质和类型

跨声速流动小扰动速度势方程：

$$\left(1-M_{\infty}^{2}-\frac{\gamma+1}{u_{\infty}}M_{\infty}^{2}\varphi_{x}\right)\varphi_{xx}+\varphi_{yy}=0 \tag{2.7.67}$$

可以证明，它的特征判别式为：

$$\Delta=-4\left(1-M_{\infty}^{2}-\frac{\gamma+1}{u_{\infty}}M_{\infty}^{2}\varphi_{x}\right)\varphi_{xx}\approx 4(M^{2}-1) \tag{2.7.68}$$

其中 M_{∞} 和 M 分别是来流马赫数和当地马赫数。由此可知，该方程在流动 $M<1$ 时，它是椭圆型的；在流动 $M>1$ 时，它是双曲型的。在 M_{∞} 接近于 1 时，流动是亚声速和超声速并存的。从全流场来说，该方程是混合型的。

2-7-10　小结

综上所述，可以看出不同的方程组具有不同的数学性质和类型。列表如下：

	可压缩黏性流动 N-S 方程组	可压缩无黏流动 Euler 方程	不可压缩黏性流动 基本方程组	不可压缩无黏流动 基本方程组
非定常	抛物-双曲型	双曲型	椭圆-抛物型	椭圆-双曲型
定常	椭圆-双曲型	亚声速：椭圆-抛物型 超声速：双曲-抛物型	椭圆型	椭圆-双曲型

由上表可得到如下结论：

(1) 对于非定常可压缩黏性流动 N-S 方程组、非定常可压缩无黏流动 Euler 方程组和定常超声速可压缩无黏流动 Euler 方程组，它们都属于双曲-抛物型方程组。对于定常不可压缩黏性流动方程组，它属于椭圆型方程组。只要定解条件合适，这些方程组是可解的。

(2) 对于定常可压缩黏性流动 N-S 方程组、亚声速定常无黏流动方程组、非定常不可压缩黏性流动方程组和非定常及定常不可缩无黏流动方程组，它们都属于椭圆-抛物型或椭圆-双曲型方程组。它们的数学性质是不确定的。因此，在求解这类问题时常会遇到麻烦和困难。

为了克服这些麻烦和困难，常采用以下一些处理方法：

(1) 通过数学变换，使原本数学性质不确定的方程组变成数学性质确定的方程组。

(2) 在一定的条件下，忽略方程组中某些次要项，或对流动进行简化，使它们成为数学性质和类型确定的方程组。

(3) 改进数值方法或对数值方法作某些特殊处理，使数学性质不确定的方程组能够求解。

第 8 节 流体流动定解条件的提法

2-8-1 定解条件

在数值求解流动的基本方程组时必须给出合适的定解条件。定解条件一般包括初始条件和边界条件。

初始条件由特定的流动问题本身来确定。一般说来,初始条件就是给出某一时刻计算区域内速度、压力和密度的分布。有时也可以将流动问题的定常解作为非定常流动的初始条件。

边界条件的提法比较复杂。不同的流动问题,边界条件的种类和形式也不同。一般可能有以下几种边界条件提法:

1. 刚性壁面条件

流动总会遇到边界。刚性壁面是其中的一种边界,有时也称为固壁。流动在刚性壁面上应满足流体不能穿透壁面的条件,即流体在刚性壁面法线方向上应静止。设刚性壁面法线方向为 $\boldsymbol{n}$,对于无黏流动则在刚性壁面上流体要满足:

$$\boldsymbol{V}\cdot\boldsymbol{n}=0 \tag{2.8.1}$$

对于黏性流动则在刚性壁面上满足无滑移条件,即:

$$\boldsymbol{V}=\boldsymbol{V}_{\mathrm{w}} \tag{2.8.2}$$

这里 $\boldsymbol{V}_{\mathrm{w}}$ 为刚性壁面上的速度($\boldsymbol{V}_{\mathrm{w}}$ 可以是定值,也可以为零)。

2. 激波间断条件(图 2.2)

在超声速流动中常会出现激波间断。当流体通过激波间断时,流动量必须满足 Rankine-Hugoniot 条件,即:

$$\left.\begin{aligned}
&M=\rho_1(\boldsymbol{V}_1\cdot\boldsymbol{n}-D)=\rho_2(\boldsymbol{V}_2\cdot\boldsymbol{n}-D)\\
&M(\boldsymbol{V}_2-\boldsymbol{V}_1)\cdot\boldsymbol{n}=p_1-p_2\\
&M\left[\left(e_2+\frac{1}{2}|\boldsymbol{V}_2|^2\right)-\left(e_1+\frac{1}{2}|\boldsymbol{V}_1|^2\right)\right]=(p_1\boldsymbol{V}_1-p_2\boldsymbol{V}_2)\cdot\boldsymbol{n}\\
&(\boldsymbol{V}_2-\boldsymbol{V}_1)\times\boldsymbol{n}=\boldsymbol{0}
\end{aligned}\right\} \tag{2.8.3}$$

其中 Z 为激波间断位置,D 为激波间断传播速度,$\boldsymbol{n}$ 为激波间断法线方向;下标 2 为激波间断后流动量,下标 1 为激波间断前流动量。上述边界条件表示流体通过激波间断后在激波间断法向流动量发生间断,而在激波间断切向的速度是连续的。

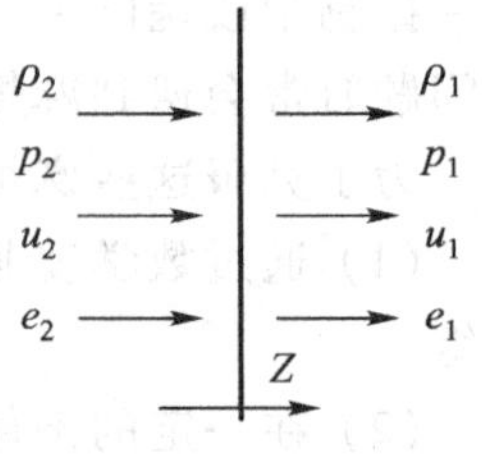

图 2.2 激波条件示意图

3. 接触间断条件

同一种流体或不同流体内部都可能出现间断,这种间断常称为接触间断。流体通过接触间断时应满足:接触间断两侧流体速度和压力连续,密度和温度间断,即:

$$\left.\begin{aligned}&\boldsymbol{V}_2\cdot\boldsymbol{n}=\boldsymbol{V}_1\cdot\boldsymbol{n}=V_n\\&\boldsymbol{V}_2\times\boldsymbol{n}=\boldsymbol{V}_1\times\boldsymbol{n}=V_\tau\\&p_1=p_2\\&\rho_1\neq\rho_2,\ T_1\neq T_2\end{aligned}\right\}\tag{2.8.4}$$

4. 滑移间断条件

滑移间断是流体内接触间断的一种。滑移间断两侧的流动应满足:滑移间断两侧流体法向速度和压力连续,切向速度、密度和温度间断,即:

$$\left.\begin{aligned}&\boldsymbol{V}_2\cdot\boldsymbol{n}=\boldsymbol{V}_1\cdot\boldsymbol{n}=V_n\\&\boldsymbol{V}_2\times\boldsymbol{n}\neq\boldsymbol{V}_1\times\boldsymbol{n}\\&p_1=p_2\\&\rho_1\neq\rho_2,\ T_1\neq T_2\end{aligned}\right\}\tag{2.8.5}$$

5. 自由面条件

流体与大气(空气)之间的界面特别称为自由面,如水面。自由面也是一种接触间断。在自由面上应满足相应的运动学条件和动力学条件。

(1) 运动学条件

在自由面上流体应随自由面运动。设自由面方程为:

$$z=\eta(x,y,t)\ \text{或}\ F(x,y,z,t)=z-\eta(x,y,t)=0\tag{2.8.6}$$

则运动学条件为:

$$\left.\begin{aligned}&\frac{\partial F}{\partial t}+\boldsymbol{V}\cdot\nabla F=0\\&\frac{\partial\eta}{\partial t}+u\frac{\partial\eta}{\partial x}+v\frac{\partial\eta}{\partial y}=0\end{aligned}\right\}\tag{2.8.7}$$

(2) 动力学条件

自由面上流体压力和外界压力(大气压)相等:

$$p=p_a=\text{const.}\tag{2.8.8}$$

在分层流体或多相流体中常会出现分层间断面,也称分层界面。接触间断、滑移间断和自由面就是在这些流动中常出现的分层界面。一般说来,在这些分层界面上可以根据界面性质给出确切的边界条件,但确定分层界面的位置和分层界面上边界条件一般都比较复杂,需要根据具体流动问题进行具体分析和计算。有时还需要采用特殊的数值边界处理方法(如 MAC、Youngs、VOF、Level Set 或 Guster 等)来确定分层界面,在这里不再一一详述。

6. 入口和出口条件

流动一定有入口和出口。在入口处的边界条件一般由流动问题确定。一般是给出入口处的速度、密度、压力和温度沿入口位置的分布。在出口处,流动基本上已经处于均匀流动状态,常假定流动量沿出口方向上梯度为零,即流动的密度、压力和温度等在通过这个出口处时不再有变化:

$$\frac{\partial \rho}{\partial n}=\frac{\partial p}{\partial n}=\frac{\partial T}{\partial n}=0 \tag{2.8.9}$$

对于流动速度则要求在出口处的法线方向上速度分量的梯度为零：

$$\frac{\partial v_n}{\partial n}=0 \tag{2.8.10}$$

其中 n 为出口处法线方向。但是，在求解不可压缩黏性流动时，有时还需要给出一些补充条件，如补充压力边界条件。一般在出口处压力值应等于某个固定值，$p=p_a$，这里 p_a 为常数，它可以是大气压或出口外部流体压力。

7. 对称条件

在流动中常存在对称性边界。例如，轴对称流动问题的对称轴。在对称边界上流动应满足：流体不能穿透对称边界。设对称边界的法线方向为 $\boldsymbol{n}$，则流动应满足：

$$\boldsymbol{V}\cdot\boldsymbol{n}=0 \tag{2.8.11}$$

这个对称边界条件和刚性壁面边界条件有点类似。

8. 熵条件

流动在满足上述定解条件后，可以得到流动数值解。但是，它并不一定就是我们所期望的物理解。为了得到流动的物理解，必须要求流动满足熵增条件（即熵条件）。例如，流体通过激波后，激波间断两侧的流动量必须满足熵增条件。

2-8-2　双曲型方程组定解条件的提法

在给出了流动基本方程组和相应的定解条件后，流动基本上就确定了。然而，在自然界中流动可以是各式各样的。对于各种不同的流动，采用什么样的定解条件，需要多少个定解条件（解是唯一的），这是一个很复杂的问题。根据数学上的一般原则，单个偏微分方程的定解条件个数应该与方程中最高阶导数的阶数相一致。然而，我们所求解的是非线性偏微分方程组，运用上述的一般性原则确定它的定解条件个数是不可能。这必须通过对流动问题的具体分析，才能确定它的定解条件形式和数目[15]。

单个一维线性双曲型方程（对流方程）为：

$$\frac{\partial u}{\partial t}+a\frac{\partial u}{\partial x}=0,\ a=\frac{\mathrm{d}x}{\mathrm{d}t}=\text{const.} \tag{2.8.12}$$

从方程中不难看出，$a=\frac{\mathrm{d}x}{\mathrm{d}t}$在 $x-t$ 坐标系中是一组斜率为 $\tan\theta=\frac{1}{a}$的直线，它是流动的特征线。沿着这些特征线流动速度应该是常数：

$$\frac{\mathrm{d}u}{\mathrm{d}t}=\frac{\partial u}{\partial t}+a\frac{\partial u}{\partial x}=0,\ a=\text{const.} \tag{2.8.13}$$

设流动的区域为 $t\geqslant 0, B\geqslant x\geqslant A$，即 AC、BD 之间的区域，如图 2.3 所示。当 $a>0$ 时，若在边界 AB 和 AC 上流动量确定了，则在边界 BD 上流动量也就确定了。因此，当 $a>0$ 时只需要给定边界 AB 和 AC 上的定解条件：

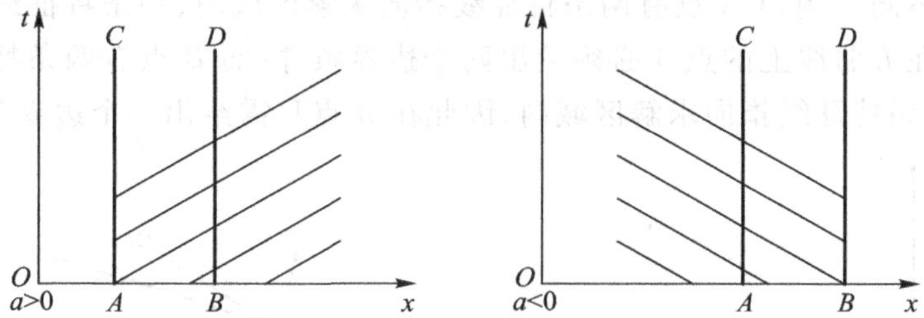

图 2.3　特征线方向和定解条件关系

$$\left.\begin{aligned} u(x,0) &= u_0(x) \\ u(a,t) &= u_a(t) \end{aligned}\right\} \tag{2.8.14a}$$

同样，当 $a<0$ 时，只需要给定边界 AB 和 BD 上的定解条件：

$$\left.\begin{aligned} u(x,0) &= u_0(x) \\ u(b,t) &= u_b(t) \end{aligned}\right\} \tag{2.8.14b}$$

这里 $u_0(x)$ 是对流方程(2.8.12)在 $t=0$ 时的初值，$u_a(t)$、$u_b(t)$ 分别为在 AC 和 BD 边界上的流动量。

由此可以得出一个规律：对于单个线性双曲型方程，只要把特征线看做是一条有方向的线段，它的方向和时间 t 增加的方向是一致的。在边界（包括初始边界）上的某一点，通过该点作特征线，若特征线方向指向求解区域内，则该点需要给出定解条件。

现在再分析一维无黏流动 Euler 方程组的定解条件[16]。Euler 方程组为：

$$\left.\begin{aligned} &\frac{\partial\rho}{\partial t}+u\frac{\partial\rho}{\partial x}+\rho\frac{\partial u}{\partial x}=0 \\ &\frac{\partial u}{\partial t}+u\frac{\partial u}{\partial x}+\frac{1}{\rho}\frac{\partial p}{\partial x}=0 \\ &\frac{\partial p}{\partial t}+\rho a^2\frac{\partial u}{\partial x}+u\frac{\partial p}{\partial x}=0 \end{aligned}\right\} \tag{2.8.15}$$

它的特征方程和特征值为：

$$(u-\lambda)^3-a^2(u-\lambda)=0 \tag{2.8.16}$$

$$\left.\begin{aligned} \lambda_1 &= u+a \\ \lambda_2 &= u \\ \lambda_3 &= u-a \end{aligned}\right\} \tag{2.8.17}$$

它的三个特征值为相异实数，它是双曲型方程组。

在 $x-t$ 坐标上的特征线分布如图 2.4 所示。设 Euler 方程组求解区域为 L 曲线的右边区域，则初始条件为在 $t=0$ 时流动物理量 u_0、ρ_0、p_0 的值。

从图 2.4 可以看出，在 $x-t$ 平面上边界 L 上不同位置的 u、a 值是不同，因而特征线斜率也不同。例如,A 点有两条特征线指向求解区域内,一条特征线指向求解区域外,因此,在 L 曲线上的点 A 必须给出两个边界条件;而 B 点有两条特征线指向求解区域外,一条特征线指向求解区域内,因此在 B 点只需给出一个边界条件。

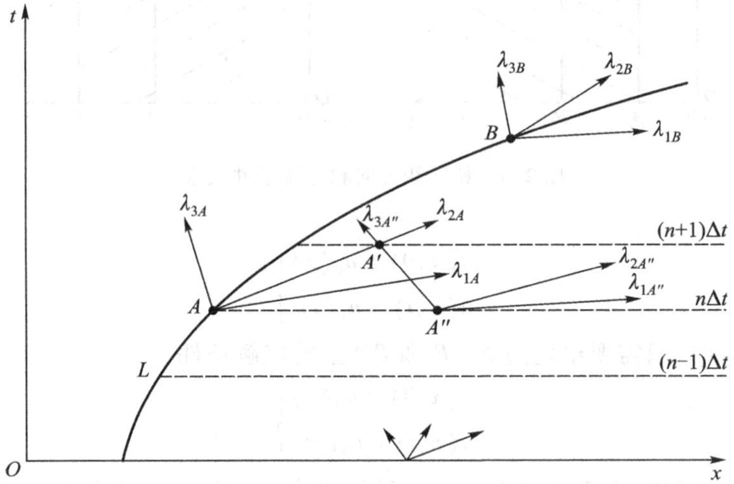

图 2.4　双曲型方程组定解条件分析示意图

为了求出 L 曲线右边计算区域内任意一点 A'的流动量,必须知道 A 点的特征线 λ_{2A}和 A''点的特征线 $\lambda_{3A''}$上的流动量,利用它们的相容关系式可确定点 A'的流动量。

再分析亚声速气流通过 Laval 喷管的一维无黏等熵流动。它的流动特征线分析如图 2.5 所示。

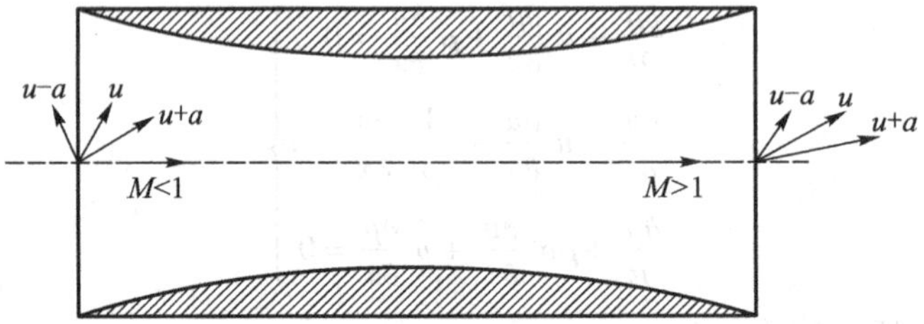

图 2.5　Laval 喷管内一维流动特征线分析示意图

在 $t=0$ 时,需要给出所有的流动量初值分布。在流动入口处,流动是亚声速流,三条特征线中只有一条或两条特征线指向求解区域;在出口处,流动是超声速流,三条特征线都指向求解区域外。因此,在入口处只需给出一个或两个边界条件,而在出口处则不需要给边界条件。

2-8-3　抛物型方程组定解条件的提法

单个一维扩散方程(热传导方程)为:

$$\frac{\partial u}{\partial t}=\frac{\partial^2 u}{\partial x^2} \tag{2.8.18}$$

为了便于分析,需要把原方程作适当的变动:

$$\frac{\partial^2 u}{\partial x^2}-\varepsilon^2\frac{\partial^2 u}{\partial t^2}=\frac{\partial u}{\partial t} \tag{2.8.18a}$$

当 $\varepsilon\to 0$ 时,方程(2.8.18a)就是原方程(2.8.18)。

令 $v=\dfrac{\partial u}{\partial x}, w=\dfrac{\partial u}{\partial t}$,则方程(2.8.18a)被转化成如下方程组:

$$\left.\begin{aligned}\frac{\partial v}{\partial x}-\varepsilon^2\frac{\partial w}{\partial t}&=w\\ \frac{\partial w}{\partial x}-\frac{\partial v}{\partial t}&=0\end{aligned}\right\} \tag{2.8.19}$$

写成矢量形式为:

$$\boldsymbol{A}\frac{\partial \boldsymbol{f}}{\partial x}+\boldsymbol{B}\frac{\partial \boldsymbol{f}}{\partial t}=\boldsymbol{s} \tag{2.8.19a}$$

其中

$$\boldsymbol{f}=\begin{pmatrix}v\\w\end{pmatrix},\quad \boldsymbol{A}=\begin{pmatrix}1&0\\0&1\end{pmatrix},\quad \boldsymbol{B}=\begin{pmatrix}0&-\varepsilon^2\\-1&0\end{pmatrix},\quad \boldsymbol{s}=\begin{pmatrix}w\\0\end{pmatrix} \tag{2.8.19b}$$

系数矩阵 $\boldsymbol{A}$、$\boldsymbol{B}$ 的特征方程为:

$$\det(\sigma_1 a_{i,j}+\sigma_2 b_{i,j})=0 \tag{2.8.20}$$

它的特征值为:

$$\lambda=\frac{\mathrm{d}x}{\mathrm{d}t}=-\frac{\sigma_1}{\sigma_2}=\pm\varepsilon \tag{2.8.21}$$

当方程组(2.8.19)的 $\varepsilon\to 0$ 时,无论 dx 取任何正负值,特征值 $\lambda=\dfrac{\mathrm{d}x}{\mathrm{d}t}=0$(图2.6)。因此,在求解抛物型方程(2.8.18)时,必须给出初始条件和全部进出口边界条件。因此,扩散方程定解条件为:

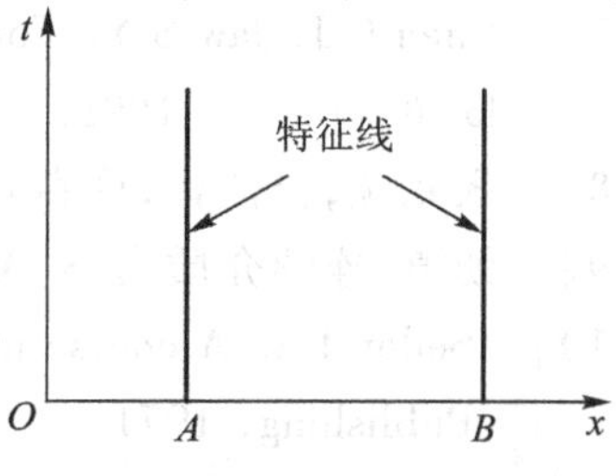

图 2.6　抛物型方程特征线分析示意图

初始条件:

$$u(x,0)=f(x) \tag{2.8.22}$$

而边界条件有三种典型的提法:

(1) 第一类边界条件,即 Dirichlet 条件:

$$u|_{\Gamma}=g(x,t) \tag{2.8.23a}$$

(2) 第二类边界条件,即 Neumann 条件:

$$\left(\frac{\partial u}{\partial n}\right)_{\Gamma}=g(x,t) \tag{2.8.23b}$$

（3）第三类边界条件，即 Robin 条件：

$$\left(k\frac{\partial u}{\partial n}+hu\right)_{\Gamma}=g(x,t) \tag{2.8.23c}$$

其中 Γ 为扩散方程（热传导方程）求解区域边界，$\boldsymbol{n}$ 表示 Γ 的法线方向。式中 f、g、k、h 都是已知函数。关于黏性流动 N－S 方程组的定解条件的讨论比较复杂，可参考有关文献[17]，这里不再详述。

2－8－4　椭圆型方程组定解条件的提法

典型的单个椭圆型方程是 Laplace 方程和 Poisson 方程：

Laplace 方程：

$$\frac{\partial^2 u}{\partial x^2}+\frac{\partial^2 u}{\partial y^2}=0,(x,y)\in D \tag{2.8.24}$$

Poisson 方程：

$$\frac{\partial^2 u}{\partial x^2}+\frac{\partial^2 u}{\partial y^2}=f(x,y),(x,y)\in D \tag{2.8.25}$$

对于椭圆型方程，不需要给出初始条件，但必须在所有的边界上给出边界条件。它的三种典型的边界条件提法就是上述的边界条件，即式（2.8.23a、b、c）。

参考文献

[1]　Landau L D, Lifshitz E M. Fluid mechanics [M]. Oxford: Pergamon Press, 1987.

[2]　周光炯，严宗毅，许世雄，等. 流体力学[M]. 2 版. 北京：高等教育出版社，2000.

[3]　Anderson J D Jr. Fundamentals of aerodynamics [M]. 2nd ed. New York: McGraw-Hill, 1991.

[4]　童秉纲，孔祥言，邓国华. 气体动力学[M]. 北京：高等教育出版社，1990.

[5]　钱学森. 气体动力学诸方程：气体动力学基本原理 A 辑[M]. 北京：科学出版社，1966.

[6]　松佐夫 H H. 水下及空中爆炸理论基础[M]. 王华，林时干，译. 北京：国防工业出版社，1965.

[7]　Chen C J, Jaw S Y. Fundamentals of turbulence modeling [M]. Washington: Taylor & Francis, 1998.

[8]　张兆顺，崔桂香，许春晓. 湍流理论与模拟[M]. 北京：清华大学出版社，2005.

[9]　朗道. 连续介质力学[M]. 彭学麟，译. 北京：高等教育出版社，1958.

[10]　Sedov L I. A course in continuum mechanics[M]. Groningen: Wolters-Noordhoff Publishing, 1971.

[11]　郑哲敏. 流体弹塑性体，大百科全书 力学卷 爆炸力学[M]. 北京：大百科全书出版社，1985:343－345.

[12]　张德良. 粉尘材料爆炸压实数值模拟[J]. 力学进展，1994，24(1):37－58.

[13] 王承尧,王正华,杨晓辉.计算流体力学及并行算法[M].北京:国防工业出版社,2000.

[14] 张涵信,沈孟育.计算流体力学:差分方法的原理和应用[M].北京:国防工业出版社,2003.

[15] Chu C K, Sereny A. Boundary conditions in finite difference fluid dynamics code [J]. Journal of Computational Physics, 1974, 15(4):476-491.

[16] Abbett M J. Boundary condition calculation procedures for inviscid supersonic flow field [M]. Proceedings 1st AIAA Computational Fluid Dynamics Conference, 1973:153-172.

[17] Gresho P M, Sani R L. On the pressure boundary conditions for the incompressible NS equations [J]. International Journal for Numerical Methods in Fluids, 1987, 7:1111-1145.

第三章 模型方程及其数学物理性质

第1节 模型方程类型

3-1-1 引言

从上节流体力学基本方程组可以看出,它具有空间变量多、未知数多和非线性强等特点,很难找到它们的解析解,也很难理解它们的流动本质。人们希望能找到一些形式简单,又能反映流动本质的模型方程,通过对它们的试算和分析,了解它们的流动基本性质、计算精度和误差,并指导实际的复杂流动问题的数值计算。一般说来,模型方程具有以下一些特征:

(1) 方程未知量数目较少(一般只有一个未知量)。

(2) 方程自变量数目较少(只有一个空间自变量,即一维问题)。

(3) 方程最好是线性的(或简单非线性的)。

(4) 方程能反映流体流动的基本特征。

(5) 方程一般能找到解析解。

黏性流动 N-S 方程组的动量方程是最主要的方程。它主要包含对流效应、压力效应和黏性扩散效应三部分。但是,它的形式复杂,数学物理性质不易理解,也无法得到它的解析解。考察简单的一维对流-扩散方程:

$$\frac{\partial u}{\partial t}+u\frac{\partial u}{\partial x}=\beta\frac{\partial^2 u}{\partial x^2} \tag{3.1.1}$$

其中 u 是变量,β 一般是常数。方程(3.1.1)具有形式简单,自变量少,未知量少,在适定的初始条件和边界条件下,可以求得它的解析解。虽然它只有对流项和黏性扩散项,没有压力项,但它仍能反映黏性流动最基本的特性。因此,把它作为黏性流动 N-S 方程组中的动量方程的模型方程是很合适的。

方程(3.1.1)就是著名的非线性 Burgers 模型方程。若 $u=\alpha=$ const.,它简化为线性的模型方程：

$$\frac{\partial u}{\partial t}+\alpha\frac{\partial u}{\partial x}=\beta\frac{\partial^2 u}{\partial x^2} \tag{3.1.1a}$$

3-1-2 模型方程类型

在计算流体力学中一般有以下四种典型的模型方程[1]：

(1) 对流方程(或波动方程)：

$$\frac{\partial u}{\partial t}+u\frac{\partial u}{\partial x}=0 \qquad (双曲型) \tag{3.1.2}$$

(2) 对流-扩散方程(Burgers 方程)：

$$\frac{\partial u}{\partial t}+u\frac{\partial u}{\partial x}=\beta\frac{\partial^2 u}{\partial x^2} \qquad (抛物型) \tag{3.1.3}$$

(3) 平衡方程(Laplace 方程和 Poisson 方程)：

$$\frac{\partial^2 u}{\partial x^2}+\frac{\partial^2 u}{\partial y^2}=f(x,y) \qquad (椭圆型) \tag{3.1.4}$$

(4) 浅水波方程(KdV 方程)：

$$\frac{\partial u}{\partial t}+u\frac{\partial u}{\partial x}+\delta\frac{\partial^3 u}{\partial x^3}=0 \qquad (抛物-双曲型) \tag{3.1.5}$$

其中 u 是变量,而 β、δ 是常数,这些模型方程都是非线性的(除了平衡方程)。当 $u=\alpha$ 时,上述模型方程成为线性模型方程。

实际上,上述四种模型方程分别代表了四种不同类型的流动现象。对流方程代表了流动中的波动现象,它反映可压缩无黏流动 Euler 方程组的数学物理性质。对流-扩散方程代表了流动中波动和黏性相互作用现象,它反映了可压缩黏性流动 N-S方程组的数学物理性质。Laplace 方程和 Poisson 方程是平衡方程,常在不可压缩流动和一部分定常可压缩流动中遇到。KdV 方程代表了流动中非线性水波现象。本章主要讨论这四种基本模型方程的数学物理性质。重点讨论对流方程和对流-扩散方程的数学物理性质。

第 2 节 对流方程及其数学物理性质

3-2-1 线性对流方程的数学物理性质

设对流方程为：

$$\frac{\partial u}{\partial t}+a\frac{\partial u}{\partial x}=0 \tag{3.2.1}$$

初始条件：

$$u(x,0)=\phi(x) \tag{3.2.1a}$$

在 $x-t$ 平面上可以引入一组直线族，它们满足 $a=\frac{\mathrm{d}x}{\mathrm{d}t}$ 条件，把它代入方程(3.2.1)后，就得到一个全微分表达式 $\frac{\mathrm{d}u}{\mathrm{d}t}=0$。根据特征线定义，这组直线就是流动中的特征线。在流场中扰动是沿着特征线传播的，并且在特征线上扰动量保持不变，即 $u(x-at)=\text{const.}$。

当对流方程中 $a(x,t)=\text{const.}$ 时，若初值 $u(x,0)=\phi(x)$ 为一个三角形分布，在扰动传播到 $t=t_0$ 时刻，初始函数 $\phi(x)$ 的幅值和形状不变，仍然是三角形分布。当 $a(x,t)\neq\text{const.}$ 时，虽然特征线随时间而变化，但在扰动传播到 $t=t_0$ 时刻，初始函数 $\phi(x)$ 的幅值和形状仍然是不变的(图 3.1)[2]。

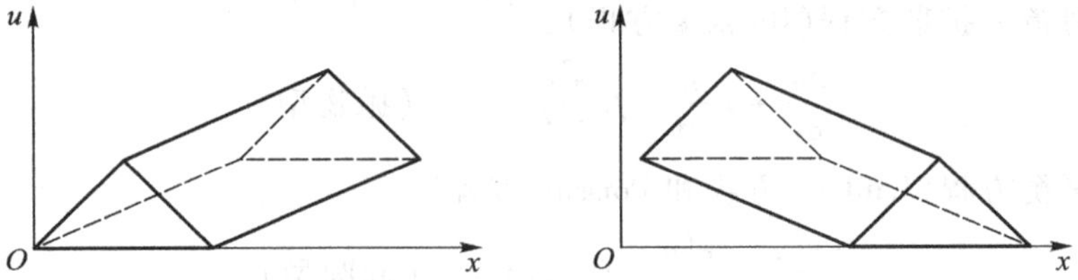

图 3.1　线性对流方程特征线传播示意图

3-2-2　波动方程的数学物理性质

波动方程是对流方程的另一种形式[2]。设波动方程为：

$$\left.\begin{aligned}&\frac{\partial^2 u}{\partial t^2}-a^2\frac{\partial^2 u}{\partial x^2}=0\\&u(x,0)=\phi(x)\\&u_t(x,0)=g(x)\end{aligned}\right\}\tag{3.2.2}$$

它的通解为：

$$u(x,t)=\frac{1}{2}[\phi(x+at)+\phi(x-at)]+\frac{1}{2a}\int_{x-at}^{x+at}g(\tau)\mathrm{d}\tau\tag{3.2.3}$$

其中 a 为波的传播速度

通解(3.2.3)表示在 $x-t$ 平面中任何一点 $A(x_0,t_0)$ 上，存在着两条特征线。一条特征线沿坐标 x 正向运动，另一条特征线沿坐标 x 负方向运动。可以发现，在 $t>0$ 时，流场中的任何一点 $A(x_0,t_0)$ 的值只受区间：

$$x_0-at_0\leqslant x\leqslant x_0+at_0\tag{3.2.4}$$

内的扰动的影响。不受 $x_0-at_0\leqslant x\leqslant x_0+at_0$ 区间以外扰动的影响，称式(3.2.4)所表示的影响范围为依赖区。同时流场中的任何一点 $A(x_0,t_0)$ 的值也只影响到它后面的特征线所包围的区域，称它为影响区(图 3.2)。

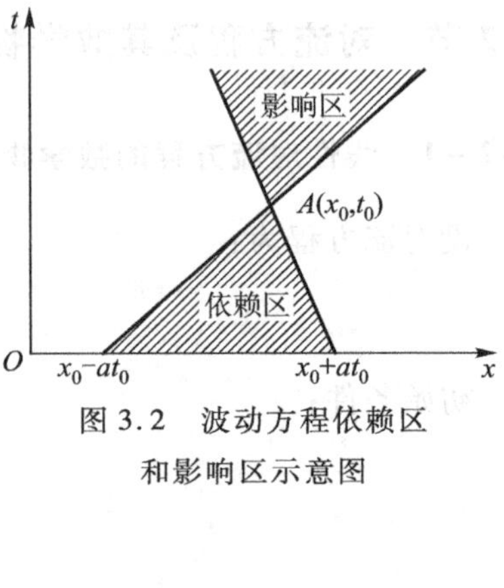

图 3.2　波动方程依赖区和影响区示意图

3-2-3　非线性对流方程的数学物理性质

设非线性对流方程为：

$$\frac{\partial u}{\partial t}+u\frac{\partial u}{\partial x}=0 \tag{3.2.5}$$

初始条件：

$$u(x,0)=\phi(x) \tag{3.2.5a}$$

由于 u 是变量，它的特征线方程不再是常数。

它的解 $u(x,t)$ 也必定随初值 $u(x,0)$ 的变化而变化。图 3.3 反映了非线性对流

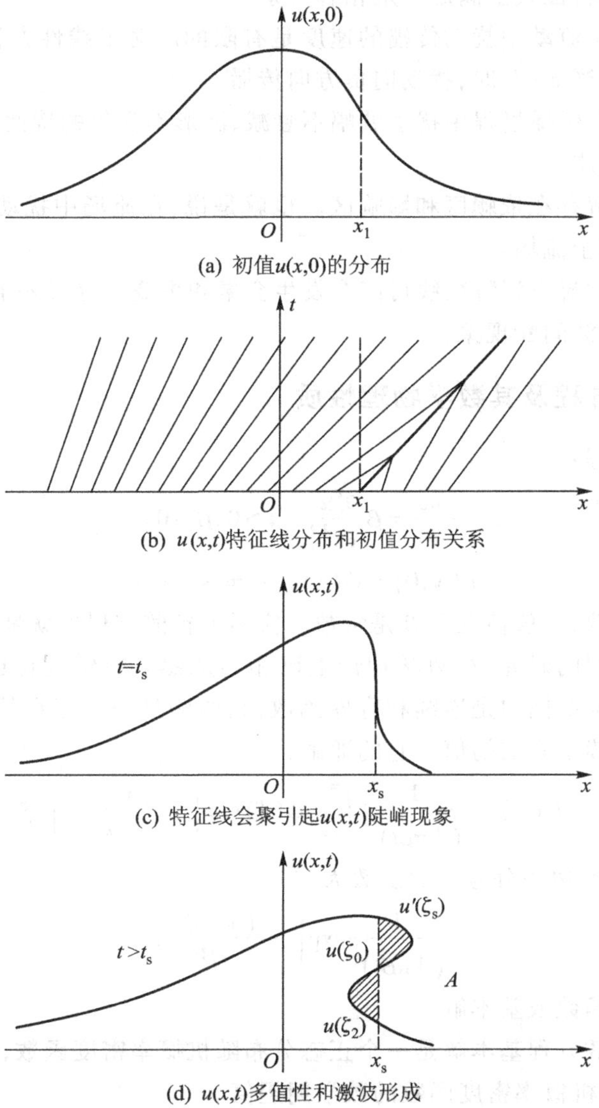

图 3.3　非线性对流方程数学物理性质

方程特征线变化特性。图 3.3a 是非线性对流方程初值 $u(x,0)$ 的分布，开始 $u(x,0)$ 是逐渐增加的，随后它又逐渐减少，当 $u(x,0)$ 开始增加时，有 $u_1(x,0) < u_2(x,0)$，这时特征线是逐渐散开的；随后，当 $u(x,0)$ 开始减少时，有 $u_1(x,0) > u_2(x,0)$，这时特征线开始会聚（图 3.3b）。特征线会聚会引起特征线重叠，它的解 $u(x,t)$ 会出现多值。但是，在实际流动中解 $u(x,t)$ 是不可能出现多值的。这种理论和实际的矛盾，恰好反映了流动中波阵面被压缩和增强，最后形成激波间断（图 3.3c）现象[3]。

综上所述，对流方程具有以下的数学物理性质：

(1) 它是双曲型方程。它所反映的流动特性可以用特征线来描述，流场中扰动沿特征线传播，在特征线上满足一定相容关系。

(2) 它反映了流动中扰动传播的速度是有限的。对于线性方程，当 $a>0$ 时，扰动向正方向传播；当 $a<0$ 时，扰动向负方向传播。

(3) 它具有在传播过程中扰动波幅不衰减、波形不变化的特性，即既没有耗散效应，也没有色散效应。

(4) 它的通解存在依赖区和影响区。也就是说，在流场中扰动传播范围是有限的，扰动不会影响全流场。

(5) 非线性对流方程特征线可能会发生会聚和重叠。这反映了流动中物理量会发生间断，出现激波间断现象。

第 3 节　扩散方程及其数学物理性质

一维扩散方程：

$$\frac{\partial u}{\partial t} = \beta \frac{\partial^2 u}{\partial x^2}, \quad t>0, \beta>0 \tag{3.3.1}$$

$$u(x,0) = \phi(x), \quad -\infty < x < \infty \tag{3.3.1a}$$

其中 β 为扩散系数，一般情况下 β 是常数。实际上扩散方程也就是热传导方程。

关于扩散方程的研究，在数学理论上已相当成熟。数学理论已经证明：只要初值 $\phi(x)$ 在 $|x|<\infty$ 范围内是连续和有界函数，它的解是一定存在的，且解是唯一的，而且解连续地依赖于它的初值。它的通解：

$$u(x,t) = \frac{1}{(4\pi\beta t)^{\frac{1}{2}}} \int_{-\infty}^{\infty} \phi(\xi) \exp\left[-\frac{(x-\xi)^2}{4\beta t}\right] d\xi \tag{3.3.2}$$

其中通解 $u(x,t)$ 右边积分号下的函数为：

$$\frac{1}{(4\pi\beta t)^{\frac{1}{2}}} \exp\left[-\frac{(x-\xi)^2}{4\beta t}\right] \tag{3.3.3}$$

称为扩散方程核函数或基本解。

在数学上扩散方程基本解是一个正态分布随机概率密度函数，而通解 $u(x,t)$ 就是函数 $\phi(\xi)$ 对随机概率密度函数的数学期望值。

扩散方程基本解的物理意义：扩散过程可以看做是流体的质量（或能量）的输运

过程。把流体分成若干个携带着它的质量(或能量)的粒子,因此,流体的质量(或能量)分布就相当于这些粒子分布。当每一个粒子作随机运动时,上述基本解表示:初始时刻位于 ξ 的粒子,在时刻 t 移动到 x 位置的概率密度。如果在初始时刻粒子分布密度为 $\phi(\xi)$,则在时刻 t 流体的质量(或能量)分布 $u(x,t)$ 是粒子分布密度 $\phi(\xi)$ 的数学期望值。

综上所述,扩散方程具有以下数学物理性质:

(1) 它是抛物型方程。它具有耗散效应,没有色散效应。它描述具有耗散机制的流动现象。

(2) 它反映了在流动中任何局部的扰动都会影响全流场。不管在初始时刻粒子分布密度 $\phi(\xi)$ 如何集中,都将影响到全流场。

(3) 它的通解 $u(x,t)$ 依赖于初始时刻粒子分布密度 $\phi(\xi)$,只要初值 $\phi(\xi)$ 在 $|x|<\infty$ 内连续有界,它的通解 $u(x,t)$ 就一定存在,且解是唯一、连续的。

(4) 它存在极值原理,即如果初值是有界的,且满足 $m\leqslant\phi(x)\leqslant M$,则它的通解也一定有界,且满足 $m\leqslant u(x,t)\leqslant M$。

第 4 节 对流 - 扩散方程及其数学物理性质

对流 - 扩散方程反映自然界中流体的质量、动量、能量的输运过程,Burgers 方程就是简化的对流 - 扩散方程。Burgers 方程为:

$$\frac{\partial u}{\partial t}+u\frac{\partial u}{\partial x}=\beta\frac{\partial^2 u}{\partial x^2} \tag{3.4.1}$$

其中 $u(x,t)$ 是变量,$\beta=\frac{\nu}{2}$,ν 为运动黏性系数,在一般情况下 ν 是常数。

由方程(3.4.1)可以看出,$u\frac{\partial u}{\partial x}$反映无黏流动 Euler 方程中的对流项,$\beta\frac{\partial^2 u}{\partial x^2}$反映黏性流动 N - S 方程中的黏性项。当 $\beta\to 0$ 时,它就转换成对流方程。当 $u\frac{\partial u}{\partial x}=0$ 时,它就转换成扩散方程。由此可知,Burgers 方程既反映无黏流动 Euler 方程组的特性,又反映黏性流动 N - S 方程组的特性。

典型的 Burgers 方程(3.4.1)具有解析解[4]。为了求得解析解,需要将它进行一些数学变换,设:

$$u=\frac{\partial\phi}{\partial x} \tag{3.4.2}$$

把式(3.4.2)代入方程(3.4.1),则得到:

$$\frac{\partial^2\phi}{\partial t\partial x}+\frac{\partial\phi}{\partial x}\frac{\partial^2\phi}{\partial x^2}=\beta\frac{\partial^3\phi}{\partial x^3} \tag{3.4.3}$$

将式(3.4.3)对 x 积分,不失一般性,可假定积分常数 $f(t)=0$。积分后得到:

$$\frac{\partial\phi}{\partial t}+\frac{1}{2}\left(\frac{\partial\phi}{\partial x}\right)^2=\beta\frac{\partial^2\phi}{\partial x^2} \tag{3.4.4}$$

再设：

$$\phi = -2\beta \ln \psi \tag{3.4.5}$$

于是方程(3.4.4)被转换成：

$$\frac{\partial \psi}{\partial t} = \beta \frac{\partial^2 \psi}{\partial x^2} \tag{3.4.6}$$

Burgers 方程就转换成典型的扩散方程。设初值为：

$$\psi(x,0) = \psi_0(x) \tag{3.4.6a}$$

则可得到它的解：

$$\psi(x,t) = (4\pi\beta t)^{-\frac{1}{2}} \int_{-\infty}^{\infty} \psi_0(\eta) e^{-\left(\frac{x-\eta}{2\nu t}\right)^2} d\eta \tag{3.4.7}$$

由于

$$u(x,t) = -\frac{2\beta}{\psi} \frac{\partial \psi}{\partial x} \tag{3.4.8}$$

从而得到：

$$\psi(x,t) = e^{\frac{1}{2\beta}\int_x^{\infty} u(\eta,t) d\eta} \tag{3.4.7a}$$

若设方程(3.4.1)的初值为：

$$u(x,0) = u_0(x) \tag{3.4.1a}$$

则得到方程(3.4.6)的初值：

$$\psi_0(x) = e^{\frac{1}{2\beta}\int_x^{\infty} u_0(\eta) d\eta} \tag{3.4.6b}$$

由式(3.4.6)、(3.4.6b)和式(3.4.8)，得到 Burgers 方程的解为：

$$u(x,t) = \frac{\displaystyle\int_{-\infty}^{\infty} \frac{x-\eta}{t} \psi_0(\eta) e^{-\frac{(x-\eta)^2}{4\beta t}} d\eta}{\displaystyle\int_{-\infty}^{\infty} \psi_0(\eta) e^{-\frac{(x-\eta)^2}{4\beta t}} d\eta} \tag{3.4.9}$$

从上式可以看出，Burgers 方程解 $u(x,t)$ 的数学物理性质十分复杂。这里我们通过对 Burgers 方程一些特解的讨论来说明它的数学物理性质。

设初值(3.4.1a)为：

$$u_0(x) = 2\beta Re\delta(x) \tag{3.4.1b}$$

式中 $Re = \dfrac{UL}{\nu}$ 为雷诺数，其中 U 为特征速度，L 为空间特征长度，则：

$$\psi_0(x) = \begin{cases} 1, & x > 0 \\ e^{Re}, & x < 0 \end{cases} \tag{3.4.6c}$$

把式(3.4.1b)和式(3.4.6c)代入式(3.4.9)后，得到：

$$u(x,t) = \frac{N}{D} \tag{3.4.10}$$

其中

$$(2\beta t)^{\frac{1}{2}}D = e^{Re}\int_{-\infty}^{0} e^{-\frac{(x-\eta)^2}{4\beta t}}d\eta + \int_{0}^{\infty} e^{-\frac{(x-\eta)^2}{4\beta t}}d\eta \tag{3.4.10a}$$

$$(2\beta t)^{\frac{1}{2}}N = e^{Re}\int_{-\infty}^{0} \frac{(x-\eta)}{t}e^{-\frac{(x-\eta)^2}{4\beta t}}d\eta + \int_{0}^{\infty} \frac{(x-\eta)}{t}e^{-\frac{(x-\eta)^2}{4\beta t}}d\eta \tag{3.4.10b}$$

为了求出 N 和 D,设:

$$y = \frac{x-\eta}{(\nu t)^{\frac{1}{2}}} \text{ 和 } a = \frac{x}{(\nu t)^{\frac{1}{2}}} \tag{3.4.11}$$

则得到:

$$N = \left(\frac{2\beta}{t}\right)^{\frac{1}{2}}(e^{Re}-1)e^{-\frac{a^2}{2}} \tag{3.4.10c}$$

$$D = (e^{Re}-1)\int_{a}^{\infty} e^{-\frac{y^2}{2}}dy + (2\pi)^{\frac{1}{2}} \tag{3.4.10d}$$

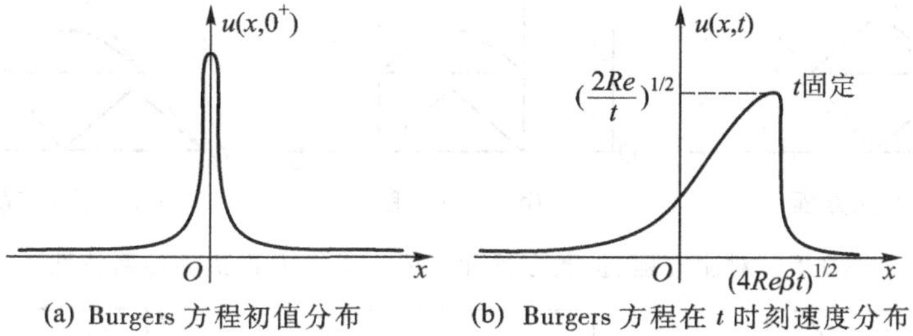

图 3.4　Burgers 方程特解性质示意图

图 3.4a 是 Burgers 方程的初值分布示意图,图 3.4b 是 Burgers 方程在 t 时刻解 $u(x,t)$ 的示意图。Burgers 方程有以下两个特解:

(1) 当流体黏性效应很小,$Re \gg 1$ 时:这时流动解接近于无黏流动 Euler 方程的解。从图 3.4b 中可以看出在 $x<0$ 时,$u(x,t)$ 值很小;当 $x>0$ 时,$u(x,t)$ 逐步增加,在 $x=(4Re\beta t)^{\frac{1}{2}}$ 时 $u(x,t)$ 达到最大值,随后 $u(x,t)$ 迅速减少。因此,任何时刻 Burgers 方程的解总是连续的,只有在 $x=(4Re\beta t)^{\frac{1}{2}}$ 时,它的解出现一个很陡峭的薄层,在层内 $u(x,t)$ 变化很剧烈。但是,解还是连续的,并没有发生间断。

(2) 当流体黏性效应很大,$Re \ll 1$ 时:这时流动解接近于黏性流动 N－S 方程的解。由于黏性效应很大,Burgers 方程的波动特性被削弱,实际上,它已退化为扩散方程,因此,通过对基本解的积分可得到 Burgers 方程的解:

$$u(x,t) = \frac{1}{(8\pi\beta t)^{\frac{1}{2}}}\int_{-\infty}^{\infty} \exp\left[-\frac{(x-\xi-at)^2}{8\beta t}\right]\phi(\xi)d\xi \tag{3.4.12}$$

可以看出,当 $t\to\infty$ 时,解 $u(x,t)$ 的幅值越来越小,它反映了黏性所引起的耗散效应。但 Burgers 方程的解没有色散效应。

综上所述,Burgers 方程具有以下的数学物理性质:

(1) 它是双曲－抛物型方程。它的解单值连续,并永远存在。

(2) 它具有波动特性,扰动沿特征线传播,且传播速度是有限的。

(3) 它也具有黏性流动特性,具有耗散效应,但没有色散效应。

图 3.5a、b、c 分别给出了三种不同模型方程当初值 $\phi(x)$ 的分布为一个三角形时,它们的解的不同数学物理性质的示意图。图 3.5a 表示对流方程的解随时间 t 的传播特性:三角形初值 $\phi(x)$ 的幅值和形状保持不变,传播速度有限;图 3.5b 表示扩散方程的解随时间 t 的传播特性:三角形初值 $\phi(x)$ 的幅值会越来越小,形状会发生变化,且局部扰动会影响全流场;图 3.5c 表示 Burgers 方程的解随时间 t 的传播特性:三角形初值 $\phi(x)$ 的幅值会越来越小,形状会发生变化,但传播速度却是有限的。图 3.6 说明不同模型方程具有不同的依赖区和影响区。

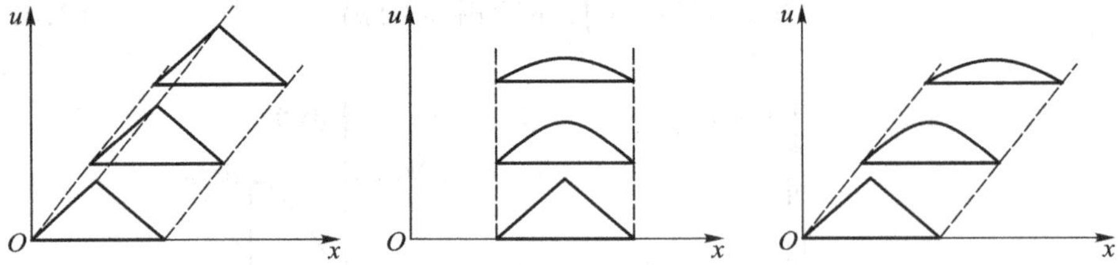

(a) 对流方程　　(b) 扩散方程　　(c) 对流-扩散方程

图 3.5　对流方程、扩散方程和对流－扩散方程扰动传播特性

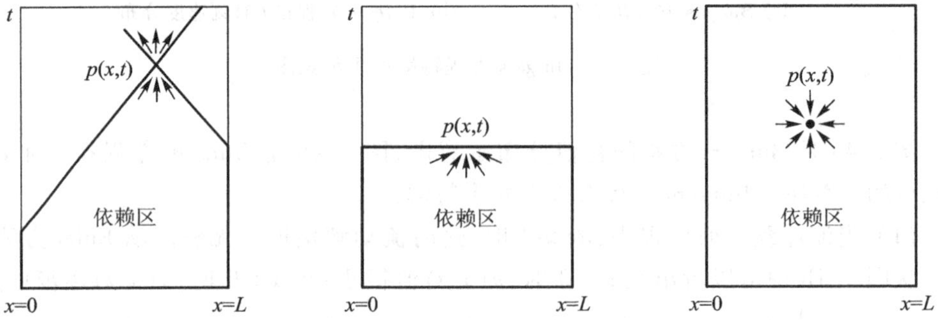

(a) 双曲型　　(b) 抛物型　　(c) 椭圆型

图 3.6　双曲型、抛物型和椭圆型方程依赖区特性

第 5 节　浅水波方程及其数学物理性质

3－5－1　水波概述

水波是流体力学中十分重要的现象。在河流、湖泊和海洋中常可以看到水波。例如,水面上的涟漪、船波、海浪、潮波和海啸等。由于水波具有很强的非线性,它是流体力学中十分复杂的课题。在历史上,水波很早就引起学者的关注,并对它做过大量的研究工作,但研究进展一直不大。近年来,随着计算流体力学的发展,水波问

题研究已取得了长足的进展。目前它的研究仍然是流体力学界的热门课题[5,6]。

处于平衡状态的流体,当它的某一部分受到某种扰动时,平衡遭到破坏,在重力或其他恢复力作用下,扰动在流体中传播,形成一种波动现象,这就是水波。表面波是自然界中最常见、内容最丰富和研究最集中的水波现象。表面波可以通过求解连续方程和动量方程得到,但求解十分困难。原因是:

(1) 在自由面上边界条件是非线性的;

(2) 自由面边界本身是待求的未知量。

对水波的简化有两种方法。

一种简化方法是,当水波的振幅相对于波长是小量时,可把自由面的边界条件线性化,获得小振幅水波解,如 Stokes 波。当水波的振幅相对于波长不是小量时,称为有限振幅波。有限振幅波有非线性效应。Stokes 于 1847 年首先采用逐次近似方法求得它的一阶、二阶和三阶近似解。

另一种简化方法是,当水的深度比波长小得多时,可简化为浅水波。浅水波的特点是:在垂直方向上位移和速度要比在水平方向上位移和速度小得多。浅水波也不能忽略非线性效应。浅水波问题在近海区域很常见。

3-5-2　浅水波和 KdV 方程简介

设 Oxz 为未扰动的水平面,水底面函数为:

$$y=-d(x,z) \tag{3.5.1}$$

则二维浅水波问题的流动方程组为:

$$\left.\begin{aligned}&\frac{\partial u}{\partial x}+\frac{\partial v}{\partial y}=0\\&\frac{\partial u}{\partial t}+u\frac{\partial u}{\partial x}+v\frac{\partial u}{\partial y}=-\frac{1}{\rho}\frac{\partial p}{\partial x}\\&\frac{\partial v}{\partial t}+u\frac{\partial v}{\partial x}+v\frac{\partial v}{\partial y}=-\frac{1}{\rho}\frac{\partial p}{\partial y}-g\end{aligned}\right\} \tag{3.5.2}$$

其边界条件为:

$$\left.\begin{aligned}&\text{当 } y=\zeta \text{ 时,}\quad v=\frac{\partial \zeta}{\partial t}+u\frac{\partial \zeta}{\partial x},\quad p=p_0\\&\text{当 } y=-d(x)\text{ 时,}\quad v=-\frac{\partial d}{\partial x}\end{aligned}\right\} \tag{3.5.2a}$$

假设水的深度相对于波长是一个小量,这时水波就是长波。对于长波问题,方程组可以被简化。为了简化长波的方程组,首先需要对长波方程组(3.5.2)中各物理量的量级进行估计。设 x 的特征量为 L,y 的特征量为 D,水平方向速度特征量为 U,垂直方向速度特征量为 V。把它们代入连续方程后得到:

$$\frac{U}{L}\frac{\partial \bar{u}}{\partial \bar{x}}+\frac{V}{D}\frac{\partial \bar{v}}{\partial \bar{y}}=0 \tag{3.5.3}$$

其中 $\bar{x}$、$\bar{y}$、$\bar{u}$、$\bar{v}$ 分别是 x、y、u、v 的量纲为一的量。分析上式中的量级得到：

$$\frac{U}{L}=\frac{V}{D} \quad 或 \quad V=U\frac{D}{L} \tag{3.5.4}$$

根据浅水波假设，$\frac{D}{L}$是小量，因而$\frac{V}{U}$也是小量。因此，可以忽略 y 方向动量方程中含有小量 V 的各项。在对方程组(3.5.2)中各物理量进行量级估计的基础上，可以得到如下关系：

$$-\frac{1}{\rho}\frac{\partial p}{\partial x}=g\frac{\partial \zeta}{\partial x} \tag{3.5.5}$$

其中 ζ 为水波波幅。上式表明，水平方向上压力梯度和加速度$\frac{\mathrm{d}u}{\mathrm{d}t}$与 y 无关。如果初始时刻水平速度与 y 无关，则以后任意时刻水平速度也与 y 无关，u 仅是(x,t)的函数 $u=u(x,t)$。简化的浅水长波方程组为：

$$\left.\begin{aligned}&\frac{\partial \zeta}{\partial t}+\frac{\partial}{\partial x}[(\zeta+d)u]=0\\&\frac{\partial u}{\partial t}+u\frac{\partial u}{\partial x}=g\frac{\partial \zeta}{\partial x}\end{aligned}\right\} \tag{3.5.6}$$

若取水底面为 x 轴，水面高度为 $h=d+\zeta$，并利用：

$$a^2=g(\zeta+d),\quad a_0^2=gd \tag{3.5.7}$$

关系式，将它们代入式(3.5.6)第一式中得到：

$$\frac{\partial \zeta}{\partial t}+(3\sqrt{gh}-2\sqrt{gd})\frac{\partial \zeta}{\partial x}=0 \tag{3.5.8}$$

由于

$$h^{\frac{1}{2}}=d^{\frac{1}{2}}\left(1+\frac{1}{2}\frac{\zeta}{d}+\cdots\right) \tag{3.5.9}$$

将上式代入式(3.5.8)得到：

$$\frac{\partial \zeta}{\partial t}+a_0\left(1+\frac{3}{2}\frac{\zeta}{d}\right)\frac{\partial \zeta}{\partial x}=0 \tag{3.5.10}$$

当$\frac{\zeta}{d}\ll 1$ 时，上式成为线性长波方程：

$$\frac{\partial \zeta}{\partial t}+a_0\frac{\partial \zeta}{\partial x}=0 \tag{3.5.11}$$

注意在式(3.5.10)和式(3.5.11)中都没有色散效应。

但是，当水深 d 和波长相比不是小量时，则浅水波传播速度不能再用近似公式 $a_0=\sqrt{gd}$来逼近，而必须采用公式 $a=\sqrt{\frac{g}{k}\mathrm{th}(kd)}$的近似式来逼近。通过对 $a=\sqrt{\frac{g}{k}\mathrm{th}(kd)}$的近似展开来得到它的近似表达式：

$$a = a_0\left(1 - \frac{1}{3}k^2 d^2\right)^{\frac{1}{2}} + \cdots = a_0\left(1 - \frac{1}{6}k^2 d^2\right) + \cdots \tag{3.5.12}$$

若只取两项,并把它代入方程(3.5.11),得到它的近似方程:

$$\frac{\partial \zeta}{\partial t} + a_0 \frac{\partial \zeta}{\partial x} + \frac{1}{6} a_0 d^2 \frac{\partial^3 \zeta}{\partial x^3} = 0 \tag{3.5.13}$$

相应地,方程(3.5.10)的近似方程为:

$$\frac{\partial \zeta}{\partial t} + a_0\left(1 + \frac{3}{2}\frac{\zeta}{d}\right)\frac{\partial \zeta}{\partial x} + \frac{1}{6} a_0 d^2 \frac{\partial^3 \zeta}{\partial x^3} = 0 \tag{3.5.14}$$

这是一个既包含一阶非线性效应的对流项,又包含三阶非线性效应的色散项的方程,称为 Korteweg-de Vries 方程,简称 KdV 方程。

KdV 方程是 1895 年首先由 Korteweg-de Vries 在研究非线性浅水波问题时提出的[7]。设 KdV 方程的解是以常速传播、波的形状始终不变的浅水波:

$$\zeta = d\eta(X), \quad X = x - Ut \tag{3.5.15}$$

把它代入 KdV 方程(3.5.14),就能得到 KdV 方程的解:

$$\eta = \alpha \mathrm{sh}^2\left[\left(\frac{3\alpha}{4d^2}\right)^{\frac{1}{2}} X\right] \tag{3.5.16}$$

或

$$\zeta = \zeta_0 \mathrm{sh}^2\left[\left(\frac{3\zeta_0}{4d^3}\right)^{\frac{1}{2}} (x - Ut)\right] \tag{3.5.16a}$$

其中 $\alpha = 2\left(\dfrac{U}{c_0} - 1\right)$,$c_0$为波速,$\zeta_0 = d\alpha$。它对一切$\dfrac{\zeta_0}{d}$都适用。

分析 KdV 方程的解可知:在 $X = \infty$ 处,$\eta = 0$。当 X 向 $X = 0$ 逼近时 η 逐渐增加,在 $X = 0$ 时达到最大值 $\eta = \alpha$;当 X 向 $X < 0$ 变化时 η 又逐渐减少,在 $X = -\infty$ 又对称地回到 $\eta = 0$,这就是我们通常说的孤立波,如图 3.7 所示。

孤立波波峰为:

$$\zeta_0 = d\alpha \tag{3.5.17}$$

孤立波传播速度为:

$$U = c_0\left(1 + \frac{\alpha}{2}\right) = c_0\left(1 + \frac{1}{2}\frac{\zeta_0}{d}\right) \tag{3.5.18}$$

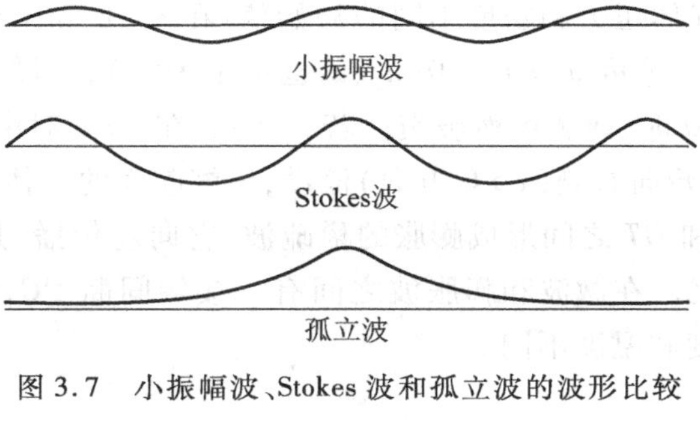

图 3.7　小振幅波、Stokes 波和孤立波的波形比较

综上所述,KdV 方程具有以下数学物理性质:

(1) 它反映了浅水波的色散效应。它的波速不仅和振幅有关,也和波数有关。

(2) 它不包含黏性项,没有耗散效应。

(3) 它虽然存在非线性对流项$\left(u\dfrac{\partial u}{\partial x}\right)$,但浅水波不会出现类似于波动方程的间断现象。

(4) 它的通解中存在孤立波现象。孤立波是一种以 $U=c_0\left(1+\dfrac{1}{2}\dfrac{\zeta_0}{d}\right)$常速传播,波形始终不变的浅水波。

图 3.7 是小振幅波、Stokes 波和孤立波的示意图。该图反映了它们的基本特征和区别。

第 6 节 Riemann 问题间断解

前面几节只讨论了单个模型方程的数学物理性质。人们也希望能找到比较简单的流动问题和它的精确解。我们把它的方程组称为模型方程组。和单个模型方程一样,作为模型方程组也要求有变量少、维数少、能反映流动本质,又有精确解的特点,然而在自然界中这样的流动太少了。下面介绍的 Riemann 问题就是一个典型的模型方程组。

3-6-1 Riemann 问题提法

Riemann 问题也被称为间断解问题[1,8]。它首先是由德国数学家 Riemann 在研究波的相互作用时提出来的。在物理上,Riemann 问题是一个经典的激波管问题,它包含了激波间断、膨胀波、接触间断等复杂波系,以及它们的相互作用复杂现象,如图 3.8 所示。

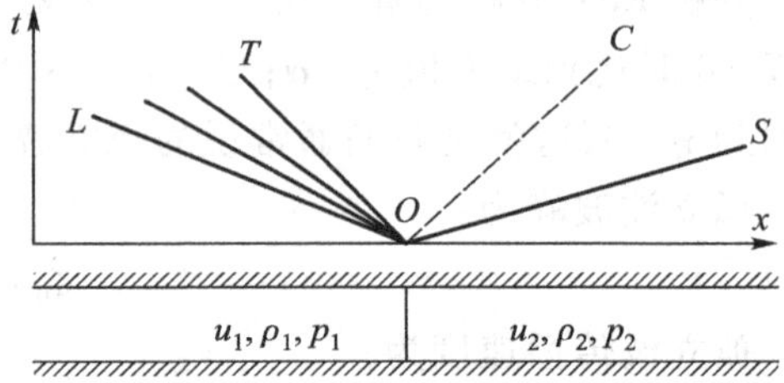

图 3.8 Riemann 问题示意图

激波管的物理过程:在 $t<0$ 时,由一薄膜将充满气体的激波管分隔成两部分,薄膜两侧气体处于静止状态。

在 x 方向上有气体压力和密度不同的初始值:在 $x<0$ 和 $x>0$ 处分别为常数分布 u_1、ρ_1、p_1,u_2、ρ_2、p_2,速度 $u_1=u_2=0$(u_1、u_2也可不为零),这样在 $x=0$ 处存在一个压力的间断。当 $t=0$ 时,薄膜突然破裂。若 $p_1>p_2$,在 $t>0$ 时由于气体处于不稳定状态,气体从左侧开始向右侧($x>0$ 方向)流动,压缩前面的气体,形成激波 OS,它向右传播;在左侧 OL 和 OT 之间形成膨胀的稀疏波,它向左传播,其中 OL 为膨胀波波头,OT 为膨胀波波尾。在激波和膨胀波之间有一接触间断 OC,在 OC 两侧,气体的压力、速度相等,密度和温度不同。

设气体是理想气体。Riemann 问题可以用一维非定常 Euler 方程组来描述：

$$\left.\begin{aligned}&\frac{\partial\rho}{\partial t}+\frac{\partial(\rho u)}{\partial x}=0\\&\frac{\partial(\rho u)}{\partial t}+\frac{\partial(\rho u^2+p)}{\partial x}=0\\&\frac{\partial E}{\partial t}+\frac{\partial(Eu+pu)}{\partial x}=0\end{aligned}\right\}\tag{3.6.1}$$

其中 t 为时间，x 为从坐标原点出发的距离，u 为质点速度，ρ 为密度，p 为压力，T 为温度，E 为单位体积总能，$E=\rho E_{\mathrm{m}}$，E_{m} 为单位质量总能。单位质量内能 e 为：

$$e=\frac{1}{\gamma-1}\frac{p}{\rho}\tag{3.6.2}$$

$$E_{\mathrm{m}}=\frac{1}{2}u^2+e=\frac{1}{2}u^2+\frac{1}{\gamma-1}\frac{p}{\rho}\tag{3.6.3}$$

其中 $\gamma=\dfrac{c_p}{c_v}$ 为比热容比。在给定的初始条件下，上述 Euler 方程组是可解的。

3-6-2 Riemann 问题的间断解

上述 Riemann 问题中初始间断是不稳定的。在 $t>0$ 以后，它将立刻分解为若干个满足一定条件的间断解。若间断解满足熵增条件，则解是存在的，并且是唯一确定的，它就是 Riemann 间断解。

研究表明，当给定的初始条件不同时，可能得到五种不同的间断解，如图 3.9a、b、c、d、e 所示。在图 3.9 中虚线表示接触间断，实线表示激波间断或中心稀疏波。应该指出，在图 3.9e 中，左右两个稀疏波之间并没有虚线，即不存在接触间断，这表示左右两个稀疏波之间是真空区域。

对于 $t>0$ 的任何固定时刻，在左右行波（激波或稀疏波）尚未到达的区域内，气体状态仍处于静止的常数分布：u_1、ρ_1、p_1 和 u_2、ρ_2、p_2。一旦激波形成，在激波前后流动量会发生跳跃，形成间断，流动量由波前状态 u_j、ρ_j、p_j 跳至激波后状态 $\bar{u}$、$\bar{\rho}_j$、$\bar{p}$，激波间断前后流动量必须满足熵增条件，且 $\bar{p}\geqslant p_j(j=1,2)$。在稀疏波区域内，气体完成等熵膨胀过程，流动量由波前状态 u_j、ρ_j、p_j 连续过渡到波后状态 $\bar{u}$、$\bar{\rho}_j$、$\bar{p}$，且有 $\bar{p}\leqslant p_j(j=1,2)$。中心稀疏波是弱间断，只有在稀疏波头和波尾处流动量导数是间断的。在激波和稀疏波之间会有接触间断存在，在接触间断两侧压力和速度值是相等的，可用相同的 $\bar{u}$、$\bar{p}$ 表示，但两侧密度和温度值不同，分别用 $\bar{\rho}_1$、$\bar{\rho}_2$ 和 $\bar{T}_1$、$\bar{T}_2$ 表示，这里 T 为气体温度。

3-6-3 Riemann 问题的间断解算法

理想气体的等熵关系为：

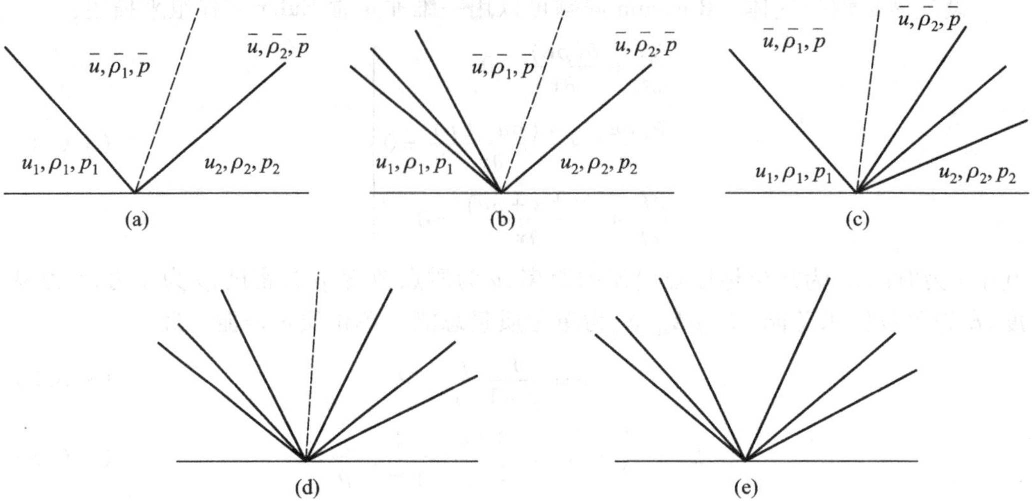

图 3.9　Riemann 问题五种间断解示意图

$$\frac{p}{\rho^{\gamma}} = \text{const.} \tag{3.6.4}$$

声速为：

$$a^2 = \gamma \frac{p}{\rho} \tag{3.6.5}$$

如果采用图 3.9 间断解中规定的符号，当左行波是激波时，激波间断条件写为：

$$\left.\begin{aligned}
&(\bar{\rho} - \rho_1) Z = \bar{\rho}\bar{u} - \rho_1 u_1 \\
&(\bar{\rho}\bar{u} - \rho_1 u_1) Z = (\bar{\rho}\bar{u}^2 + \bar{p}) - (\rho_1 u_1^2 + p_1) \\
&(\bar{\rho}\bar{E}_m - \rho_1 E_{m1}) Z = (\bar{\rho}\bar{u}\bar{E}_m + \bar{p}\bar{u}) - (\rho_1 u_1 E_{m1} + p_1 u_1)
\end{aligned}\right\} \tag{3.6.6}$$

其中 Z 为激波传播速度，E_{m1}、$\bar{E}_m$ 为单位质量气体总能：

$$E_{m1} = \frac{1}{\gamma - 1}\frac{p_1}{\rho_1} + \frac{1}{2}u_1^2, \quad \bar{E}_m = \frac{1}{\gamma - 1}\frac{\bar{p}}{\bar{\rho}} + \frac{1}{2}\bar{u}^2 \tag{3.6.7}$$

根据激波间断关系式(3.6.6)，激波前后状态应满足以下关系式：

当左行波为激波时，有：

$$\bar{u} - u_1 + \frac{\bar{p} - p_1}{A_1} = 0 \tag{3.6.8}$$

当右行波为激波时，有：

$$\bar{u} - u_2 + \frac{\bar{p} - p_2}{A_2} = 0 \tag{3.6.9}$$

把上式中 A_1 和 A_2 用统一的 $A_j(j=1,2)$ 表示，则左右行激波的统一表达式为：

$$A_j = \rho_j a_j \sqrt{\frac{\gamma + 1}{2\gamma}\frac{\bar{p}}{p_j} + \frac{\gamma - 1}{2\gamma}}, (j = 1, 2) \tag{3.6.10}$$

在中心稀疏波内,Riemann 不变量沿特征线保持常数:

$$\frac{a_j}{\gamma-1}+\frac{u_j}{2}=\frac{1}{\gamma-1}\left(\gamma\frac{\bar{p}}{\bar{\rho}}\right)^{\frac{1}{2}}+\frac{\bar{u}}{2} \tag{3.6.11}$$

其中 a_j 为流动声速,有:

$$a_j^2=\gamma\frac{p_j}{\rho_j},\quad \frac{p_j}{\rho_j^{\gamma}}=\frac{\bar{p}}{\bar{\rho}^{\gamma}},\quad (j=1,2) \tag{3.6.12}$$

稀疏波波前和波后的状态可用以下关系式得到:

当左行波为稀疏波时,有:

$$\bar{u}-u_1-\frac{2}{\gamma-1}a_1\left[1-\left(\frac{\bar{p}}{p_1}\right)^{\frac{\gamma-1}{2\gamma}}\right]=0 \tag{3.6.13}$$

当右行波为稀疏波时,有:

$$\bar{u}-u_2+\frac{2}{\gamma-1}a_2\left[1-\left(\frac{\bar{p}}{p_2}\right)^{\frac{\gamma-1}{2\gamma}}\right]=0 \tag{3.6.14}$$

现将左右行激波和稀疏波的关系式(3.6.8)~式(3.6.14)统一起来可得到:

对于左行波,有:

$$\bar{u}-u_1=-f(\bar{p},p_1,\rho_1) \tag{3.6.15}$$

对于右行波,有:

$$\bar{u}-u_2=f(\bar{p},p_2,\rho_2) \tag{3.6.16}$$

其中

$$f(\bar{p},p_j,\rho_j)=\begin{cases}\dfrac{\bar{p}-p_j}{\rho_j a_j\left(\dfrac{\gamma+1}{2\gamma}\dfrac{\bar{p}}{p_j}+\dfrac{\gamma-1}{2\gamma}\right)^{\frac{1}{2}}}, & (\bar{p}>p_j)\\[2ex] \dfrac{2a_j}{\gamma-1}\left[\left(\dfrac{\bar{p}}{p_j}\right)^{\frac{\gamma-1}{2\gamma}}-1\right], & (\bar{p}<p_j)\end{cases} \tag{3.6.17}$$

由方程(3.6.15)和方程(3.6.16)可求出稀疏波波后的速度 $\bar{u}$ 和压力 $\bar{p}$。若消去 $\bar{u}$,可得到只含一个未知量的方程:

$$u_1-u_2=f(\bar{p},p_1,\rho_1)+f(\bar{p},p_2,\rho_2)\equiv F(\bar{p}) \tag{3.6.18}$$

为了对给定初始条件的 Riemann 问题判断其间断解类型,首先需要讨论函数 $F(\bar{p})$的性质。不难证明,函数 $f(\bar{p},p_j,\rho_j)$ 在 $\bar{p}=p_j$ 处是连续的,且有连续的一阶导数。由于:

$$\lim_{\bar{p}\to p_j^-}f'(\bar{p},p_j,\rho_j)=\lim_{\bar{p}\to p_j^+}f'(\bar{p},p_j,\rho_j)=\frac{1}{\rho_j a_j} \tag{3.6.19}$$

且当 $\bar{p}>0$ 时,$f(\bar{p},p_j,\rho_j)$ 是单调上升的凸函数,即有:

$$f'(\bar{p},p_j,\rho_j)>0,\quad f''(\bar{p},p_j,\rho_j)>0 \tag{3.6.20}$$

由此可知,在 $\bar{p}>0$ 时,$F(\bar{p})$ 也是单调上升、导数连续的凸函数。由此可以给出间断解类型判别式。先假设 $p_1\leqslant p_2$,间断解类型可按如下进行判断:

(1) $u_1-u_2\geqslant F(p_2)$,则有:

$$F(p_2)=\frac{p_2-p_1}{\rho_1 a_1\left(\frac{\gamma+1}{2\gamma}\frac{p_2}{p_1}+\frac{\gamma-1}{2\gamma}\right)^{\frac{1}{2}}} \tag{3.6.21}$$

因为 $u_1-u_2=F(\bar{p})$,则由给定初值可知,$F(\bar{p})\geqslant F(p_2)$。又因为 $F(\bar{p})$ 是单调上升且导数连续的凸函数,则有:

$$\bar{p}\geqslant p_2\geqslant p_1 \tag{3.6.22}$$

因此,左行波和右行波是激波。左行激波向左边高压区传播($\bar{p}\geqslant p_1$),右行激波向右边低压区传播($\bar{p}\geqslant p_2$)。

在左右行激波之间的区域内,压力连续($\bar{p}=p$),气体质点都将向同一方向运动,且速度连续。但是,密度是间断的,故会形成一接触间断,这正是图 3.9a 中解的情况。

(2) $F(p_2)>u_1-u_2\geqslant F(p_1)$,则有:

$$F(p_1)=\frac{2a_2}{\gamma-1}\left[\left(\frac{p_1}{p_2}\right)^{\frac{\gamma-1}{2\gamma}}-1\right] \tag{3.6.23}$$

则可推出 $p_2>\bar{p}\geqslant p_1$。因此,左行波是激波,右行波是稀疏波。在激波与稀疏波的区域内,压力连续,速度连续,只有密度产生间断,故会形成一接触间断,这正是图 3.9c 中解的情况。

(3) $F(p_1)>u_1-u_2\geqslant F(0)$,则有:

$$F(p_0)=-\frac{2a_1}{\gamma-1}-\frac{2a_2}{\gamma-1} \tag{3.6.24}$$

可推出 $p_2\geqslant p_1>\bar{p}\geqslant 0$,因此,左行波和右行波都是稀疏波。这正是图 3.9d 中解的情况。

(4) $F(0)>u_1-u_2$

分析指出,左行波和右行波都是稀疏波,且在两个稀疏波之间出现真空状态。式(3.6.13)和式(3.6.14)中的 $\bar{u}$ 不再是同一个值,且用来求 $\bar{p}$ 的式(3.6.18)也不再成立。这时在真空区内 $\bar{\rho}_i=0$,$\bar{p}=0$,相应的声速也为零。这正是图 3.9e 中解的情况,这是一种非常特殊的解。

当初始条件和上述情况相反,即 $p_1\geqslant p_2$时,间断解类型可按如下进行判断:

在 $F(p_1)>u_1-u_2\geqslant F(p_2)$时有:

$$p_1>\bar{p}\geqslant p_2 \tag{3.6.25}$$

因此,右行波是激波,左行波是稀疏波,这正是图 3.9b 中解的情况。

在分析间断解类型判断条件后,还需要确定各种波区内的流动参数。由上述分析可知,$\bar{p}$ 值可以从方程(3.6.18)求出。由于方程(3.6.18)是超越方程,故需要通过迭代才能求得 $\bar{p}$ 值。在求得 $\bar{p}$ 值后,再由关系式(3.6.15)和式(3.6.16)确定 $\bar{u}$:

$$\bar{u}=\frac{1}{2}[u_1+u_2-f(\bar{p},p_1,\rho_1)+f(\bar{p},p_2,\rho_2)] \tag{3.6.26}$$

一维非定常 Euler 方程组在(x,t)平面上的间断解$u(x,t)$、$\rho(x,t)$和$p(x,t)$可根据 Riemann 问题解的类型以及波在(x,t)平面上的位置来确定。

(1) 左行波在$\frac{x}{t}<\bar{u}$的区域内

当左行波是激波时，激波速度Z和波后密度$\bar{\rho}_1$可由关系式(3.6.6)给出：

$$Z_1=u_1-\frac{A_1}{\rho_1},\quad \bar{\rho}_1=\frac{\rho_1A_1}{A_1-\rho_1(u_1-\bar{u})} \tag{3.6.27}$$

在左激波波前区内：

$$Z_1<\frac{x}{t}<\bar{u} \tag{3.6.28}$$

u、ρ、p值取左激波的波后$\bar{u}$、$\bar{\rho}_1$、$\bar{p}$值。

当左行波是稀疏波时，波头速度Z_1和波尾速度Z_1^*可由特征线关系式给出：

$$\frac{\mathrm{d}x}{\mathrm{d}t}=Z_1=u_1-a_1,\quad Z_1^*=\bar{u}-a_1^* \tag{3.6.29}$$

波后的密度$\bar{\rho}_1$可由声速公式$a_1^{*2}=\frac{\gamma\bar{p}}{\rho_1}$导出：

$$\bar{\rho}_1=\frac{\gamma\bar{p}}{a_1^{*2}} \tag{3.6.29a}$$

其中a_1^{*2}可由 Riemann 不变量表达式确定：

$$a_1^*=a_1+\frac{\gamma-1}{2}(u_1-\bar{u}) \tag{3.6.29b}$$

在左行稀疏波的波前和波后区内：

$$\frac{x}{t}<Z_1,\quad Z_1^*<\frac{x}{t}<\bar{u} \tag{3.6.30}$$

u、ρ、p值分别取左行稀疏波的波前值和波后值。

在稀疏波区域内：

$$Z_1^*>\frac{x}{t}>Z_1 \tag{3.6.31}$$

根据 Riemann 不变量关系式有：

$$u+\frac{2a}{\gamma-1}=u_1+\frac{2a_1}{\gamma-1} \tag{3.6.32}$$

再由特征线关系式$u-a=\frac{x}{t}$可以确定声速a为：

$$a(x,t)=\frac{\gamma-1}{\gamma+1}\left(u_1-\frac{x}{t}\right)+\frac{2a_1}{\gamma+1} \tag{3.6.32a}$$

由此可得：

$$
\left.\begin{aligned}
u(x,t) &= \frac{x}{t} + a \\
p(x,t) &= p_1\left(\frac{a}{a_1}\right)^{\frac{2\gamma}{\gamma-1}} \\
\rho(x,t) &= \frac{\gamma p}{a^2}
\end{aligned}\right\} \tag{3.6.33}
$$

(2) 右行波在 $\bar{u} < \frac{x}{t}$ 的区域内

当右行波是激波时,激波速度 Z_2 和激波后密度 $\bar{\rho}_2$ 可由关系式:

$$
Z_2 = u_2 + \frac{A_2}{\rho_2}, \quad \bar{\rho}_2 = \frac{\rho_2 A_2}{A_2 + \rho_2(u_2 - \bar{u})} \tag{3.6.34}
$$

给出。可以看出,式(3.6.34)和式(3.6.27)中所包含的 $A_j(j=1,2)$ 都与式(3.6.10)中的 $A_j(j=1,2)$ 相同。

在右行激波的波前区内:

$$
Z_2 < \frac{x}{t} \tag{3.6.35}
$$

u、ρ、p 值取右行激波的波前值 u_2、ρ_2、p_2。

在右行激波的波后区内:

$$
Z_2 > \frac{x}{t} > \bar{u} \tag{3.6.36}
$$

u、ρ、p 值取右行激波的波后值 $\bar{u}$、$\bar{\rho}_2$、$\bar{p}$。

当右行波是稀疏波时,稀疏波波头速度 Z_2 和波尾速度 Z_2^* 和稀疏波的波后密度 $\bar{\rho}_2$ 可用上述类似的方法得到:

$$
\left.\begin{aligned}
Z_2 = u_2 + a_2, \quad Z_2^* = \bar{u} + a_2^* \\
\bar{\rho}_2 = \frac{\gamma p}{a_2^{*2}}
\end{aligned}\right\} \tag{3.6.37}
$$

其中

$$
a_2^* = a_2 - \frac{\gamma - 1}{2}(u_2 - \bar{u}) \tag{3.6.37a}
$$

在右行稀疏波的波前区和波后区内:

$$
\frac{x}{t} > Z_2, \quad Z_2^* > \frac{x}{t} > \bar{u} \tag{3.6.38}
$$

u、ρ、p 值分别取稀疏波的波前值和波后值。

在右行稀疏波区域内:

$$
Z_2^* < \frac{x}{t} < Z_2 \tag{3.6.39}
$$

根据 Riemann 不变量关系式有:

$$u - \frac{2a}{\gamma - 1} = u_2 - \frac{2a_2}{\gamma - 1}$$

可以确定声速为：

$$a(x,t) = \frac{\gamma - 1}{\gamma + 1}\left(\frac{x}{t} - u_2\right) + \frac{2a_2}{\gamma - 1} \tag{3.6.40}$$

由此可得出：

$$\left.\begin{aligned} u(x,t) &= \frac{x}{t} - a \\ p(x,t) &= p_2\left(\frac{a}{a_2}\right)^{\frac{2\gamma}{\gamma-1}} \\ \rho(x,t) &= \frac{\gamma p}{a^2} \end{aligned}\right\} \tag{3.6.41}$$

(3) 出现真空区域时

当左、右行稀疏波的波后压力为 $\bar{p} = 0$，密度为 $\bar{\rho}_1 = \bar{\rho}_2 = 0$，稀疏波波后速度 $\bar{u}$ 已经没有意义，稀疏波波尾速度计算式(3.6.29)和式(3.6.37)不再成立，需改写为：

$$\left.\begin{aligned} Z_1^* &= u_1 + \frac{2a_1}{\gamma - 1} \\ Z_2^* &= u_2 - \frac{2a_2}{\gamma - 1} \end{aligned}\right\} \tag{3.6.42}$$

这时稀疏波区域内流动参数的计算方法和上述的稀疏波区域内参数的计算方法是完全一样的。

3-6-4 Riemann 问题的数值解

我们也可以采用有限差分算法的不同差分格式对 Riemann 问题间断解进行数值求解[9]。图 3.10 是用高精度 TVD 差分格式对 Riemann 问题所做的数值解。把数值解的计算结果和解析的间断解进行比较，结果表明数值解和解析解是完全一致的。

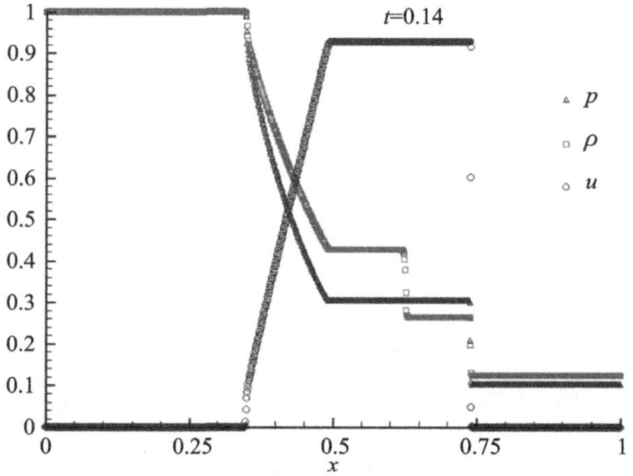

图 3.10 Riemann 问题间断解的数值结果

参考文献

[1] 傅德薰,马延文.计算流体力学[M].北京:国防工业出版社,1993.

[2] Robert L H. Initial boundary value problems for linear hyperbolic systems [J]. SIAM Review, 1986, 28(2):177-217.

[3] Whitham G B. Linear and nonlinear waves [M]. New York: Wiley, 1974.

[4] 谢定裕.流体力学[M].天津:南开大学出版社,1987.

[5] Stoker J J. Water waves [M]. New York: Interscience Publishers Inc., 1957.

[6] 邹志刚.水波理论及其应用[M].北京:科学出版社,2005.

[7] Zabusky N J, Galvin C J. Shallow water waves, the Korteweg-de Vries equation and solutions [J]. Journal of Fluid Mechanics, 1971, 47(4):811-824.

[8] 水鸿寿.一维流体力学差分方法[M].北京:国防工业出版社,1998.

[9] Sod G A. A survey of several finite difference methods for systems of nonlinear hyperbolic conservation laws [J]. Journal of Computational Physics, 1978, 27:1-31.

第四章　有限差分算法理论基础

计算流体力学中有许多数值算法，如有限差分算法、有限体积算法、有限单元算法、有限解析法、特征线法、谱方法、蒙特卡罗法、摄动法等。目前，在大量工程问题中应用最广泛、最成熟的算法仍然是有限差分算法、有限体积算法及有限单元算法。由于这些算法研究历史最悠久，方法最成熟，应用最广泛，使用最有效，因此，它们成为计算流体力学中主要的数值算法。

有限差分算法（Finite Difference Method）和有限体积算法（Finite Volume Method）主要用来求解与时间有关的问题（双曲型方程或抛物型方程），而有限单元算法主要用来求解和时间无关的问题（椭圆型方程）。近年来利用有限单元算法求解抛物型方程和双曲型方程的流动问题也日益增多，并已取得了显著进展。

让我们来回顾一下流动基本方程组的建立过程。首先，必须假定流体是连续的；然后，把连续流体分隔成许多微团，分析每个微团上作用力和运动的关系，并利用流动量守恒律，得到流动方程组。现在，要数值求解这组流动方程组，必须把它离散化，建立差分方程组，并对它进行数值求解。因此，有限差分算法求解过程实际上是建立流动基本方程组的逆过程。有限体积算法的思路和有限差分算法是一样的，所不同的是有限差分算法是对微分形式方程组进行离散，而有限体积算法是对积分形式方程组进行离散[1,2,3]。

本章将系统介绍有限差分算法的基本概念、基本理论、典型的差分方程。特别要指出的是，本章所涉及的一些概念、理论和方法仅仅适用于线性流动问题。而实际的流动问题都是非线性或拟线性的，严格地说，本章所得到的一些结论，对于实际流动问题是不适用的。但是，由于目前非线性或拟线性理论还不太成熟，只能借助线性理论中的一些概念、理论和方法，分析和研究非线性或拟线性流动问题。计算实践指出，这种线性化方法对有限差分算法是有效的，是它的重要理论基础。不过在实际运用过程中，必须谨慎使用本章中的理论和方法，注意它的使用条件和范围。

第 1 节　有限差分方程离散化

偏微分方程：

$$Lu(x,t)=0,\quad (x,t)\in[\Omega],[0,T]$$

初始条件：

$$u(x,0)=\phi(x),\quad x\in[\Omega]$$

边界条件：

$$lu|_{\partial\Omega}=0$$

其中 Ω 为求解区域，$\partial\Omega$ 为求解区域 Ω 的边界，L 和 l 为偏微分方程和定解条件的某种算子符号。例如，对流方程可用 $Lu(x,t)=\dfrac{\partial u}{\partial t}+a\dfrac{\partial u}{\partial x}=0$ 表示。当边界为刚性壁面时，则边界条件可用 $lu|_{\partial\Omega}=\boldsymbol{V}\cdot\boldsymbol{n}=0$ 表示。

4-1-1　网格划分

为了利用有限差分算法求解上述模型方程，首先要把连续的求解区域离散为有限的离散节点，并在这些离散节点上建立差分方程，再对差分方程进行数值求解。

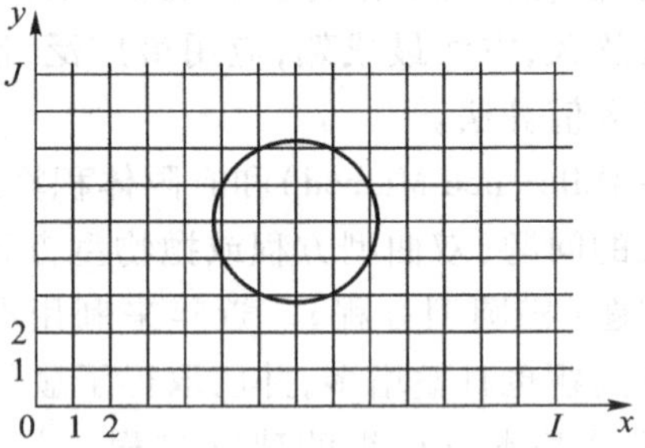

图 4.1　二维差分网格示意图

对于二维流动问题，在 (x,y) 坐标系中网格离散后的分布如图 4.1 所示。空间位置 x 被分成 I 等份，空间节点由 0、1、2、3、…、I 表示，某一节点位置为 $x=i\Delta x$。在 y 方向同样分成 J 等份，空间节点由 0、1、2、3、…、J 表示，某一节点位置为 $y=j\Delta x$。在时间 t 方向同样分成 N 等份，每个时间节点由 0、1、2、3、…、N 表示，某一个时刻为 $t=n\Delta t$。网格线 x、y、n 的交点称为网格节点，节点坐标可用其序号 (i,j,n) 来表示。一般把空间坐标写成下标，而时间坐标写成上标。例如，在时间 n 层上，第 i 条 x 线和第 j 条 y 线的交点为节点 (x_i^n,y_j^n)，也可简写为 (i,j,n) 或 $\begin{pmatrix}n\\i,j\end{pmatrix}$。函数 $u(x_i,y_j,t_n)$ 可以简写成 $u(i,j,n)$ 或 $u_{i,j}^n$。对于一维问题，离散后网格分布可略去一个下标 x 或 y 得到，如在时间 n 层上，第 j 条 x 线的交点为节点 (x_j^n)，也可简写为 (j,n) 或 $\begin{pmatrix}n\\j\end{pmatrix}$。函数

$u(x_j,t_n)$可以简写成 $u(j,n)$或 u_j^n。

4-1-2 差分方程的误差和精度

设求解区域内某一个节点 A,它的坐标为(x_j,t_n)。根据微商定义和中值定理,可以把偏微分方程离散成差分方程,也称为差分格式。例如:

对流方程:

$$\frac{\partial u}{\partial t}+a\frac{\partial u}{\partial x}=0 \tag{4.1.1}$$

或

$$u_t+au_x=0 \tag{4.1.1a}$$

若时间微商用一阶前差,空间微商用二阶中心差分,它的相应的差分方程为:

FTCS:

$$\frac{u_j^{n+1}-u_j^n}{\Delta t}+a\frac{u_{j+1}^n-u_{j-1}^n}{2\Delta x}=0 \tag{4.1.2}$$

或

$$u_j^{n+1}=u_j^n-\frac{1}{2}r(u_{j+1}^n-u_{j-1}^n),\quad r=a\frac{\Delta t}{\Delta x} \tag{4.1.2a}$$

其中 FT 表示时间前差,CS 表示空间中心差。

对流方程(4.1.1)可以有三种不同的差分方程。它们是:

FTFS:

$$\frac{u_j^{n+1}-u_j^n}{\Delta t}+a\frac{u_{j+1}^n-u_j^n}{\Delta x}=0 \tag{4.1.3}$$

或

$$u_j^{n+1}=u_j^n-r(u_{j+1}^n-u_j^n) \tag{4.1.3a}$$

FTBS:

$$\frac{u_j^{n+1}-u_j^n}{\Delta t}+a\frac{u_j^n-u_{j-1}^n}{\Delta x}=0 \tag{4.1.4}$$

或

$$u_j^{n+1}=u_j^n-r(u_j^n-u_{j-1}^n) \tag{4.1.4a}$$

其中 FS 表示空间前差,BS 表示空间后差。它还可以构造成其他形式的差分方程。不同的差分方程具有不同的计算精度。

差分方程的时间微商采用前差,称为显式差分方程;时间微商采用后差,称为隐式差分方程。显式差分方程可直接求解,而隐式差分方程需要迭代求解。

用差分方程来代替偏微分方程时必然有误差,称为截断误差,用 R_j^n 表示。差分方程的截断误差等于各项差商逼近微商时所产生误差的总和。用差分方程的定解条件来代替偏微分方程的定解条件也会有误差,称为定解条件的截断误差,用 r_j^n表示。

定义:设偏微分方程为 $Lu=0$,所对应的差分方程记为$(L\Delta u)_j^n=0$,其中 u 为求解区域上的函数，u_j^n是 u 在网格节点(x_j,t_n)上的值。对于求解区域中某一节点(x_j,t_n)，差分方程的截断误差为 $R_j^n = Lu - (L\Delta u)_j^n$。

差分方程的截断误差可用 Taylor 展开法得到。例如，对流方程(4.1.1)的 FTCS 差分方程(4.1.2)通过 Taylor 展开可得到：

$$\frac{u_j^{n+1}-u_j^n}{\Delta t}+a\frac{u_{j+1}^n-u_{j-1}^n}{2\Delta x}=\left(\frac{\partial u}{\partial t}\right)_j^n+\frac{1}{2}\left(\frac{\partial^2 u}{\partial t^2}\right)_j^n\Delta t+\cdots+a\left[\left(\frac{\partial u}{\partial x}\right)_j^n+\frac{1}{3!}\left(\frac{\partial^3 u}{\partial x^3}\right)\Delta x^2+\cdots\right]$$

$$=\left(\frac{\partial u}{\partial t}+a\frac{\partial u}{\partial x}\right)_j^n+O(\Delta t,\Delta x^2) \tag{4.1.5}$$

它的截断误差为 $R_j^n = O(\Delta t,\Delta x^2)$，即时间上是一阶精度，在空间上是二阶精度。

第 2 节　差分方程构造方法

4-2-1　直接差分逼近法

由微商定义：

$$\frac{\partial u}{\partial t}=\lim_{\Delta t\to 0}\frac{u_j^{n+1}-u_j^n}{\Delta t} \tag{4.2.1}$$

$$\frac{\partial u}{\partial x}=\lim_{\Delta x\to 0}\frac{u_{j+1}^n-u_j^n}{\Delta x} \tag{4.2.2}$$

和中值定理得到：

$$\frac{u_j^{n+1}-u_j^n}{\Delta t}=\left(\frac{\partial u}{\partial t}\right)_j^n+\frac{1}{2}\Delta t\left(\frac{\partial^2 u}{\partial t^2}\right)_j^{n+\theta\Delta t} \tag{4.2.1a}$$

$$\frac{u_{j+1}^n-u_j^n}{\Delta x}=\left(\frac{\partial u}{\partial x}\right)_j^n+\frac{1}{2}\Delta x\left(\frac{\partial^2 u}{\partial x^2}\right)_{j+\theta\Delta x}^n \tag{4.2.2a}$$

$$\frac{u_{j+1}^n-2u_j^n+u_{j-1}^n}{\Delta x^2}=\left(\frac{\partial^2 u}{\partial x^2}\right)_j^n+\frac{1}{12}\Delta x^2\left(\frac{\partial^4 u}{\partial x^4}\right)_{j+\theta\Delta x}^n \tag{4.2.2b}$$

其中 θ 为 $0\leqslant\theta\leqslant 1$ 之间的常数。

把这些表达式代入对流方程(4.1.1)后，取一阶近似，并略去 R_j^n的小量，得到相应的差分方程。例如，采用上述方法得到：

$$\frac{u_j^{n+1}-u_j^n}{\Delta t}+a\frac{u_{j+1}^n-u_j^n}{\Delta x}=\left(\frac{\partial u}{\partial t}\right)_j^n+\frac{\Delta t}{2}\left(\frac{\partial^2 u}{\partial t^2}\right)_j^{n+\theta\Delta t}+\cdots+a\left(\frac{\partial u}{\partial x}\right)_j^n+\frac{a\Delta x}{2}\left(\frac{\partial^2 u}{\partial x^2}\right)_{j+\theta\Delta x}^n+\cdots$$

略去等式右边 R_j^n项后，得到差分方程：

FTFS：

$$u_j^{n+1}=u_j^n-r(u_{j+1}^n-u_j^n) \tag{4.2.3}$$

其中 $r=a\dfrac{\Delta t}{\Delta x}$。采用相同的直接差分逼近法，也可得到其他差分方程。例如：

FTBS：

$$u_j^{n+1}=u_j^n-r(u_j^n-u_{j-1}^n) \tag{4.2.4}$$

FTCS：

$$u_j^{n+1}=u_j^n-\frac{1}{2}r(u_{j+1}^n-u_{j-1}^n) \tag{4.2.5}$$

4-2-2　Taylor 展开法

Taylor 展开法是将 u_j^{n+1} 在 u_j^n 点上进行 Taylor 展开，再利用原方程把 $\left(\frac{\partial u}{\partial t}\right)$、$\left(\frac{\partial^2 u}{\partial t^2}\right)$、$\left(\frac{\partial^3 u}{\partial t^3}\right)$ 变换为 $\left(\frac{\partial u}{\partial x}\right)$、$\left(\frac{\partial^2 u}{\partial x^2}\right)$、$\left(\frac{\partial^3 u}{\partial x^3}\right)$，并把 $\left(\frac{\partial u}{\partial x}\right)$、$\left(\frac{\partial^2 u}{\partial x^2}\right)$、$\left(\frac{\partial^3 u}{\partial x^3}\right)$ 用差商表示，就能得到各种不同的差分方程。

以对流方程(4.1.1)为例，首先将 u_j^{n+1} 在 u_j^n 上进行 Taylor 展开，得到：

$$u_j^{n+1}=u_j^n+\left(\frac{\partial u}{\partial t}\right)_j^n\Delta t+\frac{1}{2}\left(\frac{\partial^2 u}{\partial t^2}\right)_j^n\Delta t^2+O(\Delta t^3) \tag{4.2.6}$$

利用原方程关系：

$$\frac{\partial u}{\partial t}=-a\frac{\partial u}{\partial x},\quad \frac{\partial^2 u}{\partial t^2}=a^2\frac{\partial^2 u}{\partial x^2} \tag{4.2.7}$$

把上式代入式(4.2.6)中，得到：

$$u_j^{n+1}=u_j^n-\frac{1}{2}r(u_{j+1}^n-u_{j-1}^n)+\frac{1}{2}r^2(u_{j+1}^n-2u_j^n+u_{j-1}^n) \tag{4.2.8}$$

其中 $r=a\frac{\Delta t}{\Delta x}$，这就是著名的 Lax-Wendroff 差分方程。

4-2-3　控制体积法

控制体积法是根据流动量守恒定律来构造建立差分方程。考虑一维平面流动问题。设流体以速度 u 沿 x 轴正方向流动。在空间位置 x_j 附近划出一个控制体单元 $\mathrm{d}\Omega$。如果 $\mathrm{d}\Omega$ 内无源项，且不考虑扩散效应，则 $\mathrm{d}\Omega$ 内所含流体总量应满足守恒律：控制体单元 $\mathrm{d}\Omega$ 中流体总增量等于流进和流出控制体单元 $\mathrm{d}\Omega$ 的流体净通量，如图 4.2 所示。把流体的浓度 $C(x,t)$ 近似看做是控制体单元 $\mathrm{d}\Omega$ 内 j 点的平均值，在 Δt 时间内 $\mathrm{d}\Omega$ 内的浓度 $C(x,t)$ 的总增量为：

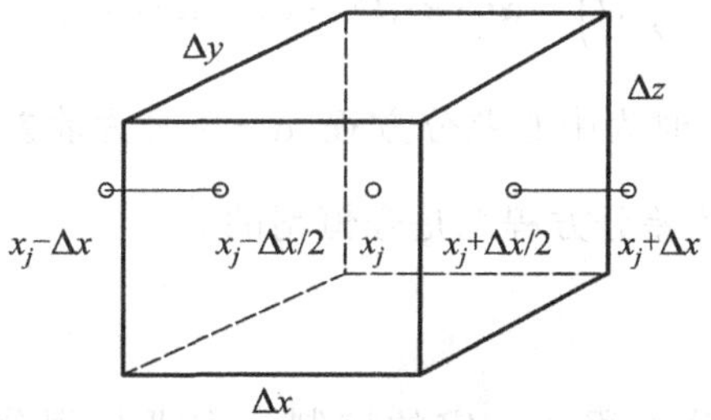

图 4.2　控制体单元示意图

$$[C(x_j,t+\Delta t)-C(x_j,t)]\Delta x\Delta y\Delta z$$

在 Δt 时间内通过左边界面流入 $\mathrm{d}\Omega$ 的总通量为：

$$uC\left(x_j-\frac{\Delta x}{2},t\right)\Delta y\Delta z\Delta t$$

同理，在 Δt 时间内通过右边界面流出 $\mathrm{d}\Omega$ 的总通量是：

$$uC\left(x_j+\frac{\Delta x}{2},t\right)\Delta y\Delta z\Delta t$$

在 Δt 时间内，$\mathrm{d}\Omega$ 内流体净通量为流入通量与流出通量差：

$$u\left[C\left(x_j-\frac{\Delta x}{2},t\right)-C\left(x_j+\frac{\Delta x}{2},t\right)\right]\Delta y\Delta z\Delta t$$

由守恒定律可得到：

$$[C(x_j,t+\Delta t)-C(x_j,t)]\Delta x=u\left[C\left(x_j-\frac{1}{2}\Delta x,t\right)-C\left(x_j+\frac{1}{2}\Delta x,t\right)\right]\Delta t \tag{4.2.9}$$

在界面上的值可以取相邻两个节点值的算术平均值：

$$C\left(x_j-\frac{\Delta x}{2},t\right)=\frac{1}{2}[C(x_j,t)+C(x_j-\Delta x,t)]$$

$$C\left(x_j+\frac{\Delta x}{2},t\right)=\frac{1}{2}[C(x_j,t)+C(x_j+\Delta x,t)]$$

把它们代入守恒方程(4.2.9)，整理后得到：

$$C(x,t+\Delta t)=C(x,t)-\frac{u\Delta t}{2\Delta x}[C(x_j+\Delta x,t)-C(x_j-\Delta x,t)] \tag{4.2.10}$$

若用(j,n)标记，得到差分方程：

$$C_j^{n+1}=C_j^n-\frac{u\Delta t}{2\Delta x}(C_{j+1}^n-C_{j-1}^n) \tag{4.2.10a}$$

在上述推导中，在界面上浓度 C 采用不同的近似方式就能得到不同的差分方程：

$$C\left(x_j+\frac{\Delta x}{2},t\right)=\alpha C(x_j+\Delta x,t)+(1-\alpha)C(x_j,t) \tag{4.2.11}$$

或

$$C\left(x_j-\frac{\Delta x}{2},t\right)=\alpha C(x_j,t)+(1-\alpha)C(x_j-\Delta x,t) \tag{4.2.11a}$$

其中 $0\leqslant\alpha\leqslant1$。当 $\alpha=\frac{1}{2}$ 时为中心差分方程，$\alpha=0$ 时为前差方程，$\alpha=1$ 时为后差方程。用控制体积法构造的差分方程总是守恒型的。

4-2-4　积分方法

积分方法是把偏微分方程在一定的控制体内进行积分得到相应的差分方程。设对流方程为式(4.1.1)，在矩形网格的控制体单元 $\mathrm{d}\Omega$ 内，对时间和空间都取前差，

并从 t^n 到 $t^n+\Delta t$,从 x_j 到 $x_j+\Delta x$ 进行积分:

$$\iint (u_t + a u_x)\,\mathrm{d}x\mathrm{d}t = 0 \tag{4.2.12}$$

通过积分运算:

$$\int_{x_j}^{x_j+\Delta x}\int_{t^n}^{t^n+\Delta t} u_t\,\mathrm{d}t\mathrm{d}x + a\int_{t^n}^{t^n+\Delta t}\int_{x_j}^{x_j+\Delta x} u_x\,\mathrm{d}x\mathrm{d}t = 0 \tag{4.2.13}$$

则得到:

$$\int_{x_j}^{x_j+\Delta x}(u^{n+1}-u^n)\,\mathrm{d}x + a\int_{t^n}^{t^n+\Delta t}(u_{j+1}-u_j)\,\mathrm{d}t = 0 \tag{4.2.14}$$

把上式用数值积分近似表示,整理后得到:

$$u_j^{n+1} = u_j^n - r(u_{j+1}^n - u_j^n) \tag{4.2.15}$$

其中 $r = a\dfrac{\Delta t}{\Delta x}$。这就是 FTFS 差分方程。

除上述方法外,还有其他构造差分方程的方法,这里不再一一介绍。综上所述,对于同一个偏微分方程可以构造出多种多样的差分方程。采用同一种方法可以得到不同的差分方程,采用不同方法也可导出同样的差分方程,这反映了构造差分格式的灵活性和多样性。

第 3 节 差分方程有效性分析

一个偏微分方程可以得到不同的差分方程。但不同的差分方程和原偏微分方程有完全不同的对应关系,它们有不同的数学性质,数值结果也不完全相同。因此,有些差分方程是有效和可靠的,有些则在一定条件下是有效和可靠的,有些则是完全无效的。如何判断和分析差分方程的有效性和可靠性就成为有限差分算法十分重要的问题[4,5]。

4-3-1 相容性(Consistency)

差分方程相容性是讨论当 Δt、$\Delta x\to 0$ 时,差分方程逼近于偏微分方程的程度。

定义:对于足够光滑的函数 u,若时间步长为 Δt,空间步长 Δx 趋近于 0 时,差分方程的截断误差 R_j^n 对于每一点 (x_j, t_n) 都趋近于零,则该差分方程 $(L\Delta u)_j^n=0$ 逼近偏微分方程 $Lu=0$,差分方程与偏微分方程是相容的。

差分方程相容性可以通过 Taylor 展开法来证明。例如,对流方程(4.1.1)的 FTBS 差分方程为:

$$u_j^{n+1} = (1-r)u_j^n + r u_{j-1}^n \tag{4.3.1}$$

其中 $r = a\dfrac{\Delta t}{\Delta x}$。把 u_j^{n+1} 作为 t 的函数,在 t_n 邻域进行 Taylor 展开,把 u_{j-1}^n 作为 x 的函数,在 x_j 邻域进行 Taylor 展开,得到:

$$u_j^{n+1} = u_j^n + \left(\frac{\partial u}{\partial t}\right)_j^n \Delta t + \frac{1}{2}\left(\frac{\partial^2 u}{\partial t^2}\right)_j^n \Delta t^2 + \frac{1}{6}\left(\frac{\partial^3 u}{\partial t^3}\right)_j^n \Delta t^3 + \cdots$$

$$u_{j-1}^{n}=u_j^n-\left(\frac{\partial u}{\partial x}\right)_j^n\Delta x+\frac{1}{2}\left(\frac{\partial^2 u}{\partial x^2}\right)_j^n\Delta x^2-\frac{1}{6}\left(\frac{\partial^3 u}{\partial x^3}\right)_j^n\Delta x^3+\cdots$$

将 u_j^{n+1}、u_{j-1}^n 代入差分方程(4.3.1)得到：

$$\left(\frac{\partial u}{\partial t}+a\frac{\partial u}{\partial x}\right)_j^n=\left[\left(-\frac{1}{2}\frac{\partial^2 u}{\partial t^2}\Delta t-\frac{1}{6}\frac{\partial^3 u}{\partial t^3}\Delta t^2-\cdots\right)+a\left(\frac{1}{2}\frac{\partial^2 u}{\partial x^2}\Delta x-\frac{1}{6}\frac{\partial^3 u}{\partial x^3}\Delta x^2-\cdots\right)\right]_j^n$$

当 Δx、$\Delta t\to 0$ 时，它的右侧所有项都趋近于零，差分方程趋近于原偏微分方程，FTBS 差分方程和原偏微分方程是相容的。

4-3-2 收敛性(Convergence)

差分方程收敛性是讨论当 Δx、$\Delta t\to 0$ 时，差分方程数值解逼近于偏微分方程精确解的程度。

定义：差分方程 $(L\Delta u)_j^n=0$ 精确解(解析解)为 u_j^n，偏微分方程 $Lu=0$ 精确解为 u，它们之间的误差用 e_j^n 表示，则 $e_j^n=u-u_j^n$ 称为离散化误差。

收敛性定义：节点 (x_p,t_p) 为偏微分方程求解区域 Ω 内任意一点，当 $x\to x_p$, $t\to t_p$ 时，差分方程精确解 u_j^n 逼近于偏微分方程精确解 u，即 $e_j^n=u-u_j^n=0$，则差分方程收敛于该偏微分方程。

1. 直接证明法

对流方程(4.1.1)FTBS 差分方程为：

$$u_j^{n+1}=(1-r)u_j^n+ru_{j-1}^n,\ u_j^0=\phi(x_j) \tag{4.3.2}$$

其中 $r=a\dfrac{\Delta t}{\Delta x}$。把差分方程精确解和偏微分方程精确解相减，可得到离散化误差方程：

$$e_j^{n+1}=(1-r)e_j^n+re_{j-1}^n+O(\Delta x,\Delta t) \tag{4.3.3}$$

可以看出，离散化误差方程在形式上和差分方程是完全相同的。上式整理后得到：

$$\begin{aligned}e_j^{n+1}&=e_j^n-a\frac{\Delta t}{\Delta x}(e_j^n-e_{j-1}^n)+O(\Delta x,\Delta t)\\&=\left(1-a\frac{\Delta t}{\Delta x}\right)e_j^n+a\frac{\Delta t}{\Delta x}e_{j-1}^n+O(\Delta x,\Delta t)\end{aligned} \tag{4.3.3a}$$

设 $a\geqslant 0$, $a\dfrac{\Delta t}{\Delta x}\leqslant 1$，则 $0\leqslant a\dfrac{\Delta t}{\Delta x}\leqslant 1$，有：

$$\begin{aligned}|e_j^{n+1}|&\leqslant\left(1-a\frac{\Delta t}{\Delta x}\right)|e_j^n|+a\frac{\Delta t}{\Delta x}|e_{j-1}^n|+O(\Delta x,\Delta t)\\&\leqslant\left(1-a\frac{\Delta t}{\Delta x}\right)\max_j|e_j^n|+a\frac{\Delta t}{\Delta x}\max_j|e_j^n|+O(\Delta x,\Delta t)\end{aligned} \tag{4.3.4}$$

式中 $\max\limits_j|e_j^n|$ 表示在 n 层的所有节点上，离散化误差 e_j^n 绝对值的最大值。

对于所有 j 节点，有：

$$|e_j^{n+1}|\leqslant\max_j|e_j^n|+O(\Delta x,\Delta t) \tag{4.3.4a}$$

于是有：

$$\left.\begin{aligned}&\max_j|e_j^{n+1}|\leqslant\max_j|e_j^n|+O(\Delta x,\Delta t)\\&\max_j|e_j^n|\leqslant\max_j|e_j^{n-1}|+O(\Delta x,\Delta t)\\&\cdots\cdots\end{aligned}\right\}\tag{4.3.4b}$$

最后得到：

$$\left.\begin{aligned}&\max_j|e_j^1|\leqslant\max_j|e_j^0|+O(\Delta x,\Delta t)\\&\max_j|e_j^{n+1}|\leqslant\max_j|e_j^0|+O(\Delta x,\Delta t)\end{aligned}\right\}\tag{4.3.5}$$

在 $t=0$ 时，差分方程初始条件应该是完全准确的：

$$u_j^0=\phi(x_j),\quad e_j^0=u^0-u_j^0=0\tag{4.3.6}$$

即

$$\max_j\ |e_j^{n+1}|\leqslant O(\Delta x,\Delta t)\tag{4.3.6a}$$

由此可知，差分方程离散化误差和截断误差有相同数量级。若 $R_j^n\to0$，则：

$$\lim_{\substack{\Delta t\to0\\\Delta x\to0}}\left(\max_j\ |e_j^{n+1}|\right)=0\tag{4.3.7}$$

因此在 $a>0$，$a\dfrac{\Delta t}{\Delta x}\leqslant1$ 条件下，FTBS 差分方程是收敛的。

2. 数值试验法

数值试验法基本思路是用 FTBS 差分方程求出数值解，然后和偏微分方程精确解进行比较，确定差分方程是否收敛。

直接证明法比较简单。但是，只有很少数几个差分方程可以证明其收敛性。数值试验法非常麻烦。一般来说，很难用它严格证明差分方程是否收敛。不管是采用直接证明法，还是数值试验法，证明差分方程收敛性都是比较困难的。

4-3-3　稳定性(Stability)

稳定性是讨论在计算过程中，某一时刻某一点产生计算误差，随着计算时间增加，误差是否能被抑制的问题。

当数值求解差分方程时，计算误差总是不可避免的。计算误差包括舍入误差、离散误差和初值误差。设偏微分方程精确解为 u，差分方程精确解为 u_j^n，数值解为 $\overline{u_j^n}$，则计算误差定义为：

$$\varepsilon_j^n=u-\overline{u_j^n}=(u-u_j^n)+(u_j^n-\overline{u_j^n})=e_j^n+\varepsilon_r^n\tag{4.3.8}$$

式中 $e_j^n=u-u_j^n$ 是离散误差，$\varepsilon_r^n=u_j^n-\overline{u_j^n}$ 是舍入误差。

定义：

$$\|\varepsilon_j^n\|=\left[\sum_{-\infty}^{\infty}(\varepsilon_j^n)^2\Delta x^2\right]^{\frac{1}{2}}\tag{4.3.9}$$

为计算误差 ε_j^n 的范数。

定义:在某一个时刻 t_n,差分方程的计算误差为 ε_j^n,若在 t^{n+1}时刻满足:

$$\| \varepsilon_j^{n+1} \| \leqslant k \| \varepsilon_j^n \| \quad 或 \quad \| \varepsilon_j^n \| \leqslant k^n \| \varepsilon_j^0 \| \tag{4.3.10}$$

条件,则该差分方程是稳定的。

(1) 对流方程(4.1.1)的 FTFS 差分方程为:

$$u_j^{n+1} = u_j^n - r(u_{j+1}^n - u_j^n) \tag{4.3.11}$$

其中 $r = a\dfrac{\Delta t}{\Delta x}$,设在 n 时刻计算误差为 ε_j^n,$n+1$ 时刻计算误差为 ε_j^{n+1},则计算误差传播方程为:

$$\varepsilon_j^{n+1} = (r+1)\varepsilon_j^n - r\varepsilon_{j+1}^n \tag{4.3.12}$$

采用直观的数值试验法来分析误差传播规律。设在 t^n时刻节点 x_j的计算误差为 ε_j^n,而计算到 $n+100$ 时刻,节点(x_j, t^{n+100})的计算误差将发展到:

$$(r+1)^{100}\varepsilon_j^n - r^{100}\varepsilon_{j+1}^n$$

假定考虑节点(x_j, t_n)上存在误差 ε_j^n,其他各节点的计算误差为零。取 $r = 0.8$,则 $n+100$ 时刻计算误差为:

$$\varepsilon_j^{n+100} = (1.8)^{100}\varepsilon_j^n = 3.37 \times 10^{25}\varepsilon_j^n$$

可以看出,这个计算误差已经非常大,它将差分方程解的面目完全淹没了,这时的数值解已没有意义,因此,FTFS 差分方程是不稳定的,如图 4.3 所示。

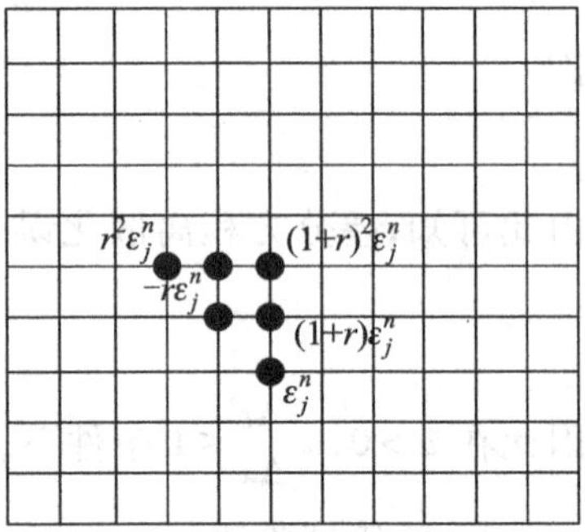

图 4.3　计算误差传播规律分布

(2) 对流方程(4.1.1)的 FTBS 差分格式(4.3.1)的误差传播方程为:

$$\varepsilon_j^{n+1} = \varepsilon_j^n - r(\varepsilon_j^n - \varepsilon_{j-1}^n) = (1-r)\varepsilon_j^n + r\varepsilon_{j-1}^n \tag{4.3.13}$$

当 $a > 0, a\dfrac{\Delta t}{\Delta x} \leqslant 1$ 时,$|\varepsilon_j^{n+1}| \leqslant \max\limits_j |\varepsilon_j^n|$,通过递推运算得到:

$$\left.\begin{aligned} \max_j |\varepsilon_j^{n+1}| &\leqslant \max_j |\varepsilon_j^n| \\ \max_j |\varepsilon_j^n| &\leqslant \max_j |\varepsilon_j^{n-1}| \\ &\cdots\cdots \\ \max_j |\varepsilon_j^1| &\leqslant \max_j |\varepsilon_j^0| \end{aligned}\right\} \tag{4.3.14}$$

由于在 n 时刻计算误差 ε_j^n不会大于 ε_j^0,因此,当 $a > 0, a\dfrac{\Delta t}{\Delta x} \leqslant 1$ 时,FTBS 差分格式是稳定的。对于不同的 a、Δt、Δx,FTBS 差分格式的稳定条件是不同的。通过对式(4.3.13)的数值分析可知:

1) 当 $a=1, \Delta x = 0.1, r = 0.8$ 时,则有: $u_j^{n+1} = 0.2u_j^n + 0.8u_{j-1}^n$。

2) 当 $a=1, \Delta x = 0.1, r = 1.0$ 时,则有: $u_j^{n+1} = u_{j-1}^n$。

3) 当 $a=1, \Delta x = 0.1, r = 2.0$ 时,则有: $u_j^{n+1} = -u_j^n + 2u_{j-1}^n$。

不同条件下差分方程的计算误差是不同的。可以发现,当 $r=1.0$ 时,数值解和偏微分方程的精确解是一致的。当 $r=0.8$ 时,在数值解两端有明显的耗散现象。当 $r=2.0$ 时,数值解会出现振荡,并且随着时间的增加,振荡也继续加剧,计算完全失败。

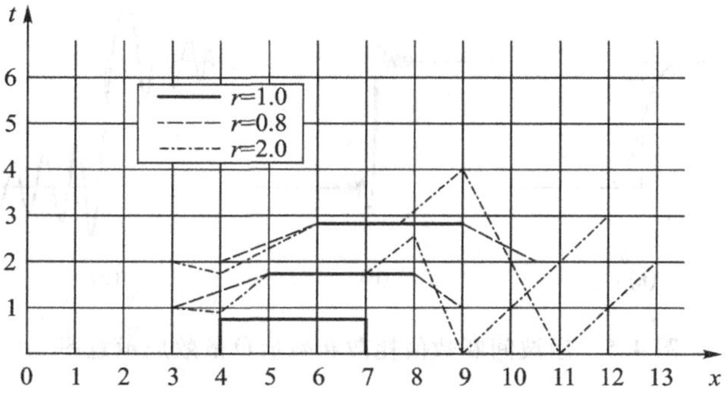

图 4.4　不同条件下差分方程图解

数值分析表明,FTBS 差分方程只有在 $r\leqslant 1.0$ 时计算是稳定,当 $r>1.0$ 时计算是不稳定。因此,FTBS 差分方程是有条件的稳定,它的稳定条件是 $a>0, a\dfrac{\Delta t}{\Delta x}\leqslant 1$。

4-3-4　Lax 定理

上述讨论指出,稳定性是反映差分方程在时间进程中的特性,收敛性是反映差分方程在空间位置上的特性,它们都体现了差分方程内在数学特性。Lax 定理给出了收敛性和稳定性之间的关系[6,7]。

Lax 定理:对于适定和线性的偏微分方程的初值问题,若逼近它的差分方程与它是相容的,则差分方程的稳定性是保证差分方程收敛性的充分和必要条件。

Lax 定理可形象地表示为:

$$\text{稳定性}\xleftrightarrow[\text{差分方程相容性}]{\text{偏微分方程是线性的、适定的}}\text{收敛性}$$

众所周知,相容性比较容易证明,证明稳定性也有不少方法,但是,证明收敛性比较麻烦。Lax 定理指出,差分方程收敛性可以通过稳定性的证明确定。

Lax 定理最初只在线性条件下成立。1963 年 Heneici 把它推广到某些非线性问题。1980 年 Rosinger 把 Lax 定理推广到非线性问题[8]。

4-3-5　差分方程的解必须与流动的物理特性相适应

差分方程的相容性、收敛性和稳定性是求解偏微分方程所必须满足的基本条件,但是,它们只是必要条件,而不是充分条件。因此,为了使差分方程得到物理解,除了满足上述有效性条件,还必须满足一些与流动的物理特性相适应的其他条件。例如,在超声速流动中激波和接触面是最常见、最典型的物理现象。但是,在求解超声速流动时，差分方程要精确地捕捉到这些间断，除了满足上述有效性条件，至少还应满足数值耗散和数值色散效应的要求。

(1) 关于数值耗散和数值色散效应的物理说明

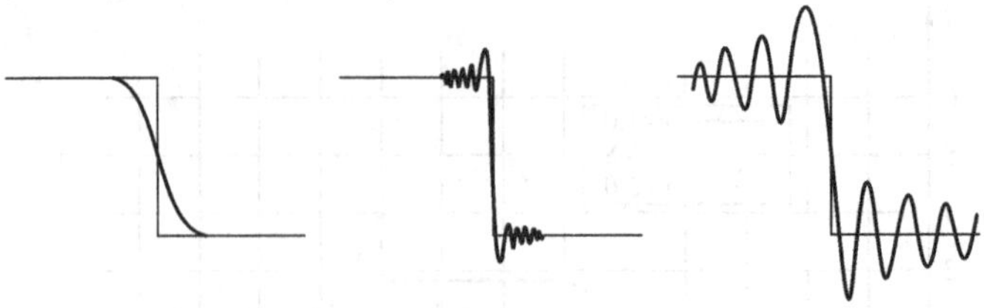

(a)　(b)　(c)

图 4.5　激波间断数值耗散和数值色散效应示意图

图 4.5 是超声速流动在计算激波时常出现的一些现象。数值耗散效应是指在用差分方程计算激波时，激波会被拉宽，幅度减小，出现抹平和光滑现象，如图 4.5a 所示。色散效应是指在用差分方程计算激波时，会使激波上下游附近出现高频振荡，如图 4.5b 所示。图 4.5c 表示激波计算出现的不稳定现象。

(2) 差分方程数值耗散和数值色散效应分析

数值耗散和数值色散效应是和 Taylor 展开后余项的偶阶导数项和奇阶导数项有关的。以对流方程(4.1.1)为例。不失一般性，设它的初始条件为：

$$u(x,0)=\sum_k A_k e^{ikx} \tag{4.3.15}$$

这是一个简谐波，其中波数 $k>0$ 为常数。不难分析，它应有如下解析解：

$$u=\sum_k A_k e^{ik(x-at)} \tag{4.3.16}$$

这是由 k 个分量 $A_k e^{ik(x-at)}$ 叠加而成的简谐波，其中 A_k 是简谐波振幅，a 是简谐波传播速度。当对流方程右边余项中出现偶阶导数项时，例如，二阶或四阶的空间导数项：

$$\frac{\partial u}{\partial t}+a\frac{\partial u}{\partial x}=D_2\frac{\partial^2 u}{\partial x^2}+D_4\frac{\partial^4 u}{\partial x^4} \tag{4.3.17}$$

设解的形式为：

$$u_2=\sum_k A_k e^{-D_2k^2t+D_4k^4t}e^{ik(x-at)} \tag{4.3.18}$$

可以证实解 u_2 确实是对流方程(4.3.17)的解。

从解(4.3.18)可以看出，解的振幅为：

$$A_{k_2}=A_k e^{-D_2k^2t}e^{D_4k^4t} \tag{4.3.19}$$

于是解为：

$$u_2=\sum_k A_{k_2} e^{ik(x-at)} \tag{4.3.20}$$

由上式可以看出：当对流方程的右边余项中出现偶阶导数项时，它只改变解的振幅，并没有改变解的波速和相位。并且解的振幅 A_{k_2} 是随着时间 t 而变化。为了保持在不同 k 时解 u_2 振幅有界，必须要求 $D_2>0, D_4<0$。此条件可保证在时间 t 增加时振幅逐渐衰减。这种由余项的偶阶导数项而引起解的振幅衰减现象就是数值耗散效应。

流动存在两种不同的耗散效应：一种是流动本身所固有的耗散，例如，N－S 方程中黏性耗散项，称为物理耗散效应；另一种是由截断误差的偶阶导数项产生的耗散，称为数值耗散效应，它是非物理的耗散效应。

当对流方程右边余项出现奇阶导数项时。例如，三阶或五阶的空间导数项：

$$\frac{\partial u}{\partial t}+a\frac{\partial u}{\partial x}=D_3\frac{\partial^3 u}{\partial x^3}+D_5\frac{\partial^5 u}{\partial x^5} \tag{4.3.21}$$

设解的形式为：

$$u_3=\sum_k A_k \mathrm{e}^{\mathrm{i}k[x-(a+D_3k^3-D_5k^5)t]} \tag{4.3.22}$$

也可证实解 u_3 确实是对流方程(4.3.21)的解。把上式和式(4.3.18)比较，可以发现，上式 u_3 只改变解的波速，并没有改变解的振幅。设解的波速 a_3 为：

$$a_3=a+D_3k^3-D_5k^5 \tag{4.3.23}$$

由此可知，波速 a_3 随波数 k 的变化而变化。波速 a_3 变化会引起解的相位变化，这就是色散效应。由于余项的奇阶导数项，引起解相位变化，称为数值色散效应。一般说来，长波的色散效应小，短波的色散效应大。

4－3－6 差分方程的“修正方程”概念

虽然差分方程是原偏微分方程的一种近似，但是，差分方程却不一定是最逼近原偏微分方程的，它可能会更好地逼近另一个偏微分方程。这个差分方程最逼近的那个微分方程称为修正方程(Modified PDE)。不同的差分方程具有不同的修正方程，它反映差分方程内在的数学物理性质。

对流方程(4.1.1)的 FTBS 差分方程为：

$$u_j^{n+1}=(1-r)u_j^n+ru_{j-1}^n \tag{4.3.24}$$

其中 $r=a\dfrac{\Delta t}{\Delta x}$。为了得到它的修正方程，需要在 x_j 邻域进行 Taylor 展开：

$$\left.\begin{aligned} u_j^{n+1}&=u_j^n+\left(\frac{\partial u}{\partial t}\right)_j^n\Delta t+\frac{1}{2}\left(\frac{\partial^2 u}{\partial t^2}\right)_j^n\Delta t^2+\frac{1}{6}\left(\frac{\partial^3 u}{\partial t^3}\right)_j^n\Delta t^3+\cdots+O(\Delta t^4)\\ u_{j-1}^n&=u_j^n-\left(\frac{\partial u}{\partial x}\right)_j^n\Delta x+\frac{1}{2}\left(\frac{\partial^2 u}{\partial x^2}\right)_j^n\Delta x^2-\frac{1}{6}\left(\frac{\partial^3 u}{\partial x^3}\right)_j^n\Delta x^3+\cdots+O(\Delta x^4)\end{aligned}\right\} \tag{4.3.25}$$

将 u_j^{n+1}、u_{j-1}^n 代入式(4.3.24)，得到：

$$\left(\frac{\partial u}{\partial t}+a\frac{\partial u}{\partial x}\right)_j^n=\left[\left(-\frac{1}{2}\frac{\partial^2 u}{\partial t^2}\Delta t-\frac{1}{6}\frac{\partial^3 u}{\partial t^3}\Delta t^2-\cdots\right)+a\left(\frac{1}{2}\frac{\partial^2 u}{\partial x^2}\Delta x-\frac{1}{6}\frac{\partial^3 u}{\partial x^3}\Delta x^2-\cdots\right)\right]_j^n \tag{4.3.26}$$

它的截断误差 R_j^n 为：

$$R_j^n=\left[\frac{1}{2}\left(\frac{\partial^2 u}{\partial t^2}\right)_j^n\Delta t+\frac{1}{6}\left(\frac{\partial^3 u}{\partial t^3}\right)_j^n\Delta t^2\right]+$$
$$a\left[-\frac{1}{2}\left(\frac{\partial^2 u}{\partial x^2}\right)_j^n\Delta x+\frac{1}{6}\left(\frac{\partial^3 u}{\partial x^3}\right)_j^n\Delta x^2\right]+O(\Delta t^3,\Delta x^3)\tag{4.3.27}$$

上式既有时间导数项，又有空间导数项。现在，需要消除 R_j^n 中时间导数项。特别要注意的是：在消除时间导数项的过程中，一定不能利用原对流方程(4.1.1)，而只能采用自循环消去方法。

采用自循环消去方法可把 R_j^n 中的 $\frac{\partial u}{\partial t}$、$\frac{\partial^2 u}{\partial t^2}$、$\frac{\partial^3 u}{\partial t^3}$ 项转换成空间导数项 $\frac{\partial u}{\partial x}$、$\frac{\partial^2 u}{\partial x^2}$、$\frac{\partial^3 u}{\partial x^3}$，得到它的修正方程：

$$\frac{\partial u}{\partial t}+a\frac{\partial u}{\partial x}=\left[\frac{a\Delta x-a^2\Delta t}{2}\frac{\partial^2 u}{\partial x^2}+\left(-\frac{a\Delta x^2}{6}-\frac{a^3\Delta t^2}{3}+\frac{a^2\Delta x\Delta t}{2}\right)\frac{\partial^3 u}{\partial x^3}+\cdots\right]\tag{4.3.28}$$

这里介绍一种简单和直观地推导修正方程的图表法。

对流方程(4.1.1)的 Lax 差分方程为：

$$u_j^{n+1}=\frac{1}{2}(u_{j+1}^n+u_{j-1}^n)-\frac{1}{2}r(u_{j+1}^n-u_{j-1}^n)\tag{4.3.29}$$

首先将 u_j^{n+1}、u_{j+1}^n、u_{j-1}^n 对 (x_j,t_n) 点进行 Taylor 展开，得到：

$$\left.\begin{aligned}
u_j^{n+1}&=u_j^n+\Delta t\left(\frac{\partial u}{\partial t}\right)+\frac{\Delta t^2}{2}\left(\frac{\partial^2 u}{\partial t^2}\right)+\frac{\Delta t^3}{6}\left(\frac{\partial^3 u}{\partial t^3}\right)+\frac{\Delta t^4}{24}\left(\frac{\partial^4 u}{\partial t^4}\right)+O(\Delta t^5)\\
u_{j+1}^n&=u_j^n+\Delta x\left(\frac{\partial u}{\partial x}\right)+\frac{\Delta x^2}{2}\left(\frac{\partial^2 u}{\partial x^2}\right)+\frac{\Delta x^3}{6}\left(\frac{\partial^3 u}{\partial x^3}\right)+\frac{\Delta x^4}{24}\left(\frac{\partial^4 u}{\partial x^4}\right)+O(\Delta x^5)\\
u_{j-1}^n&=u_j^n-\Delta x\left(\frac{\partial u}{\partial x}\right)+\frac{\Delta x^2}{2}\left(\frac{\partial^2 u}{\partial x^2}\right)-\frac{\Delta x^3}{6}\left(\frac{\partial^3 u}{\partial x^3}\right)+\frac{\Delta x^4}{24}\left(\frac{\partial^4 u}{\partial x^4}\right)+O(\Delta x^5)
\end{aligned}\right\}\tag{4.3.30}$$

把 u_j^{n+1}、u_{j+1}^n、u_{j-1}^n 代入 Lax 差分方程后，得到：

$$0=u_t+au_x+\left(\frac{\Delta t}{2}u_{tt}+\frac{\Delta t^2}{6}u_{ttt}+\cdots\right)-\frac{\Delta x^2}{2\Delta t}u_{xx}+\frac{a\Delta x^2}{6}u_{xxx}+\cdots\tag{4.3.31}$$

为了便于分析，可采用图表法来消元（特别注意：在消元过程中，绝对不能使用原方程！），消元后可得到下表。

(a)		u_t	u_x	u_{tt}	u_{xt}	u_{xx}	u_{ttt}	u_{xtt}	u_{xxt}	u_{xxx}
(b)		1	a	$\frac{\Delta t}{2}$		$-\frac{\Delta x^2}{2\Delta t}$	$\frac{\Delta t^2}{6}$			$\frac{a\Delta x^2}{6}$
(c)	$-\frac{\Delta t}{2}\frac{\partial}{\partial t}(b)$			$-\frac{\Delta t}{2}$	$-a\frac{\Delta t}{2}$		$-\frac{\Delta t^2}{4}$		$\frac{\Delta x^2}{4}$	
(d)	$a\frac{\Delta t}{2}\frac{\partial}{\partial x}(b)$				$a\frac{\Delta t}{2}$	$a^2\frac{\Delta t}{2}$		$a\frac{\Delta t^2}{4}$		$-a\frac{\Delta x^2}{4}$
(e)	$\frac{\Delta t^2}{12}\frac{\partial^2}{\partial t^2}(b)$						$\frac{\Delta t^2}{12}$	$a\frac{\Delta t^2}{12}$		

续表

(f)	$-\dfrac{a\Delta t^2}{3}\dfrac{\partial^2}{\partial t\partial x}(b)$						$-\dfrac{a\Delta t^2}{3}$	$-a^2\dfrac{\Delta t^2}{3}$	
(g)	$-\dfrac{\Delta x^2}{4}\dfrac{\partial^2}{\partial x^2}(b)$							$-\dfrac{\Delta x^2}{4}$	$-a\dfrac{\Delta x^2}{4}$
(h)	$a^2\dfrac{\Delta t^2}{3}\dfrac{\partial^2}{\partial x^2}(b)$							$a^2\dfrac{\Delta t^2}{3}$	$a^3\dfrac{\Delta t^2}{3}$

将表中的(b)至(h)相加，得到 Lax 差分方程的修正方程：

$$u_t + au_x = \frac{\Delta x^2}{2\Delta t}(1 - r^2)u_{xx} + \frac{a\Delta x^2}{3}(1 - r^2)u_{xxx} + \cdots \tag{4.3.32}$$

上式的右边表达式称为修正方程的余项。

分析上述 Lax 差分方程的余项，可知它的计算精度为 $O\left(\Delta t, \dfrac{\Delta x^2}{\Delta t}\right)$，即时间和空间都是一阶精度。它的

耗散项表达式为：

$$\frac{1}{2}\frac{\Delta x^2}{\Delta t}(1 - r^2)u_{xx} \tag{4.3.33a}$$

色散项表达式为：

$$-\frac{1}{3}a\Delta x^2(1 - r^2)u_{xxx} \tag{4.3.33b}$$

对于同一个偏微分方程，不同的差分方程其修正方程是不同的。例如，对流方程(4.1.1)的 FTBS、FTFS、Lax、Lax-Wendroff 差分方程的修正方程分别是：

FTBS 差分方程的修正方程为：

$$\frac{\partial u}{\partial t} + a\frac{\partial u}{\partial x} = \frac{1}{2}a\Delta x(1 - r)u_{xx} + \frac{1}{6}a\Delta x^2(-2r^2 + 3r - 1)u_{xxx} + \cdots \tag{4.3.34}$$

FTFS 差分方程的修正方程为：

$$\frac{\partial u}{\partial t} + a\frac{\partial u}{\partial x} = \frac{1}{2}a\Delta x(1 + r)u_{xx} + \frac{1}{6}a\Delta x^2(-2r^2 + 3r - 1)u_{xxx} + \cdots \tag{4.3.35}$$

Lax 差分方程的修正方程为：

$$\frac{\partial u}{\partial t} + a\frac{\partial u}{\partial x} = \frac{\Delta x^2}{2\Delta t}(1 - r^2)u_{xx} + \frac{a\Delta x^2}{3}(1 - r^2)u_{xxx} + \cdots \tag{4.3.36}$$

Lax-Wendroff 差分方程的修正方程为：

$$\frac{\partial u}{\partial t} + a\frac{\partial u}{\partial x} = -\frac{a\Delta x^2}{6}(1 - r^2)u_{xxx} - \frac{a^2\Delta t\Delta x^2}{8}r(1 - r^2)u_{xxxx}\cdots \tag{4.3.37}$$

分析这些修正方程可以发现：

(1) 由于差分方程只是对原偏微分方程的一种近似，因此差分方程数值解也只是原偏微分方程解的近似。只有在某些特殊条件下，差分方程数值解完全和原偏微

分方程解完全一致。例如，FTBS 差分方程，只有当 $r=a\dfrac{\Delta t}{\Delta x}=1$ 时，截断误差 $R_j^n=0$，它的数值解才是原偏微分方程解。

(2) 利用修正方程的首项能判定差分方程的计算精度。FTBS 和 FTFS 差分方程为一阶精度 $O(\Delta t,\Delta x)$；Lax 差分方程为一阶精度 $O\left(\Delta t,\dfrac{\Delta x^2}{\Delta t}\right)$；Lax-Wendroff 差分方程为二阶精度 $O(\Delta t^2,\Delta x^2)$。

(3) 利用修正方程也可以得到差分方程的数值耗散和数值色散效应。一般说来，截断误差中的偶阶导数项是数值耗散项，奇阶导数项是数值色散项。它们可以用来分析差分方程稳定性。

第 4 节　差分方程稳定性分析——Fourier 分析法

4-4-1　Fourier 分析法简介

分析差分方程稳定性的方法很多，Fourier 分析法和 Taylor 分析法一直是分析差分方程稳定性最普遍、也是最重要的方法。

Fourier 分析法是由 Von Neumann 在 1950 年建立的，并由 Lax 等人逐步发展和完善，形成了系统地分析有限差分算法稳定性的理论基础[9,10]。Fourier 分析法的基本前提：所讨论的偏微分方程是线性的、适定的；初值问题的函数在整个空间是平方可积的，并且具有周期性边界条件。因此，它有一定的局限性。

1. Fourier 分析法基本思路

对流方程：

$$u_t+au_x=0,\ t>0,\ -\infty<x<\infty \tag{4.4.1}$$

初始条件：

$$u(x,0)=\phi(x) \tag{4.4.1a}$$

FTBS 差分方程：

$$u_j^{n+1}=(1-r)u_j^n+ru_{j-1}^n \tag{4.4.2}$$

$$u_j^0=\phi(x_j) \tag{4.4.2a}$$

其中 $r=a\dfrac{\Delta t}{\Delta x}$。在上述差分方程中 u_j^n 和 $\phi(x_j)$ 仅仅在网格节点上有值，而 Fourier 变换需要在整个数轴上完成。首先必须把差分方程中 u_j^n 和 $\phi(x_j)$ 值从节点扩充到整个实数轴上 $(-\infty,\infty)$，为此，令：

$$\left.\begin{aligned}U(x,t_n)&=u_j^n,\ \left(j-\frac{1}{2}\right)\Delta x\leqslant x\leqslant\left(j+\frac{1}{2}\right)\Delta x\\ \Phi(x)&=\phi(x_j),\left(j-\frac{1}{2}\right)\Delta x\leqslant x\leqslant\left(j+\frac{1}{2}\right)\Delta x\end{aligned}\right\} \tag{4.4.3}$$

式中 $U(x,t_n)$ 和 $\Phi(x)$ 值都是定义在整个数轴上。用连续的 $U(x,t_n)$、$\Phi(x)$ 重新来表

示上述FTBS 差分方程时，有：

$$U(x,t_{n+1}) = U(x,t_n) - \frac{a\Delta t}{\Delta x}[U(x,t_n) - U(x-\Delta x,t_n)] \tag{4.4.4}$$

对上式采用 Fourier 积分：

$$\frac{1}{\sqrt{2\pi}}\int_{-\infty}^{\infty}\hat{U}(k,t_{n+1})\mathrm{e}^{ikx}\mathrm{d}k = \frac{1}{\sqrt{2\pi}}\int_{-\infty}^{\infty}\hat{U}(k,t_n)\mathrm{e}^{ikx}\mathrm{d}k - \frac{a\Delta t}{\Delta x}\left[\frac{1}{\sqrt{2\pi}}\int_{-\infty}^{\infty}\hat{U}(k,t_n)\mathrm{e}^{ikx}\mathrm{d}k - \frac{1}{\sqrt{2\pi}}\int_{-\infty}^{\infty}\hat{U}(k,t_n)\mathrm{e}^{ik(x-\Delta x)}\mathrm{d}k\right] \tag{4.4.5}$$

其中 k 是 Fourier 积分中的波数。消去上式中两边的公共项，得到：

$$\hat{U}(k,t_{n+1}) = [1 - r(1-\mathrm{e}^{-ik\Delta x})]\hat{U}(k,t_n) \tag{4.4.5a}$$

放大因子 G 为：

$$G(\Delta t,\Delta x,k) = \frac{\hat{U}(t_{n+1})}{\hat{U}(t_n)} = 1 - r(1-\mathrm{e}^{-ik\Delta x}) \tag{4.4.5b}$$

由于放大因子 $G(\Delta t,\Delta x,k)$ 和 t_n无关，可导出如下递推公式：

$$\left.\begin{aligned}
&n=1 \qquad \hat{U}(k,t_1) = \hat{U}(k,t_0)G \\
&n=2 \qquad \hat{U}(k,t_2) = G\hat{U}(k,t_1) = G^2\hat{U}(k,t_0) \\
&\qquad\qquad\qquad \cdots\cdots \\
&n=n \qquad \hat{U}(k,t_n) = G^n\hat{U}(k,t_0)
\end{aligned}\right\} \tag{4.4.6a}$$

根据 Parseval 等式，有：

$$\left.\begin{aligned}
\| U(x,t_{n+1}) \| &= \| \hat{U}(k,t_{n+1}) \| \\
\| U(x,t_n) \| &= \| \hat{U}(k,t_n) \| \\
&\cdots\cdots \\
\| U(x,t_0) \| &= \| \hat{U}(k,t_0) \|
\end{aligned}\right\} \tag{4.4.6b}$$

由递推公式可知：

$$\| U(x,t_{n+1}) \| \leqslant |G^{n+1}| \times \| U(x,t_0) \| \tag{4.4.7}$$

即

$$\| u_j^{n+1} \| \leqslant |G^{n+1}| \times \| u_j^0 \| \tag{4.4.7a}$$

若设 u_j^n为 FTBS 差分方程数值解，得到 u_j^n如下不等式：

$$\| u_j^{n+1} \| \leqslant |G| \times \| u_j^n \| \leqslant |G^{n+1}| \times \| u_j^0 \| \tag{4.4.7b}$$

舍入误差 ε_r^n不等式：

$$\| \varepsilon_r^{n+1} \| \leqslant |G| \times \| \varepsilon_r^n \| \leqslant |G^{n+1}| \times \| \varepsilon_r^0 \| \tag{4.4.8}$$

设 $t=0$ 时舍入误差为 ε_r^0，为了使数值解舍入误差始终保持有界，必须要求：

$$\frac{\| \varepsilon_r^n \|}{\| \varepsilon_r^0 \|} \leqslant K \tag{4.4.9}$$

式中 K 为某一确定常数。从而有 FTBS 差分方程的放大因子 $|G(\Delta t,\Delta x,k)|$：

$$|G^n| \leqslant K \tag{4.4.10}$$

它对所有的 Fourier 积分中任何波数 k 都成立。

由上式可以得出，若 FTBS 差分方程是稳定性的，它的放大因子 $|G(\Delta t,\Delta x,k)|$ 必须一致有界。同样也可证明，它的放大因子 $|G(\Delta t,\Delta x,k)|$ 一致有界，则差分方程一定稳定。由此可知，FTBS 差分方程稳定性充分和必要条件是它的放大因子 $|G(\Delta t,\Delta x,k)|$ 一致有界。

2. Kreiss 稳定性定理

上述稳定性充分和必要条件是从特定的单个对流方程的 FTBS 差分方程导出的。把它推广到一般形式偏微分方程(组)，就是 Kreiss 稳定性定理[11,12]。

一般形式偏微分方程(组)的 Kreiss 定理：对于 Fourier 积分中所有的波数 k 及任何足够小的 Δt、Δx，在 $0 \leqslant n\Delta t \leqslant T$ 范围内，线性和适定的偏微分方程(组) $\boldsymbol{Lu}=\boldsymbol{0}$ 的差分方程(组) $\boldsymbol{u}_j^{n+1}=\boldsymbol{Lu}_j^n$ 的稳定性的充分和必要条件是差分方程(组)的放大因子一致有界，即 $|G(\Delta t,\Delta x,k)| \leqslant K$。

4-4-2　Von Neumann 稳定性判别准则

在 Kreiss 定理基础上，Von Neumann 进一步给出了差分方程(组)放大因子或放大矩阵范数一致有界的具体判别准则[13,14]。

Von Neumann 稳定性判别准则：差分方程稳定性必要条件是当 $\Delta t \leqslant \Delta t_0$ 时，对于所有的波数 k 有：

$$(1)\quad \| \boldsymbol{G}(\Delta t,\Delta x,k) \| \leqslant 1 + K_1\Delta t \tag{4.4.11a}$$

$$(2)\quad \rho(\boldsymbol{G}) = \max_j |\lambda_j(\Delta t,\Delta x,k)| \leqslant 1 + K_2\Delta t \tag{4.4.11b}$$

其中 $|\lambda_j(\Delta t,\Delta x,k)|$ 是差分方程(组)放大矩阵的特征值，而 $\rho(\boldsymbol{G})$ 是特征值的最大值，称为谱半径。在一般条件下 $n\Delta t \leqslant T$ 总是一个有限值，因此，Von Neumann 稳定性判别准则可简化为：

$$(1)\quad \| \boldsymbol{G}(\Delta t,\Delta x,k) \| \leqslant 1 + O(\Delta t) \tag{4.4.12a}$$

$$(2)\quad \rho(\boldsymbol{G}) = \max_j |\lambda_j(\Delta t,\Delta x,k)| \leqslant 1 + O(\Delta t) \tag{4.4.12b}$$

设差分方程(组)是稳定的。若 $\Delta t \leqslant \Delta t_0$ 时，对所有的波数 k 有：

$$\| \boldsymbol{G}^n(\Delta t,\Delta x,k) \| \leqslant K \tag{4.4.13}$$

即

$$\| \boldsymbol{G}(\Delta t,\Delta x,k) \| \leqslant K^{\frac{1}{n}} \tag{4.4.13a}$$

当计算时间为 T，计算到第 n 步时：

$$(n-1)\Delta t \leqslant n\Delta t \leqslant T \tag{4.4.14}$$

设 $\Delta t = \tau$，则可以得到：

$$\frac{\tau}{T} \leqslant \frac{1}{n} < \frac{\tau}{T-\tau} \tag{4.4.15}$$

把上式代入式(4.4.13a)中,则有:

$$\| \boldsymbol{G}(\Delta t, \Delta x, k) \| \leqslant K^{\frac{\tau}{T-\tau}} = \mathrm{e}^{\frac{\tau}{T-\tau}\ln K} \tag{4.4.16}$$

把上式中的 $\mathrm{e}^{\frac{\tau}{T-\tau}\ln K}$进行 Taylor 展开:

$$\begin{aligned} \| \boldsymbol{G}(\Delta t, \Delta x, k) \| &\leqslant 1 + \frac{\tau}{T-\tau}\ln K + \frac{1}{2!}\left(\frac{\tau}{T-\tau}\ln K\right)^2 + \frac{1}{3!}\left(\frac{\tau}{T-\tau}\ln K\right)^3 + \cdots \\ &\leqslant 1 + \frac{\tau}{T-\tau}\ln K\left[1 + \frac{\tau}{T-\tau}\ln K + \frac{1}{2}\left(\frac{\tau}{T-\tau}\ln K\right)^2 + \cdots\right] \\ &= 1 + \frac{\tau}{T-\tau}\mathrm{e}^{\frac{\tau}{T-\tau}\ln K}\ln K \end{aligned} \tag{4.4.17}$$

如果设 $K_1 = \frac{1}{T-\tau}\mathrm{e}^{\frac{\tau}{T-\tau}\ln K}\ln K$ 则有:

$$\| \boldsymbol{G}(\Delta t, \Delta x, k) \| \leqslant 1 + K_1 \Delta t \tag{4.4.18}$$

由此证明了 Von Neumann 稳定性准则。

若差分方程放大矩阵 $\boldsymbol{G}(\Delta t, \Delta x, k)$有 p 个特征根 λ_1、λ_2、…、λ_p,则在 p 个特征值中的最大特征值就是谱半径 $\rho(\boldsymbol{G})$。因此,也能导出特征值形式的 Von Neumann 稳定性判别准则:设在 $\Delta t \leqslant \Delta t_0$,$0 \leqslant n\Delta t \leqslant T$ 范围内,对所有的波数 k,特征值形式的 Von Neumann 稳定性判别准则为:

$$\rho(\boldsymbol{G}) = \max_j |\lambda_j| \leqslant 1 + K_2 \Delta t \tag{4.4.19}$$

Von Neumann 稳定性判别准则指出,若差分方程满足 $\| \boldsymbol{G} \| \leqslant 1 + K_1 \Delta t$ 时,差分方程是稳定的。人们一般都采用更简单、但更严格的稳定性条件:$\| \boldsymbol{G} \| \leqslant 1$。这种做法使用起来更方便、简单和直接。

4-4-3 差分方程稳定性判据充要条件简介

Von Neumann 稳定性判别准则是一个必要条件,并不是充分条件。关于差分方程稳定性判据准则的充要条件的研究,在数学界已有比较系统的理论,这里仅仅给出这方面研究的一些主要结论:

(1) 若差分方程(组)的放大矩阵 $\boldsymbol{G}(\Delta t, \Delta x, k)$是正规矩阵,例如,实对称矩阵,酉矩阵,Hermite 矩阵时,放大矩阵 $\boldsymbol{G}(\Delta t, \Delta x, k)$等,则 Von Neumann 稳定性判别准则就是差分方程(组)稳定性的充要条件。

(2) 当差分方程(组)的放大矩阵 $\boldsymbol{G}(\Delta t, \Delta x, k)$只有一个元素,Von Neumann 稳定性判别准则就是差分格式稳定性充要条件。对于单个线性常系数偏微分方程初值问题,Von Neumann 稳定性判别准则就是充要条件。

第 5 节 Fourier 法分析差分方程稳定性算例

在实际分析稳定性时,并不需要对差分方程进行完整的 Fourier 分析,而只要对

Fourier 积分中任何一分量进行分析就够了。具体做法如下：

对

$$U(x,t_n)=\frac{1}{\sqrt{2\pi}}\int_{-\infty}^{\infty}\hat{U}(k,t_n)e^{ikx}\,dk \tag{4.5.1}$$

取一个分量

$$U(x,t_n)=\hat{U}(k,t_n)e^{ikx} \tag{4.5.1a}$$

对

$$U(x,t_{n+1})=\frac{1}{\sqrt{2\pi}}\int_{-\infty}^{\infty}\hat{U}(k,t_{n+1})e^{ikx}\,dk \tag{4.5.2}$$

取一个分量

$$U(x,t_{n+1})=\hat{U}(k,t_{n+1})e^{ikx} \tag{4.5.2a}$$

对

$$U(x\pm\Delta x,t_n)=\frac{1}{\sqrt{2\pi}}\int_{-\infty}^{\infty}\hat{U}(k,t_n)e^{ik(x\pm\Delta x)}\,dk \tag{4.5.3}$$

取一个分量

$$U(x+\Delta x,t_n)=\hat{U}(k,t_n)e^{ik(x+\Delta x)} \tag{4.5.3a}$$

相应的误差函数为：

$$\left.\begin{aligned}\varepsilon(x,t_n)&=\hat{\varepsilon}(k,t_n)e^{ikx}\\ \varepsilon(x,t_{n+1})&=\hat{\varepsilon}(k,t_{n+1})e^{ikx}\\ \varepsilon(x\pm\Delta x,t_n)&=\hat{\varepsilon}(k,t_n)e^{ik(x\pm\Delta x)}\end{aligned}\right\} \tag{4.5.4}$$

把上述这些表达式代入差分方程后，得到差分方程的放大因子 G，并由 G 值来判别差分方程稳定性[15,16,17]。

4-5-1 对流方程的典型差分方程

对流方程：

$$u_t+au_x=0 \tag{4.5.5}$$

其中 a 为声速。它有如下一些差分方程：

(1) FTCS 差分方程

$$u_j^{n+1}=u_j^n-\frac{r}{2}(u_{j+1}^n-u_{j-1}^n) \tag{4.5.6}$$

其中 $r=a\dfrac{\Delta t}{\Delta x}$，将上式中各项进行 Fourier 展开得到：

$$\left.\begin{aligned}u_j^n&=\sum_{k=1}^{\infty}\hat{u}_j^n e^{ijk\Delta x}\\ u_{j\pm1}^n&=\sum_{k=1}^{\infty}\hat{u}_j^n e^{i(j\pm1)k\Delta x}\end{aligned}\right\} \tag{4.5.7}$$

其中 $i=\sqrt{-1}$。$\hat{u}_j^n$ 是波数为 k(波长为 $\lambda=\frac{2\pi}{k}$)的特定分量 $\hat{u}(k,t_{n+1})$,它在时间 n 层的振幅与 x 无关,是时间和波数的函数。把上式代入差分方程(4.5.6)得到它的 Fourier 展开后的每个分量误差方程:

$$\hat{u}(k,t_{n+1})e^{ikx}=\hat{u}(k,t_n)e^{ikx}-\frac{r}{2}[\hat{u}(k,t_n)(e^{ik(x+\Delta x)}-e^{ik(x-\Delta x)})] \tag{4.5.8}$$

$$\hat{u}_j^{n+1}=\hat{u}_j^n\left[1-\frac{r}{2}(e^{ik\Delta x}-e^{-ik\Delta x})\right] \tag{4.5.8a}$$

式中:

$$\left.\begin{aligned}e^{ik\Delta x}&=\cos(k\Delta x)+i\sin(k\Delta x)\\ e^{-ik\Delta x}&=\cos(k\Delta x)-i\sin(k\Delta x)\end{aligned}\right\} \tag{4.5.8b}$$

放大因子 G 为:

$$G=\frac{\hat{u}_j^{n+1}}{\hat{u}_j^n}=1-ir\sin(k\Delta x) \tag{4.5.9}$$

若要保证放大因子 G 有界,必须对所有的 $k\Delta x$ 都满足 $|G|\leqslant 1$。当 $\sin(k\Delta x)\neq 0$ 时:

$$|G|=[1+r^2\sin^2(k\Delta x)]^{\frac{1}{2}}>1 \tag{4.5.10}$$

由此可知,FTCS 差分方程是不稳定的。

(2) FTBS 差分方程

$$u_j^{n+1}=u_j^n-r(u_j^n-u_{j-1}^n) \tag{4.5.11}$$

误差方程为:

$$\hat{u}(k,t_{n+1})=\hat{u}(k,t_n)[1-r(1-e^{-ik\Delta x})] \tag{4.5.12}$$

放大因子 G 为:

$$\begin{aligned}G&=1-r[1-\cos(k\Delta x)]-ir\sin(k\Delta x)\\&=1-2r\sin^2\left(\frac{k\Delta x}{2}\right)-2ir\sin\left(\frac{k\Delta x}{2}\right)\cos\left(\frac{k\Delta x}{2}\right)\end{aligned} \tag{4.5.13}$$

取平方后得到:

$$|G|^2=1+4r^2\sin^4\left(\frac{k\Delta x}{2}\right)-4r\sin^2\left(\frac{k\Delta x}{2}\right)+4r^2\sin^2\left(\frac{k\Delta x}{2}\right)\cos^2\left(\frac{k\Delta x}{2}\right) \tag{4.5.14a}$$

由此得到:

$$|G|=\left[1-4r(1-r)\sin^2\left(\frac{k\Delta x}{2}\right)\right]^{\frac{1}{2}} \tag{4.5.14b}$$

当 $a>0$,$r=a\frac{\Delta t}{\Delta x}\leqslant 1$ 时,有:

$$4r(1-r)\sin^2\left(\frac{k\Delta x}{2}\right)\geqslant 0 \tag{4.5.15}$$

上式中 $4r\sin^2\left(\frac{k\Delta x}{2}\right)$ 永远大于零,而 $1-r\geqslant 0$,则 $4r(1-r)\sin^2\left(\frac{k\Delta x}{2}\right)\geqslant 0$,$|G|\leqslant 1$。由

此可知,当 $a>0, r=a\dfrac{\Delta t}{\Delta x}\leqslant 1$ 时,FTBS 差分方程是稳定的。图 4.6 是对流方程 FTBS 差分方程稳定性分析的示意图。

(3) FTFS 差分方程

$$u_j^{n+1}=u_j^n-r(u_{j+1}^n-u_j^n) \tag{4.5.16}$$

放大因子 G 为:

$$G=1-r(e^{ik\Delta x}-1)=(1+r)-re^{ik\Delta x} \tag{4.5.17}$$

上式表示在复平面上,设圆心在 $(1+r)$ 处,以 r 为半径所作的单位圆。因此,FTFS 差分方程是不稳定的。图 4.7 为 FTFS 差分方程稳定性分析示意图。

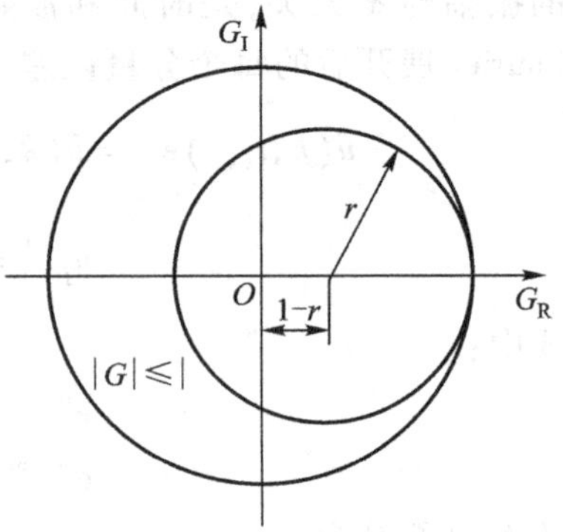

图 4.6　对流方程 FTBS 差分格式稳定性分析示意图

(4) 迎风型差分方程(Upwind 差分方程)

$$u_j^{n+1}=u_j^n-\frac{a+|a|}{2}r(u_j^n-u_{j-1}^n)-\frac{a-|a|}{2}r(u_{j+1}^n-u_j^n) \tag{4.5.18}$$

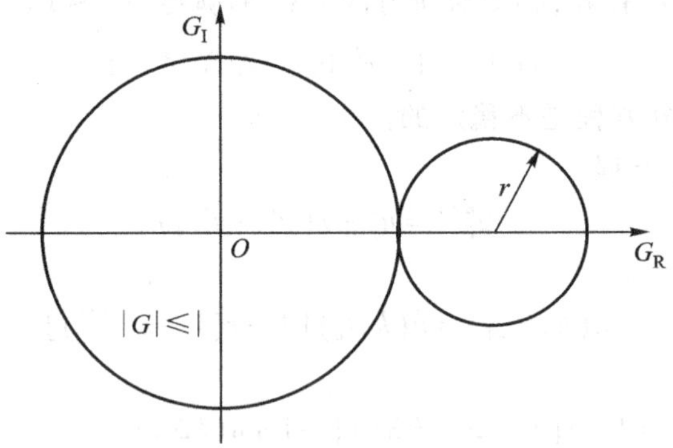

图 4.7　对流方程 FTFS 差分格式稳定性分析示意图

放大因子 G 为:

$$G=1-r+re^{\pm ik\Delta x} \tag{4.5.19}$$

式中正负号分别对应于 $a<0$ 和 $a>0$ 的情况。当 $a>0, r=a\dfrac{\Delta t}{\Delta x}\leqslant 1$,由上式可知,$|G|\leqslant 1$。因此,Upwind 差分方程是稳定的。

(5) 隐式差分方程(BTCS 差分方程)

$$u_j^{n-1}=u_j^n-\frac{1}{2}r(u_{j+1}^n-u_{j-1}^n) \tag{4.5.20}$$

放大因子 G 为:

$$G=\frac{1}{\{1+[r\sin(k\Delta x)]^2\}^{\frac{1}{2}}}\leqslant 1 \tag{4.5.21}$$

在任何情况下满足 $G\leqslant 1$。隐式 BTCS 差分方程是无条件稳定的。

(6) Lax 差分方程

$$u_j^{n+1}=\frac{1}{2}(u_{j+1}^n+u_{j-1}^n)-\frac{r}{2}(u_{j+1}^n-u_{j-1}^n) \tag{4.5.22}$$

放大因子为:

$$G=\frac{1}{2}(e^{ik\Delta x}+e^{-ik\Delta x})-\frac{r}{2}(e^{ik\Delta x}-e^{-ik\Delta x})=\cos(k\Delta x)-ir\sin(k\Delta x) \tag{4.5.23}$$

$$|G|=[\cos^2(k\Delta x)+r^2\sin^2(k\Delta x)]^{\frac{1}{2}}=[1-(1-r^2)\sin^2(k\Delta x)]^{\frac{1}{2}} \tag{4.5.23a}$$

当 $a>0, r=a\dfrac{\Delta t}{\Delta x}\leqslant 1$ 时,$|G|\leqslant 1$,Lax 差分方程是稳定的。

(7) 蛙跳差分方程(CTCS 差分方程)

$$u_j^{n+1}=u_j^{n-1}-r(u_{j+1}^n-u_{j-1}^n) \tag{4.5.24}$$

这是一个三层差分方程。先把上式简化为等价的二层差分方程。为此,需要引入一个新变量 v,令 $v_j^{n+1}=u_j^n$,则上式被简化为:

$$\left.\begin{aligned}u_j^{n+1}&=v_j^n-r(u_{j+1}^n-u_{j-1}^n)\\ v_j^{n+1}&=u_j^n\end{aligned}\right\} \tag{4.5.24a}$$

设矢量 $\boldsymbol{u}=(u\quad v)^{\mathrm{T}}$,写成矢量形式:

$$\boldsymbol{u}_j=\begin{pmatrix}u_j\\ v_j\end{pmatrix},\quad \boldsymbol{u}_j^{n+1}=\begin{pmatrix}-r&0\\0&0\end{pmatrix}\boldsymbol{u}_{j+1}^n+\begin{pmatrix}0&1\\1&0\end{pmatrix}\boldsymbol{u}_j^n+\begin{pmatrix}-r&0\\0&0\end{pmatrix}\boldsymbol{u}_{j-1}^n \tag{4.5.24b}$$

令 $\boldsymbol{u}_j^n=\hat{\boldsymbol{u}}_j^n e^{ikx}$,代入上式,经整理得到:

$$\begin{pmatrix}\hat{u}_j^{n+1}\\ \hat{v}_j^{n+1}\end{pmatrix}=\begin{pmatrix}-2ri\sin(k\Delta x)&1\\1&0\end{pmatrix}\begin{pmatrix}\hat{u}_j^n\\ \hat{v}_j^n\end{pmatrix} \tag{4.5.24c}$$

特征方程为:

$$\begin{vmatrix}-2ri\sin(k\Delta x)-\lambda&1\\1&-\lambda\end{vmatrix}=\lambda^2+[2ri\sin(k\Delta x)]\lambda-1=0 \tag{4.5.25a}$$

特征值为:

$$\lambda_{1,2}=-ir\sin(k\Delta x)\pm[1-r^2\sin^2(k\Delta x)]^{\frac{1}{2}} \tag{4.5.25b}$$

取绝对值最大的特征值,得到:

$$|G|=|r^2\sin^2(k\Delta x)+1-r^2\sin^2(k\Delta x)|=1 \tag{4.5.26}$$

因此,CTCS 差分方程是弱稳定的。

(8) Lax-Wendroff 差分方程

$$u_j^{n+1}=u_j^n-\frac{1}{2}r(u_{j+1}^n-u_{j-1}^n)+\frac{1}{2}r^2(u_{j+1}^n-2u_j^n+u_{j-1}^n) \tag{4.5.27}$$

简称 L-W 差分方程。放大因子 G 为:

$$G=1-2r^2\sin^2\left(\frac{k\Delta x}{2}\right)-ir\sin(k\Delta x) \tag{4.5.28}$$

$$|G| = \left[1 - (1 - r^2)4r^2\sin^4\left(\frac{k\Delta x}{2}\right)\right]^{\frac{1}{2}} \tag{4.5.28a}$$

当 $a>0, r=a\dfrac{\Delta t}{\Delta x}\leqslant 1$ 和 $\sin^4\left(\dfrac{k\Delta x}{2}\right)>0$ 时，$|G|\leqslant 1$。因此，L－W 差分方程是稳定的。L－W 差分方程的精度为 $O(\Delta t^2, \Delta x^2)$。

(9) MacCormack 多步差分方程

$$\tilde{u}_j^{n+1} = u_j^n - \frac{a\Delta t}{\Delta x}(u_j^n - u_{j-1}^n) \tag{4.5.29a}$$

$$u_j^{n+1} = \frac{1}{2}\left[u_j^n + \tilde{u}_j^{n+1} - \frac{a\Delta t}{\Delta x}(\tilde{u}_{j+1}^{n+1} - \tilde{u}_j^{n+1})\right] \tag{4.5.29b}$$

简称 MacC 多步差分方程。这是一个预估校正二步差分方程。把 $\tilde{u}_j^{n+1}$ 代入 u_j^{n+1} 后，可以看出，实际上它就是以下 L－W 差分方程：

$$u_j^{n+1} = u_j^n - \frac{1}{2}r(u_{j+1}^n - u_{j-1}^n) + \frac{1}{2}r^2(u_{j+1}^n - 2u_j^n + u_{j-1}^n) \tag{4.5.27}$$

显然，当 $a>0, r=a\dfrac{\Delta t}{\Delta x}\leqslant 1$ 时，$|G|\leqslant 1$。MacC 多步差分方程应该也是稳定的。MacC 差分方程的精度为 $O(\Delta t^2, \Delta x^2)$。

4－5－2　扩散方程的典型差分方程

扩散方程：

$$u_t = \beta u_{xx} \tag{4.5.28}$$

(1) FTCS 差分方程

$$u_j^{n+1} = u_j^n + \sigma(u_{j+1}^n - 2u_j^n + u_{j-1}^n) \tag{4.5.29}$$

其中 $\sigma = \beta\dfrac{\Delta t}{\Delta x^2}$。$\beta$ 为黏性系数。对它进行 Fourier 展开，令 $u_j^n = \hat{u}_j^n e^{ikx}$，把它代入上式，整理后得到：

$$\hat{u}_j^{n+1} = \hat{u}_j^n[1 + \sigma(e^{ik\Delta x} - 2 + e^{-ik\Delta x})] \tag{4.5.30}$$

利用关系式：

$$e^{ik\Delta x} + e^{-ik\Delta x} = 2\cos(k\Delta x) \tag{4.5.30a}$$

得到放大因子 G 为：

$$G = 1 - 2\sigma[1 - \cos(k\Delta x)] \tag{4.5.31}$$

为满足 $|G|\leqslant 1$，必须要求：

$$-1 \leqslant 1 - 2\sigma[1 - \cos(k\Delta x)] \leqslant 1 \tag{4.5.31a}$$

不等式的右边 $1 - 2\sigma[1 - \cos(k\Delta x)] \leqslant 1$ 对所有的 $k\Delta x$ 都成立。因此，当不等式的左边为：

$$\sigma \leqslant \frac{1}{2} \quad 或 \quad \Delta t \leqslant \frac{\Delta x^2}{2\beta} \tag{4.5.32}$$

时，扩散方程的 FTCS 差分方程是稳定的。

（2）隐式差分方程（BTCS 差分方程）

$$u_j^{n-1} = -\sigma u_{j+1}^n + (1+2\sigma)u_j^n - \sigma u_{j-1}^n \tag{4.5.33}$$

令 $u_j^n = \hat{u}_j^n e^{ikx}$ 代入上式，并消去 e^{ikx}，得到：

$$G(\Delta t,\Delta x,k) = \frac{1}{1+2\sigma[1-\cos(k\Delta x)]} = \frac{1}{1+4\sigma\sin^2\left(\frac{k\Delta x}{2}\right)} \tag{4.5.34}$$

对于任何 $\sigma = \beta\dfrac{\Delta t}{\Delta x^2}$，$|G| \leqslant 1$。因此，BTCS 差分方程是无条件稳定的。

（3）Richardson 差分方程（CTCS 差分方程）

$$u_j^{n+1} = u_j^{n-1} + 2\sigma(u_{j+1}^n - 2u_j^n + u_{j-1}^n) \tag{4.5.35}$$

它是一个三层差分方程。先把它简化为等价的二层差分方程。为此，引入一个新变量 v 后，令 $v_j^{n+1} = u_j^n$，并代入上式，得到：

$$\left.\begin{aligned} u_j^{n+1} &= v_j^n + 2\sigma(u_{j+1}^n - 2u_j^n + u_{j-1}^n) \\ v_j^{n+1} &= u_j^n \end{aligned}\right\} \tag{4.5.36}$$

设矢量 $\boldsymbol{u} = (u \quad v)^{\mathrm{T}}$，写成矢量形式：

$$\boldsymbol{u}_j = \begin{pmatrix} u_j \\ v_j \end{pmatrix},\quad \boldsymbol{u}_j^{n+1} = \begin{pmatrix} 2\sigma & 0 \\ 0 & 0 \end{pmatrix}\boldsymbol{u}_{j+1}^n + \begin{pmatrix} -4\sigma & 1 \\ 1 & 0 \end{pmatrix}\boldsymbol{u}_j^n + \begin{pmatrix} 2\sigma & 0 \\ 0 & 0 \end{pmatrix}\boldsymbol{u}_{j-1}^n \tag{4.5.36a}$$

令 $\boldsymbol{u}_j^n = \hat{\boldsymbol{u}}_j^n e^{ikx}$，代入上式，并消去 e^{ikx}，经整理得到：

$$\hat{\boldsymbol{u}}_j^{n+1} = \begin{pmatrix} -8\sigma\sin^2\left(\frac{k\Delta x}{2}\right) & 1 \\ 1 & 0 \end{pmatrix}\hat{\boldsymbol{u}}_j^n \tag{4.5.36b}$$

它的放大矩阵 $\boldsymbol{G}$ 为：

$$\boldsymbol{G}(k,\Delta t,\Delta x) = \begin{pmatrix} -8\sigma\sin^2\left(\frac{k\Delta x}{2}\right) & 1 \\ 1 & 0 \end{pmatrix} \tag{4.5.37}$$

其特征值为：

$$\lambda_{1,2} = -4\sigma\sin^2\left(\frac{k\Delta x}{2}\right) \pm \left[1+16\sigma^2\sin^4\left(\frac{k\Delta x}{2}\right)\right]^{\frac{1}{2}} \tag{4.5.37a}$$

绝对值最大值为：

$$\lambda_1 = -4\sigma\sin^2\left(\frac{k\Delta x}{2}\right) - \left[1+16\sigma^2\sin^4\left(\frac{k\Delta x}{2}\right)\right]^{\frac{1}{2}} \tag{4.5.37b}$$

当 $4\sigma\sin^2\left(\dfrac{k\Delta x}{2}\right) > 0$ 时，$|\lambda_1| \geqslant 1 + 4\sigma\sin^2\left(\dfrac{k\Delta x}{2}\right) > 1$。因此，CTCS 差分方程是不稳定的。

（4）修正的 Richardson 差分方程（修正的 CTCS 差分方程）

$$u_j^{n+1} = u_j^{n-1} + 2\sigma(u_{j+1}^n - u_j^{n+1} - u_j^{n-1} + u_{j-1}^n)$$
$$= \frac{2\sigma}{1+2\sigma}(u_{j+1}^n + u_{j-1}^n) + \frac{1-2\sigma}{1+2\sigma}u_j^{n-1} \tag{4.5.38}$$

它也是三层差分方程,令 $v_j^{n+1} = u_j^n$,上式简化为:

$$\left.\begin{aligned} u_j^{n+1} &= \frac{2\sigma}{1+2\sigma}(u_{j+1}^n + u_{j-1}^n) + \frac{1-2\sigma}{1+2\sigma}v_j^n \\ v_j^{n+1} &= u_j^n \end{aligned}\right\} \tag{4.5.38a}$$

$$\begin{pmatrix} u_j^{n+1} \\ v_j^{n+1} \end{pmatrix} = \begin{pmatrix} \frac{2\sigma}{1+2\sigma}(e^{ik\Delta x} + e^{-ik\Delta x}) & \frac{1-2\sigma}{1+2\sigma} \\ 1 & 0 \end{pmatrix}\begin{pmatrix} u_j^n \\ v_j^n \end{pmatrix} \tag{4.5.38b}$$

令 $u_j^n = \hat{u}_j^n e^{ikx}$,并代入上式,消去 e^{ikx},得到放大矩阵 $\boldsymbol{G}$ 为:

$$\boldsymbol{G}(k, \Delta t, \Delta x) = \begin{pmatrix} \frac{4\sigma\cos(k\Delta x)}{1+2\sigma} & \frac{1-2\sigma}{1+2\sigma} \\ 1 & 0 \end{pmatrix} \tag{4.5.39}$$

特征方程为:

$$(1+2\sigma)\lambda^2 - [4\sigma\cos(k\Delta x)]\lambda - (1-2\sigma) = 0 \tag{4.5.40}$$

特征值 λ 为:

$$\lambda = \frac{2\sigma\cos(k\Delta x) \pm [1 - 4\sigma^2\sin^2(k\Delta x)]^{\frac{1}{2}}}{1+2\sigma} \tag{4.5.40a}$$

当 $1 - 4\sigma^2\sin^2(k\Delta x) \geqslant 0$ 时,有绝对值最大值:

$$|\lambda_{\max}| \leqslant \frac{1+2\sigma}{1+2\sigma} = 1 \tag{4.5.40b}$$

当 $1 - 4\sigma^2\sin^2(k\Delta x) < 0$ 时,有绝对值最大值:

$$|\lambda_{\max}| = \left[\frac{4\sigma^2 - 1}{(1+2\sigma)^2}\right]^{\frac{1}{2}} = \left[\frac{4\sigma^2 - 1}{4\sigma^2 + 4\sigma + 1}\right]^{\frac{1}{2}} < 1 \tag{4.5.40c}$$

对于任何 $\sigma = \beta\frac{\Delta t}{\Delta x^2} > 0$ 都满足 $\rho(\boldsymbol{G}) \leqslant 1$。修正的 CTCS 差分方程是恒稳定的。

(5) Crank-Nicolson 隐式差分方程(C-N 隐式差分方程)

在 $n = \frac{1}{2}$ 时间层上,对时间和空间采用中心差分,就能得到 C-N 隐式差分方程为:

$$\sigma u_{j+1}^{n+1} - 2(\sigma+1)u_j^{n+1} + \sigma u_{j-1}^{n+1} = -\sigma u_{j+1}^n + 2(\sigma-1)u_j^n - \sigma u_{j-1}^n \tag{4.5.41}$$

令 $u_j^n = \hat{u}_j^n e^{ikx}$,把它代入上式,经整理后得到:

$$u_j^{n+1}[\sigma e^{ik\Delta x} - 2(\sigma+1) + \sigma e^{-ik\Delta x}] = u_j^n[-\sigma e^{-ik\Delta x} + 2(\sigma-1) - \sigma e^{ik\Delta x}] \tag{4.5.41a}$$

放大因子 G 为:

$$G = \frac{\hat{u}_j^{n+1}}{\hat{u}_j^n} = \frac{1 - 2\sigma\sin^2\left(\frac{k\Delta x}{2}\right)}{1 + 2\sigma\sin^2\left(\frac{k\Delta x}{2}\right)} \tag{4.5.42}$$

对于任何 $\sigma=\beta\dfrac{\Delta t}{\Delta x^2}$，$|G|\leqslant 1$。因此，它是恒稳定的。

（6）Mitchell-Fairweather 混合差分方程（M－F 混合差分方程）

$$u_j^{n+1}=u_j^n+\sigma[\alpha(u_{j+1}^{n+1}-2u_j^{n+1}+u_{j-1}^{n+1})+(1-\alpha)(u_{j+1}^n-2u_j^n+u_{j-1}^n)] \tag{4.5.43}$$

其中 $0\leqslant\alpha\leqslant 1$。它的放大因子 G 为：

$$G=\left|\frac{1+4(1-\alpha)\sigma\sin^2\left(\dfrac{k\Delta x}{2}\right)}{1+4\alpha\sigma\sin^2\left(\dfrac{k\Delta x}{2}\right)}\right| \tag{4.5.44}$$

它的稳定性条件是：

$$\left.\begin{array}{ll}\alpha\geqslant\dfrac{1}{2}, & \text{无条件稳定}\\ \alpha<\dfrac{1}{2}, & \text{在 } 0<\sigma\leqslant\dfrac{1}{2-4\alpha}\text{条件下稳定}\end{array}\right\} \tag{4.5.44a}$$

4－5－3 对流－扩散方程（Burgers 方程）的典型差分方程

对流－扩散方程（Burgers 方程）：

$$u_t+au_x=\beta u_{xx} \tag{4.5.45}$$

其中 a 为流动声速，β 为黏性系数。

（1）FTCS 差分方程

$$u_j^{n+1}=u_j^n-\frac{1}{2}r(u_{j+1}^n-u_{j-1}^n)+\sigma(u_{j+1}^n-2u_j^n+u_{j-1}^n) \tag{4.5.46}$$

其中 $r=a\dfrac{\Delta t}{\Delta x}$，$\sigma=\beta\dfrac{\Delta t}{\Delta x^2}$。FTCS 差分方程的误差方程为：

$$\varepsilon_j^{n+1}=\varepsilon_j^n-\frac{1}{2}r(\varepsilon_{j+1}^n-\varepsilon_{j-1}^n)+\sigma(\varepsilon_{j+1}^n-2\varepsilon_j^n+\varepsilon_{j-1}^n) \tag{4.5.46a}$$

令 $\varepsilon_j^n=\hat{\varepsilon}(k,t_n)\mathrm{e}^{ikx}$ 代入上式，得到：

$$G=1-\frac{1}{2}r(\mathrm{e}^{ik\Delta x}-\mathrm{e}^{-ik\Delta x})+\sigma(\mathrm{e}^{ik\Delta x}+\mathrm{e}^{-ik\Delta x}-2) \tag{4.5.47}$$

因为

$$\left.\begin{array}{l}\mathrm{e}^{ik\Delta x}-\mathrm{e}^{-ik\Delta x}=2\mathrm{i}\sin(k\Delta x)\\ \mathrm{e}^{ik\Delta x}+\mathrm{e}^{-ik\Delta x}=2\cos(k\Delta x)\end{array}\right\} \tag{4.5.47a}$$

把它们代入放大因子 G，得到：

$$\begin{aligned}G&=[1-\mathrm{i}r\sin(k\Delta x)]-2\sigma[1-\cos(k\Delta x)]\\&=1-2\sigma+2\sigma\cos(k\Delta x)-\mathrm{i}\,r\sin(k\Delta x)\end{aligned} \tag{4.5.47b}$$

Burgers 方程的差分方程的稳定性分析要比上述对流方程、扩散方程的差分方程稳定性分析复杂得多。下面简要分析 Burgers 方程的 FTCS 差分方程的稳定性。

设 $\xi=k\Delta x$，则它的放大因子 G 改写为：

$$G(\xi) = (1-2\sigma) + 2\sigma\cos\xi - \mathrm{i}r\sin\xi \tag{4.5.48}$$

对上式取平方得到：

$$|G(\xi)|^2 = (1-2\sigma)^2 + r^2 + 4\sigma(1-2\sigma)\cos\xi + (4\sigma^2 - r^2)\cos^2\xi \tag{4.5.48a}$$

从上式看出，它是函数 $\cos\xi$ 的二次方程，因此一定存在极值点。

将二次方程(4.5.48a)对 $\cos\xi$ 求导，并求出 $|G(\xi)|^2$ 的极值点位置：

1) $\cos\xi = \pm 1$，在 $\xi = 0, \pm\pi$ 处 (4.5.49a)

2) $\cos\xi_0 = -\dfrac{2\sigma(1-2\sigma)}{4\sigma^2 - r^2}$，在 $\xi = \xi_0$ 处 (4.5.49b)

首先分析情况 1)的稳定性条件。式(4.5.49a)的极值点位置为 $\cos\xi = \pm 1$。在极值点上 $|G(\xi)|$ 的值为：

$$|G(0)|^2 = 1 \tag{4.5.50a}$$

和

$$|G(\pm\pi)|^2 = (1-4\sigma)^2 \tag{4.5.50b}$$

由此得到稳定性条件为：

$$|G(0)|^2 \leqslant 1 \tag{4.5.51a}$$

和

$$|G(\pm\pi)|^2 = (1-4\sigma)^2 \leqslant 1 \tag{4.5.51b}$$

综合分析式(4.5.51)得到 FTCS 差分方程的稳定性条件为：

$$0 \leqslant \sigma \leqslant \frac{1}{2} \tag{4.5.52}$$

现在再分析情况 2)的稳定性条件。它的极值点位置为：

$$\cos\xi_0 = -\frac{2\sigma(1-2\sigma)}{4\sigma^2 - r^2} \tag{4.5.53}$$

在这个极值点上，求放大因子 $|G(\xi)|$ 比较复杂。由式(4.5.48a)可知，为了满足稳定性条件 $|G(\xi)|^2 \leqslant 1$，必须要求式(4.5.48a)右边的二次方程各项系数都要大于零。由稳定性条件式(4.5.52)可知，第一项 $(1-2\sigma)^2 + r^2$ 和第二项 $4\sigma(1-2\sigma)$ 都一定大于零的。因此，只需要讨论二次方程 $\cos^2\xi$ 项的系数 $(4\sigma^2 - r^2)$ 的情况：

① 当二次方程 $\cos^2\xi$ 项的系数 $(4\sigma^2 - r^2) \geqslant 0$ 时，即 $\sigma^2 \geqslant \dfrac{r^2}{4}$，有：

$$|G(\xi)|^2 \leqslant (1-2\sigma)^2 + r^2 + 4\sigma(1-2\sigma) + (4\sigma^2 - r^2) = 1 \tag{4.5.54}$$

因此，当 $\sigma^2 \geqslant \dfrac{r^2}{4}$ 满足时，FTCS 差分方程是弱稳定的。它的稳定性条件为 $\dfrac{|r|}{2} \leqslant \sigma$。由于式(4.5.52)给出的稳定性条件为 $0 \leqslant \sigma \leqslant \dfrac{1}{2}$，所以把这两个稳定性条件结合起来，得到当系数 $(4\sigma^2 - r^2) \geqslant 0$ 时，FTCS 差分方程的稳定性条件为：

$$\frac{|r|}{2} \leqslant \sigma \leqslant \frac{1}{2} \tag{4.5.55}$$

② 当二次方程 $\cos^2\xi$ 项的系数 $(4\sigma^2-r^2)<0$，即 $\sigma^2<\dfrac{r^2}{4}$ 时，$\cos\xi_0$ 的值又可能出现两种情况：

(a) 当 $\cos\xi_0=-\dfrac{2\sigma(1-2\sigma)}{4\sigma^2-r^2}\geqslant 1$ 时，$\cos\xi_0$ 的值已在 ±1 范围之外，极值点 ξ_0 是不存在的。这时 FTCS 差分方程的稳定性条件只能由式(4.5.52)的条件来判断，即稳定性条件为 $0\leqslant\sigma\leqslant\dfrac{1}{2}$。

根据 $\cos\xi_0=-\dfrac{2\sigma(1-2\sigma)}{4\sigma^2-r^2}\geqslant 1$ 的条件，得到：

$$\frac{r^2}{2}\leqslant\sigma<\frac{|r|}{2}\tag{4.5.56}$$

因此，在系数 $(4\sigma^2-r^2)<0$ 和 $\cos\xi_0=-\dfrac{2\sigma(1-2\sigma)}{4\sigma^2-r^2}\geqslant 1$ 时，FTCS 差分方程的稳定性条件为：

$$\frac{r^2}{2}\leqslant\sigma<\frac{|r|}{2}\quad 和\quad 0\leqslant\sigma\leqslant\frac{1}{2}\tag{4.5.57}$$

(b) 当 $\cos\xi_0=-\dfrac{2\sigma(1-2\sigma)}{4\sigma^2-r^2}<1$ 时，把 $\cos\xi_0$ 代入式(4.5.48a)，得到：

$$|G(\xi_0)|^2=\frac{r^2}{4\sigma^2-r^2}(4\sigma-r^2-1)\tag{4.5.58}$$

分析上式可知，若要 $|G(\xi)|^2\leqslant 1$ 成立，必须要满足 $(r^2-2\sigma)^2\leqslant 0$。但是，$(r^2-2\sigma)^2$ 是永远大于零的，因此，在系数 $(4\sigma^2-r^2)<0$ 和 $\cos\xi_0=-\dfrac{2\sigma(1-2\sigma)}{4\sigma^2-r^2}<1$ 时，FTCS 差分方程是不稳定的。

综合上述所有分析可以得出，Burgers 方程的 FTCS 差分方程的稳定性条件为：

$$|r|\leqslant 1\quad 和\quad \frac{r^2}{2}\leqslant\sigma\leqslant\frac{r}{2}\tag{4.5.59}$$

(2) BTCS 差分方程

$$u_j^{n+1}=u_j^n-r(u_{j+1}^{n+1}-u_{j-1}^{n+1})+\sigma(u_{j+1}^{n+1}-2u_j^{n+1}+u_{j-1}^{n+1})\tag{4.5.60}$$

通过类似分析，可得到它的稳定性条件为：

$$\sigma^2+2\sigma\geqslant 0,\ 4\sigma^2+\sigma\geqslant 0\tag{4.5.61}$$

当 $\sigma>0$ 时，它是恒稳定的。

(3) 迎风型差分方程(Upwind 差分方程)

$$u_j^{n+1}=u_j^n-\frac{a+|a|}{2}r(u_j^n-u_{j-1}^n)-\frac{a-|a|}{2}r(u_{j+1}^n-u_j^n)+\sigma(u_{j+1}^n-2u_j^n+u_{j-1}^n)\tag{4.5.62}$$

Upwind 差分方程的稳定性条件为：

$$\sigma\leqslant\frac{1}{2+|Re|},\ r\leqslant 1,\ Re=\frac{a\Delta x}{\beta}\tag{4.5.63}$$

其中 Re 是网格雷诺数。

(4) Lax 差分方程

$$u_j^{n+1}=\frac{1}{2}(u_{j+1}^n+u_{j-1}^n)-\frac{1}{2}r(u_{j+1}^n-u_{j-1}^n)+\sigma(u_{j+1}^n-2u_j^n+u_{j-1}^n) \quad (4.5.64)$$

放大因子 G 为：

$$|G|^2=(4\sigma^2+r^2)-4\sigma(1+2\sigma)\cos\xi+[(1+2\sigma)^2-r^2]\cos^2\xi \quad (4.5.65)$$

其中 $\xi=k\Delta x$。为了讨论 Lax 差分方程的稳定性，采用类似于 FTCS 差分方程的稳定性条件的分析步骤。首先把二次方程(4.5.65)对 $\cos\xi$ 求导，并求出 $|G(\xi)|^2$ 的极值点位置和它的极值。然后分析 $|G(\xi)|^2$ 的稳定性条件。由此可得到 Lax 差分方程的稳定性条件为：

$$|r|\leqslant 1 \text{ 和 } \frac{r^2-1}{2}\leqslant\sigma\leqslant\frac{r-1}{2} \quad (4.5.66)$$

由上式可以看出，Lax 差分方程稳定性条件为 $|r|\leqslant 1, \sigma\leqslant 0$，即要求黏性流体的黏性系数 $\beta\leqslant 0$，但在黏性流动中 β 是不可能小于零的。这个矛盾的出现是由于 Burgers 方程的不适定性所造成的。由于 Burgers 方程是不适定的，它就不存在唯一解，因此，它的 Lax 差分方程是不稳定的[18]。

(5) C－N 隐式差分方程

$$\begin{aligned}u_j^{n+1}=u_j^n-r[\alpha(u_{j+1}^{n+1}-u_j^{n+1})+(1-\alpha)(u_{j+1}^n-u_j^n)]+\\ \sigma[\alpha(u_{j+1}^{n+1}-2u_j^{n+1}+u_{j-1}^{n+1})+(1-\alpha)(u_{j+1}^n-2u_j^n+u_{j-1}^n)]\end{aligned} \quad (4.5.67)$$

整理后得到它的稳定性条件为：

$$2(2\alpha-1)\sigma+1\geqslant 0,\ (2\alpha-1)r^2+4\sigma\geqslant 0 \quad (4.5.68)$$

当 $\alpha\geqslant\frac{1}{2}$ 时，它是无条件稳定的；当 $0\leqslant\alpha\leqslant\frac{1}{2}$ 时，C－N 隐式差分方程的稳定性条件是：

$$\sigma\leqslant\frac{1}{2(1-2\alpha)^2},\ r^2\leqslant\frac{2}{(1-2\alpha)^2} \quad (4.5.69)$$

第 6 节　差分方程耗散性和色散性的 Fourier 分析法

4－6－1　Fourier 分析法基本思路

偏微分方程为：

$$Lu(x,t)=0,\quad (x,t)\in[\Omega],\quad [0,T] \quad (4.6.1)$$

初始条件为：

$$t=0,\quad u(x,0)=\phi(x),\quad x\in[\Omega] \quad (4.6.1a)$$

边界条件为：

$$lu|_{\partial\Omega}=0 \quad (4.6.1b)$$

差分方程为：

$$(L\Delta u)_j^n = 0 \tag{4.6.2}$$

设偏微分方程 $Lu=0$ 的精确解为 u，差分方程 $(L\Delta u)_j^n=0$ 的数值解为 u_j^n，则偏微分方程的放大因子为：

$$G_e = \frac{u(t+\Delta t)}{u(t)} = |G_e| e^{\varphi_e} \tag{4.6.3}$$

而差分方程的放大因子为：

$$G = |G| e^{\varphi} \tag{4.6.4}$$

其中 $|G_e|$ 和 $|G|$ 分别是偏微分方程与差分方程放大因子的模，φ_e 和 φ 分别为偏微分方程与差分方程放大因子的相位。通过分析 $\frac{|G|}{|G_e|}$ 和 $\frac{\varphi}{\varphi_e}$ 的值，可以确定它们的耗散性和色散性。

定义：当偏微分方程与差分方程放大因子的模比 $\frac{|G|}{|G_e|}<1$ 时，则差分方程具有正耗散效应；当 $\frac{|G|}{|G_e|}>1$ 时，则差分方程具有负耗散效应。当偏微分方程与差分方程放大因子的相位比 $\frac{\varphi}{\varphi_e}>1$ 时，则差分方程具有正色散效应，相位是超前的。当 $\frac{\varphi}{\varphi_e}<1$ 时，则差分方程具有负色散效应，相位是滞后的。

设对流方程：

$$u_t + a u_x = 0,\ (a>0) \tag{4.6.5}$$

不失一般性，可以设它的初始条件为简谐波的一个分量：

$$u(x,0) = e^{ikx} \tag{4.6.6}$$

很容易得到它的解为：

$$u(x,t) = e^{ik(x-at)} \tag{4.6.7}$$

它的放大因子 G_e 为：

$$G_e = \frac{u(t+\Delta t)}{u(t)} = \frac{e^{ik[x-a(t+\Delta t)]}}{e^{ik(x-at)}} = e^{-ika\Delta t} \tag{4.6.8}$$

它的模和相位为：

$$|G_e| = 1,\quad \varphi_e = -ka\Delta t \tag{4.6.9}$$

4-6-2　耗散性和色散性分析

（1）FTBS 差分方程

它的放大因子：

$$G = [1 - r + r\cos(k\Delta x)] - \mathrm{i}r\sin(k\Delta x) \tag{4.6.10}$$

它的模和相位为：

$$|G| = \{[1 - r + r\cos(k\Delta x)]^2 + r^2\sin^2(k\Delta x)\}^{\frac{1}{2}} \tag{4.6.10a}$$

$$\varphi = \arctan\frac{\mathrm{Im}(G)}{\mathrm{Re}(G)} = \arctan\left[\frac{-r\sin(k\Delta x)}{1-r+r\cos(k\Delta x)}\right] \tag{4.6.10b}$$

分析放大因子模比$\frac{|G|}{|G_e|}$可知，当 $r=1$ 时，$|G|=1$，模比$\frac{|G|}{|G_e|}=1$，FTBS 差分方程没有耗散效应，它是弱稳定的；当 $r<1$ 时，$|G|<1$，$\frac{|G|}{|G_e|}<1$，它有正耗散效应，它是稳定的；当 $r>1$ 时，$|G|>1$，$\frac{|G|}{|G_e|}>1$，它有负耗散效应，它是不稳定的。因此，FTBS 差分方程的稳定性条件是 $0<r<1$。

把放大因子相位比$\frac{\varphi}{\varphi_e}$对 $k\Delta x$ 进行 Taylor 展开得到：

$$\frac{\varphi}{\varphi_e}=1-\frac{1}{6}(2r^2-3r+1)k^2\Delta x^2 \tag{4.6.11}$$

分析相位比$\frac{\varphi}{\varphi_e}$可知，当 $0.5<r<1$ 时，$\frac{\varphi}{\varphi_e}>1$，FTBS 差分方程有正色散效应，相位是超前的；当 $0<r<0.5$ 时，$\frac{\varphi}{\varphi_e}<1$，它有负色散效应，相位是滞后的。图 4.8a、b 分别给出了 FTBS 差分方程耗散性和色散性分析示意图。

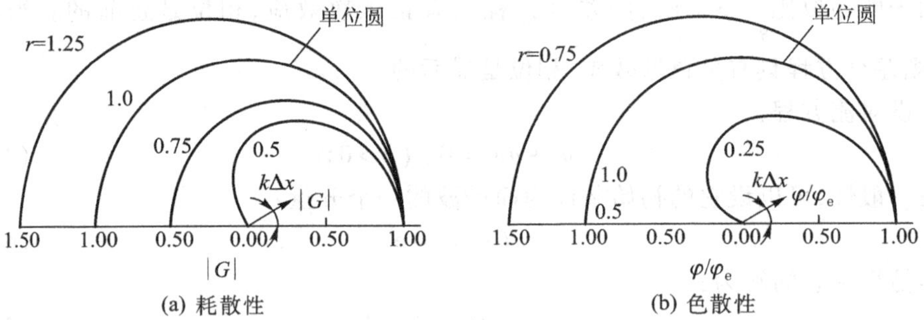

图 4.8　对流方程 FTBS 差分方程的耗散性和色散性分析示意图

(2) 蛙跳差分方程（CTCS 差分方程）

它的放大因子为：

$$G=\pm\left[1-r^2\sin^2(k\Delta x)\right]^{\frac{1}{2}}-\mathrm{i}r\sin(k\Delta x) \tag{4.6.12}$$

它的模和相位为：

$$|G|=1 \tag{4.6.12a}$$

$$\varphi=\arctan\frac{\mathrm{Im}}{\mathrm{Re}}=\arctan\left\{\frac{-r\sin(k\Delta x)}{\pm\left[1-r^2\sin^2(k\Delta x)\right]^{\frac{1}{2}}}\right\} \tag{4.6.12b}$$

由于它的模 $|G|=1$，放大因子的模比$\frac{|G|}{|G_e|}=1$，它是弱稳定的。如果在梯度较大的流场中，计算结果可能会产生一些振荡。而当 $0<r<1$ 时，放大因子的相位比$\frac{\varphi}{\varphi_e}<1$，它有负色散效应，相位是滞后的。

（3）BTCS 隐式差分方程

它的放大因子：

$$G = |G|e^{\varphi} = \frac{1}{1 - ir\sin(k\Delta x)} \tag{4.6.13}$$

它的模和相位为：

$$|G| = \frac{1}{[1 + r^2\sin^2(k\Delta x)]^{\frac{1}{2}}} \tag{4.6.13a}$$

$$\varphi = \arctan[-r\sin(k\Delta x)] \tag{4.6.13b}$$

把放大因子的模比$\frac{|G|}{|G_e|}$对 $k\Delta x$ 进行 Taylor 展开，得到：

$$\frac{|G|}{|G_e|} < 1 \tag{4.6.14}$$

BTCS 隐式差分方程具有正耗散效应，它是恒稳定的。

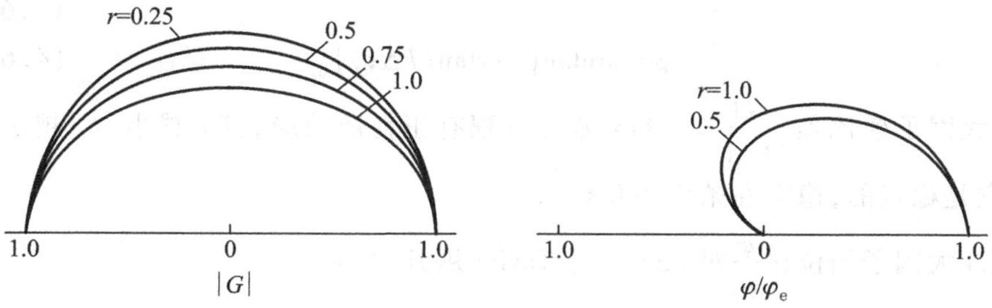

(a) 耗散性　(b) 色散性

图 4.9　对流方程 BTCS 差分方程的耗散性和色散性分析示意图

放大因子的相位比：

$$\frac{\varphi}{\varphi_e} = \frac{\arctan[-r\sin(k\Delta x)]}{-ak\Delta x} < 1 \tag{4.6.15}$$

BTCS 隐式差分方程有负色散效应，相位是滞后的。图 4.9a、b 分别给出了 BTCS 差分方程耗散性和色散性分析示意图。

（4）FTCS 差分方程

它的放大因子：

$$\begin{aligned} G &= 1 - ir\sin(k\Delta x) = e^{\ln[1 - ir\sin(k\Delta x)]} \\ &= e^{[\frac{1}{2}a^2k^2\Delta t^2 + O(\Delta t^3)]} e^{[-iak\Delta t + i\frac{(k\Delta x)^3}{3}(\frac{1}{2} + r^2) + \cdots]} \end{aligned} \tag{4.6.16}$$

它的模和相位为：

$$|G| = e^{\frac{1}{2}a^2k^2\Delta t^2 + O(\Delta t^3)} > 1 \tag{4.6.16a}$$

$$\varphi = -ak\Delta t + \frac{1}{3}r\left(\frac{1}{2} + r^2\right)k^3\Delta x^3 + \cdots \tag{4.6.16b}$$

放大因子的模比是：

$$\frac{|G|}{|G_e|} > 1 \tag{4.6.17}$$

FTCS 差分方程有负耗散效应，它是不稳定的。

放大因子的相位比是：

$$\frac{\varphi}{\varphi_e} \approx 1 - \frac{1}{3}\left(\frac{1}{2} + r^2\right)k^2\Delta x^2 + \cdots < 1 \tag{4.6.18}$$

它有负色散效应，相位是滞后的。

(5) Lax 差分方程

它的放大因子：

$$G = \cos(k\Delta x) - \mathrm{i}r\sin(k\Delta x) \tag{4.6.19}$$

它的模和相位为：

$$|G| = [\cos^2(k\Delta x) + r^2\sin^2(k\Delta x)]^{\frac{1}{2}} = [1 - (1 - r^2)\sin^2(k\Delta x)]^{\frac{1}{2}} < 1 \tag{4.6.19a}$$

$$\varphi = \arctan[-r\tan(k\Delta x)] \tag{4.6.19b}$$

由于放大因子模比是$\frac{|G|}{|G_e|} < 1$，Lax 差分方程有正耗散效应，且 r 越小 $|G|$ 越小，耗散越强，它是稳定的，稳定性条件为 $0 < r < 1$。

把放大因子相位比$\frac{\varphi}{\varphi_e}$对 $k\Delta x$ 进行 Taylor 展开，得到：

$$\frac{\varphi}{\varphi_e} \approx 1 + \frac{1}{3}\left(\frac{1}{2} - r^2\right)k^2\Delta x^2 + \cdots > 1 \tag{4.6.20}$$

因此当 $r < 1$ 时，$\frac{\varphi}{\varphi_e} > 1$，它有正色散效应，相位超前。图 4.10a、b 分别给出了 Lax 差分方程的耗散性和色散性分析示意图。

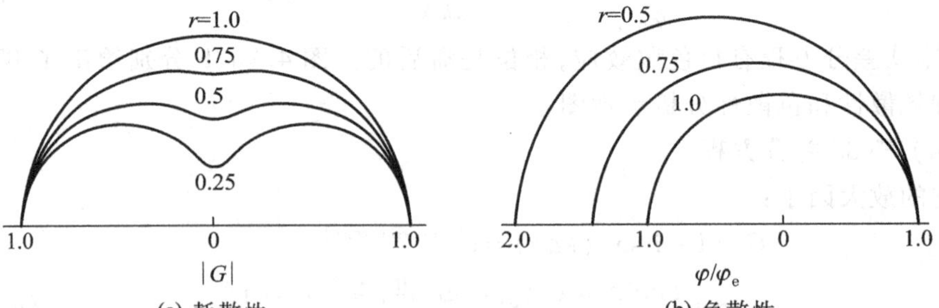

图 4.10　对流方程 Lax 差分方程的耗散性和色散性分析示意图

(6) C－N 隐式差分方程

它的放大因子为：

$$G=\frac{1-\mathrm{i}\times\frac{r}{2}\sin(k\Delta x)}{1+\mathrm{i}\times\frac{r}{2}\sin(k\Delta x)}=\mathrm{e}^{\ln\left[1-\mathrm{i}\times\frac{r}{2}\sin(k\Delta x)\right]-\ln\left[1+\mathrm{i}\times\frac{r}{2}\sin(k\Delta x)\right]}$$

$$=\mathrm{e}^{\left[-\mathrm{i}r\sin(k\Delta x)+\mathrm{i}\times\frac{r^3}{3!}\sin^3(k\Delta x)-\cdots\right]}$$

$$=\mathrm{e}^{-\mathrm{i}r\left[k\Delta x-\frac{1}{3!}(k\Delta x)^3+\cdots\right]+\mathrm{i}\times\frac{1}{3}r^3\left[k\Delta x-\frac{1}{3!}(k\Delta x)^3+\cdots\right]^3+\cdots}$$

$$=\mathrm{e}^{\left[-\mathrm{i}ak\Delta x+\mathrm{i}\times\frac{1}{6}rk^3\Delta x^3+\mathrm{i}\times\frac{1}{3}r^3k^3\Delta x^3+\cdots\right]}\tag{4.6.21}$$

它的模和相位为：

$$|G|=1\tag{4.6.21a}$$

$$\varphi=-ka\Delta t+\frac{a}{6}(1+2r^2)k^2\Delta x^2\Delta t\tag{4.6.21b}$$

由于放大因子的模比为：

$$\frac{|G|}{|G_{\mathrm{e}}|}=1\tag{4.6.22}$$

因此 C－N 隐式差分方程没有耗散效应，它是弱稳定的。

把放大因子相位比$\frac{\varphi}{\varphi_{\mathrm{e}}}$对 $k\Delta x$ 进行 Taylor 展开，得到：

$$\frac{\varphi}{\varphi_{\mathrm{e}}}=1-\frac{1}{6}(1+2r^2)k^2\Delta x^2<1\tag{4.6.23}$$

它有负色散效应，相位是滞后的。图 4.11a、b 分别给出了 C－N 隐式差分方程的耗散性和色散性分析。

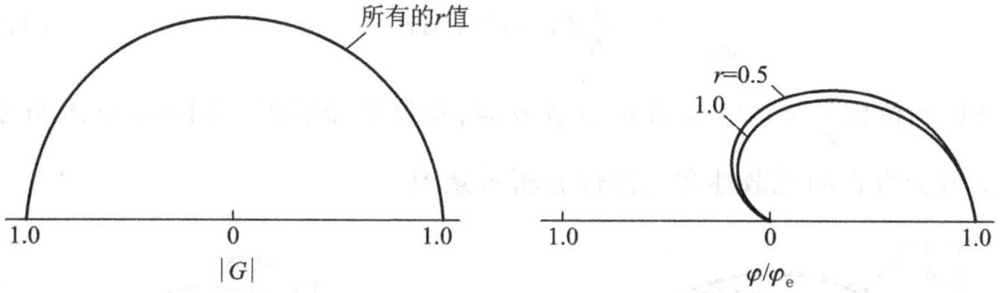

(a) 耗散性　　(b) 色散性

图 4.11　对流方程 C－N 差分方程的耗散性和色散性分析示意图

(7) Lax-Wendroff 差分方程（L－W 差分方程）

它的放大因子为：

$$G=1-\mathrm{i}r\sin(k\Delta x)-2r^2\sin^2\left(\frac{k\Delta x}{2}\right)\tag{4.6.24}$$

为方便起见，记 $\eta=k\Delta x$，并把上式对 $k\Delta x$ 进行 Taylor 展开，有：

$$\ln\left(1 - \mathrm{i}r\sin\eta - 2r^2\sin^2\frac{\eta}{2}\right) =$$
$$-\mathrm{i}r\sin\eta - 2r^2\sin^2\frac{\eta}{2} - \frac{1}{2}\left(\mathrm{i}r\sin\eta + 2r^2\sin^2\frac{\eta}{2}\right)^2 -$$
$$\frac{1}{3}\left(\mathrm{i}r\sin\eta + 2r^2\sin^2\frac{\eta}{2}\right)^3 - \frac{1}{4}\left(\mathrm{i}r\sin\eta + 2r^2\sin^2\frac{\eta}{2}\right)^4 - \cdots \tag{4.6.24a}$$

如果只考虑 $k\Delta x$ 或 $\sin\left(\frac{k\Delta x}{2}\right)$ 三次、四次幂，上式可简化为：

$$\ln\left(1 - \mathrm{i}r\sin\eta - 2r^2\sin^2\frac{\eta}{2}\right) = -\mathrm{i}r\eta - \frac{1}{8}r^2(1-r^2)\eta^4 + \frac{\mathrm{i}}{6}r(1-r^2)\eta^3 + \cdots \tag{4.6.24b}$$

因此它的放大因子的模和相位为：

$$|G| = \mathrm{e}^{-\frac{1}{8}r^2(1-r^2)k^4\Delta x^4 + \cdots} \tag{4.6.24c}$$

$$\varphi = -ak\Delta t + \frac{r}{6}(1-r^2)k^3\Delta x^3 + \cdots \tag{4.6.24d}$$

当 $r \leqslant 1$ 时，放大因子模比为：

$$\frac{|G|}{|G_e|} \leqslant 1 \tag{4.6.25}$$

L－W 差分方程具有正耗散效应，它是稳定的，它的稳定性条件为 $0 < r < 1$。

把放大因子相位比 $\frac{\varphi}{\varphi_e}$ 对 $k\Delta x$ 进行 Taylor 展开，得到：

$$\frac{\varphi}{\varphi_e} = 1 - \frac{1}{6}(1-r^2)k^2\Delta x^2 + \cdots < 1 \tag{4.6.26}$$

当 $r < 1$ 时，相位比 $\frac{\varphi}{\varphi_e} < 1$，它具有负色散效应，相位是滞后的。图 4.12a、b 分别给出了 L－W 差分方程的耗散性和色散性分析示意图。

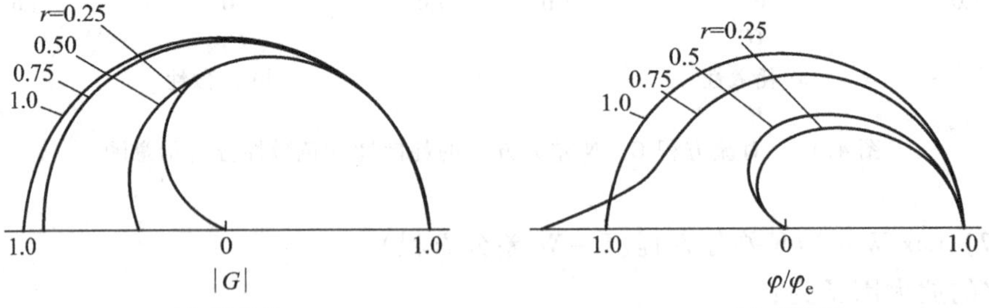

(a) 耗散性 (b) 色散性

图 4.12 对流方程 L－W 差分方程耗散性和色散性分析

第7节　差分方程耗散性和色散性的 Taylor 分析法

4-7-1　Taylor 分析法的基本思路

Taylor 分析法也称余项分析法，是由 Hirt 在 1928 年提出的，它采用启示性方法分析差分方程的稳定性。1974 年，Warming 和 Hytt 正式提出了比较完整的 Taylor 分析法。需要指出的是，Taylor 分析法和 Fourier 分析法在常系数线性偏微分方程情况下是等价的，对于拟线性、非线性偏微分方程它们并不等价[17]。

Taylor 分析法的基本思路是：

(1) 将差分方程对时间 t 进行 Taylor 展开。

(2) 采用自循环消元过程得到等价的修正方程。

(3) 分析修正方程余项的性质，判别差分方程的稳定性、耗散性和色散性。修正方程余项中偶数阶导数项反映差分方程的耗散性。奇数阶导数项反映差分方程的色散性。

偏微分方程为：

$$Lu(x,t)=0,\quad (x,t)\in[\Omega],[0,T] \tag{4.7.1}$$

初始条件为：

$$t=0,\quad u(x,0)=\phi(x),\quad x\in[\Omega] \tag{4.7.1a}$$

边界条件为：

$$lu|_{\partial\Omega}=0 \tag{4.7.1b}$$

差分方程为：

$$(L\Delta u)_j^n=0 \tag{4.7.2}$$

该差分方程在 (x_j,t_n) 点对时间 t 进行 Taylor 展开，并通过自循环消元（绝对不能使用原方程！），然后把修正方程中时间导数项转换成空间导数项，使修正方程余项中只含有空间导数项，然后对余项进行分析。

偏微分方程修正方程为：

$$Lu=R_j^n=\sum\nu_{2l}u_{2l}+\sum\mu_{2m+1}u_{2m+1} \tag{4.7.3}$$

其中 ν_{2l} 是修正方程的余项 R_j^n 中的偶数阶 $(2l)$ 空间导数项的系数，μ_{2m+1} 是奇数阶 $(2m+1)$ 空间导数的系数。

不失一般性，设原偏微分方程解 $u(x,t)$ 为简谐波的一个分量：

$$u(x,t)=\mathrm{e}^{\alpha t+ikx} \tag{4.7.4}$$

初始条件为：

$$u(x,0)=\mathrm{e}^{ikx} \tag{4.7.5}$$

利用修正方程 (4.7.3) 得到行波解 $u(x,t)$ 中 α 的表达式：

$$\alpha=L(\mathrm{i}k)+\sum(-1)^l\nu_{2l}k^{2l}+\sum(-1)^m\mu_{2m+1}k^{2m+1} \tag{4.7.6}$$

再把 α 代入 $u(x,t)$ 的表达式中，得到原偏微分方程行波解 $u(x,t)$：

$$u(x,t)=\mathrm{e}^{L(ik)t+ikx}\mathrm{e}^{\sum(-1)^{l}\nu_{2l}k^{2l}t}\mathrm{e}^{i\sum(-1)^{m}\mu_{2m+1}k^{2m+1}t} \tag{4.7.7}$$

分析行波解 $u(x,t)$ 的性质可知，行波解 $u(x,t)$ 式(4.7.7)右端第一项就是原偏微分方程的解。第二项指数因子为偶数项，它只对行波解的幅值有影响，随着时间增加，行波解幅值会越来越小。第三项指数因子为奇数项，它只对行波解相位变化有影响，随着时间变化，行波解的相位会发生变化。由此可见，利用 Taylor 分析法的修正方程的余项 R_j^n 可以分析差分方程的稳定性、耗散性和色散性。

(1) 当 $\nu=\sum(-1)^{l}\nu_{2l}k^{2l}<0$ 时，则行波解 $u(x,t)$ 的幅值就会随时间增长而减小，这时差分方程有正耗散效应，它是稳定的；当 $\nu=\sum(-1)^{l}\nu_{2l}k^{2l}>0$ 时，行波解 $u(x,t)$ 的幅值就随时间增长而增长，差分方程有负耗散效应，它是不稳定的。

(2) 当 $\mu=\sum(-1)^{m}\mu_{2m+1}k^{2m+1}>0$ 时，则差分方程有正色散效应，相位是滞后的；当 $\mu=\sum(-1)^{m}\mu_{2m+1}k^{2m+1}<0$ 时，则差分方程有负色散效应，相位是超前的。

实际上，对差分方程的稳定性、耗散性和色散性影响最大的，只是它的余项 R_j^n 中的前面几项的空间导数项的系数性质，特别是第一个非零空间导数项的系数性质。因此，通常只要分析余项 R_j^n 中第一个非零空间导数项的系数性质，就可以确定差分方程的稳定性、耗散性和色散性条件。

4-7-2　差分方程的修正方程余项

设对流方程：

$$u_t+au_x=0,\quad (a>0)$$

(1) FTBS 差分格式

$$u_j^{n+1}=u_j^n-r(u_j^n-u_{j-1}^n),\ r=a\frac{\Delta t}{\Delta x} \tag{4.7.8}$$

在点 (x_j,t_n) 处把它对时间 t 进行 Taylor 展开，得到：

$$u_t+au_x=-\frac{\Delta t}{2}u_{tt}-\frac{\Delta t^2}{6}u_{ttt}-\cdots+\frac{a\Delta x}{2}u_{xx}-\frac{a\Delta x^2}{6}u_{xxx}-\cdots \tag{4.7.9}$$

然后把 Taylor 展开式中时间导数项转换为空间导数项（绝对不能使用原方程！）。为此，需要将上式对 t 求导，得到 u_{tt} 的表达式：

$$u_{tt}+au_{xt}=-\frac{\Delta t}{2}u_{ttt}+\frac{a\Delta x}{2}u_{txx}-\frac{\Delta t^2}{6}u_{tttt}-\frac{a\Delta x^2}{6}u_{xxxt}+\cdots \tag{4.7.10}$$

用上式消去式(4.7.9)中的 u_{tt}，并作如下运算：

$$式(4.7.9)-\frac{\Delta t}{2}\times式(4.7.10)=式(4.7.9)-\frac{\Delta t}{2}\frac{\partial}{\partial t}式(4.7.9)=式(4.7.11)$$

$$u_t+au_x=\frac{a\Delta t}{2}u_{tx}+\frac{a\Delta x}{2}u_{xx}+\left(\frac{\Delta t^2}{4}-\frac{\Delta t^2}{6}\right)u_{ttt}-\frac{a\Delta t\Delta x}{4}u_{xxt}+\cdots \tag{4.7.11}$$

再通过运算：

$$式(4.7.11)-\frac{a\Delta t}{2}\frac{\partial}{\partial x}式(4.7.9)=式(4.7.12)$$

$$u_t + au_x = \left(\frac{a\Delta x}{2} - \frac{a^2\Delta t}{2}\right)u_{xx} + \frac{\Delta t^2}{12}u_{ttt} - \frac{a\Delta t^3}{4}u_{ttx} - \frac{a\Delta t\Delta x}{4}u_{xxt} + \cdots \quad (4.7.12)$$

这样一步一步地消去 Taylor 展开式中的各时间导数项，最后得到 FTBS 差分方程(4.7.8)的修正方程：

$$u_t + au_x = \left(\frac{a\Delta x - a^2\Delta t}{2}\right)u_{xx} - \left(\frac{a\Delta x^2}{6} + \frac{a^3\Delta t^2}{3} - \frac{a^2\Delta x\Delta t}{2}\right)u_{xxx} + \cdots \quad (4.7.13)$$

它的余项 R_j^n 为：

$$R_j^n = \frac{a\Delta x}{2}(1-r)u_{xx} - \frac{a\Delta x^2}{6}(1-3r+2r^2)u_{xxx} + \cdots \quad (4.7.14)$$

采用同样步骤，可得到其他差分方程余项：

(2) CTCS 差分方程的余项

$$R_j^n = -\frac{a\Delta x^2}{6}(1-r^2)u_{xxx} - \frac{a\Delta x^4}{120}(1-10r^2+9r^4)u_{xxxxx} + \cdots \quad (4.7.15)$$

(3) Lax 差分方程的余项

$$R_j^n = \frac{\Delta x^2}{2\Delta t}(1-r^2)u_{xx} + \frac{a\Delta x^2}{3}(1-r^2)u_{xxx} + \cdots \quad (4.7.16)$$

(4) Lax-Wendroff 差分方程的余项

$$R_j^n = -\frac{a\Delta x^2}{6}(1-r^2)u_{xxx} - \frac{a^2\Delta t\Delta x^2}{8}(1-r^2)u_{xxxx} - \cdots \quad (4.7.17)$$

4-7-3　差分方程稳定性、耗散性和色散性分析

(1) FTBS 差分方程

由于 FTBS 差分方程余项 R_j^n 表达式(4.7.14)的第一个非零偶数阶空间导数项系数为 $\nu_2 = \frac{a\Delta x}{2}(1-r)$。当 $r<1$ 时，$\nu_2>0$，则它有正耗散效应，因此，它是稳定的；当 $r>1$ 时，$\nu_2<0$，则它有负耗散效应，它是不稳定的。余项 R_j^n 的第一个非零奇数阶空间导数项系数为 $\mu_3 = \frac{-a\Delta x^2}{6}(2r-1)(r-1)$。当 $0.5<r<1$ 时，$\mu_3>0$，则它有正色散效应，因此，它的相位是超前的；当 $0<r<0.5$ 时，$\mu_3<0$，则它有负色散效应，它的相位是滞后的。

(2) CTCS 差分方程

由于 CTCS 差分方程余项 R_j^n 表达式(4.7.15)的第一个非零偶数阶空间导数项系数为 $\nu_2=\nu_4=0$。它没有耗散效应，因此，它是弱稳定。余项 R_j^n 的第一个非零奇数阶空间导数项系数为 $\mu_3 = -\frac{a\Delta x^3}{6}(1-r^2)$。当 $r<1$ 时，$\mu_3<0$，则它有负色散效应，因此，它的相位是滞后的；当 $r>1$ 时，$\mu_3>0$，则它有正色散效应，它的相位是超前的。

(3) Lax 差分方程

由于 Lax 差分方程余项 R_j^n 表达式(4.7.16)的第一个非零偶数阶空间导数项系

数为 $\nu_2=\dfrac{a\Delta x^2}{2\Delta t}(1-r^2)$。当 $r<1$ 时,$\nu_2>0$,则它有正耗散效应,因此,它是稳定的;当 $r>1$ 时,$\nu_2<0$,则它有负耗散效应,它是不稳定的。余项 R_j^n 的第一个非零奇数阶空间导数项的系数为 $\mu_3=\dfrac{a\Delta x^2}{3}(1-r^2)$。当 $r<1$ 时,$\mu_3>0$,则它有正色散效应,因此,它的相位是超前的;当 $r>1$ 时,$\mu_3<0$,则它有负色散效应,它的相位是滞后的。

(4) L-W 差分方程

由于 L-W 差分方程余项 R_j^n 表达式(4.7.17)的第一个非零偶数阶空间导数项系数为 $\nu_2=0$ 和 $\nu_4=-\dfrac{a^2\Delta t\Delta x^2}{8}(1-r^2)$,则它有很弱的耗散效应,因此,它的稳定性也较弱。余项 R_j^n 的第一个非零奇数阶空间导数项系数为 $\mu_3=-\dfrac{a\Delta x^2}{6}(1-r^2)$。当 $r<1$ 时,$\mu_3<0$,则它有负色散效应,因此,它的相位是滞后的;当 $r>1$ 时,$\mu_3>0$,则它有正色散效应,它的相位是超前。

参考文献

[1] 福雪斯 G E,华沙 W R. 偏微分方程的有限差分方法[M]. 上海:上海科学技术出版社,1964.

[2] Jeffrey A. Quasi-linear hyperbolic systems and waves [M]. Research Notes in Mathematics, 1978.

[3] Sod G A. Numerical method of fluid dynamics [M]. Cambridge: Cambridge University Press, 1985.

[4] Mitchell A R. The finite difference method in partial difference equations [M]. John Wiley & Sons, 1980.

[5] Shokin Y I. The method of differential approximation [M]. Springer-Verlag, 1983.

[6] Lax P D, Richtmyer R D. Survey of the stability of linear finite difference equations [J]. Communications on Pure and Applied Mathematics, 1956, 9:267-293.

[7] Richtmyer R D, Morton K W. Difference method for initial value problems [M]. New York: Interscience Publishers Inc., 1956.

[8] Rosinger E E. Stability and convergence for non-linear difference schemes are equivalent [J]. Journal of Applied Mathematics, 1980, 26:143-149.

[9] Drazin P G, Reid W H. Hydrodynamic stability [M]. Cambridge: Cambridge University Press, 1981.

[10] 山口昌哉,野木达夫. 数值分析基础:偏微分方程初值问题[M]. 共立出版社,1969.

[11] Kreiss H O. Stability theory of difference approximations for mixed initial boundary value problems [J]. Mathematics of Computation, 1968, 22:703-714.

[12] Gustafsson B, Kreiss H O, Oliger J. Time dependent problem and difference methods [M]. John Wiley & Sons, 1996.

[13] O'Brien G G, Hyman M A, Kaplan S. A study of the numerical solution of partial differential equations [J]. Journal of Mathematical Physics, 1950, 29:223 - 251.

[14] Lax P D. Hyperbolic difference equations: A review of the Courant-Friedrichs-Lewy paper in light of recent developments [J]. IBM, Journal of Research and Development, 1967, 11:235 - 238.

[15] John F. Lectures on advanced numerical analysis [M]. Gordon and Breach, 1967.

[16] Forsythe G E, Wasow W R. Finite difference methods for partial differential equations [M]. John Wiley & Sons, 1960.

[17] 忻孝康,刘儒勋,蒋伯诚. 计算流体动力学[M]. 北京:国防科技大学出版社,1989.

[18] Gustafsson B, Kreiss H, Oliger J. Time dependent problem and difference methods [M]. John Wiley & Sons, 1995.

第五章　非线性演化方程数值分析

第 1 节　非线性演化方程及其特性

我们所研究的实际流动问题的基本方程组都是非线性或拟线性方程。对于非线性方程的差分理论，至今仍在发展之中，尚没有完善的理论[1,2]。本章将简单介绍非线性演化方程的研究进展和一些主要结论。

5-1-1　非线性演化方程简介

非线性演化方程描述的是一个随时间变化的物理问题。在数学上，它是一个非定常的非线性方程。例如，在第三章中讨论的波动方程、Burgers 方程、KdV 方程都是演化方程。

非线性演化方程的研究在流体力学中具有深刻的物理背景和广泛的应用价值。在固体力学、天体物理、等离子体物理、基本粒子物理、非线性光学、生物学、海洋学、大气物理等领域中，它也是十分重要的研究课题[3]。

一维无黏流动 Euler 方程组是一个典型的非线性演化方程组：

$$\left.\begin{aligned}&\frac{\partial \rho}{\partial t}+\frac{\partial(\rho u)}{\partial x}=0\\&\frac{\partial(\rho u)}{\partial t}+\frac{\partial}{\partial x}(\rho u^2+p)=0\\&\frac{\partial E}{\partial t}+\frac{\partial}{\partial x}[(E+p)u]=0\end{aligned}\right\}\tag{5.1.1}$$

其中 ρ 为流体密度，p 为压力，u 为在 x 方向上速度分量，E 为单位体积流体总能。它的矢量形式为：

$$\boldsymbol{u}_t+\boldsymbol{f}_x=\mathbf{0}\tag{5.1.1a}$$

它的一维单个非线性标量演化方程为：

$$u_t + f_x = 0 \tag{5.1.2}$$

设 $a(u)=\dfrac{\partial f}{\partial u}$，它可写成：

$$u_t + a(u)u_x = 0 \tag{5.1.2a}$$

设$\dfrac{dx}{dt}=a(u)$，则非线性演化方程(5.1.2)可转化为全微分方程$\dfrac{du}{dt}=0$，因此$\dfrac{dx}{dt}=a(u)$就是它的特征线方程，沿特征线流动量 $u(x,t)$ 是常数。因此，非线性演化方程是双曲型方程。

5－1－2　非线性演化方程的数学物理性质

线性和非线性演化方程有本质不同的数学物理性质[4]。

1. 线性演化方程的数学物理性质

线性对流方程：

$$u_t + au_x = 0\ (a = 常数) \tag{5.1.3}$$

初始条件：

$$u(x,0) = \phi(x) \tag{5.1.3a}$$

由于 a 是常数，所以流场内每一点仅有一条特征线。若初始条件是连续的，则线性对流方程一定有解。

设初始条件为如下间断：

$$u(x,0) = \begin{cases} 1, & x \geqslant 0 \\ -1, & x < 0 \end{cases} \tag{5.1.3b}$$

由于通过点(x_p,t_p)的特征线方程为：

$$\left.\begin{aligned} x &= x_p + a(t-t_p) \\ x - at &= x_p - at_p \end{aligned}\right\} \tag{5.1.4}$$

该特征线与 $t=0$ 相交于$(x_p - at_p, 0)$点，则初始条件式(5.1.3b)就转换为：

$$u(x_p,t_p) = \begin{cases} 1, & x_p - at_p \geqslant 0 \\ -1, & x_p - at_p < 0 \end{cases} \tag{5.1.3c}$$

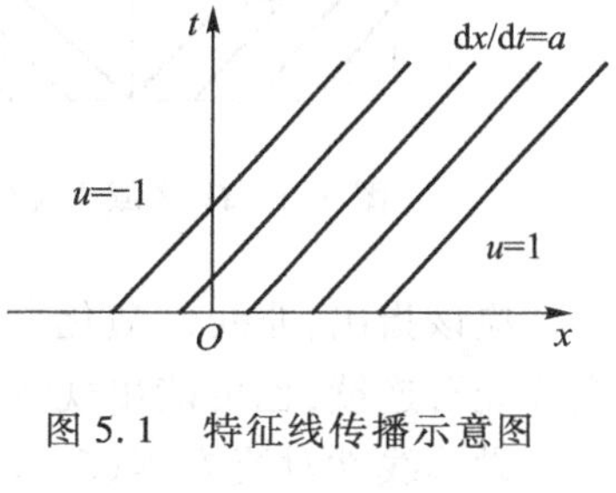

图 5.1　特征线传播示意图

它的解为：

$$u(x,t) = \begin{cases} 1, & x - at \geqslant 0 \\ -1, & x - at < 0 \end{cases} \tag{5.1.5}$$

由此可见，不管初始条件是连续的，还是有间断，线性演化方程总是有解的（图5.1）。

2. 非线性演化方程的数学物理性质

非线性对流方程：

$$u_t + uu_x = 0 \tag{5.1.6}$$

它是上述非线性演化方程$\frac{\partial u}{\partial t}+\frac{\partial f}{\partial x}=0$的一种特例，即$f(u)=\frac{1}{2}u^2$。

由于$u(x,t)$是x、t的函数，因此流场中每一点应有两条特征线$\frac{\mathrm{d}x}{\mathrm{d}t}=u$。通过点$(x_p,t_p)$的特征线方程为：

$$\left.\begin{aligned} x - x_p &= u(t-t_p) \\ x - ut &= x_p - ut_p \end{aligned}\right\} \tag{5.1.7}$$

若初始条件有间断，可能有两种初始条件：

$$u(x,0)=\begin{cases}1, & x\geqslant 0\\ -1, & x<0\end{cases} \quad 或 \quad u(x,0)=\begin{cases}-1, & x\geqslant 0\\ 1, & x<0\end{cases} \tag{5.1.6a}$$

则非线性对流方程的解也可能有两种间断解：

$$u(x,t)=\begin{cases}1, & x-ut=x-t\geqslant 0\\ -1, & x-ut=x+t<0\end{cases} \quad 或 \quad u(x,t)=\begin{cases}-1, & x-ut=x-t\geqslant 0\\ 1, & x-ut=x+t<0\end{cases} \tag{5.1.8}$$

图5.2和图5.3给出了非线性对流方程(5.1.6)的两种可能的间断解。可以看出，它们的求解区域由Ω_1、Ω_2和Ω_3三部分组成。在图5.2中，由于在Ω_2区内不存在特征线，因此，在Ω_2区域内非线性对流方程的解是无法确定的。而在图5.3中，在Ω_2区内每一点都有两条特征线，因此，在Ω_2区域内非线性对流方程的解是不唯一的，解也是无法确定的。由此可知，非线性对流方程(5.1.6)一定存在无解的现象。

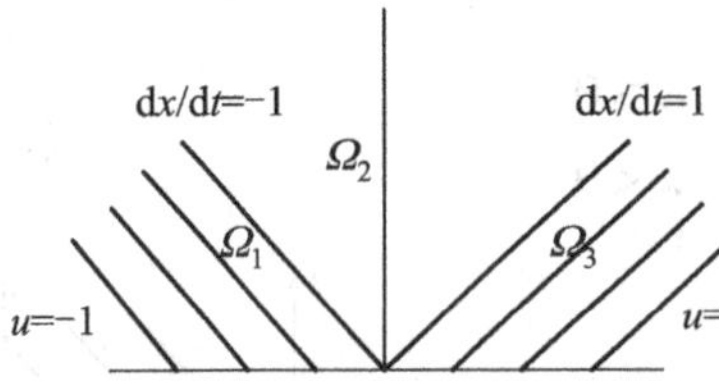

图5.2　Ω_2区域内无特征线

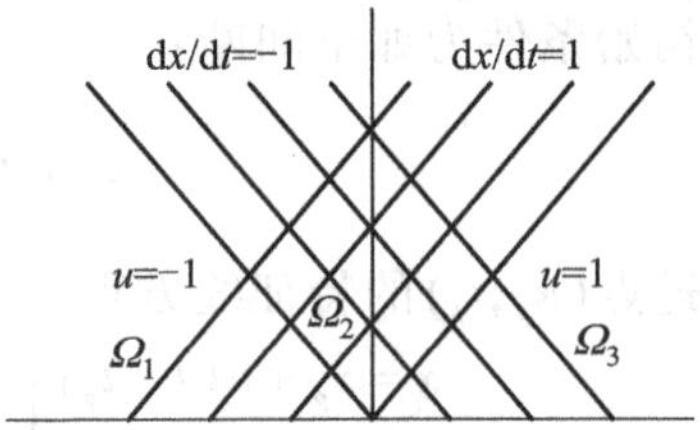

图5.3　Ω_2区域内特征线相交

应该指出，非线性演化方程在初始条件存在间断时会产生无解，即使初始条件充分光滑连续，也可能出现特征线相交，或无特征线现象，使非线性演化方程无解。

设非线性对流方程(5.1.6)具有充分光滑连续的初始条件：

$$u(x,0)=\phi(x)=-\tanh\frac{x}{\varepsilon} \tag{5.1.6b}$$

其中$\varepsilon>0$是任意给定常数。经过$(x_p,0)$和$(-x_p,0)$的特征线分别为：

$$x = x_p - t\tanh\frac{x_p}{\varepsilon} \quad 和 \quad x = -x_p + t\tanh\frac{x_p}{\varepsilon} \tag{5.1.7a}$$

不难证明，这两条特征线是相交的，其交点是$\left(0,\frac{x_p}{\tanh\frac{x_p}{\varepsilon}}\right)$。当$x_p\to 0$时，其交点是

$(0,\varepsilon)$。因此,即使初始条件 $u(x,0) = -\tanh\dfrac{x}{\varepsilon}$是连续可微的,当 $t>\varepsilon$ 时,非线性对流方程(5.1.6)的解也不唯一。

图5.4给出了初始条件间断时产生间断解的示意图。图5.5给出了初始条件连续时产生间断解的示意图。但是,我们知道,实际流动的物理解是一定存在且唯一,不可能出现无解的现象。这种理论和实际流动之间的矛盾反映了这样一个事实:非线性对流方程(5.1.6)一定存在解 $u(x,t)$,但它的解不一定是连续解,有可能是间断解。

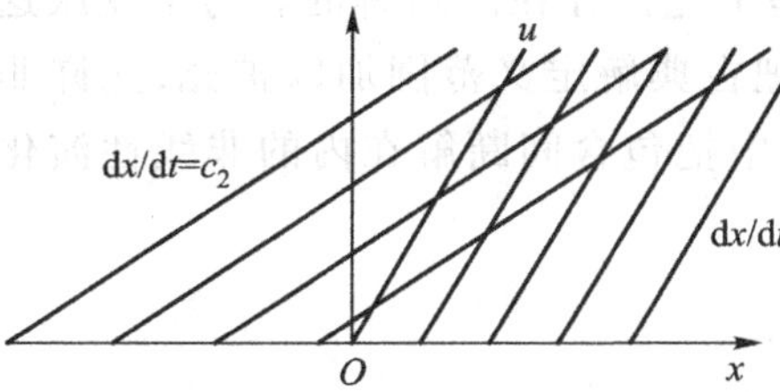

图5.4　初始条件间断时产生间断解

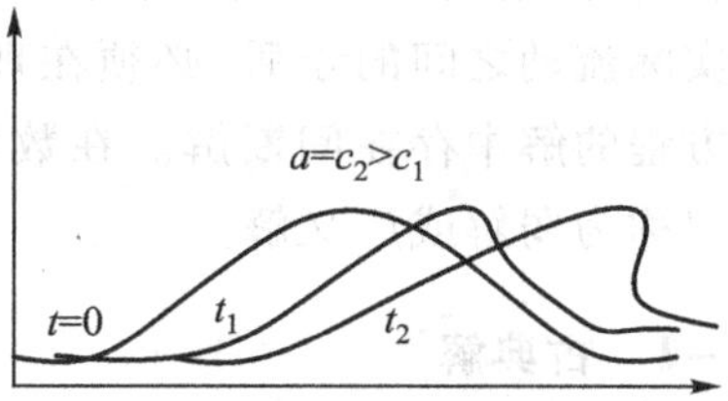

图5.5　初始条件连续时产生间断解

5-1-3　非线性演化方程间断解的数学物理性质

设有一间断 $\xi(t)$,存在于 x_1 和 x_2 之间,并满足:

$$x_2 < \xi(t) < x_1 \tag{5.1.9}$$

并设在

$$x_1 \geqslant x \geqslant \xi(t) \text{ 和 } \xi(t) \geqslant x \geqslant x_2 \tag{5.1.10}$$

之间函数 u 和 $f(u) = \int a(u)\,\mathrm{d}u$ 是连续函数。可以证明,当 $x\to\xi(t)$ 时,函数 u 一定存在右极限和左极限,并且这些极限是有界的。对非线性对流方程(5.1.6)在 $x_1 \geqslant x \geqslant x_2$ 区间内积分得到:

$$\begin{aligned}
&\int_{x_2}^{\xi(t)-0}\frac{\partial u}{\partial t}\mathrm{d}x + \int_{\xi(t)+0}^{x_1}\frac{\partial u}{\partial t}\mathrm{d}x + \int_{x_2}^{\xi(t)-0}\frac{\partial f}{\partial x}\mathrm{d}x + \int_{\xi(t)+0}^{x_1}\frac{\partial f}{\partial x}\mathrm{d}x = \\
&\quad\frac{\mathrm{d}}{\mathrm{d}t}\int_{x_2}^{\xi(t)-0}u\,\mathrm{d}x + \frac{\mathrm{d}}{\mathrm{d}t}\int_{\xi(t)+0}^{x_1}u\,\mathrm{d}x - u(\xi(t)-0,t)\frac{\mathrm{d}\xi}{\mathrm{d}t} + \\
&\quad u(\xi(t)+0,t)\frac{\mathrm{d}\xi}{\mathrm{d}t} + f(\xi(t)-0,t) - f(\xi(t)+0,t) + \\
&\quad f(x_1) - f(x_2) = 0
\end{aligned} \tag{5.1.11}$$

从动量守恒方程出发,应有:

$$\frac{\mathrm{d}}{\mathrm{d}t}\int_{x_2}^{x_1}u\,\mathrm{d}x = f(x_2,t) - f(x_1,t) \tag{5.1.12}$$

由此可以得出,若非线性对流方程(5.1.6)存在间断解,它必须满足如下守恒条件:

$$f^{+}-f^{-}=\frac{\mathrm{d}\xi}{\mathrm{d}t}(u^{+}-u^{-}) \tag{5.1.13}$$

这就是非线性演化方程间断解的基本形式。

和流体力学中激波间断条件比较，可以发现，实际上，上式正是流体力学中激波所应该满足的间断条件，即所谓的 Rankine-Hugoniot 条件。

第 2 节 非线性演化方程广义解——弱解

非线性演化方程一定存在间断解，这种间断解在实际流动中也是客观存在的。但是，在古典解的定义中非线性演化方程是不允许存在间断解的。为了克服这一理论和实际流动之间的矛盾，必须在理论上把古典解定义范围加以扩充，允许非线性演化方程的解中存在间断解。在数学理论中把包含间断解在内的非线性演化方程的解集称为弱解或广义解。

5-2-1 古典解

非线性演化方程：

$$u_t+f_x=0,\quad (t>0,\ -\infty<x<+\infty) \tag{5.2.1}$$

初始条件为：

$$u(x,0)=\phi(x) \tag{5.2.1a}$$

设 $t>0$ 时在上半平面中满足方程(5.2.1)，且在 $t=0$ 上满足初始条件(5.2.1a)的函数 $u(x,t)$ 定义为古典解。

5-2-2 弱解

若函数 $u(x,t)$ ($u\in K$) 是非线性演化方程(5.2.1)和初始条件(5.2.1a)的弱解，它应满足如下三种定义[5,6]：

定义Ⅰ：若 $t\geqslant 0$ 半平面上在与任何一条间断线 $x=\xi(t)$ 只相交有限点的任意逐段光滑 Γ 线上，$u(x,t)$ 满足如下积分关系式：

$$\int_{\Gamma}[u\mathrm{d}x-f(u)\mathrm{d}t]=0 \tag{5.2.2}$$

则 $u(x,t)$ 是非线性演化方程(5.2.1)和初始条件(5.2.1a)的弱解。

定义Ⅱ：函数 $u(x,t)$ 在除去间断线外的光滑区内处处满足非线性演化方程(5.2.1)，并在间断线 $x=\xi(t)$ 上满足如下关系式：

$$\frac{\mathrm{d}\xi}{\mathrm{d}t}=\frac{f(u^{+})-f(u^{-})}{u^{+}-u^{-}} \tag{5.2.3}$$

则 $u(x,t)$ 是非线性演化方程(5.2.1)和初始条件(5.2.1a)的弱解。

定义Ⅲ：以 R 表示求解区域中任意一子区域。若 $u(x,t)$ 对任意一在子区域 R 的边界上为零的连续可微函数 w，满足如下积分关系式：

$$\int_{t\geqslant 0}\int_R\left(u\frac{\partial w}{\partial t}+f\frac{\partial w}{\partial x}\right)\mathrm{d}x\mathrm{d}t=0 \tag{5.2.4}$$

则 $u(x,t)$ 为非线性演化方程(5.2.1)和初始条件(5.2.1a)的弱解。

第 3 节 弱解的唯一性条件——熵条件

5-3-1 问题的提出:

理论分析指出,弱解并不是唯一的。设非线性演化方程(5.2.1)的初始条件(5.2.1a)有如下间断:

$$u(x,0)=\begin{cases}-1, & x\geqslant 0\\ 1, & x<0\end{cases} \tag{5.3.1}$$

前面已经证明它有一个间断解(或弱解)存在:

$$u(x,t)=\begin{cases}-1, & x-t\geqslant 0\\ 1, & x-t<0\end{cases} \tag{5.3.2}$$

同时,可以发现,在 $t\geqslant 0$ 上半平面 Ω_2 区内还可以找到非线性演化方程(5.2.1)和初始条件(5.2.1a)的无穷多个弱解 $u(x,t)$(图 5.6)。

设函数 $u(x,t)$ 为:

$$u(x,t)=\begin{cases}1, & x\leqslant \frac{1}{2}(1-a)t\\ -a, & \frac{1}{2}(1-a)t<x\leqslant 0\\ a, & 0<x\leqslant \frac{1}{2}(a-1)t\\ -1, & \frac{1}{2}(a-1)t<x\end{cases} \tag{5.3.3}$$

其中 $1\leqslant a\leqslant 3$。可以证明上式中所有的函数 $u(x,t)$ 都是非线性演化方程(5.2.1)和初始条件(5.2.1a)的解。

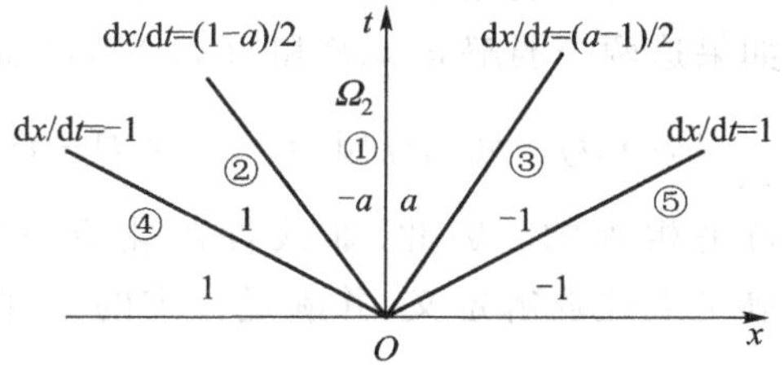

图 5.6 弱解不一定满足唯一性算例

从图 5.6 上可以看出,非线性演化方程(5.2.1)共有三条间断线:

$$(1)\ \frac{x}{t}=\frac{1}{2}(1-a);\quad (2)\ \frac{x}{t}=0;\quad (3)\ \frac{x}{t}=\frac{1}{2}(a-1) \tag{5.3.4}$$

若设

$$f(u)=\frac{1}{2}u^2 \tag{5.3.5}$$

在间断线(1)上有 $x=\frac{1}{2}(1-a)t, u^-=1, u^+=-a$ 和 $\frac{d\xi}{dt}=\frac{1-a}{2}$，把它们代入间断关系式(5.2.3)，得到：

$$\frac{f(u^+)-f(u^-)}{u^+-u^-}=\frac{\frac{1}{2}a^2-\frac{1}{2}}{-a-1}=\frac{1}{2}(1-a)=\frac{d\xi}{dt} \tag{5.3.6}$$

在间断线(2)上有 $x=0, u^-=-a, u^+=a$ 和 $\frac{d\xi}{dt}=0$，把它们代入间断关系式(5.2.3)，得到：

$$\frac{f(u^+)-f(u^-)}{u^+-u^-}=\frac{\frac{1}{2}a^2-\frac{1}{2}a^2}{a+a}=0=\frac{d\xi}{dt} \tag{5.3.7}$$

在间断线(3)上有 $x=\frac{1}{2}(a-1)t, u^-=a, u^+=-1$ 和 $\frac{d\xi}{dt}=\frac{1}{2}(a-1)$，把它们代入间断关系式(5.2.3)，得到：

$$\frac{f(u^+)-f(u^-)}{u^+-u^-}=\frac{1}{2}(a-1)=\frac{d\xi}{dt} \tag{5.3.8}$$

所有的间断线(1)、(2)和(3)都满足弱解的定义Ⅱ。因此，所有这些间断线都是非线性演化方程(5.2.1)和初始条件(5.2.1a)的弱解。实际上，只要取 $a>1$ 的任何值，$u(x,t)$ 都是它的弱解。

5-3-2　熵条件

设非线性演化方程(5.2.1)和初始条件(5.2.1a)存在两个弱解，它们是 $u(x,t)$ 和 $v(x,t)$。可以证明，如果这两个弱解 $u(x,t)$ 和 $v(x,t)$ 满足如下条件：

$$H(t)=\int_{-\infty}^{\infty}|u(x,t)-v(x,t)|dx=\|u(x,t)-v(x,t)\|_{L_1} \tag{5.3.9}$$

则弱解 $u(x,t)$ 和 $v(x,t)$ 是相等的。因此，非线性演化方程(5.2.1)和初始条件(5.2.1a)的弱解，只有满足上述弱解定义，并满足一定的条件时，弱解才是唯一的。这个条件就是熵条件。

苏联学者 Olienik 提出并证明了非线性演化方程存在弱解的唯一性定理，同时给出了一维单个非线性演化方程弱解的唯一性条件——熵条件[7]。

Olienik 的唯一性定理：设 $u(x,t)$ 是分片连续可微函数，在连续区域内满足非线性演化方程(5.2.1)和初始条件(5.2.1a)，并在间断线上满足：

$$\frac{f(u^-)-f(u)}{u^--u}\geqslant\frac{f(u^+)-f(u^-)}{u^+-u^-}\geqslant\frac{f(u^+)-f(u)}{u^+-u} \tag{5.3.10}$$

则 $u(x,t)$ 是非线性演化方程(5.2.1)和初始条件(5.2.1a)唯一的弱解,并一定是它的物理解。不等式(5.3.10)被称为非线性演化方程的熵条件。在上述不等式中 $u\in\{\min(u^-,u^+),\max(u^-,u^+)\}$。其中的 u^+ 和 u^- 分别表示间断前和间断后的流动量,$f(u)=f'(u)u=a(u)u$,而 $a(u)$ 是非线性演化方程(5.2.1)的特征线的斜率,也称为扰动传播速度。

5-3-3　熵条件的物理解释

由弱解定义可知:

$$\frac{\mathrm{d}\xi}{\mathrm{d}t}=\frac{f(u^+)-f(u^-)}{u^+-u^-}=Z \tag{5.3.11}$$

其中 Z 是间断传播速度,而 u 是 u^+ 和 u^- 之间的任何一个值。

当 $u\to u^+$ 时,不等式右边有:

$$\frac{f(u^+)-f(u)}{u^+-u}\to\frac{\mathrm{d}f(u^+)}{\mathrm{d}u}=a(u^+) \tag{5.3.12}$$

当 $u\to u^-$ 时,不等式左边有:

$$\frac{f(u^-)-f(u)}{u^--u}\to\frac{\mathrm{d}f(u^-)}{\mathrm{d}u}=a(u^-) \tag{5.3.13}$$

上述熵条件的不等式为:

$$a(u^-)\geqslant Z\geqslant a(u^+) \tag{5.3.14}$$

上式表示间断对波前为超声速的,对波后为亚声速的。由于扰动传播速度也就是特征线的走向,因此,上式也反映了在间断两侧特征线必须向间断面汇聚,如图 5.7 所示。从流体力学可知,特征线汇聚就形成激波,通过激波后流体的熵一定是增加的。式(5.3.14)正是流体力学中由热力学第二定律导出的熵条件[8,9]。

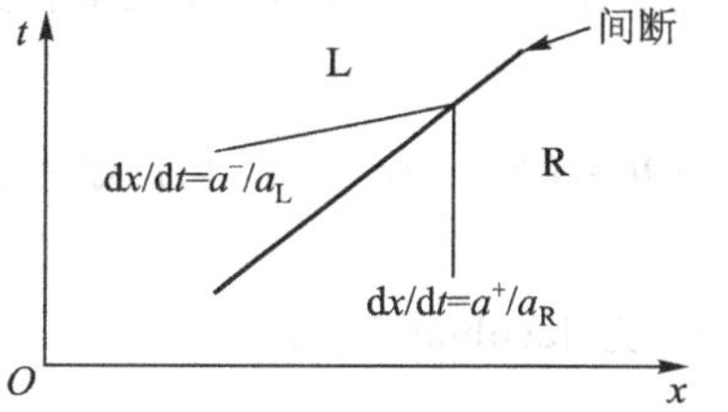

图 5.7　熵条件的物理意义

5-3-4　熵条件的几何解释

在 (u,y) 平面上考察在 $u^+<u<u^-$ 区间内的曲线 $y=f(u)$。由不等式的左边得到:

$$\frac{f(u^-)-f(u)}{u^--u}\geqslant\frac{f(u^+)-f(u^-)}{u^+-u^-} \tag{5.3.15}$$

$$f(u)\leqslant\frac{u^--u}{u^--u^+}f(u^+)+\frac{u-u^+}{u^--u^+}f(u^-)=G(u) \tag{5.3.15a}$$

这表示在区间 (u^+,u^-) 内的曲线 $f(u)$ 位于连接 (u^+,f^+) 和 (u^-,f^-) 两点直线的下面。对于 $f(u)$ 上任意一点 P,它的斜率 RP 总是在 RL 的下面(图 5.8a)。

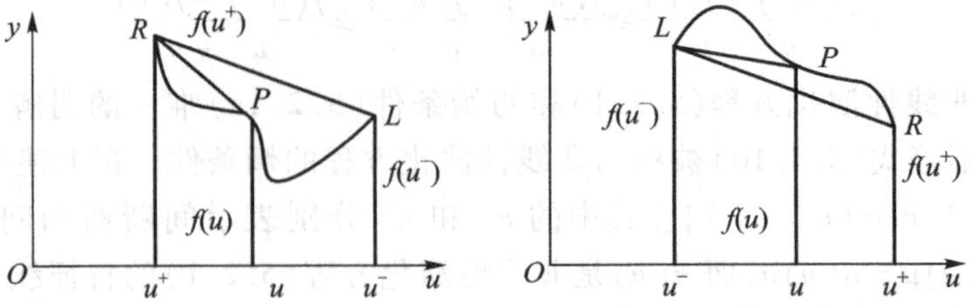

(a) 式(5.3.15)的几何解释　(b) 式(5.3.16)的几何解释

图 5.8　熵条件式(5.3.15)和式(5.3.16)的几何解释

考察在 $u^- < u < u^+$ 区间内的曲线 $y = f(u)$，由不等式的右边得到：

$$\frac{f(u^+) - f(u^-)}{u^+ - u^-} \geqslant \frac{f(u^+) - f(u)}{u^+ - u} \tag{5.3.16}$$

$$f(u) \geqslant \frac{u^+ - u}{u^+ - u^-} f(u^-) + \frac{u - u^-}{u^+ - u^-} f(u^+) = G(u) \tag{5.3.16a}$$

这表示在区间(u^-, u^+)内的曲线 $f(u)$ 位于连接(u^+, f^+)和(u^-, f^-)两点直线的上方。对 $f(u)$ 上任意一点 P，它的斜率 LP 总是在 LR 的上面(图 5.8b)。

5-3-5　非线性演化方程组的熵条件

在数学理论上，非线性演化方程组的熵条件至今尚未得到解决，许多学者对它做了不少研究工作，但进展并不显著，目前仍在发展中。这里仅简单介绍 Lax 的部分研究工作[10,11]。一维非线性演化方程组为：

$$\boldsymbol{u}_t + \boldsymbol{f}_x = \boldsymbol{0} \tag{5.3.17}$$

其中 $\boldsymbol{u} = (u_1 \quad u_2 \quad \cdots \quad u_s)^{\mathrm{T}}$，$\boldsymbol{f} = (f_1 \quad f_2 \quad \cdots \quad f_s)^{\mathrm{T}}$。上式可写成非守恒形式：

$$\boldsymbol{u}_t + \boldsymbol{A}(\boldsymbol{u})\boldsymbol{u}_x = \boldsymbol{0} \tag{5.3.17a}$$

$\boldsymbol{A}(\boldsymbol{u})$ 为 Jacobian 矩阵：

$$\boldsymbol{A}(\boldsymbol{u}) = \frac{\partial(f_1, f_2, \cdots, f_s)}{\partial(u_1, u_2, \cdots, u_s)} \tag{5.3.17b}$$

若 $\boldsymbol{A}(\boldsymbol{u})$ 有 s 个不相同的实特征值 λ_1、λ_2、$\cdots$、λ_s，则方程组是严格的双曲型方程组。

将方程组特征值按大小顺序排列为：

$$\lambda_1(\boldsymbol{u}) < \lambda_2(\boldsymbol{u}) < \cdots < \lambda_k(\boldsymbol{u}) < \cdots \lambda_s(\boldsymbol{u}) \tag{5.3.18}$$

它的第 k 条特征线有：

$$\frac{\mathrm{d}x}{\mathrm{d}t} = \lambda_k(\boldsymbol{u}), 1 \leqslant k \leqslant s \tag{5.3.19}$$

Lax 指出：若一维非线性演化方程组(5.3.17)弱解中有一个强间断为激波，这个间断发生在 $x = \xi(t)$ 处，间断传播速度为 $Z = \dfrac{\mathrm{d}\xi}{\mathrm{d}t}$，则有：

$$Z=\frac{f_k(u^+)-f_k(u^-)}{u^+-u^-},\quad 1\leqslant k\leqslant s \tag{5.3.20}$$

如果存在一个特征值 $\lambda_k(1\leqslant k\leqslant s)$,使下列不等式:

$$\left.\begin{aligned}\lambda_{k-1}(u^-)<Z<\lambda_k(u^-)\\ \lambda_k(u^+)<Z<\lambda_{k+1}(u^+)\end{aligned}\right\} \tag{5.3.21}$$

成立,则间断线 $x=\xi(t)$就是第 k 激波。由式(5.3.21)得到:

$$Z<\lambda_k(u^-)<\lambda_{k+1}(u^-)<\cdots<\lambda_s(u^-) \tag{5.3.22}$$

这表示在间断线 $x=\xi(t)$左面共有 $s-(k-1)$条特征线,它们的传播速度要比激波传播速度快,它们必定会赶上激波。同样也能得到:

$$\lambda_1(u^+)<\lambda_2(u^+)<\cdots<\lambda_k(u^+)<Z \tag{5.3.23}$$

这表示在间断线 $x=\xi(t)$右面共有 k 条特征线,它们的传播速度要比激波传播速度慢,激波必定会赶上它们。由此可得下列关系式:

$$\lambda_k(\boldsymbol{u}^+)<Z<\lambda_k(\boldsymbol{u}^-) \tag{5.3.24}$$

成立。上式和单个方程熵条件式(5.3.10)是等价的,它就是一维非线性演化方程组的熵条件。单个一维非线性演化方程只有一条特征线,上述关系式(5.3.24)可简化为:

$$\lambda(u^+)<Z<\lambda(u^-) \tag{5.3.25}$$

它和上述熵条件式(5.3.10)的物理解释是一致的。

第4节 非线性差分方程稳定性讨论

非线性演化方程的差分方程稳定性分析,目前尚不成熟。在对非线性演化方程的差分方程进行稳定性分析时,需要注意以下几点[12]:

5-4-1 网格尺度效应

差分方程离散网格的特征尺度必须和物理问题的特征尺度相适应。设二维涡量方程:

$$\zeta_t+\boldsymbol{V}\cdot\nabla\zeta=\frac{1}{Re}\nabla^2\zeta \tag{5.4.1}$$

其中 Re 为雷诺数。它的解析解为:

$$\zeta=c\mathrm{e}^{-\alpha Re^{\frac{1}{3}}t}\cos(aRe^{\frac{1}{3}}x)\cos(bRe^{\frac{1}{3}}y) \tag{5.4.2}$$

其中 a、b、c 和 α 是常数。

对二维涡量方程(5.4.1)进行数值求解时,不管采用哪种差分方程,都可以得到数值解。计算结果都表明:当 $Re<500$ 时计算是稳定的;当 $Re>500$ 时,由线性稳定性分析来看,差分方程应该是稳定的,但实际数值计算表明它并不稳定。计算会出现振荡,而且随着 Re 增加,这种不稳定性还会增强。

造成计算不稳定的原因是：二维涡量方程所反映的物理问题特征波长是和 $Re^{-\frac{1}{3}}$ 成正比的。随着 Re 增加，特征波长越来越小，这时计算网格尺度 Δx 和 Δy 就不能准确反映流动的真实物理特征。

计算实践指出，对于线性演化方程，一旦根据稳定性分析确定了网格尺度，计算就一定稳定。而对于非线性演化方程，同一个网格尺度不能永远保证计算是稳定。因为它所反映的流动是不规则的、随机的。在演化过程中会有局部奇异性发生，而且它又很难预先确定。在计算过程中必须随时随地调节稳定性条件。计算实践还指出，不仅网格尺度太大会产生不稳定，网格尺度过小，计算量就增加，引起的误差积累也会增加，同样会产生不稳定。

5-4-2　余项效应

差分方程的余项是反映差分计算中数值耗散和数值色散效应的。在分析线性差分方程的稳定性时，可以把余项中的高阶小量省略以后再进行分析。但是，在非线性差分方程中，这些高阶小量对稳定性分析仍然起作用，它们可能引起数值计算的不稳定。例如，线性对流方程为：

$$u_t + au_x = 0 \tag{5.4.3}$$

采用 Lax-Wendroff 差分方程：

$$u_j^{n+1} = u_j^n - \frac{1}{2}r(u_{j+1}^n - u_{j-1}^n) + \frac{r^2}{2}(u_{j+1}^n - 2u_j^n + u_{j-1}^n) \tag{5.4.4}$$

其中 $r = a\dfrac{\Delta t}{\Delta x}$。它的修正方程为：

$$\frac{\partial u}{\partial t} + a\frac{\partial u}{\partial x} = -\frac{a\Delta x^2}{6}(1-r^2)u_{xxx} - \frac{a^2\Delta t\Delta x^2}{8}(1-r^2)u_{xxxx} - \cdots \tag{5.4.5}$$

从修正方程的余项中可以看出 Lax-Wendroff 差分方程并不存在耗散系数 u_{xx}，余项的第一项就是 u_{xxx}，因此 Lax-Wendroff 差分方程具有较强的色散效应。

设初值条件为：

$$u(x,0) = \begin{cases} 1, & x \leqslant 0 \\ 0, & x \geqslant 0 \end{cases} \tag{5.4.6}$$

它是有间断的。计算结果表明，当计算到 $t=5$ 时，间断的头部会出现振荡。但是，只要满足 $r \leqslant 1$ 条件，计算仍可以保持稳定，如图 5.9 所示。

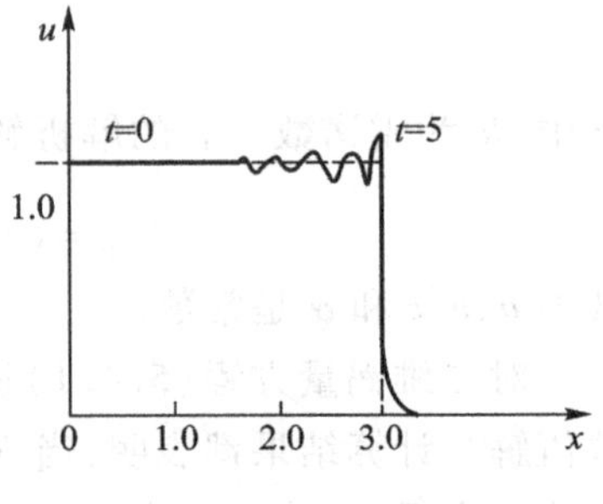

图 5.9　线性 Lax-Wendroff 差分方程计算结果分析

非线性对流方程为：

$$u_t + uu_x = 0 \tag{5.4.7}$$

把它写成守恒型形式为：

$$u_t + f_x = 0,\ f = \frac{u^2}{2} \tag{5.4.7a}$$

它的 Lax-Wendroff 差分方程为：

$$u_j^{n+1}=u_j^n-\frac{1}{2}r(f_{j+1}^n-f_{j-1}^n)+\frac{r^2}{2}(f_{j+1}^n-2f_j^n+f_{j-1}^n) \tag{5.4.8}$$

它的修正方程为：

$$u_t+uu_x=-\frac{3u^2}{2}u_x\Delta t^2u_{xx}-\frac{u}{6r}(1-r^2u^2)\Delta t^2u_{xxx}+\cdots \tag{5.4.9}$$

从上式可以看出，非线性差分方程的余项中存在耗散项 u_{xx}，而且它和流动速度 u、u_x 有关。若 $u<0$、$u_x<0$ 或 $uu_x<0$ 时，数值耗散项会出现负值，计算就是不稳定的，产生振荡，甚至计算失败。

5-4-3　数值边界效应

我们知道，稳定性分析只适用于线性、适定的微分方程的初值问题，但流动问题一般都是非线性初边值问题。初边值问题的稳定性分析要比初值问题复杂得多。主要原因是：

(1) 边界条件数值处理是一种近似，计算误差会引起不稳定。

(2) 在边界上数值处理要降低计算精度。

(3) 非线性差分方程的边界数值处理在理论上也不成熟。

由此可知，设计合理的边界数值处理对非线性演化方程的差分计算稳定性有很大影响。目前还没有成熟的理论依据，边界数值处理方法基本上仍然以个人的计算经验为主。设线性对流方程为：

$$\frac{\partial u}{\partial t}+a\frac{\partial u}{\partial x}=0$$

在边界上可以有以下几种数值边界处理方法：

(1) 延伸型差分方程

在 $x=0$ 边界上取一阶导数为零(图 5.10a)：

$$\frac{\partial u}{\partial x}=0,\ u_1^n-u_0^n=0 \tag{5.4.10}$$

或二阶导数为零(图 5.10b)：

$$\frac{\partial^2 u}{\partial x^2}=0,\ u_2^n-2u_1^n+u_0^n=0 \tag{5.4.11}$$

(2) 单边隐式差分方程

在 $x=0$ 边界上取局部迎风型差分处理，它具有一阶精度(图 5.10c)：

$$\frac{u_0^{n+1}-u_0^{n-1}}{2\Delta t}+a\frac{u_1^n-u_0^n}{\Delta x}=0 \tag{5.4.12}$$

(3) 中心差分方程

在 $x=0$ 边界上取蛙跳中心差分处理，它具有二阶精度(图 5.10d)：

$$\frac{u_0^{n+1}-u_0^{n-1}}{2\Delta t}+a\frac{u_1^n-u_{-1}^n}{2\Delta x}=0 \tag{5.4.13}$$

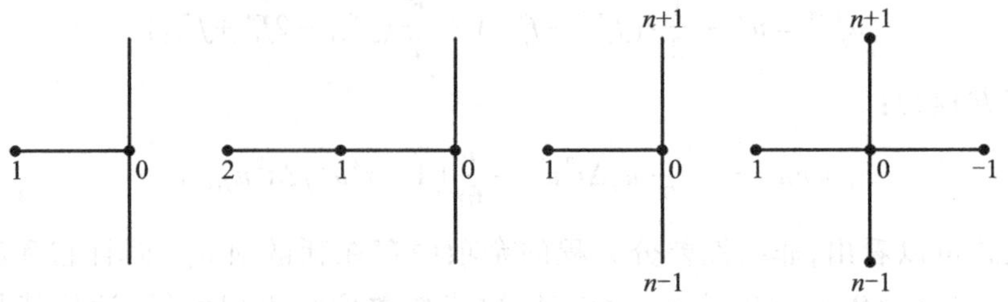

(a) (b) (c) (d)

图 5.10 数值边界处理效应示意图

或取 Dufort-Frankel 差分处理：

$$\frac{u_0^{n+1}-u_0^{n-1}}{2\Delta t}+a\frac{u_1^n-\frac{1}{2}(u_0^{n+1}+u_0^{n-1})}{\Delta x}=0 \tag{5.4.14}$$

这是一种修正的蛙跳差分方程，具有二阶精度。

数值实验指出，具有一阶精度的单边差分数值处理，比较容易得到稳定的计算结果，而高阶的延伸格式和中心差分数值处理，虽然计算精度高，却反而容易引起计算的不稳定。这表明，边界数值处理有它自身的规律和特性，目前还很难解释清楚。

第 5 节 非线性差分方程局部线性化稳定性分析

非线性差分方程的稳定性分析十分复杂。在实际分析非线性差分方程的稳定性时，常采用局部线性化的稳定性分析方法[13,14]。

局部线性化稳定性分析的基本思路为：在任何一个时间层 t，把所有网格点中的最大值 $u^t=u^t_{\max}=u_c$ 作为常数，并替代差分方程中变量 u 的值。这样非线性差分方程就变成局部线性化的差分方程，然后利用线性差分方程稳定性理论来分析局部线性化的差分方程稳定性。但是，它并不能保证差分方程计算永远稳定。在计算过程中会发现，计算在某一段时间内是稳定的，但在计算一段时间后，又会产生不稳定。因此，在计算过程中必须不断地进行调整和控制稳定性条件，以保证计算一直稳定，最后得到稳定解。这种局部线性化的稳定性分析法，也称为“系数冻结法”。

这里以非线性 Burgers 方程为例来说明局部线性化的稳定性分析法。设非线性 Burgers 方程为：

$$\frac{\partial u}{\partial t}+u(x,t)\frac{\partial u}{\partial x}=\beta\frac{\partial^2 u}{\partial x^2} \tag{5.5.1}$$

首先要按上述局部线性化原则，对非线性 Burgers 方程进行线性化。线性化后 Burgers 方程成为：

$$\frac{\partial u}{\partial t}+u_c\frac{\partial u}{\partial x}=\beta\frac{\partial^2 u}{\partial x^2} \tag{5.5.2}$$

其中

$$u_c = \max_j |u(x,t)| \tag{5.5.2a}$$

对上式可以用 Fourier 分析法或 Taylor 分析法得到它的稳定性条件。

（1）Lax 差分方程

$$u_j^{n+1} = \frac{1}{2}(u_{j+1}^n + u_{j-1}^n) - \frac{1}{2}ru(x,t)_j^n(u_{j+1}^n - u_{j-1}^n) + \sigma(u_{j+1}^n - 2u_j^n + u_{j-1}^n) \tag{5.5.3}$$

在上式中以 u_c 替代 $u(x,t)_j^n$，得到局部线性化 Lax 差分方程的稳定性条件为：

$$\frac{\Delta t}{\Delta x}\max_j |u_c(x,t)_j^n| \leqslant 1 \tag{5.5.4}$$

其中 $u_c = \max\limits_j |u(x,t)_j^n|$ 是 j 时刻所有网格点中的最大值。

（2）迎风型差分方程

$$\left.\begin{aligned} & u_j^n \geqslant 0 \\ & u_j^{n+1} = u_j^n - ru(x,t)_j^n(u_j^n - u_{j-1}^n) + \sigma(u_{j+1}^n - 2u_j^n + u_{j-1}^n) \end{aligned}\right\} \tag{5.5.5a}$$

$$\left.\begin{aligned} & u_j^n < 0 \\ & u_j^{n+1} = u_j^n - ru(x,t)_j^n(u_{j+1}^n - u_j^n) + \sigma(u_{j+1}^n - 2u_j^n + u_{j-1}^n) \end{aligned}\right\} \tag{5.5.5b}$$

在上式中以 u_c 替代 $u(x,t)_j^n$ 值，得到局部线性化迎风型差分方程的稳定性条件：

$$\frac{\Delta t}{\Delta x}\max_j |u_c(x,t)_j^n| \leqslant 1 \tag{5.5.6}$$

其中 $u_c = \max\limits_j |u(x,t)_j^n|$ 是 j 时刻所有网格点中的最大值。

参考文献

[1] Courant R, Isaacson E, Rees M. On the solution of nonlinear hyperbolic differential equations by finite differences [J]. Communications on Pure and Applied Mathematics, 1952, 5:243 - 255.

[2] Gelfand I M. Some problem in the theory of quasi-linear equations [J]. Transactions of the American Mathematical Society, 1963, 2(29):295 - 381.

[3] Kreiss H O. Initial boundary value problems for hyperbolic systems [J]. Communications on Pure and Applied Mathematics, 1970, 23:277 - 298.

[4] 吴江航，韩庆书. 计算流体力学的理论、方法及应用[M]. 北京：科学出版社，1989.

[5] Lax P D. Weak solutions of nonlinear hyperbolic equations and their numerical computation [J]. Communications on Pure and Applied Mathematics, 1954, 7:159 - 193.

[6] 李德元，徐国荣，水鸿寿. 二维非定常流体力学数值方法[M]. 北京：科学出版社，1987.

[7] Oleinik O A. Uniqueness and stability of the generalized solution of Cauchy problem for a quasi-linear equation [J]. Transactions of the American Mathematical Society, 1959, 14(2):87 -158.

[8] Osher S. Riemann solvers, the entropy condition, and difference approximations [J]. SIAM Journal on Numerical Analysis, 1984, 21:217 -235.

[9] Harten A., Hyman J M, Lax P D. On finite-difference approximations and entropy conditions for shock [J]. Communications on Pure and Applied Mathematics, 1976, 29:297 -322.

[10] Lax P D, Wendroff B. Systems of conservation laws [J]. Communications on Pure and Applied Mathematics, 1960, 13:217 -237.

[11] Lax P D. Hyperbolic systems of conservation laws and the mathematical theory of shock waves [M]. Philadelphia: SIAM, 1973.

[12] 刘儒勋.关于非线性计算稳定性问题[J].力学学报,1984,16(5):528 -533.

[13] 矢山信男,野木达夫.发展方程数值分析[M].王宝信,等,译.北京:人民教育出版社,1982.

[14] Morton K W. Stability and convergence in fluid problems [J]. Proceedings of the Royal Society of London, Series A, Mathematical and Physical Sciences, 1971, 323:237 -253.

第六章　方程(组)的典型差分格式

第1节　引言

6-1-1　差分格式的精度和稳定性

根据不同的构造方法,可以得到不同的差分方程,本章把它们称为差分格式。构造和选取差分格式需要注意以下几点。

1. 差分格式精度

不同的差分格式有不同的计算精度。一般可以采用 Taylor 展开得到差分格式的精度。截断误差是由于偏微分方程离散所引起的误差。舍入误差是由于计算机的字长有限引入的误差。单从截断误差来看,似乎步长($\Delta x,\Delta y$)越小,误差越小。然而从舍入误差来看,步长($\Delta x,\Delta y$)越小,节点越多,误差越大。因此,在考虑计算误差时,必须综合考虑截断误差和舍入误差(图 6.1)[1,2]。

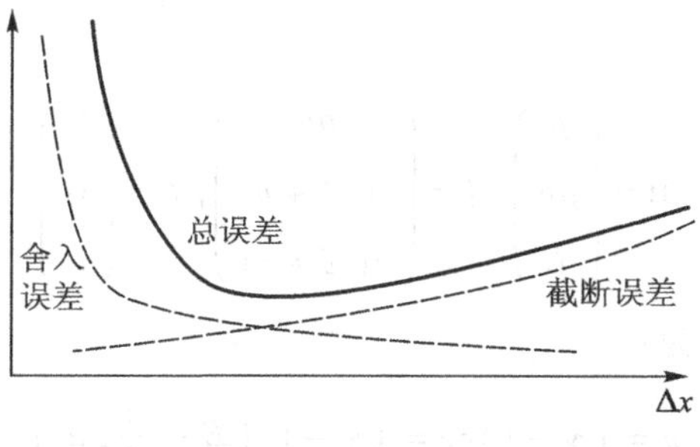

图 6.1　计算网格步长和误差关系

2. 差分格式稳定性

差分格式稳定性分析可采用第四章中的两种方法：

（1）Taylor 分析法：根据差分格式的修正方程的余项中第一个非零偶数阶导数项的系数 C_{2n} 可确定稳定性条件（必要条件）。如果 $C_{2n}>0$，差分格式是稳定的。

（2）Fourier 分析法：根据差分格式放大因子模 $|G|$、相位角 φ 和微分方程精确解模 $|G_e|$、相位角 φ_e 的比值确定稳定性条件，当 $\dfrac{|G|}{|G_e|}<1$ 时差分格式是稳定的。

值得注意的是，上述这些稳定性准则都只适用于线性的初值问题，而实际流动问题都是非线性的初边值问题。一般可以采用线性化处理。但是，这时所得到的差分方程稳定性条件并不完全可靠，在数值计算时，分析得到的差分格式的稳定性条件需要不断地进行修正[3]。

6-1-2　模型方程的差分格式

模型方程能反映流动的基本特性，形式简单，可以求得精确解，又能用来检验差分格式的计算精度，它是研究差分格式的重要基础。本章首先介绍对流方程、热传导方程和 Burgers 方程等模型方程的一些典型差分格式的精度和稳定性条件。这些差分格式在历史上都曾起过重要作用，有些至今仍在使用。了解和掌握这些差分格式的基本形式、精度和稳定性条件，可以为今后学习新的高阶精度差分格式和其他数值解法打下良好的基础。

6-1-3　流动方程组的差分格式

在求解流动方程组时，可以借鉴上述的模型方程的差分格式，但并不能完全替代它。在历史上也曾有过一些典型的求解流动方程组的差分格式。本章将详细介绍这些典型的差分格式和它的精度和稳定性条件。

一维黏性流动 N-S 方程组：

$$\boldsymbol{u}_t+\boldsymbol{f}_x=\boldsymbol{s}_x \tag{6.1.1}$$

其中

$$\boldsymbol{u}=\begin{pmatrix}\rho\\ \rho u\\ E\end{pmatrix},\ \boldsymbol{f}=\begin{pmatrix}\rho u\\ \rho u^2+p\\ u(E+p)\end{pmatrix},\ \boldsymbol{s}=\begin{pmatrix}s_1\\ s_2\\ s_3\end{pmatrix} \tag{6.1.1a}$$

理想流体状态方程为：

$$p=(\gamma-1)\rho e=(\gamma-1)\left(E-\frac{1}{2}\rho u^2\right) \tag{6.1.1b}$$

$$
\boldsymbol{s}=\begin{pmatrix} s_1 \\ s_2 \\ s_3 \end{pmatrix}=\begin{pmatrix} 0 \\ \dfrac{4}{3}\dfrac{\mu}{Re}\dfrac{\partial u}{\partial x} \\ \dfrac{4}{3}\dfrac{\mu u}{Re}\dfrac{\partial u}{\partial x}+\dfrac{c_p}{Pr}\dfrac{K}{Re}\dfrac{\partial T}{\partial x} \end{pmatrix} \tag{6.1.1c}
$$

式中 ρ 为密度, p 为压力, u 是流动速度在 x 方向上分量, T 为温度, E 为单位体积总能量, M_∞ 来流马赫数, $c_v=\dfrac{1}{\gamma(\gamma-1)M_\infty^2}$, $c_p=\gamma c_v$, μ 为动力黏性系数:

$$
\frac{\mu}{\mu_\infty}=\frac{T^{3/2}(1+T_s/T_\infty)}{T+T_s/T_\infty} \tag{6.1.1d}
$$

由黏性流动 N－S 方程组(6.1.1)可以看出,它包含了两个部分:对流项和黏性项。方程中黏性项比较容易处理,通常采用中心差分格式求解。而对流项具有很强的非线性效应,可能会形成强间断,数值解法比较复杂。因此,本章将重点介绍无黏流动 Euler 方程组的差分格式和数值解法。很明显,它们很容易直接应用于黏性流动 N－S 方程组。

一维无黏流动 Euler 方程组为:

$$
\boldsymbol{u}_t+\boldsymbol{f}_x=\boldsymbol{0} \tag{6.1.2}
$$

其中

$$
\boldsymbol{u}=\begin{pmatrix} \rho \\ \rho u \\ E \end{pmatrix},\quad \boldsymbol{f}=\begin{pmatrix} \rho u \\ \rho u^2+p \\ u(E+p) \end{pmatrix} \tag{6.1.2a}
$$

它是一组拟线性方程组。因为它有三个不等的实特征值 $u+a$、u、$u-a$,因此它是双曲型方程组。

流体流动方程组一般有两种形式:

(1) 守恒型流体流动方程组。

(2) 特征型流体流动方程组。

对应于两种形式的流体流动方程组,存在两种形式的差分格式:

(1) 守恒型差分格式。

(2) 特征型差分格式。

第 2 节　模型方程的典型差分格式

模型方程的典型差分格式有:

(1) 对流方程 $u_t+au_x=0$ 的差分格式(见表 6.1)。

(2) 热传导方程 $u_t=\beta u_{xx}$ 的差分格式(见表 6.2)。

(3) Burgers 方程 $u_t+au_x=\mu u_{xx}$ 的差分格式(见表 6.3)。

(4) 平衡方程 $u_{xx}+u_{yy}=0$ 的差分格式(见表 6.4)。

表 6.1　对流方程 $u_t+au_x=0$ 的常用差分格式

格式名称	差分格式表达式	精度	放大因子表达式	稳定性条件
一阶迎风差分格式	$u_j^{n+1}=u_j^n-r(u_j^n-u_{j-1}^n)\quad a>0$ $u_j^{n+1}=u_j^n-r(u_{j+1}^n-u_j^n)\quad a<0$	$O(\tau,h)$	$G=1+\frac{a\tau}{h}[\cos(k\Delta x)-1-\mathrm{i}\sin(k\Delta x)]$	$r\leqslant 1$
Lax 单步差分格式	$u_j^{n+1}=\frac{1}{2}(u_{j+1}^n+u_{j-1}^n)-\frac{1}{2}r(u_{j+1}^n-u_{j-1}^n)$	$O\left(\tau,\frac{h^2}{\tau}\right)$	$G=\cos(k\Delta x)-\mathrm{i}\frac{a\tau}{h}\sin(k\Delta x)$	$r\leqslant 1$
蛙跳差分格式	$u_j^{n+1}=u_j^{n-1}-r(u_{j+1}^n-u_{j-1}^n)$	$O(\tau^2,h^2)$	$G=-\frac{a\tau}{h}\mathrm{i}\sin(k\Delta x)\pm\left[1-\left(\frac{a\tau}{h}\right)^2\sin(k\Delta x)\right]^{\frac{1}{2}}$	$r\leqslant 1$
L-W 单步差分格式	$u_j^{n+1}=u_j^n-\frac{1}{2}r(u_{j+1}^n-u_{j-1}^n)+\frac{1}{2}r^2(u_{j+1}^n-2u_j^n+u_{j-1}^n)$	$O(\tau^2,h^2)$	$G=1-2\left(\frac{a\tau}{h}\right)^2\sin^2\left(\frac{k\Delta x}{2}\right)-\mathrm{i}\frac{a\tau}{h}\sin(k\Delta x)$	$r\leqslant 1$
L-W 二步差分格式	$u_{j+\frac{1}{2}}^{n+\frac{1}{2}}=\frac{1}{2}(u_{j+1}^n+u_j^n)-\frac{1}{2}r(u_{j+1}^n-u_j^n)$ $u_j^{n+1}=u_j^n-r(u_{j+\frac{1}{2}}^{n+\frac{1}{2}}-u_{j-\frac{1}{2}}^{n+\frac{1}{2}})$	$O(\tau^2,h^2)$	$G=1-2\left(\frac{a\tau}{h}\right)^2\sin^2\left(\frac{k\Delta x}{2}\right)-\mathrm{i}\frac{a\tau}{h}\sin(k\Delta x)$	$r\leqslant 1$
MacCormack 差分格式	$u_j^{n+\frac{1}{2}}=u_j^n-r(u_j^n-u_{j-1}^n)$ $u_j^{n+1}=\frac{1}{2}[u_j^n+u_j^{n+\frac{1}{2}}-r(u_{j+1}^{n+\frac{1}{2}}-u_j^{n+\frac{1}{2}})]$	$O(\tau^2,h^2)$	$G=1-2\left(\frac{a\tau}{h}\right)^2\sin^2\left(\frac{k\Delta x}{2}\right)-\mathrm{i}\frac{a\tau}{h}\sin(k\Delta x)$	$r\leqslant 1$
Crank-Niclson 差分格式	$u_j^{n+1}=u_j^n-\frac{1}{4}r[(u_{j+1}^{n+1}-u_{j-1}^{n+1})+(u_{j+1}^n-u_{j-1}^n)]$	$O(\tau,h^2)$	$G=\dfrac{1-\mathrm{i}\frac{a\tau}{2h}\sin(k\Delta x)}{1+\mathrm{i}\frac{a\tau}{h}\sin(k\Delta x)}$	无条件稳定

续表

格式名称	差分格式表达式	精度	放大因子表达式	稳定性条件
后半隐式差分格式	$u_j^{n+1}=u_j^n-\frac{1}{2}r[(u_j^{n+1}-u_{j-1}^{n+1})+(u_{j+1}^n-u_j^n)]$	$O(\tau,h^2)$	$G=\frac{1+\frac{a\tau}{2h}[1-\cos(k\Delta x)]-\mathrm{i}\frac{a\tau}{2h}\sin(k\Delta x)}{1+\frac{a\tau}{2h}[1-\cos(k\Delta x)]+\mathrm{i}\frac{a\tau}{2h}\sin(k\Delta x)}$	无条件稳定
前半隐式差分格式	$u_j^{n+1}=u_j^n-\frac{1}{2}r[(u_j^n-u_{j-1}^n)+(u_{j+1}^{n+1}-u_j^{n+1})]$	$O(\tau,h^2)$	$G=\frac{1-\frac{a\tau}{2h}[\cos(k\Delta x)-1]-\mathrm{i}\frac{a\tau}{2h}\sin(k\Delta x)}{1+\frac{a\tau}{2h}[\cos(k\Delta x)-1]+\mathrm{i}\frac{a\tau}{2h}\sin(k\Delta x)}$	无条件稳定

注：$\tau=\Delta t, h=\Delta x, r=\left|\frac{a\tau}{h}\right|$，$a$ 为流动声速。

表 6.2 热传导方程 $u_t=\beta u_{xx}$ 常用差分格式

格式名称	差分格式表达式	精 度	放大因子表达式	稳定性条件
FTCS 差分格式	$u_j^{n+1}=u_j^n+\sigma(u_{j+1}^n-2u_j^n+u_{j-1}^n)$	$O(\tau,h^2)$	$G=1+\frac{2\beta\tau}{h^2}[\cos(k\Delta x)-1]$	$0\leqslant\sigma\leqslant0.5$
BTCS 差分格式	$u_j^{n+1}=u_j^n+\sigma(u_{j+1}^{n+1}-2u_j^{n+1}+u_{j-1}^{n+1})$	$O(\tau,h^2)$	$G=\frac{1}{1+\frac{2\beta\tau}{h^2}[1-\cos(k\Delta x)]}$	无条件稳定
Crank-Niclson 差分格式	$u_j^{n+1}=u_j^n+\frac{1}{2}\sigma[(u_{j+1}^{n+1}-2u_j^{n+1}+u_{j-1}^{n+1})+(u_{j+1}^n-2u_j^n+u_{j-1}^n)]$	$O(\tau^2,h^2)$	$G=\frac{1-\frac{\beta\tau}{h^2}[1-\cos(k\Delta x)]}{1+\frac{\beta\tau}{h^2}[1-\cos(k\Delta x)]}$	无条件稳定

续表

格式名称	差分格式表达式	精度	放大因子表达式	稳定性条件
Richardson 差分格式	$u_j^{n+1}=u_j^{n-1}+2\sigma(u_{j+1}^n-2u_j^n+u_{j-1}^n)$	$O(\tau^2,h^2)$	$G=-\frac{4\beta\tau}{h^2}\sin^2\left(\frac{k\Delta x}{2}\right)\pm\left[1+\left(\frac{4\beta\tau}{h^2}\sin^2\left(\frac{k\Delta x}{2}\right)\right)^2\right]$	不稳定格式
Richardson 改进差分格式	$u_j^{n+1}=u_j^{n-1}+\sigma(u_j^n-u_j^{n+1}-u_j^{n-1}+u_{j-1}^n)$	$O(\tau^2,h^2)$	$G=\dfrac{\frac{2\beta\tau}{h^2}\cos(k\Delta x)\pm\left[1-\frac{4\beta\tau}{h^2}\sin(k\Delta x)\right]^{\frac{1}{2}}}{1+\frac{2\beta\tau}{h^2}}$	无条件稳定
后半隐式差分格式	$u_j^{n+1}=u_j^n+\sigma(u_{j-1}^{n+1}-u_j^{n+1}-u_j^n+u_{j+1}^n)$	$O(\tau,h^2)$		无条件稳定
前半隐式差分格式	$u_j^{n+1}=u_j^n+\sigma(u_{j-1}^n-u_j^n-u_j^{n+1}+u_{j+1}^{n+1})$	$O(\tau,h^2)$		无条件稳定
隐显混合差分格式	$u_j^{2n+1}=u_j^{2n}+\sigma(u_{j-1}^{2n+1}-2u_j^{2n+1}+u_{j+1}^{2n+1})$ $u_j^{2n+2}=u_j^{2n+1}+\sigma(u_j^{2n+1}-2u_j^{2n+1}+u_{j+1}^{2n+1})$	$O(\tau^2,h^2)$		无条件稳定
显隐混合差分格式	$u_j^{2n+1}=u_j^{2n}+\sigma(u_{j+1}^{2n}-2u_j^{2n}+u_{j-1}^{2n})$ $u_j^{2n+2}=u_j^{2n+1}+\sigma(u_{j+1}^{2n+2}-2u_j^{2n+2}+u_{j-1}^{2n+2})$	$O(\tau^2,h^2)$		无条件稳定

注：$\tau=\Delta t,h=\Delta x,\sigma=\left|\frac{\beta\tau}{h^2}\right|$，$\beta$为热传导系数。

表 6.3　Burgers 方程 $u_t+au_x=\mu u_{xx}$ 的常用差分格式

格式名称	差分格式表达式	精度	稳定性条件
FTCS 差分格式	$u_j^{n+1}=u_j^n-\frac{1}{2}r(u_{j+1}^n-u_{j-1}^n)+\sigma(u_{j+1}^n-2u_j^n+u_{j-1}^n)$	$O(\tau,h^2)$	$\sigma\leqslant\max\left(\frac{1}{2},\frac{2}{R^2}\right)$
BTCS 差分格式	$u_j^{n+1}=u_j^n-\frac{1}{2}r(u_{j+1}^n-u_{j-1}^n)+\sigma(u_{j+1}^{n+1}-2u_j^{n+1}+u_{j-1}^{n+1})$	$O(\tau,h^2)$	无条件稳定
迎风型差分格式	$u_j^{n+1}=u_j^n-\frac{1}{2}r[(a-\lvert a\rvert)(u_{j+1}^n-u_j^n)+(a+\lvert a\rvert)(u_j^n-u_{j-1}^n)]+$ $\sigma(u_{j+1}^n-2u_j^n+u_{j-1}^n)$	$O(\tau,h^2)$	$\sigma\leqslant\frac{1}{2+\lvert R\rvert}$
MacCormack 差分格式	$\overline{u}_j^{n+\frac{1}{2}}=u_j^n-r(u_j^n-u_{j-1}^n)+\sigma(u_{j+1}^n-2u_j^n+u_{j-1}^n)$ $\overline{\overline{u}}_j^{n+\frac{1}{2}}=\overline{u}_j^{n+\frac{1}{2}}-r(\overline{u}_{j+1}^{n+\frac{1}{2}}-\overline{u}_j^{n+\frac{1}{2}})+\sigma(\overline{u}_{j+1}^{n+\frac{1}{2}}-2\overline{u}_j^{n+\frac{1}{2}}+\overline{u}_{j-1}^{n+\frac{1}{2}})$ $u_j^{n+1}=\frac{1}{2}(u_j^n+\overline{u}_j^{n+\frac{1}{2}})$	$O(\tau^2,h^2)$	$r\leqslant1$，$\sigma\leqslant\frac{1}{2+\lvert R\rvert}$
Crank-Niclson 差分格式	$u_j^{n+1}=u_j^n-\frac{1}{2}r[\theta(u_{j+1}^{n+1}-u_{j-1}^{n+1})+(1-\theta)(u_{j+1}^n-u_{j-1}^n)]$ $=\sigma[\theta(u_{j+1}^{n+1}-2u_j^{n+1}+u_{j-1}^{n+1})+(1-\theta)(u_{j+1}^n-2u_j^n+u_{j-1}^n)]$， $1\geqslant\theta\geqslant0$	$O(\tau^2,h^2)$	当 $0<\theta<\frac{1}{2}$ 时 $\sigma\leqslant\frac{1}{2(1-2\theta)}r^2\leqslant\frac{2}{(1-2\theta)^2}$ 当 $\theta\geqslant\frac{1}{2}$ 时无条件稳定
蛙跳中心差分格式	$u_j^{n+1}=u_j^{n-1}-r(u_{j+1}^n-u_{j-1}^n)+2\sigma(u_{j+1}^{n-1}-2u_j^{n-1}+u_{j-1}^{n-1})$	$O(\tau^2,h^2)$	$0<r\leqslant1-2\sigma$ $\sigma\leqslant\frac{1}{2+\lvert R\rvert}$

续表

格式名称	差分格式表达式	精度	稳定性条件
蛙跳迎风差分格式	$u_j^{n+1}=u_j^{n-1}-\frac{\tau}{h}(a+\|a\|)(u_j^n-u_{j-1}^n)-\frac{\tau}{h}(a-\|a\|)(u_{j+1}^n-u_j^n)+2\sigma(u_{j+1}^{n-1}-2u_j^{n-1}+u_j^{n-1})$	$O(\tau^2,h^2)$	$r\geqslant 2\sigma,\sigma\leqslant\frac{1}{4}$
Dufort-Frankel 中心差分格式	$u_j^{n+1}=u_j^{n-1}-r(u_{j+1}^n-u_{j-1}^n)+2\sigma(u_{j+1}^n-u_j^{n+1}-u_j^{n-1}+u_{j-1}^n)$	$O(\tau^2,h^2)$	$r\geqslant\sigma,\sigma\leqslant 1$
Dufort-Frankel 迎风差分格式	$u_j^{n+1}=u_j^{n-1}-\frac{\tau}{h}(a+\|a\|)(u_j^n-u_{j-1}^n)-\frac{\tau}{h}(a-\|a\|)(u_{j+1}^n-u_j^n)+2\sigma(u_{j+1}^n-u_j^{n+1}-u_j^{n-1}+u_{j-1}^n)$	$O(\tau^2,h^2)$	$\sigma\leqslant\sqrt{2}r\quad\sigma\leqslant 1$

注：$\tau=\Delta t,h=\Delta x,r=\left\|\frac{a\tau}{h}\right\|,\sigma=\left\|\frac{\mu\tau}{h^2}\right\|$，$a$ 为声速，μ 为黏度，$Re=\frac{\rho ah}{\mu}=\frac{ah}{\nu}$为网格雷诺数，$\nu=\frac{\mu}{\rho}$为运动黏度。

表 6.4　平衡方程 $u_{xx}+u_{yy}=0$ 的常用差分格式

格式名称	差分格式表达式	精　度
五点差分格式	$\frac{u_{i+1,j}-2u_{i,j}+u_{i-1,j}}{\Delta x^2}+\frac{u_{i,j+1}-2u_{i,j}+u_{i,j-1}}{\Delta y^2}=0$	$O(\Delta x^2,\Delta y^2)$
九点差分格式	$u_{i+1,j+1}+u_{i-1,j+1}+u_{i+1,j-1}+u_{i-1,j-1}-2\frac{\Delta x^2-5\Delta y^2}{\Delta x^2+\Delta y^2}(u_{i+1,j}+u_{i-1,j})+2\frac{5\Delta x^2-\Delta y^2}{\Delta x^2+\Delta y^2}(u_{i,j+1}+u_{i,j-1})=0$	$O(\Delta x^4,\Delta y^4)$

第3节 守恒型方程(组)与守恒型差分格式

众所周知,自然界中一切流动都必须严格服从守恒律。因此,研究和讨论守恒型方程(组)和它的守恒型差分格式的数学物理性质一直是国内外学者关注的研究热点。

6-3-1 守恒型差分格式

关于差分格式的守恒性,至今尚没有一个严格的定义。一般把如下形式的差分格式称为守恒型差分格式。单个非线性守恒型标量方程:

$$u_t + f_x = 0 \tag{6.3.1}$$

初始条件:

$$u(x,0) = \phi(x) \tag{6.3.1a}$$

差分格式:

$$u_j^{n+1} = u_j^n - r(h_{j+\frac{1}{2}}^n - h_{j-\frac{1}{2}}^n) \tag{6.3.2}$$

被称为守恒型差分格式。其中

$$h_{j+\frac{1}{2}}^n = h^n(u_{j-l+1}^n, u_{j-l+2}^n, \cdots, u_{j+l}^n) \tag{6.3.2a}$$

和 $r = \dfrac{\Delta t}{\Delta x}$。若函数 h 满足如下关系式:

$$h(w, w, \cdots, w) = f(w) \tag{6.3.3}$$

其中 w 是守恒型方程(6.3.1)中的一个参数,则守恒型差分格式(6.3.2)和守恒型方程(6.3.1)是相容的[4]。

Lax 差分格式:

$$\frac{u_j^{n+1} - \frac{1}{2}(u_{j+1}^n + u_{j-1}^n)}{\Delta t} + \frac{f_{j+1}^n - f_{j-1}^n}{2\Delta x} = 0 \tag{6.3.4}$$

这里

$$h_{j+\frac{1}{2}}^n = \frac{1}{2}(f_{j+1}^n + f_j^n) - \frac{\Delta x}{2\Delta t}(u_{j+1}^n - u_j^n) \tag{6.3.4a}$$

$$h_{j-\frac{1}{2}}^n = \frac{1}{2}(f_j^n + f_{j-1}^n) - \frac{\Delta x}{2\Delta t}(u_j^n - u_{j-1}^n) \tag{6.3.4b}$$

它是守恒型差分格式。可以证明,当上式中 u_{j+1}^n、u_j^n、u_{j-1}^n 用 u_j^n 表示时:

$$h_{j+\frac{1}{2}}^n(u_j^n, u_j^n) = f(u_j) \tag{6.3.5}$$

因此,守恒型 Lax 差分格式(6.3.4)和守恒型方程(6.3.1)是相容的。同样也可证明 Lax-Wendroff 差分格式、Godunov 差分格式、迎风型差分格式都是守恒型差分格式,并和守恒型方程相容。

守恒型差分格式概念首先是由 Lax 提出来的。计算实践证明,守恒型差分格式具有一系列重要数学性质,研究和分析它们十分重要[5]。

6-3-2　守恒型差分格式的弱解

20 世纪六七十年代，国内外学者提出了不少具有二阶以上精度的守恒型差分格式，具有代表性的是 Lax-Wendroff 差分格式、MacCormack 差分格式等。Lax 和 Wendroff等人在深入研究这些守恒型差分格式后，提出了它们存在弱解的条件。

定理：设守恒型差分格式(6.3.2)和守恒型方程(6.3.1)是相容的，如果当 Δx、Δt 趋近于零时，满足初始条件 $u(x,0)=\phi(x)$ 的差分格式的解是一致有界的，且几乎处处收敛于函数 $u(x,t)$，则 $u(x,t)$ 就是守恒型方程(6.3.1)和初始条件(6.3.1a)的弱解。

MacCormack 和 Harten 等多次发现，利用 MacCormack 和 Lax-Wendroff 守恒型差分格式求解无黏流动 Euler 方程组时，数值解并不满足熵条件，求得的弱解是非物理解。为了保证这些弱解是物理解，必须要求守恒型差分格式严格满足离散熵条件。

定义：对于单个守恒型方程(6.3.1)存在熵函数 $U(u)$ 和它的流通量 $f(u)$，若守恒型差分格式(6.3.2)存在一个数值熵流通量 $\hat{f}(u_{j-l}^n,\cdots,u_{j+l}^n)$，它满足：

$$\hat{f}(u,u,\cdots,u)=f(u) \tag{6.3.6}$$

且守恒型差分格式的解满足不等式：

$$U_j^{n+1}\leqslant U_j^n-r(\hat{f}_{j+\frac{1}{2}}^n-\hat{f}_{j-\frac{1}{2}}^n) \tag{6.3.7}$$

其中 $r=\dfrac{\Delta t}{\Delta x}$，则称守恒型差分格式(6.3.2)满足离散熵条件。

定理：设守恒型差分格式(6.3.2)不仅和守恒型方程(6.3.1)是相容的，满足离散熵条件(6.3.7)，并当 Δx、Δt 趋近于零时，满足初始条件(6.3.1a)，守恒型差分格式的解是一致有界的，且几乎处处收敛于函数 $u(x,t)$，则 $u(x,t)$ 就是守恒型方程(6.3.1)的物理解。

6-3-3　单调差分格式

Godunov 首先提出了单调差分格式的概念。他研究并证明了单调差分格式求得的弱解一定是物理解，这为深入研究和分析守恒型方程奠定了基础。

线性对流方程：

$$u_t+au_x=0 \tag{6.3.8}$$

初始条件：

$$u(x,0)=\phi(x) \tag{6.3.8a}$$

它的解为：

$$u(x,t)=\phi(x-at),\ t>0 \tag{6.3.8b}$$

如果初始函数 $\phi(x)$ 是 x 的单调函数，那么对于任意的 $t>0$，解 $u(x,t)$ 也一定是单调函数。Godunov 指出，在用差分格式求解方程(6.3.8)时，如果初始函数是单调非增（或非减)的,差分格式的解也是单调非增(或非减)的,这种差分格式称为单调差分格式[6]。

Godunov 构造了线性对流方程(6.3.8)的线性单调差分格式:

$$u_j^{n+1} = \sum_k \alpha_k u_{j+k}^n \tag{6.3.9}$$

定理:对于初始条件为 $u(x,0)=\phi(x)$ 的线性对流方程 $u_t+au_x=0$:

(1) 差分格式 $u_j^{n+1} = \sum\limits_k \alpha_k u_{j+k}^n$ 是单调差分格式的充要条件是所有的

$$\alpha_k \geqslant 0 \tag{6.3.10}$$

(2) 若

$$\sum_k \alpha_k = 1 \tag{6.3.11}$$

则单调差分格式(6.3.9)是稳定的。它的数值解收敛于物理解。

(3) 单调差分格式(6.3.9)是一阶精度的,并且解也保持单调性。

Lax 和 Harten 等人又把上述的结论推广到单个非线性单调差分格式。

定义:单个非线性守恒型方程(6.3.1)的守恒型差分格式为:

$$u_j^{n+1} = G(u_{j-l}^n, \cdots, u_j^n, \cdots, u_{j+l}^n) \tag{6.3.12}$$

若该差分格式对所有的 u_j^n 的导数都不小于零,即:

$$\frac{\partial G}{\partial u_{j+k}^n} \geqslant 0, (k=-l, -l+1, \cdots, l, l+1) \tag{6.3.13}$$

则称守恒型差分格式(6.3.12)为单调差分格式。

Lax 差分格式为:

$$u_j^n = G(u_{j-1}^n, u_j^n, u_{j+1}^n) = \frac{1}{2}(u_{j-1}^n + u_{j+1}^n) - \frac{\Delta t}{2\Delta x}[f(u_{j-1}^n) - f(u_{j+1}^n)] \tag{6.3.14}$$

把 G 对所有的 u_j^n 求导数,可得到:

$$\frac{\partial G}{\partial u_{j-1}^n} = \frac{1}{2} - \frac{\Delta t}{2\Delta x}a(u_{j-1}^n), \quad \frac{\partial G}{\partial u_j^n} = 0, \quad \frac{\partial G}{\partial u_{j+1}^n} = \frac{1}{2} + \frac{\Delta t}{2\Delta x}a(u_{j+1}^n)$$

可以证明在

$$\frac{\Delta t}{\Delta x}\max_j |a(u_j^n)| \leqslant 1 \tag{6.3.15}$$

条件下 Lax 差分格式是稳定的,并有:

$$\frac{\partial G}{\partial u_{j+l}^n} \geqslant 0, \quad (l=-1,0,1) \tag{6.3.16}$$

因此 Lax 差分格式是单调差分格式,但可以发现,Lax-Wendroff 差分格式至少有一个导数小于零,它不满足条件(6.3.16),它不是单调差分格式。

Lax 和 Harten 等人深入研究了单个非线性单调差分格式,并得出了非线性单调差分格式以下一系列重要的数学性质[7]:

(1) 若单调差分格式(6.3.12)和非线性守恒型方程(6.3.1)相容,则单调差分格式一定满足离散熵条件。

(2) 若单调差分格式(6.3.12)和非线性守恒型方程(6.3.1)相容，如果当 Δx、Δt 趋近于零时，满足初始条件 $u(x,0)=\phi(x)$ 的守恒型差分格式的解是一致有界的，且几乎处处收敛于函数 $u(x,t)$，则 $u(x,t)$ 是守恒型方程(6.3.1)的物理解。

(3) 若单调差分格式(6.3.12)和非线性守恒型方程(6.3.1)相容，则单调差分格式(6.3.12)是一阶精度的。

定义：如果非线性差分格式(6.3.12)在 n 时刻解 u_j^n 是单调非增(或非减)的，而在 $n+1$ 时刻解 u_j^{n+1} 也是单调非增(或非减)的，则称这种保持单调性的差分格式为保单调差分格式。

单调差分格式要求，对于任何一个 u_j^n 值，u_j^{n+1} 都是单调非增(或非减)，它并不要求 u_j^n 也是单调的。而保单调差分格式不仅要求 u_j^n 是单调非增(或非减)，同时也要求 u_j^{n+1} 也单调非增(或非减)。可以看出，单调差分格式和差分格式构造性质有关，而保单调格式和差分格式构造性质无关，它只是和 $n+1$ 时刻及 n 时刻的物理量有关。

线性守恒型单调差分格式就是保单调差分格式。但是，非线性保单调差分格式不一定是单调差分格式，而非线性单调差分格式一定是保单调差分格式。

单个非线性守恒型方程 $u_t+f_x=0$ 的守恒型差分格式为：

$$u_j^{n+1}=u_j^n+\frac{\Delta t}{\Delta x}(\lambda_{j+\frac{1}{2}}^n-\lambda_{j-\frac{1}{2}}^n)\Delta u_j^n \tag{6.3.17}$$

其中 λ 是守恒型方程的特征值。将它对 u_j^n 求导：

$$\Delta u^{n+1}=\frac{\Delta t}{2\Delta x}(|\lambda_{j+\frac{3}{2}}^n|-\lambda_{j-\frac{3}{2}}^n)\Delta u_{j+1}^n+\left(1-|\lambda_{j-\frac{1}{2}}^n|\frac{\Delta t}{\Delta x}\right)\Delta u_j^n+\frac{\Delta t}{2\Delta x}(|\lambda_{j+\frac{1}{2}}^n|+\lambda_{j-\frac{1}{2}}^n)\Delta u_{j-1}^n \tag{6.3.17a}$$

当 $\frac{\Delta t}{\Delta x}\max\limits_j|a(u_j^n)|\leqslant 1$ 时，它是稳定的，并且是保单调差分格式。

当初值满足：

$$u_{j-1}^n\leqslant u_j^n<0<u_{j+1}^n \tag{6.3.18}$$

$$\lambda_{j-\frac{1}{2}}^n\leqslant\lambda_j^n<0 \quad 和 \quad \lambda_{j+\frac{1}{2}}^n\leqslant 0<\lambda_{j+1}^n \tag{6.3.18a}$$

时

$$\frac{\partial u_j^{n+1}}{\partial u_j^n}=1-\frac{\Delta t}{\Delta x}\lambda_j^n>0 \tag{6.3.19}$$

$$\frac{\partial u_j^{n+1}}{\partial u_{j-1}^n}=-\frac{\Delta t}{\Delta x}\lambda_{j+1}^n<0 \tag{6.3.19a}$$

所以守恒型差分格式(6.3.17)不是单调差分格式。

6-3-4 守恒型 Euler 方程组典型的守恒型差分格式

无黏流动 Euler 方程组(6.1.2)的一部分守恒型差分格式可以借鉴上述模型方程的差分格式形式，得到相应的守恒型差分格式。

1. Lax 差分格式

它是计算流体力学中提出和应用最早的、非常著名的守恒型差分格式。它在计算流体力学发展初期得到广泛应用,在历史上曾起过十分重要的作用。Euler 方程组的 Lax 差分格式为:

$$\boldsymbol{u}_j^{n+1} = \frac{1}{2}(\boldsymbol{u}_{j+1}^n + \boldsymbol{u}_{j-1}^n) - \frac{1}{2}r(\boldsymbol{f}_{j+1}^n - \boldsymbol{f}_{j-1}^n) \tag{6.3.20}$$

其中 $r = \dfrac{\Delta t}{\Delta x}$。Lax 差分格式是一个非线性守恒型差分格式。对它进行线性化后,可得到它的稳定性条件 $|\boldsymbol{u}|_{\max}\dfrac{\Delta t}{\Delta x} \leqslant 1$ 或 $\rho(\boldsymbol{A}(\boldsymbol{u})_j^n) \leqslant 1$。截断误差为 $O\left(\Delta t, \dfrac{\Delta x^2}{\Delta t}\right)$,在时间和空间上都是一阶精度。计算实践表明,由于 Lax 差分格式黏性较大,计算精度不高,在计算激波时,激波会被拉宽和抹平,现在一般都不采用 Lax 差分格式来计算高速流动。

2. Lax-Wendroff 差分格式(L - W 差分格式)

它是 20 世纪 60 年代发展起来的著名的高精度守恒型差分格式[8]。Euler 方程组的 L - W 差分格式有以下两种形式:

(1) 一步差分格式:

$$\boldsymbol{u}_j^{n+1} = \boldsymbol{u}_j^n - \frac{1}{2}r(\boldsymbol{f}_{j+1}^n - \boldsymbol{f}_{j-1}^n) + \frac{1}{2}r^2(\boldsymbol{f}_{j+1}^n - 2\boldsymbol{f}_j^n + \boldsymbol{f}_{j-1}^n) \tag{6.3.21a}$$

(2) 二步差分格式:

$$\begin{aligned} \boldsymbol{u}_{j+\frac{1}{2}}^{n+\frac{1}{2}} &= \frac{1}{2}(\boldsymbol{u}_{j+1}^n + \boldsymbol{u}_j^n) - \frac{1}{2}\frac{\Delta t}{\Delta x}(\boldsymbol{f}_{j+1}^n - \boldsymbol{f}_j^n) \\ \boldsymbol{u}_j^{n+1} &= \boldsymbol{u}_j^n - \frac{\Delta t}{\Delta x}(\boldsymbol{f}_{j+\frac{1}{2}}^{n+\frac{1}{2}} - \boldsymbol{f}_{j-\frac{1}{2}}^{n+\frac{1}{2}}) \end{aligned} \tag{6.3.21b}$$

它的截断误差 $O(\Delta t^2, \Delta x^2)$,在时间和空间上都是二阶精度。计算实践表明,L - W 差分格式的格式黏性较小,计算精度很高,在计算激波时得到的间断过渡区很窄,计算效果很好。但是,它具有色散效应,在间断上游会产生数值振荡,在下游振荡不明显。

3. MacCormack 差分格式(MacC 差分格式)

它也是 20 世纪 60 年代发展起来的另一个著名的高精度守恒型差分格式[9]。它是一个二步差分格式。Euler 方程组的 MacC 差分格式为:

$$\left.\begin{aligned} \boldsymbol{u}_j^{n+\frac{1}{2}} &= \boldsymbol{u}_j^n - r(\boldsymbol{f}_j^n - \boldsymbol{f}_{j-1}^n), \qquad \text{后差格式} \\ \boldsymbol{u}_j^{n+1} &= \frac{1}{2}(\boldsymbol{u}_j^n + \boldsymbol{u}_j^{n+\frac{1}{2}}) - \frac{1}{2}r(\boldsymbol{f}_{j+1}^{n+\frac{1}{2}} - \boldsymbol{f}_j^{n+\frac{1}{2}}), \text{前差格式} \end{aligned}\right\} \tag{6.3.22}$$

MacC 差分格式通过适当变换就是 L - W 差分格式,因此,这两个差分格式实际上是完全等价的。它的截断误差是 $O(\Delta t^2, \Delta x^2)$,在时间和空间上也都是二阶精度。它也具有色散效应。

4. Maguir-Morris 差分格式(M - M 差分格式)

它是一个曾在历史上起过一定作用的守恒型的多步显式差分格式。它和 L－W 差分格式及 MacC 差分格式都有一定的联系。

(1) 模型方程 $u_t + au_x = 0$ 的 M－M 差分格式:

$$\left.\begin{aligned} u^s_{j+\frac{1}{2}} &= \frac{1}{2}(u^n_{j+1} + u^n_j) - sr(u^n_{j+1} - u^n_j) \\ u^{n+1}_j &= u^n_j - \frac{1}{2}r\left[\left(1 - \frac{1}{2s}\right)(u^n_{j+1} - u^n_{j-1}) + \frac{1}{s}(u^s_{j+\frac{1}{2}} - u^s_{j-\frac{1}{2}})\right] \end{aligned}\right\} \tag{6.3.23a}$$

(2) Euler 方程组的 M－M 差分格式:

$$\left.\begin{aligned} \boldsymbol{u}^s_{j+\frac{1}{2}} &= \frac{1}{2}(\boldsymbol{u}^n_{j+1} + \boldsymbol{u}^n_j) - sr(\boldsymbol{f}^n_{j+1} - \boldsymbol{f}^n_j) \\ \boldsymbol{u}^{n+1}_j &= \boldsymbol{u}^n_j - \frac{1}{2}r\left[\left(1 - \frac{1}{2s}\right)(\boldsymbol{f}^n_{j+1} - \boldsymbol{f}^n_{j-1}) + \frac{1}{s}(\boldsymbol{f}^s_{j+\frac{1}{2}} - \boldsymbol{f}^s_{j-\frac{1}{2}})\right] \end{aligned}\right\} \tag{6.3.23b}$$

其中 $0 \leqslant s \leqslant \frac{1}{2}$。该差分格式中有一个参数 s,通过调节参数 s,可以改变差分格式形式。例如,若 $s = \frac{1}{2}$,它就是 L－W 差分格式;若 $s = 1$,它就是 Rubin-Burslen 二步差分格式。M－M 差分格式的截断误差是 $O(\Delta t^2, \Delta x^2)$,在时间和空间上也都是二阶精度。它的计算精度较高,计算效果很好,但目前它的应用已经不多了。

5. Rusanov 差分格式

它是由苏联学者 Rusanov 首先提出来的守恒型差分格式[10,11]。在 20 世纪六七十年代对计算流体力学曾起过重要作用。

(1) 模型方程 $u_t + au_x = 0$ 的 Rusanov 差分格式

① 二阶 Rusanov 差分格式:

$$u^{n+1}_j = u^n_j - \frac{1}{2}ar(u^n_{j+1} - u^n_{j-1}) + \frac{\omega}{2}(u^n_{j+1} - 2u^n_j + u^n_{j-1}) \tag{6.3.24a}$$

② 三阶 Rusanov 差分格式:

$$\left.\begin{aligned} u^{(1)}_{j+\frac{1}{2}} &= \frac{1}{2}(u^n_j + u^n_{j+1}) - \frac{1}{3}ar(u^n_{j+1} - u^n_j) \\ u^{(2)}_j &= u^n_j - \frac{2}{3}ar(u^{(1)}_{j+\frac{1}{2}} - u^{(1)}_{j-\frac{1}{2}}) \\ u^{n+1}_j &= u^n_j - \frac{3}{8}ar(u^{(2)}_{j+1} - u^{(2)}_{j-1}) - \\ &\quad \frac{1}{24}ar(-2u^n_{j+2} + 7u^n_{j+1} - 7u^n_{j-1} - 2u^n_{j-2}) - \\ &\quad \frac{\omega}{24}(u^n_{j+2} - 4u^n_{j+1} + 6u^n_j - 4u^n_{j-1} + u^n_{j-2}) \end{aligned}\right\} \tag{6.3.24b}$$

(2) Euler 方程组的 Rusanov 差分格式

① 二阶 Rusanov 差分格式:

$$\boldsymbol{u}_j^{n+1} = \boldsymbol{u}_j^n - \frac{1}{2}r(\boldsymbol{f}_{j+1}^n - \boldsymbol{f}_{j-1}^n) + \frac{\omega}{2}(\boldsymbol{u}_{j+1}^n - 2\boldsymbol{u}_j^n + \boldsymbol{u}_{j-1}^n) \tag{6.3.24c}$$

② 三阶 Rusanov 差分格式：

$$\left.\begin{aligned}
&\boldsymbol{u}_{j+\frac{1}{2}}^{(1)} = \frac{1}{2}(\boldsymbol{u}_j^n + \boldsymbol{u}_{j+1}^n) - \frac{1}{3}r(\boldsymbol{f}_{j+1}^n - \boldsymbol{f}_j^n)\\
&\boldsymbol{u}_j^{(2)} = \boldsymbol{u}_j^n - \frac{2}{3}r(\boldsymbol{f}_{j+\frac{1}{2}}^{(1)} - \boldsymbol{f}_{j-\frac{1}{2}}^{(1)})\\
&\boldsymbol{u}_j^{n+1} = \boldsymbol{u}_j^n - \frac{3}{8}r(\boldsymbol{f}_{j+1}^{(2)} - \boldsymbol{f}_{j-1}^{(2)}) -\\
&\quad\frac{1}{24}r(-2\boldsymbol{f}_{j+2}^n + 7\boldsymbol{f}_{j+1}^n - 7\boldsymbol{f}_{j-1}^n + 2\boldsymbol{f}_{j-2}^n) -\\
&\quad\frac{\omega}{24}(\boldsymbol{u}_{j+2}^n - 4\boldsymbol{u}_{j+1}^n + 6\boldsymbol{u}_j^n - 4\boldsymbol{u}_{j-1}^n + \boldsymbol{u}_{j-2}^n)
\end{aligned}\right\} \tag{6.3.24d}$$

它的截断误差分别为 $O(\Delta t,\Delta x^2)$ 和 $O(\Delta t,\Delta x^3)$，在时间上是一阶精度，而在空间上具有二阶和三阶精度。Rusanov 差分格式具有精度、计算效率高的特点。在 Rusanov 差分格式中存在一个可调参数 ω，它的调节范围为 $4\left(\frac{a\Delta t}{\Delta x}\right)^2 - \left(\frac{a\Delta t}{\Delta x}\right)^4 \leqslant \omega \leqslant 3$。因此，如何选择 ω 值，需要有一定的计算经验。

6．Warming-Kutler-Lomix 差分格式（W－K－L 差分格式）

它是一个三阶显式守恒型差分格式，以计算精度高著名，在算法研究史上有一定地位。它是和三阶 Rusanov 差分格式相当的一个差分格式。

（1）模型方程 $u_t + au_x = 0$ 的 W－K－L 差分格式

$$\left.\begin{aligned}
&u_j^{(1)} = u_j^n - \frac{2}{3}ar(u_{j+1}^n - u_j^n)\\
&u_j^{(2)} = \frac{1}{2}\left[u_j^n + u_j^{(1)} - \frac{2}{3}ar(u_j^{(1)} - u_{j-1}^{(1)})\right]\\
&u_j^{n+1} = u_j^n - \frac{3}{8}ar(u_{j+1}^{(2)} - u_{j-1}^{(2)}) -\\
&\quad\frac{1}{24}ar(-2u_{j+2}^n + 7u_{j+1}^n - 7u_{j-1}^n + 2u_{j-2}^n) -\\
&\quad\frac{\omega}{24}(u_{j+2}^n - 4u_{j+1}^n + 6u_j^n - 4u_{j-1}^n + 4u_{j-2}^n)
\end{aligned}\right\} \tag{6.3.25a}$$

（2）Euler 方程组的 W－K－L 差分格式

$$
\left.
\begin{aligned}
\boldsymbol{u}_{j+\frac{1}{2}}^{(1)} &= \boldsymbol{u}_j^n - \frac{2}{3}r(\boldsymbol{f}_{j+1}^n - \boldsymbol{f}_j^n) \\
\boldsymbol{u}_j^{(2)} &= \frac{1}{2}\left[\boldsymbol{u}_j^n + \boldsymbol{u}_{j+\frac{1}{2}}^{(1)} - \frac{2}{3}r(\boldsymbol{f}_{j+\frac{1}{2}}^{(1)} - \boldsymbol{f}_{j-\frac{1}{2}}^{(1)})\right] \\
\boldsymbol{u}_j^{n+1} &= \boldsymbol{u}_j^n - \frac{3}{8}r(\boldsymbol{f}_{j+1}^{(2)} - \boldsymbol{f}_{j-1}^{(2)}) - \\
&\quad \frac{1}{24}r(-2\boldsymbol{f}_{j+2}^n + 7\boldsymbol{f}_{j+1}^n - 7\boldsymbol{f}_{j-1}^n + 2\boldsymbol{f}_{j-2}^n) - \\
&\quad \frac{\omega}{24}(\boldsymbol{u}_{j+2}^n - 4\boldsymbol{u}_{j+1}^n + 6\boldsymbol{u}_j^n - 4\boldsymbol{u}_{j-1}^n + 4\boldsymbol{u}_{j-2}^n)
\end{aligned}
\right\} \tag{6.3.25b}
$$

W－K－L 差分格式的截断误差是 $O(\Delta t, \Delta x^3)$，在时间上是一阶精度、在空间上是三阶精度的差分格式。和 Rusanov 差分格式一样，该差分格式中也存在一个可调参数 ω。也存在如何选择 ω 值的问题，这需要一定的计算经验。

第 4 节　特征型方程(组)与特征型差分格式

无黏流动 Euler 方程组存在特征线，是双曲型方程组。它可以转换成特征型方程组，并得到特征型差分格式。在某些情况下，特征型差分格式更能反映流动的物理特性，使用起来也更方便、有效。

6－4－1　特征型方程组

非线性矢量方程：

$$\boldsymbol{u}_t + \boldsymbol{f}_x = \boldsymbol{0} \tag{6.4.1}$$

它的非守恒型矢量方程：

$$\boldsymbol{u}_t + \boldsymbol{A}\boldsymbol{u}_x = \boldsymbol{0} \tag{6.4.1a}$$

其中 $\boldsymbol{u} = (u_1 \quad u_2 \quad \cdots \quad u_m)^{\mathrm{T}}$ 是未知函数矢量，$\boldsymbol{f}(\boldsymbol{u}) = (f_1(u) \quad f_2(u) \quad \cdots \quad f_m(u))^{\mathrm{T}}$ 为流通量矢量，$\boldsymbol{A}(\boldsymbol{u}) = \dfrac{\mathrm{D}\boldsymbol{f}}{\mathrm{D}\boldsymbol{u}}$ 为 Jacobian 系数矩阵。

设 Jacobian 系数矩阵 $\boldsymbol{A}(\boldsymbol{u})$ 的特征值 $\lambda_j (j=1,2,\cdots,m)$ 按大小排列有：

$$\lambda_1 < \lambda_2 < \lambda_j < \cdots < \lambda_m \tag{6.4.2}$$

对应于第 j 特征值，有相应的左特征矢量矩阵的第 j 分矢量 $\boldsymbol{L}_j$。它应满足：

$$\boldsymbol{L}_j\boldsymbol{A}(\boldsymbol{u}) = \lambda_j \boldsymbol{L}_j \tag{6.4.3}$$

由特征线定义可知，第 j 特征线 C_j 满足：

$$\mathrm{d}x = \lambda_j \mathrm{d}t, (j=1,2,\cdots,m) \tag{6.4.4}$$

把左特征矢量矩阵的第 j 矢量左乘矢量方程(6.4.1)，得到：

$$\boldsymbol{L}_j\left(\frac{\partial \boldsymbol{u}}{\partial t} + \lambda_j \frac{\partial \boldsymbol{u}}{\partial x}\right) = \boldsymbol{0} \tag{6.4.5}$$

沿着特征线 C_j 有：

$$(\boldsymbol{L}_j \mathrm{d}\boldsymbol{u})_{C_j} = \boldsymbol{0}, (j = 1, 2, \cdots, m) \tag{6.4.5a}$$

在特征线 C_j上有相容关系:

$$(\mathrm{d}\boldsymbol{u})_{C_j} = \boldsymbol{0} \tag{6.4.6}$$

方程(6.4.5)和方程(6.4.6)就是方程(6.4.1)的特征型方程。

一维无黏流动 Euler 方程组(6.1.2)的非守恒型方程组为:

$$\boldsymbol{u}_t + \boldsymbol{A}\boldsymbol{u}_x = \boldsymbol{0} \tag{6.4.7}$$

其中

$$\boldsymbol{u} = \begin{pmatrix} \rho \\ u \\ p \end{pmatrix}, \quad \boldsymbol{A} = \begin{pmatrix} u & \rho & 0 \\ 0 & u & \dfrac{1}{\rho} \\ 0 & a^2\rho & u \end{pmatrix} \tag{6.4.7a}$$

其中 $a = \sqrt{\dfrac{\gamma p}{\rho}}$。矩阵 $\boldsymbol{A}(\boldsymbol{u})$的特征值为:

$$u - a,\ u,\ u + a \tag{6.4.8}$$

$\boldsymbol{A}$ 的左特征矢量矩阵为:

$$\boldsymbol{L} = \begin{pmatrix} 0 & -\rho a & 1 \\ -a^2 & 0 & 1 \\ 0 & \rho a & 1 \end{pmatrix} \tag{6.4.9}$$

由此可得到特征型 Euler 方程组:

$$\left.\begin{aligned} -\rho a\left[\frac{\partial}{\partial t} + (u - a)\frac{\partial}{\partial x}\right]u + \left[\frac{\partial}{\partial t} + (u - a)\frac{\partial}{\partial x}\right]p = 0 \\ -a^2\left(\frac{\partial}{\partial t} + u\frac{\partial}{\partial x}\right)\rho + \left(\frac{\partial}{\partial t} + u\frac{\partial}{\partial x}\right)p = 0 \\ \rho a\left[\frac{\partial}{\partial t} + (u + a)\frac{\partial}{\partial x}\right]u + \left[\frac{\partial}{\partial t} + (u + a)\frac{\partial}{\partial x}\right]p = 0 \end{aligned}\right\} \tag{6.4.10}$$

6-4-2 特征型 Euler 方程组典型的特征型差分格式

由特征型 Euler 方程组可得到相应的特征型差分格式。

1. 一阶迎风型差分格式(Upwind 差分格式)

(1) 模型方程 $u_t + au_x = 0$ 的一阶迎风型差分格式

设网格点(t_n, x_j)处,有特征线方程:

$$\frac{\mathrm{d}x}{\mathrm{d}t} = a \tag{6.4.11}$$

当 $a > 0$ 时,采用后差格式;当 $a < 0$ 时,采用前差格式,得到一阶迎风型差分格式:

$$a > 0, \quad u_j^{n+1} = u_j^n - ar(u_j^n - u_{j-1}^n) \tag{6.4.12a}$$

$$a < 0, \quad u_j^{n+1} = u_j^n - ar(u_{j+1}^n - u_j^n) \tag{6.4.12b}$$

上式写成统一形式:

$$u_j^{n+1}=u_j^n-r\left[\frac{1}{2}(a+|a|)(u_j^n-u_{j-1}^n)+\frac{1}{2}(a-|a|)(u_{j+1}^n-u_j^n)\right]$$

(6.4.12c)

(2) Euler 方程组的一阶迎风型差分格式

由于 Euler 方程组是非线性的，因此需要根据它的特征方向来构造一阶迎风型差分格式。为此，需要求出 Euler 方程组的特征值，确定特征方向，并对它们进行矢通量分裂（关于矢通量分裂的具体做法，可详见本章第 5 节），最后得到分裂后一阶迎风型差分格式。

设网格点(t_n,x_j)处，特征线方程：

$$\frac{\mathrm{d}x}{\mathrm{d}t}=\lambda_j^n \tag{6.4.13}$$

Euler 方程组的一阶迎风型差分格式：

$$\boldsymbol{u}_j^{n+1}=\boldsymbol{u}_j^n-r[(\boldsymbol{f}^+(\boldsymbol{u})_j^n-\boldsymbol{f}^+(\boldsymbol{u})_{j-1}^n)+(\boldsymbol{f}^-(\boldsymbol{u})_j^n-\boldsymbol{f}^-(\boldsymbol{u})_{j+1}^n)] \tag{6.4.14}$$

其中 $r=\dfrac{\Delta t}{\Delta x}$。一阶迎风型差分格式的稳定性条件为 $|\boldsymbol{u}|_{\max}\dfrac{\Delta t}{\Delta x}\leqslant 1$ 或 $\rho(\boldsymbol{A}(\boldsymbol{u})_j^n)\leqslant 1$。截断误差为 $O(\Delta t,\Delta x)$，在时间和空间上只有一阶计算精度。但是，它能反映流动的基本特性，计算效果较好。通常都以它为基础，构造高阶精度差分格式[12]。

2. 二阶迎风型差分格式

常用的是二阶迎风型差分格式：

(1) 模型方程 $u_t+au_x=0$ 的二阶迎风型差分格式：

$$a>0,\quad u_j^{n+1}=u_j^n-\frac{1}{2}ar(3u_j^n-4u_{j-1}^n+u_{j-2}^n) \tag{6.4.15a}$$

$$a<0,\quad u_j^{n+1}=u_j^n-\frac{1}{2}ar(-3u_j^n+4u_{j+1}^n-u_{j+2}^n) \tag{6.4.15b}$$

(2) Euler 方程组的二阶迎风型差分格式：

类似于一阶迎风型差分格式做法，可以得到二阶迎风型差分格式如下：

$$\boldsymbol{u}_j^{n+1}=\boldsymbol{u}_j^n-\frac{1}{2}r[(3\boldsymbol{f}^+(\boldsymbol{u})_j^n-4\boldsymbol{f}^+(\boldsymbol{u})_{j-1}^n+\boldsymbol{f}^+(\boldsymbol{u})_{j-2}^n)+(-3\boldsymbol{f}^-(\boldsymbol{u})_j^n+4\boldsymbol{f}^-(\boldsymbol{u})_{j+1}^n-\boldsymbol{f}^-(\boldsymbol{u})_{j+2}^n)]$$

(6.4.16)

二阶迎风型差分格式截断误差为 $O(\Delta t,\Delta x^2)$，时间上为一阶精度，空间上为二阶计算精度，计算精度较高，又能反映流动特征，计算效果较好。数值实验指出，显式二阶迎风型差分格式不易得到稳定的数值解，一般都采用隐式差分格式[13]。

3. QUICK 迎风型差分格式

QUICK 迎风型差分格式是由 Leonard 提出的。它采用抛物线插值公式来代替直线插值公式，是具有三阶精度的特征型差分格式。

(1) 模型方程 $u_t+au_x=0$ 的 QUICK 迎风型差分格式：

$$a>0,\quad u_j^{n+1}=u_j^n-ar\left[\frac{u_{j+1}^n-u_{j-1}^n}{2}+\frac{1}{8}(-u_{j+1}^n+3u_j^n-3u_{j-1}^n+u_{j-2}^n)\right] \tag{6.4.17a}$$

$$a<0,\quad u_j^{n+1}=u_j^n-ar\left[\frac{u_{j+1}^n-u_{j-1}^n}{2}+\frac{1}{8}(u_{j-1}^n-3u_j^n+3u_{j+1}^n-u_{j+2}^n)\right] \tag{6.4.17b}$$

(2) Euler 方程组的 QUICK 迎风型差分格式：

$$\begin{aligned}\boldsymbol{u}_j^{n+1}=\boldsymbol{u}_j^n-\frac{1}{2}r[\boldsymbol{f}(\boldsymbol{u})_{j+1}^n-\boldsymbol{f}(\boldsymbol{u})_{j-1}^n]+\frac{1}{8}r[(-\boldsymbol{f}^+(\boldsymbol{u})_{j+1}^n+3\boldsymbol{f}^+(\boldsymbol{u})_j^n-\\3\boldsymbol{f}^+(\boldsymbol{u})_{j-1}^n+\boldsymbol{f}^+(\boldsymbol{u})_{j-2}^n)+(\boldsymbol{f}^-(\boldsymbol{u})_{j+1}^n-3\boldsymbol{f}^-(\boldsymbol{u})_j^n+3\boldsymbol{f}^-(\boldsymbol{u})_{j+1}^n-\boldsymbol{f}^-(\boldsymbol{u})_{j+2}^n)]\end{aligned} \tag{6.4.18}$$

QUICK 迎风型差分格式的截断误差为 $O(\Delta t,\Delta x^3)$，时间上为一阶精度，空间上为三阶精度。它有很高的计算精度，又能反映流动特征，计算效果很好。但它涉及较多网格点，计算较麻烦，边界处理也困难。采用显式 QUICK 迎风型差分格式不易得到稳定数值解，一般常采用隐式差分格式[14,15]。

4. Warming-Beam 差分格式（W－B 差分格式）

Warming-Beam 差分格式是 20 世纪 70 年代发展起来的，在时间和空间上都是二阶精度的两步差分格式。它既是守恒型差分格式，又是特征型差分格式，是典型的守恒型差分格式和特征型差分格式相结合的差分格式。

(1) 模型方程 $u_t+au_x=0$ 的 W－B 差分格式：

$$\begin{aligned}&a>0,\\&\overline{u}_j^{n+1}=u_j^n-r(u_j^n-u_{j-1}^n)\\&u_j^{n+1}=\frac{1}{2}(u_j^n+\overline{u}_j^{n+1})-\frac{1}{2}r[(u_j^n-2u_{j-1}^n+u_{j-2}^n)+(\overline{u}_j^{n+1}-\overline{u}_{j-1}^{n+1})]\end{aligned} \tag{6.4.19a}$$

$$\begin{aligned}&a<0,\\&\overline{u}_j^{n+1}=u_j^n-r(u_{j+1}^n-u_j^n)\\&u_j^{n+1}=\frac{1}{2}(u_j^n+\overline{u}_j^{n+1})-\frac{1}{2}r[(u_j^n-2u_{j+1}^n+u_{j+2}^n)+(\overline{u}_{j+1}^{n+1}-\overline{u}_j^{n+1})]\end{aligned} \tag{6.4.19b}$$

两式合并后，能得到统一的 W－B 差分格式：

$$\left.\begin{aligned}&u_j^*=u_j^n-r\left[\frac{a+|a|}{2}(u_j^n-u_{j-1}^n)+\frac{a-|a|}{2}(u_{j+1}^n-u_j^n)\right]\\&u_j^{**}=u_j^*-r\left[\frac{a+|a|}{2}(u_j^n-2u_{j-1}^n+u_{j-2}^n)+\frac{a-|a|}{2}(u_j^n-2u_{j+1}^n+u_{j+2}^n)\right]\\&u_j^{n+1}=\frac{1}{2}(u_j^*+u_j^{**})\end{aligned}\right\} \tag{6.4.19c}$$

(2) Euler 方程组的 W－B 差分格式：

类似于上述 Euler 方程组迎风型差分格式做法，Euler 方程组的 W－B 差分格式也需要通过特征值来确定特征方向，并进行矢通量分裂，最后得出分裂后 Euler 方程组的 W－B 差分格式如下：

$$\bar{u}_j^{n+1}=u_j^n-r[(f^+(u)_j^n-f^+(u)_{j-1}^n)+(f^-(u)_{j+1}^n-f^-(u)_j^n)]$$

$$u_j^{n+1}=\frac{1}{2}(u_j^n+\bar{u}_j^{n+1})-\frac{1}{2}r[(f^+(u)_j^n-2f^+(u)_{j-1}^n+f^+(u)_{j-2}^n)+(f^+(\bar{u})_j^{n+1}-f^+(\bar{u})_{j-1}^{n+1})]-$$
$$\frac{1}{2}r[(f^-(u)_j^n-2f^-(u)_{j+1}^n+f^-(u)_{j+2}^n)+(f^-(\bar{u})_{j+1}^{n+1}-f^-(\bar{u})_j^{n+1})] \qquad (6.4.20)$$

W－B 差分格式的稳定性条件为 $|u|_{\max}\dfrac{\Delta t}{\Delta x}\leqslant 2$ 或 $\rho(A(u)_j^n)\leqslant 2$。截断误差为 $O(\Delta t^2,\Delta x^2)$，时间和空间上都是二阶精度。和 L－W 差分格式及 MacC 差分格式一样，它也具有色散效应，在激波下游会产生振荡，上游数值振荡不明显。而且数值振荡幅值比 L－W 差分格式和 MacC 差分格式产生得要小[16]。

6－4－3 特征线算法

特征线算法是一种古老的求解非线性双曲型方程组的算法。它的基本思路是：通过特征线构造网格，并用差分近似求解特征线方程和它的相容关系[17,18]。

二维特征线算法如图 6.2 所示。它的特征线方程和相容关系为：

$$\left.\begin{aligned}&C_1: dx=\lambda_1 dt,\\&\qquad (W_{11}du_1+W_{12}du_2)_{C_1}=0\\&C_2: dx=\lambda_2 dt,\\&\qquad (W_{21}du_1+W_{22}du_2)_{C_2}=0\end{aligned}\right\} \qquad (6.4.21a)$$

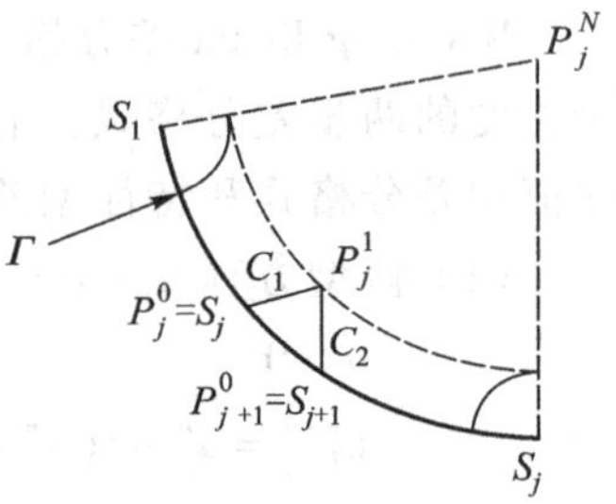

图 6.2 特征线算法计算步骤示意图

其中 λ_1、λ_2 是特征值，W_{11}、W_{12}、W_{21}、W_{22} 是相容关系的系数。在 $t>0$ 求解区域 D 范围内的一条不和特征线平行的曲线 Γ 上给出初始条件：

$$\begin{aligned}&\Gamma:\ x=x(s),\quad t=t(s),\quad 0\leqslant s\leqslant s_0\\&u_1(s)\Big|_{\Gamma}=\phi_1(s),\quad u_2(s)=\phi_2(s)\end{aligned} \qquad (6.4.21b)$$

特征线算法的差分格式和计算步骤：

（1）初值线分割

对初值线 Γ 进行网格划分。初值线被划分成 J 份，设 $P_1^0=S_1$、$P_2^0=S_2$、…、$P_j^0=S_j$、…$P_J^0=S_J$ 为初值线上离散点坐标，这些离散点上初值是已知的。

（2）特征线算法差分格式

直接利用特征线方程和特征线上相容关系得到特征线算法差分格式。以初值线上点 P_j^0、P_{j+1}^0 为例，由 P_j^0、P_{j+1}^0 分别向上引出特征线 l_1、l_2，它们交于 P_j^1 点，假定时间步长 Δt 足够小，特征线 l_1、l_2 可近似看作直线，得到差分格式：

$$\left.\begin{aligned}x(P_j^1)-x(P_j^0)&=\lambda_1^*(P_j^1)[t(P_j^1)-t(P_j^0)]\\x(P_j^1)-x(P_{j+1}^0)&=\lambda_2^*(P_{j+1}^1)[t(P_j^1)-t(P_{j+1}^0)]\end{aligned}\right\} \qquad (6.4.22)$$

由上式可解出 P_j^1 点坐标：$x(P_j^1)$、$t(P_j^1)$，然后利用相容关系：

$$\left.\begin{aligned}&W_{11}^*(P_j^0)[u_1(P_j^1)-u_1(P_j^0)]+W_{12}^*(P_j^0)[u_2(P_j^1)-u_2(P_j^0)]=0\\&W_{21}^*(P_j^0)[u_1(P_j^1)-u_1(P_{j+1}^0)]+W_{22}^*(P_{j+1}^0)[u_2(P_j^1)-u_2(P_{j+1}^0)]=0\end{aligned}\right\}\tag{6.4.23}$$

联立求解得到 P_j^1 点上流动量 $u_1(P_j^1)$、$u_2(P_j^1)$。

(3) 校正计算

采用校正方法提高上述计算精度。具体做法为：首先把 P_j^0、P_{j+1}^0、P_j^1 点上的值进行算术平均，然后用此算术平均值来代替 P_j^0、P_{j+1}^0 值。如果 λ^*、W^* 都用 f^* 来表示，在 P_j^0、P_{j+1}^0 点的算术平均值可表示为：

$$\left.\begin{aligned}f^*(P_j^0)&=\frac{1}{2}[f(P_j^0)+f(P_j^1)]\\f^*(P_{j+1}^0)&=\frac{1}{2}[f(P_{j+1}^0)+f(P_{j+1}^1)]\end{aligned}\right\}\tag{6.4.24}$$

(4) 逐层计算过程

由初值线 Γ 上的点 $P_j^0=S_j(j=1,2,\cdots,J)$ 向上求出两条特征线交点 $P_j^1[x(P_j^1),t(P_j^1)]$ 的位置和其上近似值 $u_1(P_j^1)$、$u_2(P_j^1)$，再把 P_j^1 作为已知值，再向上求出新的特征线交点 $P_j^2[x(P_j^2),t(P_j^2)]$ 和第二层网格点上的近似值 $u_1(P_j^2)$、$u_2(P_j^2)$。如此继续计算，直到计算得到所有网格点上未知函数 $P_j^N(x,t)$、$u_1(P_1^N)$、$u_2(P_2^N)$ 为止。

一维无黏流动 Euler 方程组：

$$\left.\begin{aligned}&\frac{\partial\rho}{\partial t}+u\frac{\partial\rho}{\partial x}+\rho\frac{\partial u}{\partial x}=0\\&\frac{\partial u}{\partial t}+u\frac{\partial u}{\partial x}+\frac{1}{\rho}\frac{\partial p}{\partial x}=0\\&\frac{\mathrm{d}s}{\mathrm{d}t}=0\text{ 或 }\frac{\partial s}{\partial t}+u\frac{\partial s}{\partial x}=0\end{aligned}\right\}\tag{6.4.25}$$

其中 s 为流动的熵。在理想气体条件下，等熵方程为：

$$p\rho^{\gamma}=\text{const.}\ ,\ a^2=\frac{\gamma p}{\rho}\tag{6.4.25a}$$

它的特征线方程和相容关系式为：

沿着特征线 C_+：

$$\frac{\mathrm{d}x}{\mathrm{d}t}=u+a\tag{6.4.26a}$$

有

$$\frac{\mathrm{d}}{\mathrm{d}t}\left(u+\frac{2}{\gamma-1}a\right)=0\quad\text{或}\quad u+\frac{2}{\gamma-1}a=\text{const.}\tag{6.4.27a}$$

沿着特征线 C_-：

$$\frac{\mathrm{d}x}{\mathrm{d}t}=u-a\tag{6.4.26b}$$

有

$$\frac{\mathrm{d}}{\mathrm{d}t}\left(u-\frac{2}{\gamma-1}a\right)=0 \quad 或 \quad u-\frac{2}{\gamma-1}a=\text{const.} \tag{6.4.27b}$$

其中 $u-\frac{2}{\gamma-1}a=\text{const.}$ 为 Riemann 不变量。

沿着特征线 C_0：

$$\frac{\mathrm{d}x}{\mathrm{d}t}=u \tag{6.4.26c}$$

有

$$\frac{\mathrm{d}s}{\mathrm{d}t}=0 \tag{6.4.27c}$$

由于 $u+a$ 和 $u-a$ 都是 (x,t) 的函数，一般可采用数值积分或特征线算法求解方程(6.4.26)和方程(6.4.27)。特征线算法求解过程如图 6.3 所示。

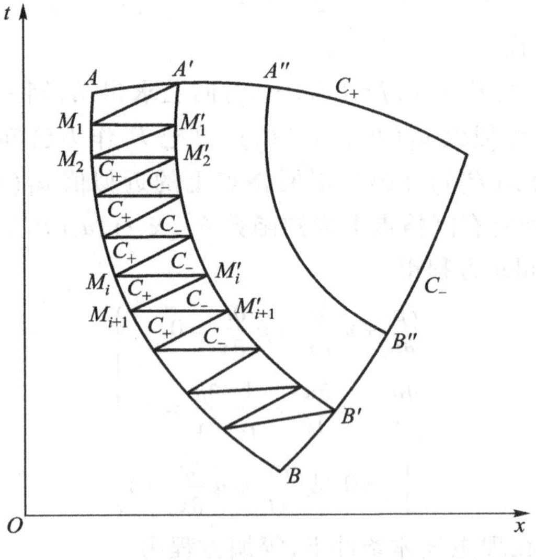

图 6.3　特征线法网格和算法示意图

设 (x,t) 平面上的曲线 AB 上各点流动量已知，C_+ 和 C_- 分别表示曲线 AB 上各点发出的不同组特征线。如果计算网格足够密，则可近似地把特征线看做是直线，即 $\frac{\mathrm{d}x}{\mathrm{d}t}\approx\frac{\Delta x}{\Delta t}$ 和 $\frac{\mathrm{d}u}{\mathrm{d}t}\approx\frac{\Delta u}{\Delta t}$。

首先在已知 u_j 和 a_j 值的曲线 AB 上划分 n 个节点 M_1、M_2、…、M_j、…、M_n 等。在 M_j 点第二组特征线 C_- 上，其特征方程和相容关系为：

$$x-x_j=(u_j-a_j)(t-t_j) \tag{6.4.28a}$$

$$u-\frac{2}{\gamma-1}a=u_j-\frac{2}{\gamma-1}a_j \tag{6.4.29a}$$

在 M_{j+1} 点第一组特征线 C_+ 上,其特征方程和相容关系为:

$$x - x_{j+1} = (u_{j+1} - a_{j+1})(t - t_{j+1}) \tag{6.4.28b}$$

$$u - \frac{2}{\gamma - 1}a = u_{j+1} - \frac{2}{\gamma - 1}a_{j+1} \tag{6.4.29b}$$

式中 u 和 a 表示两组特征线交点 M_j' 点的流动量。求解上式可得到交点 M_j' 的时间、空间和流动量 t'、x'、u'、a'。再由 M_j' 点向相反方向做特征线 C_0,在特征线 C_0 上应满足:

$$\frac{dx}{dt} = u \tag{6.4.28c}$$

在流线上熵值相等,应有:

$$s_0' = s_0 \tag{6.4.29c}$$

上式差分格式为:

$$x'_{j+1} - x = (u'_{j+1})(t'_{j+1} - t) \tag{6.4.30}$$

这样可确定曲线 $A'B'$ 上所有交点 M'_1、M'_2、…、M'_j、…、M'_n 的流动量。再把 $A'B'$ 作为起始条件,继续求解 $A''B''$ 上各点流动量。

为了提高计算精度,可采用上述校正算法得到二阶精度的流动量:把 M'_j 点流动量和 M_j 点及 M_{j+1} 点流动量进行算术平均计算,得到 M_j 点和 M_{j+1} 点新的近似流动量 $\bar{u}_j$、$\bar{a}_j$ 和 $\bar{u}_{j+1}$、$\bar{a}_{j+1}$,利用 M_j 点和 M_{j+1} 点新的近似流动量,再重复上述计算,如图 6.4 所示。

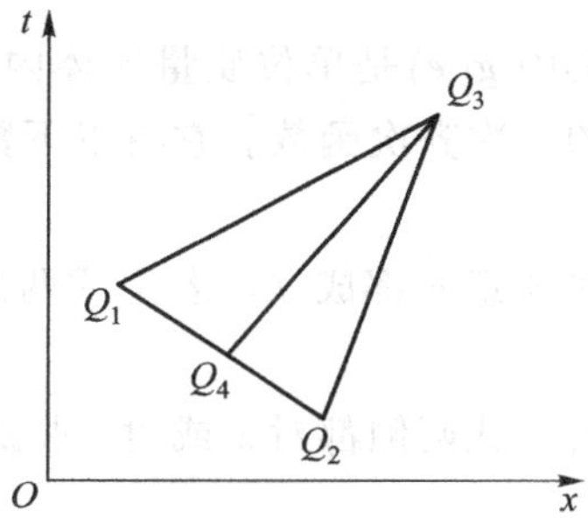

图 6.4　流线算法示意图

第 5 节　Jacobian 系数矩阵分裂和流通量矢量分裂算法

Chakravarthy 和 Steger、Warming 于 20 世纪 70 年代提出了系数矩阵分裂和流通量矢量分裂概念,以及以此为基础的流通量矢量分裂算法[19]。它的基本思路为:首先将流动方程组的 Jacobian 系数矩阵按特征值进行分裂,然后由分裂的 Jacobian 系数矩阵,对流通量矢量进行分裂,最后根据分裂后的流通量矢量特性来构造差分格式,并进行数值计算。流通量矢量分裂算法实际上是把守恒型差分格式和特征型差分格式结合起来的一种算法。由于它能反映流动的基本特性,计算效果较好。

6-5-1　Jacobian 系数矩阵和它的数学性质

非线性矢量方程:

$$\boldsymbol{u}_t + \boldsymbol{f}_x = 0 \tag{6.5.1}$$

它的非守恒型矢量方程:

$$\boldsymbol{u}_t + \boldsymbol{A}(\boldsymbol{u})\boldsymbol{u}_x = 0 \tag{6.5.1a}$$

其中 $\boldsymbol{u}=(u_1 \quad u_2 \quad \cdots \quad u_m)^{\mathrm{T}}$ 是未知函数矢量，$\boldsymbol{f}(\boldsymbol{u})=(f_1(u) \quad f_2(u) \quad \cdots \quad f_m(u))^{\mathrm{T}}$ 为流通量矢量，$\boldsymbol{A}(\boldsymbol{u})=\dfrac{\mathrm{D}\boldsymbol{f}}{\mathrm{D}\boldsymbol{u}}$ 为 Jacobian 系数矩阵。

系数矩阵 $\boldsymbol{A}(\boldsymbol{u})$ 经过相似变换后，可得到：

$$\boldsymbol{A}=\boldsymbol{R}\boldsymbol{\Lambda}\boldsymbol{L} \tag{6.5.2a}$$

其中矩阵 $\boldsymbol{R}$ 和 $\boldsymbol{L}$ 分别为系数矩阵 $\boldsymbol{A}$ 的右特征矢量矩阵和左特征矢量矩阵，其中 $\boldsymbol{RL}=\boldsymbol{I}$，$\boldsymbol{\Lambda}$ 为系数矩阵 $\boldsymbol{A}$ 的特征值对角矩阵：

$$\boldsymbol{\Lambda}=\begin{pmatrix}\lambda_1 & 0 & 0\\ 0 & \lambda_2 & 0\\ 0 & 0 & \lambda_3\end{pmatrix} \tag{6.5.2b}$$

可以证明，$\boldsymbol{L}$ 的每一行为矩阵 $\boldsymbol{A}$ 的左特征矢量，而 $\boldsymbol{R}$ 的每一列为矩阵 $\boldsymbol{A}$ 的右特征矢量。设状态方程形式为：

$$p=\rho g(e) \tag{6.5.3}$$

其中 $g(e)$ 是单位质量流体内能 e 的函数，则可以证明流通量矢量 $\boldsymbol{f}$ 为流动量矢量 $\boldsymbol{u}$ 的一次齐次函数。它有以下数学性质：

$$\boldsymbol{f}(\alpha\boldsymbol{u})=\alpha\boldsymbol{f}(\boldsymbol{u}) \tag{6.5.4}$$

对任意 α 都成立。若上式两侧都对 α 求微商，并令 $\alpha=1$，得到：

$$\boldsymbol{f}=\boldsymbol{A}\boldsymbol{u} \tag{6.5.5}$$

若上式两侧都对 x 或对 t 求微商，且利用如下关系式：

$$\boldsymbol{f}_x=\boldsymbol{A}\boldsymbol{u}_x, \quad \boldsymbol{f}_t=\boldsymbol{A}\boldsymbol{u}_t \tag{6.5.6}$$

得到：

$$\boldsymbol{A}_x\boldsymbol{u}=\boldsymbol{0}, \quad \boldsymbol{A}_t\boldsymbol{u}=\boldsymbol{0} \tag{6.5.7}$$

这里 $\boldsymbol{A}_x$ 和 $\boldsymbol{A}_t$ 为非零的系数矩阵 $\boldsymbol{A}$ 分别对 x 和 t 的导数。利用上述特性，得到：

$$(\boldsymbol{A}\boldsymbol{u})_x=\boldsymbol{A}\boldsymbol{u}_x, \quad (\boldsymbol{A}\boldsymbol{u})_t=\boldsymbol{A}\boldsymbol{u}_t \tag{6.5.8}$$

从形式上看，上式的系数矩阵 $\boldsymbol{A}$ 似乎为常数矩阵。

6-5-2 Jacobian 系数矩阵分裂

流通量矢量分裂是通过 Jacobian 系数矩阵分裂来完成的，而 Jacobian 系数矩阵分裂又是按特征值正负来进行分裂的。设

$$\lambda_j=\lambda_j^{+}+\lambda_j^{-}, \quad \lambda_j^{+}\geqslant 0, \quad \lambda_j^{-}\leqslant 0 \tag{6.5.9}$$

$$\boldsymbol{\Lambda}^{\pm}=\begin{pmatrix}\lambda_1^{\pm} & 0 & 0\\ 0 & \lambda_2^{\pm} & 0\\ 0 & 0 & \lambda_3^{\pm}\end{pmatrix} \tag{6.5.9a}$$

这里 λ_j 为系数矩阵 $\boldsymbol{A}$ 的特征值。利用对角矩阵 $\boldsymbol{\Lambda}^{\pm}$ 可得到相应的系数矩阵分裂后的 $\boldsymbol{A}^{\pm}$ 和流通量矢量 $\boldsymbol{f}^{\pm}$：

$$A^{\pm}=R\Lambda^{\pm}L,\quad f^{\pm}=A^{\pm}u \tag{6.5.10}$$

$$A=A^{+}+A^{-},\quad f=f^{+}+f^{-} \tag{6.5.10a}$$

Jacobian 系数矩阵 A 可采用以下两种特征值分裂形式：

(1) $$\lambda_j^{\pm}=\frac{(\lambda_j\pm|\lambda_j|)}{2} \tag{6.5.11}$$

(2) $$\left.\begin{aligned}\lambda_j^{+}&=\lambda^{+}\geqslant\max\{0,\lambda_j\}\\ \lambda_j^{-}&=\lambda_j-\lambda^{+}\end{aligned}\right\} \tag{6.5.12}$$

其中 λ^{+} 为大于零的特征值，而 λ^{-} 为小于零的特征值。

不难验证，$f^{\pm}$ 满足：

$$f^{+}=A^{+}u,\quad f^{-}=f-A^{+}u \tag{6.5.13}$$

计算实践表明，特征值采用分裂(1)时计算误差较小；而采用分裂(2)时计算较为简化。

6-5-3　流通量矢量分裂算法

一维无黏流动 Euler 方程组(6.1.2)有两种常用的流通量矢量分裂算法：

1. Steger-Warming 流通量矢量分裂算法[20]

利用分裂后特征值 $\Lambda^{\pm}$ 可得到分裂后流通量矢量 $f^{\pm}$：

$$f^{\pm}=Au=R\Lambda^{\pm}Lu \tag{6.5.14}$$

一维 Euler 方程组分裂后流通量矢量 $f^{\pm}$ 的具体表达式为：

$$f^{*}=\frac{\rho}{2\gamma}\begin{pmatrix}2(\gamma-1)\lambda_1^{*}+\lambda_2^{*}+\lambda_3^{*}\\ 2(\gamma-1)\lambda_1^{*}u+\lambda_2^{*}(u-a)+\lambda_3^{*}(u+a)\\ (\gamma-1)\lambda_1^{*}u^2+\dfrac{\lambda_2^{*}}{2}(u-a)^2+\dfrac{\lambda_3^{*}}{2}(u+a)^2+w\end{pmatrix} \tag{6.5.15}$$

特别要注意：流通量矢量 $f^{\pm}$ 表达式和对应的三个特征值的排列顺序有关，式(6.5.15)对应的三个特征值排列顺序是：

$$\lambda_1=u,\quad \lambda_2=u-a,\quad \lambda_3=u+a \tag{6.5.15a}$$

式(6.5.15)中

$$w=\frac{(3-\gamma)(\lambda_2^{*}+\lambda_3^{*})a^2}{2(\gamma-1)} \tag{6.5.15b}$$

其中 a 是流动声速。在上式中若 $\lambda_j^{*}=\lambda_j$，则 $f^{*}=f$；若 $\lambda_j^{*}=\lambda_j^{\pm}$，则 $f^{*}=f^{\pm}$。

Steger-Warming 流通量矢量分裂有利于提高差分格式计算精度。但是，当 $|u|=0$ 或在声速线上($|u\pm a|=0$)时，采用分裂(1)会出现流动不连续可微现象，导致数值解振荡。为了克服这一缺点，可对分裂式(1)进行如下修正：

$$\lambda_j^{\pm}=\frac{\lambda_j\pm(\lambda_j^2+\varepsilon^2)^{\frac{1}{2}}}{2} \tag{6.5.11a}$$

其中 ε 是一个小参数。

2. Van Leer 流通量矢量分裂法[21]

设局部马赫数为 $M_s = \dfrac{u}{a}$,一维 Euler 方程组分裂后的流通量矢量为:

$$\text{当 } M_s \geqslant +1 \text{ 时},\quad \boldsymbol{f}^+ = \boldsymbol{f},\quad \boldsymbol{f}^- = \boldsymbol{0} \tag{6.5.16}$$

$$\text{当 } M_s < -1 \text{ 时},\quad \boldsymbol{f}^- = \boldsymbol{f},\quad \boldsymbol{f}^+ = \boldsymbol{0} \tag{6.5.16a}$$

当 $|M_s| < 1$ 时

$$\boldsymbol{f}^{\pm} = \begin{pmatrix} f^{\pm} \\ \dfrac{f^{\pm}}{\gamma}[(\gamma-1)u \pm 2a] \\ \dfrac{f^{\pm}}{2(\gamma^2-1)}[(\gamma-1)u \pm 2a]^2 \end{pmatrix} \tag{6.5.16b}$$

其中

$$f^{\pm} = \pm\rho a\left(\frac{M_s \pm 1}{2}\right)^2 \tag{6.5.16c}$$

这里 $f^{\pm}$ 和 $\dfrac{D(\boldsymbol{f}^{\pm})}{D(\boldsymbol{u})}$ 都是 $\boldsymbol{u}$ 的连续函数。

Van Leer 流通量矢量分裂法比较简单,但它只适用于理想气体的无黏流动 Euler 方程组,有一定局限性。

6-5-4　流通量矢量分裂算法和差分格式

1. 流通量矢量分裂算法基本思路

为了提高计算效率和求解的稳定性,在构造差分格式时必须反映扰动沿特征线传播这一特性。为此,Steger-Warming 提出了流通量矢量分裂算法。它的基本思路是:将流通量矢量 $\boldsymbol{f}$ 按 Jacobian 系数矩阵 $\boldsymbol{A}$ 的正负特征值分裂成正负两个流通量矢量 $\boldsymbol{f}^{\pm}$。对于正流通量矢量 $\boldsymbol{f}^+$ 采用后差分格式计算,对于负流通量矢量 $\boldsymbol{f}^-$ 采用前差分格式计算。

一维无黏流动 Euler 方程组(6.1.2)的非守恒型形式为:

$$\boldsymbol{u}_t + \boldsymbol{A}(\boldsymbol{u})\boldsymbol{u}_x = \boldsymbol{0} \tag{6.5.17}$$

其中 $\boldsymbol{A}(\boldsymbol{u}) = \dfrac{D\boldsymbol{f}}{D\boldsymbol{u}}$,$\boldsymbol{A}$ 是 Jacobian 系数矩阵,$\boldsymbol{f} = \boldsymbol{A}\boldsymbol{u}$,$\boldsymbol{f}$ 是 $\boldsymbol{u}$ 的一次齐次函数。

系数矩阵 $\boldsymbol{A}$ 应有 m 个实特征值 $\lambda_j (j = 1, 2, \cdots, m)$ 和特征值矩阵 $\boldsymbol{\Lambda}$:

$$\boldsymbol{S}^{-1}\boldsymbol{A}\boldsymbol{S} = \begin{pmatrix} \lambda_1 & & \\ & \ddots & \\ & & \lambda_m \end{pmatrix} \tag{6.5.18}$$

$$\boldsymbol{A} = \boldsymbol{S}\boldsymbol{\Lambda}\boldsymbol{S}^{-1}$$

上式中 $\boldsymbol{S}$ 为参考矩阵,并有 $\boldsymbol{S}\boldsymbol{S}^{-1} = 1$。

对系数矩阵 $\boldsymbol{A}$ 进行局部"冻结",把拟线性方程组(6.5.17)线性化后,就把它转换成 m 个互不相连的线性方程,即:

$$\frac{\partial \boldsymbol{u}}{\partial t}+\boldsymbol{A}\frac{\partial \boldsymbol{u}}{\partial x}=\frac{\partial \boldsymbol{u}}{\partial t}+\boldsymbol{S\Lambda S}^{-1}\frac{\partial \boldsymbol{u}}{\partial x}=\boldsymbol{0}$$

用 $\boldsymbol{S}^{-1}$ 乘上式中各项得到：

$$\boldsymbol{S}^{-1}\frac{\partial \boldsymbol{u}}{\partial t}+\boldsymbol{S}^{-1}\boldsymbol{S\Lambda S}^{-1}\frac{\partial \boldsymbol{u}}{\partial x}=\frac{\partial(\boldsymbol{S}^{-1}\boldsymbol{u})}{\partial t}+\boldsymbol{\Lambda}\frac{\partial(\boldsymbol{S}^{-1}\boldsymbol{u})}{\partial x}=\boldsymbol{0}$$

设 $\boldsymbol{v}=\boldsymbol{S}^{-1}\boldsymbol{u}$，可得到：

$$\frac{\partial \boldsymbol{v}}{\partial t}+\boldsymbol{\Lambda}\frac{\partial \boldsymbol{v}}{\partial x}=\boldsymbol{0} \tag{6.5.19}$$

或

$$\frac{\partial v_j}{\partial t}+\lambda_j\frac{\partial v_j}{\partial x}=0,(j=1,2,\cdots,m) \tag{6.5.19a}$$

式中 $\boldsymbol{v}$ 是由 m 个分量 v_j 组成的矢量 $\boldsymbol{v}=(v_1 \quad v_2 \quad \cdots \quad v_m)^{\mathrm{T}}=\boldsymbol{S}^{-1}\boldsymbol{u}$，有：

$$\left.\begin{aligned}&\frac{\partial v_1}{\partial t}+a^1\frac{\partial v_1}{\partial x}=0\\&\frac{\partial v_2}{\partial t}+a^2\frac{\partial v_2}{\partial x}=0\\&\cdots\cdots\\&\frac{\partial v_m}{\partial t}+a^m\frac{\partial v_m}{\partial x}=0\end{aligned}\right\} \tag{6.5.19b}$$

其中 a^m 是系数矩阵 $\boldsymbol{A}$ 的 m 个实特征值 $\lambda_j(j=1,2,\cdots,m)$。

局部线性化后，对上述 m 个互不相连的线性方程组(6.5.19)进行稳定性分析发现：当只采用单一的前差格式或后差格式计算时，数值解总是不稳定的。只有当 $\lambda_j>0$ 时采用后差分格式计算，当 $\lambda_j<0$ 时采用前差分格式计算，则数值解是稳定的。由此可知，采用流通量矢量分裂算法求解一维无黏流动 Euler 方程组时，数值解肯定是稳定的。

2. 流通量矢量分裂算法差分格式

任何一组特征值 $\lambda_j(j=1,2,\cdots,m)$ 可表示为：

$$\left.\begin{aligned}&\lambda_j=\lambda_j^{+}+\lambda_j^{-}\\&\lambda_j^{+}=\frac{1}{2}(\lambda_j+|\lambda_j|)\\&\lambda_j^{-}=\frac{1}{2}(\lambda_j-|\lambda_j|)\end{aligned}\right\} \tag{6.5.20}$$

由此得到：

$$\text{当 }\lambda_j\geqslant 0\text{ 时，}\quad \lambda_j^{+}=\lambda_j,\quad \lambda_j^{-}=0 \tag{6.5.20a}$$

$$\text{当 }\lambda_j<0\text{ 时，}\quad \lambda_j^{+}=0,\quad \lambda_j^{-}=\lambda_j \tag{6.5.20b}$$

特征值被分裂成：

$$\boldsymbol{\Lambda}=\boldsymbol{\Lambda}^{+}+\boldsymbol{\Lambda}^{-} \tag{6.5.20c}$$

其中 $\boldsymbol{\Lambda}^{+}$ 和 $\boldsymbol{\Lambda}^{-}$ 分别对应于 $\lambda_j>0$ 和 $\lambda_j\leqslant 0$ 的特征值矩阵。

由上式可把流通量矢量 $\boldsymbol{f}$ 分裂为：

$$\begin{aligned}\boldsymbol{f}&=\boldsymbol{A}\boldsymbol{u}=\boldsymbol{S}(\boldsymbol{\Lambda}^{+}+\boldsymbol{\Lambda}^{-})\boldsymbol{S}^{-1}\boldsymbol{u}\\&=(\boldsymbol{A}^{+}+\boldsymbol{A}^{-})\boldsymbol{u}=\boldsymbol{f}^{+}(\boldsymbol{u})+\boldsymbol{f}^{-}(\boldsymbol{u})\end{aligned}\tag{6.5.21}$$

把它们代入一维无黏流动 Euler 方程组后，得到：

$$\frac{\partial \boldsymbol{u}}{\partial t}+\frac{\partial \boldsymbol{f}^{+}(\boldsymbol{u})}{\partial x}+\frac{\partial \boldsymbol{f}^{-}(\boldsymbol{u})}{\partial x}=\boldsymbol{0}\tag{6.5.22}$$

对上式中的 $\boldsymbol{f}^{+}(\boldsymbol{u})$ 采用后差格式，对 $\boldsymbol{f}^{-}(\boldsymbol{u})$ 采用前差格式。采用这种分裂的差分格式进行数值计算，计算效率高和稳定性好。流通量矢量分裂算法中的前差格式和后差格式，可采用在 6－3－4 节中的各种守恒型差分格式。例如：

（1）二阶迎风型差分格式

$$\boldsymbol{u}_j^{n+1}=\boldsymbol{u}_j^n-\frac{1}{2}r[(3\boldsymbol{f}^{+}(\boldsymbol{u})_j^n-4\boldsymbol{f}^{+}(\boldsymbol{u})_{j-1}^n+\boldsymbol{f}^{+}(\boldsymbol{u})_{j-2}^n)+(-3\boldsymbol{f}^{-}(\boldsymbol{u})_j^n+4\boldsymbol{f}^{-}(\boldsymbol{u})_{j+1}^n-\boldsymbol{f}^{-}(\boldsymbol{u})_{j+2}^n)]\tag{6.5.23}$$

（2）MacCormack 差分格式

$$\begin{aligned}\boldsymbol{u}_j^{n+\frac{1}{2}}&=\boldsymbol{u}_j^n-r[(\boldsymbol{f}^{+}(\boldsymbol{u})_j^n-\boldsymbol{f}^{+}(\boldsymbol{u})_{j-1}^n)+(\boldsymbol{f}^{-}(\boldsymbol{u})_{j+1}^n-\boldsymbol{f}^{-}(\boldsymbol{u})_j^n)]\\\boldsymbol{u}_j^{n+1}&=\frac{1}{2}(\boldsymbol{u}_j^n+\boldsymbol{u}_j^{n+\frac{1}{2}})-\\&\quad\frac{1}{2}r[(\boldsymbol{f}^{+}(\boldsymbol{u})_j^{n+\frac{1}{2}}-\boldsymbol{f}^{+}(\boldsymbol{u})_{j-1}^{n+\frac{1}{2}})+(\boldsymbol{f}^{+}(\boldsymbol{u})_{j+1}^{n+\frac{1}{2}}-\boldsymbol{f}^{+}(\boldsymbol{u})_j^{n+\frac{1}{2}})]\end{aligned}\tag{6.5.24}$$

（3）Warming-Beam 差分格式

$$\bar{\boldsymbol{u}}_j^{n+1}=\boldsymbol{u}_j^n-r\{[\boldsymbol{f}^{+}(\boldsymbol{u})_j^n-\boldsymbol{f}^{+}(\boldsymbol{u})_{j-1}^n]+[\boldsymbol{f}^{-}(\boldsymbol{u})_{j+1}^n-\boldsymbol{f}^{-}(\boldsymbol{u})_j^n]\}\tag{6.5.25}$$

$$\begin{aligned}\boldsymbol{u}_j^{n+1}=\frac{1}{2}(\boldsymbol{u}_j^n+\bar{\boldsymbol{u}}_j^{n+1})-\frac{1}{2}r\{&[\boldsymbol{f}^{+}(\boldsymbol{u})_j^n-2\boldsymbol{f}^{+}(\boldsymbol{u})_{j-1}^n+\boldsymbol{f}^{+}(\boldsymbol{u})_{j-2}^n]+[\bar{\boldsymbol{f}}^{+}(\bar{\boldsymbol{u}})_j^{n+1}-\bar{\boldsymbol{f}}^{+}(\bar{\boldsymbol{u}})_{j-1}^{n+1}]+\\&[\boldsymbol{f}^{-}(\boldsymbol{u})_j^n-2\boldsymbol{f}^{-}(\boldsymbol{u})_{j+1}^n+\boldsymbol{f}^{-}(\boldsymbol{u})_{j+2}^n]+[\bar{\boldsymbol{f}}^{-}(\bar{\boldsymbol{u}})_{j+1}^{n+1}-\bar{\boldsymbol{f}}^{-}(\bar{\boldsymbol{u}})_j^{n+1}]\}\end{aligned}$$

3．流通量分裂算法具体做法

一维无黏流动 Euler 方程组(6.1.2)的 Jacobian 系数矩阵 $\boldsymbol{A}$ 为：

$$\boldsymbol{A}=\frac{\mathrm{D}\boldsymbol{f}}{\mathrm{D}\boldsymbol{u}}=\begin{pmatrix}0&1&0\\(\gamma-3)\dfrac{u^2}{2}&(3-\gamma)u&\gamma-1\\(\gamma-1)u^3-\dfrac{\gamma Eu}{\rho}&\dfrac{\gamma E}{\rho}-\dfrac{3}{2}(\gamma-1)u^2&\gamma u\end{pmatrix}\tag{6.5.26}$$

系数矩阵 $\boldsymbol{A}$ 的特征值为：

$$\lambda_1=u,\ \lambda_2=u+a,\ \lambda_3=u-a\tag{6.5.27}$$

当流动为超声速时，$|u|>a$，特征值同号；当流动是亚声速时，$|u|<a$，特征值不同号。把特征值 λ_j 分裂为：

$$\lambda_j^{+}=\frac{1}{2}(\lambda_j+|\lambda_j|),\quad \lambda_j^{-}=\frac{1}{2}(\lambda_j-|\lambda_j|),\quad j=1,2,3\tag{6.5.28a}$$

其中 $j=1,2,3$。特征值的对角矩阵 $\boldsymbol{\Lambda}$ 分裂为：

$$\boldsymbol{\Lambda}=\begin{pmatrix}\lambda_1 & 0 & 0\\ 0 & \lambda_2 & 0\\ 0 & 0 & \lambda_3\end{pmatrix}=\begin{pmatrix}u & 0 & 0\\ 0 & u+a & 0\\ 0 & 0 & u-a\end{pmatrix}=\boldsymbol{\Lambda}^{+}+\boldsymbol{\Lambda}^{-}\tag{6.5.28b}$$

在亚声速流时有：

$$\boldsymbol{\Lambda}^{+}=\begin{pmatrix}u & 0 & 0\\ 0 & u+a & 0\\ 0 & 0 & 0\end{pmatrix},\quad \boldsymbol{\Lambda}^{-}=\begin{pmatrix}0 & 0 & 0\\ 0 & 0 & 0\\ 0 & 0 & u-a\end{pmatrix}\tag{6.5.28c}$$

在超声速流时有：

$$\boldsymbol{\Lambda}^{+}=\begin{pmatrix}u & 0 & 0\\ 0 & u+a & 0\\ 0 & 0 & u-a\end{pmatrix},\quad \boldsymbol{\Lambda}^{-}=\begin{pmatrix}0 & 0 & 0\\ 0 & 0 & 0\\ 0 & 0 & 0\end{pmatrix}\tag{6.5.28d}$$

由此得到：

$$\left.\begin{aligned}\boldsymbol{f}^{+}(\boldsymbol{u})&=\boldsymbol{A}^{+}\boldsymbol{u}=\boldsymbol{S}\boldsymbol{\Lambda}^{+}\boldsymbol{S}^{-1}\boldsymbol{u}\\ \boldsymbol{f}^{-}(\boldsymbol{u})&=\boldsymbol{A}^{-}\boldsymbol{u}=\boldsymbol{S}\boldsymbol{\Lambda}^{-}\boldsymbol{S}^{-1}\boldsymbol{u}\end{aligned}\right\}\tag{6.5.29}$$

其中

$$\boldsymbol{S}=\begin{pmatrix}1 & 1 & 1\\ u & u+a & u-a\\ \dfrac{u^2}{2} & \dfrac{u^2}{2}+ua+\dfrac{a^2}{\gamma-1} & \dfrac{u^2}{2}-ua+\dfrac{a^2}{\gamma-1}\end{pmatrix}\tag{6.5.30a}$$

$$\boldsymbol{S}^{-1}=\frac{1}{2a^2}\begin{pmatrix}2a^2-(\gamma-1)u^2 & 2u(\gamma-1) & -2(\gamma-1)\\ -au+\dfrac{\gamma-1}{2}u^2 & a-(\gamma-1)u & \gamma-1\\ au+\dfrac{\gamma-1}{2}u^2 & -a-(\gamma-1)u & \gamma-1\end{pmatrix}\tag{6.5.30b}$$

在亚声速时有：

$$\boldsymbol{f}^{+}=\frac{\rho}{2\gamma}\begin{pmatrix}(2\gamma-1)u+a\\ 2(\gamma-1)u^2+(u+a)^2\\ (\gamma-1)u^3+\dfrac{(u+a)^3}{2}+\dfrac{(3-\gamma)(u+a)a^2}{2(\gamma-1)}\end{pmatrix}\tag{6.5.31a}$$

$$\boldsymbol{f}^{-}=\frac{\rho}{2\gamma}\begin{pmatrix}u-a\\ (u-a)^2\\ \dfrac{(u-a)^3}{2}+\dfrac{(3-\gamma)(u-a)a^2}{2(\gamma-1)}\end{pmatrix}\tag{6.5.31b}$$

在超声速时有：

$$f^{+}=\begin{pmatrix}\rho u\\ p+\rho u^{2}\\ (E+p)u\end{pmatrix},\quad f^{-}=\begin{pmatrix}0\\0\\0\end{pmatrix} \tag{6.5.32}$$

在构造差分格式时,对f^{+}采用后差分格式,对f^{-}采用前差分格式。

近年来,流通量分裂算法得到进一步的发展,Liou 等人提出了一种新型的流通量分裂算法——AUSM 算法。它具有形式简单,计算效果好的特色。如果读者感兴趣的话,可以参考有关文献[22]。

第 6 节　流体力学多维问题的差分格式和算法

在科学研究和工程应用中的流动问题往往是多维的,因此,需要把上述一维流动问题的差分格式和数值解法推广到多维流动问题中去。从表面上看,这似乎没有什么本质差别。实际上,多维流动问题的差分格式和数值解法要比一维流动问题复杂得多、求解也困难得多。

6-6-1　多维问题差分格式特点

1. 多维 Burgers 方程的稳定性分析

二维 Burgers 方程:

$$\frac{\partial u}{\partial t}+u\frac{\partial u}{\partial x}+v\frac{\partial u}{\partial y}=\beta\left(\frac{\partial^{2}u}{\partial x^{2}}+\frac{\partial^{2}u}{\partial y^{2}}\right) \tag{6.6.1}$$

采用 FTCS 差分格式:

$$\begin{aligned}&\frac{u_{i,j}^{n+1}-u_{i,j}^{n}}{\Delta t}+u\frac{u_{i+1,j}^{n}-u_{i-1,j}^{n}}{2\Delta x}+v\frac{u_{i,j+1}^{n}-u_{i,j-1}^{n}}{2\Delta y}=\\&\beta\left(\frac{u_{i+1,j}^{n}-2u_{i,j}^{n}+u_{i-1,j}^{n}}{\Delta x^{2}}+\frac{u_{i,j+1}^{n}-2u_{i,j}^{n}+u_{i,j-1}^{n}}{\Delta y^{2}}\right)\end{aligned} \tag{6.6.2}$$

设离散化误差为:

$$\left.\begin{aligned}\varepsilon_{i,j}^{n+1}&=\hat{\varepsilon}^{n+1}\mathrm{e}^{\mathrm{i}(k_x x_i+k_y y_i)}\\ \varepsilon_{i,j}^{n}&=\hat{\varepsilon}^{n}\mathrm{e}^{\mathrm{i}(k_x x_i+k_y y_i)}\\ \varepsilon_{i\pm1,j}^{n}&=\hat{\varepsilon}^{n}\mathrm{e}^{\mathrm{i}[k_x(x_i\pm\Delta x)+k_y y_i]}\\ \varepsilon_{i,j\pm1}^{n}&=\hat{\varepsilon}^{n}\mathrm{e}^{\mathrm{i}[k_x x_i+k_y(y_i\pm\Delta y)]}\end{aligned}\right\} \tag{6.6.3}$$

把它们代入方程(6.6.2)可得到误差传播方程和放大因子 G:

$$\hat{\varepsilon}^{n+1}=G\hat{\varepsilon}^{n} \tag{6.6.4}$$

$$\begin{aligned}G=1&-2\beta\left(\frac{\Delta t}{\Delta x^{2}}+\frac{\Delta t}{\Delta y^{2}}\right)+\\&2\beta\left(\frac{\Delta t}{\Delta x^{2}}\cos k_x\Delta x+\frac{\Delta t}{\Delta y^{2}}\cos k_y\Delta y\right)-\\&\mathrm{i}\left[u\frac{\Delta t}{\Delta x}\sin k_x\Delta x+v\frac{\Delta t}{\Delta y}\sin k_y\Delta y\right]\end{aligned} \tag{6.6.4a}$$

得到二维 FTCS 差分格式的稳定性条件为:

$$2\beta\left(\frac{\Delta t}{\Delta x^2}+\frac{\Delta t}{\Delta y^2}\right)\leqslant 1 \tag{6.6.5a}$$

$$|u|\frac{\Delta t}{\Delta x}+|v|\frac{\Delta t}{\Delta y}\leqslant 2\beta\left(\frac{\Delta t}{\Delta x^2}+\frac{\Delta t}{\Delta y^2}\right) \tag{6.6.5b}$$

当 $\Delta x=\Delta y$ 时,则稳定性条件为:

$$\Delta t\leqslant \frac{1}{4}\frac{\Delta x^2}{\beta} \tag{6.6.5c}$$

同样,可以得到三维 FTCS 差分格式的稳定性条件为:

$$2\beta\left(\frac{\Delta t}{\Delta x^2}+\frac{\Delta t}{\Delta y^2}+\frac{\Delta t}{\Delta z^2}\right)\leqslant 1 \tag{6.6.6a}$$

$$|u|\frac{\Delta t}{\Delta x}+|v|\frac{\Delta t}{\Delta y}+|w|\frac{\Delta t}{\Delta z}\leqslant 2\beta\left(\frac{\Delta t}{\Delta x^2}+\frac{\Delta t}{\Delta y^2}+\frac{\Delta t}{\Delta z^2}\right) \tag{6.6.6b}$$

当 $\Delta x=\Delta y=\Delta z$ 时,三维 FTCS 差分格式的稳定性条件为:

$$\Delta t\leqslant \frac{1}{6}\frac{\Delta x^2}{\beta} \tag{6.6.6c}$$

而一维 FTCS 差分格式稳定条件为:

$$\Delta t\leqslant \frac{1}{2}\frac{\Delta x^2}{\beta} \tag{6.6.7}$$

由此可以看出,多维 Burgers 方程的差分格式稳定性条件要比一维 Burgers 方程差分格式严格得多。

2. 多维对流方程的稳定性分析

当 $\beta=0$ 时,Burgers 方程就退化成对流方程。它的差分格式稳定性条件分析如图 6.5 所示。在图 6.5 中设函数在点 $P(x_i,y_j)$ 的 x 方向上的微商可由 P、Q 两点函数值差商求得,y 方向上的微商可由 P、R 两点函数值差商求得。P 点差分格式依赖区为三角形 PQR,SP 是微商的依赖区的长度,$SP=\Delta t\sqrt{u^2+v^2}$。为了使差分格式满足稳定性,$SP$ 必须处在三角形 PQR 内。

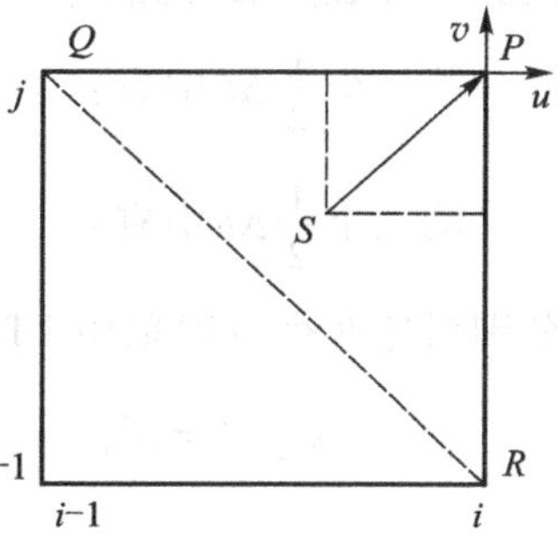

图 6.5 二维对流方程稳定性分析

当 $\Delta x=\Delta y$ 时,得到二维对流方程差分格式稳定性条件:

$$\frac{\Delta t}{\Delta x}\sqrt{u^2+v^2}\leqslant\frac{1}{\sqrt{2}} \tag{6.6.8a}$$

同样,三维对流方程差分格式稳定性条件为:

$$\frac{\Delta t}{\Delta x}\sqrt{u^2+v^2+w^2}\leqslant\frac{1}{\sqrt{3}} \tag{6.6.8b}$$

由上述分析可以得出:无论是 Burgers 方程,还是对流方程,多维流动问题显式差分格式所要求的稳定性条件都要比一维流动问题更严格。对多维流动问题计算时，要求 Δt 更小，而且维数越多，要求 Δt 越小，计算量也越来越大。因此，计算多维流动问题时一般会采用隐式差分格式，因为隐式格式是无条件稳定的，它对 Δt 要求要宽一些。但是，采用隐式格式求解时，需要进行复杂的迭代过程，而且，多维流动问题差分格式不再是三对角线代数方程组。例如，二维隐式差分格式是五对角线代数方程组，三维隐式差分格式是七对角线方程组。因此，计算量会大大增加，计算十分费时，甚至达到无法实现的情况。对于多维流动问题必须发展新的算法。

6－6－2　多维问题新算法简介

1. 算子分裂算法（分数步法）

算子分裂算法是由苏联学者提出的计算多维流动问题的算法[23]。它的基本思路为：将一个时间步 Δt 分裂成两个半时间步。在第一个 $\frac{1}{2}\Delta t$ 时间步里，只计算一个方向的流动（如 y 方向），在第二个 $\frac{1}{2}\Delta t$ 时间步里，计算另一个方向（如 x 方向）。也可以先计算 x 方向，后计算 y 方向。

Burgers 方程：

$$\frac{\partial u}{\partial t}+u\frac{\partial u}{\partial x}+v\frac{\partial u}{\partial y}=\beta\left(\frac{\partial^2 u}{\partial x^2}+\frac{\partial^2 u}{\partial y^2}\right) \tag{6.6.9}$$

按算子分裂算法思路：

第一个 $\frac{1}{2}\Delta t$ 中有：

$$\frac{1}{2}\frac{\partial u}{\partial t}+v\frac{\partial u}{\partial y}=\beta\frac{\partial^2 u}{\partial y^2} \tag{6.6.9a}$$

第二个 $\frac{1}{2}\Delta t$ 中有：

$$\frac{1}{2}\frac{\partial u}{\partial t}+u\frac{\partial u}{\partial x}=\beta\frac{\partial^2 u}{\partial x^2} \tag{6.6.9b}$$

分别对这两个方程采用 FTCS 差分格式：

$$u_{i,j}^{n+1/2}=u_{i,j}^{n}-v\frac{\Delta t}{2\Delta y}(u_{i,j+1}^{n}-u_{i,j-1}^{n})+\beta\frac{\Delta t}{\Delta y^2}(u_{i,j+1}^{n}-2u_{i,j}^{n}+u_{i,j-1}^{n}) \tag{6.6.10a}$$

$$u_{i,j}^{n+1}=u_{i,j}^{n+1/2}-u\frac{\Delta t}{2\Delta x}(u_{i+1,j}^{n}-u_{i-1,j}^{n})+\beta\frac{\Delta t}{\Delta x^2}(u_{i+1,j}^{n}-2u_{i,j}^{n}+u_{i-1,j}^{n}) \tag{6.6.10b}$$

其稳定性条件为：

$$|u|\frac{\Delta t}{\Delta x}\leqslant 2\beta\frac{\Delta t}{\Delta x^2} \tag{6.6.11a}$$

$$|v|\frac{\Delta t}{\Delta y}\leqslant 2\beta\frac{\Delta t}{\Delta y^2} \tag{6.6.11b}$$

一个二维流动问题经过算子分裂后，成为两个一维流动问题。二维流动问题稳定性条件放宽成一维流动问题稳定性条件。

一般形式算子分裂差分格式可表示为：

差分方程：

$$u_{i,j}^{n+1}=Lu_{i,j}^{n} \tag{6.6.12}$$

分裂后差分格式:

$$u_{i,j}^{n+\frac{1}{2}}=L_y u_{i,j}^{n} \tag{6.6.12a}$$

$$u_{i,j}^{n+1}=L_x u_{i,j}^{n+\frac{1}{2}} \tag{6.6.12b}$$

合并后得到总的差分格式:

$$u_{i,j}^{n+1}=L_x L_y u_{i,j}^{n} \tag{6.6.12c}$$

为了避免由于计算顺序的选择而带入人为因素,可以设计在第一个 Δt 时间步里,先计算 y 方向值,后计算 x 方向值。然后,在第二个 Δt 时间步里,先计算 x 方向值,后计算 y 方向值。由此得到:

$$u_{i,j}^{n+2}=L_y L_x L_x L_y u_{i,j}^{n} \tag{6.6.12d}$$

在分裂算法中分裂步数多少,并不是唯一的,可以分成两步,也可以分成三步或更多步。而且,分裂算法不仅可以按维数来分裂,也可以按物理效应来分裂。例如,可以把 Burgers 方程按对流项和扩散项进行分裂:

$$\left.\begin{aligned}\frac{1}{2}\frac{\partial u}{\partial t}+u\frac{\partial u}{\partial x}&=0\\ \frac{1}{2}\frac{\partial u}{\partial t}&=\beta\frac{\partial^2 u}{\partial x^2}\end{aligned}\right\} \tag{6.6.13}$$

数学上,求解偏微分方程必须同时在 x、y 方向进行,它是不能人为地分成前后计算的,因此关于分裂算法的收敛性问题需要进行严格的证明。但是,只是对线性问题分裂算法的收敛性问题做了严格证明。对于非线性问题分裂算法收敛性至今尚未得到严格证明。因此,在对非线性流动问题采用分裂算法进行计算时,所得到的数值解必须要经过实验和应用检验[24,25]。

2. 交替方向隐式差分格式(ADI 算法)

为了克服多维流动问题采用隐式差分格式计算量会大大增加的困难,Peasman、Rachford 和 Douglas 提出交替方向隐式差分格式算法(ADI 算法)。

ADI 算法的基本思路是:在不同时间层内对 x、y 两个方向分别交替采用隐式差分格式和显式差分格式。即在每一时间步内,只对一个方向采用隐式差分格式,另一个方向采用显式差分格式。

Burgers 方程为:

$$\left.\begin{aligned}\bar{u}_t+\frac{1}{2}\left(u\frac{\partial u}{\partial x}+v\frac{\partial v}{\partial y}\right)&=\frac{1}{2}\beta\left(\frac{\partial^2 u}{\partial x^2}+\frac{\partial^2 u}{\partial y^2}\right)\\ u_t+\frac{1}{2}\left(u\frac{\partial \bar{u}}{\partial x}+v\frac{\partial v}{\partial y}\right)&=\frac{1}{2}\beta\left(\frac{\partial^2 \bar{u}}{\partial x^2}+\frac{\partial^2 u}{\partial y^2}\right)\end{aligned}\right\} \tag{6.6.14}$$

在计算第一式时,在 x 方向上采用隐式,在 y 方向上采用显式。由 t_n时间层上网格点(x_i,y_j,t_n)的 $u_{i,j}^{n}$值计算得到过渡层$(x_i,y_j,\bar{t}_{n+1})$网格点的 $\bar{u}_{i,j}^{n+1}$值。而后,在计算第二式时,在 y 方向上采用隐式,在 x 方向上采用显式。由 $\bar{u}_{i,j}^{n+1}$值求出 t_{n+1}时间层网格点值 $u_{i,j}^{n+1}$。根据上述 ADI 算法基本思路,Peasman、Rachford 和 Douglas 提出了交替隐式差分格式如下：

$$\frac{u_{i,j}^{2n+1}-u_{i,j}^{2n}}{\Delta t}+\frac{u(u_{i+1,j}^{2n+1}-u_{i-1,j}^{2n+1})}{2\Delta x}+\frac{v(u_{i,j+1}^{2n}-u_{i,j-1}^{2n})}{2\Delta y}=\beta\left(\frac{u_{i+1,j}^{2n+1}-2u_{i,j}^{2n+1}+u_{i-1,j}^{2n+1}}{\Delta x^2}+\frac{u_{i,j+1}^{2n}-2u_{i,j}^{2n}+u_{i,j-1}^{2n}}{\Delta y^2}\right) \tag{6.6.15a}$$

$$\frac{u_{i,j}^{2n+2}-u_{i,j}^{2n+1}}{\Delta t}+\frac{u(u_{i+1,j}^{2n+1}-u_{i-1,j}^{2n+1})}{2\Delta x}+\frac{v(u_{i,j+1}^{2n+2}-u_{i,j-1}^{2n+2})}{2\Delta y}=\beta\left(\frac{u_{i+1,j}^{2n+1}-2u_{i,j}^{2n+1}+u_{i-1,j}^{2n+1}}{\Delta x^2}+\frac{u_{i,j+1}^{2n+2}-2u_{i,j}^{2n+2}+u_{i,j-1}^{2n+2}}{\Delta y^2}\right) \tag{6.6.15b}$$

其中微商前面的系数 u、v 可取某一网格点周围格点值的平均值。上述差分格式具有二阶精度。可以证明，它是恒稳定的。但是，如果把它推广到三维流动问题时，它是不稳定的。为此，Douglas、Rachford 对它进行了改进，提出在同一时间层上，同时进行显式和隐式交替计算的 ADI 算法差分格式：

$$\frac{\overline{u}_{i,j}^{n+1}-u_{i,j}^{n}}{\Delta t}+\frac{u(\overline{u}_{i+1,j}^{n+1}-\overline{u}_{i-1,j}^{n+1})}{2\Delta x}+\frac{v(u_{i,j+1}^{n}-u_{i,j-1}^{n})}{2\Delta y}=\beta\left(\frac{\overline{u}_{i+1,j}^{n+1}-2\overline{u}_{i,j}^{n+1}+\overline{u}_{i-1,j}^{n+1}}{\Delta x^2}+\frac{u_{i,j+1}^{n}-2u_{i,j}^{n}+u_{i,j-1}^{n}}{\Delta y^2}\right) \tag{6.6.16a}$$

$$\frac{u_{i,j}^{n+1}-u_{i,j}^{n}}{\Delta t}+\frac{u(\overline{u}_{i+1,j}^{n+1}-\overline{u}_{i-1,j}^{n+1})}{2\Delta x}+\frac{v(u_{i,j+1}^{n+1}-u_{i,j-1}^{n+1})}{2\Delta y}=\beta\left(\frac{\overline{u}_{i+1,j}^{n+1}-2\overline{u}_{i,j}^{n+1}+\overline{u}_{i-1,j}^{n+1}}{\Delta x^2}+\frac{u_{i,j+1}^{n+1}-2u_{i,j}^{n+1}+u_{i,j-1}^{n+1}}{\Delta y^2}\right) \tag{6.6.16b}$$

这个 ADI 差分格式也是二阶精度的，它是恒稳定的。而且，它可以直接推广到三维流动问题。

3. 跳点算法

上述恒稳定的隐式差分格式都是要求对每层格点逐点全部进行计算，所以是全隐式算法。

跳点算法是一种半隐式算法，如图 6.6 所示。它首先由 Sheldon 在求解 Poisson 方程时提出，而后由 Sealen、Gordon 和 Gourlay 等人将它推广应用于双曲型方程和抛物型方程。

跳点算法的基本思路为：首先将每层格点 (x_i, y_j, t_{n+1}) 分为两类不同的“ * ”和“ ◦ ”网格点。采用显式差分格式计算“ * ”点 $\overline{u}_{i,j}^{n+1}$ 值。然后，用隐式差分格式计算“ ◦ ”点 $u_{i,j}^{n+1}$ 值。设“ * ”点的上下标之和“$n+i+j+1$”为偶数，设“ ◦ ”点上下标之和“$n+i+j+1$”为奇数。

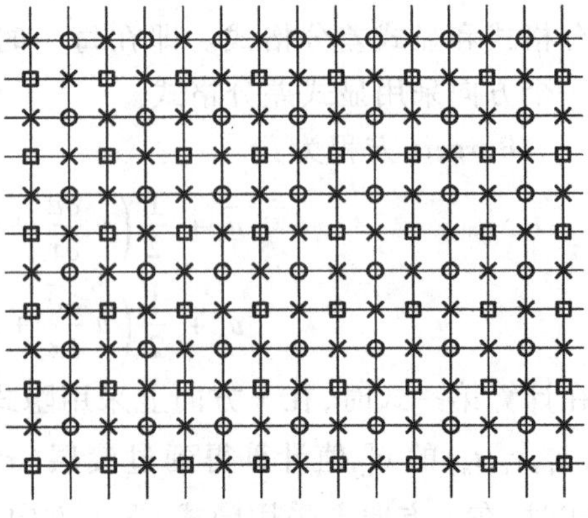

图 6.6　跳点算法示意图

不难看出,当"$n+i+j+1$"为偶数时,格点"$*$"的 $\overline{u}_{i,j}^{n+1}$ 值可以由显式差分格式计算得到。接着,计算格点"$\circ$"值,它的"$n+i+j+1$"为奇数,而 $\overline{u}_{i\pm1,j}^{n+1}$、$\overline{u}_{i,j\pm1}^{n+1}$ 值的上下标之和必为偶数,这些点的值就是格点"$*$"值,而格点"$*$"值已经由显式差分格式计算得到,它是已知的值。

当"$n+i+j+1$"为偶数时,差分格式为:

$$\overline{u}_{i,j}^{n+1}=u_{i,j}^{n}+s_x(u_{i+1,j}^{n}-2u_{i,j}^{n}+u_{i-1,j}^{n})+s_y(u_{i,j-1}^{n}-2u_{i,j}^{n}+u_{i,j+1}^{n}) \tag{6.6.17a}$$

当"$n+i+j+1$"为奇数时,差分格式为:

$$u_{i,j}^{n+1}=u_{i,j}^{n}+s_x(\overline{u}_{i+1,j}^{n+1}-2u_{i,j}^{n+1}+\overline{u}_{i-1,j}^{n+1})+s_y(\overline{u}_{i,j-1}^{n+1}-2u_{i,j}^{n+1}+\overline{u}_{i,j+1}^{n+1}) \tag{6.6.17b}$$

在式(6.6.17b)中 $\overline{u}_{i\pm1,j}^{n+1}$、$\overline{u}_{i,j\pm1}^{n+1}$ 上下标之和必为偶数,它在式(6.6.17a)中已经计算得到,是已知量。因而式(6.6.17b)实际上等价于:

$$u_{i,j}^{n+1}=\frac{u_{i,j}^{n}+s_x(\overline{u}_{i+1,j}^{n+1}+\overline{u}_{i-1,j}^{n+1})+s_y(\overline{u}_{i,j-1}^{n+1}+\overline{u}_{i,j+1}^{n+1})}{1+2s_x+2s_y} \tag{6.6.17c}$$

其中 $s_x=a^2\dfrac{\Delta t}{\Delta x^2}$,$s_y=a^2\dfrac{\Delta t}{\Delta y^2}$。

跳点算法差分格式具有二阶精度,其稳定性条件就是"$n+i+j+1$"为奇数点"$\circ$"差分格式稳定性条件。可以证明,它是恒稳定的。

4. 预估校正算法

设偏微分方程:

$$\frac{\mathrm{d}u}{\mathrm{d}t}=H(u,t) \tag{6.6.18}$$

差分格式:

$$u_j^{n+1}=u_j^n+\frac{\Delta t}{2}(H^{n+1}+H^n) \tag{6.6.19}$$

其中 $H^{n+1}=H(u_j^{n+1})$ 是一个隐式格式。预估-校正算法基本思路为:首先用显式差分格式求得 $\overline{u}_j^{n+1}$,用 $\overline{u}_j^{n+1}$ 代入 H^{n+1} 中得到 $\overline{H}^{n+1}$;然后,把 $\overline{H}^{n+1}$ 代入原差分格式求出 u_j^{n+1}。预估-校正算法的第一步采用显式差分格式,被称为预估步;第二步称为校正步。按照预估-校正算法的基本思路,采用不同的做法,可得到不同的预估-校正算法差分格式。

对流方程 $u_t+au_x=0$ 的预估-校正算法差分格式:

$$\overline{u}_j^{n+1}=u_j^n-\frac{1}{2}r(u_{j+1}^n-u_{j-1}^n) \tag{6.6.20}$$

$$u_j^{n+1}=u_j^n-\frac{1}{2}r(\overline{u}_{j+1}^{n+1}-\overline{u}_{j-1}^{n+1}) \tag{6.6.20a}$$

也可以采用其他的预估-校正算法差分格式,例如:

$$u_j^{n+1}=u_j^n-\frac{1}{2}r[(\overline{u}_{j+1}^{n+1}-\overline{u}_{j-1}^{n+1})+(u_{j+1}^n-u_{j-1}^n)] \tag{6.6.20b}$$

$$u_j^{n+1}=\frac{1}{2}(u_j^n+\overline{u}_j^{n+1})-\frac{1}{2}[r(\overline{u}_{j+1}^{n+1}-\overline{u}_{j-1}^{n+1})] \tag{6.6.20c}$$

除了上述的一些求解多维流动问题算法外，还有其他一些简化算法。如果读者感兴趣的话，可以参考有关的文献，这里不再详细介绍。

第 7 节 黏性流动 N – S 方程组的差分格式和数值解法

6 – 7 – 1 黏性流动 N – S 方程组特性分析

在科学研究和工程应用中许多流动问题的黏性效应是必须考虑的。可压缩黏性流动 N – S 方程组具有双曲 – 抛物型性质，在黏性占主要地位的流动中，它主要表现为抛物型性质。求解黏性流动 N – S 方程组时关键问题是如何给出高精度差分格式和数值解法[26,27]。

黏性流动 N – S 方程组是由对流项和黏性项组成的。从数值计算角度看，黏性项差分算法是比较容易解决的，一般采用中心差分格式，黏性项的引入主要是增加计算工作量。但是，计算实践表明，精确高效求解黏性流动 N – S 方程组还是相当困难的，特别是求解高雷诺数 Re 的黏性流动 N – S 方程。无论从数值解法，还是对计算机容量和速度的要求，至今还存在不少难以克服的困难。

求解黏性流动 N – S 方程组的困难是：首先，由于 N – S 方程是非线性的，它将可能引起方程的解出现分岔现象，从而使 N – S 方程得不到唯一解（见 H. Schlichting 著《Boundary-Layer Theory》，99 页）。其次，人们普遍承认 N – S 方程组能描述包括湍流在内的所有流体流动，湍流可以通过对 N – S 方程组直接数值模拟得到。但是，在湍流中包含着不同尺度的涡运动，其最大尺度 L 可以和宏观流动的平均特征尺度相比，而最小尺度 η 则和黏性耗散速度有关，$\eta=\left(\dfrac{\nu^3}{\varepsilon^4}\right)^{\frac{1}{4}}$，其中 ν 是流体黏性，ε 是涡能。尺度比 $\dfrac{L}{\eta}$ 随着雷诺数 Re 增大而迅速增加。湍流理论已经证明湍流中尺度比和雷诺数的关系：

$$\frac{L}{\eta}\approx Re^{\frac{3}{4}},\qquad 其中\ Re=\frac{u'L}{\nu} \tag{6.7.1}$$

其中 u' 为湍流脉动速度。为了直接数值模拟湍流，一方面要求计算区域尺度应该大到足以包含最大尺度的涡；另一方面又要求计算网格尺度应该小到足以分辨最小尺度涡的运动。因此，在直接数值模拟湍流时要求整个计算区域上网格总数应该不少于 $N\approx Re^{\frac{9}{4}}$。同时，数值模拟的时间尺度应该大于大涡变化的时间尺度 $\dfrac{L}{u'}$，而计算时间步长又应该小于小涡变化的时间尺度 $\dfrac{\eta}{u'}$。为了直接数值模拟湍流，要求计算时间步数不少于：

$$\frac{L}{\eta}\approx Re^{\frac{3}{4}} \tag{6.7.2}$$

由此可知,直接数值模拟湍流,总的计算量应该正比于 Re^3。在工程湍流问题中雷诺数通常大于 10^6。因此,对湍流进行直接模拟,要求计算机容量和计算量至少应该大约为 10^{20} 量级以上。如此巨大的计算机容量和计算量,目前世界上最大和最快的计算机几乎都无法实现[28]。

6-7-2　一维黏性流动守恒型 N-S 方程组数值解法

一维黏性流动 N-S 方程组:

$$\boldsymbol{u}_t + \boldsymbol{f}_x = \boldsymbol{s}_x \tag{6.7.3}$$

$$\boldsymbol{u} = \begin{pmatrix} \rho \\ \rho u \\ E \end{pmatrix}, \quad \boldsymbol{f} = \begin{pmatrix} \rho u \\ \rho u^2 + p \\ u(E+p) \end{pmatrix}, \quad \boldsymbol{s} = \begin{pmatrix} s_1 \\ s_2 \\ s_3 \end{pmatrix} = \begin{pmatrix} 0 \\ \dfrac{4}{3}\dfrac{\mu}{Re}\dfrac{\partial u}{\partial x} \\ \dfrac{4}{3}\dfrac{\mu u}{Re}\dfrac{\partial u}{\partial x} + \dfrac{c_p K}{Pr\, Re}\dfrac{\partial T}{\partial x} \end{pmatrix} \tag{6.7.3a}$$

气体状态方程:

$$p = \frac{1}{\gamma M_\infty^2}\rho T \tag{6.7.3b}$$

其中

$$E = \rho\left(c_v T + \frac{1}{2}u^2\right), \quad c_v = \frac{1}{\gamma(\gamma-1)M_\infty^2}, \quad c_p = \gamma c_v \tag{6.7.3c}$$

M_∞ 为来流马赫数,μ 为黏性系数。对黏性项可采用二阶精度差分格式:

$$\frac{\partial s_2}{\partial x} \approx \frac{4}{3}\frac{\mu_{i+\frac{1}{2}}(u_{i+1}-u_i) - \mu_{i-\frac{1}{2}}(u_i - u_{i-1})}{Re\Delta x^2} \tag{6.7.4}$$

由于 N-S 方程组数值计算复杂和计算量大,一般都采用隐式差分格式。但是,采用隐式格式计算时需要迭代,计算量也很大。下面介绍一种求解 N-S 方程隐式差分格式的简化算法[29]。

设 $\boldsymbol{A}_0$ 为 $\boldsymbol{u}$ 对 $\boldsymbol{u}_0$ 的 Jacobian 系数矩阵:

$$\boldsymbol{A}_0 = \frac{\mathrm{D}(\boldsymbol{u})}{\mathrm{D}(\boldsymbol{u}_0)} \tag{6.7.5}$$

设

$$\boldsymbol{u} = (\rho \quad \rho u \quad E)^{\mathrm{T}}, \quad \boldsymbol{u}_0 = (\rho \quad u \quad T)^{\mathrm{T}} \tag{6.7.5a}$$

$$\boldsymbol{A}_0 = \begin{pmatrix} 1 & 0 & 0 \\ u & \rho & 0 \\ c_v T + \dfrac{u^2}{2} & \rho u & c_v \rho \end{pmatrix} \tag{6.7.5b}$$

设

$$\boldsymbol{B} = \boldsymbol{B}_0 \boldsymbol{A}_0^{-1} \tag{6.7.6}$$

$$\boldsymbol{B}_0=\begin{pmatrix}0 & 0 & 0\\ 0 & \dfrac{4\mu}{3Re} & 0\\ 0 & \dfrac{4\mu u}{3Re} & \dfrac{c_p\mu}{prRe}\end{pmatrix},\quad \boldsymbol{A}_0^{-1}=\begin{pmatrix}1 & 0 & 0\\ -\dfrac{u}{\rho} & \dfrac{1}{\rho} & 0\\ \dfrac{u^2-\dfrac{E}{\rho}}{\rho c_v} & -\dfrac{u}{\rho c_v} & \dfrac{1}{\rho c_v}\end{pmatrix} \tag{6.7.6a}$$

上述 N－S 方程组可改写为：

$$\frac{\partial \boldsymbol{u}}{\partial t}+\frac{\partial \boldsymbol{f}}{\partial x}=\frac{\partial}{\partial x}\boldsymbol{B}\frac{\partial \boldsymbol{u}}{\partial x} \tag{6.7.7}$$

将 $\boldsymbol{u}^{n+1}$ 在 t_n 时刻进行 Taylor 展开，并利用式(6.7.5)可得到：

$$\begin{aligned}\boldsymbol{u}^{n+1}=\boldsymbol{u}^n+\Delta t\left(\frac{\partial}{\partial x}\boldsymbol{B}\frac{\partial \boldsymbol{u}}{\partial x}-\frac{\partial \boldsymbol{f}}{\partial x}\right)+\\ \frac{\Delta t^2}{2}\left\{\alpha\frac{\partial^2 \boldsymbol{u}}{\partial t^2}+\beta\left[-\frac{\partial}{\partial x}\boldsymbol{A}\frac{\partial \boldsymbol{u}}{\partial t}+\frac{\partial}{\partial t}\left(\frac{\partial}{\partial x}\boldsymbol{B}\frac{\partial \boldsymbol{u}}{\partial x}\right)\right]\right\}\end{aligned} \tag{6.7.8}$$

其中 $\alpha+\beta=1$。式{}中的项主要起两个作用：

(1) 控制时间方向精度。

(2) 可以对式(6.7.8)作简化处理。

为了简化，可将{}内黏性项 $\frac{\Delta t^2}{2}\beta\frac{\partial}{\partial t}\left(\frac{\partial}{\partial x}\boldsymbol{B}\frac{\partial \boldsymbol{u}}{\partial x}\right)$ 用 $\frac{\Delta t^2}{2}\beta\frac{\partial}{\partial x}\left(\frac{\partial}{\partial x}\boldsymbol{B}\frac{\partial \boldsymbol{u}}{\partial t}\right)$ 来代替。由于 $B\approx\frac{1}{Re}$，因而简化处理带来的误差大约为 $O\left(\frac{\Delta t^2}{Re}\right)$。即使在 Re 较大时，这种简化处理也不会给差分格式带来很大误差，在求解定常问题时也不会影响定常解。

简化后差分格式为：

$$\Delta \boldsymbol{u}_j^n=\frac{1}{1-\dfrac{\alpha}{2}}\left[\frac{\Delta t}{\Delta x^2}\delta_x(\boldsymbol{B}_0\delta_x\boldsymbol{u}_0)-\frac{\Delta t}{\Delta x}\delta_x\boldsymbol{f}-\frac{\alpha}{2}\delta_x\boldsymbol{u}\right]_j^n \tag{6.7.9a}$$

$$\left[\boldsymbol{I}+\sigma\left(\frac{\Delta t}{\Delta x}\delta_x\boldsymbol{A}-\frac{\Delta t}{\Delta x^2}\delta_x\boldsymbol{B}\delta_x\right)\right]\delta_t\boldsymbol{u}_j^{n+1}=\Delta\boldsymbol{u}_j^n \tag{6.7.9b}$$

式中 $\sigma=\dfrac{\dfrac{\beta}{2}}{1-\left(\dfrac{\alpha}{2}\right)}$。对黏性项采用中心差分格式，而对其他项采用不同的 α 和 β 值、不同的矩阵、不同的流通量矢量分裂算法和不同的差分格式。对于多维流动问题可采用类似的方法进行差分计算。一般情况下，由于空间混合微商项对稳定性影响不大，在含有 β 项的隐式部分中可将空间混合微商项忽略。

第 8 节　差分格式的时间微商离散问题

对于非定常流动问题，在空间上采用高阶精度差分格式后，在时间上也需要采用高阶精度差商，以使时间和空间在计算精度上能相互适应。

6-8-1 时间微商直接离散法

时间微商直接离散法是采用简单的时间差商来代替时间微商。例如,热传导方程 $u_t=\beta u_{xx}$的 Crank-Nicolson 差分格式:

$$\frac{u_j^{n+1}-u_j^n}{\Delta t}=\theta\beta\frac{u_{j+1}^{n+1}-2u_j^{n+1}+u_{j-1}^{n+1}}{\Delta x^2}+(1-\theta)\beta\frac{u_{j+1}^n-2u_j^n+u_{j-1}^n}{\Delta x^2} \tag{6.8.1}$$

其中参数$0\leqslant\theta\leqslant1$。当$\theta=0$时,它为显式格式;当$\theta=1$时,它为隐式格式。将$u_j^{n+1}$在$\left(n+\frac{1}{2},j\right)$点进行 Taylor 展开,得到在时间和空间上都有二阶精度的差分格式。

6-8-2 时间微商 Runge-Kutta 离散法

设半离散化方程为:

$$\frac{\mathrm{d}u}{\mathrm{d}t}=L_h(u) \tag{6.8.2}$$

其中L_h为空间离散算子。上式的时间项通常可采用 Runge-Kutta 离散方法得到不同精度的时间差商格式:

(1) 一阶精度时间差商格式:

$$u_j^{n+1}=u_j^n+\Delta tL_h(u^n) \tag{6.8.3}$$

(2) 二阶精度时间差商格式:

$$\left.\begin{aligned}u_j^{(1)}&=u_j^n+\Delta tL_h(u_j^n)\\u_j^{n+1}&=\frac{1}{2}(u_j^n+u_j^{(1)})+\frac{1}{2}\Delta tL_h(u^{(1)})\end{aligned}\right\} \tag{6.8.4}$$

(3) 三阶精度时间差商格式:

$$\left.\begin{aligned}u_j^{(1)}&=u_j^n+\Delta tL_h(u_j^n)\\u_j^{(2)}&=\frac{3}{4}u_j^n+\frac{1}{4}u_j^{(1)}+\frac{1}{4}\Delta tL_h(u^{(1)})\\u_j^{(3)}&=\frac{1}{3}u_j^n+\frac{2}{3}u_j^{(2)}+\frac{2}{3}\Delta tL_h(u^{(2)})\end{aligned}\right\} \tag{6.8.5}$$

(4) 四阶精度时间差商格式:

$$\left.\begin{aligned}u_j^{(1)}&=u_j^n+\frac{1}{2}\Delta tL_h(u_j^n)\\u_j^{(2)}&=u_j^n+\frac{1}{2}\Delta tL_h(u_j^{(1)})\\u_j^{(3)}&=u_j^n+\Delta tL_h(u_j^{(2)})\\u_j^{n+1}&=\frac{1}{3}(-u_j^n+u_j^{(1)}+2u_j^{(2)}+u_j^{(3)})+\frac{1}{6}\Delta tu_j^{(3)}\end{aligned}\right\} \tag{6.8.6}$$

参考文献

[1] Hildebrand F B. Finite difference equations and simulations [M], Englewood Cliffs: Prentice-Hall, 1968.

[2] Emery A F. An evaluation of several differencing methods for inviscid fluid flow problems [J]. Journal of Computational Physics, 1968, 2:306 - 331.

[3] Dahlquist G., Bjorck A, Andeson N. Numerical method [M]. Englewood Cliffs: Prentice-Hill, 1974.

[4] Richtmyer R D, Morton K W. Difference method for initial value problems [M]. 2nd ed. John Wiley & Sons, 1967.

[5] Vinokur M. The conservation equations of gas dynamics in curvilinear coordinate systems [J]. Journal of Computational Physics, 1974, 14:105 - 125.

[6] Crandall M G, Majda A. Monotone difference approximations for scalar conservation laws [J]. Mathematics of Computation, 1980, 34(149):1 - 21.

[7] Saltzman J S. Monotone difference schemes for linear advection equation in two and three dimensions [R]. LAUR 87 - 2479, 1987.

[8] Lax P D, Wendroff B. Difference scheme for hyperbolic equations with high order of accuracy [J]. Communications on Pure and Applied Mathematics, 1964, 17: 381 - 398.

[9] MacCormack R W. The effect of viscosity in hypervelocity impact cratering [R]. AIAA Paper 69 - 354, 1969.

[10] Rusanov V V. On calculation accuracy in gas flow problems with shock type discontinuities [M]. Lecture Notes in Physics, 1982.

[11] Rusanov V V. On difference schemes of third order accuracy for nonlinear hyperbolic systems [J]. Journal of Computational Physics, 1970, 5(1):507 - 516.

[12] Collela P. Multidimensional upwind method for hyperbolic conservation law [J]. Journal of Computational Physics, 1990, 87:171 - 200.

[13] Warming R F, Beam R M. Upwind second order difference scheme and application in unsteady aerodynamic flows [J]. AIAA, 1976, 14(9):1241 - 1249.

[14] Leonard B P. A stable and accurate convection modeling procedure based on quadratic upstream interpolation [J]. Computer Methods in Applied Mechanics and Engineering, 1979, 19:59 - 98.

[15] Leonard B P, Wray A A. A new numerical method for simulation of three dimensional flow in a pipe [M] // Krause E. Lecture Notes in Physics 170. Berlin: Springer, 1982.

[16] Beam R M, Warming R F. An implicit finite difference algorithm for hyperbolic

systems in conservation law form [J]. Journal of Computational Physics, 1976, 22:87 – 110.

[17] 儒可夫.应用特征线方法数值解气体动力学一维问题[M].上海:上海科学技术出版社,1963.

[18] Matsoukis P F C. The application of the method of characteristics for the simulation of nearly horizontal flow in two and three spatial dimensions [J]. International Journal for Numerical Methods in Fluids, 1992,14(4):379 – 401.

[19] Chakravarthy S R. The split coefficient matrix method for hyperbolic systems of gas dynamics [R]. AIAA Paper 80 – 0268, 1980.

[20] Steger J, Warming R F. Flux vector splitting of the inviscid gas-dynamic equations with application to finite difference methods [J]. Journal of Computational Physics, 1981, 40(2):263 – 293.

[21] Van Leer B. Flux-vector splitting for the Euler equations [R]. ICASE Report – 82 – 30, 1982.

[22] Liou M S, Steeffen C J Jr. A new flux splitting scheme [J]. Journal of Computational Physics, 1993, 107(1):23 – 39.

[23] Yanenko N N. The method of fractional steps [M]. Berlin: Springer-Verlag, 1971.

[24] Kim J, Moin P. Application of a fractional step method to incompressible Navier-Stokes equation [J]. Journal of Computational Physics, 1985, 59:308 – 323.

[25] MacCormack R W, Paullay A J. Computational efficiency achieved by time splitting of finite difference operators [R]. AIAA Paper 72 – 154,1972.

[26] MacCormack R W. Current status of numerical solution of the Navier-Stokes equations [R]. AIAA Paper 85 – 0032, 1985.

[27] Holt T L. The relative merits of several numerical techniques for solving the compressible Navier-Stokes equations [R]. NASA – CP – 76 – 2001, 1976.

[28] Briley W R, McDonald H. Solution of three dimensional Navier-Stokes equations by an implicit technique [M]. Proceedings of the 4th International Conference on Numerical Method in Fluid Dynamics, Lecture Notes in Physics, Berlin: Springer-Verlag, 1975(35).

[29] 傅德薰,马延文.计算流体力学[M].北京:高等教育出版社,2002.

第七章 差分方程(组)数值解法

流动方程组离散化后会得到一组代数方程组,它们可能是线性的,也可能是非线性的。无论是线性的,还是非线性的,如何精确和高效地求解它们是关键[1~4]。可以发现:流动方程组离散化后得到的代数方程组,大都具有稀疏矩阵特性(远离对角线的矩阵元素为零)。这为求解它们带来很大方便。

第1节 Gauss 消去法

设代数方程组:

$$\boldsymbol{AX}=\boldsymbol{b} \tag{7.1.1}$$

其中 $\boldsymbol{b}$ 为已知的 n 维矢量,$\boldsymbol{X}$ 为需要求解的 n 维未知矢量,$\boldsymbol{A}$ 为 $n\times n$ 矩阵:

$$\boldsymbol{A}=\begin{pmatrix} a_{11} & a_{12} & a_{13} & \cdots & a_{1n} \\ a_{21} & a_{22} & a_{23} & \cdots & a_{2n} \\ a_{31} & a_{32} & a_{33} & \cdots & a_{3n} \\ \vdots & \vdots & \vdots & & \vdots \\ a_{n1} & a_{n2} & a_{n3} & \cdots & a_{nn} \end{pmatrix} \tag{7.1.2}$$

Guass 消去法是求解线性代数方程组最基本的直接求解法。Guass 消去法由正过程和反过程组成。正过程是一个消去过程,通过消去过程把原来巨大的方程组的未知数逐步缩小,最后化为只有一个未知数的方程;反过程是一个求解过程,首先求解只有一个未知数的方程,然后,通过逐次代入过程求出所有的未知数。

Guass 消去法的基本思路为:将方程(7.1.1)的矩阵 $\boldsymbol{A}$ 中的第一行乘以 $-\dfrac{a_{21}}{a_{11}}$加到第二行中,得到的矩阵的第二行第一个元素为零,矩阵的第二行的其他元素(包括方程右端元素)都要改变。通过类似的方法,将第一行乘以 $-\dfrac{a_{j1}}{a_{11}}$加到第 j 行中,可使

矩阵中第 j 行第一个元素为零:

$$A=\begin{pmatrix} a_{11} & a_{12} & a_{13} & \cdots & a_{1n} \\ 0 & a_{22} & a_{23} & \cdots & a_{2n} \\ 0 & a_{32} & a_{33} & \cdots & a_{3n} \\ \vdots & \vdots & \vdots & & \vdots \\ 0 & a_{n2} & a_{n3} & \cdots & a_{nn} \end{pmatrix} \tag{7.1.3}$$

采用类似的方法,可消去 a_{32}、a_{43}、…、$a_{n(n-1)}$,最后,矩阵 $\boldsymbol{A}$ 成为:

$$A=\begin{pmatrix} a_{11} & a_{12} & a_{13} & \cdots & a_{1n} \\ 0 & a_{22} & a_{23} & \cdots & a_{2n} \\ 0 & 0 & a_{33} & \cdots & a_{3n} \\ \vdots & \vdots & \vdots & & \vdots \\ 0 & 0 & 0 & \cdots & a_{nn} \end{pmatrix} \tag{7.1.4}$$

对应于矩阵(7.1.4)的代数方程组是只包含一个未知量 x_n 的方程:

$$x_n=\frac{b_n}{a_{nn}} \tag{7.1.5}$$

在求得 x_n 后,利用倒数第二个方程可求得 x_{n-1},然后可逐次求出 x_{n-2}、…、x_1,代数方程组(7.1.1)的未知数就全部被求得。x_j 的求解公式为:

$$x_j=\frac{b_j-\sum\limits_{k=j+1}^{n}a_{jk}x_k}{a_{jj}},\quad (j=n-1,n-2,\cdots,1) \tag{7.1.6}$$

当求解的矩阵维数很大时,应考虑到在计算过程中舍入误差的积累,为此一般都采用主元消去法。但是在计算流体力学中遇到的矩阵都为稀疏矩阵,因而舍入误差积累并不严重。

第 2 节　追赶法

7－2－1　标量追赶法

设热传导方程:

$$u_t-\beta u_{xx}=0 \tag{7.2.1}$$

边界条件:

$$u(0,t)=a_0,\quad u(1,t)=b_0 \tag{7.2.1a}$$

采用隐式差分格式:

$$u_j^{n+1}=u_j^n+\sigma(u_{j+1}^{n+1}-2u_j^{n+1}+u_{j-1}^{n+1}) \tag{7.2.2}$$

其中 $\sigma=\beta\dfrac{\Delta t}{\Delta x^2}$。经过整理,并略去上标后,上式可简化为:

$$b_1u_1+c_1u_2=d_1 \tag{7.2.3a}$$

$$a_j u_{j-1} + b_j u_j + c_j u_{j+1} = d_j \tag{7.2.3b}$$

$$a_m u_{m-1} + b_m u_m = d_m \tag{7.2.3c}$$

其中

$$\left.\begin{aligned} & a_j = -\beta\frac{\Delta t}{\Delta x^2},\quad b_j = 1 + 2\beta\frac{\Delta t}{\Delta x^2},\quad c_j = -\beta\frac{\Delta t}{\Delta x^2},\quad d_j = u_j^n \\ & d_1 = u_1^n + \beta\frac{\Delta t}{\Delta x^2}a_0,\quad d_m = u_m^n + \beta\frac{\Delta t}{\Delta x^2}b_0 \\ & (j = 1,2,\cdots,m) \end{aligned}\right\} \tag{7.2.3d}$$

实际上,这个代数方程组就是式(7.1.1)。它可以采用追赶法求解。

标量追赶法基本思路:设求解的代数方程组为:

$$u_j = A_j u_{j+1} + B_j \tag{7.2.4}$$

若系数 A_j 和 B_j 是已知的,且 u_{j+1} 也是已知的,则由上式求出 u_j,再利用 u_j 可求出 u_{j-1},逐次可求出 u_{j-2}、u_{j-3}、$\cdots u_1$。为了求解上式,首先需要求出系数 A_j 和 B_j。为此,首先需要把 u_{j-1} 代替式(7.2.4)中的 u_j,得到 u_{j-1} 表达式,再把 u_{j-1} 表达式代入式(7.2.3b)中得到:

$$u_j = -\frac{c_j}{b_j + a_j A_{j-1}}u_{j+1} + \frac{d_j - a_j B_{j-1}}{b_j + a_j A_{j-1}} \tag{7.2.5}$$

对照式(7.2.4)和式(7.2.5)得到:

$$A_j = -\frac{c_j}{b_j + a_j A_{j-1}},\quad B_j = \frac{d_j - a_j B_{j-1}}{b_j + a_j A_{j-1}} \tag{7.2.6}$$

在上式中 a_j、b_j、c_j 是已知量。因此,如果 A_1 和 B_1 值已知,则由式(7.2.6)就可以求出所有的 A_j 和 $B_j(j = 2,\cdots,m-1)$。而 A_1 和 B_1 可由式(7.2.3a)求出:

$$\left.\begin{aligned} & u_1 = -\frac{c_1}{b_1}u_2 + \frac{d_1}{b_1} \\ & A_1 = -\frac{c_1}{b_1},\quad B_1 = \frac{d_1}{b_1} \end{aligned}\right\} \tag{7.2.7}$$

其中 b_1 和 c_1 由边界条件确定。由边界条件求解 A_j 和 B_j 的过程称为正追赶过程。

假设所需的 A_j 和 B_j 已求出,则利用 $j = m-1$ 点的式(7.2.4)及式(7.2.3c)可得到:

$$\left.\begin{aligned} & u_{m-1} - A_{m-1}u_m = B_{m-1} \\ & a_m u_{m-1} + b_m u_m = d_m \end{aligned}\right\} \tag{7.2.8}$$

由此可求出 u_m:

$$u_m = \frac{d_m - a_m B_{m-1}}{b_m + a_m A_{m-1}} \tag{7.2.9}$$

由式(7.2.9)求得 u_m 后,再由式(7.2.4)可求出所有的 u_j。利用式(7.2.4)求 u_j 的过程称为反追赶过程。

在不同边界条件下,正追赶过程中确定 A_1 和 B_1 的方法和反追赶过程中确定 u_m

的方法是不同的。当矩阵 $\boldsymbol{A}$ 的维数很大时，应注意舍入误差的积累，它将影响到正追赶过程和反追赶过程的计算稳定性。可以证明，追赶过程稳定的条件是矩阵的系数满足条件：

$$|a_j| + |c_j| \leqslant |b_j| \tag{7.2.10}$$

7-2-2　*LU* 分解法

LU 分解法是追赶法方法的另一种形式。***LU*** 分解法基本思路是：首先将矩阵 $\boldsymbol{A}$ 分解为两个子矩阵的乘积：

$$\boldsymbol{A} = \boldsymbol{L}\boldsymbol{U} \tag{7.2.11}$$

其中 $\boldsymbol{L}$ 为下三角矩阵，$\boldsymbol{U}$ 为上三角矩阵：

$$\boldsymbol{L} = \begin{pmatrix} a_{11} & 0 & 0 & \cdots & 0 \\ a_2 & a_{22} & 0 & \cdots & 0 \\ 0 & a_3 & a_{33} & \cdots & 0 \\ \vdots & \vdots & \vdots & & \vdots \\ 0 & 0 & 0 & \cdots & a_{mm} \end{pmatrix}, \quad \boldsymbol{U} = \begin{pmatrix} 1 & -A_1 & 0 & \cdots & 0 \\ 0 & 1 & -A_2 & \cdots & 0 \\ 0 & 0 & 1 & \cdots & 0 \\ \vdots & \vdots & \vdots & & \vdots \\ 0 & 0 & 0 & \cdots & 1 \end{pmatrix} \tag{7.2.12}$$

利用已知矩阵 $\boldsymbol{A}$ 的元素及关系式(7.2.11)得到：

$$\left.\begin{array}{ll} a_{11} = b_1, & A_1 = -\dfrac{c_1}{a_{11}} \\ a_{22} = b_2 + a_2 A_1, & A_2 = -\dfrac{c_2}{a_{22}} \\ \cdots\cdots & \cdots\cdots \\ a_{jj} = b_j + a_j A_{j-1}, & A_j = -\dfrac{c_j}{a_{jj}} \end{array}\right\} \tag{7.2.13}$$

按顺序求出矩阵 $\boldsymbol{L}$ 和 $\boldsymbol{U}$ 的元素 a_{11}、A_1、a_{22}、A_2、…。

由于 $\boldsymbol{A} = \boldsymbol{L}\boldsymbol{U}$，原代数方程组 $\boldsymbol{A}\boldsymbol{X} = \boldsymbol{b}$ 可以写成 $\boldsymbol{L}\boldsymbol{U}\boldsymbol{X} = \boldsymbol{b}$。设 $\boldsymbol{U}\boldsymbol{X} = \boldsymbol{Y}$，则求 $\boldsymbol{A}\boldsymbol{X} = \boldsymbol{b}$，就是求解：

$$\boldsymbol{L}\boldsymbol{Y} = \boldsymbol{b} \tag{7.2.14a}$$

$$\boldsymbol{U}\boldsymbol{X} = \boldsymbol{Y} \tag{7.2.14b}$$

首先由方程(7.2.14a)求出矢量 $\boldsymbol{Y}$，然后由式(7.2.14b)求出矢量 $\boldsymbol{X}$。前面介绍的正追赶过程相当于求解方程(7.2.14a)，反追赶过程相当于求解方程(7.2.14b)。由此可以看出，采用 Gauss 消去法和追赶法求解三对角矩阵代数方程组的过程，相当于求解两个更简单的代数方程组 $\boldsymbol{L}$ 和 $\boldsymbol{U}$。

第 3 节　迭代法

7-3-1　迭代法简介

上述消去法和追赶法对求解离散后的代数方程组没有特别的优势，采用迭代法来求解方程组在收敛速度上有一定的优势。迭代法基本思路为：首先对求解的未知量给一个预测值，代入代数方程组，它一定不满足方程组。利用一些特性对预测值进行修正，并把修正后的预测值再代入方程组，它仍不满足方程组。再修正预测值，再代入方程组，通过不断迭代过程，直到收敛于数值解[5~8]。

设代数方程组(7.1.1)在进行 n 次迭代后得到近似解为 $\boldsymbol{X}^n$，它并不满足方程组，将其代入原方程组后，会产生余量 $\boldsymbol{\rho}^n$：

$$\boldsymbol{A}\boldsymbol{X}^n = \boldsymbol{b} - \boldsymbol{\rho}^n \tag{7.3.1}$$

设 $\boldsymbol{X}$ 为原代数方程组精确解，$\boldsymbol{\varepsilon}^n$ 为迭代误差：

$$\boldsymbol{\varepsilon}^n = \boldsymbol{X} - \boldsymbol{X}^n \tag{7.3.2}$$

把上式代入(7.3.1)后，则 $\boldsymbol{\varepsilon}^n$ 满足方程：

$$\boldsymbol{A}\boldsymbol{\varepsilon}^n = \boldsymbol{\rho}^n \tag{7.3.3}$$

如果 $\boldsymbol{\rho}^n$ 或 $\boldsymbol{\varepsilon}^n$ 趋于零，迭代的解 $\boldsymbol{X}^n$ 就一定收敛于原代数方程组的解 $\boldsymbol{X}$。

7-3-2　Gauss-Seidel 迭代法

设 Poisson 方程为：

$$u_{xx} + u_{yy} = f \tag{7.3.4}$$

在 x 和 y 方向上的二阶导数均采用具有二阶精度的中心差分格式：

$$A(u_{i+1,j} - 2u_{i,j} + u_{i-1,j}) + B(u_{i,j+1} - 2u_{i,j} + u_{i,j-1}) = f_{i,j} \tag{7.3.5}$$

其中 $A = \dfrac{1}{\Delta x^2}$，$B = \dfrac{1}{\Delta y^2}$，$\Delta x$ 和 Δy 分别为 x 和 y 方向网格间距，图 7.1 给出了网格示意图。对中心差分格式(7.3.5)采用一种最简单、直接的迭代法：

$$u_{i,j}^{p+1} = \frac{A(u_{i-1,j}^p + u_{i+1,j}^p) + B(u_{i,j-1}^p + u_{i,j+1}^p) - f_{i,j}}{2(A+B)} \tag{7.3.6}$$

这里 p 为迭代次数。由此迭代式可知，点 (i,j) 新的迭代值是上次迭代值的加权平均值。但是，这种简单迭代方法收敛速度很慢。

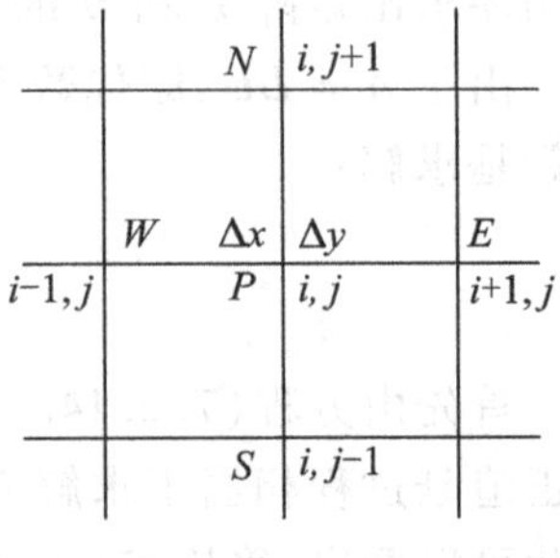

图 7.1　迭代方法网格示意图

Gauss-Seidel 迭代法，简称 G-S 迭代法，具有形式简单，收敛速度较快的特点。假设求解过程是按 x 和 y 增长方向进行，于是在求点 (i,j) 的值时，在 $(i-1,j)$ 和 $(i,j-1)$ 点上的值实际上已经求出。G-S 迭代法基本

思路是把已经求得的值,立即代入迭代式中去。它的迭代差分格式为:

$$u_{i,j}^{p+1}=\frac{A(u_{i-1,j}^{p+1}+u_{i+1,j}^{p})+B(u_{i,j-1}^{p+1}+u_{i,j+1}^{p})-f_{i,j}}{2(A+B)} \tag{7.3.7}$$

7-3-3　松弛迭代法

松弛迭代法是对 G-S 迭代法的一种改进。其差分格式为:

$$u_{i,j}^{p+1}=\omega\frac{A(u_{i-1,j}^{p+1}+u_{i+1,j}^{p})+B(u_{i,j-1}^{p+1}+u_{i,j+1}^{p})-f_{i,j}}{2(A+B)}+(1-\omega)u_{i,j}^{p} \tag{7.3.8}$$

式中 ω 被称为松弛因子。当 $\omega=1$ 时,松弛迭代法就是 Gauss-Seidel 迭代法;当 $\omega>1$ 时被称为超松弛迭代(Seccessive Over-Relaxation)法,简称 SOR 法。它可以加速迭代收敛速度。SOR 法的松弛因子一般需要通过调试得到。最优松弛因子可通过理论分析得到,它会随着计算区域内网格点增多而增大。计算实践发现,当所选择的松弛因子小于最优松弛因子时,在迭代过程中变量迭代值的变化是单调的;当所选的松弛因子大于最优松弛因子时,迭代过程中变量迭代值的变化会随迭代次数发生摆动,由此也可以确定最优松弛因子。

第4节　交替方向隐式差分法(ADI 法)

7-4-1　ADI 法基本思路和求解步骤

交替方向隐式差分法也称为 ADI 法。它是为求解隐式差分格式所设计的一种简化算法。众所周知,在求解全隐的差分格式时,迭代法既复杂又费时,而且不易收敛。ADI 法是对迭代法的一种改进,它既方便又能较快收敛。它的基本思路为:把一个全隐差分格式分解成几个简单的部分隐式或部分显式的差分格式,每部分的差分计算比较简单,收敛速度也较快[9,10]。

1. 对流方程 ADI 法差分格式

对流方程:

$$u_t+au_x=0 \tag{7.4.1a}$$

设 $f=au$,得到守恒型方程:

$$u_t+f_x=0 \tag{7.4.1b}$$

把 u_j^{n+1} 在 u_j^n 点上进行 Taylor 展开,得到:

$$\begin{aligned}u_j^{n+1}&=u_j^n-\Delta t\frac{\partial u}{\partial t}+\frac{\Delta t^2}{2}\left(\frac{\partial^2 u}{\partial t^2}\right)+\cdots\\&=u_j^n-\Delta t\frac{\partial f}{\partial x}+\frac{\Delta t^2}{2}\left(\frac{\partial^2 u}{\partial t^2}\right)+\cdots\end{aligned} \tag{7.4.2}$$

由上式可以得到:

$$u_j^{n+1}=u_j^n-\Delta t\frac{\partial f}{\partial x}+\frac{\Delta t^2}{2}\frac{\partial}{\partial t}\left(a\frac{\partial u}{\partial x}\right)+\cdots \tag{7.4.2a}$$

$$u_j^{n+1} = u_j^n - \Delta t \frac{\partial f}{\partial x} + \frac{\Delta t^2}{2} \frac{\partial}{\partial x}\left(a^2 \frac{\partial u}{\partial x}\right) + \cdots \tag{7.4.2b}$$

不失一般性，引入参数 α、β、γ，并设 $\alpha + \beta + \gamma = 1$，通过如下运算：

$$\alpha \times 式(7.4.2a) + \beta \times 式(7.4.2b) + \gamma \times 式(7.4.2c)$$

能得到一般形式全隐差分格式：

$$u_j^{n+1} = u_j^n - \Delta t \frac{\partial f}{\partial x} + \frac{\Delta t^2}{2}\left[\alpha \frac{\partial^2 u}{\partial t^2} - \beta \frac{\partial}{\partial t}\left(a \frac{\partial u}{\partial x}\right) + \gamma \frac{\partial}{\partial x}\left(a^2 \frac{\partial u}{\partial x}\right)\right] + \cdots \tag{7.4.3}$$

为了简化上式，定义算子符号为：

$$\left.\begin{aligned} &\delta_t u^{n+1} = u^{n+1} - u^n, \quad \delta_t^2 u^{n+1} = \delta_t u^{n+1} - \delta_t u^n \\ &\delta_x^+ u_j = u_{j+1} - u_j, \quad \delta_x^- u_j = u_j - u_{j-1}, \quad \delta_x^0 = \frac{1}{2}(\delta_x^+ + \delta_x^-) \end{aligned}\right\} \tag{7.4.4a}$$

及差分近似：

$$\frac{\delta_x f}{\Delta x} \approx \frac{\partial f}{\partial x} \tag{7.4.4b}$$

全隐差分格式(7.4.3)中的空间一阶导数项采用二阶精度差商，二阶导数和二阶混合导数采用至少一阶精度差商。在 $\alpha + \beta + \gamma = 1$ 条件下可得到：

$$\left(1 + \frac{\frac{\beta}{2}\frac{\Delta t}{\Delta x}}{1 - \frac{\alpha}{2}} \delta_x a \right) \delta_t u_j^{n+1} = \frac{1}{1 - \frac{\alpha}{2}}\left[- \frac{\Delta t}{\Delta x}\delta_x f_j^n + \frac{\gamma}{2}\left(\frac{\Delta t}{\Delta x}\right)^2 \delta_x^+ a \delta_x^- f_j^n - \frac{\alpha}{2}\delta_t u_j^n \right] \tag{7.4.5}$$

它是具有二阶精度的全隐差分格式。上式中 α、β、γ 取不同的值，就得到不同的差分格式。当 $\alpha = \beta = 0$，$\gamma = 1$，$\delta_x = \delta_x^0$ 时可得到 Lax-Wendroff 差分格式：

$$u_j^{n+1} = u_j^n - \frac{1}{2}\frac{a \Delta t}{\Delta x}(u_{j+1}^n - u_{j-1}^n) + \frac{1}{2}\left(\frac{\Delta t}{\Delta x}\right)^2 \delta_x^- (a u_j^n) \tag{7.4.6a}$$

当 $\alpha = \gamma = 0$，$\beta = 1$，$\delta_x = \delta_x^0$ 时可得到隐式差分格式：

$$u_j^{n+1} = u_j^n - \frac{1}{2}\frac{a \Delta t}{\Delta x}[(u_j^{n+1} - u_{j-1}^{n+1}) + (u_{j+1}^n - u_j^n)] \tag{7.4.6b}$$

利用 ADI 法思路将式(7.4.5)离散得到：

$$\left(1 + \frac{\frac{\beta}{2}\frac{\Delta t}{\Delta x}}{1 - \frac{\alpha}{2}} \delta_x a \right) \delta_t u_j^{n+1} = \Delta u_j^n \tag{7.4.7a}$$

$$\Delta u_j^n = \frac{1}{1 - \frac{\alpha}{2}}\left(- \frac{\Delta t}{\Delta x}\delta_x f_j^n - \frac{\alpha}{2}\delta_t u_j^n \right) \tag{7.4.7b}$$

$$u_j^{n+1} = u_j^n + \delta_t u_j^{n+1} \tag{7.4.7c}$$

利用已知值 $u_{i,j}^n$ 和迭代法，首先求解式(7.4.7b)，得到 Δu_j^n。然后由式(7.4.7a)求出 $\delta_t u_j^{n+1}$。最后由式(7.4.7c)求出 u^{n+1}。可以证明，ADI 法的差分格式(7.4.7)

具有二阶精度,并且是无条件稳定的。它的求解和迭代过程都要比求解原来的全隐差分格式简单得多,收敛速度也快得多。

2. Burgers 方程 ADI 法差分格式

Burgers 方程:

$$\frac{\partial u}{\partial t}+u\frac{\partial u}{\partial x}=\sigma\frac{\partial s}{\partial x} \tag{7.4.8}$$

差分近似:

$$\frac{\delta_x f}{\Delta x}\approx\frac{\partial f}{\partial x},\quad \frac{\delta_x s}{\Delta x}\approx\frac{\partial s}{\partial x} \tag{7.4.8a}$$

则 Burgers 方程的 ADI 法差分格式:

$$\left[1+\frac{\frac{\beta}{2}\frac{\Delta t}{\Delta x}}{1-\frac{\alpha}{2}}\delta_x a-\frac{\frac{\gamma}{2}\left(\frac{\Delta t}{\Delta x}\right)^2}{1-\frac{\alpha}{2}}\delta_x^+ a^2\sigma\delta_x^-\right]\delta_t u_j^{n+1}=\Delta u_j^n \tag{7.4.9a}$$

$$\Delta u_j^n=\frac{1}{1-\frac{\alpha}{2}}\left[-\frac{\Delta t}{\Delta x}\delta_x(f_j^n-s_j^n)+\frac{\gamma}{2}\left(\frac{\Delta t}{\Delta x}\right)^2\delta_x^+ a\delta_x^-(f_j^n-s_j^n)-\frac{\alpha}{2}\delta_t u_j^n\right] \tag{7.4.9b}$$

$$u_j^{n+1}=u_j^n+\delta_t u_j^{n+1} \tag{7.4.9c}$$

同样,利用 ADI 法思路将式(7.4.9)离散得到:

$$\left(1+\frac{\frac{\beta}{2}\frac{\Delta t}{\Delta x}}{1-\frac{\alpha}{2}}\delta_x a\right)\delta_t u_j^{n+1}=\Delta u_j^n \tag{7.4.10a}$$

$$\Delta u_j^n=\frac{1}{1-\frac{\alpha}{2}}\left[-\frac{\Delta t}{\Delta x}\delta_x(f_j^n-s_j^n)-\frac{\alpha}{2}\delta_t u_j^n\right] \tag{7.4.10b}$$

$$u_j^{n+1}=u_j^n+\delta_t u_j^{n+1} \tag{7.4.10c}$$

7-4-2　一维无黏流动 Euler 方程组 ADI 法

一维 Euler 方程组:

$$\boldsymbol{u}_t+\boldsymbol{f}_x=\boldsymbol{0} \tag{7.4.11}$$

其中

$$\boldsymbol{u}=\begin{pmatrix}\rho\\ \rho u\\ E\end{pmatrix},\ \boldsymbol{f}=\begin{pmatrix}\rho u\\ \rho u^2+p\\ u(E+p)\end{pmatrix} \tag{7.4.11a}$$

取 $\alpha=\beta=0,\gamma=1$,ADI 法的差分格式为:

$$\left(\boldsymbol{I}+\frac{\frac{\beta}{2}\frac{\Delta t}{\Delta x}}{1-\frac{\alpha}{2}}\delta_x\boldsymbol{A}\right)\delta_t\boldsymbol{u}_j^{n+1}=\Delta\boldsymbol{u}_j^n \tag{7.4.12a}$$

$$\Delta \boldsymbol{u}_j^n = \frac{1}{1-\dfrac{\alpha}{2}}\left(-\frac{\Delta t}{\Delta x}\delta_x \boldsymbol{f}_j^n - \frac{\alpha}{2}\delta_t \boldsymbol{u}_j^n\right) \tag{7.4.12b}$$

$$\boldsymbol{u}_j^{n+1} = \boldsymbol{u}_j^n + \delta_t \boldsymbol{u}_j^n \tag{7.4.12c}$$

7-4-3　一维黏性流动 N-S 方程组 ADI 法

一维 N-S 方程组：

$$\frac{\partial \boldsymbol{u}}{\partial t} + \frac{\partial \boldsymbol{f}}{\partial x} = \frac{\partial \boldsymbol{s}}{\partial x}$$

其中

$$\boldsymbol{u} = \begin{pmatrix} \rho \\ \rho u \\ E \end{pmatrix}, \quad \boldsymbol{f} = \begin{pmatrix} \rho u \\ \rho u^2 + p \\ u(E+p) \end{pmatrix}, \quad \boldsymbol{s} = \begin{pmatrix} s_1 \\ s_2 \\ s_3 \end{pmatrix}$$

此处 $\boldsymbol{s}$ 见第六章第 7 节表达式(6.7.1)。

利用 ADI 法思路可得到差分格式：

$$\left(\boldsymbol{I} + \frac{\dfrac{\beta}{2}\dfrac{\Delta t}{\Delta x}}{1-\dfrac{\alpha}{2}}\delta_x \boldsymbol{A}\right)\delta_t \boldsymbol{u}_j^{n+1} = \Delta \boldsymbol{u}_j^n \tag{7.4.13a}$$

$$\Delta \boldsymbol{u}_j^n = \frac{1}{1-\dfrac{\alpha}{2}}\left[-\frac{\Delta t}{\Delta x}\delta_x(\boldsymbol{f}_j^n - \boldsymbol{s}_j^n) - \frac{\alpha}{2}\delta_t \boldsymbol{u}_j^n\right] \tag{7.4.13b}$$

$$\boldsymbol{u}_j^{n+1} = \boldsymbol{u}_j^n + \delta_t \boldsymbol{u}_j^{n+1} \tag{7.4.13c}$$

对矩阵 $\boldsymbol{A}$ 进行分裂，$\boldsymbol{A} = \boldsymbol{A}^+ + \boldsymbol{A}^-$，ADI 法的差分格式可由分裂后流通量矢量来构造。例如，黏性流动 N-S 方程组的 ADI 法分裂后差分格式为：

$$\left[\boldsymbol{I} + \frac{\beta}{2}\frac{\Delta t}{\Delta x}(\delta_x^- \boldsymbol{A}^+ + \delta_x^+ \boldsymbol{A}^-)\right]\delta_t \boldsymbol{u}_j^{n+1} = \Delta \boldsymbol{u}_j^n \tag{7.4.14a}$$

$$\Delta \boldsymbol{u}_j^n = \Delta t\left(-\frac{\partial \boldsymbol{f}}{\partial x} + \frac{\partial \boldsymbol{s}}{\partial x}\right) \tag{7.4.14b}$$

$$\boldsymbol{u}_j^{n+1} = \boldsymbol{u}_j^n + \delta_t \boldsymbol{u}_j^{n+1} \tag{7.4.14c}$$

7-4-4　多维问题 ADI 法

二维抛物型方程为：

$$u_t = \sigma(u_{xx} + u_{yy}) \tag{7.4.15}$$

它的 Crank-Nicolson 隐式差分格式为：

$$\frac{u_{i,j}^{n+1} - u_{i,j}^n}{\Delta t} = \frac{\sigma}{2}\left(\frac{\delta_x^2 u^n}{\Delta x^2} + \frac{\delta_y^2 u^n}{\Delta y^2} + \frac{\delta_x^2 u^{n+1}}{\Delta x^2} + \frac{\delta_y^2 u^{n+1}}{\Delta y^2}\right) \tag{7.4.16}$$

由此可将上式改写成：

$$\left(1-\sigma\frac{\Delta t}{2}\frac{\delta_x^2}{\Delta x^2}\right)\left(1-\sigma\frac{\Delta t}{2}\frac{\delta_y^2}{\Delta y^2}\right)u_{i,j}^{n+1}$$
$$=\left(1+\sigma\frac{\Delta t}{2}\frac{\delta_x^2}{\Delta x^2}\right)\left(1+\sigma\frac{\Delta t}{2}\frac{\delta_y^2}{\Delta y^2}\right)u_{i,j}^{n}+\left(\frac{\sigma\Delta t}{2}\right)^2\frac{\delta_x^2\delta_y^2(u^{n+1}-u^n)}{\Delta x^2\Delta y^2} \tag{7.4.17}$$

忽略掉高阶小量后得到 ADI 法差分格式：

$$\left(1-\sigma\frac{\Delta t}{2}\frac{\delta_x^2}{\Delta x^2}\right)u_{i,j}^{*}=\left(1+\sigma\frac{\Delta t}{2}\frac{\delta_y^2}{\Delta y^2}\right)u_{i,j}^{n} \tag{7.4.18a}$$

$$\left(1-\sigma\frac{\Delta t}{2}\frac{\delta_y^2}{\Delta y^2}\right)u_{i,j}^{n+1}=\left(1+\sigma\frac{\Delta t}{2}\frac{\delta_x^2}{\Delta x^2}\right)u_{i,j}^{*} \tag{7.4.18b}$$

利用已知值 $u_{i,j}^n$ 和迭代法，由式(7.4.18a)沿 x 方向求出 $u_{i,j}^*$，然后利用所求得的 $u_{i,j}^*$，通过式(7.4.18b)求出 $u_{i,j}^{n+1}$。

需要说明的是，采用 ADI 算法求解多维问题时，稳定性分析比较复杂。一般说来，二维 ADI 法是无条件稳定的，而三维 ADI 法是条件稳定的。

第 5 节　隐式近似因式分解法(AF 法)

7-5-1　隐式近似因式分解法简介

隐式近似因式分解法是 20 世纪 70 年代后期，在研究跨声速流动时提出的。Warming 和 Beam 首先提出了全隐式差分格式的近似因式分解法，简称 AF 法。它是对全隐式差分格式采用近似因式分解后，再在不同方向上采用 ADI 法交替进行求解，因此 AF 法也是 ADI 法中的一种[11~14]。

设 Laplace 方程：

$$u_{xx}+u_{yy}=0 \tag{7.5.1}$$

采用全隐差分格式为：

$$\left(\frac{1}{\Delta x^2}\delta_x^2u_{i,j}+\frac{1}{\Delta y^2}\delta_y^2u_{i,j}\right)^{n+1}=0 \tag{7.5.2}$$

其中

$$\left.\begin{aligned}(u_{xx})_{i,j}&\approx\frac{u_{i+1,j}-2u_{i,j}+u_{i-1,j}}{\Delta x^2}=\frac{1}{\Delta x^2}\delta_x^2u_{i,j}\\(u_{yy})_{i,j}&\approx\frac{u_{i,j+1}-2u_{i,j}+u_{i,j-1}}{\Delta y^2}=\frac{1}{\Delta y^2}\delta_y^2u_{i,j}\end{aligned}\right\} \tag{7.5.2a}$$

这是一个具有五对角矩阵的差分格式。令第 n 次迭代层上迭代值为 $R_{i,j}^n$，则有：

$$\left(\frac{1}{\Delta x^2}\delta_x^2u_{i,j}+\frac{1}{\Delta y^2}\delta_y^2u_{i,j}\right)^{n}=R_{i,j}^n \tag{7.5.3}$$

由此得到：

$$(\delta_x^2\Delta u_{i,j}+\delta_y^2\Delta u_{i,j})^{n+1}=-R_{i,j}^n \tag{7.5.4}$$

其中 $\Delta u^{n+1}=u^{n+1}-u^n$。设因式分解表达式如下：

$$
\begin{aligned}
(1-\delta_x^2)(1-\delta_y^2)\Delta u_{i,j} &= (1-\delta_x^2)[(1-\delta_y^2)\Delta u_{i,j}] \\
&= (1-\delta_y^2)\Delta u_{i,j} - \delta_x^2[(1-\delta_y^2)\Delta u_{i,j}] \\
&= \Delta u_{i,j} - \delta_y^2\Delta u_{i,j} - \delta_x^2\Delta u_{i,j} + \delta_x^2\delta_y^2\Delta u_{i,j}
\end{aligned}
\tag{7.5.5}
$$

把式(7.5.4)左面和它比较,可以发现,它们仅仅相差$\Delta u_{i,j}$和$\delta_x^2\delta_y^2\Delta u_{i,j}$两项。因此,如果在式(7.5.4)上加上这两项,则它就成为:

$$(1-\delta_x^2)(1-\delta_y^2)\Delta u_{i,j}^{n+1} = R_{i,j}^{n+1} \tag{7.5.6}$$

当$R_{i,j}^n \to 0$时,$\Delta u_{i,j}^{n+1} \to 0$,则$u_{i,j}^{n+1} \to u_{i,j}^n \to u_{i,j}$,上式就收敛于原 Laplace 方程。

类似于因式分解思路,可把式(7.5.6)分解成两个三对角矩阵:

$$(1-\delta_y^2)\Delta u_{i,j}^{n+1} = f_{i,j}^{n+1} \tag{7.5.7a}$$

$$(1-\delta_x^2)f_{i,j}^{n+1} = R_{i,j}^n \tag{7.5.7b}$$

第一步求解差分格式(7.5.7b),这是一个沿 x 方向的三对角矩阵,可用追赶法求得$f_{i,j}^{n+1}$;第二步再由$f_{i,j}^{n+1}$求解差分格式(7.5.7a),这是一个沿 y 方向的三对角矩阵,用追赶法可求得 $u_{i,j}^{n+1}$。

由于因式分解后差分格式(7.5.6)是在式(7.5.4)中增加了$\Delta u_{i,j}^{n+1}$和$\delta_x^2\delta_y^2$两项后得到的。因此,它的解只是原来 Laplace 方程的近似解,所以把这种算法称为隐式近似因式分解法。

在原来的全隐差分格式中加入$\Delta u_{i,j}^{n+1}$和$\delta_x^2\delta_y^2\Delta u_{i,j}^{n+1}$后一定存在误差。数值分析指出,它所造成的误差仅为一阶小量$O(\Delta t,\Delta x,\Delta y)$,因此,只要时间步长不是太大,一般说来,这个误差并不会影响原来的全隐差分格式的计算精度。

由于 AF 法采用全隐式差分格式,因此,时间步长可取得较大。同时,在近似因式分解后,收敛速度也大大提高,比一般超松弛迭代法要快一个数量级。并且,类似于 ADI 法,可在不同方向上交替求解,计算大大被简化。因此 AF 法是很有特色的求解全隐差分格式的方法之一。

7－5－2　隐式近似因式分解法的差分格式:

二维抛物型方程为:

$$u_t = u_{xx} + u_{yy} \tag{7.5.8}$$

上式在$u^{n+\frac{1}{2}}$时刻进行 Taylor 展开,并利用原方程把 u_t 项替换成 $u_{xx}+u_{yy}$项得到:

$$
\begin{aligned}
u^{n+1} &= u^n + \frac{\Delta t}{2}(u_t^n + u_t^{n+1}) + O(\Delta t^3) \\
&= u^n + \frac{\Delta t}{2}[(u_{xx}+u_{yy})^n + (u_{xx}+u_{yy})^{n+1}] + O(\Delta t^3)
\end{aligned}
\tag{7.5.9}
$$

利用 u_{xx}、u_{yy}的二阶差分近似,把方程(7.5.8)离散成如下差分格式:

$$u_{i,j}^{n+1} = u_{i,j}^n + \frac{\Delta t}{2\Delta x^2}\delta_x^2(u_{i,j}^n + u_{i,j}^{n+1}) + \frac{\Delta t}{2\Delta y^2}\delta_y^2(u_{i,j}^n + u_{i,j}^{n+1}) \tag{7.5.10a}$$

或

$$\left(1-\frac{\Delta t}{2\Delta x^2}\delta_x^2-\frac{\Delta t}{2\Delta y^2}\delta_y^2\right)u_{i,j}^{n+1}=\left(1+\frac{\Delta t}{2\Delta x^2}\delta_x^2+\frac{\Delta t}{2\Delta y^2}\delta_y^2\right)u_{i,j}^{n} \tag{7.5.10b}$$

上式是时间和空间都为二阶精度的全隐 Crank-Nicolson 差分格式。由于求解它时需要解一个五对角矩阵,计算很麻烦,收敛速度也慢。为此,需要把它改造成隐式近似因式分解差分格式。首先在式(7.5.10b)左面加上如下一项:

$$\frac{\Delta t^2}{4\Delta x^2\Delta y^2}\delta_x^2\delta_y^2 u_{i,j}^{n+1}=\frac{\Delta t^2}{4}(u_{xxyy})_{i,j}^{n+\frac{1}{2}}+\text{higher order terms} \tag{7.5.11a}$$

则左面就可因式分解成:

$$\left(1-\frac{\Delta t}{2\Delta x^2}\delta_x^2\right)\left(1-\frac{\Delta t}{2\Delta y^2}\delta_y^2\right)u_{i,j}^{n+1}=\left(1+\frac{\Delta t}{2\Delta x^2}\delta_x^2+\frac{\Delta t}{2\Delta y^2}\delta_y^2\right)u_{i,j}^{n} \tag{7.5.12}$$

同样,对式(7.5.10b)右边也加上一个类似的项:

$$\frac{\Delta t^2}{4\Delta x^2\Delta y^2}\delta_x^2\delta_y^2(u_{i,j}^{n+1}-u_{i,j}^{n})=\frac{\Delta t^3}{4}(u_{txxyy})_{i,j}^{n+\frac{1}{2}}+\text{higher order terms} \tag{7.5.11b}$$

则右面也可因式分解。最后,得到二阶精度的隐式近似因式分解法的差分格式:

$$\left(1-\frac{\Delta t}{2\Delta x^2}\delta_x^2\right)\left(1-\frac{\Delta t}{2\Delta y^2}\delta_y^2\right)u_{i,j}^{n+1}=\left(1+\frac{\Delta t}{2\Delta x^2}\delta_x^2\right)\left(1+\frac{\Delta t}{2\Delta y^2}\delta_y^2\right)u_{i,j}^{n} \tag{7.5.13}$$

利用算子符号式(7.4.4),可以把上式改写成更实用的增量形式差分格式:

$$\left(1-\frac{\Delta t}{2\Delta x^2}\delta_x^2\right)\left(1-\frac{\Delta t}{2\Delta y^2}\delta_y^2\right)\Delta u_{i,j}=\left(\frac{\Delta t}{\Delta x^2}\delta_x^2+\frac{\Delta t}{\Delta y^2}\delta_y^2\right)u_{i,j}^{n} \tag{7.5.14}$$

其中 $\Delta u=u^{n+1}-u^{n}$。实际上,式(7.5.14)就是把全隐 Crank-Nicolson 差分格式改写成了因式分解式。对它求解时,可利用 ADI 法,将一个五对角矩阵转化为求解两个三对角矩阵进行求解,大大简化了计算,提高了收敛速度。

7-5-3　无黏流动 Euler 方程组隐式近似因式分解法

二维无黏流动守恒型 Euler 方程组:

$$\boldsymbol{u}_t+\boldsymbol{f}_x+\boldsymbol{g}_y=\boldsymbol{0} \tag{7.5.15}$$

$$\boldsymbol{u}=\begin{pmatrix}\rho\\ \rho u\\ \rho v\\ E\end{pmatrix},\ \boldsymbol{f}=\begin{pmatrix}\rho u\\ \rho u^2+p\\ \rho uv\\ (E+p)u\end{pmatrix},\ \boldsymbol{g}=\begin{pmatrix}\rho v\\ \rho uv\\ \rho v^2+p\\ (E+p)v\end{pmatrix} \tag{7.5.15a}$$

同样,对上式在 $u^{n+\frac{1}{2}}$时刻进行 Taylor 展开:

$$\begin{aligned}\boldsymbol{u}^{n+1}&=\boldsymbol{u}^{n}+\frac{\Delta t}{2}(\boldsymbol{u}_t^{n}+\boldsymbol{u}_t^{n+1})+O(\Delta t^3)\\&=\boldsymbol{u}^{n}-\frac{\Delta t}{2}[(\boldsymbol{f}(\boldsymbol{u})_x+\boldsymbol{g}(\boldsymbol{u})_y)^{n}+(\boldsymbol{f}(\boldsymbol{u})_x+\boldsymbol{g}(\boldsymbol{u})_y)^{n+1}]+O(\Delta t^3)\end{aligned} \tag{7.5.16}$$

对$\boldsymbol{f}(\boldsymbol{u})$、$\boldsymbol{g}(\boldsymbol{u})$有:

$$f(\boldsymbol{u})^{n+1}=f(\boldsymbol{u})^{n}+\left(\frac{\partial \boldsymbol{f}}{\partial \boldsymbol{u}}\right)^{n}(\boldsymbol{u}^{n+1}-\boldsymbol{u}^{n})+O(\Delta t^{2}) \tag{7.5.17a}$$

$$g(\boldsymbol{u})^{n+1}=g(\boldsymbol{u})^{n}+\left(\frac{\partial \boldsymbol{g}}{\partial \boldsymbol{u}}\right)^{n}(\boldsymbol{u}^{n+1}-\boldsymbol{u}^{n})+O(\Delta t^{2}) \tag{7.5.17b}$$

于是有：

$$\begin{aligned}\boldsymbol{u}^{n+1}=\boldsymbol{u}^{n}-\frac{\Delta t}{2}\left[\frac{\partial}{\partial x}\left(\frac{\partial \boldsymbol{f}}{\partial \boldsymbol{u}}\right)^{n}+\frac{\partial}{\partial y}\left(\frac{\partial \boldsymbol{g}}{\partial \boldsymbol{u}}\right)^{n}\right]\left[\frac{\partial}{\partial x}\left(\frac{\partial \boldsymbol{f}}{\partial \boldsymbol{u}}\right)^{n}+\frac{\partial}{\partial y}\left(\frac{\partial \boldsymbol{g}}{\partial \boldsymbol{u}}\right)^{n}\right]\times \\ (\boldsymbol{u}^{n+1}-\boldsymbol{u}^{n})-\Delta t[\boldsymbol{f}(\boldsymbol{u})_{x}+\boldsymbol{g}(\boldsymbol{u})_{y}]^{n}+O(\Delta t^{3})\end{aligned} \tag{7.5.18}$$

整理后：

$$\begin{aligned}\left[\boldsymbol{I}+\frac{\Delta t}{2}\frac{\partial}{\partial x}\left(\frac{\partial \boldsymbol{f}}{\partial \boldsymbol{u}}\right)^{n}+\frac{\Delta t}{2}\frac{\partial}{\partial y}\left(\frac{\partial \boldsymbol{g}}{\partial \boldsymbol{u}}\right)^{n}\right]\boldsymbol{u}^{n+1}=\left[\boldsymbol{I}+\frac{\Delta t}{2}\frac{\partial}{\partial x}\left(\frac{\partial \boldsymbol{f}}{\partial \boldsymbol{u}}\right)^{n}+\frac{\Delta t}{2}\frac{\partial}{\partial y}\left(\frac{\partial \boldsymbol{g}}{\partial \boldsymbol{u}}\right)^{n}\right]\boldsymbol{u}^{n}- \\ \Delta t[\boldsymbol{f}(\boldsymbol{u})_{x}+\boldsymbol{g}(\boldsymbol{u})_{y}]^{n}+O(\Delta t^{3})\end{aligned} \tag{7.5.18a}$$

在式(7.5.18a)的左右两边括号中的差分算子加上如下项：

$$\frac{\Delta t^{3}}{4}\frac{\partial}{\partial x}\left(\frac{\partial \boldsymbol{f}}{\partial \boldsymbol{u}}\right)^{n}\frac{\partial}{\partial y}\left(\frac{\partial \boldsymbol{g}}{\partial \boldsymbol{u}}\right)^{n}\frac{\boldsymbol{u}^{n+1}-\boldsymbol{u}^{n}}{\Delta t}=\frac{\Delta t^{3}}{4}\frac{\partial}{\partial x}\left(\frac{\partial \boldsymbol{f}}{\partial \boldsymbol{u}}\right)^{n}\frac{\partial}{\partial y}\left(\frac{\partial \boldsymbol{g}}{\partial \boldsymbol{u}}\right)^{n}\frac{\partial \boldsymbol{u}^{n}}{\partial t}+O(\Delta t^{4}) \tag{7.5.19}$$

最后，得到简化的隐式近似因式分解法的差分格式：

$$\begin{aligned}\left[\boldsymbol{I}+\frac{\Delta t}{2}\frac{\partial}{\partial x}\left(\frac{\partial \boldsymbol{f}}{\partial \boldsymbol{u}}\right)_{j}^{n}\right]\left[\boldsymbol{I}+\frac{\Delta t}{2}\frac{\partial}{\partial y}\left(\frac{\partial \boldsymbol{g}}{\partial \boldsymbol{u}}\right)^{n}\right]\boldsymbol{u}_{j}^{n+1}=\left[\boldsymbol{I}+\frac{\Delta t}{2}\frac{\partial}{\partial x}\left(\frac{\partial \boldsymbol{f}}{\partial \boldsymbol{u}}\right)_{j}^{n}\right]\left[\boldsymbol{I}+\frac{\Delta t}{2}\frac{\partial}{\partial y}\left(\frac{\partial \boldsymbol{g}}{\partial \boldsymbol{u}}\right)_{j}^{n}\right]\boldsymbol{u}_{j}^{n}- \\ \Delta t[\boldsymbol{f}(\boldsymbol{u})_{x}+\boldsymbol{g}(\boldsymbol{u})_{y}]_{j}^{n}+O(\Delta t^{3})\end{aligned} \tag{7.5.20}$$

对上式中的空间导数选取合适的差分形式，就能得到二维无黏流动 Euler 方程组的隐式近似因式分解法的差分格式。然后，把它写成分步形式后，就可以利用 ADI 法对它进行求解了。

第 6 节　多重网格法

随着流动问题越来越复杂，要求网格划分越来越细，这给提高计算精度和计算效率带来一定困难。多重网格法就是近年来采用的加速收敛算法之一。向量计算机的出现使这一算法变得更为有效[15,16,17]。

7-6-1　多重网格法简介

多重网格法基本思路：把计算网格分成稀密不同的若干层，例如，把网格分成 1、2、3、…、$M-1$、M、$M+1$、…、N 层。计算初期，可在较稀疏的网格进行计算。例如，为了得到 M 层中的解，先把方程离散到 $M-1$ 层上，在 $M-1$ 层上进行迭代求解。当迭代到一定次数时，发现收敛速度减慢了，再返回到加密的网格上进行计算。首先，把 $M-1$ 上的迭代解作为 M 层的计算初值，插值到 M 层上，然后在 M 层上继续迭代求解。当在 M 层上的收敛速度减慢了,可以把离散方程再插值到 $M+1$ 层上求解,直到得到精确解。通过在加密网格和稀疏网格上交错和反复迭代进行计算,可以提高收敛速度和计算精度。

多重网格法的迭代过程比较灵活。可以根据计算精度和计算效率的需要,把计算从稀疏网格插值到加密网格,也可把计算从加密网格插值到稀疏网格上。

多重网格法之所以有效,主要原因是方程组的精确解和数值解之间的误差是和网格尺度以及 Fourier 分析中不同频率分量密切相关的。不同频率分量和不同网格尺度对数值解的误差和收敛速度是不同的。在某一尺度网格上离散和迭代求解时,网格步长 Δx、Δy 是固定不变的,在迭代求解过程中只能消除掉和网格步长同一量级的那一部分频率分量所产生的数值解误差。和网格尺度不同量级的其他较高或较低的频率分量的误差是无法消除掉的。因此,在 Δx、Δy 固定的网格中迭代求解时,只是对某个频率分量的收敛速度有影响。计算到一定程度,数值解的某个频率分量的收敛速度就会降低。如果采用多重网格算法,就能使不同频率分量的误差在不同尺度的网格内消除掉,保证求解的计算精度和收敛速度。

7-6-2 关于多重网格法的迭代收敛问题分析

Poisson 方程:

$$au_{xx} + bu_{yy} = f(x, y) \tag{7.6.1}$$

边界条件:

$$u|_{\Gamma} = g(x, y) \tag{7.6.1a}$$

采用 Gauss-Seidel 迭代法,得到差分格式:

$$A(u_{i-1,j}^{n+1} - 2u_{i,j}^{n+1} + u_{i+1,j}^{n+1}) + B(u_{i,j-1}^{n+1} - 2u_{i,j}^{n+1} + u_{i,j+1}^{n+1}) = f_{i,j} \tag{7.6.2}$$

其中 $A = \dfrac{a}{\Delta x^2}, B = \dfrac{b}{\Delta y^2}$。方程精确解 u 和数值解 $u_{i,j}^n$ 的误差为:

$$\varepsilon^n = u - u_{i,j}^n \tag{7.6.3}$$

误差方程:

$$A(\varepsilon_{i-1,j}^{n+1} - 2\varepsilon_{i,j}^{n+1} + \varepsilon_{i+1,j}^{n+1}) + B(\varepsilon_{i,j-1}^{n+1} - 2\varepsilon_{i,j}^{n+1} + \varepsilon_{i,j+1}^{n+1}) = 0 \tag{7.6.2a}$$

对误差方程进行 Fourier 分析时,可取其中某一个误差分量进行分析:

$$\varepsilon^n \sim E^n e^{ik_x\Delta x} e^{ik_y\Delta y} \tag{7.6.3a}$$

把它代入式(7.6.2a)得到:

$$E^n(Ae^{ik_x\Delta x} + Be^{ik_y\Delta y}) + E^{n+1}(Ae^{-ik_x\Delta x} + Be^{-ik_y\Delta y} - 2A - 2B) = 0 \tag{7.6.2b}$$

它的放大因子:

$$G = \frac{E^{n+1}}{E^n} = \frac{Ae^{ik_x\Delta x} + Be^{ik_y\Delta y}}{Ae^{-ik_x\Delta x} + Be^{-ik_y\Delta y} - 2A - 2B} \tag{7.6.4}$$

设 $\Delta x = \Delta y = \Delta, a = b$,则有 $A = B$。上式的放大因子 G 的模为:

$$|G| = \left|\frac{[\cos(k_x\Delta x) + \cos(k_y\Delta y)] + i[\sin(k_x\Delta x) + \sin(k_y\Delta y)]}{4 - [\cos(k_x\Delta x) + \cos(k_y\Delta y)] + i[\sin(k_x\Delta x) + \sin(k_y\Delta y)]}\right| \tag{7.6.4a}$$

迭代过程就是要求某个误差分量逐步衰减的过程。它的衰减速度就是迭代过程的收敛速度。因此,衰减过程越长,收敛速度越慢。从式(7.6.4)中可以发现,对于不同的频率分量 k_x、k_y会有不同的误差衰减速度,例如:

$$\text{设 } k_x\Delta x = k_y\Delta y = \pi \text{ 时}, \qquad |G| = \frac{1}{3} = 0.333\,3$$

$$\text{设 } k_x\Delta x = k_y\Delta y = \frac{\pi}{2} \text{时}, \qquad |G| = \sqrt{\frac{1}{5}} = 0.447\,2$$

$$\text{设 } k_x\Delta x = k_y\Delta y = 0 \text{ 时}, \qquad |G| = 1.0$$

分析指出,在 Δx、Δy 固定不变的某一层网格,当误差中频率 k(波数)较大时,误差的放大因子就小,误差衰减速度较快;当误差中频率 k 较小时,放大因子就大,衰减速度减慢。这表示误差中高频分量比低频分量衰减得快。

对误差中某个频率 k(波数),如果改变网格步长 Δx、Δy 值,则误差分量的衰减速度也会改变。例如,对于网格步长为 Δ^k的某一层网格,某个频率 k 的误差分量有一定的衰减速度。如果将网格步长放大一倍,即 $\Delta^{(k-1)} = 2\Delta^k$,对于同一频率 k 的误差分量的衰减速度就增加了一倍。例如,设在原来加密网格层上 $k\Delta^k = \pi$,在新的稀疏网格层上 $k\Delta^k = \frac{1}{2}\pi$。由于网格步长扩大,误差放大因子减小,误差衰减速度增大,迭代速度加快。

多重网格法能加速收敛和提高计算精度,因此它在流动的数值计算中得到广泛应用。近年来多重网格法的基础理论和应用技巧已有了很大发展,读者如果对多重网格法有兴趣的话,可阅读有关的参考书目和文献[18,19,20]。

第 7 节　预处理法

7-7-1　预处理法简介

在复杂流动的工程应用中常会出现不同区域流动速度差异很大的现象。在流速高的区域需要采用可压缩流动数值算法,在流速低的区域只能采用不可压缩流动数值算法。但是,可压缩流动和不可压缩流动的特性和算法有很大差别。例如,在超声速流动中需要数值处理强间断现象;而在亚声速流动中流场中的任何扰动都将影响全流场,当流动速度远小于流体声速时,计算误差和收敛速度都会有很大影响。无论采用显式差分格式,还是采用隐式差分格式计算,可压缩流动和不可压缩流动都可能出现这些矛盾,这就是流动的刚性问题。

为了克服流动的刚性问题,国内外许多学者提出了不少新的算法。近年来提出的预处理法是这些算法中的一种。预处理法是由 Chorin 的人工压缩算法发展来的。它的基本思路为:在流动的方程组的时间导数项上乘以一个预处理矩阵,这样就改变了方程组的数学性质,从而消除了流动的刚性问题和提高收敛速度。如果将预处理法与激波数值处理以及物理时间处理相结合起来,就形成适用于计算全马赫数流动的数值算法。

在 20 世纪 60 年代 Chorin 提出了人工压缩算法,它的巧妙之处是在连续方程中引入了一个虚拟压力对时间的导数项和一个表征声速的可调参数 β,使得黏性流动 N - S 方程组变成了双曲型方程组,这样就能采用时间推进算法进行求解。这不但能解决流动的刚性问题,也能改善收敛速度。

在 Chorin 的人工压缩算法的基础上,1987 年 Turkel 将虚拟压力对时间的导数项,不仅添加到连续方程中,同时也添加到了动量方程中,并且引入了另一个可调参数 α,这样就构成了 Turkel 预处理矩阵,称为 Turkel 预处理法[21,22]。和 Chorin 的人工压缩法一样,Turkel 预处理法同样改变黏性流动 N - S 方程组的数学性质。

接着 Meckle 等人采用类似于 Chorin-Turkel 预处理矩阵的思路,构造了适用于求解无黏流动 Euler 方程组的预处理矩阵。随后,又将其推广到黏性流动 N - S 方程组的计算中。这样 Meckle 预处理矩阵(也称为 Meckle 预处理法),既能求解无黏流动 Euler 方程组,又能求解黏性流动 N - S 方程组[23]。研究表明,Meckle 预处理法在计算很低马赫数流动时有较好的收敛特性。

在 Turkel 和 Meckle 等人提出的预处理矩阵基础上,Viviand 最早提出了适用于求解全马赫数的流动预处理矩阵。Viviand 预处理矩阵是具有四个参数的预处理矩阵。后来,Van Leer、Lee 和 Roe 等人通过寻找多参数组合的预处理矩阵,导出了适用于求解无黏流动 Euler 方程组的最优化预处理矩阵。采用这种最优化预处理矩阵,并结合合理的空间离散方法,就能求解全马赫数的黏性和无黏流动。

由此可见,预处理法的本质就是通过把流体中波的传播机理和数值算法联系起来,设计出一套既能求解无黏流动 Euler 方程组,又能求解黏性流动 N - S 方程组的预处理矩阵。因此预处理法的关键是如何构造高效和合理的预处理矩阵。在 20 世纪 90 年代以前,构造这样的预处理矩阵并不多,近年来这方面的研究已经有了较大发展。

值得注意的是无论人工压缩算法,还是预处理法都已经改变了原有的流动方程组的时间项,经过预处理后的流动方程组已不能真实地反映流动量随时间的变化过程,它所求得的流动方程组瞬态解是不可靠和不准确的。换句话说,预处理法只能求解定常流动的稳态解。为了让它能求解非定常流动的瞬态解,还必须采用特殊的处理方法。

7-7-2　N-S 方程组预处理法分析和求解[24]

当不考虑体力、外部热源和流体源(汇)条件下,三维 Cartesian 坐标系下黏性流动 N - S 方程组为:

$$\boldsymbol{u}_t + \boldsymbol{f}_x + \boldsymbol{g}_y + \boldsymbol{h}_z = \boldsymbol{s}_x + \boldsymbol{s}_y + \boldsymbol{s}_z \tag{7.7.1}$$

其中 $\boldsymbol{u}$ 是未知流动量矢量,$\boldsymbol{f}$、$\boldsymbol{g}$、$\boldsymbol{h}$ 和 $\boldsymbol{s}_x$、$\boldsymbol{s}_y$、$\boldsymbol{s}_z$分别为:

$$u=\begin{pmatrix}\rho\\ \rho u\\ \rho v\\ \rho w\\ E\end{pmatrix},\ f=\begin{pmatrix}\rho u\\ \rho u^2+p\\ \rho uv\\ \rho uw\\ (E+p)u\end{pmatrix},\ g=\begin{pmatrix}\rho v\\ \rho uv\\ \rho v^2+p\\ \rho vw\\ (E+p)v\end{pmatrix},\ h=\begin{pmatrix}\rho v\\ \rho uw\\ \rho vw\\ \rho w^2+p\\ (E+p)w\end{pmatrix} \tag{7.7.1a}$$

$$s_x=\frac{1}{Re}\begin{pmatrix}0\\ \tau_{xx}\\ \tau_{xy}\\ \tau_{xz}\\ u\tau_{xx}+v\tau_{xy}+w\tau_{xz}-q_x\end{pmatrix},\ s_y=\frac{1}{Re}\begin{pmatrix}0\\ \tau_{yx}\\ \tau_{yy}\\ \tau_{yz}\\ u\tau_{yx}+v\tau_{yy}+w\tau_{yz}-q_y\end{pmatrix},\ s_z=\frac{1}{Re}\begin{pmatrix}0\\ \tau_{zx}\\ \tau_{zy}\\ \tau_{zz}\\ u\tau_{zx}+v\tau_{zy}+w\tau_{zz}-q_z\end{pmatrix} \tag{7.7.1b}$$

$$\left.\begin{aligned}\tau_{xx}&=(2\mu+\lambda)u_x+\lambda(v_y+w_z)\\ \tau_{yy}&=(2\mu+\lambda)v_y+\lambda(u_x+w_z)\\ \tau_{zz}&=(2\mu+\lambda)w_z+\lambda(u_x+v_y)\\ \tau_{xy}=\tau_{yx}&=\mu(u_y+v_x),\quad \tau_{xz}=\tau_{zx}=\mu(u_z+u_z)\\ \tau_{xz}=\tau_{zx}&=\mu(u_z+w_x),\quad \tau_{yz}=\tau_{zy}=\mu(v_z+w_y)\end{aligned}\right\} \tag{7.7.1c}$$

$$q_x=-\frac{RekT_x}{Nu},\quad q_y=-\frac{RekT_y}{Nu},\quad q_z=-\frac{RekT_z}{Nu} \tag{7.7.1d}$$

以 x 方向特征矩阵为例,上述 N - S 方程组对流项的系数矩阵的特征值为:

$$\lambda_{1,2,3}=u,\quad \lambda_{4,5}=u\pm a \tag{7.7.2}$$

定义系数矩阵的特征条件数为:

$$K(A)=\frac{|\lambda|_{\max}}{|\lambda|_{\min}} \tag{7.7.3}$$

其中 $\lambda_{\max}$、$\lambda_{\min}$ 为系数矩阵的最大和最小特征值。

不失一般性,设 $u>0$,则有:

$$K(A)=1+\frac{1}{M} \tag{7.7.3a}$$

M 是当地马赫数。根据稳定性条件,在时间步长 Δt 时间内波的传播距离不能超过一个网格:

$$\lambda_{\min}\Delta t=\frac{|\lambda|_{\min}}{|\lambda|_{\max}}\Delta h=\frac{\Delta h}{K(A)} \tag{7.7.3b}$$

其中 Δh 为网格步长,$\Delta t=\dfrac{\Delta h}{\lambda_{\max}}$为时间步长。

由此可以看出,特征条件数 $K(A)$ 反映了波的传播速度。$K(A)$ 值越大,波的传播速度也越慢。如果当地马赫数为 0.01 时,特征值相差大约是 100 倍,即最慢的波传播距离是网格长度的$\dfrac{\Delta h}{100}$。在求解 N - S 方程组时,计算的收敛速度就会非常慢,这就是流动的刚性问题。

计算实践表明,当求解流动马赫数 $M_s<0.3$ 的黏性流动时,如果采用显式差分格式直接求解 N－S 方程组,就会产生刚性问题。而且,随着流动马赫数越小,特征值之间差别就越大,刚性问题就越严重。

预处理法的具体做法为:在求解流动方程组时,需要在时间导数项上乘以一个正定的预处理矩阵,这可能会改变方程组的瞬态时间特性,但不会影响它的定常解。为了提高计算精度和收敛速度,在预处理法计算时,一般都采用原始变量的方程组。将黏性流动 N－S 方程组(7.7.1)预处理后,N－S 方程组为:

$$\boldsymbol{\Gamma}\frac{\partial \boldsymbol{Q}}{\partial t}+\frac{\partial(\boldsymbol{f}-\boldsymbol{s}_x)}{\partial x}+\frac{\partial(\boldsymbol{g}-\boldsymbol{s}_y)}{\partial y}+\frac{\partial(\boldsymbol{h}-\boldsymbol{s}_z)}{\partial z}=\boldsymbol{0} \tag{7.7.4}$$

其中 $\boldsymbol{f}$、$\boldsymbol{f}_v$、$\boldsymbol{g}$、$\boldsymbol{g}_v$、$\boldsymbol{h}$、$\boldsymbol{h}_v$ 表达式和式(7.7.1a、b)相同,状态方程为 $p=\hat{R}\rho T$,原始变量 $\boldsymbol{Q}$ 为:

$$\boldsymbol{Q}=(p\quad u\quad v\quad w\quad T)^{\mathrm{T}} \tag{7.7.4a}$$

这里 $\boldsymbol{\Gamma}$ 为预处理矩阵。下面给出一种实用的预处理矩阵的具体形式:

$$\boldsymbol{\Gamma}=\begin{pmatrix} \dfrac{1}{T} & 0 & 0 & 0 & -\dfrac{\rho}{T} \\ \dfrac{u}{T} & \rho & 0 & 0 & -\dfrac{\rho u}{T} \\ \dfrac{v}{T} & 0 & \rho & 0 & -\dfrac{\rho v}{T} \\ \dfrac{w}{T} & 0 & 0 & \rho & -\dfrac{\rho w}{T} \\ c_v+\dfrac{q}{T} & \rho u & \rho v & \rho w & -\dfrac{\rho q}{T} \end{pmatrix} \tag{7.7.4b}$$

其中 $q=\dfrac{1}{2}(u^2+v^2+w^2)$。在预处理法中原始变量可以采用 p、u、v、w 和温度 T 或焓 h,具体选用哪种形式与选取的预处理矩阵有关。现对预处理矩阵(7.7.4b)的特征值进行分析。仍以 x 方向特征矩阵为例,先求对流项的系数矩阵 $\boldsymbol{A}=\dfrac{\partial \boldsymbol{F}}{\partial \boldsymbol{Q}}$:

$$\boldsymbol{A}=\begin{pmatrix} \dfrac{u}{RT} & \rho & 0 & 0 & -\dfrac{\rho u}{T} \\ \dfrac{u^2}{RT}+1 & 2\rho u & 0 & 0 & -\dfrac{\rho u^2}{T} \\ \dfrac{uv}{RT} & \rho v & \rho u & 0 & -\dfrac{\rho uv}{T} \\ \dfrac{uw}{RT} & \rho w & \rho v & \rho u & -\dfrac{\rho uw}{T} \\ \dfrac{uH}{RT} & \rho(H+u^2) & \rho uv & \rho uw & -\dfrac{\rho qu}{T} \end{pmatrix} \tag{7.7.5}$$

再求出它的矩阵 $\boldsymbol{\Gamma}^{-1}$ 为:

$$\boldsymbol{\Gamma}^{-1}=\begin{pmatrix} \dfrac{q}{c_v} & -\dfrac{u}{c_v} & -\dfrac{v}{c_v} & -\dfrac{w}{c_v} & \dfrac{1}{c_v} \\ -\dfrac{u}{\rho} & \dfrac{1}{\rho} & 0 & 0 & 0 \\ -\dfrac{v}{\rho} & 0 & \dfrac{1}{\rho} & 0 & 0 \\ -\dfrac{w}{\rho} & 0 & 0 & \dfrac{1}{\rho} & 0 \\ \dfrac{q-c_vT}{\rho c_v} & -\dfrac{u}{\rho c_v} & \dfrac{v}{\rho c_v} & \dfrac{w}{\rho c_v} & \dfrac{1}{\rho c_v} \end{pmatrix} \tag{7.7.6}$$

由此可以得到 $\boldsymbol{\Gamma}^{-1}\boldsymbol{A}$ 的特征值为：

$$\lambda_{1,2,3}=u,\ \lambda_{4,5}=\frac{1}{2}\left(1+\frac{1}{\hat{R}}\right)u\pm\sqrt{\left[\left(1-\frac{1}{\hat{R}}\right)u\right]^2+4\gamma T} \tag{7.7.7}$$

设

$$\hat{u}=\frac{1}{2}\left(1+\frac{1}{\hat{R}}\right)u \tag{7.7.7a}$$

$$\hat{a}=\frac{1}{2}\sqrt{\left[\left(1-\frac{1}{\hat{R}}\right)u\right]^2+4\gamma T}=\frac{1}{2}\sqrt{\left[\left(1-\frac{1}{\hat{R}}\right)u\right]^2+\frac{4u^2}{\hat{R}}\left(\frac{1}{M^2}-1\right)} \tag{7.7.7b}$$

其中 $\hat{u}$ 和 $\hat{a}$ 分别称为伪速度和伪声速。由上式可以看出，当来流马赫数 M_∞ 很大时，$\dfrac{1}{\hat{R}}$是$O(M_\infty^2)$量级，伪速度和伪声速都是 u 的量级。因此，特征条件数都是 $O(1)$ 的量级，求解的收敛速度会很快。当 $M_\infty\approx1$，$\dfrac{1}{\hat{R}}$仍然是 $O(M_\infty^2)$ 量级。因此，特征值条件数仍然是 $O(1)$ 的量级，收敛速度同样很快。只有在驻点附近，马赫数 $M_\infty\to0$，这时特征条件数是无穷大，可能会影响收敛速度。

除了特征条件数过大引起很大误差之外，动量方程中压力梯度也会引入的误差。由于压力梯度∇p 是 $O(M_\infty^2)$量级，而对流项的速度梯度∇u 为 $O(1)$ 的量级，这样计算流动方程组时也会出现刚性问题，称为压力奇异性。为此，需要把压力分解为常压力和脉动压力：

$$p(t,x,y,z)=p_0+p_g(t,x,y,z) \tag{7.7.8}$$

这样在压力梯度中 p_0不起作用，仅 p_g起作用，即$\nabla(p_0+p_g)=\nabla p_g$。而在把$\nabla p$ 由∇p_g来代替后，压力梯度∇p 成为 $O(1)$ 的量级，就解决了压力奇异性问题。

预处理后的方程组可以采用显式和隐式差分格式求解。为了提高计算效率，大都采用隐式方法。一般采用 ADI 和 LU 两种方法。在求解多维流动问题时，LU-SGS 方法（Low-Upper Symmetric Gauss-Seidel）得到了广泛的应用。

预处理算法可能会改变方程组的非定常瞬态解的特性。为了计算非稳态流动问题，需要对方程组进行特殊处理。这里介绍一种应用较广泛的计算非定常流动瞬态解的隐式预处理法：双时间步隐式预处理法[25]。

为了便于讨论,这里把预处理后 Euler 方程组和 N - S 方程组统一改写成:

$$\frac{\partial \boldsymbol{Q}}{\partial t}+\boldsymbol{\Gamma}^{-1}\frac{\partial \boldsymbol{u}}{\partial \tau}+\boldsymbol{R}(\boldsymbol{Q})=\boldsymbol{0} \tag{7.7.9}$$

这里矢量 $\boldsymbol{u}$ 和 $\boldsymbol{Q}(\boldsymbol{u})$ 均采用原始变量:$\boldsymbol{u}=(p \quad u \quad v \quad w \quad T)^{\mathrm{T}}$ 和 $\boldsymbol{Q}=(\rho \quad u \quad v \quad w \quad T)^{\mathrm{T}}$表示,而把流动方程组中的其他项都缩写成 $\boldsymbol{R}(\boldsymbol{Q})$。

对上述的流动方程组采用隐式差分格式,对物理时间项采用二阶精度隐式后差格式,而对虚拟时间项采用一阶精度显式向前差分格式,则有:

$$\boldsymbol{\Gamma}^{-1}\frac{\boldsymbol{u}^{n+1}-\boldsymbol{u}^{n}}{\Delta\tau}+\frac{3\boldsymbol{Q}^{n+1}-4\boldsymbol{Q}^{n}+\boldsymbol{Q}^{n-1}}{2\Delta t}+\boldsymbol{R}^{n+1}(\boldsymbol{Q}^{n+1})=\boldsymbol{0} \tag{7.7.10}$$

为了进行内迭代运算,需要将时间上标 $n+1$ 替换为 $p+1$,从而引入内迭代计算:

$$\boldsymbol{\Gamma}^{-1}\frac{\boldsymbol{u}^{p+1}-\boldsymbol{u}^{n}}{\Delta\tau}+\frac{3\boldsymbol{Q}^{p+1}-4\boldsymbol{Q}^{n}+\boldsymbol{Q}^{n-1}}{2\Delta t}+\boldsymbol{R}^{p+1}(\boldsymbol{Q}^{p+1})=\boldsymbol{0} \tag{7.7.11}$$

这里 n 和 p 分别表示内迭代运算过程中真实时间和虚拟时间的推进步数。

差分格式(7.7.11)表示在进行内迭代运算过程时,计算 $p+1$ 虚拟时间步的差分格式。当它迭代运算到稳定时,表示已经求得在虚拟时间 τ 时的定常解,这时它的解就是方程组(7.7.9)在真实时间 t 时的二阶精度数值解。显然,在求解每一步物理时间 t 的解时,就相当于在虚拟时间 τ 时差分格式(7.7.11)的收敛解。关于差分格式(7.7.11)中的空间导数项可以采用任何高精度分辨率差分格式来离散。当虚拟时间 τ 迭代运算到收敛时,$\boldsymbol{R}^{p+1}(\boldsymbol{Q}^{p+1})$一定趋近于$\boldsymbol{R}^{p}(\boldsymbol{Q}^{p})$,可以将差分格式(7.7.11)写成虚拟时间 τ 的显式格式:

$$\boldsymbol{\Gamma}^{-1}\frac{\boldsymbol{u}^{p+1}-\boldsymbol{u}^{n}}{\Delta\tau}+\frac{3\boldsymbol{Q}^{p+1}-4\boldsymbol{Q}^{n}+\boldsymbol{Q}^{n-1}}{2\Delta t}+\boldsymbol{R}^{p}(\boldsymbol{Q}^{p})=\boldsymbol{0} \tag{7.7.12}$$

参考文献

[1] 冯康. 数值计算方法[M]. 北京:国防科技大学出版社,1979.

[2] 陆金甫,关治. 偏微分方程数值解法[M]. 北京:清华大学出版社,1987.

[3] 李荣华,冯果忱. 微分方程数值解法[M]. 北京:高等教育出版社,1997.

[4] 周铁,徐树方,张平化. 计算方法[M]. 北京:清华大学出版社,2006.

[5] Amwas W F. Numerical method for partial differential equations [M]. 2nd ed. New York: Academic Press, 1977.

[6] Hageman L A, Young D M. Applied iterative methods [M]. New York: Wiley, 1982.

[7] Stone H L. Iterative solution of implicit approximations of multi-dimensional partial differential equations [J]. SIAM Journal on Numerical Analysis, 1968, 5(3): 530 - 558.

[8] Yoon S, Jameson A. Lower-upper symmetric-Gauss-Seidel method for Euler and Navier-Stokes equations [J]. AIAA, 1988, 26(9):1025 - 1026.

[9] Douglas J Jr. Alternating direction methods for three space variables [J]. Numerische Mathematik, 1976, 4:41 – 63.

[10] Beam R M, Warming R F. An implicit factored scheme for the compressible Navier-Stokes equations [J]. AIAA, 1978,16:393 – 402.

[11] Ballhaus W F, Jameson A, Albert J. Implicit approximate factorization scheme for the efficient solution of steady transonic flow problem [R]. AIAA Paper 77 – 0634, 1977.

[12] Pulliam T H, Chaussee D S. A diagonal form of an implicit approximate factorization algorithm [J]. Journal of Computational Physics, 1981, 39:347 – 363.

[13] Chaussee D S, Pulliam T H. Two dimensional inlet simulation using a diagonal implicit algorithm [J]. AIAA, 1981, 19(2):153 – 159.

[14] Biringer M, McMillan O J. Calculation of two dimensional inlet fields by an implicit method including viscous effect: program documentation and test case [R]. NASA – CR – 81 – 3414, 1981.

[15] Ni R H. A multiple grid scheme for solving the Euler equations [M]. the 5th Computational Fluid Dynamics Conference. Palo Alto, Calif., June 22, 23, 1981. AIAA, 1982, 20(11):1565 – 1571.

[16] Turkel E, Swanson R C, Vatsa V N, White J A. Multi-grid for hypersonic viscous two and three dimensional flows [R]. AIAA Paper 91 – 1572,1991.

[17] Brandt A. Multi-level adaptive computations in fluid dynamics [R]. AIAA Paper 79 – 1455, 1979.

[18] Karki K, Sathyamurthy P S, Patankar S V. Performance of a multi-grid method with an improved discretion scheme for three dimensional flow calculation [J]. Numerical Heat Transfer: Part B, 1996, 29:275 – 288.

[19] Hackbush W. Multi-grid method and applications [M]. Berlin: Springer, 1985.

[20] 刘超群.多重网格法及其在计算流体力学中的应用[M].北京:清华大学出版社,1995.

[21] Turkel E. The review of preconditioning [R]. ADA – 256622, 1992.

[22] Turkel E, Radespiel A, Kroll N. Assessment of two preconditioning methods for aerodynamics problems [J]. Computers and Fluids, 1997, 26(6):613 – 634.

[23] Godfrey A. Step toward a robust preconditioning [R]. AIAA Paper 94 – 0520, 1995.

[24] Choi Y H, Merkle C L. The application of preconditioning in viscous flow [J]. Journal of Computational Physics, 1993, 105:207 – 223.

[25] Philip E O, Buelow A, Douglas A, et al. A preconditioned dual-time, diagonalized ADI scheme for unsteady computations [R]. AIAA paper 97 – 2101,1997.

第八章　有限体积算法基础

有限体积算法(Finite Volume Method,简称 FVM),又称为有限容积算法或控制体积算法,是20世纪七八十年代逐步发展起来的,主要用于计算流体运动的数值算法。

众所周知,有限差分算法是从流体力学基本方程组微分形式出发的。有限体积算法和有限差分算法不同,它是从流动方程组积分形式出发的。黏性流动 N－S 方程组积分形式为:

$$\frac{\partial}{\partial t}\int_{\Omega}\rho\phi \mathrm{d}\Omega + \int_{s}(\rho\phi \boldsymbol{V})\cdot \boldsymbol{n}\mathrm{d}s = \int_{s}(\Gamma_{\phi}\nabla\phi)\cdot \boldsymbol{n}\mathrm{d}s + \int_{\Omega}S_{\phi}\mathrm{d}\Omega \quad (2.3.22)$$

对它进行近似离散,得到有限体积算法离散格式,然后求解它得到数值解。

有限体积算法是在有限差分算法基础上,吸收了有限单元算法中一些思想和做法逐步发展起来的。因此,它既有有限差分算法特点,又有有限单元算法特点。它的网格划分方法和有限差分算法很类似,而它的控制体单元思想和局部近似离散做法,又和有限单元算法的加权余量法十分相似。和有限差分算法、有限单元算法相比,它更具有发展优势。近年来,无论在算法研究方面,还是工程应用方面,它比有限差分算法和有限单元算法发展更快,在计算流体力学中已经占有相当重要的地位。

第1节　有限体积算法基本思路和做法

8－1－1　有限体积算法基本思路

有限体积算法基本思路为:首先把计算区域近似离散成有限个互不重叠的网格。围绕每个网格点取一系列互不重叠的控制体单元,在每个控制体单元中只包含一个节点。并把待求流动量设置在网格节点上,然后利用流动量守恒律对每个控制体单元进行积分,导出一组离散格式。对它进行求解,得到流动的数值解[1]。

为了得到在控制体单元界面上流通量和扩散通量离散格式,需要假定控制体单元界面上节点间流动量的近似变化规律(局部近似关系)。设二维无黏流动 Euler 方程组：

$$\boldsymbol{u}_t+\boldsymbol{f}_x+\boldsymbol{g}_y=\mathbf{0} \tag{8.1.1}$$

$$\boldsymbol{u}=\begin{pmatrix}\rho\\ \rho u\\ \rho v\\ E\end{pmatrix},\ \boldsymbol{f}=\begin{pmatrix}\rho u\\ \rho u^2+p\\ \rho uv\\ (E+p)u\end{pmatrix},\ \boldsymbol{g}=\begin{pmatrix}\rho v\\ \rho uv\\ \rho v^2+p\\ (E+p)v\end{pmatrix} \tag{8.1.1a}$$

它的控制体单元实际上就是面单元。在每个控制体单元上对它进行积分：

$$\int_s\left(\frac{\partial \boldsymbol{u}}{\partial t}+\frac{\partial \boldsymbol{f}}{\partial x}+\frac{\partial \boldsymbol{g}}{\partial y}\right)\mathrm{d}x\mathrm{d}y=\mathbf{0} \tag{8.1.2}$$

式中 s 是控制体单元面积。利用 Gauss 定理，把$\frac{\partial \boldsymbol{f}}{\partial x}$、$\frac{\partial \boldsymbol{g}}{\partial y}$单元面积分转化为边界线积分：

$$\frac{\mathrm{d}}{\mathrm{d}t}\int_s \boldsymbol{u}\mathrm{d}x\mathrm{d}y+\int_l(\boldsymbol{f}\cdot\boldsymbol{n}_x+\boldsymbol{g}\cdot\boldsymbol{n}_y)\mathrm{d}l=\mathbf{0} \tag{8.1.3}$$

若控制体面单元为矩形单元，如图 8.1 所示，则可把上式的边界线积分方程写成：

$$\frac{\mathrm{d}}{\mathrm{d}t}\int_s \boldsymbol{u}\mathrm{d}x\mathrm{d}y+(\bar{\boldsymbol{f}}_2-\bar{\boldsymbol{f}}_4)\mathrm{d}y+(\bar{\boldsymbol{g}}_3-\bar{\boldsymbol{g}}_1)\mathrm{d}x=\mathbf{0} \tag{8.1.4}$$

其中$\bar{\boldsymbol{f}}_2$、$\bar{\boldsymbol{f}}_4$分别是 $\boldsymbol{f}$ 在 AB 和 CD 上的平均值，$\bar{\boldsymbol{g}}_1$、$\bar{\boldsymbol{g}}_3$分别是 $\boldsymbol{g}$ 在 BC 和 AD 上的平均值。

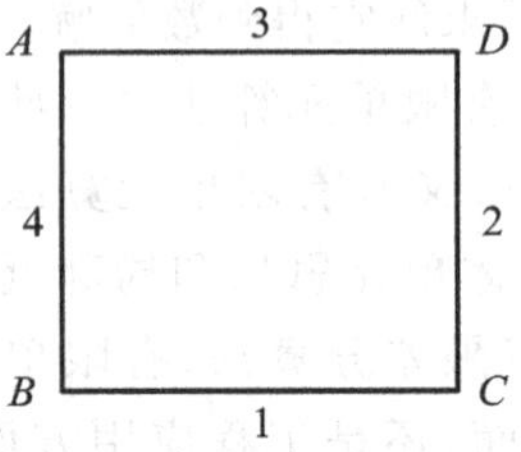

图 8.1　矩形单元边界积分示意图

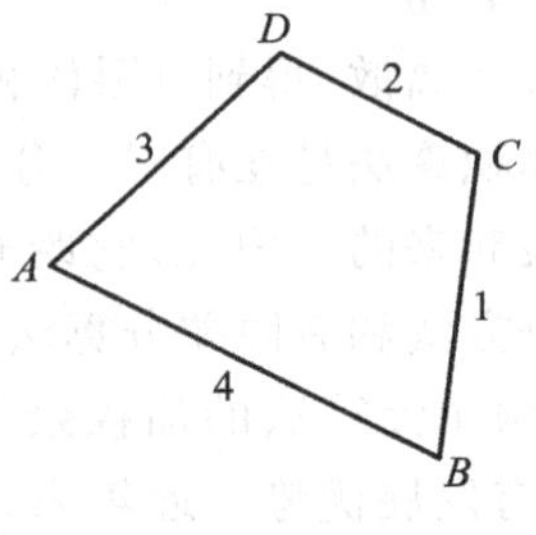

图 8.2　任意四边形单元边界积分示意图

若控制体面单元为任意四边形单元，如图 8.2 所示，则边界线积分方程为：

$$\frac{\mathrm{d}}{\mathrm{d}t}\int_s \boldsymbol{u}\mathrm{d}x\mathrm{d}y+\bar{\boldsymbol{f}}_1(y_B-y_A)+\bar{\boldsymbol{f}}_2(y_C-y_B)+\bar{\boldsymbol{f}}_3(y_D-y_C)+\bar{\boldsymbol{f}}_4(y_A-y_D)+$$
$$\bar{\boldsymbol{g}}_1(x_A-x_B)+\bar{\boldsymbol{g}}_2(x_B-x_C)+\bar{\boldsymbol{g}}_3(x_C-x_D)+\bar{\boldsymbol{g}}_4(x_D-x_A)=\mathbf{0} \tag{8.1.5}$$

其中$\bar{\boldsymbol{f}}_1$、$\bar{\boldsymbol{f}}_2$、$\bar{\boldsymbol{f}}_3$、$\bar{\boldsymbol{f}}_4$分别是$\boldsymbol{f}$在 AB、BC、CD 和 AD 上的平均值，$\bar{\boldsymbol{g}}_1$、$\bar{\boldsymbol{g}}_2$、$\bar{\boldsymbol{g}}_3$、$\bar{\boldsymbol{g}}_4$分别是 $\boldsymbol{g}$ 在 AB、BC、CD 和 AD 上的平均值。把方程(8.1.4)和方程(8.1.5)用于所有控制体单

元,得到全计算区域的离散格式,在一定的初边值条件下求解二维 Euler 方程组,得到它的数值解。

由图 8.1 和图 8.2 可以看出,当控制体面单元为矩形单元时,很容易得到离散格式。当控制体面单元为任意四边形单元,其边上的流动量取任意分布时,离散格式变得相当复杂。很显然,控制体面单元的各边取不同的流动量分布,则可以得到不同形式和不同精度有限体积算法的离散格式。如果控制体单元是简单的矩形单元,离散格式是守恒型的;如果控制体单元是任意四边形单元,离散格式就不一定是守恒型的。

8-1-2 控制体单元的构造方法

在二维流动问题中有限体积算法的控制体面单元有:三角形、四边形或多边形等。在三维流动问题中它的控制体单元有:四面体、锥形体、楔体、八面体等,如图 8.3 所示。二维流动问题中的三角形、四边形单元,三维流动问题中的四面体和八面体单元是应用最广的控制体单元。但是,也可把两种或多种类型控制体单元混合使用[2]。目前,有以下两种构造控制体单元的方法[3,4,5]:

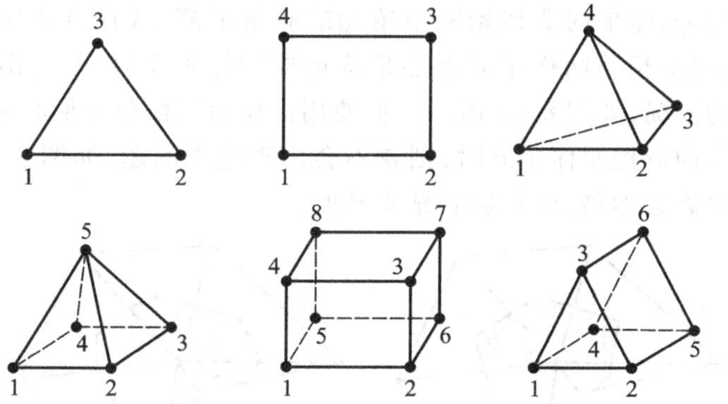

图 8.3 控制体单元类型示意图

(1) 单元中心型控制体单元(Cell-centered):控制体单元直接由网格单元来构成。网格单元的边是控制体单元的边,而把计算节点放在控制体单元中心。流动量放在控制体单元的中心上,如图 8.4 所示。

(2) 节点中心型控制体单元(Node-centered):首先定义节点位置,围绕它构造控制体单元。控制体单元可以直接由相邻网格单元形心来构成,也可以由相邻网格单元形心和它们的各边的中点依次连线来构造。流动量在控制单元的节点上,如图 8.4 所示。

在均匀网格中上述两种方法构成的控制体单元是相同的。但是,在非均匀网格和非结构网格中它们是不一样的。在构造单元中心型控制体单元时,节点上流动量由控制体单元体积平均得到,计算精度较低;而在构造节点中心型控制体单元时,节

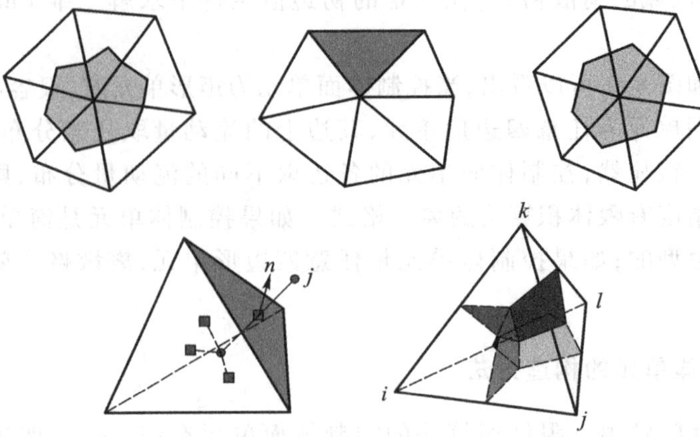

图 8.4　单元中心型控制体单元和节点中心型控制单元示意图

点上流动量在控制体单元面上导数值采用中心差分近似得到,计算精度要高一些。在实际计算中单元中心型控制体单元应用要更多一些。

值得注意的是,如果构造初始网格单元的质量不高,或在自适应过程中造成网格畸变过大,采用由相邻网格单元形心来构造控制体单元时,常会出现控制体单元超出网格单元的情况,如图 8.5a 所示。但使用由相邻网格单元形心和它们的各边的中点依次连线来构造控制体单元时,则就不会出现这类问题,如图 8.5b 所示。但是其控制体单元边数会加倍,计算量明显要增加。

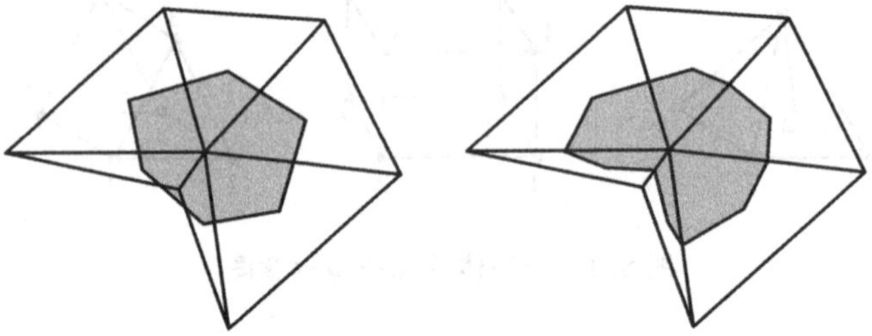

(a) 控制体单元超出网格单元　　(b) 控制体单元在网格单元内

图 8.5

8－1－3　有限体积算法特点:

(1) 有限体积算法是由积分形式流动方程组出发的,通过对控制体单元边界积分得到离散格式,构造的离散格式简单。

(2) 在离散格式中的各个离散项有明确的物理意义,概念清晰。

(3) 求解区域内流动量的守恒性可由每个控制体单元的守恒性来保证。它能很好地满足守恒律,得到的解是物理解。

(4) 计算网格可采用各种不规则控制体单元构成。这样容易构造复杂网格和非结构网格。对复杂流动和复杂边界条件,有较强适应能力。

(5) 比较容易处理激波间断。它既适用于可压缩流动,也适用于不可压缩流动。

有限体积算法也存在一些明显的弱点:在复杂结构网格和非结构网格中计算流通量比较复杂;计算精度和计算效率要比有限差分算法差一些。

近年来各国学者都在致力于克服有限体积算法的上述弱点,设计和构造一些格式简单、计算精度和计算效率高的离散格式,并已取得了较大进展。

第2节 有限体积算法离散化

8-2-1 计算网格设置

1. 一维有限体积算法网格设置

图8.6是一维流动有限体积算法网格示意图。图中节点P处于控制体单元中点,在节点P上设置待求的未知流动量。与节点P相邻的节点为W和E,它们的坐标和x_i的对应关系为:

$$x_P = x_i, \; x_E = x_{i+1}, \; x_W = x_{i-1} \tag{8.2.1}$$

节点间分界面为w和e,它们是控制体单元的界面。

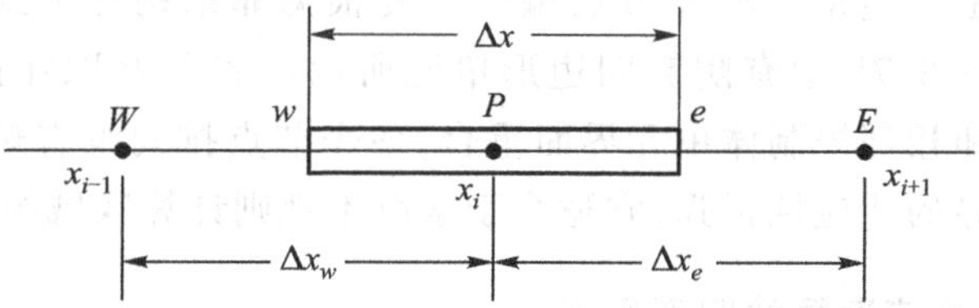

图8.6 一维有限体积算法网格示意图

其他控制单元与节点P的控制体单元间分界面位置可由节点坐标x_i确定。设网格步长为:

$$\Delta x_w = (x_i - x_{i-1}), \; \Delta x_e = (x_{i+1} - x_i), \; \Delta x_i = \frac{1}{2}(\Delta x_w + \Delta x_e) \tag{8.2.2}$$

设控制体单元两端的面积分别为s_e和s_w,则控制体单元体积为:

$$\Delta V = \frac{1}{2}\Delta x(s_e + s_w) \tag{8.2.3}$$

2. 二维有限体积算法网格设置

二维流动问题的网格设置要复杂一点。可分为结构化网格和非结构化网格两种。图8.7a是结构化网格示意图。它与有限差分算法网格十分相似,当给出一个节点编号后,相邻节点的编号也就确定了。节点P的控制体单元如图8.7a中阴影部分所示。在x方向与节点P相邻的节点为W和E,在y方向与节点P相邻的节点为S和N,控制体单元界面分别为w、s、e、n。

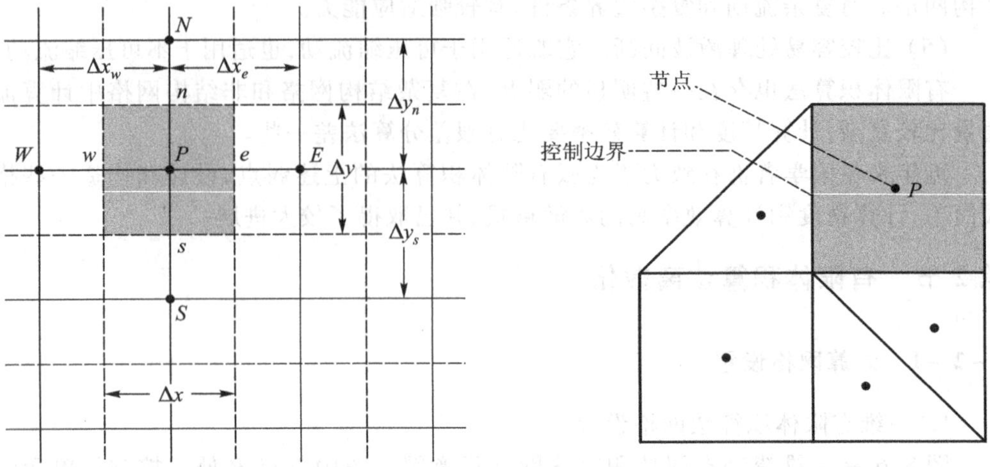

(a) 结构化网格　　(b) 非结构化网格

图 8.7　二维有限体积算法网格示意图

图 8.7b 是非结构化网格示意图。它与有限单元网格很相似,网格可以是三角形、四边形,甚至是多边形。相邻节点编号需要根据非结构化方式来确定。节点 P 的控制体单元如图 8.7b 中有阴影四边形单元所示。节点 P 取在控制体单元中心,控制体单元界面和相邻控制体单元界面重合,各个节点排列没有规则。由于非结构化网格对复杂边界的适应性很强,它适合于求解不规则计算区域的复杂流动问题。

8－2－2　离散格式应遵循的四项原则

为了保证满足物理守恒律和确保计算精度与稳定性,有限体积算法在进行离散时应遵循以下四项基本原则[6]:

(1) 界面一致性原则。在两个相邻控制体单元中进行离散时,在它们界面上流通量所采用的离散格式应相同。这样就能保证在控制体单元之间界面上左、右流通量完全相等,确保守恒律得到满足。

(2) 正系数原则。要求离散格式中各项系数都为正或同号,否则会出现在某些节点上流动量增加,而在与它相邻的其他节点上流动量减少的不合理现象。这样可保证计算稳定和物理解。

(3) 源项线性化处理时,系数应小于零。流动方程组的源项常是非线性的,为了简化计算,必须要对源项进行线性化处理,即 $\bar{S} = S_c + S_P\phi_P$,这里 P 为控制体单元中心节点,ϕ_P为中心节点上流动量,S_c为中心节点源项,S_P为线性化处理系数。这个原则就是要求 $S_P \leqslant 0$。它可使计算过程形成一种负反馈机制,以保证计算过程中误差不会越来越大。

(4) 对于无源项流动问题,中心节点的系数要求等于周围相邻节点的系数总和,

即 $a_P = \sum a_{nb}$，这里 nb 为与中心节点 P 相邻的节点。

根据上述原则，对积分形式的黏性流动 N－S 方程组式(2.3.22)

$$\frac{\partial}{\partial t}\int_{\Omega}\rho\phi \mathrm{d}\Omega + \int_{s}(\rho\phi \boldsymbol{V})\cdot \boldsymbol{n}\mathrm{d}s = \int_{s}(\Gamma_{\phi}\nabla\phi)\cdot \boldsymbol{n}\mathrm{d}s + \int_{\Omega}S_{\phi}\mathrm{d}\Omega$$

进行离散，其中的面积分、体积分和微商可根据需要，采用不同精度格式进行离散[7]，得到满足要求的有限体积算法的离散格式，对这些离散格式进行求解，就能得到物理解。

8－2－3　面积分近似计算式

图 8.8 是以 P 为中心的控制体单元面积分近似计算示意图[7]。设以 P 为中心的控制体单元四周的面为 e、w、n、s。通过控制体单元各面上的数值矢通量为 $\boldsymbol{f}$，由这 4 个面积分叠加可得到控制体单元的数值矢通量 $\boldsymbol{F}$：

$$\boldsymbol{F} = \int_{s}\boldsymbol{f}\mathrm{d}s = \sum_{1}^{4}\int_{s_k}\boldsymbol{f}_k\mathrm{d}s_k \tag{8.2.4}$$

其中 $\boldsymbol{f}$ 是控制体单元各面上对流项($\rho\phi\boldsymbol{u}\cdot\boldsymbol{n}$)或扩散项($\Gamma\nabla\phi\cdot\boldsymbol{n}$)数值矢通量，$\phi$ 为流动量，s_k 为第 k 个控制体单元外表面，$\boldsymbol{n}$ 为 s_k 表面上外法向单位矢量。当流动速度 $\boldsymbol{u}$ 和流体性质已知时，则在离散公式(8.2.4)中只有流动量 ϕ 是未知量。

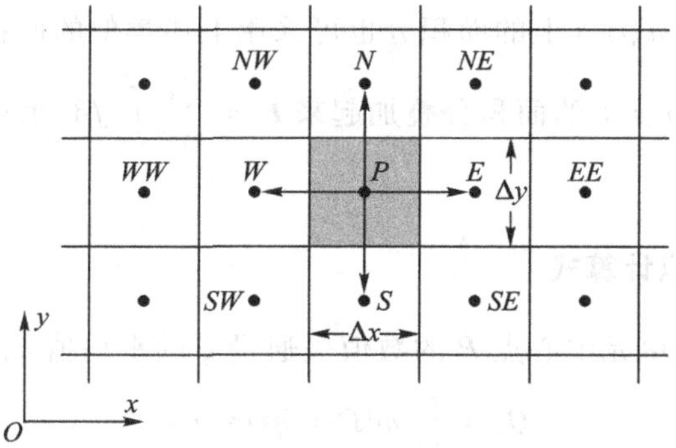

图 8.8　面积分近似计算示意图

离散格式(8.2.4)一般采用显式离散格式求解。但当流动速度 $\boldsymbol{u}$ 未知时，需要采用隐式离散格式，通过迭代求解。

为了精确计算控制体单元体面积分，仅仅知道中心 P 点变量值是不够的，还需要知道数值矢通量 $\boldsymbol{f}$ 在 s 表面上的分布。利用这些分布，采用近似算法就可计算控制体单元表面积分值。有两种近似算法：

(1) 利用控制体单元表面上一个或几个点值来近似计算面积分值。

(2) 利用控制体单元中心点值来近似计算面积分值。

以计算 P 点控制体单元东部表面 e 的面积分为例，近似计算面积分有：

(1) 已知数值矢通量 $\boldsymbol{f}$ 在 e 表面上平均值 $\bar{f}$，则面积分值等于：

$$\boldsymbol{F}_e = \int_{s_e} \boldsymbol{f}\mathrm{d}s = \bar{\boldsymbol{f}}s_e = \boldsymbol{f}_e s_e \tag{8.2.5}$$

这是最简单的具有一阶精度的面积分近似计算式。

(2) 已知数值矢通量$\boldsymbol{f}$在e表面的两个角点值$\boldsymbol{f}_{ne}$和$\boldsymbol{f}_{se}$,利用梯形公式得到:

$$\boldsymbol{F}_e = \int_{s_e} \boldsymbol{f}\mathrm{d}s = \frac{1}{2}s_e(\boldsymbol{f}_{ne} + \boldsymbol{f}_{se}) \tag{8.2.6}$$

这是具有二阶精度面积分近似计算式。

(3) 已知数值矢通量$\boldsymbol{f}$在e表面的三个点值$\boldsymbol{f}_{ne}$、$\boldsymbol{f}_{se}$和$\boldsymbol{f}_e$,利用 Simpson 公式得到:

$$\boldsymbol{F}_e = \int_{s_e} \boldsymbol{f}\mathrm{d}s = \frac{1}{6}s_e(\boldsymbol{f}_{ne} + 4\boldsymbol{f}_e + \boldsymbol{f}_{se}) \tag{8.2.7}$$

这是具有三阶精度面积分近似计算式。

(4) 已知数值矢通量$\boldsymbol{f}$在e表面上是某种特定多项式分布规律,可利用这个多项式求面积分值。设多项式为:

$$\boldsymbol{f}_e = a_0 + a_1 x + a_2 x^2 + \cdots \tag{8.2.8a}$$

$$\boldsymbol{F}_e = \int_{s_e} \boldsymbol{f}\mathrm{d}s = \int_{s_e} (a_0 + a_1 x + a_2 x^2 + \cdots)\mathrm{d}s \tag{8.2.8b}$$

这个面积分值的计算精度需要根据多项式形式来确定。

控制体单元其他n、w、s上的面积分也可采用上述类似的面积分近似计算式计算得到。最后,把e、w、n、s上的面积分叠加起来$\boldsymbol{F} = \sum_1^4 \int_{s_k} \boldsymbol{f}\mathrm{d}s$就得到控制体单元的数值矢通量$\boldsymbol{F}$值。

8-2-4 体积分近似计算式

(1) 已知控制体单元中心点P的数值矢通量$\boldsymbol{q}$的平均值$\bar{q}$,则体积分值等于:

$$Q_p = \int_\Omega q\mathrm{d}\Omega = \bar{q}\Omega \approx q_p\Omega \tag{8.2.9}$$

由于P点上所有流动量都已知,因此,可以直接利用上式求得体积分值。如果数值矢通$\boldsymbol{q}$值是常数或线性分布,由上式计算得到的体积分值是精确值,其他情况下得到的是只有一阶精度的体积分值。

(2) 若数值矢通量$\boldsymbol{q}$值是某种特定多项式分布规律,设多项式为:

$$q(x,y) = a_0 + a_1 x + a_2 y + a_3 x^2 + a_4 y^2 + a_5 xy + a_6 x^2 y + a_7 xy^2 + a_8 x^2 y^2 \tag{8.2.10}$$

其中a_0、a_1、a_2、a_3、…为多项式待定系数,共有 9 个待定系数。它们可以用数值矢通量$\boldsymbol{q}$在nw、w、sw、n、p、s、ne、e和se各点上的值来确定。体积分计算公式为:

$$Q_p = \int_\Omega q\mathrm{d}\Omega = \Delta x\Delta y\left[a_0 + \frac{a_3}{12}\Delta x^2 + \frac{a_4}{12}\Delta y^2 + \frac{a_8}{144}\Delta x^2\Delta y^2\right] \tag{8.2.11}$$

在上式中仍有 4 个系数值需要确定,它们和上面的 9 个点的值有关。利用式(8.2.10),可以得到体积分值为:

$$Q_p = \frac{\Delta x \Delta y}{36}(16q_P + 4q_s + 4q_n + 4q_w + 4q_e + q_{se} + q_{sw} + q_{ne} + q_{nw}) \quad (8.2.11a)$$

这里 P 点值是已知的。上式中的其他各点的值,必须采用插值计算得到。

8-2-5　微商近似计算式

以图 8.8 中节点 P 为中心控制体单元为例,流动量矢量 $\boldsymbol{\phi}$ 在 e 面上的微商 $\boldsymbol{\phi}_e$ 近似计算式可采用如下离散格式:

(1) 一阶迎风插值近似计算(UDS 离散格式)

它是和流动方向有关的迎风型离散格式。在迎风型离散格式中 $\boldsymbol{\phi}_e$ 值为:

$$\boldsymbol{\phi}_e = \begin{cases} \boldsymbol{\phi}_P, & (\boldsymbol{u} \cdot \boldsymbol{n})_e > 0 \\ \boldsymbol{\phi}_E, & (\boldsymbol{u} \cdot \boldsymbol{n})_e < 0 \end{cases} \quad (8.2.12)$$

这是一阶精度离散格式。它的数值黏性很大,计算精度不高,但不会产生振荡解。

(2) 线性插值近似计算(CDS 离散格式)

它是中心差分离散格式,它由邻近两个节点值线性插值得到:

$$\boldsymbol{\phi}_e = \boldsymbol{\phi}_E \lambda_e + \boldsymbol{\phi}_P(1 - \lambda_e) \quad (8.2.13)$$

其中线性插值因子 $\lambda_e = \dfrac{x_e - x_P}{x_E - x_P}$。这是二阶精度离散格式。由于它具有较高的计算精度,应用比较广泛,但线性插值近似计算往往可能产生振荡。

(3) 三阶迎风型近似计算(QUICK 离散格式)

它是用抛物线插值来代替直线插值所得到的 QUICK 离散格式。构造抛物线插值需要用到三个节点值。因此,当 $u_x > 0$ 时,流动从 P 到 E 取 W 点值;当 $u_x < 0$ 时,流动从 E 到 P 取 EE 点值。QUICK 离散格式:

$$\boldsymbol{\phi}_e = \begin{cases} g_1\boldsymbol{\phi}_E - g_2\boldsymbol{\phi}_w + (1 - g_1 - g_2)\boldsymbol{\phi}_P, & u_x > 0 \\ g_3\boldsymbol{\phi}_P - g_4\boldsymbol{\phi}_{EE} + (1 - g_3 - g_4)\boldsymbol{\phi}_E, & u_x < 0 \end{cases} \quad (8.2.14)$$

这是三阶精度离散格式。其中系数 $g_i(i = 1,2,3,4)$ 可以由插入因子表示:

$$g_1 = \frac{(2 - \lambda_{e,w})\lambda_{e,P}^2}{1 + \lambda_{e,P} - \lambda_{e,w}}, \quad g_2 = \frac{(1 - \lambda_{e,P})(1 - \lambda_{e,w})^2}{1 + \lambda_{e,P} - \lambda_{e,w}}$$

$$g_3 = \frac{(1 + \lambda_{e,w})(1 - \lambda_{e,P})^2}{1 + \lambda_{e,E} - \lambda_{e,P}}, \quad g_4 = \frac{\lambda_{e,P}\lambda_e}{1 + \lambda_{e,E} - \lambda_{e,P}} \quad (8.2.14a)$$

当网格均匀时,可取三个节点系数:向前迎风插值时取为 $\dfrac{3}{8}$,向后迎风插值时取为 $\dfrac{6}{8}$,二阶迎风时取为 $\left(-\dfrac{1}{8}\right)$;对于非均匀网格 g_i 的计算就更复杂。

(4) 更高阶精度近似计算

利用 Simpson 公式和多项式可以得到四阶以上离散格式。例如,采用多项式:

$$\phi(x) = a_0 + a_1 x + a_2 x^2 + a_3 x^3 \quad (8.2.15)$$

通过四个节点值 W、P、E、EE 确定 $\boldsymbol{\phi}_e$ 的 9 个系数 $a_i(i=0,1,2,3,\cdots,8)$，则得到：

$$\boldsymbol{\phi}_e=\frac{27\boldsymbol{\phi}_p+27\boldsymbol{\phi}_E-3\boldsymbol{\phi}_w-3\boldsymbol{\phi}_E}{48} \tag{8.2.15a}$$

得到微商离散格式：

$$\left(\frac{\partial\boldsymbol{\phi}}{\partial x}\right)_e=a_1+2a_2x+3a_3x^2 \tag{8.2.16}$$

其中 a_1、a_2、a_3 和四个节点值 W、P、E、EE 有关。把这些节点值代入上式得到：

$$\left(\frac{\partial\boldsymbol{\phi}}{\partial x}\right)_e=\frac{27\boldsymbol{\phi}_e-27\boldsymbol{\phi}_P+\boldsymbol{\phi}_w-\boldsymbol{\phi}_{EE}}{24\Delta x} \tag{8.2.16a}$$

这是四阶精度中心差分离散格式。

利用流动量和微商值，在控制体单元表面中心位置上沿单元表面插值可得到单元角点上的值。这在显式离散格式时并不困难，但采用隐式离散格式时，如四阶隐式离散格式，它所涉及的计算节点数量会大大增加。例如，二维流动问题需要 15 个节点值，三维流动问题需要 25 个节点值。因此，如果把四阶隐式离散格式用于非线性方程组时，对计算设备和计算时间要求都是非常可观的。

为了简化计算，在计算高阶精度数值矢通量时，可采用显式离散格式；而计算低阶精度数值矢通量时，采用隐式离散格式。然后，再把它们连接起来：

$$\boldsymbol{f}_e=\boldsymbol{f}_e^{\mathrm{L}}+(\boldsymbol{f}_e^{\mathrm{H}}-\boldsymbol{f}_e^{\mathrm{L}})^{\mathrm{old}} \tag{8.2.17}$$

其中 $\boldsymbol{f}_e^{\mathrm{L}}$ 是低阶精度离散格式数值矢通量值，而 $\boldsymbol{f}_e^{\mathrm{H}}$ 是高阶精度离散格式数值矢通量值。在 $\boldsymbol{f}_e^{\mathrm{H}}$ 近似计算中多项式是用旧值计算得到。这样既可保证显式离散格式收敛性，又可保证隐式离散格式减少迭代次数，提高收敛速度。

第 3 节　对流方程有限体积算法

有限体积算法离散格式可以通过两种思路离散得到：一种是把时间域和空间域同时进行离散，另一种是把时间域和空间域分开进行离散。下面将对流方程采用时间域和空间域同时进行离散，得到它的有限体积离散格式；而对流－扩散方程采用时间域和空间域分开进行离散，得到它的离散格式。

8－3－1　对流方程有限体积算法离散格式

1. 线性对流方程一阶迎风型离散格式

线性对流方程：

$$u_t+au_x=0 \tag{8.3.1}$$

其中 a 为常数，它在 $[x_a,x_b]$ 区域内求解。

首先把求解区域 $[x_a,x_b]$ 分成 J 个控制体单元，每个控制体单元长度为 $\Delta x=\dfrac{x_b-x_a}{J}$，第 j 个控制体单元中心 P 的坐标为 $x_j=\dfrac{1}{2}(x_{j+\frac{1}{2}}-x_{j-\frac{1}{2}})$，控制体单元中心 P 的数值解为 u_j^{n+1}。利用 Gauss 定律，在控制体单元上将对流方程(8.3.1)进行积分，

得到：

$$\int_{x_{j-\frac{1}{2}}}^{x_{j+\frac{1}{2}}} \frac{\partial u}{\partial t}\mathrm{d}x + a(u_{j+\frac{1}{2}}^{n} - u_{j-\frac{1}{2}}^{n}) = 0 \tag{8.3.2}$$

式中 $au_{j+\frac{1}{2}}^{n}$、$au_{j-\frac{1}{2}}^{n}$为对流方程的数值通量。对上式再沿时间$[t_n, t_{n+1}]$积分：

$$\int_{x-\frac{1}{2}}^{x+\frac{1}{2}} (u_j^{n+1} - u_j^n)\mathrm{d}x + \int_{t_n}^{t_{n+1}} au_{j+\frac{1}{2}}^{n}\mathrm{d}t - \int_{t_n}^{t_{n+1}} au_{j-\frac{1}{2}}^{n}\mathrm{d}t = 0 \tag{8.3.2a}$$

如果上式中数值通量 $au_{j+\frac{1}{2}}^{n}$、$au_{j-\frac{1}{2}}^{n}$是已知的，则由上式积分就能得到一维线性对流方程数值解 u_j^{n+1}。设对流方程(8.3.1)中 $f = au$，a 为常数，则数值解 u_j^{n+1}在控制体单元内平均值为：

$$\overline{u}_j^{\,n} = \frac{\int_{x_{j-\frac{1}{2}}}^{x_{j+\frac{1}{2}}} u_j^n \mathrm{d}x}{\Delta x} \tag{8.3.3}$$

得到它的有限体积算法离散格式：

$$\frac{\overline{u}_j^{\,n+1} - \overline{u}_j^{\,n}}{\Delta t} + \frac{\bar{f}_{j+\frac{1}{2}}^{n} - \bar{f}_{j-\frac{1}{2}}^{n}}{\Delta x} = 0 \tag{8.3.4}$$

这里$\bar{f}_{j+\frac{1}{2}}^{n}$、$\bar{f}_{j-\frac{1}{2}}^{n}$是 $au_{j+\frac{1}{2}}^{n}$、$au_{j-\frac{1}{2}}^{n}$在$[t_n, t_{n+1}]$时间内的平均值。离散格式(8.3.4)中所求得的数值解 $\overline{u}_j^{\,n+1}$是在控制体单元上的平均值。

数值通量$\bar{f}_{j+\frac{1}{2}}^{n}$、$\bar{f}_{j-\frac{1}{2}}^{n}$具体计算公式为：

$$\left.\begin{aligned} \bar{f}_{j+\frac{1}{2}}^{n} &= \frac{1}{\Delta t}\int_{t_n}^{t_{n+1}} au_{j+\frac{1}{2}}(t)\mathrm{d}t \\ \bar{f}_{j-\frac{1}{2}}^{n} &= \frac{1}{\Delta t}\int_{t_n}^{t_{n+1}} au_{j-\frac{1}{2}}(t)\mathrm{d}t \end{aligned}\right\} \tag{8.3.5}$$

为了求出数值通量$\bar{f}_{j+\frac{1}{2}}^{n}$、$\bar{f}_{j-\frac{1}{2}}^{n}$，必须首先求出$[t_n, t_{n+1}]$内的 $u_{j+\frac{1}{2}}(t)$、$u_{j-\frac{1}{2}}(t)$。若控制体单元界面上 $u_{j+\frac{1}{2}}(t)$在$[t_n, t_{n+1}]$内演变过程已知，则它可通过式(8.3.5)得到。

设 $u_j^n(x)$在每个控制体单元内以常数分布：

$$u_j^n(x) = \overline{u}_j^{\,n} = \text{const.} \tag{8.3.6}$$

当 $a > 0$ 时：

$$u_{j+\frac{1}{2}}(t) = u^n \Big|_{x\in(x_{j-\frac{1}{2}}, x_{j+\frac{1}{2}})} [x_{j+\frac{1}{2}}^{n} - a(t - t_n)] = \overline{u}_j^{\,n} \tag{8.3.7}$$

则有：

$$\left.\begin{aligned} \bar{f}_{j+\frac{1}{2}}^{n} &= \frac{1}{\Delta t}\int_{t_n}^{t_{n+1}} au_{j+\frac{1}{2}}(t)\mathrm{d}t = a\overline{u}_j^{\,n} \\ \bar{f}_{j-\frac{1}{2}}^{n} &= \frac{1}{\Delta t}\int_{t_n}^{t_{n+1}} au_{j-\frac{1}{2}}(t)\mathrm{d}t = a\overline{u}_{j-1}^{\,n} \end{aligned}\right\} \tag{8.3.8}$$

把上式代入式(8.3.5)得到：

$$\frac{\overline{u}_j^{\,n+1} - \overline{u}_j^{\,n}}{\Delta t} + a\frac{\overline{u}_j^{\,n} - \overline{u}_{j-1}^{\,n}}{\Delta x} = 0 \tag{8.3.9}$$

由于假设 $u_j^n(x)$ 在每个控制体单元内以常数分布，$u_j^n = \bar{u}_j^n$，因此上式就是一阶迎风型离散格式：

$$\frac{u_j^{n+1} - u_j^n}{\Delta t} + a\frac{u_j^n - u_{j-1}^n}{\Delta x} = 0 \tag{8.3.9a}$$

同理，当 $a<0$ 时：

$$u_{j+\frac{1}{2}}(t) = u^n\Big|_{x\in[x_{j+\frac{1}{2}},x_{j+\frac{3}{2}}]}[x_{j+\frac{1}{2}} - a(t-t_n)] = \bar{u}_{j+1}^n \tag{8.3.10}$$

则有：

$$\left.\begin{aligned}\bar{f}_{j+\frac{1}{2}}^n &= \frac{1}{\Delta t}\int_{t_n}^{t_{n+1}} a u_{j+\frac{1}{2}}(t)\,\mathrm{d}t = a\bar{u}_{j+1}^n\\ \bar{f}_{j-\frac{1}{2}}^n &= \frac{1}{\Delta t}\int_{t_n}^{t_{n+1}} u_{j-\frac{1}{2}}(t)\,\mathrm{d}t = a\bar{u}_j^n\end{aligned}\right\} \tag{8.3.11}$$

$$\frac{u_j^{n+1} - u_j^n}{\Delta t} + a\frac{u_{j+1}^n - u_j^n}{\Delta x} = 0 \tag{8.3.12}$$

2. 线性对流方程高阶离散格式

设 $u_j^n(x)$ 在每个控制体单元内采用二阶精度分段线性分布，即：

$$\begin{aligned}u_{j+\frac{1}{2}}(t) &= u^n|_{x\in(x_{j-\frac{1}{2}},x_{j+\frac{1}{2}})}[x_{j+\frac{1}{2}}^n - a(t-t_n)]\\ &= \bar{u}_j^n + D_j(x - x_j)\end{aligned} \tag{8.3.13}$$

把上式代入式(8.3.4)，有：

$$\bar{u}_j^n = \frac{\int_{x_{j-\frac{1}{2}}}^{x_{j+\frac{1}{2}}}[u_j^n + D_j(x-x_j)]\,\mathrm{d}x}{\Delta x} \tag{8.3.14}$$

这里 D_j 是未知的。采用不同的节点，可以得到不同的 D_j 离散格式。

如果利用 $j-1$ 节点，则得到：

$$\bar{u}_{j-1}^n = \frac{\int_{x_{j-\frac{1}{2}}}^{x_{j+\frac{1}{2}}}[u_j^n + D_j(x-x_j)]\,\mathrm{d}x}{\Delta x} = \bar{u}_j^n - D_j\Delta x \tag{8.3.15}$$

$$D_j = \frac{\bar{u}_j^n - \bar{u}_{j-1}^n}{\Delta x} \tag{8.3.15a}$$

如果利用 $j+1$ 节点，则得到：

$$\bar{u}_{j+1}^n = \frac{\int_{x_{j-\frac{1}{2}}}^{x_{j+\frac{1}{2}}}[u_j^n + D_j(x-x_j)]\,\mathrm{d}x}{\Delta x} = \bar{u}_j^n + D_j\Delta x \tag{8.3.16}$$

$$D_j = \frac{\bar{u}_{j+1}^n - \bar{u}_j^n}{\Delta x} \tag{8.3.16a}$$

还可采用其他更精确的方法来确定 D_j。

类似于上述做法，确定控制体单元界面上 $u_{j+\frac{1}{2}}(t)$ 在 $[t_n, t_{n+1}]$ 内的演变过程。

当 $a>0$ 时：

$$\begin{aligned} u_{j+\frac{1}{2}}(t) &= u^n|_{x\in(x_{j-\frac{1}{2}},x_{j+\frac{1}{2}})}[x_{j+\frac{1}{2}}^n - a(t-t_n)] \\ &= \bar{u}_j^n + D_j[x_{j+\frac{1}{2}}^n - a(t-t_n) - x_j] \\ &= \bar{u}_j^n + D_j\left[\frac{\Delta x}{2} - a(t-t_n)\right] \end{aligned} \tag{8.3.17}$$

则有：

$$\left.\begin{aligned} \bar{f}_{j+\frac{1}{2}}^n &= \frac{1}{\Delta t}\int_{t_n}^{t_{n+1}} a u_{j+\frac{1}{2}}(t)\,\mathrm{d}t = a\left(\bar{u}_j^n + D_j\frac{\Delta x}{2}\right) - \frac{1}{2}a^2 D_j \Delta t \\ \bar{f}_{j-\frac{1}{2}}^n &= \frac{1}{\Delta t}\int_{t_n}^{t_{n+1}} a u_{j-\frac{1}{2}}(t)\,\mathrm{d}t = a\left(\bar{u}_{j-1}^n + D_{j-1}\frac{\Delta x}{2}\right) - \frac{1}{2}a^2 D_{j-1}\Delta t \end{aligned}\right\} \tag{8.3.18}$$

把上式代入式(8.3.5)可得到：

$$\frac{\bar{u}_j^{n+1} - \bar{u}_j^n}{\Delta t} + a\frac{\left(\bar{u}_j^n + D_j\frac{\Delta x}{2}\right) - \left(\bar{u}_{j-1}^n + D_{j-1}\frac{\Delta x}{2}\right)}{\Delta x} = \frac{\frac{1}{2}a^2\Delta t(D_j - D_{j-1})}{\Delta x} \tag{8.3.19}$$

若取 $D_j = \dfrac{\bar{u}_j^n - \bar{u}_{j-1}^n}{\Delta x}$，则有：

$$\frac{\bar{u}_j^{n+1} - \bar{u}_j^n}{\Delta t} + a\frac{-3\bar{u}_j^n + 4\bar{u}_{j+1}^n - \bar{u}_{j+2}^n}{\Delta x} = \frac{a^2\Delta t}{2\Delta x^2}(\bar{u}_j^n - 2\bar{u}_{j+1}^n + \bar{u}_{j+2}^n) \tag{8.3.19a}$$

若取 $D_j = \dfrac{\bar{u}_{j+1}^n - \bar{u}_j^n}{\Delta x}$，则有：

$$\frac{\bar{u}_j^{n+1} - \bar{u}_j^n}{\Delta t} + a\frac{\bar{u}_{j+1}^n - \bar{u}_{j-1}^n}{2\Delta x} = \frac{a^2\Delta t}{2\Delta x^2}(\bar{u}_{j-1}^n - 2\bar{u}_{j+1}^n + \bar{u}_{j+1}^n) \tag{8.3.19b}$$

由于在对流方程中 $u_j^n = \bar{u}_j^n$，则式(8.3.19a)可写成：

$$\frac{u_j^{n+1} - u_j^n}{\Delta t} + a\frac{-3u_j^n + 4u_{j+1}^n - u_{j+2}^n}{\Delta x} = \frac{a^2\Delta t}{2\Delta x^2}(u_j^n - 2u_{j+1}^n + u_{j+2}^n) \tag{8.3.20a}$$

实际上式就是 Warming-Beam 差分格式。而式(8.3.19b)可写成：

$$\frac{u_j^{n+1} - u_j^n}{\Delta t} + a\frac{u_{j+1}^n - u_{j-1}^n}{2\Delta x} = \frac{a^2\Delta t}{2\Delta x^2}(u_{j-1}^n - 2u_{j+1}^n + u_{j+1}^n) \tag{8.3.20b}$$

它就是 Lax-Wendroff 差分格式。

当 $a<0$ 时：

$$\begin{aligned} u_{j+\frac{1}{2}}(t) &= u^n|_{x\in(x_{j+\frac{1}{2}},x_{j+\frac{3}{2}})}[x_{j+\frac{1}{2}}^n - a(t-t_n)] \\ &= \bar{u}_{j+1}^n + D_{j+1}[x_{j+\frac{1}{2}}^n - a(t-t_n) - x_{j+1}] \\ &= \bar{u}_{j+1}^n + D_{j+1}\left[\frac{1}{2}\Delta x - a(t-t_n)\right] \end{aligned} \tag{8.3.21}$$

则有：

$$\left.\begin{aligned}\bar{f}_{j+\frac{1}{2}}^{n} &= \frac{1}{\Delta t}\int_{t_n}^{t_{n+1}} u_{j+\frac{1}{2}}(t)\,\mathrm{d}t = a\left(\bar{u}_{j+1}^{n} - D_{j+1}\frac{\Delta x}{2}\right) - \frac{1}{2}a^2 D_{j+1}\Delta t\\ \bar{f}_{j-\frac{1}{2}}^{n} &= \frac{1}{\Delta t}\int_{t_n}^{t_{n+1}} u_{j-\frac{1}{2}}(t)\,\mathrm{d}t = a\left(\bar{u}_{j}^{n} - D_{j}\frac{\Delta x}{2}\right) - \frac{1}{2}a^2 D_{j}\Delta t\end{aligned}\right\} \tag{8.3.22}$$

把上式代入式(8.3.5)得到：

$$\frac{\bar{u}_j^{n+1} - \bar{u}_j^{n}}{\Delta t} + a\frac{\left(\bar{u}_{j+1}^{n} - D_{j+1}\frac{\Delta x}{2}\right) - \left(\bar{u}_j^{n} - D_j\frac{\Delta x}{2}\right)}{\Delta x} = \frac{\frac{1}{2}a^2\Delta t(D_{j+1} - D_j)}{\Delta x} \tag{8.3.23}$$

因 $u_j^n = \bar{u}_j^n$，当 $D_j = \dfrac{u_j^n - u_{j-1}^n}{\Delta x}$时，有：

$$\frac{u_j^{n+1} - u_j^n}{\Delta t} + a\frac{u_{j+1}^n - u_{j-1}^n}{\Delta x} = \frac{a^2\Delta t}{2\Delta x^2}(u_{j-1}^n - 2u_j^n + u_{j+1}^n) \tag{8.3.24a}$$

同样，当 $D_j = \dfrac{u_{j+1}^n - u_j^n}{\Delta x}$时，有

$$\frac{u_j^{n+1} - u_j^n}{\Delta t} + a\frac{-3u_j^n + 4u_{j+1}^n - u_{j+2}^n}{\Delta x} = \frac{a^2\Delta t}{2\Delta x^2}(u_j^n - 2_{j+1}^n + u_{j+2}^n) \tag{8.3.24b}$$

3. 单个非线性标量方程离散格式

一维非线性对流方程为：

$$u_t + f_x = 0 \tag{8.3.25}$$

在$[x_a, x_b]$区域内求解。利用 Gauss 定律，在控制体单元上对上式进行积分，得到：

$$\int_{x_{j-\frac{1}{2}}}^{x_{j+\frac{1}{2}}} \frac{\partial u}{\partial t}\mathrm{d}x + f_{j+\frac{1}{2}}^n - f_{j-\frac{1}{2}}^n = 0 \tag{8.3.26}$$

式中$f_{j+\frac{1}{2}}^n$、$f_{j-\frac{1}{2}}^n$为数值通量。对上式沿时间$[t_n, t_{n+1}]$积分得到：

$$\int_{x-\frac{1}{2}}^{x+\frac{1}{2}} (u_j^{n+1} - u_j^n)\,\mathrm{d}x + \int_{t_n}^{t_{n+1}} f_{j+\frac{1}{2}}^n\,\mathrm{d}t - \int_{t_n}^{t_{n+1}} f_{j-\frac{1}{2}}^n\,\mathrm{d}t = 0 \tag{8.3.26a}$$

若数值通量$f_{j+\frac{1}{2}}^n$、$f_{j-\frac{1}{2}}^n$值已知，则由上式积分得到数值解 u_j^{n+1}。但在非线性条件下，要确定$u_{j+\frac{1}{2}}(t)$在$[t_n, t_{n+1}]$内的演变过程，必须求解精确的或近似的 Riemann 问题，这将在以后详细讲述。

8-3-2　多维非线性对流方程有限体积算法

对于多维流动问题一般可以采用算子分裂算法，把它分裂成几个一维流动问题，利用上述的一维对流方程的离散格式，得到数值解 u_j^{n+1}。例如，二维非线性对流方程：

$$u_t + f_x + g_y = 0 \tag{8.3.27}$$

采用算子分裂法可将二维非线性标量方程改写为两个一维非线性标量方程，即：

$$\left.\begin{aligned}&\text{第一个半时间步}\qquad \frac{1}{2}\frac{\partial u}{\partial t} + \frac{\partial f}{\partial x} = 0\\ &\text{第二个半时间步}\qquad \frac{1}{2}\frac{\partial u}{\partial t} + \frac{\partial g}{\partial y} = 0\end{aligned}\right\} \tag{8.3.28}$$

类似于 8 - 3 - 1 的做法，得到上式一维非线性对流方程有限体积算法离散格式，求出多维对流方程数值解。

8 - 3 - 3　无黏流动 Euler 方程组有限体积算法

积分形式无黏流动 Euler 方程组为：

$$\frac{\partial}{\partial t}\int_{\Omega}\rho\phi \mathrm{d}\Omega + \int_{s}(\rho\phi \boldsymbol{V})\cdot \boldsymbol{n}\mathrm{d}s = \int_{\Omega}S_{\phi}\mathrm{d}\Omega \tag{8.3.29}$$

它和上述非线性对流方程(8.3.26)的差别只是多了一个源项 S_{ϕ}。在不考虑外部体力和源汇的流动中，源项 S_{ϕ} 就只是压力梯度项。例如，一维无黏流动 Euler 方程组的动量方程：

$$\frac{\partial(\rho u)}{\partial t} + \frac{\partial}{\partial x}(\rho uu) = -\frac{\partial p}{\partial x} \tag{8.3.30}$$

源项 S_{ϕ} 为：

$$S_{\phi} = -\frac{\partial p}{\partial x} \tag{8.3.30a}$$

在控制体单元 ΔV 内对源项 S_{ϕ} 积分：

$$\int_{\Delta V}S_{\phi}\mathrm{d}V = -\int_{\Delta V}\frac{\partial p}{\partial x}\mathrm{d}V \tag{8.3.30b}$$

如果采用最简单一阶离散格式，则得到压力梯度项积分值：

$$\int_{\Delta V}S_{\phi}\mathrm{d}V = \overline{S}_{\phi}\Delta V = -(p_e - p_w)\Delta y \tag{8.3.31}$$

也可采用 8 - 2 - 3 节中关于微商的各种不同近似计算式来计算源项 S_{ϕ}。

由于 Euler 方程组的源项 S_{ϕ} 只是压力梯度项 $\frac{\partial p}{\partial x}$，处理比较简单。利用 8 - 3 - 1 离散格式和上述源项 S_{ϕ} 的处理方法，在一定的初边值条件下，就能数值求解无黏流动 Euler 方程组[8]。

为了保证计算稳定性，需要对源项进行线性化处理，即：

$$\overline{S}_{\phi} = S_C + S_P\phi_P \tag{8.3.32}$$

式中 S_C 是和变量 ϕ 无关的常数，S_P 是源项在 P 点的斜率。为了保证计算收敛，常要求 $S_P < 0$。与把源项看做常数处理相比，这种处理方法更合理一些。

第 4 节　对流 - 扩散方程有限体积算法

8 - 4 - 1　对流 - 扩散方程有限体积算法离散格式

通用变量形式的一维非线性对流 - 扩散标量方程的微分和积分形式为：

$$\frac{\partial u}{\partial t} + \frac{\partial(\rho u\phi)}{\partial x} = \frac{\partial}{\partial x}\left(\Gamma_{\phi}\frac{\partial \phi}{\partial x}\right) + S_{\phi} \tag{8.4.1}$$

$$\int_{\Delta V}\frac{\partial(\rho\phi)}{\partial t}\mathrm{d}V + \int_{\Delta V}\frac{\partial(\rho u\phi)}{\partial x}\mathrm{d}V = \int_{\Delta V}\frac{\partial}{\partial x}\left(\Gamma_{\phi}\frac{\partial\phi}{\partial x}\right)\mathrm{d}V + \int_{\Delta V}S_{\phi}(\phi)\mathrm{d}V \tag{8.4.2}$$

1. 对流扩散方程空间域数值离散

图 8.9 是有限体积算法中以节点 P 为中心的一维控制体单元示意图。

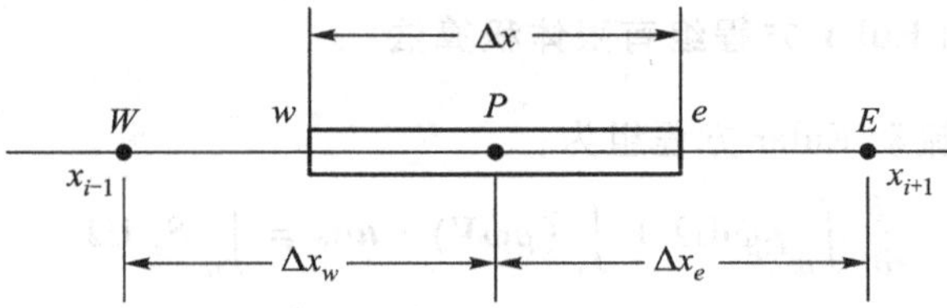

图 8.9　一维控制体单元示意图

首先，对积分方程(8.4.2)的空间域进行离散。略去时间项$\frac{\partial u}{\partial t}$后，得到：

$$\int_{\Delta V}\frac{\partial(\rho u\phi)}{\partial x}\mathrm{d}V=\int_{\Delta V}\frac{\partial}{\partial x}\left(\Gamma_{\phi}\frac{\partial\phi}{\partial x}\right)\mathrm{d}V+\int_{\Delta V}S_{\phi}\mathrm{d}V \tag{8.4.3}$$

利用 Gauss 定律，上式写成：

$$\int_{A}(\rho\boldsymbol{u}\phi)\cdot\boldsymbol{n}\mathrm{d}A=\int_{A}\left(\Gamma_{\phi}\frac{\partial\boldsymbol{u}}{\partial x}\right)\cdot\boldsymbol{n}\mathrm{d}A+\overline{S}_{\phi}\Delta V \tag{8.4.3a}$$

式中 A 为控制体单元边界表面的面积，ΔV 为控制体单元的体积，$\Delta V=A\Delta x$，而 Δx 为控制体单元在 x 方向的长度，$\overline{S}_{\phi}$为源项在控制体单元中平均值。上式可离散为：

$$(\rho u\phi A)_e-(\rho u\phi A)_w-\left[\left(\Gamma_{\phi}A\frac{\partial u}{\partial x}\right)_e-\left(\Gamma_{\phi}A\frac{\partial u}{\partial x}\right)_w\right]+\overline{S}_{\phi}\Delta V=0 \tag{8.4.4}$$

式中 e、w 为控制体单元东、西边界。在上式中$(\rho u\phi)$、$\left(\Gamma_{\phi}A\frac{\partial\phi}{\partial x}\right)$是控制体单元东$(e)$、西$(w)$边界上的值，它们需要通过插值运算得到。

(1) 对流扩散方程中心离散格式

设计算区域是均匀网格，流动量在空间为线性分布，对流项采用中心离散格式，即界面 e 和 w 上流通量可用相邻两个节点 P 和 W 的流通量的平均值表示：

$$\left.\begin{aligned}(\rho u\phi A)_e&=(\rho uA)_e\left(\frac{\phi_P+\phi_E}{2}\right)\\(\rho u\phi A)_w&=(\rho uA)_w\left(\frac{\phi_P+\phi_W}{2}\right)\end{aligned}\right\} \tag{8.4.4a}$$

扩散系数采用迎风离散：

$$\left.\begin{aligned}(\Gamma_{\phi})_e&=\frac{1}{2}[(\Gamma_{\phi})_P+(\Gamma_{\phi})_E]\\(\Gamma_{\phi})_w&=\frac{1}{2}[(\Gamma_{\phi})_P+(\Gamma_{\phi})_W]\end{aligned}\right\} \tag{8.4.4b}$$

扩散通量采用中心离散：

$$\left.\begin{aligned}\left(\Gamma_{\phi}A\frac{\partial u}{\partial x}\right)_e &= (\Gamma_{\phi}A)_e\frac{\phi_E-\phi_P}{\Delta x_e}\\ \left(\Gamma_{\phi}A\frac{\partial u}{\partial x}\right)_w &= (\Gamma_{\phi}A)_w\frac{\phi_P-\phi_W}{\Delta x_e}\end{aligned}\right\}\tag{8.4.4c}$$

对源项进行线性化处理：

$$\overline{S}_{\phi}=S_C+S_P\phi_P\tag{8.4.4d}$$

把式(8.4.4a)～(8.4.4d)代入式(8.4.4)得到中心离散格式：

$$\begin{aligned}&\left[(uA)_w\left(\frac{\phi_W+\phi_P}{2}\right)-(uA)_w\left(\frac{\phi_P-\phi_W}{\Delta x_w}\right)\right]\\&-\left[(uA)_e\left(\frac{\phi_E+\phi_P}{2}\right)-(uA)_e\left(\frac{\phi_E-\phi_P}{\Delta x_e}\right)\right]+(S_C+S_P\phi_P)\Delta V=0\end{aligned}\tag{8.4.5}$$

若定义如下参数：

$$F=\rho uA,\quad D=\frac{\Gamma_{\phi}A}{\Delta x}\tag{8.4.6a}$$

定义 Peclet 数为：

$$Pe=\frac{F}{D}=\frac{u\Delta x}{\Gamma_{\phi}}\tag{8.4.6b}$$

Pe 数表示对流通量与扩散通量的比值，Pe 数值越大表示对流作用越强，它越小表示扩散作用越强。把它们代入式(8.4.5)中得到：

$$\begin{aligned}&\left(D_e+\frac{1}{2}F+D_w-\frac{1}{2}F_w-S_{\phi P}\Delta V\right)\phi_P\\&=\left(D_w+\frac{1}{2}F_w\right)\phi_W+\left(D_e-\frac{1}{2}F_e\right)\phi_E+S_{\phi C}\Delta V\end{aligned}\tag{8.4.7}$$

最后得到一维定常对流－扩散方程的中心型离散格式：

$$a_P\phi_P=a_W\phi_W+a_E\phi_E+b\tag{8.4.8}$$

其中

$$\left.\begin{aligned}a_W&=D_w+\frac{1}{2}F_w\\a_E&=D_e+\frac{1}{2}F_e\\a_P&=\alpha_E+\alpha_W+(F_e-F_w)-S_P\Delta V\\b&=S_C\Delta V\end{aligned}\right\}\tag{8.4.8a}$$

从上式可以看出，扩散项系数应该永远为正。但是，流动速度可正可负，对流项系数也是可正可负的。为了保证系数 $a_W>0$，$a_E>0$，中心离散格式(8.4.8)必须满足流动连续方程和 $Pe\leqslant2$。数值计算表明：当 $Pe\leqslant2$，中心型离散格式计算结果与精确解基本吻合；当 $Pe>2$ 时，它会产生数值震荡。

(2) 对流－扩散方程一阶迎风型离散格式

在一阶迎风型离散格式中,界面上流动量 ϕ 值的流通量是由上游节点(迎风一侧节点)ϕ 值得到。当沿正方向流动时($u_w>0,\ u_e>0$,即 $F_w>0,\ F_e>0$),则界面上流动量 ϕ 计算公式为:

$$\phi_w=\phi_W,\quad \phi_e=\phi_P \tag{8.4.9}$$

由此得到一阶迎风型离散格式:

$$F_e\phi_P-F_w\phi_W=D_e(\phi_E-\phi_P)-D_w(\phi_P-\phi_W)+(S_C+S_P\phi_P)\Delta V \tag{8.4.10}$$

利用流动的连续方程,由上式得到:

$$[(D_w+F_w)+D_e+(F_e-F_w)-S_P\Delta V]\phi_P=(D_w+F_w)\phi+D_e\phi_W+S_C\Delta V \tag{8.4.10a}$$

当沿着负方向流动时($u_w<0,\ u_e<0$,即 $F_w<0,\ F_e<0$),则界面上流动量 ϕ 计算公式为:

$$\phi_w=\phi_P,\quad \phi_e=\phi_E \tag{8.4.11}$$

同样有:

$$F_e\phi_E-F_w\phi_P=D_e(\phi_E-\phi_P)--D_w(\phi_P-\phi_W)+(S_C+S_P\phi_P)\Delta V \tag{8.4.12}$$

利用流动连续方程,得到:

$$[(D_e-F_e)+D_w+(F_e-F_w)]\phi_P=(D_e-F_e)\phi_E+D_w\phi_W+S_C\Delta V \tag{8.4.12a}$$

把式(8.4.10a)和式(8.4.12a)合并,得到一阶迎风型离散格式:

$$a_P\phi_P=a_W\phi_W+a_E\phi_E+b \tag{8.4.13}$$

式中

$$\left.\begin{aligned}a_P&=a_E+a_W+(F_e-F_w)-S_P\Delta V\\a_W&=D_w+\max(F_w,0)\\a_E&=D_e+\max(0,-F_e)\\b&=S_C\Delta V\end{aligned}\right\} \tag{8.4.13a}$$

从上式可以看出,一阶迎风型离散格式系数是 $a_W>0, a_E>0$。因此,在任何条件下计算都不会引起数值震荡,数值解是物理解。但是,它的计算精度较低。

(3) 对流 - 扩散方程混合离散格式

构造混合离散格式基本思路为:把二阶精度中心离散格式和一阶精度迎风型离散格式结合起来,充分发挥它们各自的优点。当 $Pe\leqslant 2$ 时,采用二阶精度中心离散格式;当 $Pe>2$ 时,采用一阶精度迎风型离散格式。由此得到混合离散格式:

$$a_P\phi_P=a_W\phi_W+a_E\phi_E+b \tag{8.4.14}$$

式中:

$$
\left.\begin{aligned}
a_P &= a_E + a_W + (F_e - F_w) - S_P\Delta V \\
a_W &= \max\left[F_w, \left(D_w + \frac{1}{2}F_w\right), 0\right] \\
a_E &= \max\left[-F_e, \left(D_e - \frac{1}{2}F_e\right), 0\right] \\
b &= S_c\Delta V
\end{aligned}\right\} \tag{8.4.14a}
$$

因为混合离散格式是根据 Pe 数来选择离散格式的，它总是满足 $Pe\leqslant 2$，是无条件稳定的。由于它符合流动规律和具有较好的计算效率，是很实用的高精度计算离散格式。

（4）对流－扩散方程二阶迎风型离散格式

构造二阶迎风型离散格式需要利用控制体单元界面上界面两侧两个节点处的流动量值。当沿着正方向流动时（$u_w>0$，$u_e>0$，即 $F_w>0$，$F_e>0$），界面上流动量 ϕ 计算公式为：

$$
\left.\begin{aligned}
\phi_w &= 1.5\phi_W - 0.5\phi_{WW} \\
\phi_e &= 1.5\phi_P - 0.5\phi_W
\end{aligned}\right\} \tag{8.4.15}
$$

二阶迎风型离散格式为：

$$
\begin{aligned}
&F_e(1.5\phi_P - 0.5\phi_W) - F_w(1.5\phi_W - 0.5\phi_{WW}) \\
&\quad = D_e(\phi_E - \phi_P) - D_w(\phi_P - \phi_W) + (S_C - S_P\phi_P)\Delta V
\end{aligned} \tag{8.4.16}
$$

整理后得：

$$
\begin{aligned}
\left(\frac{3}{2}F_e + D_e + D_w\right)\phi_P = \left(\frac{3}{2}F_w + \frac{1}{2}F_e + D_w\right)\phi_W + \\
D_e\phi_E + \frac{1}{2}F_w\phi_{WW} + (S_C + S_P\phi_P)\Delta V
\end{aligned} \tag{8.4.16a}
$$

当沿着负方向流动时（$u_w<0$，$u_e<0$，即 $F_w<0$，$F_e<0$），界面上物理量 ϕ 计算公式为：

$$
\left.\begin{aligned}
\phi_w &= 1.5\phi_P - 0.5\phi_E \\
\phi_e &= 1.5\phi_E - 0.5\phi_{EE}
\end{aligned}\right\} \tag{8.4.17}
$$

二阶迎风型离散格式：

$$
\begin{aligned}
&F_e(1.5\phi_E - 0.5\phi_{EE}) - F_w(1.5\phi_P - 0.5\phi_E) \\
&\quad = D_e(\phi_E - \phi_P) - D_w(\phi_P - \phi_W) + (S_C + S_P\phi_P)\Delta V
\end{aligned} \tag{8.4.18}
$$

整理后得：

$$
\begin{aligned}
\left(D_e - \frac{3}{2}F_w + D_w\right)\phi_P = \left(D_e - \frac{3}{2}F_e - \frac{1}{2}F_w\right)\phi_E + \\
D_w\phi_W + \frac{1}{2}F_w\phi_{EE} + (S_C + S_P\phi_P)\Delta V
\end{aligned} \tag{8.4.18a}
$$

把式（8.4.16a）和式（8.4.18a）合并，得到一维定常对流－扩散方程的二阶迎风型离散格式：

$$a_P\phi_P = a_W\phi_W + a_{WW}\phi_{WW} + a_E\phi_E + a_{EE}\phi_{EE} + b \tag{8.4.19}$$

其中：

$$\left.\begin{aligned} a_P &= a_E + a_W + a_{EE} + a_{WW} + (F_e - F_w) - S_P\Delta V \\ a_W &= \left(D_w + \frac{3}{2}\alpha F_w + \frac{1}{2}\alpha F_e\right) \\ a_E &= \left(D_e - \frac{3}{2}(1-\alpha)F_e - \frac{1}{2}(1-\alpha)F_w\right) \\ a_{WW} &= -\frac{1}{2}\alpha F_w \\ a_{EE} &= \frac{1}{2}(1-\alpha)F_e \\ b &= S_C\Delta V \end{aligned}\right\} \tag{8.4.19a}$$

式中：当流动沿着正方向（$u_w>0, u_e>0$，即 $F_w>0, F_e>0$）时，$\alpha = 1$；当流动沿着负方向（$u_w<0, u_e<0$，即 $F_w<0, F_e<0$）时，$\alpha = 0$。

（5）对流－扩散方程三阶迎风型 QUICK 离散格式

构造三阶迎风型 QUICK 离散格式需要利用控制体单元界面两侧三个节点处的流动量值，其中有两个节点取位于界面两侧相邻节点，第三个节点位于迎风一侧相邻点，如图 8.10 所示。

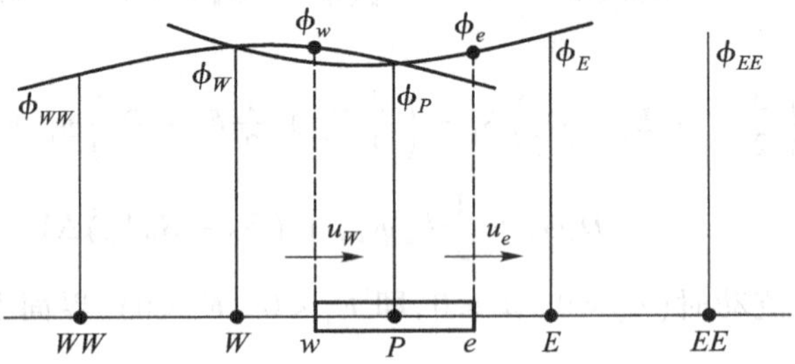

图 8.10　三阶迎风型 QUICK 离散格式结构示意图

当沿着正方向流动时（$u_e>0, u_w>0$，即 $F_w>0, F_e>0$），通过 WW、W、P 三个节点拟合左侧的界面流动量 ϕ_w；通过 W、P、E 三个节点拟合右侧界面流动量 ϕ_e。当沿着负方向流动时（$u_w<0, u_e<0$，即 $F_w<0, F_e<0$），则分别通过 W、P、E 和 P、E、EE 三个节点拟合左、右两侧界面上参数 ϕ_w 和 ϕ_e。

当 $u_w>0$ 时，界面流动量 ϕ_w 计算公式为：

$$\phi_w = \frac{6}{8}\phi_W + \frac{3}{8}\phi_P - \frac{6}{8}\phi_{WW} \tag{8.4.20a}$$

当 $u_e>0$ 时，界面流动量 ϕ_e 计算公式为：

$$\phi_e = \frac{6}{8}\phi_P + \frac{3}{8}\phi_E - \frac{6}{8}\phi_W \tag{8.4.20b}$$

类似于一阶迎风型离散格式的做法，可把一维定常对流－扩散方程离散为：

$$F_e\phi_e - F_w\phi_w = D_e(\phi_E - \phi_P) - D_w(\phi_P - \phi_W) + (S_C + S_P\phi_P)\Delta V \quad (8.4.21)$$

把式(8.4.20a)和式(8.4.20b)代入上式，得到三阶迎风型 QUICK 离散格式：

$$\begin{aligned} F_e\left(\frac{6}{8}\phi_P + \frac{3}{8}\phi_E - \frac{1}{8}\phi_W\right) - F_w\left(\frac{6}{8}\phi_W + \frac{3}{8}\phi_P - \frac{1}{8}\phi_{WW}\right) \\ = D_e(\phi_E - \phi_P) - D_w(\phi_P - \phi_W) + (S_C + S_P\phi_P)\Delta V \end{aligned} \quad (8.4.22)$$

整理后得到：

$$\begin{aligned} \left(D_w - \frac{3}{8}F_w + D_e + \frac{6}{8}F_e\right)\phi_P = \left(D_w + \frac{6}{8}F_w + \frac{1}{8}F_e\right)\phi_W + \\ \left(D_e - \frac{3}{8}F_e\right)\phi_E - \frac{1}{8}F_w\phi_{WW} + (S_C + S_P\phi_P)\Delta V \end{aligned} \quad (8.4.22a)$$

最后得到当 $u_e > 0, u_w > 0$（即 $F_e > 0, F_w > 0$）时，三阶迎风型 QUICK 离散格式为：

$$a_P\phi_P = a_E\phi_E + a_W\phi_W + a_{WW}\phi_{WW} + b \quad (8.4.23)$$

其中：

$$\left.\begin{aligned} a_P &= a_E + a_W + a_{WW} + (F_e - F_w) + S_P\Delta V \\ a_E &= D_e - \frac{3}{8}F_e \\ a_W &= D_w + \frac{3}{8}F_w + \frac{1}{8}F_e \\ a_{WW} &= -\frac{1}{8}F_w \\ b &= S_C\Delta V \end{aligned}\right\} \quad (8.4.23a)$$

同理，若 $u_e < 0, u_w < 0$（即 $F_e < 0, F_w < 0$）时，三阶迎风型 QUICK 离散格式为：

$$a_P\phi_P = a_E\phi_E + a_{EE}\phi_{EE} + a_W\phi_W + b \quad (8.4.24)$$

其中：

$$\left.\begin{aligned} a_P &= a_E + a_{EE} + a_W + (F_e - F_w) + S_P\Delta V \\ a_E &= D_e - \frac{6}{8}F_e - \frac{1}{8}F_w \\ a_{EE} &= \frac{1}{8}F_e \\ a_W &= D_w + \frac{3}{8}F_w \\ b &= S_C\Delta V \end{aligned}\right\} \quad (8.4.24a)$$

将两个流动方向的离散格式(8.4.23)和(8.4.24)合并后，得到统一的一维定常对流－扩散方程的三阶迎风型 QUICK 离散格式：

$$a_P\phi_P = a_E\phi_E + a_{EE}\phi_{EE} + a_W\phi_W + a_{WW}\phi_{WW} + b \quad (8.4.25)$$

其中

$$\left.\begin{aligned}
a_P &= a_E + a_{EE} + a_W + a_{WW} + (F_e - F_w) + S_P\Delta V\\
a_E &= D_e - \frac{3}{8}\alpha_e F_e - \frac{6}{8}(1-\alpha_e)F_e - \frac{1}{8}(1-\alpha_w)F_w\\
a_{EE} &= \frac{1}{8}(1-\alpha_e)F_e\\
a_W &= D_w + \frac{6}{8}\alpha_w F_w + \frac{1}{8}\alpha_e F_e + \frac{3}{8}(1-\alpha_w)F_w\\
a_{WW} &= -\frac{1}{8}\alpha_w F_w\\
b &= S_C\Delta V
\end{aligned}\right\}\tag{8.4.25a}$$

式中：

$$\left.\begin{aligned}
&\text{当 } u_e>0, F_e>0 \text{ 时}, \alpha_e = 1\\
&\text{当 } u_e<0, F_e<0 \text{ 时}, \alpha_e = 0\\
&\text{当 } u_w>0, F_w>0 \text{ 时}, \alpha_w = 1\\
&\text{当 } u_w<0, F_w<0 \text{ 时}, \alpha_w = 0
\end{aligned}\right\}\tag{8.4.25b}$$

2. 对流－扩散方程时间域数值离散

在 Δt 时间内对一维非定常对流－扩散方程(8.4.2)积分得到：

$$\int_{t_n}^{t_{n+1}}\int_{\Delta V}\frac{\partial(\rho\phi)}{\partial t}\mathrm{d}V\mathrm{d}t + \int_{t_n}^{t_{n+1}}\int_{\Delta V}\frac{\partial(\rho u\phi)}{\partial x}\mathrm{d}V\mathrm{d}t = \int_{t_n}^{t_{n+1}}\int_{\Delta V}\frac{\partial}{\partial x}\left(\Gamma_\phi\frac{\partial\phi}{\partial x}\right)\mathrm{d}V\mathrm{d}t + \int_{t_n}^{t_{n+1}}\int_{\Delta V}S_\phi(\phi)\mathrm{d}V\mathrm{d}t \tag{8.4.26}$$

对上式中的第一项的时间积分和空间积分顺序进行交换，得到：

$$\int_{\Delta V}\int_{t_n}^{t_{n+1}}\left[\frac{\partial(\rho\phi)}{\partial t}\mathrm{d}t\right]\mathrm{d}V + \int_{t_n}^{t_{n+1}}\int_{\Delta V}\frac{\partial(\rho u\phi)}{\partial x}\mathrm{d}V\mathrm{d}t = \int_{t_n}^{t_{n+1}}\int_{\Delta V}\frac{\partial}{\partial x}\left(\Gamma_\phi\frac{\partial\phi}{\partial x}\right)\mathrm{d}V\mathrm{d}t + \int_{t_n}^{t_{n+1}}\int_{\Delta V}S_\phi(\phi)\mathrm{d}V\mathrm{d}t \tag{8.4.26a}$$

利用 Gauss 定律，上式可写成：

$$\int_{\Delta V}\int_{t_n}^{t_{n+1}}\left[\frac{\partial(\rho\phi)}{\partial t}\mathrm{d}t\right]\mathrm{d}V + \int_{t_n}^{t_{n+1}}\int_A(\rho u\phi)n_x\mathrm{d}A\mathrm{d}t = \int_{t_n}^{t_{n+1}}\int_A\left(\Gamma_\phi\frac{\partial\phi}{\partial x}\right)n_x\mathrm{d}A\mathrm{d}t + \int_{t_n}^{t_{n+1}}\overline{S}_\phi\mathrm{d}t \tag{8.4.26b}$$

上式中的 $\frac{\partial(\rho\phi)}{\partial t}$ 可以采用不同的离散格式。如果取一阶近似离散格式，则有：

$$\frac{\partial(\rho\phi)}{\partial t} = \frac{(\rho\phi)_P^{n+1} - (\rho\phi)_P^n}{\Delta t} \tag{8.4.27}$$

因此有：

$$\int_{\Delta V}\left[\int_{t_n}^{t_{n+1}}\frac{\partial(\rho\phi)}{\partial t}\mathrm{d}t\right]\mathrm{d}V = [(\rho\phi)_P^{n+1} - (\rho\phi)_P^n]\Delta V \tag{8.4.27a}$$

把上式代入式(8.4.26b)得到：

$$\int_{\Delta V}[(\rho\phi)_P^{n+1}-(\rho\phi)_P^n]\mathrm{d}V+\int_{t_n}^{t_{n+1}}\int_A(\rho u\phi)n_x\mathrm{d}A\mathrm{d}t$$
$$=\int_{t_n}^{t_{n+1}}\int_A\left(\Gamma_\phi\frac{\partial\phi}{\partial x}\right)n_x\mathrm{d}A\mathrm{d}t+\int_{t_n}^{t_{n+1}}\overline{S}_\phi\mathrm{d}t \tag{8.4.28}$$

对上式的面积分展开，就能得到一维非定常对流－扩散方程的一阶精度离散格式：

$$\int_{\Delta V}[(\rho\phi)_P^{n+1}-(\rho\phi)_P^n]\mathrm{d}V+\int_{t_n}^{t_{n+1}}[(u\phi A)_e-(u\phi A)_w]\mathrm{d}t=$$
$$\int_{t_n}^{t_{n+1}}\left[\left(\Gamma_\phi A\frac{\partial\phi}{\partial x}\right)_e-\left(\Gamma_\phi A\frac{\partial\phi}{\partial x}\right)_w\right]\mathrm{d}t+\int_{t_n}^{t_{n+1}}\overline{S}_\phi\mathrm{d}V \tag{8.4.28a}$$

如果采用第六章中 Runge-Kutta 时间导数离散格式，则可以得到更高阶时间离散近似。上式中对流项、扩散项和源项在空间域中离散，仍可采用 8－4－1 节中一维定常对流－扩散方程离散格式。例如，如果对流项和扩散项在界面上流通量值采用中心差分离散格式，则可得到：

$$[(\rho\phi)_P^{n+1}-(\rho\phi)_P^n]\Delta V+\int_{t_n}^{t_{n+1}}[(u\phi A)_e-(u\phi A)_w]\mathrm{d}t$$
$$=\int_{t_n}^{t_{n+1}}\left[\left(\Gamma_\phi A\frac{\phi_E-\phi_P}{\Delta x}\right)_e-\left(\Gamma_\phi A\frac{\phi_P-\phi_W}{\Delta x}\right)_w\right]\mathrm{d}t+\int_{t_n}^{t_{n+1}}\overline{S}_\phi\mathrm{d}V \tag{8.4.28b}$$

上式中流动量 ϕ_P、ϕ_E、ϕ_W 随时间变化且都是未知的，对流项和扩散项对时间的积分值可以采用它们在 t_n 时刻和 t_{n+1} 时刻的值，并通过加权组合，得到它们在 Δt 时间间隔内的平均值：

$$\overline{\phi}=\theta\phi^{n+1}+(1-\theta)\phi^n \tag{8.4.29}$$

式中 $0\leqslant\theta\leqslant1.0$。流动量 ϕ 在 Δt 内时间积分值 I 为：

$$I=\int_{t_n}^{t_{n+1}}\overline{\phi}\mathrm{d}t=[\theta\phi^{n+1}+(1-\theta)\phi^n]\Delta t \tag{8.4.30}$$

例如，在节点 P 有：

$$\left.\begin{aligned}\overline{\phi}_P&=\theta\phi_P^{n+1}+(1-\theta)\phi_P^n\\ I_P&=\int_{t_n}^{t_{n+1}}\overline{\phi}\mathrm{d}t=[\theta\phi_P^{n+1}+(1-\theta)\phi_P^n]\Delta t\end{aligned}\right\} \tag{8.4.30a}$$

同理，也可以计算得到 ϕ_E、ϕ_W 平均值 $\overline{\phi}_E$、$\overline{\phi}_W$ 和时间积分值 I_E、I_W。

当 $\theta=0$ 时，时间积分值 I 采用 t_n 时刻值计算；当 $\theta=1.0$ 时，采用 t_{n+1} 时刻值计算；当 $0\leqslant\theta\leqslant1.0$ 时，可把 t_n 时刻值和 t_{n+1} 时刻值加权计算。

3. 非定常对流－扩散方程离散格式

把上述积分关系代入式(8.4.30)，并除以 $A\Delta t$ 就可以得到通用变量形式的一维非定常对流－扩散标量方程离散格式：

$$\left[\frac{(\rho\phi)_P^{n+1}-(\rho\phi)_P^n}{\Delta t}\right]\Delta x+\theta\left[u_e(\phi)_e^{n+1}-u_w(\phi)_w^{n+1}\right]+(1-\theta)\left[u_e(\phi)_e^n-u_w(\phi)_w^n\right]$$
$$=\theta\left[\Gamma_{\phi e}\left(\frac{\phi_E-\phi_P}{\Delta x}\right)_e^{n+1}-\Gamma_{\phi w}\left(\frac{\phi_P-\phi_W}{\Delta x}\right)_w^{n+1}\right]-(1-\theta)\left[\Gamma_{\phi e}\left(\frac{\phi_E-\phi_P}{\Delta x}\right)_e^{n}-\Gamma_{\phi w}\left(\frac{\phi_P-\phi_W}{\Delta x}\right)_w^{n}\right]+\overline{S}_\phi\Delta x \tag{8.4.31}$$

当 $\theta=0$ 时，上式是显式；当 $0<\theta<1.0$ 时，它是隐式；当 $\theta=1.0$ 时它是全隐式。

定义空间域离散符号 F 和 D：

$$\left.\begin{aligned}&F_e=u_eA_e,\quad F_w=u_wA_w\\&D_e=\frac{\Gamma_{\phi e}A_e}{\Delta x_e},\quad D_w=\frac{\Gamma_{\phi w}A_w}{\Delta x_w}\end{aligned}\right\} \tag{8.4.32}$$

当界面上流通量采用中心离散格式时，离散格式(8.4.31)为：

$$\frac{\partial(\rho\phi)}{\partial t}\Delta V=\left[F_w\frac{\phi_P+\phi_W}{2}-D_w(\phi_P-\phi_W)\right]-\left[F_e\frac{\phi_P+\phi_E}{2}-D_w(\phi_E-\phi_P)\right]+(S_C+S_P\phi_P)\Delta V \tag{8.4.33}$$

整理后得到：

$$\frac{\partial(\rho\phi)}{\partial t}\Delta V+\left[\left(D_w+D_e-\frac{1}{2}F_w+\frac{1}{2}F_e\right)-S_P\Delta V\right]\phi_P=\left(D_w+\frac{1}{2}F_w\right)\phi_W+\left(D_e-\frac{1}{2}F_e\right)\phi_E+S_C\Delta V \tag{8.4.33a}$$

利用系数 a_P、a_E、a_W、b 的定义，最后得到一维非定常对流－扩散方程离散格式：

$$\frac{\partial(\rho\phi)}{\partial t}\Delta V+a_P\phi_P=a_W\phi_W+a_E\phi_E+S_C\Delta V \tag{8.4.34}$$

其中

$$\left.\begin{aligned}&a_P=\left[D_w+D_e-\frac{1}{2}(F_w-F_e)\right]-S_P\Delta V\\&a_E=\left(D_e-\frac{1}{2}F_e\right)\\&a_W=\left(D_w+\frac{1}{2}F_w\right)\\&b=S_C\Delta V\end{aligned}\right\} \tag{8.4.34a}$$

由于在 t_n 到 t_{n+1} 时间内有：

$$\overline{\phi}=\theta\phi^{n+1}+(1-\theta)\phi^n \tag{8.4.35}$$

其中 $0\leqslant\theta\leqslant1.0$。若时间导数取一阶前差离散时，有：

$$\frac{\partial(\rho\phi)}{\partial t}\Delta V = \frac{\Delta V}{\Delta t}[(\rho\phi)_P^{n+1} - (\rho\phi)_P^n] = a_0[(\rho\phi)_P^{n+1} - (\rho\phi)_P^n] \quad (8.4.36)$$

式中 $a_0 = \dfrac{\Delta V}{\Delta t}$，最后得到一维非定常对流－扩散方程离散格式：

$$\begin{aligned}(\theta a_P + a_P^0)(\rho\phi)_P^{n+1} + [(1-\theta)a_P - a_P^0](\rho\phi)_P^n \\ = \theta a_W(\rho\phi)_W^{n+1} + (1-\theta)a_W(\rho\phi)_W^n + \\ a_E(\rho\phi)_E^{n+1} + (1-\theta)a_E(\rho\phi)_E^n + b\end{aligned} \quad (8.4.37)$$

对比式(8.4.37)和式(8.4.14)，可以看出一维非定常和定常对流－扩散方程离散格式中的系数 a_E、a_W是一样的。当离散格式不采用中心离散格式，而采用其他离散格式(如迎风型离散格式)，同样可以得到与式(8.4.37)形式上相同的离散格式，但离散格式系数 a_E、a_W就不能按式(8.4.34a)计算。

8-4-2　多维对流－扩散标量方程离散格式

二维流动的网格如图 8.11 所示。网格中实线交点是计算节点，虚线围成的方格是控制体单元。将控制体单元界面放在两个节点中间位置上。用 P 来表示控制体单元节点，东西两侧的相邻节点分别用 E 和 W 表示，南北两侧相邻节点分别用 S 和 N 表示。控制体单元东西南北四个界面分别用 e、w、s、n 表示。控制体单元步长为 Δx 和 Δy，体积为 $\Delta V = \Delta x\Delta y$。通用变量形式的二维非定常对流－扩散标量方程为：

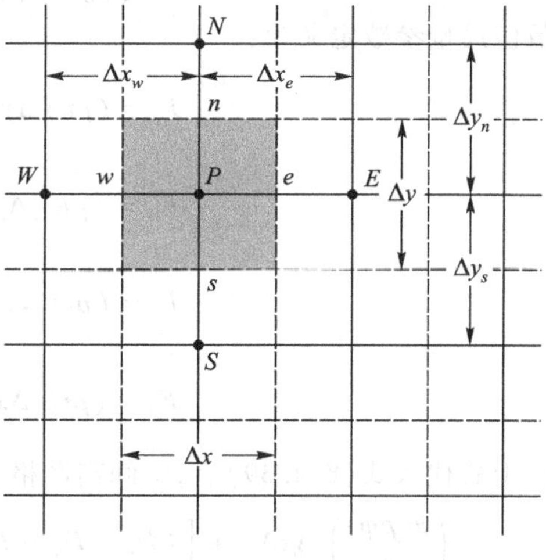

图 8.11　二维有限体积算法网格示意图

$$\begin{aligned}\int_{\Delta V}\frac{\partial(\rho\phi)}{\partial t}\mathrm{d}V + \int_A(\rho u\phi)n_y\mathrm{d}y + \\ \int_A(\rho v\phi)n_x\mathrm{d}x \\ = \int_A\left(\Gamma_\phi\frac{\partial\phi}{\partial x}\right)n_y\mathrm{d}y + \int_A\left(\Gamma_\phi\frac{\partial\phi}{\partial y}\right)n_x\mathrm{d}x + \\ \int_{\Delta V}S_\phi(\phi)\mathrm{d}V\end{aligned} \quad (8.4.38)$$

类似于一维对流－扩散方程相的做法，二维对流项离散为：

$$\begin{aligned}\int_A(\rho u\phi)n_y\mathrm{d}y + \int_A(\rho v\phi)n_x\mathrm{d}x = (\rho u)_e\Delta y\frac{\phi_E + \phi_P}{2} - \\ (\rho u)_w\Delta y\frac{\phi_W + \phi_P}{2} + (\rho v)_n\Delta x\frac{\phi_N + \phi_P}{2} - (\rho v)_s\Delta x\frac{\phi_S + \phi_P}{2}\end{aligned} \quad (8.4.38a)$$

二维扩散项离散为：

$$\int_A \left(\Gamma_\phi \frac{\partial \phi}{\partial x} \right) n_x \mathrm{d}A + \int_A \left(\Gamma_\phi \frac{\partial \phi}{\partial y} \right) n_y \mathrm{d}A = (\Gamma_\phi)_e \Delta y \frac{\phi_E - \phi_P}{\Delta x_e}$$

$$- (\Gamma_\phi)_w \Delta y \frac{\phi_P - \phi_W}{\Delta x_w} + (\Gamma_\phi)_n \Delta x \frac{\phi_N - \phi_P}{\Delta y_n} - (\Gamma_\phi)_s \Delta x \frac{\phi_E - \phi_P}{\Delta y_s} \tag{8.4.38b}$$

将上述二式代入式(8.4.38)得到它的空间离散格式:

$$\left(\frac{\partial (\rho \phi)}{\partial t} \right)_P \Delta x \Delta y = \left[(\rho u)_w \Delta y \phi_w - (\Gamma_\phi)_w \Delta y \frac{\phi_P - \phi_W}{\Delta x_w} \right] - \left[(\rho u)_e \Delta y \phi_e - (\Gamma_\phi)_e \Delta y \frac{\phi_E - \phi_P}{\Delta x_e} \right] + \left[(\rho v)_s \Delta x \phi_s - (\Gamma_\phi)_s \Delta x \frac{\phi_P - \phi_S}{\Delta y_s} \right] - \left[(\rho v)_n \Delta x \phi_n - (\Gamma_\phi)_n \Delta x \frac{\phi_N - \phi_P}{\Delta y_n} \right] + (S_C + S_P \phi_P) \Delta x \Delta y \tag{8.4.39}$$

数值通量参数定义为:

$$\left. \begin{aligned} F_e &= (\rho u)_e \Delta y, \ D_e = \frac{(\Gamma_\phi)_e \Delta y}{\Delta x_e} \\ F_w &= (\rho u)_w \Delta y, \ D_w = \frac{(\Gamma_\phi)_w \Delta y}{\Delta x_w} \\ F_s &= (\rho v)_s \Delta x, \ D_s = \frac{(\Gamma_\phi)_s \Delta x}{\Delta y_s} \\ F_n &= (\rho v)_n \Delta x, \ D_n = \frac{(\Gamma_\phi)_n \Delta x}{\Delta y_n} \end{aligned} \right\} \tag{8.4.40}$$

将上式代入式(8.4.39)后,空间离散格式简化为:

$$\left(\frac{\partial (\rho \phi)}{\partial t} \right)_P \Delta x \Delta y + \left[(D_e + D_w + D_s + D_n) - \frac{1}{2}(F_w - F_e + F_s - F_n) \right] \phi_P = \left(D_w + \frac{1}{2} F_w \right) \phi_W + \left(D_e - \frac{1}{2} F_e \right) \phi_E + \left(D_s + \frac{1}{2} F_s \right) \phi_S + \left(D_n - \frac{1}{2} F_n \right) \phi_N + (S_C + S_P \phi_P) \Delta x \Delta y \tag{8.4.39a}$$

定义:

$$a_P = a_E + a_W + a_S + a_N + (F_e - F_w) + (F_n - F_s) - S_P \Delta x \Delta y \tag{8.4.41}$$

其中

$$
\left.\begin{aligned}
a_E &= D_e - \frac{1}{2}F_e \\
a_W &= D_w + \frac{1}{2}F_w \\
a_S &= D_s + \frac{1}{2}F_s \\
a_N &= D_n - \frac{1}{2}F_n \\
b &= S_C\Delta x\Delta y \\
b_2 &= S_P\Delta x\Delta y
\end{aligned}\right\}
\tag{8.4.41a}
$$

将上式代入式(8.4.39a)后，得到空间离散格式为：

$$
\left(\frac{\partial(\rho\phi)}{\partial t}\right)_P \Delta x\Delta y + a_P\phi_P - b_2\phi_P = a_E\phi_E + a_W\phi_W + a_S\phi_S + a_N\phi_N + b \tag{8.4.42}
$$

时间域上采用一阶前差离散，得到：

$$
\left(\frac{\partial(\rho\phi)}{\partial t}\right)_P \Delta x\Delta y = \frac{(\rho\phi)_P^{n+1} - (\rho\phi)_P^n}{\Delta t}\Delta x\Delta y = a_P^0[(\rho\phi)_P^{n+1} - (\rho\phi)_P^n] \tag{8.4.43}
$$

式中 $a_P^0 = \dfrac{\Delta x\Delta y}{\Delta t}$。流动量 $\phi(t)$ 是时间的函数，有：

$$
(\rho\phi) = \theta(\rho\phi)^{n+1} + (1-\theta)(\rho\phi)^n \tag{8.4.43a}
$$

式中参数 $0 \leqslant \theta \leqslant 1.0$。最后，得到二维非定常对流－扩散标量方程的离散格式：

$$
\begin{aligned}
&(\theta a_P + a_P^0 - \theta b_2)(\rho\phi)_P^{n+1} + \\
&\quad [(1-\theta)a_P - a_P^0 - (1-\theta)b_2](\rho\phi)_P^n \\
&\quad = \theta a_E(\rho\phi)_E^{n+1} + (1-\theta)(\rho\phi)_E^n + \\
&\quad \theta a_W(\rho\phi)_W^{n+1} + (1-\theta)a_W(\rho\phi)_W^n + \\
&\quad \theta a_S(\rho\phi)_S^{n+1} + (1-\theta)(\rho\phi)_S^n + \\
&\quad \theta a_N(\rho\phi)_N^{n+1} + (1-\theta)(\rho\phi)_N^n + b
\end{aligned}
\tag{8.4.44}
$$

8－4－3　多维黏性流动 N－S 方程组离散格式

二维黏性流动 N－S 方程组为：

$$
\left.\begin{aligned}
&\frac{\partial\rho}{\partial t} + \frac{\partial(\rho u)}{\partial x} + \frac{\partial(\rho v)}{\partial y} = 0 \\
&\frac{\partial\rho u}{\partial t} + \frac{\partial(\rho uu)}{\partial x} + \frac{\partial(\rho vu)}{\partial y} = \frac{\partial}{\partial x}\left(\mu\frac{\partial u}{\partial x}\right) + \frac{\partial}{\partial y}\left(\mu\frac{\partial u}{\partial y}\right) + S_u \\
&\frac{\partial\rho v}{\partial t} + \frac{\partial(\rho uv)}{\partial x} + \frac{\partial(\rho vv)}{\partial y} = \frac{\partial}{\partial x}\left(\mu\frac{\partial v}{\partial x}\right) + \frac{\partial}{\partial y}\left(\mu\frac{\partial v}{\partial y}\right) + S_v
\end{aligned}\right\}
\tag{8.4.45}
$$

利用 8－4－1 节离散格式和源项 S_ϕ 的线性化处理方法，在一定的初边值条件下就可以进行数值求解。在求解可压缩黏性流动时，没有特殊的困难和麻烦，只要按上述的有限体积法的离散格式，一步一步计算即可。但是，在求解不可压缩黏性流动时，密度是常数，ρ = const. ，连续方程成为：

$$\frac{\partial u}{\partial x}+\frac{\partial v}{\partial y}=0 \tag{8.4.46}$$

这时连续方程和动量方程已不再互相耦合。如何根据当前速度场计算值来修正压力场成为主要困难。因此，在求解不可压缩黏性流动时，必须要找到一种压力耦合方程，才能完成整个计算过程[9]。目前已经有不少解决压力耦合方程的解法，例如，压力 Poisson 方程、人工压缩算法、SIMPLE 算法等。这些算法将会在下篇中详细讲解。

第 5 节　有限体积算法和有限差分算法之间的关系

有限体积算法和有限差分算法之间存在着某种联系[10]。设一维无黏流动 Euler 方程：

$$\boldsymbol{u}_t+\boldsymbol{f}_x=\boldsymbol{0} \tag{8.5.1}$$

其中

$$\boldsymbol{u}=\begin{pmatrix}\rho\\ \rho u\\ e\end{pmatrix},\quad \boldsymbol{f}(\boldsymbol{u})=\begin{pmatrix}\rho u\\ \rho u^2+p\\ (e+p)u\end{pmatrix} \tag{8.5.1a}$$

设流动量在控制体单元$ABA'B'$内是光滑分布（图 8.12），间断只存在于控制体单元界面上，对 Euler 方程组在控制体单元 $ABA'B'$ 内积分则得到：

$$\int_{t_0}^{t_0+\Delta t}\int_{x_{j-\frac{1}{2}}}^{x_{j+\frac{1}{2}}}\boldsymbol{u}_t\mathrm{d}x\mathrm{d}t=-\int_{t_0}^{t_0+\Delta t}\int_{x_{j-\frac{1}{2}}}^{x_{j+\frac{1}{2}}}\boldsymbol{f}\mathrm{d}x\mathrm{d}t \tag{8.5.2}$$

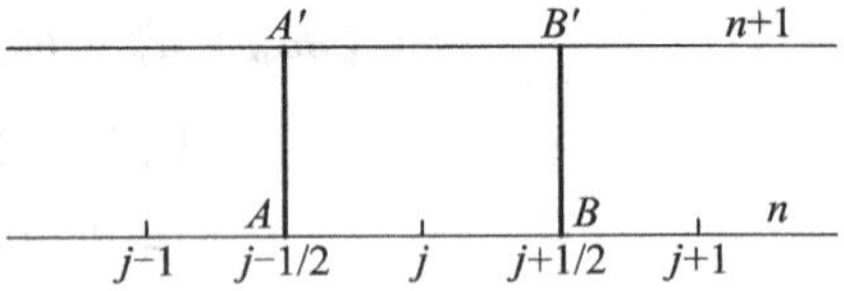

图 8.12　有限体积法和有限差分法联系示意图

通过运算得到：

$$\int_{x_{j-\frac{1}{2}}}^{x_{j+\frac{1}{2}}}\mathrm{d}x\int_{t_0}^{t+t_0}\boldsymbol{u}_t\mathrm{d}t=-\int_{t_0}^{t_0+\Delta t}\mathrm{d}t\int_{x_{j-\frac{1}{2}}}^{x_{j+\frac{1}{2}}}\boldsymbol{f}\mathrm{d}t \tag{8.5.2a}$$

若令：

$$\overline{\boldsymbol{u}}_j=\frac{1}{\Delta x}\int_{x_{j-\frac{1}{2}}}^{x_{j+\frac{1}{2}}}\boldsymbol{u}(x)\mathrm{d}x \tag{8.5.3}$$

式中 $\overline{\boldsymbol{u}}_j$为流动量 $\boldsymbol{u}(x)$在区间$[x_{j+\frac{1}{2}},x_{j-\frac{1}{2}}]$上的平均值，则式(8.5.2a)转换为：

$$\Delta x(\overline{\boldsymbol{u}}_j^{\,n+1}-\overline{\boldsymbol{u}}_j^{\,n})=-\int_{t_0}^{t_0+\Delta t}(\boldsymbol{f}_{j+\frac{1}{2}}-\boldsymbol{f}_{j-\frac{1}{2}})\mathrm{d}t \tag{8.5.4}$$

上式实质上反映了流动量在控制体单元内的守恒律。

设 $\boldsymbol{u}_j^n\equiv\overline{\boldsymbol{u}}_j^{\,n}$，则由上式可得到差分格式为：

$$\boldsymbol{u}_j^{n+1} = \boldsymbol{u}_j^{n} - \frac{1}{\Delta x}\int_{t_0}^{t_0+\Delta t}(\boldsymbol{f}_{j+\frac{1}{2}} - \boldsymbol{f}_{j-\frac{1}{2}})\mathrm{d}t \tag{8.5.5}$$

再设在 Δt 时间内数值流放通量 $\boldsymbol{f}$ 保持不变,则可得到差分格式如下:

$$\boldsymbol{u}_j^{n+1} = \boldsymbol{u}_j^{n} - \frac{\Delta t}{\Delta x}(\boldsymbol{f}_{j+\frac{1}{2}} - \boldsymbol{f}_{j-\frac{1}{2}}) \tag{8.5.6}$$

这就是通常的无黏流动 Euler 方程组守恒型差分格式,它反映了有限体积法和有限差分之间的联系。

由上述分析可以看出,对于一维流动问题的有限体积算法和有限差分算法是完全等价的。对于多维流动问题,只要控制体单元取矩形(二维)、长方体(三维),它们基本上也是等价的。因此有限差分算法的相容性、收敛性和稳定性分析,以及耗散性和色散性分析方法,也适用于有限体积算法。但是如果在多维问题中控制体单元不是取矩形(二维)、长方体(三维),它们并不完全等价。

Vinokur 已经证明:微分类算法(有限差分算法等)和积分类算法(有限体积算法等)仅仅在几何处理上有差别,这种差别会影响到算法的计算精度和效率,但在算法本质上没有根本的差别。Vinokur 还进一步研究指出:在一般曲线坐标系中,对几何度量系数作适当处理后,守恒型流动方程组有限差分算法和物理空间里有限体积算法是等价的。

第 6 节　有限体积算法的精度和守恒性分析

在上述推导有限体积算法和有限差分算法关系过程中,通常需要采用以下几个基本假设:

(1) 假设流动方程组在控制体单元内是可积的。这要求在控制体单元内的流动量光滑分布,如果有间断存在,它只能存在于界面上。

(2) 假设 $\boldsymbol{u}_j^n \equiv \bar{\boldsymbol{u}}_j^n$。即在节点上流动量就是控制体单元内流动量的平均值。

(3) 假设在 Δt 时间间隔内流通量 $\boldsymbol{f}$ 是不变的。即在 Δt 时间内流通量 $\boldsymbol{f}$ 变化的计算精度为零阶近似,在时间上数值结果只能达到一阶精度格式。

由于采用了上述假设,有限体积算法计算精度和效率要比有限差分算法差一些。为此,需要构造高精度有限体体积算法的离散格式。

有限体积算法离散格式的计算精度取决于在控制体单元内流动量 $\boldsymbol{u}_j^n$ 的分布精度。当 $\boldsymbol{u}_j^n$ 取一阶精度分布时,它就只有一阶精度,当 $\boldsymbol{u}_j^n$ 取二阶精度分布时,它就有二阶精度。从理论上讲,$\boldsymbol{u}_j^n$ 的分布可以取任意阶精度。但是,$\boldsymbol{u}_j^n$ 的分布精度取得越高,所得到的离散格式就越复杂,计算也越麻烦和困难。

设控制体单元内流动量为 $u(x)$, $x \in [x_{j+\frac{1}{2}}, x_{j-\frac{1}{2}}]$。流动量 $u(x)$ 采用如下的空间分布规律:

(1) 若流动量 $u(x)$ 为分段常数空间分布, $u(x) = u_j$, $x \in [x_{j+\frac{1}{2}}, x_{j-\frac{1}{2}}]$。这时离散格式是一阶精度。它对应的有限差分算法是一阶 Godunov 差分格式。

(2) 若流动量 $u(x)$ 为分段直线空间分布, $u(x) = u_j + a(x - x_j)$, $u(x) = u_j$, $x \in [x_{j+\frac{1}{2}}, x_{j-\frac{1}{2}}]$, a = const.。这时离散格式是二阶精度。它对应的有限差分算法是二阶 MUSCL 差分格式。

(3) 若流动量 $u(x)$ 为分段抛物线空间分布, $u(x) = u_j + a(x - x_j) + b(x - x_j)^2$, $x \in [x_{j+\frac{1}{2}}, x_{j-\frac{1}{2}}]$, $a = b =$ const.。这时离散格式是三阶精度。它对应的有限差分算法是三阶 PPM 差分格式。

上述有限体积算法和有限差分算法的计算格式在空间上是高阶精度的,但是,在时间上仍然为零阶近似,即在 Δt 时间内流通量 $\boldsymbol{f}$ 是不变的。如果要求在时间上一定的精度,则在 Δt 时间间隔内允许流通量 $\boldsymbol{f}$ 以某种规律变化,或采用 6－8－2 中对时间微商进行 Runge-Kutta 离散的做法。但是,这种处理做法在一定程度上已经破坏了有限体积算法的守恒性。

此外,在推导有限体积算法的离散格式时还要求积分方程(组)在控制体单元内必须连续可微。这一假设实际上就是要求在控制体单元内不允许出现间断。但是,在高速流动中间断是随时随地都可能出现的,因此这一假设在一定程度上也会降低计算精度和守恒性。

为了克服上述做法中的弱点,必须对上述处理做法进行必要的改进和发展,需要研究和发展新的数值算法。近年来国内外学者在研究和发展新的数值算法方面已经取得了一定进展,并把有限体积法推广到非结构网格中[11,12]。在此不再详述。

第 7 节　有限体积算法在二维不可压缩黏性流动问题中的应用

二维黏性方腔流动问题是不可压缩黏性流动中典型流动,虽然尚不能求得它的解析解,但它仍然是检验各种数值算法计算精度和可靠性的典型算例,本节用有限体积算法的一阶迎风型和三阶迎风型 QUICK 离散格式对它进行数值求解。

8－7－1　二维有奇性黏性方腔流动问题

设有一正方形腔室,其量纲为一的宽度为 1.0,里面充满静止的不可压缩黏性流体。方腔内初始时刻压力和密度为 $p = 1.0$, $\rho = 1.0$,它的左右壁面和底面固定不动,上壁面以 $u = 1.0$、$v = 0$ 的量纲为一的速度沿着上壁面方向自左向右运动(图 8.13)。

初始条件: $t = 0$ 时,方腔内流体为 $p = 1.0$、$\rho = 1.0$、$u = v = 0$。方腔上壁面以 $u = 1.0$、$v = 0$ 的量纲为一的速度沿着上壁面方向自左向右运动。

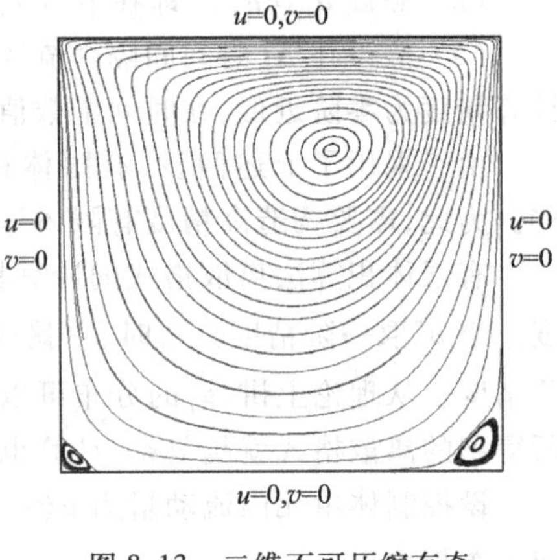

图 8.13　二维不可压缩有奇性黏性方腔流问题示意图

边界条件:流动速度 u、v 均可采用无滑移边界条件。

8-7-2　二维不可压缩黏性流动 N-S 方程组

通用变量形式的二维不可压缩黏性流动 N-S 方程组：

$$\frac{\partial}{\partial t}(\rho\phi)+\frac{\partial}{\partial x}(\rho u\phi)+\frac{\partial}{\partial y}(\rho v\phi)=\frac{\partial}{\partial x}\left(\mu\frac{\partial\phi}{\partial x}\right)+\frac{\partial}{\partial y}\left(\mu\frac{\partial\phi}{\partial y}\right)+S_\phi \quad (8.7.1)$$

其中 u 为流动量 ϕ 在水平 x 方向的流动速度，v 为 ϕ 在垂直的 y 方向的流动速度，μ 为黏性系数，S_ϕ 为压力梯度项的源项。为了便于利用有限体积算法的离散格式，可将时间导数项 $\frac{\partial}{\partial t}(\rho\phi)$ 并入源项，这样上述 N-S 方程组改写为：

$$\frac{\partial}{\partial x}(\rho u\phi)+\frac{\partial}{\partial y}(\rho v\phi)=\frac{\partial}{\partial x}\left(\mu\frac{\partial\phi}{\partial x}\right)+\frac{\partial}{\partial y}\left(\mu\frac{\partial\phi}{\partial y}\right)+S_\phi \quad (8.7.1a)$$

这时上式的源项 S_ϕ 中不仅包含压力梯度项，也包含对时间的导数项。

8-7-3　计算网格划分、节点和控制体单元定义

图 8.14 是方腔流动计算网格、节点和控制体单元示意图。求解时必须采用交错网格。节点 P 的控制体单元如图 8.15 中有阴影部分所示。在 x 方向与节点 P 相邻的节点为 W 和 E，在 y 方向与节点 P 相邻的节点为 S 和 N，控制体单元界面分别为 e、w、s、n。交错网格如图 8.15 中有阴影部分所示，压力 p 和速度 u、v 分别在三套不同网格中。

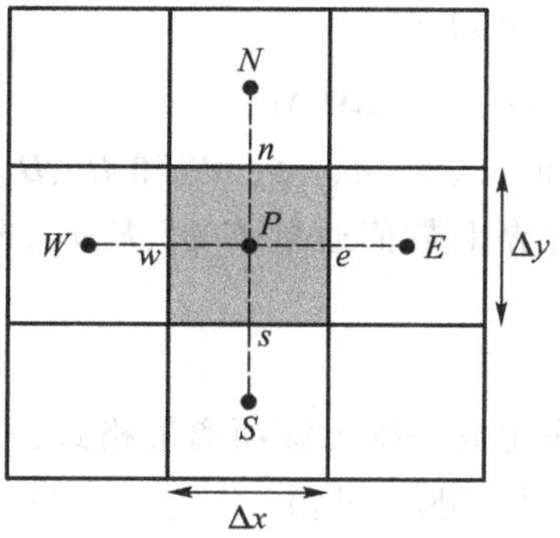

图 8.14　方腔流计算网格、控制体单元和节点示意图

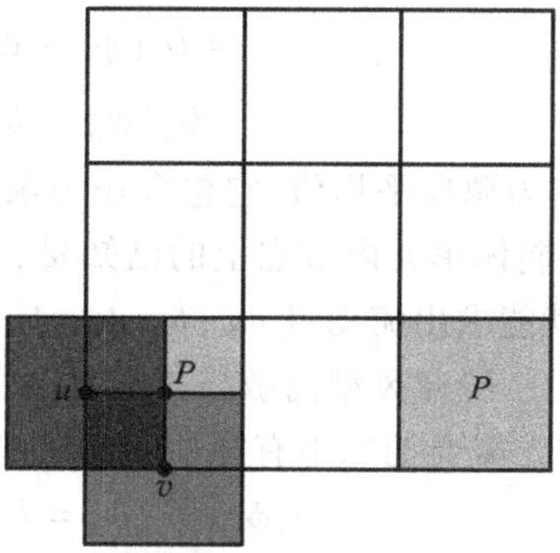

图 8.15　交错网格示意图

8-7-4　空间域离散格式

对 N-S 方程组(8.7.1a)在图 8.14 所示节点 P 的控制体单元内积分：

$$\int_{\Delta V}\frac{\partial}{\partial x}(\rho u\phi)\,\mathrm{d}V+\int_{\Delta V}\frac{\partial}{\partial y}(\rho v\phi)\,\mathrm{d}V=\int_{\Delta V}\frac{\partial}{\partial x}\left(\mu\frac{\partial\phi}{\partial x}\right)\mathrm{d}V+\int_{\Delta V}\frac{\partial}{\partial y}\left(\mu\frac{\partial\phi}{\partial y}\right)\mathrm{d}V+\int_{\Delta V}S_\phi\,\mathrm{d}V \quad (8.7.2)$$

其中 ΔV 为控制体单元体积。二维问题中它是面积。设 $A_w=A_e=\Delta y$，$A_s=A_n=\Delta x$，利用 Gauss 定理，上式的离散格式为：

$$[(\rho u\phi A)_e-(\rho u\phi A)_w]+[(\rho v\phi A)_n-(\rho v\phi A)_s]$$
$$=\left(\mu A\frac{\partial\phi}{\partial x}\right)_e-\left(\mu A\frac{\partial\phi}{\partial x}\right)_w+\left(\mu A\frac{\partial\phi}{\partial y}\right)_n-\left(\mu A\frac{\partial\phi}{\partial y}\right)_s+\overline{S}_\phi\Delta x\Delta y \tag{8.7.3}$$

上式中的$\left(\frac{\partial\phi}{\partial x}\right)_e$、$\left(\frac{\partial\phi}{\partial x}\right)_w$、$\left(\frac{\partial\phi}{\partial y}\right)_n$、$\left(\frac{\partial\phi}{\partial y}\right)_s$采用一阶离散近似公式：

$$\left.\begin{aligned}\left(\frac{\partial\phi}{\partial x}\right)_e=\frac{\phi_E-\phi_P}{\Delta x},\quad\left(\frac{\partial\phi}{\partial x}\right)_w=\frac{\phi_P-\phi_W}{\Delta x}\\ \left(\frac{\partial\phi}{\partial y}\right)_n=\frac{\phi_N-\phi_P}{\Delta y},\quad\left(\frac{\partial\phi}{\partial y}\right)_s=\frac{\phi_P-\phi_S}{\Delta y}\end{aligned}\right\} \tag{8.7.3a}$$

并设：

$$\left.\begin{aligned}F_e=(\rho u)_eA_e,\quad F_w=(\rho u)_wA_w\\ F_n=(\rho v)_nA_n,\quad F_s=(\rho v)_sA_s\end{aligned}\right\} \tag{8.7.3b}$$

$$\left.\begin{aligned}D_e=\frac{\mu_eA_e}{\delta x_{PE}},\quad D_w=\frac{\mu_wA_w}{\delta x_{PW}}\\ D_n=\frac{\mu_nA_n}{\delta y_{PN}},\quad D_s=\frac{\mu_sA_s}{\delta y_{PS}}\end{aligned}\right\} \tag{8.7.3c}$$

离散格式简化为：

$$\begin{aligned}&F_e\phi_e-F_w\phi_w+F_n\phi_n-F_s\phi_s\\ &\quad=D_e(\phi_E-\phi_P)-D_w(\phi_P-\phi_W)+\\ &\quad\quad D_n(\phi_N-\phi_P)-D_s(\phi_P-\phi_S)+\overline{S_\phi}\Delta x\Delta y\end{aligned} \tag{8.7.4}$$

式中$\overline{S}_\phi$为源项平均值，它包含压力项和时间项。而ϕ_P、ϕ_E、ϕ_W、ϕ_N、ϕ_S和D_e、D_w、D_n、D_s是控制体单元内节点上的已知量，如果计算出边界上数值通量$F_e\phi_e$、$F_w\phi_w$、$F_n\phi_n$、$F_s\phi_s$，就能求出流动量ϕ_P、ϕ_E、ϕ_W、ϕ_N、ϕ_S。

1. 一阶迎风型离散格式

首先需要把二维有源项的离散格式(8.7.4)简化成一维无源项离散格式：

$$F_e\phi_e-F_w\phi_w=D_e(\phi_E-\phi_P)-D_w(\phi_P-\phi_W) \tag{8.7.5}$$

当流动为正向时，$u_e>0,u_w>0$（即$F_e>0,F_w>0$），采用一阶迎风型离散格式计算界面上流动量ϕ，则有：

$$\phi_w=\phi_W,\quad\phi_e=\phi_P \tag{8.7.6}$$

离散格式(8.7.5)改写为：

$$F_e\phi_P-F_w\phi_W=D_e(\phi_E-\phi_P)-D_w(\phi_P-\phi_W) \tag{8.7.7}$$

整理后得到：

$$(D_w+D_e+F_e)\phi_P=(D_w+F_w)\phi_W+D_e\phi_E \tag{8.7.7a}$$

或

$$[(D_w+F_w)+D_e+(F_e-F_w)]\phi_P=(D_w+F_w)\phi_W+D_e\phi_E \tag{8.7.7b}$$

当流动为负向时，$u_e<0,u_w<0$（即$F_e<0,F_w<0$），采用一阶迎风型离散格式计

算界面上流动量 ϕ,则有:

$$\phi_w = \phi_P,\quad \phi_e = \phi_E \tag{8.7.8}$$

离散格式(8.7.5)改写为:

$$F_e\phi_E - F_w\phi_P = D_e(\phi_E - \phi_P) - D_w(\phi_P - \phi_W) \tag{8.7.9}$$

整理后得到:

$$(D_e + D_w - F_w)\phi_P = (D_e - F_e)\phi_E + D_w\phi_W \tag{8.7.9a}$$

或

$$[(D_e - F_e) + D_w + (F_e - F_w)]\phi_P = (D_e - F_e)\phi_E + D_w\phi_W \tag{8.7.9b}$$

将上述两个流动方向上离散格式(8.7.7)和式(8.7.9)合并后,得无源项的一阶迎风型离散格式:

$$a_P\phi_P = a_W\phi_W + a_E\phi_E \tag{8.7.10}$$

式中

$$\left.\begin{aligned} a_W &= D_w + \max(F_w,0)\\ a_P &= a_W + a_E + (F_e - F_w)\\ a_E &= D_e + \max(0,-F_e)\end{aligned}\right\} \tag{8.7.10a}$$

通过类似的做法,得到二维无源项的一阶迎风型离散格式:

$$a_P\phi_P = a_W\phi_W + a_E\phi_E + a_S\phi_S + a_N\phi_N + \overline{S}\Delta x\Delta y \tag{8.7.11}$$

式中

$$\left.\begin{aligned} a_W &= D_w + \max(F_w,0)\\ a_E &= D_e + \max(0,-F_e)\\ a_S &= D_s + \max(F_s,0)\\ a_N &= D_n + \max(0,-F_n)\\ a_P &= a_W + a_E + a_S + a_N + (F_e - F_w) + (F_n - F_s)\end{aligned}\right\} \tag{8.7.11a}$$

2. 三阶迎风型 QUICK 离散格式

三阶迎风型 QUICK 离散格式需要控制体单元界面两侧三个节点流动量值,如图8.16所示。当 $u_e>0$,$u_w>0$ 时,由 WW、W、P 三个节点拟合控制体单元左侧界面上流动量 ϕ_w,由节点 W、P、E 三个节点拟合控制体单元右侧界面流动量 ϕ_e;若 $u_e<0$,$u_w<0$,由 W、P、E 和 P、E、EE 三个节点计算控制体单元左、右两侧界面流动量 ϕ_w 和 ϕ_e。

根据上述计算原则得到界面上流动量 ϕ_w 计算公式如下:

当 $u_w>0$ 时,界面上流动量 ϕ_w 计算公式为:

$$\phi_w = \frac{6}{8}\phi_W + \frac{3}{8}\phi_P - \frac{1}{8}\phi_{WW} \tag{8.7.12}$$

当 $u_e>0$ 时,界面上流动量 ϕ_e 计算公式为:

$$\phi_e = \frac{6}{8}\phi_P + \frac{3}{8}\phi_E - \frac{1}{8}\phi_W \tag{8.7.13}$$

采用和一阶迎风格式类似的做法,先把二维有源项的离散格式(8.7.4)简化为

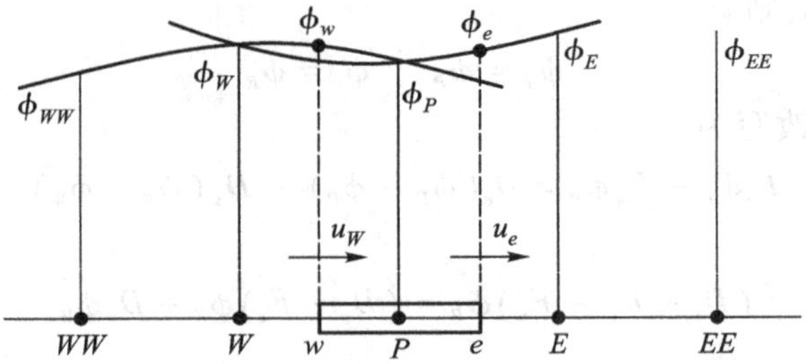

图 8.16　三阶迎风型 QUICK 离散格式结构示意图

一维无源项离散格式：

$$F_e\phi_e - F_w\phi_w = D_e(\phi_E - \phi_P) - D_w(\phi_P - \phi_W) \tag{8.7.14}$$

当 $u_e>0, u_w>0$ 时，离散格式为：

$$F_e\left(\frac{6}{8}\phi_P + \frac{3}{8}\phi_E - \frac{1}{8}\phi_W\right) - F_w\left(\frac{6}{8}\phi_W + \frac{3}{8}\phi_P - \frac{1}{8}\phi_{WW}\right) = D_e(\phi_E - \phi_P) - D_w(\phi_P - \phi_W) \tag{8.7.15}$$

整理后得到：

$$\left(D_w - \frac{3}{8}F_w + D_e + \frac{6}{8}F_e\right)\phi_P = \left(D_w + \frac{6}{8}F_w + \frac{1}{8}F_e\right)\phi_W + \left(D_e - \frac{3}{8}F_e\right)\phi_E - \frac{1}{8}F_w\phi_{WW} \tag{8.7.15a}$$

一维无源项离散格式：

$$a_P\phi_P = a_W\phi_W + a_E\phi_E + a_{WW}\phi_{WW} \tag{8.7.16}$$

其中

$$\left.\begin{aligned} a_W &= D_w + \frac{3}{8}F_w + \frac{1}{8}F_e \\ a_E &= D_e - \frac{3}{8}F_e \\ a_{WW} &= -\frac{1}{8}F_w \\ a_P &= a_W + a_E + a_{WW} + (F_e - F_w) \end{aligned}\right\} \tag{8.7.16a}$$

同理，若 $u_e<0, u_w<0$，一维无源项离散格式：

$$a_P\phi_P = a_W\phi_W + a_E\phi_E + a_{EE}\phi_{EE} \tag{8.7.17}$$

其中

$$\left.\begin{aligned} a_W &= D_w + \frac{3}{8}F_w \\ a_E &= D_e - \frac{6}{8}F_e - \frac{1}{8}F_w \\ a_{WW} &= \frac{1}{8}F_e \\ a_P &= a_W + a_E + a_{EE} + (F_e - F_w) \end{aligned}\right\} \tag{8.7.17a}$$

将上述两个流动方向上无源项的离散格式(8.7.16)和式(8.7.17)合并后,得到无源项离散格式(8.7.14)的三阶迎风型 QUICK 离散格式:

$$a_P\phi_P = a_W\phi_W + a_E\phi_E + a_{EE}\phi_{EE} + a_{EE}\phi_{EE} \tag{8.7.18}$$

其中

$$\left.\begin{aligned}
a_W &= D_w + \frac{6}{8}\alpha_w F_w + \frac{1}{8}\alpha_e F_e + \frac{3}{8}(1-\alpha_w)F_w \\
a_{WW} &= -\frac{1}{8}\alpha_w F_w \\
a_E &= D_e - \frac{3}{8}\alpha_e F_e - \frac{6}{8}(1-\alpha_e)F_e - \frac{1}{8}(1-\alpha_w)F_w \\
a_{EE} &= \frac{1}{8}(1-\alpha_e)F_e \\
a_P &= a_W + a_E + a_{WW} + a_{EE} + (F_e - F_w)
\end{aligned}\right\} \tag{8.7.18a}$$

式中

$$\left.\begin{aligned}
&\text{当 } F_w > 0 \text{ 时}, \alpha_w = 1;\ \text{当 } F_w < 0 \text{ 时}, \alpha_w = 0 \\
&\text{当 } F_e > 0 \text{ 时}, \alpha_e = 1;\ \text{当 } F_e < 0 \text{ 时}, \alpha_e = 0
\end{aligned}\right\} \tag{8.7.18b}$$

采用类似的做法,得到二维无源项的有限体积算法的三阶迎风型 QUICK 离散格式:

$$\begin{aligned}
a_P\phi_P = {} & a_W\phi_W + a_E\phi_E + a_{EE}\phi_{EE} + a_{EE}\phi_{EE} + \\
& a_S\phi_S + a_N\phi_N + a_{SS}\phi_{SS} + a_{NN}\phi_{NN} + \bar{S}\Delta V
\end{aligned} \tag{8.7.19}$$

其中 $\bar{S}$ 为有限体积算法中源项的平均值,上式中各个系数为:

$$\left.\begin{aligned}
a_W &= D_w + \frac{6}{8}\alpha_w F_w + \frac{1}{8}\alpha_e F_e + \frac{3}{8}(1-\alpha_w)F_w \\
a_{WW} &= -\frac{1}{8}\alpha_w F_w \\
a_E &= D_e - \frac{3}{8}\alpha_e F_e - \frac{6}{8}(1-\alpha_e)F_e - \frac{1}{8}(1-\alpha_w)F_w \\
a_{EE} &= \frac{1}{8}(1-\alpha_e)F_e \\
a_S &= D_s + \frac{6}{8}\alpha_s F_s + \frac{1}{8}\alpha_n F_n + \frac{3}{8}(1-\alpha_s)F_s \\
a_{SS} &= -\frac{1}{8}\alpha_s F_s \\
a_N &= D_n - \frac{3}{8}\alpha_n F_n - \frac{6}{8}(1-\alpha_n)F_n - \frac{1}{8}(1-\alpha_s)F_s \\
a_{NN} &= \frac{1}{8}(1-\alpha_n)F_n \\
a_P &= a_W + a_E + a_{WW} + a_{EE} + a_S + a_N + \\
&\quad a_{SS} + a_{NN} + (F_e - F_w + F_n - F_s)
\end{aligned}\right\} \tag{8.7.19a}$$

式中

$$\left.\begin{array}{l}\text{当 } F_k > 0 \text{ 时}, \alpha_k = 1 \\ \text{当 } F_k < 0 \text{ 时}, \alpha_k = 0 \\ (k = w, e, s, n)\end{array}\right\} \tag{8.7.19b}$$

8-7-5　离散格式中源项处理

由于离散格式(8.7.4)中的源项中包括了时间导数项和压力导数项。例如,当离散格式(8.7.4)中 $\varphi = u$ 时,在 x 方向动量方程为:

$$\frac{\partial}{\partial x}(\rho u u) + \frac{\partial}{\partial y}(\rho u v) = \frac{\partial}{\partial x}\left(\mu\frac{\partial u}{\partial x}\right) + \frac{\partial}{\partial y}\left(\mu\frac{\partial u}{\partial y}\right) - \frac{\partial p}{\partial x} - \frac{\partial(\rho u)}{\partial t} \tag{8.7.20}$$

因此,源项 S_ϕ 为:

$$S_\phi = -\frac{\partial(\rho u)}{\partial t} - \frac{\partial p}{\partial x} \tag{8.7.20a}$$

它的积分形式为:

$$\int_{\Delta V} S_\phi \mathrm{d}V = -\int_{\Delta V}\frac{\partial(\rho u)}{\partial t}\mathrm{d}V - \int_{\Delta V}\frac{\partial p}{\partial x}\mathrm{d}V \tag{8.7.20b}$$

时间导数项积分值和 t_n 与 t_{n+1} 两个时间步之间 ρu 分布有关,采用最简单的一阶近似计算,在每个时间步内 ρu 为常数,得到时间导数项积分值:

$$\int_{\Delta V}\frac{\partial(\rho u)}{\partial t}\mathrm{d}V = \frac{(\rho u)_P^{n+1} - (\rho u)_P^n}{\Delta t}\Delta x \Delta y \tag{8.7.21}$$

其中 $(\rho u)^n$ 表示 t_n 时刻动量,$(\rho u)^{n+1}$ 表示 t_{n+1} 时刻动量。

利用 Gauss 定理,把压力导数项体积分转换成面积分,并采用最简单的一阶近似计算,即在每个控制体单元内压力为常数,得到:

$$\int_{\Delta V}\frac{\partial p}{\partial x}\mathrm{d}V = \int_S \frac{\partial p}{\partial x}\mathrm{d}S = (p_e - p_w)\Delta y \tag{8.7.22}$$

最后,得到源项 S_ϕ 的离散格式:

$$\int_{\Delta V} S\mathrm{d}V = -\frac{(\rho u)_P^{n+1} - (\rho u)_P^n}{\Delta t}\Delta x \Delta y - (p_e - p_w)\Delta y \tag{8.7.23}$$

把源项 S_ϕ 的离散格式代入上述一阶迎风型离散格式(8.7.11)和三阶迎风型 QUICK 离散格式(8.7.19),在相应的初边值条件下,求解二维有奇性黏性方腔流动。

8-7-6　计算结果分析

图 8.17 和图 8.18 是不同 *Re* 条件下采用一阶迎风型离散格式和三阶迎风型 QUICK 离散格式计算二维有奇性黏性方腔流动的计算结果。

计算结果和文献中高精度算法计算结果进行了比较,两者的计算结果十分吻合,都能把方腔下壁面两个底角附近的二次小涡清晰地计算出来。这表明有限体积算法一阶迎风型离散格式和三阶迎风型 QUICK 离散格式具有相当高的计算精度。

从图 8.17 和图 8.18 中可以看出：二维有奇性黏性方腔流动中心大涡并不在中心位置，流场也并不对称，这是方腔流动的奇性所引起的。方腔的上壁面以 $u = 1.0$、$v = 0$ 的速度沿着上壁面方向自左向右运动，在方腔上壁面的两个顶角处不能满足边界条件，成为两个奇点。

计算结果表明，二维有奇性黏性方腔流动和雷诺数 Re 有关。图 8.17 给出了不同 Re 值（Re = 100 ~ 10 000）时有奇性方腔流动的流线图。不同 Re 值时，方腔的中心大涡位置是变化的，自左向右运动，到某个 Re 值时中心大涡位置又开始自右向左返回运动。而且，从图中还可以看到，当 Re 较低时，方腔下壁面的两个底角附近的二次小涡十分清晰。随着雷诺数 Re 的增加，二次小涡越来越模糊，这表明随着雷诺数 Re 的增加，计算精度在降低。

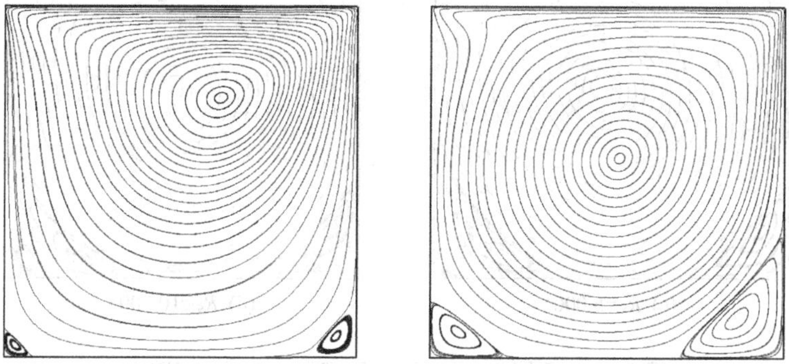

(a) Re=100　(b) Re=1 000

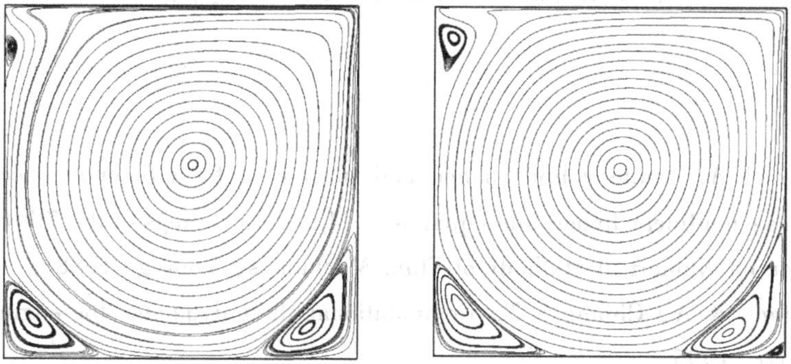

(c) Re=5 000　(d) Re=10 000

图 8.17　不同 Re 条件下一阶迎风格式计算二维不可压缩黏性方腔流动计算结果

对一阶迎风型离散格式和三阶迎风型 QUICK 离散格式的计算结果进行比较，可以看出三阶迎风型 QUICK 离散格式计算精度要比一阶迎风格式计算精度要高一些，特别是高雷诺数 Re 的情况。

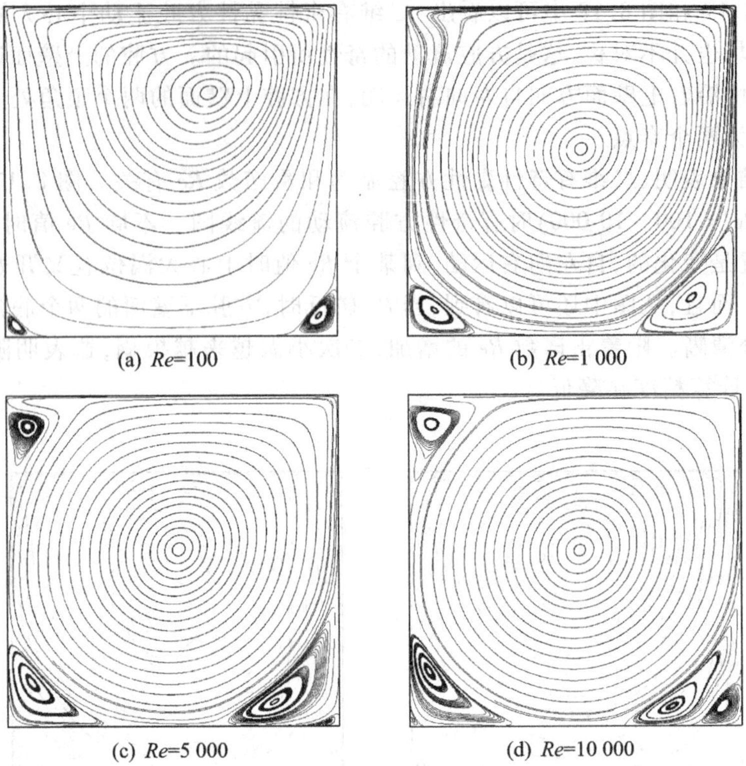

图 8.18　不同 Re 条件下三阶迎风型格式(QUICK 格式)计算二维不可压缩黏性方腔流动计算结果

参考文献

[1]　Dwyer H A. Finite volume shape and placement for efficiency, accuracy, and physics: nonlinear hyperbolic equations [M]. Proceedings of the 7th GAMM Conference on Numerical Methods of Fluid Mechanics, Vieweg, 1988.

[2]　Hoffmann K A, Chiang S T. Computational fluid dynamics for engineers [M]. Springer, 1995.

[3]　Morton K W, et al. On the cell centered and cell vertex approaches to steady Euler equations and the use of shock fitting [M]. // Maurice H. Numerical Method of Fluid Dynamics. Springer, 1988.

[4]　Morton K W, Crumpton P I, Mackenzie J A. Cell vertex methods for inviscid and visous flow [J]. Computers and Fluids, 1993, 22(2):91－102.

[5]　Rossow C. Comparison of cell centre and cell vertex finite volume scheme [M]. Proceedings of the 7th GAMM Conference on Numerical Methods of Fluid Mechan-

ics, Vieweg, 1988.

[6] 李人宪.有限体积法基础[M].北京:国防工业出版社,2005.

[7] Ferziger J H, Peric M. Computational methods for fluid dynamics [M]. 3rd ed. Springer, 2005.

[8] Jameson A, Schmidt W, Turkel E. Numerical solutions of the Euler equations by finite volume methods using Runge-Kutta time stepping schemes [R]. AIAA Paper 81-1259,1981.

[9] Kallinderis J G, et al. The finite volume approach for the NS equations: computational methods in viscous aerodynamics [M]. Elsevier, 1993.

[10] Vinokur M. An analysis of finite difference and finite volume formulations for conservation law [R]. NASA CR - 177416, 1986.

[11] Taniguchi N, Kobayashi T. Finite volume method on the unstructured grid systems [J]. Computers and Fluids, 1991, 19:287 - 296.

[12] Demirdzic I, Peric M. Finite volume method for prediction of fluid flow in arbitrarily shape and domains with moving boundaries [J]. International Journal for Numerical Methods in Fluids, 1990, 10:771 - 790.

—— 下篇　差分算法应用研究 ——

第九章　差分算法应用研究综述

本教程的上篇着重介绍了有限差分算法理论基础,而下篇将着重介绍近年来国内外广泛流行的各种高精度差分算法、它们的应用及其发展趋势;同时还将讲述一些实际流动问题计算实例、计算技巧和经验。使读者对计算流体力学本质和内涵有更深的理解,并学会如何把它们应用于科学研究和工程实践[1,2,3]。

在这里需要特别指出的是,在上篇的有限差分算法理论基础中所讲过的有限差分算法的有效性,如差分格式精度、相容性、收敛性、稳定性、耗散性和色散性等,都是在线性条件下进行讨论,并得到相应的结论。然而,实际的流动问题的方程(组)都是非线性的。关于非线性方程(组)差分算法有效性分析,目前尚有许多理论问题没有解决。因此,在应用这些结论时必须十分谨慎。

自然界中实际的流动问题是各色各样的,基本上可分为:可压缩黏性流动、可压缩无黏流动、不可压缩黏性流动和不可压缩无黏流动。在上篇中已经指出,从数值算法的角度来看,数值计算可压缩流动的黏性项并没有什么困难,一般采用中心差分格式计算就能满足要求。但是,可压缩流动的非线性对流项会产生弱解——间断解,数值处理这些间断十分复杂和困难。因此在可压缩流动中黏性项的计算虽然十分重要,但是,人们往往把注意力集中到如何数值处理非线性对流项,重点研究它的差分格式和数值解法。然而,对于不可压缩流动,情况正好相反。由于它的非线性对流项不会产生间断,而黏性项对不可压缩流动影响却非常突出。因此,人们主要研究和分析如何数值处理黏性项,重点研究它的差分格式和数值解法。

基于上述原因,在本教程中对于可压缩流动部分,重点讲述无黏流动 Euler 方程(组)数学性质、差分格式和数值解法,研究和讨论非线性对流项的数值处理方法;而对于不可压缩流动部分,重点研究和讨论黏性流动 N－S 方程(组)数学性质、差分格式和数值解法。

第 1 节　可压缩无黏流动数值解法发展概况

无黏流动 Euler 方程组是黏性流动 N - S 方程的一种简化形式。由于它是非线性双曲型的,在流场中一定会出现间断解——激波,求解它并不容易。关于激波数值处理,必须要考虑以下三个问题:

(1) 采用低阶差分格式计算时,激波会被抹平;而采用高阶差分格式计算时,激波会出现振荡。如何高分辨率地计算激波是关键问题。

(2) 计算激波容易产生非线性不稳定,该不稳定会急剧增长,导致计算失效。如何确保计算稳定是重点要解决的问题。

(3) 激波数值处理可能会产生非物理解。如何保证数值解就是物理解,这是关注的焦点。

长期以来,国内外不少学者从事激波数值处理的研究[4,5,6]。在 20 世纪 50 年代,广泛采用各种一阶精度差分格式来计算激波,是非常成功的。特别是采用 Lax 提出的守恒型差分格式来自动捕捉激波间断,在理论上比较完善。但是,它的数值黏性较大,往往会使激波被抹平,激波的分辨率不高。后来,在 20 世纪 60 年代到 70 年代广泛使用二阶精度差分格式。有代表性的差分格式是:MacCormack 差分格式、Lax-Wendroff 差分格式、Warming-Beam 差分格式等。计算实践表明,它们能高分辨率捕捉激波。但是,在激波附近会出现较大的振荡。20 世纪 80 年代以来,Haren 提出的具有二阶精度的总变差不增差分格式(即 TVD 差分格式)是最具有代表性的高分辨率差分格式。这种差分格式是在反扩散概念基础上,采用通量修正方法构造的。TVD 差分格式在理论上比较完善,捕捉激波分辨率高。因此,Haren 一提出 TVD 差分格式,就受到国内外学者普遍的重视和关注。经过 20 多年的发展,在国内外形成了一系列 TVD 类型高分辨率差分格式。例如,国际上著名差分格式:FCT 差分格式、TVD 差分格式、Roe 差分格式、MUSCL 差分格式、PPM 差分格式、ENO 差分格式和 WENO 差分格式等;国内著名差分格式:NND 差分格式、MMB 差分格式、耗散比拟紧致(COMPACT)差分格式、频散可控差分格式(DCD)和一致二阶自适应差分格式等。

目前,国内外各种高精度、高分辨率差分格式仍在不断发展中,然而,TVD 类型差分格式仍然占着统治地位。从实际工程应用角度来讲,除了一些特殊的复杂流动计算,如分离流、湍流等以外,国内外各种具有二阶精度 TVD 类型差分格式已经能够满足要求。因此,在计算流体力学领域中今后数值算法发展方向应该是在研究、分析和比较 TVD 类型差分格式基础上,如何摆脱 TVD 差分格式的思想束缚,研究和发展新型的高精度、高分辨率差分格式[7,8]。

第 2 节　不可压缩黏性流动数值解法发展概况

求解不可压缩黏性流动 N - S 方程(组)有以下一些特点:

(1) 由于流动是不可压缩的,流体密度可认为是常数或近似于常数,这样流动方程组中可减少一个未知数，密度 ρ。

（2）在不可压缩黏性流动中由于流速低，温度变化不大，也可把温度也看做是常数或近似于常数，能量方程可以忽略掉。即使要考虑温度，也可以把能量方程和连续方程、动量方程解耦处理。

由于在不可压缩黏性流动中黏性效应对流动影响十分重要，特别在高 Re 条件下，求解它们需要一些特殊的差分格式和数值解法[9]。此外，在不可压缩黏性流动中一般都存在自由面和界面，自由面和界面的存在改变了流动的基本特性，且具有很强的非线性，这使得问题变得十分复杂。因此，表面上看，流动方程（组）很简单，实际上求解它们并不容易。主要困难有：

（1）求解压力值 p 很麻烦。在不可压缩黏性流动中，速度 u、v 和压力 p 是独立地、有序地分开求解的。这样无法直接求解压力值 p。

（2）压力计算必须通过求解压力 Poisson 方程 $\nabla^2 p = S_p$ 迭代得到，迭代求解过程很难收敛。压力求解会引起计算不稳定和产生漂移现象。

（3）连续方程 $D\equiv 0$ 很难满足。由于计算连续方程时，$D\neq 0$，计算容易产生不稳定震荡和收敛速度减慢。

（4）边界条件数值处理困难和复杂。边界条件处理不当，常会影响数值计算结果，产生非物理解。

求解不可压缩黏性流动方程（组）有以下三种方法：

1. 求解原始变量 N－S 方程（组）算法

求解原始变量 N－S 方程（组）算法基本思路为：直接从原始变量的不可压缩黏性流动方程（组）出发，求解方程组中流动量。二维不可压缩黏性流动的原始变量 N－S 方程（组）为：

$$\left.\begin{aligned}&\frac{\partial u}{\partial x}+\frac{\partial v}{\partial y}=0\\&\frac{\partial u}{\partial t}+u\frac{\partial u}{\partial x}+v\frac{\partial u}{\partial y}=-\frac{1}{\rho}\frac{\partial p}{\partial x}+\nu\nabla^2 u\\&\frac{\partial v}{\partial t}+u\frac{\partial v}{\partial x}+v\frac{\partial v}{\partial y}=-\frac{1}{\rho}\frac{\partial p}{\partial y}+\nu\nabla^2 u\end{aligned}\right\}\tag{9.2.1}$$

这组方程有三个未知量 u、v、p，方程的个数也是三个，原始变量 N－S 方程（组）是封闭的，在确定的初边值条件下它是可以求解的。求解它的算法有：压力 Poisson 方程算法（MAC 算法、SOLA 算法和投影算法）、人工压缩算法、压力校正算法（即 SIMPLE 算法）。

2. 涡量－流函数算法

涡量－流函数算法基本思路为：引入流函数 φ 和涡量 ω 概念，把原始变量 N－S 方程（组）转换成涡量－流函数方程组，然后对它进行求解。

定义流函数 φ：

$$u = \frac{\partial \varphi}{\partial y}, \quad v = -\frac{\partial \varphi}{\partial x} \tag{9.2.2}$$

定义涡量 ω：

$$\omega = \frac{\partial v}{\partial x} - \frac{\partial u}{\partial y} \tag{9.2.3}$$

通过变换，上述方程组(9.2.1)可以简化成如下涡量 - 流函数方程组：

$$\nabla^2 \varphi = \frac{\partial^2 \varphi}{\partial x^2} + \frac{\partial^2 \varphi}{\partial y^2} = -\omega \tag{9.2.4a}$$

$$\frac{\partial \omega}{\partial t} + u\frac{\partial \omega}{\partial x} + v\frac{\partial \omega}{\partial y} = \nu \nabla^2 \omega \tag{9.2.4b}$$

它只有两个未知量流函数 φ、涡量 ω 和两个方程。因此它也是完全封闭的，在确定初边值条件下它是可以求解的。

3. 流函数解法

如果把涡量 - 流函数方程组进一步合并，就得到一个非线性流函数方程：

$$\frac{\partial}{\partial t}\nabla^2 \varphi + \frac{\partial \varphi}{\partial y}\frac{\partial}{\partial x}\nabla^2 \varphi - \frac{\partial \varphi}{\partial x}\frac{\partial}{\partial y}\nabla^2 \varphi = \nu \nabla^4 \varphi \tag{9.2.5}$$

这是一个四阶非线性偏微分方程，方程中只有一个未知变量流函数 φ，因此，在确定的初边值条件下它是可以求解的。由于它是一个四阶非线性偏微分方程，一般很难求解，目前已经没有人采用流函数解法求解不可压缩黏性流动。

第 3 节　网格生成技术发展概况

网格生成技术是计算流体力学中一个值得关注的重要问题。采用不合适的计算网格会使方程形式变得很复杂，计算精度下降，计算结果不理想，有时甚至会出现计算不稳定或计算完全失败[10]。

结构网格是数值计算中最早使用的，也是最成熟的一种网格。它主要有复变函数方法(保角映射法)、代数网格法、微分方程法。但是，对于具有复杂的物面形状和计算边界的流动，结构网格是不理想的。近年来，人们开始采用网格自适应技术来数值处理流场中的间断和具有复杂边界的流动。自适应网格生成技术具有节约计算时间，易于加密网格，提高计算精度等优点。但是，它也有算法麻烦、描述外形精度较差、编程程序复杂、计算量大等弱点。

非结构网格生成技术是另一类型网格生成技术。它舍去了网格节点结构性限制，随意控制和分布网格单元大小、形状和网格点位置。和结构网格相比，它具有网格结构灵活，易于控制网格大小和密度，处理复杂边界容易等优点。近年来非结构网格生成技术有了很大的发展。目前构造非结构网格方法有 Delaunay 三角化法和阵面推进法。

对于越来越复杂的多部件组合飞行器的流动，生成十分贴体的结构网格或非结构网格越来越困难，严重影响计算精度。目前常采用两种新的方法：

(1) 把结构和非结构网格结合起来的杂交网格生成技术。

(2) 分区网格生成技术和分区算法。

分区网格生成技术和分区算法越来越得到人们的认同和好评。它的基本思路是:根据外形和流场特点将总的流场分成若干个子区域,对每一个子区域分别生成结构或非结构网格,并在每个子区域中对流动方程组进行求解,各子区域的解在交界处通过耦合条件来实现光滑过渡和连接。它有两种算法:相邻子区域有一部分相互重叠和覆盖的对接方法和相邻子区域无重叠和覆盖的对接方法。

网格生成技术在计算流体力学中的地位越来越重要。目前在国外二维和三维问题的网格生成技术已经非常成熟,形成了不少高级的网格生成商业软件,这些都可以参考和借用,以节约计算的人力、物力和时间。

参考文献

[1] Chapman D R. Computational aerodynamics development and outlook [J]. AIAA, 1979, 17(12):1293 - 1313.

[2] Liggett J A. Forty years of computational hydraulics: 1960—2000 [M]. Proceedings of National Conference on Hydraulic Engineering, 1987:1124 - 1133.

[3] Caughey D A, Hafez M M. Frontiers of computational fluid dynamics [M]. Singapore: Singapore world Scientific, 1998.

[4] Toro E F. Riemann solvers and numerical method for fluid dynamics [M]. Springer, 1997.

[5] Hirsch C. Numerical computation of internal and external flows [M]. John Wiley & Sons, 1988.

[6] 朱自强,吴子牛,李津,等. 应用计算流体力学[M]. 北京:北京航空航天大学出版社,1998.

[7] Boris J P. New directions in computational fluid dynamics [J]. Annual Review of Fluid Mechanics, 1989, 21:341 - 385.

[8] Bertram V, Jensen G. Recent applications of computational fluid dynamics [R]. Ship Technology Research, 1994, 44:131 - 134.

[9] Nicolaodes A, Gunzburger M D. Incompressible computational fluid dynamics trends and advances [M]. Cambridge: Cambridge University Press, 1993.

[10] Thompson J F, Warsi Z V A, Masti C W. The numerical grid generation: foundations and applications [M]. New York: North-Holland, 1985.

第十章　激波间断数值处理

第1节　引言

无论是拟线性方程还是非线性方程，即使初始条件处处光滑，方程的解总会出现间断。若间断解满足熵条件，则解是唯一的，并一定是物理解。在超声速无黏流动中激波间断是最常见、最主要的强间断。因此，如何提高捕捉激波间断精度和分辨率就成为计算流体力学中一个重要课题[1,2]。

例如，飞行体以超声速飞行时，在飞行体头部会形成激波，如图10.1所示。图10.1a是尖锥体和柱体组合飞行体以超声速飞行时在飞行体周围形成的激波。它在头部、侧部和尾部都会形成附体强激波，同时在其他部位有较弱激波。图10.1b球形飞行体以超声速飞行时在飞行体周围形成激波。它在头部形成一道脱体强激波，在

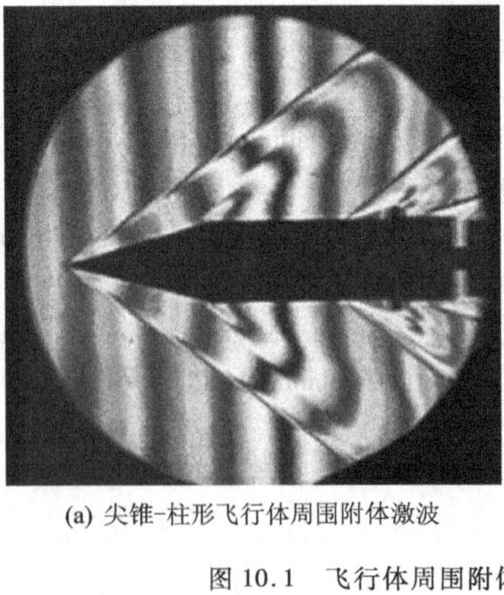

(a) 尖锥-柱形飞行体周围附体激波

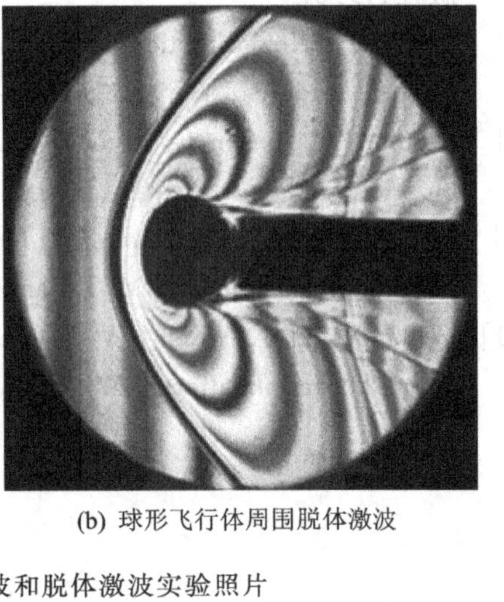

(b) 球形飞行体周围脱体激波

图10.1　飞行体周围附体激波和脱体激波实验照片

侧部和尾部形成较弱的附体激波。在数值求解可压缩无黏流动 Euler 方程组时，必须数值处理这些强、弱激波。数值处理激波间断主要有两种方法：激波装配法和激波捕捉法。

10－1－1　激波装配法

激波装配法（Shock Fitting）基本思路为：把激波作为流动的一个边界来处理。在流场中若在某一个位置存在激波，这个激波就作为这个流场的一个边界条件处理，激波阵面上流动量可以通过激波条件来确定[3,4]。

设一个尖头旋转体以超声速在大气中飞行，在旋转体头部就会形成一道附体激波，如图 10.2 所示。激波装配法基本思路为：图中曲线 $OD_0E_0F_0G_0H_0$ 是旋转体头部曲线激波，其中 OD_0 为直线型斜激波，利用飞行旋转体的飞行马赫数 M_s 和 β 角可以确定斜激波 OD_0 的位置及波后流动量，同时，在区域 OA_0D_0 中流动量可采用特征线法求出。由于激波 D_0H_0 是一曲线激波，它的位置是无法事前确定的。在区域 $A_0D_0H_0E_4$ 内的流动量必须采用特征线法逐点计算确定（例如，B_0、C_0、B_1、C_1、D_1、D_2、E_0、E_1、E_2 等点）。其中 D_0、E_0、F_0 等点是在激波面上，它们既要满足区域 $A_0D_0H_0E_4$ 内特征线关系，又要满足激波关系。利用特征线关系和激波条件，通过相互迭代计算得到 D_0、E_0、F_0 等位置和激波后流动量。在区域 $A_0D_0H_0E_4$ 内的 B_0、C_0、C_1、D_1、D_2、E_1、E_2 等点则可以利用流场内特征线关系，计算得到它们的位置和流动量。而 A_0、B_1、C_2、D_3、E_4 等点正好在飞行旋转体壁面上，它们既要满足区域 $A_0D_0H_0E_4$ 内的特征线关系，又要满足壁面上的边界条件，可以利用特征线关系和壁面上边界条件，通过相互迭代计算得到这些点的位置和流动量。

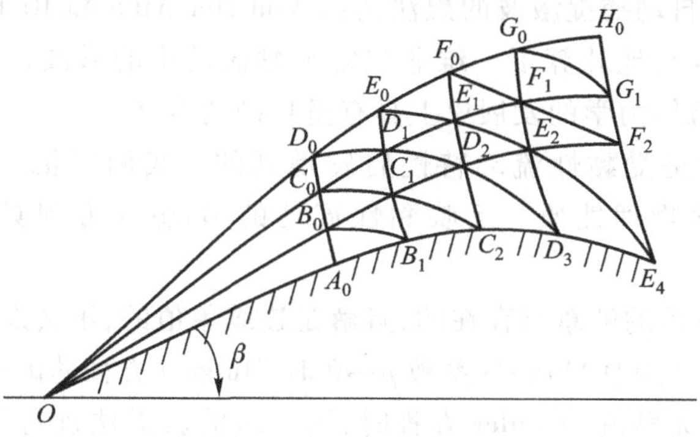

图 10.2　激波装配法计算示意图

激波装配法具有计算精度高、物理概念清晰等优点，但计算过程比较复杂，计算量大，并且必须事先知道激波的大概位置。一般来说，激波装配法仅适用于那些激波比较简单而事先可以估计激波形状和位置的定常流动问题。

10－1－2　激波捕捉法

激波捕捉法（Shock-capturing）是在激波层内部直接或间接加入一定量"人工黏性"来自动捕捉激波的近似算法[5,6]。激波本来是一个没有宽度的强间断面，激波捕捉法就是在激波附近一个很窄的区域内人为地加入适量黏性，使激波变成一个具有一定宽度的流动量连续过渡区域，如图 10.3 所示。由于过渡区域内流动量是连续的，可以采用有限差分算法计算出激波的位置和激波前后的流动量。采用激波捕捉法计算激波时，激波位置和激波前后的流动量都能自动地计算出来。

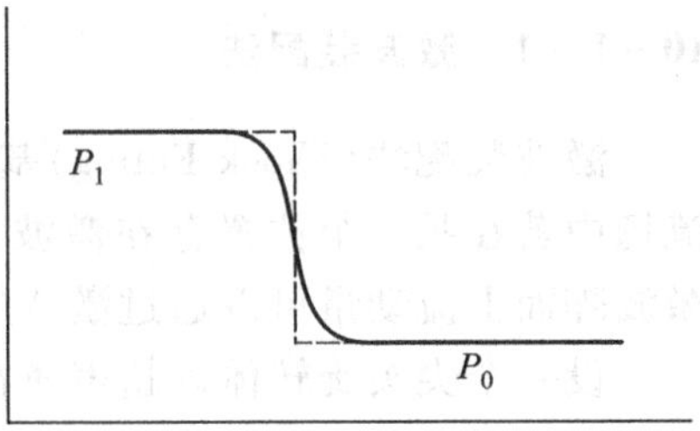

图 10.3　激波捕捉法计算示意图

由于在激波附近很窄的一个小区域内加入人工黏性，而在其他大部分计算区域中没有人工黏性。只有在很小的加入了人工黏性的激波附近区域内流动性质发生了变化，而流场的大部分区域内仍然保持原有的无黏流动特性。人工黏性对整个流场流动特性影响是很小的，完全可以忽略掉。

激波捕捉法具有方法简单、概念清晰、使用方便和能自动捕捉激波等优点，它是目前应用最广泛的激波数值处理方法。它的主要缺点是，加入黏性是人为因素，激波宽度需要人工调节。

第 2 节　人工黏性效应及其应用

利用人工黏性自动捕捉激波的想法是由 Von Neumann 和 Richtmayer 在 1950 年首先提出来的，并成功地计算了一维非定常无黏流动中的激波，为激波数值处理奠定了基础，在计算流体力学的发展史上具有里程碑的意义。

人工黏性概念是受黏性流动特性启发得到的。我们回忆一下上篇第三章中 Burgers 方程的数学物理性质。反映黏性流动的 Burgers 方程具有以下数学物理性质：

（1）Burgers 方程的解总是存在的，且解是连续单值的，不会发生间断。

（2）在 Burgers 方程中当黏性系数 $\mu \to 0$ 时，Burgers 方程的解就趋近于对流方程的解。在数值求解无黏流动 Euler 方程时，遇到激波就无法进行计算。既然黏性流动的解总是存在的，那么可以设想，如果我们人为地在激波附近很小的区域内加入适量的黏性，那么在这个小区域内 Euler 方程就变成 N－S 方程，激波就变成光滑连续的过渡区，在这个过渡区内解是一定存在的，激波就能通过差分算法计算得到。Von Neumann 就是根据这一原则提出人工黏性概念和采用人工黏性技巧自动捕捉激波。自从他提出人工黏性思想后，人工黏性技巧在流体力学中得到广泛应用，成为自动捕捉激波的有效方法。

10-2-1　显式人工黏性技巧

人工黏性项加入前后的一维无黏流动 Euler 方程组：

$$\left.\begin{array}{ll}\dfrac{\partial v}{\partial t}-\dfrac{\partial u}{\partial x}=0 & \dfrac{\partial v}{\partial t}-\dfrac{\partial u}{\partial x}=0\\[2ex] \dfrac{\partial u}{\partial t}+\dfrac{\partial p}{\partial x}=0 \;\Rightarrow & \dfrac{\partial u}{\partial t}+\dfrac{\partial}{\partial x}(p+Q)=0\\[2ex] \dfrac{\partial e}{\partial t}+p\dfrac{\partial u}{\partial x}=0 & \dfrac{\partial e}{\partial t}+(p+Q)\dfrac{\partial u}{\partial x}=0\end{array}\right\} \tag{10.2.1}$$

状态方程为：

$$p=p(\rho,e) \tag{10.2.2}$$

其中 ρ、p、e、u 为流体密度、压力、内能和速度，Q 为人工黏性项。

由上式可以看出，显式人工黏性技巧就是在 Euler 方程组的压力项上加上人工黏性项 Q。一般显式人工黏性可取为 $Q=\varepsilon\dfrac{\partial^2 u}{\partial x^2}$，其中 ε 是一个小参数，当 Δt、$\Delta x\to 0$ 时 $\varepsilon\to 0$。Von Neumann 最初采用的人工黏性项 Q 形式如下：

$$\left.\begin{array}{l} Q=\dfrac{l^2}{V}\left(\dfrac{\partial u}{\partial x}\right)^2\mu\left(\dfrac{\partial u}{\partial x}\right)\\[2ex] \mu\left(\dfrac{\partial u}{\partial x}\right)=1,\quad \dfrac{\partial u}{\partial x}\leqslant 0;\quad \mu\left(\dfrac{\partial u}{\partial x}\right)=0,\quad \dfrac{\partial u}{\partial x}>0\end{array}\right\} \tag{10.2.3}$$

其中 μ 是流体黏性系数。因此，人工黏性项 Q 具有压力量纲，l 为人工黏性系数，具有长度量纲。流动方程组(10.2.1)～(10.2.3)的差分格式为：

$$\left.\begin{array}{l}\dfrac{V_{j+\frac12}^{n+1}-V_{j+\frac12}^{n}}{\Delta t}-\dfrac{1}{\rho_0}\dfrac{u_{j+1}^{n+1}-u_{j-1}^{n+1}}{\Delta x}=0\\[2ex] \dfrac{u_j^{n+1}-u_j^{n}}{\Delta t}+\dfrac{1}{\rho_0}\dfrac{(p+Q)_{j+\frac12}^{n}-(p+Q)_{j-\frac12}^{n}}{\Delta x}=0\\[2ex] \dfrac{e_{j+\frac12}^{n+1}-e_{j+\frac12}^{n}}{\Delta t}+(p+Q)_{j+1}^{n}\dfrac{V_{j+1}^{n+1}-V_j^{n+1}}{\Delta x}=0\end{array}\right\} \tag{10.2.4}$$

其中

$$Q_{j+\frac12}^{n}=\begin{cases}\dfrac{l^2}{V_{j+\frac12}^{n}}\left(\dfrac{u_{j+1}^{n}-u_j^{n}}{\Delta x}\right)^2, & u_{j+1}^{n}-u_j^{n}\leqslant 0\\[2ex] 0, & u_{j+1}^{n}-u_j^{n}>0\end{cases} \tag{10.2.4a}$$

在一定的初边值条件下，得到无黏流动解，并能自动捕捉激波。

上述所采用的人工黏性(10.2.3)称为显式人工黏性。随着计算流体力学的发展和应用的不断深入，产生了各种不同形式的人工黏性技巧。下面给出一些典型的人工黏性项形式：

$$\left.\begin{aligned} Q &= \rho a \Delta x^2 \left(\frac{\partial u}{\partial x}\right)^2 = l^2 \rho \left(\frac{\partial u}{\partial x}\right)^2 \\ Q &= \rho a \Delta x^2 \left(\frac{\partial u}{\partial x}\right)^2 \left|\frac{\partial u}{\partial x}\right| \\ Q &= \rho a \Delta x^2 \left(\frac{\partial u}{\partial x}\right)^2 + \rho b \Delta x \left(\frac{\partial u}{\partial x}\right) \end{aligned}\right\} \tag{10.2.5}$$

式中人工黏性系数为 $l_1 = a\Delta x^2$，或 $l_2 = b\Delta x$。近年来，为了适应高维问题（二维、三维问题）激波数值处理，还出现了矢量形式和矩阵形式人工黏性项的形式。

10－2－2　人工黏性应用技巧

人工黏性的应用是一项技巧性很强的工作。计算实践表明，过渡区太宽，激波就失去了原有的间断特性，过渡区越窄，激波就越陡。但是，过渡区太窄会在激波附近产生振荡。为了使激波达到一个合理的要求，必须对人工黏性项和人工黏性系数进行合理的选取[7]。

过渡区的宽度或网格数是通过人工黏性项中的黏性系数 l 来控制。数值经验表明，激波过渡区网格数大约为 $\pi\sqrt{\dfrac{2}{r+1}}\,l$ 网格，其中 $r = \dfrac{\Delta t}{\Delta x}$，$l$ 为人工黏性系数。计算经验指出，一般 l 取为 0.6～3.0 之间时，激波计算效果较好，这时激波占有 3～5 个网格。到底选取什么形式的人工黏性项，人工黏性系数具体取多少必须根据具体的流动特性和计算经验来确定。

10－2－3　隐式人工黏性（格式黏性）应用技巧

在上篇中第四章已经指出，无黏流动 Euler 方程组进行离散时，差分格式本身就有耗散效应，这些耗散效应也能起到类似于显式人工黏性项的作用。因此在采用某些耗散效应占主导地位的差分格式时，无需再加显式人工黏性项，它们也能自动捕捉激波。差分格式本身的耗散效应被称为格式黏性，或隐式人工黏性。

线性对流方程：

$$u_t + a u_x = 0 \tag{10.2.6}$$

迎风型差分格式：

$$\frac{u_j^{n+1} - u_j^n}{\Delta t} + a\frac{u_j^n - u_{j-1}^n}{\Delta x} = 0 \tag{10.2.7}$$

利用 Taylor 分析得到修正方程：

$$\frac{u_j^{n+1} - u_j^n}{\Delta t} + a\frac{u_j^n - u_{j-1}^n}{\Delta x} = \left(\frac{a\Delta x}{2}\right)\frac{u_{j+1}^n - 2u_j^n + u_{j-1}^n}{\Delta x^2} \tag{10.2.8}$$

当 $\Delta x \to 0$ 时上式收敛于：

$$\frac{\partial u}{\partial t} + a\frac{\partial u}{\partial x} = \sum(\Delta x)\frac{\partial^2 u}{\partial x^2} \tag{10.2.9}$$

由上式可以看出，在等号右边的二次导数项本身就有耗散效应，它就是格式黏性项。在进行差分计算时，由于空间步长 $\Delta x \neq 0$，迎风型差分格式的耗散效应总是存在，因此迎风型差分格式本身就能自动捕捉激波。

非线性矢量方程：

$$\boldsymbol{u}_t + \boldsymbol{f}_x = \boldsymbol{0} \tag{10.2.10}$$

Lax 差分格式：

$$\frac{\boldsymbol{u}_j^{n+1} - \frac{1}{2}(\boldsymbol{u}_{j+1}^n + \boldsymbol{u}_{j-1}^n)}{\Delta t} + \frac{\boldsymbol{f}_{j+1}^n - \boldsymbol{f}_{j-1}^n}{2\Delta x} = \boldsymbol{0} \tag{10.2.11}$$

它的修正方程为：

$$\frac{\boldsymbol{u}_j^{n+1} - \boldsymbol{u}_j^n}{\Delta t} + \frac{\boldsymbol{f}_{j+1}^n - \boldsymbol{f}_{j-1}^n}{2\Delta x} = \frac{1}{2}\frac{\Delta x^2}{\Delta t}\frac{\boldsymbol{u}_{j+1}^n - 2\boldsymbol{u}_j^n + \boldsymbol{u}_{j-1}^n}{\Delta x^2} \tag{10.2.12}$$

当 $\Delta x \to 0$ 时它收敛于：

$$\boldsymbol{u}_t + \boldsymbol{f}_x = \sum(\Delta x)\frac{\partial^2 \boldsymbol{u}}{\partial x^2} \tag{10.2.12a}$$

其中 $\sum(\Delta x)\frac{\partial^2 \boldsymbol{u}}{\partial x^2}$ 就是格式黏性项，Lax 差分格式也能自动捕捉激波。

不同的差分格式具有不同的格式黏性项。在数值处理激波时，采用不同差分格式会有不同的分辨率。根据数值处理激波的精度和分辨率要求，选择不同的差分格式。计算实践指出，如果采用某个差分格式数值处理激波时，发现该差分格式的格式黏性项较小，数值处理激波效果不理想，可以再加入适当的显式人工黏性项，把显式人工黏性项和隐式人工黏性项结合起来使用。

10－2－4　捕捉激波精度和分辨率数值分析

设单个非线性守恒型标量方程：

$$u_t + f_x = 0, \quad f = \frac{u^2}{2} \tag{10.2.13}$$

初始条件为：

$$u(x,0) = \phi(x) = \begin{cases} 1, & x < -1 \\ -x, & -1 \leqslant x \leqslant 1 \\ -1, & x > 1 \end{cases} \tag{10.2.13a}$$

如图 10.4 所示。当 $t \to \infty$ 时，方程(10.2.13)存在间断解：

$$u(x,\infty) = \begin{cases} 1, & x < 0 \\ 0, & x = 0 \\ -1, & x > 0 \end{cases} \tag{10.2.13b}$$

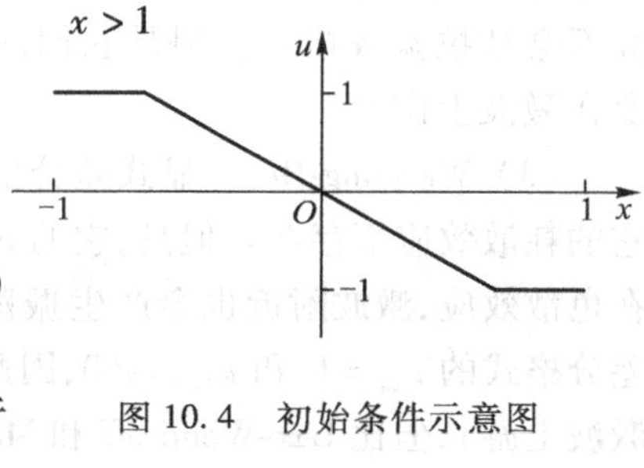

图 10.4　初始条件示意图

现在采用如下一些常用的差分格式对它进行

数值求解[8]：

（1）一阶迎风型差分格式。

（2）Lax 差分格式。

（3）Lax-Wendroff 差分格式。

（4）MacCormack 差分格式。

（5）Warming-Beam 显式差分格式。

（6）Warming-Beam 隐式差分格式。

（7）NND 差分格式。

（8）Rusanov 二阶差分格式。

（9）Rusanov 三阶差分格式。

采用上述这些差分格式进行数值求解时，离散网格点都取为 100，时间步数都为 300，*CFL* 数为 $\frac{\Delta t}{\Delta x}=0.1$。计算结果如图 10.5 所示。

计算结果表明：采用 Rusanov 差分格式、Warming-Beam 显隐式差分格式和 NND 差分格式捕捉激波时，激波过渡区较窄，计算效果较好；采用一阶迎风型差分格式和 Lax 差分格式时，激波会被拉宽或抹平；采用其他差分格式时，在激波附近会产生不同程度的振荡。通过分析这些差分格式的修正方程可知，这和差分格式自身特性有关。

上述这些差分格式的修正方程为：

$$\frac{\partial u}{\partial t}+\frac{\partial f}{\partial x}=\frac{\partial}{\partial x}\left(\nu_2\frac{\partial u}{\partial x}\right)+\frac{\partial}{\partial x}\left(\nu_3\frac{\partial^2 u}{\partial x^2}\right)+\cdots \tag{10.2.14}$$

把上式线性化后，略去了高阶小量，得到：

$$\frac{\partial u}{\partial t}+a\frac{\partial u}{\partial x}=\nu_2\frac{\partial^2 u}{\partial x^2}+\nu_3\frac{\partial^3 u}{\partial x^3}+\cdots=\sum_{n=2}^{\infty}\nu_n\frac{\partial^n u}{\partial x^n} \tag{10.2.14a}$$

分析修正方程(10.2.14)可以得出如下结论：

（1）一阶迎风型差分格式和 Lax 差分格式是一阶精度的。从修正方程知道，它们的 $\nu_2>0$，而且 ν_2 值很大，耗散效应很强，激波当然会被拉宽或抹平。但是，它们都不存在色散效应，因此不会出现振荡。

（2）Lax-Wendroff 差分格式和 MacCormack 差分格式都是二阶精度的。从修正方程看出，它们的 $\nu_2=0$，而四次耗散系数 $\nu_4<0$，且 ν_4 值不大，耗散效应很弱，因此激波不会被拉宽或抹平。但是它们的 $\nu_3>0$，存在色散效应，激波附近会产生振荡（主要在激波上游）。

（3）Warming-Beam 显式差分格式是二阶精度的。从修正方程可知，它的 $\nu_2=0$，它的耗散效应不存在。但是，它的 $\nu_3>0$ 和 $\nu_4<0$，因此 Warming-Beam 显式差分格式存在色散效应，激波附近也会产生振荡现象（主要在激波下游）。而 Warming-Beam 隐式差分格式的 $\nu_{2n}=0$ 和 $\nu_{2n+1}\neq0$，因此它也存在色散效应，激波附近会产生振荡（主要在激波上游），但比 Lax-Wendroff 和 MacCormack 差分格式所产生的振荡要小一些。

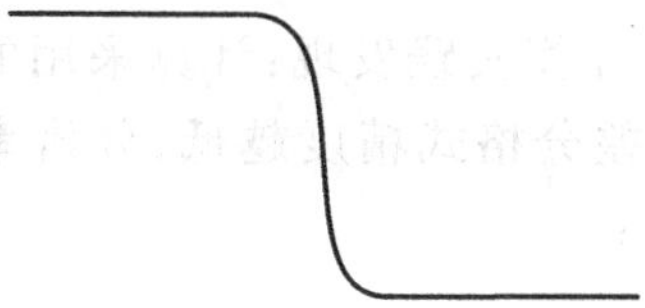

(a) 一阶迎风型差分格式计算结果

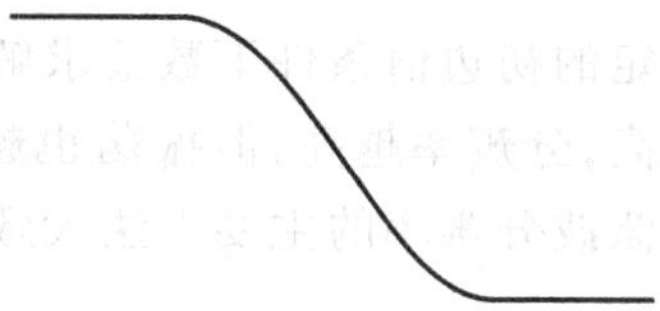

(b) Lax 差分格式计算结果

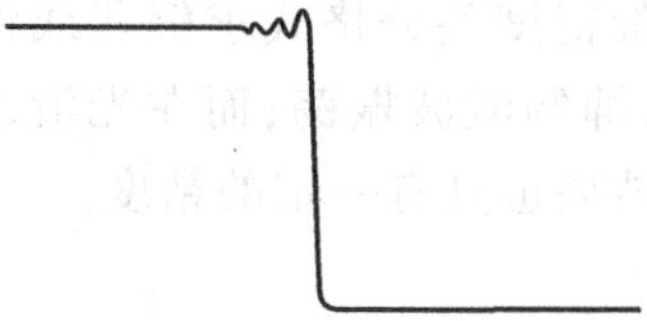

(c) Lax-Wendroff 差分格式、MacCormack 差分格式计算结果

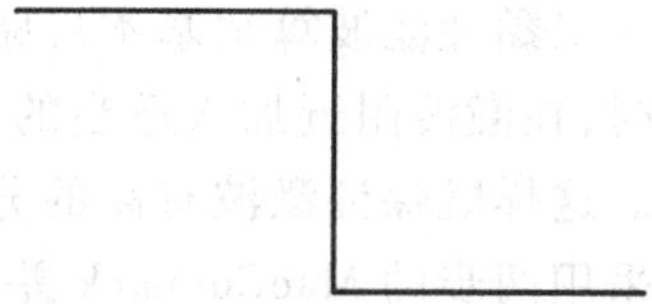

(d) NND 差分格式计算结果

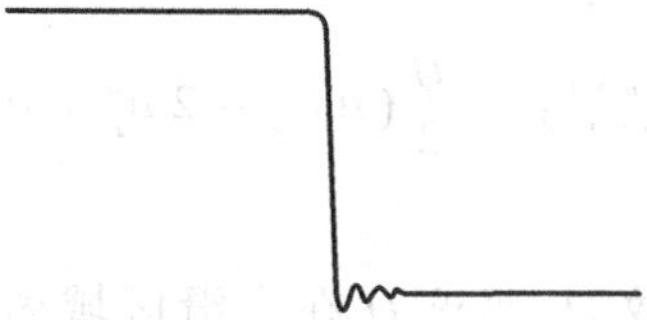

(e) Warming-Beam 显式差分格式计算结果

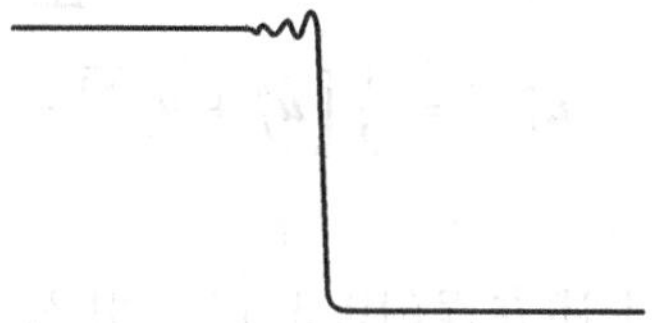

(f) Warming-Beam 隐式差分格式计算结果

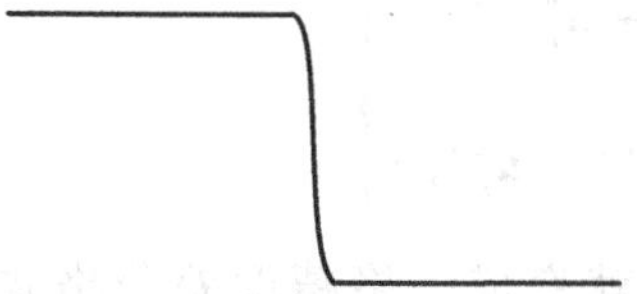

(g) Rusanov 二阶差分格式计算结果

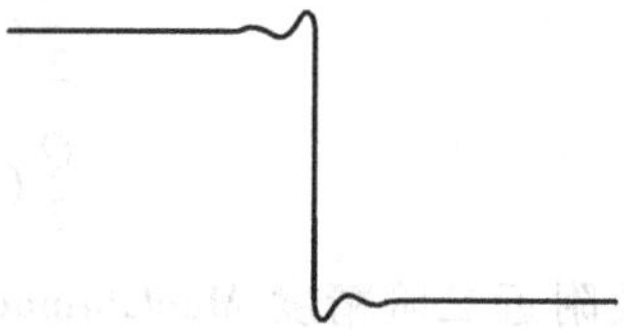

(h) Rusanov 三阶差分格式计算结果

图 10.5　守恒型非线性模型方程不同差分格式计算结果

(4) NND 差分格式是二阶精度 TVD 类型差分格式。从修正方程看出,它的 $\nu_3=0$,色散效应不存在,激波附近不会产生振荡。而它的 $\nu_2>0$,存在耗散效应,但是 ν_2 值不大,因此,激波并不会被拉宽或抹平。NND 差分格式计算稳定性好,捕捉激波的效果也好。

(5) 由二阶精度 Rusanov 差分格式修正方程可知,它的 $\nu_{2n+1}\neq 0$,它存在色散效应,激波附近会有振荡。由于在 Rusanov 差分格式中添加了显式人工黏性项,这样不仅适当地抑制了振荡,而且也使激波被适当的拉宽或抹平。由于三阶精度 Rusanov 差分格式的 $\nu_2=0$ 和 $\nu_3=0$,它的 $\nu_4<0$ 和 $\nu_5>0$,三阶精度 Rusanov 差分格式是存在耗散效应的,但是耗散效应很小,不能完全抑制色散效应,激波附近仍有较小的振荡。

第 3 节　提高激波捕捉质量的算法

非线性守恒型矢量方程为:

$$\boldsymbol{u}_t + \boldsymbol{f}_x = 0 \tag{10.3.1}$$

在一定的初边值条件下数值求解上述方程。计算实践发现:计算采用的差分格式精度越高,分辨率越高,但振荡也越严重;采用差分格式精度越低,分辨率越低。提高捕捉激波分辨率的主要方法大致有以下几种:

10-3-1　人工黏性滤波算法

人工黏性滤波算法基本思路为:采用二阶精度差分格式求解非线性守恒型矢量方程时,在激波附近加入适当的人工黏性,以抑制激波振荡;而在光滑区域去掉人工黏性。这样既保证激波有高的分辨率,计算结果也具有一定的精度。

采用两步的 MacCormack 差分格式:

$$\overline{\boldsymbol{u}_j^{n+1}} = \boldsymbol{u}_j^n - \frac{\Delta t}{\Delta x}(\boldsymbol{f}_{j+1}^n - \boldsymbol{f}_j^n) + \frac{Q}{2}(\boldsymbol{u}_{j+1}^n - 2\boldsymbol{u}_j^n + \boldsymbol{u}_{j-1}^n)$$

$$\boldsymbol{u}_j^{n+1} = \frac{1}{2}\left[\boldsymbol{u}_j^n + \overline{\boldsymbol{u}_j^{n+1}} - \frac{\Delta t}{\Delta x}(\overline{\boldsymbol{f}_j^{n+1}} - \overline{\boldsymbol{f}_{j-1}^{n+1}}) + \frac{Q}{2}(\boldsymbol{u}_{j+1}^n - 2\boldsymbol{u}_j^n + \boldsymbol{u}_{j-1}^n)\right] \tag{10.3.2}$$

求解上述方程(10.3.1)。引入一个开关函数 Q,要求 Q 在光滑区域内为零,$Q=0$,而在激波附近 $Q\neq 0$。引入了开关函数 Q,就是在激波附近加入了人工黏性:

$$\left.\begin{aligned}&\frac{Q}{2}(\boldsymbol{u}_{j+1}^n - 2\boldsymbol{u}_j^n + \boldsymbol{u}_{j-1}^n)\\ &\frac{Q}{2}(\overline{\boldsymbol{u}_{j+1}^{n+1}} + 2\overline{\boldsymbol{u}_j^{n+1}} + \overline{\boldsymbol{u}_{j-1}^{n+1}})\end{aligned}\right\} \tag{10.3.2a}$$

在激波附近二阶精度 MacCormack 差分格式就变成一格精度差分格式;而在无激波区域内,去掉开关函数 Q,MacCormack 差分格式仍保持二阶精度。

可以采用不同的形式的开关函数 Q。Harten 采用的开关函数 Q 为:

$$Q = \left|\frac{|p_{j+1}^n - p_j^n| - |p_j^n - p_{j-1}^n|}{|p_{j+1}^n - p_j^n| + |p_j^n - p_{j-1}^n|}\right| \tag{10.3.3a}$$

MacCormack 提出的开关函数 Q 为:

$$Q = \frac{|p_{j+1}^n - 2p_j^n + p_{j-1}^n|}{|p_{j+1}^n + 2p_j^n + p_{j-1}^n|} \tag{10.3.3b}$$

若激波是在 j 和 $j+1$ 之间,则要求 $p_{j+1}^n \geqslant p_j^n$;激波是在 j 和 $j-1$ 之间,则要求 $p_j^n \geqslant p_{j-1}^n$。

10-3-2　反扩散算法

反扩散算法基本思路为:既然一阶精度差分格式能有效地抑制激波附近的振荡,而二阶精度差分格式计算具有高的精度,我们可以将一阶精度差分格式和二阶精度差分格式组合起来,形成一个混合差分格式。在激波附近采用一阶精度差分格式,在其他光滑区域内采用二阶精度差分格式,就保证激波和光滑区都有一定的精度和分辨率。

混合差分格式为：

$$u_j^{n+1} = L u_j^n = [\theta L_1 + (1-\theta)L_2] u_j^n \tag{10.3.4}$$

其中 L_1 表示一阶精度差分格式，L_2 表示二阶精度差分格式。在激波附近取 $\theta = 1$，这时差分格式是一阶精度的；在光滑区域内取 $\theta = 0$，差分格式是二阶精度的。为了让差分格式能自动捕捉激波，设：

$$\theta = \left| \frac{|u_{j+1} - u_j| - |u_j - u_{j-1}|}{|u_{j+1} - u_j| + |u_j - u_{j-1}|} \right|^m, (m = 1 \sim 2) \tag{10.3.4a}$$

采用一阶迎风型差分格式作为一阶精度差分格式：

$$u_j^{n+1} = u_j^n - \frac{\Delta t}{\Delta x}\left[\frac{1}{2}(\lambda_j^n + |\lambda_j^n|)(f_j^n - f_{j-1}^n) + \frac{1}{2}(\lambda_j^n - |\lambda_j^n|)(f_{j+1}^n - f_j^n)\right] \tag{10.3.5}$$

采用 MacCormack 差分格式作为二阶精度差分格式：

$$u_j^{n+1} = u_j^n - \frac{1}{2}\frac{\Delta t}{\Delta x}(f_{j+1}^n - f_{j-1}^n) + \frac{1}{2}\left(\frac{\Delta t}{\Delta x}\right)^2 [f_{j+1}^n - 2f_j^n + f_{j-1}^n] - \frac{1}{2}\theta(f_{j+1}^n - 2f_j^n + f_{j-1}^n) \tag{10.3.6}$$

上式是在原来的一阶精度差分格式加上一个附加项构成。为了保证上式具有二阶精度，θ 可以取为：

$$\theta = \frac{|\lambda_j^n|\Delta t}{\Delta x}\left(1 - \frac{\lambda_j^n \Delta t}{\Delta x}\right) \tag{10.3.7}$$

由此可以看出，反扩散算法实际上是先用一阶精度差分格式进行计算，然后，再用二阶精度差分格式对所得到的计算结果进行修正的过程。当采用一阶精度差分格式计算时，计算精度较低，耗散效应较大；采用二阶精度差分格式对上述计算结果进行修正，实际上就是消除掉一阶精度差分格式的耗散效应，最终得到高分辨率的计算结果。人们常把采用这种方法建立起来的差分格式称为反扩散算法，这也是 FCT 反扩散算法最初的想法和思路。

10－3－3　混合开关算法

混合开关算法是由 Warming-Beam 首先提出的一种新的提高捕捉激波质量算法。它的基本思路为：当修正方程中奇次项不为零时，差分格式会产生色散效应，激波附近会出现振荡。但是，若差分格式相位误差 $\frac{\varphi}{\varphi_e} < 1$（相位滞后）时，数值振荡只出现在激波后面；若差分格式相位误差 $\frac{\varphi}{\varphi_e} > 1$（相位超前），数值振荡只出现在激波前面。因此，我们可以在激波前面采用相位误差 $\frac{\varphi}{\varphi_e} < 1$ 的差分格式；而在激波后面采用相位误差 $\frac{\varphi}{\varphi_e} > 1$ 的差分格式，这就保证激波前后都不会出现振荡，又能保证计算具有一定的精度。

众所周知，MacCormack 和 Lax-Wendroff 差分格式的相位误差为$\frac{\varphi}{\varphi_e}<1$，而 Warming-Beam 显式差分格式的相位误差为$\frac{\varphi}{\varphi_e}>1$。如果在激波前面采用 MacCormack 差分格式，而在激波后面采用 Warming-Beam 差分格式。它们都是二阶精度差分格式，这样就能保证激波具有高的分辨率，计算具有一定的精度。计算实践表明：在一维流动中采用混合开关算法时，计算效果甚佳，但是，在二维或三维流动中采用混合开关算法时，计算效果不理想。

10－3－4　流通量矢量分裂算法

在上篇中我们已经介绍了流通量矢量分裂算法。它的基本思路为：把守恒型双曲型方程(组)流通量矢量$\boldsymbol{f}$按其特征值正负分裂成正流通量$\boldsymbol{f}^+$和负流通量$\boldsymbol{f}^-$两部分。对正流通量$\boldsymbol{f}^+$采用后差格式；对负流通量$\boldsymbol{f}^-$采用前差格式。由于它考虑了流动物理特性，又保证差分格式守恒性，捕捉激波有很高的分辨率。

第 4 节　近代高分辨率激波捕捉技术

10－4－1　总变差不增差分算法(TVD 差分格式)

20 世纪 80 年代初，由 Harten 提出的总变差不增差分算法(TVD 差分格式)是一种既具有二阶精度，又能保证激波附近无振荡的差分算法。TVD 差格式的出现开创了近代高分辨率激波捕捉技术的新局面。

非线性矢量方程：

$$\boldsymbol{u}_t+\boldsymbol{f}_x=\boldsymbol{0},\quad \boldsymbol{A}(\boldsymbol{u})=\frac{\partial \boldsymbol{f}}{\partial x} \tag{10.4.1}$$

初始条件：

$$\boldsymbol{u}(x,0)=\boldsymbol{g}_0(x) \tag{10.4.1a}$$

采用某个差分格式离散时，每一个网格点上离散值为 $n_j^n=u(j\Delta x,n\Delta t)$，称 $V(u)=|u_{j+1}-u_j|$为该差分格式的变差。

定义：

$$TV(u)=\sum|u_{j+1}-u_j| \tag{10.4.2}$$

为该差分格式的总变差，记作 $TV(u)$。

Lax 研究指出，总变差有以下数学特性：

(1) 如果解是连续的，则特征线是散开的，每个网格点之间解的总变差增减是守恒的，单调差分格式解的总变差应该相等。设

$$TV(u)=\int_{-\infty}^{+\infty}\left|\frac{\partial u(x,t)}{\partial x}\right|\mathrm{d}x \tag{10.4.3}$$

则有

$$TV^{n+1}(u) = TV^{n}(u) = \cdots = TV^{0}(u) \tag{10.4.3a}$$

（2）如果解是有激波间断的，激波是同族特征线相交而形成的，解的总变差有所损失，单调差分格式解的总变差总是下降的，即：

$$TV^{n+1}(u) \leqslant TV^{n}(u) \tag{10.4.4}$$

满足总变差不增条件被称为 TVD 条件，把满足总变差不增条件差分格式称为 TVD 类型差分格式。

在 Lax 研究结果的基础上，Harten(1983)进一步指出：当差分格式和微分方程相容，差分格式满足 TVD 条件和熵不等式时，单调差分格式解一定收敛于物理解。Harten 构造了高阶精度 TVD 差分格式，成功地解决了高分辨率捕捉激波问题。从 20 世纪 80 年代以来，Harten 等人以此为出发点，发展了一系列满足 TVD 条件的新型差分格式，为近代高分辨率激波间断捕捉技术奠定了基础。

10-4-2 近代高分辨率激波捕捉技术简介

20 世纪 80 年代以来，以 Harten 为首的一批国内外学者对近代高分辨率激波捕捉技术做了不懈努力，并取得了突破性进展，构造了一批具有二阶以上精度又能在激波附近基本上无振荡的差分格式。这些近代高分辨率捕捉激波算法基本上可归结为以下四种类型：

1. 反扩散混合差分算法（FCT 差分格式）

它是以 Boris 和 Book 提出和设计的流通量修正输运差分算法（FCT 差分格式）为代表[9,10]。反扩散混合差分算法是在反扩散思想基础上发展起来的一种高分辨率差分格式。它的基本思路为：把一阶精度差分格式和二阶精度差分格式组合起来。首先用一阶精度差分格式计算得到精度较低的中间值，然后用二阶精度差分格式作修正，消除由一阶精度差分格式带来的耗散效应，实现高分辨率捕捉激波。

2. 高阶精度 Godunov 间断分解算法（Godunov 差分格式）

它是由一阶精度 Godunov 差分格式改造而成的[11]。它以 Van Leer 等提出和设计的二阶精度 MUSCL 差分格式和由 Collela 等提出和设计的三阶精度 PPM 差分格式为代表。在一阶精度 Godunov 差分格式中，网格内的流动量是平均分布的，在二阶精度 MUSCL 差分格式中网格内流动量是线性分布的，在三阶精度 PPM 差分格式中网格内流动量是抛物线分布的。

3. 数值波动近似差分算法（Roe 差分格式）

它是以 Roe 提出和设计的 Roe 差分格式为代表[12]。它的基本思路为：由于高阶精度 Godunov 差分格式计算十分繁复，应用很不方便。于是 Roe 采用 Riemann 问题近似解或近似 Riemann 问题解来构造差分格式，所得到的 Roe 差分格式比高阶精度 Godunov 差分格式要简单得多。由于 Roe 差分格式是在 Riemann 问题近似解的基础上，对数值结果进行修正得到的，因此计算精度并不高，但是修正后的 Roe 差分格式有很好的捕捉激波效果。Roe 差分格式实际上只是 Lax-Wendroff 差分格式的一个变种。

特别需要提出的是，在 Roe 差分格式中提出了一种新型的平均函数表达式，被称为 Roe 平均。在数值计算中采用 Roe 平均可以保证在激波附近不会产生振荡现象。Roe 平均思想几乎在所有的近代高分辨率差分格式中得到广泛应用。

4. 流通量修正近似差分算法（TVD 差分格式）

它以 Harten 提出和设计的迎风型 TVD 差分格式和 Davis 设计的对称型 TVD 差分格式为代表[13]。这些差分格式都满足 TVD 条件和熵条件，因此可以保证数值解是物理解。它是在一阶精度 TVD 差分格式基础上，通过对流通量作适当修正后得到的二阶精度 TVD 差分格式。TVD 差分格式在总体上具有二阶精度，但是，在极值点上仍然只有一阶精度。为此，Harten 等人又进一步构造了能达到一致二阶精度的基本无振荡差分格式（ENO 差分格式）。ENO 差分格式能保证解在所有的网格点上几乎都能达到二阶精度，实现基本无振荡地高精度和高分辨率捕捉激波。近年来，舒其望（Shu）等人又把 ENO 差分格式推广发展成 WENO 差分格式。WENO 差分格式捕捉激波效果更好，目前已得到广泛的应用。

在国际上发展高分辨率捕捉激波技术同时，国内学者在这方面也进行了相应的研究和发展，产生了不少很好的高精度、高分辨率差分格式，其中有张涵信院士的 NND 差分格式[14]，邬华模教授的 MMB 差分格式[15]和傅德薰、马延文的耗散比拟紧致差分格式[16,17]等。

目前，国内外学者所提出和设计的各种不同的高分辨率捕捉激波算法，虽然它们在思路、方法和形式上会有所不同，但都有以下一些共同的特点：

（1）高分辨率捕捉激波算法是各式各样的，有些算法是根据物理条件和几何条件得到的，有些算法是根据数学近似算法得到的。但是，从物理概念上看，它们都是从 Riemann 问题精确解和近似解或近似 Riemann 问题解出发得到的，而从数值分析上看，它们都满足总变差不增 TVD 条件，因此都属于 TVD 类型算法，在一定的条件下它们都是等价的。

（2）所有的高分辨率捕捉激波算法都可以看做是在一个三点差分格式基础上，附加一个光滑激波的耗散机制后构成的。不同的是：原来的人工黏性技巧采用线性叠加方法得到，并采用人为调节参数方法来控制人工黏性；而近代高分辨率捕捉激波算法是通过差分格式本身内部的限制器函数（Limiter）的自动的非线性反馈方法来控制人工黏性的。

参考文献

[1]　Moretti G. Computation of flow with shocks [J]. Annual Review of Fluid Mechanics, 1987, 19:313 - 337.

[2]　Osher O. Shock modeling in aerodynamics: I [M]// Moron K M, Baines M J.

Numerical method for fluid dynamics, Springer, 1982:179 - 218.
[3] Hafez M M, Murman E M. A shock fitting algorithm for the full potential equations [R]. AIAA Paper 77 - 632, 1977.
[4] 朱幼兰,钟锡昌.初边值问题差分方法及绕流[M].北京:科学出版社,1960.
[5] Von Neumann J, Richatmyer R D. A method for the numerical calculation of hydro-dynamical shocks [J]. Journal of Applied Physics, 1950, 21:232 - 237.
[6] Reklis R P, Thomas P D. A shock capturing algorithm for Navier-Stokes equations [R]. AIAA Paper 81 - 1021, 1981.
[7] Wilkins M L. Use of artificial viscosity in multidimensional fluid dynamic calculations [J]. Journal of Computational Physics, 1980, 36(3):281 - 303.
[8] 苏铭德,黄素逸.计算流体力学基础[M].北京:清华大学出版社,1997.
[9] Book D L, Boris J P, Hain K. Flux-corrected transport, II. Generalizations of the Method [J]. Journal of Computational Physics, 1975, 18:248-283.
[10] Boris J P, Book D L. Flux-corrected transport, I. SHASTA, A Fluid Transport Algorithm That Works [J]. Journal of Computational Physics, 1997, 135: 172 - 186.
[11] Harten A, Lax P D, Van Leer B. On upstream difference and Godunov-type scheme for hyperbolic conservation laws [J]. SIAM Review, 1983, 25(1): 35 - 61.
[12] Roe P L. Discrete models for the numerical analysis of time-dependent multi-dimensional gas dynamics [J]. Journal of Computational Physics, 1986, 63: 458 - 476.
[13] Yee C H. Upwind and symmetric shock capturing schemes [R]. NASA TM - 89464, 1987.
[14] 张涵信.差分计算中激波上下游出现波动的探讨[J].空气动力学学报, 1984,2(1):12 - 19.
[15] Wu Huamo, Yang Shuli. MmB—a new class of accurate high resolution schemes for conservation laws in two dimensions [J]. IMPACT of Computing in Science and Engineering, 1989, 1(3):217 - 259.
[16] Ma Yanwen, Fu Dexun. Diffusion analogy and capturing for solving aerodynamic equations [R]. Science in China, Series A, 1992, 35(9):1090 - 1100.
[17] 马延文,傅德薰.计算空气动力学中一个新的激波捕捉法——耗散比拟法[J].中国科学(A),1992,22(3):263 - 271.

第十一章 高分辨率捕捉激波算法

第1节 间断分解算法——Godunov差分格式

11-1-1 间断分解算法基本思路

间断分解算法是苏联学者 Godunov 在 1959 年首先提出的[1]。Godunov 间断分解算法是从流动的物理特征出发,采用间断分解概念求解流动方程组的一种差分算法。Godunov 间断分解算法基本思路为:在时刻 t_n 的每个网格 $x_j < x < x_{j+1}$ 内流动量以常数分布 $(u^n_{j+\frac{1}{2}})$、$(\rho^n_{j+\frac{1}{2}})$、$(p^n_{j+\frac{1}{2}})$,在相邻两个网格单元 (x_{j-1}, x_j) 和 (x_j, x_{j+1}) 之间 x_j 处存在一个初始间断:

$$(u,\rho,p) = \begin{cases} (u^n_{j-\frac{1}{2}}, \rho^n_{j-\frac{1}{2}}, p^n_{j-\frac{1}{2}}), & x < x_j \\ (u^n_{j+\frac{1}{2}}, \rho^n_{j+\frac{1}{2}}, p^n_{j+\frac{1}{2}}), & x > x_j \end{cases} \tag{11.1.1}$$

因此,在相邻两个网格单元 (x_{j-1}, x_j) 和 (x_j, x_{j+1}) 之间形成一个局部 Riemann 问题。如果 Δt 值取得合适,在 $t_n < t < t_n + \Delta t$ 时间内,这些局部 Riemann 问题精确解互不干扰,则在间断点 x_j 处可以求出这些局部 Riemann 问题精确解。把所有的局部 Riemann 问题精确解组合起来,得到在 $t_n < t < t_n + \Delta t$ 时间内整个计算区域内精确解。并将它们在网格区间 (x_j, x_{j+1}) 内进行平均,求出它们的平均值,作为 t_{n+1} 时刻每个网格 $x_j < x < x_{j+1}$ 内的流动量 $(u^{n+1}_{j+\frac{1}{2}})$、$(\rho^{n+1}_{j+\frac{1}{2}})$、$(p^{n+1}_{j+\frac{1}{2}})$,再求解下一时刻局部 Riemann 问题精确解。一步一步不断进行求解,直到计算完成,如图 11.1 所示。

可以证明,Godunov 间断分解算法解是满足离散熵条件的。对于守恒型标量方程,它的解具有保单调性质和总变差不增的 TVD 性质,并一定是物理解。

Godunov 间断分解算法主要优点是:求解过程物理概念清晰,能较好反映流动的物理特性,计算精度较高,计算效果较好。主要缺点是:该算法只具有一阶计算精度,计算接触间断效果不好,编程复杂,计算量大。

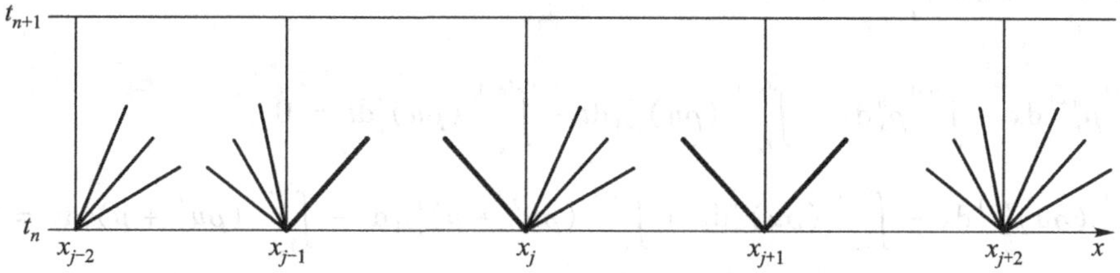

图 11.1 求解局部 Riemann 问题精确解示意图

Godunov 间断分解算法一经提出,立刻在欧美的学术界引起了广泛的注意。自 20 世纪 70 年代以来,欧美各国学者都对它进行了推广和发展[2]。它的主要进展有:

(1) 提出用 Riemann 问题近似解或近似 Riemann 问题解来代替严格的求解精确的 Riemann 问题解。Roe 差分格式是这方面工作的典型。

(2) 发展高阶精度 Godunov 间断分解算法。MUSCL 差分格式和 PPM 差分格式是这方面工作的典型。

11-1-2 一阶精度 Godunov 差分格式

一维 Euler 方程组:

$$\boldsymbol{u}_t + \boldsymbol{f}_x = \boldsymbol{0} \tag{11.1.2}$$

$$\boldsymbol{u} = \begin{pmatrix} \rho \\ \rho u \\ E \end{pmatrix}, \quad \boldsymbol{f} = \begin{pmatrix} \rho u \\ \rho u^2 + p \\ (E+p)u \end{pmatrix} \tag{11.1.2a}$$

ρ 为流体密度,p 为压力,u 为在 x 方向上速度分量。e 是单位质量流体内能,E 为单位体积流体总能。理想气体状态方程:

$$p = (\gamma - 1)\rho e = (\gamma - 1)\left(E - \frac{1}{2}\rho u^2\right) \tag{11.1.3}$$

Godunov 差分格式是由积分形式一维 Euler 方程组出发导出的。对守恒型 Euler 方程组(11.1.2)进行积分得到:

$$\left.\begin{aligned} &\oint_\Gamma (\rho \mathrm{d}x + \rho u \mathrm{d}t) = 0 \\ &\oint_\Gamma [\rho u \mathrm{d}x + (\rho u^2 + p)\mathrm{d}t] = 0 \\ &\oint_\Gamma [E \mathrm{d}x + u(E+p)\mathrm{d}t] = 0 \end{aligned}\right\} \tag{11.1.4}$$

为了便于构造差分格式,网格取成矩形,如图 11.1 所示。积分围路 Γ 为:

$$\Gamma_{j+\frac{1}{2}}: x = x_j, t = t_n; x = x_{j+1}, t = t_{n+1} \tag{11.1.5}$$

沿着围路 Γ 积分 $\oint_{\Gamma_{j+\frac{1}{2}}}$ 得到：

$$\left.\begin{aligned}&\int_{x_j}^{x_{j+1}}\rho_x^{n+1}\mathrm{d}x-\int_{x_j}^{x_{j+1}}\rho_x^{n}\mathrm{d}x+\int_{t_n}^{t_{n+1}}(\rho u)_{j+1}^{t}\mathrm{d}t-\int_{t_n}^{t_{n+1}}(\rho u)_{j}^{t}\mathrm{d}t=0\\&\int_{x_j}^{x_{j+1}}(\rho u)_x^{n+1}\mathrm{d}x-\int_{x_j}^{x_{j+1}}(\rho u)_x^{n}\mathrm{d}x+\int_{t_n}^{t_{n+1}}(\rho u^2+p)_{j+1}^{t}\mathrm{d}t-\int_{t_n}^{t_{n+1}}(\rho u^2+p)_{j}^{t}\mathrm{d}t=0\\&\int_{x_j}^{x_{j+1}}E_x^{n+1}\mathrm{d}x-\int_{x_j}^{x_{j+1}}E_x^{n}\mathrm{d}x+\int_{t_n}^{t_{n+1}}[u(E+p)]_{j+1}^{t}\mathrm{d}t-\int_{t_n}^{t_{n+1}}[u(E+p)]_{j}^{t}\mathrm{d}t=0\end{aligned}\right\}$$

$$(11.1.6)$$

由于已知 t_n时刻，网格 $x_j<x<x_{j+1}$内 $\Delta x_{j+\frac{1}{2}}=x_{j+1}-x_j$流动量以常数分布，所以在上述 t_n时刻的积分值可由下式得到

$$\left.\begin{aligned}\int_{x_j}^{x_{j+1}}\rho(x,t_n)\mathrm{d}x&=\rho_{j+\frac{1}{2}}^{n}\Delta x_{j+\frac{1}{2}}\\\int_{x_j}^{x_{j+1}}u(x,t_n)\mathrm{d}x&=u_{j+\frac{1}{2}}^{n}\Delta x_{j+\frac{1}{2}}\\\int_{x_j}^{x_{j+1}}E(x,t_n)\mathrm{d}x&=E_{j+\frac{1}{2}}^{n}\Delta x_{j+\frac{1}{2}}\end{aligned}\right\}\qquad(11.1.7)$$

在上述积分中 t_{n+1}时刻的积分值可由 $t_n<t<t_n+\Delta t$ 时间内，$x_{j+\frac{1}{2}}$点处局部 Riemann 问题的精确解得到。设在 $x_{j+\frac{1}{2}}$点处间断面的左面和右面流动量的值用下标 L 和 R 表示，则在 t_n时刻 $x_{j+\frac{1}{2}}$点处初值为：

$$\begin{aligned}(u_{\mathrm{L}},\rho_{\mathrm{L}},p_{\mathrm{L}})&=(u_{j-\frac{1}{2}}^{n},\rho_{j-\frac{1}{2}}^{n},p_{j-\frac{1}{2}}^{n})\\(u_{\mathrm{R}},\rho_{\mathrm{R}},p_{\mathrm{R}})&=(u_{j+\frac{1}{2}}^{n},\rho_{j+\frac{1}{2}}^{n},p_{j+\frac{1}{2}}^{n})\end{aligned}\qquad(11.1.8)$$

根据 Godunov 间断分解算法思路，首先需要求解在 $t_n<t<t_n+\Delta t$ 时间内，$x_{j+\frac{1}{2}}$点处局部 Riemann 问题的精确解，并得到在 t_{n+1}时刻网格 $x_j<x<x_{j+1}$内流动量值。然后对它们进行平均得到：

$$\left.\begin{aligned}\rho_{j+\frac{1}{2}}^{n+1}&=\frac{1}{\Delta x_{j+\frac{1}{2}}}\int_{x_j}^{x_{j+1}}\rho(x,t_{n+1})\mathrm{d}x\\u_{j+\frac{1}{2}}^{n+1}&=\frac{1}{\Delta x_{j+\frac{1}{2}}}\int_{x_j}^{x_{j+1}}u(x,t_{n+1})\mathrm{d}x\\E_{j+\frac{1}{2}}^{n+1}&=\frac{1}{\Delta x_{j+\frac{1}{2}}}\int_{x_j}^{x_{j+1}}E(x,t_{n+1})\mathrm{d}x\end{aligned}\right\}\qquad(11.1.9)$$

上述 Δt 内的积分值可由 t_n 和 t_{n+1} 时刻的流动量采用以下的近似公式计算得到：

$$\left.\begin{aligned}&\int_{t_n}^{t_{n+1}}(\rho u)_j\mathrm{d}t=(\rho u)_j\Delta t\\&\int_{t_n}^{t_{n+1}}(\rho u^2+p)_j\mathrm{d}t=(\rho u^2+p)_j\Delta t\\&\int_{t_n}^{t_{n+1}}[u(E+p)]_j\mathrm{d}t=[u(E+p)]_j\Delta t\end{aligned}\right\}\tag{11.1.10}$$

把上式代入式(11.1.6)后，得到 Godunov 差分格式：

$$\left.\begin{aligned}&\frac{\rho_{j+\frac12}^{n+1}-\rho_{j+\frac12}^{n}}{\Delta t}+\frac{(\rho u)_{j+1}-(\rho u)_j}{\Delta x}=0\\&\frac{(\rho u)_{j+\frac12}^{n+1}-(\rho u)_{j+\frac12}^{n}}{\Delta t}+\frac{(\rho u+p)_{j+1}-(\rho u+p)_j}{\Delta x}=0\\&\frac{E_{j+\frac12}^{n+1}-E_{j+\frac12}^{n}}{\Delta t}+\frac{[u(E+p)]_{j+1}-[u(E+p)]_j}{\Delta x}=0\end{aligned}\right\}\tag{11.1.11}$$

其中

$$\left.\begin{aligned}&\frac{(\rho u)_{j+1}-(\rho u)_j}{\Delta x}\\&\frac{(\rho u+p)_{j+1}-(\rho u+p)_j}{\Delta x}\\&\frac{[u(E+p)]_{j+1}-[u(E+p)]_j}{\Delta x}\end{aligned}\right\}\tag{11.1.11a}$$

是 $\int_{t_n}^{t_{n+1}}$ 内的积分函数，需要由 t_{n+1} 时刻 Riemann 问题精确解的近似关系得到。

从积分方程组出发构造的 Godunov 差分格式与从微分方程组出发得到差分格式在形式上十分类似，但差分格式中离散流动量的含义却是完全不同的。

由 Godunov 差分格式(3.1.11) 解出流动量 $u_{j+\frac12}^{n+1}$、$\rho_{j+\frac12}^{n+1}$、$E_{j+\frac12}^{n+1}$后，就能得到：

$$e_{j+\frac12}^{n+1}=\frac{E_{j+\frac12}^{n+1}}{\rho_{j+\frac12}^{n+1}}-\frac12\left(u_{j+\frac12}^{n+1}\right)^2\tag{11.1.12}$$

再由状态方程计算得到：

$$p_{j+\frac12}^{n+1}=p\left(\rho_{j+\frac12}^{n+1},e_{j+\frac12}^{n+1}\right)\tag{11.1.13}$$

从而完成一个计算循环。由此，一步一步不断进行求解，直到计算完成。

第 2 节 迎风型 Roe 算法——Roe 差分格式

11－2－1 迎风型差分格式

1. 线性标量对流方程的迎风型差分格式

线性标量对流方程：

$$u_t + au_x = 0,\quad a = \text{const.} \tag{11.2.1}$$

初始条件为 $u(x,0)=u_0(x)$，它的解为：

$$u = u(x,t) = u_0(x-at) \tag{11.2.2}$$

沿着特征线：

$$x - at = \text{const.} \tag{11.2.3}$$

解要保持常数。系数 a 是特征线的传播速度，扰动以传播速度 a 沿着特征线传播。特征速度具有不同的方向。当特征速度 $a>0$ 时，扰动向右传播；当特征速度 $a<0$ 时，扰动向左传播。为了反映这一流动特性，可采用一阶迎风型差分格式：

$$\frac{\partial u}{\partial x} = \begin{cases} \dfrac{u_j - u_{j-1}}{\Delta x}, & a>0 \\[2ex] \dfrac{u_{j+1} - u_j}{\Delta x}, & a<0 \end{cases} \tag{11.2.4}$$

由此得到：

$$\left.\begin{aligned} u_j^{n+1} &= u_j^n - a\lambda(u_j^n - u_{j-1}^n), \quad a>0 \\ u_j^{n+1} &= u_j^n - a\lambda(u_{j+1}^n - u_j^n), \quad a<0 \end{aligned}\right\} \tag{11.2.5}$$

其中 $r=\dfrac{\Delta t}{\Delta x}$。设符号：

$$\left.\begin{aligned} a^+ &= \max(a,0) = \frac{1}{2}(a+|a|) \geqslant 0 \\ a^- &= \min(a,0) = \frac{1}{2}(a-|a|) \leqslant 0 \end{aligned}\right\} \tag{11.2.5a}$$

得到统一形式的一阶迎风型差分格式：

$$u_j^{n+1} = u_j^n - r[a^+(u_j^n - u_{j-1}^n) + a^-(u_{j+1}^n - u_j^n)]$$

或

$$u_j^{n+1} = u_j^n - \frac{1}{2}ar(u_{j+1}^n - u_{j-1}^n) + \frac{1}{2}|a|r(u_{j+1}^n - 2u_j^n + u_{j-1}^n) \tag{11.2.5b}$$

把它写成守恒型一阶迎风型差分格式：

$$u_j^{n+1} = u_j^n - r(h_{j+\frac{1}{2}}^n - h_{j-\frac{1}{2}}^n) \tag{11.2.5c}$$

式中

$$h_{j+\frac{1}{2}}^n = \frac{1}{2}(au_{j+1}^n + au_j^n) - \frac{1}{2}|a|(u_{j+1}^n - u_j^n)$$

$$= a^- u_{j+1}^n + a^+ u_j^n = \begin{cases} a u_{j+1}^n, & a<0 \\ a u_j^n, & a>0 \end{cases} \tag{11.2.5d}$$

数值分析指出,一阶迎风型差分格式具有保单调性质和总变差不增的 TVD 性质。

2. 线性矢量对流方程的迎风型差分格式

线性对流矢量方程:

$$\boldsymbol{u}_t + \boldsymbol{A}\,\boldsymbol{u}_x = \boldsymbol{0} \tag{11.2.6}$$

其中 $\boldsymbol{A}$ 是 $n\times n$ 常系数矩阵,有 n 个不等的实特征值。利用特征关系,系数矩阵 $\boldsymbol{A}$ 为:

$$\boldsymbol{A} = \boldsymbol{R\Lambda L} \tag{11.2.7}$$

其中 $\boldsymbol{\Lambda} = \mathrm{diag}(\lambda_1, \lambda_2, \cdots, \lambda_n)$ 是系数矩阵 $\boldsymbol{A}$ 的特征值所组成的对角矩阵,$\boldsymbol{R}$ 和 $\boldsymbol{L}$ 分别是系数矩阵 $\boldsymbol{A}$ 右特征矢量矩阵和左特征矢量矩阵,且满足 $\boldsymbol{RL} = \boldsymbol{LR} = \boldsymbol{I}$,$\boldsymbol{I}$ 为单位矩阵。用 $\boldsymbol{L}$ 左乘式(11.2.6),得到特征型对角化方程组:

$$\frac{\partial \boldsymbol{w}}{\partial t} + \boldsymbol{\Lambda}\frac{\partial \boldsymbol{w}}{\partial x} = \boldsymbol{0} \tag{11.2.8}$$

其中 $\boldsymbol{w} = \boldsymbol{Lu}$。在上式中的每一个方程都是独立的、线性无关的。由此可得到线性矢量对流方程(11.2.6)的迎风型差分格式为:

$$\boldsymbol{u}_j^{n+1} = \boldsymbol{u}_j^n - r(\boldsymbol{h}_{j+\frac{1}{2}}^n - \boldsymbol{h}_{j-\frac{1}{2}}^n), \quad r = \frac{\Delta t}{\Delta x} \tag{11.2.9}$$

其中数值通量矢量定义为:

$$\boldsymbol{h}_{j+\frac{1}{2}} = \frac{1}{2}[\boldsymbol{A}(\boldsymbol{u}_j^n + \boldsymbol{u}_{j+1}^n) - |\boldsymbol{A}|(\boldsymbol{u}_{j+1}^n - \boldsymbol{u}_j^n)] = \boldsymbol{A}^- \boldsymbol{u}_{j+1}^n + \boldsymbol{A}^+ \boldsymbol{u}_j^n \tag{11.2.9a}$$

这里 $\boldsymbol{A}^{\pm} = \dfrac{1}{2}(\boldsymbol{A} \pm |\boldsymbol{A}|) = \boldsymbol{R\Lambda}^{\pm}\boldsymbol{L}$。

3. 非线性矢量方程的迎风型差分格式

非线性矢量方程:

$$\boldsymbol{u}_t + \boldsymbol{f}_x = \boldsymbol{0}$$

$$\boldsymbol{f}(\boldsymbol{u}) = \boldsymbol{Au}, \quad \boldsymbol{A} = \frac{\partial \boldsymbol{f}}{\partial \boldsymbol{u}} \tag{11.2.10}$$

与它相容的守恒型差分格式:

$$\boldsymbol{u}_j^{n+1} = \boldsymbol{u}_j^n - r(\boldsymbol{h}_{j+\frac{1}{2}} - \boldsymbol{h}_{j-\frac{1}{2}}) \tag{11.2.11}$$

$$\boldsymbol{h}_{j+\frac{1}{2}} = \boldsymbol{h}(\boldsymbol{u}_j^n, \boldsymbol{u}_{j+1}^n) = \frac{1}{2}[\boldsymbol{A}(\boldsymbol{u}_j^n + \boldsymbol{u}_{j+1}^n) - |\boldsymbol{A}|(\boldsymbol{u}_{j+1}^n - \boldsymbol{u}_j^n)] \tag{11.2.11a}$$

上式是非线性矢量方程(11.2.10)的迎风型差分格式。

在上述的非线性迎风型差分格式(11.2.11)中,由于系数矩阵 $\boldsymbol{A}(\boldsymbol{u}) = \dfrac{\partial \boldsymbol{f}(\boldsymbol{u})}{\partial \boldsymbol{u}}$ 是非线性的,已经无法简单和确切地求出它的特征值和流动传播方向。因此,构造非线性矢量方程的迎风型差分格式有一定困难。求解上述的非线性矢量方程(11.2.11)的数值解,必须采用上述 Godunov 间断分解算法。但是,它的计算编程非常麻烦和计算效率很差。为了简化计算和便于推广应用，Roe 等人提出采用局部 Riemann问题近似解来替代局部 Riemann 问题精确解算法。迎风型 Roe 差分算法就是最典型的近似算法。

11－2－2 *Roe* 分解和线性近似系数矩阵 $\overline{A}(u_L, u_R)$ 构造

Roe 在 1981 年提出了一种迎风型 Roe 算法[3]。

1. Roe 分解和 Roe 算法基本思路

设在间断面左右两侧的流动量矢量是两个常数状态$\boldsymbol{u}_{\mathrm{L}}$和$\boldsymbol{u}_{\mathrm{R}}$。Roe 算法基本思路为：为了对 Riemann 问题精确求解进行简化，需要构造一个合理的线性近似系数矩阵 $\overline{\boldsymbol{A}}(\boldsymbol{u}_{\mathrm{L}}, \boldsymbol{u}_{\mathrm{R}})$来代替非线性 Jacobian 系数矩阵 $\boldsymbol{A}(\boldsymbol{u}_{\mathrm{L}}, \boldsymbol{u}_{\mathrm{R}})$。把非线性矢量方程转化为线性矢量方程，求出它的近似解。让线性矢量方程的近似解逼近于原来非线性矢量方程的精确解。

显然，Roe 算法的关键是如何由流动量矢量$\boldsymbol{u}_{\mathrm{L}}$和$\boldsymbol{u}_{\mathrm{R}}$构造线性近似系数矩阵 $\overline{\boldsymbol{A}}(\boldsymbol{u}_{\mathrm{L}}, \boldsymbol{u}_{\mathrm{R}})$。这可以通过组合 $\boldsymbol{A}(\boldsymbol{u}_{\mathrm{L}})$和 $\boldsymbol{A}(\boldsymbol{u}_{\mathrm{R}})$的方法得到线性近似系数矩阵 $\overline{\boldsymbol{A}}(\boldsymbol{u}_{\mathrm{L}}, \boldsymbol{u}_{\mathrm{R}})$。当然，随意组合 $\boldsymbol{A}(\boldsymbol{u}_{\mathrm{L}})$ 和 $\boldsymbol{A}(\boldsymbol{u}_{\mathrm{R}})$，例如，采用 $\frac{1}{2}[\boldsymbol{A}(\boldsymbol{u}_{\mathrm{L}}) + \boldsymbol{A}(\boldsymbol{u}_{\mathrm{R}})]$ 或 $\boldsymbol{A}\left(\frac{1}{2}(\boldsymbol{u}_{\mathrm{L}} + \boldsymbol{u}_{\mathrm{R}})\right)$，是不能得到满足线性近似系数矩阵 $\overline{\boldsymbol{A}}(\boldsymbol{u}_{\mathrm{L}}, \boldsymbol{u}_{\mathrm{R}})$的要求的。

Roe 提出并证明了构造线性近似系数矩阵 $\overline{\boldsymbol{A}}(\boldsymbol{u}_{\mathrm{L}}, \boldsymbol{u}_{\mathrm{R}})$必须满足的三个条件：

（1）相容性：非线性 Jacobian 系数矩阵 $\boldsymbol{A}(\boldsymbol{u}_{\mathrm{L}}, \boldsymbol{u}_{\mathrm{R}})$对流动量矢量$\boldsymbol{u}_{\mathrm{L}}$和$\boldsymbol{u}_{\mathrm{R}}$是连续的，当$\boldsymbol{u}_{\mathrm{L}}$、$\boldsymbol{u}_{\mathrm{R}} \to \boldsymbol{u}$ 时，$\overline{\boldsymbol{A}}(\boldsymbol{u}_{\mathrm{L}}, \boldsymbol{u}_{\mathrm{R}})$逼近于 $\boldsymbol{A}(\boldsymbol{u})$。

（2）线性近似系数矩阵 $\overline{\boldsymbol{A}}(\boldsymbol{u}_{\mathrm{L}}, \boldsymbol{u}_{\mathrm{R}})$有 N 个实特征值和特征矢量存在，$\overline{\boldsymbol{A}}(\boldsymbol{u}_{\mathrm{L}}, \boldsymbol{u}_{\mathrm{R}})$所有特征矢量必须是线性无关的。

（3）线性相似性：对于任意流动量矢量$\boldsymbol{u}_{\mathrm{L}}$和$\boldsymbol{u}_{\mathrm{R}}$必须满足：

$$\overline{\boldsymbol{A}}(\boldsymbol{u}_{\mathrm{L}}, \boldsymbol{u}_{\mathrm{R}})(\boldsymbol{u}_{\mathrm{L}} - \boldsymbol{u}_{\mathrm{R}}) = \boldsymbol{f}_{\mathrm{L}} - \boldsymbol{f}_{\mathrm{R}} \tag{11.2.12}$$

Roe 研究指出，条件（1）是线性近似系数矩阵 $\overline{\boldsymbol{A}}(\boldsymbol{u}_{\mathrm{L}}, \boldsymbol{u}_{\mathrm{R}})$满足守恒关系$\boldsymbol{f}_{\mathrm{L}} - \boldsymbol{f}_{\mathrm{R}} = \overline{\boldsymbol{A}}(\boldsymbol{u}_{\mathrm{L}}, \boldsymbol{u}_{\mathrm{R}})(\boldsymbol{u}_{\mathrm{L}} - \boldsymbol{u}_{\mathrm{R}})$的充分条件；而条件（2）和（3）是线性近似系数矩阵 $\overline{\boldsymbol{A}}(\boldsymbol{u}_{\mathrm{L}}, \boldsymbol{u}_{\mathrm{R}})$捕捉激波的充要条件[4]。

如果流通量矢量 $\boldsymbol{f}(\boldsymbol{u})$ 的非线性 Jacobian 系数矩阵 $\boldsymbol{A}(\boldsymbol{u}_{\mathrm{L}}, \boldsymbol{u}_{\mathrm{R}})$存在 $\overline{\boldsymbol{A}}(\boldsymbol{u}_{\mathrm{L}}, \boldsymbol{u}_{\mathrm{R}})$，并满足条件（1）～（3），则称相应的非线性矢量方程（11.2.10）存在 Roe 分解，或线性近似系数矩阵 $\overline{\boldsymbol{A}}(\boldsymbol{u}_{\mathrm{L}}, \boldsymbol{u}_{\mathrm{R}})$满足“$U$”特性。

当非线性 Jacobian 系数矩阵 $\boldsymbol{A}(\boldsymbol{u}_{\mathrm{L}}, \boldsymbol{u}_{\mathrm{R}})$存在 Roe 分解矩阵时，它可以由线性近似系数矩阵 $\overline{\boldsymbol{A}}(\boldsymbol{u}_{\mathrm{L}}, \boldsymbol{u}_{\mathrm{R}})$来替代。$\overline{\boldsymbol{A}}(\boldsymbol{u}_{\mathrm{L}}, \boldsymbol{u}_{\mathrm{R}})$也可表示为 $\overline{\boldsymbol{A}}(\boldsymbol{u})$或 $\boldsymbol{A}(\overline{\boldsymbol{u}})$。利用线性近似系数矩阵 $\overline{\boldsymbol{A}}(\boldsymbol{u}_{\mathrm{L}}, \boldsymbol{u}_{\mathrm{R}})$的特征值和特征矢量，可以近似地确定非线性矢量方程差分格式的数值通量矢量$\boldsymbol{h}_{j+\frac{1}{2}}(\boldsymbol{u}_{\mathrm{L}}, \boldsymbol{u}_{\mathrm{R}})$和流动量矢量 $\boldsymbol{u}$。

2. 构造线性近似系数矩阵 $\overline{\boldsymbol{A}}(\boldsymbol{u}_{\mathrm{L}},\boldsymbol{u}_{\mathrm{R}})$ 和 Roe 差分格式具体做法

设网格 $x_j<x<x_{j+1}$ 内 t_n 时刻流动量矢量为 $\boldsymbol{u}_j^n$，t_{n+1} 时刻流动量矢量为 $\boldsymbol{u}_j^{n+1}$。对于线性非守恒型矢量方程 $\boldsymbol{u}_t+\boldsymbol{A}\boldsymbol{u}_x=\boldsymbol{0}$ 在 $j+\dfrac{1}{2}$ 点两侧的流动量矢量 $\boldsymbol{u}_j^n$ 存在 Roe 分解和满足"$\boldsymbol{U}$"特性的线性近似系数矩阵为 $\overline{\boldsymbol{A}}_{j+\frac{1}{2}}(\boldsymbol{u}_{\mathrm{L}},\boldsymbol{u}_{\mathrm{R}})$。

Roe 给出了构造线性近似系数矩阵 $\overline{\boldsymbol{A}}_{j+\frac{1}{2}}(\boldsymbol{u}_{\mathrm{L}},\boldsymbol{u}_{\mathrm{R}})$ 的具体做法：

(1) 引入相应于系数矩阵为 $\boldsymbol{A}(\boldsymbol{u})$ 和 $\overline{\boldsymbol{A}}(\boldsymbol{u}_{\mathrm{L}},\boldsymbol{u}_{\mathrm{R}})$ 的过渡参数矢量 $\boldsymbol{w}$ 和 $\overline{\boldsymbol{w}}$，并通过参数矢量方程描述流动量矢量和流通量矢量 $\boldsymbol{u}$、$\boldsymbol{f}(\boldsymbol{u})$。

(2) 利用关系式：

$$\left.\begin{aligned}\boldsymbol{u}_{\mathrm{R}}-\boldsymbol{u}_{\mathrm{L}}&=\overline{\boldsymbol{B}}(\boldsymbol{w}_{\mathrm{R}}-\boldsymbol{w}_{\mathrm{L}})\\ \boldsymbol{f}_{\mathrm{R}}-\boldsymbol{f}_{\mathrm{L}}&=\overline{\boldsymbol{C}}(\boldsymbol{w}_{\mathrm{R}}-\boldsymbol{w}_{\mathrm{L}})\end{aligned}\right\}\tag{11.2.13}$$

对间断左右的参数矢量进行展开，确定线性近似系数矩阵 $\overline{\boldsymbol{A}}_{j+\frac{1}{2}}(\boldsymbol{u}_{\mathrm{L}},\boldsymbol{u}_{\mathrm{R}})$：

$$\overline{\boldsymbol{A}}_{j+\frac{1}{2}}(\boldsymbol{u}_{\mathrm{L}},\boldsymbol{u}_{\mathrm{R}})=\overline{\boldsymbol{C}}\,\overline{\boldsymbol{B}}^{-1}\tag{11.2.13a}$$

(3) 求出 $\overline{\boldsymbol{A}}_{j+\frac{1}{2}}(\boldsymbol{u}_{\mathrm{L}},\boldsymbol{u}_{\mathrm{R}})$ 的特征值 $\overline{\lambda}_k$ 和右特征矢量矩阵分矢量 $\overline{\boldsymbol{R}}_k$。

(4) 利用 $\overline{\boldsymbol{A}}_{j+\frac{1}{2}}(\boldsymbol{u}_{\mathrm{L}},\boldsymbol{u}_{\mathrm{R}})$ 的特征值 $\overline{\lambda}_k$ 和右特征矢量矩阵分矢量 $\overline{\boldsymbol{R}}_k$ 确定流动量矢量 $\boldsymbol{u}$ 的跳跃关系：

$$(\boldsymbol{u}_{\mathrm{R}}-\boldsymbol{u}_{\mathrm{L}})=\sum_{k=1}^{N}\overline{\lambda}_k\overline{\boldsymbol{R}}_k\tag{11.2.14}$$

(5) 利用上述关系(11.2.14)，得到数值通量矢量和 Roe 差分格式：

$$\boldsymbol{u}_j^{n+1}=\boldsymbol{u}_j^n-r(\boldsymbol{h}_{j+\frac{1}{2}}^n-\boldsymbol{h}_{j-\frac{1}{2}}^n)\tag{11.2.15}$$

$$\boldsymbol{h}_{j+\frac{1}{2}}=\frac{1}{2}[\boldsymbol{f}_{\mathrm{L}}+\boldsymbol{f}_{\mathrm{R}}-\overline{\boldsymbol{A}}_{j+\frac{1}{2}}(\boldsymbol{u}_{\mathrm{L}},\boldsymbol{u}_{\mathrm{R}})(\boldsymbol{u}_{\mathrm{L}}-\boldsymbol{u}_{\mathrm{R}})]\tag{11.2.15a}$$

或

$$\boldsymbol{h}_{j+\frac{1}{2}}=\frac{1}{2}\left[\boldsymbol{f}_{\mathrm{L}}+\boldsymbol{f}_{\mathrm{R}}-\overline{\boldsymbol{A}}_{j+\frac{1}{2}}(\boldsymbol{u}_{\mathrm{L}},\boldsymbol{u}_{\mathrm{R}})\sum_{k=1}^{N}\overline{\lambda}_k\overline{\boldsymbol{R}}_k\right]\tag{11.2.15b}$$

11-2-3　非线性守恒型方程 Roe 分解和 Roe 差分格式

1. 非线性标量方程 Roe 分解和 Roe 差分格式

非线性标量方程：

$$u_t+f_x=0,\quad a(u)=\frac{\partial f}{\partial u}\tag{11.2.16}$$

它的 Roe 分解关系式为：

$$f(u)-f(v)=a(u,v)(u-v)\tag{11.2.17}$$

上式中如何确定系数 $a(u,v)$ 是关键。一个简单的做法是把 $a(u,v)$ 定义为：

$$a_{j+\frac{1}{2}}=a(u_{j+1},u_j)=\begin{cases}\dfrac{f(u_{j+1})-f(u_j)}{u_{j+1}-u_j}, & u_{j+1}-u_j\neq 0\\ a(u_j), & u_{j+1}-u_j=0\end{cases} \tag{11.2.18}$$

在确定 $a_{j+\frac{1}{2}}$ 后，就可构造 Roe 差分格式：

$$u_j^{n+1}=u_j^n-r(h_{j+\frac{1}{2}}^n-h_{j-\frac{1}{2}}^n),\quad r=\frac{\Delta t}{\Delta x} \tag{11.2.19}$$

$$h_{j+\frac{1}{2}}^n=\frac{1}{2}[f(u_j^n)+f(u_{j+1}^n)-|a_{j+\frac{1}{2}}^n|(u_{j+1}^n-u_j^n)] \tag{11.2.19a}$$

2. 非线性矢量方程 Roe 分解矩阵和 Roe 差分格式

非线性矢量方程：

$$\boldsymbol{u}_t+\boldsymbol{f}_x=\boldsymbol{0} \tag{11.2.20}$$

它的守恒型差分格式：

$$\boldsymbol{u}_j^{n+1}=\boldsymbol{u}_j^n-r(\boldsymbol{h}_{j+\frac{1}{2}}^n-\boldsymbol{h}_{j-\frac{1}{2}}^n) \tag{11.2.21}$$

其数值流通量矢量 $\boldsymbol{h}_{j+\frac{1}{2}}^n=\boldsymbol{h}(\boldsymbol{u}_j^n,\boldsymbol{u}_{j+1}^n)$ 为：

$$\boldsymbol{h}(\boldsymbol{u}_j^n,\boldsymbol{u}_{j+1}^n)=\frac{1}{2}[\boldsymbol{f}(\boldsymbol{u}_j^n)+\boldsymbol{f}(\boldsymbol{u}_{j+1}^n)]-\frac{1}{2}|\boldsymbol{A}(\boldsymbol{u}_j^n,\boldsymbol{u}_{j+1}^n)|(\boldsymbol{u}_{j+1}^n-\boldsymbol{u}_j^n) \tag{11.2.22}$$

Harten 等人研究指出：非线性矢量方程(11.2.20)存在离散熵时，则它的非线性 Jacobian 系数矩阵 $\boldsymbol{A}(\boldsymbol{u}_L,\boldsymbol{u}_R)$ 存在 Roe 分解，并满足“U”特性，非线性 Jacobian 系数矩阵 $\boldsymbol{A}(\boldsymbol{u}_L,\boldsymbol{u}_R)$ 可以由线性近似系数矩阵 $\overline{\boldsymbol{A}}(\boldsymbol{u}_L,\boldsymbol{u}_R)$ 来替代。由线性近似系数矩阵 $\overline{\boldsymbol{A}}(\boldsymbol{u}_j,\boldsymbol{u}_{j+1})$ 所得到的线性矢量方程的近似解逼近于原来的非线性矢量方程的精确解[5]。

3. 构造非线性方程组的 Roe 矩阵分解和 Roe 差分格式的具体做法

设非线性矢量方程组：

$$\boldsymbol{u}_t+\boldsymbol{f}_x=\boldsymbol{0} \tag{11.2.23}$$

$$\boldsymbol{u}=\begin{pmatrix}\rho\\ \rho u\end{pmatrix},\quad \boldsymbol{f}(\boldsymbol{u})=\begin{pmatrix}\rho u\\ \rho u^2+p\end{pmatrix} \tag{11.2.23a}$$

它的非守恒型方程组：

$$\boldsymbol{u}_t+\boldsymbol{A}(\boldsymbol{u})\boldsymbol{u}_x=\boldsymbol{0} \tag{11.2.24}$$

其中 $\boldsymbol{A}(\boldsymbol{u})$ 是非线性 Jacobian 系数矩阵：

$$\boldsymbol{A}(\boldsymbol{u})=\begin{pmatrix}0 & 1\\ a^2-u^2 & 2u\end{pmatrix} \tag{11.2.24a}$$

其特征值和右特征矢量为：

$$\overline{\boldsymbol{\Lambda}}=\begin{pmatrix}u-a & 0\\ 0 & u+a\end{pmatrix},\quad \boldsymbol{R}_{1,2}=\begin{pmatrix}1\\ u-a\end{pmatrix},\begin{pmatrix}1\\ u+a\end{pmatrix} \tag{11.2.24b}$$

假定流动声速 a 为常数。计算实践表明，这种近似对计算精度影响很小。

引入一个过渡参数矢量 $\boldsymbol{w}$：

$$\boldsymbol{w}=\begin{pmatrix}w_1\\w_2\end{pmatrix}=\frac{1}{\sqrt{\rho}}\boldsymbol{u}=\begin{pmatrix}\sqrt{\rho}\\\sqrt{\rho}u\end{pmatrix}\tag{11.2.25}$$

流动量矢量 $\boldsymbol{u}$ 和流通量矢量 $\boldsymbol{f}(\boldsymbol{u})$ 都可用参数矢量 $\boldsymbol{w}$ 来表示：

$$\boldsymbol{u}=\begin{pmatrix}w_1^2\\w_1w_2\end{pmatrix},\quad \boldsymbol{f}(\boldsymbol{u})=\begin{pmatrix}w_1w_2\\w_2^2+\dfrac{w_1^2a^2}{\gamma}\end{pmatrix}\tag{11.2.26}$$

参数矢量 $\boldsymbol{w}$ 在间断两侧跳跃值 $[\boldsymbol{w}]$ 为：

$$[\boldsymbol{w}]=\boldsymbol{w}_{\mathrm{R}}-\boldsymbol{w}_{\mathrm{L}}=\begin{pmatrix}\sqrt{\rho_{\mathrm{R}}}-\sqrt{\rho_{\mathrm{L}}}\\\sqrt{\rho_{\mathrm{R}}}u_{\mathrm{R}}-\sqrt{\rho_{\mathrm{L}}}u_{\mathrm{L}}\end{pmatrix}\tag{11.2.27}$$

由关系式(11.2.13a)得到：

$$\overline{\boldsymbol{A}}(\boldsymbol{u}_{\mathrm{L}},\boldsymbol{u}_{\mathrm{R}})=\overline{\boldsymbol{C}}\,\overline{\boldsymbol{B}}^{-1}$$

$$\overline{\boldsymbol{B}}=\begin{pmatrix}2\overline{w}_1&0\\\overline{w}_2&\overline{w}_1\end{pmatrix},\quad \overline{\boldsymbol{C}}=\begin{pmatrix}\overline{w}_2&\overline{w}_1\\\dfrac{2a^2\overline{w}_1}{\gamma}&2\overline{w}_2\end{pmatrix}\tag{11.2.28}$$

其中 $\overline{w}_1$、$\overline{w}_2$ 是线性近似参数矢量 $\overline{\boldsymbol{w}}$ 的分量：

$$\overline{\boldsymbol{w}}=\begin{pmatrix}\overline{w}_1\\\overline{w}_2\end{pmatrix}=\begin{pmatrix}\dfrac{1}{2}(\sqrt{\rho_{\mathrm{L}}}+\sqrt{\rho_{\mathrm{R}}})\\\dfrac{1}{2}(\sqrt{\rho_{\mathrm{L}}}u_{\mathrm{L}}+\sqrt{\rho_{\mathrm{R}}}u_{\mathrm{R}})\end{pmatrix}\tag{11.2.28a}$$

由此得到：

$$\overline{\boldsymbol{A}}(\boldsymbol{u}_{\mathrm{L}},\boldsymbol{u}_{\mathrm{R}})=\overline{\boldsymbol{C}}\,\overline{\boldsymbol{B}}^{-1}=\begin{pmatrix}0&1\\a^2-\overline{u}^2&2\overline{u}\end{pmatrix}\tag{11.2.29}$$

对比式(11.2.29)和式(11.2.23a)，可以看出线性近似系数矩阵 $\overline{\boldsymbol{A}}(\boldsymbol{u}_{\mathrm{L}},\boldsymbol{u}_{\mathrm{R}})$ 和原方程组非线性系数矩阵 $\boldsymbol{A}(\boldsymbol{u})$ 在形式上是完全一样的，所不同的只是式中流动量矢量 $\boldsymbol{u}$ 改成 $\overline{\boldsymbol{u}}$，而 $\overline{\boldsymbol{u}}$ 是原方程组流动量矢量对质量的特殊平均值。例如，x 方向速度对质量的特殊平均值为：

$$\overline{u}=\frac{\sqrt{\rho_{\mathrm{L}}}u_{\mathrm{L}}+\sqrt{\rho_{\mathrm{R}}}u_{\mathrm{R}}}{\sqrt{\rho_{\mathrm{L}}}+\sqrt{\rho_{\mathrm{R}}}}\tag{11.2.30}$$

显然，线性近似系数矩阵 $\overline{\boldsymbol{A}}(\boldsymbol{u}_{\mathrm{L}},\boldsymbol{u}_{\mathrm{R}})$ 的特征值和右特征矢量矩阵和非线性系数矩阵的特征值和右特征矢量矩阵之间也应该有类似的关系式：

$$\overline{\boldsymbol{\Lambda}}=\begin{pmatrix}\overline{u}-a&0\\0&\overline{u}+a\end{pmatrix},\quad \overline{\boldsymbol{R}}=\begin{pmatrix}1&1\\\overline{u}-a&\overline{u}+a\end{pmatrix}\tag{11.2.31}$$

我们知道，非线性矢量方程组(11.2.23)在间断两侧的流动量矢量跳跃值 $[\boldsymbol{u}]=\Delta\boldsymbol{u}=\boldsymbol{u}_{\mathrm{R}}-\boldsymbol{u}_{\mathrm{L}}$ 和右特征矢量矩阵分矢量 $\overline{\boldsymbol{R}}_k(k=1,2)$ 关系为：

$$[\boldsymbol{u}] = \begin{pmatrix} \rho_R - \rho_L \\ \rho_R u_R - \rho_L u_L \end{pmatrix} = \sum_{k=1}^{N} \bar{\alpha}_k \bar{\boldsymbol{R}}_k \tag{11.2.32}$$

式中 $\bar{\alpha}_k$是待定变量 $\bar{\boldsymbol{\alpha}}$ 的分量，它由下式表示：

$$\bar{\alpha}_k = \bar{\boldsymbol{L}}_k \cdot (\boldsymbol{u}_R - \boldsymbol{u}_L) \tag{11.2.33}$$

其中$\bar{\boldsymbol{L}}_k$是线性近似系数矩阵 $\boldsymbol{A}(\bar{u})$左特征矢量矩阵的分矢量。变量 $\bar{\boldsymbol{\alpha}}$ 和流动量矢量 $\boldsymbol{u}$ 关系为：

$$\bar{\boldsymbol{\alpha}} = \begin{pmatrix} \bar{\alpha}_1 \\ \bar{\alpha}_2 \end{pmatrix} = \begin{pmatrix} \dfrac{\Delta u_1(\bar{u} + a) - \Delta u_2}{2a} \\ \dfrac{-\Delta u_1(\bar{u} - a) + \Delta u_2}{2a} \end{pmatrix} \tag{11.2.34}$$

利用上述式(11.2.30)～(11.2.34)可得到 Roe 差分格式为：

$$\boldsymbol{u}_j^{n+1} = \boldsymbol{u}_j^n - r(\bar{\boldsymbol{h}}_{j+\frac{1}{2}} - \bar{\boldsymbol{h}}_{j-\frac{1}{2}}), \quad r = \frac{\Delta t}{\Delta x} \tag{11.2.35}$$

$$\bar{\boldsymbol{h}}_{j+\frac{1}{2}} = \frac{1}{2}\left[(\boldsymbol{f}_j + \boldsymbol{f}_{j+1}) - \sum_{k=1}^{N} \bar{\alpha}_k |\bar{\lambda}_k| \bar{\boldsymbol{R}}_k\right] \tag{11.2.35a}$$

11-2-4　一维无黏流动 Euler 方程组的 Roe 分解和 Roe 平均

一维 Euler 方程组：

$$\boldsymbol{u}_t + \boldsymbol{f}_x = \boldsymbol{0} \tag{11.2.36}$$

$$\boldsymbol{u} = \begin{pmatrix} \rho \\ \rho u \\ E \end{pmatrix}, \quad \boldsymbol{f} = \begin{pmatrix} \rho u \\ \rho u^2 + p \\ (E + p)u \end{pmatrix} \tag{11.2.36a}$$

其中 ρ 为流体密度，p 为压力，u 为在 x 方向上速度分量，e 为单位质量内能，E 为单位体积流体总能。理想气体状态方程：

$$p = (\gamma - 1)\rho e = (\gamma - 1)\left(E - \frac{1}{2}\rho u^2\right) \tag{11.2.37}$$

和前面做法一样，引入一个过渡参数矢量 $\boldsymbol{w}$：

$$\boldsymbol{w} = \begin{pmatrix} w_1 \\ w_2 \\ w_3 \end{pmatrix} = \rho^{\frac{1}{2}} \begin{pmatrix} 1 \\ u \\ h \end{pmatrix} = \rho^{\frac{1}{2}} \begin{pmatrix} 1 \\ u \\ e + \dfrac{u^2}{2} + \dfrac{p}{\rho} \end{pmatrix} \tag{11.2.38}$$

由式(11.2.38)可得到流动量矢量和流通量矢量为：

$$\boldsymbol{u} = \boldsymbol{u}(\boldsymbol{w}) = \begin{pmatrix} w_1^2 \\ w_1 w_2 \\ w_1 w_3 - p \end{pmatrix} \tag{11.2.39}$$

$$f[u(w)] = f(w) = \begin{pmatrix} w_1 w_2 \\ w_2^2 + p \\ w_3 w_2 \end{pmatrix} \tag{11.2.40}$$

状态方程为：

$$p = p(w) = \frac{\gamma - 1}{\gamma}\left(w_1 w_3 - \frac{1}{2} w_2^2\right) \tag{11.2.41}$$

设矩阵 $\boldsymbol{B}(\boldsymbol{w})$、$\boldsymbol{C}(\boldsymbol{w})$ 分别为：

$$\boldsymbol{B}(\boldsymbol{w}) = \frac{\partial(\boldsymbol{u})}{\partial(\boldsymbol{w})} = \begin{pmatrix} 2w_1 & 0 & 0 \\ w_2 & w_1 & 0 \\ \dfrac{w_3}{\gamma} & \dfrac{\gamma-1}{\gamma} w_2 & \dfrac{w_1}{\gamma} \end{pmatrix} \tag{11.2.42a}$$

$$\boldsymbol{C}(\boldsymbol{w}) = \frac{\partial(\boldsymbol{f})}{\partial(\boldsymbol{w})} = \begin{pmatrix} w_2 & w_1 & 0 \\ \dfrac{\gamma-1}{\gamma} w_3 & \dfrac{\gamma+1}{\gamma} w_2 & \dfrac{\gamma-1}{\gamma} w_1 \\ 0 & w_3 & w_2 \end{pmatrix} \tag{11.2.42b}$$

非线性 Jacobian 系数矩阵 $\boldsymbol{A}(\boldsymbol{u})$ 为：

$$\boldsymbol{A}(\boldsymbol{u}) = \boldsymbol{A}[\boldsymbol{u}(\boldsymbol{w})] = \frac{\partial(\boldsymbol{f})}{\partial(\boldsymbol{w})}\frac{\partial(\boldsymbol{w})}{\partial(\boldsymbol{u})} = \boldsymbol{C}(\boldsymbol{w})\boldsymbol{B}^{-1}(\boldsymbol{w}) \tag{11.2.43}$$

由于 $\boldsymbol{B}(\boldsymbol{w})$ 是非奇异矩阵，因此 $\boldsymbol{u}$ 和 $\boldsymbol{w}$ 之间应该存在一一对应关系。

任意取流动量矢量 $\boldsymbol{u}$ 的两个值 $\boldsymbol{u}_{\mathrm{R}}$、$\boldsymbol{u}_{\mathrm{L}}$，并令 $\boldsymbol{w}_{\mathrm{R}} = \boldsymbol{w}(\boldsymbol{u}_{\mathrm{R}})$，$\boldsymbol{w}_{\mathrm{L}} = \boldsymbol{w}(\boldsymbol{u}_{\mathrm{L}})$。流动量矢量 $\boldsymbol{u}$ 和流通量矢量 $\boldsymbol{f}$ 的跳跃关系可以通过 $\boldsymbol{w}$ 来表示：

$$\boldsymbol{u}_{\mathrm{R}} - \boldsymbol{u}_{\mathrm{L}} = \boldsymbol{u}(\boldsymbol{w}_{\mathrm{R}}) - \boldsymbol{u}(\boldsymbol{w}_{\mathrm{L}}) = \boldsymbol{B}(\overline{\boldsymbol{w}})(\boldsymbol{w}_{\mathrm{R}} - \boldsymbol{w}_{\mathrm{L}}) \tag{11.2.44}$$

$$\boldsymbol{f}_{\mathrm{R}} - \boldsymbol{f}_{\mathrm{L}} = \boldsymbol{f}(\boldsymbol{u}_{\mathrm{R}}) - \boldsymbol{f}(\boldsymbol{u}_{\mathrm{L}}) = \boldsymbol{f}(\boldsymbol{u}(\boldsymbol{w}_{\mathrm{R}})) - \boldsymbol{f}(\boldsymbol{u}(\boldsymbol{w}_{\mathrm{L}})) = \boldsymbol{C}(\overline{\boldsymbol{w}})(\boldsymbol{w}_{\mathrm{R}} - \boldsymbol{w}_{\mathrm{L}}) \tag{11.2.45}$$

由于流动量矢量和流通量矢量 $\boldsymbol{u}$、$\boldsymbol{f}$ 的分量都是 $\boldsymbol{w}$ 的函数，并是 $\boldsymbol{w}$ 分量 w_1、w_2、w_3 的二次齐次多项式：

$$\left.\begin{aligned} & a_2 b_2 - a_1 b_1 = \bar{b}(a_2 - a_1) + \bar{a}(b_2 - b_1) \\ & \bar{a} = \frac{1}{2}(a_2 + a_1), \quad \bar{b} = \frac{1}{2}(b_2 + b_1) \end{aligned}\right\} \tag{11.2.46}$$

分析指出，矩阵 $\boldsymbol{B}(\overline{\boldsymbol{w}})$、$\boldsymbol{C}(\overline{\boldsymbol{w}})$ 表达式与矩阵 $\boldsymbol{B}(\boldsymbol{w})$、$\boldsymbol{C}(\boldsymbol{w})$ 表达式在形式上是完全一样，因此，只要把矩阵 $\boldsymbol{B}(\boldsymbol{w})$、$\boldsymbol{C}(\boldsymbol{w})$ 表达式中自变量 $\boldsymbol{w}$ 用 $\overline{\boldsymbol{w}}$ 代替，就能得到矩阵 $\boldsymbol{B}(\overline{\boldsymbol{w}})$、$\boldsymbol{C}(\overline{\boldsymbol{w}})$ 表达式。其中 $\overline{\boldsymbol{w}}$ 的表达式可以由 $\boldsymbol{w}$ 来表示：

$$\overline{\boldsymbol{w}} = \begin{pmatrix} \bar{w}_1 \\ \bar{w}_2 \\ \bar{w}_3 \end{pmatrix} = \frac{1}{2}\begin{pmatrix} w_{1,R} + w_{1,L} \\ w_{2,R} + w_{2,L} \\ w_{3,R} + w_{3,L} \end{pmatrix} \tag{11.2.47}$$

由于 $\boldsymbol{u}$、$\boldsymbol{f}$ 互为一次齐次函数，它们又是 $\boldsymbol{w}$ 的二次齐次函数，因此，利用式(11.2.44)

和式(11.2.45),得到如下关系式:

$$\boldsymbol{f}(\boldsymbol{u}_R)-\boldsymbol{f}(\boldsymbol{u}_L)=\boldsymbol{C}(\overline{\boldsymbol{w}})\boldsymbol{B}^{-1}(\overline{\boldsymbol{w}})(\boldsymbol{u}_R-\boldsymbol{u}_L) \tag{11.2.48}$$

由关系式(11.2.43)可知:

$$\boldsymbol{A}(\boldsymbol{u})=\boldsymbol{C}(\overline{\boldsymbol{w}})\boldsymbol{B}^{-1}(\overline{\boldsymbol{w}})=\boldsymbol{A}(\boldsymbol{u}(\overline{\boldsymbol{w}}))=\boldsymbol{A}(\overline{\boldsymbol{u}}) \tag{11.2.49}$$

由此可见,非线性 Jacobian 系数矩阵 $\boldsymbol{A}(\boldsymbol{u})$可以由线性近似系数矩阵 $\boldsymbol{A}(\overline{\boldsymbol{u}})$替代,并且 $\boldsymbol{A}(\overline{\boldsymbol{u}})$和 $\boldsymbol{A}(\boldsymbol{u})$在形式上完全一样。所不同的只是把 $\overline{\boldsymbol{u}}$ 来代替 $\boldsymbol{A}(\boldsymbol{u})$中 $\boldsymbol{u}$。其中 $\overline{\boldsymbol{u}}$ 被称为流动量矢量$\boldsymbol{u}_R$、$\boldsymbol{u}_L$的 Roe 平均。Roe 平均为:

$$\overline{\boldsymbol{u}}=\boldsymbol{u}(\overline{\boldsymbol{w}})=\begin{pmatrix}\overline{w}_1^2\\ \overline{w}_1\overline{w}_2\\ \overline{w}_1\overline{w}_3-p(\overline{w})\end{pmatrix} \tag{11.2.50}$$

$$p(\overline{\boldsymbol{w}})=\frac{\gamma-1}{\gamma}\left(\overline{w}_1\overline{w}_3-\frac{1}{2}\overline{w}_2^2\right) \tag{11.2.51}$$

$$\boldsymbol{A}(\boldsymbol{u})=\frac{\partial \boldsymbol{f}}{\partial \boldsymbol{u}}=\frac{\partial \boldsymbol{f}}{\partial \boldsymbol{w}}=\boldsymbol{A}(\boldsymbol{u}(\boldsymbol{w}))=$$

$$\begin{pmatrix}0 & 1 & 0\\ \frac{(\gamma-3)}{2}\frac{w_2^2}{w_1^2} & (3-\gamma)\frac{w_2}{w_1} & (\gamma-1)\\ -\frac{\gamma w_2 w_3}{w_1^2}+(\gamma-1)\frac{w_2^3}{w_1^3} & \frac{\gamma w_3}{w_1}-\frac{3(\gamma-1)}{2}\frac{w_2^2}{w_1} & \frac{\gamma w_2}{w_1}\end{pmatrix} \tag{11.2.52}$$

式中

$$\left.\begin{aligned}\overline{w}_1&=\frac{1}{2}(\rho_R^{\frac{1}{2}}+\rho_L^{\frac{1}{2}})\\ \overline{w}_2&=\frac{1}{2}(\rho_R^{\frac{1}{2}}u_R+\rho_L^{\frac{1}{2}}u_L)\\ \overline{w}_3&=\frac{1}{2}(\rho_R^{\frac{1}{2}}h_R+\rho_L^{\frac{1}{2}}h_L)\end{aligned}\right\} \tag{11.2.52a}$$

当取$\boldsymbol{u}_R=\boldsymbol{u}_L=\boldsymbol{u}$ 时有 $\overline{\boldsymbol{u}}=\boldsymbol{u}$,“$U$”特性条件(1)成立;由于线性近似系数矩阵 $\boldsymbol{A}(\overline{\boldsymbol{u}})$特征值是互异的实数,有完全的特征矢量集,“$U$”特性条件(2)成立;由于线性近似系数矩阵 $\boldsymbol{A}(\overline{\boldsymbol{u}})$的特殊结构,“$U$”特性条件(3)是自动满足的。由此证明,线性近似系数矩阵矩阵 $\boldsymbol{A}(\overline{\boldsymbol{u}})$满足“$U$”特性。它是满足 Roe 分解的所有条件的。

11-2-5　一维无黏流动 Euler 方程组的 Roe 差分格式

由一维 Euler 方程组(11.2.36)和状态方程(11.2.37)可知,流通量矢量 $\boldsymbol{f}(\boldsymbol{u})$的非线性 Jacobian 系数矩阵 $\boldsymbol{A}(\boldsymbol{u})$为:

$$\boldsymbol{A}(\boldsymbol{u})=\frac{\partial f}{\partial \boldsymbol{u}}=\begin{pmatrix} 0 & 1 & 0 \\ \frac{\gamma-3}{2}u^2 & -(\gamma-3)u & \gamma-1 \\ u\left(\frac{\gamma-2}{2}u^2-\frac{a^2}{\gamma-1}\right) & \frac{3-2\gamma}{2}u^2+\frac{a^2}{\gamma-1} & \gamma u \end{pmatrix} \tag{11.2.53}$$

$\boldsymbol{A}(\boldsymbol{u})$特征值为：

$$\lambda_1=u,\quad \lambda_2=u-a,\quad \lambda_3=u+a \tag{11.2.54}$$

$\boldsymbol{A}(\boldsymbol{u})$右特征矢量为：

$$\boldsymbol{R}_1=\begin{pmatrix} 1 \\ u \\ \frac{1}{2}u^2 \end{pmatrix},\quad \boldsymbol{R}_2=\begin{pmatrix} 1 \\ u-a \\ h-ua \end{pmatrix},\quad \boldsymbol{R}_3=\begin{pmatrix} 1 \\ u+a \\ h+ua \end{pmatrix} \tag{11.2.55}$$

已经证明：线性近似系数矩阵$\boldsymbol{A}(\bar{\boldsymbol{u}})$与非线性 Jacobian 系数矩阵$\boldsymbol{A}(\boldsymbol{u})$具有完全相同的形式，因此，得到线性近似系数矩阵$\boldsymbol{A}(\bar{\boldsymbol{u}})$：

$$\boldsymbol{A}(\bar{\boldsymbol{u}})=\begin{pmatrix} 0 & 1 & 0 \\ \frac{\gamma-3}{2}\bar{u}^2 & -(\gamma-3)\bar{u} & \gamma-1 \\ \bar{u}\left(\frac{\gamma-2}{2}\bar{u}^2-\frac{\bar{a}^2}{\gamma-1}\right) & \frac{3-2\gamma}{2}\bar{u}^2+\frac{\bar{a}^2}{\gamma-1} & \gamma\bar{u} \end{pmatrix} \tag{11.2.56}$$

其对应的特征值：

$$\bar{\lambda}_1=\bar{u},\quad \bar{\lambda}_2=\bar{u}-\bar{a},\quad \bar{\lambda}_3=\bar{u}+\bar{a} \tag{11.2.57}$$

其对应的右特征矢量$\bar{\boldsymbol{R}}$矩阵：

$$\bar{\boldsymbol{R}}_1=\begin{pmatrix} 1 \\ \bar{u} \\ \frac{1}{2}\bar{u}^2 \end{pmatrix},\quad \bar{\boldsymbol{R}}_2=\begin{pmatrix} 1 \\ \bar{u}-\bar{a} \\ \bar{h}-\bar{u}\bar{a} \end{pmatrix},\quad \bar{\boldsymbol{R}}_3=\begin{pmatrix} 1 \\ \bar{u}+\bar{a} \\ \bar{h}+\bar{u}\bar{a} \end{pmatrix} \tag{11.2.58}$$

其中$\bar{h}=\frac{\bar{H}}{\rho}$为单位质量流体总焓，$\bar{H}$为单位体积流体总焓。将流动量矢量$\boldsymbol{u}$跳跃关系$\boldsymbol{u}_{\mathrm{R}}-\boldsymbol{u}_{\mathrm{L}}$在右特征矢量矩阵分矢量$\bar{\boldsymbol{R}}_k(k=1,2,3)$上展开，有：

$$\boldsymbol{u}_{\mathrm{R}}-\boldsymbol{u}_{\mathrm{L}}=\sum_{k=1}^{3}\bar{\alpha}_k\bar{\boldsymbol{R}}_k \tag{11.2.59}$$

式中$\bar{\alpha}_k$为待定变量，它由：

$$\bar{\alpha}_k=\bar{\boldsymbol{L}}_k\cdot(\boldsymbol{u}_{\mathrm{R}}-\boldsymbol{u}_{\mathrm{L}}) \tag{11.2.60}$$

计算确定，其中$\bar{\boldsymbol{L}}_k$是$\boldsymbol{A}(\bar{\boldsymbol{u}})$左特征矢量矩阵分矢量。如果采用以下符号：

$$\Delta(\ )=(\ )_{\mathrm{R}}-(\ )_{\mathrm{L}} \tag{11.2.61}$$

如$\Delta\rho=\rho_{\mathrm{R}}-\rho_{\mathrm{L}}$、$\Delta p=p_{\mathrm{R}}-p_{\mathrm{L}}$等，把它们代入$\boldsymbol{u}$和$\bar{\boldsymbol{R}}_k$的表达式中有：

$$\left.\begin{aligned}&\Delta\rho=\bar{\alpha}_1+\bar{\alpha}_2+\bar{\alpha}_3\\&\Delta(\rho u)=\bar{u}\Delta\rho+\bar{a}(\bar{\alpha}_3-\bar{\alpha}_2)\\&\Delta E=\bar{h}\Delta\rho+\bar{u}\,\bar{a}(\bar{\alpha}_3-\bar{\alpha}_2)-\frac{\bar{\alpha}_1\bar{a}^2}{\gamma-1}\end{aligned}\right\}\tag{11.2.62}$$

并有：

$$\boldsymbol{f}(\boldsymbol{u}_{\mathrm{R}})-\boldsymbol{f}(\boldsymbol{u}_{\mathrm{L}})=\sum_{k=1}^{3}\bar{\lambda}_k\bar{\alpha}_k\bar{\boldsymbol{R}}_k\tag{11.2.63}$$

把它们代入有关表达式后，经过整理可以得到：

$$\left.\begin{aligned}&\Delta(\rho u)=\bar{u}\Delta\rho+\bar{a}(\bar{\alpha}_3-\bar{\alpha}_2)\\&\Delta(\rho u^2+p)=\bar{u}^2\Delta\rho+\bar{a}^2(\bar{\alpha}_3+\bar{\alpha}_2)+2\,\bar{u}\,\bar{a}(\bar{\alpha}_3-\bar{\alpha}_2)\\&\Delta[(E+p)u]=\bar{h}\Delta\rho u+\bar{u}^2\bar{a}(\bar{\alpha}_3-\bar{\alpha}_2)+\bar{u}\,\bar{a}^2(\bar{\alpha}_3+\bar{\alpha}_2)-\frac{\bar{u}\,\bar{a}^2\bar{\alpha}_1}{\gamma-1}\end{aligned}\right\}\tag{11.2.64}$$

若令：

$$\left.\begin{aligned}&\bar{\alpha}_1=\Delta\rho-\frac{\Delta p}{\bar{a}^2}\\&\bar{\alpha}_2=\frac{1}{2\bar{a}^2}(\Delta p-\bar{\rho}\,\bar{a}\Delta u)\\&\bar{\alpha}_3=\frac{1}{2\bar{a}^2}(\Delta p+\bar{\rho}\,\bar{a}\Delta u)\end{aligned}\right\}\tag{11.2.65}$$

并把它们代入方程(11.2.64)，发现方程 $\Delta\rho=\bar{\alpha}_1+\bar{\alpha}_2+\bar{\alpha}_3$ 是自动满足的，得到：

$$\left.\begin{aligned}&\Delta(\rho u)=\bar{u}\Delta\rho+\bar{\rho}\Delta u\\&\Delta(\rho u^2)=\bar{u}^2\Delta\rho+2\,\bar{u}\bar{\rho}\Delta u\\&\Delta(\rho u^2+p)=\bar{u}^2\Delta\rho+\Delta p+2\,\bar{u}\bar{\rho}\Delta u\\&\Delta E=\bar{h}\Delta\rho+\rho\bar{u}\Delta u-\frac{1}{\gamma-1}(\bar{a}^2\Delta\rho-\Delta p)\\&\Delta[(E+p)u]=\Delta(\rho hu)\\&\quad=\bar{h}\Delta\rho u+\rho\bar{u}^2\Delta u+\bar{u}\Delta p-\frac{1}{\gamma-1}\bar{u}(\bar{a}^2\Delta\rho-\Delta p)\end{aligned}\right\}\tag{11.2.66}$$

利用上式中的 $\Delta(\rho u)$、$\Delta(\rho\bar{u}^2)$ 关系式得到：

$$\bar{u}^2\Delta\rho-2\bar{u}\Delta(\rho u)+\Delta(\rho u^2)=0\tag{11.2.67}$$

由它可求出 $\bar{u}$：

$$\begin{aligned}\bar{u}&=\frac{2\Delta(\rho u)\pm2\sqrt{(\Delta(\rho u))^2-\Delta\rho(\Delta(\rho u^2))}}{2\Delta\rho}\\&=\frac{\rho_{\mathrm{R}}u_{\mathrm{R}}-\rho_{\mathrm{L}}u_{\mathrm{L}}\pm\sqrt{\rho_{\mathrm{R}}\rho_{\mathrm{L}}}(u_{\mathrm{R}}-u_{\mathrm{L}})}{\rho_{\mathrm{R}}-\rho_{\mathrm{L}}}\end{aligned}\tag{11.2.68}$$

在上式中取 - 号后，得到 $\bar{u}$ 的 Roe 平均值：

$$\bar{u}=\frac{\sqrt{\rho_R}u_R+\sqrt{\rho_L}u_L}{\sqrt{\rho_R}+\sqrt{\rho_L}} \tag{11.2.69}$$

为简化起见，设

$$\bar{D}=\sqrt{\frac{\rho_R}{\rho_L}} \tag{11.2.70}$$

流动量 Roe 平均为：

$$\left.\begin{aligned}
&\bar{u}=\frac{u_L+\bar{D}u_R}{1+\bar{D}}\\
&\bar{\rho}=\rho_L\left[\frac{1}{2}(1+\bar{D})\right]^2\\
&\bar{h}=\frac{h_L+\bar{D}h_R}{1+\bar{D}}\\
&\bar{a}^2=(\gamma-1)\left[\bar{h}-\frac{1}{2}\bar{u}^2\right]\\
&\bar{p}=\frac{1}{\gamma}\bar{\rho}\,\bar{a}^2\\
&\bar{E}=\bar{\rho}\bar{h}-\bar{p}=\bar{\rho}\left(c_v\bar{T}+\frac{\bar{u}^2}{2}\right)\\
&\bar{e}=\frac{\bar{a}^2}{\gamma(\gamma-1)}
\end{aligned}\right\} \tag{11.2.71}$$

得到 Roe 分解后线性近似系数矩阵 $\boldsymbol{A}(\bar{\boldsymbol{u}})$ 和所有的流动量 $\bar{h}$、$\bar{a}$、$\bar{u}$、$\bar{\rho}$ 的 Roe 平均值后，可以求出 $\bar{\boldsymbol{A}}_k$、$\bar{\alpha}_k$、$\bar{\boldsymbol{R}}_k$。最后，得到一维 Euler 方程组的 Roe 差分格式：

$$\boldsymbol{u}_j^{n+1}=\boldsymbol{u}_j^n-r[\boldsymbol{h}_{j+\frac{1}{2}}(\boldsymbol{u}_j^n,\boldsymbol{u}_{j+1}^n)-\boldsymbol{h}_{j-\frac{1}{2}}(\boldsymbol{u}_{j-1}^n,\boldsymbol{u}_j^n)] \tag{11.2.72}$$

其中 $r=\frac{\Delta t}{\Delta x}$。数值通量矢量 $\boldsymbol{h}_{j+\frac{1}{2}}=\boldsymbol{h}_{j+\frac{1}{2}}(\boldsymbol{u}_j^n,\boldsymbol{u}_{j+1}^n)$ 形式为：

$$\boldsymbol{h}(\boldsymbol{u}_j^n,\boldsymbol{u}_{j+1}^n)=\frac{1}{2}\left[\boldsymbol{f}(\boldsymbol{u}_j^n)+\boldsymbol{f}(\boldsymbol{u}_{j+1}^n)-\sum_{k=1}^{3}|\bar{\lambda}_k|\bar{\alpha}_k\bar{\boldsymbol{R}}_k\right] \tag{11.2.72a}$$

这里 $\bar{\lambda}_k$、 $\bar{\alpha}_k=\bar{\boldsymbol{L}}_k\cdot(\boldsymbol{u}_{j+1}^n-\boldsymbol{u}_j^n)$、 $\bar{\boldsymbol{R}}_k$ 分别是 Roe 分解后线性近似系数矩阵 $\boldsymbol{A}(\bar{\boldsymbol{u}})$ 的特征值、左右特征矢量之间关系式和右特征矢量矩阵分矢量。它们在形式上是和非线性 Jacobian 系数矩阵 $\boldsymbol{A}(\boldsymbol{u})$ 的 λ_k、 $\alpha_k=\boldsymbol{L}_k\cdot(\boldsymbol{u}_{j+1}^n-\boldsymbol{u}_j^n)$、 $\boldsymbol{R}_k$ 是完全一样的。事实上，由于

$$\boldsymbol{f}(\boldsymbol{u}_{j+1}^n)-\boldsymbol{f}(\boldsymbol{u}_j^n)=\sum_{k=1}^{3}\bar{\lambda}_{k,j+\frac{1}{2}}\bar{\alpha}_{k,j+\frac{1}{2}}\bar{\boldsymbol{R}}_{k,j+\frac{1}{2}} \tag{11.2.73}$$

最后，得到 Roe 差分格式如下：

$$\begin{aligned}
\boldsymbol{h}_{j+\frac{1}{2}}-\boldsymbol{h}_{j-\frac{1}{2}}&=[(\boldsymbol{h}_{j+\frac{1}{2}}-\boldsymbol{f}(\boldsymbol{u}_j))]+[(\boldsymbol{f}(\boldsymbol{u}_j)-\boldsymbol{h}_{j-\frac{1}{2}})]\\
&=\sum_{k=1}^{3}\frac{1}{2}(\bar{\lambda}_{k,j+\frac{1}{2}}-|\bar{\lambda}_{k,j+\frac{1}{2}}|)\bar{\alpha}_{k,j+\frac{1}{2}}\bar{\boldsymbol{R}}_{k,j+\frac{1}{2}}+
\end{aligned}$$

$$\sum_{k=1}^{3}\frac{1}{2}(\bar{\lambda}_{k,j-\frac{1}{2}}+|\bar{\lambda}_{k,j-\frac{1}{2}}|)\bar{\alpha}_{k,j-\frac{1}{2}}\bar{\boldsymbol{R}}_{k,j-\frac{1}{2}}$$

$$=\sum_{k=1}^{3}\bar{\lambda}^{-}_{k,j+\frac{1}{2}}\bar{\alpha}_{k,j+\frac{1}{2}}\bar{\boldsymbol{R}}_{k,j+\frac{1}{2}}+\sum_{k=1}^{3}\lambda^{+}_{k,j-\frac{1}{2}}\bar{\alpha}_{k,j-\frac{1}{2}}\bar{\boldsymbol{R}}_{k,j-\frac{1}{2}}$$

$$=\sum_{k=1}^{3}(\bar{\lambda}^{-}\bar{\alpha}\bar{\boldsymbol{R}})_{k,j+\frac{1}{2}}+\sum_{k=1}^{3}(\bar{\lambda}^{+}\bar{\alpha}\bar{\boldsymbol{R}})_{k,j-\frac{1}{2}} \tag{11.2.74}$$

其中 $\bar{\lambda}^{+}=\frac{1}{2}(\bar{\lambda}+|\bar{\lambda}|)$，$\bar{\lambda}^{-}=\frac{1}{2}(\bar{\lambda}-|\bar{\lambda}|)$。上述 Roe 差分格式可简写为：

$$\boldsymbol{u}_j^{n+1}=\boldsymbol{u}_j^n-\frac{\Delta t}{\Delta x}\left[\sum_{k=1}^{3}(\bar{\lambda}^{-}\bar{\alpha}\bar{\boldsymbol{R}})_{k,j+\frac{1}{2}}+\sum_{k=1}^{3}(\bar{\lambda}^{+}\bar{\alpha}\bar{\boldsymbol{R}})_{k,j-\frac{1}{2}}\right] \tag{11.2.75}$$

对于多维问题，可以按照同样思路导出 Roe 分解的线性近似系数矩阵和 Roe 算法差分格式。Roe 算法差分格式具有迎风型特征，能很好地捕捉激波间断。但是，它和 Godunov 算法一样，假设流动量矢量在网格内是常数分布，它的计算精度只有一阶，这就影响了它的推广与应用范围。

11-2-6　迎风型 Roe 算法的熵修正

计算实践表明：迎风型 Roe 算法差分格式是一种计算性能和效果较好的差分格式。不管是计算激波间断，还是计算接触间断，它都能得到较高的分辨率。但是，在计算 Euler 方程组时，当非线性 Jacobian 系数矩阵的特征值很小时，迎风型 Roe 算法差分格式可能会不满足熵条件，得到非物理解。为避免引起非物理解，必须对迎风型 Roe 算法差分格式进行熵条件修正。

1. Harten 型熵修正

单个非线性标量方程的差分格式为：

$$u_j^{n+1}=u_j^n-r(h_{j+\frac{1}{2}}^n-h_{j-\frac{1}{2}}^n) \tag{11.2.76}$$

$$h_{j+\frac{1}{2}}=\frac{1}{2}\left[f_j+f_{j+1}-\frac{1}{r}Q(r\lambda_{j+\frac{1}{2}})\Delta u_{j+\frac{1}{2}}\right] \tag{11.2.76a}$$

其中 $f_j=f(u_j)$ 为方程的数值通量，$\Delta u_{j+\frac{1}{2}}=u_{j+1}-u_j$，$Q$ 是差分格式黏性系数，它是 $r=\frac{\Delta t}{\Delta x}$和 $\lambda_{j+\frac{1}{2}}$的函数。Harten 研究指出，为了使差分格式满足熵条件，可把 $Q(x)$ 取为 $Q(x)=|x|$。并把 $Q(x)$ 修改为：

$$Q(x)=\begin{cases}|x|, & |x|\geqslant\varepsilon\\ \frac{1}{2}\left(\frac{x^2}{\varepsilon}+\varepsilon\right), & |x|<\varepsilon\end{cases} \tag{11.2.77}$$

其中 ε 为常数，一般取 $0\leqslant\varepsilon\leqslant0.125$。由于 ε 为差分格式的黏性系数，主要反映了计算中的数值耗散。因此 ε 取值越小，耗散也越小。由于 Harten 型的熵修正形式简单，易于在程序中实现，因此得到较为广泛的应用。

2. Yee 型熵修正[6]

在一般的 Cartesian 坐标中,上述的 Harten 型的熵修正计算效果是不错的。但是,在曲线坐标中当采用非正规网格时,计算效果并不理想。主要原因是把黏性系数 ε 取为常数不合理。随网格变化,熵修正中的 ε 也应该变化。Yee 给出了一种熵修正方法,称为 Yee 型熵修正:

$$\varepsilon = \frac{\bar{\varepsilon}}{J}\left[|U_c| + |V_c| + |W_c| + \frac{a}{3}(|\nabla\xi| + |\nabla\eta| + |\nabla\zeta|)\right] \quad (11.2.78)$$

其中 $\bar{\varepsilon}$ 为常数,一般取 $0.05 \leqslant \bar{\varepsilon} \leqslant 0.4$。$|U_c|$、$|V_c|$ 和 $|W_c|$ 为曲线坐标中逆变换速度,J 为非线性 Jacobian 系数矩阵行列式,a 为当地声速。采用 Yee 型的熵修正后,ε 会随着网格变化而不断调整计算中的数值耗散,计算的效果是不错的。

3. Muller 型熵修正[7]

数值实验指出,熵修正对于网格长宽比接近 1 的正常网格来说,计算效果是好的,但是如果遇到网格长宽比较大的非正常网格,就会引入较大的黏性,影响计算效果。为了抑制数值耗散,Muller 提出了另一种熵修正:

$$\varepsilon_\xi = \bar{\varepsilon}\frac{\rho_\xi}{J}\left\{1 + \left[\frac{\max(\rho_\eta, \rho_\zeta)}{\rho_\xi}\right]^{\frac{2}{3}}\right\} \quad (11.2.79)$$

其中 ρ_ξ、ρ_η、ρ_ζ 为系数矩阵的谱半径,$\bar{\varepsilon}$ 为常数,一般取 $0.1 \leqslant \bar{\varepsilon} \leqslant 0.4$。系数矩阵的谱半径为:$\rho_\xi = \max|\boldsymbol{\lambda}_\xi|$,$\rho_\eta = \max|\boldsymbol{\lambda}_\eta|$,$\rho_\zeta = \max|\boldsymbol{\lambda}_\zeta|$。在计算中引入上述的熵修正可以克服不合理的非物理解。但是,也会引入一定的人为的数值耗散。

不同的熵修正会有不同的数值耗散,对迎风型 Roe 算法差分格式的计算精度和计算稳定性会有不同的影响,计算时必须根据问题的特点选用合适的熵修正。

第 3 节 高阶精度间断分解算法——MUSCL 差分格式

自 20 世纪 70 年代以来,欧美各国学者对高阶精度间断分解算法开展了深入研究。研究的基本思路为:从守恒型方程出发,利用流动量在网格内线性分布,构造一个重构函数 $R(x, u^n)$,由它导出具有 r 阶精度的数值通量矢量 $\boldsymbol{h}_{j+\frac{1}{2}}$,得到高阶精度差分格式。如果这些差分格式满足单调性和守恒性,则得到的数值解就是物理解。其中 Van Leer 所提出的二阶精度 MUSCL(Monotone Upwind Scheme of Conservation Law)差分格式是最有代表性的高阶精度间断分解算法[8]。

构造 MUSCL 差分格式的具体做法是:在构造一阶精度 Godunov 差分格式时,在 t_n 时刻的重构函数 $R(x, u^n)$ 是常数分布:

$$u^n(x) = R(x, u^n) = u_j^n, \qquad x_{j-\frac{1}{2}} < x < x_{j+\frac{1}{2}} \quad (11.3.1)$$

在构造 MUSCL 差分格时,在 t_n 时刻的重构函数 $R(x, u^n)$ 采用线性分布:

$$u^n(x) = R(x, u^n) = u_j^n + \delta u_j \frac{x - x_j}{\Delta x}, \qquad x_{j-\frac{1}{2}} < x < x_{j+\frac{1}{2}} \quad (11.3.2)$$

其中 δu_j 为线性插值斜率(图 11.2)。Van Leer 是利用线性分布的重构函数 $R(x, u^n)$

作为计算初值,来构造二阶精度 MUSCL 差分格式。在采用线性分布初值后,要求出在 $0\leqslant t\leqslant t+\Delta t$ 时间内精确解的 $u_j^n(t+\Delta t,x)$ 是很困难的,我们只能设法求出它的近似解 $\tilde{u}_j^{n+1}(t+\Delta t,x)$。Van Leer 利用沿着特征线方向传播速度不变的性质,构造了一种具有二阶精度的近似解 $\tilde{u}_j^{n+1}(t+\Delta t,x)$。然后,对每个网格内 $\tilde{u}_j^{n+1}(x,t+\Delta t)$ 进行平均:

$$u_j^{n+1}=\frac{1}{\Delta x}\int_{x_{j-\frac{1}{2}}}^{x_{j+\frac{1}{2}}}\tilde{u}_j^{n+1}(x,t+\Delta t)\,\mathrm{d}x \tag{11.3.3}$$

求得高阶精度的数值解 u_j^{n+1}。

11－3－1　非线性标量方程的 MUSCL 差分格式

非线性标量方程:

$$u_t+f_x=0 \tag{11.3.4}$$

设在 t_n 时刻每个网格内分布是分段线性函数 $u^n(x)$(图 11.2):

$$u^n(x)=u_j^n(x)=u_j^n+\delta u_j\frac{x-x_j}{\Delta x},\quad x_{j-\frac{1}{2}}<x<x_{j+\frac{1}{2}} \tag{11.3.5}$$

设在 $x=x_{j+\frac{1}{2}}$ 处,左右两侧的分段线性函数值为:

$$\left.\begin{aligned}u_{\mathrm{L},j+\frac{1}{2}}&=u^n(x_{j+\frac{1}{2}}-0)=u_j^n+\frac{1}{2}\delta u_j\\ u_{\mathrm{R},j+\frac{1}{2}}&=u^n(x_{j+\frac{1}{2}}+0)=u_{j+1}^n-\frac{1}{2}\delta u_{j+1}\end{aligned}\right\} \tag{11.3.6}$$

则在 $x_{j-\frac{1}{2}}<x<x_{j+\frac{1}{2}}$ 范围内 $u^n(x)$ 为:

$$u^n(x)=u_{\mathrm{L},j+\frac{1}{2}}+\delta u_j\frac{x-x_{j+\frac{1}{2}}}{\Delta x}=u_{\mathrm{R},j-\frac{1}{2}}+\delta u_j\frac{x-x_{j-\frac{1}{2}}}{\Delta x} \tag{11.3.6a}$$

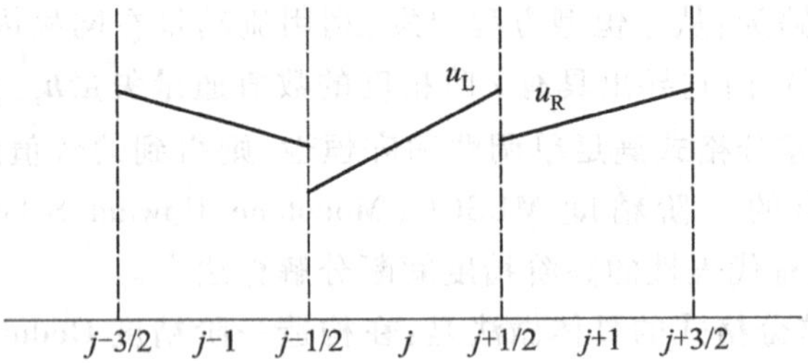

图 11.2　初值为分段线性分布函数示意图

这里近似解 $\tilde{u}_j^{n+1}(x,t+\Delta t)$ 用 $\tilde{u}_j^{n+1}(x,t)$ 表示,在 $x=x_{j+\frac{1}{2}}$ 处的特征线为:

$$x=x_{j+\frac{1}{2}}(t)=x_{j+\frac{1}{2}}+\bar{a}_{j+\frac{1}{2}}t \tag{11.3.7}$$

其中

$$\bar{a}_{j+\frac{1}{2}}=\begin{cases}\dfrac{f(u_{\mathrm{R},j+\frac{1}{2}})-f(u_{\mathrm{L},j+\frac{1}{2}})}{u_{\mathrm{R},j+\frac{1}{2}}-u_{\mathrm{L},j+\frac{1}{2}}}, & u_{\mathrm{R},j+\frac{1}{2}}\neq u_{\mathrm{L},j+\frac{1}{2}}\\ \left(\dfrac{\mathrm{d}f}{\mathrm{d}u}\right)_{u_{\mathrm{L},j+\frac{1}{2}}}, & u_{\mathrm{R},j+\frac{1}{2}}=u_{\mathrm{L},j+\frac{1}{2}}\end{cases} \tag{11.3.7a}$$

假设在两条相邻特征线 $x=x_{j+\frac{1}{2}}(t)$ 和 $x=x_{j-\frac{1}{2}}(t)$ 之间的特征速度也是线性分布的：

$$a[u_j^n(X)]=\frac{X-x_{j-\frac{1}{2}}}{x_{j+\frac{1}{2}}-x_{j-\frac{1}{2}}}\bar{a}_{j+\frac{1}{2}}+\frac{x_{j+\frac{1}{2}}-X}{x_{j+\frac{1}{2}}-x_{j-\frac{1}{2}}}\bar{a}_{j-\frac{1}{2}} \tag{11.3.8}$$

根据沿特征线的特征速度值不变原则，近似解 $\tilde{u}_j^{n+1}(x,t)$ 应该满足下式：

$$\tilde{u}_j^{n+1}(x,t)=u_j^n(X,0)=u_j^n(X),\quad x_{j-\frac{1}{2}}<X<x_{j+\frac{1}{2}} \tag{11.3.9}$$

式中 x 为在 t 时刻某质点的位置，X 是它在前一时刻的位置。在 x 和 X 之间通过特征线相联系：

$$\left.\begin{aligned}x&=X+a[u_j^n(X,0)]t\\ a(u)&=\frac{\mathrm{d}f}{\mathrm{d}u}\end{aligned}\right\} \tag{11.3.10}$$

（图 11.3）。其中 $a[u_j^n(X)]$ 是特征速度。它可由式(11.3.8)式近似求出：

$$a=\frac{(\bar{a}_{j+\frac{1}{2}}-\bar{a}_{j-\frac{1}{2}})(X-x_{j-\frac{1}{2}})}{x_{j+\frac{1}{2}}-x_{j-\frac{1}{2}}}+\bar{a}_{j-\frac{1}{2}} \tag{11.3.11}$$

其中 $\bar{a}_{j-\frac{1}{2}}$、$\bar{a}_{j+\frac{1}{2}}$ 是节点 $x_{j-\frac{1}{2}}$、$x_{j+\frac{1}{2}}$ 处的特征速度，由式(11.3.7a)求出。

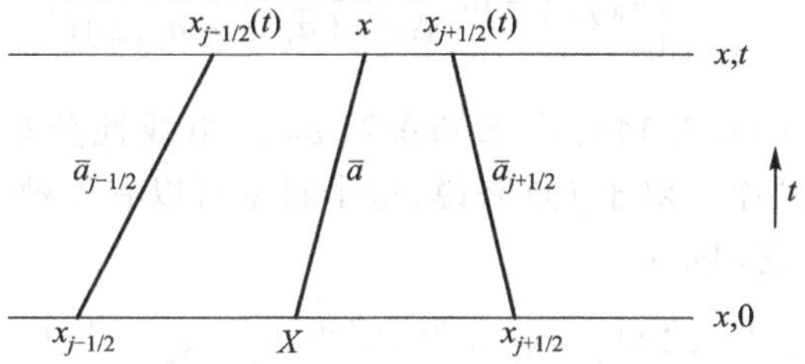

图 11.3　特征线演化过程示意图

设 $x_{j+\frac{1}{2}}-x_{j-\frac{1}{2}}=\Delta x$，$x_{j-\frac{1}{2}}(t)<x<x_{j+\frac{1}{2}}(t)$。由式(11.3.9)可以看出，为了求出近似解 $\tilde{u}_j^{n+1}(x,t)$，首先必须求出 X 值。把式(11.3.11)代入式(11.3.10)，并利用式(11.3.7a)得到：

$$X = x_{j-\frac{1}{2}} + \frac{(x - x_{j-\frac{1}{2}})(x_{j+\frac{1}{2}} - x_{j-\frac{1}{2}})}{x_{j+\frac{1}{2}}(t) - x_{j-\frac{1}{2}}(t)} = x_{j+\frac{1}{2}} - \frac{(x_{j+\frac{1}{2}} - x)(x_{j+\frac{1}{2}} - x_{j-\frac{1}{2}})}{x_{j+\frac{1}{2}}(t) - x_{j-\frac{1}{2}}(t)} \tag{11.3.12}$$

将上式代入式(11.3.9)，并利用 t_n时刻重构函数 $R(x,u^n)$线性分布关系式(11.3.5)和式(11.3.6)，得到：

$$\widehat{u}_j^{n+1}(x,t) = u_j^n(X) = u_{\mathrm{R},j-\frac{1}{2}} + \delta u_j \frac{x - x_{j-\frac{1}{2}}(t)}{x_{j+\frac{1}{2}}(t) - x_{j-\frac{1}{2}}(t)} = u_{\mathrm{L},j+\frac{1}{2}} - \delta u_j \frac{x_{j+\frac{1}{2}}(t) - x}{x_{j+\frac{1}{2}}(t) - x_{j-\frac{1}{2}}(t)} \tag{11.3.13}$$

根据差分格式需要满足迎风特点的要求，在$\left(t, j+\dfrac{1}{2}\right)$点上的近似解 $\widehat{u}_j^{n+1}(x,t)$为：

$$\widehat{u}^{n+1}(x_{j+\frac{1}{2}},t) = \begin{cases} u_j^n(x_{j+\frac{1}{2}},t), & \bar{a}_{j+\frac{1}{2}} > 0 \\ u_{j+1}^n(x_{j+\frac{1}{2}},t), & \bar{a}_{j+\frac{1}{2}} < 0 \end{cases} \tag{11.3.14}$$

或

$$\widehat{u}^{n+1}(x_{j+\frac{1}{2}},t) = \begin{cases} u_{\mathrm{L},j+\frac{1}{2}} - \delta u_j \dfrac{\bar{a}_{j+\frac{1}{2}} t}{\Delta x + (\bar{a}_{j+\frac{1}{2}} - a_{j-\frac{1}{2}}) t}, & \bar{a}_{j+\frac{1}{2}} > 0 \\ u_{\mathrm{R},j+\frac{1}{2}} - \delta u_j \dfrac{\bar{a}_{j+\frac{1}{2}} t}{\Delta x + (\bar{a}_{j+\frac{3}{2}} - a_{j+\frac{1}{2}}) t}, & \bar{a}_{j+\frac{1}{2}} < 0 \end{cases} \tag{11.3.14a}$$

现在需要确定式(11.3.14a)中未知参数 δu_j。由线性分布关系式(11.3.5)可知，δu_j是线性插值的斜率。对于j点来说，这个斜率可以有三种选择：即左边斜率、中间斜率和右边斜率。它们是：

$$S_{\mathrm{L}} = \frac{u_j - u_{j-1}}{x_j - x_{j-1}}, \quad S_{\mathrm{C}} = \frac{u_{j+1} - u_{j-1}}{x_{j+1} - x_{j-1}}, \quad S_{\mathrm{R}} = \frac{u_{j+1} - u_j}{x_{j+1} - x_j} \tag{11.3.15}$$

为了有效地抑制近似解 $\widehat{u}_j^{n+1}(x,t)$振荡，必须要求它满足单调性要求。为此，要求线性插值的斜率 δu_j由下式确定：

$$\delta u_j = \begin{cases} \min\{|S_{\mathrm{L}}|, |S_{\mathrm{C}}|, |S_{\mathrm{R}}|\}, & \mathrm{sgn}(S_{\mathrm{L}}) = \mathrm{sgn}(S_{\mathrm{C}}) = \mathrm{sgn}(S_{\mathrm{R}}) \\ 0, & \text{其他} \end{cases} \tag{11.3.16}$$

其中符号 sgn(S)表示：

$$\mathrm{sgn}(a) = \begin{cases} 1, & a > 0 \\ 0, & a = 0 \\ -1, & a < 0 \end{cases} \tag{11.3.17}$$

式(11.3.16)只是为保证差分格式单调性,确定斜率 δu_j 方法中的一种,根据具体问题要求,还可以采用其他单调性处理方法。

在求出近似解 $\tilde{u}_j^{n+1}(x,t)$ 后,需要在网格内进行积分平均。取差分网格 $(t_n,t_{n+1})(x_{j+\frac{1}{2}},x_{j-\frac{1}{2}})$ 作为积分控制单元,并在此积分控制单元上对非线性守恒型方程(11.3.4)进行积分:

$$\int_{x_{j-\frac{1}{2}}}^{x_{j+\frac{1}{2}}}[u^n(x,t+\Delta t)-u^n(x,t)]\mathrm{d}x+\int_{t_n}^{t_{n+1}}\{f_{j+\frac{1}{2}}[u^n(x_{j+\frac{1}{2}},t)]-f_{j-\frac{1}{2}}[u^n(x_{j-\frac{1}{2}},t)]\}\mathrm{d}t=0 \tag{11.3.18}$$

其中

$$\left.\begin{aligned}&\int_{x_{j-\frac{1}{2}}}^{x_{j+\frac{1}{2}}}u(x,t+\Delta t)\mathrm{d}x=u_j^n\Delta x-\Delta t(h_{j+\frac{1}{2}}-h_{j-\frac{1}{2}})\\&h_{j+\frac{1}{2}}=\frac{1}{\Delta t}\int_{t_n}^{t_{n+1}}f_{j+\frac{1}{2}}[u^n(x_{j+\frac{1}{2}},t)]\mathrm{d}t\end{aligned}\right\} \tag{11.3.18a}$$

由此得到差分格式为:

$$u_j^{n+1}=u_j^n-r(h_{j+\frac{1}{2}}-h_{j-\frac{1}{2}}) \tag{11.3.19}$$

在式(11.3.18)中对 t_{n+1} 时刻 $u_j^{n+1}(x,t+\Delta t)$ 的积分平均可采用梯形公式转化为对 $h_{j+\frac{1}{2}}$ 的时间积分。利用式(11.3.14a)得到:

$$h_{j+\frac{1}{2}}=\frac{1}{2}\{f[u^n(x_{j+\frac{1}{2}},0)]+f[u^n(x_{j+\frac{1}{2}},t+\Delta t)]\} \tag{11.3.20}$$

$$h_{j+\frac{1}{2}}=\begin{cases}\dfrac{1}{2}f(u_{\mathrm{L},j+\frac{1}{2}})+\dfrac{1}{2}f\left[u_{\mathrm{L},j+\frac{1}{2}}-\dfrac{\bar{a}_{j+\frac{1}{2}}r\delta u_j}{1+r(\bar{a}_{j+\frac{1}{2}}-\bar{a}_{j-\frac{1}{2}})}\right], & \bar{a}_{j+\frac{1}{2}}>0\\[2ex]\dfrac{1}{2}f(u_{\mathrm{R},j+\frac{1}{2}})+\dfrac{1}{2}f\left[u_{\mathrm{R},j+\frac{1}{2}}-\dfrac{\bar{a}_{j+\frac{1}{2}}r\delta u_j}{1+r(\bar{a}_{j+\frac{3}{2}}-\bar{a}_{j+\frac{1}{2}})}\right], & \bar{a}_{j+\frac{1}{2}}<0\end{cases} \tag{11.3.20a}$$

其中 $r=\dfrac{\Delta t}{\Delta x}$。最后,得到二阶精度 MUSCL 差分格式如下:

$$u_j^{n+1}=u_j^n-r(h_{j+\frac{1}{2}}-h_{j-\frac{1}{2}}) \tag{11.3.21}$$

$$h_{j+\frac{1}{2}}=\begin{cases}\dfrac{1}{2}f(u_{\mathrm{L},j+\frac{1}{2}})+\dfrac{1}{2}f\left[u_{\mathrm{L},j+\frac{1}{2}}-\dfrac{\bar{a}_{j+\frac{1}{2}}r\delta u_j}{1+r(\bar{a}_{j+\frac{1}{2}}-\bar{a}_{j-\frac{1}{2}})}\right], & \bar{a}_{j+\frac{1}{2}}>0\\[2ex]\dfrac{1}{2}f(u_{\mathrm{R},j+\frac{1}{2}})+\dfrac{1}{2}f\left[u_{\mathrm{R},j+\frac{1}{2}}-\dfrac{\bar{a}_{j+\frac{1}{2}}r\delta u_j}{1+r(\bar{a}_{j+\frac{3}{2}}-\bar{a}_{j+\frac{1}{2}})}\right], & \bar{a}_{j+\frac{1}{2}}<0\end{cases} \tag{11.3.21a}$$

$$\delta u_j=\begin{cases}\min\{|S_L|,|S_C|,|S_R|\}, & \operatorname{sgn}(S_L)=\operatorname{sgn}(S_C)=\operatorname{sgn}(S_R)\\ 0, & \text{其他}\end{cases} \tag{11.3.21b}$$

$$S_L=\frac{u_j-u_{j-1}}{x_j-x_{j-1}},\quad S_C=\frac{u_{j+1}-u_{j-1}}{x_{j+1}-x_{j-1}},\quad S_R=\frac{u_{j+1}-u_j}{x_{j+1}-x_j} \tag{11.3.21c}$$

$$\bar{a}_{j+\frac{1}{2}}=\begin{cases}\dfrac{f(u_{R,j+\frac{1}{2}})-f(u_{L,j+\frac{1}{2}})}{u_{R,j+\frac{1}{2}}-u_{L,j+\frac{1}{2}}}, & u_{R,j+\frac{1}{2}}\neq u_{L,j+\frac{1}{2}}\\ \left(\dfrac{\mathrm{d}f}{\mathrm{d}u}\right)_{u_{L,j+\frac{1}{2}}}, & u_{R,j+\frac{1}{2}}=u_{L,j+\frac{1}{2}}\end{cases} \tag{11.3.21d}$$

$$u_{L,j+\frac{1}{2}}=u_j^n+\frac{1}{2}\delta u_j \tag{11.3.21e}$$

$$u_{R,j+\frac{1}{2}}=u_{j+1}^n-\frac{1}{2}\delta u_{j+1} \tag{11.3.21f}$$

11－3－2 非线性矢量方程的 MUSCL 差分格式

非线性矢量方程：

$$\boldsymbol{u}_t+\boldsymbol{f}_x=\boldsymbol{0} \tag{11.3.22}$$

设在 t_n时刻网格内有分段线性分布函数$\boldsymbol{u}^n(x)$：

$$\boldsymbol{u}^n(x)=\boldsymbol{u}_j^n(x)=\boldsymbol{u}_j^n+\delta\,\boldsymbol{u}_j\frac{x-x_j}{\Delta x},\quad x_{j-\frac{1}{2}}<x<x_{j+\frac{1}{2}} \tag{11.3.23}$$

取

$$\delta\,\boldsymbol{u}_j=\operatorname{minmod}(\Delta\,\boldsymbol{u}_{j+\frac{1}{2}},\Delta\,\boldsymbol{u}_{j-\frac{1}{2}}) \tag{11.3.23a}$$

或取

$$\delta\,\boldsymbol{u}_j=\sum_{k=1}^{N}\operatorname{minmod}(\boldsymbol{L}_{k,j}\cdot\Delta\,\boldsymbol{u}_{j+\frac{1}{2}},\boldsymbol{L}_{k,j}\cdot\Delta\,\boldsymbol{u}_{j-\frac{1}{2}})\boldsymbol{R}_{k,j} \tag{11.3.23b}$$

这里$\boldsymbol{L}_{k,j}$、$\boldsymbol{R}_{k,j}$表示非线性 Jacobian 系数矩阵 $\boldsymbol{A}(\boldsymbol{u})=\dfrac{\partial\boldsymbol{f}}{\partial\boldsymbol{u}}$在 $\boldsymbol{u}=\boldsymbol{u}_j^n$处，左右特征矢量矩阵中的第 k 个分矢量，$k=1,\cdots,N$。其中函数 minmod(a,b)取值方式如下：当所含变量异号时，函数值(a,b)取零值；当所含变量同号时，函数值(a,b)取这些变量之中绝对值最小变量值。设节点 $x=x_{j+\frac{1}{2}}$左右两侧$\boldsymbol{u}_{j+\frac{1}{2}}^n$值为：

$$\boldsymbol{u}_{L,j+\frac{1}{2}}^n=\boldsymbol{u}_L^n(x_{j+\frac{1}{2}}-0)=\boldsymbol{u}_j^n+\frac{1}{2}\delta\,\boldsymbol{u}_j \tag{11.3.24a}$$

$$\boldsymbol{u}_{R,j+\frac{1}{2}}^n=\boldsymbol{u}_R^n(x_{j+\frac{1}{2}}+0)=\boldsymbol{u}_{j+1}^n-\frac{1}{2}\delta\,\boldsymbol{u}_{j+1} \tag{11.3.24b}$$

其中 $\boldsymbol{\lambda}_{k,j+\frac{1}{2}}$，$\boldsymbol{L}_{k,j+\frac{1}{2}}$，$\boldsymbol{R}_{k,j+\frac{1}{2}}$，$k=1,2,\cdots,N$ 为非线性 Jacobian 系数矩阵$\boldsymbol{A}(\boldsymbol{u}_{L,j+\frac{1}{2}},\boldsymbol{u}_{R,j+\frac{1}{2}})$在 $\boldsymbol{u}=\boldsymbol{u}_{j+\frac{1}{2}}^n$处的第 k 个特征值及左右特征矢量矩阵的第 k 个分矢量。

这里同样需要求解在 $0 \leqslant t \leqslant \Delta t$ 时间内精确解 $\boldsymbol{u}_j^n(x, t+\Delta t)$，但是由于线性分布初值比较复杂，不可能求出在 $0 \leqslant t \leqslant \Delta t$ 时间内的精确解，只能求与精确解尽可能接近的近似值 $\hat{\boldsymbol{u}}_j^{n+1}(x, t+\Delta t)$。

构造在时间 $0 \leqslant t \leqslant \Delta t$ 内近似解 $\hat{\boldsymbol{u}}_j^{n+1}(x,t)$ 的具体做法为：

设

$$\hat{\boldsymbol{u}}_j^{n+1}(x,t) = \boldsymbol{u}_{j+\frac{1}{2}}^{n+1}(x,t) = \sum_{k=1}^{N} w_{k,j+\frac{1}{2}}^n(x,t)\boldsymbol{R}_{k,j+\frac{1}{2}}, x_j < x < x_{j+1} \tag{11.3.25}$$

其中

$$w_k^n = \boldsymbol{L}_k \cdot \boldsymbol{u}^n(x) \tag{11.3.25a}$$

为特征函数。有：

$$\boldsymbol{u}_{j+\frac{1}{2}}^n(0,x) = \begin{cases} \boldsymbol{u}_j^n(x), & x_j < x < x_{j+\frac{1}{2}} \\ \boldsymbol{u}_{j+1}^n(x), & x_{j+\frac{1}{2}} < x < x_{j+1} \end{cases} \tag{11.3.25b}$$

定义近似解 $\hat{\boldsymbol{u}}_j^{n+1}(x,t+\Delta t)$ 在 $x = x_{j+\frac{1}{2}}$ 处的特征线为：

$$x = x_{j+\frac{1}{2}} + \boldsymbol{\lambda}_{k,j+\frac{1}{2}} t \equiv x_{k,j+\frac{1}{2}}(t) \tag{11.3.26}$$

而且特征函数 $w_{k,j+\frac{1}{2}}^n(x,t)$ 被分割成两部分：

$$w_{k,j+\frac{1}{2}}^n(x,t) = \begin{cases} w_{k,j}^n(x,t), & x < x_{k,j+\frac{1}{2}}(t) \\ w_{k,j+1}^n(x,t), & x > x_{k,j+\frac{1}{2}}(t) \end{cases} \tag{11.3.27}$$

类似于非线性标量方程中的表达式(11.3.14)，可以给出它们的表达式：

$$\begin{aligned} w_{k,j}(x,t) &= w_{k,\mathrm{L},j+\frac{1}{2}} - \delta w_{k,j} \frac{x_{k,j+\frac{1}{2}}(t) - x}{x_{k,j+\frac{1}{2}}(t) - x_{k,j-\frac{1}{2}}(t)} \\ w_{k,j+1}(x,t) &= w_{k,\mathrm{R},j+\frac{1}{2}} - \delta w_{k,j+1} \frac{x - x_{k,j+\frac{1}{2}}(t)}{x_{k,j+\frac{3}{2}}(t) - x_{k,j+\frac{1}{2}}(t)} \end{aligned} \tag{11.3.28a}$$

式中

$$\left.\begin{aligned} w_{k,\mathrm{L},j+\frac{1}{2}} &= \boldsymbol{L}_{k,j+\frac{1}{2}} \cdot \boldsymbol{u}_{\mathrm{L},j+\frac{1}{2}} \\ w_{k,\mathrm{R},j+\frac{1}{2}} &= \boldsymbol{L}_{k,j+\frac{1}{2}} \cdot \boldsymbol{u}_{\mathrm{R},j+\frac{1}{2}} \end{aligned}\right\} \tag{11.3.28b}$$

$$\left.\begin{aligned} \delta w_{k,j} &= \boldsymbol{L}_{k,j+\frac{1}{2}} \cdot \delta \boldsymbol{u}_j \\ \delta w_{k,j+1} &= \boldsymbol{L}_{k,j+\frac{1}{2}} \cdot \delta \boldsymbol{u}_{j+1} \end{aligned}\right\} \tag{11.3.28c}$$

得到：

$$\begin{aligned} \hat{\boldsymbol{u}}_j^{n+1}(x,t) = \hat{\boldsymbol{u}}_j^{n+1}(x_{j+\frac{1}{2}},t) &= \sum_{k=1}^{N} w_{k,j+\frac{1}{2}}(x_{j+\frac{1}{2}},t)\boldsymbol{R}_{k,j+\frac{1}{2}} \\ &= \sum_{a_k>0}\left[w_{k,\mathrm{L},j+\frac{1}{2}} - \delta w_{k,j}\frac{\boldsymbol{\lambda}_{k,j+\frac{1}{2}} t}{\Delta x + (\boldsymbol{\lambda}_{k,j+\frac{1}{2}} - \boldsymbol{\lambda}_{k,j-\frac{1}{2}})t}\right]\boldsymbol{R}_{k,j+\frac{1}{2}} + \end{aligned}$$

$$\sum_{a_k<0}\left[w_{k,\mathrm{R},j+\frac{1}{2}}-\delta w_{k,j+1}\frac{\lambda_{k,j+\frac{1}{2}}t}{\Delta x+(\lambda_{k,j+\frac{3}{2}}-\lambda_{k,j+\frac{1}{2}})t}\right]\boldsymbol{R}_{k,j+\frac{1}{2}}+$$

$$\sum_{a_k=0}\frac{1}{2}(w_{k,\mathrm{L},j+\frac{1}{2}}+w_{k,\mathrm{R},j+\frac{1}{2}})\boldsymbol{R}_{k,j+\frac{1}{2}} \tag{11.3.29}$$

其中$\sum$表示对符号下面各项进行求和。得到二阶精度 MUSCL 差分格式：

$$\boldsymbol{u}_j^{n+1}=\boldsymbol{u}_j^n-r(\boldsymbol{h}_{j+\frac{1}{2}}^n-\boldsymbol{h}_{j-\frac{1}{2}}^n) \tag{11.3.30}$$

$$\boldsymbol{h}_{j+\frac{1}{2}}^n=\boldsymbol{h}\left[\boldsymbol{u}^n\left(x_{j+\frac{1}{2}},\frac{1}{2}\Delta t\right)\right] \tag{11.3.30a}$$

或

$$\boldsymbol{h}_{j+\frac{1}{2}}^n=\frac{1}{2}\boldsymbol{h}[\boldsymbol{u}^n(x_{j+\frac{1}{2}},0)]+\frac{1}{2}\boldsymbol{h}[\boldsymbol{u}^n(x_{j+\frac{1}{2}},\Delta t)] \tag{11.3.30b}$$

其中有关量的计算公式可由(11.3.28)、(11.3.29)、(11.3.23)、(11.3.24)以及非线性系数矩阵和 Roe 分解矩阵的特征值、特征矢量计算公式给出。

11-3-3　一维无黏流动 Euler 方程组的 MUSCL 差分格式

一维 Euler 方程组为：

$$\boldsymbol{u}_t+\boldsymbol{f}_x=\boldsymbol{0} \tag{11.3.31}$$

$$\boldsymbol{u}=\begin{pmatrix}\rho\\ \rho u\\ E\end{pmatrix},\quad \boldsymbol{f}(\boldsymbol{u})=\begin{pmatrix}\rho u\\ \rho u^2+p\\ (E+p)u\end{pmatrix} \tag{11.3.31a}$$

其中ρ为流体密度，p为压力，u为在x方向上速度分量，e为单位质量流体内能，E为单位体积流体总能。理想气体状态方程：

$$p=(\gamma-1)\rho e=(\gamma-1)\left(E-\frac{1}{2}\rho u^2\right) \tag{11.3.32}$$

一维 Euler 方程组的非线性 Jacobian 系数矩阵、特征值和左右特征矢量：

(1) 非线性 Jacobian 系数矩阵$\boldsymbol{A}(\boldsymbol{u})$为：

$$\boldsymbol{A}(\boldsymbol{u})=\frac{\partial\boldsymbol{f}}{\partial\boldsymbol{u}}=\begin{pmatrix}0 & 1 & 0\\ \frac{\gamma-3}{2}u^2 & -(\gamma-3)u & \gamma-1\\ u\left(\frac{\gamma-2}{2}u^2-\frac{a^2}{\gamma-1}\right) & \frac{3-2\gamma}{2}u^2+\frac{a^2}{\gamma-1} & \gamma u\end{pmatrix} \tag{11.3.33}$$

(2) 非线性 Jacobian 系数矩阵$\boldsymbol{A}(\boldsymbol{u})$特征值：

$$\lambda_1=u,\quad \lambda_2=u-a,\quad \lambda_3=u+a \tag{11.3.34a}$$

其对角矩阵

$$\boldsymbol{\Lambda}=\begin{pmatrix}u & 0 & 0\\ 0 & u-a & 0\\ 0 & 0 & u+a\end{pmatrix} \tag{11.3.34b}$$

(3) 非线性 Jacobian 系数矩阵 $\boldsymbol{A}(\boldsymbol{u})$ 右特征矢量矩阵 $\boldsymbol{AR}=\lambda\boldsymbol{R}$

$$\boldsymbol{R}=\begin{pmatrix} 1 & 1 & 1 \\ u & u-a & u+a \\ \dfrac{1}{2}u^2 & h-ua & h+ua \end{pmatrix} \tag{11.3.35}$$

(4) 非线性 Jacobian 系数矩阵 $\boldsymbol{A}(\boldsymbol{u})$ 左特征矢量矩阵 $\boldsymbol{LA}=\lambda\boldsymbol{L}$

$$\boldsymbol{L}=\begin{pmatrix} 1-\dfrac{(\gamma-1)u^2}{2a^2} & \dfrac{(\gamma-1)u}{a^2} & -\dfrac{\gamma-1}{a^2} \\ \dfrac{u}{2a}+\dfrac{(\gamma-1)u^2}{4a^2} & -\dfrac{(\gamma-1)u}{2a^2}-\dfrac{1}{2a} & \dfrac{\gamma-1}{2a^2} \\ -\dfrac{u}{2a}+\dfrac{(\gamma-1)u^2}{4a^2} & -\dfrac{(\gamma-1)u}{2a^2}+\dfrac{1}{2a} & \dfrac{\gamma-1}{2a^2} \end{pmatrix} \tag{11.3.36}$$

(5) 非线性 Jacobian 系数矩阵 $\boldsymbol{A}(\boldsymbol{u})$ 左右特征矢量矩阵关系式

$$\boldsymbol{\alpha}=\boldsymbol{L}\Delta\boldsymbol{u}=\boldsymbol{R}^{-1}\Delta\boldsymbol{u}$$

$$=\begin{pmatrix} \Delta\rho-\dfrac{\gamma-1}{a^2}\left(\Delta E-u\Delta m+\dfrac{1}{2}u^2\Delta\rho\right) \\ \dfrac{1}{2a}(u\Delta\rho-\Delta m)+\dfrac{\gamma-1}{2a^2}\left(\Delta E-u\Delta m+\dfrac{1}{2}u^2\Delta\rho\right) \\ \dfrac{1}{2a}(\Delta m-u\Delta\rho)+\dfrac{\gamma-1}{2a^2}\left(\Delta E-u\Delta m+\dfrac{1}{2}u^2\Delta\rho\right) \end{pmatrix} \tag{11.3.37}$$

其中 $\Delta m=\Delta(\rho u)$。

(6) Euler 方程组的流通量矢量 $\boldsymbol{f}(\boldsymbol{u})$ 分解

容易验证,左右特征矢量矩阵满足$\boldsymbol{L}_x\boldsymbol{R}_x=\boldsymbol{I}$。流通量矢量 $\boldsymbol{f}(\boldsymbol{u})=\boldsymbol{R}_x\boldsymbol{\Lambda}_x\boldsymbol{L}_x\boldsymbol{u}$,由此得到:

$$\boldsymbol{f}(\boldsymbol{u})=\frac{\rho}{2\gamma}\begin{pmatrix} 2(\gamma-1)\lambda_1+\lambda_2+\lambda_3 \\ 2(\gamma-1)u\lambda_1+(u-a)\lambda_2+(u+a)\lambda_3 \\ (\gamma-1)u^2\lambda_1+(h-au)\lambda_2+(h+au)\lambda_3 \end{pmatrix} \tag{11.3.38}$$

在求解一维 Euler 方程组时,通常采用流通量矢量分裂法:

$$\boldsymbol{f}(\boldsymbol{u})=\boldsymbol{f}^{+}(\boldsymbol{u})+\boldsymbol{f}^{-}(\boldsymbol{u}) \tag{11.3.39}$$

用 Steger-Warming 流通量矢量分裂法,有:

$$\lambda_j^{\pm}=\frac{1}{2}\left(\lambda_j\pm\sqrt{\lambda_j^2+\varepsilon^2}\right) \tag{11.3.40}$$

这里 ε 是修正小量。由 Steger-Warming 流通量矢量分裂法计算公式(11.4.40)得到:

$$\boldsymbol{f}^{\pm}(\boldsymbol{u})=\frac{\rho}{2\gamma}\begin{pmatrix} 2(\gamma-1)\lambda_1^{\pm}+\lambda_2^{\pm}+\lambda_3^{\pm} \\ 2(\gamma-1)u\lambda_1^{\pm}+(u-a)\lambda_2^{\pm}+(u+a)\lambda_3^{\pm} \\ (\gamma-1)u^2\lambda_1^{\pm}+(h-au)\lambda_2^{\pm}+(h+au)\lambda_3^{\pm} \end{pmatrix} \tag{11.3.41}$$

利用本节上述 Euler 方程组的流通量矢量、特征值、左右特征矢量矩阵等关系式(11.3.33)~(11.3.38)和分裂后的流通量矢量式(11.3.41),得到一维 Euler 方程组的二阶精度 MUSCL 差分格式:

$$\left.\begin{aligned} \boldsymbol{u}_j^{n+1} &= \boldsymbol{u}_{j+\frac{1}{2}}^n - r(\boldsymbol{h}_{j+\frac{1}{2}}^n - \boldsymbol{h}_{j-\frac{1}{2}}^n) \\ \boldsymbol{h}_{j+\frac{1}{2}}^n &= \boldsymbol{f}^+(\boldsymbol{u}_{\mathrm{L},j+\frac{1}{2}}^n) + \boldsymbol{f}^-(\boldsymbol{u}_{\mathrm{R},j+\frac{1}{2}}^n) \end{aligned}\right\} \tag{11.3.42}$$

其中$\boldsymbol{u}_{\mathrm{L},j+\frac{1}{2}}$和$\boldsymbol{u}_{\mathrm{R},j+\frac{1}{2}}$表达式:

$$\begin{aligned} \boldsymbol{u}_{\mathrm{L},j+\frac{1}{2}} = \boldsymbol{u}_j &+ \frac{1}{4}(1-k)\mathrm{minmod}(\Delta_{j-\frac{1}{2}}\boldsymbol{u}, b\Delta_{j+\frac{1}{2}}\boldsymbol{u}) + \\ &\frac{1}{4}(1+k)\mathrm{minmod}(\Delta_{j+\frac{1}{2}}\boldsymbol{u}, b\Delta_{j-\frac{1}{2}}\boldsymbol{u}) \end{aligned} \tag{11.3.42a}$$

$$\begin{aligned} \boldsymbol{u}_{\mathrm{R},j+\frac{1}{2}} = \boldsymbol{u}_{j+1} &- \frac{1}{4}(1-k)\mathrm{minmod}(\Delta_{j+\frac{3}{2}}\boldsymbol{u}, b\Delta_{j+\frac{1}{2}}\boldsymbol{u}) - \\ &\frac{1}{4}(1+k)\mathrm{minmod}(\Delta_{j+\frac{1}{2}}\boldsymbol{u}, b\Delta_{j+\frac{3}{2}}\boldsymbol{u}) \end{aligned} \tag{11.3.42b}$$

式中流动量矢量的 minmod 函数值都应该理解为是由它们相应分量的 minmod 函数值所组成的矢量。在半点$\left(j\pm\frac{1}{2}\right)$上的流动量可采用本章 11-2-5 节的 Roe 平均算式(11.2.70)、(11.2.71)计算得到。

参数 k、b 可取 $k=-1$、0、$\frac{1}{3}$、1,$1\leqslant b\leqslant 3$。当 $k=-1$ 时,二阶精度 MUSCL 差分格式称为迎风差分格式;当 $k=1$ 时,称为中心差分格式;当 $k=0$ 时,称为 Fromm 差分格式。它们都是二阶精度差分格式,当 $k=\frac{1}{3}$时,MUSCL 差分格式具有三阶精度[9]。有人已证明高于二阶精度的 MUSCL 差分格式是不存在的。

第 4 节　间断分解算法在二维无黏流动中的应用

11-4-1　超声速气流绕过平头钝体流动问题

当马赫数为 3.0 的超声速气流绕过平头钝体时,在钝体前面会产生一道脱体弓形激波。求计算达到稳定时得到的流动定常解(图 11.4 和图 11.5)。

初始条件:$t=0$ 时,全流场内充满了流动速度为马赫数 3.0 的超声速气流。

流动初始参数:

$$\rho_1 = 1.0,\quad u_1 = 3.0,\quad v_1 = 0,\quad p_1 = 0.714\ 29 \tag{11.4.1}$$

边界条件:左边界($x=0$)处为流动速度为马赫数 3.0 的均匀来流 $u_1=3.0$,$v_1=0$,$\rho_1=1.0$,$p_1=0.714\ 29$。在平头钝体的前面、上下两面均为刚性壁面,满足滑移反射边界条件:即在各壁面法向方向上各物理量取一阶导数为零,这可以在壁面法线方向上采用镜面反射原则取值。由此可知，在水平壁面上 $v_w = 0$，竖直壁面上 $u_w = 0$。在各壁面切向方向上直接取流场中相邻点物理量的值。

在计算的上下边界和右边界处，气流应满足自由输出条件：

$$\frac{\partial u}{\partial x} = \frac{\partial v}{\partial x} = 0,\ \frac{\partial u}{\partial y} = \frac{\partial v}{\partial y} = 0 \tag{11.4.2}$$

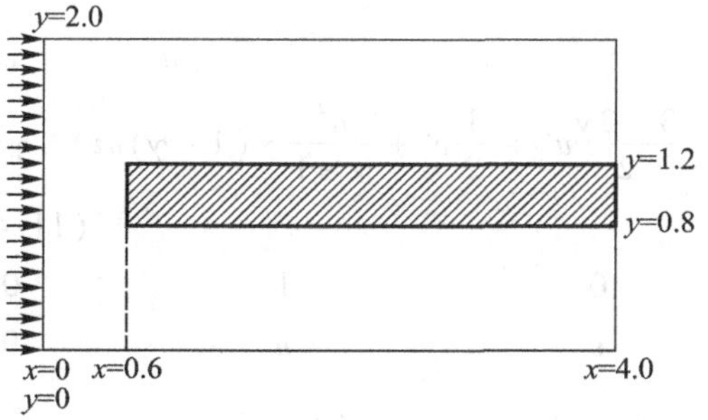

图 11.4　超声速气流绕平头钝体流动计算模型示意图

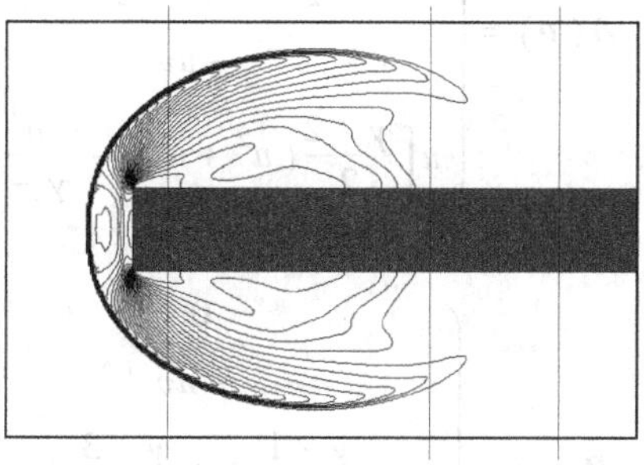

图 11.5　超声速气流绕平头钝体流动数值计算

11-4-2　二维无黏流动 Euler 方程组

采用理想气体模型。不考虑体力、外部热源和流体源（汇），二维 Euler 方程组：

$$\boldsymbol{u}_t + \boldsymbol{f}_x + \boldsymbol{g}_y = \boldsymbol{0} \tag{11.4.3}$$

其中

$$\boldsymbol{u} = \begin{pmatrix} \rho \\ \rho u \\ \rho v \\ E \end{pmatrix},\quad \boldsymbol{f} = \begin{pmatrix} \rho u \\ \rho u^2 + p \\ \rho uv \\ (E+p)u \end{pmatrix},\quad \boldsymbol{g} = \begin{pmatrix} \rho v \\ \rho uv \\ \rho v^2 + p \\ (E+p)v \end{pmatrix} \tag{11.4.3a}$$

其中 ρ 为流体密度，p 为压力，u、v 为 x 和 y 方向上速度分量，E 为单位体积流体总能。理想气体状态方程：

$$p = (\gamma - 1)\rho e = (\gamma - 1)\left[E - \frac{1}{2}\rho(u^2 + v^2)\right] \tag{11.4.4}$$

11-4-3　非线性 Jacobian 系数矩阵、特征值和特征矢量矩阵

把二维 Euler 方程组(11.4.3)写成非守恒型形式：

$$\frac{\partial \boldsymbol{u}}{\partial t} + \boldsymbol{A}\frac{\partial \boldsymbol{u}}{\partial x} + \boldsymbol{B}\frac{\partial \boldsymbol{u}}{\partial y} = \boldsymbol{0} \tag{11.4.5}$$

其中 $\boldsymbol{A}$、$\boldsymbol{B}$ 为非守恒型方程组的非线性 Jacobian 系数矩阵，由于流通量矢量 $\boldsymbol{f}$、$\boldsymbol{g}$ 是流动量矢量 $\boldsymbol{u}$ 的一次齐次函数，则有：

$$\boldsymbol{A}\frac{\partial \boldsymbol{u}}{\partial x}=\frac{\partial \boldsymbol{f}}{\partial x},\quad \boldsymbol{B}\frac{\partial \boldsymbol{u}}{\partial y}=\frac{\partial \boldsymbol{g}}{\partial y} \tag{11.4.5a}$$

（1）非线性 Jacobian 系数矩阵

$$\boldsymbol{A}(\boldsymbol{u})=\begin{pmatrix} 0 & 1 & 0 & 0 \\ \frac{\gamma-3}{2}u^2+\frac{\gamma-1}{2}v^2 & (3-\gamma)u & (1-\gamma)v & \gamma-1 \\ -uv & v & u & 0 \\ u\left[\frac{\gamma-2}{2}(u^2+v^2)-\frac{a^2}{\gamma-1}\right] & \frac{3-2\gamma}{2}u^2+\frac{1}{2}v^2+\frac{a^2}{\gamma-1} & (1-\gamma)uv & \gamma u \end{pmatrix} \tag{11.4.6a}$$

$$\boldsymbol{B}(\boldsymbol{u})=\begin{pmatrix} 0 & 0 & 1 & 0 \\ -uv & v & u & 0 \\ \frac{\gamma-1}{2}u^2+\frac{\gamma-3}{2}v^2 & (1-\gamma)u & (3-\gamma)v & \gamma-1 \\ v\left[\frac{\gamma-2}{2}(u^2+v^2)-\frac{a^2}{\gamma-1}\right] & (1-\gamma)uv & \frac{1}{2}u^2+\frac{3-2\gamma}{2}v^2+\frac{a^2}{\gamma-1} & \gamma v \end{pmatrix} \tag{11.4.6b}$$

（2）系数矩阵 $\boldsymbol{A}$、$\boldsymbol{B}$ 的特征值矩阵

$$\boldsymbol{\Lambda}_x=\boldsymbol{R}^{-1}\boldsymbol{A}\,\boldsymbol{L}^{-1}=\begin{pmatrix} \lambda_1 & 0 & 0 & 0 \\ 0 & \lambda_2 & 0 & 0 \\ 0 & 0 & \lambda_3 & 0 \\ 0 & 0 & 0 & \lambda_4 \end{pmatrix}=\begin{pmatrix} u & 0 & 0 & 0 \\ 0 & u & 0 & 0 \\ 0 & 0 & u-a & 0 \\ 0 & 0 & 0 & u+a \end{pmatrix} \tag{11.4.7a}$$

$$\boldsymbol{\Lambda}_y=\boldsymbol{R}^{-1}\boldsymbol{B}\,\boldsymbol{L}^{-1}=\begin{pmatrix} \mu_1 & 0 & 0 & 0 \\ 0 & \mu_2 & 0 & 0 \\ 0 & 0 & \mu_3 & 0 \\ 0 & 0 & 0 & \mu_4 \end{pmatrix}=\begin{pmatrix} v & 0 & 0 & 0 \\ 0 & v & 0 & 0 \\ 0 & 0 & v-a & 0 \\ 0 & 0 & 0 & v+a \end{pmatrix} \tag{11.4.7b}$$

（3）系数矩阵 $\boldsymbol{A}$、$\boldsymbol{B}$ 的右特征矢量矩阵

由右特征矢量矩阵 $\boldsymbol{A}\,\boldsymbol{R}_x=\lambda\,\boldsymbol{R}_x$、$\boldsymbol{B}\,\boldsymbol{R}_y=\mu\,\boldsymbol{R}_y$ 得到它们的右特征矢量矩阵：

$$\boldsymbol{R}_x=\begin{pmatrix} 1 & 0 & 1 & 1 \\ u & 0 & u-a & u+a \\ 0 & 1 & v & v \\ \frac{1}{2}(u^2-v^2) & v & h-au & h+au \end{pmatrix} \tag{11.4.8a}$$

$$
\boldsymbol{R}_y=\begin{pmatrix}0 & 1 & 1 & 1\\ 1 & 0 & u & u\\ 0 & v & v-a & v+a\\ u & \frac{1}{2}(v^2-u^2) & h-av & h+av\end{pmatrix} \tag{11.4.8b}
$$

（4）系数矩阵 $\boldsymbol{A}$、$\boldsymbol{B}$ 的左特征矢量矩阵

由左特征矢量公式 $\boldsymbol{L}_x\boldsymbol{A}=\lambda\boldsymbol{L}_x$，$\boldsymbol{L}_y\boldsymbol{B}=\mu\boldsymbol{L}_y$，可得到左特征矢量矩阵：

$$
\boldsymbol{L}_x=\begin{pmatrix}1-\frac{\gamma-1}{2a^2}(u^2+v^2) & \frac{\gamma-1}{a^2}u & \frac{\gamma-1}{a^2}v & \frac{\gamma-1}{a^2}\\ -\frac{\gamma-1}{2a^2}v(u^2+v^2) & \frac{\gamma-1}{a^2}uv & 1+\frac{\gamma-1}{a^2}v^2 & -\frac{\gamma-1}{a^2}v\\ \frac{\gamma-1}{4a^2}(u^2+v^2)+\frac{u}{2a} & -\frac{\gamma-1}{2a^2}u-\frac{1}{2a} & -\frac{\gamma-1}{2a^2}v & \frac{\gamma-1}{2a^2}\\ \frac{\gamma-1}{4a^2}(u^2+v^2)-\frac{u}{2a} & -\frac{\gamma-1}{2a^2}u+\frac{1}{2a} & -\frac{\gamma-1}{2a^2}v & \frac{\gamma-1}{2a^2}\end{pmatrix} \tag{11.4.9a}
$$

$$
\boldsymbol{L}_y=\begin{pmatrix}-\frac{\gamma-1}{2a^2}u(u^2+v^2) & 1+\frac{\gamma-1}{a^2}u^2 & \frac{\gamma-1}{a^2}uv & -\frac{\gamma-1}{a^2}u\\ 1-\frac{\gamma-1}{2a^2}(u^2+v^2) & \frac{\gamma-1}{a^2}u & \frac{\gamma-1}{a^2}v & -\frac{\gamma-1}{a^2}\\ \frac{\gamma-1}{4a^2}(u^2+v^2)+\frac{1}{2a}v & -\frac{\gamma-1}{2a^2}u & -\frac{\gamma-1}{2a^2}v-\frac{1}{2a} & \frac{\gamma-1}{2a^2}\\ \frac{\gamma-1}{4a^2}(u^2+v^2)-\frac{1}{2a}v & -\frac{\gamma-1}{2a^2}u & -\frac{\gamma-1}{2a^2}v+\frac{1}{2a} & \frac{\gamma-1}{2a^2}\end{pmatrix} \tag{11.4.9b}
$$

设 $b_1=b_2\frac{(u^2+v^2)}{2}$，$b_2=\frac{\gamma-1}{a^2}$，则式（11.4.9a）可写成：

$$
\boldsymbol{L}_x=\begin{pmatrix}1-b_1 & b_2u & b_2v & -b_2\\ -b_1v & b_2uv & 1+b_2v^2 & -b_2v\\ \frac{1}{2}\left(b_1+\frac{u}{a}\right) & -\frac{1}{2}\left(b_2u+\frac{1}{a}\right) & -\frac{1}{2}b_2v & \frac{1}{2}b_2\\ \frac{1}{2}\left(b_1-\frac{u}{a}\right) & -\frac{1}{2}\left(b_2u-\frac{1}{a}\right) & -\frac{1}{2}b_2v & \frac{1}{2}b_2\end{pmatrix} \tag{11.4.10a}
$$

式（11.4.9b）可写成：

$$
\boldsymbol{L}_y = \begin{pmatrix} -b_1u & 1+b_2u^2 & b_2uv & -b_2u \\ 1-b_1 & b_2u & b_2v & -b_2 \\ \frac{1}{2}\left(b_1+\frac{v}{a}\right) & -\frac{1}{2}b_2u & -\frac{1}{2}\left(b_2v+\frac{1}{a}\right) & \frac{1}{2}b_2 \\ \frac{1}{2}\left(b_1-\frac{v}{a}\right) & -\frac{1}{2}b_2u & -\frac{1}{2}\left(b_2v-\frac{1}{a}\right) & \frac{1}{2}b_2 \end{pmatrix} \tag{11.4.10b}
$$

（5）系数矩阵 $\boldsymbol{A}$、$\boldsymbol{B}$ 左右特征矢量矩阵之间的关系式

$\boldsymbol{\alpha} = \boldsymbol{L}_x\Delta\boldsymbol{u} = \boldsymbol{R}_x^{-1}\Delta\boldsymbol{u}$

$$
= \begin{pmatrix} \Delta\rho - \frac{\gamma-1}{a^2}\left[\Delta E - u\Delta m - v\Delta n + \frac{1}{2}(u^2+v^2)\Delta\rho\right] \\ \Delta n - \frac{\gamma-1}{a^2}v\left[\Delta E - u\Delta m - v\Delta n + \frac{1}{2}(u^2+v^2)\Delta\rho\right] \\ \frac{1}{2a}(u\Delta\rho - \Delta m) + \frac{\gamma-1}{2a^2}\left[\Delta E - u\Delta m - v\Delta n + \frac{1}{2}(u^2+v^2)\Delta\rho\right] \\ \frac{1}{2a}(\Delta m - u\Delta\rho) + \frac{\gamma-1}{2a^2}\left[\Delta E - u\Delta m - v\Delta n + \frac{1}{2}(u^2+v^2)\Delta\rho\right] \end{pmatrix} \tag{11.4.11a}
$$

$\boldsymbol{\beta} = \boldsymbol{L}_y\Delta\boldsymbol{u} = \boldsymbol{R}_y^{-1}\Delta\boldsymbol{u}$

$$
= \begin{pmatrix} \Delta m - \frac{\gamma-1}{a^2}u\left[\Delta E - u\Delta m - v\Delta n + \frac{1}{2}(u^2+v^2)\Delta\rho\right] \\ \Delta\rho - \frac{\gamma-1}{a^2}\left[\Delta E - u\Delta m - v\Delta n + \frac{1}{2}(u^2+v^2)\Delta\rho\right] \\ \frac{1}{2a}(v\Delta\rho - \Delta n) + \frac{\gamma-1}{2a^2}\left[\Delta E - u\Delta m - v\Delta n + \frac{1}{2}(u^2+v^2)\Delta\rho\right] \\ \frac{1}{2a}(\Delta n - v\Delta\rho) + \frac{\gamma-1}{2a^2}\left[\Delta E - u\Delta m - v\Delta n + \frac{1}{2}(u^2+v^2)\Delta\rho\right] \end{pmatrix} \tag{11.4.11b}
$$

（6）Roe 平均表达式

$$
\left.\begin{aligned} &\overline{D} = \sqrt{\frac{\rho_R}{\rho_L}}, \quad \overline{u} = \frac{u_L + \overline{D}u_R}{1+\overline{D}}, \quad \overline{v} = \frac{v_L + \overline{D}v_R}{1+\overline{D}} \\ &\overline{\rho} = \rho_L\left[\frac{1}{2}(1+\overline{D})\right]^2, \quad \overline{h} = \frac{h_L + \overline{D}h_R}{1+\overline{D}} \\ &\overline{a}^2 = (\gamma-1)\left[\overline{h} - \frac{1}{2}(\overline{u}^2 + \overline{v}^2)\right] \\ &\overline{p} = \frac{1}{\gamma}\overline{\rho}\,\overline{a}^2, \quad \overline{E} = \overline{\rho}\overline{h} - \overline{p} = \overline{\rho}\,\overline{e} \end{aligned}\right\} \tag{11.4.12}
$$

其中 $\Delta m = \Delta(\rho u)$，$\Delta n = \Delta(\rho v)$。

（7）流通量矢量 $\boldsymbol{f}(\boldsymbol{u})$、$\boldsymbol{g}(\boldsymbol{u})$

由于左右特征矢量满足 $\boldsymbol{L}_x\boldsymbol{R}_x = \boldsymbol{I}$，$\boldsymbol{L}_y\boldsymbol{R}_y = \boldsymbol{I}$。容易验证，流通量矢量为 $\boldsymbol{f}(\boldsymbol{u}) =$

$\boldsymbol{R}_x\boldsymbol{\Lambda}_x\boldsymbol{L}_x\boldsymbol{u}, \boldsymbol{g}(\boldsymbol{u}) = \boldsymbol{R}_y\boldsymbol{\Lambda}_y\boldsymbol{L}_y\boldsymbol{u}$。由此，可计算得到 Euler 方程组流通量矢量 $\boldsymbol{f}(\boldsymbol{u})$、$\boldsymbol{g}(\boldsymbol{u})$为：

$$\boldsymbol{f}(\boldsymbol{u}) = \frac{\rho}{2\gamma}\begin{pmatrix} 2(\gamma-1)\lambda_1+\lambda_3+\lambda_4 \\ 2(\gamma-1)u\lambda_1+(u-a)\lambda_3+(u+a)\lambda_4 \\ 2(\gamma-1)v\lambda_1+v\lambda_3+v\lambda_4 \\ (\gamma-1)(u^2-v^2)\lambda_1+2(\gamma-1)v^2\lambda_2+(h-au)\lambda_3+(h+au)\lambda_4 \end{pmatrix} \tag{11.4.13a}$$

$$\boldsymbol{g}(\boldsymbol{u}) = \frac{\rho}{2\gamma}\begin{pmatrix} 2(\gamma-1)\mu_1+\mu_3+\mu_4 \\ 2(\gamma-1)u\mu_1+u\mu_3+u\mu_4 \\ 2(\gamma-1)v\mu_1+(v-a)\mu_3+(v+a)\mu_4 \\ 2(\gamma-1)u^2\mu_1+(\gamma-1)(v^2-u^2)\mu_2+(h-av)\mu_3+(h+av)\mu_4 \end{pmatrix} \tag{11.4.13b}$$

11-4-4 流通量矢量分裂

采用 Steger-Warming 流通量矢量分裂法：

$$\lambda_i^{\pm} = \frac{1}{2}\left(\lambda_i \pm \sqrt{\lambda_i^2+\varepsilon^2}\right) \tag{11.4.14a}$$

$$\mu_j^{\pm} = \frac{1}{2}\left(\mu_j \pm \sqrt{\mu_j^2+\varepsilon^2}\right) \tag{11.4.14b}$$

其中 λ_i 为 x 方向特征值，μ_j 为 y 方向特征值，$i,j=1,2,3,4$。这里 ε 为修正小量，计算中取 $\varepsilon=10^{-4}$。得到分裂后流通量矢量$\boldsymbol{f}^{\pm}(\boldsymbol{u})$、$\boldsymbol{g}^{\pm}(\boldsymbol{u})$为：

$$\boldsymbol{f}^{\pm}(\boldsymbol{u}) = \frac{\rho}{2\gamma}\begin{pmatrix} 2(\gamma-1)\lambda_1^{\pm}+\lambda_3^{\pm}+\lambda_4^{\pm} \\ 2(\gamma-1)u\lambda_1^{\pm}+(u-a)\lambda_3^{\pm}+(u+a)\lambda_4^{\pm} \\ 2(\gamma-1)v\lambda_1^{\pm}+v\lambda_3^{\pm}+v\lambda_4^{\pm} \\ (\gamma-1)(u^2+v^2)\lambda_1^{\pm}+(h-au)\lambda_3^{\pm}+(h+au)\lambda_4^{\pm} \end{pmatrix} \tag{11.4.15a}$$

$$\boldsymbol{g}^{\pm}(\boldsymbol{u}) = \frac{\rho}{2\gamma}\begin{pmatrix} 2(\gamma-1)\mu_1^{\pm}+\mu_3^{\pm}+\mu_4^{\pm} \\ 2(\gamma-1)u\mu_1^{\pm}+u\mu_3^{\pm}+u\mu_4^{\pm} \\ 2(\gamma-1)v\mu_1^{\pm}+(v-a)\mu_3^{\pm}+(v+a)\mu_4^{\pm} \\ (\gamma-1)(v^2+u^2)\mu_1^{\pm}+(h-av)\mu_3^{\pm}+(h+av)\mu_4^{\pm} \end{pmatrix} \tag{11.4.15b}$$

11-4-5 Roe 差分格式和 MUSCL 差分格式

二维 Euler 方程组(11.4.3)离散后得到：

$$\boldsymbol{u}_{i,j}^{n+1} = \boldsymbol{u}_{i,j}^{n} - \frac{\Delta t}{\Delta x}\left(\boldsymbol{f}_{i+\frac{1}{2},j}^{n} - \boldsymbol{f}_{i-\frac{1}{2},j}^{n}\right) - \frac{\Delta t}{\Delta y}\left(\boldsymbol{g}_{i,j+\frac{1}{2}}^{n} - \boldsymbol{g}_{i,j-\frac{1}{2}}^{n}\right) \tag{11.4.16}$$

1. Roe 差分格式

利用本章 11-2-5 节一维 Roe 差分格式，可以导出二维 Roe 差分格式如下：

$$\boldsymbol{u}_{i,j}^{n+1}=\boldsymbol{u}_{i,j}^{n}-\frac{1}{2}\frac{\Delta t}{\Delta x}\Big[\sum_{k=1}^{4}(\lambda_k^-\alpha_k\boldsymbol{R}_k^x)_{i+\frac{1}{2},j}+\sum_{k=1}^{4}(\lambda_k^+\alpha_k\boldsymbol{R}_k^x)_{i-\frac{1}{2},j}\Big]-\frac{1}{2}\frac{\Delta t}{\Delta y}\Big[\sum_{k=1}^{4}(\mu_k^-\beta_k\boldsymbol{R}_k^y)_{i,j+\frac{1}{2}}+\sum_{k=1}^{4}(\mu_k^+\beta_k\boldsymbol{R}_k^y)_{i,j-\frac{1}{2}}\Big]\tag{11.4.17}$$

在本计算中 Roe 差分格式(11.4.17)在空间上是一阶迎风型差分格式；时间上采用一阶前差格式。

2. MUSCL 差分格式

利用本章 11-3-3 节一维 MUSCL 差分格式，可以导出二维 MUSCL 算法差分格式如下：

$$\tilde{\boldsymbol{f}}_{i+\frac{1}{2},j}=\boldsymbol{f}^+(u_{i+\frac{1}{2},j,\mathrm{L}})+\boldsymbol{f}^-(u_{i+\frac{1}{2},j,\mathrm{R}})\tag{11.4.18a}$$

$$\boldsymbol{u}_{i+\frac{1}{2},j,\mathrm{L}}=\boldsymbol{u}_{i,j}+\frac{1}{4}(1-k)\,\mathrm{minmod}(\Delta_{i-\frac{1}{2},j}\boldsymbol{u},b\Delta_{i+\frac{1}{2},j}\boldsymbol{u})+\frac{1}{4}(1+k)\,\mathrm{minmod}(\Delta_{i+\frac{1}{2},j}\boldsymbol{u},b\Delta_{i-\frac{1}{2},j}\boldsymbol{u})\tag{11.4.18b}$$

$$\boldsymbol{u}_{i+\frac{1}{2},j,\mathrm{R}}=\boldsymbol{u}_{i+1,j}-\frac{1}{4}(1-k)\,\mathrm{minmod}(\Delta_{i+\frac{3}{2},j}\boldsymbol{u},b\Delta_{i+\frac{1}{2},j}\boldsymbol{u})-\frac{1}{4}(1+k)\,\mathrm{minmod}(\Delta_{i+\frac{1}{2},j}\boldsymbol{u},b\Delta_{i+\frac{3}{2},j}\boldsymbol{u})\tag{11.4.18c}$$

$$\Delta_{i+\frac{1}{2},j}\boldsymbol{u}=\boldsymbol{u}_{i+1,j}-\boldsymbol{u}_{i,j},\quad \Delta_{i-\frac{1}{2},j}\boldsymbol{u}=\boldsymbol{u}_{i,j}-\boldsymbol{u}_{i-1,j}\tag{11.4.18d}$$

$$\tilde{\boldsymbol{g}}_{i,j+\frac{1}{2}}=\boldsymbol{g}^+(\boldsymbol{u}_{i,j+\frac{1}{2},\mathrm{L}})+\boldsymbol{g}^-(\boldsymbol{u}_{i,j+\frac{1}{2},\mathrm{R}})\tag{11.4.19a}$$

$$\boldsymbol{u}_{i,j+\frac{1}{2},\mathrm{L}}=\boldsymbol{u}_{i,j}+\frac{1}{4}(1-k)\,\mathrm{minmod}(\Delta_{i,j-\frac{1}{2}}\boldsymbol{u},b\Delta_{i,j+\frac{1}{2}}\boldsymbol{u})+\frac{1}{4}(1+k)\,\mathrm{minmod}(\Delta_{i,j+\frac{1}{2}}\boldsymbol{u},b\Delta_{i,j-\frac{1}{2}}\boldsymbol{u})\tag{11.4.19b}$$

$$\boldsymbol{u}_{i,j+\frac{1}{2},\mathrm{R}}=\boldsymbol{u}_{i,j+1}-\frac{1}{4}(1-k)\,\mathrm{minmod}(\Delta_{i,j+\frac{3}{2}}\boldsymbol{u},b\Delta_{i,j+\frac{1}{2}}\boldsymbol{u})-\frac{1}{4}(1+k)\,\mathrm{minmod}(\Delta_{i,j+\frac{1}{2}}\boldsymbol{u},b\Delta_{i,j+\frac{3}{2}}\boldsymbol{u})\tag{11.4.19c}$$

$$\Delta_{i,j+\frac{1}{2}}\boldsymbol{u}=\boldsymbol{u}_{i,j+1}-\boldsymbol{u}_{i,j},\quad \Delta_{i,j-\frac{1}{2}}\boldsymbol{u}=\boldsymbol{u}_{i,j}-\boldsymbol{u}_{i,j-1}\tag{11.4.19d}$$

其中

$$\mathrm{minmod}(x,y)=\begin{cases}(\mathrm{sgn}\,x)\min(|x|,|y|), & xy>0\\ 0, & xy\leqslant 0\end{cases}\tag{11.4.20}$$

参数 k 和 b 可取 $k=-1、0、\frac{1}{3}、1$，$1\leqslant b\leqslant 3$。在本计算中，MUSCL 算法差分格式(11.4.18)、(11.4.19)、(11.4.20)在空间上采用 $k=-1$ 的二阶迎风型差分格式；时间上采用一阶前差格式。

这里特别需要指出的是,在求解上述二维 Roe 算法差分格式时,半点$\left(i\pm\dfrac{1}{2},j\right)$、$\left(i,j\pm\dfrac{1}{2}\right)$上的 λ_k、μ_k、α_k、β_k、$\boldsymbol{R}_k^x$、$\boldsymbol{R}_k^y$等为非线性 Jacobian 系数矩阵 $\boldsymbol{A}$、$\boldsymbol{B}$ 在 Roe 分解后线性近似系数矩阵 $\overline{\boldsymbol{A}}$、$\overline{\boldsymbol{B}}$ 的特征值、左右特征矢量之间关系式、右特征矢量矩阵分矢量值。

11-4-6 算子分裂算法

超声速气流绕过平头钝体流动是一个二维无黏流动问题。采用算子分裂算法将它分裂成两个一维无黏流动:

第一个半时间步:

$$\frac{1}{2}\frac{\partial \boldsymbol{u}}{\partial t}+\frac{\partial \boldsymbol{f}}{\partial x}=0 \tag{11.4.21a}$$

第二个半时间步:

$$\frac{1}{2}\frac{\partial \boldsymbol{u}}{\partial t}+\frac{\partial \boldsymbol{g}}{\partial y}=0 \tag{11.4.21b}$$

同样,需要把二维 Euler 方程组差分格式:

$$\boldsymbol{u}_{i,j}^{n+1}=\boldsymbol{u}_{i,j}^{n}-\frac{\Delta t}{\Delta x}(\boldsymbol{f}_{i+\frac{1}{2},j}-\boldsymbol{f}_{i-\frac{1}{2},j})-\frac{\Delta t}{\Delta y}(\boldsymbol{g}_{i,j+\frac{1}{2}}-\boldsymbol{g}_{i,j-\frac{1}{2}}) \tag{11.4.22}$$

分裂成:

$$\left.\begin{aligned}\boldsymbol{u}_{i,j}^{*}&=\boldsymbol{u}_{i,j}^{n}-\frac{\Delta t}{\Delta x}(\boldsymbol{f}_{i+\frac{1}{2},j}^{n}-\boldsymbol{f}_{i-\frac{1}{2},j}^{n})=\boldsymbol{\phi}_x\boldsymbol{u}_{i,j}^{n}\\ \boldsymbol{u}_{i,j}^{n+1}&=\boldsymbol{u}_{i,j}^{*}-\frac{\Delta t}{\Delta y}(\boldsymbol{g}_{i,j+\frac{1}{2}}^{n}-\boldsymbol{g}_{i,j-\frac{1}{2}}^{n})=\boldsymbol{\phi}_y\boldsymbol{u}_{i,j}^{*}\end{aligned}\right\} \tag{11.4.22a}$$

分裂后对每个一维 Euler 方程组差分格式(11.4.22a)分别采用 Roe 差分格式和 MUSCL 差分格式进行计算。Roe 差分格式和 MUSCL 差分格式可参照本章 11-2-6 节中的一维 Roe 差分格式和本章 11-3-3 节中的一维 MUSCL 差分格式。由初值$\boldsymbol{u}_{i,j}^{n}$和流通量$\boldsymbol{f}_{i\pm\frac{1}{2},j}^{n}$,计算得到$\boldsymbol{u}_{i,j}^{*}$,然后利用$\boldsymbol{u}_{i,j}^{*}$和流通量$\boldsymbol{g}_{i,j\pm\frac{1}{2}}^{n}$计算得到超声速气流绕过平头钝体流动量$\boldsymbol{u}_{i,j}^{n+1}$。

由式(11.4.15)可得到分裂后一维的流通量矢量$\boldsymbol{f}_{i\pm\frac{1}{2},j}^{n}$、$\boldsymbol{g}_{i,j\pm\frac{1}{2}}^{n}$:

$$\boldsymbol{f}(\boldsymbol{u})=\frac{\rho}{2\gamma}\begin{pmatrix}2(\gamma-1)\lambda_1+\lambda_3+\lambda_4\\ 2(\gamma-1)u\lambda_1+(u-a)\lambda_3+(u+a)\lambda_4\\ (\gamma-1)(u^2-v^2)\lambda_1+(h-au)\lambda_3+(h+au)\lambda_4\end{pmatrix} \tag{11.4.23a}$$

$$\boldsymbol{g}(\boldsymbol{u})=\frac{\rho}{2\gamma}\begin{pmatrix}2(\gamma-1)\mu_2+\mu_3+\mu_4\\ 2(\gamma-1)v\mu_2+(v-a)\mu_3+(v+a)\mu_4\\ (\gamma-1)(v^2-u^2)\mu_2+(h-av)\mu_3+(h+av)\mu_4\end{pmatrix} \tag{11.4.23b}$$

同时，可得到 Steger-Warming 分裂后流通量矢量$(f^n_{i\pm\frac{1}{2},j})^{\pm}$、$(g^n_{i,j\pm\frac{1}{2}})^{\pm}$：

$$f^{\pm}(u)=\frac{\rho}{2\gamma}\begin{pmatrix}2(\gamma-1)\lambda_1^{\pm}+\lambda_3^{\pm}+\lambda_4^{\pm}\\ 2(\gamma-1)u\lambda_1^{\pm}+(u-a)\lambda_3^{\pm}+(u+a)\lambda_4^{\pm}\\ (\gamma-1)(u^2-v^2)\lambda_1^{\pm}+(h-au)\lambda_3^{\pm}+(h+au)\lambda_4^{\pm}\end{pmatrix}\tag{11.4.24a}$$

$$g^{\pm}(u)=\frac{\rho}{2\gamma}\begin{pmatrix}2(\gamma-1)\mu_2^{\pm}+\mu_3^{\pm}+\mu_4^{\pm}\\ 2(\gamma-1)v\mu_2^{\pm}+(v-a)\mu_3^{\pm}+(v+a)\mu_4^{\pm}\\ (\gamma-1)(v^2-u^2)\mu_2^{\pm}+(h-av)\mu_3^{\pm}+(h+av)\mu_4^{\pm}\end{pmatrix}\tag{11.4.24b}$$

和 11－2－5 节、11－3－3 节求解一维无黏流动 Euler 方程组的 Roe 差分格式和 MUSCL 差分格式时一样，在求解上述分裂后的一维无黏流动 Euler 方程组，计算半点$\left(i\pm\frac{1}{2},j\right)$、$\left(i,j\pm\frac{1}{2}\right)$上的$\lambda_k$、$\mu_k$、$\alpha_k$、$\beta_k$、$R_k^x$、$R_k^y$等值时，都可由本章 11－4－3 节中的算式(11.4.6)～式(11.4.11)计算得到。在半点$\left(i\pm\frac{1}{2},j\right)$、$\left(i,j\pm\frac{1}{2}\right)$上的流动量采用 Roe 平均式(11.4.12)计算得到。

通过时间分裂后，二维无黏流动问题取一维流动问题稳定性条件：

$$\frac{(|u|+a)\Delta t}{\Delta x}\leqslant CFL,\qquad \frac{(|v|+a)\Delta t}{\Delta y}\leqslant CFL\tag{11.4.25}$$

在本计算中选用 $CFL=0.1$。

11－4－7　具体计算步骤

1. Roe 差分格式具体求解步骤

(1) 计算区域内划分网格。在入口处给出均匀来流气体参数$(\rho,u,v,p)^n_{i,j}$作为初始状态参数，得到$u^n_{i,j}$。根据 $\mathrm{d}t=\dfrac{CFL\times \mathrm{d}x}{|a^n_{i,j}|_{\max}}$确定时间步长，其中 $a^n_{i,j}$为 n 时刻(i,j)节点的流动声速。

(2) 计算半点$\left(i\pm\frac{1}{2},j\right)$、$\left(i,j\pm\frac{1}{2}\right)$上$\rho$、$u$、$v$、$p$ 在 x、y 方向上 Roe 平均值。

(3) 把 Roe 平均值代入线性近似系数矩阵 $A(\bar{u})$、$B(\bar{u})$的特征值、左右特征矢量关系式和右特征矢量矩阵分矢量值计算式，得到 x、y 方向上 u、$f(u)$、$A(u)$、Λ_x、α、R_x和 u、$g(u)$、$B(u)$、Λ_y、β、R_y值和它们的分量值。

(4) 根据 Roe 差分格式和由(3)得到的Λ_x、α、R_x和Λ_y、β、R_y。根据 Roe 差分格式(11.4.16)求出数值通量矢量$\hat{f}^{n+1}_{i\pm\frac{1}{2},j}$、$\hat{g}^{n+1}_{i,j\pm\frac{1}{2}}$。最后，得到下一时刻$u^{n+1}_{i,j}$，并由它计算得到流动量$(\rho,u,v,p)^{n+1}_{i,j}$值。

(5) 由流动量$(\rho,u,v,p)^{n+1}_{i,j}$值，数值处理边界条件和角点条件。

(6) 重复(2)～(5)，直到得到流动的定常解，计算结束。

2. MUSCL 差分格式具体求解步骤

(1) 计算区域内划分网格。在入口处给出均匀来流气体参数$(\rho,u,v,p)_{i,j}^{n}$作为初始值。根据 $dt=\dfrac{CFL\times dx}{|a_{i,j}^{n}|_{\max}}$确定时间步长。

(2) 利用算子分裂算法把 x 方向的$\boldsymbol{f}_{i\pm\frac{1}{2},j}^{n}$和 y 方向的 $\boldsymbol{g}_{i,j\pm\frac{1}{2}}^{n}$分成两步来计算。

(3) 利用 x 方向$\boldsymbol{f}_{i\pm\frac{1}{2},j}^{n}$的 MUSCL 算法的差分格式,计算节点$(i,j)$在 x 方向数值通量$\tilde{\boldsymbol{f}}_{j\pm\frac{1}{2}}^{n+1}$,和流动量的中间值$\hat{\boldsymbol{u}}_{j\pm\frac{1}{2}}^{n+1}$。

(4) 利用$\hat{\boldsymbol{u}}_{j\pm\frac{1}{2}}^{n+1}$和 y 方向 $\boldsymbol{g}_{i,j\pm\frac{1}{2}}^{n}$的 MUSCL 算法的差分格式,计算节点$(i,j)$在 y 方向的数值通量$\tilde{\boldsymbol{g}}_{j\pm\frac{1}{2}}^{n+1}$。

(5) 由流动量中间值$\hat{\boldsymbol{u}}_{j\pm\frac{1}{2}}^{n+1}$,计算下一时刻节点$(i,j)$的$\boldsymbol{u}_{i,j}^{n+1}$,再由它计算出流动量$(\rho,u,v,p)_{i,j}^{n+1}$。

(6) 再由流动量$(\rho,u,v,p)_{i,j}^{n+1}$值,数值处理边界条件和角点条件。

(7) 重复步骤(3)~(5)直到得到流动的定常解,计算结束。

11-4-8 网格设置和边界条件数值处理

1. 网格划分和虚点设置

超声速气流绕过平头钝体流动是一个对称问题,因此,在计算时只需取计算区域一半来进行计算。这里的计算区域采用上半部分(图 11.6)。

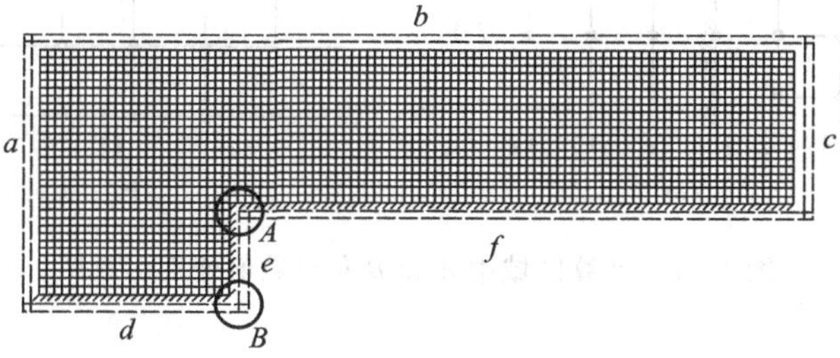

图 11.6 计算网格划分示意图

计算区域内网格为正方形网格。为了便于数值处理边界条件,需要在计算区域边界以外设置一定数量的虚拟网格,如图 11.6 中的虚线部分。采用 Roe 差分格式进行计算时,由于 Roe 差分格式的空间差分计算精度为一阶,因此只需要设置一层虚拟网格。而采用 MUSCL 差分格式进行计算时,由于 MUSCL 差分格式的空间差分计算精度为二阶,所以需要设置二层虚拟网格。为了取得好的计算效果,计算中选用 $CFL=0.1$。

2. 边界条件数值处理

在图中所示的 a、b、c、d、e、f 为计算区域的边界和平头钝体。它们都需要进行边界处理。在本问题中共有两种类型边界：

一类边界是自由输入、输出边界，如 a、b、c 三个边界。在这些边界上需要满足自由输入、输出边界条件，即给出各个流动量的流进、流出量在边界法线方向上取一阶导数，并令一阶导数值为零。为此，可以把虚拟网格节点上的值取为计算域内与虚拟网格节点相邻节点流动量的值。

另一类边界是刚性壁面边界，如 d、e、f 三个边界。其中 e 和 f 为平头钝体的刚性壁面。在这里需要满足滑移反射边界条件，即给出各个流动量在边界法线方向上的一阶导数，并令一阶导数值为零。为此，需要在这类边界法线方向上根据镜面反射原则取值，即把和边界节点相邻节点的各流动量矢量值，取相反值赋到计算区域外的虚拟网格节点上。而在边界切线方向上直接取为计算区域内与虚拟网格节点相邻节点流动量的值。最后，在 d 边界上，由于流动的对称性和流场内无奇性，在 d 边界上节点取值方法和 e、f 边界上节点取值方法相同。

3. 角点处理

计算区域内 A 和 B 两点都是角点。由于流场中在这些角点上存在奇性，必须对这些奇点进行特殊处理，如图 11.7a、b 所示。

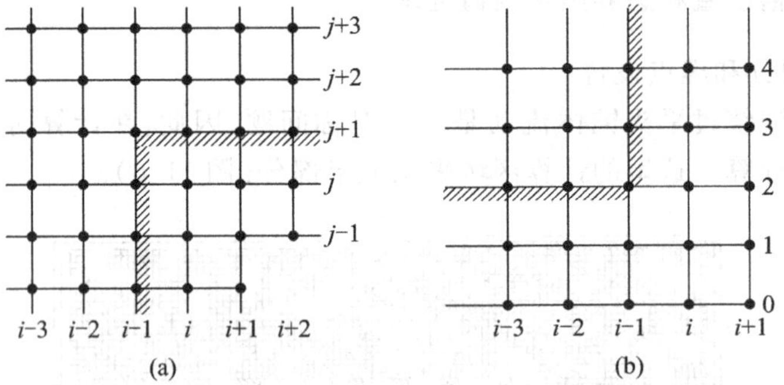

图 11.7　计算区域中 A 和 B 角点数值处理示意图

关于角点 A 和 B 的数值处理，可以有各种不同的处理方法。如何数值处理能取得较好计算效果，需要根据物理问题的流动特性和计算经验来确定。

对于角点 A 附近节点 $(i,j-1)$ 和 $(i+1,j)$，仍然采用镜面反射原则取值，即分别将点 $(i-2,j-1)$、$(i+1,j+2)$ 上流动量值取相反数值赋到这两点上。关于节点 $(i+1,j-1)$，数值处理要分两种情况：若流动量是矢量，则取节点 $(i-1,j+1)$ 上物理量的相反方向数值，若流动量是标量则直接取值。对于节点 (i,j) 上流动量可取节点 $(i-2,j)$ 和 $(i,j+2)$ 上流动量算术平均值。

对于角点 B 附近节点 $(i-1,1)$、$(i,1)$ 和 $(i,2)$，可以采用和角点 A 附近节点类似的方法进行处理。而点 $(i,0)$、$(i,1)$、$(i+1,0)$、$(i+1,1)$ 的流动量值按照中心对称方式，分别取点 $(i-2,4)$、$(i-2,3)$、$(i-3,4)$、$(i-3,3)$ 的值。

11－4－9 计算结果分析

对马赫数为 3.0 的超声速气流绕平头钝体流动，采用 Roe 差分格式和 MUSCL 差分格式进行了数值计算。当计算满足条件：

$$\left| \boldsymbol{u}_{i,j}^{n+2} - \boldsymbol{u}_{i,j}^{n+1} \right| \leqslant 10^{-4} \tag{11.4.26}$$

时，计算就达到稳定，得到超声速气流绕过平头钝体流动的定常解。

计算结果显示在图 11.8 至图 11.10 中。图 11.8 是超声速气流绕过平头钝体时流线分布图。图 11.9 和图 11.10 为六个不同时刻超声速气流绕过平头钝体时的压力云图和密度云图。可以看出，最后时刻的压力和密度变化已经不明显，可以认为这时的计算结果已经非常接近于定常解。

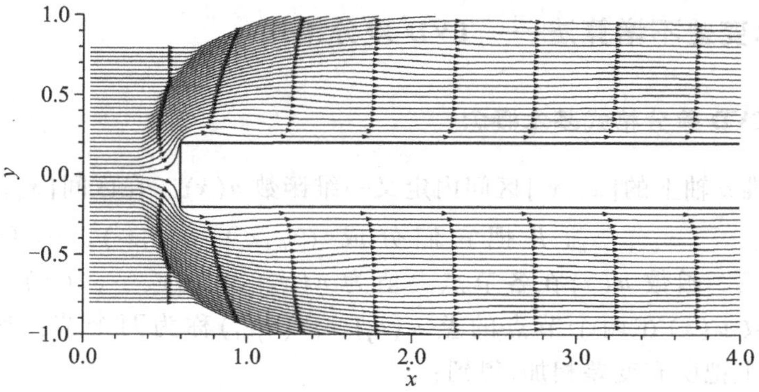

图 11.8 超声速气流绕过平头钝体流线分布图

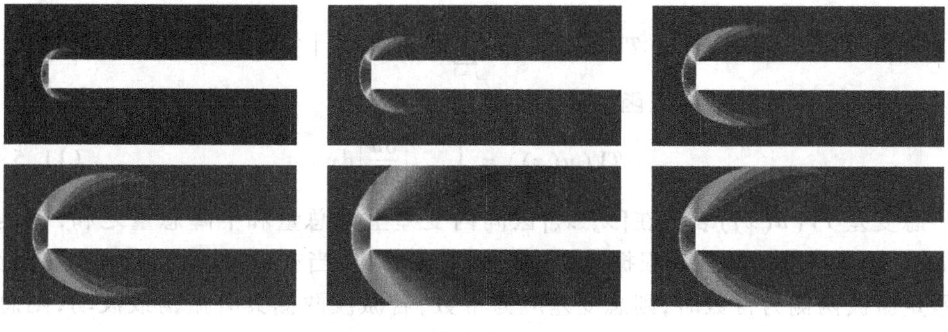

图 11.9 不同时刻超声速气流绕过平头钝体压力云图

由图 11.8～图 11.10 中可以看出，当马赫数为 3.0 的超声速气流绕过平头钝体时，在平头钝体周围形成稳定的脱体弓形激波。对于不同马赫数的超声速气流，脱体弓形激波的形状会变化，但变化不大，基本是相似的。只是超声速气流越大，弓形激波越贴近平头钝体。

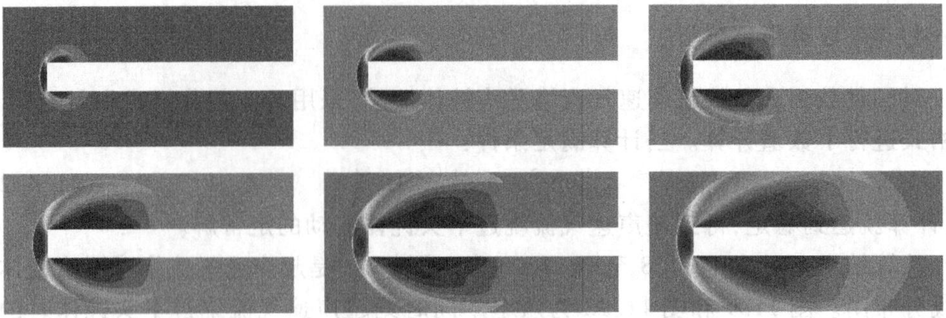

图 11.10　不同时刻超声速气流绕过平头钝体密度云图

第 5 节　总变差不增算法——TVD 差分格式

11－5－1　TVD 差分格式基本概念

设在一维 x 轴上的 $[x_a, x_b]$ 区间内定义一维函数 $u(x)$。在区间 $[x_a, x_b]$ 内有节点 x_0、x_1、…、x_j、…、x_{n-1}、x_n，并把它们分成 (x_0, x_1)、(x_1, x_2)、…、(x_{j-1}, x_j)、…、(x_{n-1}, x_n) 区段。函数 $u(x)$ 在各节点上值为 $u(x_0)$、$u(x_1)$、…、$u(x_j)$、…、$u(x_{n-1})$、$u(x_n)$，则函数 $u(x)$ 在两个节点的差 $u(x_j) - u(x_{j-1})$ 称为两个节点间的变差，在 $[x_a, x_b]$ 区间上把所有变差相加，得到：

$$\sum_j \left| u(x_{j+1}) - u(x_j) \right| \tag{11.5.1}$$

称为总变差 $TV(u(x))$：

$$TV(u(x)) = \sum_{j=1}^{n} \left| u_j - u_{j-1} \right| \tag{11.5.2}$$

如果在整个 x 实数轴上定义函数 $u(x)$，则总变差为：

$$TV(u(x)) = \int_{-\infty}^{\infty} \left| \frac{\partial u}{\partial x} \right| \mathrm{d}x \tag{11.5.3}$$

总变差 $TV(u(x))$ 表示在 $[x_a, x_b]$ 区间内变差上升总量和下降总量之和，它是函数 $u(x)$ 摆动状态的量度。根据总变差定义可以看出：当在 $[x_a, x_b]$ 区间内存在激波，并假定激波两侧为常数时，则总变差应为常数；若激波两侧具有振荡或波动，则总变差将会增加。由此可以想到，在数值处理激波时，为了使激波两侧减少或避免出现振荡或波动，就一定要求差分格式总变差尽量降低到最小或完全消失。因此，在设计和构造差分格式时，如果能保证它的总变差有界，或总变差不增，对减少激波两侧产生振荡或波动一定是十分有利的。

根据上述的总变差 $TV(u(x))$ 概念和数值分析，美国学者 Harten 提出了总变差不增（Total Variation Nonincreasing，简称 TVNI）算法或总变差递减（Total Variation Diminishing，简称 TVD）算法[10]。Harten 指出，若差分格式的总变差随时间不断下降，甚至完全消失，则称为 TVD 差分格式或 TVD 类型差分格式[11]。

11-5-2　TVD 差分格式单调性

单个非线性标量方程为：

$$\frac{\partial u}{\partial t}+\frac{\partial f(u)}{\partial u}=0 \tag{11.5.4}$$

它的守恒型差分格式为：

$$\begin{aligned} u_j^{n+1} &= u_j^n - r\{h(u_{j-k+1}^n,\cdots,u_{j+k}^n)-h(u_{j-k}^n,\cdots,u_{j+k-1}^n)\} \\ &= G(u_{j-k}^n,u_{j-k+1}^n,\cdots,u_{j+k}^n) \end{aligned} \tag{11.5.5}$$

其中 $r=\dfrac{\Delta t}{\Delta x}$。在上篇第六章中已经指出，若守恒型差分格式(11.5.5)满足：

$$\frac{\partial G(u_{-k},\cdots,u_k)}{\partial u_j}\geqslant 0 \tag{11.5.6}$$

则该差分格式是单调的，但它只有一阶精度。例如，线性差分格式：

$$u_j^{n+1}=\sum_{l=-k}^{k}\alpha_l u_{j+l}^n \tag{11.5.7}$$

若 $\alpha_l\geqslant 0$，它是单调差分格式，且具有保单调性质，但只有一阶精度。在此基础上，Harten、Hyman 和 Lax 等人进一步研究得出：

（1）单调差分格式具有 TVD 性质。

（2）单调差分格式基本上是一阶精度。

（3）TVD 差分格式一定具有保单调性质。

由此可知，TVD 差分格式一定是单调差分格式，但是，线性的单调差分格式只有一阶精度。因此，要想得到高阶精度 TVD 差分格式，就一定是非线性保单调差分格式。

11-5-3　非线性 TVD 差分格式充分条件

单个非线性标量方程(11.5.4)和守恒型差分格式(11.5.5)可以改写成：

$$Lu_j^n=u_j^n+C_{j+\frac{1}{2}}^{+}\Delta u_{j+\frac{1}{2}}^n-C_{j-\frac{1}{2}}^{-}\Delta u_{j-\frac{1}{2}}^n \tag{11.5.8}$$

其中

$$\left.\begin{aligned} C_{j+\frac{1}{2}}^{+} &= C^{+}(u_{j-1}^n,u_j^n,u_{j+1}^n,u_{j+2}^n) \\ C_{j-\frac{1}{2}}^{-} &= C^{-}(u_{j-2}^n,u_{j-1}^n,u_j^n,u_{j+1}^n) \end{aligned}\right\} \tag{11.5.8a}$$

Harten 证明了上式具有 TVD 性质的条件是：

$$C_{j\pm\frac{1}{2}}^{\pm}\geqslant 0,\quad C_{j+\frac{1}{2}}^{+}+C_{j-\frac{1}{2}}^{-}\leqslant 1 \tag{11.5.9}$$

需要特别说明的是，条件(11.5.9)只是一个充分条件，而不是必要条件。

现把守恒型差分格式(11.5.5)写成三个节点形式：

$$u_j^{n+1}=u_j^n-r(h_{j+\frac{1}{2}}^n-h_{j-\frac{1}{2}}^n),\ r=\frac{\Delta t}{\Delta x} \tag{11.5.10}$$

$$h_{j+\frac{1}{2}} = \frac{1}{2}\left(f_j + f_{j+1} - \frac{1}{r}Q(ra_{j+\frac{1}{2}})\Delta u_{j+\frac{1}{2}}\right) \tag{11.5.10a}$$

$$a_{j+\frac{1}{2}} = \begin{cases} \dfrac{f_{j+1} - f_j}{u_{j+1} - u_j}, & \Delta u_{j+\frac{1}{2}} \neq 0 \\ a(u_j), & \Delta u_{j+\frac{1}{2}} = 0 \end{cases}$$

其中 $f_j = f(u_j)$ 为数值通量，$\Delta u_{j+\frac{1}{2}} = u_{j+1} - u_j$ 为变差，$r = \dfrac{\Delta t}{\Delta x}$，$Q$ 为黏性系数，它是 r 和 $a_{j+\frac{1}{2}}$ 的函数。可以证明，若 $Q(ra_{j+\frac{1}{2}})$ 满足：

$$\text{当 } 0 \leqslant |x| \leqslant \mu \leqslant 1 \text{ 时，} \quad |x| \leqslant Q(x) \leqslant 1 \tag{11.5.11}$$

其中

$$\max(r|a_{j+\frac{1}{2}}|) \leqslant \mu \tag{11.5.11a}$$

则守恒型差分格式(11.5.10)具有 TVD 性质。

分析指出，一个守恒型差分格式是否具有 TVD 性质和 $f(u)$ 的具体形式无关，只和 $Q(ra_{j+\frac{1}{2}})$ 形式有关。若 $Q(ra_{j+\frac{1}{2}})$ 取不同形式，则差分格式会有不同性质。

例如：(1) 当 $Q = x^3$ 时，差分格式(11.5.10)是 L－W 差分格式：

$$h_{j+\frac{1}{2}} = \frac{1}{2}[f_j + f_{j+1} - r(a_{j+\frac{1}{2}})^2 \Delta u_{j+\frac{1}{2}}] \tag{11.5.12}$$

(2) 当 $Q = 1$ 时，差分格式(11.5.10)是 Lax 差分格式：

$$h_{j+\frac{1}{2}} = \frac{1}{2}\left[f_j + f_{j+1} - \frac{1}{r}(\Delta u_{j+\frac{1}{2}})\right] \tag{11.5.13}$$

(3) 当 $Q = |x|$ 时，差分格式(11.5.10)是 CIR 差分格式：

$$h_{j+\frac{1}{2}} = \frac{1}{2}[f_j + f_{j+1} - |a_{j+\frac{1}{2}}||u_{j+\frac{1}{2}}|] \tag{11.5.14}$$

利用 TVD 差分格式充分条件(11.5.11)分析上述差分格式可知：L－W 差分格式并不是 TVD 差分格式，而 Lax 差分格式、CIR 差分格式都是 TVD 差分格式。

11－5－4　高阶精度显式迎风型 TVD 差分格式

守恒型差分格式(11.5.10)的修正方程为：

$$u_t + f_x(u) = \Delta t\,[\beta(u,r)u_x]_x \tag{11.5.15}$$

其中

$$\beta(u,r) = \frac{1}{2r^2}\left[\sum_{l=-k}^{k} l^2 H_l(u,u,\cdots,u) - r^2 a^2(u)\right] \tag{11.5.15a}$$

$$H_l(u,u,\cdots,u) = \frac{\partial}{\partial w_l} H(w_{-k},\cdots,w_k)\bigg|_{(u,u,\cdots,u)} \tag{11.5.15b}$$

可以证明，当 $\beta(u,r) > 0$ 时，守恒型差分格式(11.5.10)是单调的。Harten 等指出，它的修正方程(11.5.15)在逼近原方程时只具有一阶精度。

为了得到二阶精度单调差分格式，Harten 把上述修正方程改为：

$$u_t + f_x(u) - \Delta t\left[\beta(u,r)u_x\right]_x = 0 \tag{11.5.16}$$

把 $\Delta t\left[\beta(u,r)u_x\right]_x$ 从修正方程右边转移到左边后，上式就成为具有二阶精度抛物型方程。设函数 $g(u,\Delta x)$ 为：

$$g(u,\Delta x) = \Delta x r^2\beta(u,r)u_x \tag{11.5.17}$$

把它代入式(11.5.16)得：

$$u_t + \left[f(u) - \frac{1}{r}g(u,\Delta x)\right]_x = 0 \tag{11.5.18}$$

如果我们能够构造一个差分格式，让它逼近方程(11.5.18)，则所构造的差分格式就能达到二阶精度。

这种做法就是反扩散算法的推广。因为在修正方程(11.5.15)中 $\left[\beta(u,r)u_x\right]_x$ 实际上就是数值黏性项。当 $\left[\beta(u,r)u_x\right]_x$ 项放在方程右边时，表示修正方程(11.5.15)中存在一个数值黏性项。当差分格式逼近它时，就是逼近一阶精度的对流方程。当把数值黏性项 $\left[\beta(u,r)u_x\right]_x$ 从修正方程的右边移到左边时，就相当于消除了差分格式中原有的数值黏性。如果让差分格式逼近二阶精度抛物型方程(11.5.18)时，该差分格式就能达到二阶精度。

由于差分格式的 TVD 性质只和 $Q(ra_{j+\frac{1}{2}})$ 形式有关，而和差分格式数值通量具体形式无关，因此，流通量 $f(u)$ 采用什么形式应该和 TVD 性质无关。根据这一特性，Harten 采用一个新的流通量 $f^M(u)$ 来替代原来的流通量 $f(u)$。定义：

$$f^M = f + g \tag{11.5.19}$$

把流通量 $f^M(u)$ 代入修正方程(11.5.18)，得到：

$$\frac{\partial u}{\partial t} + \frac{\partial f^M(u)}{\partial u} = 0 \tag{11.5.20}$$

它的守恒型差分格式为：

$$u_j^{n+1} = u_j^n - r\left(h_{j+\frac{1}{2}}^M - h_{j-\frac{1}{2}}^M\right) \tag{11.5.21}$$

数值通量 $h_{j+\frac{1}{2}}^M$ 为：

$$h_{j+\frac{1}{2}}^M = \frac{1}{2}\left[f_j^M + f_{j+1}^M - \frac{1}{r}Q(ra_{j+\frac{1}{2}})\Delta u_{j+\frac{1}{2}}\right] \tag{11.5.21a}$$

其中 $r = \dfrac{\Delta t}{\Delta x}$。由于守恒型差分格式(11.5.21)是逼近于二阶精度修正方程(11.5.18)，因此，由 $f^M(u)$ 构造的守恒型差分格式应该是二阶精度的。

为了使守恒型差分格式(11.5.21)逼近修正方程(11.5.18)，可取：

$$\beta(u,r) = \frac{1}{2r^2}\left[Q(\nu) - \nu^2\right] \tag{11.5.22}$$

和

$$g(u,r,\Delta x) = \frac{\Delta x}{2}\left[Q(\nu) - \nu^2\right]u_x \tag{11.5.22a}$$

其中 $Q(\nu_{j+\frac{1}{2}})$ 为黏性系数项，$\nu = ra(u)$。

由于流通量修改 $f \to f+g$，黏性系数项 $Q(\nu_{j+\frac{1}{2}})$ 也要修改 $\nu \to \nu+\gamma$。修改后的黏性系数项为：

$$Q(\nu_{j+\frac{1}{2}}) \to Q(\nu_{j+\frac{1}{2}}+\gamma_{j+\frac{1}{2}}) \tag{11.5.23}$$

把式(11.5.22)和式(11.5.23)代入式(11.5.21)中，就得到数值通量 $h^M_{j+\frac{1}{2}}$ 和差分格式如下：

$$u_j^{n+1} = u_j^n - r(h^M_{j+\frac{1}{2}} - h^M_{j-\frac{1}{2}}) \tag{11.5.24}$$

$$h^M_{j+\frac{1}{2}} = \frac{1}{2}(f_j+f_{j+1}) + \frac{1}{2r}[g_j+g_{j+1} - Q(\nu_{j+\frac{1}{2}}+\gamma_{j+\frac{1}{2}})\Delta u_{j+\frac{1}{2}}] \tag{11.5.24a}$$

其中

$$\gamma_{j+\frac{1}{2}} = \begin{cases} \dfrac{\Delta g_{j+\frac{1}{2}}}{\Delta u_{j+\frac{1}{2}}}, & \Delta u_{j+\frac{1}{2}} \neq 0 \\ 0, & \Delta u_{j+\frac{1}{2}} = 0 \end{cases} \tag{11.5.24b}$$

$$\nu_{j+\frac{1}{2}} = r a_{j+\frac{1}{2}} \tag{11.5.24c}$$

该差分格式(11.5.24)是二阶精度守恒型差分格式。

最后，需要设计一个 g 函数，使它具有 TVD 性质。Harten 指出，g 函数需要满足如下一些要求：

(1) 函数 g 应保证修改后的数值通量 $h^M_{j+\frac{1}{2}}$ 具有 TVD 性质。

(2) g 应保证 γ 有界。

(3) 守恒型差分格式应有二阶精度。

为此，Harten 专门设计了函数 g 形式如下：

设

$$\sigma_{j+\frac{1}{2}} = \sigma(r a_{j+\frac{1}{2}}) = \frac{1}{2}[Q(r a_{j+\frac{1}{2}}) - (r a_{j+\frac{1}{2}})^2] \tag{11.5.25}$$

则有：

$$g_j = S\max[0, \min(\sigma_{j+\frac{1}{2}}|\Delta_{j+\frac{1}{2}}u|, S\sigma_{j-\frac{1}{2}}\Delta_{j-\frac{1}{2}}u)] \tag{11.5.26}$$

$$S = \mathrm{sgn}[\sigma(r a_{j+\frac{1}{2}})\Delta_{j+\frac{1}{2}}u] \tag{11.5.26a}$$

其中 $\Delta_{j+\frac{1}{2}}u = u_{j+1} - u_j$。为简化函数 g 形式，Harten 引入函数符号：

$$\mathrm{minmod}(a,b) = \mathrm{sgn}(a)\max[0, \min(|a|, b\,\mathrm{sgn}(a))] \tag{11.5.27}$$

它的取值如下：当变量 (a,b) 异号时，函数 minmod(a,b) 取零值；当变量 (a,b) 同号时，函数 minmod(a,b) 值取绝对值最小的值。而式中的 sgn(a) 符号为：

$$\mathrm{sgn}(a) = \begin{cases} 1, & a>0 \\ 0, & a=0 \\ -1, & a<0 \end{cases} \tag{11.5.27a}$$

把这些函数代入 g_j 中得到：

$$S = \mathrm{sgn}[\sigma(r a_{j+\frac{1}{2}})\Delta_{j+\frac{1}{2}}u] = \mathrm{sgn}(\sigma_{j+\frac{1}{2}}\Delta_{j+\frac{1}{2}}u) \tag{11.5.28a}$$

$$g_j = \mathrm{minmod}(\tilde{g}_{j+\frac{1}{2}}, \tilde{g}_{j-\frac{1}{2}}) \tag{11.5.28b}$$

$$\tilde{g}_{j+\frac{1}{2}} = \frac{1}{2}\sigma_{j+\frac{1}{2}}\Delta_{j+\frac{1}{2}}u, \quad \tilde{g}_{j-\frac{1}{2}} = \frac{1}{2}\sigma_{j-\frac{1}{2}}\Delta_{j-\frac{1}{2}}u \tag{11.5.28c}$$

为了保证在空间上有二阶精度,对于定常问题要求:

$$\sigma(\nu) = \frac{1}{2}Q(\nu) \geqslant 0 \tag{11.5.29a}$$

为了保证在时间和空间上都有二阶精度,对于非定常问题要求:

$$\sigma(\nu) = \frac{1}{2}[Q(\nu) + \nu^2] \tag{11.5.29b}$$

其中 $\nu = ra$。由此得到 Harten 设计的非线性标量方程的二阶精度迎风型 TVD 差分格式为:

$$u_j^{n+1} = u_j^n - r(f_{j+\frac{1}{2}}^M - f_{j-\frac{1}{2}}^M) \tag{11.5.30}$$

$$f_{j+\frac{1}{2}}^M = \frac{1}{2}\left[f_j + f_{j+1} + \frac{1}{r}g_j + \frac{1}{r}g_{j+1} - \frac{1}{r}Q(ra_{j+\frac{1}{2}} + \gamma_{j+\frac{1}{2}})(u_{j+1}^n - u_j^n)\right] \tag{11.5.30a}$$

其中

$$a_{j+\frac{1}{2}} = \begin{cases} \dfrac{f(u_{j+1}^n) - f(u_j^n)}{u_{j+1}^n - u_j^n}, & u_{j+1}^n - u_j^n \neq 0 \\ a(u_j^n), & u_{j+1}^n - u_j^n = 0 \end{cases} \tag{11.5.30b}$$

$$\gamma_{j+\frac{1}{2}} = \begin{cases} \dfrac{g_{j+1} - g_j}{u_{j+1}^n - u_j^n}, & u_{j+1}^n - u_j^n \neq 0 \\ 0, & u_{j+1}^n - u_j^n = 0 \end{cases} \tag{11.5.30c}$$

$$g_j = \mathrm{minmod}(\tilde{g}_{j+\frac{1}{2}}, \tilde{g}_{j-\frac{1}{2}}) \tag{11.5.30d}$$

对于非定常问题:

$$\tilde{g}_j = \frac{1}{2}[Q(ra_{j+\frac{1}{2}}) - (ra_{j+\frac{1}{2}})^2](u_{j+1}^n - u_j^n) \tag{11.5.30e}$$

对于定常问题:

$$\tilde{g}_j = \frac{1}{2}[Q(ra_{j+\frac{1}{2}})] \tag{11.5.30f}$$

11-5-5　TVD 差分格式熵条件

TVD 差分格式数值解能否收敛于问题物理解的条件是 TVD 差分格式必须满足熵条件。分析表明,Harten 所给出的二阶精度迎风型 TVD 差分格式(11.5.30)是不满足熵条件的。

分析指出,为了使差分格式满足 TVD 性质,差分格式的黏性系数 $Q(x)$ 必须满足 $|x| \leqslant Q(x) \leqslant 1$。为了使 TVD 差分格式满足熵条件,很自然地想到,把 $Q(x)$ 取为

$Q(x)=|x|$，如图 11.11 所示。

从图 11.11 中可以看出，当函数 $Q(x)$ 位于 $Q=|x|$ 函数曲线之上时，差分格式满足 TVD 性质；当函数 $Q(x)$ 位于 $Q=|x|$ 函数曲线以下时，差分格式不满足 TVD 性质。此外，当函数取 $Q(x)=|x|$ 形式时，在 $x=0$ 处，会使差分格式中的 $\beta(u,r)=0$，即数值黏性项等于零，这时，它也不能满足熵条件，也不能保证 TVD 差分格式具有二阶精度。

为了避免出现这种情况，需要对函数 $Q(x)$ 作适当的修改。Harten 指出函数 $Q(x)$ 可取为：

$$Q(x)=\begin{cases}|x|, & |x|\geqslant\varepsilon\\ \dfrac{1}{2}\left(\dfrac{x^2}{\varepsilon}+\varepsilon\right), & |x|<\varepsilon\end{cases} \tag{11.5.31}$$

其中 ε 为避免出现 $x=0$ 所取的一个小量，一般取 $0\leqslant\varepsilon\leqslant 0.125$（在曲线坐标中一般取 $0.05\leqslant\varepsilon\leqslant 0.4$）。可以证明，当 TVD 差分格式中 $Q(x)$ 采用式(11.5.31)时，在 $|a|\dfrac{\Delta t}{\Delta x}\leqslant 1$ 条件下，Harten 所给出的二阶精度迎风型 TVD 差分格式(11.5.30)能满足熵条件。

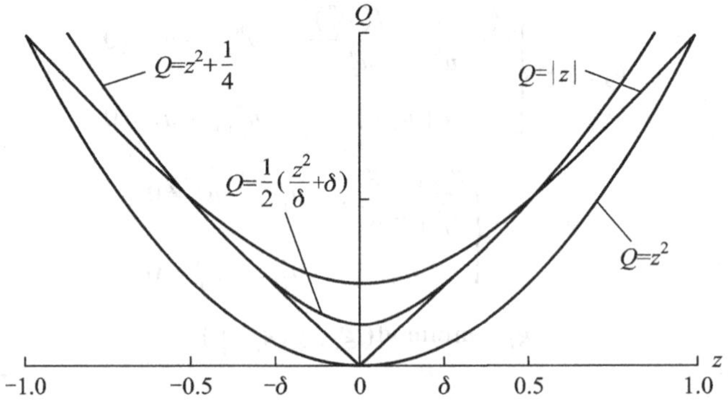

图 11.11　黏性系数 $Q(x)$ 熵条件分析

11-5-6　非线性矢量方程的 TVD 差分格式

在实际求解流动问题时，需要把上述的 TVD 差分格式(11.5.30)向流动方程组推广[12,13]。设非线性矢量方程：

$$\boldsymbol{u}_t+\boldsymbol{f}_x=\boldsymbol{0} \tag{11.5.32}$$

它的非守恒型矢量方程：

$$\boldsymbol{u}_t+\boldsymbol{A}\,\boldsymbol{u}_x=\boldsymbol{0} \tag{11.5.32a}$$

式中 $\boldsymbol{u}=(u_1\quad u_2\quad\cdots\quad u_n)^{\mathrm{T}}$，$\boldsymbol{f}=(f_1\quad f_2\quad\cdots\quad f_n)^{\mathrm{T}}$，$\boldsymbol{A}=\dfrac{\partial\boldsymbol{f}}{\partial\boldsymbol{u}}$ 是 $n\times n$ 阶非线性 Jacobian 系数矩阵，矩阵 $\boldsymbol{A}(\boldsymbol{u})$ 有 n 个线性独立实特征值 λ_k，　$k=1,2,\cdots,n$。

为了对非线性矢量方程(11.5.32)进行局部线性化处理,将它的系数进行冻结,即在 t 时刻把系数矩阵 $\boldsymbol{A}(\boldsymbol{u})$ 看成常系数矩阵,得到它的 n 个线性独立实特征值。

设新的变量 $\boldsymbol{w}=\boldsymbol{R}^{-1}\boldsymbol{u}$,其中 $\boldsymbol{R}$ 为矩阵 $\boldsymbol{A}(\boldsymbol{u})$ 的右特征矢量矩阵。非线性矢量方程(11.5.32a)可转换为:

$$\frac{\partial \boldsymbol{w}}{\partial t}+\boldsymbol{\Lambda}\frac{\partial \boldsymbol{w}}{\partial x}=\boldsymbol{0} \tag{11.5.33}$$

其中对角矩阵 $\boldsymbol{\Lambda}$:

$$\boldsymbol{\Lambda}=\boldsymbol{R}^{-1}\boldsymbol{A}\boldsymbol{R}=\mathrm{diag}(\lambda_k)=\begin{pmatrix}\lambda_1 & & & \\ & \lambda_2 & & \\ & & \ddots & \\ & & & \lambda_n\end{pmatrix} \tag{11.5.33a}$$

其中 λ_k 为相应的特征值,$\boldsymbol{R}_k(\boldsymbol{u})$ 右特征向量矩阵的第 k 个分矢量,$\boldsymbol{R}(\boldsymbol{u})$ 为右特征矢量矩阵,$\boldsymbol{R}(\boldsymbol{u})=(\boldsymbol{R}_1(\boldsymbol{u})\quad \boldsymbol{R}_2(\boldsymbol{u})\quad \cdots\quad \boldsymbol{R}_n(\boldsymbol{u}))^{\mathrm{T}}$,其逆矩阵为 $\boldsymbol{R}^{-1}(\boldsymbol{u})$。

通过上述转换可得到由 n 个相互独立的线性标量方程组成的特征型方程组:

$$\left.\begin{array}{l}\dfrac{\partial w_1}{\partial t}+\lambda_1\dfrac{\partial w_1}{\partial x}=0\\[2mm] \dfrac{\partial w_2}{\partial t}+\lambda_2\dfrac{\partial w_2}{\partial x}=0\\[2mm] \cdots\cdots\\[2mm] \dfrac{\partial w_n}{\partial t}+\lambda_n\dfrac{\partial w_n}{\partial x}=0\end{array}\right\} \tag{11.5.34}$$

对上式中的每一个方程采用二阶精度 TVD 差分格式(11.5.30),并对它进行求解。在求解每一个特征方程后,把它们叠加组合起来,就得到非线性守恒型矢量方程(11.5.32)的解 $\boldsymbol{u}=\boldsymbol{R}\boldsymbol{\phi}$,其中 $\boldsymbol{\phi}=(\phi_1(w)\quad \phi_2(w)\quad \cdots\quad \phi_n(w))$。

实际上,可把上述的线性化过程理解为非线性矢量方程在各个特征方向进行投影,或在特征方向上进行分解。然后,在各个特征方向上,采用二阶精度 TVD 差分格式对每个独立的线性标量方程组求解,再把在各个特征方向上求得的解进行叠加,组合成非线性矢量方程的解。

为了保证通过上述线性化过程后求得的数值解就是流动问题的物理解,并能保持一定精度,Harten 要求节点 $x_{j+\frac{1}{2}}$ 处非线性 Jacobian 系数矩阵 $\boldsymbol{A}(\boldsymbol{u}_{j+\frac{1}{2}})$ 和特征值、右特征矢量矩阵、左右特征矢量之间的关系式 $\boldsymbol{\lambda}_{k,j+\frac{1}{2}}$、$\boldsymbol{R}_{k,j+\frac{1}{2}}$、$\alpha_{k,j+\frac{1}{2}}$,必须满足 Roe 分解和"$U$"特性,并要求所有的半点上的流动量采用 Roe 平均。由此得到非线性矢量方程的二阶精度 TVD 差分格式如下:

$$\boldsymbol{u}_j^{n+1}+r(\boldsymbol{h}_{j+\frac{1}{2}}-\boldsymbol{h}_{j-\frac{1}{2}})=\boldsymbol{u}_j^n \tag{11.5.35}$$

式中

$$\boldsymbol{h}_{j+\frac{1}{2}}=\frac{1}{2}(\boldsymbol{f}_j+\boldsymbol{f}_{j+1}+\boldsymbol{R}_{j+\frac{1}{2}}\boldsymbol{\Phi}_{j+\frac{1}{2}}) \tag{11.5.36a}$$

式中$\boldsymbol{R}_{j+\frac{1}{2}}\boldsymbol{\phi}_{j+\frac{1}{2}}$实际上是 TVD 差分格式数值黏性项。$\boldsymbol{\phi}_k$ 向量 $\boldsymbol{\Phi}$ 在第 k 个特征方向上的分量：

$$\phi_{k,j+\frac{1}{2}} = g_{k,j} + g_{k,j+1} - \frac{1}{r}Q(r\lambda_{k,j+\frac{1}{2}} + \gamma_{k,j+\frac{1}{2}})\alpha_{k,j+\frac{1}{2}} \tag{11.5.36b}$$

$$g_{k,j} = \text{minmod}(\sigma_{k,j+\frac{1}{2}}\alpha_{k,j+\frac{1}{2}}, \sigma_{k,j-\frac{1}{2}}\alpha_{k,j-\frac{1}{2}}) \tag{11.5.36c}$$

$$\gamma_{k,j+\frac{1}{2}} = \begin{cases} \dfrac{(g_{k,j+1} - g_{k,j})}{\alpha_{k,j+\frac{1}{2}}}, & \alpha_{k,j+\frac{1}{2}} \neq 0 \\ 0, & \alpha_{k,j+\frac{1}{2}} = 0 \end{cases} \tag{11.5.36d}$$

$$\sigma(z) = \begin{cases} \dfrac{1}{2}[Q(z) + z^2] \\ \dfrac{1}{2}Q(z) \end{cases} \tag{11.5.36e}$$

其中 $\sigma_{k,j+\frac{1}{2}}(z)$ 中的 $z = r\lambda_{k,j+\frac{1}{2}}, r = \dfrac{\Delta t}{\Delta x}$。在一维流动问题中有：

$$\boldsymbol{R}_{j+\frac{1}{2}}\boldsymbol{\Phi}_{j+\frac{1}{2}} = \sum_{k=1}^{3}\boldsymbol{R}_{k,j+\frac{1}{2}}\phi_{k,j+\frac{1}{2}}, \quad (k=1,2,3) \tag{11.5.36f}$$

11-5-7　一维无黏流动 Euler 方程组的显式迎风型 TVD 差分格式

一维 Euler 方程组：

$$\boldsymbol{u}_t + \boldsymbol{f}_x = \boldsymbol{0} \tag{11.5.37}$$

这里 $\boldsymbol{u}$ 是流动量矢量，$\boldsymbol{f}(\boldsymbol{u})$ 是流通量矢量，式中

$$\boldsymbol{u} = \begin{pmatrix} \rho \\ \rho u \\ E \end{pmatrix}, \quad \boldsymbol{f} = \begin{pmatrix} \rho u \\ \rho u^2 + p \\ (E+p)u \end{pmatrix} \tag{11.5.37a}$$

它的二阶显式迎风型 TVD 差分格式如下：

$$\boldsymbol{u}_j^{n+1} + r(\boldsymbol{h}_{j+\frac{1}{2}} - \boldsymbol{h}_{j-\frac{1}{2}}) = \boldsymbol{u}_j^n \tag{11.5.38}$$

式中

$$\boldsymbol{h}_{j+\frac{1}{2}} = \frac{1}{2}(\boldsymbol{f}_j + \boldsymbol{f}_{j+1} + \boldsymbol{R}_{j+\frac{1}{2}}\boldsymbol{\Phi}_{j+\frac{1}{2}}) \tag{11.5.38a}$$

$\boldsymbol{h}_{j+\frac{1}{2}}$显式迎风型 TVD 差分格式：

$$\begin{aligned} \boldsymbol{h}_{j+\frac{1}{2}} &= \frac{1}{2}[\boldsymbol{f}(\boldsymbol{u}_j) + \boldsymbol{f}(\boldsymbol{u}_{j+1})] \\ &\quad + \frac{1}{2}\sum_{k=1}^{3}\left[g_{k,j} + g_{k,j+1} - \frac{1}{r}Q(r\lambda_{k,j+\frac{1}{2}} + \gamma_{k,j+\frac{1}{2}})\alpha_{k,j+\frac{1}{2}}\right]\boldsymbol{R}_{k,j+\frac{1}{2}} \end{aligned} \tag{11.5.38b}$$

式中 $k=1,2,3$，而 $\boldsymbol{f}(\boldsymbol{u}_{j+\frac{1}{2}})$是在节点$\left(j+\dfrac{1}{2}\right)$上流通量矢量 $\boldsymbol{f}$ 值，$\lambda_{k,j+\frac{1}{2}}$和 $\boldsymbol{R}_{k,j+\frac{1}{2}}$是在

节点$\left(j+\frac{1}{2}\right)$上非线性 Jacobian 系数矩阵 $\boldsymbol{A}$ 的特征值和右特征矢量矩阵的三个分量,它们都可由本章 11－3－3 节的算式(11.3.33)～式(11.3.37)得到。在计算过程中半节点$\left(j+\frac{1}{2}\right)$上流动量,采用本章 11－2－6 节中 Roe 平均算式(11.2.70)、(11.2.71)。上式中的 $\alpha_{k,j+\frac{1}{2}}$是左右特征矢量矩阵关系式 $\boldsymbol{\alpha}_{j+\frac{1}{2}}$的三个分量,可由算式(11.3.37)通过一定的变换得到:

$$\boldsymbol{\alpha}_{j+\frac{1}{2}}=\boldsymbol{R}_{j+\frac{1}{2}}^{-1}\Delta_{j+\frac{1}{2}}\boldsymbol{u}$$
$$=\begin{pmatrix}\Delta\rho-\dfrac{\gamma-1}{a^2}\left(\Delta E-u\Delta m+\dfrac{1}{2}u^2\Delta\rho\right)\\ \dfrac{1}{2a}(u\Delta\rho-\Delta m)+\dfrac{\gamma-1}{2a^2}\left(\Delta E-u\Delta m+\dfrac{1}{2}u^2\Delta\rho\right)\\ \dfrac{1}{2a}(\Delta m-u\Delta\rho)+\dfrac{\gamma-1}{2a^2}\left(\Delta E-u\Delta m+\dfrac{1}{2}u^2\Delta\rho\right)\end{pmatrix} \tag{11.5.39}$$

其中 $\Delta m=\Delta(\rho u)$。由差分格式(11.5.38)、(11.5.39)求得$\boldsymbol{h}_{j+\frac{1}{2}}$和流动量$\boldsymbol{u}^{n+1}$。

11－5－8 显式对称型二阶精度 TVD 差分格式

利用中心型差分格式构造的二阶精度 TVD 差分格式,通常称为对称型 TVD 差分格式[14,15]。显式对称型 TVD 差分格式基本思路为:以 Lax-Wendroff 差分格式为基础构造 TVD 差分格式。由于 L－W 差分格式具有二阶精度,但不满足 TVD 性质,因此,在 L－W 差分格式中引入含有一个限制因子函数 $\phi_j(\eta)$的反扩散数值通量。通过调节限制因子 $\phi_j(\eta)$,使 L－W 差分格式满足 TVD 性质,得到具有二阶精度显式对称型 TVD 差分格式。

显式对称型 TVD 差分格式的限制因子 $\phi_j(\eta)$中存在一个斜率比 η_j:

$$\eta_j=\frac{\Delta u_{j-\frac{1}{2}}^n}{\Delta u_{j+\frac{1}{2}}^n} \tag{11.5.40}$$

因此,有时也把它称为斜率比通量限制 TVD 差分格式。

线性对流方程为:

$$u_t+au_x=0 \tag{11.5.41}$$

其中 $a=\text{const.}$。设

$$\Delta u_{j+\frac{1}{2}}^n=u_j^n-u_{j-1}^n,\quad \Delta u_{j-\frac{1}{2}}^n=u_{j+1}^n-u_j^n \tag{11.5.42}$$

L－W 差分格式:

$$u_j^{n+1}=u_j^n-\sigma\Delta u_{j-\frac{1}{2}}^n-\delta_x^-\left\{\frac{1}{2}\sigma(1-\sigma)\Delta u_{j+\frac{1}{2}}^n\right\} \tag{11.5.43}$$

其中 $\sigma=\dfrac{a\Delta t}{\Delta x}$。可以看出,上式是由一阶精度差分格式 $u_j^{n+1}=u_j^n-\sigma\Delta u_{j-\frac{1}{2}}^n$和反扩散

数值通量项 $-\frac{1}{2}\sigma(1-\sigma)\Delta u_{j+\frac{1}{2}}^{n}$所组成。现在差分格式(11.5.43)中引入一个含有限制因子 ϕ_j的反扩散数值通量,得到:

$$u_j^{n+1}=u_j^n-\sigma\Delta u_{j-\frac{1}{2}}^n-\delta_x^-\left[\phi_j\frac{1}{2}\sigma(1-\sigma)\Delta u_{j+\frac{1}{2}}^n\right] \tag{11.5.44}$$

其中限制因子 $\phi_j=\phi(\eta_j)$中 $\eta_j=\dfrac{\Delta u_{j-\frac{1}{2}}^n}{\Delta u_{j+\frac{1}{2}}^n}$称为斜率比。为了使差分格式(11.5.44)满足 TVD 性质,首先要求限制因子 $\phi_j=\phi(\eta_j)$是非负值:

$$\phi_j=\phi(\eta_j)\geqslant 0 \tag{11.5.45}$$

并把它改写成:

$$u_j^{n+1}=u_j^n-C_{j-\frac{1}{2}}^-\delta_x^-u_j^n+C_{j+\frac{1}{2}}^+\delta_x^+u_j^n \tag{11.5.46}$$

且要求:

$$C_{j+\frac{1}{2}}^+\equiv 0 \tag{11.5.46a}$$

由此得到:

$$C_{j-\frac{1}{2}}^-=\sigma+\frac{1}{2}\sigma(1-\sigma)\frac{\delta_x^-[\phi(\eta_j)\delta_x^+u_j^n]}{\delta_x^-u_j^n} \tag{11.5.46b}$$

将上式重新整理后,$C_{j-\frac{1}{2}}^-$为:

$$C_{j-\frac{1}{2}}^-=\sigma\left\{1+\frac{1}{2}(1-\sigma)\left[\frac{\phi(\eta_j)}{\eta_j}-\phi(\eta_{j-1})\right]\right\} \tag{11.5.46c}$$

再引入函数 ψ,并要求:

$$\left|\frac{\phi(\eta_j)}{\eta_j}-\phi(\eta_{j-1})\right|\leqslant\psi \tag{11.5.47}$$

把上式代入式(3.5.46c),得到不等式:

$$\sigma\left[1-\frac{1}{2}(1-\sigma)\psi\right]\leqslant C_{j-\frac{1}{2}}^-\leqslant\sigma\left[1+\frac{1}{2}(1-\sigma)\psi\right] \tag{11.5.48}$$

由 TVD 的充分条件可知,L－W 差分格式(11.5.44)满足 TVD 性质的条件是:

$$0\leqslant C_{j-\frac{1}{2}}^-\leqslant 1 \tag{11.5.49}$$

由不等式(11.5.48)和 TVD 条件(11.5.49)导出 ψ 必须满足:

$$\psi\leqslant 2 \tag{11.5.50}$$

由于限制因子 ϕ 有非负性质,因此,当 $\eta\leqslant 0$

$$\phi(\eta)=0 \tag{11.5.51}$$

综上所述,L－W 差分格式(11.5.44)满足 TVD 性质的条件是:

$$0\leqslant\left[\frac{\phi(\eta_j)}{\eta_j},\phi(\eta_j)\right]\leqslant 2 \tag{11.5.52}$$

上式可以用图来表示,如图 11.12 所示。

从图 11.12 中可以看出,若差分格式满足 TVD 条件(11.5.52),必须要求$\phi(\eta)$落在图 11.12 中具有横线的阴影区域内。现在进一步讨论满足 TVD 条件的限制因

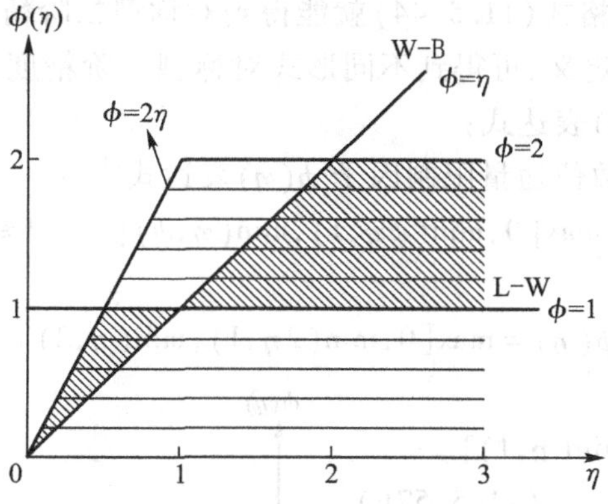

图 11.12 对称型 TVD 差分格式的 TVD 性质分析示意图

子$\phi(\eta)$的形式。为此,需要再引入 W－B 差分格式,并讨论它的数学性质。L－W 差分格式和 W－B 差分格式都是二阶精度差分格式。

L－W 差分格式有:

$$u_j^{n+1}=u_j^n-\sigma\delta_x^- u_j^n-\delta_x^-\left[1-\frac{\sigma}{2}(1-\sigma)\delta_x^+ u_j^n\right]\Rightarrow\phi(\eta_j)=1 \qquad (11.5.53)$$

W－B 差分格式有:

$$u_j^{n+1}=u_j^n-\sigma\delta_x^- u_j^n-\delta_x^-\left[\eta_j-\frac{\sigma}{2}(1-\sigma)\delta_x^- u_j^n\right]\Rightarrow\phi(\eta_j)=\eta_j \qquad (11.5.54)$$

从图 11.12 中可以看出,它们的$\phi(\eta)$都在横线的阴影区域之外,因此,它们都不满足 TVD 性质。但是,从图 11.12 上可以发现:

(1) 当$\eta\leqslant 0$时$\phi(\eta)=0$,L－W 差分格式将退化成一阶迎风差分格式。

(2) 当$\eta=1$时 L－W 差分格式和 W－B 差分格式都通过$\phi(\eta)=1$点,这一点是在满足 TVD 性质的横线的阴影区域内。

(3) 满足 TVD 性质的横线的阴影区域上限为$\phi(\eta)=\min(2\eta,2)$。因此,当$\eta\geqslant 0$时,限制因子$\phi(\eta)$的最大值为:

$$\phi(\eta)=\begin{cases}\min(2\eta,2), & \eta>0\\ 0, & \eta<0\end{cases} \qquad (11.5.55)$$

由此可知,L－W 差分格式(11.5.44)要满足 TVD 性质,并要有二阶精度,则要求$\eta=1,\phi(\eta)=1$。并要求在极值点上[L－W 差分格式在$\phi(\eta)=1$时可能出现极值,W－B差分格式在$\phi=0$时可能出现极值]它的计算精度不能降低。为此,可以通过L－W差分格式和 W－B 差分格式加权平均的方法可以得到满足上述条件的限制因子$\phi(\eta)$的表达式:

$$\phi(\eta)=[1-\theta(\eta)]\phi^{LW}(\eta)+\theta(\eta)\phi^{WB}(\eta) \qquad (11.5.56)$$

其中$0\leqslant\theta(\eta)\leqslant 1$。当$\phi^{LW}(\eta)=1,\phi^{WB}(\eta)=\eta$时,上式为:

$$\phi(\eta)=[1-\theta(\eta)]+\theta(\eta)\eta=1+\theta(\eta)(\eta-1) \qquad (11.5.56a)$$

把上式代入 L - W 差分格式(11.5.44)就能得到对称型二阶精度 TVD 差分格式。很明显,$\phi(\eta)$采用不同的定义,可得到不同形式对称型二阶精度 TVD 差分格式。下面给出几种限制因子 $\phi(\eta)$表达式:

(1) Roe-Sweby 型数值通量限制因子 $\phi(\eta)$表达式[16]:

$$\phi(\eta)=\max[0,\min(\psi\eta,1),\min(\eta,\psi)] \qquad 1\leqslant\psi\leqslant 2 \tag{11.5.57}$$

当 $\psi=2$ 时

$$\phi(\eta)=\max[0,\min(2\eta,1),\min(\eta,2)] \tag{11.5.57a}$$

当 $\psi=1$ 时

$$\phi(\eta)=\max[0,\min(\eta,1)] \tag{11.5.57b}$$

这两组曲线都落在图 11.12 中阴影重叠区域内(图 11.13)。由式(11.5.57)所构造的差分格式是满足 TVD 性质。

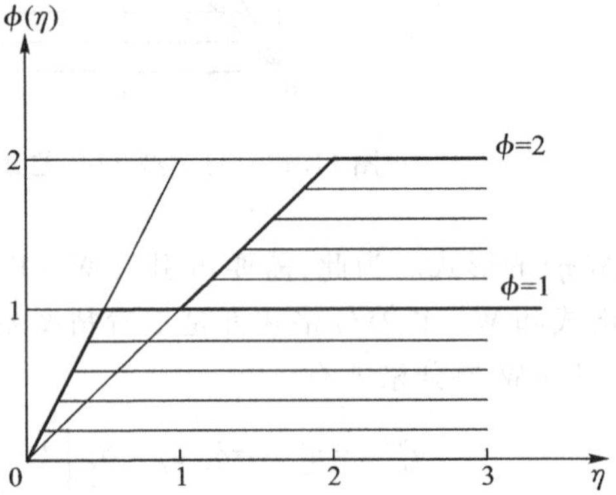

图 11.13　Roe-Sweby 限制因子示意图

(2) Var Leer 型数值通量限制因子 $\phi(\eta)$表达式为:

$$\phi(\eta)=\frac{|\eta|+\eta}{|\eta|+1}=\begin{cases}0, & \eta\leqslant 0\\ \dfrac{2\eta}{1+\eta}, & \eta>0\end{cases} \tag{11.5.58}$$

它是落在图 11.12 中阴影重叠区域内的一条曲线(图 11.14)。由式(11.5.58)所构造的差分格式是满足 TVD 性质。

(3) Chakravarthy-Osher 型数值通量限制因子 $\phi(\eta)$表达式[17]:

$$\phi(\eta)=\max[0,\min(2\eta,1),\min(\eta,2)] \tag{11.5.59}$$

这是一条落在图 11.12 中阴影重叠区域内(图 11.15)的折线。由式(11.5.59)所构造差分格式满足 TVD 性质。

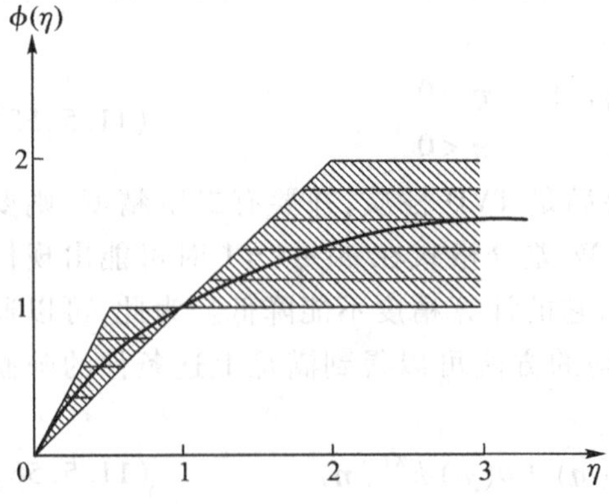

图 11.14　Var Leer 限制因子示意图

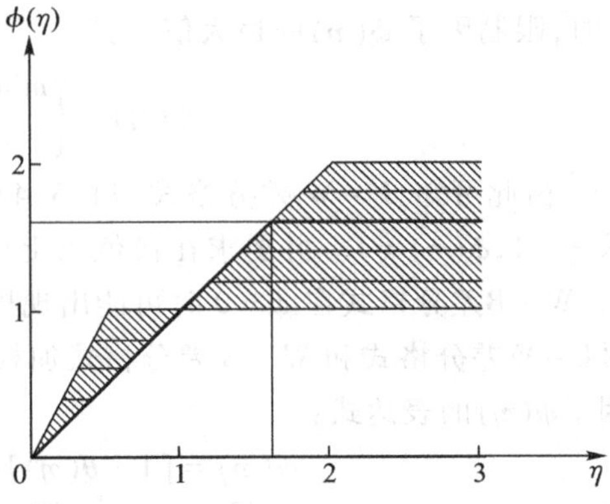

图 11.15　Ch - O 限制因子示意图

11-5-9 隐式 TVD 差分格式构造和分析

单个非线性标量方程为：

$$u_t + f_x = 0 \tag{11.5.60}$$

其中 $a(u) = \dfrac{\partial f}{\partial u}$为特征速度。它的显式守恒型差分格式为：

$$u_j^{n+1} = u_j^n - r(h_{j+\frac{1}{2}}^n - h_{j-\frac{1}{2}}^n) \tag{11.5.61}$$

而隐式差分格式为：

$$u_j^{n+1} + r(h_{j+\frac{1}{2}}^{n+1} - h_{j-\frac{1}{2}}^{n+1}) = u_j^n \tag{11.5.62}$$

引入参数 θ，把显式和隐式差分格式结合起来，得到统一形式的隐式差分格式：

$$u_j^{n+1} + r\theta(h_{j+\frac{1}{2}}^{n+1} - h_{j-\frac{1}{2}}^{n+1}) = u_j^n - r(1-\theta)(h_{j+\frac{1}{2}}^n - h_{j-\frac{1}{2}}^n) \tag{11.5.63}$$

其中 $0 \leqslant \theta \leqslant 1$。当 $\theta = 0$ 时差分格式是显式的，当 $\theta = 1$ 时差分格式是隐式的，其中 $r = \dfrac{\Delta t}{\Delta x}$。其数值通量函数 $h_{j\pm\frac{1}{2}}^n$和 $h_{j\pm\frac{1}{2}}^{n+1}$为：

$$\left.\begin{aligned} h_{j\pm\frac{1}{2}}^n &= h(u_{j\mp1}^n, u_j^n, u_{j\pm1}^n, u_{j\pm2}^n) \\ h_{j\pm\frac{1}{2}}^{n+1} &= h(u_{j\mp1}^{n+1}, u_j^{n+1}, u_{j\pm1}^{n+1}, u_{j\pm2}^{n+1}) \end{aligned}\right\} \tag{11.5.63a}$$

定义一个新的数值通量函数 $\bar{h}_{j\pm\frac{1}{2}}$：

则式(3.5.63)改为：

$$\bar{h}_{j\pm\frac{1}{2}} = (1-\theta)h_{j\pm\frac{1}{2}}^n + \theta h_{j\pm\frac{1}{2}}^{n+1} \tag{11.5.63b}$$

$$u_j^{n+1} = u_j^n - r(\bar{h}_{j+\frac{1}{2}} - \bar{h}_{j-\frac{1}{2}}) \tag{11.5.64}$$

其中数值通量函数 $\bar{h}_{j\pm\frac{1}{2}}$是八个变量的函数：

$$\bar{h}_{j\pm\frac{1}{2}} = \bar{h}(u_{j\mp1}^n, u_j^n, u_{j\pm1}^n, u_{j\pm2}^n, u_{j\mp1}^{n+1}, u_j^{n+1}, u_{j\pm1}^{n+1}, u_{j\pm2}^{n+1}) \tag{11.5.64a}$$

若 $\bar{h}_{j+\frac{1}{2}}$满足：

$$\bar{h}(u,u,u,u,u,u,u,u) = f(u) \tag{11.5.64b}$$

则统一形式的守恒型隐式差分格式(11.5.64)和非线性标量方程(11.5.60)相容。把它简写为：

$$Lu^{n+1} = Ru^n \tag{11.5.65}$$

其中 L 和 R 为：

$$\begin{aligned} (Lu)_j &= u_j + r\theta(h_{j+\frac{1}{2}} - h_{j-\frac{1}{2}}) \\ (Ru)_j &= u_j - r(1-\theta)(h_{j+\frac{1}{2}} - h_{j-\frac{1}{2}}) \end{aligned} \tag{11.5.65a}$$

差分格式(11.5.65)满足 TVD 性质的充分条件是：

$$\begin{aligned} TV(Ru^{n+1}) &\leqslant TV(u^n) \\ TV(Lu^{n+1}) &\geqslant TV(u^n) \end{aligned} \tag{11.5.66}$$

设 $C^{\pm}(z)=\dfrac{1}{2}[Q(z)\pm 2]$，当差分格式(11.5.65)满足如下条件：

$$|ra_{j+\frac{1}{2}}|\leqslant rQ(a_{j+\frac{1}{2}})\leqslant\frac{1}{1-\theta}\tag{11.5.67}$$

时，对于所有的 z 有：

$$C^{\pm}(z)\geqslant 0\tag{11.5.68}$$

统一形式的隐式差分格式(11.5.65)是无条件满足 TVD 性质的[18,19]。

类似于 Harten 推导显式 TVD 差分格式过程，把 $f^M\to f+g$，可得到二阶精度统一形式的隐式 TVD 差分格式如下：

$$u_j^{n+1}+r(h_{j+\frac{1}{2}}^{n+1}-h_{j-\frac{1}{2}}^{n+1})=u_j^n\tag{11.5.69}$$

$$h_{j+\frac{1}{2}}^{n+1}=\frac{1}{2}\left[f_j^{n+1}+f_{j+1}^{n+1}+g_j^{n+1}+g_{j+1}^{n+1}-\frac{1}{r}Q(ra_{j+\frac{1}{2}}^{n+1}+\gamma_{j+\frac{1}{2}}^{n+1})\Delta_{j+\frac{1}{2}}u^{n+1}\right]\tag{11.5.69a}$$

其中

$$\gamma_{j+\frac{1}{2}}^{n+1}=\begin{cases}\dfrac{g_{j+1}^{n+1}-g_j^{n+1}}{\Delta_{j+\frac{1}{2}}u_j^{n+1}}, & \Delta_{j+\frac{1}{2}}u_j^{n+1}\neq 0\\ 0, & \Delta_{j+\frac{1}{2}}u_j^{n+1}=0\end{cases}\tag{11.5.69b}$$

$$g_j^{n+1}=S\max[0,\min(\sigma_{j+\frac{1}{2}}|\Delta_{j+\frac{1}{2}}u_{j+\frac{1}{2}}^{n+1}|,S\sigma_{j-\frac{1}{2}}|\Delta u_{j-\frac{1}{2}}^{n+1}|)]\tag{11.5.69c}$$

$$S=\mathrm{sgn}(\Delta_{j+\frac{1}{2}}u_{j+\frac{1}{2}}^{n+1})\tag{11.5.69d}$$

对于非定常情况：

$$\sigma(z)=\frac{1}{2}[Q(z)+z^2]\geqslant 0\tag{11.5.69e}$$

对于定常情况：

$$\sigma(z)=\frac{1}{2}Q(z)\geqslant 0\tag{11.5.69f}$$

其中 $z=ra_{j+\frac{1}{2}}^{n+1}+\gamma_{j+\frac{1}{2}}^{n+1}$。

为了求解隐式差分格式(11.5.69)，必须要求解一组具有五对角矩阵的非线性代数方程组，这有一定的难度。为此，需要对它进行线性化。Yee 提出了一种简单的线性化方法：

首先，把隐式差分格式(11.5.69)简写为：

$$u_j^{n+1}-rC^-(a+\gamma)_{j+\frac{1}{2}}^{n+1}\Delta u_{j+\frac{1}{2}}^{n+1}+rC^+(a+\gamma)_{j-\frac{1}{2}}^{n+1}\Delta u_{j-\frac{1}{2}}^{n+1}=u_j^n\tag{11.5.70}$$

然后，把上式中的 $(C^{\pm})^{n+1}$ 由 $(C^{\pm})^n$ 代替，得到：

$$u_j^{n+1}-rC^-(a+\gamma)_{j+\frac{1}{2}}^{n}\Delta u_{j+\frac{1}{2}}^{n+1}+rC^+(a+\gamma)_{j-\frac{1}{2}}^{n}\Delta u_{j-\frac{1}{2}}^{n+1}=u_j^n\tag{11.5.70a}$$

再把上式写为：

$$(1-rC_{j+\frac{1}{2}}^-\Delta u_{j+\frac{1}{2}}+rC_{j+\frac{1}{2}}^+\Delta u_{j+\frac{1}{2}})(u^{n+1}-u^n)=-r(h_{j+\frac{1}{2}}^n-h_{j-\frac{1}{2}}^n)\tag{11.5.71}$$

设 $d_j=u_j^{n+1}-u_j^n$，$\Delta d_{j+\frac{1}{2}}=d_{j+1}-d_j$，则有：

$$-r(h_{j+\frac{1}{2}}^n-h_{j-\frac{1}{2}}^n)=E_1d_{j-1}+E_2d_j+E_3d_{j+1}\tag{11.5.71a}$$

其中

$$
\left.\begin{aligned}
E_1 &= -rC^+(a+\gamma)^n_{j-\frac{1}{2}} \\
E_2 &= 1 + r[C^-(a+\gamma)^n_{j+\frac{1}{2}} + C^+(a+\gamma)^n_{j-\frac{1}{2}}] \\
E_3 &= -rC^-(a+\gamma)^n_{j+\frac{1}{2}}
\end{aligned}\right\} \tag{11.5.71b}
$$

求解线性化后的差分格式(11.5.71)并不困难。由于 $C^{\pm} \geqslant 0$,它是无条件满足 TVD 性质且是稳定的,因此,在数值计算中 *CFL* 值没有限制。应该指出的是,线性化后的差分格式(11.5.71)是满足 TVD 性质的,但不是守恒型的。它只适用于定常流动问题,并不适用于非定常问题。

为此,可采用另一种线性化方法。将差分格式(11.5.69)通过 Taylor 展开得到:

$$
f_j^{n+1} - f_j^n = a_j^n(u_j^{n+1} - u_j^n) + O(\Delta t^2) \tag{11.5.72}
$$

采用一阶近似,得到局部线性化统一形式的隐式差分格式。采用这种线性化方法所得隐式差分格式,既适用非定常流动问题,也适用定常流动问题。而且,所得到的隐式差分格式(11.5.72)也是守恒型的,但并不满足 TVD 性质。因此,在数值计算时,*CFL* 值不能取得太大,只能取中等大小的值。

第 6 节　TVD 差分算法在二维可压缩无黏流动中的应用

11-6-1　激波在楔角为 45°楔面上的反射问题

当一平面激波遇到一楔面时,会在楔面上形成反射波。不同激波速度和不同楔角会产生不同形式反射波。反射波有以下形式:正规反射、单马赫反射、复杂马赫反射和双马赫反射。

当马赫数为 $M_s = 2.0$ 和 $M_s = 4.0$ 的激波在楔角为45°的楔面上反射时,会形成单马赫反射和双马赫反射。初始条件和边界值条件如图 11.16 所示。

初始条件:$t = 0$ 时,激波位于入口处,激波马赫数为:$M_s = 2.0$ 和 $M_s = 4.0$。激波前气体初始参数:$\rho_1 = 1.0, u_1 = v_1 = 0, a_1 = 1.0, p_1 = 0.714\ 29$。根据激波马赫数确定激波后流动参数:

$$
\left.\begin{aligned}
u_2 &= M_s\left(1 - \frac{\rho_1}{\rho_2}\right) + u_1\frac{\rho_1}{\rho_2} \\
v_2 &= 0 \\
\rho_2 &= \rho_1\frac{(\gamma+1)M_s^2}{2+(\gamma-1)M_s^2} \\
p_2 &= p_1\left(\frac{2\gamma}{\gamma+1}M_s^2 - \frac{\gamma-1}{\gamma+1}\right)
\end{aligned}\right\} \tag{11.6.1}
$$

边界条件:左边界($x = 0$)为来流条件,来流参数 u_2、ρ_2、p_2 可由式(11.6.1)计算得到。在地面和楔面上均为刚性壁面,满足滑移反射边界条件:即在各壁面法向方向

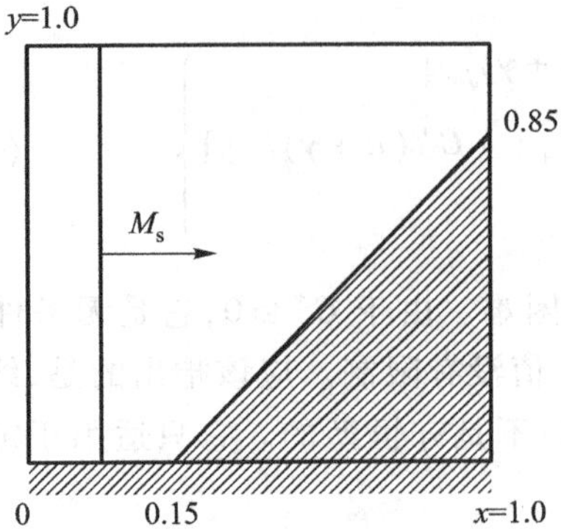

(a)激波在楔面上反射问题示意图

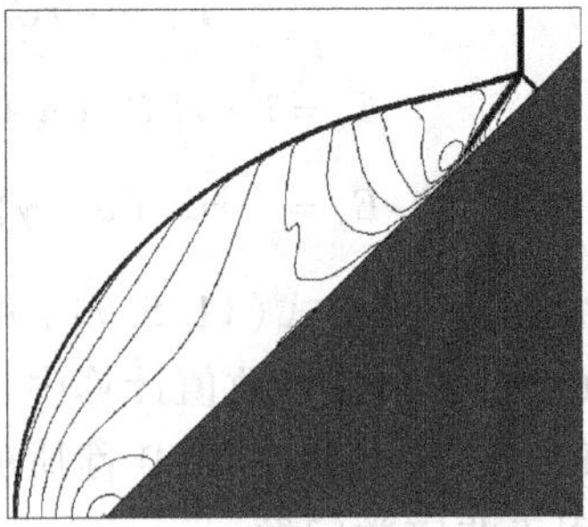

(b)激波在楔面上反射问题数值结果

图 11.16　激波在楔面上的反射问题模型和数值结果

上各物理量取一阶导数为零,这可以在壁面法线方向上采用镜面反射原则取值。由此可知,在水平壁面上 $v_w=0$,在竖直壁面上 $u_w=0$。在各壁面切向方向上直接取流场中相邻点物理量的值。在楔面上方和右边流体流出区域应满足自由输出条件:

在右边流体流出边界: $$\frac{\partial u}{\partial x}=\frac{\partial v}{\partial x}=0 \tag{11.6.2a}$$

在楔面上方流出边界: $$\frac{\partial u}{\partial y}=\frac{\partial v}{\partial y}=0 \tag{11.6.2b}$$

11-6-2　二维无黏流动 Euler 方程组

采用理想气体模型。不考虑体力、外部热源和流体源(汇),二维无黏流动 Euler 方程组:

$$\boldsymbol{u}_t+\boldsymbol{f}_x+\boldsymbol{g}_y=\boldsymbol{0} \tag{11.6.3}$$

其中

$$\boldsymbol{u}=\begin{pmatrix}\rho\\ \rho u\\ \rho v\\ E\end{pmatrix},\quad \boldsymbol{f}=\begin{pmatrix}\rho u\\ \rho u^2+p\\ \rho uv\\ (E+p)u\end{pmatrix},\quad \boldsymbol{g}=\begin{pmatrix}\rho v\\ \rho uv\\ \rho v^2+p\\ (E+p)v\end{pmatrix} \tag{11.6.3a}$$

ρ 为流体密度,p 为压力,u、v 在 x 和 y 方向上速度分量,e 为单位质量流体内能,E 为单位体积流体总能。理想气体状态方程:

$$p=(\gamma-1)\rho e=(\gamma-1)\left[E-\frac{1}{2}\rho(u^2+v^2)\right] \tag{11.6.4}$$

11-6-3　非线性 Jacobian 系数矩阵、特征值和特征矢量

把二维 Euler 方程组(11.6.3)写成非守恒型方程组形式:

$$\frac{\partial \boldsymbol{u}}{\partial t}+\boldsymbol{A}\frac{\partial \boldsymbol{u}}{\partial x}+\boldsymbol{B}\frac{\partial \boldsymbol{u}}{\partial y}=0 \tag{11.6.5}$$

流通量矢量 $\boldsymbol{f}$、$\boldsymbol{g}$ 的非线性 Jacobian 系数矩阵 $\boldsymbol{A}$、$\boldsymbol{B}$ 的特征值、左右特征矢量和左右特征矢量关系式 $\boldsymbol{\Lambda}$、$\boldsymbol{R}$、$\boldsymbol{L}$、$\boldsymbol{\alpha}$、$\boldsymbol{\beta}$ 以及 Roe 平均表达式可参照第十一章第 4 节的关系式(11.4.7)~式(11.4.12)得到。

11-6-4　显式迎风型和对称型 TVD 差分格式

二维 Euler 方程组(11.6.3)离散后得到：

$$\boldsymbol{u}_{i,j}^{n+1}=\boldsymbol{u}_{i,j}^{n}-\frac{\Delta t}{\Delta x}(\boldsymbol{f}_{i+\frac{1}{2},j}^{n}-\boldsymbol{f}_{i-\frac{1}{2},j}^{n})-\frac{\Delta t}{\Delta y}(\boldsymbol{g}_{i,j+\frac{1}{2}}^{n}-\boldsymbol{g}_{i,j-\frac{1}{2}}^{n}) \tag{11.6.6}$$

(1) 显式迎风型 TVD 差分格式

$\boldsymbol{f}_{i+\frac{1}{2},j}^{n}$显式迎风型 TVD 差分格式：

$$\boldsymbol{f}_{i+\frac{1}{2},j}^{n}=\frac{1}{2}[\boldsymbol{f}(\boldsymbol{u}_{i,j})+\boldsymbol{f}(\boldsymbol{u}_{i+1,j})]^{n}+\frac{1}{2}\sum_{k=1}^{4}\left[(g_k^x)_{i,j}+(g_k^x)_{i+1,j}-\frac{1}{r_x}Q(r_x(\lambda_k^x)_{i+\frac{1}{2},j}+(\gamma_k^x)_{i+\frac{1}{2},j})(\alpha_k^x)_{i+\frac{1}{2},j}\right]^{n}(\boldsymbol{R}_k^x)_{i+\frac{1}{2},j}^{n} \tag{11.6.7}$$

式中 $k=1,2,3,4$，$r_x=\dfrac{\Delta t}{\Delta x}$。$(\lambda_k^x)_{i+\frac{1}{2},j}$和$(\boldsymbol{R}_k^x)_{i+\frac{1}{2},j}$是在节点$\left(i+\dfrac{1}{2},j\right)$上非线性 Jacobian 系数矩阵 $\boldsymbol{A}$ 的特征值和右特征矢量矩阵的四个分量。由本章 11-4-3 节的算式(11.4.8a,b)和式(11.4.9a,b)得到。上式中的 $\boldsymbol{\alpha}_{i+\frac{1}{2},j}$可由关系式(11.4.11a)，通过一定的变换得到：

$$\begin{pmatrix}(\alpha_1^x)_{i+\frac{1}{2},j}\\(\alpha_2^x)_{i+\frac{1}{2},j}\\(\alpha_3^x)_{i+\frac{1}{2},j}\\(\alpha_4^x)_{i+\frac{1}{2},j}\end{pmatrix}=\begin{pmatrix}\Delta_{i+\frac{1}{2},j}\rho-aa\\\Delta_{i+\frac{1}{2},j}n-v_{i+\frac{1}{2},j}aa\\\dfrac{aa-bb}{2}\\\dfrac{aa+bb}{2}\end{pmatrix} \tag{11.6.8}$$

$$aa=\frac{\gamma-1}{a_{i+\frac{1}{2},j}^2}\left[\Delta_{i+\frac{1}{2},j}e+\frac{u_{i+\frac{1}{2},j}^2+v_{i+\frac{1}{2},j}^2}{2}\Delta_{i+\frac{1}{2},j}\rho-u_{i+\frac{1}{2},j}\Delta_{i+\frac{1}{2},j}m-v_{i+\frac{1}{2},j}\Delta_{i+\frac{1}{2},j}n\right] \tag{11.6.8a}$$

$$bb=\frac{[\Delta_{i+\frac{1}{2},j}m-u_{i+\frac{1}{2},j}\Delta_{i+\frac{1}{2},j}\rho]}{a_{i+\frac{1}{2},j}} \tag{11.6.8b}$$

式中 $m=\rho u$，$n=\rho v$。格式黏性函数 Q 为：

$$Q(z)=\begin{cases}|z|, & |z|\geqslant\varepsilon\\\dfrac{1}{2}\left(\dfrac{z^2}{\varepsilon}+\varepsilon\right), & |z|<\varepsilon\end{cases} \tag{11.6.9}$$

这里函数 $Q(z)=Q(r_x(\lambda_k^x)_{i+\frac{1}{2},j}+(\gamma_k^x)_{i+\frac{1}{2},j})$ 中的 $(\gamma_k^x)_{i+\frac{1}{2},j}$ 为：

$$(\gamma_k^x)_{i+\frac{1}{2},j}=\begin{cases}\dfrac{(g_k^x)_{i+1,j}-(g_k^x)_{i,j}}{(\alpha_k^x)_{i+\frac{1}{2},j}}, & (\alpha_k^x)_{i+\frac{1}{2},j}\neq 0\\ 0, & (\alpha_k^x)_{i+\frac{1}{2},j}=0\end{cases} \tag{11.6.9a}$$

而 $(g_k^x)_{i,j}$ 的表达式为：

$$(g_k^x)_{i,j}=\mathrm{minmod}((\sigma_k^x)_{i+\frac{1}{2},j}(\alpha_k^x)_{i+\frac{1}{2},j},(\sigma_k^x)_{i-\frac{1}{2},j}(\alpha_k^x)_{i-\frac{1}{2},j}) \tag{11.6.9b}$$

在计算非定常流动时，上式中 $(\sigma_k^x)_{i+\frac{1}{2},j}$ 为：

$$\sigma(z)=\frac{1}{2}[Q(z)+z^2]\geqslant 0 \tag{11.6.10}$$

其中 $k=1,2,3,4$。在计算 $(g_k^x)_{i,j}$ 时，式(11.6.10)中 z 取为矩阵 $\boldsymbol{A}$ 的特征值 $z=r_x(\lambda_k^x)_{i,j}$。

为了提高计算精度，需要对 g_k^x 做进一步修正：

$$(\tilde{g}_k^x)_{i,j}=[1+(\omega_k^x)_{i,j}(\theta_k^x)_{i,j}](g_k^x)_{i,j},\quad (\omega_k^x)_{i,j}>0 \tag{11.6.11}$$

$$(\theta_k^x)_{i,j}=\frac{|(\alpha_k^x)_{i+\frac{1}{2},j}-(\alpha_k^x)_{i-\frac{1}{2},j}|}{|(\alpha_k^x)_{i+\frac{1}{2},j}+(\alpha_k^x)_{i-\frac{1}{2},j}|} \tag{11.6.11a}$$

数学符号 minmod(a,b) 的定义见式(11.5.26)和式(11.5.27)。

同样可以得到 $\boldsymbol{g}_{i,j+\frac{1}{2}}^n$ 的显式迎风型 TVD 差分格式：

$$\boldsymbol{g}_{i,j+\frac{1}{2}}^n=\frac{1}{2}[\boldsymbol{g}(u_{i,j})+\boldsymbol{g}(u_{i,j+1})]^n+\frac{1}{2}\sum_{k=1}^{4}\Big[(g_k^y)_{i,j}+(g_k^y)_{i,j+1}-\frac{1}{r_y}Q(r_y(\mu_k^y)_{i,j+\frac{1}{2}}+(\gamma_k^y)_{i,j+\frac{1}{2}})(\beta_k^y)_{i,j+\frac{1}{2}}\Big]^n(\boldsymbol{R}_k^y)_{i,j+\frac{1}{2}}^n \tag{11.6.12}$$

式中 $r_y=\dfrac{\Delta t}{\Delta y}$，同样可以采用类似方法得到 $\boldsymbol{g}(\boldsymbol{u}_{i,j})$、$(\mu_k^y)_{i,j+\frac{1}{2}}$、$(\gamma_k^y)_{i,j+\frac{1}{2}}$、$(\boldsymbol{R}_k^y)_{i,j+\frac{1}{2}}$、$(\beta_k^y)_{i,j+\frac{1}{2}}$、$(g_k^y)_{i,j}$ 和 $(\sigma_k^y)_{i,j+\frac{1}{2}}$ 等表达式，由它们可计算得到 $\boldsymbol{f}_{i+\frac{1}{2},j}^n$ 和 $\boldsymbol{g}_{i,j+\frac{1}{2}}^n$，并求得流动量 $\boldsymbol{u}_{i,j}^{n+1}$ 的值。

(2) 显式对称 TVD 差分格式

采用 Yee-Roe-Davis 显式对称 TVD 差分格式。

$$\boldsymbol{u}_{i,j}^{n+1}=\boldsymbol{u}_{i,j}^n-r_x(\boldsymbol{f}_{i+\frac{1}{2},j}^n-\boldsymbol{f}_{i-\frac{1}{2},j}^n)-r_y(\boldsymbol{g}_{i,j+\frac{1}{2}}^n-\boldsymbol{g}_{i,j-\frac{1}{2}}^n) \tag{11.6.13}$$

对于 $\boldsymbol{f}_{i+\frac{1}{2},j}^n$ 和 $\boldsymbol{g}_{i,j+\frac{1}{2}}^n$ 差分格式分别为：

$$\begin{aligned}\boldsymbol{f}_{i+\frac{1}{2},j}^n&=\frac{1}{2}\Big[\boldsymbol{f}(\boldsymbol{u}_{i,j})+\boldsymbol{f}(\boldsymbol{u}_{i+1,j})+\sum_{k=1}^{4}(\boldsymbol{R}_k^x)_{i+\frac{1}{2},j}(\Phi_k^x)_{i+\frac{1}{2},j}\Big]\\ \boldsymbol{g}_{i,j+\frac{1}{2}}^n&=\frac{1}{2}\Big[\boldsymbol{g}(\boldsymbol{u}_{i,j})+\boldsymbol{g}(\boldsymbol{u}_{i,j+1})+\sum_{k=1}^{4}(\boldsymbol{R}_k^y)_{i,j+\frac{1}{2}}(\Phi_k^y)_{i,j+\frac{1}{2}}\Big]\end{aligned} \tag{11.6.13a}$$

式中 $\boldsymbol{f}(\boldsymbol{u}_{i,j})$ 和 $\boldsymbol{f}(\boldsymbol{u}_{i+1,j})$、$\boldsymbol{g}(\boldsymbol{u}_{i,j})$ 和 $\boldsymbol{g}(\boldsymbol{u}_{i,j+1})$ 为流通量 $\boldsymbol{f}$、$\boldsymbol{g}$ 在 (i,j)、$(i+1,j)$、$(i,j+1)$ 节点上的值；$(\boldsymbol{R}_k^x)_{i+\frac{1}{2},j}$ 和 $(\boldsymbol{R}_k^y)_{i,j+\frac{1}{2}}$ 为非线性 Jacobian 系数矩阵 $\boldsymbol{A}$、$\boldsymbol{B}$ 的右特

征矢量矩阵在$\left(i+\dfrac{1}{2},j\right)$、$\left(i,j+\dfrac{1}{2}\right)$节点上的值；而$(\boldsymbol{\Phi}_k^x)_{i+\frac{1}{2},j}$和$(\boldsymbol{\Phi}_k^y)_{i,j+\frac{1}{2}}$为：

$$(\boldsymbol{\Phi}_k^x)_{i+\frac{1}{2},j}=-\frac{1}{r_x}[(r_x(\lambda_k^x)_{i+\frac{1}{2},j})^2(g_k^x)_{i+\frac{1}{2},j}+Q(r_x(\lambda_k^x)_{i+\frac{1}{2},j})((\alpha_k^x)_{i+\frac{1}{2},j}-(g_k^x)_{i+\frac{1}{2},j})]$$

$$(\boldsymbol{\Phi}_k^y)_{i,j+\frac{1}{2}}=-\frac{1}{r_y}[(r_y(\lambda_k^y)_{i,j+\frac{1}{2}})^2(g_k^y)_{i,j+\frac{1}{2}}+Q(r_y(\lambda_k^y)_{i,j+\frac{1}{2}})(\alpha_k^y)_{i,j+\frac{1}{2}}-(g_k^y)_{i,j+\frac{1}{2}})]$$

(11.6.13b)

其中$r_x=\dfrac{\Delta t}{\Delta x}, r_y=\dfrac{\Delta t}{\Delta y}$；$\lambda^x$、$\lambda^y$为非线性 Jacobian 系数矩阵$\boldsymbol{A}$、$\boldsymbol{B}$的特征值。

和显式迎风型 TVD 差分格式一样有：

$$\begin{aligned}\boldsymbol{\alpha}_{i+\frac{1}{2},j}^x&=\boldsymbol{R}_{i+\frac{1}{2},j}^{-1}\Delta_{i+\frac{1}{2},j}\boldsymbol{u}\\ \boldsymbol{\beta}_{i,j+\frac{1}{2}}^y&=\boldsymbol{R}_{i,j+\frac{1}{2}}^{-1}\Delta_{i,j+\frac{1}{2}}\boldsymbol{u}\end{aligned}\qquad(11.6.14)$$

由$\boldsymbol{R}_{i+\frac{1}{2},j}^x$和$\boldsymbol{R}_{i,j+\frac{1}{2}}^y$可计算得到$(\alpha_k^x)_{i+\frac{1}{2},j}$、$(\beta_k^y)_{i,j+\frac{1}{2}}$，它们的计算式可参照式(11.6.8)计算得到。

式(11.6.14)中$(g_k^x)_{i+\frac{1}{2},j}$和$(g_k^x)_{i,j+\frac{1}{2}}$可以采用不同的计算公式：

$$(g_k^x)_{i+\frac{1}{2},j}=\mathrm{minmod}((\alpha_k^x)_{i-\frac{1}{2},j},(\alpha_k^x)_{i+\frac{1}{2},j})+\mathrm{minmod}((\alpha_k^x)_{i+\frac{1}{2},j},(\alpha_k^x)_{i+\frac{3}{2},j})-(\alpha_k^x)_{i+\frac{1}{2},j}\qquad(11.6.15a)$$

$$(g_k^x)_{i+\frac{1}{2},j}=\mathrm{minmod}((\alpha_k^x)_{i-\frac{1}{2},j},(\alpha_k^x)_{i+\frac{1}{2},j},(\alpha_k^x)_{i+\frac{3}{2},j})\qquad(11.6.15b)$$

$$(g_k^x)_{i+\frac{1}{2},j}=\mathrm{minmod}\left[2(\alpha_k^x)_{i-\frac{1}{2},j},2(\alpha_k^x)_{i+\frac{1}{2},j},2(\alpha_k^x)_{i+\frac{3}{2},j},\frac{1}{2}((\alpha_k^x)_{i-\frac{1}{2},j}+(\alpha_k^x)_{i+\frac{3}{2},j})\right]\qquad(11.6.15c)$$

同样$(g_k^y)_{i,j+\frac{1}{2}}$也可以采用类似的计算公式。采用不同的计算公式计算$(g_k^x)_{i+\frac{1}{2},j}$和$(g_k^y)_{i,j+\frac{1}{2}}$都能得到满意的结果。这里采用计算公式(11.6.15b)进行计算：

$$(g_k^x)_{i+\frac{1}{2},j}=\mathrm{minmod}((\alpha_k^x)_{i-\frac{1}{2},j},(\alpha_k^x)_{i+\frac{1}{2},j},(\alpha_k^x)_{i+\frac{3}{2},j})\qquad(11.6.16a)$$

$$(g_k^y)_{i,j+\frac{1}{2}}=\mathrm{minmod}((\beta_k^y)_{i,j-\frac{1}{2}},(\beta_k^y)_{i,j+\frac{1}{2}},(\beta_k^y)_{i,j+\frac{3}{2}})\qquad(11.6.16b)$$

数值黏性函数Q为：

$$Q(z)=\begin{cases}|z|, & |z|\geqslant\varepsilon\\ \dfrac{1}{2}\left(\dfrac{z^2}{\varepsilon}+\varepsilon\right), & |z|<\varepsilon\end{cases}\qquad(11.6.17)$$

这里$Q(z)=Q(r_x(\lambda_k^x)_{i+\frac{1}{2},j})$或$Q(r_y(\lambda_k^y)_{i,j+\frac{1}{2}})$。

在上述显式迎风型 TVD 差分格式和对称型 TVD 差分格式中，在半点$\left(i\pm\dfrac{1}{2},j\right)$、$\left(i,j\pm\dfrac{1}{2}\right)$上的$\boldsymbol{\Lambda}$、$\boldsymbol{L}$、$\boldsymbol{R}$、$\boldsymbol{\alpha}$、$\boldsymbol{\beta}$等为非线性 Jacobian 系数矩阵$\boldsymbol{A}$、$\boldsymbol{B}$的特征值、左右特征矢量、左右特征矢量间的关系式。它们由本章 11－4－3 节中的算式(11.4.6)～式

(11.4.11)计算得到。在计算过程中半节点$\left(i\pm\frac{1}{2},j\right)$、$\left(i,j\pm\frac{1}{2}\right)$上的流动量可采用本章第 11－4－3 节中 Roe 平均算式(11.4.12)计算得到。

11－6－5　算子分裂算法

激波在楔角为45°楔面上反射是一个二维无黏流动问题。采用算子分裂算法将它分裂成两个一维无黏流动。它们的差分格式为:

$$\boldsymbol{u}_{i,j}^{n+1}=\boldsymbol{u}_{i,j}^{n}-\frac{\Delta t}{\Delta x}(\boldsymbol{f}_{j+\frac{1}{2},j}^{n}-\boldsymbol{f}_{j-\frac{1}{2},j}^{n})-\frac{\Delta t}{\Delta y}(\boldsymbol{g}_{i,j+\frac{1}{2}}^{n}-\boldsymbol{g}_{i,j-\frac{1}{2}}^{n}) \tag{11.6.18}$$

$$\begin{aligned}\boldsymbol{u}_{i,j}^{*}&=\boldsymbol{u}_{i,j}^{n}-\frac{\Delta t}{\Delta x}(\boldsymbol{f}_{i+\frac{1}{2},j}^{n}-\boldsymbol{f}_{i-\frac{1}{2},j}^{n})=\phi_x\boldsymbol{u}_{i,j}^{n}\\ \boldsymbol{u}_{i,j}^{n+1}&=\boldsymbol{u}_{i,j}^{*}-\frac{\Delta t}{\Delta y}(\boldsymbol{g}_{i,j+\frac{1}{2}}^{n}-\boldsymbol{g}_{i,j-\frac{1}{2}}^{n})=\phi_y\boldsymbol{u}_{i,j}^{*}\end{aligned} \tag{11.6.18a}$$

分裂后对每个一维 Euler 方程组差分格式(11.6.18a)分别采用显式迎风型 TVD 差分格式和对称型 TVD 差分格式进行计算。显式迎风型 TVD 差分格式和对称型 TVD 差分格式可参照本章 11－5－7 节中的一维迎风型 TVD 差分格式和本章 11－5－8 节中的一维对称型 TVD 差分格式。由初值$\boldsymbol{u}_{i,j}^{n}$和流通量$\boldsymbol{f}_{i\pm\frac{1}{2},j}^{n}$,计算得到$\boldsymbol{u}_{i,j}^{*}$,然后,利用$\boldsymbol{u}_{i,j}^{*}$和流通量$\boldsymbol{g}_{i,j\pm\frac{1}{2}}^{n}$计算得到二维流动问题$\boldsymbol{u}_{i,j}^{n+1}$。

分裂后一维流通量矢量$\boldsymbol{f}_{i\pm\frac{1}{2},j}^{n}$、$\boldsymbol{g}_{i,j\pm\frac{1}{2}}^{n}$算式可参照本章 11－4－6 节中的算式(11.4.23),在 Steger-Warming 分裂后一维流通量矢量$(\boldsymbol{f}_{i\pm\frac{1}{2},j}^{n})^{\pm}$、$(\boldsymbol{g}_{i,j\pm\frac{1}{2}}^{n})^{\pm}$可参照算式(11.4.24)。

11－6－6　具体计算步骤

1. 显式迎风型 TVD 算法具体计算步骤

(1) 计算区域内划分网格。在入口处给出均匀来流气体参数$(\rho,u,v,p)_{i,j}^{n}$作为初始状态参数,得到$\boldsymbol{u}_{i,j}^{n}$。

(2) 由$(\rho,u,v,p)_{i,j}^{n}$利用 Roe 平均公式计算$\left(i\pm\frac{1}{2},j\right)$节点和$\left(i,j\pm\frac{1}{2}\right)$节点上的$u_{i+\frac{1}{2},j}$、$v_{i+\frac{1}{2},j}$、$a_{i+\frac{1}{2},j}$、$\boldsymbol{\Lambda}_{i+\frac{1}{2},j}$、$\boldsymbol{R}_{i+\frac{1}{2},j}$、$\boldsymbol{\alpha}_{i+\frac{1}{2},j}$等值。

(3) 根据 $\mathrm{d}t=\dfrac{CFL\times\min(\mathrm{d}x,\mathrm{d}y)}{\max[(|u_{i,j}|+a_{i,j}^{x}),(|v_{i,j}|+a_{i,j}^{y})]}$确定时间步长,$a_{i,j}^{x}$、$a_{i,j}^{y}$为 n 时刻所有节点(i,j)的流动声速。

(4) 利用 x 方向系数矩阵 $\boldsymbol{A}(\boldsymbol{u})$和上述有关算式,计算$\left(i\pm\frac{1}{2},j\right)$上的特征值 $\boldsymbol{\lambda}_k^x$、右特征矢量矩阵 $\boldsymbol{R}_k^x$ 和 α_k^x,分裂后的流通量 $\boldsymbol{f}^{\pm}(\boldsymbol{u})$和迎风型 TVD 算法差分格式中有关量 $\boldsymbol{\gamma}_k^x$、g_k^x、$\boldsymbol{\sigma}_k^x$、Q_k^x 等值。

(5) 利用 x 方向迎风型 TVD 算法差分格式,计算 x 方向数值通量$\tilde{\boldsymbol{f}}_{i\pm\frac{1}{2},j}^{n+1}$和流动量

的中间值$\hat{u}^{n+1}_{i\pm\frac{1}{2},j}$，并把$\hat{u}^{n+1}_{i\pm\frac{1}{2},j}$代替$u^n_{i,j}$。

(6) 利用$\hat{u}^{n+1}_{i\pm\frac{1}{2},j}$和 y 方向分裂后的流通量 $g^{\pm}(u)$ 以及 u^y_k、R^y_k、α^y_k 计算$\left(i,j\pm\frac{1}{2}\right)$节点上的 γ^y_k、g^y_k、σ^y_k、Q^y_k 等值，然后利用 y 方向迎风型 TVD 算法差分格式，计算下一时刻节点(i,j)的 $u^{n+1}_{i,j}$。

(7) 再由它计算得到$(\rho,u,v,p)^{n+1}_{i,j}$，并设置问题边界条件和处理在角点上的值。

(8) 重复步骤(2)～(7)直到得到流动的定常解，计算结束。

2. 显式对称型 TVD 算法具体计算步骤

(1) 计算区域内划分网格。在入口处给出均匀来流气体参数$(\rho,u,v,p)^n_{i,j}$作为初始状态参数，得到$u^n_{i,j}$。

(2) 由$(\rho,u,v,p)^n_{i,j}$利用 Roe 平均计算$\left(i\pm\frac{1}{2},j\right)$节点和$\left(i,j\pm\frac{1}{2}\right)$节点上的 $u_{i+\frac{1}{2},j}$、$v_{i+\frac{1}{2},j}$、$a_{i+\frac{1}{2},j}$、$\Lambda_{i+\frac{1}{2},j}$、$R_{i+\frac{1}{2},j}$、$\alpha_{i+\frac{1}{2},j}$等值。

(3) 根据 $\mathrm{d}t=\dfrac{CFL\times\min(\mathrm{d}x,\mathrm{d}y)}{\max[(|u_{i,j}|+a^x_{i,j}),(|v_{i,j}|+a^y_{i,j})]}$确定时间步长，$a^x_{i,j}$、$a^y_{i,j}$为 n 时刻所有节点(i,j)的流动声速。

(4) 利用 x 方向系数矩阵 $A(u)$ 和上述有关算式，计算$\left(i\pm\frac{1}{2},j\right)$上的特征值 λ^x_k、右特征矢量矩阵 R^x_k 和 α^x_k，分裂后的流通量 $f^{\pm}(u)$ 和对称型 TVD 算法差分格式中有关量 g^x_k、R^x_k、Φ^x_k 等值，并计算 $\sum_{k=1}^{4}R^x_k\Phi^x_k$。

(5) 利用 x 方向对称型 TVD 算法差分格式，计算 x 方向数值通量$\tilde{f}^{n+1}_{i\pm\frac{1}{2},j}$和流动量的中间值$\hat{u}^{n+1}_{i\pm\frac{1}{2},j}$，并把$\hat{u}^{n+1}_{i\pm\frac{1}{2},j}$代替$u^n_{i,j}$。

(6) 利用中间值$\hat{u}^{n+1}_{i\pm\frac{1}{2},j}$计算 y 方向上 g^y_k、Φ^y_k，然后计算 $\sum_{k=1}^{4}R^y_k\Phi^y_k$、$(R^y_k)_{i,j+\frac{1}{2}}$ 和 $(\Phi^y_k)_{i,j+\frac{1}{2}}$，并利用对称型 TVD 差分格式计算得到 $g^n_{i,j+\frac{1}{2}}$。

(7) 最后，由 $f^n_{i+\frac{1}{2},j}$和 $g^n_{i,j+\frac{1}{2}}$计算得到 $u^{n+1}_{i,j}$，由此计算得到$(\rho,u,v,p)^{n+1}_{i,j}$值，并设置问题边界条件和处理在角点上的值。

(8) 重复步骤(2)～(7)直到得到流动的定常解，计算结束。

11-6-7　网格设置和边界数值处理

1. 网格划分和虚点设置

计算中采用矩形网格，这样在楔面上不可避免会出现三角形网格。如图 11.17 所示。实际计算区域是图中实线包围起来的部分。但是为了便于处理边界条件和保证计算精度，需要在楔面和地面处加两层虚拟网格。为了取得好的计算效果，计

算中选用 $CFL=0.1$。

2. 边界条件数值处理

地面($y=0$)和45°楔面都是刚性壁面。它应满足刚性壁面边界条件:在刚性壁面法向上速度为零($\boldsymbol{u}_n=\boldsymbol{0}$)。以计算楔面上 c 点为例,如图 11.18 所示。刚性壁面 c 点数值处理可以采用两种方法:

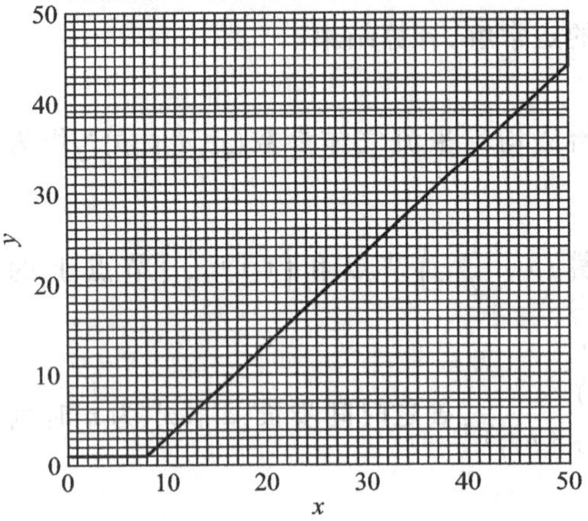

图 11.17 激波在楔面上反射问题网格示意图

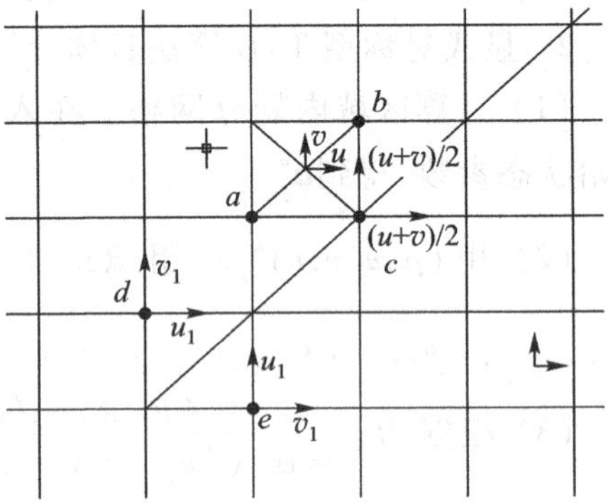

图 11.18 刚性壁面边界数值处理(1)示意图

(1) 楔面上 c 点的流动量取 a、b 两点流动量的平均值,然后,将此平均值分解成法向和切向分量。在楔面外虚拟网格的 e 点,它的流动量应取与 e 点对称的 d 点的流动量镜像值,即 e 点流动量取和 d 点相同的值,但速度方向相反。

(2) 将 a 点的流动量分解成法向和切向分量后直接赋于楔面上 b 点,并保证垂直于楔面的速度为零。而 d 点的流动量取值仍可采用与方法(1)相同,即 d 点的流动量和 c 点的流动量取相同值,但速度方向相反。如图 11.19 所示。

在实际计算中,两种边界条件数值处理方法,并没有很大的区别。但从物理角度来分析,第一种方法比较合适。

为了提高边界数值处理精度,也可采用二阶度数值处理方法,如图 11.20 所示。采用二阶精度数值处理时,需要采用更多的虚拟网格。例如,对边界节点(i,j)进行处理时,需要由节点$(i-1,j+1)$、$(i-2,j+2)$和虚拟节点$(i+1,j-1)$、$(i+2,j-2)$通过对称的镜像反射条件来确定。

边界上得到二阶精度差分格式为:

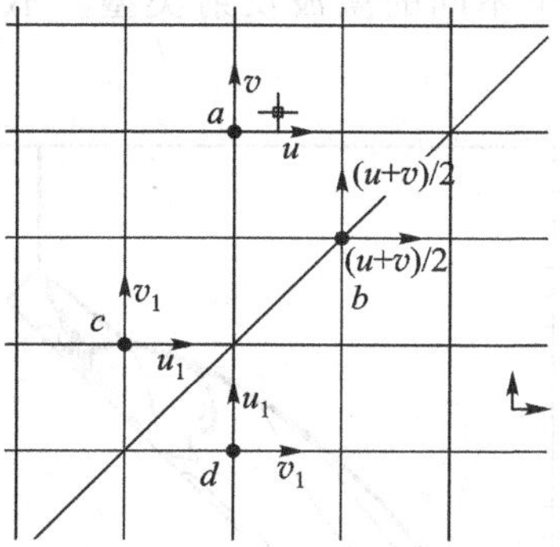

图 11.19　刚性壁面边界数值处理(2)示意图

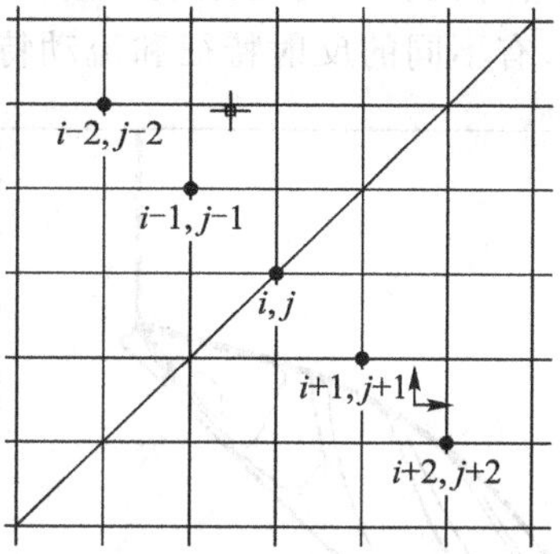

图 11.20　刚性壁面二阶精度边界数值处理示意图

$$\begin{cases} \rho_{i,j} = \dfrac{1}{3}(2\rho_{i-1,j} + 2\rho_{i,j+1} - \rho_{i-1,j+1}) \\ p_{i,j} = \dfrac{1}{3}(2p_{i-1,j} + 2p_{i,j+1} - p_{i-1,j+1}) \\ u_{i,j} = \dfrac{1}{3}(2u_{i-1,j} + 2u_{i,j+1} - u_{i-1,j+1} + 2v_{i-1,j} + 2v_{i,j+1} - v_{i-1,j+1}) \\ v_{i,j} = u_{i,j} \end{cases} \tag{11.6.19}$$

对于计算区域的上边界($x=0\sim1.0, y=1.0$)和右边界($x=1.0, y=0.85\sim1.0$)进行边界数值处理时可采用自由输出边界条件：

$$\frac{\partial u}{\partial x} = \frac{\partial v}{\partial x} = 0, \quad \frac{\partial u}{\partial y} = \frac{\partial v}{\partial y} = 0 \tag{11.6.20}$$

对于计算区域的左边界($x=0, y=0\sim1.0$)可采用自由输入边界条件。输入的均匀来流参数可根据激波马赫数计算激波后流动量得到。

11-6-8　计算结果分析

采用上述显式迎风型 TVD 差分格式和对称型 TVD 差分格式，计算了激波马赫数为 $M_s=2.0$ 和 $M_s=4.0$ 时激波在45°楔面上的反射问题。计算网格为 1 001 × 1 001。计算中 CFL 数取为 0.1。计算得到了两种马赫反射：单马赫反射和双马赫反射。它们的密度等值线分布如图 11.21 和图 11.22 所示。

图 11.21 是 $M_s=2.0$ 时的计算结果。从图中可以看到，它是单马赫反射。它有一个垂直于壁面的马赫杆、一个滑移面和一个反射激波。而图 11.22 是 $M_s=4.0$ 时的计算结果。从图中可以看到，它是双马赫反射，它有两个垂直于壁面的马赫杆、一个滑移面(在实验中有时会出现两个滑移面)和一个反射激波。而且，反射激波的形状也和单马赫反射不同，存在一个拐点。所有这些表明，激波反射类型和激波马赫

数及楔角有关。不同的激波马赫数和楔角会产生不同的激波反射类型。不同的反射类型,有不同的反射特征和流动特性。

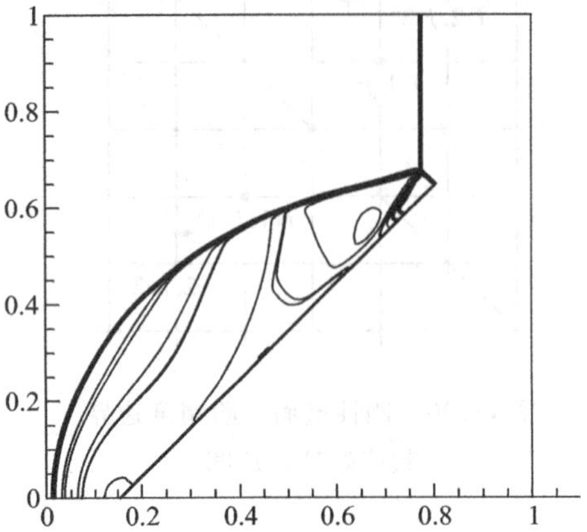

图 11.21　$M_s=2.0$ 时单马赫反射密度等值线分布

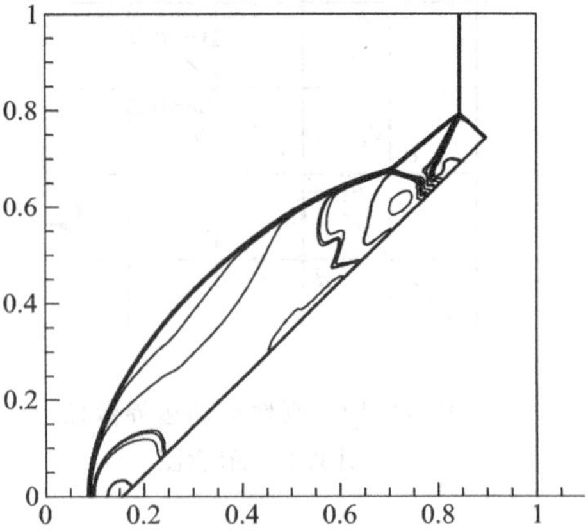

图 11.22　$M_s=4.0$ 时双马赫反射密度等值线分布

图 11.23 是单马赫反射和双马赫反射的压力云图。由它们可以看出压力最大值一般在马赫杆后面。双马赫反射是在第二个马赫杆后面。

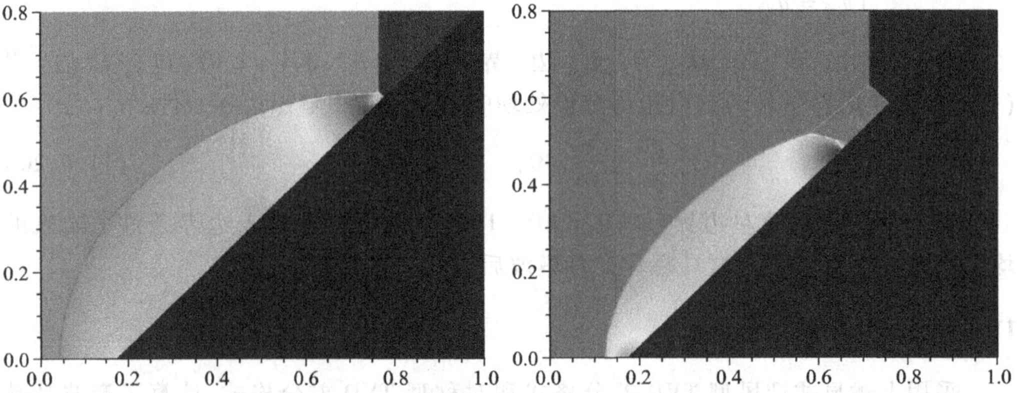

图 11.23　$M_s=2.0$ 和 $M_s=4.0$ 流场压力云图

第 7 节　无振荡无自由参数耗散算法——NND 差分格式

11－7－1　NND 差分算法基本思路

在上篇第六章中我们已经对差分格式进行了数值分析,分析指出:差分格式的修正方程中偶阶导数项是数值耗散项,奇阶导数项是数值色散项,不同的差分格式的修正方程具有不同的数值耗散项和数值色散项。

进一步分析还指出，当差分格式的修正方程的第一个非零奇阶导数项的系数大于零($\mu_3>0$)，且第一个非零偶阶导数项是较小的高阶导数项(ν_4)时，则利用该差分格式计算激波时，在上游是光滑的，而下游会出现振荡。相反，当差分格式的修正方程的第一个非零奇阶导数项的系数小于零($\mu_3<0$)，偶阶导数项是较小的高阶导数项为(ν_4)时，则利用该差分格式计算激波时，在下游是光滑的，而上游会出现振荡。

提高捕捉激波的精度和分辨率的具体做法是：如果在激波上游，让差分格式的修正方程的$\mu_3>0$，而在激波下游$\mu_3<0$，则采用该差分格式计算激波时，就能得到在激波上、下游都是光滑的、无振荡的数值解。这正是构造二阶精度的无波动、无自由参数耗散算法(NND 差分格式)基本思路和出发点。

无振荡、无自由参数耗散算法首先是由张涵信院士提出的。它是具有二阶精度的(除了在个别点以外)NND 差分格式[20,21]。由于 NND 差分格式物理概念清楚、差分格式简单、易于编程和计算量小、得到的解是物理解，因此，NND 差分格式已在国内得到广泛的应用。

11-7-2 非线性标量方程的显式 NND 差分格式

非线性标量方程为：

$$u_t+f_x=0 \tag{11.7.1}$$

它的非守恒性标量方程：

$$u_t+f_x=u_t+Au_x=0 \tag{11.7.1a}$$

根据流通量分裂算法，首先可求出它的非线性 Jacobian 系数矩阵 $\boldsymbol{A}$ 的特征值 $\boldsymbol{\Lambda}$，然后，按特征值正负$\boldsymbol{\Lambda}^{\pm}$可把流通量$f$分裂成正负$f^{\pm}$。于是上式写为：

$$\frac{\partial u}{\partial t}+\frac{\partial f^+}{\partial x}+\frac{\partial f^-}{\partial x}=0 \tag{11.7.2}$$

其中f_j^+、f_j^-为按特征值正负分裂后的正负流通量。

根据激波上、下游光滑且无震荡的要求，对$\dfrac{\partial f^+}{\partial x}$和$\dfrac{\partial f^-}{\partial x}$分别采用不同的差分格式。数值计算实践发现：

(1) 若对$\dfrac{\partial f^+}{\partial x}$采用二阶迎风型差分格式$\dfrac{\partial f^+}{\partial x}=\dfrac{1}{2\Delta x}(3f_j^+-4f_{j-1}^++f_{j-2}^+)$时，它的修正方程中三阶导数项的色散系数$\mu_3>0$，而四阶导数项的耗散系数$\nu_4<0$；若对$\dfrac{\partial f^+}{\partial x}$采用二阶中心差分格式$\dfrac{\partial f^+}{\partial x}=\dfrac{1}{2\Delta x}(f_{j+1}^+-f_{j-1}^+)$时，它的修正方程中三阶导数项的色散系数$\mu_3<0$，而四阶导数项的耗散系数$\nu_4=0$。

由上述分析可知：若对$\dfrac{\partial f^+}{\partial x}$采用二阶迎风型差分格式时$\mu_3>0$，这表示在激波附近色散效应的相位是超前的，即在激波下游(右侧)数值解有振荡，而激波上游(左侧)数值解是光滑的；若对$\frac{\partial f^+}{\partial x}$采用二阶中心差分格式时$\mu_3<0$，这表示激波附近色散效应的相位是滞后的，即在激波上游(左侧)数值解有振荡，而激波下游(右侧)数值解是光滑的。

(2) 对$\frac{\partial f^-}{\partial x}$采用二阶迎风型差分格式$\frac{\partial f^-}{\partial x}=\frac{1}{2\Delta x}(-3f_j^-+4f_{j-1}^+-f_{j-2}^-)$时，它的修正方程中三阶导数项的色散系数$\mu_3<0$，而四阶导数项的耗散系数$\nu_4<0$；对$\frac{\partial f^-}{\partial x}$采用二阶中心差分格式$\frac{\partial f^-}{\partial x}=\frac{1}{2\Delta x}(f_{j+1}^- -f_{j-1}^-)$时，在它的修正方程中三阶导数项的色散系数$\mu_3>0$，而四阶导数项的耗散系数$\nu_4=0$。

由上述分析可知：若对$\frac{\partial f^-}{\partial x}$采用二阶迎风型差分格式时$\mu_3<0$，这表示在激波附近色散效应相位是滞后的，即在激波上游(左侧)数值解有振荡，而在激波下游(右侧)数值解是光滑的；若对$\frac{\partial f^-}{\partial x}$采用二阶中心差分格式时$\mu_3>0$，这表示激波附近色散效应相位是超前的，即在激波下游(右侧)数值解有振荡，而在激波上游(左侧)数值解是光滑的。在激波上游和下游耗散效应与色散效应分析列在表 11.1 中。

表 11.1 激波上游和下游耗散效应与色散效应分析

$\frac{\partial f^+}{\partial x}$		$\frac{\partial f^-}{\partial x}$	
二阶迎风型差分格式	二阶中心差分格式	二阶迎风型差分格式	二阶中心差分格式
$\mu_3>0,\nu_4<0$ 激波上游光滑	$\mu_3<0,\nu_4=0$ 激波下游光滑	$\mu_3<0,\nu_4<0$ 激波下游光滑	$\mu_3>0,\nu_4=0$ 激波上游光滑

上述分析表明，为了保证在激波上游和下游都能得到光滑数值解，而不出现振荡，差分格式需要按如下方式构造：

在激波上游(左侧)差分格式为：

$$\left(\frac{\partial u}{\partial t}\right)_j=-\left(\frac{\partial f^+}{\partial x}+\frac{\partial f^-}{\partial x}\right)=-\frac{3f_j^+-4f_{j-1}^++f_{j-2}^+}{2\Delta x}-\frac{f_{j+1}^--f_{j-1}^-}{2\Delta x}\qquad(11.7.3\text{a})$$

在激波下游(右侧)差分格式为：

$$\left(\frac{\partial u}{\partial t}\right)_j=-\left(\frac{\partial f^+}{\partial x}+\frac{\partial f^-}{\partial x}\right)=-\frac{3f_j^--4f_{j+1}^-+f_{j+2}^-}{2\Delta x}-\frac{f_{j+1}^+-f_{j-1}^+}{2\Delta x}\qquad(11.7.3\text{b})$$

其中f_j^+、f_j^-是按特征值正负分解的正负流通量。

利用上述的分析结果可以导出无振荡、无自由参数差分算法——显式 NND 差分格式。

在单个非线性标量方程(11.7.1)中,设 h、f 为激波上游处流通量和数值通量。$\overleftarrow{f}_{\mathrm{L}}$、$\overleftarrow{f}_{\mathrm{R}}$表示在激波上游处流通量 f 在相应节点的左侧和右侧离散的数值通量。同样设 h、f 为激波下游流通量和数值通量。$\overrightarrow{f}_{\mathrm{L}}$、$\overrightarrow{f}_{\mathrm{R}}$表示激波下游处流通量 f 在相应节点左侧和右侧离散的数值通量。由此可以得到:

在激波上游:

$$\left(\frac{\partial u}{\partial t}\right)_j = -\frac{1}{\Delta x}\left(\overleftarrow{h}_{j+\frac{1}{2}} - \overleftarrow{h}_{j-\frac{1}{2}}\right) \tag{11.7.4}$$

其中

$$\left.\begin{aligned}
&\overleftarrow{h}_{j+\frac{1}{2}} = (\overleftarrow{f}_{\mathrm{L}} + \overleftarrow{f}_{\mathrm{R}})_{j+\frac{1}{2}}\\
&\overleftarrow{f}_{\mathrm{L},j+\frac{1}{2}} = f_j^+ - \frac{1}{2}(f_j^+ - f_{j-1}^+)\\
&\overleftarrow{f}_{\mathrm{R},j+\frac{1}{2}} = f_{j+1}^- - \frac{1}{2}(f_{j+1}^- - f_j^-)\\
&\overleftarrow{h}_{j-\frac{1}{2}} = (\overleftarrow{f}_{\mathrm{L}} + \overleftarrow{f}_{\mathrm{R}})_{j-\frac{1}{2}}\\
&\overleftarrow{f}_{\mathrm{L},j-\frac{1}{2}} = f_{j-1}^+ - \frac{1}{2}(f_{j-1}^+ - f_{j-2}^+)\\
&\overleftarrow{f}_{\mathrm{R},j-\frac{1}{2}} = f_j^- - \frac{1}{2}(f_j^- - f_{j-1}^-)
\end{aligned}\right\} \tag{11.7.4a}$$

在激波下游:

$$\left(\frac{\partial u}{\partial t}\right)_j = -\frac{1}{\Delta x}\left(\overrightarrow{h}_{j+\frac{1}{2}} - \overrightarrow{h}_{j-\frac{1}{2}}\right) \tag{11.7.5}$$

其中

$$\left.\begin{aligned}
&\overrightarrow{h}_{j+\frac{1}{2}} = (\overrightarrow{f}_{\mathrm{L}} + \overrightarrow{f}_{\mathrm{R}})_{j+\frac{1}{2}}\\
&\overrightarrow{f}_{\mathrm{L},j+\frac{1}{2}} = f_j^+ + \frac{1}{2}(f_{j+1}^+ - f_j^+)\\
&\overrightarrow{f}_{\mathrm{R},j+\frac{1}{2}} = f_{j+1}^- - \frac{1}{2}(f_{j+2}^- - f_{j+1}^-)\\
&\overrightarrow{h}_{j-\frac{1}{2}} = (\overrightarrow{f}_{\mathrm{L}} + \overrightarrow{f}_{\mathrm{R}})_{j-\frac{1}{2}}\\
&\overrightarrow{f}_{\mathrm{L},j-\frac{1}{2}} = f_{j-1}^+ + \frac{1}{2}(f_{j-1}^+ - f_{j-2}^+)\\
&\overrightarrow{f}_{\mathrm{R},j-\frac{1}{2}} = f_j^- - \frac{1}{2}(f_{j+1}^- - f_j^-)
\end{aligned}\right\} \tag{11.7.5a}$$

把上述的差分格式写成统一的守恒型差分格式:

$$\left(\frac{\partial u}{\partial t}\right)_j = -\frac{1}{\Delta x}\left(h_{j+\frac{1}{2}} - h_{j-\frac{1}{2}}\right) \tag{11.7.6}$$

$$h_{j+\frac{1}{2}} = f_{\mathrm{L},j+\frac{1}{2}} + f_{\mathrm{R},j+\frac{1}{2}} \tag{11.7.6a}$$

$$f_{L,j+\frac{1}{2}}=f_j^{+}+\begin{cases}\dfrac{1}{2}(f_j^{+}-f_{j-1}^{+})=\dfrac{1}{2}\Delta f_{j-\frac{1}{2}}^{+}, & \text{激波上游}\\ \dfrac{1}{2}(f_{j+1}^{+}-f_j^{+})=\dfrac{1}{2}\Delta f_{j+\frac{1}{2}}^{+}, & \text{激波下游}\end{cases} \tag{11.7.6aa}$$

$$f_{R,j+\frac{1}{2}}=f_{j+1}^{-}+\begin{cases}\dfrac{1}{2}(f_{j+1}^{-}-f_j^{-})=\dfrac{1}{2}\Delta f_{j+\frac{1}{2}}^{-}, & \text{激波上游}\\ \dfrac{1}{2}(f_{j+2}^{-}-f_{j+1}^{-})=\dfrac{1}{2}\Delta f_{j+\frac{3}{2}}^{-}, & \text{激波下游}\end{cases} \tag{11.7.6ab}$$

$$h_{j-\frac{1}{2}}=f_{L,j-\frac{1}{2}}+f_{R,j-\frac{1}{2}} \tag{11.7.6b}$$

$$f_{L,j-\frac{1}{2}}=f_{j-1}^{+}+\begin{cases}\dfrac{1}{2}(f_j^{+}-f_{j-1}^{+})=\dfrac{1}{2}\Delta f_{j-\frac{1}{2}}^{+}, & \text{激波上游}\\ \dfrac{1}{2}(f_{j-1}^{+}-f_{j-2}^{+})=\dfrac{1}{2}\Delta f_{j-\frac{3}{2}}^{+}, & \text{激波下游}\end{cases} \tag{11.7.6ba}$$

$$f_{R,j-\frac{1}{2}}=f_j^{-}+\begin{cases}\dfrac{1}{2}(f_j^{-}-f_{j-1}^{-})=\dfrac{1}{2}\Delta f_{j-\frac{1}{2}}^{-}, & \text{激波上游}\\ \dfrac{1}{2}(f_{j+1}^{-}-f_j^{-})=\dfrac{1}{2}\Delta f_{j+\frac{1}{2}}^{-}, & \text{激波下游}\end{cases} \tag{11.7.6bb}$$

设在节点 j 上，激波数值解是一个很窄的过渡区，在激波上游的节点为 $j-1$，激波下游的节点为 $j+1$，如图 11.24 所示。设 $\Delta u_{j-\frac{1}{2}}=u_j-u_{j-1}$ 和 $\Delta u_{j+\frac{1}{2}}=u_{j+1}-u_j$。由于在激波过渡区内流动量变化是单调的，则在激波上游 $\Delta u_{j+\frac{1}{2}}$、$\Delta u_{j-\frac{1}{2}}$ 有相同符号，且 $\Delta u_{j-\frac{1}{2}}$ 绝对值较小，即 $|\Delta u_{j+\frac{1}{2}}|>|\Delta u_{j-\frac{1}{2}}|$；在激波下游 $\Delta u_{j+\frac{1}{2}}$、$\Delta u_{j-\frac{1}{2}}$ 符号也相同，且 $\Delta u_{j+\frac{1}{2}}$ 绝对值较小，即 $|\Delta u_{j+\frac{1}{2}}|<|\Delta u_{j-\frac{1}{2}}|$。

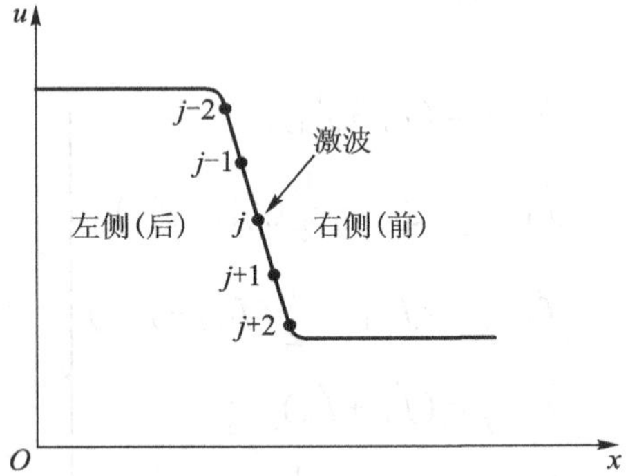

图 11.24　激波前后 Δu、Δf 分析

若设 $\Delta f_{j-\frac{1}{2}}=f_j-f_{j-1}=a_{j-\frac{1}{2}}\Delta u_{j-\frac{1}{2}}$，$\Delta f_{j+\frac{1}{2}}=f_{j+1}-f_j=a_{j+\frac{1}{2}}\Delta u_{j+\frac{1}{2}}$ 和 $a_{j-\frac{1}{2}}\cong a_{j+\frac{1}{2}}$，则在激波上游 $\Delta f_{j+\frac{1}{2}}^{+}$、$\Delta f_{j-\frac{1}{2}}^{+}$ 具有相同符号，且 $\Delta f_{j-\frac{1}{2}}^{+}$ 的绝对值较小；在激波下游 $\Delta f_{j+\frac{1}{2}}^{+}$、$\Delta f_{j-\frac{1}{2}}^{+}$ 也有相同符号，且 $\Delta f_{j+\frac{1}{2}}^{+}$ 的绝对值较小。对 $\Delta f_{j\pm\frac{1}{2}}^{-}=a_j^{-}\Delta u_{j\pm\frac{1}{2}}$ 通过类似的分析也可以得出相同的结论。由此得出：

$\Delta f^{+}_{j\pm\frac{1}{2}}$满足如下关系：

$$\text{激波上游}\qquad \left|\Delta f^{+}_{j+\frac{1}{2}}\right| > \left|\Delta f^{+}_{j-\frac{1}{2}}\right| \tag{11.7.7a}$$

$$\text{激波下游}\qquad \left|\Delta f^{+}_{j+\frac{1}{2}}\right| < \left|\Delta f^{+}_{j-\frac{1}{2}}\right| \tag{11.7.7b}$$

$\Delta f^{-}_{j\pm\frac{1}{2}}$满足如下关系：

$$\text{激波上游}\qquad \left|\Delta f^{-}_{j+\frac{3}{2}}\right| > \left|\Delta f^{-}_{j+\frac{1}{2}}\right| \tag{11.7.7c}$$

$$\text{激波下游}\qquad \left|\Delta f^{-}_{j+\frac{3}{2}}\right| > \left|\Delta f^{-}_{j+\frac{1}{2}}\right| \tag{11.7.7d}$$

类似地，也可以分析 $\Delta f^{+}_{j\pm\frac{3}{2}}$和 $\Delta f^{-}_{j\pm\frac{3}{2}}$的符号与数值大小。

根据 minmod(a,b)函数定义，可以把上述关系式写成：

$$f^{+}_{j+\frac{1}{2}} = f^{+}_{j} + \frac{1}{2}\mathrm{minmod}\left(\Delta f^{+}_{j-\frac{1}{2}}, \Delta f^{+}_{j+\frac{1}{2}}\right) \tag{11.7.8a}$$

$$f^{-}_{j+\frac{1}{2}} = f^{-}_{j+1} - \frac{1}{2}\mathrm{minmod}\left(\Delta f^{-}_{j+\frac{1}{2}}, \Delta f^{-}_{j+\frac{3}{2}}\right) \tag{11.7.8b}$$

$$f^{+}_{j-\frac{1}{2}} = f^{+}_{j-1} + \frac{1}{2}\mathrm{minmod}\left(\Delta f^{+}_{j-\frac{3}{2}}, \Delta f^{+}_{j-\frac{1}{2}}\right) \tag{11.7.8c}$$

$$f^{-}_{j-\frac{1}{2}} = f^{-}_{j} - \frac{1}{2}\mathrm{minmod}\left(\Delta f^{-}_{j-\frac{1}{2}}, \Delta f^{-}_{j+\frac{1}{2}}\right) \tag{11.7.8d}$$

把式(11.7.7)和式(11.7.8)代入式(11.7.6)，可得到二阶精度显式 NND 差分格式：

$$\left(\frac{\partial u}{\partial t}\right)_{j} = -\frac{1}{\Delta x}\left(h_{j+\frac{1}{2}} - h_{j-\frac{1}{2}}\right) \tag{11.7.9}$$

$$h_{j+\frac{1}{2}} = f_{\mathrm{L},j+\frac{1}{2}} + f_{\mathrm{R},j+\frac{1}{2}} \tag{11.7.9a}$$

$$f_{\mathrm{L},j+\frac{1}{2}} = f^{+}_{j} + \frac{1}{2}\mathrm{minmod}\left(\Delta f^{+}_{j+\frac{1}{2}}, \Delta f^{+}_{j-\frac{1}{2}}\right) \tag{11.7.9aa}$$

$$f_{\mathrm{R},j+\frac{1}{2}} = f^{-}_{j+1} + \frac{1}{2}\mathrm{minmod}\left(\Delta f^{-}_{j+\frac{1}{2}}, \Delta f^{-}_{j+\frac{3}{2}}\right) \tag{11.7.9ab}$$

$$h_{j-\frac{1}{2}} = f_{\mathrm{L},j-\frac{1}{2}} + f_{\mathrm{R},j-\frac{1}{2}} \tag{11.7.9b}$$

$$f_{\mathrm{L},j-\frac{1}{2}} = f^{+}_{j} + \frac{1}{2}\mathrm{minmod}\left(\Delta f^{+}_{j-\frac{1}{2}}, \Delta f^{+}_{j-\frac{3}{2}}\right) \tag{11.7.9ba}$$

$$f_{\mathrm{R},j-\frac{1}{2}} = f^{-}_{j+1} + \frac{1}{2}\mathrm{minmod}\left(\Delta f^{-}_{j-\frac{1}{2}}, \Delta f^{-}_{j+\frac{1}{2}}\right) \tag{11.7.9bb}$$

为了简便和实用，可把上述显式 NND 差分格式合并写成如下形式：

$$u^{n+1}_{j} = u^{n}_{j} - \frac{\Delta t}{\Delta x}\left\{\left[f^{+}_{j} + \frac{1}{2}\mathrm{minmod}\left(\Delta f^{+}_{j-\frac{1}{2}}, \Delta f^{+}_{j+\frac{1}{2}}\right) + f^{-}_{j+1} - \frac{1}{2}\mathrm{minmod}\left(\Delta f^{-}_{j+\frac{1}{2}}, \Delta f^{-}_{j+\frac{3}{2}}\right)\right] - \left[f^{+}_{j-1} + \frac{1}{2}\mathrm{minmod}\left(\Delta f^{+}_{j-\frac{3}{2}}, \Delta f^{+}_{j-\frac{1}{2}}\right) + f^{-}_{j} - \frac{1}{2}\mathrm{minmod}\left(\Delta f^{-}_{j-\frac{1}{2}}, \Delta f^{-}_{j+\frac{1}{2}}\right)\right]\right\} \tag{11.7.10}$$

对显式 NND 差分格式线性化后，通过 Fourier 分析得到它的稳定性条件为：

$$\frac{|a|\Delta t}{\Delta x} \leqslant \frac{2}{3} \tag{11.7.11}$$

11-7-3　显式 NND 差分格式的总变差分析

设：

$$\text{minmod}(\Delta f^{+}_{j+\frac{1}{2}}, \Delta f^{+}_{j-\frac{1}{2}}) \equiv k_1 \Delta f^{+}_{j-\frac{1}{2}}, \quad 0 \leqslant k_1 \leqslant 1 \tag{11.7.12a}$$

$$\text{minmod}(\Delta f^{+}_{j-\frac{1}{2}}, \Delta f^{+}_{j-\frac{3}{2}}) \equiv k_2 \Delta f^{+}_{j-\frac{1}{2}}, \quad 0 \leqslant k_2 \leqslant 1 \tag{11.7.12b}$$

$$\text{minmod}(\Delta f^{-}_{j+\frac{1}{2}}, \Delta f^{-}_{j+\frac{3}{2}}) \equiv k_3 \Delta f^{+}_{j+\frac{1}{2}}, \quad 0 \leqslant k_3 \leqslant 1 \tag{11.7.12c}$$

$$\text{minmod}(\Delta f^{+}_{j-\frac{1}{2}}, \Delta f^{+}_{j+\frac{1}{2}}) \equiv k_4 \Delta f^{+}_{j+\frac{1}{2}}, \quad 0 \leqslant k_4 \leqslant 1 \tag{11.7.12d}$$

把它们代入显式 NND 差分格式(11.7.10)可得到：

$$\begin{aligned}\left(\frac{\partial u}{\partial t}\right)_j &= -\frac{1}{\Delta x}\Delta f^{+}_{j-\frac{1}{2}} - \frac{1}{\Delta x}\Delta f^{-}_{j+\frac{1}{2}} + \\ &\quad \frac{1}{2\Delta x}(k_2 - k_1)\Delta f^{+}_{j-\frac{1}{2}} + \frac{1}{2\Delta x}(k_3 - k_4)\Delta f^{-}_{j+\frac{1}{2}} \\ &= -\frac{1}{\Delta x}\left[1 - \frac{1}{2}(k_2 - k_1)\right]\left(\frac{\Delta f^{+}_{j-\frac{1}{2}}}{\Delta u_{j-\frac{1}{2}}}\right)\Delta u_{j-\frac{1}{2}} - \\ &\quad \frac{1}{\Delta x}\left[1 - \frac{1}{2}(k_3 - k_4)\right]\left(\frac{\Delta f^{-}_{j+\frac{1}{2}}}{\Delta u_{j+\frac{1}{2}}}\right)\Delta u_{j+\frac{1}{2}}\end{aligned} \tag{11.7.13}$$

设：

$$\alpha_{j-\frac{1}{2}} = \frac{1}{\Delta x}\left[1 - \frac{1}{2}(k_2 - k_1)\right]\left(\frac{\Delta f^{+}_{j-\frac{1}{2}}}{\Delta u_{j-\frac{1}{2}}}\right) \tag{11.7.13a}$$

$$\beta_{j+\frac{1}{2}} = -\frac{1}{\Delta x}\left[1 - \frac{1}{2}(k_3 - k_4)\right]\left(\frac{\Delta f^{-}_{j+\frac{1}{2}}}{\Delta u_{j+\frac{1}{2}}}\right) \tag{11.7.13b}$$

则式(11.7.13)为：

$$\left(\frac{\partial u}{\partial t}\right)_j = -\alpha_{j-\frac{1}{2}}\Delta u_{j-\frac{1}{2}} + \beta_{j+\frac{1}{2}}\Delta u_{j+\frac{1}{2}} \tag{11.7.14}$$

由于

$$\left(\frac{\Delta f^{+}_{j-\frac{1}{2}}}{\Delta u_{j-\frac{1}{2}}}\right) > 0, \quad \left(\frac{\Delta f^{-}_{j+\frac{1}{2}}}{\Delta u_{j+\frac{1}{2}}}\right) < 0 \tag{11.7.15a}$$

$$\left.\begin{aligned} -\frac{1}{2} \leqslant \frac{k_2 - k_1}{2} \leqslant \frac{1}{2} \\ -\frac{1}{2} \leqslant \frac{k_2 - k_1}{2} \leqslant \frac{1}{2} \\ -\frac{1}{2} \leqslant \frac{k_3 - k_4}{2} \leqslant \frac{1}{2} \end{aligned}\right\} \tag{11.7.15b}$$

$$\left.\begin{aligned}\left[1-\frac{1}{2}(k_2-k_1)\right]\geqslant\frac{1}{2}\\ \frac{1}{2}\leqslant\left[1-\frac{1}{2}(k_2-k_1)\right]\leqslant\frac{3}{2}\end{aligned}\right\}\tag{11.7.15c}$$

故有：

$$\alpha_{j-\frac{1}{2}}>0,\quad \beta_{j+\frac{1}{2}}>0 \tag{11.7.16}$$

NND 差分格式总变差：

$$TV=\sum_j\left|u_{j+1}-u_j\right|=\sum_j S_{j+\frac{1}{2}}(u_{j+1}-u_j) \tag{11.7.17}$$

式中

$$S_{j+\frac{1}{2}}=\begin{cases}1, & 当\ \Delta u_{j+\frac{1}{2}}\geqslant 0\\ -1, & 当\ \Delta u_{j+\frac{1}{2}}<0\end{cases} \tag{11.7.17a}$$

由于 $S_{j+\frac{1}{2}}$是不随时间而变化，故有：

$$\left[\frac{\mathrm{d}TV}{\mathrm{d}t}\right]=\sum_j S_{j+\frac{1}{2}}\left[\left(\frac{\partial u}{\partial t}\right)_{j+1}-\left(\frac{\partial u}{\partial t}\right)_j\right] \tag{11.7.18}$$

然后把$\left(\frac{\partial u}{\partial t}\right)_j$的式(11.7.14)代入上式(11.7.18)得到：

$$\begin{aligned}\left[\frac{\mathrm{d}TV}{\mathrm{d}t}\right]&=\sum_j S_{j+\frac{1}{2}}\left[-\alpha_{j+\frac{1}{2}}\Delta u_{j+\frac{1}{2}}+\beta_{j+\frac{3}{2}}\Delta u_{j+\frac{3}{2}}+\alpha_{j-\frac{1}{2}}\Delta u_{j-\frac{1}{2}}-\beta_{j+\frac{2}{2}}\Delta u_{j+\frac{1}{2}}\right]\\ &=-\sum_j\left[S_{j+\frac{1}{2}}\alpha_{j+\frac{1}{2}}\left(1-\frac{S_{j+\frac{3}{2}}}{S_{j+\frac{1}{2}}}\right)+S_{j+\frac{1}{2}}\beta_{j+\frac{1}{2}}\left(1-\frac{S_{j-\frac{1}{2}}}{S_{j+\frac{1}{2}}}\right)\right]\Delta u_{j+\frac{1}{2}}\\ &=-\sum_j\phi_{j+\frac{1}{2}}S_{j+\frac{1}{2}}\Delta u_{j+\frac{1}{2}}=-\sum_j\phi_{j+\frac{1}{2}}\left|\Delta u_{j+\frac{1}{2}}\right|\end{aligned} \tag{11.7.18a}$$

式中

$$\phi_{j+\frac{1}{2}}=\alpha_{j+\frac{1}{2}}\left(1-\frac{S_{j+\frac{3}{2}}}{S_{j+\frac{1}{2}}}\right)+\beta_{j+\frac{1}{2}}\left(1-\frac{S_{j-\frac{1}{2}}}{S_{j+\frac{1}{2}}}\right) \tag{11.7.18b}$$

由于$\left(\frac{S_{j+\frac{3}{2}}}{S_{j+\frac{1}{2}}}\right)$、$\left(\frac{S_{j-\frac{1}{2}}}{S_{j+\frac{1}{2}}}\right)$都为 1 或 -1，$\alpha_{j-\frac{1}{2}}>0$，$\beta_{j+\frac{1}{2}}>0$，所以有 $\phi_{j+\frac{1}{2}}\geqslant 0$，把它代入式(11.7.18b)得到$\left[\frac{\mathrm{d}TV}{\mathrm{d}t}\right]\leqslant 0$。由此可知，显式 NND 差分格式具有 TVD 性质，且满足差分格式熵条件。因此，它是 TVD 类型差分格式。

11-7-4　一维无黏流动 Euler 方程组的显式 NND 差分格式

一维 Euler 方程组：

$$\boldsymbol{u}_t+\boldsymbol{f}_x=\boldsymbol{0} \tag{11.7.19}$$

式中

$$\boldsymbol{u}=\begin{pmatrix}\rho\\ \rho u\\ E\end{pmatrix},\quad \boldsymbol{f}=\begin{pmatrix}\rho u\\ \rho u^2+p\\ (E+p)u\end{pmatrix} \tag{11.7.19a}$$

一维 Euler 方程组(11.7.19)中流通量矢量$\boldsymbol{f}(\boldsymbol{u})$的非线性 Jacobian 系数矩阵$\boldsymbol{A}$、特征值和左右特征矢量和左右特征矢量关系式$\boldsymbol{\Lambda}$、$\boldsymbol{R}$、$\boldsymbol{L}$、$\boldsymbol{\alpha}$,以及流通量矢量$\boldsymbol{f}(\boldsymbol{u})$表达式,由本章 11－3－3 节中的算式(11.3.33)～式(11.3.38)得到。采用 Steger-Warming 流通量矢量分裂法,由计算公式(11.3.41)得到流通量矢量:

$$\boldsymbol{f}^{\pm}(\boldsymbol{u})=\frac{\rho}{2\gamma}\begin{pmatrix}2(\gamma-1)\lambda_1^{\pm}+\lambda_2^{\pm}+\lambda_3^{\pm}\\ 2(\gamma-1)u\lambda_1^{\pm}+(u-a)\lambda_2^{\pm}+(u+a)\lambda_3^{\pm}\\ (\gamma-1)u^2\lambda_1^{\pm}+(h-au)\lambda_2^{\pm}+(h+au)\lambda_3^{\pm}\end{pmatrix} \tag{11.7.20}$$

这样就得到一维守恒型 Euler 方程组显式 NND 差分格式如下:

$$\begin{aligned}\boldsymbol{u}_j^{n+1}=\boldsymbol{u}_j^n-\frac{\Delta t}{\Delta x}\Big\{&\Big[\boldsymbol{f}_j^{+}+\frac{1}{2}\mathrm{minmod}(\Delta\boldsymbol{f}_{j-\frac{1}{2}}^{+},\Delta\boldsymbol{f}_{j+\frac{1}{2}}^{+})+\boldsymbol{f}_{j+1}^{-}-\frac{1}{2}\mathrm{minmod}(\Delta\boldsymbol{f}_{j+\frac{1}{2}}^{-},\Delta\boldsymbol{f}_{j+\frac{3}{2}}^{-})\Big]-\\ &\Big[\boldsymbol{f}_{j-1}^{+}+\frac{1}{2}\mathrm{minmod}(\Delta\boldsymbol{f}_{j-\frac{3}{2}}^{+},\Delta\boldsymbol{f}_{j-\frac{1}{2}}^{+})+\boldsymbol{f}_j^{-}-\frac{1}{2}\mathrm{minmod}(\Delta\boldsymbol{f}_{j-\frac{1}{2}}^{-},\Delta\boldsymbol{f}_{j+\frac{1}{2}}^{-})\Big]\Big\}\end{aligned} \tag{11.7.21}$$

$$\left.\begin{aligned}\Delta\boldsymbol{f}_{j+\frac{1}{2}}&=\boldsymbol{f}_{j+1}-\boldsymbol{f}_j=a_{j+\frac{1}{2}}\Delta\boldsymbol{u}_{j+\frac{1}{2}}\\ \Delta\boldsymbol{f}_{j-\frac{1}{2}}&=\boldsymbol{f}_j-\boldsymbol{f}_{j-1}=a_{j-\frac{1}{2}}\Delta\boldsymbol{u}_{j-\frac{1}{2}}\end{aligned}\right\} \tag{11.7.22}$$

在计算过程中半节点$\left(i+\frac{1}{2},j\right)$、$\left(i,j+\frac{1}{2}\right)$上流动量,采用 Roe 平均得到,Roe 平均表达式可参照式(11.2.70)和式(11.2.71)。

11－7－5 高阶精度显式 NND 差分算法

显式 NND 差分算法以差分格式简单、易于编程和计算效果好而著称,在国内得到广泛的应用。它也很容易得到高阶精度的 NND 差分算法。

高精度显式 NND 差分算法基本思路:众所周知,一个差分格式如果要很好的捕捉激波间断,需要满足熵条件。二阶精度显式 NND 差分格式是满足熵增条件的,但是,要构造一个严格满足熵增条件三阶精度以上的显式 NND 差分格式却十分困难的。为此,我们放宽条件限制,设想在某些限制条件下,构造一个满足熵增弱条件三阶以上精度的显式 NND 差分格式[22]。

一维非线性标量方程:

$$u_t+f_x=0 \tag{11.7.23}$$

对它的流通量f进行分裂$f^{\pm}$后得到:

$$\frac{\partial u}{\partial t}+\frac{\partial f^{+}}{\partial x}+\frac{\partial f^{-}}{\partial x}=0 \tag{11.7.24}$$

设网格点之间是等距离的,网格步长为Δx,并设x_j为网格节点,$x_{j-\frac{1}{2}}$和$x_{j+\frac{1}{2}}$分别是网

格点 x_{j-1}、x_j和 x_j、x_{j+1}的中点。在 $x_{j-\frac{1}{2}}$和 $x_{j+\frac{1}{2}}$间隔内将式(11.7.23)对 x 积分得到：

$$\frac{\partial \bar{u}}{\partial t}=-\frac{1}{\Delta x}(f_{j+\frac{1}{2}}-f_{j-\frac{1}{2}}) \tag{11.7.25}$$

式中

$$\bar{u}=\frac{1}{\Delta x}\int_{x_{j-\frac{1}{2}}}^{x_{j+\frac{1}{2}}} u\mathrm{d}x \tag{11.7.25a}$$

假设在 x_j附近,采用二次多项式来近似表示 u 的变化：

$$u=u+\left(\frac{\partial u}{\partial x}\right)_j(x-x_j)+\frac{1}{2}\left(\frac{\partial^2 u}{\partial x^2}\right)_j(x-x_j)^2+\cdots \tag{11.7.26}$$

将此式代入式(11.7.25a)后积分得到：

$$\bar{u}=u_j+\frac{1}{24}\left(\frac{\partial^2 u}{\partial x^2}\right)_j\Delta x^2+\cdots \tag{11.7.27}$$

将此式代入式(11.7.25),并利用式(11.7.23)得到：

$$\left(\frac{\partial u}{\partial t}\right)_j=-\frac{1}{\Delta x}\left\{\left[f_{j+\frac{1}{2}}-\frac{1}{24}\left(\frac{\partial^2 f}{\partial x^2}\right)_{j+\frac{1}{2}}\Delta x^2\right]-\left[f_{j-\frac{1}{2}}-\frac{1}{24}\left(\frac{\partial^2 f}{\partial x^2}\right)_{j-\frac{1}{2}}\Delta x^2\right]\right\}+O(x^3) \tag{11.7.28}$$

在不影响计算精度的前提下,采用如下近似：

$$\left(\frac{\partial^3 f}{\partial x^3}\right)_j\Delta x=\left(\frac{\partial^2 f}{\partial x^2}\right)_{j+\frac{1}{2}}-\left(\frac{\partial^2 f}{\partial x^2}\right)_{j-\frac{1}{2}} \tag{11.7.29}$$

将流通量分裂式 $f_{j+\frac{1}{2}}=f^+_{j+\frac{1}{2}}+f^-_{j+\frac{1}{2}}$代入式(11.7.28),可以得到：

$$\left(\frac{\partial u}{\partial t}\right)_j=-\frac{1}{\Delta x}(h_{j+\frac{1}{2}}-h_{j-\frac{1}{2}}) \tag{11.7.30}$$

式中

$$h_{j+\frac{1}{2}}=h^+_{j+\frac{1}{2}}+h^-_{j+\frac{1}{2}} \tag{11.7.30a}$$

$$\left.\begin{aligned} h^+_{j+\frac{1}{2}}&=f^+_{j+\frac{1}{2}}-\frac{1}{24}\left(\frac{\partial^2 f}{\partial x^2}\right)_{j+\frac{1}{2}}\Delta x^2\\ h^-_{j+\frac{1}{2}}&=f^-_{j+\frac{1}{2}}-\frac{1}{24}\left(\frac{\partial^2 f}{\partial x^2}\right)_{j+\frac{1}{2}}\Delta x^2\end{aligned}\right\} \tag{11.7.30b}$$

假设在 x_j和 x_{j+1}点附近,f^+、f^-分别是按二次曲线规律变化,得到 $f^+_{j+\frac{1}{2}}$和 $f^-_{j-\frac{1}{2}}$：

$$\left.\begin{aligned} f^+_{j+\frac{1}{2}}&=f^+_j+\left(\frac{\partial f^+}{\partial x}\right)_j\left(\frac{1}{2}\Delta x\right)+\frac{1}{8}\left(\frac{\partial^2 f^+}{\partial x^2}\right)_j\left(\frac{1}{2}\Delta x\right)^2+\cdots\\ f^-_{j-\frac{1}{2}}&=f^-_{j+1}-\left(\frac{\partial f^-}{\partial x}\right)_{j+1}\left(\frac{1}{2}\Delta x\right)+\frac{1}{8}\left(\frac{\partial^2 f^-}{\partial x^2}\right)_{j+1}\left(\frac{1}{2}\Delta x\right)^2+\cdots\end{aligned}\right\} \tag{11.7.31}$$

将上式代入式(11.7.30b),得到：

$$\left.\begin{aligned} h_{j+\frac{1}{2}}^{+} &= f_j^{+} + \left(\frac{\partial f^{+}}{\partial x}\right)_j\left(\frac{1}{2}\Delta x\right) + \frac{1}{12}\left(\frac{\partial^2 f^{+}}{\partial x^2}\right)_j\left(\frac{1}{2}\Delta x\right)^2 + \cdots \\ h_{j+\frac{1}{2}}^{-} &= f_{j+1}^{-} - \left(\frac{\partial f^{-}}{\partial x}\right)_{j+1}\left(\frac{1}{2}\Delta x\right) + \frac{1}{12}\left(\frac{\partial^2 f^{-}}{\partial x^2}\right)_{j+1}\left(\frac{1}{2}\Delta x\right)^2 + \cdots \end{aligned}\right\} \tag{11.7.32}$$

利用 Taylor 展开式得到：

$$\left(\frac{\partial f^{+}}{\partial x}\right)_j = \frac{\Delta f_{j+\frac{1}{2}}^{+}}{\Delta x} - \frac{1}{2}\left(\frac{\partial^2 f^{+}}{\partial x^2}\right)_{j+\frac{1}{2}}\Delta x + O(\Delta x^2) \tag{11.7.33a}$$

式中 $\Delta f_{j+\frac{1}{2}}^{+} = f_{j+1}^{+} - f_j^{+}$，或者得到：

$$\left(\frac{\partial f^{+}}{\partial x}\right)_j = \frac{\Delta f_{j-\frac{1}{2}}^{+}}{\Delta x} + \frac{1}{2}\left(\frac{\partial^2 f^{+}}{\partial x^2}\right)_{j-\frac{1}{2}}\Delta x + O(\Delta x^2) \tag{11.7.33b}$$

将式(11.7.33a)和式(11.7.33b)代入式(11.7.32)的第一式得到：

$$h_{j+\frac{1}{2}}^{+} = f_j^{+} + \frac{1}{2}\Delta f_{j+\frac{1}{2}}^{+} - \frac{1}{6}\left(\frac{\partial^2 f^{+}}{\partial x^2}\right)_{j+\frac{1}{2}}\Delta x^2 + O(\Delta x^3) \tag{11.7.34a}$$

而将式(11.7.33b)代入式(11.7.32)的第一式得到：

$$h_{j-\frac{1}{2}}^{+} = f_j^{+} + \frac{1}{2}\Delta f_{j-\frac{1}{2}}^{+} + \frac{1}{3}\left(\frac{\partial^2 f}{\partial x^2}\right)_{j-\frac{1}{2}}\Delta x^2 + O(\Delta x^2) \tag{11.7.34b}$$

其中$\left(\frac{\partial^2 f^{+}}{\partial x^2}\right)_{j+\frac{1}{2}}$和$\left(\frac{\partial^2 f^{+}}{\partial x^2}\right)_{j-\frac{1}{2}}$分别为：

$$\left(\frac{\partial^2 f^{+}}{\partial x^2}\right)_{j+\frac{1}{2}} = \begin{cases} \dfrac{\Delta f_{j+\frac{3}{2}}^{+} - \Delta f_{j+\frac{1}{2}}^{+}}{\Delta x^2} + O(\Delta x) \\ \dfrac{\Delta f_{j+\frac{1}{2}}^{+} - \Delta f_{j-\frac{1}{2}}^{+}}{\Delta x^2} + O(\Delta x) \end{cases} \tag{11.7.35a}$$

$$\left(\frac{\partial^2 f^{+}}{\partial x^2}\right)_{j-\frac{1}{2}} = \begin{cases} \dfrac{\Delta f_{j+\frac{1}{2}}^{+} - \Delta f_{j-\frac{1}{2}}^{+}}{\Delta x^2} + O(\Delta x) \\ \dfrac{\Delta f_{j-\frac{1}{2}}^{+} - \Delta f_{j-\frac{3}{2}}^{+}}{\Delta x^2} + O(\Delta x) \end{cases} \tag{11.7.35b}$$

于是(11.7.34a)和(11.7.34b)分别为：

$$h_{j+\frac{1}{2}}^{+} = f_j^{+} + \frac{1}{2}\Delta f_{j+\frac{1}{2}}^{+} - \begin{cases} \dfrac{1}{6}(\Delta f_{j+\frac{3}{2}}^{+} - \Delta f_{j+\frac{1}{2}}^{+}) + O(\Delta x^3) \\ \dfrac{1}{6}(\Delta f_{j+\frac{1}{2}}^{+} - \Delta f_{j-\frac{1}{2}}^{+}) + O(\Delta x^3) \end{cases} \tag{11.7.36a}$$

$$h_{j+\frac{1}{2}}^{+} = f_j^{+} + \frac{1}{2}\Delta f_{j-\frac{1}{2}}^{+} - \begin{cases} \dfrac{1}{3}(\Delta f_{j+\frac{1}{2}}^{+} - \Delta f_{j-\frac{1}{2}}^{+}) + O(\Delta x^3) \\ \dfrac{1}{3}(\Delta f_{j-\frac{1}{2}}^{+} - \Delta f_{j-\frac{3}{2}}^{+}) + O(\Delta x^3) \end{cases} \tag{11.7.36b}$$

容易看出，当式(11.7.36a)和式(11.7.36b)中忽略高阶项时，按照显式 NND 差分格式思路，通过比较 $\Delta f_{j+\frac{1}{2}}^{+}$ 和 $\Delta f_{j-\frac{1}{2}}^{+}$ 可以得到 $h_{j+\frac{1}{2}}^{+}$ 得到的。

如果 $|\Delta f_{j+\frac{1}{2}}^{+}| \leqslant |\Delta f_{j-\frac{1}{2}}^{+}|$，取包含 $\Delta f_{j+\frac{1}{2}}^{+}$ 的 $h_{j+\frac{1}{2}}^{+}$，如果 $|\Delta f_{j+\frac{1}{2}}^{+}| > |\Delta f_{j-\frac{1}{2}}^{+}|$，取包含 $\Delta f_{j-\frac{1}{2}}^{+}$ 的 $h_{j+\frac{1}{2}}^{+}$，这样在激波附近就可以避免出现振荡。同样，把这种思想推广到三阶精度差分格式，具体的做法如下：

（1）先将 $\Delta f_{j+\frac{1}{2}}^{+}$ 和 $\Delta f_{j-\frac{1}{2}}^{+}$ 进行比较，当 $|\Delta f_{j+\frac{1}{2}}^{+}| \leqslant |\Delta f_{j-\frac{1}{2}}^{+}|$ 时，则选择式(11.7.36a)计算 $h_{j+\frac{1}{2}}^{+}$；当 $|\Delta f_{j+\frac{1}{2}}^{+}| > |\Delta f_{j-\frac{1}{2}}^{+}|$ 时，则选择式(11.7.36b)计算 $h_{j+\frac{1}{2}}^{+}$ 公式。

（2）在式(11.7.36a)中比较 $(\Delta f_{j+\frac{3}{2}}^{+} - \Delta f_{j+\frac{1}{2}}^{+})$ 和 $(\Delta f_{j+\frac{1}{2}}^{+} - \Delta f_{j-\frac{1}{2}}^{+})$，取绝对值小的表达式作为第三项计算式。同样，在式(11.7.36b)中比较 $(\Delta f_{j+\frac{1}{2}}^{+} - \Delta f_{j-\frac{1}{2}}^{+})$ 和 $(\Delta f_{j-\frac{1}{2}}^{+} - \Delta f_{j-\frac{3}{2}}^{+})$，取绝对值小的表达式作为第三项计算公式。

引入符号 $ms(a,b)$：

$$ms(a,b) = \begin{cases} a, & |a| \leqslant |b| \\ b, & |a| > |b| \end{cases} \tag{11.7.37}$$

设上述所构造的三阶精度差分格式只满足熵增弱条件。根据这个限制原则，由式(11.7.32)的第一式，可以得到 $h_{j+\frac{1}{2}}^{+}$ 计算公式：

当 $|\Delta f_{j+\frac{1}{2}}^{+}| \leqslant |\Delta f_{j-\frac{1}{2}}^{+}|$ 时，

$$h_{j+\frac{1}{2}}^{+} = f_j^{+} + \frac{1}{2}ms(\Delta f_{j+\frac{1}{2}}^{+}, \Delta f_{j-\frac{1}{2}}^{+}) - \frac{1}{6}ms[(\Delta f_{j+\frac{3}{2}}^{+} - \Delta f_{j+\frac{1}{2}}^{+}), (\Delta f_{j+\frac{1}{2}}^{+} - \Delta f_{j-\frac{1}{2}}^{+})] \tag{11.7.38a}$$

当 $|\Delta f_{j+\frac{1}{2}}^{+}| > |\Delta f_{j-\frac{1}{2}}^{+}|$ 时，

$$h_{j+\frac{1}{2}}^{+} = f_j^{+} + \frac{1}{2}ms(\Delta f_{j+\frac{1}{2}}^{+}, \Delta f_{j-\frac{1}{2}}^{+}) + \frac{1}{3}ms[(\Delta f_{j+\frac{1}{2}}^{+} - \Delta f_{j-\frac{1}{2}}^{+}), (\Delta f_{j-\frac{1}{2}}^{+} - \Delta f_{j-\frac{3}{2}}^{+})] \tag{11.7.38b}$$

利用同样的限制原则，由式(11.7.32)第二式，可以得到 $h_{j+\frac{1}{2}}^{-}$ 计算公式：

当 $|\Delta f_{j+\frac{3}{2}}^{-}| \leqslant |\Delta f_{j+\frac{1}{2}}^{-}|$ 时，

$$h_{j+\frac{1}{2}}^{-} = f_{j+1}^{-} - \frac{1}{2}ms(\Delta f_{j+\frac{3}{2}}^{-}, \Delta f_{j+\frac{1}{2}}^{-}) + \frac{1}{3}ms[(\Delta f_{j+\frac{5}{2}}^{-} - \Delta f_{j+\frac{3}{2}}^{-}), (\Delta f_{j+\frac{3}{2}}^{-} - \Delta f_{j+\frac{1}{2}}^{-})] \tag{11.7.39a}$$

当 $|\Delta f_{j+\frac{3}{2}}^{-}| > |\Delta f_{j+\frac{1}{2}}^{-}|$ 时，

$$h_{j+\frac{1}{2}}^{-} = f_{j+1}^{-} + \frac{1}{2}ms(\Delta f_{j+\frac{3}{2}}^{-}, \Delta f_{j+\frac{1}{2}}^{-}) + \frac{1}{6}ms[(\Delta f_{j+\frac{3}{2}}^{-} - \Delta f_{j+\frac{1}{2}}^{-}), (\Delta f_{j+\frac{1}{2}}^{-} - \Delta f_{j-\frac{1}{2}}^{-})] \tag{11.7.39b}$$

以上式(11.7.30a、b)和式(11.7.38)～式(11.7.39)就是半离散的空间具有三阶精度的显式 NND 差分格式。三阶精度二步显式 NND 差分格式：

$$\left.\begin{aligned} \overline{u}_j^{n+1} &= u_j^n - \frac{\Delta t}{\Delta x}(h_{j+\frac{1}{2}}^n - h_{j-\frac{1}{2}}^n) \\ u_j^{n+1} &= \frac{1}{2}\left[u_j^n + \overline{u}_j^{n+1} - \frac{\Delta t}{\Delta x}(\overline{h}_{j+\frac{1}{2}}^{n+1} - \overline{h}_{j-\frac{1}{2}}^{n+1})\right] \end{aligned}\right\} \tag{11.7.40}$$

这个三阶精度显式 NND 差分格式稳定性条件是 $CFL \leqslant \frac{2}{3}$。原则上也可以得到时间和空间都是三阶精度的多步显式和隐式 NND 差分算法。

由于三阶精度显式 NND 差分格式只满足熵增的弱条件，因此在使用它计算流动问题时，在激波附近仍会有一些微小的振荡。但是，由于熵增弱条件和熵增不等式十分接近，因此，在激波附近的振荡将是很小的。

11-7-6　色散可控耗散差分算法（DCD 差分格式）

色散可控耗散差分算法（Dispersion-controlled-dissipative）是由姜宗林提出的另一种 NND 类型差分算法[23]，简称 DCD 差分格式。在形式上，DCD 差分格式和显式 NND 差分格式基本相同，但 DCD 差分格式思路和推导过程却和 NND 差分格式不同。

1. DCD 差分格式基本思路

一维对流方程：

$$u_t + a u_x = 0 \tag{11.7.41}$$

不失一般性，如果它的初始条件是一个谐波：

$$u(x) = e^{ikx} \tag{11.7.42}$$

可以证明

$$u(x,t) = e^{ik(x-at)},\ (a>0) \tag{11.7.43}$$

是对流方程（11.7.40）的精确解。实际上，精确解（11.7.42）描述了一个波数为 k 的简单波以速度 a 从左向右传播过程。

由上篇第六章修正方程分析可知，对于任何差分格式，通过对 j 点进行 Taylor 展开，都可得到如下的修正方程：

$$\frac{\partial u}{\partial t} + c\frac{\partial u}{\partial x} = \sum_{j=2}^{\infty} \mu_j \frac{\partial^j u}{\partial x^j} \tag{11.7.44}$$

其中 μ_j 表示第 j 阶偏导数的系数。修正方程右端项奇数阶项和偶数阶项分别反映差分格式的非物理振荡和数值耗散效应。因此，可以通过对它们的控制和调节，构造精度高、无振荡的差分格式，这就是 DCD 差分格式基本思路。

2. 非线性矢量方程的显式 DCD 差分格式

非线性守恒型矢量方程为：

$$\boldsymbol{u}_t + \boldsymbol{f}_x = \boldsymbol{0} \tag{11.7.45}$$

写成非守恒型形式：

$$\boldsymbol{u}_t + \boldsymbol{A}\boldsymbol{u}_x = \boldsymbol{0} \tag{11.7.45a}$$

众所周知，根据局部线性化假设，非线性 Jacobian 系数矩阵 $\boldsymbol{A} = \boldsymbol{R}^{-}\boldsymbol{\Lambda}\boldsymbol{R}$，其中 $\boldsymbol{R}$ 表示系数矩阵 $\boldsymbol{A}$ 的右特征矢量矩阵，$\boldsymbol{\Lambda}$ 是由系数矩阵 $\boldsymbol{A}$ 的特征值对角矩阵。令 $\boldsymbol{w} = \boldsymbol{R}\boldsymbol{U}$，则方程（11.7.45a）可写为：

$$\frac{\partial \boldsymbol{w}}{\partial t} + \boldsymbol{\Lambda}\frac{\partial \boldsymbol{w}}{\partial x} = \boldsymbol{0} \tag{11.7.45b}$$

则式(11.7.45b)就是在特征方向上线性无关的 N 个独立方程所组成线性方程组。因此可以取式(11.7.45b)中任何一个方程来分析它的数学特性。

为了便于讨论,令 $w^l = u, a = \lambda^l, (l = 1,2,3)$,则可以把式(11.7.45b)式看成是一个对流方程:

$$u_t + au_x = 0 \tag{11.7.41}$$

由差分方程基础理论中的 Taylor 分析法可知,线性对流方程(11.7.41)的解:

$$u_m(x,t) = \exp\{[\sum_{n=1}^{\infty}(-1)^n k_m^{2n}\mu_{2n}]t\}\exp\{ik\{x - [c - \sum_{n=1}^{\infty}(-1)^n k_m^{2n}\mu_{2n+1}]t\}\} \tag{11.7.46}$$

分析这个行波解 $u(x,t)$ 性质可知,第一项指数因子为偶数项,它只对行波解的幅值有影响,随着时间增加,行波解幅值会越来越小,这是耗散效应。第二项指数因子为奇数项,它只对行波解相位变化有影响,随着时间变化,行波解的相位会发生变化,这是色散效应。如果要求解(11.7.46)等价于原对流方程精确解(11.7.43),则必须把这些耗散和色散效应消除掉,就是要求下列条件:

$$\sum_{n=1}^{\infty}(-1)^n k_m^{2n}\mu_{2n} = 0 \tag{11.7.47a}$$

$$\sum_{n=1}^{\infty}(-1)^n k_m^{2n}\mu_{2n+1} = 0 \tag{11.7.47b}$$

必须同时得到满足,但是计算实践表明这两个条件同时得到满足的是不可能的。

为了保证差分格式稳定性,首先要求差分格式具有正耗散特性,即要求差分格式满足:

$$\sum_{n=1}^{\infty}(-1)^n k_m^{2n}\mu_{2n} < 0 \tag{11.7.48}$$

而为了抑制非物理振荡,Warming-Beam 和 Hyett 给出一个必要条件:

$$\sum_{n=1}^{\infty}(-1)^{n-1}\mu_{2n} > 0 \tag{11.7.48a}$$

Warming-Beam 差分格式就满足这个必要条件。我们知道,它仍然存在非物理振荡。为了在激波附近能消除非物理振荡,姜宗林提出了如下色散控制条件:

激波后:

$$\sum_{n=1}^{\infty}(-1)^{n+1}k_m^{2n+1}\mu_{2n+1} > 0 \tag{11.7.49a}$$

激波前:

$$\sum_{n=1}^{\infty}(-1)^{n+1}k_m^{2n+1}\mu_{2n+1} < 0 \tag{11.7.49b}$$

这个色散控制条件称为无振荡捕捉激波的充分条件。它是符合 Warming 的稳定性条件。根据上述色散控制条件,通过组合 Lax-Wendroff 和 Warming-Beam 差分格式,就能给出了二阶精度色散可控耗散差分算法的数值通量和显式 DCD 差分格式。

3. 一维无黏流动 Euler 方程组的 DCD 差分格式

一维 Euler 方程组：

$$\boldsymbol{u}_t+\boldsymbol{f}_x=\boldsymbol{0} \tag{11.7.50}$$

这里 $\boldsymbol{u}$ 是流动量矢量，$\boldsymbol{f}(\boldsymbol{u})$ 也是流通量矢量，式中

$$\boldsymbol{u}=\begin{pmatrix}\rho\\ \rho u\\ E\end{pmatrix},\quad \boldsymbol{f}=\begin{pmatrix}\rho u\\ \rho u^2+p\\ (E+p)u\end{pmatrix} \tag{11.7.50a}$$

非线性显式 DCD 差分格式：

$$\left(\frac{\partial \boldsymbol{u}}{\partial t}\right)_j=-\frac{1}{\Delta x}(\boldsymbol{h}_{j+\frac{1}{2}}-\boldsymbol{h}_{j-\frac{1}{2}}) \tag{11.7.51}$$

其中

$$\boldsymbol{h}_{j+\frac{1}{2}}=\boldsymbol{f}^{+}_{\mathrm{L},j+\frac{1}{2}}+\boldsymbol{f}^{-}_{\mathrm{R},j+\frac{1}{2}} \tag{11.7.51a}$$

$$\left.\begin{aligned}
\boldsymbol{f}^{+}_{j+\frac{1}{2},\mathrm{L}}&=\boldsymbol{f}^{+}_{j}+\frac{1}{2}\boldsymbol{\Phi}^{+}\operatorname{minmod}(\Delta\boldsymbol{f}^{+}_{j-\frac{1}{2}},\Delta\boldsymbol{f}^{+}_{j+\frac{1}{2}})\\
\boldsymbol{f}^{-}_{j+\frac{1}{2},\mathrm{R}}&=\boldsymbol{f}^{-}_{j+1}-\frac{1}{2}\boldsymbol{\Phi}^{-}\operatorname{minmod}(\Delta\boldsymbol{f}^{-}_{j+\frac{1}{2}},\Delta\boldsymbol{f}^{-}_{j+\frac{3}{2}})\\
\boldsymbol{f}^{+}_{j-\frac{1}{2},\mathrm{L}}&=\boldsymbol{f}^{+}_{j-1}+\frac{1}{2}\boldsymbol{\Phi}^{+}\operatorname{minmod}(\Delta\boldsymbol{f}^{+}_{j-\frac{3}{2}},\Delta\boldsymbol{f}^{+}_{j-\frac{1}{2}})\\
\boldsymbol{f}^{-}_{j-\frac{1}{2},\mathrm{R}}&=\boldsymbol{f}^{-}_{j}-\frac{1}{2}\boldsymbol{\Phi}^{-}\operatorname{minmod}(\Delta\boldsymbol{f}^{-}_{j-\frac{1}{2}},\Delta\boldsymbol{f}^{-}_{j+\frac{1}{2}})
\end{aligned}\right\} \tag{11.7.51b}$$

$$\boldsymbol{\Phi}^{\pm}=\boldsymbol{I}\pm r\boldsymbol{\Lambda}^{\pm} \tag{11.7.51c}$$

$$\left.\begin{aligned}
&\Delta\boldsymbol{f}^{\pm}_{j+\frac{1}{2}}=\boldsymbol{f}^{\pm}_{j+1}-\boldsymbol{f}^{\pm}_{j},\quad \Delta\boldsymbol{f}^{\pm}_{j-\frac{1}{2}}=\boldsymbol{f}^{\pm}_{j}-\boldsymbol{f}^{\pm}_{j-1}\\
&\Delta\boldsymbol{f}^{-}_{j+\frac{3}{2}}=\boldsymbol{f}^{-}_{j+2}-\boldsymbol{f}^{-}_{j+1},\ \Delta\boldsymbol{f}^{+}_{j-\frac{3}{2}}=\boldsymbol{f}^{-}_{j-1}-\boldsymbol{f}^{-}_{j-2}
\end{aligned}\right\} \tag{11.7.51d}$$

式中$\boldsymbol{f}^{\pm}$为流通量矢量，$\boldsymbol{I}$ 为单位矩阵，$r=\dfrac{\Delta t}{\Delta x}$，$\boldsymbol{\Lambda}$ 是由非线性 Jacobian 系数矩阵 $\boldsymbol{A}$ 特征值组成的对角矩阵，$\boldsymbol{\Phi}^{\pm}$为可控系数。

在采用显式 DCD 差分格式求解 Euler 方程组时，流通量矢量 $\boldsymbol{f}$ 的非线性 Jacobian 系数矩阵 $\boldsymbol{A}$、特征值和左右特征矢量和左右特征矢量关系式 $\boldsymbol{\Lambda}$、$\boldsymbol{R}$、$\boldsymbol{L}$、$\boldsymbol{\alpha}$，以及流通量矢量 $\boldsymbol{f}(\boldsymbol{u})$ 表达式，由本章 11－3－3 节中算式(11.3.33)～式(11.3.38)得到。采用 Steger-Warming 流通量矢量分裂法时，参照计算公式(11.3.41)可得到分裂后的流通量矢量$\boldsymbol{f}^{\pm}(\boldsymbol{u})$。在计算半点流动量值需要采用 Roe 平均，Roe 平均表达式可参照式(11.2.70)和式(11.2.71)。大量的计算实践表明，显式 DCD 差分格式具有格式简单，易于编程的优点；在计算流动问题时具有很好的捕捉激波间断效果，并基本上无非物理振荡特性。

第 8 节 NND 差分格式在二维可压缩无黏流动中的应用

11－8－1 超音速流绕前台阶管道流动问题

马赫数为 $M_s=3.0$ 的超音速流进入具有前台阶的管道中时，在头部形成一脱体

激波,在两侧管壁和物面上进行多次反射,计算最后达到稳定时将得到流动定常解(图 11.25)。

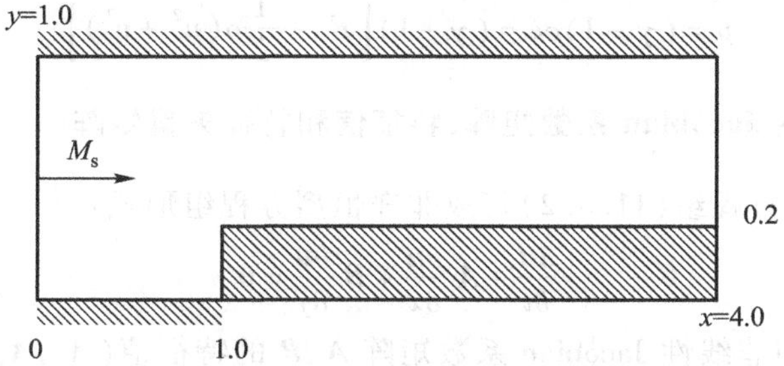

(a)超声速流绕前台阶管道流动计算模型示意图

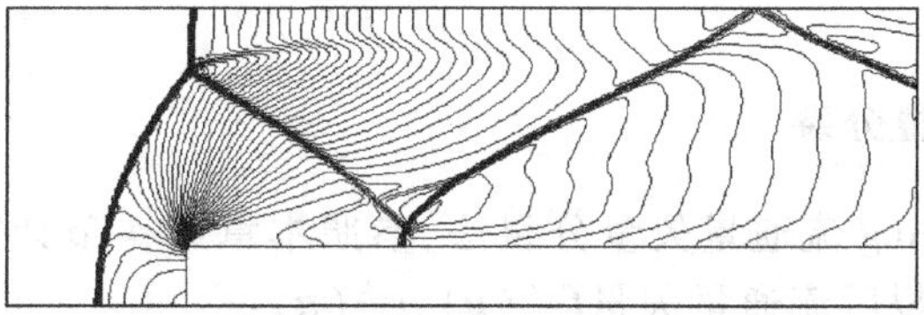

(b)超声速流绕前台阶管道流动密度等值线分布

图 11.25

初始条件:当 $t=0$ 时,全流场内充满了流动速度为马赫数 3.0 超声速气流。

流动初始参数:

$$\rho_1=1.0, u_1=3.0, v_1=0, p_1=0.714\,29。\qquad (11.8.1)$$

边界条件:左边界($x=0, y=0\sim1.0$)处为流动速度为马赫数 3.0 的均匀来流。右边界($x=4.0, y=0.2\sim1.0$)为自由输出条件:$\dfrac{\partial u}{\partial x}=\dfrac{\partial v}{\partial x}=0$。上边界、下边界和前台阶物面均为刚性壁面,满足滑移反射边界条件:即在各壁面法向方向上各物理量取一阶导数为零,这可以在壁面法线方向上采用镜面反射原则取值。由此可知,在水平壁面上 $v_w=0$,竖直壁面上 $u_w=0$。在各壁面切向方向上直接取流场中相邻点物理量的值。

11-8-2 二维无黏流动 Euler 方程组

采用理想气体模型。不考虑体力、外部热源和流体源(汇),二维 Euler 方程组:

$$\boldsymbol{u}_t+\boldsymbol{f}_x+\boldsymbol{g}_y=\boldsymbol{0} \qquad (11.8.2)$$

其中

$$\boldsymbol{u}=\begin{pmatrix}\rho\\ \rho u\\ \rho v\\ E\end{pmatrix},\quad \boldsymbol{f}=\begin{pmatrix}\rho u\\ \rho u^2+p\\ \rho uv\\ (E+p)u\end{pmatrix},\quad \boldsymbol{g}=\begin{pmatrix}\rho v\\ \rho uv\\ \rho v^2+p\\ (E+p)v\end{pmatrix} \qquad (11.8.3)$$

ρ 为流体密度,p 为压力,u、v 为 x 和 y 方向上速度分量,E 为单位体积流体总能。理想气体状态方程:

$$p=(\gamma-1)\rho e=(\gamma-1)\left[E-\frac{1}{2}\rho(u^2+v^2)\right] \tag{11.8.4}$$

11-8-3　非线性 Jacobian 系数矩阵、特征值和特征矢量矩阵

把二维 Euler 方程组(11.8.2)写成非守恒型方程组形式:

$$\frac{\partial \boldsymbol{u}}{\partial t}+\boldsymbol{A}\frac{\partial \boldsymbol{u}}{\partial x}+\boldsymbol{B}\frac{\partial \boldsymbol{u}}{\partial y}=\boldsymbol{0} \tag{11.8.5}$$

流通量矢量 $\boldsymbol{f}$、$\boldsymbol{g}$ 的非线性 Jacobian 系数矩阵 $\boldsymbol{A}$、$\boldsymbol{B}$ 的特征值($\boldsymbol{\Lambda}_x$,$\boldsymbol{\Lambda}_y$)、左右特征矢量($\boldsymbol{L}$、$\boldsymbol{R}$)和左右特征矢量关系式($\boldsymbol{\alpha}$、$\boldsymbol{\beta}$)可参照本章第 4 节关系式(11.4.8)~式(11.4.11)得到。

11-8-4　流通量矢量分裂

采用 Steger-Warming 流通量矢量分裂法,参照本章第 4 节计算公式(11.4.15),可得到流通量矢量分裂后流通量矢量 $\boldsymbol{f}^{\pm}(\boldsymbol{u})$、$\boldsymbol{g}^{\pm}(\boldsymbol{u})$:

$$\boldsymbol{f}^{\pm}(\boldsymbol{u})=\frac{\rho}{2\gamma}\begin{pmatrix}2(\gamma-1)\lambda_1^{\pm}+\lambda_3^{\pm}+\lambda_4^{\pm}\\ 2(\gamma-1)u\lambda_1^{\pm}+(u-a)\lambda_3^{\pm}+(u+a)\lambda_4^{\pm}\\ 2(\gamma-1)v\lambda_2^{\pm}+v\lambda_3^{\pm}+v\lambda_4^{\pm}\\ (\gamma-1)(u^2-v^2)\lambda_1^{\pm}+2(\gamma-1)v^2\lambda_2^{\pm}+(h-au)\lambda_3^{\pm}+(h+au)\lambda_4^{\pm}\end{pmatrix} \tag{11.8.6a}$$

$$\boldsymbol{g}^{\pm}(\boldsymbol{u})=\frac{\rho}{2\gamma}\begin{pmatrix}2(\gamma-1)\mu_2^{\pm}+\mu_3^{\pm}+\mu_4^{\pm}\\ 2(\gamma-1)u\mu_1^{\pm}+u\mu_3^{\pm}+u\mu_4^{\pm}\\ 2(\gamma-1)v\mu_2^{\pm}+(v-a)\mu_3^{\pm}+(v+a)\mu_4^{\pm}\\ 2(\gamma-1)u^2\mu_1^{\pm}+(\gamma-1)(v^2-u^2)\mu_2^{\pm}+(h-av)\mu_3^{\pm}+(h+av)\mu_4^{\pm}\end{pmatrix} \tag{11.8.6b}$$

11-8-5　显式 NND 差分格式

二维 Euler 方程组(11.8.2)的显式 NND 差分格式:

$$\boldsymbol{u}_{j,k}^{n+1}=\boldsymbol{u}_{j,k}^{n}-\frac{\Delta t}{\Delta x}(\boldsymbol{f}_{j+\frac{1}{2},k}-\boldsymbol{f}_{j-\frac{1}{2},k})-\frac{\Delta t}{\Delta y}(\boldsymbol{g}_{j,k+\frac{1}{2}}-\boldsymbol{g}_{j,k-\frac{1}{2}}) \tag{11.8.7}$$

对于流通量 $\boldsymbol{f}$ 的显式 NND 差分格式:

$$\begin{aligned}\boldsymbol{u}_{i,j}^{n+1}=\boldsymbol{u}_{i,j}^{n}-\frac{\Delta t}{\Delta x}\Big\{&\Big[\boldsymbol{f}_{i,j}^{+}+\frac{1}{2}\text{minmod}(\Delta \boldsymbol{f}_{i-\frac{1}{2},j}^{+},\Delta \boldsymbol{f}_{i+\frac{1}{2},j}^{+})+\boldsymbol{f}_{i+1,j}^{-}-\frac{1}{2}\text{minmod}(\Delta \boldsymbol{f}_{i+\frac{1}{2},j}^{-},\Delta \boldsymbol{f}_{i+\frac{3}{2},j}^{-})\Big]-\\ &\Big[\boldsymbol{f}_{i-1}^{+}+\frac{1}{2}\text{minmod}(\Delta \boldsymbol{f}_{i-\frac{3}{2},j}^{+},\Delta \boldsymbol{f}_{i-\frac{1}{2},j}^{+})+\boldsymbol{f}_{i,j}^{-}-\frac{1}{2}\text{minmod}(\Delta \boldsymbol{f}_{i-\frac{1}{2},j}^{-},\Delta \boldsymbol{f}_{i+\frac{1}{2},j}^{-})\Big]\Big\}\end{aligned} \tag{11.8.7a}$$

$$\left.\begin{aligned}\Delta \boldsymbol{f}_{i+\frac{1}{2},j}=\boldsymbol{f}_{i+1,j}-\boldsymbol{f}_{i,j}=a_{i+\frac{1}{2},j}\Delta \boldsymbol{u}_{i+\frac{1}{2},j}\\ \Delta \boldsymbol{f}_{i-\frac{1}{2},j}=\boldsymbol{f}_{i,j}-\boldsymbol{f}_{i-1,j}=a_{i-\frac{1}{2},j}\Delta \boldsymbol{u}_{i-\frac{1}{2},j}\end{aligned}\right\} \tag{11.8.7b}$$

对于流通量 $\boldsymbol{g}$ 显式 NND 差分格式如下：

$$\boldsymbol{u}_{i,j}^{n+1}=\boldsymbol{u}_{i,j}^{n}-\frac{\Delta t}{\Delta x}\Big\{\Big[\boldsymbol{g}_{i,j}^{+}+\frac{1}{2}\mathrm{minmod}(\Delta \boldsymbol{g}_{i,j-\frac{1}{2}}^{+},\Delta \boldsymbol{g}_{i,j+\frac{1}{2}}^{+})+\boldsymbol{g}_{i,j+1}^{-}-\frac{1}{2}\mathrm{minmod}(\Delta \boldsymbol{g}_{i,j+\frac{1}{2}}^{-},\Delta \boldsymbol{g}_{i,j+\frac{3}{2}}^{-})\Big]-$$
$$\Big[\boldsymbol{g}_{i,j-1}^{+}+\frac{1}{2}\mathrm{minmod}(\Delta \boldsymbol{g}_{i,j-\frac{3}{2}}^{+},\Delta \boldsymbol{g}_{i,j-\frac{1}{2}}^{+})+\boldsymbol{g}_{i,j}^{-}-\frac{1}{2}\mathrm{minmod}(\Delta \boldsymbol{g}_{i,j-\frac{1}{2}}^{-},\Delta \boldsymbol{g}_{i,j+\frac{1}{2}}^{-})\Big]\Big\} \tag{11.8.7c}$$

$$\left.\begin{aligned}\Delta \boldsymbol{g}_{i,j+\frac{1}{2}}=\boldsymbol{g}_{i,j+1}-\boldsymbol{g}_{i,j}=a_{i,j+\frac{1}{2}}\Delta \boldsymbol{u}_{i,j+\frac{1}{2}}\\ \Delta \boldsymbol{g}_{i,j-\frac{1}{2}}=\boldsymbol{g}_{i,j}-\boldsymbol{g}_{i,j-1}=a_{i,j-\frac{1}{2}}\Delta \boldsymbol{u}_{i,j-\frac{1}{2}}\end{aligned}\right\} \tag{11.8.7d}$$

在上述显式 NND 差分格式中，在计算过程中半节点$\left(i+\frac{1}{2},j\right)$、$\left(i,j+\frac{1}{2}\right)$上流通量矢量$\boldsymbol{f}$、$\boldsymbol{g}$的非线性 Jacobian 系数矩阵$\boldsymbol{A}$、$\boldsymbol{B}$的特征值、左右特征矢量和左右特征矢量关系式$\boldsymbol{\Lambda}$、$\boldsymbol{R}$、$\boldsymbol{L}$、$\boldsymbol{\alpha}$、$\boldsymbol{\beta}$，它们由本章 11－4－3 节中的算式(11.4.6)～式(11.4.11)得到。半节点$\left(i+\frac{1}{2},j\right)$、$\left(i,j+\frac{1}{2}\right)$上流动量可采用本章第 11－4－3 节中 Roe 平均算式(11.4.12)得到。为了取得好的计算效果，计算中选用 $CFL=0.1$。

11－8－6　算子分裂算法

超声速气流绕前台阶流动是一个二维无黏流动问题。采用算子分裂算法将它分裂成两个一维无黏流动。分裂后对每个一维 Euler 方程组分别采用本章 11－7－4 节中的一维 NND 差分格式。由初值$\boldsymbol{u}_{i,j}^{n}$和流通量$\boldsymbol{f}_{i\pm\frac{1}{2},j}^{n}$，计算得到$\boldsymbol{u}_{i,j}^{*}$，然后，利用$\boldsymbol{u}_{i,j}^{*}$和流通量$\boldsymbol{g}_{i,j\pm\frac{1}{2}}^{n}$计算得到二维流动问题$\boldsymbol{u}_{i,j}^{n+1}$。

分裂后一维流通量矢量$\boldsymbol{f}_{i\pm\frac{1}{2},j}^{n}$、$\boldsymbol{g}_{i,j\pm\frac{1}{2}}^{n}$算式可参照本章 11－4－6 节中的算式(11.4.23)，在 Steger-Warming 分裂后一维流通量矢量$(\boldsymbol{f}_{i\pm\frac{1}{2},j}^{n})^{\pm}$、$(\boldsymbol{g}_{i,j\pm\frac{1}{2}}^{n})^{\pm}$可参照算式(11.4.24)。

11－8－7　具体计算步骤

(1) 计算区域内划分网格。在入口处以初始来流参数$(\rho,u,v,p)_{i,j}^{n}$作为$\boldsymbol{u}_{i,j}^{n}$。

(2) 由 t_n时刻$(\rho,u,v,p)_{i,j}^{n}$值，设置问题边界条件和处理在角点上的值。

(3) 利用 Roe 平均计算式，计算 t_n时刻 x 方向半点$\left(i\pm\frac{1}{2},j\right)$上的流动量值 $u_{i\pm\frac{1}{2},j}$、$v_{i\pm\frac{1}{2},j}$、$a_{i\pm\frac{1}{2},j}$、$(\boldsymbol{\lambda}_k)_{i\pm\frac{1}{2},j}$、$(\alpha_k)_{i\pm\frac{1}{2},j}$、$(\boldsymbol{R}_k^x)_{i\pm\frac{1}{2},j}$，并计算流通量$\boldsymbol{f}_{i\pm\frac{1}{2},j}^{n}$。再利用式(11.8.6a)计算得到流动量的中间值$\boldsymbol{u}_{i,j}^{*}$。

(4) 以$\boldsymbol{u}_{i,j}^{*}$为初值，重复步骤(3)～(4)利用 Roe 平均计算式，计算 y 方向半点$\left(i,j\pm\frac{1}{2}\right)$上的流动量值 $u_{i,j\pm\frac{1}{2}}$、$v_{i,j\pm\frac{1}{2}}$、$a_{i,j\pm\frac{1}{2}}$和$(\boldsymbol{\lambda}_k)_{i\pm\frac{1}{2},j}$、$(\alpha_k)_{i\pm\frac{1}{2},j}$、$(\boldsymbol{R}_k^x)_{i\pm\frac{1}{2},j}$，由它们

计算流通量$\boldsymbol{g}^{n}_{i,j\pm\frac{1}{2}}$再利用式(11.8.6b)计算得到流动量$\boldsymbol{u}^{n+1}_{i,j}$和$(\rho,u,v,p)^{n+1}_{i,j}$值。

(5) 由 $M_x=\max\limits_{i,j}(|u_{i+\frac{1}{2},j}|+a_{i+\frac{1}{2},j})$，$M_y=\max\limits_{i,j}(|v_{i+\frac{1}{2},j}|+a_{i+\frac{1}{2},j})$，$\mu$ 是给定的 CFL 条件 $r_x=\dfrac{\Delta t}{\Delta x}=\dfrac{\mu}{\max\limits_{i,j}(M_x,M_y)}$，根据 $\mathrm{d}t=\dfrac{CFL\times \mathrm{d}x}{|\lambda|_{\max}}$确定时间步长。

(6) 重复步骤(2)~(5)，当$|\boldsymbol{u}^{n+2}_{i,j}-\boldsymbol{u}^{n+1}_{i,j}|\leqslant 10^{-4}$时，得到流动的定常解。

11-8-8　网格设置和边界数值处理

计算区域中采用正方形网格，如图 11.26 所示。实际计算区域是图中实线包围起来的部分。但是为了便于处理边界条件和保证计算精度，需要在前台阶壁面和地面处加了两层虚拟网格。

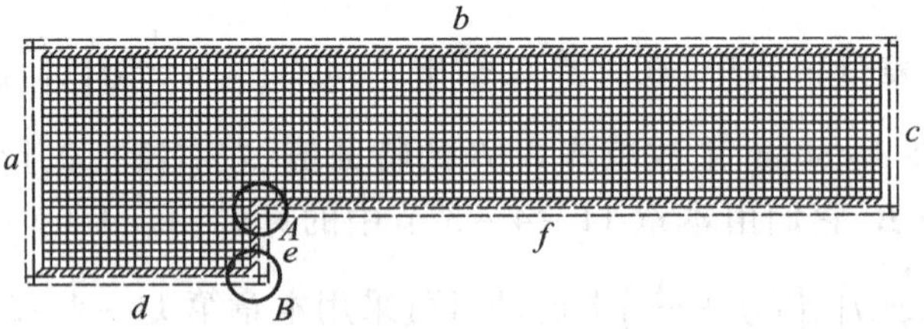

图 11.26　超声速流绕前台阶管道流动网格示意图

和本章第 4 节的超声速气流绕过平头钝体流动问题比较，可以看出，它们的网格设置是完全一样的。因此本问题中的自由输入、输出边界(如 a、c 边界)，刚性壁面边界(如 b、d、e、f)和角点 A、B 都可以按 11-4-8 节的网格设置和边界数值处理进行数值处理。为了取得好的计算效果，计算中选用 $CFL=0.1$。

11-8-9　计算结果分析

图 11.27、图 11.28 和图 11.29 给出了超声速流绕前台阶管道流动的计算结果。从图中可以看出，在最后时刻密度的变化已不明显，这时计算已经达到定常解。

从图 11.27 中可以看出，由于激波在固壁上经过多次反射，激波前后流线方向发生多次转折过程。当计算达到定常解时，首先在前台阶头部有一个很强的反射激

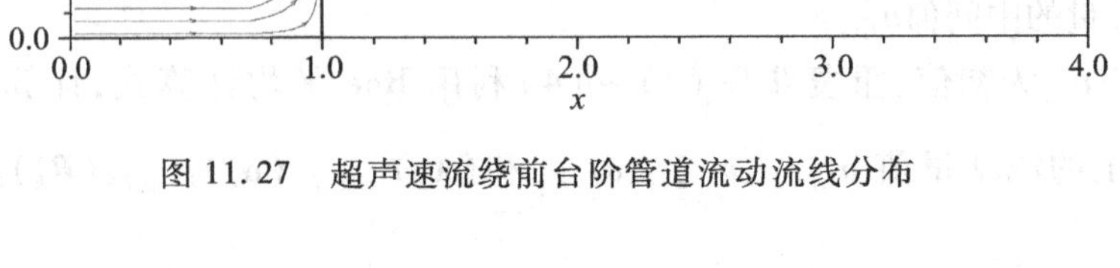

图 11.27　超声速流绕前台阶管道流动流线分布

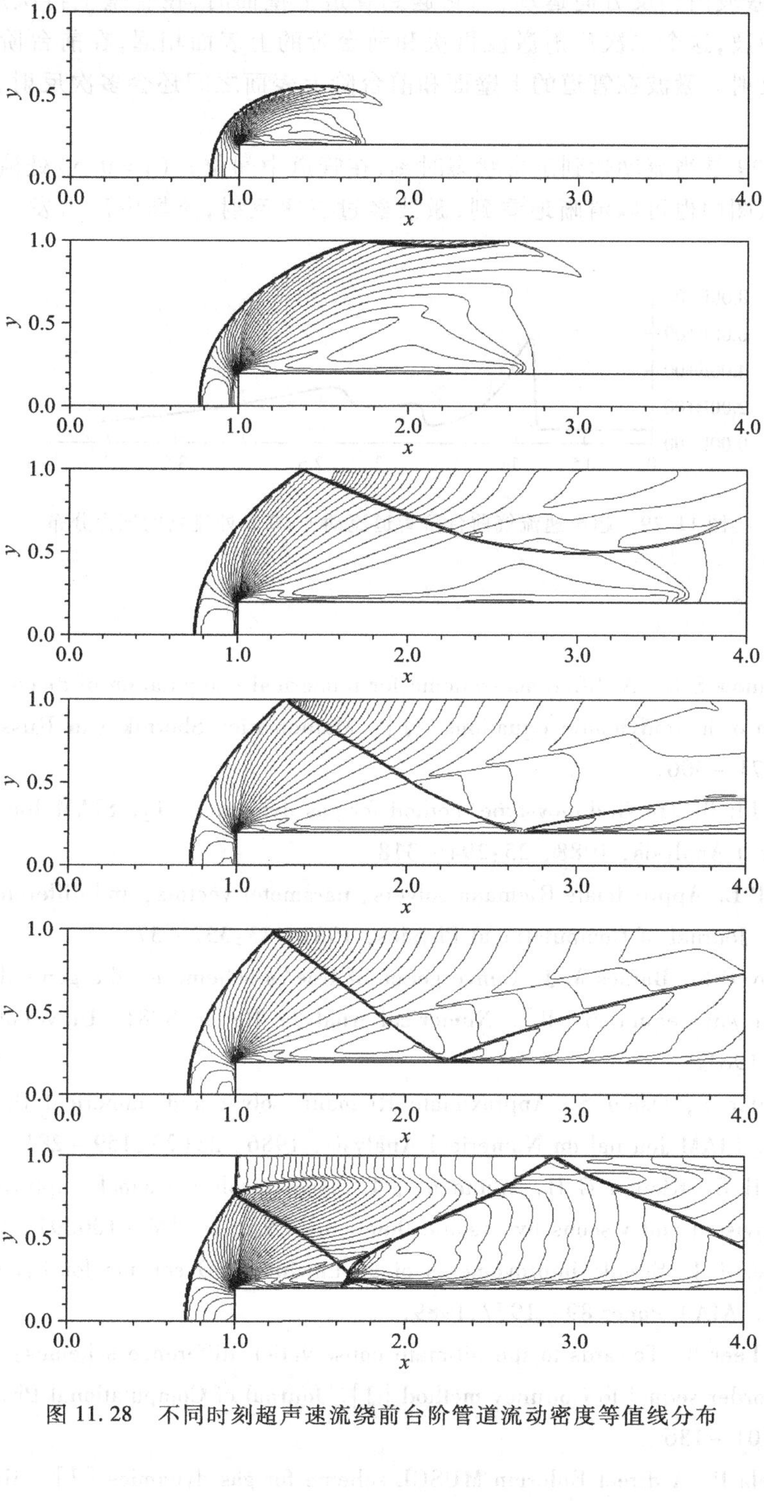

图 11.28 不同时刻超声速流绕前台阶管道流动密度等值线分布

波，这反射激波向相反方向运动；当它遇到管道上壁面时，在管壁上再次反射，形成二次反射激波；这个二次反射激波再次和前台阶的上表面相遇，在前台阶上表面时形成马赫反射。激波在管道的上壁面和前台阶上表面之间还会多次反射，直到流动离开管道。

图 11.29 是当流动达到定常状态时刻，在管道中间位置（$y=0.5$）处流场中的压力分布。从图中也可以清晰地看到，激波经过三次反射，流场中压力发生三次突变的位置。

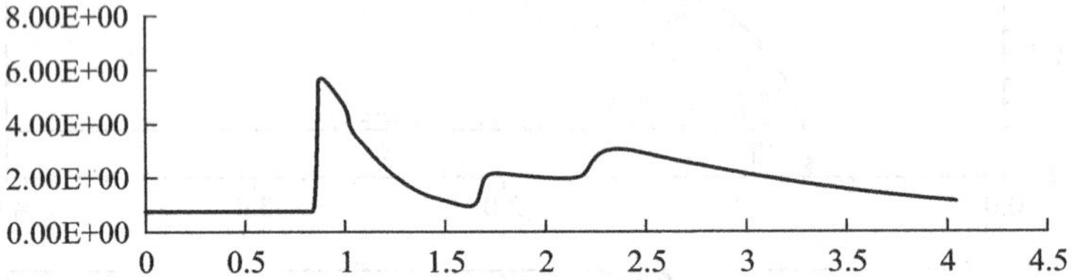

图 11.29　超声速流绕前台阶管道流动 $y=0.5$ 处流场的压力分布

参考文献

[1] Godunow S K. A difference scheme for numerical computation of discontinuous solution of hydrodynamic equations [J]. Mathematics Sbornik (in Russia), 1959, 47:271 - 306.

[2] Einfeldt B. On Godunov-type method for gas dynamics [J]. SIAM Journal on Numerical Analysis, 1988, 25:294 - 318.

[3] Roe P L. Approximate Riemann solvers, parameter vectors, and difference schemes [J]. Journal of Computational Physics, 1981, 43:357 - 372.

[4] Sweby P K, Baines M J. Convergence of Roe's scheme for the general non-linear scalar wave equation [R]. Numerical Analysis Report 8/81, University of Reading, 1981.

[5] Brenier Y, Osher S. Approximate Riemann solver and numerical flux functions [J]. SIAM Journal on Numerical Analysis, 1986, 23(2):159 - 281.

[6] Yee H C, Klopfer G H, Montagne J L. High resolution shock capturing schemes for inviscid and viscous hypersonic flow [R]. NASA - TM - 100097, 1988.

[7] Muller T J. Simple improvements of an upwind TVD scheme for hypersonic flow [R]. AIAA Paper 89 - 1977, 1989.

[8] Van Leer B. Towards to the ultimate conservation difference schemes: V., a second-order sequel to Godunov method [J]. Journal of Computational Physics, 1979, 32:101 - 136.

[9] Collela P. A direct Eulerian MUSCL scheme for gas dynamics [J]. SIAM Journal

on Scientific and Statistical Computing, 1985, 6(1):104 - 117.

[10] Harten A. High resolution schemes for hyperbolic conservation laws [J]. Journal of Computational Physics, 1983, 49:357 - 393.

[11] Harten A. A class of high resolution total-variation-stable finite difference schemes [J]. SIAM Journal on Numerical Analysis, 1984, 21:1 - 23.

[12] Shu C W. Total variation diminishing time discretion [J]. SIAM Journal on Scientific and Statistical Computing, 1988, 9:1073 - 1084.

[13] Yee C H, Warming R F, Harten A. On the application and extension of Harten's high resolution scheme [R]. NASA TM - 84256, 1982.

[14] Davis S F. TVD finite difference schemes and artificial viscosity [R]. ICASE Report, 84 - 20, 1984.

[15] Roe P L. Generalized formulation of TVD Lax-Wendroff schemes [R]. ICASE Report, 84 - 53, 1984.

[16] Sweby P K. High resolution scheme using flux limiters for hyperbolic conservation laws [J]. SIAM Journal on Numerical Analysis, 1984, 21:995 - 1011.

[17] Chakravarthy S, Osher S. A new class of high accuracy TVD schemes for hyperbolic conservation laws [R]. AIAA Paper 85 - 0363, 1985.

[18] Yee C H, Warming R F. Implicit total variation diminishing schemes for steady state calculations [R]. AIAA paper 83 - 1902, 1983.

[19] Yee C H. Construction of explicit and implicit symmetric TVD schemes and their application [J]. Journal of Computational Physics, 1987, 68:151 - 179.

[20] 张涵信. 无波动、无自由参数的耗散差分格式[J]. 空气动力学学报,1988, 6(2):143 - 164.

[21] 张涵信,贺国宏,张雷. 高精度差分气动方程的几个问题[J]. 空气动力学学报,1993,11(4):347 - 356.

[22] 沈清,张涵信,高树椿. 一种高精度高分辨率激波捕捉迎风型 NND 格式[M]. 第七届全国计算流体力学学术会议,1994.

[23] Jiang Zonglin. On dispersion-controlled principles for non-oscillatory shock capturing schemes [J]. ACTA mechanic sinica, 2004, 20(1):1 - 15.

第十二章　不可压缩黏性流动数值算法

众所周知,不可压缩黏性流动有以下特点[1]:

(1) 流体密度 ρ 通常被认为是常数或近似于常数,在 N－S 方程组中可减少一个未知量密度 ρ。

(2) 流体温度一般变化不大,温度也可近似地看做是常数。因此,在 N－S 方程组中能量方程是可以忽略的。

不可压缩黏性流动 N－S 方程组形式比较简单,但求解并不容易。首先,不可压缩黏性流动中的黏性效应对流动影响非常突出,特别是求解高 Re 黏性流动。其次,流动中的流速 $\boldsymbol{u}$ 和压力 p 无法耦合,计算压力值很麻烦。其他如保证连续方程 $\frac{\partial u}{\partial x}+\frac{\partial v}{\partial y}\equiv 0$、避免压力值出现漂移现象和正确处理数值边界条件等,都不是轻易能解决的。

通常求解不可压缩黏性流动 N－S 方程组有以下几种算法:

(1) 解原始变量 N－S 方程组算法。

(2) 涡量－流函数算法。

(3) 流函数算法。

(4) 一些特殊的其他数值算法。

第 1 节　涡量－流函数算法

12－1－1　涡量－流函数算法基本思路

二维不可压缩黏性流动 N－S 方程组为:

$$\left.\begin{aligned}&\frac{\partial u}{\partial x}+\frac{\partial v}{\partial y}=0\\&\frac{\partial u}{\partial t}+u\frac{\partial u}{\partial x}+v\frac{\partial u}{\partial y}=-\frac{1}{\rho}\frac{\partial p}{\partial x}+\mu\,\nabla^2 u\\&\frac{\partial v}{\partial t}+u\frac{\partial v}{\partial x}+v\frac{\partial v}{\partial y}=-\frac{1}{\rho}\frac{\partial p}{\partial y}+\mu\,\nabla^2 v\end{aligned}\right\}\tag{12.1.1}$$

由于密度为常数,在 N - S 方程组中只有三个未知流动量:即速度 u、v 和压力 p,方程组也正好是三个,N - S 方程组是封闭的。在适当的初边值条件下它们是可以求解的。

引入流函数 φ 和涡量 ω:

$$\text{流函数 }\varphi\text{ 定义:}\quad u=\frac{\partial\varphi}{\partial y},\ v=-\frac{\partial\varphi}{\partial x}\tag{12.1.2a}$$

$$\text{涡量 }\omega\text{ 定义:}\quad \omega=\frac{\partial v}{\partial x}-\frac{\partial u}{\partial y}\tag{12.1.2b}$$

把它们代入连续方程,它是自动满足的。代入动量方程可得到涡量输运方程:

$$\frac{\partial\omega}{\partial t}+\frac{\partial(u\omega)}{\partial x}+\frac{\partial(v\omega)}{\partial y}=\mu\,\nabla^2\omega\tag{12.1.3a}$$

其中 μ 是流体黏性系数。再利用流函数 φ 和涡量 ω 的定义和连续方程,可得到流函数 φ 方程:

$$\nabla^2\varphi=\frac{\partial^2\varphi}{\partial x^2}+\frac{\partial^2\varphi}{\partial y^2}=-\omega\tag{12.1.3b}$$

由涡量 - 流函数算法方程组(12.1.3)可以看出,涡量输运方程是对流 - 扩散方程,它是双曲 - 抛物型;而流函数方程是 Poisson 方程,它是椭圆型,它们具有不同的数学性质,因此,求解它们有一定的麻烦[2,3]。求解涡量输运方程时,如何处理好对流项是关键;而求解流函数方程一般采用隐式差分格式,需要求解五对角代数方程组,如何提高稳定性、迭代收敛速度和计算效率是关键。

从表面上看,涡量 - 流函数算法的方程数和未知流动量数比原始变量 N - S 方程少一个。但是,它的压力值仍需通过求解压力 Poisson 方程得到,所以涡量 - 流函数算法仍然需要求解三个方程。

12 - 1 - 2　涡量 - 流函数算法差分格式

涡量输运方程(12.1.3a)一般采用如下一些差分格式:

(1) 显式 FTCS 差分格式:

$$\begin{aligned}&\frac{\omega_{i,j}^{n+1}-\omega_{i,j}^{n}}{\Delta t}+\frac{(u\omega)_{i+1,j}^{n}-(u\omega)_{i-1,j}^{n}}{2\Delta x}+\frac{(v\omega)_{i,j+1}^{n}-(v\omega)_{i,j-1}^{n}}{2\Delta y}\\&=\frac{1}{Re}\left(\frac{\omega_{i+1,j}^{n}-2\omega_{i,j}^{n}+\omega_{i-1,j}^{n}}{\Delta x^2}+\frac{\omega_{i,j+1}^{n}-2\omega_{i,j}^{n}+\omega_{i,j-1}^{n}}{\Delta y^2}\right)\end{aligned}\tag{12.1.4}$$

(2) 预估校正差分格式:

$$\frac{\overline{\omega}_{i,j}^{n+1}-\omega_{i,j}^{n}}{\Delta t}+\frac{(\mu\delta)_x(u\omega)_{i,j}^{n}}{\Delta x}+\frac{(\mu\delta)_y(v\omega)_{i,j}^{n}}{\Delta y}=\frac{1}{Re}\left(\frac{\delta_x^2\omega_{i,j}^{n}}{\Delta x^2}+\frac{\delta_y^2\omega_{i,j}^{n}}{\Delta y^2}\right)\tag{12.1.5a}$$

$$\frac{\overline{\overline{\omega}}_{i,j}^{n+1}-\omega_{i,j}^{n}}{\Delta t}+\frac{(\mu\delta)_x(u\overline{\omega}^{n+1})_{i,j}}{\Delta x}+\frac{(\mu\delta)_y(v\overline{\omega}^{n+1})_{i,j}}{\Delta y}=\frac{1}{Re}\left(\frac{\delta_x^2\overline{\omega}_{i,j}^{n+1}}{\Delta x^2}+\frac{\delta_y^2\overline{\omega}_{i,j}^{n+1}}{\Delta y^2}\right)\tag{12.1.5b}$$

$$\omega_{i,j}^{n+1}=\frac{1}{2}(\overline{\omega}_{i,j}^{n+1}+\overline{\overline{\omega}}_{i,j}^{n+1})\tag{12.1.5c}$$

式中采用如下差分算子：

$$\left.\begin{aligned}&\Delta_x\omega_j^n=\omega_{j+1}^n-\omega_j^n,\quad \nabla_x\omega_j^n=\omega_j^n-\omega_{j-1}^n\\&(\mu\delta)_x\omega_j^n=\frac{1}{2}(\omega_{j+1}^n-\omega_{j-1}^n),\ \delta_x^2\omega_j^n=\omega_{j+1}^n-2\omega_j^n+\omega_{j-1}^n\end{aligned}\right\}\tag{12.1.5d}$$

(3) ADI中心差分格式：

$$\frac{\omega_{i,j}^{n+\frac{1}{2}}-\omega_{i,j}^{n}}{\frac{1}{2}\Delta t}+\frac{(\mu\delta)_x(u\omega)_{i,j}^{n+\frac{1}{2}}}{\Delta x}+\frac{(\mu\delta)_y(v\omega)_{i,j}^{n}}{\Delta y}=\frac{1}{Re}\left(\frac{\delta_x^2\omega_{i,j}^{n+\frac{1}{2}}}{\Delta x^2}+\frac{\delta_y^2\omega_{i,j}^{n}}{\Delta y^2}\right)\tag{12.1.6a}$$

$$\frac{\omega_{i,j}^{n+1}-\omega_{i,j}^{n+\frac{1}{2}}}{\frac{1}{2}\Delta t}+\frac{(\mu\delta)_x(u\omega)_{i,j}^{n+\frac{1}{2}}}{\Delta x}+\frac{(\mu\delta)_y(v\omega)_{i,j}^{n+1}}{\Delta y}=\frac{1}{Re}\left(\frac{\delta_x^2\omega_{i,j}^{n+\frac{1}{2}}}{\Delta x^2}+\frac{\delta_y^2\omega_{i,j}^{n+1}}{\Delta y^2}\right)\tag{12.1.6b}$$

(4) ADI迎风差分格式：

$$\frac{\omega_{i,j}^{n+\frac{1}{2}}-\omega_{i,j}^{n}}{\frac{1}{2}\Delta t}+\frac{1}{2\Delta x}[(1-\varepsilon_x)\Delta_x+(1+\varepsilon_x)\nabla_x](u\omega)_{i,j}^{n+\frac{1}{2}}+\frac{(\mu\delta)_y(v\omega)_{i,j}^{n}}{\Delta y}=\frac{1}{Re}\left(\frac{\delta_x^2\omega_{i,j}^{n+\frac{1}{2}}}{\Delta x^2}+\frac{\delta_y^2\omega_{i,j}^{n}}{\Delta y^2}\right)\tag{12.1.7a}$$

$$\begin{aligned}&\frac{\omega_{i,j}^{n+1}-\omega_{i,j}^{n+\frac{1}{2}}}{\frac{1}{2}\Delta t}+\frac{(\mu\delta)_x(v\omega)_{i,j}^{n+\frac{1}{2}}}{\Delta x}+\frac{1}{2\Delta y}[(1-\varepsilon_y)\Delta_y+(1+\varepsilon_y)\nabla_y](v\omega)_{i,j}^{n+1}\\&=\frac{1}{Re}\left(\frac{\delta_x^2\omega_{i,j}^{n+\frac{1}{2}}}{\Delta x^2}+\frac{\delta_y^2\omega_{i,j}^{n+1}}{\Delta y^2}\right)\end{aligned}\tag{12.1.7b}$$

12-1-3 边界数值处理

涡量-流函数方程组的初始条件比较简单。一般可以把均匀流场作为迭代初值。但是，为了加快迭代的速度，也可以采用无黏流动的计算结果作为初值。

涡量-流函数方程组的边界条件比较复杂。特别是刚性壁面上的涡量是和边界的性质密切相关的。

流函数边界条件：在输入边界上流函数是已知的。在管道的上下壁面上，流函数也是给定的。在刚性壁面上流函数一般取常数;运动壁面上流函数沿着壁面是变化的,必须给出流函数沿着壁面的变化规律。在输出边界上的流函数可按线性变化处理。

涡量边界条件:在输入边界上和输出边界上的涡量,可以由涡量输运方程(12.1.3a)中略去黏性项后的双曲型方程:

$$\frac{\partial\omega}{\partial t}+u\frac{\partial\omega}{\partial x}+v\frac{\partial\omega}{\partial y}=0 \tag{12.1.8}$$

采用后差分格式求解这个双曲型方程得到。

确定在刚性壁面(如物面)上涡量的边界条件特别困难,它是求解涡量-流函数方程组的关键和难点。因为在刚性壁面上涡量边界条件必须联立求解涡量方程和刚性壁面边界条件得到[4,5]。

由流函数 Poisson 方程(12.1.3b)得到刚性壁面上涡量计算公式:

$$\omega\,\big|_{w}=-\nabla^2\varphi\,\big|_{w} \tag{12.1.9}$$

其中下标 w 表示壁面边界。首先在刚性壁面上设置一套正交曲线坐标 $\boldsymbol{n}$ 和 $\boldsymbol{\tau}$,其中 $\boldsymbol{n}$ 为刚性壁面法向矢量,$\boldsymbol{\tau}$ 为刚性壁面切向矢量。然后,把上式投影到正交坐标 $\boldsymbol{n}$ 和 $\boldsymbol{\tau}$ 上得到:

$$\frac{\partial^2\varphi}{\partial n^2}+\frac{\partial^2\varphi}{\partial\tau^2}=-\omega \tag{12.1.10}$$

在刚性壁面上有:

$$\frac{\partial^2\varphi}{\partial\tau^2}=-\frac{\partial v_n}{\partial\tau} \tag{12.1.11}$$

为了计算刚性壁面上$\left.\frac{\partial^2\varphi}{\partial n^2}\right|_{w}$,需要对它在坐标 n 方向上进行 Taylor 展开:

$$\varphi(\tau,n)-\varphi(\tau,0)=\frac{1}{2!}\left.\frac{\partial\varphi}{\partial n}\right|_{w}\Delta n+\frac{1}{3!}\left.\frac{\partial^2\varphi}{\partial n^2}\right|_{w}\Delta n^2+\frac{1}{4!}\left.\frac{\partial^3\varphi}{\partial n^3}\right|_{w}\Delta n^3+O(\tau,\Delta n^4) \tag{12.1.12}$$

对上式取一阶精度得到:

$$\varphi(\tau,n)-\varphi(\tau,0)=\frac{1}{2}\frac{\partial\varphi}{\partial n}\Delta n+O(\tau,\Delta n^2) \tag{12.1.12a}$$

对它求导得到:

$$\frac{\partial\varphi}{\partial n}-\left.\frac{\partial\varphi}{\partial n}\right|_{w}=\frac{1}{2}\left.\frac{\partial^2\varphi}{\partial n^2}\right|_{w}\Delta n \tag{12.1.13}$$

由流函数定义可知$\frac{\partial\varphi}{\partial n}=v_\tau$,得到$\frac{\partial^2\varphi}{\partial n^2}$计算公式:

$$\left.\frac{\partial^2\varphi}{\partial n^2}\right|_{w}=\frac{2}{\Delta n}v_\tau-\frac{4}{\Delta n^2}[\varphi(\tau,n)-\varphi(\tau,0)] \tag{12.1.13a}$$

由上式和式(12.1.11)得到刚性壁面上的壁面涡 $\omega|_w$ 一阶精度计算公式:

$$\omega\bigg|_{w}=\left(\frac{\partial^2\varphi}{\partial n^2}+\frac{\partial^2\varphi}{\partial\tau^2}\right)\bigg|_{w}=\frac{2}{\Delta n}v_\tau-\frac{2}{\Delta n^2}[\varphi(\tau,n)-\varphi(\tau,0)]-\left(\frac{\partial v_n}{\partial\tau}\right)\bigg|_{w}\tag{12.1.14a}$$

设刚性壁面上正交曲线坐标(τ,n)的节点为$(j,0,1,\cdots,n)$，则刚性壁面上节点$(j,0)$的壁面涡为：

$$\omega_{j,0}=\frac{2}{\Delta n}v_\tau-\frac{2}{\Delta n^2}[\varphi(\tau,n)-\varphi(\tau,0)]-\left(\frac{\partial v_n}{\partial\tau}\right)_{j,0}\tag{12.1.14b}$$

也可以采用二阶精度壁面涡$\omega|_w$计算公式。为此需要对式(12.1.10)求导：

$$\frac{\partial\omega}{\partial n}=\frac{\partial^3\varphi}{\partial n^3}+\frac{\partial^2 v_\tau}{\partial\tau^2}\tag{12.1.15}$$

由上式可以得到：

$$\frac{\omega_{j,1}-\omega_{j,0}}{\Delta n}=\frac{4!}{\Delta n^3}\left[\varphi_{j,1}-\varphi_{j,0}-\frac{\Delta n}{2!}\left(\frac{\partial\varphi}{\partial n}\right)_{j,0}-\frac{\Delta n^2}{3!}\left(\frac{\partial^2\varphi}{\partial n^2}\right)_{j,0}\right]+\left(\frac{\partial^2 v_\tau}{\partial\tau^2}\right)_{j,0}\tag{12.1.16a}$$

经过整理后得到刚性壁面上$(j,0)$节点的二阶精度的壁面涡$\omega_{j,0}$计算公式：

$$\omega_{j,0}=-\frac{1}{3}\omega_{j,1}+\frac{8}{\Delta n^2}(\varphi_{j,1}-\varphi_{j,0})-\frac{4}{\Delta n}(v_\tau)_{j,0}-\frac{4}{3}\left(\frac{\partial v_n}{\partial\tau}\right)_{j,0}+\frac{\Delta n}{3}\left(\frac{\partial^2 v_\tau}{\partial\tau^2}\right)_{j,0}\tag{12.1.16b}$$

一般说来，采用高阶精度壁面涡$\omega_{j,0}$计算公式时，计算精度较高。但是数值实践表明，采用高阶精度壁面涡计算公式计算效果不一定好，计算很不稳定。由于计算误差的积累反而会使计算精度降低。而采用一阶精度计算公式计算时，计算比较稳定，易于得到数值解。

第2节　涡量-流函数算法在二维不可压缩黏性流动中的应用

方腔流动数值解是不可压缩黏性流动中最典型的算例，多年来不少学者对它采用不同算法进行数值计算，并把它作为检验计算不可压缩黏性流动算法的一个最基本的数值解。

12-2-1　有奇性方腔流动问题

假设有一正方形腔室(图12.1)。其四边量纲为一的长度为1.0，里面充满不可压缩黏性流体，它的左右两侧面和底面是刚性壁面，上壁面以量纲为一的切向速度(即沿平行于上壁面方向)1.0从左向右运动。采用涡量-流函数算法数值求解在一定雷诺数条件下($Re=100$)的有奇性方腔流动问题的定常解。

初始条件：当$t=0$时，在计算区域内流体初始参数为：

$$u_0=v_0=0,\quad \rho_0=1.0,\quad p_0=1.0\tag{12.2.1}$$

边界条件：计算区域的左边界($x=0,y=0\sim1.0$)、右边界($x=1.0,y=0\sim1.0$)和

图 12.1　不可压缩黏性流体有奇性方腔流动示意图

下边界($y=0, x=0\sim1.0$)均为刚性壁面,满足无滑移边界条件:$\boldsymbol{u}_w=\mathbf{0}$ 上边界($y=1.0, x=0\sim1.0$)是以 $u=1.0$、$v=0$ 的速度从左向右运动的刚性壁面。

由此可以看出,方腔上壁面的两个角点是奇点:一方面它是在刚性壁面上,它们要满足无滑移边界条件,另一方面它以切向速度 1.0 从左向右运动,因此,本流动问题是一个有奇性方腔黏性流动。

12-2-2　涡量-流函数方程组

二维涡量-流函数方程组:

$$\left.\begin{aligned}&\frac{\partial\omega}{\partial t}+\frac{\partial(u\omega)}{\partial x}+\frac{\partial(v\omega)}{\partial y}=\frac{1}{Re}\nabla^2\omega\\&\nabla^2\varphi=\frac{\partial^2\varphi}{\partial x^2}+\frac{\partial^2\varphi}{\partial y^2}=-\omega\\&\nabla^2 p=2\left(\frac{\partial u}{\partial x}\frac{\partial v}{\partial y}-\frac{\partial u}{\partial y}\frac{\partial v}{\partial x}\right)\end{aligned}\right\}\tag{12.2.2}$$

12-2-3　涡量-流函数算法差分格式

涡量输运方程采用显式 FTCS 差分格式:

$$\begin{aligned}&\frac{\omega_{i,j}^{n+1}-\omega_{i,j}^{n}}{\Delta t}+\frac{(u\omega)_{i+1,j}^{n}-(u\omega)_{i-1,j}^{n}}{2\Delta x}+\frac{(v\omega)_{i,j+1}^{n}-(v\omega)_{i,j-1}^{n}}{2\Delta y}\\&=\frac{1}{Re}\left(\frac{\omega_{i+1,j}^{n}-2\omega_{i,j}^{n}+\omega_{i-1,j}^{n}}{\Delta x^2}+\frac{\omega_{i,j+1}^{n}-2\omega_{i,j}^{n}+\omega_{i,j-1}^{n}}{\Delta y^2}\right)\end{aligned}\tag{12.2.3}$$

流函数 Poisson 方程采用隐式差分格式,即采用五点中心隐式差分格式:

$$\varphi_{i,j}^{n+1}=(1-\sigma)\varphi_{i,j}^{n}+\frac{\sigma}{2(A+B)}\left[A(\varphi_{i+1,j}^{n}+\varphi_{i-1,j}^{n+1})+B(\varphi_{i,j+1}^{n}+\varphi_{i,j-1}^{n+1})-\omega_{i,j}^{n+1}\right]\tag{12.2.4}$$

式中 $A=\dfrac{1}{\Delta x^2}, B=\dfrac{1}{\Delta y^2}$。涡量 ω 是 Poisson 方程右端的源(汇)项,可采用逐次超松弛迭

代(SOR)法求解,σ 为松弛因子。

压力 Poisson 方程也采用五点中心隐式差分格式:

$$p_{i,j}^{n+1}=(1-\sigma)p_{i,j}^{n}+\frac{\sigma}{2(A+B)}[A(p_{i+1,j}^{n}+p_{i-1,j}^{n+1})+B(p_{i,j+1}^{n}+p_{i,j-1}^{n+1})-(S_p)_{i,j}^{n+1}] \tag{12.2.5}$$

式中

$$S_p=2\left(\frac{\partial u}{\partial x}\frac{\partial v}{\partial y}-\frac{\partial u}{\partial y}\frac{\partial v}{\partial x}\right) \tag{12.2.5a}$$

S_p的差分格式:

$$(S_p)_{i,j}=2\left(\frac{u_{i+1,j}^{n}-u_{i-1,j}^{n}}{2\Delta x}\frac{v_{i,j+1}^{n}-v_{i,j-1}^{n}}{2\Delta y}-\frac{u_{i,j+1}^{n}-u_{i,j-1}^{n}}{2\Delta y}\frac{v_{i+1,j}^{n}-v_{i-1,j}^{n}}{2\Delta x}\right) \tag{12.2.5b}$$

12-2-4 具体计算步骤

(1) 计算区域内划分网格。以流动量$(\rho,u,v,p)_{i,j}^{n}$作为计算区域内初始状态。

(2) 利用涡量输运方程差分格式(12.2.3),计算得到 t_{n+1}时刻涡量 ω^{n+1}值。

(3) 在给定的 φ 边界条件下,利用流函数方程差分格式(12.2.4),求出求解区域内点上流函数 φ^{n+1}值。

(4) 利用已求出的涡量 ω^{n+1}和流函数 φ^{n+1}值,根据流函数定义和采用中心差分格式,求出速度 u^{n+1}、v^{n+1}值。

(5) 由求出的涡量 ω^{n+1}和流函数 φ^{n+1}值,利用刚性壁面(物面)上的壁面涡公式计算出 t_{n+1}时刻的壁面涡 $\omega|_w$值。

(6) 通过压力 Poisson 方程差分格式(12.2.5b),计算得到压力值 $p_{i,j}^{n+1}$。

(7) 由 $\max(|\varphi^{n+1}-\varphi^{n}|,|\omega^{n+1}-\omega^{n}|)\leqslant\varepsilon$ 来确定数值解是否已达到稳定解。式中 ε 需要根据计算精度给出,一般取 $\varepsilon=10^{-4}$。

12-2-5 网格划分和虚拟网格设置

涡量-流函数算法可采用同位网格。计算区域为1.0 × 1.0,采用等空间步长 $\Delta x=\Delta y$,将计算区域均匀划分网格 200×200。为了提高数值边界处理精度,需要在方腔四个边界外各设置一层虚拟网格,如图 12.2 所示。

12-2-6 边界数值处理

有奇性方腔流动四周是刚性壁面,它的边界条件为:

$$\left.\begin{aligned}&\text{左刚性壁面 } u_{0,j}=v_{0,j}=0;\quad \text{右刚性壁面 } u_{N,j}=v_{N,j}=0\\&\text{下刚性壁面 } u_{i,0}=v_{i,0}=0;\quad \text{上刚性壁面 } u_{i,N}=1.0,v_{i,N}=0\end{aligned}\right\} \tag{12.2.6}$$

1. 流函数边界条件

方腔四周刚性壁面上流函数可由速度积分得到,它的流函数应为 $\varphi=0$。

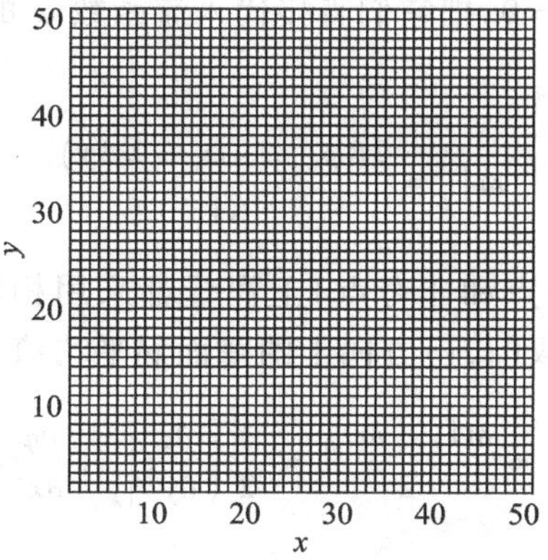

图 12.2 有奇性方腔流网格划

由于计算采用的是同位网格,方腔上边界的两个角点有奇性。在角点处的速度及流函数值都需要进行特殊处理。处理有奇性角点有许多方法,这里采用与角点相邻两个节点速度值,流函数采用平均计算得到:

$$Z_{i,j}=\frac{Z_{i-1,j}+Z_{i,j-1}}{2} \tag{12.2.7}$$

虽然下壁面的两个角点没有奇性,但也需要进行数值处理,一般可以采用相同的平均算法得到它们的流函数数值。

2. 涡量边界条件

刚性壁面上的涡量 $\omega|_w$ 需要由边界附近的流函数通过计算得到。设方腔四周中有一刚性壁面平行于 x 轴(图 12.3),下标 w+1、w+2 为刚性壁面附近法向网格线。如果用 φ_w 来表示刚性壁面上流函数数值,由刚性壁面上的无滑移条件可知,它的法向及切向速度都应该为零 $\left.\frac{\partial\varphi}{\partial y}\right|_w=0$。同时,根据涡量定义和平行于 x 轴的刚性壁面上 $v=0$ 和 $\left.\frac{\partial v}{\partial x}\right|_w=0$,把它们代入一阶精度壁面涡量公式(12.1.14)得到:

$$\omega|_w=\frac{2(\varphi|_{w+1}-\varphi|_w)}{\Delta y^2} \tag{12.2.8a}$$

同理,也可以得到其他刚性壁面上的一阶精度壁面涡量公式。

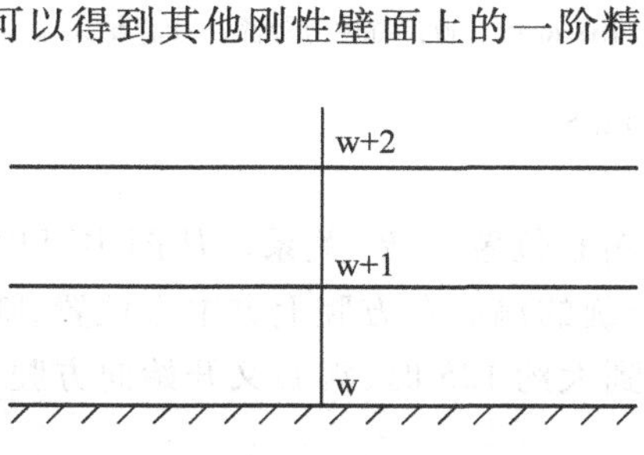

图 12.3 无滑移刚性壁面上的壁面涡和相邻内点涡量之间关系

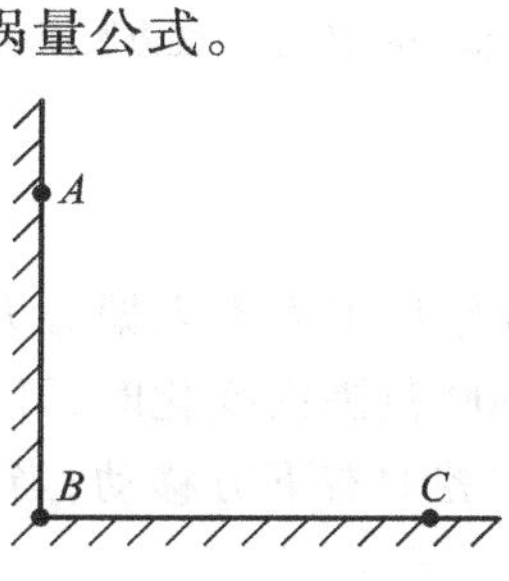

图 12.4 壁面涡量平均算法

上壁面上速度 $u=1$、$v=0$，把它们直接代入流函数 φ 的 Taylor 展开公式中，得到一阶精度壁面涡：

$$\omega|_{w}=\frac{2(\varphi_{w+1}-\varphi_{w}+u\Delta y)}{\Delta y^{2}} \tag{12.2.8b}$$

在方腔的角点（包括奇点和非奇点）上涡量都采用相邻节点壁面涡量的平均值计算得到（图 12.4）[6]，即取 (x,y) 方向上的壁面涡平均值：

$$\omega|_{C}=\frac{\omega|_{A}-\omega|_{B}}{2}=\frac{1}{2}\left(\left.\frac{\partial\varphi}{\partial y^{2}}\right|_{A}+\left.\frac{\partial\varphi}{\partial x^{2}}\right|_{B}\right) \tag{12.2.9}$$

12－2－7　计算结果分析

采用涡量－流函数算法对 $Re=100$ 有奇性方腔黏性流动进行数值求解，计算结果如图 12.5 所示。从图 12.5a 中可以看出，方腔内会出现一个大涡旋，并在下壁面的两个角点上存在两个不对称小涡旋。由于流动存在奇性，因此，方腔内大涡是一个偏心涡旋。大涡旋的大小、位置和形状都和 Re、上壁面的运动速度和黏性流体其他参数有关。图 12.5b 给出了 $Re=1\ 000$ 的有奇性方腔黏性流动计算结果。不同 Re 方腔内流动有明显差别，无论是大涡旋还是小的角涡位置和形状都不相同，反映了 Re 对有奇性方腔黏性流动的影响是十分明显的。

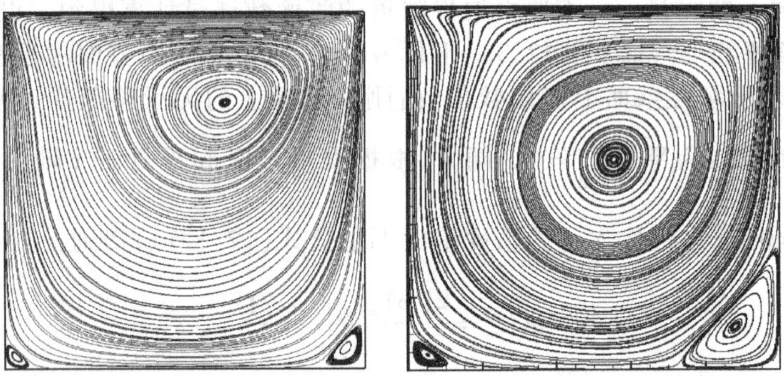

(a) Re=100有奇性方腔流动计算结果　(b) Re=1 000有奇性方腔流动计算结果

图 12.5

图 12.6 给出了方腔内偏心大涡旋的涡心位置和 Re 关系。从图中可以看出，当 Re 在 1～1 000 范围内变化时，开始时大涡旋的涡心在方腔上方中心位置；随着 Re 增加，逐渐向方腔的右下方移动；当 Re 增加到大约 125 时，涡心又开始向方腔下方中心移动。

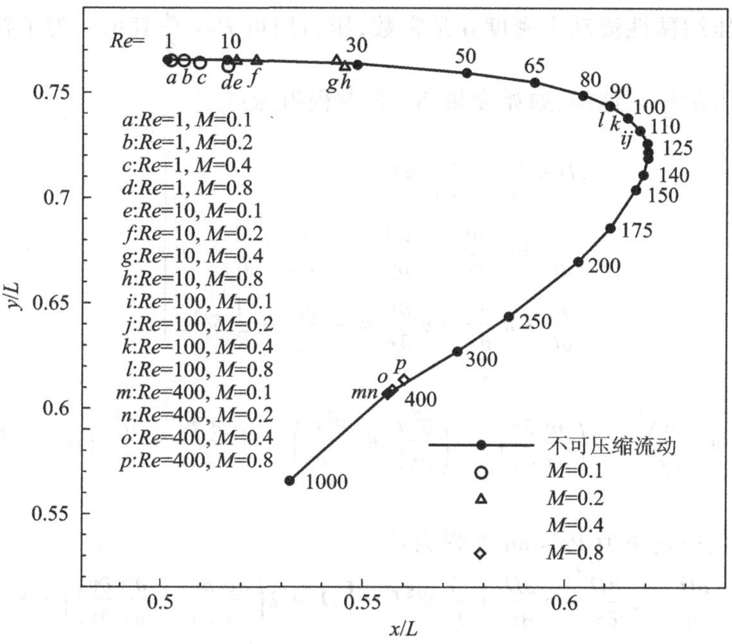

图 12.6 不同 Re 时有奇性方腔流的大涡涡心位置随 Re 变化规律

第 3 节 求解原始变量 N-S 方程组算法

12-3-1 求解原始变量 N-S 方程组算法简介

由上述涡量-流函数算法知道，它仍然需要求解三个方程，因此，它的简化意义不大。而采用涡量-流函数算法计算也存在一些问题。计算实践发现，采用不同途径计算某点压力值 p 时，得到的压力值会有差别（特别在刚性壁面角点附近），称这种现象为压力漂移。产生压力漂移的原因为：

(1) 计算流函数 φ 值时，它会产生误差。

(2) 沿不同路径积分也会产生误差，这些误差引起压力漂移。

因此，人们理所当然地会选用直接求解原始变量 N-S 方程组的算法，称它为求解原始变量 N-S 方程组算法。

二维原始变量 N-S 方程组：

$$\left.\begin{aligned}&\frac{\partial u}{\partial x}+\frac{\partial v}{\partial y}=0\\&\frac{\partial u}{\partial t}+\frac{\partial u^2}{\partial x}+\frac{\partial uv}{\partial y}=-\frac{1}{\rho}\frac{\partial p}{\partial x}+\mu\left(\frac{\partial^2 u}{\partial x^2}+\frac{\partial^2 u}{\partial y^2}\right)\\&\frac{\partial v}{\partial t}+\frac{\partial uv}{\partial x}+\frac{\partial v^2}{\partial y}=-\frac{1}{\rho}\frac{\partial p}{\partial y}+\mu\left(\frac{\partial^2 v}{\partial x^2}+\frac{\partial^2 v}{\partial y^2}\right)\end{aligned}\right\}\tag{12.3.1}$$

由于在不可压缩黏性流动中密度 ρ 是常数,压力用可 $P=\dfrac{p}{\rho}$ 表示。为了符号统一,我们仍用 p 来表示 $\dfrac{p}{\rho}$。这样,原始变量 N－S 方程组为:

$$\left.\begin{aligned} &D=\frac{\partial u}{\partial x}+\frac{\partial v}{\partial y}=0\\ &\frac{\partial u}{\partial t}+u\frac{\partial u}{\partial x}+v\frac{\partial u}{\partial y}=-\frac{\partial p}{\partial x}+\frac{1}{Re}\nabla^2 u\\ &\frac{\partial v}{\partial t}+u\frac{\partial v}{\partial x}+v\frac{\partial v}{\partial y}=-\frac{\partial p}{\partial y}+\frac{1}{Re}\nabla^2 v \end{aligned}\right\} \tag{12.3.1a}$$

和

$$\frac{\partial D}{\partial t}+\left(\frac{\partial u}{\partial x}\right)^2+\left(\frac{\partial v}{\partial y}\right)^2+2\left(\frac{\partial u}{\partial x}\frac{\partial v}{\partial y}\right)+u\left(\frac{\partial^2 u}{\partial x^2}+\frac{\partial^2 v}{\partial x\partial y}\right)+v\left(\frac{\partial^2 u}{\partial x\partial y}+\frac{\partial^2 v}{\partial y^2}\right)=-\nabla^2 p+\frac{1}{Re}\nabla^2 D \tag{12.3.2}$$

利用连续方程得到压力 Poisson 方程为:

$$\nabla^2 p=-\frac{\partial D}{\partial t}-u\frac{\partial D}{\partial x}-v\frac{\partial D}{\partial y}+\frac{1}{Re}\nabla^2 D-\left[D^2+2\left(\frac{\partial u}{\partial y}\frac{\partial u}{\partial x}-\frac{\partial u}{\partial x}\frac{\partial v}{\partial y}\right)\right]=S_p \tag{12.3.2a}$$

12－3－2　求解原始变量 N－S 方程组算法的难点

数值求解原始变量 N－S 方程组存在以下一些困难:

(1) 难以确保连续方程 $\dfrac{\partial u}{\partial x}+\dfrac{\partial v}{\partial y}\equiv 0$。在数值求解 N－S 方程组时,连续方程 $\dfrac{\partial u}{\partial x}+\dfrac{\partial v}{\partial y}=0$ 只是作为计算结果检验和保证计算稳定的约束条件。但是,计算误差会使连续方程 $\dfrac{\partial u}{\partial x}+\dfrac{\partial v}{\partial y}\neq 0$,这会引起计算不稳定。

(2) 原始变量 N－S 方程组中速度 $\boldsymbol{u}$ 和压力值 p 是解耦的,因此不能直接由 N－S 方程组求解压力 p。如何实现压力和速度循环求解,是求解原始变量 N－S 方程组中的主要问题。

(3) 压力值 p 必须通过求解压力 Poisson 方程 $\nabla^2 p=S_p$ 得到。一般采用隐式五点中心差分格式计算得到。求解方法有:

1) 直接法,包括追赶法、ADI 法。

2) 迭代法,包括 Jacobian 迭代法、Gauss-Seidel 迭代法、逐次超松弛方法等。

这需要求解五对角代数方程组,但无论采用哪种方法都不是很有效,迭代不易收敛,计算很难得到稳定的定常解。

(4) 动量方程在离散过程中会产生不合理的计算结果。一维定常不可压缩黏性流动的动量方程为:

$$\rho u\frac{\mathrm{d}u}{\mathrm{d}x}=-\frac{\mathrm{d}p}{\mathrm{d}x}+\mu\frac{\mathrm{d}^2 u}{\mathrm{d}x^2} \tag{12.3.3}$$

对它进行离散,得到中心差分格式:

$$\rho_i u_j \frac{u_{i+1}-u_{i-1}}{2\Delta x} = -\frac{p_{i+1}-p_{i-1}}{2\Delta x} + \mu \frac{u_{i+1}-2u_i+u_{i-1}}{\Delta x^2} \tag{12.3.4}$$

当来流是均匀流场时,有

$$u_{i-1} = u_i = u_{i+1} \tag{12.3.5}$$

通过它求得的压力值:

$$p_{i+1} = p_{i-1} \tag{12.3.6}$$

可以发现,锯齿形的压力分布(图 12.7)也是差分格式(12.3.4)的解。因此差分格式(12.3.4)的解是多值的,显然这是不合理的。这是由于网格设置不合理引起的,如何建立正确的网格系统是必须要解决的另一个问题。

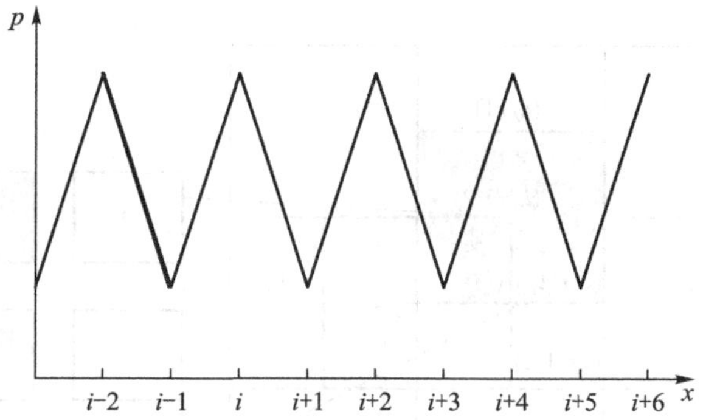

图 12.7 锯齿形压力分布示意图

(5) 边界数值处理十分重要。任何边界数值处理的误差都会影响到全流场,对计算结果影响很大。如果处理不当,常会使计算不收敛和不稳定,甚至无法进行计算。

求解原始变量 N－S 方程组可采用两种计算网格:同位网格和交错网格。如上所述,如果采用同位网格计算时,压力值会出现漂移现象,因此,一般采用交错网格。交错网格基本思路为:把速度分量 u、v 和压力值 p 分别设置在三套不同的网格系统上。在网格中确定一个主控体积单元,压力值设置在主控体积单元的中心,压力计算由主控体积单元来完成;x 方向上的速度 u 设置在主控体积单元东西两个侧面上的辅助体积单元;而 y 方向上的速度 v 设置在主控制体积单元南北两个侧面上的辅助体积单元。这样,速度 u、v 分别设置在主控体积单元的不同方向上的辅助体积单元上(图 12.8,图 12.9)。

在交错网格中动量方程的速度 u、v 是通过各自的辅助体积单元离散得到差分格式,而压力梯度是通过相邻两个主控体积单元离散得到差分格式:

$$\frac{\partial p}{\partial x} = \frac{P_e - P_p}{(\delta_x)_e}, \frac{\partial p}{\partial y} = \frac{P_v - P_p}{(\delta_y)_v} \tag{12.3.7}$$

采用交错网格能克服上述不合理的压力值漂移现象，但是，交错网格一般有编程比较麻烦、计算过程复杂、计算量明显增加、迭代不易收敛等弱点。

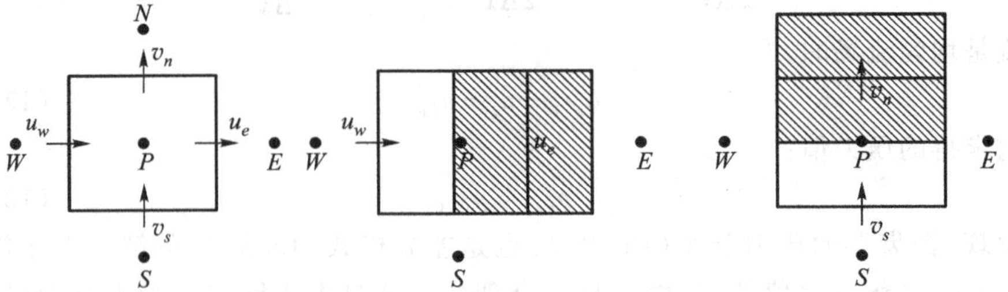

图 12.8　交错网格控制体单元设置示意图

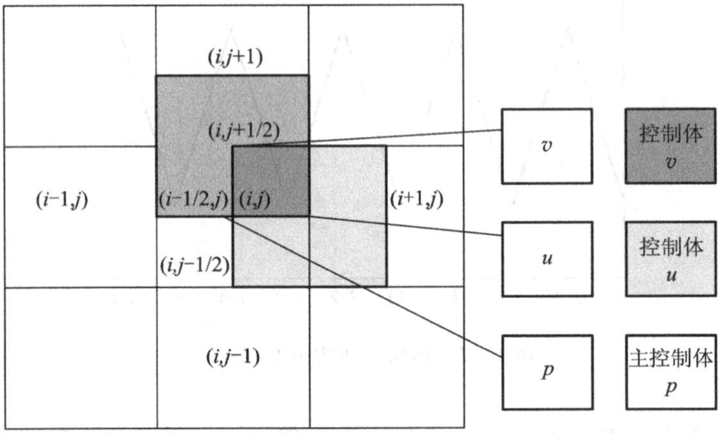

图 12.9　交错网格控制体单元设置示意图

求解原始变量 N－S 方程组的主要算法有：

(1) 求解压力 Poisson 方程算法。

(2) 人工压缩算法。

(3) 压力校正算法(SIMPLE 算法)。

第 4 节　求解压力 Poisson 方程算法

12－4－1　求解压力 Poisson 方程算法基本思路

求解压力 Poisson 方程算法基本思路为：在求解不可压缩黏性流动原始变量 N－S 方程组时，速度 u、v 可以采用不同的计算方法，但是，压力值 p 都必须求解压力 Poisson 方程得到，并使连续方程的散度 $D\equiv 0$ 间接地得到满足。

不可压缩黏性流动原始变量 N－S 方程组为：

$$\left.\begin{aligned}&D=\frac{\partial u}{\partial x}+\frac{\partial v}{\partial y}=0\\&\frac{\partial u}{\partial t}+u\frac{\partial u}{\partial x}+v\frac{\partial u}{\partial y}=-\frac{\partial p}{\partial x}+\frac{1}{Re}\nabla^2u\\&\frac{\partial v}{\partial t}+u\frac{\partial v}{\partial x}+v\frac{\partial v}{\partial y}=-\frac{\partial p}{\partial y}+\frac{1}{Re}\nabla^2v\end{aligned}\right\}\tag{12.4.1}$$

利用连续方程,得到压力 Poisson 方程为:

$$\nabla^2p=-\frac{\partial D}{\partial t}-u\frac{\partial D}{\partial x}-v\frac{\partial D}{\partial y}+\frac{1}{Re}\nabla^2D-\left[D^2+2\left(\frac{\partial u}{\partial y}\frac{\partial u}{\partial x}-\frac{\partial u}{\partial x}\frac{\partial v}{\partial y}\right)\right]=S_p\tag{12.4.2}$$

为了方便起见,可以把上式改写为:

$$\frac{\partial^2p}{\partial x^2}+\frac{\partial^2p}{\partial y^2}=-\frac{\partial\xi}{\partial x}-\frac{\partial\eta}{\partial y}-\frac{\partial D}{\partial t}\tag{12.4.2a}$$

其中

$$\left.\begin{aligned}&\xi=u\frac{\partial u}{\partial x}+v\frac{\partial u}{\partial y}-\frac{1}{Re}\left(\frac{\partial^2u}{\partial x^2}+\frac{\partial^2u}{\partial x^2}\right)\\&\eta=u\frac{\partial v}{\partial x}+v\frac{\partial v}{\partial y}-\frac{1}{Re}\left(\frac{\partial^2v}{\partial x^2}+\frac{\partial^2v}{\partial x^2}\right)\end{aligned}\right\}\tag{12.4.2b}$$

由于连续方程 $D\equiv0$,它简化为:

$$D=\frac{\partial u}{\partial x}+\frac{\partial v}{\partial y}\tag{12.4.2c}$$

$$\nabla^2p=S_p\tag{12.4.3}$$

其中

$$S_p=2\left(\frac{\partial u}{\partial x}\frac{\partial v}{\partial y}-\frac{\partial u}{\partial y}\frac{\partial v}{\partial x}\right)\tag{12.4.3a}$$

方程(12.4.2)和(12.4.3)是完全等价的。

由上述方程组可以看出:压力 Poisson 方程(12.4.2)中并没有用到 $D\equiv0$ 的约束条件,所以由它求出的数值解,并不一定保证散度 $D\equiv0$;而压力 Poisson 方程(12.4.3)是满足 $D\equiv0$ 约束条件的。如果仅仅从数值分析角度来看,似乎采用方程(12.4.3)形式要比方程(12.4.2)简单一些,而且由于方程(12.4.3)已经满足 $D\equiv0$ 约束条件,采用方程(12.4.3a)求解压力值应该比采用方程(12.4.2a)更有效。

但是,实际计算经验指出:在采用方程(12.4.3)计算压力的过程中,每步计算 $D\equiv0$ 时,总会带来一定误差。这个误差开始时可能很小,但随着时间推进,它会逐步积累和扩大,最后会使 $D\equiv0$ 完全失效。然而采用方程(12.4.2)计算时,计算 S_p 要复杂一些,但是,通过一些修正办法,可以使每一步计算 $D\equiv0$ 得到满足。因此,在实际计算过程中一般都采用方程(12.4.2),而不采用方程(12.4.3)。

S. Y. Tuan 建议采用一种比较简单的计算压力值公式:

$$\nabla^2p=2\left(\frac{\partial u}{\partial x}\frac{\partial v}{\partial y}-\frac{\partial u}{\partial y}\frac{\partial v}{\partial x}\right)-D_t\tag{12.4.4}$$

其中

$$D_t = \frac{\partial D}{\partial t} \tag{12.4.4a}$$

它的差分格式：

$$D_t^{n+1} = \left(\frac{\partial D}{\partial t}\right)^{n+1} = \frac{D^{n+2} - D^{n+1}}{\Delta t} \approx \frac{-D^{n+1}}{\Delta t} \tag{12.4.5}$$

采用上式的优点是在计算过程中速度和压力交替进行计算。在计算出 u、v 后，直接得到 D_t。实际上 D_t是一个很小的量，在计算中可以忽略不计，这样可以确保 $D \equiv 0$。

目前已发展了不少成熟有效的差分算法和程序来数值求解不可压缩黏性流动，其中最著名的是：

（1）MAC 算法。

（2）SOLA 算法。

（3）投影算法。

12－4－2 格子中标记点算法（MAC 算法）

求解原始变量 N－S 方程组的算法已有不少，其中最著名的是“格子中标记点算法（Marker in Cell）”，简称 MAC 算法。MAC 算法是由 F. H. Harlow 和 J. E. Wetch 等人提出和发展起来的[7,8]。最初，MAC 算法是专门为求解带有自由面的不可压缩黏性流体流动而设计的。在计算过程中利用标记点来记录自由面的位置。近年来 MAC 算法已得到改进和推广，并广泛应用于各种不可压缩黏性流动中（带自由面和不带自由面的黏性流动）。

1. MAC 算法基本思路

MAC 算法是一种以压力和速度为原始变量的 Euler-Lagrange 混合型有限差分算法。一方面它的网格采用固定的 Euler 网格，所有的流动速度 u、v 和压力 p 是在 Euler 网格单元中进行计算。另一方面，分布在网格单元内的标记点的运动和位置，则采用 Lagrange 方法，从而能反映每一时刻自由面或界面的运动和变形。MAC 算法能处理复杂的自由面或界面，计算效果也比较好。

2. 原始变量 N－S 方程组

MAC 算法一般采用原始变量 N－S 方程组和压力 Poisson 方程：

$$\left.\begin{aligned} D &= \frac{\partial u}{\partial x} + \frac{\partial v}{\partial y} \\ \frac{\partial u}{\partial t} + \frac{\partial (u^2)}{\partial x} + \frac{\partial (uv)}{\partial y} &= -\frac{\partial p}{\partial x} + \frac{1}{Re}\nabla^2 u \\ \frac{\partial v}{\partial t} + \frac{\partial (uv)}{\partial x} + \frac{\partial (v^2)}{\partial y} &= -\frac{\partial p}{\partial y} + \frac{1}{Re}\nabla^2 v \end{aligned}\right\} \tag{12.4.6}$$

$$\left.\begin{aligned}&\nabla^2 p = S_p\\&S_p = -\frac{\partial D}{\partial t} - \frac{\partial^2(u^2)}{\partial x^2} - 2\frac{\partial^2(uv)}{\partial x\partial y} - \frac{\partial^2(v^2)}{\partial y^2} + \frac{1}{Re}\nabla^2 D\end{aligned}\right\} \tag{12.4.7}$$

3. MAC 算法差分格式

MAC 算法在计算区域内采用交错网格。x 方向以节点$\left(i+\dfrac{1}{2},j\right)$、$y$ 方向以节点$\left(i,j+\dfrac{1}{2}\right)$为基础设计差分格式。MAC 算法差分格式[9]：

$$D^n_{i,j} = \frac{u^n_{i+\frac{1}{2},j} - u^n_{i-\frac{1}{2},j}}{\Delta x} + \frac{v^n_{i,j+\frac{1}{2}} - v^n_{i,j-\frac{1}{2}}}{\Delta y} \tag{12.4.8a}$$

$$\begin{aligned}&\frac{u^{n+1}_{i+\frac{1}{2},j} - u^n_{i+\frac{1}{2},j}}{\Delta t} + \frac{1}{\Delta x}\left[(u^n_{i+1,j})^2 - (u^n_{i,j})^2\right] + \frac{1}{\Delta y}\left[(uv)^n_{i+\frac{1}{2},j+\frac{1}{2}} - (uv)^n_{i+\frac{1}{2},j-\frac{1}{2}}\right] =\\&-\frac{1}{\Delta x}(p^{n+1}_{i+1,j} - p^{n+1}_{i,j}) + \frac{1}{Re}\left\{\frac{u^n_{i+\frac{3}{2},j} - 2u^n_{i+\frac{1}{2},j} + u^n_{i-\frac{1}{2},j}}{\Delta x^2} + \frac{u^n_{i+\frac{1}{2},j+1} - 2u^n_{i+\frac{1}{2},j} + u^n_{i+\frac{1}{2},j-1}}{\Delta y^2}\right\}\end{aligned} \tag{12.4.8b}$$

$$\begin{aligned}&\frac{v^{n+1}_{i,j+\frac{1}{2}} - v^n_{i,j+\frac{1}{2}}}{\Delta t} + \frac{1}{\Delta x}\left[(uv)^n_{i+\frac{1}{2},j+\frac{1}{2}} - (uv)^n_{i-\frac{1}{2},j+\frac{1}{2}}\right] + \frac{1}{\Delta y}\left[(v^n_{i,j+1})^2 - (v^n_{i,j})^2\right] =\\&-\frac{1}{\Delta y}(p^{n+1}_{i,j+1} - p^{n+1}_{i,j}) + \frac{1}{Re}\left\{\frac{v^n_{i+1,j+\frac{1}{2}} - 2v^n_{i,j+\frac{1}{2}} + v^n_{i-1,j+\frac{1}{2}}}{\Delta x^2} + \frac{v^n_{i,j+\frac{3}{2}} - 2v^n_{i,j+\frac{1}{2}} + v^n_{i,j-\frac{1}{2}}}{\Delta y^2}\right\}\end{aligned} \tag{12.4.8c}$$

$$\begin{aligned}&\frac{p^{n+1}_{i+1,j} - 2p^{n+1}_{i,j} + p^{n+1}_{i-1,j}}{\Delta x^2} + \frac{p^{n+1}_{i,j+1} - 2p^{n+1}_{i,j} + p^{n+1}_{i,j-1}}{\Delta y^2} = -\frac{D^{n+1}_{i,j} - D^n_{i,j}}{\Delta t} - \frac{(u^n_{i+1,j})^2 - 2(u^n_{i,j})^2 + (u^n_{i-1,j})^2}{\Delta x^2}\\&\quad - \frac{2}{\Delta x\Delta y}\left[(uv)^n_{i+\frac{1}{2},j+\frac{1}{2}} + (uv)^n_{i-\frac{1}{2},j-\frac{1}{2}} - (uv)^n_{i+\frac{1}{2},j-\frac{1}{2}} - (uv)^n_{i-\frac{1}{2},j+\frac{1}{2}}\right]\\&- \frac{(v^n_{i,j+1})^2 - 2(v^n_{i,j})^2 + (v^n_{i,j-1})^2}{\Delta y^2} + \frac{1}{Re}\left[\frac{D^n_{i+1,j} - 2D^n_{i,j} + D^n_{i-1,j}}{\Delta x^2} + \frac{D^n_{i,j+1} - 2D^n_{i,j} + D^n_{i,j-1}}{\Delta y^2}\right]\end{aligned} \tag{12.4.8d}$$

由于速度 u、v 都定义在网格单元半点$\left(i+\dfrac{1}{2},j\right)$、$\left(i,j+\dfrac{1}{2}\right)$上，因此，在节点$(i,j)$上流动量都必须通过某种平均计算得到：

$$\left.\begin{aligned}&u_{i,j} = \frac{1}{2}(u_{i+\frac{1}{2},j} + u_{i-\frac{1}{2},j}),\quad v_{i,j} = \frac{1}{2}(v_{i,j+\frac{1}{2}} + v_{i,j-\frac{1}{2}})\\&(uv)_{i+\frac{1}{2},j-\frac{1}{2}} = \frac{1}{4}(u_{i+\frac{1}{2},j} + u_{i+\frac{1}{2},j-1})(v_{i,j-\frac{1}{2}} + v_{i+1,j-\frac{1}{2}})\end{aligned}\right\} \tag{12.4.9}$$

在计算过程中为了使散度 D 的计算误差不会积累和扩大，在 MAC 算法中总是强迫 $D^{n+1}_{i,j}\equiv 0$。但是，在实际计算过程中计算误差总是存在，为了保证 $D^{n+1}_{i,j}\equiv 0$，必须对它进行一些特殊的处理，否则会引起计算不收敛甚至发散。

根据 MAC 算法差分格式(12.4.8)可直接求解流动的速度值 $u_{i+\frac{1}{2},j}^{n+1}$、$v_{i,j+\frac{1}{2}}^{n+1}$，而压力值 $p_{i,j}^{n+1}$ 通过求解压力 Poisson 方程的隐式差分格式得到，这时求解压力 $p_{i,j}^{n+1}$ 需要采用迭代方法计算。下面介绍 MAC 算法中三种典型的迭代运算过程：

(1) 由 t_n 时刻速度 $u_{i+\frac{1}{2},j}^{n}$、$v_{i,j+\frac{1}{2}}^{n}$→通过散度差分格式(12.4.8a)计算 $D_{i,j}^{n}$→利用 G－S或 SOR 迭代法，由压力差分格式(12.4.8d)求出 $p_{i,j}^{n+1}$→利用速度差分格式(12.4.8b、c)求出 $u_{i+\frac{1}{2},j}^{n+1}$、$v_{i,j+\frac{1}{2}}^{n+1}$→重新计算 $D_{i,j}^{n+1}$→检验散度 $D_{i,j}^{n+1}\equiv 0$，如果 $D_{i,j}^{n+1}\neq 0$，则上述重复计算，直到收敛。(见流程图 12.10。)

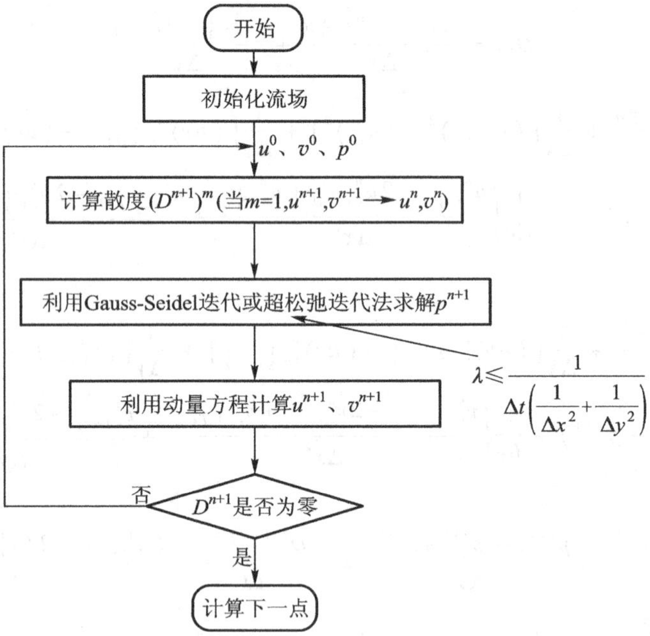

图 12.10　迭代方法(1)流程图

(2) 动量方程差分格式(12.4.8b、c)中的压力改成显式($p_{i,j}^{n+1}\to p_{i,j}^{n}$)，并求出 $u_{i+\frac{1}{2},j}^{n+1}$、$v_{i,j+\frac{1}{2}}^{n+1}$→用 G－S 或 SOR 迭代法，由压力差分格式(12.4.8d)求出 $p_{i,j}^{n+1}$→再由速度差分格式(12.4.8b、c)计算 $u_{i+\frac{1}{2},j}^{n+1}$、$v_{i,j+\frac{1}{2}}^{n+1}$，利用散度差分格式(12.4.8a)重新计算 $D_{i,j}^{n+1}$→检验散度 $D_{i,j}^{n+1}\equiv 0$，如果 $D_{i,j}^{n+1}\neq 0$，重复上述计算，直到收敛。(见流程图 12.11。)

(3) Chorin 迭代方法。Chorin 迭代方法是目前采用较广、计算效果较好的一种迭代方法。首先由散度差分格式(12.4.8a)计算$(D_{i,j}^{n+1})^m$[当 $m=1$ 时，$u_{i+\frac{1}{2},j}^{n+1}$、$v_{i,j+\frac{1}{2}}^{n+1}$ 用 $u_{i+\frac{1}{2},j}^{n}$、$v_{i,j+\frac{1}{2}}^{n}$ 值来代替，迭代计算得到$(D_{i,j}^{n+1})^m$，这里 m 为迭代次数]→利用压力修正公式：

$$(p_{i,j}^{n+1})^{m+1}=(p_{i,j}^{n+1})^{m}-\lambda\,(D_{i,j}^{n+1})^{m} \tag{12.4.10}$$

得到$(p_{i,j}^{n+1})^{m+1}$[当 $m=1$ 时，$p_{i,j}^{n+1}$ 用 $p_{i,j}^{n}$ 值来代替，迭代计算$(p_{i,j}^{n+1})^{m+1}$值]，其中 λ 是松

弛因子，它的稳定性条件为：

$$\lambda \leqslant \frac{1}{\Delta t\left(\frac{1}{\Delta x^2}+\frac{1}{\Delta y^2}\right)} \quad (12.4.11)$$

为了减少迭代次数，取最佳值 $\lambda_{opt}=0.5\lambda_{max}$（不同的流动中最佳值 λ_{opt} 会不同）→利用差分格式（12.4.8b、c）求出 $u_{i+\frac{1}{2},j}^{n+1}$、$v_{i,j+\frac{1}{2}}^{n+1}$→利用散度差分格式（12.4.8a），重新计算 $D_{i,j}^{n+1}$，检验散度 $D_{i,j}^{n+1}\equiv 0$，如果 $D_{i,j}^{n+1}\neq 0$，重复上述计算，直到收敛。（见流程图 12.12。）

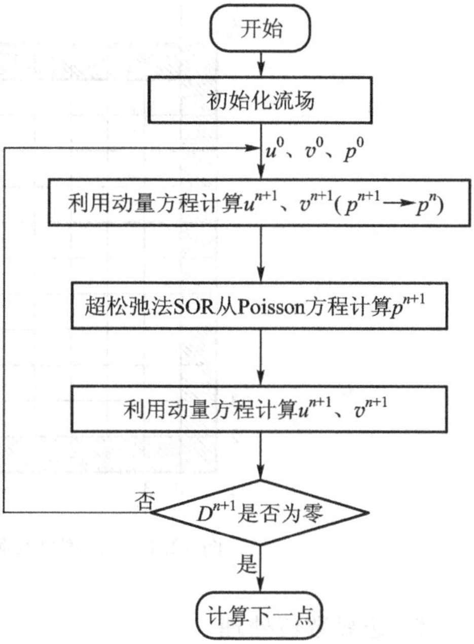

图 12.11　迭代方法(2)流程图

上述 MAC 算法中三种迭代方法的计算过程最后都需要用散度 $D_{i,j}^{n+1}$ 来判断迭代是否收敛：

$$\max(D_{i,j}^{n+1})<\varepsilon=10^{-4} \quad (12.4.12)$$

4. 网格划分和虚拟网格设置

MAC 算法采用交错网格，流动的 u、v 和 p 分别设置在不同的网格单元上。为便于进行边界数值处理，需要设置虚拟网格单元（图 12.13）。

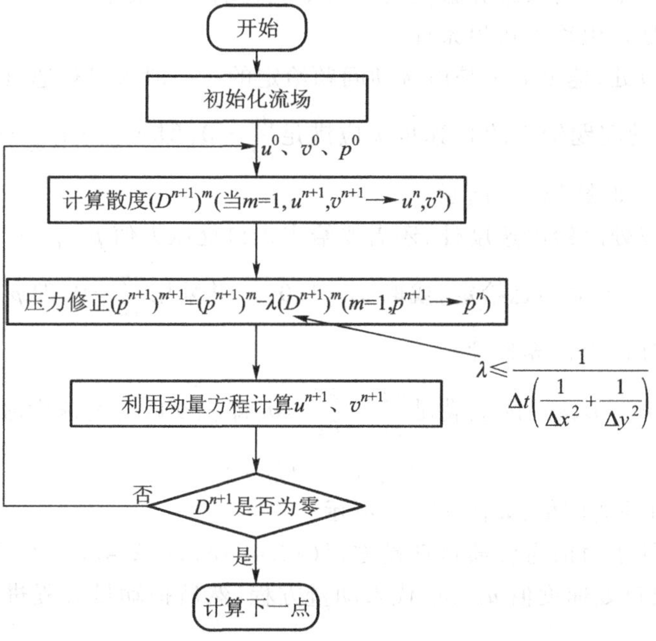

图 12.12　Chorin 迭代方法流程

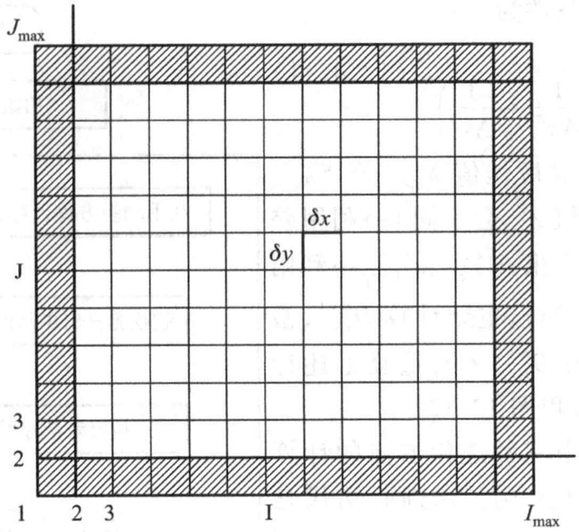

图 12.13　计算区域网格设置和虚拟网格示意图

5. 边界数值处理

初始条件:在 $t=0$ 时,需要在计算区域内设置流体初始状态,一般取:

$$u_0=v_0=0,\quad p_0=1.0,\quad \rho_0=1.0$$

边界条件:由于流场中任何边界数值处理都会影响到全流场的计算结果,必须特别小心。基本原则是要求边界数值处理对全流场的影响最小。

(1) 入口处自由输入边界条件

在流动入口处,速度 u、v 是由流动问题给定的。一般入口处速度 u、v 应满足 $u_{0,j}=u_a$(u_a是由流动问题给定的),速度 v 应满足$\dfrac{\partial v}{\partial x}=0$,即 $v_{-1,j}=v_{0,j}=v_{1,j}$($u_{0,j}$和 $v_{0,j}$是入口处速度值),如图 12.14 所示。

在流动入口处除给出速度外,还需要给出入口处压力值 $p=p_0=1.0$(p_0是入口处压力值,一般是由流动问题给定,或取 $p_0=1.0$)。并采用$\dfrac{\partial p}{\partial x}=0$,即 $p_{0,j}=p_{1,j}$。

(2) 出口处输出边界条件

在出口处速度 u、v 一般应满足$\dfrac{\partial u}{\partial x}=\dfrac{\partial v}{\partial x}=0$,即流动以均匀速度流出:

$$u_{I,j}=u_{I+1,j},\quad v_{I,j}=v_{I+1,j}$$

$u_{I,j}$和 $v_{I,j}$是出口处速度值,如图 12.15 所示。

而在出口处压力值需要通过动量方程(12.4.8b)、(12.4.8c)得到。设流体从左向右流出,把出口处速度值 $u_{I,j}$、$v_{I,j}$代入动量方程,然后把动量方程进行简化,得到出口处压力值:

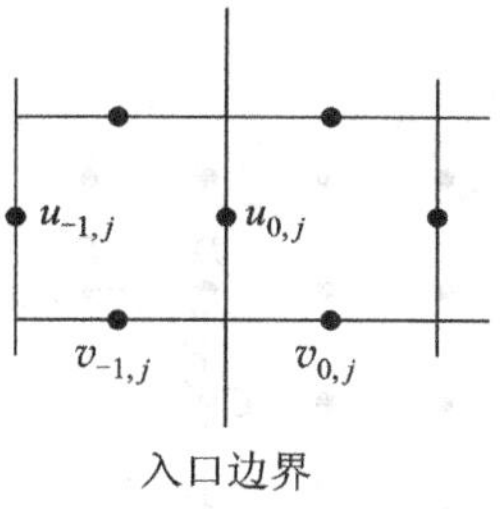

图12.14 流动入口处数值边界条件示意图

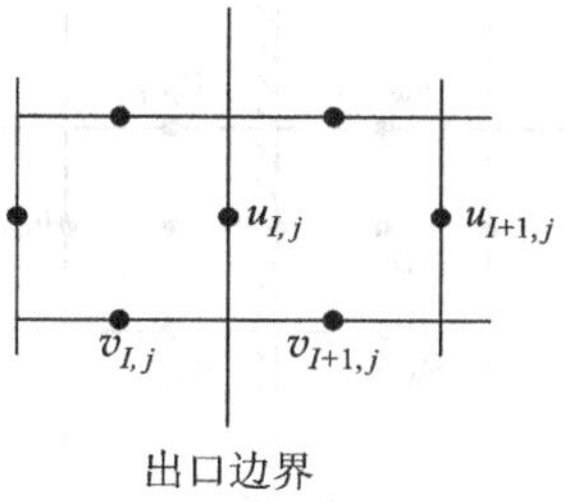

图 12.15 流动出口处数值边界条件示意图

$$p_{I+1,j}=p_{I,j}+\frac{\Delta x(u_{I,j}^{n}-u_{I,j}^{n+1})}{\Delta t}-\frac{\Delta x}{\Delta y}[(uv)_{I,j}^{n}-(uv)_{I,j-1}^{n}]+\frac{\Delta x}{Re}\frac{u_{I,j+1}^{n}-2u_{I,j}^{n}+u_{I,j-1}^{n}}{\Delta y^{2}} \tag{12.4.13}$$

其中 I、j 是出口处的网格单元标号，$p_{I、j}$为出口处网格单元内压力值。

(3) 刚性壁面边界条件

在不可压缩黏性流动中，在刚性壁面上边界数值处理有两种做法：滑移边界条件和无滑移边界条件。

1) 滑移刚性壁面边界条件

设在边界上网格单元的垂直面是滑移刚性壁面(图 12.16)。在刚性壁面上流动法向速度必须为零，而切向速度不为零，但应该没有速度梯度。设 w 为刚性壁面边界，流体从垂直刚性壁面左侧流向刚性壁面，则在垂直刚性壁面上所有(w,j)点速度：

$$u_{w,j}=0,\quad v_{w,j}=-v_{w-1,j} \tag{12.4.14a}$$

2) 无滑移刚性壁面边界条件

设在边界上网格单元的垂直面是无滑移刚性壁面。在刚性壁面上切向速度和法向速度都为零。设 w 为刚性壁面边界，在垂直刚性壁面上所有(w,j)点速度都为零 $u_{w,j}=v_{w,j}=0$。为此，必须使壁面外的虚拟网格单元中速度 $u_{w+1,j}$、$v_{w+1,j}$和邻近壁面的网格单元中速度 u、v 大小相等但方向相反。

垂直刚性壁面上压力 p_w 可将速度 $u_{w,j}$、$v_{w,j}$ 代入动量方程式(12.4.8b)或(12.4.8c)中得到。在垂直刚性壁面上：

$$p_{w+1,j}=p_{w,j}\pm\frac{2u_{w,j}}{Re\Delta x} \tag{12.4.14b}$$

在刚性壁面左方取正号，右方取负号。

在水平刚性壁面上：

$$p_{w+1,j}=p_{w,j}\pm\frac{2v_{w,j}}{Re\Delta y} \tag{12.4.14c}$$

在壁面下方取正号，上方取负号。

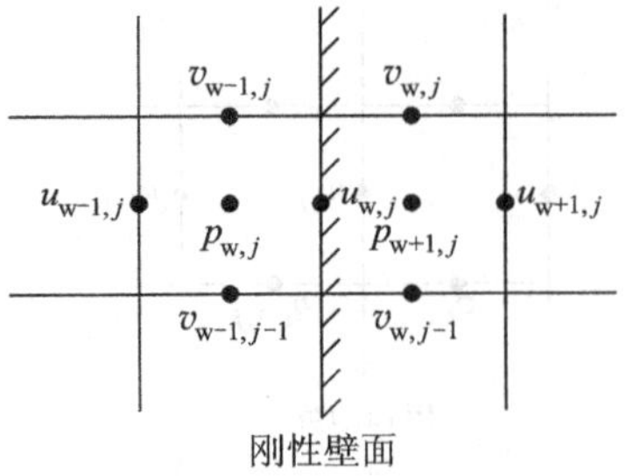

图 12.16　垂直刚性壁面数值边界条件示意图

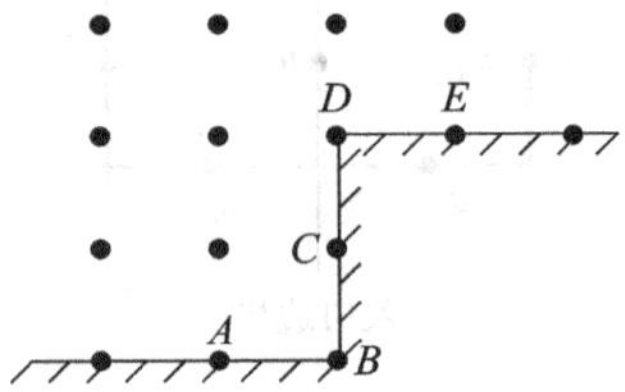

图 12.17　刚性壁面角点数值边界处理示意图

(4) 角点数值处理

在流体绕过物体时一般都会遇到角点。角点会有奇性,必须做一些特殊的数值处理,如图 12.17 所示。

一般的做法是使角点上速度值强置为零值。也可采用角点周围网格点值的平均值强置于角点上或其他的特殊处理做法。在得到角点上的速度值后,通过动量方程求出角点上相应的压力值。

关于流动角点的数值处理是一个技巧性很强的工作。总的原则是要求处理方法简便,计算精度高,迭代收敛速度快。

6. 稳定性和收敛性讨论

在 MAC 算法中一般对动量方程采用中心型差分格式。中心型差分格式是比较不稳定的差分格式,一般不易得到稳定解。为了能确保 MAC 算法得到稳定解和加快收敛速度,需要采取一些特殊的措施:例如,在 MAC 算法中严格控制计算步长,加密网格;增加一些迎风型人工黏性等。也可以采用类似于时间相关法的做法。最好的方法是把 MAC 算法的中心型差分格式改成迎风型差分格式:

$$\frac{u_{i+\frac{1}{2},j}^{n+1}-u_{i+\frac{1}{2},j}^{n}}{\Delta t}+\frac{1}{\Delta x}\left[\frac{u_{i,j}^{n}+|u_{i,j}^{n}|}{2}(u_{i,j}^{n}-u_{i-1,j}^{n})+\frac{u_{i,j}^{n}-|u_{i,j}^{n}|}{2}(u_{i+1,j}^{n}-u_{i,j}^{n})\right]+$$
$$\frac{1}{\Delta y}\left[\frac{v^{*}+|v^{*}|}{2}(u_{i,j}^{n}-u_{i,j-1}^{n})+\frac{v^{*}-|v^{*}|}{2}(u_{i,j+1}^{n}-u_{i,j}^{n})\right]=$$
$$-\frac{1}{\Delta x}(p_{i+1,j}^{n}-p_{i,j}^{n})+\frac{1}{Re}\left[\frac{u_{i+1,j}^{n}-2u_{i,j}^{n}+u_{i-1,j}^{n}}{\Delta x^{2}}+\frac{u_{i,j+1}^{n}-2u_{i,j}^{n}+u_{j,j-1}^{n}}{\Delta y^{2}}\right]$$

(12.4.15a)

$$\frac{v_{i,j+\frac{1}{2}}^{n+1}-v_{i,j+\frac{1}{2}}^{n}}{\Delta t}+\frac{1}{\Delta x}\left[\frac{u^{*}+|u^{*}|}{2}(u_{i,j}^{n}-u_{i-1,j}^{n})+\frac{u^{*}-|u^{*}|}{2}(u_{i+1,j}^{n}-u_{i,j}^{n})\right]+$$
$$\frac{1}{\Delta y}\left[\frac{v_{i,j}^{n}+|v_{i,j}^{n}|}{2}(v_{i,j}^{n}-v_{i,j-1}^{n})+\frac{v^{*}-|v^{*}|}{2}(v_{i,j+1}^{n}-v_{i,j}^{n})\right]=$$

$$-\frac{1}{\Delta y}(p^n_{i,j+1}-p^n_{i,j})+\frac{1}{Re}\left[\frac{v^n_{i+1,j}-2v^n_{i,j}+v^n_{i-1,j}}{\Delta x^2}+\frac{v^n_{i,j+1}-2v^n_{i,j}+v^n_{i,j-1}}{\Delta y^2}\right] \tag{12.4.15b}$$

其中

$$\left.\begin{aligned}v^* &= \frac{1}{4}(v^n_{i,j}+v^n_{i+1,j}+v^n_{i,j-1}+v^n_{i+1,j-1})\\ u^* &= \frac{1}{4}(u^n_{i,j}+u^n_{i-1,j}+u^n_{i,j+1}+u^n_{i-1,j+1})\end{aligned}\right. \tag{12.4.15c}$$

$$\frac{u^{n+1}_{i,j}-u^{n+1}_{i-1,j}}{\Delta x}+\frac{v^{n+1}_{i,j}-v^{n+1}_{i,j-1}}{\Delta y}=0 \tag{12.4.15d}$$

12－4－3　改进的 MAC 算法——SOLA 算法

SOLA 算法是 MAC 算法的一个改进算法[10]，它是迎风型差分格式。SOLA 算法具有算法简单、计算效果较好、应用较广等特点。

1. 原始变量 N－S 方程组

在一般形式坐标系中原始变量 N－S 方程组：

$$\left.\begin{aligned}&\frac{\partial u}{\partial x}+\frac{\partial u}{\partial y}+\frac{\xi u}{r}=0\\ &\frac{\partial u}{\partial t}+\frac{\partial u^2}{\partial x}+\frac{\partial uv}{\partial y}+\frac{\xi u^2}{x}=-\frac{\partial p}{\partial x}+\frac{1}{Re}\left[\frac{\partial^2 u}{\partial x^2}+\frac{\partial^2 u}{\partial y^2}+\xi\left(\frac{1}{x}\frac{\partial u}{\partial x}-\frac{u}{x^2}\right)\right]\\ &\frac{\partial v}{\partial t}+\frac{\partial v^2}{\partial y}+\frac{\partial uv}{\partial x}+\frac{\xi uv}{x}=-\frac{\partial p}{\partial y}+\frac{1}{Re}\left(\frac{\partial^2 v}{\partial x^2}+\frac{\partial^2 v}{\partial y^2}+\frac{\xi}{x}\frac{\partial v}{\partial x}\right)\end{aligned}\right\} \tag{12.4.16}$$

其中当 $\xi=1$ 时，流动是轴对称问题（即 x 是径向坐标，y 是轴向坐标）；当 $\xi=0$ 时，流动是平面问题，（即 x 是横坐标，y 是纵坐标）。u、v 是速度在 x、y 方向上的分量，p 是压力，Re 是流动雷诺数。

2. SOLA 算法差分格式

SOLA 算法采用矩形网格单元，每个网格单元边长为 Δx、Δy。为了便于数值处理边界条件，在计算区域周围设置了一层虚拟网格（图 12.18）。

SOLA 算法同样采用交错网格。流体的速度和压力分别设置在不同的网格单元上（图 12.19）。对于一个典型单元(i,j)，连续方程采用隐式差分格式，动量方程采用显式差分格式。SOLA 算法差分格式为：

$$\frac{1}{\Delta x}(u^{n+1}_{i,j}-u^{n+1}_{i-1,j})+\frac{1}{\Delta y}(v^{n+1}_{i,j}-v^{n+1}_{i,j-1})+\frac{\xi}{2\Delta x(i-1.5)}(u^{n+1}_{i,j}+u^{n+1}_{i-1,j})=0 \tag{12.4.17a}$$

$$u^{n+1}_{i,j}=u^n_{i,j}+\Delta t\left[\frac{1}{\Delta x}(p^n_{i,j}-p^n_{i+1,j})-FUX-FUY-FUC+VISX\right] \tag{12.4.17b}$$

$$v^{n+1}_{i,j}=v^n_{i,j}+\Delta t\left[\frac{1}{\Delta y}(p^n_{i,j}-p^n_{i,j+1})-FVX-FVY-FVC+VISY\right] \tag{12.4.17c}$$

上述差分格式中对流项（x 方向 FUX、FUY、FUC 和 y 方向 FVX、FVY、FVC）和黏

性项(x 方向 $VISX$ 和 y 方向 $VISY$)分别是:

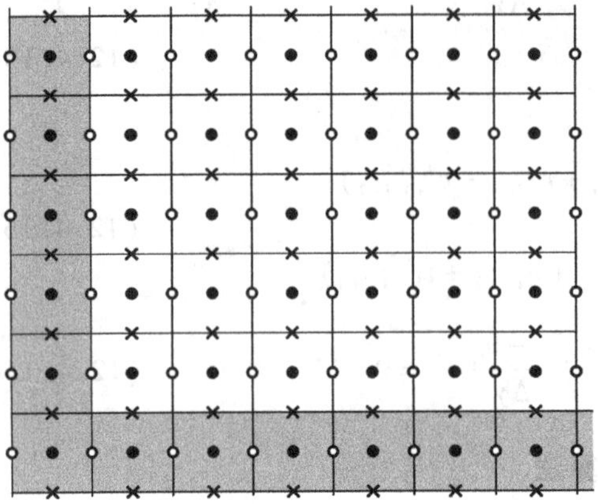

图 12.18　SOLA 算法网格设置和虚拟网格示意图

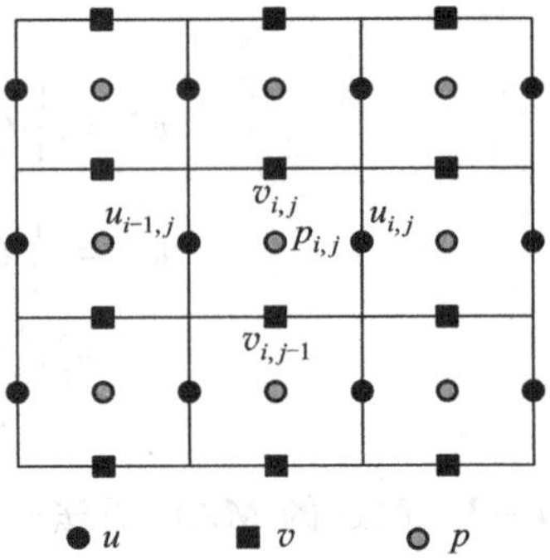

图 12.19　SOLA 算法单元赋值示意图

在 x 方向差分格式为:

$$FUX = \frac{1}{4\Delta x}[(u_{i,j}+u_{i+1,j})^2+\alpha|u_{i,j}+u_{i+1,j}|(u_{i,j}-u_{i+1,j})-(u_{i-1,j}+u_{i,j})^2 - \alpha|u_{i-1,j}+u_{i,j}|(u_{i-1,j}-u_{i,j})]^n \tag{12.4.18a}$$

$$FUY = \frac{1}{4\Delta y}[(v_{i,j}+v_{i+1,j})(u_{i,j}+u_{i,j+1})+\alpha|v_{i,j}+v_{i+1,j}|(u_{i,j}-u_{i,j+1}) - (v_{i,j-1}+v_{i+1,j-1})(u_{i,j-1}+u_{i,j})-\alpha|v_{i,j-1}+v_{i+1,j-1}|(u_{i,j-1}-u_{i,j})]^n \tag{12.4.18b}$$

$$FUC = \frac{\xi}{8\Delta x(i-1)}[(u_{i,j}+u_{i+1,j})^2+(u_{i-1,j}+u_{i,j})^2+ \alpha|u_{i,j}+u_{i+1,j}|(u_{i,j}-u_{i+1,j})+\alpha|u_{i-1,j}+u_{i,j}|(u_{i-1,j}-u_{i,j})]^n \tag{12.4.18c}$$

$$VISX = \frac{1}{Re}\left[\frac{1}{\Delta x^2}(u_{i+1,j}-2u_{i,j}+u_{i-1,j})+\frac{1}{\Delta y^2}(u_{i,j+1}-2u_{i,j}+u_{i,j-1})+ \frac{\xi}{2\Delta x^2(i-1)}(u_{i+1,j}-u_{i-1,j})-\frac{\xi u_{ij}}{\Delta x^2\ (i-1)^2}\right]^n \tag{12.4.18d}$$

在 y 方向差分格式为:

$$FVX = \frac{1}{4\Delta x}[(u_{i,j}+u_{i,j+1})(v_{i,j}+v_{i+1,j})+\alpha|u_{i,j}+u_{i,j+1}|(v_{i,j}-v_{i+1,j})- (u_{i-1,j}+u_{i-1,j+1})(v_{i-1,j}+v_{i,j})-\alpha|u_{i-1,j}+u_{i-1,j+1}|(v_{i-1,j}-v_{i,j})]^n \tag{12.4.19a}$$

$$FVY=\frac{1}{4\Delta y}[(v_{i,j}+v_{i,j+1})^2+\alpha|v_{i,j}+v_{i,j+1}|(v_{i,j}-v_{i,j+1})-(v_{i,j-1}+v_{i,j})^2-\alpha|v_{i,j-1}+v_{i,j}|(v_{i,j-1}-v_{i,j})]^n \tag{12.4.19b}$$

$$FVC=\frac{\xi}{8\Delta x(i-1.5)}[(u_{i,j}+u_{i,j+1})(v_{i,j}+v_{i+1,j})+(u_{i-1,j}+u_{i-1,j+1})(v_{i-1,j}+v_{i,j})+\alpha|u_{i,j}+u_{i,j+1}|(v_{i,j}-v_{i+1,j})+\alpha|u_{i-1,j}+u_{i-1,j+1}|(v_{i-1,j}-v_{i,j})]^n \tag{12.4.19c}$$

$$VISY=\frac{1}{Re}\left[\frac{1}{\Delta x^2}(v_{i+1,j}-2v_{i,j}+v_{i-1,j})+\frac{1}{\Delta y^2}(v_{i,j+1}-2v_{i,j}+v_{i,j-1})+\frac{\xi}{2\Delta x^2(i-1.5)}(v_{i+1,j}-v_{i-1,j})\right]^n \tag{12.4.19d}$$

在上述差分格式中，系数 α 反映差分格式的迎风性质。当 $\alpha=0$ 时，差分格式是中心差分格式，这时 SOLA 算法和原始 MAC 算法的差分格式完全相同。当 $\alpha=1$ 时，SOLA 算法差分格式是完全迎风型差分格式。当 $0<\alpha<1$ 时，SOLA 差分格式具有部分迎风特性差分格式。

为了保证计算稳定性，一般要求在一个时间步内，流体输运距离不能超过一个网格单元。这要求 α 取略大于 $\left|\frac{u\Delta t}{\Delta x}\right|$ 或 $\left|\frac{v\Delta t}{\Delta y}\right|$ 值，一般取两个值中最大值。

一般计算得到速度值 $u_{i,j}^{n+1}$、$v_{i,j}^{n+1}$ 后，它们并不满足连续方程。为了确保散度 $D\equiv 0$，需要调节网格单元内压力值，这是一个迭代的过程。例如，当网格单元内散度 $D<0$，则表示只有流体流入网格单元中，需要增加网格单元内压力值，限制流体继续流入；同样，当网格单元内散度 $D>0$，则表示只有流体流出网格单元，需要减少网格单元内压力值，限制流体继续流出。当在调节一个网格单元压力值时，相邻的网格单元内流动量必然会受到影响，因此，在调节一个网格单元内压力值时，必须同时调节相邻网格单元内压力值，调节过程需要通过反复迭代才能完成。调节网格单元内压力修正公式：

$$\delta p=\frac{-D}{2\Delta t\left(\frac{1}{\Delta x^2}+\frac{1}{\Delta y^2}\right)} \tag{12.4.20}$$

$$p_{i,j}=p_{i,j}+\delta p \tag{12.4.21}$$

同时，网格单元面上速度分量也必须作相应的修正：

$$\left.\begin{aligned}&u_{i,j}\to u_{i,j}+\frac{\Delta t\delta p}{\Delta x},\quad u_{i-1,j}\to u_{i-1,j}-\frac{\Delta t\delta p}{\Delta x}\\&v_{i,j}\to v_{i,j}+\frac{\Delta t\delta p}{\Delta y},\quad v_{i,j-1}\to v_{i,j-1}-\frac{\Delta t\delta p}{\Delta y}\end{aligned}\right\} \tag{12.4.22}$$

由式(12.4.22)计算得到的速度值代入到连续方程(12.4.17a)中，求出散度 D，再由式(12.4.20)求出压力修正值 δp,最后,由式(12.4.21)求出修正的压力值 $p_{i,j}$,不断重复迭代,直至收敛为止。

为了加速迭代的收敛速度,可以在式(12.4.21)中乘上一个超松弛因子 ω。它的最佳值一般为1.8;当 $\omega > 2.0$ 时,可能会引起计算不稳定。这相当于在采用式(12.4.21)计算 δp 时,散度 D 乘上一个因子 θ。它是一个常数:

$$\theta = \frac{\omega}{\left[2\Delta t\left(\frac{1}{\Delta x^2} + \frac{1}{\Delta y^2}\right)\right]} \tag{12.4.23}$$

当所有网格单元中满足 $\left|\frac{D}{D_0}\right| < \varepsilon$ 时,迭代过程达到收敛。其中 D_0 是参考值,在实际计算中 D_0 一般取1.0,$\varepsilon = 10^{-4}$ 或更小。

3. SOLA算法求解步骤

首先在计算区域内划分网格。以流动量 $(\rho, u, v, p)_{i,j}^n$ 作为计算区域内初始状态。由差分格式(12.4.17)计算得到 t_{n+1} 时刻速度 $u_{i,j}^{n+1}$、$v_{i,j}^{n+1}$。用差分格式(12.4.17a)计算得到散度 $D_{i,j}^{n+1}$,并判断它是否满足 $|D| \leqslant \varepsilon$。若 $|D| > \varepsilon$ 则由修正方程(12.4.20)~(12.4.23)对压力、速度进行修正,并重新计算 $u_{i,j}^{n+1}$、$v_{i,j}^{n+1}$,直到满足 $|D| \leqslant \varepsilon$,得到 t_{n+1} 时刻速度分布。当计算得到的速度值满足 $\max(|u^{n+1} - u^n|, |v^{n+1} - v^n|) \leqslant \varepsilon$ 时,计算达到稳定解。ε 需要根据计算精度给出,一般 $\varepsilon = 10^{-4}$。

4. 边界数值处理

SOLA算法边界条件数值处理的原则基本上和MAC算法边界条件数值处理方法是相同的。初始条件:在 $t = 0$ 时,需要在计算区域内设置流体初始状态,一般取:$u_0 = v_0 = 0, p_0 = 1.0, \rho_0 = 1.0$。

边界条件:边界条件数值处理需要利用虚拟网格单元。一般有以下几种情况:

(1) 入口输入和出口输出边界条件。

(2) 滑移刚性壁面边界条件。

(3) 无滑移刚性壁面边界条件。

(4) 角点数值处理。

它们可参照本章12-4-2节中MAC算法的边界数值处理做法。

5. 数值稳定性讨论

在采用SOLA算法求解不可压缩黏性流动时有可能会出现数值振荡。为了克服这种数值不稳定现象,需要对时间步长 Δt,空间步长 Δx、Δy,以及迎风差分参数 α 作一定限制。当 Δx、Δy 确定后,必须对 Δt 作严格限制。基本原则是:

(1) 不允许在一个时间步长内流体输运超过一个网格单元

由于流体是连续的,只能在相邻单元内流动,因此 Δt 必须满足:

$$\Delta t < \min\left\{\frac{\Delta x}{|u|}, \frac{\Delta y}{|v|}\right\} \tag{12.4.24}$$

一般情况下，时间步长 Δt 取上式中最小值的$\frac{1}{3}$和$\frac{1}{4}$。

(2) 不允许在一个时间步长内流体动量扩散超过一个网格单元

根据线性稳定性分析，在一个时间步长内流体动量必须满足：

$$(V\Delta t)^2<\frac{1}{2}\frac{\Delta x^2\Delta y^2}{\Delta x^2+\Delta y^2} \tag{12.4.25}$$

式中 V 为流动速度。在确定 Δt 后，原则上 α 需要满足如下关系式：

$$1\geqslant\alpha\geqslant\max\left\{\left|\frac{u\Delta t}{\Delta x}\right|,\left|\frac{v\Delta t}{\Delta y}\right|\right\} \tag{12.4.26}$$

根据经验，α 应取不等式右边 $\max\left\{\left|\frac{u\Delta t}{\Delta x}\right|,\left|\frac{v\Delta t}{\Delta y}\right|\right\}$最大值的 1.2～1.5 倍。

12-4-4　投影算法

投影算法是由 Chorin 首先提出来的[11,12]。投影算法提出后，Fortin 等人对它做了改进和完善。投影算法具有思路清晰、计算简单、适应性好、易于编程、计算稳定和计算精度高等特点。因此，它在不可压缩黏性流动中得到广泛应用[14]。同时，许多学者在投影算法基础上发展了不少求解不可压缩黏性流动新算法和高阶精度差分格式[15,16]。

1. 投影算法基本思路

投影算法是一种显式分步算法。矢量形式动量方程为：

$$\frac{\boldsymbol{V}^{n+1}-\boldsymbol{V}^{*}}{\Delta t}+\boldsymbol{A}(\boldsymbol{V}^{n})+\nabla p^{n+1}-\frac{1}{Re}\nabla^2\boldsymbol{V}^{n}=\boldsymbol{0} \tag{12.4.27}$$

把动量方程分成两步计算。第一步，先忽略动量方程中的压力效应，动量方程为：

$$\frac{\boldsymbol{V}^{*}-\boldsymbol{V}^{n}}{\Delta t}+\boldsymbol{A}(\boldsymbol{V}^{n})-\frac{1}{Re}\nabla^2\boldsymbol{V}^{n}=\boldsymbol{0} \tag{12.4.28a}$$

其中 $\boldsymbol{A}(\boldsymbol{V}^n)$ 是动量方程中的对流项。第二步，再对压力效应进行修正：

$$\frac{\boldsymbol{V}^{n+1}-\boldsymbol{V}^{*}}{\Delta t}+\nabla p^{n+1}=\boldsymbol{0} \tag{12.4.28b}$$

然后利用连续方程

$$\nabla\cdot\boldsymbol{V}^{n+1}=0 \tag{12.4.29}$$

得到压力修正方程：

$$\nabla^2 p^{n+1}=\frac{1}{\Delta t}\nabla\boldsymbol{V}^{*} \tag{12.4.30}$$

特别要注意的是，在计算边界 Γ 上的压力 p 时，必须把压力修正方程(12.4.30)投影到边界 Γ 外法线上，得到压力在边界 Γ 外法线上的计算式：

$$\left(\frac{\partial p}{\partial n}\right)_{\Gamma}=-\frac{1}{\Delta t}(\boldsymbol{V}^{n+1}-\boldsymbol{V}^{*})_{\Gamma}\cdot\boldsymbol{n} \tag{12.4.31}$$

如果在边界 Γ 上,压力 p 计算不采用投影算法中的 $\left(\frac{\partial p}{\partial n}\right)_\Gamma$ 计算式,则投影算法实际上就是 MAC 算法。

由上述推导过程可以看出,投影算法只是提出了一种求解不可压缩黏性流动的计算原则、基本思路和解题步骤,并没有给出具体差分格式。如果把投影算法和各种不同的差分格式结合起来,如和上述的 MAC 算法差分格式、SOLA 算法差分格式或其他差分格式等结合起来,就能形成各种不同的投影算法差分格式。

投影算法可以采用同位网格,也可以采用交错网格。计算实践表明,投影算法采用交错网格时计算效果更好。Chorin 已经证明投影算法收敛性,并在实际应用中得到检验。

2. 投影算法差分格式

我们把投影算法和上述 SOLA 算法差分格式结合起来,给出用投影算法求解原始变量 N－S 方程组的差分格式。原始变量 N－S 方程组为:

$$\left.\begin{aligned}&\frac{\partial u}{\partial x}+\frac{\partial v}{\partial y}=0\\&\frac{\partial u}{\partial t}+\frac{\partial (u^2)}{\partial x}+\frac{\partial (uv)}{\partial y}=-\frac{\partial p}{\partial x}+\frac{1}{Re}\nabla^2 u\\&\frac{\partial v}{\partial t}+\frac{\partial (uv)}{\partial x}+\frac{\partial (v^2)}{\partial y}=-\frac{\partial p}{\partial y}+\frac{1}{Re}\nabla^2 v\end{aligned}\right\}\tag{12.4.32}$$

对这组方程采用 SOLA 算法差分格式。对于网格单元 (i,j),为了保证计算稳定和易于收敛,连续方程采用隐式差分格式:

$$\frac{1}{\Delta x}(u_{i,j}^{n+1}-u_{i-1,j}^{n+1})+\frac{1}{\Delta y}(v_{i,j}^{n+1}-v_{i,j-1}^{n+1})=0\tag{12.4.33}$$

动量方程分成两步计算:第一步,忽略压力效应,得到动量方程差分格式为:

$$\frac{u^*-u^n}{\Delta t}+A(u^n)=0\tag{12.4.34a}$$

$$\frac{v^*-v^n}{\Delta t}+A(v^n)=0\tag{12.4.34b}$$

其中

$$A(u^n)=FUX-FUY-VISX\tag{12.4.34c}$$

$$A(v^n)=FVX-FVY-VISY\tag{12.4.34d}$$

是动量方程(12.4.34a、b)在 x、y 方向上对流项和黏性项差分格式。

在 x 方向上 $A(u^n)=FUX-FUY-VISX$ 差分格式为:

$$\begin{aligned}FUX=\frac{1}{4\Delta x}\big[&(u_{i,j}+u_{i+1,j})^2+\alpha|u_{i,j}+u_{i+1,j}|(u_{i,j}-u_{i+1,j})-(u_{i-1,j}+u_{i,j})^2\\&-\alpha|u_{i-1,j}+u_{i,j}|(u_{i-1,j}-u_{i,j})\big]^n\end{aligned}\tag{12.4.35a}$$

$$FUY = \frac{1}{4\Delta y}[(v_{i,j} + v_{i+1,j})(u_{i,j} + u_{i,j+1}) + \alpha|v_{i,j} + v_{i+1,j}|(u_{i,j} - u_{i,j+1})$$

$$-(v_{i,j-1} + v_{i+1,j-1})(u_{i,j-1} + u_{i,j}) - \alpha|v_{i,j-1} + v_{i+1,j-1}|(u_{i,j-1} - u_{i,j})]^n \tag{12.4.35b}$$

$$VISX = \frac{1}{Re}\left[\frac{1}{\Delta x^2}(u_{i+1,j} - 2u_{i,j} + u_{i-1,j}) + \frac{1}{\Delta y^2}(u_{i,j+1} - 2u_{i,j} + u_{i,j-1})\right]^n \tag{12.4.35c}$$

在 y 方向上 $A(u^n) = FVX - FVY - VISY$ 差分格式为：

$$FVX = \frac{1}{4\Delta x}[(u_{i,j} + u_{i,j+1})(v_{i,j} + v_{i+1,j}) + \alpha|u_{i,j} + u_{i,j+1}|(v_{i,j} - v_{i+1,j})$$

$$-(u_{i-1,j} + u_{i-1,j+1})(v_{i-1,j} + v_{i,j}) - \alpha|u_{i-1,j} + u_{i-1,j+1}|(v_{i-1,j} - v_{i,j})]^n$$

$$\tag{12.4.36a}$$

$$FVY = \frac{1}{4\Delta y}[(v_{i,j} + v_{i,j+1})^2 + \alpha|v_{i,j} + v_{i,j+1}|(v_{i,j} - v_{i,j+1}) - (v_{i,j-1} + v_{i,j})^2$$

$$-\alpha|v_{i,j-1} + v_{i,j}|(v_{i,j-1} - v_{i,j})]^n$$

$$\tag{12.4.36b}$$

$$VISY = \frac{1}{Re}\left[\frac{1}{\Delta x^2}(v_{i+1,j} - 2v_{i,j} + v_{i-1,j}) + \frac{1}{\Delta y^2}(v_{i,j+1} - 2v_{i,j} + v_{i,j-1})\right]^n \tag{12.4.36c}$$

上述动量方程差分格式都是显式差分格式。

根据投影算法计算原则和基本思路，由式(12.4.34a、b)得到：

$$u_{i,j}^* = (VISX - FUX - FUY)_{i,j}^n \Delta t + u_{i,j}^n \tag{12.4.37a}$$

$$v_{i,j}^* = (VISY - FVX - FVY)_{i,j}^n \Delta t + v_{i,j}^n \tag{12.4.37b}$$

利用上式计算得到速度中间值 $u_{i,j}^*$、$v_{i,j}^*$。然后，对压力效应进行修正。计算区域内的压力值 p 可由式(12.4.30)差分格式得到：

$$\frac{p_{i+1,j}^{n+1} - 2p_{i,j}^{n+1} + p_{i-1,j}^{n+1}}{\Delta x^2} + \frac{p_{i,j+1}^{n+1} - 2p_{i,j}^{n+1} + p_{i,j-1}^{n+1}}{\Delta y^2} = \frac{1}{\Delta t}\left(\frac{u_{i,j}^* - u_{i-1,j}^*}{\Delta x} + \frac{v_{i,j}^* - v_{i,j-1}^*}{\Delta y}\right) \tag{12.4.38}$$

这是一个压力 Poisson 方程，可用超松弛迭代法（SOR）解得，其迭代形式为：

$$p_{i,j}^{m+1} = \omega\frac{A(p_{i-1,j}^{m+1} + p_{i+1,j}^m) + B(p_{i,j-1}^{m+1} + p_{i,j+1}^m) - f_{i,j}}{2(A+B)} + (1-\omega)p_{i,j}^m \tag{12.4.39}$$

其中 $A = \frac{1}{\Delta x^2}$，$B = \frac{1}{\Delta y^2}$，$f_{i,j} = \frac{1}{\Delta t}\left(\frac{u_{i,j}^* - u_{i-1,j}^*}{\Delta x} + \frac{v_{i,j}^* - v_{i,j-1}^*}{\Delta y}\right)$。

根据投影算法计算原则，需要把压力修正方程(12.4.30)投影到边界 Γ 的外法线上：

$$\left(\frac{\partial p}{\partial n}\right)_\Gamma = -\frac{1}{\Delta t}(\boldsymbol{V}_\Gamma^n - \boldsymbol{V}_\Gamma^*) \cdot \boldsymbol{n} \tag{12.4.40}$$

由此可以求出边界上压力值 p。在得到计算区域内点和边界上的压力值 p 后，再用式(12.4.28b)计算得到速度 $u_{i,j}^{n+1}$、$v_{i,j}^{n+1}$：

$$u_{i,j}^{n+1} = -\frac{\Delta t}{\Delta x}(p_{i+1,j}^{n+1} - p_{i,j}^{n+1}) + u_{i,j}^* \tag{12.4.41a}$$

$$v_{i,j}^{n+1} = -\frac{\Delta t}{\Delta y}(p_{i,j+1}^{n+1} - p_{i,j}^{n+1}) + v_{i,j}^{*} \tag{12.4.41b}$$

3. 具体计算步骤：

首先把计算区域划分网格。以流动量$(\rho,u,v,p)_{i,j}^{n}$作为计算区域内初始状态。由式(12.4.28)求出速度中间值V^*。由式(12.4.30)、(12.4.31)计算内点和边界上的压力新值p^{n+1}；最后由(12.4.28)式计算速度新值$\boldsymbol{V}^{n+1}$。

4. 边界数值处理

投影算法边界数值处理的原则基本上和 MAC 算法边界数值处理方法是相同的。初始条件：在$t=0$时，需要在计算区域内设置流体初始状态，一般取：$u_0=v_0=0$，$p_0=1.0$，$\rho_0=1.0$。

边界条件：边界数值处理需要利用虚拟网格单元。一般有以下几种情况：

(1) 入口输入和出口输出边界条件。

(2) 滑移刚性壁面边界条件。

(3) 无滑移刚性壁面边界条件。

(4) 角点数值处理。

它们可参照本章 12-4-2 节中 MAC 算法的边界数值处理做法。

5. 关于投影算法中散度计算的说明

一般情况下第一次计算得到速度值u_{ij}^{n+1}、v_{ij}^{n+1}，并不能满足散度$D\equiv 0$。为此，需要把得到的u_{ij}^{n+1}、v_{ij}^{n+1}作为新的初值再次代入上述连续方程(12.4.33)求解，重新计算u_{ij}^{*}、v_{ij}^{*}。不断循环上述过程，直到满足散度$D\equiv 0$，即当计算区域内所有的网格单元中的$D<\varepsilon$时(ε一般取10^{-4})，迭代收敛，计算达到定常解。

由实际计算经验可知，在计算达到稳定解时，D还会有一定的余值$D\neq 0$。这和投影算法的计算原则有关。在采用投影算法计算时，动量方程是分成两步来计算的，即：

第一步
$$\frac{\boldsymbol{V}^{*}-\boldsymbol{V}^{n}}{\Delta t} + \boldsymbol{A}(\boldsymbol{V}^{n}) - \frac{1}{Re}\nabla^2 \boldsymbol{V}^{n} = 0 \tag{12.4.42}$$

第二步
$$\frac{\boldsymbol{V}^{n+1}-\boldsymbol{V}^{*}}{\Delta t} + \nabla p^{n+1} = 0 \tag{12.4.43}$$

在第一步计算得到$\boldsymbol{V}^{*}$时，散度是不对的，因此，需要在第二步中对$\boldsymbol{V}^{*}$进行修正，得到$\boldsymbol{V}^{n+1}$，使其满足$D\equiv 0$。现在我们对式(12.4.43b)取散度，并利用连续方程$\nabla\cdot\boldsymbol{V}^{n+1}=0$，得到压力计算公式：

$$\nabla^2 p^{n+1} = \frac{1}{\Delta t}\nabla \boldsymbol{V}^{*} \tag{12.4.44a}$$

由于在推导上式时，已经使用了$\nabla\cdot\boldsymbol{V}^{n+1}=0$，就是说我们已经假定$D=0$。而在实际计算过程中每一步计算得到的$\boldsymbol{V}^{*}$并不满足连续方程：

$$\nabla^2 p^{n+1} \neq \frac{1}{\Delta t}\nabla \boldsymbol{V}^{*} \tag{12.4.44b}$$

所以在实际计算中根据公式$\nabla^2 p^{n+1}=\frac{1}{\Delta t}\nabla V^*$计算得到的压力值 p^{n+1}是不正确的，由它得到的V^{n+1}也一定不正确，这样在计算达到稳定解时 D 就会有一定的余值 $D\neq0$。为此可以采用以下方修正方法：

在每一步计算压力值之后，对压力和速度进行一次修正。具体的做法是：在每步计算得到 $u_{i,j}^{n+1}$、$v_{i,j}^{n+1}$后，立即计算散度：

$$D=\frac{u_{i,j}^{n+1}-u_{i-1,j}^{n+1}}{\Delta x}+\frac{v_{i,j}^{n+1}-v_{i,j-1}^{n+1}}{\Delta y} \tag{12.4.45}$$

若发现 $D>10^{-4}$时，则需要进行修正，修正的公式为：

$$\delta p=\frac{-D}{2\Delta t\left(\frac{1}{\Delta x^2}+\frac{1}{\Delta y^2}\right)} \tag{12.4.46a}$$

$$\left.\begin{array}{ll} u_{i,j}\rightarrow u_{i,j}+\frac{\Delta t\delta p}{\Delta x}, & u_{i-1,j}\rightarrow u_{i-1,j}-\frac{\Delta t\delta p}{\Delta x} \\ v_{i,j}\rightarrow v_{i,j}+\frac{\Delta t\delta p}{\Delta y}, & v_{i,j-1}\rightarrow v_{i,j-1}-\frac{\Delta t\delta p}{\Delta y} \end{array}\right\} \tag{12.4.46b}$$

把上式得到的速度值代入式(12.4.45)后：

$$D=\frac{1}{\Delta x}\left(u_{i,j}^{n+1}-u_{i-1,j}^{n+1}+\frac{2\Delta t\delta p}{\Delta x}\right)+\frac{1}{\Delta y}\left(v_{i,j}^{n+1}-v_{i,j-1}^{n+1}+\frac{2\Delta t\delta p}{\Delta y}\right)=0 \tag{12.4.47}$$

投影算法在进行修正后计算非常稳定，不易发散，收敛速度明显加快，雷诺数适用范围也可以放宽，可以计算较高雷诺数的黏性流动问题。

第 5 节　求解压力 Poisson 方程算法在二维不可压缩黏性流动中的应用

12-5-1　不可压缩黏性流体在突然扩腰管道中的流动问题

设在突然扩腰管道内充满不可压缩黏性流体(图 12.20)。当黏性流体以一定速度分布从左端入口处流入管道，当黏性流体流过突然扩张的凹槽时，在凹槽内形成一个反向运动涡旋，求解该管道流动定常解。

初始条件：在 $t=0$ 时，管道内黏性流体初始参数为：

$$u_0=v_0=0,\quad p_0=1.0,\quad \rho_0=1.0 \tag{12.5.1}$$

边界条件：在入口处黏性流体以速度分布：

$$u=\begin{cases}10(y-0.5), & 0.5\leqslant y\leqslant 0.6\\ 1, & 0.6\leqslant y\leqslant 1.4,\quad v=0\\ 10(1.5-y), & 1.4\leqslant y\leqslant 1.5\end{cases} \tag{12.5.2a}$$

流入管道内。带有凹槽的上边界和下边界为刚性壁面，满足无滑移边界条件：

$$u_w=v_w=0 \tag{12.5.2b}$$

在右端出口处边界条件：

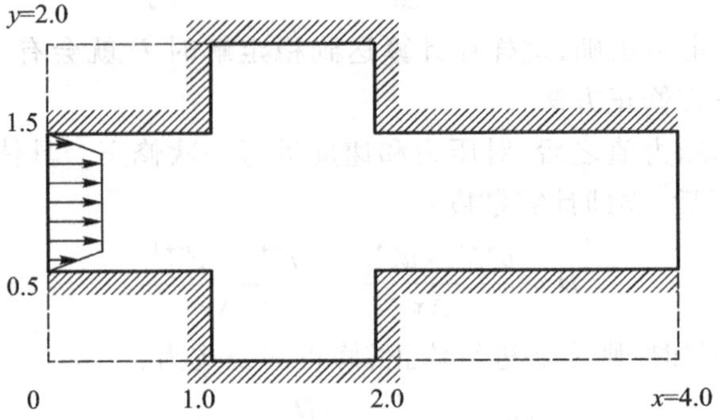

图 12.20　突然扩腰管道流动示意图

$$\frac{\partial u}{\partial x}=\frac{\partial v}{\partial x}=0 \tag{12.5.2c}$$

12-5-2　原始变量 N-S 方程组

原始变量 N-S 方程组为：

$$\left.\begin{aligned}\frac{\partial u}{\partial x}+\frac{\partial v}{\partial y}+\frac{\xi u}{r}=0\\ \frac{\partial u}{\partial t}+\frac{\partial u^2}{\partial x}+\frac{\partial uv}{\partial y}+\frac{\xi u^2}{x}=-\frac{\partial p}{\partial x}+g_x+\mu\left[\frac{\partial^2 u}{\partial x^2}+\frac{\partial^2 u}{\partial y^2}+\xi\left(\frac{1}{x}\frac{\partial u}{\partial x}-\frac{u}{x^2}\right)\right]\\ \frac{\partial v}{\partial t}+\frac{\partial v^2}{\partial y}+\frac{\partial uv}{\partial x}+\frac{\xi uv}{x}=-\frac{\partial p}{\partial y}+g_y+\mu\left[\frac{\partial^2 v}{\partial x^2}+\frac{\partial^2 v}{\partial y^2}+\frac{\xi}{x}\frac{\partial v}{\partial x}\right]\end{aligned}\right\} \tag{12.5.3}$$

其中当 $\xi=1$ 时，流动是轴对称问题(即 x 是径向坐标，y 是轴向坐标)，当 $\xi=0$ 时，流动是平面问题(即 x 是横坐标，y 是纵坐标)。u、v 是速度在 x、y 方向上的分量，p 是压力，g_x、g_y是重力加速度在 x、y 方向上的分量，μ 是黏性系数。这是一个二维平面流动问题。在不考虑重力作用条件下 $\xi=0$，g_x、g_y均为零。

12-5-3　网格划分和虚拟网格设置

计算区域采用矩形网格，x 方向上设置 I 个单元，y 方向上设置 J 个单元，网格长度分别为 Δx、Δy(图 12.21)。采用交错网格，将压力 p 定义在主控制体单元内中心位置上，而 x 方向速度 u 设置在主控制体单元左右两侧中心位置，y 方向速度 v 设置在主控制体单元上下两侧中心位置(图 12.22)。为了提高数值边界处理精度，需要在突然扩腰管流四个计算边界外各设置一层虚拟网格。

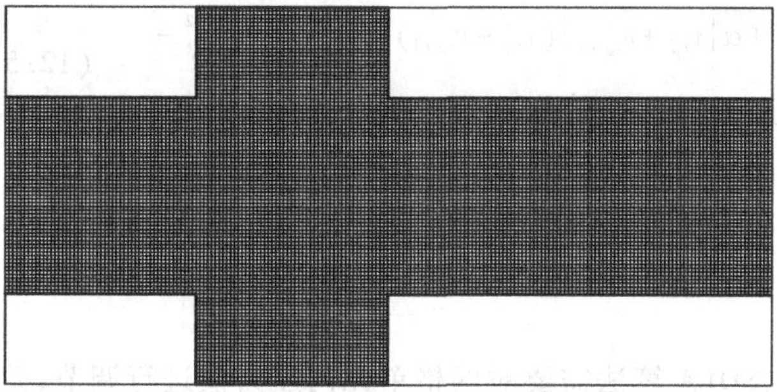

图 12.21　计算区域采用矩形网格设置示意图

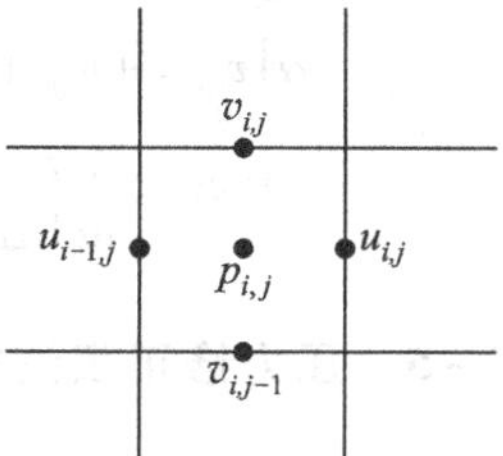

图 12.22　交错网格中流动量设置示意图

12-5-4　SOLA 算法差分格式

对于一个典型单元(i,j)，SOLA 算法差分格式为：

$$\frac{1}{\Delta x}(u_{i,j}^{n+1}-u_{i-1,j}^{n+1})+\frac{1}{\Delta y}(v_{i,j}^{n+1}-v_{i,j-1}^{n+1})=0 \tag{12.5.4a}$$

$$u_{i,j}^{n+1}=u_{i,j}^{n}+\Delta t\left[\frac{1}{\Delta x}(p_{i,j}^{n}-p_{i+1,j}^{n})-FUX-FUY+VISX\right] \tag{12.5.4b}$$

$$v_{i,j}^{n+1}=v_{i,j}^{n}+\Delta t\left[\frac{1}{\Delta y}(p_{i,j}^{n}-p_{i,j+1}^{n})-FVX-FVY+VISY\right] \tag{12.5.4c}$$

在 x 方向上的差分格式：

$$FUX=\frac{1}{4\Delta x}[(u_{i,j}+u_{i,+1,j})^2+\alpha|u_{i,j}+u_{i+1,j}|(u_{i,j}-u_{i+1,j})-(u_{i-1,j}+u_{i,j})^2-\alpha|u_{i-1,j}+u_{i,j}|(u_{i-1,j}-u_{i,j})] \tag{12.5.5a}$$

$$FUY=\frac{1}{4\Delta y}[(v_{i-1,j+1}+v_{i,j+1})(u_{i,j}+u_{i,j+1})+\alpha|v_{i-1,j+1}+v_{i,j+1}|(u_{i,j}-u_{i,j+1})-(v_{i-1,j}+v_{i,j})(u_{i,j-1}+u_{i,j-1})-\alpha|v_{i-1,j}+v_{i,j}|(u_{i,j-1}-u_{i,j})] \tag{12.5.5b}$$

$$VISX=\frac{1}{Re}\left[\frac{1}{\Delta x^2}(u_{i+1,j}-2u_{i,j}+u_{i-1,j})+\frac{1}{\Delta y^2}(u_{i,j+1}-2u_{i,j}+u_{i,j-1})\right] \tag{12.5.5c}$$

在 y 方向上的差分格式：

$$FVX=\frac{1}{4\Delta x}[(u_{i+1,j}+u_{i+1,j-1})(v_{i,j}+v_{i+1,j})+\alpha|u_{i+1,j}+u_{i+1,j-1}|(v_{i,j}-v_{i+1,j})-(u_{i,j}+u_{i,j-1})(v_{i-1,j}+v_{i,j})-\alpha|u_{i,j}+u_{i,j-1}|(v_{i-1,j}-v_{i,j})] \tag{12.5.6a}$$

$$FVY = \frac{1}{4\Delta y}[(v_{i,j+1} + v_{i,j})^2 + \alpha|v_{i,j} + v_{i,j+1}|(v_{i,j} - v_{i,j+1}) - (v_{i,j-1} + v_{i,j})^2 - \alpha|v_{i,j-1} + v_{i,j}|(v_{i,j-1} - v_{i,j})] \tag{12.5.6b}$$

$$VISY = \frac{1}{Re}\left[\frac{1}{\Delta x^2}(v_{i+1,j} - 2v_{i,j} + v_{i-1,j}) + \frac{1}{\Delta y^2}(v_{i,j+1} - 2v_{i,j} + v_{i,j-1})\right] \tag{12.5.6c}$$

12-5-5　压力修正表达式

为了确保流体散度 $D \equiv 0$，SOLA 算法需要对网格单元内压力值进行调节，并通过迭代完成，压力修正公式为：

$$p_{i,j} = p_{i,j} + \delta p \tag{12.5.7}$$

其中

$$\delta p = \frac{-D}{2\Delta t\left(\frac{1}{\Delta x^2 + \Delta y^2}\right)} \tag{12.5.7a}$$

速度修正公式为：

$$\left.\begin{aligned} u_{i,j} &= u_{i,j} + \frac{\Delta t\delta p}{\Delta x}, \quad u_{i-1,j} = u_{i-1,j} - \frac{\Delta t\delta p}{\Delta x} \\ v_{i,j} &= v_{i,j} + \frac{\Delta t\delta p}{\Delta y}, \quad v_{i,j-1} = v_{i,j-1} + \frac{\Delta t\delta p}{\Delta y} \end{aligned}\right\} \tag{12.5.8}$$

为了加速迭代的收敛速度，可以在式（12.5.7a）中乘上一个超松弛因子 ω，则压力修正公式改为：

$$\delta p = -D\theta \tag{12.5.7b}$$

其中

$$\theta = \frac{\omega}{2\Delta t\left(\frac{1}{\Delta x^2 + \Delta y^2}\right)} \tag{12.5.7c}$$

12-5-6　边界数值处理

初始条件：在 $t=0$ 时，需要在计算区域内设置流体初始状态，一般取：

$$u_0 = v_0 = 0, \quad p_0 = 1.0, \quad \rho_0 = 1.0 \tag{12.5.9}$$

边界条件：

(1) 入口处（$x=0$）输入边界条件为来流条件，速度分布为：

$$u = \begin{cases} 10(y-0.5), & 0.5 \leqslant y \leqslant 0.6 \\ 1, & 0.6 \leqslant y \leqslant 1.4, \quad v=0 \\ 10(1.5-y), & 1.4 \leqslant y \leqslant 1.5 \end{cases} \tag{12.5.10}$$

根据交错网格设置，入口处速度分布为：

$$u_{0,j} = u_{1,j}, \quad v_{0,j} = v_{1,j} = 0 \tag{12.5.10a}$$

(2) 出口处($x=4.0$)输出边界条件为自由输出条件,速度分布为$\frac{\partial u}{\partial x}=\frac{\partial v}{\partial x}=0$。根据交错网格的设置,出口处速度分布离散为:

$$u_{I-1,j}=u_{I,j},\ v_{I-1,j}=v_{I,j} \tag{12.5.11}$$

其中 I 为出口处的节点下标。

(3) 刚性壁面边界条件应满足无滑移边界条件

突然扩腰管道的上壁面、下壁面和突然扩腰壁面均为刚性壁面。但由于流动是对称的,因此,只需要计算管道下半部分。它的各刚性壁面上的边界条件按无滑移边界条件处理:

$$u_w=0,\quad v_w=0 \tag{12.5.12}$$

在流体绕过物体时一般都会遇到角点。角点会有奇性,必须做一些特殊的数值处理,一般的做法是使角点(I,J)上速度值强置为零 $u_{I,J}=v_{I,J}=0$。也可采用使角点周围网格点值的平均值强置于角点上或其他的特殊处理做法:

$$Z_{I,J}=\frac{Z_{I-1,J}+Z_{I,J-1}}{2} \tag{12.5.13}$$

12-5-7　计算结果分析

采用显式 SOLA 算法对不可压缩黏性流体绕突然扩腰管流动进行了数值计算。计算网格为 402×202,当计算满足条件$|\boldsymbol{u}_{i,j}^{n+1}-\boldsymbol{u}_{i,j}^{n}|\leqslant 10^{-4}$时,计算达到稳定解。

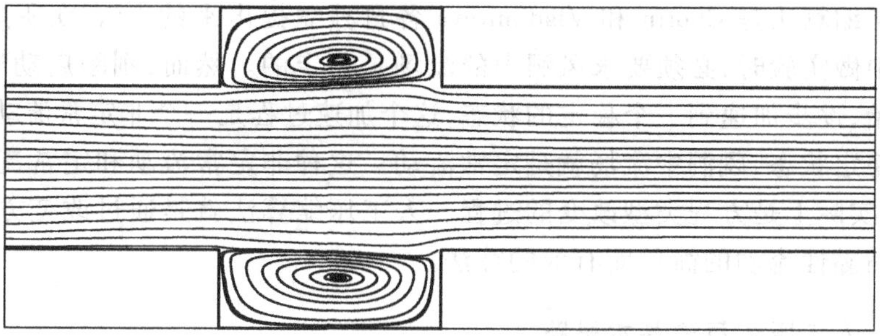

图 12.23　$Re=100$ 突然扩腰管道流动流线图

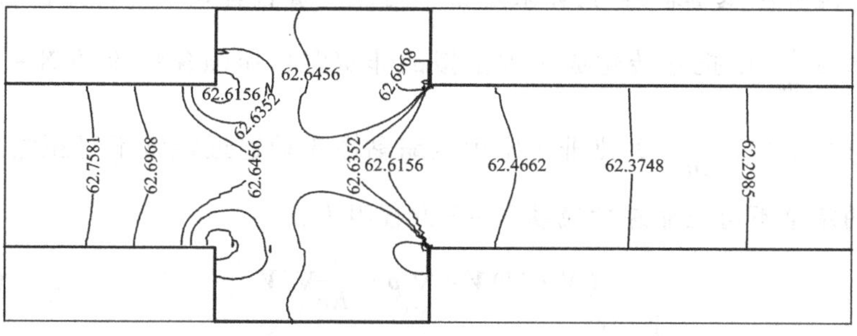

图 12.24　$Re=100$ 突然扩腰管道流动压力等值线

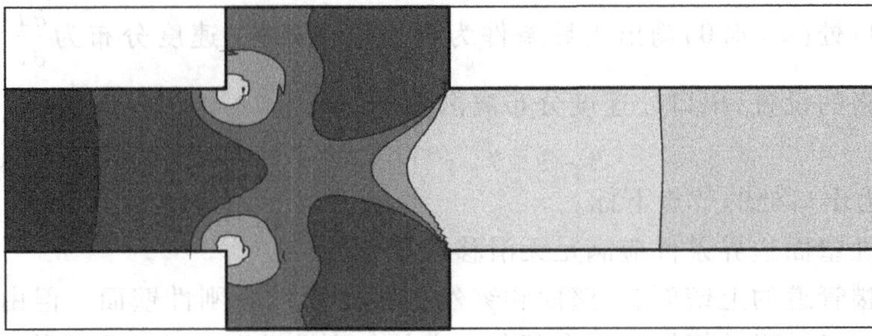

图 12.25　$Re=100$ 突然扩腰管道流动压力云图

图 12.23 给出了雷诺数 $Re=100$ 时绕突然扩腰管道黏性流动计算结果。从图中可以发现管道中心部位流动变化不大，类似于直管中黏性流动。当流动靠近凹槽时，流动向凹槽内膨胀，形成一个涡旋，它以逆流方向旋转。

在不同的雷诺数、不同的凹槽尺寸下（不同的长度和深度的凹槽），涡旋会有不同的特性，在高雷诺数时甚至会在凹槽两个角点处出现小涡旋。图 12.24 和图 12.25 给出了凹槽尺寸增大一倍时的计算结果，和图 12.23 比较可以看出它们的流动特性是不同的。

第 6 节　求解定常原始变量 N－S 方程组的人工压缩算法

人工压缩算法是 Chorin 和 Vladimirova 各自独立提出来的[17]。众所周知，当我们在风洞中做实验时，必须要求风洞中的流场是稳定的。然而，刚刚启动时，风速总是从零开始，逐步加速到一个稳定的状态，这个加速过程是一个非定常流动过程。当风速达到稳定状态，风洞中流场就是定常流动。这种非定常流动和定常流动互相转化的过程，实际上是方程类型改变的过程。人工压缩算法就是通过改变方程类型求解不可压缩黏性流动的简单而有效的算法。

12－6－1　人工压缩算法基本思路

人工压缩算法基本思路为：如果定常不可压缩黏性流动 N－S 方程组中添加一项时间导数项 $\frac{\partial}{\partial t}$，就把它转化成一种虚拟的非定常可压缩黏性流动 N－S 方程组。如果 $t\to\infty$ 时，能保证 $\frac{\partial}{\partial t}\to 0$，则非定常可压缩黏性流动逼近定常不可压缩黏性流动。矢量形式的定常不可压缩黏性流动 N－S 方程组为：

$$(\boldsymbol{V}\cdot\nabla)\boldsymbol{V}+\nabla p=\frac{1}{Re}\nabla^2\boldsymbol{V} \tag{12.6.1a}$$

$$\nabla\cdot\boldsymbol{V}=0 \tag{12.6.1b}$$

初始条件：

$$当\ t=0\ 时，\quad \boldsymbol{V}=\boldsymbol{V}_0，\quad p=p_0 \tag{12.6.1c}$$

边界条件：

$$\boldsymbol{V}\big|_{\Gamma}=v_{\Gamma} \tag{12.6.1d}$$

其中 Γ 为计算问题的边界。

为了将定常的 N－S 方程组进行转化，需要在定常的 N－S 方程组中加入一项对时间的导数项$\frac{\partial}{\partial t}$。很明显，在动量方程中可以加入$\frac{\partial \boldsymbol{V}}{\partial t}$项。在连续方程中应该加入什么形式的$\frac{\partial}{\partial t}$项呢？在连续方程中添加$\frac{\partial \rho}{\partial t}$是可以的，但是，在不可压缩黏性流动中密度 ρ 是常数。也可以添加$\frac{\partial \boldsymbol{V}}{\partial t}$，但是，这样流动速度 $\boldsymbol{u}$ 和压力 p 就解耦，方程组无法直接求解压力 p。因此，自然会想到在连续方程中直接引入$\frac{\partial p}{\partial t}$项。加入时间导数项$\frac{\partial}{\partial t}$后，人工压缩算法的 N－S 方程组为：

$$\frac{\partial p}{\partial t}+c^2\nabla\cdot\boldsymbol{V}=0 \tag{12.6.2}$$

$$\frac{\partial \boldsymbol{V}}{\partial t}+(\boldsymbol{V}\cdot\nabla)\boldsymbol{V}=-\nabla\left(\frac{p}{\rho}\right)+\frac{1}{Re}\nabla^2\boldsymbol{V} \tag{12.6.3}$$

把它和非定常可压缩黏性流动 N－S 方程组比较，可以发现，动量方程是完全相同的，但连续方程却是不同的。非定常可压缩黏性流动的连续方程为：

$$\frac{\partial \rho}{\partial t}+\nabla\cdot(\rho\boldsymbol{V})=0 \tag{12.6.4}$$

在等熵流动中压力和密度存在以下等熵关系式：

$$p=c^2\rho \tag{12.6.5}$$

其中 c 为可压缩黏性流动声速。如果把上式代入连续方程(12.6.2)，连续方程就改为：

$$\frac{\partial p}{\partial t}+c^2\nabla\cdot(\rho\boldsymbol{V})=0 \tag{12.6.6}$$

由此我们可以发现，等熵关系式(12.6.5)实际上反映了非定常可压缩黏性流动中压力 p 和密度 ρ 之间的关系。因此，它可以近似地认为是等熵流动的状态方程。

方程组(12.6.3)、(12.6.4)、(12.6.5)就是解非定常可压缩黏性流动的 N－S 方程组。而在不可压缩黏性流动中 $\rho=\text{const.}$，$c^2=\text{const.}$，因此并不需要等熵关系式(12.6.5)。因此，求解不可压缩黏性流动只需要求解方程组(12.6.2)、(12.6.3)。需要指出的是，在人工压缩算法中，由于密度 ρ 是常数，所以在上述方程组中压力值 p 实际上是压力和密度的比值$\frac{p}{\rho}$。

计算实践表明，采用人工压缩算法求解 N－S 方程组的关键是当 $t\to\infty$ 时，如何保证$\frac{1}{c^2}\frac{\partial p}{\partial t}=0$，连续方程满足$\nabla\cdot\boldsymbol{V}=0$，所求得的 N－S 方程组解收敛于不可压缩黏

性流动解,因此,如何选取参数 c^2 是人工压缩算法的关键。

12－6－2　人工压缩算法差分格式

计算区域中采用交错网格。人工压缩算法差分格式[18,19]：

$$\frac{1}{\Delta t}(p_{i,j}^{n+1}-p_{i,j}^{n})+c^2\left(\frac{u_{i+\frac{1}{2},j}^{n+1}-u_{i-\frac{1}{2},j}^{n+1}}{\Delta x}+\frac{v_{i,j+\frac{1}{2}}^{n+1}-v_{i,j-\frac{1}{2}}^{n+1}}{\Delta y}\right)=0 \tag{12.6.7a}$$

$$\begin{aligned}&\frac{1}{\Delta t}(u_{i+\frac{1}{2},j}^{n+1}-u_{i+\frac{1}{2},j}^{n})+a_{i+\frac{1}{2},j}^{n}+\frac{p_{i+1,j}^{n}-p_{i,j}^{n}}{\Delta x}\\&=\frac{1}{Re}\left(\frac{u_{i+\frac{3}{2},j}^{n}-2u_{i+\frac{1}{2},j}^{n}+u_{i-\frac{1}{2},j}^{n}}{\Delta x^2}+\frac{u_{i+\frac{1}{2},j+1}^{n}-2u_{i+\frac{1}{2},j}^{n}+u_{i+\frac{1}{2},j-1}^{n}}{\Delta y^2}\right)\end{aligned} \tag{12.6.7b}$$

$$\begin{aligned}&\frac{1}{\Delta t}(v_{i,j+\frac{1}{2}}^{n+1}-v_{i,j+\frac{1}{2}}^{n})+b_{i,j+\frac{1}{2}}^{n}+\frac{p_{i,j+1}^{n}-p_{i,j}^{n}}{\Delta y}\\&=\frac{1}{Re}\left(\frac{v_{i+1,j+\frac{1}{2}}^{n}-2v_{i,j+\frac{1}{2}}^{n}+v_{i-1,j+\frac{1}{2}}^{n}}{\Delta x^2}+\frac{v_{i,j+\frac{3}{2}}^{n}-2v_{i,j+\frac{1}{2}}^{n}+v_{i,j-\frac{1}{2}}^{n}}{\Delta y^2}\right)\end{aligned} \tag{12.6.7c}$$

在非守恒型差分格式中有：

$$a=u\frac{\partial u}{\partial x}+v\frac{\partial u}{\partial y} \tag{12.6.8a}$$

$$b=u\frac{\partial v}{\partial x}+v\frac{\partial v}{\partial y} \tag{12.6.8b}$$

相应的差分格式为：

$$a_{i+\frac{1}{2},j}^{n}=u_{i+\frac{1}{2},j}^{n}\frac{u_{i+\frac{3}{2},j}^{n}-u_{i-\frac{1}{2},j}^{n}}{2\Delta x}+\hat{v}_{i+\frac{1}{2},j}^{n}\frac{u_{i+\frac{1}{2},j+1}^{n}-u_{i+\frac{1}{2},j-1}^{n}}{2\Delta y} \tag{12.6.9a}$$

$$b_{i,j+\frac{1}{2}}^{n}=\hat{u}_{i,j+\frac{1}{2}}^{n}\frac{v_{i+1,j+\frac{1}{2}}^{n}-v_{i-1,j+\frac{1}{2}}^{n}}{2\Delta x}+v_{i,j+\frac{1}{2}}^{n}\frac{v_{i,j+\frac{3}{2}}^{n},-v_{i,j-\frac{1}{2}}^{n}}{2\Delta y} \tag{12.6.9b}$$

其中

$$\hat{u}_{i,j+\frac{1}{2}}^{n}=\frac{1}{4}(u_{i+\frac{1}{2},j}^{n}+u_{i-\frac{1}{2},j}^{n}+u_{i+\frac{1}{2},j+1}^{n}+u_{i-\frac{1}{2},j+1}^{n}) \tag{12.6.9c}$$

$$\hat{v}_{i+\frac{1}{2},j}^{n}=\frac{1}{4}(v_{i,j+\frac{1}{2}}^{n}+v_{i+1,j+\frac{1}{2}}^{n}+v_{i,j-\frac{1}{2}}^{n}+v_{i+1,j-\frac{1}{2}}^{n}) \tag{12.6.9d}$$

在守恒型差分格式中有：

$$a=\frac{\partial u^2}{\partial x}+\frac{\partial uv}{\partial y} \tag{12.6.10a}$$

$$b=\frac{\partial uv}{\partial x}+\frac{\partial v^2}{\partial y} \tag{12.6.10b}$$

相应的差分格式为：

$$a_{i+\frac{1}{2},j}^{n}=\frac{(u^2)_{i+1,j}^{n}-(u^2)_{i,j}^{n}}{\Delta x}+\frac{(uv)_{i+\frac{1}{2},j+\frac{1}{2}}^{n}-(uv)_{i+\frac{1}{2},j-\frac{1}{2}}^{n}}{\Delta y} \tag{12.6.11a}$$

$$b_{i,j+\frac{1}{2}}^{n}=\frac{(uv)_{i+\frac{1}{2},j+\frac{1}{2}}^{n}-(uv)_{i-\frac{1}{2},j+\frac{1}{2}}^{n}}{\Delta x}+\frac{(v^2)_{i,j+1}^{n}-(v^2)_{i,j}^{n}}{\Delta y} \tag{12.6.11b}$$

$$(u^2)_{i,j}^{n}=\frac{1}{4}(u_{i+\frac{1}{2},j}^{n}+u_{i-\frac{1}{2},j}^{n})^2 \tag{12.6.11c}$$

$$(uv)_{i+\frac{1}{2},j-\frac{1}{2}}^{n}=\frac{1}{4}(u_{i+\frac{1}{2},j}^{n}+u_{i+\frac{1}{2},j-1}^{n})(v_{i,j-\frac{1}{2}}^{n}+v_{i+\frac{1}{2},j-\frac{1}{2}}^{n}) \tag{12.6.11d}$$

$$(v^2)_{i,j}^{n}=\frac{1}{4}(v_{i,j+\frac{1}{2}}^{n}+v_{i,j-\frac{1}{2}}^{n})^2 \tag{12.6.11e}$$

除了上述的差分格式外,也可以采用其他的差分格式。例如:

(1) 计算大 *Re* 不可压缩黏性流动时,对流项可以采用一阶迎风型差分格式。

(2) 为了增加计算的稳定性,也可采用 ADI 差分格式。

12-6-3　具体计算步骤

人工压缩算法计算步骤是比较简单的。首先由式(12.6.7b)和式(12.5.7c)分别解出 t_{n+1}时刻的速度值 $u_{i,j}^{n+1}$、$v_{i,j}^{n+1}$,然后把速度值 $u_{i,j}^{n+1}$、$v_{i,j}^{n+1}$ 代入式(12.6.7a)求出 t_{n+1}时刻压力值 $p_{i,j}^{n+1}$。利用关系式:

$$\max\left(\frac{1}{\Delta t}|u_{i,j}^{n+1}-u_{i,j}^{n}|,\frac{1}{\Delta t}|v_{i,j}^{n+1}-v_{i,j}^{n}|,\frac{1}{c^2\Delta t}|p_{i,j}^{n+1}-p_{i,j}^{n}|\right)<\varepsilon \tag{12.6.12}$$

判别数值解是否达到稳定,其中取 $\varepsilon=10^{-4}$。重复上述步骤直至解收敛于定常解。

12-6-4　边界数值处理

采用人工压缩算法求解不可压缩黏性流动问题时,边界数值处理原则基本上和求解压力 Poisson 方程算法中所采用的边界数值处理是相同的。

初始条件:在 $t=0$ 时,需要在计算区域内设置流体初始状态,一般取:$u_0=v_0=0$, $p_0=1.0$,$\rho_0=1.0$。

边界条件:边界数值处理需要利用虚拟网格单元。一般有以下几种情况:

(1) 入口输入和出口输出边界条件。

(2) 滑移刚性壁面边界条件。

(3) 无滑移刚性壁面边界条件。

(4) 角点数值处理。

它们可参照本章 12-4-2 节中 MAC 算法的边界数值处理做法。

12-6-5　人工压缩算法稳定性分析

为了证明人工压缩算法差分格式的稳定性,原则上仍可以采用系数冻结法。但是,严格的证明并不容易,一般采用近似方法来求出稳定性条件[20,21]:

(1) 略去动量方程中压力梯度项。然后,采用线性稳定性分析方法得到稳定性条件:

$$\frac{1}{4}(|u_0| + |v_0|)^2 \Delta t Re \leqslant 1 \tag{12.6.13}$$

设 $\Delta x = \Delta y$，则有：

$$\left.\begin{aligned} u_0 &= \max(u_{i+\frac{1}{2},j}, \hat{u}_{i,j+\frac{1}{2}}) \\ v_0 &= \max(v_{i,j+\frac{1}{2}}, \hat{v}_{i+\frac{1}{2},j}) \end{aligned}\right\} \tag{12.6.13a}$$

或稳定性条件：

$$\frac{4\Delta t}{Re\Delta x^2} \leqslant 1 \tag{12.6.14}$$

（2）略去动量方程中对流项（即令 $u_0 = 0, v_0 = 0$，流动是近似的 Stokes 流动），采用线性稳定性分析方法得到稳定性条件：

$$4\frac{\Delta t}{\Delta x^2}\left(\frac{1}{Re} + \frac{c^2\Delta t}{2}\right) \leqslant 1 \tag{12.6.15}$$

由稳定性条件（12.5.13）、（12.5.14）和（12.5.15）可确定最小计算步长 Δt。

人工压缩算法中的参数 c 取值，必须根据具体流动问题而定。数值实验表明：参数 c 取较大值时，差分格式收敛效果较好。但是，参数 c 又不能取得太大。必须要保证 c^2 值略小于 $c^2_{\max}$ 值，一般取 $c = 1.5$ 左右时比较合适。

第 7 节　人工压缩算法在二维不可压缩黏性流动中的应用

12－7－1　不可压缩黏性流体在前台阶管道中的流动问题

设在带有前台阶管道内充满不可压缩黏性流体（图 12.26）。当黏性流体以一定速度分布从左端入口处流入管道，流过前台阶时，在前台阶前部底角处会形成一个反向运动的旋涡，求解该管道流动定常解。

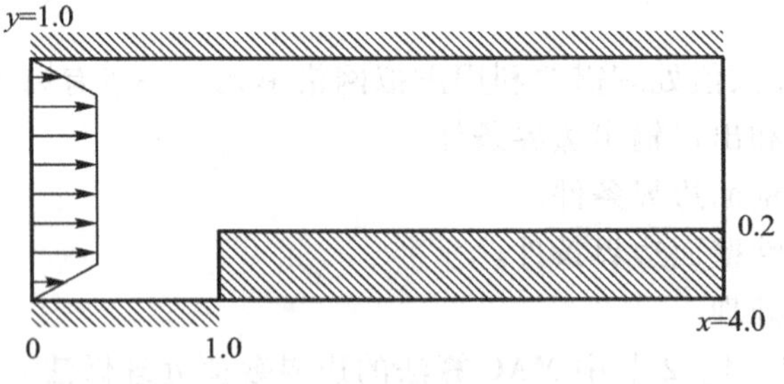

图 12.26　不可压缩黏性流体在前台阶管道中流动问题的示意图

初始条件：在 $t = 0$ 时，管道内黏性流体初始参数为：

$$u_0 = v_0 = 0, \quad p_0 = 1.0, \quad \rho_0 = 1.0 \tag{12.7.1}$$

边界条件：在计算区域左端入口处黏性流体的速度分布为：

$$u=\begin{cases}10y, & 0\leqslant y\leqslant 0.1\\ 1, & 0.1\leqslant y\leqslant 0.9,\quad v=0\\ 10(1-y), & 0.9\leqslant y\leqslant 1.0\end{cases}\tag{12.7.2a}$$

计算区域中的上边界和带有前台阶的下边界为刚性壁面，满足无滑移边界条件：

$$u_w=v_w=0\tag{12.7.2b}$$

在计算区域右端出口处，黏性流体满足自由输出边界条件：

$$\frac{\partial u}{\partial x}=\frac{\partial v}{\partial x}=0\tag{12.7.2c}$$

12-7-2　原始变量 N-S 方程组

二维矢量形式原始变量 N-S 方程组：

$$\frac{\partial \boldsymbol{V}}{\partial t}+(\boldsymbol{V}\cdot\nabla)\boldsymbol{V}+\nabla p=\frac{1}{Re}\nabla^2\boldsymbol{V}\tag{12.7.3a}$$

$$\nabla\cdot\boldsymbol{V}=0\tag{12.7.3b}$$

12-7-3　人工压缩算法差分格式

采用非守恒型显式差分格式：

$$\frac{1}{\Delta t}(p_{i,j}^{n+1}+p_{i,j}^{n})+c^2\left(\frac{u_{i+\frac{1}{2},j}^{n+1}-u_{i-\frac{1}{2},j}^{n+1}}{\Delta x}+\frac{v_{i,j+\frac{1}{2}}^{n+1}-v_{i,j-\frac{1}{2}}^{n+1}}{\Delta y}\right)=0\tag{12.7.4a}$$

$$\begin{aligned}&\frac{1}{\Delta t}(u_{i+\frac{1}{2},j}^{n+1}-u_{i+\frac{1}{2},j}^{n})+a_{i+\frac{1}{2},j}^{n}+\frac{p_{i+1,j}^{n}-p_{i,j}^{n}}{\Delta x}\\&=\frac{1}{Re}\left(\frac{u_{i+\frac{3}{2},j}^{n}-2u_{i+\frac{1}{2},j}^{n}+u_{i-\frac{1}{2},j}^{n}}{\Delta x^2}+\frac{u_{i+\frac{1}{2},j+1}^{n}-2u_{i+\frac{1}{2},j}^{n}+u_{i+\frac{1}{2},j-1}^{n}}{\Delta y^2}\right)\end{aligned}\tag{12.7.4b}$$

$$\begin{aligned}&\frac{1}{\Delta t}(v_{i,j+\frac{1}{2}}^{n+1}-v_{i,j+\frac{1}{2}}^{n})+b_{i+\frac{1}{2},j}^{n}+\frac{p_{i,j+1}^{n}-p_{i,j}^{n}}{\Delta y}\\&=\frac{1}{Re}\left(\frac{v_{i+1,j+\frac{1}{2}}^{n}-2v_{i,j+\frac{1}{2}}^{n}+v_{i-1,j+\frac{1}{2}}^{n}}{\Delta x^2}+\frac{v_{i,j+\frac{3}{2}}^{n}-2v_{i,j+\frac{1}{2}}^{n}+v_{i,j-\frac{1}{2}}^{n}}{\Delta y^2}\right)\end{aligned}\tag{12.7.4c}$$

其中 a、b 分别为：

$$a=u\frac{\partial u}{\partial x}+v\frac{\partial v}{\partial y}\tag{12.7.5a}$$

$$b=u\frac{\partial v}{\partial x}+v\frac{\partial v}{\partial y}\tag{12.7.5b}$$

差分格式为：

$$a_{i+\frac{1}{2},j}^{n}=u_{i+\frac{1}{2},j}^{n}\frac{u_{i+\frac{3}{2},j}^{n}-u_{i-\frac{1}{2},j}^{n}}{2\Delta x}+\hat{v}_{i+\frac{1}{2},j}^{n}\frac{u_{i+\frac{1}{2},j+1}^{n}-u_{i+\frac{1}{2},j-1}^{n}}{2\Delta y}\tag{12.7.6a}$$

$$b_{i,j+\frac{1}{2}}^{n}=\hat{u}_{i,j+\frac{1}{2}}^{n}\frac{v_{i+1,j+\frac{1}{2}}^{n}-v_{i-1,j+\frac{1}{2}}^{n}}{2\Delta x}+v_{i,j+\frac{1}{2}}^{n}\frac{v_{i,j+\frac{3}{2}}^{n}-u_{i,j-\frac{1}{2}}^{n}}{2\Delta y}\tag{12.7.6b}$$

其中

$$\hat{u}^n_{i,j+\frac{1}{2}} = \frac{1}{4}(u^n_{i+\frac{1}{2},j} + u^n_{i-\frac{1}{2},j} + u^n_{i+\frac{1}{2},j+1} + u^n_{i-\frac{1}{2},j+1}) \tag{12.7.6c}$$

$$\hat{v}^n_{i+\frac{1}{2},j} = \frac{1}{4}(v^n_{i,j+\frac{1}{2}} + v^n_{i+1,j+\frac{1}{2}} + v^n_{i,j-\frac{1}{2}} + v^n_{i+1,j-\frac{1}{2}}) \tag{12.7.6d}$$

12 -7 -4　网格划分与虚拟网格设置

在计算中采用矩形网格,并采用交错网格(图 12.27)。

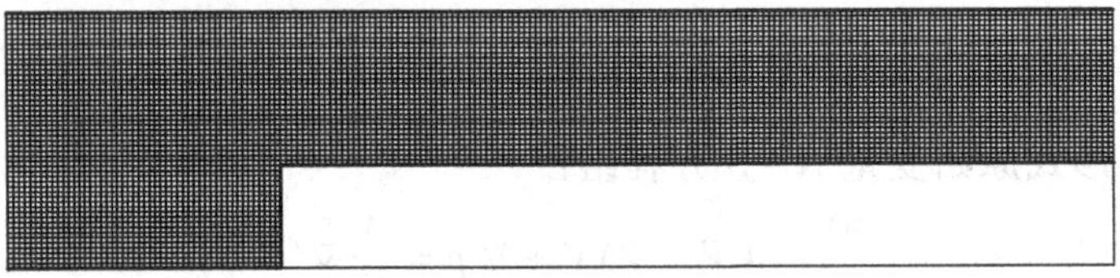

图 12.27　计算网格分布与虚拟网格示意图

压力 p 设置在节点(i,j)处;速度 u 设置在 x 方向两个网格点中间点处 $u_{i+\frac{1}{2},j}$,v 设置在 y 方向两个网格点中间点处 $v_{i,j+\frac{1}{2}}$。

当采用上述差分格式求解时,计算 $u_{i+\frac{1}{2},j}$要用到周围 10 个点,2 个压力 p 点,4 个 u 点,4 个 $v_{i,j+\frac{1}{2}}$点,如图 12.28 所示。计算 $v_{i,j+\frac{1}{2}}$也要用到周围 10 个点,2 个压力 p 点,4 个 v 点,4 个 $u_{i+\frac{1}{2},j}$点,如图 12.29 所示。

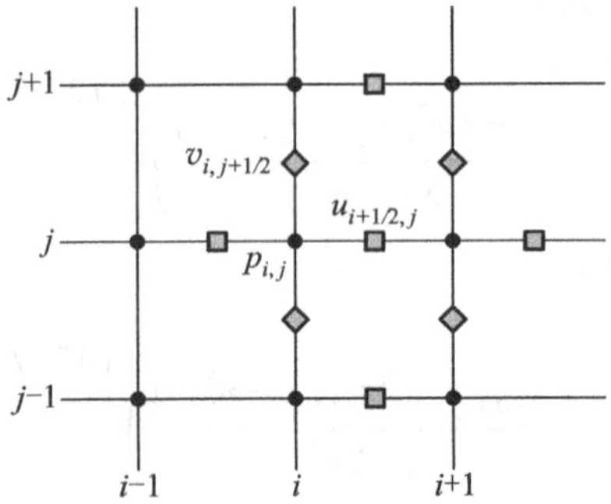

图 12.28　计算速度 u 所需要用到网格节点

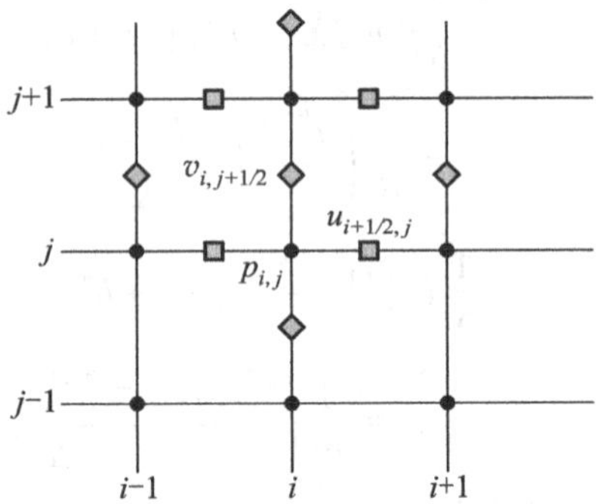

图 12.29　计算速度 v 所需要用到网格节点

12 -7 -5　边界数值处理

本算例的边界数值处理的原则基本和本章第 5 节的 SOLA 算法算例的边界数值处理原则相同。初始条件:在 $t=0$ 时,需要在计算区域内设置流体初始状态,一般取:$u_0 = v_0 = 0, p_0 = 1.0, \rho_0 = 1.0$。

边界条件:边界数值处理需要利用虚拟网格单元。一般有以下几种情况:

(1) 入口输入和出口输出边界条件。

（2）滑移刚性壁面边界条件。

（3）无滑移刚性壁面边界条件。

（4）角点数值处理。

它们可参照本章 12－5－6 节中 SOLA 算法算例的边界数值处理做法。

12－7－6　计算结果分析

采用人工压缩算法对不可压缩黏性流体在前台阶管道中的流动问题进行了计算。图 12.30～图 12.34 给出了雷诺数 $Re=100$ 时的计算结果。图 12.30 是流动的流线分布。由流线分布可以看出，不可压缩黏性流体进入管道后绕过前台阶向后面流去。在前台阶的下角点处形成一个反向旋转的旋涡，而在前台阶的上角点处的薄层内形成一个正向旋转的小旋涡。一般说来，这些小旋涡都难以计算得到。它和计算网格密度、雷诺数大小有关。图 12.31 和图 12.32 是流动压力分布和压力云图。图 12.33 和图 12.34 是流动的速度 u、v 分布。

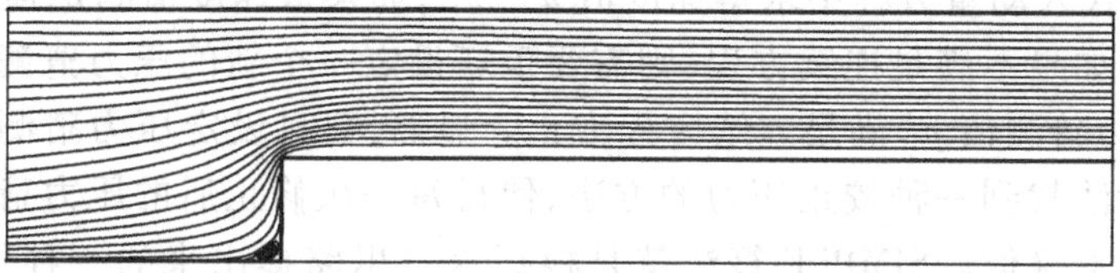

图 12.30　不可压缩黏性流体在前台阶管道中的流动流线图

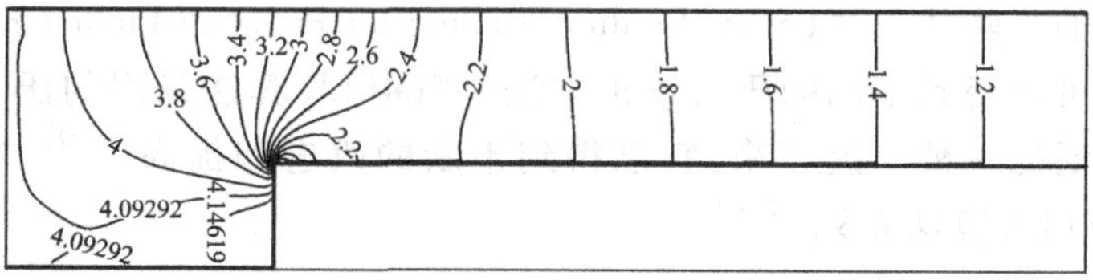

图12.31　不可压缩黏性流体在前台阶管道中的流动压力等值线图

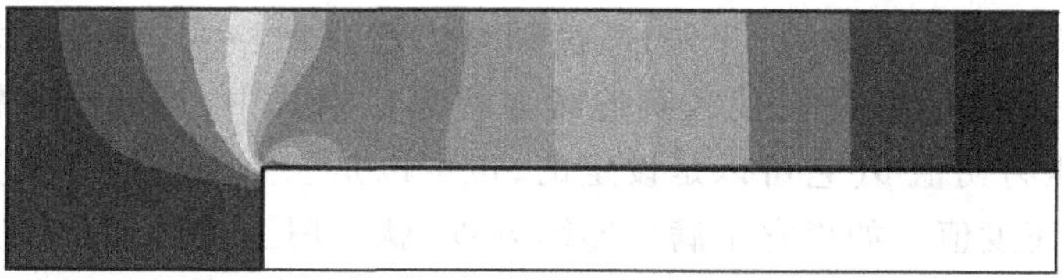

图 12.32　不可压缩黏性流体在前台阶管道中的流动压力云图

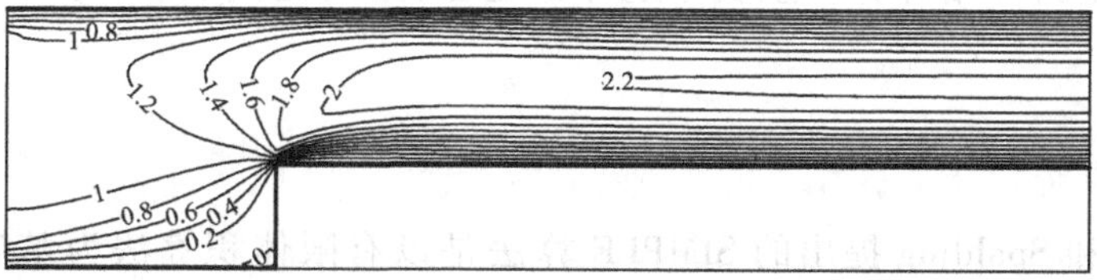

图 12.33　不可压缩黏性流体在前台阶管道中的流动速度 u 分布

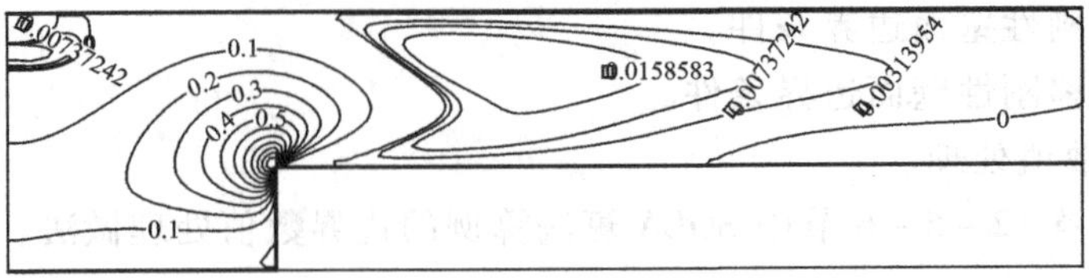

图 12.34 不可压缩黏性流体在前台阶管道中的流动速度 v 分布

黏性流体在前台阶前面被压缩,在上角点处压力达到最高值。在绕过前台阶后发生膨胀和稀疏,压力逐渐减小。相反,黏性流体的流动速度在前台阶前面被压缩至零,而在绕过上角点后,流动速度逐渐增加,到管道出口处压力和速度恢复到均匀流动。

第 8 节 压力校正算法(SIMPLE 算法)

由于不可压缩黏性流动的流动速度和压力是解耦的,无法直接求出压力值。因此,采用迭代方法联立求解速度场和压力场是一种有效的算法:设定一个压力初值(猜测值)p^*,代入动量方程中求得速度值 u^*、v^*,如果该速度值满足连续方程,则流场求解完毕。如果不满足连续方程,则需要重新设定一个新的压力猜测值 p^*。不断循环,直到压力猜测值 p^* 满足连续方程为止。显然,盲目设定压力猜测值 p^* 不是聪明的办法。设法找到一种校正压力的方法,使得每一次修正后的压力猜测值 p^* 越来越接近于压力准确值。SIMPLE 算法就是根据这一思路提出来的一种新算法。SIMPLE 算法是由 Patanker 和 Spalding 在 1972 年提出的[22~25]。SIMPLE 算法是求解压力耦合方程组的半隐式方法(Semi-Implicit Method for Pressure-Linked Equations)。采用不同的做法可以得到不同的压力校正方法。SIMPLE 算法采用的压力校正方法是目前应用最广泛的一种。近年来,它已得到不断的改进和提高[26,27],取得了很大进展,形成了 SIMPLE 算法系列[28~31]。

12-8-1 SIMPLE 算法基本思路

SIMPLE 算法基本思路为:首先,通过动量方程离散格式,导出压力校正值和速度校正值之间关系式,并把它代入到连续方程离散格式中,得到压力校正方程。然后,给定一个压力初值 p(它可以是设定的,也可以是上一层的计算值),求解 u、v 的代数方程得到速度值。如果它不满足连续方程,就利用上述压力校正方程求出压力校正值 Δp。由它求解动量方程离散格式得到新的速度值,并校正动量方程离散格式中的各系数,重新开始计算。重复上述计算过程,直到迭代收敛,得到不可压缩黏性流动准确解。

12-8-2 原始变量 N-S 方程组

Patanker 和 Spalding 提出的 SIMPLE 算法是以有限体积算法为基础的。因此它的离散格式以积分形式的不可压缩黏性流动 N-S 方程组为基础。

设通用变量为 $\boldsymbol{\phi}$，通用微分形式原始变量 N－S 方程组为：

$$\frac{\partial(\rho\boldsymbol{\phi})}{\partial t}+\nabla\cdot(\rho\boldsymbol{u}\boldsymbol{\phi}-\boldsymbol{\Gamma}_{\phi}\nabla\boldsymbol{\phi})=\boldsymbol{S}_{\phi}\tag{12.8.1}$$

其中 ρ 是密度，$\boldsymbol{u}$ 是速度矢量，$\boldsymbol{\phi}$ 是流动量，$\boldsymbol{\Gamma}_{\phi}$、$\boldsymbol{S}_{\phi}$ 分别是流体的各种系数和方程源项。把方程组(12.8.1)在以 P 点为中心的网格单元上积分，得到积分形式原始变量 N－S 方程组：

$$\frac{\partial}{\partial t}(\rho\boldsymbol{\phi}V)_P+\sum_{e,w,n,s}[(\rho u_j\boldsymbol{\phi}-\boldsymbol{\Gamma}_{\phi}\nabla\boldsymbol{\phi})A]=(\boldsymbol{S}_{\phi}V)_P\tag{12.8.2}$$

式中 V 表示该网格单元体积，A 表示网格单元界面面积，$\sum$ 表示对网格单元上六个界面求和。求和号 $\sum$ 内的量在相应的各界面上取值，$\sum$ 的下标 e、w、n、s 分别是网格单元东、西、南、北上的界面。具有下标 P 的量表示在网格单元节点上的量。

12－8－3　网格设置和离散原则

SIMPLE 算法采用交错网格求解上述积分形式 N－S 方程组。把速度分量和压力量分别设置在三套不同的网格单元上。压力 p 设置在主控网格单元，速度 u、v 设置在各自的辅助单元(图 12.35)。在交错网格系统中动量方程通过 u、v 各自辅助单元积分得到在 x、y 方向的离散格式。

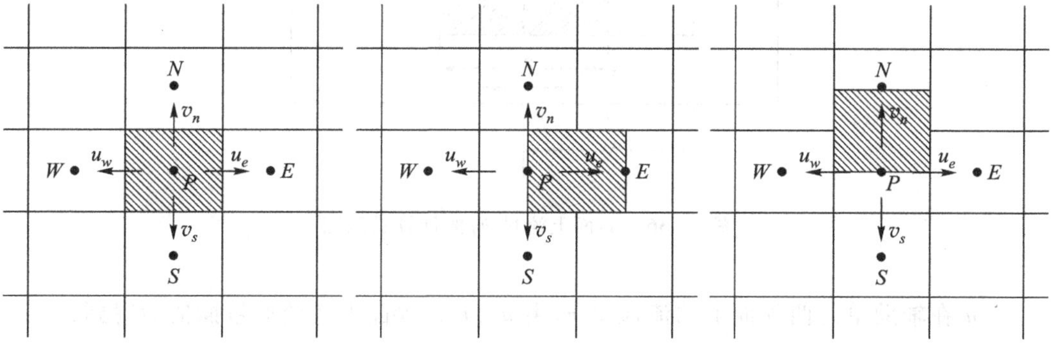

(a) 主控制单元　　(b) u辅助单元　　(c) v辅助单元

图 12.35　控制体单元示意图

动量方程离散过程必须遵循以下原则：

(1) 速度 u、v 的辅助单元和主控单元无关，是完全独立的控制单元。

(2) 动量方程在离散时需要把压力梯度项从源项中分离出来。

例如，在 u_e 的辅助单元中压力梯度项积分为：

$$\int_s^n\int_P^e\left(-\frac{\partial p}{\partial x}\right)\mathrm{d}x\mathrm{d}y=-\int_s^n\left(p\,\big|_P^e\right)\mathrm{d}y=(p_P-p_e)\Delta y\tag{12.8.3}$$

积分时，假设在 u_e 辅助单元东西界面上压力是常数 p_e、p_P，由此得到 u_e 动量方程离散格式：

$$a_e u_e = \sum a_{nb} u_{nb} + (p_P - p_e) A_e + b \tag{12.8.4}$$

其中 u_{nb}(即 u_e、u_n、u_w、u_s)是 u_e 相邻点的速度值(图 12.35),b 为源项中不包括压力项在内的常数部分。对非定常问题,$b = S_e \Delta V + (a_e u_e)_0$,其中 $(a_e u_e)_0$ 是初始时刻流动量值,而 $A_e = 1 \times \Delta y$ 是压力差 $(p_P - p_e)$ 所作用的面积。系数 a_{nb} 的计算公式取决于所采用离散格式,不同的离散格式具有不同的计算公式。

同样,可得到 v_n 动量方程离散格式:

$$a_n v_n = \sum a_{nb} v_{nb} + (p_P - p_n) A_n + b \tag{12.8.5}$$

(3) 各个控制单元界面上流动量、流通量和流体物性参数都需要通过插值方法来得到。例如,在 u_e 动量方程离散格式中通过插值方法得到:

1) 界面上流通量计算公式(图 12.36)

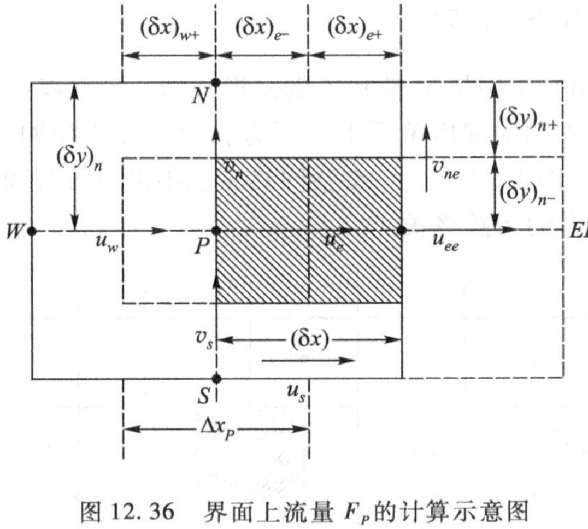

图 12.36　界面上流量 F_P 的计算示意图

u_e 在辅助单元西界面上的流通量 F_P 由 u_e、u_w 在界面上的流通量插值而得到:

$$F_P = F_e \frac{(\delta x)_{w+}}{\Delta x_P} + F_w \frac{(\delta x)_{e-}}{\Delta x_P} = (\rho u)_e \Delta y \frac{(\delta x)_{w+}}{\Delta x_P} + (\rho u)_w \Delta y \frac{(\delta x)_{e-}}{\Delta x_P} \tag{12.8.6}$$

u_e 在辅助单元北界面上的流通量 F_{ne} 由 v_n、v_{ne} 在界面上流通量插值得到:

$$F_{ne} = (\rho v)_n (\delta x)_{e-} + (\rho v)_{ne} (\delta x)_{e+} \tag{12.8.7}$$

以上两式中在界面中的密度也需要经过插值确定。

2) 界面上密度计算公式

界面上密度值需要采用线性插值法确定,例如,ρ_e:

$$\rho_e = \rho_E \frac{(\delta x)_{e-}}{(\delta x)_e} + \rho_P \frac{(\delta x)_{e+}}{(\delta x)_e} \tag{12.8.8}$$

3) 界面上流体物性参数计算公式

u_e 在辅助单元北界面上流体物性参数 D_{ne}:

$$D_{ne}=\frac{(\delta x)_{e^-}}{\dfrac{(\delta y)_n}{\Gamma_n}}+\frac{(\delta x)_{e^+}}{\dfrac{(\delta y)_n}{\Gamma_{ne}}}=\frac{(\delta x)_{e^-}}{\dfrac{(\delta y)_{e^-}}{\Gamma_P}+\dfrac{(\delta y)_{n^+}}{\Gamma_n}}+\frac{(\delta x)_{e^+}}{\dfrac{(\delta y)_{n^-}}{\Gamma_e}+\dfrac{(\delta y)_{n^+}}{\Gamma_{ne}}} \tag{12.8.9}$$

其中 Γ_P、Γ_n、Γ_e、Γ_{ne}为相应节点上的系数。

12-8-4　SIMPLE 算法离散格式

设主控制单元内准确压力值和速度值为 p、u、v。在进行迭代计算时设定一个计算初值(猜测值)p^*、u^*、v^*,准确值和猜测值之间差为 p'、u'、v':

$$p=p^*+p',\ u=u^*+u',\ v=v^*+v' \tag{12.8.10}$$

这里称 p'、u'、v'为压力和速度校正值。利用辅助单元内积分得到 u^*、v^*动量方程离散格式:

$$\left.\begin{aligned} a_e u_e^* &= \sum a_{nb}u_{nb}^*+(p_P^*-p_e^*)A_e+b \\ a_n v_n^* &= \sum a_{nb}v_{nb}^*+(p_P^*-p_n^*)A_n+b \end{aligned}\right\} \tag{12.8.11}$$

如果已知压力 p^*猜测值,由上式可得到 u^*、v^*。由于猜测值 p^*是不准确的,相应的 u^*、v^*一定不能满足连续方程。需要通过压力校正值和速度校正值之间关系式对 u^*、v^*值进行校正。为此,把式(12.8.4)减去式(12.8.11)得到:

$$\left.\begin{aligned} a_e u_e' &= \sum a_{nb}u_{nb}'+(p_P'-p_e')A_e \\ a_n v_n' &= \sum a_{nb}v_{nb}'+(p_P'-p_n')A_n \end{aligned}\right\} \tag{12.8.12}$$

取一阶近似,并略去上式中的$\sum a_{nb}u_{nb}'$、$\sum a_{nb}v_{nb}'$项,得到:

$$\left.\begin{aligned} a_e u_e' &= (p_P'-p_e')A_e \\ a_n v_n' &= (p_P'-p_n')A_n \end{aligned}\right\} \tag{12.8.13}$$

设特征参数 d_e、d_n为:

$$d_e=\frac{A_e}{a_e},\quad d_n=\frac{A_n}{a_n} \tag{12.8.14}$$

得到速度校正值关系式:

$$\left.\begin{aligned} u_e &= d_e(p_P'-p_e')+u_e^* \\ v_n &= d_n(p_P'-p_n')+v_n^* \end{aligned}\right\} \tag{12.8.15}$$

由上式可以看出,如果压力校正值 p'确定,便可对速度猜测值 u^*、v^*进行相应的校正,并得到速度值 u、v。这就把原来如何求解动量方程问题,转化为如何求解压力校正值问题。它需要通过连续方程来解决。

由上述推导过程可以看出，在离散格式（12.8.13）中略去了 $a_{nb}u'_{nb}$ 等项，实际上等于删除了这些项对 u'_e 的间接或隐含的影响，使 SIMPLE 算法离散格式成为半隐离散格式。

二维 N－S 方程组的连续方程为：

$$\frac{\partial \rho}{\partial t}+\frac{\partial(\rho u)}{\partial x}+\frac{\partial(\rho v)}{\partial y}=0 \qquad (12.8.16)$$

为了建立压力校正关系式，需要假定：

（1）整个主控单元密度值是由密度 ρ_P 控制着，并设 $\rho_P=\text{const.}$ 。

（2）主控单元交界面上速度分量 u_e、v_n 控制着整个交界面上质量流量。

（3）采用全隐离散格式。在 $t_n+\Delta t$ 时间内速度值和密度值决定着整个 Δt 时间步内流通量。在 $\frac{\partial \rho}{\partial t}$ 项中出现的密度值，取 t_n 时刻密度值 ρ_p^n。

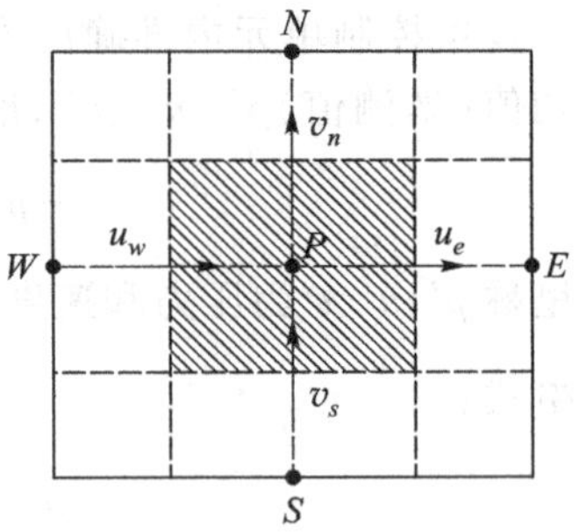

图 12.37　压力控制单元示意图

根据这些假设，将连续方程在主控单元上积分（图 12.37）得到：

$$\frac{(\rho_P-\rho_P^n)\Delta x\Delta y}{\Delta t}+[(\rho u)_e-(\rho u)_w]\Delta y+[(\rho v)_n-(\rho v)_s]\Delta x=0 \qquad (12.8.17)$$

把速度校正关系式（12.8.13）代入上式，得到压力校正值 p' 关系式：

$$a_P p'_P=a_e p'_e+a_w p'_w+a_n p'_n+a_s p'_s+B \qquad (12.8.18)$$

其中各系数 a_e、a_w、a_n、a_s 分别为：

$$a_e=\rho_e d_e \Delta y \qquad (12.8.18a)$$

$$a_w=\rho_w d_w \Delta y \qquad (12.8.18b)$$

$$a_n=\rho_n d_n \Delta x \qquad (12.8.18c)$$

$$a_s=\rho_s d_s \Delta x \qquad (12.8.18d)$$

而且有关系式：

$$a_P=a_e+a_w+a_n+a_s \qquad (12.8.18e)$$

$$B=\frac{(\rho_P^n-\rho_P)\Delta x\Delta y}{\Delta t}+[(\rho u^*)_w-(\rho u^*)_e]\Delta y+[(\rho v^*)_s-(\rho v^*)_n]\Delta x=0$$

（12.8.18f）

在式（12.8.18f）中 B 值就是用速度猜测值代入连续方程式（12.8.17）左端后得到的值的负值。如果 B 为零，就表示速度猜测值和 $(\rho_P^n-\rho_P)$ 值满足连续方程。实际上 B 值是在压力校正和速度校正过程中需要消除的某种“质量源”。

12－8－5　边界数值处理

压力校正关系式是由动量方程和连续方程导出的，因此，它的边界条件也应该和动量方程边界条件有一定关系。

动量方程边界条件通常有两类：

（1）在边界上压力值已知，但速度未知。若在边界上压力值已知为 p_w，压力猜测值为 $p^*=p_w$，压力校正值 p' 应为零。

（2）在边界上法线方向速度分量已知，但压力未知。为了计算方便，设计控制单元交界面与边界尽量一致，这样在边界上 u_e 值是已知的。在推导主控单元压力校正值 p' 时（图 12.38），压力校正关系式不是用 u_e^* 和速度校正值 u' 来表示边界上的流通量，而应该用 u_e 表示边界上的流通量。在压力校正关系式中，就不会出现压力校正 p_e'，或 a_e 为零。

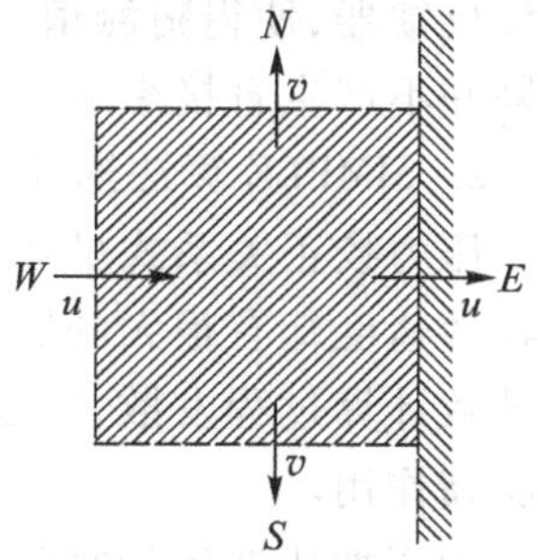

图 12.38　边界条件计算示意图

12-8-6　具体计算步骤

（1）根据经验给出压力的初始猜测值 p^*、u^*、v^*。

（2）由动量方程(12.8.13)求得速度猜测值 u'、v'。

（3）由压力校正关系式(12.8.18)，求得压力校正值 p'。

（4）由式(12.8.10)把压力猜测值 p^* 加上压力校正值 p'，得出压力值 p。

（5）根据速度猜测值 u^*、v^* 和压力校正值 p'，由速度校正关系式(12.8.15)求出速度值 u、v。

（6）将新求得的速度值、流体物性参数和源项代入动量方程，把得到的压力新值 p 作为新的压力猜测值 p^*，返回第二步，重复上述计算过程，直至得到收敛解。判别解收敛的条件是质量源 $B=0$。

（7）得到收敛的速度值后，再求解其他所需要的物理量。

12-8-7　关于 SIMPLE 算法讨论

在上述 SIMPLE 算法求解过程中，为了得到速度校正关系式，曾经略去了 $\sum a_{nb}u_{nb}'$ 项，这会给计算结果带来一定的影响。

1. 关于压力校正关系式

如果在离散格式(12.8.13)中不略去 $\sum a_{nb}u_{nb}'$、$\sum a_{nb}v_{nb}'$ 项，在计算时就必须用到与 u_{nb}、v_{nb} 有关的全部相邻节点压力和速度校正值。计算这些相邻节点的校正值时，又将引入与它们相邻的新的节点的校正值，最后，必须对整个计算区域内所有节点进行校正，这就等于求解完整的 N-S 方程组。现在略去 $\sum a_{nb}u_{nb}'$、$\sum a_{nb}v_{nb}'$ 后，方程组之间就实现了解耦。可以对方程组逐个方程求解，求解过程比较简单。

分析表明，略去 $\sum a_{nb}u_{nb}'$、$\sum a_{nb}v_{nb}'$ 等项不会使 SIMPLE 算法产生较大的误差，并不影响最终计算结果的精度。这是因为在最后一次迭代过程中，迭代运算得到一个压力场 p^*，代入动量方程后可以算出速度场 u^*、v^*，这时 p^*、u^*、v^* 就是正确的压力值和速度值。没有必要继续利用压力校正关系式进行求解。因此，在推导压力校正关系式中所做的所有近似处理对收敛解不再起作用。计算实践也确实证明了这一点。基于这一理由,可以认为压力校正关系式仅是某种中间计算公式,它的作用相当于一个负反馈器,使得猜测值 p^*、u^*、v^* 能逐步调整到准确解,这些猜测值对最终的计算结果并不产生直接影响。

2. SIMPLE 算法迭代过程收敛性分析

压力校正关系式虽然不会直接影响最后计算结果,但是它的具体形式对计算过程收敛速度却有很大的影响。在计算中略去的项不能太多,如果略去项数过多,就可能导致计算过程发散,这表示此时压力校正值所起的调节作用不是负反馈作用,而是正反馈作用。

为了加快迭代的收敛速度,可采用线性欠松弛迭代技术:

$$u_e = u^* + \alpha u' = u_e^* + \alpha\left[\frac{\sum a_{nb}u_{nb} + b + (p_P - p_e)A_e}{a_e} - u_e^*\right] \tag{12.8.19}$$

同时,压力计算也需要作适当的修正。把压力校正值 p' 的一部分和压力猜测值 p^* 相加:

$$p = p^* + \alpha_P p' \tag{12.8.20}$$

由此计算得到下一次迭代的压力猜测值 p^*。

一般说来,压力猜测值对压力值变化影响可通过 α_P 值来调整。适当地减小 α_P,可以减少压力变化范围,迭代易于收敛,但迭代收敛速度会减慢。计算实践表明,在多数情况下松弛系数取 $\alpha=0.5$ 和 $\alpha_P=0.8$ 时比较容易得到收敛解。这些 α、α_P 值和流动特性有关。不同的流动,它们的值是不同的。

尽管在 SIMPLE 算法中压力校正值只是一种近似,但是,由于每一步的速度猜测值 u^*、v^* 越来越逼近速度准确值,迭代所得到的速度值能精确地满足离散的连续方程。采用欠松弛迭代技术能更有助于速度猜测值 u^*、v^* 逼近速度准确值。

值得注意的是,欠松弛迭代技术只能用于压力校正过程,不能用于速度校正过程,如果在速度校正过程中采用欠松弛迭代技术,则所得速度值将不容易精确满足连续方程。

3. 压力参数的选取

对于不可压缩黏性流动,最关心的是流动中各点之间的压力差,而不是各点压力绝对值。一般来说,压力绝对值要比压力差高出几个数量级,如果采用压力校正绝对值进行计算,会引起较大误差。在 SIMPLE 算法中压力校正值 p' 也不采用绝对值计算,为了减小计算误差,可以选取流场中某一点压力值作为参考点,将其他节点压力值作为该参考点的相对压力值。

第 9 节　SIMPLE 算法在二维不可压缩黏性流动中的应用

12-9-1　无奇性方腔流动问题

假设有一正方形腔室(图 12.39)。其四边量纲为一的长度为 1.0,里面充满不可压缩黏性流体，它的左右两侧面和底面是固定不动刚性壁面，上壁面以量纲为一的切向速度（即沿平行于上壁面方向）$u=x(1-x)$从左向右运动。采用 SIMPLE 算法数值求解在一定雷诺数（$Re=100$）条件下的无奇性方腔流动问题的定常解。

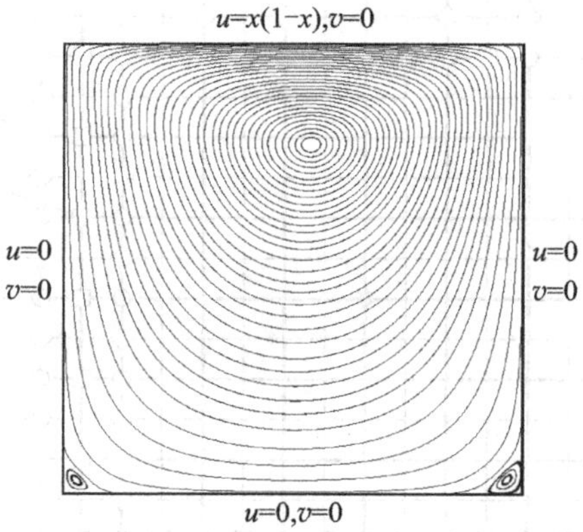

图 12.39　不可压缩无奇性黏性方腔流动示意图

初始条件：在 $t=0$ 时，在计算区域内流体初始参数为：

$$u=v=0,\quad \rho=1.0,\quad p=1.0 \tag{12.9.1a}$$

边界条件：左边界（$x=0$）、右边界（$x=1.0$）和下边界（$y=0$）均为刚性壁面，满足无滑移边界条件：

$$u_w=v_w=0 \tag{12.9.1b}$$

上边界（$y=1.0$）是刚性壁面以

$$u=x(1-x),\quad v=0 \tag{12.9.1c}$$

的速度从左向右运动。

12-9-2　原始变量 N-S 方程组

二维原始变量 N-S 方程组：

$$\left.\begin{aligned}&\frac{\partial u}{\partial x}+\frac{\partial v}{\partial y}=0\\&\frac{\partial u}{\partial t}+\frac{\partial u^2}{\partial x}+\frac{\partial uv}{\partial y}=-\frac{\partial p}{\partial x}+\frac{1}{Re}\left(\frac{\partial^2 u}{\partial x^2}+\frac{\partial^2 u}{\partial y^2}\right)\\&\frac{\partial v}{\partial t}+\frac{\partial uv}{\partial x}+\frac{\partial v^2}{\partial y}=-\frac{\partial p}{\partial y}+\frac{1}{Re}\left(\frac{\partial^2 v}{\partial x^2}+\frac{\partial^2 v}{\partial y^2}\right)\end{aligned}\right\} \tag{12.9.2a}$$

12-9-3　网格划分和虚拟网格设置

对计算区域进行网格划分。网格采用矩形网格，每个网格长度为 Δx、Δy。为了提高边界条件数值处理的精度，需要在计算区域外，另外设置虚拟网格（图 12.40），图中粗实线以内的网格为真实网格,粗实线以外的网格为虚拟网格。

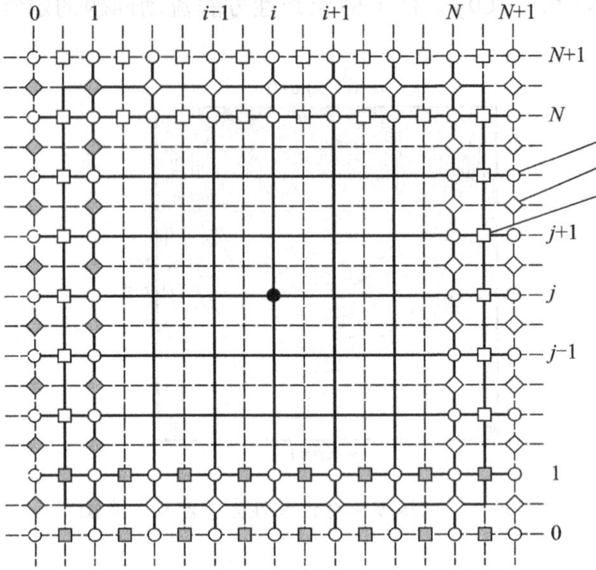

图 12.40　无奇性方腔流动计算区域网格划分示意图

计算采用交错网格。将 u、v、p 分别设置在三套不同的网格上(图 12.41)。压力 p 设置在主控单元中心点上,速度 u 设置在 x 方向辅助单元的 $\left(i+\frac{1}{2},j\right)$、$\left(i-\frac{1}{2},j\right)$ 点上,速度 v 设置在 y 方向辅助单元的 $\left(i,j+\frac{1}{2}\right)$、$\left(i,j-\frac{1}{2}\right)$ 点上。

12-9-4　SIMPLE 算法差分格式

Pantanker 和 Spalding 提出的压力校正算法离散格式,实际上只是给出一种求解不可压缩黏性流动 N-S 方程组的思路,因此,只要符合这种解题思路的任何差分算法都是适用的。最初,由 Pantanker 和 Spalding 提出的压力校正算法是以有限体积算法为基础,构造压力校正算法的离散格式,一些学者也采用其他一些方法构造离散格式。我们采用有限差分算法来建立压力校正算法的差分格式。

1. SIMPLE 算法动量方程差分格式推导

(1) 对流项取中心差分的动量方程差分格式

对上述微分形式 N-S 方程组(12.8.1)在节点 (i,j) 进行离散:对 x 方向动量方程以 $\left(i+\frac{1}{2},j\right)$ 网格节点为中心进行离散,对 y 方向动量方程以 $\left(i,j+\frac{1}{2}\right)$ 为中心网格节点进行离散。离散后得到 x 方向动量方程的显式中心差分格式:

$$\frac{u_{i+\frac{1}{2},j}^{n+1}-u_{i+\frac{1}{2},j}^{n}}{\Delta t}+\frac{(u^2)_{i+\frac{3}{2},j}^{n}-(u^2)_{i-\frac{1}{2},j}^{n}}{2\Delta x}+\frac{(uv)_{i+\frac{1}{2},j+1}^{n}-(uv)_{i+\frac{1}{2},j-1}^{n}}{2\Delta y}=$$
$$-\frac{p_{i+1,j}^{n}-p_{i,j}^{n}}{\Delta x}+\frac{1}{Re}\left(\frac{u_{i+\frac{3}{2},j}^{n}-2u_{i+\frac{1}{2},j}^{n}+u_{i-\frac{1}{2},j}^{n}}{\Delta x^2}+\frac{u_{i+\frac{1}{2},j+1}^{n}-2u_{i+\frac{1}{2},j}^{n}+u_{i+\frac{1}{2},j-1}^{n}}{\Delta y^2}\right)$$
(12.9.3)

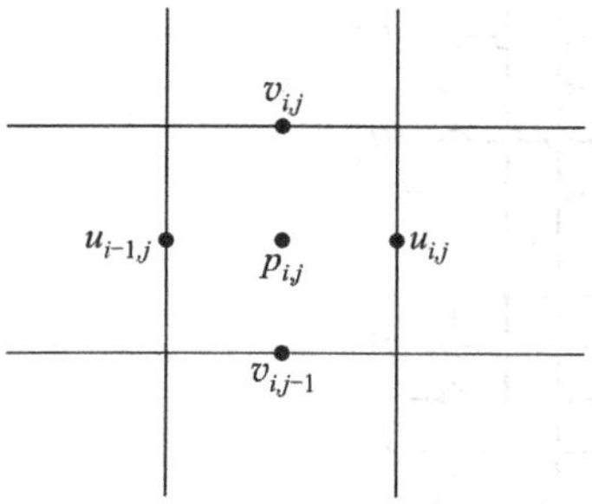

图 12.41 SIMPLE 算法中 p,u,v 交错网格示意图

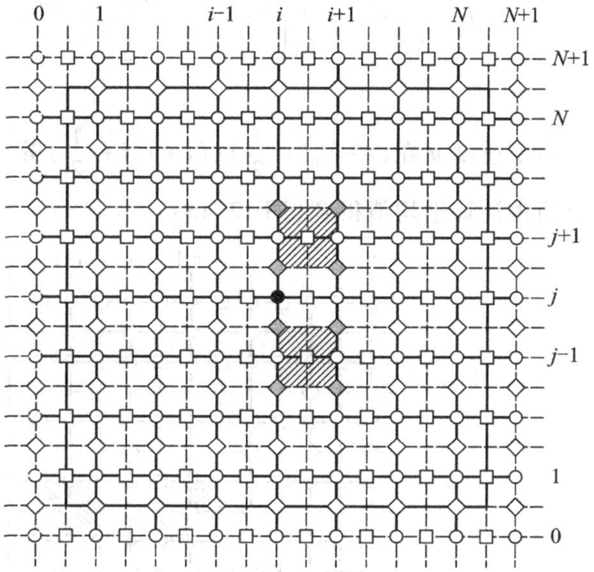

图 12.42 速度 v 在 $(i+1/2,j+1)$、$(i+1/2,j-1)$ 节点上平均值示意图

式中时间项取显式前差格式,对流项取显式中心差分格式,压力项取显式前差格式,黏性项取显式中心差分格式。

由于在构造差分格式(12.9.3)时,速度 v 在 $\left(i+\frac{1}{2},j+1\right)$、$\left(i+\frac{1}{2},j-1\right)$ 等网格节点上没有定义,因此,在这些节点上速度值由计算平均值得到(图 12.42):

$$v_T=v_{i+\frac{1}{2},j+1}=\frac{1}{4}(v_{i,j+\frac{1}{2}}+v_{i+1,j+\frac{1}{2}}+v_{i,j+\frac{3}{2}}+v_{i+1,j+\frac{3}{2}}) \qquad (12.9.4a)$$

$$v_B=v_{i+\frac{1}{2},j-1}=\frac{1}{4}(v_{i,j-\frac{1}{2}}+v_{i+1,j-\frac{1}{2}}+v_{i,j-\frac{3}{2}}+v_{i+1,j-\frac{3}{2}}) \qquad (12.9.4b)$$

将 v_T、v_B 代入 x 方向差分格式(12.9.3),进行整理后,得到 u^{n+1} 的显式差分格式:

$$u_{i+\frac{1}{2},j}^{n+1}=u_{i+\frac{1}{2},j}^{n}+(A_1+A_2)\Delta t-\frac{\Delta t}{\Delta x}(p_{i+1,j}^{n}-p_{i,j}^{n}) \qquad (12.9.5)$$

其中

$$A_1=-\left[\frac{(u^2)_{i+\frac{3}{2},j}^{n}-(u^2)_{i-\frac{1}{2},j}^{n}}{2\Delta x}+\frac{(uv_T)_{i+\frac{1}{2},j+1}^{n}-(uv_B)_{i+\frac{1}{2},j-1}^{n}}{2\Delta y}\right] \qquad (12.9.5a)$$

$$A_2 = \frac{1}{Re}\left(\frac{u^n_{i+\frac{3}{2},j} - 2u^n_{i+\frac{1}{2},j} + u^n_{i-\frac{1}{2},j}}{\Delta x^2} + \frac{u^n_{i+\frac{1}{2},j+1} - 2u^n_{i+\frac{1}{2},j} + u^n_{i+\frac{1}{2},j-1}}{\Delta y^2}\right) \quad (12.9.5b)$$

同样,可得到 y 方向的动量方程的显式中心差分格式:

$$\frac{v^{n+1}_{i,j+\frac{1}{2}} - v^n_{i,j+\frac{1}{2}}}{\Delta t} + \frac{(vu)^n_{i+1,j+\frac{1}{2}} - (vu)^n_{i-1,j+\frac{1}{2}}}{2\Delta x} + \frac{(v^2)^n_{i,j+\frac{3}{2}} - (v^2)^n_{i,j-\frac{1}{2}}}{2\Delta y} =$$

$$-\frac{p^n_{i,j+1} - p^n_{i,j}}{\Delta y} + \frac{1}{Re}\left(\frac{v^n_{i+1,j+\frac{1}{2}} - 2v^n_{i,j+\frac{1}{2}} + v^n_{i-1,j+\frac{1}{2}}}{\Delta x^2} + \frac{v^n_{i,j+\frac{3}{2}} - 2v^n_{i,j+\frac{1}{2}} + v^n_{i,j-\frac{1}{2}}}{\Delta y^2}\right)$$

$$(12.9.6)$$

由于速度 u 在 $(i-1, j+\frac{1}{2})$、$(i+1, j+\frac{1}{2})$ 等网格节点上没有定义,因此这些节点上值由计算平均值得到(图 12.43):

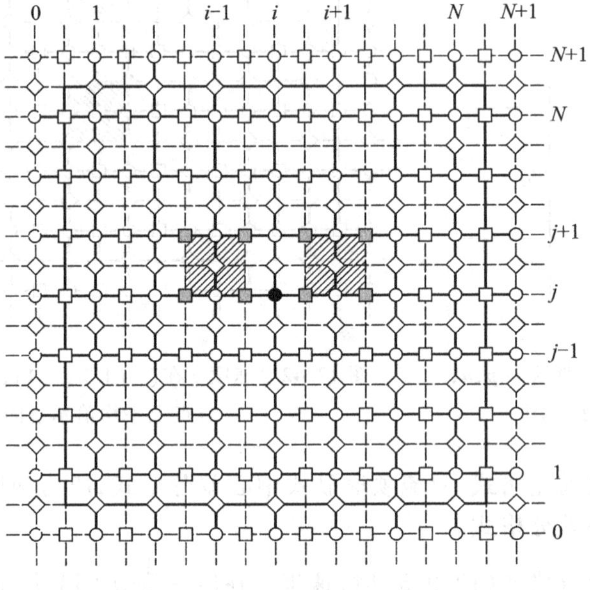

图 12.43 速度 u 在 $(i-1, j+1/2)$ 和 $(i+1, j+1/2)$ 节点上值平均示意图

$$u_R = u_{i+1,j+\frac{1}{2}} = \frac{1}{4}(u_{i+\frac{1}{2},j} + u_{i+\frac{1}{2},j+1} + u_{i+\frac{3}{2},j} + u_{i+\frac{3}{2},j+1}) \quad (12.9.7a)$$

$$u_L = u_{i-1,j+\frac{1}{2}} = \frac{1}{4}(u_{i-\frac{1}{2},j+1} + u_{i-\frac{1}{2},j} + u_{i-\frac{3}{2},j} + u_{i-\frac{3}{2},j+1}) \quad (12.9.7b)$$

将 u_R、u_L 代入 y 方向差分格式(12.9.6),进行整理后,得到 v^{n+1} 的显式差分格式:

$$v^{n+1}_{i,j+\frac{1}{2}} = v^n_{i,j+\frac{1}{2}} + (B_1 + B_2)\Delta t - \frac{\Delta t}{\Delta y}(p^n_{i,j+1} - p^n_{i,j}) \quad (12.9.8)$$

其中

$$B_1 = -\left[\frac{(vu_R)^n_{i+1,j+\frac{1}{2}} - (vu_L)^n_{i-1,j+\frac{1}{2}}}{2\Delta x} + \frac{(v^2)^n_{i,j+\frac{3}{2}} - (v^2)^n_{i,j-\frac{1}{2}}}{2\Delta y}\right] \quad (12.9.8a)$$

$$B_2 = \frac{1}{Re}\left(\frac{v^n_{i+1,j+\frac{1}{2}} - 2v^n_{i,j+\frac{1}{2}} + v^n_{i-1,j+\frac{1}{2}}}{\Delta x^2} + \frac{v^n_{i,j+\frac{3}{2}} - 2v^n_{i,j+\frac{1}{2}} + v^n_{i,j-\frac{1}{2}}}{\Delta y^2}\right) \quad (12.9.8b)$$

(2) 对流项取迎风型差分的动量方程差分格式

对上述微分形式 N - S 方程组(12. 8. 1)在节点(i,j)进行离散。但对流项采用和(1)不同的迎风型差分格式,其他离散和(1)方案完全相同。和对流项取中心差分相比,它更能反映流动特性,特别在求解大雷诺数的流动问题时,计算收敛效果非常好。

对 x 方向动量方程以$(i+\frac{1}{2},j)$网格节点为中心进行离散,对 y 方向动量方程以$(i,j+\frac{1}{2})$为中心网格点进行离散。当对流项取迎风差分时,上述中心差分格式(12.9.5)和式(12.9.8)仍然是成立的,但是 A_1、B_1 表达式(12. 9. 5a)、(12. 9. 8a)需要作适当修改。而 A_2、B_2表达式(12. 9. 5b)、(12. 9. 8b)并不需要修改。

为简便起见,设 Δ 表示前差格式,∇表示后差格式,例如:

$$\left.\begin{aligned}
&\Delta_x(u^2)_{i+\frac{1}{2},j} = \frac{(u^2)_{i+\frac{3}{2},j} - (u^2)_{i+\frac{1}{2},j}}{\Delta x}, \quad \nabla_x(u^2)_{i+\frac{1}{2},j} = \frac{(u^2)_{i+\frac{1}{2},j} - (u^2)_{i-\frac{1}{2},j}}{\Delta x}\\
&\Delta_x(vu)_{i,j+\frac{1}{2}} = \frac{(vu)_{i+1,j+\frac{1}{2}} - (uv)_{i,j+\frac{1}{2}}}{\Delta x}, \quad \nabla_x(vu)_{i,j+\frac{1}{2}} = \frac{(vu)_{i,j+\frac{1}{2}} - (uv)_{i-1,j+\frac{1}{2}}}{\Delta x}
\end{aligned}\right\}$$

(12.9.9a)

$$\left.\begin{aligned}
&\Delta_y(v^2)_{i,j+\frac{1}{2}} = \frac{(v^2)_{i,j+\frac{3}{2}} - (v^2)_{i,j+\frac{1}{2}}}{\Delta y}, \quad \nabla_y(v^2)_{i,j+\frac{1}{2}} = \frac{(v^2)_{i,j+\frac{1}{2}} - (v^2)_{i,j-\frac{1}{2}}}{\Delta y}\\
&\Delta_y(uv)_{i+\frac{1}{2},j} = \frac{(uv)_{i+\frac{1}{2},j+1} - (uv)_{i+\frac{1}{2},j}}{\Delta y}, \quad \nabla_y(uv)_{i+\frac{1}{2},j} = \frac{(uv)_{i+\frac{1}{2},j} - (uv)_{i+\frac{1}{2},j-1}}{\Delta y}
\end{aligned}\right\}$$

(12.9.9b)

采用 Δ、∇算子后,A_1、B_1表达式可写成:

$$A_1 = -\left\{\frac{1}{2}[(1-E_{ux})\Delta_x + (1+E_{ux})\nabla_x][(u^2)^n_{i+\frac{1}{2},j}] + \frac{1}{2}[(1-E_{uy})\Delta_y + (1+E_{uy})\nabla_y][(uv)^n_{i+\frac{1}{2},j}]\right\}$$

(12.9.10a)

$$B_1 = -\left\{\frac{1}{2}[(1-E_{vx})\Delta_x + (1+E_{vx})\nabla_x][(vu)^n_{i,j+\frac{1}{2}}] + \frac{1}{2}[(1-E_{vy})\Delta_y + (1+E_{vy})\nabla_y][(v^2)^n_{i,j+\frac{1}{2}}]\right\}$$

(12.9.10b)

$$\begin{aligned}
E_{ux} &= \mathrm{sgn}(u^n_{i+\frac{1}{2},j})\\
E_{uy} &= \mathrm{sgn}\left(\frac{1}{2}(v_T + v_B)\right) \qquad (12.9.10aa)\\
&= \mathrm{sgn}\left(\frac{1}{4}(v^n_{i,j+\frac{1}{2}} + v^n_{i+1,j+\frac{1}{2}} + v^n_{i+1,j-\frac{1}{2}} + v^n_{i,j-\frac{1}{2}})\right)
\end{aligned}$$

$$\begin{aligned} E_{vx} &= \operatorname{sgn}\left(\frac{1}{2}(u_{\mathrm{R}} + u_{\mathrm{L}})\right) \\ &= \operatorname{sgn}\left(\frac{1}{4}(u^n_{i-\frac{1}{2},j} + u^n_{i-\frac{1}{2},j+1} + u^n_{i+\frac{1}{2},j+1} + u^n_{i+\frac{1}{2},j})\right) \qquad (12.9.10\text{ba}) \\ E_{vy} &= \operatorname{sgn}(v^n_{i,j+\frac{1}{2}}) \end{aligned}$$

其中

$$\operatorname{sgn}(a) = \begin{cases} 1, & a > 0 \\ 0, & a = 0 \\ -1, & a < 0 \end{cases} \qquad (12.9.10\text{c})$$

2. SIMPLE 算法差分格式

连续方程采用中心差分格式,动量方程中对流项采用两点迎风格式,黏性项采用显式中心差分格式,压力项取中心差分格式,对时间项采用前差格式,得到 SIMPLE 算法的动量方程迎风型差分格式为:

$$\frac{u^{n+1}_{i+\frac{1}{2},j} - u^n_{i+\frac{1}{2},j}}{\Delta t} + \frac{(u^2)^n_{i+\frac{3}{2},j} - (u^2)^n_{i-\frac{1}{2},j}}{2\Delta x} + \frac{(uv)^n_{i+\frac{1}{2},j+1} - (uv)^n_{i+\frac{1}{2},j-1}}{2\Delta y} = \\ -\frac{p^n_{i+1,j} - p^n_{i,j}}{\Delta x} + \frac{1}{Re}\left(\frac{u^n_{i+\frac{3}{2},j} - 2u^n_{i+\frac{1}{2},j} + u^n_{i-\frac{1}{2},j}}{\Delta x^2} + \frac{u^n_{i+\frac{1}{2},j+1} - 2u^n_{i+\frac{1}{2},j} + u^n_{i+\frac{1}{2},j-1}}{\Delta y^2}\right) \qquad (12.9.11\text{a})$$

$$\frac{v^{n+1}_{i,j+\frac{1}{2}} - v^n_{i,j+\frac{1}{2}}}{\Delta t} + \frac{(vu)^n_{i+1,j+\frac{1}{2}} - (vu)^n_{i-1,j+\frac{1}{2}}}{2\Delta x} + \frac{(v^2)^n_{i,j+\frac{3}{2}} - (v^2)^n_{i,j-\frac{1}{2}}}{2\Delta y} = \\ -\frac{p^n_{i,j+1} - p^n_{i,j}}{\Delta y} + \frac{1}{Re}\left(\frac{v^n_{i+1,j+1\frac{1}{2}} - 2v^n_{i,j+\frac{1}{2}} + v^n_{i-1,j+\frac{1}{2}}}{\Delta x^2} + \frac{v^n_{i,j+\frac{3}{2}} - 2v^n_{i,j+\frac{1}{2}} + v^n_{i,j-\frac{1}{2}}}{\Delta y^2}\right) \qquad (12.9.11\text{b})$$

其中 v 在 $(i+\frac{1}{2},j+1)$、$(i+\frac{1}{2},j-1)$ 等网格点上值,u 在 $(i-1,j+\frac{1}{2})$、$(i+1,j+\frac{1}{2})$ 等网格点上值由以下计算平均值得到:

$$\left.\begin{aligned} v_T = v^n_{i+\frac{1}{2},j+1} &= \frac{1}{4}(v^n_{i,j+\frac{1}{2}} + v^n_{i+1,j+\frac{1}{2}} + v^n_{i,j+\frac{3}{2}} + v^n_{i+1,j+\frac{3}{2}}) \\ v_B = v^n_{i+\frac{1}{2},j-1} &= \frac{1}{4}(v^n_{i,j-\frac{1}{2}} + v^n_{i+1,j-\frac{1}{2}} + v^n_{i,j-\frac{3}{2}} + v^n_{i+1,j-\frac{3}{2}}) \end{aligned}\right\} \qquad (12.9.11\text{aa})$$

$$\left.\begin{aligned} u_{\mathrm{R}} = u^n_{i+1,j+\frac{1}{2}} &= \frac{1}{4}(u^n_{i+\frac{1}{2},j} + u^n_{i+\frac{1}{2},j+1} + u^n_{i+\frac{3}{2},j+1} + u^n_{i+\frac{3}{2},j}) \\ u_{\mathrm{L}} = u^n_{i-1,j+\frac{1}{2}} &= \frac{1}{4}(u^n_{i-\frac{1}{2},j} + u^n_{i-\frac{1}{2},j+1} + u^n_{i-\frac{3}{2},j+1} + u^n_{i-\frac{3}{2},j}) \end{aligned}\right\} \qquad (12.9.11\text{ba})$$

将 v_T、v_B 代入 x 方向差分格式(12.9.11a),u_{R}、u_{L} 代入 y 方差分格式(12.9.11b),进行整理后,得到 u^{n+1}、v^{n+1} 显式迎风型差分格式:

$$u_{i+\frac{1}{2},j}^{n+1}=u_{i+\frac{1}{2},j}^{n}+(A_1+A_2)\Delta t-\frac{\Delta t}{\Delta x}(p_{i+1,j}^{n}-p_{i,j}^{n}) \tag{12.9.12a}$$

$$v_{i,j+\frac{1}{2}}^{n+1}=v_{i,j+\frac{1}{2}}^{n}+(B_1+B_2)\Delta t-\frac{\Delta t}{\Delta y}(p_{i,j+1}^{n}-p_{i,j}^{n}) \tag{12.9.12b}$$

对于中心差分格式,它的 A_1、A_2、B_1、B_2 为:

$$A_1=-\left[\frac{(u^2)_{i+\frac{3}{2},j}^{n}-(u^2)_{i-\frac{1}{2},j}^{n}}{2\Delta x}+\frac{(uv_T)_{i+\frac{1}{2},j+1}^{n}-(uv_B)_{i+\frac{1}{2},j-1}^{n}}{2\Delta y}\right]$$

$$A_2=\frac{1}{Re}\left(\frac{u_{i+\frac{3}{2},j}^{n}-2u_{i+\frac{1}{2},j}^{n}+u_{i-\frac{1}{2},j}^{n}}{\Delta x^2}+\frac{u_{i+\frac{1}{2},j+1}^{n}-2u_{i+\frac{1}{2},j}^{n}+u_{i+\frac{1}{2},j-1}^{n}}{\Delta y^2}\right)$$

$$B_1=-\left[\frac{(vu_{\mathrm{R}})_{i+1,j+\frac{1}{2}}^{n}-(vu_{\mathrm{L}})_{i-1,j+\frac{1}{2}}^{n}}{2\Delta x}+\frac{(v^2)_{i,j+\frac{3}{2}}^{n}-(v^2)_{i,j-\frac{1}{2}}^{n}}{2\Delta y}\right]$$

$$B_2=\frac{1}{Re}\left(\frac{v_{i+1,j+\frac{1}{2}}^{n}-2v_{i,j+\frac{1}{2}}^{n}+v_{i-1,j+\frac{1}{2}}^{n}}{\Delta x^2}+\frac{v_{i,j+\frac{3}{2}}^{n}-2v_{i,j+\frac{1}{2}}^{n}+v_{i,j-\frac{1}{2}}^{n}}{\Delta y^2}\right)$$

对于迎风型差分格式,A_1、B_1 表达式(12.9.5a)和式(12.9.8a)需要作适当修改:

$$A_1=-\left\{\frac{1}{2}[(1-E_{ux})\Delta_x+(1+E_{ux})\nabla_x][(u^2)_{i+\frac{1}{2},j}^{n}]+\frac{1}{2}[(1-E_{uy})\Delta_y+(1+E_{uy})\nabla_y][(uv)_{i+\frac{1}{2},j}^{n}]\right\} \tag{12.9.13a}$$

其中

$$\left.\begin{aligned}E_{ux}&=\mathrm{sgn}(u_{i+\frac{1}{2},j}^{n})\\E_{uy}&=\mathrm{sgn}\left(\frac{1}{4}(v_{i,j+\frac{1}{2}}^{n}+v_{i+1,j+\frac{1}{2}}^{n}+v_{i+1,j-\frac{1}{2}}^{n}+v_{i,j-\frac{1}{2}}^{n})\right)\end{aligned}\right\} \tag{12.9.13aa}$$

$$\left.\begin{aligned}\Delta_x(u^2)_{i+\frac{1}{2},j}&=\frac{(u^2)_{i+\frac{3}{2},j}-(u^2)_{i+\frac{1}{2},j}}{\Delta x}\\\nabla_x(u^2)_{i+\frac{1}{2},j}&=\frac{(u^2)_{i+\frac{1}{2},j}-(u^2)_{i-\frac{1}{2},j}}{\Delta x}\end{aligned}\right\} \tag{12.9.13ab}$$

$$\left.\begin{aligned}\Delta_y(uv)_{i+\frac{1}{2},j}&=\frac{(uv)_{i+\frac{1}{2},j+1}-(uv)_{i+\frac{1}{2},j}}{\Delta y}\\\nabla_y(uv)_{i+\frac{1}{2},j}&=\frac{(uv)_{i+\frac{1}{2},j}-(uv)_{i+\frac{1}{2},j-1}}{\Delta y}\end{aligned}\right\} \tag{12.9.13ac}$$

$$B_1=-\left\{\frac{1}{2}[(1-E_{vx})\Delta_x+(1+E_{vx})\nabla_x][(vu)_{i,j+\frac{1}{2}}^{n}]+\frac{1}{2}[(1-E_{vy})\Delta_y+(1+E_{vy})\nabla_y][(v^2)_{i,j+\frac{1}{2}}^{n}]\right\} \tag{12.9.13b}$$

其中

$$\left.\begin{aligned}E_{vx}&=\mathrm{sgn}\left(\frac{1}{4}(u_{i-\frac{1}{2},j}^{n}+u_{i-\frac{1}{2},j+1}^{n}+u_{i+\frac{1}{2},j+1}^{n}+u_{i+\frac{1}{2},j}^{n})\right)\\E_{vy}&=\mathrm{sgn}(v_{i,j+\frac{1}{2}}^{n})\end{aligned}\right\} \tag{12.9.13ba}$$

$$\left.\begin{aligned}\Delta_x(vu)_{i,j+\frac{1}{2}} &= \frac{(vu)_{i+1,j+\frac{1}{2}} - (uv)_{i,j+\frac{1}{2}}}{\Delta x}\\ \nabla_x(vu)_{i,j+\frac{1}{2}} &= \frac{(vu)_{i,j+\frac{1}{2}} - (uv)_{i-1,j+\frac{1}{2}}}{\Delta x}\end{aligned}\right\} \tag{12.9.13bb}$$

$$\left.\begin{aligned}\Delta_y(v^2)_{i,j+\frac{1}{2}} &= \frac{(v^2)_{i,j+\frac{3}{2}} - (v^2)_{i,j+\frac{1}{2}}}{\Delta y}\\ \nabla_y(v^2)_{i,j+\frac{1}{2}} &= \frac{(v^2)_{i,j+\frac{1}{2}} - (v^2)_{i,j-\frac{1}{2}}}{\Delta y}\end{aligned}\right\} \tag{12.9.13bc}$$

$$\operatorname{sgn}(a) = \begin{cases}1, & a>0\\ 0, & a=0\\ -1, & a<0\end{cases} \tag{12.9.13c}$$

根据 SIMPLE 算法基本思路，设流场的准确压力值为 p，相应的准确速度值为 u、v。首先，给出一组猜测初值 p^*、u^*、v^*，准确值与猜测值之差为 p'、u'、v'，于是有：

$$\left.\begin{aligned}p &= p^* + p'\\ u &= u^* + u'\\ v &= v^* + v'\end{aligned}\right\} \tag{12.9.14}$$

式中 p' 称为压力校正值，u'、v' 称为速度校正值。将动量方程差分格式代入连续性方程差分格式，忽略高阶小量，得到速度校正关系式和压力校正关系式：

$$u_{i+\frac{1}{2},j} = u^*_{i+\frac{1}{2},j} - \frac{\Delta t}{\Delta x}(p'_{i+1,j} - p'_{i,j}) \tag{12.9.15a}$$

$$v_{i,j+\frac{1}{2}} = v^*_{i,j+\frac{1}{2}} - \frac{\Delta t}{\Delta y}(p'_{i,j+1} - p'_{i,j}) \tag{12.9.15b}$$

$$ap'_{i,j} + bp'_{i+1,j} + bp'_{i-1,j} + cp'_{i,j+1} + cp'_{i,j-1} + d = 0 \tag{12.9.16}$$

其中

$$\left.\begin{aligned}&a = 2\left(\frac{\Delta t}{\Delta x^2} + \frac{\Delta t}{\Delta y^2}\right), \quad b = -\frac{\Delta t}{\Delta x^2}, \quad c = -\frac{\Delta t}{\Delta y^2}\\ &d = \frac{u^*_{i+\frac{1}{2},j} - u^*_{i-\frac{1}{2},j}}{\Delta x} + \frac{v^*_{i,j+\frac{1}{2}} - v^*_{i,j-\frac{1}{2}}}{\Delta y}\end{aligned}\right\} \tag{12.9.16a}$$

12-9-5 具体计算步骤

(1) 首先给出各个网格节点上的速度与压力的初值（猜测值）p^*、u^*、v^*（这些初始值可以任意给定，也可以采用定常流场的值）。

(2) 根据动量方程(12.9.12)的中心差分格式(12.9.5)或迎风型差分格式(12.9.13)计算得到 u^*、v^* 值。

(3) 求解压力校正关系式(12.9.16)，计算得到 p' 值，然后由 $p'_1 = p^* + \alpha_P p'$ 公式得到校正后压力值 p'_1（其中 α_P 为松弛因子）。

（4）根据求出的 p_1' 值，由式(12.9.15)得到校正速度值 u'、v'。

（5）根据求出的 p_1'，由式(12.9.14)得到新的压力值、速度值 p、u、v。

（6）把新得到的压力值当作一个新的猜测压力值 p^*，返回第二步，将新求出的速度值和压力值重新代入动量方程差分格式，重复上述计算过程，直到收敛为止（收敛条件可用 $B<10^{-4}$ 或更小值来判别）。

12-9-6 边界数值处理

采用 SIMPLE 算法求解不可压缩黏性流动问题时，边界数值处理原则基本上和求解压力 Poisson 方程算法、人工压缩算法中所采用的边界数值处理方法是相同的。

初始条件：在 $t=0$ 时，需要在计算区域内设置流体初始状态，一般取：$u_0=v_0=0$，$p_0=1.0$，$\rho_0=1.0$。

边界条件：边界数值处理需要利用虚拟网格单元。一般有以下几种情况：

（1）入口输入和出口输出边界条件。

（2）滑移刚性壁面边界条件。

（3）无滑移刚性壁面边界条件。

（4）角点数值处理。

它们可参照本章 12-5-6 节中 SOLA 算法的算例边界数值处理做法。

12-9-7 计算结果分析

采用上述 SIMPLE 算法对 $Re=100$ 不可压缩黏性流体的无奇性方腔流动进行了数值计算。计算中采用的网格数为 50×50，空间步长为 0.02。根据稳定性条件确定时间步长为 10^{-3}。计算结果列在图 12.44 ~ 图 12.49 中。

图 12.44 无奇性方腔流动流线分布图（$Re=100$）

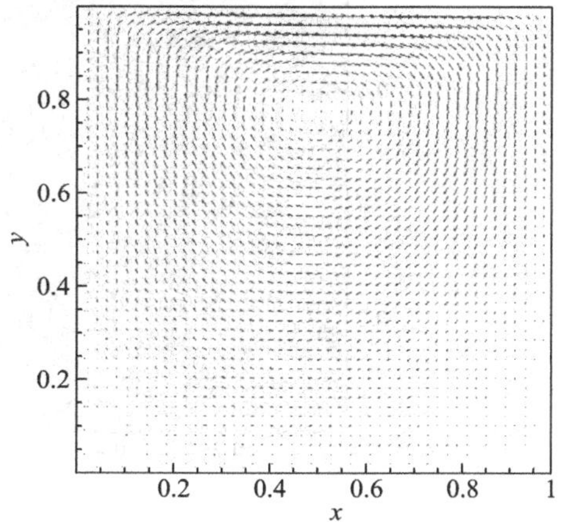

图 12.45 无奇性方腔流动速度矢量图（$Re=100$）

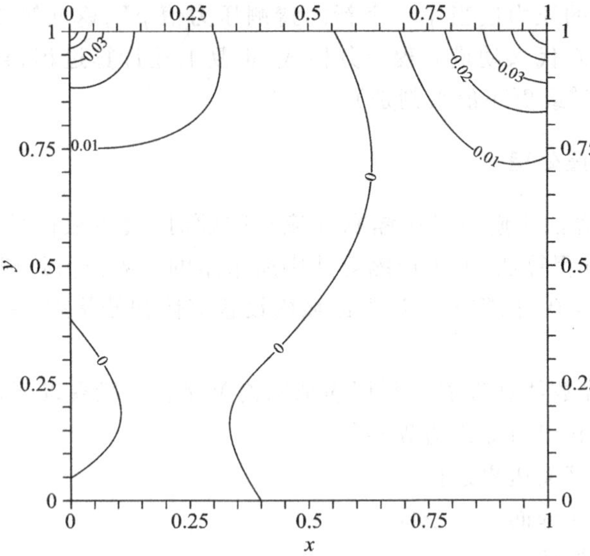

图 12.46　无奇性方腔流动压力等值线分布图($Re=100$)

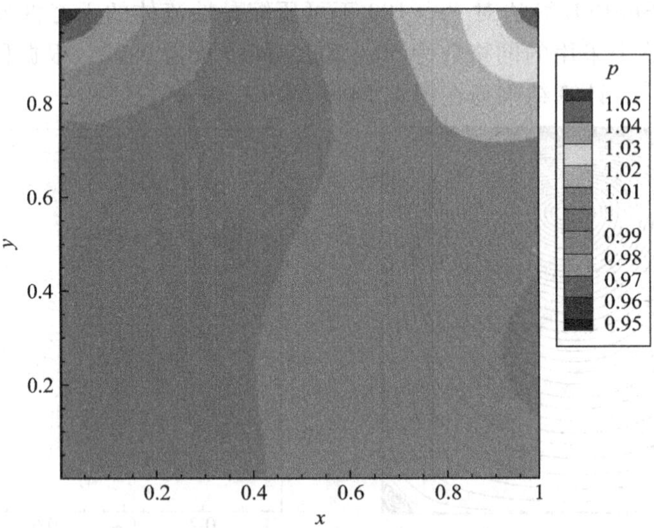

图 12.47　无奇性方腔流动压力分布云图($Re=100$)

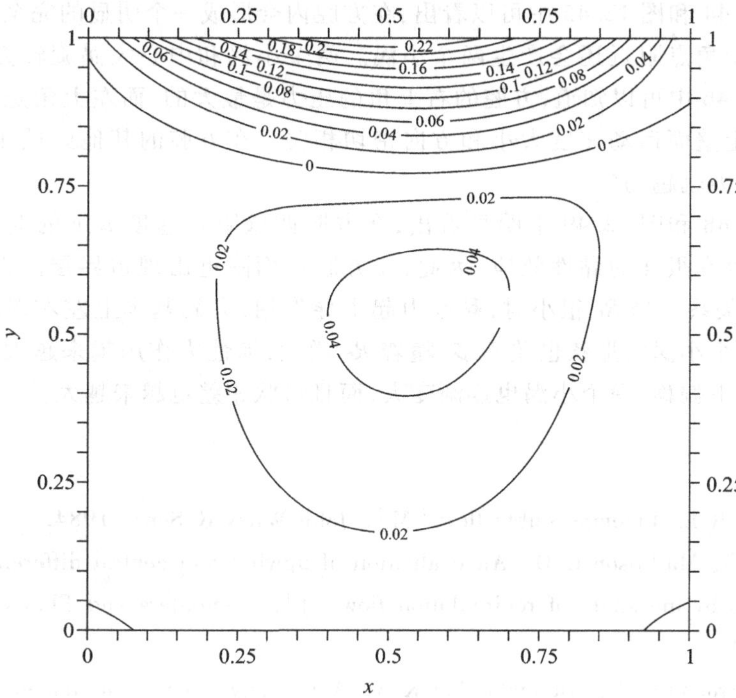

图 12.48　无奇性方腔流动速度 u 等值线分布图（$Re=100$）

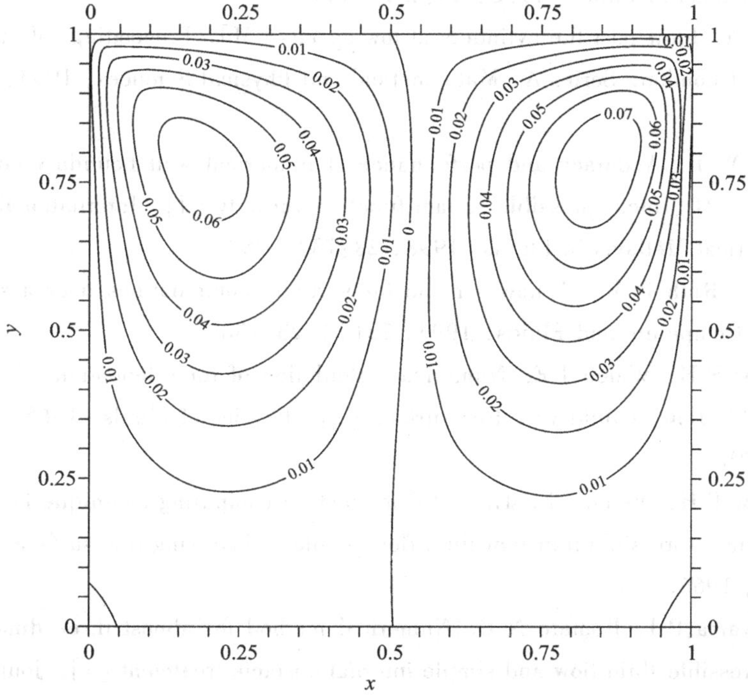

图 12.49　无奇性方腔流动速度 v 等值线分布图（$Re=100$）

从图 12.44 和图 12.45 中可以看出，在方腔内会形成一个明显的完全对称大涡。在下壁面两个角点附近还会产生两个小涡。两个小涡和中心大涡旋转方向是相反的。从图 12.46 中可以知道，方腔的右上角的压力是最大的，而左上角是最小的，这和方腔流动上壁面运动速度大小和方向密切相关。在方腔的其他区域压力变化不大，越往下压力就越均匀。

从图 12.48 和图 12.49 中明显看出，在方腔四壁附近速度 u、v 的变化很激烈。由于方腔内存在很强的黏性效应，因此，在方腔壁面附近出现边界层。方腔流动和 *Re* 也有密切关系。当 *Re* 很小时，黏性力起主导作用，大涡基本上左右对称，其中心位置偏上，两个小涡的形状也差不多；随着 *Re* 增大，惯性力作用越来越大，大涡中心位置向右、向下偏移，两个小涡也逐渐变大，而且形状相差也越来越大。

参考文献

[1] Panton R L. Incompressible flow [M]. John Wiley & Sons, 1984.

[2] Davis G, Mallinson G D. An evaluation of upwind and central difference approximations by the study of recirculation flow [J]. Computers and Fluids, 1976, 4: 29 - 43.

[3] Chaviarropoulos P, Giannakpglou K A. A vorticity stream function formulation for steady incompressible two-dimensional flow [J]. International Journal for Numerical Methods in Fluids, 1996, 23:431 - 444.

[4] Thom A. Flow past the cylinders at low speeds [M]. Proceedings of the Royal Society of London. Series A, Mathematical and Physical Sciences, 1983, 144:651 - 659.

[5] Spotz W E. Accuracy and performance of numerical wall boundary conditions for steady, 2D, incompressible stream function vorticity [J]. International Journal for Numerical Methods in Fluids, 1998, 28:737 - 757.

[6] Ma H, Ruth D W. A new scheme for vorticity computations near a sharp corner [J]. Computers and Fluids, 1994, 23(1):23 - 38.

[7] Harlow F H, Welch J E. Numerical calculation of time-dependent viscous incompressible flow of fluid with free surface [J]. Physics of Fluids, 1965, 8(2):2182 - 2189.

[8] Harlow F H, Welch J E. The MAC method: a computing technique for solving viscous incompressible transient fluid flow problems involving free surface [R]. LA - 3425, 1966.

[9] Nakayama P I, Romero N C. Numerical method for almost three dimensional incompressible fluid flow and simple internal obstacle treatment [J]. Journal of Computational Physics, 1971, 8:230 - 240.

[10] Hirt C W, Nichols B D, Romero N C. SOLA: a numerical solution algorithm for transient fluid flow [R]. LA - 5852, 1975.

[11] Chorin A J. The numerical solution of the Navier-Stokes equations for an incompressible flows [J]. American Mathematical Society, 1967, 73:928 - 931.

[12] Chorin A J. Numerical solution of the Navier-Stokes equations [J]. Mathematics of Computation, 1968, 22: 745 - 762.

[13] Chorin A J. On the convergence of discrete approximations to the Navier-Stokes equations [J]. Mathematics of Computation, 1969, 23: 341 - 353.

[14] Guermond J L, Minev P, Shen J. An overview of projection method for incompressible flows [J]. Computer Methods in Applied Mechanics and Engineering, 2006, 195:6011 - 6045.

[15] Kim J, Moin P. A second order projection method for the incompressible Navier-Stokes equations [J]. Journal of Computational Physics, 1985, 59:308 - 323.

[16] Bell J, Colella P, Glaz H. A second order projection method for the incompressible Navier-Stokes equations [J]. Journal of Computational Physics, 1989, 85: 257 - 283.

[17] Chorin A J. A numerical method for solving incompressible viscous flow problems [J]. Journal of Computational Physics, 1967, 2:12 - 26.

[18] Rahman M M, Siikonen T. An artificial compressibility method for incompressible flows [J]. Numerical Heat Transfer, Part B: Fundamentals, 2001, 40(5): 391 - 409.

[19] Rahman M M, Siikonen T. An artificial compressibility method for viscous incompressible and low Mach number flows [J]. International Journal for Numerical Methods in Engineering, 2008, 75(11):320 - 340.

[20] Ramshaw J D, Mousseau V A. Accelerated artificial compressibility method for steady-state incompressible flow calculations [J]. Computers and Fluids, 1990, 18(4):361 - 367.

[21] Housman J, Kiris C, Kwak D. Comprison of artificial compressibility methods [J]. International Journal of Computational Fluid Dynamics, 2004, 13(3):65 - 71.

[22] Patankar S V, Spalding D B. A calculation procedure for heat and momentum transfer in three dimensional parabolic [J]. International Journal of Heat and Mass Transfer, 1972, 15:1787 - 1806.

[23] Patankar S V. Numerical heat transfer and fluid flow, hemisphere [M]. New York: McGraw - Hill, 1980.

[24] 帕坦卡 S V. 传热和流的数值计算[M]. 张政,译. 北京:科学出版社,1989.

[25] 陶文铨. 数值传热学[M]. 2 版. 西安:西安交通大学出版社,2001.

[26] Peric M, Kessler R, Scheuerer G. Comparison of finite volume numerical methods with staggered and collocated grids [J]. Computers and Fluids, 1988, 16:389 - 403.

[27] Patankar S V, Baliga B R. A new finite difference scheme for parabolic differential equations [J]. Numerical Heat Transfer, 1978, 1:27 - 37.

[28] Patankar S V. A calculation procedure for two-dimensional elliptic situations [J]. Numerical Heat Transfer, 1981, 4:409 - 425.

[29] Van Doormaal J P, Raithby G D. Enhancement of the SIMPLE method for predicting incompressible fluid flow [J]. Numerical Heat Transfer, 1984, 7: 147 - 163.

[30] Raithby G D, Schneider G E. Elliptic systems: finite difference methods Ⅱ [M]//Minkowycz W J, Sparrow E M, Pletcher R H, Schneider G E. Handbook of numerical heat transfer. New York: John Wiley & Sons, 1988:241 - 289.

[31] Issa R I. Solution of the implicitly discreted fluid flow equations by operator-splitting [J]. Journal of Computational Physics, 1986, 62:40 - 65.

第十三章　高阶精度数值算法新进展

随着流动问题越来越复杂，对差分格式计算精度的要求也越来越高。特别在计算高雷诺数、大逆压梯度和分离流动问题时，没有高阶精度差分格式是不可能得到精确结果的。分析指出，只有当对流项用三阶以上精度格式，黏性项用二阶以上精度格式时，才能精确计算高雷诺数流动。为此，必须发展具有三阶以上的高阶精度数值算法。

自从 1983 年 Harten 提出了“高分辨率激波捕捉技术”和 TVD 概念后，差分算法的理论和应用出现了一个崭新的局面。从 TVD 思想出发，发展了一批 TVD 类型差分格式。但是，这些差分格式都只有二阶精度。主要原因是构造 TVD 类型差分格式的节点或模板数太少。为了构造更高阶精度差分格式，必须要增加节点或模板数，但是，这又可能在间断附近产生非物理数值振荡。

自 20 世纪 90 年代后期以来，高阶精度数值算法的研究和应用已经取得了实质性进展。国内外学者发展了一批算法先进、计算效果好的高阶精度数值算法。本章主要介绍两种高阶精度数值算法：基本无振荡算法（ENO 算法和 WENO 算法）和紧致算法（COMPACT 算法）。ENO 算法和 WENO 算法是通过增加节点或模板数，并利用 Lagrange 或 Newton 插值构成高阶精度差分格式[1,2]；而 COMPACT 算法是利用样条插值函数特性，仅利用三个节点就构成高阶精度差分格式[3,4]。上述两种算法各有自己的优点和缺点，在使用它们时需要根据流动问题的特点和要求确定选择哪一种算法。

第 1 节　基本无振荡差分算法（ENO 算法）

13-1-1　从 TVD 算法谈起

为了深入领会和理解 ENO 算法和 WENO 算法的思路和本质，先从 TVD 差分格式性质说起。线性对流方程：

$$u_t + au_x = 0 \tag{13.1.1}$$

它的守恒型差分格式：

$$u_j^{n+1} = u_j^n - r(h_{j+\frac{1}{2}}^n - h_{j-\frac{1}{2}}^n) \tag{13.1.2}$$

其中 $r = \dfrac{\Delta t}{\Delta x}$。它有两个经典差分格式：Lax 差分格式和 Lax-Wendroff 差分格式。

Lax 差分格式的数值通量 $h_{j+\frac{1}{2}}^n$ 为：

$$h_{j+\frac{1}{2}}^n = \frac{1}{2}[au_{j+1}^n + au_j^n - |a|(u_{j+1}^n - u_j^n)] \tag{13.1.3}$$

它只有一阶精度。它有很强的耗散效应，计算间断会被抹平。

Lax-Wendroff 差分格式数值通量 $h_{j+\frac{1}{2}}^n$ 为：

$$h_{j+\frac{1}{2}}^n = \frac{1}{2}[au_{j+1}^n + au_j^n - ra^2(u_{j+1}^n - u_j^n)] \tag{13.1.4}$$

它具有二阶精度。在比较光滑的流动区域，它的计算效果相当好。但是，该格式不满足单调性和 TVD 性质，有很强的色散效应，计算间断会产生非物理数值振荡。

分析发现，它们的主要差别是数值通量 $h_{j+\frac{1}{2}}^n$ 中变差 $\Delta u_{j+\frac{1}{2}} = u_{j+1} - u_j$ 的系数不同，分别是 ra^2 和 $|a|$。分析进一步指出，它们的变差项都和步长比 $r = \dfrac{\Delta t}{\Delta x}$ 有关，类似于对称 TVD 算法的做法，把变差项系数设为函数 $\phi(r)$，通过调节函数 $\phi(r)$ 来保证它们满足单调性和 TVD 性质，并自动调节数值色散效应和耗散效应。一般称 $\phi(r)$ 为数值通量 $h_{j+\frac{1}{2}}^n$ 的限制函数或限制器。

单个非线性标量方程：

$$u_t + f_x = 0 \tag{13.1.5}$$

设 $a(u) = \dfrac{\partial f(u)}{\partial u}$ 和数值流量 $h_{j+\frac{1}{2}}^n$ 为：

$$h_{j+\frac{1}{2}}^n = \frac{1}{2}\left[au_{j+1}^n + au_j^n - \frac{1}{r}\phi(ra_{j+\frac{1}{2}})(u_{j+1}^n - u_j^n)\right] \tag{13.1.6}$$

其中

$$\phi(x) = \phi(x,\theta), \quad \theta = \frac{u_j - u_{j-1}}{u_{j+1} - u_j} \tag{13.1.6a}$$

一般取：

$$a_{j+\frac{1}{2}} = \begin{cases} \dfrac{f(u_{j+\frac{1}{2}}^+) - f(u_{j+\frac{1}{2}}^-)}{u_{j+\frac{1}{2}}^+ - u_{j+\frac{1}{2}}^-}, & u_{j+\frac{1}{2}}^+ \neq u_{j+\frac{1}{2}}^- \\ a(u_{j+\frac{1}{2}}), & u_{j+\frac{1}{2}}^+ = u_{j+\frac{1}{2}}^- \end{cases} \tag{13.1.6b}$$

我们已经知道，可以采用许多方法来调节 $\phi(r)$，构造 TVD 类型差分格式。但是，无论采用哪种途径构造 TVD 类型差分格式，计算精度都不可能高于二阶精度。

构造更高精度的TVD类型差分格式的关键是必须提高点 $x_{j+\frac{1}{2}}$ 左右两侧的流动量 $(u^+_{j+\frac{1}{2}}, u^-_{j+\frac{1}{2}})$ 的计算精度，这就需要增加 $x_{j+\frac{1}{2}}$ 左右两侧的节点和模板数。例如，在 $x_{j+\frac{1}{2}}$ 右侧的流动量 $u^-_{j+\frac{1}{2}}$ 为：

$$u^-_{j+\frac{1}{2}} = \phi(\overline{u}_{j-l}, \cdots, \overline{u}_{j+1}, \cdots, \overline{u}_{j+k}) \tag{13.1.7}$$

流动量 $u^-_{j+\frac{1}{2}}$ 选取的节点越多，构造的差分格式计算精度就越高。

这些高阶精度差分算法虽然能减少和消除了数值耗散效应，却并不能遏制数值色散效应，仍然会产生非物理数值振荡。Harten、Osher和Shu等人在1987年提出了既能消除数值耗散效应，又能遏制数值色散效应的基本无振荡差分算法(Essentially Non-Oscillatory)基本思路和设计方案，简称ENO算法。它为设计高阶精度数值算法找到了一种新的有效途径，ENO算法的出现在计算流体力学发展史上具有开创性意义。

13-1-2　ENO算法简介

ENO算法最早是由Harten和Osher在Godunov类型差分格式基础上提出来的[5,6]。后来Shu对其进行了改进，并把ENO算法进行了推广与应用[7,8]。

ENO算法是以Lagrange插值为基础的。Lagrange插值是将计算区间[a,b]分成若干个子区间，每个子区间内有若干个插值点，首先对个子区间进行 r 插值，把它们连接起来构成[a,b]上的插值函数。和Lagrange插值过程一样，ENO算法也是先在子区间上插值后得到[a,b]插值函数。两者的不同点是：Lagrange插值过程中计算区间[a,b]是固定不变的，而ENO算法在插值过程中则允许计算区间[a,b]可以改变，因此，ENO算法在本质上就是Lagrange插值。

常用的ENO算法构造方法有两类：

(1)“单元平均型”(Cell Average Version)ENO算法。它的基本思路是：自动地选取插值节点和模板，利用Lagrange插值，采用高阶插值函数多项式来逼近界面上的数值通量，并在所有的插值节点和模板中选取“最光滑”节点和模板。该算法有计算精度高、基本无振荡的特性，但需要在节点值与单元平均值之间反复换算。

(2)“通量型”(Flux Version)ENO算法。它和“单元平均型”ENO算法一样，需要利用Lagrange插值，但不需要在节点值与单元平均值之间反复换算。该算法比较简单和高效，应用广泛，特别适用于多维问题计算。

和Lagrange插值过程相比，ENO算法是通过比较差商绝对值大小自动地选择和扩展节点和模板，有一定的自适应能力，因此，在具有间断的区域中能自动和有效地捕捉激波，不会产生非物理高频振荡。数值实验表明，ENO算法计算精度高，间断分辨清晰，是十分有效的算法。但是，它也存在一些问题：首先，在临界点附近数值解及它的导数容易产生舍入误差，这可能会改变节点和模板选择方向，导致数值通量不光滑；其次，模板覆盖的节点数较多，很多节点和模板并未有效利用，计算费时又费力；最后，它只能选择一种形式节点和模板，计算效率不高。

13-1-3 ENO 算法中的一些基本概念

1. 节点、单元和模板定义

为了建立 ENO 算法差分格式，首先，需要对计算区域进行剖分和划分网格。以一维问题为例，设计算区域为$[a,b]$，把计算区域$[a,b]$剖分成 $N+1$ 个网格点：

$$a < x_{\frac{1}{2}} < x_{\frac{3}{2}} < \cdots < x_{j+\frac{1}{2}} < \cdots < x_{N-\frac{1}{2}} < x_{N+\frac{1}{2}} < b \tag{13.1.8a}$$

$$a = x_0 < x_1 < x_2 < \cdots < x_j < \cdots < x_{N-1} < x_N < x_{N+1} = b \tag{13.1.8b}$$

称网格半点 $x_{\frac{1}{2}}$、$x_{\frac{3}{2}}$、…、$x_{N-\frac{1}{2}}$、$x_{N+\frac{1}{2}}$为节点。在两个节点之间组成一个网格单元 I_j：

$$I_j = [x_{j-\frac{1}{2}}, x_{j+\frac{1}{2}}] \tag{13.1.9}$$

而把 x_0、x_1、…、x_N、x_{N+1}称为网格单元 I_j的中点：

$$x_j = \frac{1}{2}(x_{j-\frac{1}{2}} + x_{j+\frac{1}{2}}) \tag{13.1.10}$$

设 $\Delta x_j = x_{j+\frac{1}{2}} - x_{j-\frac{1}{2}}$为空间步长，其中 $j=1,2,\cdots,N+1$。

由若干个网格单元可以构成模板 S_k^r。模板 S_k^r上标 r 表示组成该模板的网格单元数，下标 k 表示该模板总数。例如，当 $k=r$，并且 $r=3$ 时，模板 S_k^r 总共有 3 个模板，每个模板由 3 个单元组成。其第 1 个模板如下：

$$S_1^3 = \{I_{j-2}, I_{j-1}, I_j\} \tag{13.1.11a}$$

其他两个模板分别为 S_2^3、S_3^3：

$$\begin{aligned} S_2^3 &= \{I_{j-1}, I_j, I_{j+1}\} \\ S_3^3 &= \{I_j, I_{j+1}, I_{j+2}\} \end{aligned} \tag{13.1.11b}$$

其中 I_j是组成模板的网格单元。不同的模板可以有不同的构造方式。

2. 网格单元内插值函数、插值多项式

设 $f(x)$为区间$[a,b]$内的节点 x_0、x_1、x_2、…、x_N上有相应的函数值 $f(x_0)$、$f(x_1)$、$f(x_2)$、…$f(x_N)$，则一定存在一个形式比较简单的函数 $v(x)$，使得：

$$v(x_j) = f(x_j), \quad j = 0,1,2,\cdots,N$$

称函数 $v(x)$为函数 $f(x)$的插值函数。插值函数 $v(x)$可以是代数多项式，也可以是其他函数，如三角多项式。可以证明在区间$[a,b]$内任何连续函数 $f(x)$都可以用一系列的多项式来逼近。

在某个网格单元 I_j上定义一个插值函数 $v(x)$。可以在网格单元 I_j内构造一个 $k-1$次插值多项式 $p_j(x)$，并以 $r=k$ 阶精度逼近插值函数 $v(x)$为：

$$p_j(x) = v(x) + O(\Delta x^r), \quad x \in I_j \tag{13.1.12}$$

插值函数 $v(x)$在网格单元 I_j的左右边界 $x_{j\pm\frac{1}{2}}$处近似值为：

$$\left.\begin{aligned} v_{j+\frac{1}{2}}^- &= p_j(x_{j+\frac{1}{2}}) \\ v_{j-\frac{1}{2}}^+ &= p_j(x_{j-\frac{1}{2}}) \end{aligned}\right\} \tag{13.1.13}$$

它们同样具有 r 阶精度：

$$\left.\begin{aligned} v_{j+\frac{1}{2}}^{-} &= v(x_{j+\frac{1}{2}}) + O(\Delta x^r) \\ v_{j-\frac{1}{2}}^{+} &= v(x_{j-\frac{1}{2}}) + O(\Delta x^r) \end{aligned}\right\} \tag{13.1.14}$$

在网格单元 I_j的左右边界 $x_{j\pm\frac{1}{2}}$内插值函数的平均值为：

$$\bar{v}_j = \frac{1}{\Delta x_j}\int_{x_{j-\frac{1}{2}}}^{x_{j+\frac{1}{2}}} v(\xi)\,\mathrm{d}\xi \tag{13.1.15}$$

网格单元 I_j左右边界上的插值函数近似值 $v_{j+\frac{1}{2}}^{-}$、$v_{j-\frac{1}{2}}^{+}$可以作为求解 Riemann 问题时间断左右的状态值，或在流通量矢量分裂时作为分裂流通量矢量的值。

3. Lagrange 插值多项式和 Newton 差商

设 $v(x)$为区间$[a,b]$内插值函数，在节点 x_0、x_1、x_2、…、x_N上有相应的函数值为 $v(x_0)$、$v(x_1)$、$v(x_2)$、…、$v(x_N)$，则一定存在唯一的 $k(k\leqslant N)$次多项式 $p(x)$，满足：

$$p(x) = \sum_{k=0}^{N} v(x_k)\frac{\omega(x)}{(x-x_k)\omega'(x_k)} \tag{13.1.16}$$

其中 $\omega(x) = (x-x_0)(x-x_1)(x-x_2)\cdots(x-x_N)$。称 $p(x)$为 Lagrange 插值多项式。

在给定的插值点$\{x_j, v_j\}$上，设：

$$\begin{aligned} & v(x_0) \\ v(x_0,x_1) &= \frac{v(x_0)-v(x_1)}{x_0-x_1} \\ v(x_0,x_1,x_2) &= \frac{v(x_0,x_1)-v(x_1,x_2)}{x_0-x_2} \\ & \cdots\cdots \\ v(x_0,x_1,\cdots,x_k) &= \frac{v(x_0,x_1,\cdots,x_{k-1})-v(x_1,x_2,\cdots,x_{k-1},x_k)}{x_0-x_k} \end{aligned} \tag{13.1.17}$$

则称 $v(x_0,x_1,\cdots,x_k)$为 k 阶 Newton 差商。由此我们可以把 Lagrange 插值多项式(13.1.16)用 Newton 差商来表示：

$$p(x) = \sum_{m=0}^{k} v(x_0,x_1,\cdots,x_m)\prod_{m=1}^{k-1}(x-x_m) \tag{13.1.18}$$

在 ENO 算法中采用 Newton 差商来表示 Lagrange 插值多项式十分方便，当增加新的节点时，只要在原有的 Lagrange 插值多项式中增加一项就是新的 Lagrange 插值多项式。

4. 模板上线性插值函数多项式

在 ENO 算法差分格式中需要由若干个网格单元构成模板 S_k^r。对于每个单元 I_j需要构造插值函数多项式 $p(x_j)$，对于每个模板 S_k^r需要由插值函数多项式 $p(x_j)$构造模板上线性插值函数多项式 $q(x)$。

当模板 S_k^r中 $r=k=3$，S_k^r共有 3 个模板，每个模板由 3 个单元组成。每个模板的

$q(x)$应该是不超过二次的线性插值函数多项式：

$$q(x)=a_0+a_1\xi+a_2\xi^2 \tag{13.1.19}$$

其中 $\xi=\dfrac{x-x_j}{\Delta x_j}$，系数 a_0、a_1、a_2可以由 3 个中点 x_{j-1}、x_j、x_{j+1}的值来确定。$q(x)$的平均值为：

$$\frac{1}{\Delta x}\int_{x_{j-\frac{1}{2}}}^{x_{j+\frac{1}{2}}} q(x)\,\mathrm{d}x=\bar{u}_j \tag{13.1.20}$$

则有：

$$\left.\begin{aligned}&x_{j-1}\text{中点：}a_0-a_1+\frac{26}{24}a_2=\bar{u}_{j-1}\\&x_j\text{中点：}\quad a_0+\frac{1}{12}a_2=\bar{u}_j\\&x_{j+1}\text{中点：}\quad a_0+a_1+\frac{26}{24}a_2=\bar{u}_{j+1}\end{aligned}\right\} \tag{13.1.20a}$$

设在节点 $x_{j+\frac{1}{2}}$上线性插值函数多项式的值为 $u_{j+\frac{1}{2}}=q(x_{j+\frac{1}{2}})$，则有：

$$u_{j+\frac{1}{2}}=q(u_{j+\frac{1}{2}})=(a+a_1\xi+a_2\xi^2)\Big|_{x_{j+\frac{1}{2}}} \tag{13.1.21}$$

由上式可得到节点 $x_{j+\frac{1}{2}}$上的值 $u_{j+\frac{1}{2}}$和数值通量$\hat{f}(u_{j+\frac{1}{2}})$：

$$u_{j+\frac{1}{2}}=-\frac{1}{6}\bar{u}_{j-1}+\frac{5}{6}\bar{u}_j+\frac{1}{3}\bar{u}_{j+1} \tag{13.1.22a}$$

$$\hat{f}(u_{j+\frac{1}{2}})=\hat{f}\left(-\frac{1}{6}\bar{u}_{j-1}+\frac{5}{6}\bar{u}_j+\frac{1}{3}\bar{u}_{j+1}\right) \tag{13.1.22b}$$

不同的模板具有不同的线性插值函数多项式，由此在节点 $x_{j+\frac{1}{2}}$上的 $u_{j+\frac{1}{2}}$和$\hat{f}(u_{j+\frac{1}{2}})$值也不同。若模板为 $S_1^3=\{I_{j-2},I_{j-1},I_j\}$，则可得到在节点 $x_{j+\frac{1}{2}}$上的值 $u_{j+\frac{1}{2}}$和数值通量$f(u_{j+\frac{1}{2}})$为：

$$u_{j+\frac{1}{2}}=\frac{1}{3}\bar{u}_{j-2}-\frac{7}{6}\bar{u}_{j-1}+\frac{11}{6}\bar{u}_j \tag{13.1.23a}$$

$$f(u_{j+\frac{1}{2}})=f\left(\frac{1}{3}\bar{u}_{j-2}-\frac{7}{6}\bar{u}_{j-1}+\frac{11}{6}\bar{u}_j\right) \tag{13.1.23b}$$

在模板 S_k^r中 k 为每个模板的单元个数，而 r 被称为模板的阶数，也是模板的个数。由它所构造的差分格式具有 r 阶精度，即：

$$|u_{j+\frac{1}{2}}-u_{j-\frac{1}{2}}|\leqslant O(\Delta x^r) \tag{13.1.24}$$

当 $r=3$ 时，它所构成的差分格式具有 3 阶精度。

5. 模板选择方式

(1) 固定节点模板方式

它是由固定的网格单元数来构成模板。例如，由 3 个网格单元构成模板：

$$\left.\begin{aligned}
&S_1^3=\{I_{j-2},I_{j-1},I_j\},\quad 即\ u_{j+\frac{1}{2}}=\frac{1}{3}\bar{u}_{j-2}-\frac{7}{6}\bar{u}_{j-1}+\frac{11}{6}\bar{u}_j\\
&S_2^3=\{I_{j-1},I_j,I_{j+1}\},\quad 即\ u_{j+\frac{1}{2}}=-\frac{1}{6}\bar{u}_{j-1}+\frac{5}{6}\bar{u}_j+\frac{1}{3}\bar{u}_{j+1}\\
&S_3^3=\{I_j,I_{j+1},I_{j+2}\},\quad 即\ u_{j+\frac{1}{2}}=\frac{1}{3}\bar{u}_j+\frac{5}{6}\bar{u}_{j+1}-\frac{1}{6}\bar{u}_{j+2}
\end{aligned}\right\}\tag{13.1.25}$$

(2) 逐步扩展节点模板方式

它构成模板的网格单元数是不固定的,而是逐步扩展增加的。首先,选择某一个网格单元作为原始模板,然后,逐步扩展网格单元,由较多的网格单元构成模板。例如,在节点 $x_{j+\frac{1}{2}}$上,开始可以选择一个单元作为模板 S_1:

$$S_1=\{I_j\}\tag{13.1.26}$$

它只能得到一阶精度差分格式。为了提高差分格式计算精度,需要扩展模板,例如,扩展一个节点,模板 S_2就有两种选择:

$$S_2=\begin{cases}S_1\{I_j,I_{j-1}\}\\ S_1\{I_j,I_{j+1}\}\end{cases}\tag{13.1.27}$$

在光滑计算区域中选择固定网格单元构成模板是可行的。如果在某个节点 $x_{j+\frac{1}{2}}$附近的网格单元中有间断时,为了避免出现高频振荡,采用逐步扩展节点的模板方式比较合适。在 ENO 算法中主要采用逐步扩展节点的模板方式。

当选择逐步扩展节点模板方式后,就存在一个扩展节点的方向问题。这可以通过比较单元内的插值函数斜率可以确定扩展方向。设插值函数斜率为:

$$\left.\begin{aligned}
\bar{v}(x_j,x_{j-1})&=\frac{u_j-u_{j-1}}{\Delta x}\\
\bar{v}(x_j,x_{j+1})&=\frac{u_{j+1}-u_j}{\Delta x}
\end{aligned}\right\}\tag{13.1.28}$$

若有:

$$|\bar{v}(x_{j-1},x_j)|\leqslant|\bar{v}(x_j,x_{j+1})|\tag{13.1.29}$$

根据 Newton 差商思路,模板单元向斜率比较小的方向扩展,即向(x_{j-1},x_j)方向增加单元,构成高阶模板。

6. 线性插值函数多项式构造方法

最后,需要构造在单元中的插值函数和模板中的线性插值函数多项式。在一维问题中,设网格以 $a=x_0<x_1<x_2<\cdots<x_{N-1}<x_N<x_{N+1}=b$ 方式进行剖分,空间步长为 Δx,点 x_j位置为 $x_j=j\Delta x, j=1,2,\cdots,N$。并设单元中插值函数 $v(x)$在点 x_j的值为 v_j,则插值函数 $v(x)$在 $k+1$ 个节点 x_j、x_{j+1}、x_{j+2}、…、x_{j+k}上的值为 v_j、v_{j+1}、v_{j+2}、…、v_{j+k}。

若以 $\bar{v}[x_j,x_{j+1},x_{j+2},\cdots,x_{j+k}]$表示在 $k+1$ 个点上插值函数多项式 $v(x)$的均差,则由 Newton 插值公式得到线性插值函数多项式 $q(x)$为:

$$q(x)=\sum_{m=0}^{k}\bar{v}[x_j,\cdots,x_{j+m}]\prod_{m=1}^{k-1}(x-x_{j+m})\tag{13.1.30}$$

数值分析证明：插值函数多项式 $v(x)$ 的均差 $\bar{v}[x_j,x_{j+1},x_{j+2},\cdots,x_{j+k}]$ 具有下列数学性质：

（1）如果单元中插值函数 $v(x)$ 在区间 (x_j,x_{j+k}) 内是光滑的，则均差 $\bar{v}(x_j)$ 满足：

$$\bar{v}[x_j,\cdots,x_{j+k}]=\frac{v^{(k)}(\xi)}{k!} \tag{13.1.31}$$

其中 $\xi\in(x_j,x_{j+k})$。

（2）如果单元中插值函数 $v(x)$ 在区间 (x_j,x_{j+k}) 内有间断，则均差 $\bar{v}(x_j)$ 有：

$$\bar{v}[x_j,\cdots,x_{j+k}]=O\left(\frac{1}{\Delta x^r}\right) \tag{13.1.32}$$

由此可以看出，当 $\Delta x\to 0$，$O\left(\frac{1}{\Delta x^r}\right)\to\infty$。

也就是说，在光滑区域内均差 $\bar{v}(x_j)$ 是有界的；而在含有间断的区域内，均差 $\bar{v}(x_j)$ 随着 $\Delta x\to 0$，趋向于无穷大。因此，可以根据均差 $\bar{v}(x_j)$ 值的大小来判别线性插值函数多项式 $q(x)$ 的光滑性。

若选择一个单元作为模板，利用 Newton 插值公式得到在点 x_j 处单元内线性插值函数多项式为：

$$q^{(1)}(x)=p^{(1)}=v[x_j]+v[x_j,x_{j+1}](x-x_j) \tag{13.1.33}$$

其中 $p^{(1)}$ 为一个单元内的线性插值函数。当模板节点扩展一次后，模板由两个单元构成，模板就有两种可能的选择：

$$R(x)=p^{(1)}+\bar{v}[x_{j-1},x_j,x_{j+1}](x-x_j)(x-x_{j+1}) \tag{13.1.34a}$$

$$S(x)=p^{(1)}+\bar{v}[x_j,x_{j+1},x_{j+2}](x-x_j)(x-x_{j+2}) \tag{13.1.34b}$$

根据 Newton 差商选择原则，通过比较两个均差 $\bar{v}(x_j)$ 的绝对值大小来确定模板选择的方向。若有：

$$\left|\bar{v}[x_j,x_{j+1},x_{j+2}]\right|\geqslant\left|\bar{v}[x_{j-1},x_j,x_{j+1}]\right| \tag{13.1.35}$$

则扩展后模板的二次线性插值函数多项式为：

$$q^2(x)=p^{(2)}(x)=R(x) \tag{13.1.36a}$$

否则

$$q^2(x)=p^{(2)}(x)=S(x) \tag{13.1.36b}$$

当模板节点扩展到 k 次时，可由 k 次线性插值函数 $p^k(x)$ 得到 $k+1$ 次线性插值函数多项式：

$$q^{(k+1)}(x)=p^{(k)}(x)+\sum_{n=1}^{s}\bar{v}[x_{j-r},\cdots,x_{j-r+n}]\prod_{m=-r}^{s-1}(x-x_{j+m}) \tag{13.1.37}$$

其中 $r+s=k$。

在构造 ENO 算法的差分格式时，可以利用线性插值函数多项式 $q(x)$ 的均差 $\bar{v}$ 的数学性质，自动地判别多项式 $q(x)$ 光滑性。为了便于反映 ENO 差分格式这种自适应性，采用 Newton 插值来构造线性插值函数多项式 $q(x)$ 是非常合适的。

13-1-4　ENO 算法基本思路和差分格式重构做法

1. ENO 算法基本思路

ENO 算法的基本思路是采用逐次扩展的节点模板和各阶差商绝对值极小原则，构造数值通量，同时实现高阶精度和抑制数值振荡[9]。

考虑非线性标量方程：

$$u_t + f(u)_x = 0 \tag{13.1.38}$$

设 u_j^n 是 $u(x_j, t^n)$ 在 t^n 时刻网格节点 x_j 的数值解，则上式的半离散格式为：

$$\frac{\partial u_j(t)}{\partial t} + \frac{1}{\Delta x}[\hat{f}_{j+\frac{1}{2}} - \hat{f}_{j-\frac{1}{2}}] = 0 \tag{13.1.39}$$

其中数值通量 $\hat{f}_{j+\frac{1}{2}}(u) = \hat{f}(u_{j-r+1}, \cdots, u_{j+s})$ 满足以下条件：

(1) 数值通量 $\hat{f}_j(u)$ 是 Lipschitz 连续的。

(2) $\hat{f}_j(u)$ 与流通量 $f(u)$ 相容，即 $\hat{f}(u, u, \cdots, u) = f(u)$。

Lax 定理指出，若半离散格式(13.1.39)是收敛的，则它一定收敛于非线性标量方程(13.1.38)的唯一弱解[10]。

如果数值通量满足：

$$\frac{1}{\Delta x}[\hat{f}_{j+\frac{1}{2}} - \hat{f}_{j-\frac{1}{2}}] = (f(u))_x \Big|_{x=x_j} + O(\Delta x^r) \tag{13.1.40}$$

那么这个差分格式在空间上就具有 r 阶精度。

设函数 $h(x)$ 满足以下关系式：

$$f(u(x)) = \frac{1}{\Delta x}\int_{x-\frac{\Delta x}{2}}^{x+\frac{\Delta x}{2}} h(\xi)\,d\xi + O(\Delta x^r) \tag{13.1.41a}$$

对上式在节点 x_j 进行微分，由半离散格式(13.1.39)和(13.1.40)可得到：

$$f(u(x))_x = \frac{1}{\Delta x}(h(x_{j+\frac{1}{2}}) - h(x_{j-\frac{1}{2}})) + O(\Delta x^r) \tag{13.1.41b}$$

和数值通量 $\hat{f}_{j\pm\frac{1}{2}}(u)$：

$$\hat{f}_{j\pm\frac{1}{2}}(u) = h(x_{j\pm\frac{1}{2}}) + O(\Delta x^r) \tag{13.1.42}$$

由此可知，若已知函数 $h(x)$ 的积分平均值为：

$$H(x) = [\bar{h}(x_j)]_{j-1}^{N} = \frac{1}{\Delta x}\int_{x-\frac{\Delta x}{2}}^{x+\frac{\Delta x}{2}} h(\xi)\,d\xi$$

可由函数 $h(x)$ 的积分平均值 $H(x)$ 出发，通过扩展多个节点和模板，构造一个线性插值函数多项式来逼近 $h(x_{j\pm\frac{1}{2}})$，并由这个线性插值函数多项式函数得到数值通量 $\hat{f}_{j\pm\frac{1}{2}}(u)$。

分析指出，设函数 $h(x)$ 的积分值平均值为：

$$H(x) = \int_{-\infty}^{x} h(\xi)\,d\xi \tag{13.1.43a}$$

积分平均值 $H(x)$ 在点 $x_{j+\frac{1}{2}}$ 的值为：

$$H(x_{j+\frac{1}{2}})=\int_{-\infty}^{x_{j+\frac{1}{2}}} h(\xi)\mathrm{d}\xi=\sum_{k=-\infty}^{j}\int_{x_{k-\frac{1}{2}}}^{x_{k+\frac{1}{2}}} h(\xi)\mathrm{d}\xi=\Delta x\sum_{k=-\infty}^{j} f(u_k) \quad (13.1.43b)$$

上式表示了积分平均值 $H(x_{j+\frac{1}{2}})$ 和流通量 $f(u_j)$ 之间的关系。

为了保证差分格式的稳定性，在重构数值通量时，需要考虑迎风性（即流动特性），这里只介绍最简单的 Lax-Friedriches 通量分裂方法：

$$f(u)=f^{+}(u)+f^{-}(u) \quad (13.1.44a)$$

其中

$$\left.\begin{aligned} f^{+}(u)&=\frac{1}{2}(f(u)+\alpha u)\\ f^{-}(u)&=\frac{1}{2}(f(u)-\alpha u)\end{aligned}\right\} \quad (13.1.44b)$$

其中 $\alpha=\max|f'(u)|$，则有：

$$\frac{\mathrm{d}f^{+}(u)}{\mathrm{d}u}\geqslant 0,\frac{\mathrm{d}f^{-}(u)}{\mathrm{d}u}\leqslant 0 \quad (13.1.44c)$$

在计算数值通量 $\hat{f}_{j\pm\frac{1}{2}}(u)$ 时，为了考虑迎风特性，分别从单元 $\{x_{j-1},x_j\}$ 和 $\{x_j,x_{j+1}\}$ 出发来构造线性插值函数多项式，并由线性插值函数多项式得到分裂后的数值通量 $\hat{f}^{+}_{j+\frac{1}{2}}$、$\hat{f}^{-}_{j+\frac{1}{2}}$。

2. ENO 算法差分格式重构具体做法

构造 ENO 差分格式具体步骤如下：

（1）由式(13.1.44)计算流通量 $f^{\pm}(u_j)$，得到：

$$H^{\pm}[x_{j-\frac{1}{2}},x_{j+\frac{1}{2}}]=f^{\pm}(u_j) \quad (13.1.45a)$$

$$H^{\pm}[x_{j-\frac{1}{2}},x_{j+\frac{1}{2}},\cdots,x_{j+l-\frac{1}{2}}]=\frac{1}{l+1}f^{\pm}[x_{j-\frac{1}{2}},x_{j+\frac{1}{2}},\cdots,x_{j+l-\frac{1}{2}}] \quad (13.1.45b)$$

其中 $l=1,2,\cdots,k$。

（2）求出初始点 $x_{j-\frac{1}{2}}$ 处插值函数 $p^{(1)}(x)$ 的一次线性插值函数多项式。

1）对 $H^{+}(x)$ 取初始点 $l_{\min}^{(1)}=j-\dfrac{1}{2}$，则可得到初始点 $x_{j-\frac{1}{2}}$ 处插值函数 $p^{(1)}(x)$：

$$p^{(1)}(x)=H^{+}[x_{l_{\min}^{(1)}-\frac{1}{2}},x_{l_{\min}^{(1)}+\frac{1}{2}}](x-x_{l_{\min}^{(1)}-\frac{1}{2}}) \quad (13.1.46)$$

2）由插值函数 $p^{(1)}(x)$ 可构造一次线性插值函数多项式。它有两种选择可能：

$$R(x_{j-\frac{1}{2}})=p^{(1)}+a^{(1)}(x-x_{j-\frac{1}{2}})(x-x_{j+\frac{1}{2}}) \quad (13.1.47a)$$

$$S(x_{j-\frac{1}{2}})=p^{(1)}+b^{(1)}(x-x_{j-\frac{1}{2}})(x-x_{j+\frac{1}{2}}) \quad (13.1.47b)$$

其中

$$a^{(1)}=H^{+}[x_{l_{\min}^{(1)}-\frac{1}{2}},x_{l_{\min}^{(1)}+\frac{1}{2}},x_{l_{\min}^{(1)}+\frac{3}{2}}] \quad (13.1.47aa)$$

$$b^{(1)}=H^{+}[x_{l_{\min}^{(1)}-\frac{3}{2}},x_{l_{\min}^{(1)}-\frac{1}{2}},x_{l_{\min}^{(1)}+\frac{1}{2}}] \quad (13.1.47ba)$$

3）根据 Newton 差商选择原则，可以通过比较两个均差 $a^{(1)}$、$b^{(1)}$ 的大小来确定选择方向：

$$若\,|a^{(1)}| \geqslant |b^{(1)}|,\quad 取\ c^{(1)} = b^{(1)},\quad l_{\min}^{(1)} = l_{\min}^{(1)} - 1 \tag{13.1.48a}$$

$$若\,|a^{(1)}| < |b^{(1)}|,\quad 取\ c^{(1)} = a^{(1)},\quad l_{\min}^{(1)} = l_{\min}^{(1)} + 1 \tag{13.1.48b}$$

4）由于 $k=1$,可得到一次线性插值函数多项式:

$$p^{+}(x) = p^{(2)}(x) \tag{13.1.49}$$

（3）利用归纳法原则,同样也可得到 k 次线性插值多项式 $q^{(k)}(x)$,为此,需要假设 $l_{\min}^{(k-1)}$ 和 $p^{(k-l)}(x)$ 是已知。为简化起见,设:

$$a^{(k)} = H^{+}[x_{l_{\min}^{(k-1)}-\frac{1}{2}},\cdots,x_{l_{\min}^{(k-1)}+k-\frac{1}{2}}] \tag{13.1.50a}$$

$$b^{(k)} = H^{+}[x_{l_{\min}^{(k-1)}-\frac{3}{2}},\cdots,x_{l_{\min}^{(k-1)}+k-\frac{3}{2}}] \tag{13.1.50b}$$

$$若\,|a^{(k)}| \geqslant |b^{(k)}|,\quad 取\ c^{(k)} = b^{(k)},\quad l_{\min}^{(k)} = l_{\min}^{(k-1)} - 1 \tag{13.1.51a}$$

$$若\,|a^{(k)}| < |b^{(k)}|,\quad 取\ c^{(k)} = a^{(k)},\quad l_{\min}^{(k)} = l_{\min}^{(k-1)} + 1 \tag{13.1.51b}$$

由

$$p^{(k)}(x) = p^{(k-1)}(x) + c^{(k)} \prod_{l=l_{\min}^{(k-1)}}^{l_{\min}^{(k-1)}+k-1} (x - x_{l-\frac{1}{2}}) \tag{13.1.52a}$$

得到 k 次线性插值函数多项式:

$$q^{+}(x) = p^{(k+1)}(x) \tag{13.1.52b}$$

（4）同理,对于 $H^{-}(x)$,初始点取 $l_{\min}^{(1)} = j + \dfrac{1}{2}$,重复步骤(2)、(3),可以得到 k 次线性插值函数多项式 $q^{-}(x)$。

（5）由于数值通量 $\hat{f}_{j+\frac{1}{2}}(u)$ 为:

$$\hat{f}_{j+\frac{1}{2}}(u) = \frac{\mathrm{d}}{\mathrm{d}x}q^{+}(x)\bigg|_{x=x_{j+\frac{1}{2}}} + \frac{\mathrm{d}}{\mathrm{d}x}q^{-}(x)\bigg|_{x=x_{j+\frac{1}{2}}} \tag{13.1.53}$$

由上式计算得到数值通量 $\hat{f}_{j+\frac{1}{2}}(u)$,然后把它代入式(13.1.39),就得到通量型 ENO 差分格式。

3. ENO 算法差分格式的计算精度

根据 k 次线性插值函数多项式的性质可知:

$$q(x_{j+\frac{1}{2}}) = q^{+}(x_{j+\frac{1}{2}}) + q^{-}(x_{j+\frac{1}{2}}) = H(x_{j+\frac{1}{2}}) + O(\Delta x^{r+1}) \tag{13.1.54}$$

因而有:

$$q'(x_{j+\frac{1}{2}}) = H'(x_{j+\frac{1}{2}}) + O(\Delta x^{r}) \tag{13.1.55}$$

结合式(13.1.52)和式(13.1.53),得到:

$$\hat{f}_{j+\frac{1}{2}}(u) = h\left(x_j + \frac{\Delta x}{2}\right) + O(\Delta x^{r}) \tag{13.1.56}$$

由此可知,上面所构造的数值通量 $\hat{f}_{j+\frac{1}{2}}(u)$ 具有 $O(\Delta x^{r})$ 精度,它所构造的通量型 ENO 算法差分格式是满足计算精度要求的。

13－1－5　非线性标量方程 ENO 算法差分格式

根据上述构造 ENO 算法差分格式重构思路,利用模板光滑度函数可以构造非线性标量方程(13.1.38)和半离散格式(13.1.39)的 ENO 算法差分格式。

首先要选取一个初始模板 $S_0^1\{x_j\}$,经过 $k=r-1$ 次扩展后,得到 k 个模板:

$$S_k^r=\{x_{j+k-r+1},x_{j+k-r+2},\cdots,x_{j+k}\} \tag{13.1.57}$$

从 k 个模板中选取一个最光滑模板 S_k^r,由最光滑模板 S_k^r 得到 r 阶 ENO 算法迎风型差分格式。

Jiang 和 Shu 提出了用来度量模板光滑度的函数 IS_k:

$$IS_k=\sum_{l=1}^{r-1}\int_{x_{j-\frac{1}{2}}}^{x_{j+\frac{1}{2}}}\Delta x^{2l-1}\left[\frac{\mathrm{d}^l q_k^r(x)}{\mathrm{d}x^l}\right]^2\mathrm{d}x \tag{13.1.58}$$

由上式计算在 k 个模板中 IS_k 值,根据它的最小值,确定最光滑模板 S_k^r。这种做法较为方便。

下面以三阶 ENO 算法差分格式为例,来说明构造格式的过程。

非线性标量方程(13.1.31)的离散网格为(图 13.1):

图 13.1　显式迎风型三阶精度 ENO 差分算法离散网格示意图

为了构造显式迎风型三阶 ENO 算法差分格式,首先需要选取一个初始模板 $S_0^1\{x_j\}$,经过 $r-1=2$ 次扩展后,构成如下 3 个模板 $S_0^3\{x_j\}$、$S_1^3\{x_j\}$、$S_2^3\{x_j\}$ (图 13.2)。对于数值通量 $\hat{f}_{j+\frac{1}{2}}^{+}(u)$,模板由 S_k^{3+} 或 S_k^{+} 表示,对于数值通量 $\hat{f}_{j+\frac{1}{2}}^{-}(u)$,模板由 S_k^{3-} 或 S_k^{-} 表示。

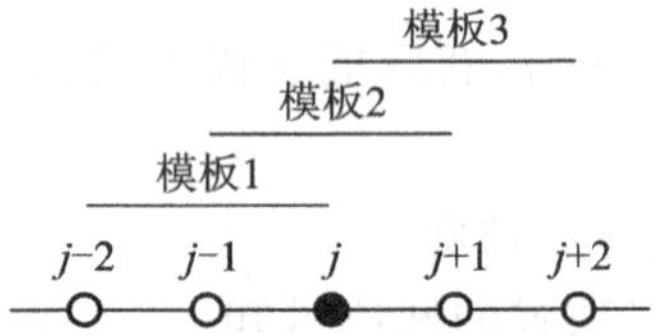

图 13.2　显式迎风型三阶 ENO 算法网格节点和模板示意图

对于 $\hat{f}'>0$,数值通量 $\hat{f}_{j+\frac{1}{2}}^{+}$ 的模板 S_k^{+} 为:

$$\left.\begin{aligned}S_0^{+}&=\{x_{j-2},x_{j-1},x_j\}\\S_1^{+}&=\{x_{j-1},x_j,x_{j+1}\}\\S_2^{+}&=\{x_j,x_{j+1},x_{j+2}\}\end{aligned}\right\} \tag{13.1.59}$$

可以使用 Newton 插值公式或直接应用待定系数法,得到它们所对应的二次线性插值函数多项式 $q_k^{+}(x)$ 分别是:

$$\left.\begin{aligned}q_0^+(x)&=f_{j-1}+\frac{f_j-f_{j-2}}{2\Delta x}(x-x_{j-1})+\frac{f_j-2f_{j-1}+f_{j-2}}{2\Delta x^2}(x-x_{j-1})^2-\frac{1}{24}(f_j-2f_{j-1}+f_{j-2})\\q_1^+(x)&=f_j+\frac{f_{j+1}-f_{j-1}}{2\Delta x}(x-x_j)+\frac{f_{j+1}-2f_j+f_{j-1}}{2\Delta x^2}(x-x_j)^2-\frac{1}{24}(f_{j+1}-2f_j+f_{j-1})\\q_2^+(x)&=f_{j+1}+\frac{f_{j+2}-f_j}{2\Delta x}(x-x_{j+1})+\frac{f_{j+2}-2f_{j+1}+f_j}{2\Delta x^2}(x-x_{j+1})^2-\frac{1}{24}(f_{j+2}-2f_{j+1}+f_j)\end{aligned}\right\}\tag{13.1.60}$$

在 $x_{j+\frac{1}{2}}$处线性插值函数多项式的值为：

$$\left.\begin{aligned}q_0^+(f_{j-2},f_{j-1},f_j)&=q_0^+(x_{j+\frac{1}{2}})=\frac{1}{3}f_{j-2}-\frac{7}{6}f_{j-1}+\frac{11}{6}f_j\\q_1^+(f_{j-1},f_j,f_{j+1})&=q_1^+(x_{j+\frac{1}{2}})=-\frac{1}{6}f_{j-1}+\frac{5}{6}f_j+\frac{1}{3}f_{j+1}\\q_2^+(f_j,f_{j+1},f_{j+2})&=q_2^+(x_{j+\frac{1}{2}})=\frac{1}{3}f_j+\frac{5}{6}f_{j+1}-\frac{1}{6}f_{j+2}\end{aligned}\right\}\tag{13.1.61}$$

为了在上述三个模板中选取一个最光滑模板 S_k^+，需要将上面的线性插值函数多项式 $q_k^+(x)(k=0,1,2)$代入式(13.1.58)，计算模板光滑度函数 IS_k^+：

$$\left.\begin{aligned}IS_0^+&=\frac{13}{12}(f_{j-2}^+-2f_{j-1}^++f_j^+)^2+\frac{1}{4}(f_{j-2}^+-4f_{j-1}^++3f_j^+)^2\\IS_1^+&=\frac{13}{12}(f_{j-1}^+-2f_j^++f_{j+1}^+)^2+\frac{1}{4}(f_{j-1}^+-f_{j+1}^+)^2\\IS_2^+&=\frac{13}{12}(f_j^+-2f_{j+1}^++f_{j+2}^+)^2+\frac{1}{4}(3f_j^+-4f_{j+1}^++f_{j+2}^+)^2\end{aligned}\right\}\tag{13.1.62}$$

由判别式：

$$\hat{f}_{j+\frac{1}{2}}^+=\mathrm{minmod}(q_0^+,q_1^+,q_2^+,IS_0^+,IS_1^+,IS_2^+)\tag{13.1.63}$$

判别和确定三个模板 S_k^+ 中的最光滑模板。也可利用上述线性插值函数多项式$q(x)$均差$\bar{v}[x_j,x_{j+1},x_{j+2},\cdots,x_{j+k}]$的数学性质直接确定最光滑模板。在确定了最光滑模板后，把最光滑模板的线性插值函数多项式 $q_k^+(x)$赋值给数值通量$\hat{f}_{j+\frac{1}{2}}^+(u)=q_k^+(x)$，求出在界面 $x_{j+\frac{1}{2}}$上数值通量$\hat{f}_{j+\frac{1}{2}}^+(u)$，数值通量$\hat{f}_{j+\frac{1}{2}}^+(u)$的模板为(图 13.3)：

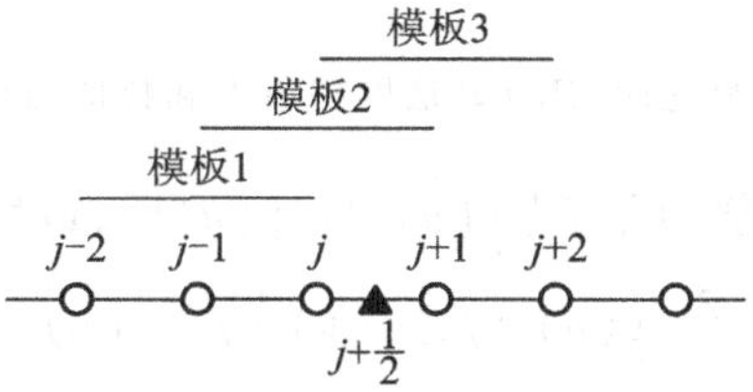

图 13.3　显式迎风型三阶 ENO 算法网格节点和数值通量$\hat{f}_{j+\frac{1}{2}}^+$模板示意图

对于$\hat{f}'<0$，数值通量$\hat{f}_{j+\frac{1}{2}}^-(u)$的模板为 S_k^-：

$$\left.\begin{aligned} S_0^- &= \{x_{j-1}, x_j, x_{j+1}\} \\ S_1^- &= \{x_j, x_{j+1}, x_{j+2}\} \\ S_2^- &= \{x_{j+1}, x_{j+2}, x_{j+3}\} \end{aligned}\right\} \tag{13.1.64}$$

它们所对应的线性插值函数多项式 $q_k^-(x)$ 在 $x_{j+\frac{1}{2}}$ 处的值为：

$$\left.\begin{aligned} q_0^-(f_{j-1}^-, f_j^-, f_{j+1}^-) &= q_0^-(x_{j+\frac{1}{2}}) = -\frac{1}{6}f_{j-1}^- + \frac{5}{6}f_j^- + \frac{1}{3}f_{j+1}^- \\ q_1^-(f_j^-, f_{j+1}^-, f_{j+2}^-) &= q_1^-(x_{j+\frac{1}{2}}) = \frac{1}{3}f_j^- + \frac{5}{6}f_{j+1}^- - \frac{1}{6}f_{j+2}^- \\ q_2^-(f_{j+1}^-, f_{j+2}^-, f_{j+3}^-) &= q_2^-(x_{j+\frac{1}{2}}) = \frac{11}{6}f_{j+1}^- - \frac{7}{6}f_{j+2}^- + \frac{1}{3}f_{j+3}^- \end{aligned}\right\} \tag{13.1.65}$$

模板光滑度函数 IS_k^- 为：

$$\left.\begin{aligned} IS_0^- &= \frac{13}{12}(f_{j-1}^- - 2f_j^- + f_{j+1}^-)^2 + \frac{1}{4}(f_{j-1}^- - 4f_j^- + 3f_{j+1}^-)^2 \\ IS_1^- &= \frac{13}{12}(f_j^- - 2f_{j+1}^- + f_{j+2}^-)^2 + \frac{1}{4}(f_{j+2}^- - f_j^-)^2 \\ IS_2^- &= \frac{13}{12}(f_{j+1}^- - 2f_{j+2}^- + f_{j+3}^-)^2 + \frac{1}{4}(3f_{j+1}^- - 4f_{j+2}^- + f_{j+3}^-)^2 \end{aligned}\right\} \tag{13.1.66}$$

由判别式：

$$\hat{f}_{j+\frac{1}{2}}^- = \text{minmod}(q_0^-, q_1^-, q_2^-, IS_0^-, IS_1^-, IS_2^-) \tag{13.1.67}$$

判断和确定三个模板 S_k^- 中最光滑模板。并把最光滑模板的线性插值函数多项式 $q_k^-(x)$ 赋值给数值通量 $\hat{f}_{j+\frac{1}{2}}^-(u) = q_k^-(x)$，求出在界面 $x_{j+\frac{1}{2}}$ 上数值通量 $\hat{f}_{j+\frac{1}{2}}^-(u)$。数值通量函数 $\hat{f}_{j+\frac{1}{2}}^-(u)$ 的模板如图 13.4 所示。

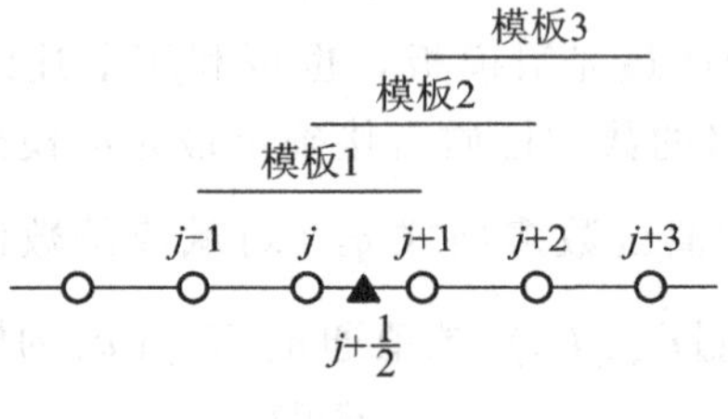

图 13.4 显式迎风型三阶 ENO 算法网格节点和数值通量 $\hat{f}_{j+\frac{1}{2}}^-$ 模板示意图

在得到界面 $x_{j+\frac{1}{2}}$ 上数值通量 $\hat{f}_{j+\frac{1}{2}}^+(u)$、$\hat{f}_{j+\frac{1}{2}}^-(u)$ 后，最后由：

$$\hat{f}_{j+\frac{1}{2}}(u) = \hat{f}_{j+\frac{1}{2}}^+(u) + \hat{f}_{j+\frac{1}{2}}^-(u) \tag{13.1.68}$$

得到数值通量 $\hat{f}_{j+\frac{1}{2}}(u)$。

显式迎风型三阶 ENO 算法差分格式在时间上采用如下三阶 TVD 性质的 Runge-Kutta 时间差分格式：

$$\left.\begin{aligned} u_j^{(1)} &= u_j^n + \Delta t L_h(u_j^n) \\ u_j^{(2)} &= \frac{3}{4}u_j^n + \frac{1}{4}u_j^{(1)} + \frac{1}{4}\Delta t L_h(u_j^{(1)}) \\ u_j^{n+1} &= \frac{1}{3}u_j^n + \frac{2}{3}u_j^{(2)} + \frac{2}{3}\Delta t L_h(u_j^{(2)}) \end{aligned}\right\} \tag{13.1.69}$$

13-1-6 一维无黏流动 Euler 方程组的 ENO 算法差分格式

一维 Euler 方程组为：

$$\boldsymbol{u}_t + \boldsymbol{f}_x = \boldsymbol{0} \tag{13.1.70}$$

$$\boldsymbol{u} = \begin{pmatrix} \rho \\ \rho u \\ E \end{pmatrix}, \quad \boldsymbol{f}(\boldsymbol{u}) = \begin{pmatrix} \rho u \\ \rho u^2 + p \\ (E+p)u \end{pmatrix} \tag{13.1.70a}$$

ρ 为流体密度，p 为压力，u 为在 x 方向上速度分量，e 为单位质量流体内能，E 为单位体积流体总能。理想气体状态方程：

$$p = (\gamma - 1)\rho e = (\gamma - 1)\left[E - \frac{1}{2}\rho u^2\right] \tag{13.1.71}$$

首先需要对流通量矢量 $\boldsymbol{f}(\boldsymbol{u})$ 进行分裂，上面我们采用的是 Lax-Friedriches 流通量分裂式(13.1.37a)。而在实际计算中一般采用 Steger-Warming 流通量矢量分裂法。两者的差别是：Lax-Friedriches 流通量分裂法的出发点是有限体积思想，而 Steger-Warming 流通量矢量分裂法的出发点是有限差分思想，两者的计算结果应该是完全一样的。

一维 Euler 方程组的非线性 Jacobian 系数矩阵、特征值和左右特征矢量等可由第十一章 11-3-3 节的算式(11.3.33)～式(11.3.38)得到。由此可得到流通量矢量 $\boldsymbol{f}(\boldsymbol{u})$，并由关系式(11.3.41)得到分裂后的流通量矢量 $\boldsymbol{f}^{\pm}(\boldsymbol{u})$：

$$\boldsymbol{f}^{\pm}(\boldsymbol{u}) = \frac{\rho}{2\gamma}\begin{pmatrix} 2(\gamma-1)\lambda_1^{\pm} + \lambda_2^{\pm} + \lambda_3^{\pm} \\ 2(\gamma-1)u\lambda_1^{\pm} + (u-a)\lambda_2^{\pm} + (u+a)\lambda_3^{\pm} \\ (\gamma-1)u^2\lambda_1^{\pm} + (h-au)\lambda_2^{\pm} + (h+au)\lambda_3^{\pm} \end{pmatrix} \tag{13.1.72}$$

再利用 ENO 算法重构思路求出在界面 $x_{j+\frac{1}{2}}$ 半点上的数值通量 $\hat{\boldsymbol{f}}^{+}_{j+\frac{1}{2}}$、$\hat{\boldsymbol{f}}^{-}_{j+\frac{1}{2}}$、$\hat{\boldsymbol{f}}^{+}_{j-\frac{1}{2}}$、$\hat{\boldsymbol{f}}^{-}_{j-\frac{1}{2}}$。

为此首先需要选取一个初始模板 $\boldsymbol{S}_0^+$、$\boldsymbol{S}_0^-$，经过 $r-1=2$ 次扩展后，就能得到 3 个模板 $\boldsymbol{S}_0^+$、$\boldsymbol{S}_1^+$、$\boldsymbol{S}_2^+$、$\boldsymbol{S}_0^-$、$\boldsymbol{S}_1^-$、$\boldsymbol{S}_2^-$，和它们所对应的 3 个线性插值函数多项式 $\boldsymbol{q}_0^+$、$\boldsymbol{q}_1^+$、$\boldsymbol{q}_2^+$、$\boldsymbol{q}_0^-$、$\boldsymbol{q}_1^-$、$\boldsymbol{q}_2^-$，以及度量模板光滑度的函数 $\boldsymbol{IS}_0^+$、$\boldsymbol{IS}_1^+$、$\boldsymbol{IS}_2^+$、$\boldsymbol{IS}_0^-$、$\boldsymbol{IS}_1^-$、$\boldsymbol{IS}_2^-$。由它们得到模板光滑度判别式：

$$\begin{aligned} \hat{\boldsymbol{f}}_{j+\frac{1}{2}} = {} & \mathrm{minmod}(\boldsymbol{q}_0^+, \boldsymbol{q}_1^+, \boldsymbol{q}_2^+, \boldsymbol{IS}_0^+, \boldsymbol{IS}_1^+, \boldsymbol{IS}_2^+) \\ & + \mathrm{minmod}(\boldsymbol{q}_0^-, \boldsymbol{q}_1^-, \boldsymbol{q}_2^-, \boldsymbol{IS}_0^-, \boldsymbol{IS}_1^-, \boldsymbol{IS}_2^-) \end{aligned} \tag{13.1.73}$$

最后，得到一维 Euler 方程组的显式迎风型三阶 ENO 差分格式：

$$u_j^{n+1} = u_j^n - \frac{\Delta t}{\Delta x}(\hat{f}_{j+\frac{1}{2}} - \hat{f}_{j-\frac{1}{2}}) \tag{13.1.74}$$

$$\left.\begin{aligned} \hat{f}_{j+\frac{1}{2}}(u) &= \hat{f}^+_{j+\frac{1}{2}}(u) + \hat{f}^-_{j+\frac{1}{2}}(u) \\ \hat{f}_{j-\frac{1}{2}}(u) &= \hat{f}^+_{j-\frac{1}{2}}(u) + \hat{f}^-_{j-\frac{1}{2}}(u) \end{aligned}\right\} \tag{13.1.74a}$$

具体的差分格式可参照上述式(13.1.59)~式(13.1.68)。时间项仍可采用 Runge-Kutta 时间差分离散格式(13.1.69)。

第2节 加权基本无振荡差分算法(WENO 算法)

13-2-1 WENO 算法简介

WENO 算法是在 ENO 算法基础上发展起来的。在具有 r 阶精度的 ENO 算法中为了有效捕捉激波,它只能从 $2r-1$ 个单元所构成的各种模板中选取最为光滑的那个模板的重构多项式来计算数值通量,即它只使用了一种模板,这显然会影响计算效率。如果在计算中将所有 $2r-1$ 个单元都用上,就可以得到 $2r-1$ 阶精度的数值通量:

$$\hat{f}^+_{j+\frac{1}{2}} = q^{2r-1}(f_{j-r+1}, \cdots, f_{j+r-1}) = q^{2r-1}(x_{j+\frac{1}{2}}) \tag{13.2.1}$$

由此在光滑区域内可以得到 $2r-1$ 阶精度的差分格式,大大提高了计算效率。

基于这一事实,Liu 和 Osher 对 ENO 算法进行了改进,提出了 WENO(Weighted Essentially Non-Oscillatory)算法[11]。计算实践表明:WENO 算法不仅能得到基本无振荡数值解,而且能得到比 ENO 算法具有更高精度和效率。

13-2-2 WENO 算法基本思路和差分格式重构

1. WENO 算法基本思路

WENO 算法基本思路是:对 ENO 算法差分格式的各个备选模板上的重构函数进行非线性加权,使得在光滑区域达到更高阶精度。通过自动调整权系数,在间断附近退化为 ENO 算法差分格式,以保证数值解在间断附近没有振荡[12,13,14]。

2. WENO 算法差分格式重构思路和做法

考虑非线性标量方程:

$$u_t + f_x = 0 \tag{13.2.2}$$

其半离散格式:

$$\frac{\partial u_j}{\partial t} + \frac{1}{\Delta x}[\hat{f}_{j+\frac{1}{2}} - \hat{f}_{j-\frac{1}{2}}] = 0 \tag{13.2.3}$$

设在 ENO 算法中有 k 个模板:

$$S_r(x_j) = \{I_{j-r}, \cdots, I_{j-r+k-1}\}, \quad (r = 0, \cdots, k-1) \tag{13.2.4}$$

由各个模板得到的重构函数为 $h^{(r)}(x_{j+\frac{1}{2}})$:

$$h_{j+\frac{1}{2}}^{(r)}(x) = \sum_{m=0}^{k-1} c_{rm}\bar{h}_{j-r+m}^{r}(x),\quad (r=0,\cdots,k-1) \tag{13.2.5}$$

其中 $\bar{h}_{j-r+m}^{r}(x)$ 为每个单元中数值通量平均值,c_{rm} 为多项式系数。

现把这 k 个重构函数 $h^{(r)}(x_{j+\frac{1}{2}})$ 进行加权组合:

$$h_{j+\frac{1}{2}}(x) = \sum_{r=0}^{k-1} \omega_r h_{j+\frac{1}{2}}^{(r)}(x) \tag{13.2.6}$$

其中 ω_r 为权重系数。为了使加权组合后得到的 WENO 算法差分格式满足相容性和稳定性,要求权重函数 ω_r 满足:

$$\omega_r \geqslant 0,\quad \sum_{r=0}^{k-1}\omega_r = 1 \tag{13.2.7}$$

其次,如果重构函数 $h^r(x_{j+\frac{1}{2}})$ 在所有的模板中是光滑的,则存在一个常数 d_r:

$$\omega_r = d_r + O(\Delta x^{k-1}) \tag{13.2.8}$$

并且有:

$$h_{j+\frac{1}{2}}(x) = \sum_{r=0}^{k-1} d_r h_{j+\frac{1}{2}}^{(r)}(x) = h(x_{j+\frac{1}{2}}) + O(\Delta x^{2k-1}) \tag{13.2.9}$$

因此,加权组合后得到具有(2k - 1)阶计算精度 WENO 算法差分格式。

若在式(13.2.8)和式(13.2.9)中取 $r = k = 3$ 时,则有:

$$d_0 = \frac{3}{10},\quad d_1 = \frac{3}{5},\quad d_2 = \frac{1}{10} \tag{13.2.10}$$

它所构成的 WENO 算法差分格式在光滑区域具有 5 阶计算精度。

为了在间断附近避免出现非物理振荡,需要把 WENO 算法差分格式退化回 ENO 算法差分格式,让在包含间断的节点和模板中产生的重构函数所对应的权重函数 ω_r 趋近于零。为此要求权重函数 ω_r 满足:

$$\omega_r = \frac{\alpha_r}{\sum_{s=0}^{k-1}\alpha_s},\quad \alpha_r = \frac{d_r}{(\varepsilon + IS)^2},\quad (r=0,\cdots,k-1) \tag{13.2.11}$$

这里 IS 为光滑函数,$\varepsilon > 0$ 是为避免上式中的分母出现零而引入的小量。

数值实验表明,光滑函数 IS 可取为:

$$IS = \sum_{r=0}^{k-1}\int_{x_{j-\frac{1}{2}}}^{x_{j+\frac{1}{2}}} \Delta x^{2l-1}\left(\frac{\partial^l p_r(x)}{\partial x^l}\right)^2 \mathrm{d}x \tag{13.2.12}$$

13 -2 -3　WENO 算法差分格式精度分析

根据 WENO 算法重构思路,WENO 算法重构所得到的数值通量为:

$$\hat{f}_{j+\frac{1}{2}} = \sum_{k=0}^{r-1}\omega_k q_k^r(f_{j+k-r+1},\cdots,f_{j+k}) \tag{13.2.13}$$

其中 $q_k^r(x_{j+\frac{1}{2}})$ 为线性插值函数多项式。

构造显式迎风型 WENO 算法差分格式的关键是如何选择权重系数 ω_k。对各个

备选模板上 $r-1$ 阶重构函数进行线性加权后得到 $2r-1$ 阶数值通量：

$$\sum_{k=0}^{r-1} C_k^r q_k^r(f_{j+k-r+1},\cdots,f_{j+k}) = q^{2r-1}(f_{j-r+1},\cdots,f_{j+r-1}) \tag{13.2.14}$$

其中

$$\sum_{k=0}^{r-1} C_k^r = 1, C_k^r > 0 \tag{13.2.15}$$

由式(13.1.13)和式(13.1.14)相加可以得到：

$$\hat{f}_{j+\frac{1}{2}} = q^{2r-1}(f_{j-r+1},\cdots,f_{j+r-1}) + \sum_{k=0}^{r-1}(\omega_k - C_k^r)q_k^r(f_{j+k-r+1},\cdots,f_{j+k}) \tag{13.2.16}$$

因为 $\sum\limits_{k=0}^{r-1} C_k^r = 1$，则上式可写成：

$$\hat{f}_{j+\frac{1}{2}} = q^{2r-1}(f_{j-r+1},\cdots,f_{j+r-1}) + \sum_{k=0}^{r-1}\left[(\omega_k - C_k^r)q_k^r(f_{j+k-r+1},\cdots,f_{j+k}) - f(u_{j+\frac{1}{2}})\right] \tag{13.2.16a}$$

上式右端第一项是对流项函数 $\hat{f}_{j+\frac{1}{2}}$，它具有 $2r-1$ 阶计算精度 $O(\Delta x^{2r-1})$，而右端第二项中 $q_k^r(f_{j+k-r+1},\cdots,f_{j+k})$ 的计算精度是 $O(\Delta x^r)$。如果权重系数满足：

$$\omega_k = C_k^r + O(\Delta x^{r-1}), \quad (k=0,1,\cdots,r-1) \tag{13.2.17}$$

条件，则右端第二项计算精度在光滑区域内也是 $O(\Delta x^{2r-1})$。因此，WENO 算法差分格式具有 $O(\Delta x^{2r-1})$ 计算精度。

为了保证权重系数 ω_k 在光滑区域有 $O(\Delta x^{2r-1})$ 计算精度，又能抑制数值振荡，ω_k 必须满足下述三个条件：

(1) 权重系数组合满足：

$$\sum_{k=0}^{r-1} \omega_k = 1, \quad \omega_k > 0 \tag{13.2.18}$$

(2) 在光滑区域内权重系数组合满足：

$$\omega_k = C_k^r + O(\Delta x^{r-1}), \quad (k=0,1,\cdots,r-1) \tag{13.2.19}$$

(3) 在任何有间断的节点和模板中权重系数都几乎为零，即 $\omega_k \approx 0$。

通常称满足上述三个条件的 ω_k 为最佳权重系数。Jiang 和 Shu 建议选取最佳权重系数为：

$$\omega_k = \frac{\alpha_k}{\alpha_0 + \alpha_1 + \cdots + \alpha_{r-1}}, \quad \alpha_k = \frac{C_k^r}{(\varepsilon + IS_k)^p}, \quad (k=0,1,\cdots,r-1) \tag{13.2.20}$$

其中 ε 是为了避免在上式中分母出现零而取的一个小量，通常取 $\varepsilon = 10^{-6}$。p 为大于 2 的正整数，它的作用是用来放大模板不光滑性，让有间断的节点和模板所对应的权函数 ω_k 更小。IS_k 是光滑度函数。

13－2－4　非线性标量方程五阶精度 WENO 算法差分格式

根据上述构造 WENO 算法差分格式重构思路，利用模板光滑度函数可以构造非线性标量方程(13.1.38)和半离散格式(13.1.39)WENO 算法差分格式。

下面以五阶精度的 WENO 算法差分格式为例,说明构造 WENO 算法差分格式的过程。这里仍然采用通量分裂方法来构造 WENO 算法差分格式。

当 $\hat{f}'>0$ 时,数值通量为 $\hat{f}^+_{j+\frac{1}{2}}$,它的模板 S_k^+ 为:

$$\left.\begin{aligned} S_0^+ &= \{x_{j-2}, x_{j-1}, x_j\} \\ S_1^+ &= \{x_{j-1}, x_j, x_{j+1}\} \\ S_2^+ &= \{x_j, x_{j+1}, x_{j+2}\} \end{aligned}\right\} \tag{13.2.21}$$

它们的线性插值函数多项式 $q_k^+(x)$ 是:

$$\left.\begin{aligned} q_0^+(f_{j-2}, f_{j-1}, f_j) &= q_0^3(x_{j+\frac{1}{2}}) = \frac{1}{3}f_{j-2} - \frac{7}{6}f_{j-1} + \frac{11}{6}f_j \\ q_1^+(f_{j-1}, f_j, f_{j+1}) &= q_1^3(x_{j+\frac{1}{2}}) = -\frac{1}{6}f_{j-1} + \frac{5}{6}f_j + \frac{1}{3}f_{j+1} \\ q_2^+(f_j, f_{j+1}, f_{j+2}) &= q_2^3(x_{j+\frac{1}{2}}) = \frac{1}{3}f_j + \frac{5}{6}f_{j+1} - \frac{1}{6}f_{j+2} \end{aligned}\right\} \tag{13.2.22}$$

对应于数值通量 $\hat{f}^+_{j+\frac{1}{2}}$ 的模板 S_k^+ 是由三个模板和五个节点组成,由它们构成单元内的四次插值多项式 $p^+(x)$:

$$\begin{aligned} p^+(x) = f_j &- \frac{f_{j+2} - 8f_{j+1} + 8f_{j-1} - f_{j-2}}{12\Delta x}(x - x_j) - \\ &\frac{f_{j+2} - 16f_{j+1} + 30f_j - 16f_{j-1} + f_{j-2}}{24\Delta x^2} \times (x - x_j)^2 + \\ &\frac{f_{j+2} - 2f_{j+1} + 2f_{j-1} - f_{j-2}}{12\Delta x^3}(x - x_j)^3 + \\ &\frac{f_{j+2} - 4f_{j+1} + 6f_j - 4f_{j-1} + f_{j-2}}{24\Delta x^4}(x - x_j)^4 \end{aligned} \tag{13.2.23}$$

由 $p^+(x)$ 可得到线性插值函数多项式 $q^+(x)$:

$$q^+(x) = p^+(x) + a_2\Delta x^2\left(\frac{\partial^2 p^+(x)}{\partial x^2}\right) + a_4\Delta x^4\left(\frac{\partial^4 p^+(x)}{\partial x^4}\right) \tag{13.2.24}$$

在节点 $x_{j+\frac{1}{2}}$ 上数值通量 $\hat{f}^+_{j+\frac{1}{2}} = q^+(x_{j+\frac{1}{2}})$:

$$\hat{f}^+_{j+\frac{1}{2}} = q^+(x_{j+\frac{1}{2}}) = \frac{1}{30}f_{j-2} - \frac{13}{60}f_{j-1} + \frac{47}{60}f_j + \frac{9}{20}f_{j+1} - \frac{1}{20}f_{j+2} \tag{13.2.25}$$

这是一个具有五阶精度的数值通量。WENO 算法就是要求在加权后重构的差分格式在光滑区域内有尽可能高阶的数值通量:

$$\hat{f}^+_{j+\frac{1}{2}} = \sum_{k=0}^{2} \omega_k^+ q_k^+(f_{j-2}^+, f_{j-1}^+, f_j^+, f_{j+1}^+, f_{j+2}^+) \tag{13.2.26}$$

其中 ω_k^+ 采用 Jiang 和 Shu 建议的最佳权重系数为:

$$\omega_k^+ = \frac{\alpha_k^+}{\alpha_0^+ + \alpha_1^+ + \alpha_2^+}, \quad \alpha_k^+ = \frac{C_k^+}{(\varepsilon + IS_k^+)^p}, \quad (k=0,1,2) \tag{13.2.27}$$

而组合系数 C_k^+ 为：

$$C_0^+ = \frac{1}{10}, \quad C_1^+ = \frac{3}{5}, \quad C_2^+ = \frac{3}{10} \tag{13.2.28}$$

p 为大于 2 的正整数。同时采用 Jiang 和 Shu 建议的模板光滑度函数 IS_k^+：

$$IS_k^+ = \sum_{l=1}^{r-1} \int_{x_{j-\frac{1}{2}}}^{x_{j+\frac{1}{2}}} \Delta x^{2l-1} \left(\frac{d^l q_k^+(x)}{dx^l} \right)^2 dx, \quad (k=0,1,2) \tag{13.2.29}$$

将前面的 $q_k^+(x)$ 代入上式有：

$$\left.\begin{aligned} IS_0^+ &= \frac{13}{12}(f_{j-2} - 2f_{j-1} + f_j)^2 + \frac{1}{4}(f_{j-2} - 4f_{j-1} + 3f_j)^2 \\ IS_1^+ &= \frac{13}{12}(f_{j-1} - 2f_j + f_{j+1})^2 + \frac{1}{4}(f_{j-1} - f_{j+1})^2 \\ IS_2^+ &= \frac{13}{12}(f_j - 2f_{j+1} + f_{j+2})^2 + \frac{1}{4}(3f_j - 4f_{j+1} + f_{j+2})^2 \end{aligned}\right\} \tag{13.2.30}$$

和 ENO 算法一样，利用数值通量 $\hat{f}_{j+\frac{1}{2}}^-$ 和 $\hat{f}_{j+\frac{1}{2}}^+$ 在 $x_{j+\frac{1}{2}}$ 点上的对称性，可得到 $\hat{f}_{j+\frac{1}{2}}^-$。

当 $\hat{f}' < 0$ 时，数值通量为 $\hat{f}_{j+\frac{1}{2}}^-$，它的模板为 S_k^-：

$$\left.\begin{aligned} S_0^- &= \{x_{j-1}, x_j, x_{j+1}\} \\ S_1^- &= \{x_j, x_{j+1}, x_{j+2}\} \\ S_2^- &= \{x_{j+1}, x_{j+2}, x_{j+3}\} \end{aligned}\right\} \tag{13.2.31}$$

它们的线性插值函数多项式 $q_k^-(x)$ 是：

$$\left.\begin{aligned} q_0^-(f_{j-1}^-, f_j^-, f_{j+1}^-) &= q_1^-(x_{j+\frac{1}{2}}) = -\frac{1}{6}f_{j-1}^- + \frac{5}{6}f_j^- + \frac{1}{3}f_{j+1}^- \\ q_1^-(f_j^-, f_{j+1}^-, f_{j+2}^-) &= q_2^-(x_{j+\frac{1}{2}}) = \frac{1}{3}f_j^- + \frac{5}{6}f_{j+1}^- - \frac{1}{6}f_{j+2}^- \\ q_2^-(f_{j+1}^-, f_{j+2}^-, f_{j+3}^-) &= q_2^-(x_{j+\frac{1}{2}}) = \frac{11}{6}f_{j+1}^- - \frac{7}{6}f_{j+2}^- + \frac{1}{3}f_{j+3}^- \end{aligned}\right\} \tag{13.2.32}$$

在界面 $x_{j+\frac{1}{2}}$ 上数值通量 $\hat{f}_{j+\frac{1}{2}}^- = q^-(x_{j+\frac{1}{2}})$：

$$\hat{f}_{j+\frac{1}{2}}^- = q^-(x_{j+\frac{1}{2}}) = -\frac{1}{20}f_{j-1}^- + \frac{9}{20}f_j^- + \frac{47}{60}f_{j+1}^- - \frac{13}{60}f_{j+2}^- + \frac{1}{30}f_{j+3}^- \tag{13.2.33}$$

由此可得到 WENO 算法加权后重构数值通量 $\hat{f}_{j+\frac{1}{2}}^-$ 为：

$$\hat{f}_{j+\frac{1}{2}}^- = \sum_{k=0}^{2} \omega_k^- q_k^-(f_{j-1}^-, f_j^-, f_{j+1}^-, f_{j+2}^-, f_{j+3}^-) \tag{13.2.34}$$

其中权重系数 ω_k^-：

$$\omega_k^- = \frac{\alpha_k^-}{\alpha_0^- + \alpha_1^- + \alpha_2^-}, \quad \alpha_k^- = \frac{C_k^-}{(\varepsilon + IS_k^-)^p}, \quad (k=0,1,2) \tag{13.2.35}$$

线性组合系数 C_k^-：

$$C_0^- = \frac{3}{10},\quad C_1^- = \frac{3}{5},\quad C_2^- = \frac{1}{10} \tag{13.2.36}$$

p 为大于 2 的正整数。模板光滑度函数 IS_k^- 为：

$$IS_k^- = \sum_{l=1}^{2}\int_{x_{j+\frac{1}{2}}}^{x_{j+\frac{3}{2}}} \Delta x^{2l-1}\left(\frac{d^l q_k^-(x)}{dx^l}\right)^2 dx \tag{13.2.37}$$

将上述的 $q_k^-(x)$ 代入上式有：

$$\left.\begin{aligned}
IS_0^- &= \frac{13}{12}(f_{j+1}^- - 2f_j^- + f_{j-1}^-)^2 + \frac{1}{4}(3f_{j+1}^- - 4f_j^- + f_{j-1}^-)^2\\
IS_1^- &= \frac{13}{12}(f_{j+2}^- - 2f_{j+1}^- + f_j^-)^2 + \frac{1}{4}(f_{j+2}^- - f_j^-)^2\\
IS_2^- &= \frac{13}{12}(f_{j+3}^- - 2f_{j+2}^- + f_{j+1}^-)^2 + \frac{1}{4}(f_{j+3}^- - 4f_{j+2}^- + 3f_{j+1}^-)^2
\end{aligned}\right\} \tag{13.2.37a}$$

由 $\hat{f}_{j+\frac{1}{2}} = \hat{f}_{j+\frac{1}{2}}^+ + \hat{f}_{j+\frac{1}{2}}^-$ 得到数值通量 $\hat{f}_{j+\frac{1}{2}}$：

$$\begin{aligned}
\hat{f}_{j+\frac{1}{2}} = &\sum_{k=0}^{2}\omega_k^+ q_k^+(f_{j-2}^+, f_{j-1}^+, f_j^+, f_{j+1}^+, f_{j+2}^+) + \\
&\sum_{k=0}^{2}\omega_k^- q_k^-(f_{j-1}^-, f_j^-, f_{j+1}^-, f_{j+2}^-, f_{j+3}^-)
\end{aligned} \tag{13.2.38}$$

其中 q_k^+、q_k^- 分别由式(13.2.22)和式(13.2.32)计算得到。

为了验证上述的 WENO 算法差分格式的计算精度，可将 IS_k 进行 Taylor 展开得到：

$$\left.\begin{aligned}
IS_0 &= \frac{13}{12}(\Delta x^2 f_j'')^2 + \frac{1}{4}\left(2\Delta x f_j' - \frac{2}{3}\Delta x^3 f_j'''\right)^2 + O(\Delta x^6)\\
IS_1 &= \frac{13}{12}(\Delta x^2 f_j'')^2 + \frac{1}{4}\left(2\Delta x f_j' + \frac{1}{3}\Delta x^3 f_j'''\right)^2 + O(\Delta x^6)\\
IS_2 &= \frac{13}{12}(\Delta x^2 f_j'')^2 + \frac{1}{4}\left(2\Delta x f_j' - \frac{2}{3}\Delta x^3 f_j'''\right)^2 + O(\Delta x^6)
\end{aligned}\right\} \tag{13.2.39}$$

当 $f' \neq 0$ 时，则有：

$$IS_k = (\Delta x f')^2(1 + O(\Delta x^2)),\ (k = 0,1,2) \tag{13.2.40}$$

同时，也对 α_k 进行 Taylor 展开，则有：

$$\alpha_k = (\Delta x f_j')^{-2p} C_k^3 (1 + O(\Delta x^2)) \tag{13.2.41}$$

把它代入权重系数 ω_k 表达式中，利用 Taylor 展开和 $\sum\limits_{k=0}^{2} C_k^3 = 1$，得到权重系数为：

$$\omega_k = C_k^3 + O(\Delta x^2) \tag{13.2.42}$$

因此，在光滑区域显式迎风型 WENO 算法差分格式确实具有五阶精度。

当 $f' = 0$ 时，通过 Taylor 展开有：

$$IS_k = \frac{13}{12}(\Delta x^2 f'')^2 (1 + O(\Delta x^2)) \tag{13.2.40a}$$

$$\alpha_k = (\Delta x^2 f''_j)^{-2p} C_k^3 (1 + O(\Delta x^2)) \tag{13.2.41a}$$

则权重系数为：

$$\omega_k = C_k^3 + O(\Delta x^2) \tag{13.2.42a}$$

因此，在极值点附近 WENO 算法差分格式同样具有五阶精度。

最后，分析 IS_k 可知，若在有间断的节点和模板 S_k^3 中 IS_k 的值很大，则 α_k 和 ω_k 接近于零值。因此，在有间断的节点和模板附近能保证基本无数值振荡。

综上所述，在 $r=3$ 时 ENO 算法差分格式具有三阶计算精度，而 WENO 算法差分格式能达到五阶精度。

13－2－5　一维无黏流动 Euler 方程组的 WENO 算法差分格式

一维无黏流动 Euler 方程组：

$$\boldsymbol{u}_t + \boldsymbol{f}_x = \boldsymbol{0} \tag{13.2.43}$$

$$\boldsymbol{u} = \begin{pmatrix} \rho \\ \rho u \\ E \end{pmatrix}, \quad \boldsymbol{f}(\boldsymbol{u}) = \begin{pmatrix} \rho u \\ \rho u^2 + p \\ (E+p)u \end{pmatrix} \tag{13.2.43a}$$

ρ 为流体密度，p 为压力，u 在 x 方向上速度分量，e 是单位质量的内能，E 为单位体积流体总能。理想气体状态方程：

$$p = (\gamma - 1)\rho e = (\gamma - 1)\left[E - \frac{1}{2}\rho u^2\right] \tag{13.2.44}$$

首先，采用 Steger-Warming 流通量矢量分裂法得到：

$$\boldsymbol{f}(\boldsymbol{u}) = \boldsymbol{f}^+(\boldsymbol{u}) + \boldsymbol{f}^-(\boldsymbol{u}) \tag{13.2.45}$$

流通量矢量分裂后，选取一个初始模板为 $\boldsymbol{S}_0^+$、$\boldsymbol{S}_0^-$，经过 $r-1=2$ 次扩展后，得到 3 个模板的 $\boldsymbol{S}_0^+$、$\boldsymbol{S}_1^+$、$\boldsymbol{S}_2^+$、$\boldsymbol{S}_0^-$、$\boldsymbol{S}_1^-$、$\boldsymbol{S}_2^-$ 和 3 个线性插值函数多项式 $\boldsymbol{q}_0^+$、$\boldsymbol{q}_1^+$、$\boldsymbol{q}_2^+$、$\boldsymbol{q}_0^-$、$\boldsymbol{q}_1^-$、$\boldsymbol{q}_2^-$ 以及度量模板光滑度的函数 $\boldsymbol{IS}_0^+$、$\boldsymbol{IS}_1^+$、$\boldsymbol{IS}_2^+$、$\boldsymbol{IS}_0^-$、$\boldsymbol{IS}_1^-$、$\boldsymbol{IS}_2^-$。由此导出一维无黏流动 Euler 方程组显式迎风型五阶 WENO 算法差分格式如下：

$$\boldsymbol{u}_j^{n+1} = \boldsymbol{u}_j^n - \frac{\Delta t}{\Delta x}(\hat{\boldsymbol{f}}_{j+\frac{1}{2}} - \hat{\boldsymbol{f}}_{j-\frac{1}{2}}) \tag{13.2.46}$$

$$\hat{\boldsymbol{f}}_{j+\frac{1}{2}}(\boldsymbol{u}) = \hat{\boldsymbol{f}}^+_{j+\frac{1}{2}}(\boldsymbol{u}) + \hat{\boldsymbol{f}}^-_{j+\frac{1}{2}}(\boldsymbol{u}) \tag{13.2.46a}$$

$$\left.\begin{aligned} \hat{\boldsymbol{f}}^+_{j+\frac{1}{2}} &= \sum_{k=0}^{2} \omega_k^+ \boldsymbol{q}_k^+ (\boldsymbol{f}^+_{j-2}, \boldsymbol{f}^+_{j-1}, \boldsymbol{f}^+_j, \boldsymbol{f}^+_{j+1}, \boldsymbol{f}^+_{j+2}) \\ \hat{\boldsymbol{f}}^-_{j+\frac{1}{2}} &= \sum_{k=0}^{2} \omega_k^- \boldsymbol{q}_k^- (\boldsymbol{f}^-_{j-1}, \boldsymbol{f}^-_j, \boldsymbol{f}^-_{j+1}, \boldsymbol{f}^-_{j+2}, \boldsymbol{f}^-_{j+3}) \end{aligned}\right\} \tag{13.2.46b}$$

$$\left.\begin{aligned} \boldsymbol{q}^+(x_{j+\frac{1}{2}}) &= \frac{1}{30}\boldsymbol{f}^+_{j-2} - \frac{13}{60}\boldsymbol{f}^+_{j-1} + \frac{47}{60}\boldsymbol{f}^+_j + \frac{9}{20}\boldsymbol{f}^+_{j+1} - \frac{1}{20}\boldsymbol{f}^+_{j+2} \\ \boldsymbol{q}^-(x_{j+\frac{1}{2}}) &= -\frac{1}{20}\boldsymbol{f}^-_{j-1} + \frac{9}{20}\boldsymbol{f}^-_j + \frac{47}{60}\boldsymbol{f}^-_{j+1} - \frac{13}{60}\boldsymbol{f}^-_{j+2} + \frac{1}{30}\boldsymbol{f}^-_{j+3} \end{aligned}\right\} \tag{13.2.46c}$$

具体的差分格式可参照上述式(13.1.59)～式(13.1.68)。时间项仍可采用 Runge-

Kutta 时间差分离散格式(13.1.69)。

第 3 节　显式迎风型三阶 ENO 和五阶 WENO 算法在二维可压缩无黏流动中的应用

13-3-1　二维 Riemann 问题

在初始时刻,四个计算子区域内流体具有不同的初值。当瞬时除去四个计算子区域内隔膜后,在计算区域内形成激波、涡和接触间断相互作用的复杂流动,构成典型的二维 Riemann 问题。二维 Riemann 问题初边值条件如图 13.5a 所示。二维 Riemann 问题数值结果如图 13.5b 所示。

初始条件:$t=0$ 时,在四个子区域内气体初始参数:

$$\left.\begin{array}{llll}\rho=1.5, & p=1.0, & u=-3.0, & v=1.0\\ \rho=0.5, & p=1.0, & u=-3.0, & v=-1.0\\ \rho=0.5, & p=1.0, & u=3.0, & v=1.0\\ \rho=1.5, & p=1.0, & u=3.0, & v=-1.0\end{array}\right\}\tag{13.3.1}$$

边界条件:上边界($x=0\sim1.0, y=1.0$)、下边界($x=0\sim1.0, y=0$)、左边界($x=0, y=0\sim1.0$)和右边界($x=1.0, y=0\sim1.0$)均为无反射自由输出边界条件,即在所有边界上有:

$$\frac{\partial u}{\partial x}=\frac{\partial v}{\partial x}=0 \text{ 或 } \frac{\partial u}{\partial y}=\frac{\partial v}{\partial y}=0\tag{13.3.2}$$

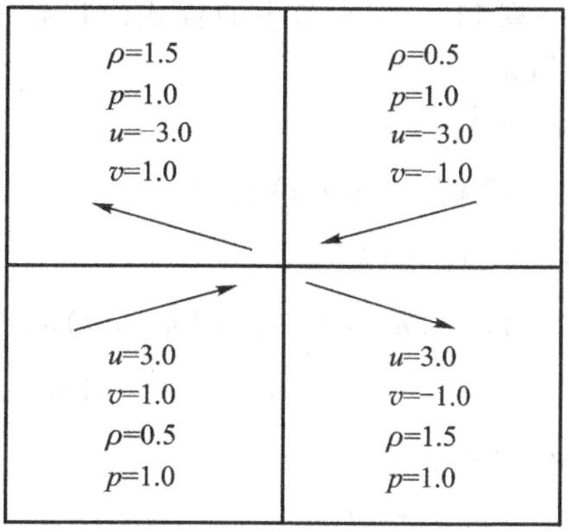

(a) 二维Riemann问题计算模型示意图

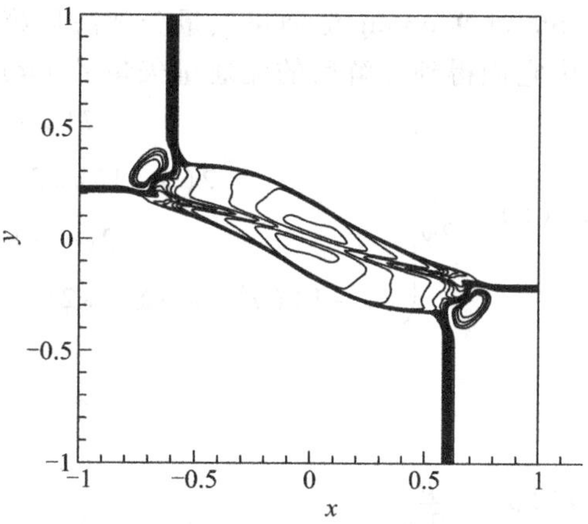

(b) 二维Riemann问题数值结果

图 13.5　二维 Riemann 问题

13-3-2　二维无黏流动 Euler 方程组

采用理想流体模型。不考虑体力、外部热源和流体源(汇),二维无黏流动 Euler

方程组：

$$\boldsymbol{u}_t+\boldsymbol{f}_x+\boldsymbol{g}_y=\boldsymbol{0} \tag{13.3.3}$$

其中

$$\boldsymbol{u}=\begin{pmatrix}\rho\\ \rho u\\ \rho v\\ E\end{pmatrix},\quad \boldsymbol{f}=\begin{pmatrix}\rho u\\ \rho u^2+p\\ \rho uv\\ (E+p)u\end{pmatrix},\quad \boldsymbol{g}=\begin{pmatrix}\rho v\\ \rho uv\\ \rho v^2+p\\ (E+p)v\end{pmatrix} \tag{13.3.3a}$$

ρ 为流体密度，p 为压力，u、v 在 x 和 y 方向上速度分量，e 是单位质量的内能，E 为单位体积流体总能。理想气体状态方程：

$$p=(\gamma-1)\rho e=(\gamma-1)\left[E-\frac{1}{2}\rho(u^2+v^2)\right] \tag{13.3.4}$$

13-3-3 非线性 Jacobian 系数矩阵、特征值和特征矢量

把二维守恒型 Euler 方程组(13.3.3)写成非守恒型形式：

$$\frac{\partial \boldsymbol{u}}{\partial t}+\boldsymbol{A}\frac{\partial \boldsymbol{u}}{\partial x}+\boldsymbol{B}\frac{\partial \boldsymbol{u}}{\partial y}=\boldsymbol{0} \tag{13.3.5}$$

流通量矢量 $\boldsymbol{f}(\boldsymbol{u})$、$\boldsymbol{g}(\boldsymbol{u})$ 的非线性 Jacobian 系数矩阵 $\boldsymbol{A}$、$\boldsymbol{B}$ 的特征值、左右特征矢量和左右特征矢量之间关系的 $\boldsymbol{\Lambda}$、$\boldsymbol{R}$、$\boldsymbol{L}$、$\boldsymbol{\alpha}$、$\boldsymbol{\beta}$ 以及 Roe 平均表达式见第十一章第 4 节的算式(11.4.7) ~ 式(11.4.12)。

13-3-4 流通量矢量 $\boldsymbol{f}(\boldsymbol{u})$、$\boldsymbol{g}(\boldsymbol{u})$ 分裂法

Steger-Warming 流通量矢量分裂法见第十一章 11-4-4 节中的算式(11.4.15a、b)，由它们得到分解后的流通量矢量 $\boldsymbol{f}^{\pm}(\boldsymbol{u})$、$\boldsymbol{g}^{\pm}(\boldsymbol{u})$：

$$\boldsymbol{f}^{\pm}(\boldsymbol{u})=\frac{\rho}{2\gamma}\begin{pmatrix}2(\gamma-1)\lambda_1^{\pm}+\lambda_3^{\pm}+\lambda_4^{\pm}\\ 2(\gamma-1)u\lambda_1^{\pm}+(u-a)\lambda_3^{\pm}+(u+a)\lambda_4^{\pm}\\ 2(\gamma-1)v\lambda_2^{\pm}+v\lambda_3^{\pm}+v\lambda_4^{\pm}\\ (\gamma-1)(u^2-v^2)\lambda_1^{\pm}+2(\gamma-1)v^2\lambda_2^{\pm}+(h-au)\lambda_3^{\pm}+(h+au)\lambda_4^{\pm}\end{pmatrix} \tag{13.3.6a}$$

$$\boldsymbol{g}^{\pm}(\boldsymbol{u})=\frac{\rho}{2\gamma}\begin{pmatrix}2(\gamma-1)\mu_2^{\pm}+\mu_3^{\pm}+\mu_4^{\pm}\\ 2(\gamma-1)u\mu_1^{\pm}+u\mu_3^{\pm}+u\mu_4^{\pm}\\ 2(\gamma-1)v\mu_2^{\pm}+(v-a)\mu_3^{\pm}+(v+a)\mu_4^{\pm}\\ 2(\gamma-1)u^2\mu_1^{\pm}+(\gamma-1)(v^2-u^2)\mu_2^{\pm}+(h-av)\mu_3^{\pm}+(h+av)\mu_4^{\pm}\end{pmatrix} \tag{13.3.6b}$$

13-3-5 ENO 和 WENO 算法差分格式

1. 二维三阶精度 ENO 算法差分格式

二维 Euler 方程组离散后得到：

$$\boldsymbol{u}_{i,j}^{n+1}=\boldsymbol{u}_{i,j}^{n}-\frac{\Delta t}{\Delta x}(\boldsymbol{f}_{i+\frac{1}{2},j}^{n}-\boldsymbol{f}_{i-\frac{1}{2},j}^{n})-\frac{\Delta t}{\Delta y}(\boldsymbol{g}_{i,j+\frac{1}{2}}^{n}-\boldsymbol{g}_{i,j-\frac{1}{2}}^{n}) \tag{13.3.7}$$

首先，对流通量矢量$\hat{\boldsymbol{f}}_{i+\frac{1}{2},j}$、$\hat{\boldsymbol{g}}_{i,j+\frac{1}{2}}$进行算子分裂。然后，在 x 方向上选取一个初始模板 $\boldsymbol{S}_0^+$、$\boldsymbol{S}_0^-$，经过 $r-1=2$ 次扩展后，得到 3 个模板 $\boldsymbol{S}_0^+$、$\boldsymbol{S}_1^+$、$\boldsymbol{S}_2^+$、$\boldsymbol{S}_0^-$、$\boldsymbol{S}_1^-$、$\boldsymbol{S}_2^-$和 3 个线性插值函数 $\boldsymbol{q}_0^+$、$\boldsymbol{q}_1^+$、$\boldsymbol{q}_2^+$、$\boldsymbol{q}_0^-$、$\boldsymbol{q}_1^-$、$\boldsymbol{q}_2^-$，以及度量模板光滑度函数 $\boldsymbol{IS}_0^+$、$\boldsymbol{IS}_1^+$、$\boldsymbol{IS}_2^+$、$\boldsymbol{IS}_0^-$、$\boldsymbol{IS}_1^-$、$\boldsymbol{IS}_2^-$，得到数值通量$\hat{\boldsymbol{f}}_{i+\frac{1}{2},j}$的三阶精度 ENO 算法差分格式。采用同样的过程也可以得到在 y 方向上数值通量 $\hat{\boldsymbol{g}}_{i,j+\frac{1}{2}}$的三阶精度 ENO 算法差分格式。最后得到二维三阶精度 ENO 算法差分格式。

（1）$\hat{\boldsymbol{f}}_{i+\frac{1}{2},j}$三阶精度 ENO 算法差分格式

数值通量$\hat{\boldsymbol{f}}_{i+\frac{1}{2},j}$的模板 $S_k^\pm$ 为：

$$\left.\begin{aligned}
S_{x0}^+&=\{x_{i-2,j},x_{i-1,j},x_{i,j}\},\quad S_{x0}^-=\{x_{i-1,j},x_{i,j},x_{i+1,j}\}\\
S_{x1}^+&=\{x_{i-1,j},x_{i,j},x_{i+1,j}\},\quad S_{x1}^-=\{x_{i,j},x_{i+1,j},x_{i+2,j}\}\\
S_{x2}^+&=\{x_{i,j},x_{i+1,j},x_{i+2,j}\},\quad S_{x2}^-=\{x_{i+1,j},x_{i+2,j},x_{i+3,j}\}
\end{aligned}\right\} \tag{13.3.8a}$$

它们的线性插值函数多项式 $\boldsymbol{q}_k^\pm$ 为：

$$\left.\begin{aligned}
&\boldsymbol{q}_{x0}^+(\boldsymbol{f}_{i-2,j}^+,\boldsymbol{f}_{i-1,j}^+,\boldsymbol{f}_{i,j}^+),\quad \boldsymbol{q}_{x0}^-(\boldsymbol{f}_{i-1,j}^-,\boldsymbol{f}_{i,j}^-,\boldsymbol{f}_{i+1,j}^-)\\
&\boldsymbol{q}_{x1}^+(\boldsymbol{f}_{i-1,j}^+,\boldsymbol{f}_{i,j}^+,\boldsymbol{f}_{i+1,j}^+),\quad \boldsymbol{q}_{x1}^-(\boldsymbol{f}_{i,j}^-,\boldsymbol{f}_{i+1,j}^-,\boldsymbol{f}_{i+2,j}^-)\\
&\boldsymbol{q}_{x2}^+(\boldsymbol{f}_{i,j}^+,\boldsymbol{f}_{i+1,j}^+,\boldsymbol{f}_{i+2,j}^+),\quad \boldsymbol{q}_{x2}^-(\boldsymbol{f}_{i+1,j}^-,\boldsymbol{f}_{i+2,j}^-,\boldsymbol{f}_{i+3,j}^-)
\end{aligned}\right\} \tag{13.3.8b}$$

由此得到$\hat{\boldsymbol{f}}_{j+\frac{1}{2},j}$显式迎风型三阶 ENO 算法差分格式：

对于数值通量$\hat{\boldsymbol{f}}_{i+\frac{1}{2},j}^+$有：

$$\left.\begin{aligned}
\boldsymbol{q}_{x0}^+&=\frac{1}{3}\boldsymbol{f}_{i-2,j}^+-\frac{7}{6}\boldsymbol{f}_{i-1,j}^++\frac{11}{6}\boldsymbol{f}_{i,j}^+\\
\boldsymbol{q}_{x1}^+&=-\frac{1}{6}\boldsymbol{f}_{i-1,j}^++\frac{5}{6}\boldsymbol{f}_{i,j}^++\frac{1}{3}\boldsymbol{f}_{i+1,j}^+\\
\boldsymbol{q}_{x2}^+&=\frac{1}{3}\boldsymbol{f}_{i,j}^++\frac{5}{6}\boldsymbol{f}_{i+1,j}^+-\frac{1}{6}\boldsymbol{f}_{i+2,j}^+
\end{aligned}\right\} \tag{13.3.8c}$$

$$\left.\begin{aligned}
\boldsymbol{IS}_{x0}^+&=\frac{13}{12}(\boldsymbol{f}_{i-2,j}^+-2\boldsymbol{f}_{i-1,j}^++\boldsymbol{f}_{i,j}^+)^2+\frac{1}{4}(\boldsymbol{f}_{i-2,j}^+-4\boldsymbol{f}_{i-1,j}^++3\boldsymbol{f}_{i,j}^+)^2\\
\boldsymbol{IS}_{x1}^+&=\frac{13}{12}(\boldsymbol{f}_{i-1,j}^+-2\boldsymbol{f}_{i,j}^++\boldsymbol{f}_{i+1,j}^+)^2+\frac{1}{4}(\boldsymbol{f}_{i-1,j}^+-\boldsymbol{f}_{i+1,j}^+)^2\\
\boldsymbol{IS}_{x2}^+&=\frac{13}{12}(\boldsymbol{f}_{i,j}^+-2\boldsymbol{f}_{i+1,j}^++\boldsymbol{f}_{i+2,j}^+)^2+\frac{1}{4}(3\boldsymbol{f}_{i,j}^+-4\boldsymbol{f}_{i+1,j}^++\boldsymbol{f}_{i+2,j}^+)^2
\end{aligned}\right\} \tag{13.3.8d}$$

对于数值通量$\hat{\boldsymbol{f}}_{i+\frac{1}{2},j}^-$有：

$$\left.\begin{aligned} q_{x0}^{-} &= -\frac{1}{6}f_{i-1,j}^{-} + \frac{5}{6}f_{i,j}^{-} + \frac{1}{3}f_{i+1,j}^{-} \\ q_{x1}^{-} &= \frac{1}{3}f_{i,j}^{-} + \frac{5}{6}f_{i+1,j}^{-} - \frac{1}{6}f_{i+2,j}^{-} \\ q_{x2}^{-} &= \frac{11}{6}f_{i+1,j}^{-} - \frac{7}{6}f_{i+2,j}^{-} + \frac{1}{3}f_{i+3,j}^{-} \end{aligned}\right\} \tag{13.3.8e}$$

$$\left.\begin{aligned} IS_{x0}^{-} &= \frac{13}{12}(f_{i-1,j}^{-} - 2f_{i,j}^{-} + f_{i+1,j}^{-})^2 + \frac{1}{4}(f_{i-1,j}^{-} - 4f_{i,j}^{-} + 3f_{i+1,j}^{-})^2 \\ IS_{x1}^{-} &= \frac{13}{12}(f_{i,j}^{-} - 2f_{i+1,j}^{-} + f_{i+2,j}^{-})^2 + \frac{1}{4}(f_{i+2,j}^{-} - f_{i,j}^{-})^2 \\ IS_{x2}^{-} &= \frac{13}{12}(f_{i+1,j}^{-} - 2f_{i+2,j}^{-} + f_{i+3,j}^{-})^2 + \frac{1}{4}(3f_{i+1,j}^{-} - 4f_{i+2,j}^{-} + f_{i+3,j}^{-})^2 \end{aligned}\right\} \tag{13.3.8f}$$

最光滑模板判别式为：

$$\begin{aligned} \hat{f}_{i+\frac{1}{2},j} = &\operatorname{minmod}(q_{x0}^{+}, q_{x1}^{+}, q_{x2}^{+}, IS_{x0}^{+}, IS_{x1}^{+}, IS_{x2}^{+}) + \\ &\operatorname{minmod}(q_{x0}^{-}, q_{x1}^{-}, q_{x2}^{-}, IS_{x0}^{-}, IS_{x1}^{-}, IS_{x2}^{-}) \end{aligned} \tag{13.3.8g}$$

（2）$\hat{g}_{i,j+\frac{1}{2}}$三阶精度 ENO 算法差分格式

数值通量 $\hat{g}_{i,j+\frac{1}{2}}$的模板 $S_k^{\pm}$ 为：

$$\left.\begin{aligned} S_{y0}^{+} &= \{y_{i,j-2}, y_{i,j-1}, y_{i,j}\}, \quad S_{y0}^{-} = \{y_{i,j-1}, y_{i,j}, y_{i,j+1}\} \\ S_{y1}^{+} &= \{y_{i,j-1}, y_{i,j}, y_{i,j+1}\}, \quad S_{y1}^{-} = \{y_{i,j}, y_{i,j+1}, y_{i,j+2}\} \\ S_{y2}^{+} &= \{y_{i,j}, y_{i,j+1}, y_{i,j+2}\}, \quad S_{y2}^{-} = \{y_{i,j+1}, y_{i,j+2}, y_{i,j+3}\} \end{aligned}\right\} \tag{13.3.9a}$$

它们的线性插值函数多项式 $q_k^{\pm}$ 为：

$$\left.\begin{aligned} &q_{y0}^{+}(g_{i,j-2}^{+}, g_{i,j-1}^{+}, g_{i,j}^{+}), \quad q_{y0}^{-}(g_{i,j-1}^{-}, g_{i,j}^{-}, g_{i,j+1}^{-}) \\ &q_{y1}^{+}(g_{i,j-1}^{+}, g_{i,j}^{+}, g_{i,j+1}^{+}), \quad q_{y1}^{-}(g_{i,j}^{-}, g_{i,j+1}^{-}, g_{i,j+2}^{-}) \\ &q_{y2}^{+}(g_{i,j}^{+}, g_{i,j+1}^{+}, g_{i,j+2}^{+}), \quad q_{y2}^{-}(g_{i,j+1}^{-}, g_{i,j+2}^{-}, g_{i,j+3}^{-}) \end{aligned}\right\} \tag{13.3.9b}$$

由此得到 $\hat{g}_{i,j+\frac{1}{2}}$显式迎风型三阶 ENO 算法差分格式：

对于数值通量 $\hat{g}_{i,j+\frac{1}{2}}^{+}$有：

$$\left.\begin{aligned} q_{y0}^{+} &= \frac{1}{3}g_{i,j-2}^{+} - \frac{7}{6}g_{i,j-1}^{+} + \frac{11}{6}g_{i,j}^{+} \\ q_{y1}^{+} &= -\frac{1}{6}g_{i,j-1}^{+} + \frac{5}{6}g_{i,j}^{+} + \frac{1}{3}g_{i,j+1}^{+} \\ q_{y2}^{+} &= \frac{1}{3}g_{i,j}^{+} + \frac{5}{6}g_{i,j+1}^{+} - \frac{1}{6}g_{i,j+2}^{+} \end{aligned}\right\} \tag{13.3.9c}$$

$$\left.\begin{aligned}
IS_{y0}^{+} &= \frac{13}{12}(g_{i,j-2}^{+} - 2g_{i,j-1}^{+} + g_{i,j}^{+})^2 + \frac{1}{4}(g_{i,j-2}^{+} - 4g_{i,j-1}^{+} + 3g_{i,j}^{+})^2 \\
IS_{y1}^{+} &= \frac{13}{12}(g_{i,j-1}^{+} - 2g_{i,j}^{+} + g_{i,j+1}^{+})^2 + \frac{1}{4}(g_{i,j-1}^{+} - g_{i,j+1}^{+})^2 \\
IS_{y2}^{+} &= \frac{13}{12}(g_{i,j}^{+} - 2g_{i,j+1}^{+} + g_{i,j+2}^{+})^2 + \frac{1}{4}(3g_{i,j}^{+} - 4g_{i,j+1}^{+} + g_{i,j+2}^{+})^2
\end{aligned}\right\} \tag{13.3.9d}$$

对于数值通量 $\hat{g}_{i,j+\frac{1}{2}}^{-}$ 有：

$$\left.\begin{aligned}
q_{y0}^{-} &= -\frac{1}{6}g_{i,j-1}^{-} + \frac{5}{6}g_{i,j}^{-} + \frac{1}{3}g_{i,j+1}^{-} \\
q_{y1}^{-} &= \frac{1}{3}g_{i,j}^{-} + \frac{5}{6}g_{i,j+1}^{-} - \frac{1}{6}g_{i,j+2}^{-} \\
q_{y2}^{-} &= \frac{11}{6}g_{i,j+1}^{-} - \frac{7}{6}g_{i,j+2}^{-} + \frac{1}{3}g_{i,j+3}^{-}
\end{aligned}\right\} \tag{13.3.9e}$$

$$\left.\begin{aligned}
IS_{y0}^{-} &= \frac{13}{12}(g_{i,j-1}^{-} - 2g_{i,j}^{-} + g_{i,j+1}^{-})^2 + \frac{1}{4}(g_{i,j-1}^{-} - 4g_{i,j}^{-} + 3g_{i,j+1}^{-})^2 \\
IS_{y1}^{-} &= \frac{13}{12}(g_{i,j}^{-} - 2g_{i,j+1}^{-} + g_{i,j+2}^{-})^2 + \frac{1}{4}(g_{i,j+2}^{-} - g_{i,j}^{-})^2 \\
IS_{y2}^{-} &= \frac{13}{12}(g_{i,j+1}^{-} - 2g_{i,j+2}^{-} + g_{i,j+3}^{-})^2 + \frac{1}{4}(3g_{i,j+1}^{-} - 4g_{i,j+2}^{-} + g_{i,j+3}^{-})^2
\end{aligned}\right\} \tag{13.3.9f}$$

最光滑模板判别式为：

$$\begin{aligned}
\hat{g}_{i,j+\frac{1}{2}} = &\operatorname{minmod}(q_{y0}^{+}, q_{y1}^{+}, q_{y2}^{+}, IS_{y0}^{+}, IS_{y1}^{+}, IS_{y2}^{+}) + \\
&\operatorname{minmod}(q_{y0}^{-}, q_{y1}^{-}, q_{y2}^{-}, IS_{y0}^{-}, IS_{y1}^{-}, IS_{y2}^{-})
\end{aligned} \tag{13.3.9g}$$

其中

$$\operatorname{minmod}(a,b,c,x,y,z) = \begin{cases} a, & \text{当 } x \leqslant y, x \leqslant z \\ b, & \text{当 } y \leqslant x, y \leqslant z \\ c, & \text{当 } z \leqslant x, z \leqslant y \end{cases} \tag{13.3.10}$$

2. 二维五阶精度 WENO 算法差分格式

在上述三阶精度 ENO 算法差分格式基础上，利用 3 个线性插值函数多项式 q_0^{+}、q_1^{+}、q_2^{+}、q_0^{-}、q_1^{-}、q_2^{-} 以及度量模板光滑度函数 IS_0^{+}、IS_1^{+}、IS_2^{+}、IS_0^{-}、IS_1^{-}、IS_2^{-}。得到二维五阶精度 WENO 算法差分格式：

(1) $\hat{f}_{j+\frac{1}{2},j}$ 五阶精度 WENO 算法差分格式

$$\left.\begin{aligned}
\hat{f}_{j+\frac{1}{2},j}^{+} &= \sum_{k=0}^{2} \omega_{sk}^{+} q_{xk}^{+}(f_{i-2,j}^{+}, f_{i-1,j}^{+}, f_{i,j}^{+}, f_{i+1,j}^{+}, f_{i+2,j}^{+}) \\
\hat{f}_{j+\frac{1}{2},j}^{-} &= \sum_{k=0}^{2} \omega_{xk}^{-} q_{xk}^{-}(f_{i-1,j}^{-}, f_{i,j}^{-}, f_{i+1,j}^{-}, f_{i+2,j}^{-}, f_{i+3,j}^{-})
\end{aligned}\right\} \tag{13.3.11a}$$

$$\left.\begin{aligned}
q^{+}(x_{j+\frac{1}{2},j}) &= \frac{1}{30}f_{i-2,j}^{+} - \frac{13}{60}f_{i-1,j}^{+} + \frac{47}{60}f_{i,j}^{+} + \frac{9}{20}f_{i+1,j}^{+} - \frac{1}{20}f_{i+2,j}^{+} \\
q^{-}(x_{j+\frac{1}{2},j}) &= -\frac{1}{20}f_{i-1,j}^{-} + \frac{9}{20}f_{i,j}^{-} + \frac{47}{60}f_{i+1,j}^{-} - \frac{13}{60}f_{i+2,j}^{-} + \frac{1}{30}f_{i+3,j}^{-}
\end{aligned}\right\} \tag{13.3.11b}$$

其中 ω_{xk}^{+} 采用 Jiang 和 Shu 建议的最佳权重系数为[10]：

$$\omega_{xk}^{+}=\frac{\alpha_{xk}^{+}}{\alpha_{x0}^{+}+\alpha_{x1}^{+}+\alpha_{x2}^{+}},\quad \alpha_{xk}^{+}=\frac{C_{xk}^{+}}{(\varepsilon+IS_{xk}^{+})^{p}},\quad (k=0,1,2) \tag{13.3.12}$$

而组合系数 C_{xk}^{+} 为：

$$C_{x0}^{+}=\frac{1}{10},\quad C_{x1}^{+}=\frac{3}{5},\quad C_{x2}^{+}=\frac{3}{10} \tag{13.3.12a}$$

权重系数 ω_{xk}^{-} 为：

$$\omega_{xk}^{-}=\frac{\alpha_{xk}^{-}}{\alpha_{x0}^{-}+\alpha_{x1}^{-}+\alpha_{x2}^{-}},\quad \alpha_{xk}^{-}=\frac{C_{xk}^{-}}{(\varepsilon+IS_{xk}^{-})^{p}},\quad (k=0,1,2) \tag{13.3.13}$$

组合系数 C_{xk}^{-} 为：

$$C_{x0}^{-}=\frac{3}{10},\quad C_{x1}^{-}=\frac{3}{5},\quad C_{x2}^{-}=\frac{1}{10} \tag{13.3.13a}$$

（2）$\hat{g}_{i,j+\frac{1}{2}}$ 五阶精度 WENO 算法差分格式

$$\left.\begin{aligned}\hat{g}_{i,j+\frac{1}{2}}^{+}&=\sum_{k=0}^{2}\omega_{yk}^{+}q_{yk}^{+}(f_{i,j-2}^{+},f_{i,j-1}^{+},f_{i,j}^{+},f_{i,j+1}^{+},f_{i,j+2}^{+})\\ \hat{g}_{i,j+\frac{1}{2}}^{-}&=\sum_{k=0}^{2}\omega_{yk}^{-}q_{yk}^{-}(f_{i,j-1}^{-},f_{i,j}^{-},f_{i,j+1}^{-},f_{i,j+2}^{-},f_{i,j+3}^{-})\end{aligned}\right\} \tag{13.3.14}$$

$$\left.\begin{aligned}q^{+}(x_{i,j+\frac{1}{2}})&=\frac{1}{30}f_{i,j-2}^{+}-\frac{13}{60}f_{i,j-1}^{+}+\frac{47}{60}f_{i,j}^{+}+\frac{9}{20}f_{i,j+1}^{+}-\frac{1}{20}f_{i,j+2}^{+}\\ q^{-}(x_{i,j+\frac{1}{2}})&=-\frac{1}{20}f_{i,j-1}^{-}+\frac{9}{20}f_{i,j}^{-}+\frac{47}{60}f_{i,j+1}^{-}-\frac{13}{60}f_{i,j+2}^{-}+\frac{1}{30}f_{i,j+3}^{-}\end{aligned}\right\} \tag{13.3.14a}$$

其中 ω_{yk}^{+} 采用 Jiang 和 Shu 建议的最佳权重系数为：

$$\omega_{yk}^{+}=\frac{\alpha_{yk}^{+}}{\alpha_{y0}^{+}+\alpha_{y1}^{+}+\alpha_{y2}^{+}},\quad \alpha_{yk}^{+}=\frac{C_{yk}^{+}}{(\varepsilon+IS_{yk}^{+})^{p}},\quad (k=0,1,2) \tag{13.3.15}$$

而组合系数 C_{yk}^{+} 为：

$$C_{y0}^{+}=\frac{1}{10},\quad C_{y1}^{+}=\frac{3}{5},\quad C_{y2}^{+}=\frac{3}{10} \tag{13.3.15a}$$

权重系数 ω_{yk}^{-} 为：

$$\omega_{yk}^{-}=\frac{\alpha_{yk}^{-}}{\alpha_{y0}^{-}+\alpha_{y1}^{-}+\alpha_{y2}^{-}},\quad \alpha_{yk}^{-}=\frac{C_{yk}^{-}}{(\varepsilon+IS_{yk}^{-})^{p}},\quad (k=0,1,2) \tag{13.3.16}$$

组合系数 C_{yk}^{-} 为：

$$C_{y0}^{-}=\frac{3}{10},\quad C_{y1}^{-}=\frac{3}{5},\quad C_{y2}^{-}=\frac{1}{10} \tag{13.3.16a}$$

3. 时间离散格式

为了提高时间离散精度，时间项仍采用三阶精度的 Runge-Kutta 时间差分离散格式（13.1.69）。

13-3-6　算子分裂算法

二维 Riemann 问题是一个二维无黏流动问题。采用算子分裂算法将它分裂成两个一维流动

$$\boldsymbol{u}_{i,j}^{n+1}=\boldsymbol{u}_{i,j}^{n}-\frac{\Delta t}{\Delta x}(\boldsymbol{f}_{i+\frac{1}{2},j}^{n}-\boldsymbol{f}_{i-\frac{1}{2},j}^{n})-\frac{\Delta t}{\Delta y}(\boldsymbol{g}_{i,j+\frac{1}{2}}^{n}-\boldsymbol{g}_{i,j-\frac{1}{2}}^{n}) \tag{13.3.17}$$

$$\left.\begin{aligned}\boldsymbol{u}_{i,j}^{*}&=\boldsymbol{u}_{i,j}^{n}-\frac{\Delta t}{\Delta x}(\boldsymbol{f}_{i+\frac{1}{2},j}^{n}-\boldsymbol{f}_{i-\frac{1}{2},j}^{n})=\phi_x\boldsymbol{u}_{i,j}^{n}\\ \boldsymbol{u}_{i,j}^{n+1}&=\boldsymbol{u}_{i,j}^{n}-\frac{\Delta t}{\Delta x}(\boldsymbol{g}_{i,j+\frac{1}{2}}^{n}-\boldsymbol{g}_{i,j-\frac{1}{2}}^{n})=\phi_y\boldsymbol{u}_{i,j}^{*}\end{aligned}\right\} \tag{13.3.17a}$$

分裂后对每个一维 Euler 方程组差分格式(13.3.17a)分别采用一维三阶精度 ENO 算法和五阶 WENO 算法差分格式进行计算。

计算由初值 $\boldsymbol{u}_{i,j}^{n}$和流通量$\boldsymbol{f}_{i\pm\frac{1}{2},j}^{n}$,计算得到 $\boldsymbol{u}_{i,j}^{*}$,然后,利用 $\boldsymbol{u}_{i,j}^{*}$和流通量 $\boldsymbol{g}_{i,j\pm\frac{1}{2}}^{n}$计算得到二维流动问题 $\boldsymbol{u}_{i,j}^{n+1}$。三阶精度 ENO 算法差分格式可参照式(13.3.8)~式(13.3.10)。五阶 WENO 算法差分格式可参照式(13.3.11)~式(13.3.16)。

分裂后一维流通量矢量 $\boldsymbol{f}_{i\pm\frac{1}{2},j}^{n}$、$\boldsymbol{g}_{i,j\pm\frac{1}{2}}^{n}$算式可参照本章 11-4-6 节中的算式(11.4.23),在 Steger-Warming 分裂后一维流通量矢量$(\boldsymbol{f}_{i\pm\frac{1}{2},j}^{n})^{\pm}$、$(\boldsymbol{g}_{i,j\pm\frac{1}{2}}^{n})^{\pm}$可参照算式(11.4.24)。为了取得好的计算效果,计算中选用 $CFL=0.1$。

13-3-7　具体计算步骤:

1. 三阶精度 ENO 算法计算步骤

(1) 设置计算区域网格。在计算区域内把流体的$(\rho,u,v,p)_{i,j}^{n}$作为 t_n时刻的初始状态参数,得到 $\boldsymbol{u}_{i,j}^{n}$。根据 $\mathrm{d}t=\dfrac{CFL\times \mathrm{d}x}{|\lambda|_{\max}}$确定时间步长。

(2) 对网格节点(i,j)在 x 方向采用 Steger-Warming 流通量矢量分裂法,把流通量分裂成正负流通量$\boldsymbol{f}^{\pm}(\boldsymbol{u})$。

(3) 在 x 方向上选取 3 个模板 S_{x0}^{+}、S_{x1}^{+}、S_{x2}^{+}、S_{x0}^{-}、S_{x1}^{-}、S_{x2}^{-},计算得到 3 个线性插值函数多项式 $\boldsymbol{q}_0^{+}$、$\boldsymbol{q}_1^{+}$、$\boldsymbol{q}_2^{+}$、$\boldsymbol{q}_0^{-}$、$\boldsymbol{q}_1^{-}$、$\boldsymbol{q}_2^{-}$。

(4) 计算度量模板光滑度的函数 $\boldsymbol{IS}_{x0}^{+}$、$\boldsymbol{IS}_{x1}^{+}$、$\boldsymbol{IS}_{x2}^{+}$、$\boldsymbol{IS}_{x0}^{-}$、$\boldsymbol{IS}_{x1}^{-}$、$\boldsymbol{IS}_{x2}^{-}$。并确定符合 ENO 算法的最光滑模板。

(5) 把最光滑模板的 $\boldsymbol{q}_{xk}^{+}$赋值给数值通量$\hat{\boldsymbol{f}}_{i+\frac{1}{2},j}^{+}=\boldsymbol{q}_{xk}^{+}$,同时把最光滑模板的 $\boldsymbol{q}_{xk}^{-}$赋值给数值通量$\hat{\boldsymbol{f}}_{i+\frac{1}{2},j}^{-}=\boldsymbol{q}_{xk}^{-}$。由$\hat{\boldsymbol{f}}_{i+\frac{1}{2},j}=\hat{\boldsymbol{f}}_{i+\frac{1}{2},j}^{+}+\hat{\boldsymbol{f}}_{i+\frac{1}{2},j}^{-}$求出数值通量得到$\hat{\boldsymbol{f}}_{i+\frac{1}{2},j}$。

(6) 对网格节点(i,j),在 y 方向采用 Steger-Warming 流通量矢量分裂法,把流通量分裂成正负流通量$\boldsymbol{g}^{\pm}(\boldsymbol{u})$。

(7) 类似于步骤(3)~(6),求出数值通量得到$\hat{\boldsymbol{g}}_{i,j+\frac{1}{2}}$。

(8) 由$\hat{\boldsymbol{f}}_{i+\frac{1}{2},j}$和$\hat{\boldsymbol{g}}_{i,j+\frac{1}{2}}$值,并利用 Runge-Kutta 时间差分离散格式,计算 t_{n+1}时刻

(i,j)位置的$\boldsymbol{u}_{i,j}^{n+1}$，由此得到$(\rho,u,v,p)_{i,j}^{n+1}$。

(9) 由$\boldsymbol{u}_{i,j}^{n+1}$值设置二维 Riemann 问题边界值。

(10) 重复步骤(2)～(9)直到计算完成。

2. 五阶精度 WENO 算法计算步骤

(1) 设置计算区域网格。在计算区域内给定在计算区域内把流体的$(\rho,u,v,p)_{i,j}^{n}$作为t_n时刻初始状态参数，得到$\boldsymbol{u}_{i,j}^{n}$；根据$\mathrm{d}t=\dfrac{CFL\times \mathrm{d}x}{|\lambda|_{\max}}$确定时间步长。

(2) 对网格节点(i,j)，在x方向利用 Steger-Warming 流通量矢量分裂法，把流通量分裂成正负流通量$\boldsymbol{f}^{\pm}(\boldsymbol{u})$。

(3) 在x方向上得到3个模板$\boldsymbol{S}_{x0}^{+}$、$\boldsymbol{S}_{x1}^{+}$、$\boldsymbol{S}_{x2}^{+}$、$\boldsymbol{S}_{x0}^{-}$、$\boldsymbol{S}_{x1}^{-}$、$\boldsymbol{S}_{x2}^{-}$，并计算得到它们所对应的3个线性插值函数多项式$\boldsymbol{q}_0^{+}$、$\boldsymbol{q}_1^{+}$、$\boldsymbol{q}_2^{+}$、$\boldsymbol{q}_0^{-}$、$\boldsymbol{q}_1^{-}$、$\boldsymbol{q}_2^{-}$。

(4) 计算组合系数$C_{xk}^{\pm}$，并利用最佳权重系数公式得到权重系数$\omega_{xk}^{\pm}$。

(5) 利用 WENO 差分格式计算得到$\boldsymbol{q}_{xk}^{+}$、$\boldsymbol{q}_{xk}^{-}$，并计算得到$\hat{\boldsymbol{f}}_{i+\frac{1}{2},j}^{+}$、$\hat{\boldsymbol{f}}_{i+\frac{1}{2},j}^{-}$

(6) 对网格节点(i,j)，在y方向采用 Steger-Warming 流通量矢量分裂算法，把流通量分裂成正负流通量$\boldsymbol{g}^{\pm}(\boldsymbol{u})$。

(7) 类似于步骤(4)、(5)，得到$\boldsymbol{q}_{yk}^{+}$、$\boldsymbol{q}_{yk}^{-}$和$\hat{\boldsymbol{g}}_{i,j+\frac{1}{2}}^{+}$、$\hat{\boldsymbol{g}}_{i,j+\frac{1}{2}}^{-}$。

(8) 由$\hat{\boldsymbol{f}}_{j+\frac{1}{2},j}$、$\hat{\boldsymbol{g}}_{i,j+\frac{1}{2}}$和 Runge-Kutta 时间差分离散格式，计算t_{n+1}时刻$\boldsymbol{u}_{i,j}^{n+1}$。

(9) 由$\boldsymbol{u}_{i,j}^{n+1}$值利用上述边界条件，设置二维 Riemann 问题边界值。

(10) 并重复步骤(2)～(8)直到计算完成。

13-3-8　网格划分和虚拟网格设置

计算中采用正方形网格，如图13.6所示。实际计算区域是图中实线包围起来的部分。为了便于处理边界条件和保证计算精度，需要在计算区域四周处加两层虚拟网格。

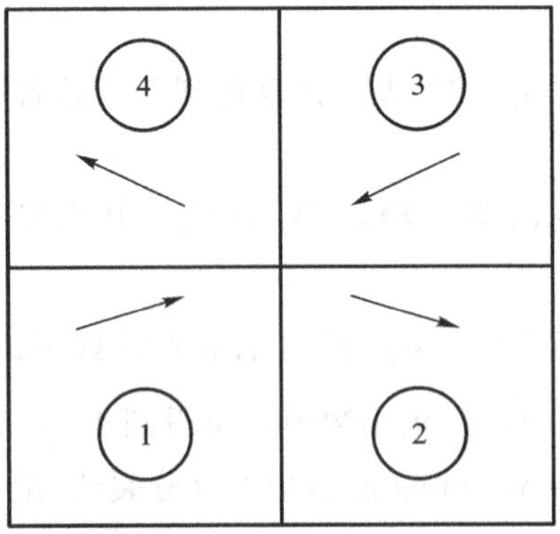

(a)

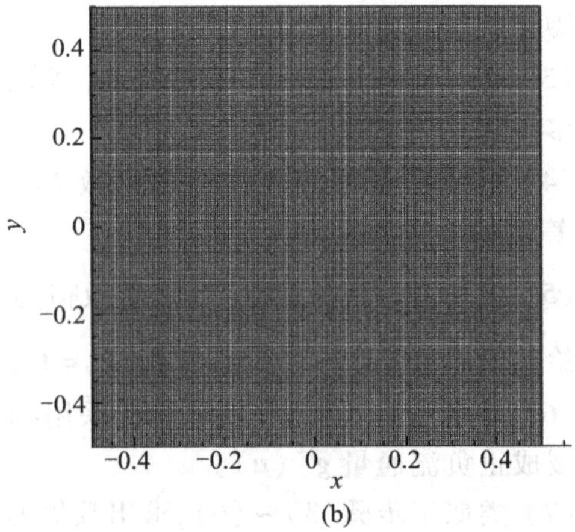

(b)

图13.6　二维 Riemann 问题计算区域网格示意图

13-3-9　边界数值处理

二维 Riemann 问题的四周边界都是自由输出边界。在这些边界法线方向上的流进流出的流动量的一阶导数为零，即把虚拟网格节点上的值取为计算域内与虚拟网格节点相邻节点流动量值。

13-3-10　计算结果分析

采用三阶精度 ENO 算法和五阶精度 WENO 算法对二维 Riemann 问题数值计算，计算网格的网格数为 402×402。计算中取 $CFL=0.1$。计算得到的二维 Riemann 问题密度云图和密度等值线图如图 13.7 和图 13.8 所示。图 13.9 和图 13.10 是用五阶 WENO 计算得到的压力等值线图和流线图。

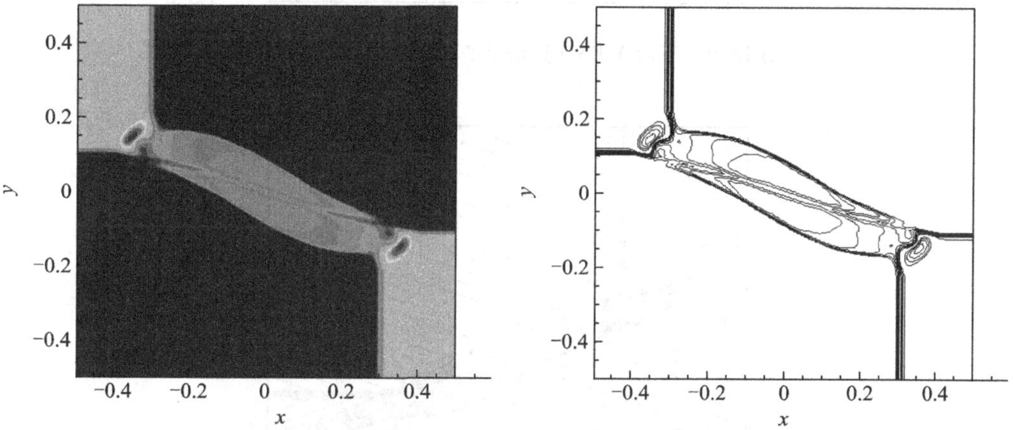

(a) 三阶 ENO 算法计算得到的密度云图　(b) 三阶 ENO 算法计算得到的密度等值线图

图 13.7　三阶 ENO 算法计算二维 Riemann 问题数值结果

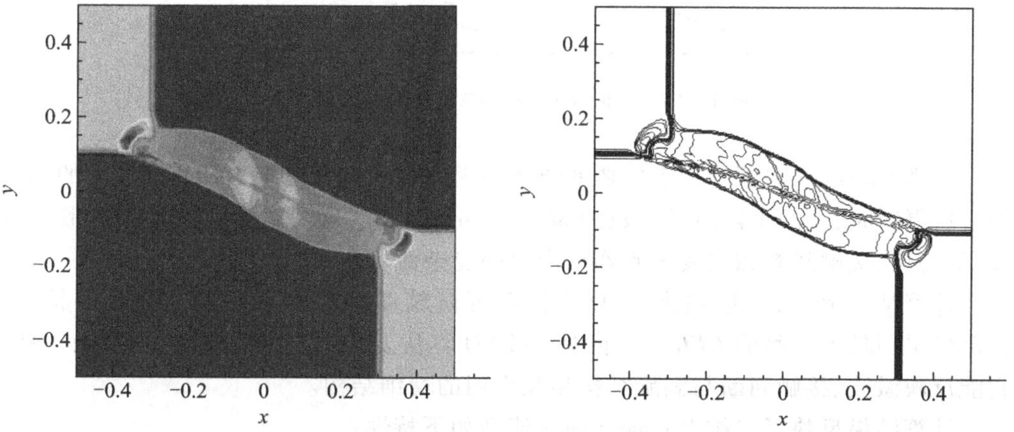

(a) 五阶 WENO 算法计算得到的密度云图　(b) 五阶 WENO 算法计算得到的密度等值线图

图 13.8　五阶 WENO 算法计算二维 Riemann 问题数值结果

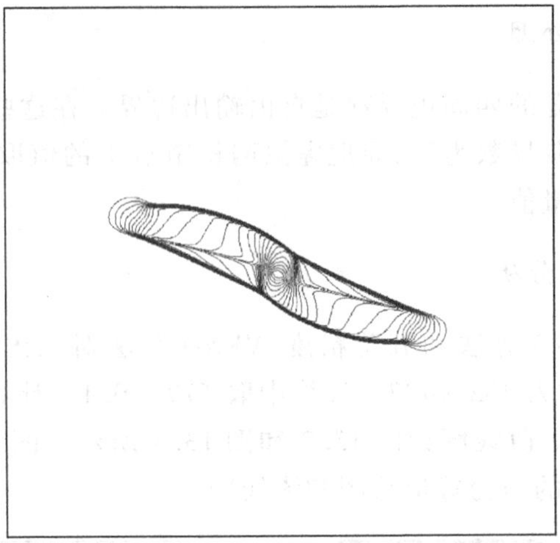

图 13.9　五阶 WENO 算法计算得到的压力等压线图

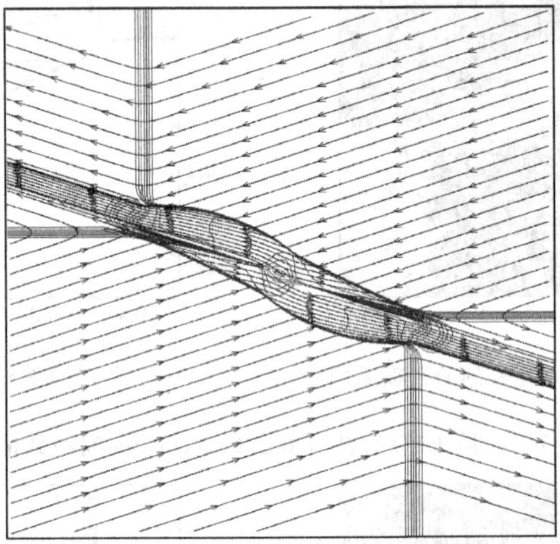

图 13.10　五阶 WENO 算法计算得到的流线图

二维 Riemann 问题是一个经典的流体力学问题。当瞬时撤去计算区域内的四个子区域隔膜时，会产生四道马赫数为 $M_s = 2.24$ 的激波，这四道激波相互作用形成激波、稀疏波、接触间断和涡旋相互作用产生的复杂流场。

计算结果表明，三阶精度 ENO 算法和五阶精度 WENO 算法都有较高的精度。也可以采用较大一些的 *CFL* 数。但是，WENO 算法要比 ENO 算法计算更精确一些，它能反映激波、接触间断与涡旋结构相互作用的精细结构。

计算结果反映了二维 Riemann 问题流动如下特性：

(1) 从图 13.10 中可以看出，二维 Riemann 问题似乎很简单，实际上由于其中的激波、接触间断与涡旋结构相互作用，在不同区域内的流线发生强烈的折转，流动是很复杂的。

(2) 从图 13.7 和图 13.8 中可以看出，在子区域 1、2 之间和 2、3 之间的激波会相交，并向方腔的右下部运动；而子区域 3、4 之间和 1、4 之间的激波会相交，并向方腔的左上部运动。这两组激波在其交点后方各产生一组反射激波，在反射激波之间形成一组压缩波和接触间断。由于激波强度比较强，反射波阵面发生了折转，接触间断发生扭曲变形，实际上这是双马赫反射现象。

(3) 从密度分布计算结果看出，在计算区域中心部位，会逐步发展出一对激波，并向对角线两侧不断发展，形成中心对称分布。激波两侧密度、压强、温度和法向速度存在间断，而切向速度连续。计算结果具有很好的中心对称性。从压力等压线图中也可看到类似的现象。

(4) 当二维 Riemann 问题一启动，在初始隔膜附近形成不断移动的接触间断（滑移面）。在接触间断两侧密度和温度不同，而压力和法向速度是相同的，切向速度方向相反。这是符合接触间断的基本特性的。

(5) 在两组激波相交之处会产生稀疏波，它和接触间断相互作用，在计算区域的右下部和左上部形成一对涡旋结构。激波、接触间断与涡旋结构相互影响，使得流动变得十分复杂。

第 4 节　紧致算法——COMPACT 差分格式

13-4-1　紧致算法简介

近年来，高阶精度差分格式的研究与应用取得了实质性进展，但也暴露出许多不足之处。首先，差分格式精度越高，所需要的网格节点数也越多。一般而言，N 阶精度差分格式需要网格节点数为 $2N+1$。例如，一个三阶精度差分格式在一维问题中需要 7 个网格节点数，而在三维问题中需要 25 个网格节点数。其次，随着网格节点数增加，边界条件数值处理越来越困难，边界附近的计算精度必然要下降；第三，计算稳定性条件和消除振荡条件也越来越复杂。因此，人们期望能找到计算精度高，网格节点少，甚至不增加网格节点的差分格式。紧致算法以其精度高、只需要三个网格节点的优势备受人们的关注。

早在 20 世纪六七十年代末，Kriess 曾提出过四阶紧致算法的雏形[15]。由于当时计算条件的限制和人们认识的局限性，紧致算法思想未能受到学者的关注。经过近几十年的努力，紧致算法已取得了很大进展，得到了广泛应用。特别在计算复杂湍流时，它已成为主要的计算手段之一。到了 20 世纪 90 年代，紧致算法的研究又有了新的进展，出现了不少更高阶的紧致算法差分格式。例如，Lele 提出了采用五个网格点的对称型紧致算法差分格式，甚至更高精度[16]。在应用方面，紧致算法也有所突破，最初，它只是用于不可压缩黏性流动。近年来，现在已逐步向可压缩无黏流动和黏性流动推广。

在紧致算法发展过程中，也曝露出它的一些不足：首先，随着计算精度提高，它也需要适当增加网格节点数目；其次，计算可压缩流动问题时，在激波附近会有非物理振荡，计算精度越高，振荡越严重。最近 Halt、Christie、傅德薰和马延文等先后提出了迎风型紧致算法和超紧致算法[17,18]。它们能有效地抑制和消除非物理振荡。有人还提出了广义紧致算法概念，并建议把紧致算法和 WENO 算法结合起来[19]。

13-4-2　紧致算法基本思路和差分格式重构

紧致算法基本思路最初是从三次样条函数发展而来的[20]。

四阶广义微分方程：

$$S^{(4)}(x) = \sum_j \beta_j \delta(x - x_j) \tag{13.4.1}$$

的解被称为三次样条函数，其中 $S^{(4)}(x)$ 为四阶微商。这个方程解的一般表达式：

$$S(x) = \alpha_0 + \alpha_1 x + \frac{1}{2}\alpha_2 x^2 + \frac{1}{6}\alpha_3 x^3 + \sum_{j=1}^{N-1} \frac{\beta_j (x - x_j)^3}{3!} \tag{13.4.2}$$

它是一个分段的三次多项式。三次样条函数 $S(x)$ 满足一阶导数和二阶导数连续，但三阶导数有间断：

$$S^{(3)}(x_j) = \beta_j \tag{13.4.3}$$

当上式中所有的 $\beta_j = 0$ 时，则三阶导数 $S^{(3)}(x_j)$ 连续，这时 $S(x)$ 就退化成为普通的三次多项式。

三次样条函数物理含义：如果把 $S(x)$ 理解为梁的挠度曲线，则挠度曲线微分方程为 $S^{(4)}(x) = q(x)$。当在节点 x_j 处，梁受集中载荷 β_j 作用时，则有如下关系式 $q(x) = \sum_j \beta_j \delta(x - x_j)$。由此可知，三次样条函数是在集中载荷 β_j 作用下梁的挠度曲线。在计算区域 $[a,b]$ $(a < b)$ 之间设置网格节点：

$$a = x_0 < x_1 < x_2 < \cdots < x_N < x_{N+1} = b \tag{13.4.4}$$

网格节点之间间距为 h_j，并且 $h_j = x_j - x_{j-1} > 0$。设 $[a,b]$ 之间，存在一个函数 $u(x)$，它在网格节点上函数值为 $u(x_j) = u_j$。这样可以在 $[a,b]$ 之间找到一个三次样条函数 $S(u,x) = S(x)$，其中 $S(x)$ 在每一个网格节点区间 $x_{j-1} \leqslant x \leqslant x_j$ 内是三次多项式，而在网格节点上满足 $S(u_j, x_j) = u_j$。由三次样条函数定义可知，$S(x)$ 在 $[a,b]$ 上满足一阶导数和二阶导数连续。三次样条函数 $S(x)$ 将以四阶精度逼近于 $u(x)$，而 $S(x)$ 的一阶导数 $S'(x)$ 以三阶精度逼近于 $u'(x)$，二阶导数 $S''(x)$ 以二阶精度逼近于 $u''(x)$。

如果 $S(x)$ 在 $[x_{j-1}, x_j]$ 中是三次样条插值多项式，则它的二阶导数 $S''(x)$ 为：

$$S''(x) = M_{j-1}\left(\frac{x_j - x}{h_j}\right) + M_j\left(\frac{x - x_{j-1}}{h_j}\right) \tag{13.4.5}$$

其中 $M_j = S''(x_j)$，$M_{j-1} = S''(x_{j-1})$。由于 $S(x_j) = u_j$，$S(x_{j-1}) = u_{j-1}$，对上式积分两次，则得到如下的插值公式：

$$S(x)=M_{j-1}\frac{(x_j-x)^3}{6h_j}+M_j\frac{(x-x_{j-1})^3}{6h_j}+\left(u_{j-1}-\frac{M_{j-1}h_j^2}{6}\right)\frac{(x_j-x)}{h_j}+\left(u_j-\frac{M_jh_j^2}{6}\right)\frac{(x-x_{j-1})}{h_j}\tag{13.4.6}$$

其中积分常数由以下条件确定：

$$\left.\begin{aligned}S(x_j)&=u_j\\S(x_{j-1})&=u_{j-1}\end{aligned}\right\}\tag{13.4.7}$$

现在设

$$\left.\begin{aligned}&\text{在}(x_j,x_{j+1})\text{上}, \quad S'(x_j^+)=m_j^+\\&\text{在}(x_{j-1},x_j)\text{上}, \quad S'(x_j^-)=m_j^-\end{aligned}\right\}\tag{13.4.8}$$

则由一阶导数连续条件得到：

$$m_j^+=m_j^-=m_j\tag{13.4.8a}$$

同样，设

$$\left.\begin{aligned}&\text{在}(x_{j-1},x_j)\text{上}, \quad S''(x_j^-)=M_j^-\\&\text{在}(x_j,x_{j+1})\text{上}, \quad S''(x_j^+)=M_j^+\end{aligned}\right\}\tag{13.4.9}$$

由二阶导数连续条件得到：

$$M_j^+=M_j^-=M_j\tag{13.4.9a}$$

由于三次样条函数要求 $S(x)$ 一阶导数连续，二阶导数连续条件，则有：

$$\frac{h_j}{6}M_{j-1}+\frac{h_j+h_{j+1}}{3}M_j+\frac{h_{j+1}}{6}M_{j+1}=\frac{u_{j+1}-u_j}{h_{j+1}}-\frac{u_j-u_{j-1}}{h_j}\tag{13.4.10a}$$

和

$$\frac{1}{h_j}m_{j-1}+2\left(\frac{1}{h_j}+\frac{1}{h_{j+1}}\right)m_j+\frac{1}{h_{j+1}}m_{j+1}=\frac{3(u_{j+1}-u_j)}{h_{j+1}}+\frac{3(u_j-u_{j-1})}{h_j}\tag{13.4.10b}$$

假定网格节点是等间距分布，$h_1=h_2=\cdots=h_N$，则由上式得到：

$$\frac{1}{6}M_{j-1}+\frac{2}{3}M_j+\frac{1}{6}M_{j+1}=\frac{u_{j+1}-u_j}{h^2}-\frac{u_j-u_{j-1}}{h^2}\tag{13.4.11a}$$

$$\frac{1}{6}m_{j-1}+\frac{2}{3}m_j+\frac{1}{6}m_{j+1}=\frac{u_{j+1}-u_j}{2h}-\frac{u_j-u_{j-1}}{2h}\tag{13.4.11b}$$

紧致算法差分格式就是根据上述的三次样条函数插值思想，利用一阶、二阶导数连续的关系式构造的差分格式。

13-4-3　非线性标量方程的迎风型紧致算法差分格式

1. 非线性标量方程的迎风型紧致算法差分格式

非线性守恒型标量方程：

$$u_t+f_x=0\tag{13.4.12}$$

把它转换成非守恒形式：

$$u_t + a u_x = 0,\ a = \frac{\partial f}{\partial u} \tag{13.4.12a}$$

利用三次样条函数插值关系式，对方程（13.4.12a）进行离散，得到差分格式：

$$\delta_t^+ u + a\frac{F_j}{\Delta x} = 0 \tag{13.4.13}$$

其中 $\delta_t^+ u = \dfrac{u_j^{n+1} - u_j^n}{\Delta t}$是$\left(\dfrac{\partial u}{\partial t}\right)_j$的差分近似，$\dfrac{F_j}{\Delta x}$是微商$\left(\dfrac{\partial u}{\partial x}\right)_j$的差分近似。为方便起见，我们把$\dfrac{F_j}{\Delta x}$简写成 F_j，即$\dfrac{F_j}{\Delta x}\to F_j$。因此差分格式（13.4.13）可写为：

$$\delta_t^+ u + aF_j = 0 \tag{13.4.13a}$$

根据三次样条函数插值关系式（13.4.11a、b），可以写出 F_j的表达式为：

$$\sum \alpha_k F_{j+k} = \sum a_k \frac{u_{j+k+1} - u_{j+k}}{\Delta x} \tag{13.4.14}$$

对上式两边在 x_j点进行 Taylor 展开，同时考虑到 $F_j = \left(\dfrac{\partial u}{\partial x}\right)_j$的差分近似表达式，得到对应的系数之间关系为：

$$\sum \alpha_k k^{m-1} = \sum a_k \frac{(k+1)^m - k^m}{m} \tag{13.4.14a}$$

为了便于处理边界条件，在 F_j的表达式中只取三个网格点，得到：

$$\alpha F_{j+1} + \beta F_j + \gamma F_{j-1} = a\frac{u_{j+1} - u_j}{\Delta x} + b\frac{u_j - u_{j-1}}{\Delta x} \tag{13.4.15}$$

其中

$$\left.\begin{aligned}
\alpha &= \frac{1}{6} + \varepsilon_2 - \varepsilon_3 - \varepsilon_4 \\
\beta &= \frac{2}{3} + 2\varepsilon_3 \\
\gamma &= \frac{1}{6} - \varepsilon_2 - \varepsilon_3 + \varepsilon_4 \\
a &= \frac{1}{2} - 2\varepsilon_4 \\
b &= \frac{1}{2} + 2\varepsilon_4
\end{aligned}\right\} \tag{13.4.15a}$$

式中 ε_2、ε_3、ε_4都是 F_j在 x_j点进行 Taylor 展开时得到的任意常数。

对上式在 x_j点再次进行 Taylor 展开，得到：

$$F_j = \frac{\partial u}{\partial x} - 2\varepsilon_2\frac{\partial^2 u}{\partial x^2} + \varepsilon_3'\frac{\partial^3 u}{\partial x^3} + \varepsilon_4'\frac{\partial^4 u}{\partial x^4} \tag{13.4.16}$$

其中

$$\varepsilon_3' = \varepsilon_3 - 4\varepsilon_2(\varepsilon_4 - \varepsilon_2) \tag{13.4.16a}$$

$$\varepsilon_4' = \frac{1}{6}\varepsilon_4 + 2\varepsilon_2(\varepsilon_4 - \varepsilon_2) - 2\varepsilon_2[\varepsilon_3 + 4(\varepsilon_4 - \varepsilon_2)^2] \tag{13.4.16b}$$

由式(13.4.16a)知道：

$$当\ \varepsilon_2 = 0\ 时，\quad \varepsilon_3' = \varepsilon_3 \tag{13.4.17a}$$

由式(13.4.16b)知道：

$$当\ \varepsilon_2 = \varepsilon_3 = 0\ 时，\quad \varepsilon_4' = \frac{1}{6}\varepsilon_4 \tag{13.4.17b}$$

同时，从式(13.4.15)可以看出：

（1）当 $\varepsilon_2 \neq 0$ 时，则差分格式是一阶精度的。

（2）当 $\varepsilon_2 = 0$，$\varepsilon_3 \neq 0$ 时，则差分格式是二阶精度的。

（3）当 $\varepsilon_2 = \varepsilon_3 = 0, \varepsilon_4 \neq 0$ 时，则差分格式是三阶精度的。

（4）当 $\varepsilon_2 = \varepsilon_3 = \varepsilon_4 = 0$ 时，则差分格式是四阶精度的。

如果取 $\varepsilon_2 = \varepsilon_3 = \varepsilon_4 = 0$ 时，就得到四阶精度的紧致算法差分格式：

$$\frac{1}{6}F_{j+1} + \frac{2}{3}F_j + \frac{1}{6}F_{j-1} = \frac{u_{j+1} - u_j}{2\Delta x} + \frac{u_j - u_{j-1}}{2\Delta x} \tag{13.4.18}$$

如果 $\varepsilon_2 = \varepsilon_3 = 0, \varepsilon_4 \neq 0$ 时上式就是三阶紧致算法差分格式。

为了得到三阶紧致算法差分格式，设：

$$\varepsilon_2 = \varepsilon_3 = 0,\quad \varepsilon_4' = \frac{1}{6}\varepsilon_4 \tag{13.4.19}$$

这时 F_j 的表达式(13.4.16)就成为：

$$F_j = \frac{\partial u}{\partial x} + \frac{\varepsilon_4}{6}\Delta x^3 \frac{\partial^4 u}{\partial x^4} + O(\Delta x^4) \tag{13.4.20}$$

把 F_j 代入差分格式 $\delta_t^+ u + aF_j = 0$，得到修正方程为：

$$\frac{\partial u}{\partial t} + a\frac{\partial u}{\partial x} = -\frac{a\varepsilon_4}{6}\Delta x^3 \frac{\partial^4 u}{\partial x^4} + O(\Delta x^4) \tag{13.4.21}$$

可以证明，当 $\varepsilon_4 \neq 0$ 时，差分格式 $\delta_t^+ u + aF_j = 0$ 确实是三阶精度的。

利用 ε_4 可以构造迎风型紧致算法差分格式[21,22]。设：

$$a\varepsilon_4 > 0 \tag{13.4.22}$$

即：

$$当\ a > 0,\quad 取\ \varepsilon_4 > 0 \tag{13.4.22a}$$

$$当\ a < 0,\quad 取\ \varepsilon_4 < 0 \tag{13.4.22b}$$

为了得到三阶精度的显式迎风型紧致算法差分格式，可取 $\varepsilon_4 = \frac{1}{6}$，则有：

$$当\ a > 0,\quad 取\ \varepsilon_4 = \frac{1}{6} \tag{13.4.23a}$$

$$当\ a < 0,\quad 取\ \varepsilon_4 = -\frac{1}{6} \tag{13.4.23b}$$

把它们代入式(13.4.15)得到：

$$当\ a>0\ 时，\quad \alpha=0,\quad \beta=\frac{2}{3},\quad \gamma=\frac{1}{3},\quad a=\frac{1}{6},\quad b=\frac{5}{6} \tag{13.4.24a}$$

$$当\ a<0\ 时，\quad \alpha=\frac{1}{3},\quad \beta=\frac{2}{3},\quad \gamma=0, a=\frac{5}{6},\quad b=\frac{1}{6} \tag{13.4.24b}$$

若用 F^+ 表示当 $a>0$ 时 $\left(\frac{\partial u}{\partial x}\right)_j^+$ 的差分近似，F^- 表示当 $a<0$ 时 $\left(\frac{\partial u}{\partial x}\right)_j^-$ 的差分近似，可以得到由 F^+ 和 F^- 表示的三阶迎风型紧致算法差分格式为：

$$\delta_t^+ u + aF_j = 0 \tag{13.4.25}$$

$$F_j = F_j^+ + F_j^- \tag{13.4.25a}$$

$$\left.\begin{aligned} &当\ a>0\ 时，\quad \delta_t^+ u + aF_j^+ = 0 \\ &\frac{2}{3}F_j^+ + \frac{1}{3}F_{j-1}^+ = \frac{u_{j+1}+4u_j-5u_{j-1}}{6\Delta x} \end{aligned}\right\} \tag{13.4.25b}$$

$$\left.\begin{aligned} &当\ a<0\ 时，\quad \delta_t^+ u + cF_j^- = 0 \\ &\frac{1}{3}F_{j+1}^- + \frac{2}{3}F_j^- = \frac{5u_{j+1}-4u_j-u_{j-1}}{6\Delta x} \end{aligned}\right\} \tag{13.4.25c}$$

2. 非线性 Burgers 方程的迎风型紧致算法差分格式

非线性 Burgers 方程：

$$\frac{\partial u}{\partial t} + a\frac{\partial u}{\partial x} = \mu\frac{\partial^2 u}{\partial x^2} \tag{13.4.26}$$

其中 μ 为流体的黏性系数。其差分逼近式为：

$$\delta_t^+ u + aF_j = \mu\frac{S_j}{\Delta x^2} \tag{13.4.27}$$

其中 $\delta_t^+ u = \frac{u_j^{n+1}-u_j^n}{\Delta t}$ 是 $\left(\frac{\partial u}{\partial t}\right)_j$ 的差分近似，F_j 是对流项 $\left(\frac{\partial u}{\partial x}\right)_j$ 的差分近似，$\frac{S_j}{\Delta x^2}$ 是黏性项二阶导数 $\left(\frac{\partial^2 u}{\partial x^2}\right)_j$ 的差分近似，为方便起见，一般把 $\frac{S_j}{\Delta x^2}$ 简写成 S_j，即 $\frac{S_j}{\Delta x^2}\to S_j$，则上式可写成：

$$\delta_t^+ u + aF_j = \mu S_j \tag{13.4.27a}$$

对流项差分近似已由(13.4.25)给出。为了使方程中黏性项也能达到相应的精度，二阶导数项 S_j 也需要采用紧致算法差分格式。采用和对流项类似的推导步骤，对黏性项 S_j 也在 x_j 点进行 Taylor 展开，然后对空间进行差分离散近似，取 $S_j = \left(\frac{\partial^2 u}{\partial x^2}\right)_j + O(\Delta x^4)$，则黏性项 S_j 具有四阶精度。黏性项 $S_j = \left(\frac{\partial^2 u}{\partial x^2}\right)_j$ 的四阶紧致算法差分格式为：

$$\frac{1}{12}S_{j+1} + \frac{5}{6}S_j + \frac{1}{12}S_{j-1} = \frac{u_{j+1}-2u_j+u_j}{\Delta x^2} \tag{13.4.28}$$

最后，得到非线性 Burgers 方程的迎风型紧致算法差分格式[23,24]：

$$\delta_t^+ u + aF_j = \mu S_j \tag{13.4.29}$$

$$F_j = F_j^+ + F_j^- \tag{13.4.29a}$$

$$\left.\begin{aligned} &\text{当 } a>0 \text{ 时，}\quad \delta_t^+ u + aF_j^+ = 0 \\ &\frac{2}{3}F_j^+ + \frac{1}{3}F_{j-1}^+ = \frac{u_{j+1}+4u_j-5u_{j-1}}{6\Delta x} \end{aligned}\right\} \tag{13.4.29b}$$

$$\left.\begin{aligned} &\text{当 } a<0 \text{ 时，}\quad \delta_t^+ u + aF_j^- = 0 \\ &\frac{1}{3}F_{j+1}^- + \frac{2}{3}F_j^- = \frac{5u_{j+1}-4u_j-u_{j-1}}{6\Delta x} \end{aligned}\right\} \tag{13.4.29c}$$

$$\frac{1}{12}S_{j+1} + \frac{5}{6}S_j + \frac{1}{12}S_{j-1} = \frac{u_{j+1}-2u_j+u_j}{\Delta x^2} \tag{13.4.29d}$$

从上式中可以看出，在上述的非线性 Burgers 方程的迎风型紧致算法差分格式中，对流项是三阶紧致差分近似，而黏性项是四阶紧致差分近似。

3. 时间项离散

在时间上采用三阶精度 Runge-Kutta 时间差分离散：

$$\left.\begin{aligned} u_j^{(1)} &= u_j^n + \Delta t L_h(u_j^n) \\ u_j^{(2)} &= \frac{3}{4}u_j^n + \frac{1}{4}u_j^{(1)} + \frac{1}{4}\Delta t L_h(u^{(1)}) \\ u_j^{(3)} &= \frac{1}{3}u_j^n + \frac{2}{3}u_j^{(2)} + \frac{2}{3}\Delta t L_h(u^{(2)}) \end{aligned}\right\} \tag{13.4.30}$$

由上式可以看到，采用紧致算法差分格式求解非线性 Burgers 方程的过程要比一般差分格式复杂一点。

在求解非线性 Burgers 方程的对流项 F_j时，首先求解 F_1^+、F_2^+、…、F_N^+。由于 F_i^+ 差分格式(13.4.29b)为后差格式，这需要给出 F_0^+ 值。计算从左边界值开始，自左向右沿着 j 点增加方向进行求解；然后，求解 F_{N-1}^-，F_{N-2}^-、…、F_0^-。由于 F_j^- 差分格式(13.4.29c)为前差格式，需要给出 F_N^-。计算从右边界值开始，自右向左沿着 j 点减少的方向求解，求得 F_1^+、F_2^+、…、F_N^+ 和 F_{N-1}^-、F_{N-2}^-、…、F_0^-，最后，由式(13.4.29a)求得 F_1、F_2、…、F_N。

在求解非线性 Burgers 方程的黏性项 S_j 时，采用四阶紧致算法差分格式(13.4.29d)，它是中心差分格式，没有流动方向问题，只需要给出两个边界值 S_0、S_N，通过求解一个三对角线性代数方程组得到 S_1、S_2、…、S_{N-1}。

最后由 F_1、F_2、…、F_N和 S_1、S_2、…、S_{N-1}，以及 Runge-Kutta 高阶时间差分离散求出 t_{n+1}时刻的方程解 u_1^{n+1}、u_2^{n+1}、…、u_N^{n+1}。

13-4-4　非线性方程组的迎风型紧致算法差分格式

1. 一维无黏流动 Euler 方程组的迎风型紧致算法差分格式

一维 Euler 方程组：

$$\boldsymbol{u}_t+\boldsymbol{f}_x=\boldsymbol{0} \tag{13.4.31}$$

其中

$$\boldsymbol{u}=\begin{pmatrix}\rho\\ \rho u\\ E\end{pmatrix},\quad \boldsymbol{f}=\begin{pmatrix}f_1\\ f_2\\ f_3\end{pmatrix}=\begin{pmatrix}\rho u\\ \rho u^2+p\\ u(E+p)\end{pmatrix} \tag{13.4.31a}$$

ρ 为流体密度，p 为压力，u 在 x 方向上速度分量，e 是单位质量的内能，E 为单位体积流体总能。理想气体状态方程：

$$p=(\gamma-1)\rho e=(\gamma-1)\left[E-\frac{1}{2}\rho u^2\right] \tag{13.4.32}$$

一维 Euler 方程组的迎风型紧致差分格式：

$$\frac{\partial \boldsymbol{u}}{\partial t}+\frac{\boldsymbol{F}_j}{\Delta x}=\boldsymbol{0} \tag{13.4.33}$$

一维 Euler 方程组中流通量矢量 $\boldsymbol{f}(\boldsymbol{u})$ 的非线性 Jacobian 系数矩阵 $\boldsymbol{A}$、特征值 $\boldsymbol{\Lambda}$ 左右特征矢量 $\boldsymbol{R}$、$\boldsymbol{L}$ 和左右特征矢量关系式 $\boldsymbol{\alpha}$，以及流通量矢量 $\boldsymbol{f}(\boldsymbol{u})$ 表达式可参照第十一章第 3 节中的关系式(11.3.33) ~ 式(11.3.37)得到。采用 Steger-Warming 流通量矢量分裂法，参照计算公式(11.3.41)可得到分裂后的流通量矢量 $\boldsymbol{f}^{\pm}(\boldsymbol{u})$：

$$\boldsymbol{f}^{\pm}(\boldsymbol{u})=\frac{\rho}{2\gamma}\begin{pmatrix}2(\gamma-1)\lambda_1^{\pm}+\lambda_2^{\pm}+\lambda_3^{\pm}\\ 2(\gamma-1)u\lambda_1^{\pm}+(u-a)\lambda_2^{\pm}+(u+a)\lambda_3^{\pm}\\ (\gamma-1)u^2\lambda_1^{\pm}+(h-au)\lambda_2^{\pm}+(h+au)\lambda_3^{\pm}\end{pmatrix} \tag{13.4.34}$$

一维 Euler 方程组的对流项采用上述显式迎风型三阶紧致算法差分格式为：

$$\boldsymbol{F}_j=\boldsymbol{F}_j^{+}+\boldsymbol{F}_j^{-} \tag{13.4.35}$$

$\boldsymbol{F}_j^{+}$ 差分格式为：

$$\frac{2}{3}\boldsymbol{F}_j^{+}+\frac{1}{3}\boldsymbol{F}_{j-1}^{+}=\frac{5}{6}(\boldsymbol{f}_j^{+}-\boldsymbol{f}_{j-1}^{+})+\frac{1}{6}(\boldsymbol{f}_{j+1}^{+}-\boldsymbol{f}_j^{+}) \tag{13.4.35a}$$

$\boldsymbol{F}_j^{-}$ 差分格式为：

$$\frac{1}{3}\boldsymbol{F}_{j+1}^{-}+\frac{2}{3}\boldsymbol{F}_j^{-}=\frac{5}{6}(\boldsymbol{f}_{j+1}^{-}-\boldsymbol{f}_j^{-})+\frac{1}{6}(\boldsymbol{f}_j^{-}-\boldsymbol{f}_{j-1}^{-}) \tag{13.4.35b}$$

由于 $\boldsymbol{F}_j^{+}$ 差分格式(13.4.35a)为后差格式，计算自左向右按照 j 点增加方向求解；而 $\boldsymbol{F}_j^{-}$ 差分格式(13.4.35b)为前差格式，计算自右向左按照 j 点减少的方向求解。在求得 $\boldsymbol{F}_j^{+}$、$\boldsymbol{F}_j^{-}$ 后，由式(13.4.35)求得 $\boldsymbol{F}_j$。

2. 一维黏性流动 N－S 方程组的迎风型紧致算法差分格式

一维 N－S 方程组：

$$\boldsymbol{u}_t+\boldsymbol{f}_x=\boldsymbol{s}_x \tag{13.4.36}$$

其中

$$\boldsymbol{u}=\begin{pmatrix}\rho\\ \rho u\\ E\end{pmatrix},\quad \boldsymbol{f}=\begin{pmatrix}f_1\\ f_2\\ f_3\end{pmatrix}=\begin{pmatrix}\rho u\\ \rho u^2+p\\ u(E+p)\end{pmatrix},\quad \boldsymbol{s}=\begin{pmatrix}s_1\\ s_2\\ s_3\end{pmatrix} \tag{13.4.36a}$$

黏性项 $\boldsymbol{s}$ 为：

$$\begin{pmatrix} s_1 \\ s_2 \\ s_3 \end{pmatrix} = \begin{pmatrix} 0 \\ \dfrac{4}{3}\dfrac{\mu}{Re}\dfrac{\partial u}{\partial x} \\ \dfrac{4}{3}\dfrac{\mu u}{Re}\dfrac{\partial u}{\partial x} + \dfrac{c_p k}{PrRe}\dfrac{\partial T}{\partial x} \end{pmatrix} \tag{13.4.36b}$$

其中 Re 为雷诺数，Pr 为普朗特数，k 为热传导系数，μ 为黏性系数。

一维 N－S 方程组的迎风型紧致算法差分格式：

$$\frac{\partial \boldsymbol{u}}{\partial t} + \boldsymbol{F}_j = \boldsymbol{S}_j \tag{13.4.37}$$

对流项采用上述的显式迎风型三阶紧致算法差分格式：

$$\boldsymbol{F}_j = \boldsymbol{F}_j^{+} + \boldsymbol{F}_j^{-} \tag{13.4.37a}$$

$\boldsymbol{F}_j^{+}$ 差分格式为：

$$\frac{2}{3}\boldsymbol{F}_j^{+} + \frac{1}{3}\boldsymbol{F}_{j-1}^{+} = \frac{5}{6}(\boldsymbol{f}_j^{+} - \boldsymbol{f}_{j-1}^{+}) + \frac{1}{6}(\boldsymbol{f}_{j+1}^{+} - \boldsymbol{f}_j^{+}) \tag{13.4.37b}$$

$\boldsymbol{F}_j^{-}$ 差分格式为：

$$\frac{1}{3}\boldsymbol{F}_{j+1}^{-} + \frac{2}{3}\boldsymbol{F}_j^{-} = \frac{5}{6}(\boldsymbol{f}_{j+1}^{-} - \boldsymbol{f}_j^{-}) + \frac{1}{6}(\boldsymbol{f}_j^{-} - \boldsymbol{f}_{j-1}^{-}) \tag{13.4.37c}$$

黏性项采用显式中心型四阶紧致算法差分格式：

$$\frac{1}{12}\boldsymbol{S}_{j+1} + \frac{5}{6}\boldsymbol{S}_j + \frac{1}{12}\boldsymbol{S}_{j-1} = \frac{\boldsymbol{s}_{j+1} - 2\,\boldsymbol{s}_j + \boldsymbol{s}_{j-1}}{\Delta x^2} \tag{13.4.37d}$$

第 5 节　迎风型紧致算法中激波间断捕捉技术

13－5－1　人工黏性滤波算法

迎风型紧致算法差分格式在计算可压缩与不可压缩黏性流动时，不仅计算精度高，计算效率也好。但是，在计算激波时会出现数值振荡，甚至会使计算完全失效。为此，需要数值处理激波，人工黏性滤波算法是一种比较简单易行的方法。具体做法是：在迎风型紧致算法差分格式中设置一个开关函数 Q，要求开关函数 Q 在光滑区域内为零，而在激波附近不为零 $Q \neq 0$。开关函数 Q 可以采用不同的形式。例如，Harten 提出开关函数 Q 表达式为：

$$Q = \left| \frac{|p_{j+1}^n - p_j^n| - |p_j^n - p_{j-1}^n|}{|p_{j+1}^n - p_j^n| + |p_j^n - p_{j-1}^n|} \right| \tag{13.5.1}$$

而 MacCormak 提出的开关函数 Q 表达式为：

$$Q = \frac{|p_{j+1}^n - 2p_j^n + p_{j-1}^n|}{|p_{j+1}^n + 2p_j^n + p_{j-1}^n|} \tag{13.5.2}$$

如果激波处在 j 和 $j+1$ 之间，则 $p_{j+1}^{n} \geqslant p_{j}^{n}$；如果激波处在 j 和 $j-1$ 之间，则 $p_{j}^{n} \geqslant p_{j-1}^{n}$，一般说来开关函数 Q 应该是一个有限值。

人工黏性滤波算法的优点是算法简单、编程容易、计算效率高。但是，人工黏性滤波算法捕捉激波精度不高，在计算复杂流动时，很难精确地捕捉到激波。

13－5－2　群速度控制激波捕捉技术

在采用高阶精度差分格式数值计算时发现，这些高精度差分格式能很好地捕捉到激波间断，但是不能捕捉接触间断，或捕捉接触间断的效果不好。近年来，随着差分算法发展和激波捕捉技术改进，提出了一种新的高精度、高分辨率的差分算法，它既能捕捉激波间断，又能捕捉接触间断，其中最有代表性的是群速度控制紧致算法。

1. 群速度控制紧致算法基本思路

数值解的群速度是差分格式自身的数学特性，通过分析差分格式修正方程中的群速度能提高捕捉间断的分辨率[25]。在分析各种高阶精度差分格式的群速度时，可以发现有以下三种类型：快型差分格式（FST）、慢型差分格式（SLW）和混合型差分格式（MXD）。分析指出：慢型差分格式（SLW）的数值振荡出现在激波之后；快型差分格式（FST）的数值振荡出现在激波之前；混合型差分格式（MXD）数值振荡出现在激波两侧，但是主要出现在激波之前。群速度控制迎风型紧致算法差分格式数值处理激波的基本思路是：利用紧致算法的高精度和数值解的群速度特性，通过一个自由参数 σ 构造一种高精度、高分辨率的既能捕捉激波又能捕捉接触间断的差分格式[26,27]。

2. 差分格式群速度特性分析

线性对流方程：

$$u_t + a u_x = 0 \tag{13.5.3}$$

其中 $a=$ const. 为流动声速。设方程的初值为一个谐波：

$$u(x,0) = \exp(\mathrm{i}kx) \tag{13.5.3a}$$

当 $a>0$ 时，它的精确解：

$$u(x,t) = \exp[\mathrm{i}k(x-at)] \tag{13.5.3b}$$

它的半离散紧致算法差分格式：

$$\frac{\partial u}{\partial t} + \frac{F_j}{\Delta x} = 0 \tag{13.5.4}$$

其中$\dfrac{F_j}{\Delta x}$是对$\dfrac{\partial f}{\partial x}$的差分逼近。半离散紧致算法差分格式（13.5.4）的数值解：

$$u(u_j,t) = \exp\left[-a\frac{k_r}{\Delta x}t\right]\exp\left[\mathrm{i}k\left(x_j - a\frac{k_s}{\alpha}t\right)\right] \tag{13.5.4a}$$

这里 k、k_r、k_s 分别为谐波波数、耗散误差、色散误差。其中 $\alpha = k\Delta x$。由此可以得到数值解传播过程的包络线，包络线的传播速度称为群速度。

定义数值解群速度为：

$$D(\alpha)=\frac{\mathrm{d}k_s(\alpha)}{\mathrm{d}\alpha} \tag{13.5.5}$$

从数值解(13.5.4a)可以看出,数值解有 $k_r=0,k_s=a,D(\alpha)=1$。类似地,也可以求出其他各种差分格式的 k_r、k_s、$D(\alpha)$。

现在紧致算法差分格式中添加一个自由参数 σ,构成一般性的紧致差分格式:

$$-\sigma F_{j+1}+\frac{2}{3}F_j+\left(\frac{1}{3}+\sigma\right)F_{j-1}=\left(\frac{5}{6}\delta_x^-+\frac{1}{6}\delta_x^+\right)f_j-2\sigma\delta_x^2f_j \tag{13.5.6}$$

其中差分算子:

$$\left.\begin{aligned}&\delta_x^-f_j=f_j-f_{j-1}\\&\delta_x^+f_j=f_{j+1}-f_j\\&\delta_x^0=\frac{1}{2}(\delta_x^++\delta_x^-)\\&\delta_x^2=\delta_x^+\delta_x^-\end{aligned}\right\} \tag{13.5.6a}$$

当紧致差分格式(13.5.6)中的参数为 $\sigma=0$ 或 $-\frac{1}{3}$时,它是迎风型三阶紧致算法差分格式:

$$\frac{2}{3}F_j^{\pm}+\frac{1}{3}F_{j\mp1}^{\pm}=\left(\frac{5}{6}\delta_x^{\mp}+\frac{1}{6}\delta_x^{\pm}\right)f_j \tag{13.5.7}$$

当参数为 $\sigma=-\frac{1}{6}$时,它是对称型四阶紧致算法差分格式:

$$\frac{1}{6}F_{j+1}+\frac{2}{3}F_j+\frac{1}{6}F_{j-1}=\delta_x^0f_j \tag{13.5.8}$$

紧致算法差分格式(13.5.6)的耗散误差、色散误差和数值解群速度分别为:

$$k_r=-\frac{(6\sigma+1)(\cos^2\alpha+1)-12\sigma\cos\alpha-2\cos\alpha}{(36\sigma^2+12)(\cos^2\alpha-1)-4\cos\alpha-5} \tag{13.5.9}$$

$$k_s=\frac{\sin\alpha[(72\sigma^2+24\sigma)(\cos\alpha-1)-\cos\alpha-8]}{(36\sigma^2+12)(\cos^2\alpha-1)-4\cos\alpha-5} \tag{13.5.10}$$

$$D(\alpha)=\frac{\mathrm{d}k_s}{\mathrm{d}\alpha} \tag{13.5.11}$$

可以发现 k_r、k_s、$D(\alpha)$是和参数 σ 和 α 密切相关的。

分析上述 k_r、k_s、$D(\alpha)$指出,数值解中低波数分量对数值解逼近准确解比较有利,随着波数的增加,数值解越来越偏离准确解。这种偏离引起数值解中不同波数分量相互错位,产生非物理振荡,这是激波附近产生数值振荡的主要原因。因此,我们可以利用和控制数值解群速度来抑制和消除激波的数值振荡,提高捕捉激波的分辨率。

3. 群速度控制紧致算法差分格式

设线性对流方程(13.5.3)中 $a=1$,并取它的初值为:

$$u=\begin{cases}1, & 0\leqslant x\leqslant 0.8\\ -1, & 0.8<x\leqslant 4\end{cases}\tag{13.5.12}$$

分析可知,方程准确解是以 $a=1$ 恒定速度向右行进的间断。

当 σ 分别取不同值,如 -0.1429、0、1 时,采用紧致算法差分格式(13.5.6)计算线性对流方程(13.5.3)时,得到的数值解具有以下特性:当 $\sigma=0$ 时,它为三阶紧致差分格式,数值振荡出现在激波间断两侧,它是混合型差分格式(MXD);当 $\sigma=-0.1429$时,振荡出现在间断左侧,它是慢型差分格式(SLW);当 $\sigma=1$ 时,振荡出现在间断右侧,它是快型差分格式(FST)。

由上述分析可知,紧致算法差分格式(13.5.6)在 $a>0$ 情况下,当 $\sigma<0$ 时,它是慢型紧致算法差分格式(SLW),当 $\sigma>0$ 时,它是快型紧致算法差分格式(FST)。构造群速度控制紧致算法差分格式的基本做法是:为了抑制和消除激波数值振荡,在激波波前采用慢型紧致算法差分格式(SLW),在激波波后采用快型紧致算法差分格式(FST)。这样就能控制激波数值振荡,提高捕捉激波分辨率。

根据这一做法可以得到如下群速度控制迎风型紧致算法差分格式[28]:

$$\alpha_j F_{j+1}+\beta_j F_j+\gamma_j F_{j-1}=d_j\tag{13.5.13}$$

当 $a>0$ 时:

$$\left.\begin{aligned}\alpha_j&=-\sigma^{+}_{j+\frac{1}{2}}\\ \beta_j&=\frac{2}{3}+\sigma^{+}_{j-\frac{1}{2}}-\sigma^{+}_{j+\frac{1}{2}}\\ \gamma_j&=\frac{1}{3}+\sigma^{+}_{j-\frac{1}{2}}\\ d_j&=\left(\frac{5}{6}\delta_x^{-}+\frac{1}{6}\delta_x^{+}\right)f_j-2\left(\sigma^{+}_{j+\frac{1}{2}}\delta_x^{+}-\sigma^{+}_{j-\frac{1}{2}}\delta_x^{-}\right)f_j\end{aligned}\right\}\tag{13.5.13a}$$

当 $a<0$ 时:

$$\left.\begin{aligned}\alpha_j&=-\sigma^{-}_{j+\frac{1}{2}}-\frac{1}{3}\\ \beta_j&=\frac{2}{3}-\sigma^{-}_{j-\frac{1}{2}}+\sigma^{-}_{j+\frac{1}{2}}\\ \gamma_j&=\sigma^{-}_{j-\frac{1}{2}}\\ d_j&=\left(\frac{5}{6}\delta_x^{+}+\frac{1}{6}\delta_x^{-}\right)f_j-2\left(\sigma^{-}_{j+\frac{1}{2}}\delta_x^{+}-\sigma^{-}_{j-\frac{1}{2}}\delta_x^{-}\right)f_j\end{aligned}\right\}\tag{13.5.13b}$$

其中

$$\left.\begin{aligned}\sigma^{\pm}_{j+\frac{1}{2}}&=\pm\sigma_0\left(1\pm\gamma_0 SS(u_{j+\frac{1}{2}})\right)PP_{j+\frac{1}{2}}\left|a\right|\\ PP_{j+\frac{1}{2}}&=\left|\frac{p_{j+1}-p_j}{p_{j+1}+p_j}\right|\\ SS(u)&=\operatorname{sgn}\left(\frac{\partial p}{\partial x}\frac{\partial^2 p}{\partial x^2}\right)\end{aligned}\right\}\tag{13.5.13c}$$

常数 σ_0、γ_0取值范围为：

$$1\leqslant\sigma_0\leqslant2,\quad 0.8\leqslant\gamma_0\leqslant1 \tag{13.5.13d}$$

$PP_{j+\frac{1}{2}}$是一个已知变量，$SS(u)$为激波的结构函数。

当一个激波向右行进时，激波左侧应该有 $SS(u)>0$，激波右侧有 $SS(u)<0$。这样通过控制上述这些参数值可以构造所需要的紧致算法差分格式，例如，通过调节参数，让群速度控制紧致算法差分格式(13.5.13)在激波波前是慢型紧致算法差分格式(SLW)，在激波波后成为快型紧致算法差分格式(FST)。

在计算中 $SS(u)$一般取为：

$$SS(u)=\mathrm{sgn}[(p_{j+1}-p_j)(p_{j+2}-p_{j+1}-p_j+p_{j-1})] \tag{13.5.14}$$

分析紧致算法差分格式(13.5.11)和控制参数 σ_0、γ_0、$PP_{j+\frac{1}{2}}$、$SS(u)$可知，由于数值解在光滑区内有 $\sigma_{j+\frac{1}{2}}\sim\Delta x$，因此，在一般情况下紧致算法差分格式(13.5.13)具有三阶精度，但在极值点处会降到二阶精度。

4. 一维无黏流动 Euler 方程组的群速度控制紧致算法差分格式

一维 Euler 方程组：

$$\boldsymbol{u}_t+\boldsymbol{f}_x=\boldsymbol{0} \tag{13.5.15}$$

其中

$$\boldsymbol{u}=\begin{pmatrix}\rho\\ \rho u\\ E\end{pmatrix},\quad \boldsymbol{f}=\begin{pmatrix}\rho u\\ \rho u^2+p\\ u(E+p)\end{pmatrix} \tag{13.5.15a}$$

利用 Stager-Warming 矢通量分裂法对它的流通量矢量进行分裂，然后，利用紧致算法差分格式(13.5.13)离散正负流通量$\boldsymbol{f}^{\pm}(\boldsymbol{u})$，并利用式(13.5.13a、b、c、d)，通过调节参数来控制数值解中群速度，以达到高精度、高分辨率捕捉激波。

参数表达式(13.5.13c)中的 $PP_{j+\frac{1}{2}}$一般采用如下压力形式：

$$PP_{j+\frac{1}{2}}=w\left|\frac{p_{j+1}-p_j}{p_{j+1}+p_j}\right| \tag{13.5.16a}$$

但是，为了使紧致算法差分格式(13.5.13)对激波和接触间断都有较高的分辨率，可以采用压力和密度加权形式：

$$PP_{j+\frac{1}{2}}=w_1\left|\frac{p_{j+1}-p_j}{p_{j+1}+p_j}\right|+w_2\left|\frac{\rho_{j+1}-\rho_j}{\rho_{j+1}+\rho_j}\right| \tag{13.5.16b}$$

由于群速度控制紧致算法差分格式在空间上具有三阶精度，因此，对时间项可采用 Runge-Kutta 差分离散式(13.4.30)得到具有三阶精度的时间差分格式。

群速度控制紧致算法差分格式具有三阶精度，在极值点被降到二阶精度。它在求解空间导数时可以采用追赶法求解三对角代数方程组，而不需要进行矩阵运算。和 Harten 的 TVD 差分算法相比，群速度控制紧致算法差分格式具有计算精度高、捕捉激波和接触间断分辨率高和不需要进行矩阵运算等优点。

第 6 节　迎风型紧致算法在不可压缩黏性流动和可压缩无黏流动中的应用

13－6－1　迎风型紧致差分算法在二维不可压缩黏性流动中的应用

1. 不可压缩黏性流体在凸台阶管道中的流动问题

不可压缩黏性流体以一定速度分布流入具有凸台阶管道中，如图 13.11 所示。在凸台阶的前后两侧都会形成旋涡，求解此旋涡运动的最终定常解。

设管道几何尺寸为：$AB = CD = 3, BC = 7, AH = GF = 2, ED = 3, GH = FE = 1$。

初始条件：在 $t = 0$ 时，在 $ABCDEFGH$ 区域内，$u = v = 0, p = 1$。

在入口边界 AB 上有：

$$u = \begin{cases} 10y, & 0 \leqslant y \leqslant 0.1 \\ 1, & 0.1 \leqslant y \leqslant 2.9 \\ 10(3-y), & 2.9 \leqslant y \leqslant 3.0 \end{cases} \tag{13.6.1}$$

$$v = 0$$

边界条件：在左边界 AB 面上为均匀来流条件：均匀来流参数可由式(13.6.1)计算得到。

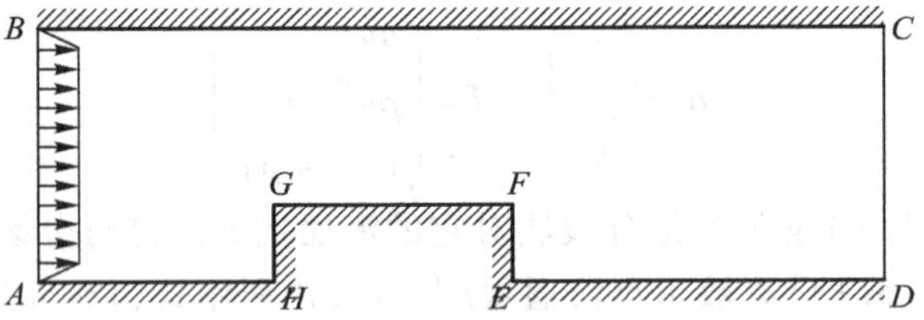

图 13.11　不可压缩黏性流体在凸台阶管道中流动问题示意图

在管道下壁面、凸台阶上壁面和侧壁面是刚性壁面，速度应满足无滑移反射条件，即在地面和凸台阶上壁面和侧壁面的法向上速度为零 $\boldsymbol{u}_n = \boldsymbol{0}$，其中 $\boldsymbol{n}$ 为壁面法向矢量。在右边界 CD 面上应满足自由输出条件，即满足$\dfrac{\partial u}{\partial x} = \dfrac{\partial v}{\partial x} = 0$。

2. 二维不可压缩黏性流动 N－S 方程组

二维 N－S 方程组：

$$\frac{\partial u}{\partial x} + \frac{\partial v}{\partial y} = 0 \tag{13.6.2a}$$

$$\frac{\partial u}{\partial t} + u\frac{\partial u}{\partial x} + v\frac{\partial u}{\partial y} = -\frac{\partial p}{\partial x} + \frac{1}{Re}\left(\frac{\partial^2 u}{\partial x^2} + \frac{\partial^2 u}{\partial y^2}\right) \tag{13.6.2b}$$

$$\frac{\partial v}{\partial t} + u\frac{\partial v}{\partial x} + v\frac{\partial v}{\partial y} = -\frac{\partial p}{\partial y} + \frac{1}{Re}\left(\frac{\partial^2 v}{\partial x^2} + \frac{\partial^2 v}{\partial y^2}\right) \tag{13.6.2c}$$

3. 二维迎风型紧致算法差分格式

对时间项取简单前差格式，压力项取显式中心差分格式，对流项用迎风型三阶紧

致算法差分格式,黏性项用对称型四阶紧致算法差分格式。则动量方程(13.6.2b)、(13.6.2c)的差分格式为:

$$\frac{1}{\Delta t}(u_{i,j+1}^{n+1}-u_{i,j+1}^{n})+u_{i,j+1}^{n}\frac{(Fux)_{i,j+1}^{n}}{\Delta x}+\tilde{v}_{i,j+1}^{n}\frac{(Fuy)_{i,j+1}^{n}}{\Delta y}+\frac{p_{i+1,j+1}^{n}-p_{i-1,j+1}^{n}}{2\Delta x}$$
$$=\frac{1}{Re}\left[\frac{(Sux)_{i,j+1}^{n}}{\Delta x^{2}}+\frac{(Suy)_{i,j+1}^{n}}{\Delta y^{2}}\right] \tag{13.6.3a}$$

$$\frac{1}{\Delta t}(v_{i+1,j}^{n+1}-v_{i+1,j}^{n})+\tilde{u}_{i+1,j}^{n}\frac{(Fvx)_{i+1,j}^{n}}{\Delta x}+v_{i+1,j}^{n}\frac{(Fvy)_{i+1,j}^{n}}{\Delta y}+\frac{p_{i+1,j+1}^{n}-p_{i+1,j-1}^{n}}{2\Delta y}$$
$$=\frac{1}{Re}\left[\frac{(Svx)_{i+1,j}^{n}}{\Delta x^{2}}+\frac{(Svy)_{i,j+1}^{n}}{\Delta y^{2}}\right] \tag{13.6.3b}$$

其中:

$$\left.\begin{aligned}(Fux)_{i,j+1}^{n}&=\Delta x\left(\frac{\partial u}{\partial x}\right)_{i,j+1}^{n},\ (Fuy)_{i,j+1}^{n}=\Delta y\left(\frac{\partial u}{\partial y}\right)_{i,j+1}^{n}\\(Fvx)_{i+1,j}^{n}&=\Delta x\left(\frac{\partial v}{\partial x}\right)_{i+1,j}^{n},\ (Fvy)_{i+1,j}^{n}=\Delta y\left(\frac{\partial v}{\partial y}\right)_{i+1,j}^{n}\end{aligned}\right\} \tag{13.6.3c}$$

$$\left.\begin{aligned}(Sux)_{i,j+1}^{n}&=\Delta x^{2}\left(\frac{\partial^{2} u}{\partial^{2} x}\right)_{i,j+1}^{n},\ (Suy)_{i,j+1}^{n}=\Delta y^{2}\left(\frac{\partial^{2} u}{\partial^{2} y}\right)_{i,j+1}^{n}\\(Svx)_{i+1,j}^{n}&=\Delta x^{2}\left(\frac{\partial^{2} v}{\partial^{2} x}\right)_{i+1,j}^{n},\ (Svy)_{i+1,j}^{n}=\Delta y^{2}\left(\frac{\partial^{2} v}{\partial^{2} y}\right)_{i+1,j}^{n}\end{aligned}\right\} \tag{13.6.3d}$$

$$\left.\begin{aligned}\tilde{u}_{i+1,j}&=\frac{1}{4}(u_{i,j+1}+u_{i,j-1}+u_{i+2,j+1}+u_{i+2,j-1})\\\tilde{v}_{i,j+1}&=\frac{1}{4}(v_{i+1,j}+v_{i-1,j}+v_{i+1,j+2}+v_{i-1,j+2})\end{aligned}\right\} \tag{13.6.3e}$$

考虑迎风特性后,对流项的差分格式:

$$\left.\begin{aligned}u_{i,j+1}^{n}\frac{(Fux)_{i,j+1}^{n}}{\Delta x}&=\frac{(u_{i,j+1}^{n}+|u_{i,j+1}^{n}|)}{2}\frac{(Fux^{+})_{i,j+1}^{n}}{\Delta x}+\frac{(u_{i,j+1}^{n}-|u_{i,j+1}^{n}|)}{2}\frac{(Fux^{-})_{i,j+1}^{n}}{\Delta x}\\\tilde{u}_{i+1,j}^{n}\frac{(Fvx)_{i+1,j}^{n}}{\Delta x}&=\frac{(\tilde{u}_{i+1,j}^{n}+|\tilde{u}_{i+1,j}^{n}|)}{2}\frac{(Fvx^{+})_{i+1,j}^{n}}{\Delta x}+\frac{(\tilde{u}_{i+1,j}^{n}-|\tilde{u}_{i+1,j}^{n}|)}{2}\frac{(Fvx^{-})_{i+1,j}^{n}}{\Delta x}\end{aligned}\right\} \tag{13.6.4a}$$

$$\left.\begin{aligned}v_{i+1,j}^{n}\frac{(Fvy)_{i+1,j}^{n}}{\Delta y}&=\frac{(v_{i+1,j}^{n}+|v_{i+1,j}^{n}|)}{2}\frac{(Fvy^{+})_{i+1,j}^{n}}{\Delta y}+\frac{(v_{i+1,j}^{n}-|v_{i+1,j}^{n}|)}{2}\frac{(Fvy^{-})_{i+1,j}^{n}}{\Delta y}\\\tilde{v}_{i,j+1}^{n}\frac{(Fuy)_{i,j+1}^{n}}{\Delta y}&=\frac{(\tilde{v}_{i,j+1}^{n}+|\tilde{v}_{i,j+1}^{n}|)}{2}\frac{(Fuy^{+})_{i,j+1}^{n}}{\Delta y}+\frac{(\tilde{v}_{i,j+1}^{n}-|\tilde{v}_{i,j+1}^{n}|)}{2}\frac{(Fuy^{-})_{i,j+1}^{n}}{\Delta y}\end{aligned}\right\} \tag{13.6.4b}$$

对流项 $\boldsymbol{F}$ 的三阶迎风型紧致算法差分格式 $\boldsymbol{F}_j=\boldsymbol{F}_j^{+}+\boldsymbol{F}_j^{-}$:

$$\text{当 } a>0 \text{ 时},\ \frac{2}{3}\boldsymbol{F}_j^{+}+\frac{1}{3}\boldsymbol{F}_{j-1}^{+}=\frac{1}{6}\boldsymbol{f}_{j+1}^{+}+\frac{2}{3}\boldsymbol{f}_j^{+}-\frac{5}{6}\boldsymbol{f}_{j-1}^{+} \tag{13.6.5a}$$

$$\text{当 } a<0 \text{ 时}, \frac{1}{3}\boldsymbol{F}_j^- + \frac{2}{3}\boldsymbol{F}_{j+1}^- = \frac{5}{6}\boldsymbol{f}_{j+1}^- - \frac{2}{3}\boldsymbol{f}_j^- - \frac{1}{6}\boldsymbol{f}_{j-1}^- \tag{13.6.5b}$$

黏性项 $\boldsymbol{S}$ 的四阶紧致算法差分格式为：

$$\frac{1}{12}\boldsymbol{S}_{j+1} + \frac{5}{6}\boldsymbol{S}_j + \frac{1}{12}\boldsymbol{S}_{j-1} = \boldsymbol{s}_{j+1} - 2\boldsymbol{s}_j + \boldsymbol{s}_{j-1} \tag{13.6.6}$$

这里采用比较简单的人工压缩算法求解不可压缩黏性流动问题。为此，在连续方程中增加$\frac{\partial p}{\partial t}$项，将连续方程(13.6.2a)转换成如下形式：

$$\frac{\partial p}{\partial t} + C^2\left(\frac{\partial u}{\partial x} + \frac{\partial v}{\partial y}\right) = 0 \tag{13.6.7}$$

并要求 $t\to\infty$，$\frac{1}{C^2}\frac{\partial p}{\partial t}\to 0$，数值解就是物理问题定常解。

二维黏性流动 N－S 方程组的人工压缩算法的紧致算法差分格式：

$$\begin{aligned}
&\frac{1}{\Delta t}(u_{i,j+1}^{n+1} - u_{i,j+1}^n) + \frac{(u_{i,j+1}^n + |u_{i,j+1}^n|)}{2}\frac{(Fux^+)_{i,j+1}^n}{\Delta x} + \frac{(u_{i,j+1}^n - |u_{i,j+1}^n|)}{2}\frac{(Fux^-)_{i,j+1}^n}{\Delta x} + \\
&\qquad \frac{(\hat{v}_{i,j+1}^n + |\hat{v}_{i,j+1}^n|)}{2}\frac{(Fuy^+)_{i,j+1}^n}{\Delta y} + \frac{(\hat{v}_{i,j+1}^n - |\hat{v}_{i,j+1}^n|)}{2}\frac{(Fuy^-)_{i,j+1}^n}{\Delta y} + \\
&\qquad \frac{p_{i+1,j+1}^n - p_{i-1,j+1}^n}{2\Delta x} = \frac{1}{Re}\left(\frac{(Sux)_{i,j+1}^n}{\Delta x^2} + \frac{(Suy)_{i,j+1}^n}{\Delta y^2}\right)
\end{aligned} \tag{13.6.8a}$$

$$\begin{aligned}
&\frac{1}{\Delta t}(v_{i+1,j}^{n+1} - v_{i+1,j}^n) + \frac{(\hat{u}_{i+1,j}^n + |\hat{u}_{i+1,j}^n|)}{2}\frac{(Fvx^+)_{i+1,j}^n}{\Delta x} + \frac{(\hat{u}_{i+1,j}^n - |\hat{u}_{i+1,j}^n|)}{2}\frac{(Fvx^-)_{i+1,j}^n}{\Delta x} + \\
&\qquad \frac{(v_{i+1,j}^n + |v_{i+1,j}^n|)}{2}\frac{(Fvx^+)_{i+1,j}^n}{\Delta y} + \frac{(v_{i+1,j}^n - |v_{i+1,j}^n|)}{2}\frac{(Fvx^-)_{i+1,j}^n}{\Delta y} + \\
&\qquad \frac{p_{i+1,j+1}^n - p_{i+1,j-1}^n}{2\Delta y} = \frac{1}{Re}\left(\frac{(Svx)_{i+1,j}^n}{\Delta x^2} + \frac{(Svy)_{i,j+1}^n}{\Delta y^2}\right)
\end{aligned} \tag{13.6.8b}$$

$$\frac{1}{\Delta t}(p_{i+1,j+1}^{n+1} - p_{i+1,j+1}^n) + C^2\left(\frac{u_{i+1,j+1}^{n+1} - u_{i,j+1}^{n+1}}{\Delta x} + \frac{v_{i+1,j+1}^{n+1} - v_{i+1,j}^{n+1}}{\Delta y}\right) = 0 \tag{13.6.8c}$$

4. 具体计算步骤

人工压缩算法计算步骤是比较简单的。首先，由式(13.6.5a、b)和式(13.6.6)求出 $\boldsymbol{F}_j$、$\boldsymbol{S}_j$，再由式(13.6.8a)和式(13.6.8b)分别解出 t_{n+1}时刻的速度值 $u_{i,j}^{n+1}$、$v_{i,j}^{n+1}$。然后，把速度值 $u_{i,j}^{n+1}$、$v_{i,j}^{n+1}$ 代入式(13.6.8c)求出 t_{n+1} 时刻压力值 $p_{i,j}^{n+1}$。得到 $u_{i,j}^{n+1}$、$v_{i,j}^{n+1}$、$p_{i,j}^{n+1}$值后，再采用：

$$\max\left(\frac{1}{\Delta t}|u_{i,j}^{n+1} - u_{i,j}^n|, \frac{1}{\Delta t}|v_{i,j}^{n+1} - v_{i,j}^n|, \frac{1}{C^2\Delta t}|p_{i,j}^{n+1} - p_{i,j}^n|\right) < \varepsilon \tag{13.6.9}$$

其中取 $\varepsilon = 10^{-4}$，重复上述步骤直至解收敛于定常解。

5. 网格划分和虚拟网格设置

紧致算法采用交错网格。速度和压力分别设置在整网格点和半网格点上，如图13.12 所示。图中粗实线 a 表示区域边界，粗实线 d 表示整网格线，细实线 b 表示半网格线,虚线 c 表示补充的虚拟网格线。u 和它的一阶、二阶导数置于横向整网格、纵向半网格点上;v 和它的一阶和二阶导数置于横向半网格、纵向整网格点上;p 均置于横向和纵向半网格点上。

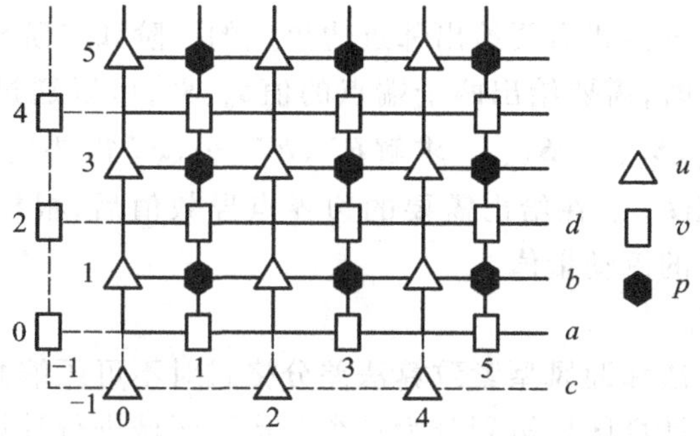

图 13.12 不可压缩黏性流动交错网格示意图

在实际的计算边界外,需要设置半网格宽的虚拟边界,用以处理边界上的一阶和二阶导数。上下虚拟边界上设置速度 u 值,左右虚拟边界上设置速度 v 值。

为了数值处理各种边界条件,需要在上述计算区域的四周设置一、二层虚拟网格。速度 u 在上下边界外补充虚拟网格,v 在左右边界补充虚拟网格。

6. 边界数值处理

由于紧致算法计算精度较高,它的边界数值处理比较麻烦[29]。本算例采用比较简单的边界数值处理方法,原则上是和第十二章第 5 节的 SOLA 算法算例的边界数值处理方法是相同的。初始条件:在 $t=0$ 时,需要在计算区域内设置流体初始状态,一般取:$u_0=v_0=0, p_0=1.0, \rho_0=1.0$。

边界条件:边界数值处理需要利用虚拟网格单元。一般有以下几种情况:

(1) 入口输入和出口输出边界条件。

(2) 滑移刚性壁面边界条件。

(3) 无滑移刚性壁面边界条件。

(4) 角点数值处理。

它们可参照第十二章 12-5-6 节中 SOLA 算法算例的边界数值处理做法。

根据上述边界数值处理原则可以计算出入口、出口、刚性壁面和角点上$\boldsymbol{F}^+_{i,j}$、$\boldsymbol{F}^-_{i,j}$、$\boldsymbol{G}^+_{i,j}$、$\boldsymbol{G}^-_{i,j}$值。例如,在入口左边界($x=0, y=0\sim3.0$)和出口右边界($x=7.0, y=0\sim3.0$)上的$\boldsymbol{F}^+_{i,j}$、$\boldsymbol{F}^-_{i,j}$、$\boldsymbol{G}^+_{i,j}$、$\boldsymbol{G}^-_{i,j}$值:

$$\left.\begin{aligned}\boldsymbol{F}^+_{i,j}\big|_{i=1}&=\frac{1}{2}[3(\boldsymbol{f}^+_{2,j}-\boldsymbol{f}^+_{1,j})-(\boldsymbol{f}^+_{3,j}-\boldsymbol{f}^+_{2,j})]\\\boldsymbol{G}^+_{i,j}\big|_{i=1}&=\frac{1}{2}[3(\boldsymbol{g}^+_{2,j}-\boldsymbol{g}^+_{1,j})-(\boldsymbol{g}^+_{3,j}-\boldsymbol{g}^+_{2,j})]\end{aligned}\right\}\tag{13.6.10}$$

$$\left.\begin{aligned} F_{i,j}^{-}\big|_{i=IN} &= \frac{1}{2}\left[3\left(f_{IN,j}^{-}-f_{IN-1,j}^{-}\right)-\left(f_{IN-1,j}^{-}-f_{IN-2,j}^{-}\right)\right] \\ G_{i,j}^{-}\big|_{i=IN} &= \frac{1}{2}\left[3\left(g_{IN,j}^{-}-g_{IN-1,j}^{-}\right)-\left(g_{IN-1,j}^{-}-g_{IN-2,j}^{-}\right)\right] \end{aligned}\right\} \tag{13.6.11}$$

求解紧致算法差分格式需要给出邻近边界点的一阶和二阶导数值。在用四阶紧致格式求解二阶导数时,需要给出两个端点的值S_0、S_N,可以通过求解一个三对角线性代数方程组得到S_1、S_2、…、S_{N-1}。求解F_1^+、F_2^+、…、F_N^+需要给出F_0^+,而求解F_{N-1}^-、F_{N-2}^-、…、F_0^-需要给出F_N^-。在给出需要的边界点导数值后,根据边界的性质确定边界条件和虚拟网格上的流动量值。

7. 计算结果分析

采用人工压缩算法和迎风型紧致算法差分格式对不可压缩黏性流体在凸台阶管道中流动进行计算。计算区域被划分为三个矩形子区域进行计算。计算区域内网格数为 31×71。时间步长取 $\Delta t=10^{-4}$。Re 分别取 10、20、30、35 时的流场计算结果如图 13.13 所示。

由图 13.13 可以看出,黏性流体流入管内,并绕过凸台阶时在台阶后面形成一很大的旋涡,其形状与 Re 大小有关。随着雷诺数的增加,旋涡的“横向长度”也在增加。当 $Re>30$ 时,旋涡已有较大程度失真,再增大雷诺数就会使计算难以收敛。这是因为旋涡的右端已经超出输出边界。由于受输出边界条件影响,旋涡的形状完全失真。

在凸台阶的前壁面底角附近和上壁面拐角附近也会形成小涡,一般来说这些小涡都较难计算得到。它和计算网格疏密、雷诺数 Re 有关。

当管道中没有台阶或是台阶后的剩余长度足够大时,流动定常解在出口处速度分布应该是 Poiseuille 管流速度分布,即在 x 方向上速度应该是抛物线分布。但是在本题中由于台阶距离出口较近,出口处流动受到凸台阶影响,出口处的速度分布已不再是 Poiseuille 管流速度分布。这种台阶对于出口速度的影响随着 Re 的增加而加大。图 13.14 给出了 $Re=10$、20 时出口速度分布。

13-6-2　迎风型紧致算法在二维可压缩无黏流动问题中的应用

1. 激波在具有凸台阶管道中的传播问题

当激波在具有凸台阶管道中传播时,激波在凸台阶前壁面上发生反射形成反射激波。在凸台阶左右两侧都会有涡流形成,激波和凸台阶后面的涡相互作用,计算相互作用后的复杂流场(图 13.15)。

设管道几何尺寸为:$AB=CD=3$,$BC=7$,$AH=GF=2$,$ED=3$,$GH=FE=1$。

初始条件:在 $t=0$ 时,$M_s=3.0$ 的激波位于 AB 入口处,激波前气体初始参数:

$$\rho_1=1.0,\quad u_1=v_1=0,\quad p_1=0.714\,29,\quad \gamma=1.4 \tag{13.6.12}$$

边界条件:在 AB 入口处,可根据激波马赫数 $M_s=3.0$,由激波条件确定激波后气体均匀来流参数;右边界 CD 为自由输出条件:$\frac{\partial u}{\partial x}=\frac{\partial v}{\partial x}=0$ 或$\frac{\partial u}{\partial y}=\frac{\partial v}{\partial y}=0$;计算区域

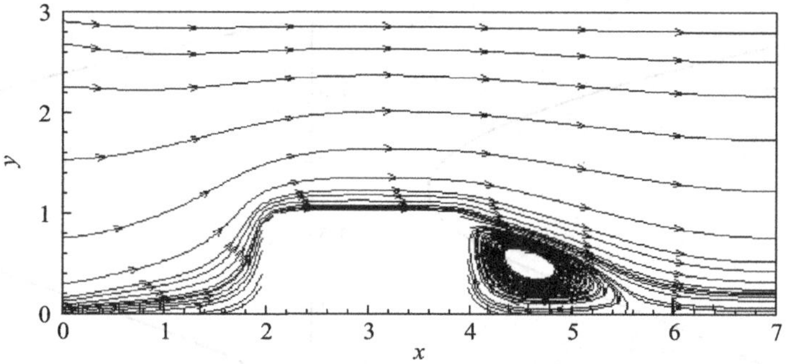

(a) $Re=10$ 凸台阶管道流动流线分布

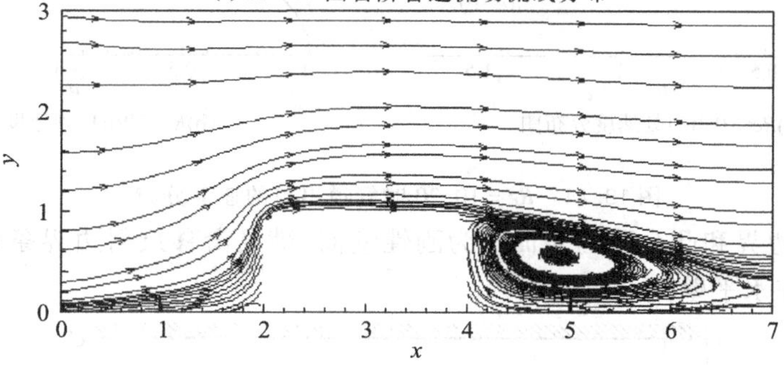

(b) $Re=20$ 凸台阶管道流动流线分布

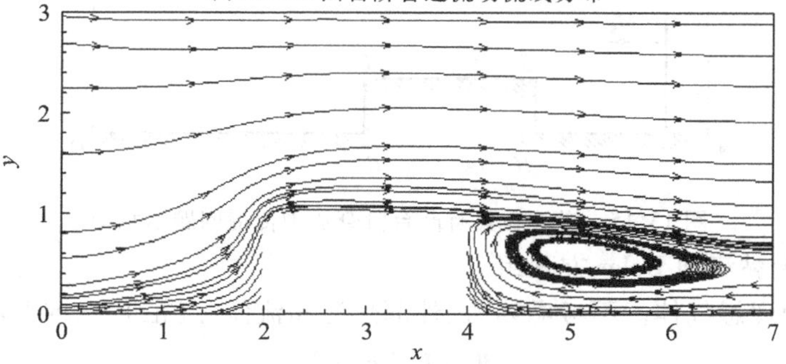

(c) $Re=30$ 凸台阶管道流动流线分布

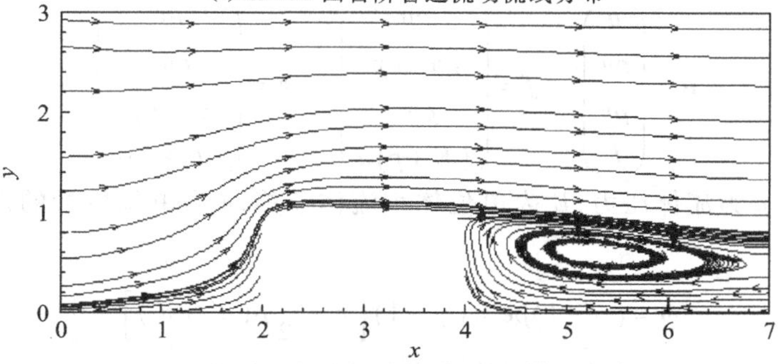

(d) $Re=35$ 凸台阶管道流动流线分布

图 13.13　不同 Re 的不可压缩黏性流动在凸台阶管道中的流线分布

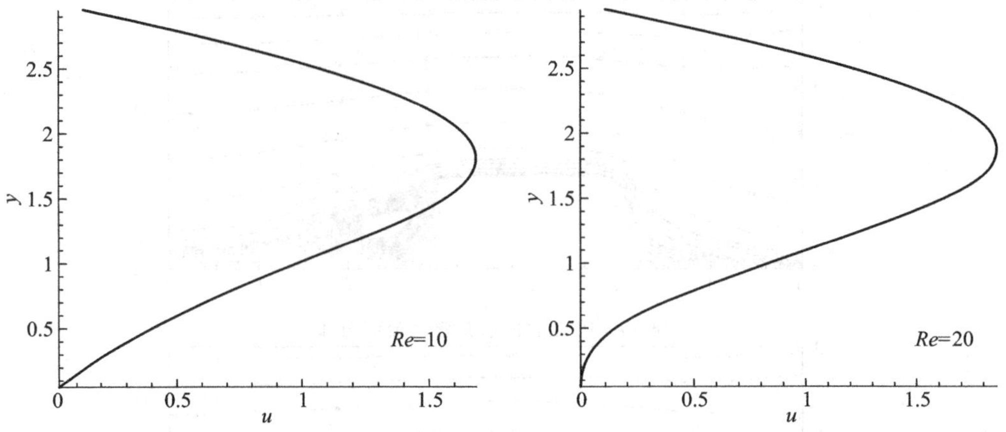

(a)Re=10出口处速度分布图　　(b)Re=20出口处速度分布图

图 13.14　$Re=10$、20 时管道出口的速度分布

的上边界、下边界和凸台阶的表面均为刚性壁面，满足滑移反射边界条件：在垂直壁面上 $u_w=0$，在水平壁面上 $v_w=0$。

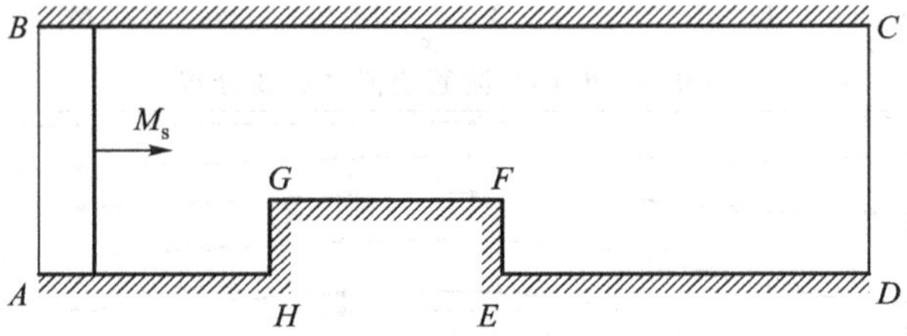

图 13.15　激波在具有凸台阶管道中传播问题示意图

2. 二维无黏流动 Euler 方程组

设气体为理想气体。不考虑体力、外部热源和流体源(汇)，二维 Euler 方程组：

$$\boldsymbol{u}_t+\boldsymbol{f}_x+\boldsymbol{g}_y=\boldsymbol{0} \tag{13.6.13}$$

$$\boldsymbol{u}=\begin{pmatrix}\rho\\ \rho u\\ \rho v\\ E\end{pmatrix},\quad \boldsymbol{f}=\begin{pmatrix}\rho u\\ \rho u^2+p\\ \rho uv\\ (E+p)u\end{pmatrix},\quad \boldsymbol{g}=\begin{pmatrix}\rho v\\ \rho uv\\ \rho v^2+p\\ (E+p)v\end{pmatrix} \tag{13.6.14}$$

ρ 为流体密度，p 为流体压力，E 为单位体积流体总能，e 为单位质量的内能。气体的状态方程：

$$p=(\gamma-1)\rho e=(\gamma-1)\left[E-\frac{1}{2}\rho(u^2+v^2)\right] \tag{13.6.15}$$

3. 非线性 Jacobian 系数矩阵、特征值和特征矢量

把二维 Euler 方程组(13.6.16)写成非守恒型形式：

$$\frac{\partial \boldsymbol{u}}{\partial t}+\boldsymbol{A}\frac{\partial \boldsymbol{u}}{\partial x}+\boldsymbol{B}\frac{\partial \boldsymbol{u}}{\partial y}=\boldsymbol{0} \tag{13.6.16}$$

流通量矢量 $\boldsymbol{f}$、$\boldsymbol{g}$ 非线性 Jacobian 系数矩阵 $\boldsymbol{A}$、$\boldsymbol{B}$ 特征值 $\boldsymbol{\Lambda}$、左右特征矢量 $\boldsymbol{R}$、$\boldsymbol{L}$ 和左右特征矢量关系式 $\boldsymbol{\alpha}$、$\boldsymbol{\beta}$ 以及 Roe 平均表达式可参照第十一章第 4 节式(11.4.7)～式(11.4.12)得到。

4. 流通量矢量 $\boldsymbol{f}$、$\boldsymbol{g}$ 分解

采用 Steger-Warming 流通量矢量分裂法，参照算式(11.4.15)，可得到分解后的流通量矢量 $\boldsymbol{f}^{\pm}$、$\boldsymbol{g}^{\pm}$：

$$\boldsymbol{f}^{\pm}(\boldsymbol{u})=\frac{\rho}{2\gamma}\begin{pmatrix} 2(\gamma-1)\lambda_1^{\pm}+\lambda_3^{\pm}+\lambda_4^{\pm} \\ 2(\gamma-1)u\lambda_1^{\pm}+(u-a)\lambda_3^{\pm}+(u+a)\lambda_4^{\pm} \\ 2(\gamma-1)v\lambda_2^{\pm}+v\lambda_3^{\pm}+v\lambda_4^{\pm} \\ (\gamma-1)(u^2-v^2)\lambda_1^{\pm}+2(\gamma-1)v^2\lambda_2^{\pm}+(h-au)\lambda_3^{\pm}+(h+au)\lambda_4^{\pm} \end{pmatrix} \tag{13.6.17}$$

$$\boldsymbol{g}^{\pm}(\boldsymbol{u})=\frac{\rho}{2\gamma}\begin{pmatrix} 2(\gamma-1)\mu_2^{\pm}+\mu_3^{\pm}+\mu_4^{\pm} \\ 2(\gamma-1)u\mu_1^{\pm}+u\mu_3^{\pm}+u\mu_4^{\pm} \\ 2(\gamma-1)v\mu_2^{\pm}+(v-a)\mu_3^{\pm}+(v+a)\mu_4^{\pm} \\ 2(\gamma-1)u^2\mu_1^{\pm}+(\gamma-1)(v^2-u^2)\mu_2^{\pm}+(h-av)\mu_3^{\pm}+(h+av)\mu_4^{\pm} \end{pmatrix} \tag{13.6.18}$$

5. 迎风型三阶紧致算法差分格式

$$\frac{\boldsymbol{u}_{i,j}^{n+1}-\boldsymbol{u}_{i,j}^{n}}{\Delta t}+\frac{\boldsymbol{F}_{i,j}}{\Delta x}+\frac{\boldsymbol{G}_{i,j}}{\Delta y}=\boldsymbol{0} \tag{13.6.19}$$

设 $\dfrac{\boldsymbol{F}_j}{\Delta x}\to\boldsymbol{F}_j$，$\dfrac{\boldsymbol{G}_j}{\Delta x}\to\boldsymbol{G}_j$ 则有：

$$\boldsymbol{F}_{i,j}=\boldsymbol{F}_{i,j}^{+}+\boldsymbol{F}_{i,j}^{-} \tag{13.6.20a}$$

$$\boldsymbol{G}_{i,j}=\boldsymbol{G}_{i,j}^{+}+\boldsymbol{G}_{i,j}^{-} \tag{13.6.20b}$$

$\boldsymbol{F}_{i,j}^{+}$ 的差分格式为：

$$\frac{2}{3}\boldsymbol{F}_{i,j}^{+}+\frac{1}{3}\boldsymbol{F}_{i-1,j}^{+}=\frac{5}{6}(\boldsymbol{f}_{i,j}^{+}-\boldsymbol{f}_{i-1,j}^{+})+\frac{1}{6}(\boldsymbol{f}_{i+1,j}^{+}-\boldsymbol{f}_{i,j}^{+}) \tag{13.6.21a}$$

$\boldsymbol{F}_{i,j}^{-}$ 的差分格式为：

$$\frac{1}{3}\boldsymbol{F}_{i+1,j}^{-}+\frac{2}{3}\boldsymbol{F}_{i,j}^{-}=\frac{5}{6}(\boldsymbol{f}_{i+1,j}^{-}-\boldsymbol{f}_{i,j}^{-})+\frac{1}{6}(\boldsymbol{f}_{i,j}^{-}-\boldsymbol{f}_{i-1,j}^{-}) \tag{13.6.21b}$$

$\boldsymbol{G}_{i,j}^{+}$ 的差分格式为：

$$\frac{2}{3}\boldsymbol{G}_{i,j}^{+}+\frac{1}{3}\boldsymbol{G}_{i,j-1}^{+}=\frac{5}{6}(\boldsymbol{g}_{i,j}^{+}-\boldsymbol{g}_{i,j-1}^{+})+\frac{1}{6}(\boldsymbol{g}_{i,j+1}^{+}-\boldsymbol{g}_{i,j}^{+}) \tag{13.6.22a}$$

$\boldsymbol{G}_{i,j}^{-}$ 的差分格式为：

$$\frac{1}{3}\boldsymbol{G}_{i,j+1}^{-}+\frac{2}{3}\boldsymbol{G}_{i,j}^{-}=\frac{5}{6}(\boldsymbol{g}_{i,j+1}^{-}-\boldsymbol{g}_{i,j}^{-})+\frac{1}{6}(\boldsymbol{g}_{i,j}^{-}-\boldsymbol{g}_{i,j-1}^{-}) \tag{13.6.22b}$$

激波在具有凸台阶管道中传播是一个二维无黏流动问题，采用算子分裂算法把

二维差分格式分裂成两个一维差分格式。分裂后采用迎风型三阶紧致算法差分格式。而时间项采用 Runge-Kutta 时间项差分离散格式。

6. 算子分裂算法

和其他差分算法一样,采用算子分裂算法,把一个二维迎风型紧致差分算法分裂成两个一维迎风型紧致差分算法,然后,对一维迎风型紧致差分格式进行求解。二维 Euler 方程组:

$$\frac{\partial \boldsymbol{u}}{\partial t}+\frac{\partial \boldsymbol{f}}{\partial x}+\frac{\partial \boldsymbol{g}}{\partial y}=\mathbf{0} \tag{13.6.23}$$

把上式分裂成二个一维 Euler 方程:

$$\frac{\partial \boldsymbol{u}^*}{\partial t}+\frac{\partial \boldsymbol{f}}{\partial x}=\mathbf{0} \tag{13.6.24}$$

$$\frac{\partial \boldsymbol{u}}{\partial t}+\frac{\partial \boldsymbol{g}}{\partial y}=\mathbf{0} \tag{13.6.25}$$

它们的一维显式迎风型紧致算法差分格式为:

$$\frac{\partial \boldsymbol{u}^*}{\partial t}+\boldsymbol{F}_{xi}=\mathbf{0} \tag{13.6.26}$$

$$\frac{\partial \boldsymbol{u}^{n+1}}{\partial t}+\boldsymbol{G}_{yj}=\mathbf{0} \tag{13.6.27}$$

首先由差分格式(13.6.21a、b)计算 x 方向上的 $\boldsymbol{F}_j$,并由差分格式(13.6.26)计算 $\boldsymbol{u}_j^*$,接着由差分格式(13.6.22a、b)计算 y 方向上的 $\boldsymbol{G}_j$,最后由差分格式(13.6.27)计算得到 $\boldsymbol{u}_j^{n+1}$。但是,在求解 Euler 方程组时,流场中一定存在激波,因此,必须对激波进行数值处理。

7. 具体计算步骤

(1) 设置计算区域内网格,在入口处给定均匀来流参数 $(\rho,u,v,p)_{i,j}^n$ 作为初始状态参数,得到 $\boldsymbol{u}_{i,j}^n$。

(2) 利用初值 $\boldsymbol{u}_{i,j}^n$,对计算问题的边界进行数值处理。

(3) 计算 $M=\max\left(\sqrt{u_{i,j}^2+v_{i,j}^2}+a_{i,j}\right)$,并计算得到时间步长 $\mathrm{d}t=CFL\min\left(\frac{\mathrm{d}x}{M},\frac{\mathrm{d}y}{M}\right)$,计算中取 $CFL=0.1$。

(4) 计算流通量矢量 $\boldsymbol{f}$、$\boldsymbol{g}$ 非线性 Jacobian 系数矩阵 $\boldsymbol{A}$、$\boldsymbol{B}$ 特征值、左右特征矢量和左右特征矢量关系式,然后计算分解后的流通量矢量 $\boldsymbol{f}^{\pm}$、$\boldsymbol{g}^{\pm}$。

(5) 使用二阶精度单边差分方法得到 $\boldsymbol{F}_{i,j}^+$、$\boldsymbol{F}_{i,j}^-$、$\boldsymbol{G}_{i,j}^+$、$\boldsymbol{G}_{i,j}^-$ 在各边界上的值。

(6) 分别由差分格式(13.6.21)和(13.6.22)计算 $\boldsymbol{F}_{i,j}^+$、$\boldsymbol{F}_{i,j}^-$、$\boldsymbol{G}_{i,j}^+$、$\boldsymbol{G}_{i,j}^-$ 值。

(7) 利用迎风型三阶紧致算法差分格式和算子分裂算法,分别计算在 x、y 方向上的流动量值,最后得到 t_{n+1} 时刻的 $\boldsymbol{u}_{i,j}^{n+1}$ 值。

(8) 将计算得到的 $\boldsymbol{u}_{i,j}^{n+1}$ 值作为下一时刻的初值,重复步骤(2) ~ (7),不断得到下一时刻的值,直到达到计算所需要的计算步为止,计算结束。

8. 网格划分和虚拟网格设置

为便于编程，计算区域被分成三个子区域：凸台阶前方、上方和后方，计算网格设置如图 13.16 所示。计算网格数为 300 × 700，$CFL=0.3$，由此可确定计算时间步长。流动量 $\boldsymbol{u}$、p、ρ 可直接设置在网格节点上。

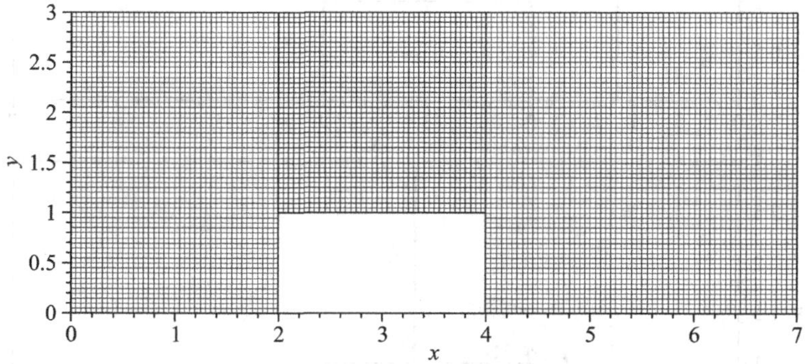

图 13.16 激波在具有凸台阶管道中传播计算网格示意图

为了便于处理边界条件，在问题的实际边界四周需要设置虚拟边界。上下虚拟边界上设置速度 u 值，左右虚拟边界上补设置速度 v 值。

9. 边界数值处理

本算例的边界数值处理的原则基本上和本节不可压缩黏性流体在凸台阶管道中流动问题中的做法是相同的。

10. 激波数值处理

由于在计算数区域内存在激波，需要在计算中附加人工黏性，来抑制和消除非物理振荡。这里采用人工黏性滤波算法。以 x 方向为例，设置一个开关函数：

$$\theta=\left|\frac{\left|\rho_{i+1,j}-\rho_{i,j}\right|-\left|\rho_{i,j}-\rho_{i-1,j}\right|}{\left|\rho_{i+1,j}-\rho_{i,j}\right|+\left|\rho_{i,j}-\rho_{i-1,j}\right|}\right| \tag{13.6.28}$$

在求解之前首先进行滤波计算：

$$\overline{\boldsymbol{u}}_{i,j}^{n}=\boldsymbol{u}_{i,j}^{n}+\frac{1}{2}\eta\theta(\boldsymbol{u}_{i+1,j}^{n}-2\boldsymbol{u}_{i,j}^{n}+\boldsymbol{u}_{i-1,j}^{n}) \tag{13.6.29}$$

其中

$$\eta=\frac{\Delta t\,|a|}{\Delta x}\left(1-\frac{\Delta t\,|a|}{\Delta x}\right) \tag{13.6.30}$$

由于声速不会超过 3，所以取 $|a|=3$。在本计算中取 $\eta=0.25$。

11. 计算结果分析

采用迎风型三阶紧致算法对激波在具有凸台阶管流中的传播问题进行数值计算，计算得到的密度等值线图和密度云图，如图 13.17 和图 13.18 所示。

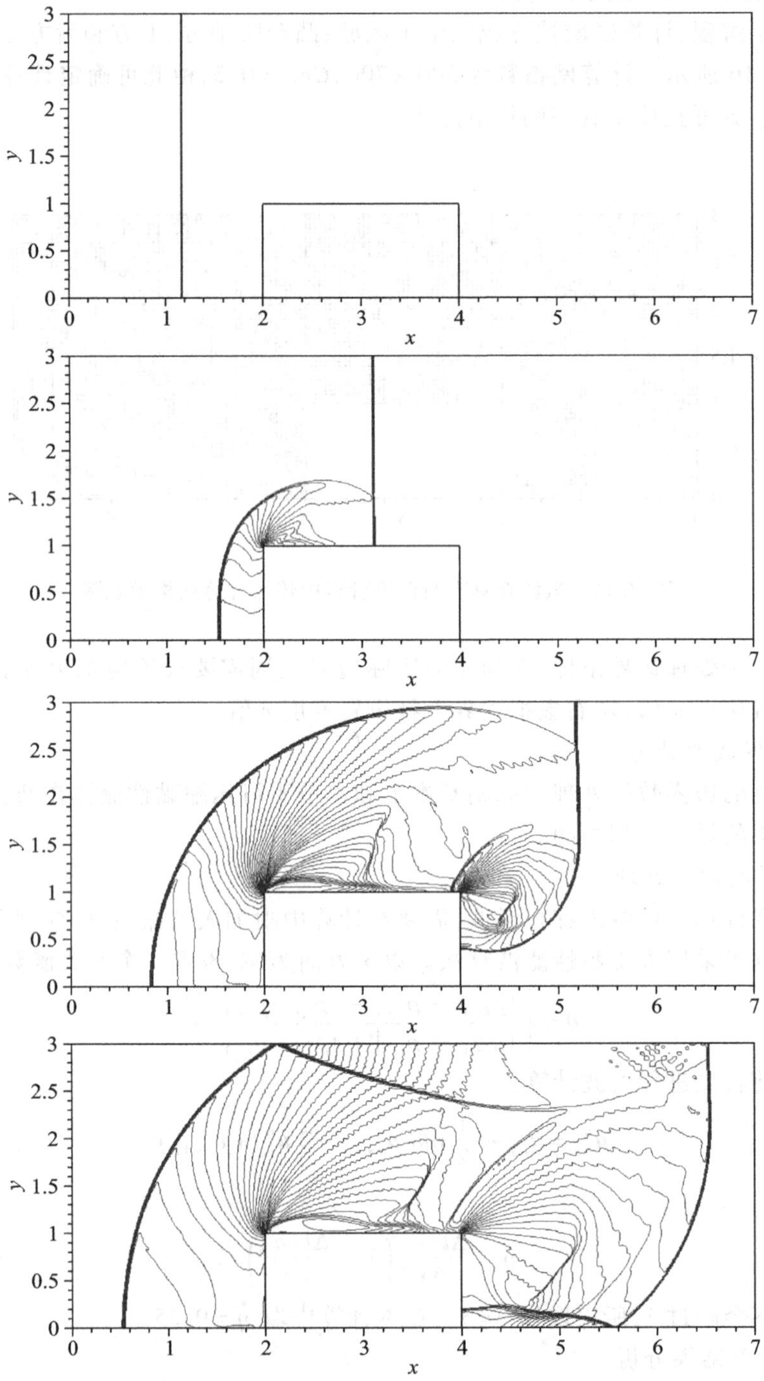

图 13.17 激波绕凸台阶管流不同时刻密度等值线

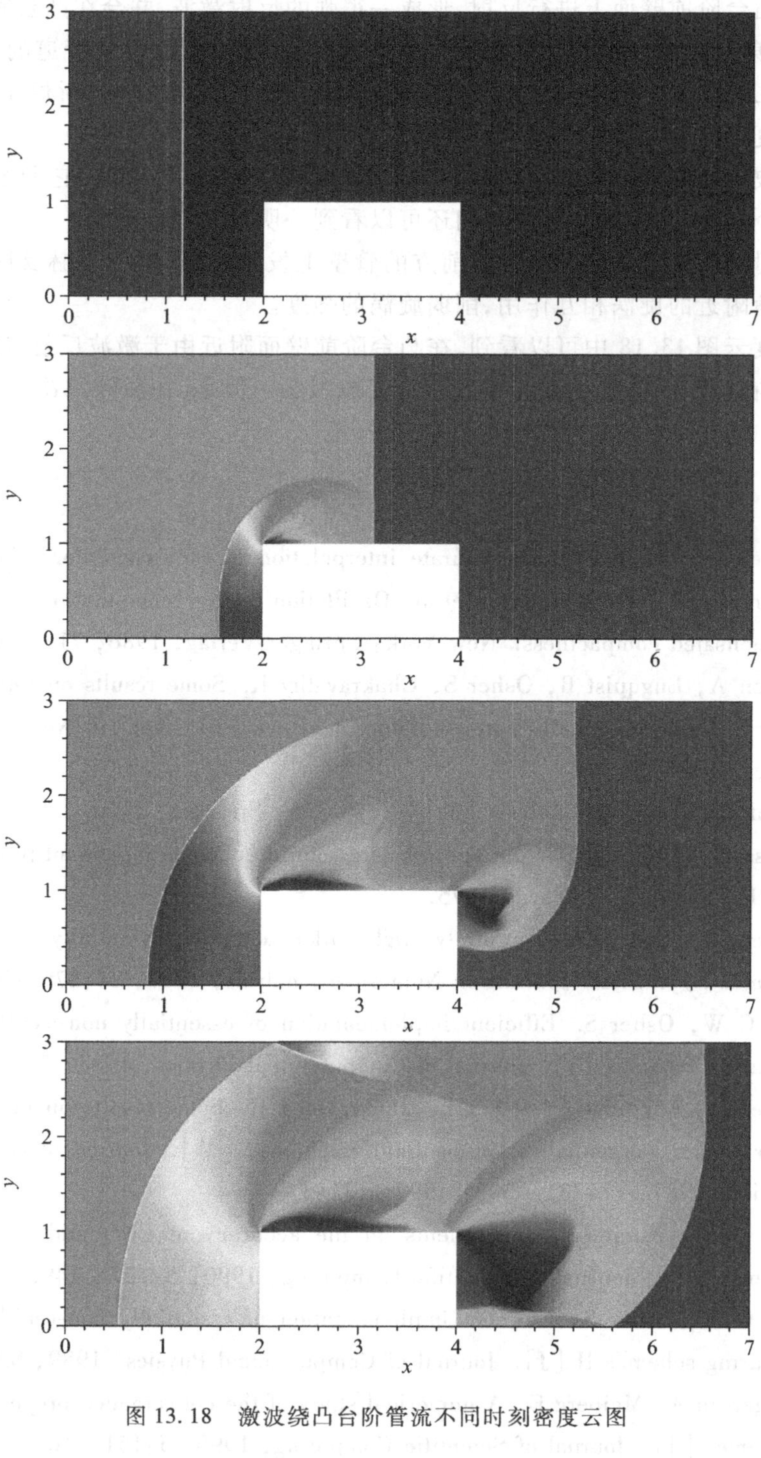

图 13.18 激波绕凸台阶管流不同时刻密度云图

从密度等值线图 13. 17 中可以看到：当激波在具有凸台阶管流中传播时，遇到凸台阶会在凸台阶前壁面上进行反射，形成一很强的反射激波，并会在凸台阶前拐角进行绕射，绕射后的激波沿着凸台阶上方前进。同时，反射激波遇到管道的上壁面，还会发生第二次反射。由于入射激波、反射激波、压缩波、涡和接触间断相互作用，流场变得十分复杂。

在激波继续前进时，在凸台阶后拐角处发生膨胀，形成稀疏波，它和激波相互作用产生一个旋涡，在涡线和激波之间还可以看到一明显的接触间断。

随着时间的推进激波在凸台阶前方的管壁上发生反射，形成马赫反射。反射激波和后拐角附近的旋涡相互作用，削弱旋涡的强度。

从密度云图 13. 18 中可以看到，在凸台阶前壁面附近由于激波反射，压力和密度被增强，但在膨胀后的涡心区的压力和密度被削弱。但是，在激波二次反射后，它们又会增强。

参考文献

[1] Harten A. On high order accurate interpolation for non-oscillatory shock capting schemes [M]// Dafermos C, et al. Oscillation theory, computation and method of compensated compactness. New York: Springer-Verlag, 1986, 71 - 105.

[2] Harten A, Engquist B, Osher S, Chakravathy R. Some results on uniformly high order accurate essentially non-oscillatory schemes [J]. Applied Numerical Mathematics, 1986, 2:347 - 377.

[3] Kopal Z. Numerical analysis [M]. New York: Springer, 1966.

[4] Kreiss R S. Methods for the approximate solution of time dependant problem [R]. GARP Report 13, Geneva, 1975.

[5] Harten A, Osher S. Uniformly high order accurate essentially non-oscillatory schemes [J]. SIAM Journal on Numerical Analysis, 1987, 24:279 - 309.

[6] Shu C W, Osher S. Efficient implementation of essentially non-oscillatory shock capturing schemes [J]. Journal of Computational Physics, 1988, 77:439 - 471.

[7] Harten A, Engquist B, Osher S, Chakravathy R. Some results on uniformly high order accurate essentially non-oscillatory schemes [M]. Journal of Computational Physics, 1987, 71:231 - 303; 1997, 131:3 - 47.

[8] Shu C W. Numerical experiments on the accuracy of ENO and modified ENO schemes [J]. Journal of Scientific Computing, 1990, 5:127 - 149.

[9] Shu C W, Osher S. Efficient implementation of essentially non-oscillatory shock capturing schemes II [J]. Journal of Computational Physics, 1989, 83:32 - 78.

[10] Rogerson A, Meiberg E. A numerical study of the convergence properties of ENO schemes [J]. Journal of Scientific Computing, 1990, 5:151 - 167.

[11] Liu X D, Osher S, Chan T. Weighted essentially non-oscillatory schemes [J]. Journal of Computational Physics, 1994, 115:200 -212.

[12] Jiang G, Shu C W. Efficient implementation of weighted ENO schemes [J]. Journal of Computational Physics, 1996, 126:202 -228.

[13] Shu C W. Essentially non-oscillatory and weighted essentially non-oscillatory schemes for hyperbolic conservation laws [R]. NASA CR -97 -206253; ICASE 97 -65.

[14] Shu C W. High order ENO and WENO schemes [M].// High order method for computational physics. Lecture Notes in Computational Science and Engineering (9), Springer-Verlag, 1999.

[15] Gustafsson B, Kreiss H O, Sundström A. Stability theory of difference approximations for mixed initial boundary value problems [J]. Mathematics of Computation, 1972, 26: 649 -686.

[16] Lele S K. Compact finite scheme with spectral-like resolution [J]. Journal of Computational Physics, 1992, 103:16 -42.

[17] Fu Dexun, Ma Yanwen. On efficiency and accuracy of numerical methods for solving the aerodynamics equations [M].// Proceedings of the International Symposium on Computational Fluid Dynamics, 1989, 86 -93.

[18] Fu Dexun, Ma Yanwen. High Resolution Schemes[M].//Hafez M, Oshima K. Computational Fluid dynamics review. John Wiley & Sons, 1995, 234 -250.

[19] Adams N A, Shariff K. A high resolution hybrid compact-ENO scheme for shock-turbulence interaction problems [J]. Journal of Computational Physics, 1996, 127:27 -51.

[20] Rubin S G, Graves R A. Viscous flow solutions with a cubic spline approximation [J]. Computers and Fluids, 1975, 3(1):1 -36.

[21] Zhong X. High order finite difference scheme for numerical simulation of hyperbolic boundary layer transition [J]. Journal of Computational Physics, 1998, 144(2):662 -709.

[22] Shah A, Guo H, Yuan L. A third-order upwind compact scheme on curvilinear meshes for the incompressible Navier-Stokes equations [J]. Communication in Computational Physics, 2000, 5(2 -4):712 -729.

[23] Hirsch R S. Higher order accurate difference solutions of fluid mechanics problems by a compact differencing technique [J]. Journal of Computational Physics, 1975, 19:90 -109.

[24] Pandit S K, Kalita J C, Dalal D C. A fourth-order accurate compact scheme for the solution of steady Navier-Stokes equations on non-uniform grids [J]. Comput-

ers and Fluids, 2008, 37(2):121 - 134.

[25] Ovsiannikov L V. Group analysis of differential equations [M]. Academy, 1982.

[26] Trefethen L N. Fourth order accurate compact scheme with group velocity control [J]. SIAM Review, 1982, 24(2):113 - 136.

[27] Ma Yanwen, Fu Dexun. Fourth order accurate compact scheme with group velocity control [J]. Science in China: Series A, 2001, 44(9):1197 - 1204.

[28] Fu Dexun, Ma Yanwen. A high order accurate difference scheme for complex flow field [J]. Journal of Computational Physics, 1997, 134:1 - 15.

[29] Adams Y. Highly accurate compact implicit methods and boundary condition [J]. Journal of Computational Physics, 1977, 24: 10 - 22.

第十四章 网格生成技术概述

第1节 网格生成技术简介

网格生成技术是计算流体力学中的重要组成部分，在有限差分和有限体积算法中网格生成质量是数值计算的基础。网格生成技术工作量在整个计算过程中的比重是十分惊人的，约为60%，甚至更多。数值计算实践表明，为了能得到高精度和高效率的数值结果，除了需要考虑采用高精度数值算法以外，网格生成优劣对计算精度和效率也会产生直接和重要的影响，甚至成为数值计算成败的关键。

在数值计算流动问题时，把计算区域中的离散节点集合称为网格(Grids)，通过一定的方法和途径构造合理的网格节点和调节网格的分布过程称为网格生成技术(Grid Generation Technique)[1]。近几十年来随着流体力学的不断发展，人们研究的流动问题越来越复杂，不仅流体性质复杂，物面形状、流动特性和计算边界也越来越复杂。如果仍然采用最基本的、在Cartesian直角坐标系下划分网格的方法，要想得到比较合理的、计算精度较高的网格系统就越来越困难，网格生成技术就是为适应这一需要而产生的。

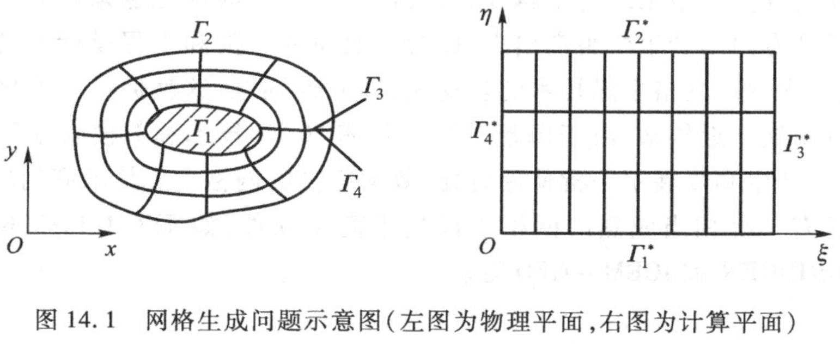

图 14.1 网格生成问题示意图(左图为物理平面，右图为计算平面)

网格生成技术主要应用于二维和三维流体力学问题,特别是三维问题。网格生成技术基本思路是:通过坐标变换或其他手段把物理平面中复杂的不适应流动特性的网格系统转换为计算平面中简单的适应流动特性的网格系统(图 14.1)。为了保证物理平面和计算平面之间完整的映射关系,网格生成技术必须要满足以下一些最基本的条件:

(1) 物理平面内节点和计算平面内节点之间的转换关系,必须为一一对应关系。

(2) 物理平面和计算平面内坐标线必须都是连续和光滑的,以保证坐标变换时导数连续。同一族坐标线(网格线)不能相交,不同族坐标线(网格线)只能相交一次;网格中每个节点必须是坐标系中不同族坐标线(网格线)交点,以保证在物理平面和计算平面内网格节点不发生重叠和交错。

(3) 为了提高计算精度,要求物理平面和计算平面内坐标线(网格线)正交或基本正交,避免物理平面和计算平面内坐标线过分倾斜。

(4) 网格生成技术要易于控制物理平面和计算平面内网格疏密程度。

网格生成技术的想法由来已久。人们在大量的数值计算实践中发现可以采用保角映射方法构造一些适合于数值计算的具有复杂物形的网格系统,这就是网格生成技术的雏形。但是保角映射方法只适用于一些计算区域比较简单的特殊的流动问题,应用受到很大的限制。20 世纪 70 年代 Tompson 等人首先提出采用求解椭圆型方程生成贴体网格的方法,在网格生成技术的发展中起到了开创作用。随后 Steger 等人又提出采用求解双曲型方程生成贴体网格的方法和其他一些生成贴体网格的方法。

网格生成技术最初并不为人们所重视,网格生成技术发展并不很快。直到 20 世纪 80 年代中期,网格生成技术仍然落后于高精度数值算法的发展,网格系统越来越不能适应实际工程应用的需要。从 20 世纪 80 年代后期开始,各国学者和工业界的工程师们都认识到这一问题的重要性。于是 20 世纪 90 年代以来网格生成技术得到迅速发展,出现了一批网格生成的新方法,例如,非结构网格技术、网格拓扑构造方法、自适应笛卡儿网格和无网格技术等。网格生成技术呈现出繁荣发展的局面[2,3]。

随着流体力学的不断发展,实际流动中的物面形状和计算边界越来越复杂,构造它们所需要的计算网格系统越来越复杂,所需的人力和时间也越来越大。为了将网格生成技术从专门学者手中脱离出来,成为一般研究人员和工程设计人员的应用工具,就必须首先解决网格生成技术的自动化、即时性问题,这就促进了网格生成技术商业软件的发展。近年来,由于图形计算机技术、CAD 技术和数模技术等几何处理技术的发展,产生和发展了一批使用方便、效率很高的网格生成技术商用软件。目前在国内外已有一批相当成熟的网格生成技术商用软件,如 TECHPLOT、GRAPHER、GAMBIT、GRIDGEN 和 ICEM - CFD 等。

第2节　网格生成基本做法和类型

14-2-1　贴体坐标系概念

计算流体力学中有限差分算法和有限体积算法最初都是在 Cartesian 直角坐标系下的矩形网格上进行计算的。然而,绝大多数实际流动的物面形状和计算边界都很复杂,要在这些复杂物面形状和计算边界上严格和精确地满足计算要求几乎是不可能的,必须采用贴体坐标系。所谓贴体坐标系是指流场中的物面形状和计算边界能和计算中的某些或全部坐标线相吻合的坐标系[4]。

贴体坐标系可以采用适当的坐标变换实现[5]。构造贴体坐标系的基本思路是:把物理平面(x,y)上物面边界和计算边界曲线(可以是单连通区域也可以是多连通区域)通过某种坐标变换,转换成计算平面(ξ,η)上的坐标线。把物理平面内不规则物面形状和流动区域转换成计算平面内比较规则物面形状和流动区域。一般情形下把它们转换成矩形区域,也可转换成其他简单的规则区域,如圆形区域、椭圆形区域等。并且要求物理平面中曲线网格、曲线边界转换成计算平面中的直线网格、直线边界,甚至就是坐标线。

14-2-2　网格生成技术具体做法

网格生成具体做法是把物理平面内一个复杂单连通区域 D 通过正变换:

$$T:\ \begin{cases}\xi=\xi(x,y)\\ \eta=\eta(x,y)\end{cases} \tag{14.2.1}$$

转换到计算平面上简单规则单连通区域 D^*。对于多连通物理域,还需要引入人工边界——分支割线,把多连通域变成单连通域,如图 14.2 所示。转换的存在性一般可由黎曼存在定理保证。

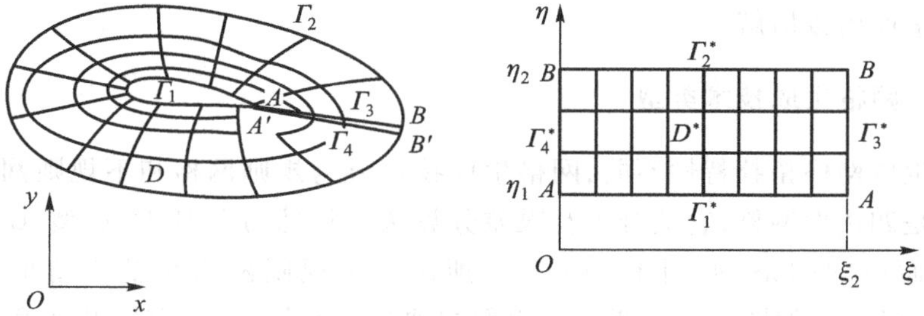

图 14.2　多连通域网格生成示意图

在物理平面内网格是以(x,y)为自变量,(ξ,η)为因变量,通过正变换 T,可以确定计算平面内 $\xi=\xi(x,y)$、$\eta=\eta(x,y)$的分布,采用不同的变换关系式可以在计算平面内生成不同分布。在计算平面内网格是以(ξ,η)为自变量,(x,y)为因变量,通过逆变换：

$$T^{-1}: \quad \begin{cases} x = x(\xi,\eta) \\ y = y(\xi,\eta) \end{cases} \tag{14.2.2}$$

可以确定物理平面内 $x=x(\xi,\eta)$、$y=y(\xi,\eta)$ 的分布，这就是网格生成技术。由于在一般情形下很难求出坐标变换的解析表达式，通常采用数值方法来得到这种坐标变换，因此网格生成技术有时也称为数值网格生成技术。

为了数值求解流动问题，除了对网格进行转换外，还需要对流动方程组也进行转换，例如，偏微分方程：

$$a\frac{\partial u}{\partial x} + b\frac{\partial u}{\partial y} + \gamma = 0 \tag{14.2.3}$$

在给定合适的初边值条件后进行数值求解。首先需要通过数值网格生成技术，把物理平面内 (x,y) 网格转换成计算平面内 (ξ,η) 网格。同时还必须把以 (x,y) 为自变量的偏微分方程转换成以 (ξ,η) 为自变量的偏微分方程。

设坐标变换关系式为：

$$\xi = \xi(x,y), \eta = \eta(x,y) \tag{14.2.4}$$

由此可得到如下转换关系：

$$\left.\begin{aligned} \frac{\partial u}{\partial x} &= \frac{\partial u}{\partial \xi}\xi_x + \frac{\partial u}{\partial \eta}\eta_x \\ \frac{\partial u}{\partial y} &= \frac{\partial u}{\partial \xi}\xi_y + \frac{\partial u}{\partial \eta}\eta_y \end{aligned}\right\} \tag{14.2.5}$$

偏微分方程(14.2.3)可转换成：

$$(a\xi_x + b\xi_y)\frac{\partial u}{\partial \xi} + (a\eta_x + b\eta_y)\frac{\partial u}{\partial \eta}\xi_x + \gamma(\xi,\eta) = 0 \tag{14.2.6}$$

在得到计算平面内以 (ξ,η) 为自变量的偏微分方程后，就可以在计算平面上进行数值求解。根据物理平面和计算平面之间的变换关系，再把计算平面内数值解变换成物理平面内数值解。

14-2-3 网格生成技术类型

根据生成网格拓扑特性不同，网格生成技术分为规则网格和不规则网格。规则网格一般是四边形网格，它适合于有限差分算法。常见的有 H 型、O 型、C 型以及由它们组合而成的网格，如图 14.3a、b、c 所示。不规则网格包括三角形、四面体、Voronoi 形等网格，如图 14.3d 所示。它们主要用于有限单元算法，也可用于拉格朗日型有限差分方法。

根据生成网格方式不同，网格生成技术分为显式方法与隐式方法。采用显式网格生成时，网格生成过程与流动方程组数值求解过程各自分别独立进行。首先生成网格系统，然后在此网格上求解流动方程组；采用隐式网格生成时，网格生成过程和求解流动方程组必须同时进行，求解过程中需要不断调整网格，只有求解过程全部完

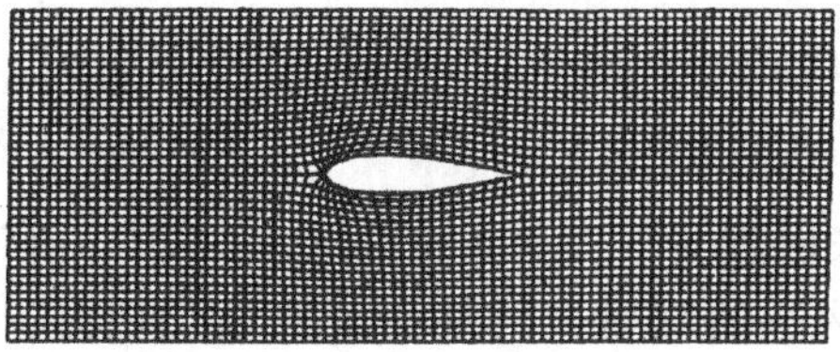

(a) H 型网格

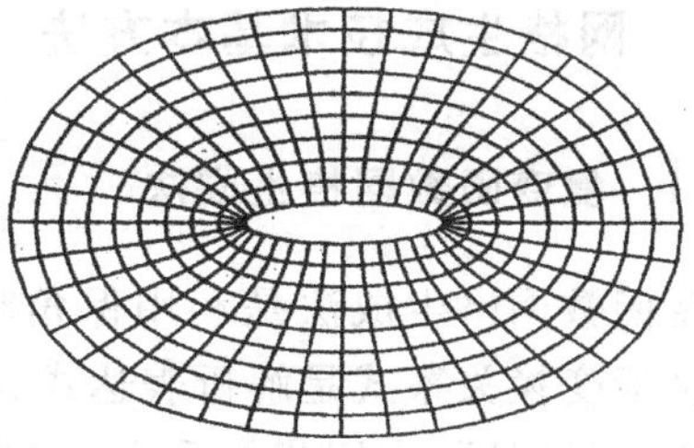

(b) O 型网格

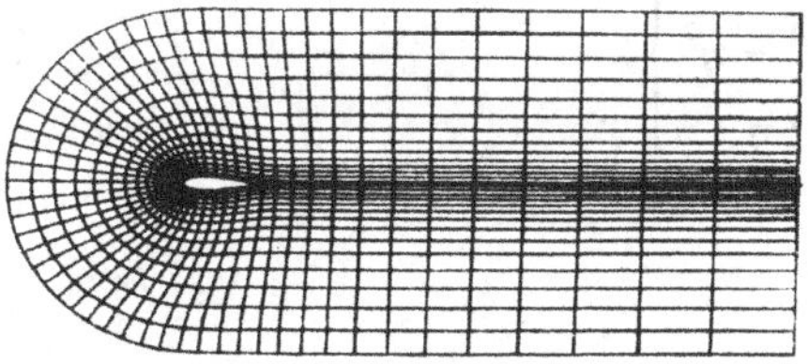

(c) C 型网格

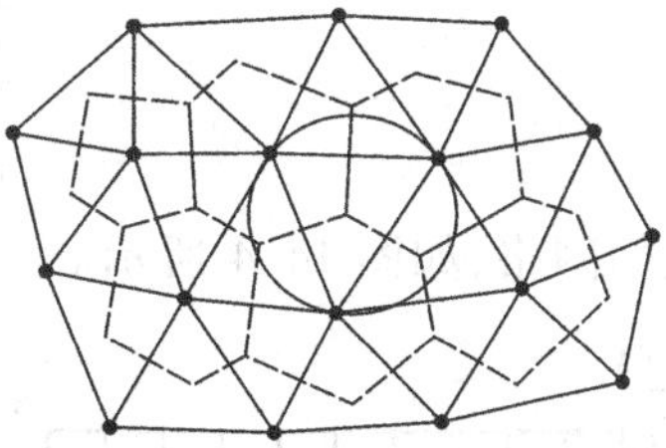

(d) Voronoi 型网格

图 14.3　几种典型网格示意图

成后，才能得到最终网格。

显式网格生成方法：

- 复变函数网格生成法
- 代数变换网格生成法
- 微分方程网格生成法
  - 椭圆型方程
  - 双曲型方程

隐式网格生成方法：

- 动网格技术
- 自适应网格法
- 流线坐标法

除了上述通过一定坐标变换方法生成网格外，近年来还发展了网格拓扑结构分区算法、非结构网格技术和无网格技术等：

- 网格拓扑结构分区算法
  - 分区对接网格
  - 分区重叠网格
- 非结构网格技术
  - Delonay 三角化法
  - 阵面推进法
- 无网格技术

第 3 节　网格生成技术基本方法

14 -3 -1　复变函数网格生成法

复变函数网格生成法是利用保角映射理论生成网格的一种方法[6]。它的主要优点是坐标变换关系式是解析表达式,构造的网格光滑性和正交性比较好。但是它只能用于二维问题,应用范围受到较大限制。

(1) 解析复变函数变换关系式:

$$\left.\begin{aligned} z &= \zeta^2 \\ x &= \xi^2 - \eta^2 \\ y &= 2\xi\eta \end{aligned}\right\} \tag{14.3.1}$$

它所生成的网格,如图 14.4 所示。

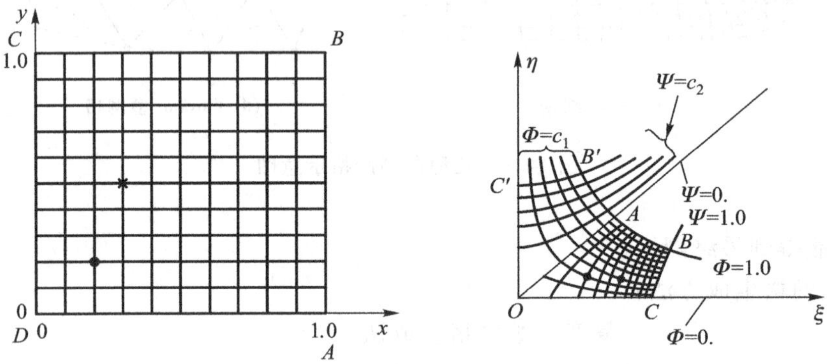

图 14.4　$z=\zeta^2$ 生成网格图

(2) 数值复变函数网格生成法:

采用复变函数解析关系式生成网格的应用范围很有限。为了使复变函数网格生成法适用于比较复杂的网格,只能采用数值解法得到近似复变函数网格生成法,其中 Schwarz-Christaffel 变换(简称 S – C 变换)是应用最广泛的数值复变函数网格生成法[7],如图 14.5 所示。

S – C 变换一般形式是:

$$\frac{\mathrm{d}z}{\mathrm{d}\zeta} = f(\zeta) = M \prod_{i=1}^{n} (\zeta - a_i)^{\frac{\alpha_i}{\pi}} = M\exp\left[\frac{1}{\pi}\sum_{i=1}^{n} \alpha_i(\zeta - a_i)\right] \tag{14.3.2}$$

其中 n 为角点数目,α_i为角点处的转折角,以顺时针方向为正,复数 M 和 a_i为待定常数。采用 S – C 变换可以近似生成对称的正六边形物面的网格。

考虑到正六边形物面的网格具有对称性,有:

$$\alpha_3 = -\alpha_5, \quad \alpha_2 = -\alpha_6, \quad \alpha_1 = \alpha_7 \tag{14.3.3}$$

为了简便起见,可设:

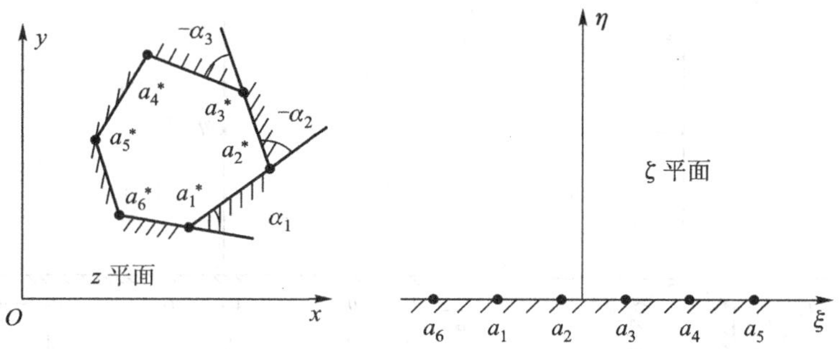

图 14.5　S－C 变换生成网格图

$$a_1 = -1, \quad a_7 = 1 \tag{14.3.4}$$

则式(14.3.2)可以简化为：

$$\frac{dz}{d\zeta} = M(\zeta^2-1)^{-\frac{1}{3}}(\zeta^2-a_6^2)^{\frac{1}{3}}(\zeta^2-a_5^2)^{\frac{1}{3}}\zeta^{\frac{1}{3}} = f(\zeta) \tag{14.3.5}$$

采用 S－C 变换生成的网格,如图 14.6 所示。

14－3－2　代数变换网格生成法

代数变换网格生成法是利用已知的物理平面计算区域边界上值,通过一些代数变换关系式,并采用中间插值或坐标变换方式生成网格的一种方法。它的主要优点是网格生成比较简单,但是,它所生成的网格光滑性和正交性较差,计算精度也不高。代数变换网格生成法不仅能用于二维问题,也可以用于三维问题。

插值方法是代数变换网格生成法的核心。不同的插值方法将产生不同的代数变换网格。它有直接插值方法和坐标变换插值方法等。但是,这些方法所生成的网格质量都比较差,适应性也差。插值基函数(或对称函数)的插值方法是比较成熟、生成质量较好的方法,其中较有代表性的是超限插值方法。它是通过两个曲线坐标方向中的已知边界点进行插值生成网格的方法。采用该方法生成网格一般速度快,质量较好和通用性强。

1. 边界层网格

边界层网格变换关系式：

$$\begin{cases} x = \xi \\ y = \dfrac{e^{k\eta}-1}{e^k-1} \end{cases} \tag{14.3.6}$$

其中 k 是一个可调参数。这个变换关系式能使 y 方向网格线向 $y=0$ 坐标线附近汇聚,这在计算边界层类型的流动问题时特别有用。边界层网格可以根据实际需要,通过调节 k 值来调节 y 方向上网格密度。k 值越大,在 $y=0$ 坐标线附近网格密集度越高。边界层网格如图 14.7 所示。

边界层网格关系式也可以在 x、y 两个方向上同时实现汇聚：例如

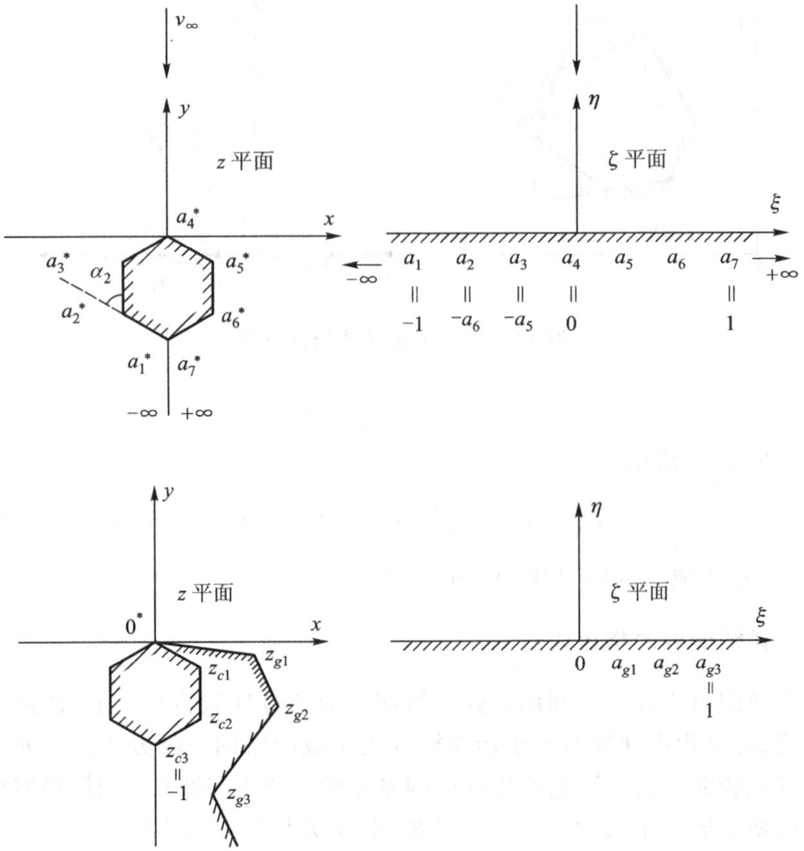

图 14.6　S－C 变换生成网格图

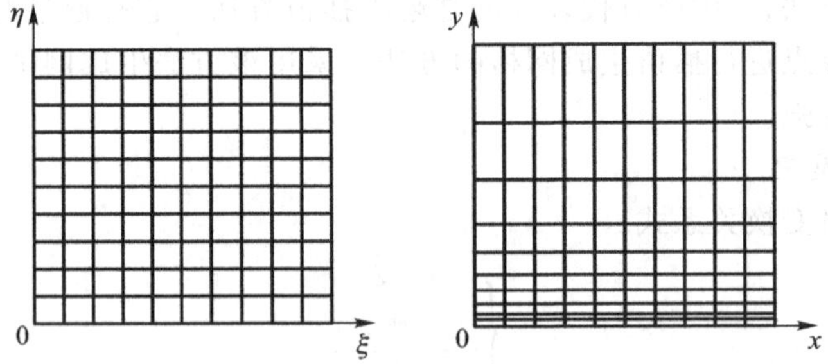

图 14.7　边界层网格示意图

$$x=\frac{e^{k_1\xi}-1}{e^{k_1}-1},\quad y=\frac{e^{k_2\eta}-1}{e^{k_2}-1}\tag{14.3.7}$$

它能同时使(x,y)方向网格线向 $x=0$、$y=0$ 坐标线附近汇聚。

2. 叶栅网格

叶栅网格代数变换关系式：

$$\xi = \xi(x) = \begin{cases} e^{x}, & x < 0 \\ 1 + x, & 0 \leqslant x \leqslant 1 \\ 3 - e^{(1-x)}, & x > 1 \end{cases} \tag{14.3.8a}$$

$$\eta = \eta(y) = \frac{y - y_l}{y_u - y_l} \tag{14.3.8b}$$

通过叶栅网格变换可把物理平面(x,y)中复杂的叶栅流动计算区域成功地转换到计算平面(ξ,η)中简单、规则的计算区域$0\leqslant\xi\leqslant 3,0\leqslant\eta\leqslant 1$，叶栅网格如图14.8所示。由图14.8可以看出，它把物理平面上x方向的无限计算区域转换到计算平面上ξ方向的有限计算区域。在两个叶片之间y方向上网格线变化不大，但x方向上网格线的变化很大。在物理平面上在x方向上网格不是等距的，在叶片前后缘附近网格比较密集，而在远离叶片前后缘却比较稀疏，但是，在计算平面上ξ方向上的网格是等距的。

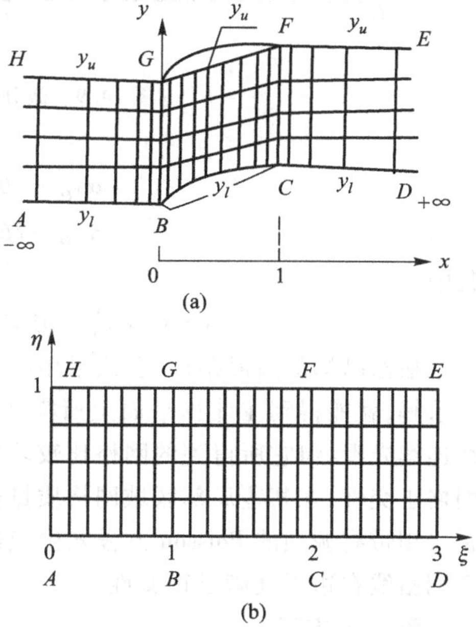

图14.8 叶栅网格示意图

14-3-3 偏微分方程网格生成法

偏微分方程网格生成法最早是在1967年由Winslow提出的。他利用调和函数能生成连续光滑和正交网格的特点，通过求解偏微分方程完成网格生成。一开始Winslow提出的偏微分方程网格生成法并没有引起学者和工程师的注意。直到20世纪70年代中期Tompson等人通过求解椭圆型Laplace方程和Poisson方程生成贴体坐标网格后，该方法才得到广泛应用和发展，如图14.9所示。

偏微分方程网格生成法所生成的网格具有较好的网格质量和通用性，而且还可以利用Poisson方程的源项来调节生成网格的疏密。自20世纪七八十年代以来，偏微分方程网格生成法成为网格生成技术中最重要、应用较广泛的一种方法。

1. 椭圆型偏方程网格生成法[8,9]

在物理平面(x,y)上计算区域D内有Laplace方程：

$$\left.\begin{aligned} \nabla^2\xi = \xi_{xx} + \xi_{yy} = 0 \\ \nabla^2\eta = \eta_{xx} + \eta_{yy} = 0 \end{aligned}\right\} \tag{14.3.9}$$

把它转换成计算平面(ξ,η)上计算区域D^*内偏微分方程：

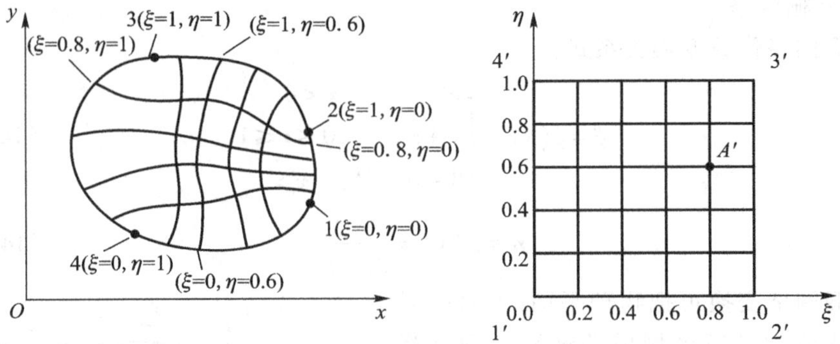

图 14.9 微分方程生成网格示意图

$$\left.\begin{aligned}\alpha x_{\xi\xi}-2\beta x_{\xi\eta}+\gamma x_{\eta\eta}=0\\ \alpha y_{\xi\xi}-2\beta y_{\xi\eta}+\gamma y_{\eta\eta}=0\end{aligned}\right\}\tag{14.3.10a}$$

其中

$$\alpha=x_{\eta}^{2}+y_{\eta}^{2},\quad \beta=x_{\xi}x_{\eta}+y_{\xi}y_{\eta},\quad \gamma=x_{\xi}^{2}+y_{\xi}^{2}\tag{14.3.10b}$$

根据已知的边界条件,上式采用中心差分格式和松弛迭代或超松弛迭代方法进行求解,就能得到在计算平面上所需要的网格。虽然通过 Laplace 方程得到的网格线连续光滑,但它所得到的网格比较均匀,不能很好的控制网格的疏密,也不易满足网格正交性,在某些局部区域网格质量较差,甚至无法使用。在实际应用过程中,通常采用带有源项的 Poisson 方程来生成网格。方程中的源项用来控制网格疏密和保证网格线在边界处满足正交性。

Poisson 方程:

$$\left.\begin{aligned}\nabla^{2}\xi=\xi_{xx}+\xi_{yy}=P(\xi,\eta)\\ \nabla^{2}\eta=\eta_{xx}+\eta_{yy}=Q(\xi,\eta)\end{aligned}\right\}\tag{14.3.11}$$

通过坐标变换,得到:

$$\left.\begin{aligned}\alpha x_{\xi\xi}-2\beta x_{\xi\mu}+\gamma x_{\eta\eta}=-[\det(J)](Px_{\xi}+Qx_{\eta})\\ \alpha y_{\xi\xi}-2\beta y_{\xi\eta}+\gamma y_{\eta\eta}=-[\det(J)](Py_{\xi}+Qy_{\eta})\end{aligned}\right\}\tag{14.3.12}$$

采用类似于 Laplace 方程的做法,可得到在计算平面上所需要的网格。

数值求解 Poisson 方程边值问题没有困难。关键是如何根据节点分布的疏密要求,给出源项 $P(\xi,\eta)$、$Q(\xi,\eta)$。这可以根据物面附近的网格线的正交性质和靠近物面的第一条网格线与物面的距离等条件,通过迭代法确定。

椭圆型方程网格生成法主要优点是:

(1) 椭圆型方程存在极值原理,其极值点只能在边界上,因此,它能保证了网格生成的影射关系是一一对应的。

(2) 在具有封闭边界的计算区域内椭圆型方程边值问题解在该区域内是处处解

析的，因此即使边界不光滑或边界上网格点分布函数不光滑，它的解仍然是光滑的，这就保证了所生成的贴体坐标网格具有足够的光滑性。

（3）根据流动问题的需要，通过控制椭圆型方程源项 $P(\xi,\eta)$、$Q(\xi,\eta)$，来控制所生成的贴体坐标网格的疏密和正交性。

椭圆型方程网格生成法的主要缺点是求解椭圆型方程边值问题原则上需要在整个求解区域内采用迭代法联立求解，比较费时。

2. 双曲型方程网格生成法[10,11]

如果所研究的流动问题的物理空间区域是开口的、不封闭的，采用椭圆型方程网格生成法就有点麻烦，这时可采用双曲型方程网格生成法。

双曲型方程网格生成法同样需要通过坐标变换，把物理平面上(x,y)转换到计算平面(ξ,η)，并根据在边界上网格满足正交性条件：

$$\boldsymbol{r}_\xi \cdot \boldsymbol{r}_\eta = x_\xi x_\eta + y_\xi y_\eta = 0 \tag{14.3.13}$$

得到所需要的网格。由于坐标变换 Jacobian 矩阵$\det(J) = x_\xi y_\eta - x_\eta y_\xi$表示两个转换平面中相应的网格单元面积比值，因此，当取 $\Delta\xi = \Delta\eta = 1$ 时，$x_\xi y_\eta - x_\eta y_\xi$就是物理平面内网格单元面积。如果物理平面内网格单元面积分布为 $V(\xi,\eta)$，则有：

$$x_\xi y_\eta - x_\eta y_\xi = V(\xi,\eta) \tag{14.3.14}$$

为了求解非线性方程(14.3.13)、(14.3.14)，需要对它进行线性化。在小扰动假定下，$x(\xi,\eta)$、$y(\xi,\eta)$为：

$$\begin{aligned} x(\xi,\eta) &= x_0(\xi,\eta) + x'(\xi,\eta) \\ y(\xi,\eta) &= y_0(\xi,\eta) + y'(\xi,\eta) \end{aligned} \tag{14.3.15}$$

这里 $x_0(\xi,\eta)$、$y_0(\xi,\eta)$是已知值，$x'(\xi,\eta)$、$y'(\xi,\eta)$为扰动值。利用上式对方程(14.3.13)、(14.3.14)中每一项进行线性化处理，得到：

$$\boldsymbol{A}\,\boldsymbol{r}_\xi + \boldsymbol{B}\,\boldsymbol{r}_\eta = \boldsymbol{f} \tag{14.3.16a}$$

其中

$$\boldsymbol{r} = \begin{pmatrix} x \\ y \end{pmatrix}, \quad \boldsymbol{f} = \begin{pmatrix} 0 \\ V + V_0 \end{pmatrix}, \quad \boldsymbol{A} = \begin{pmatrix} x_{0\eta} y_{0\eta} \\ y_{0\eta} x_{0\eta} \end{pmatrix}, \quad \boldsymbol{B} = \begin{pmatrix} x_{0\xi} y_{0\xi} \\ y_{0\xi} x_{0\xi} \end{pmatrix} \tag{14.3.16b}$$

然后把逆矩阵$\boldsymbol{B}^{-1}$左乘式(14.3.14)，就得到：

$$\boldsymbol{r}_\eta + \boldsymbol{B}^{-1}\boldsymbol{A}\,\boldsymbol{r}_\eta = \boldsymbol{B}^{-1}\boldsymbol{f} \tag{14.3.17}$$

在一定的初边值条件下，数值求解方程组(14.3.17)，就能在计算平面(ξ,η)内生成贴体坐标网格。由于矩阵$\boldsymbol{B}^{-1}\boldsymbol{A}$ 的特征值为：

$$\lambda_{1,2} = \pm\left[\frac{(x_{0\eta})^2 + (y_{0\eta})^2}{(x_{0\xi})^2 + (y_{0\xi})^2}\right] \tag{14.3.18}$$

因此只要$(x_{0\xi})^2 + (y_{0\xi})^2 \neq 0$，方程组(14.3.17)是双曲型的。

双曲型方程网格生成法的主要优点：

（1）可以节省构造贴体坐标网格生成时间。采用双曲型方程网格生成法的时间要比椭圆型方程网格生成法至少可以减少 1 ~2 个量级。

(2) 根据物理平面中计算区域内网格单元面积分布易于控制网格线疏密。

它的主要缺点是边界上斜率的不连续性会逐渐传到计算区域内部,引起计算区域内网格斜率的不连续性,应用范围有一定限制。

第 4 节　分区网格生成法简介

对于单连通计算区域问题,通过坐标变换生成贴体坐标网格是比较实用的。但是对于多连通计算区域问题就不是很方便了。近年来发展了一种分区网格生成法[12,13]。

分区网格生成法基本思路为:把具有复杂物面形状和计算边界的多连通问题划分成若干个子区域,尽量使每个子区域的边界变得简单、光滑;各个子区域分布合理,大小均匀,有利于生成贴体坐标网格,也易于实现并行计算。在每个子区域上生成贴体坐标网格难度就降低了,计算量也大大减少,从而能有效生成具有复杂物面形状和计算边界的贴体坐标网格。分区网格生成法是结构网格生成技术的发展方向。

根据不同的划分子区域的方法,目前分区网格生成法主要有两种:各个子区域相互嵌套的重叠网格生成技术和各个子区域无重叠的对接网格生成技术。

分区对接网格生成技术和分区重叠网格生成技术都是将计算区域分解成若干个简单的子区域。但是,分区对接网格生成技术在各子区域间存在一个传递边界信息的公共面,而公共面又是各子区域分界面。分区对接网格生成技术的关键是如何高质量处理各个子区域之间公共面上数据传递。分区重叠网格生成技术是在相邻子区域间存在一个重叠的传递边界信息的公共区域。分区重叠网格生成技术的关键是如何高质量处理各个子区域的公共区域内数据传递。

与分区对接网格生成技术相比,分区重叠网格生成技术的子区域网格划分规则比较简单、自由。分区重叠网格技术不需要对各个子区域边界作特殊处理,这就大大减少了子区域间数据传递难度和工作量。同时,在生成各个子区域的贴体坐标网格时,不会过分地依赖相邻子区域内网格性质,因此在对某一个子区域的贴体坐标网格加密时,也不会对其他子区域网格产生影响。这对具有复杂物面形状和计算边界问题生成贴体坐标网格更方便,对调整各个子区域重叠网格更有利。此外,采用分区重叠网格技术还可以在不同子区域网格内采用不同的数学模型和求解算法,这样在保证计算精度条件下,大大提高了计算效率和节省了时间。因此,分区重叠网格技术是主要发展方向,目前应用也十分广泛。

第 5 节　Cartesian 结构网格与自适应技术简介

Cartesian 结构网格(矩形网格)是计算流体力学中使用最早、最方便的一种网格系统。这种网格系统最大的问题是数值计算具有复杂物面形状或流场中具有复杂界面问题时,在物面和界面附近不能很精确地处理边界条件。近年来,国内外学者纷纷提出自适应网格技术(Adaptive Grid Technique)[14]。

14-5-1 网格自适应基本思路和做法

Cartesian 结构网格自适应技术基本思路为：在均匀 Cartesian 网格基础上对结构网格进行细化。但不是对所有网格进行细化，而只是对某些感兴趣的局部区域和界面附近的网格进行细化，这样就能得到一种计算精度和效率较高、分布较合理的非均匀 Cartesian 网格，达到对网格优化的目的。结构网格自适应技术主要有：R 优化技术（R-refinement）、H 优化技术（H-refinement）[15,16]。

（1）R 优化技术

R 优化技术基本思路是：根据流动的特点，在不改变网格总数和拓扑结构基础上，把网格节点简单地重新分布，即在保持网格总数不变条件下，把网格节点向感兴趣的局部区域或界面附近集中与会聚，对网格进行细化，并完成新旧网格之间变量的插值。R 优化技术具有概念简单、优化技术简单、容易编程等优点。但是在流动变化剧烈，网格出现大畸变的区域，R 优化技术会产生麻烦和处理困难，特别是对三维流动问题。

（2）H 优化技术

H 优化技术基本思路是：通过改变局部区域或界面附近网格尺寸，对感兴趣的局部区域或界面附近网格进行加密或稀疏。它既适合于矩形网格，也适合于其他形状的网格。因此，应用十分广泛，是可压缩无黏流动数值计算中最为流行的网格细化技术，特别是在激波附近进行网格细化，能大大提高计算精度。H 优化技术具体做法为：首先必须根据流动特性确定网格细化准则，如采用密度梯度或截断误差估计值作为细化准则等。然后根据这些细化准则，判断流场中哪些局部区域或界面附近需要进行网格细化，并对需要网格细化的区域或界面加上标记。最后按一定法则对这些网格进行细化。

14-5-2 网格自适应中网格单元和边的重分

在对网格单元进行细化和光滑过程中，需要对网格单元和它的边进行重分。这时需要根据流动特性，确定哪些网格单元和边需要重分，如图 14.10 所示。

在二维情况下，如果一个单元中只有一条边有网格细化标记，就把这条边一分为二，单元也一分为二，这种网格细化方法称为部分重分。如果一个单元中有两条或三条边有网格细化标记，则对所有的边都要一分为二，单元就被一分为四，这种方法称为完全重分。网格单元和边的这种加密做法也适用于对网格单元和边进行稀疏化。

在网格细化过程中，这些被重分的网格单元或边有可能被多次连续部分重分或完全重分。这时，有可能会引起网格单元畸变，生成畸变网格单元。为了避免出现这种现象，必须对上述网格重分方法加以限制和改进。

具体做法是：如果网格单元的一条边被一分为二，则初始的边称为父边，新分的两条边称为子边，如果任意一子边需要再次重分，则初始的父边就产生孙边。如果一

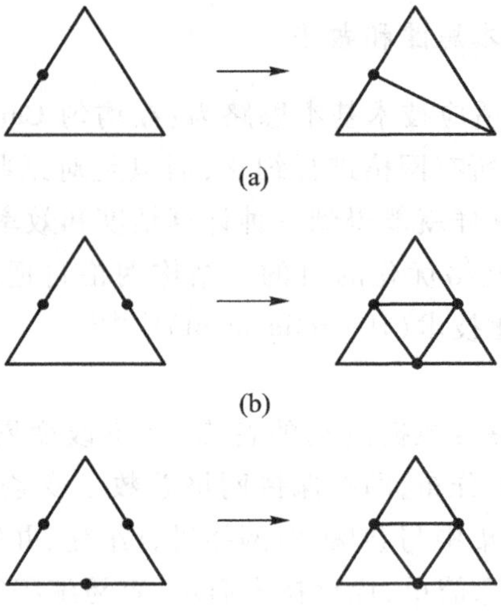

图 14.10　网格单元和边被重分示意图

条父边有了孙边,这个单元在进行完全重分时,仍然需要对子边进行部分重分,如图 14.11 和图 14.12 所示。

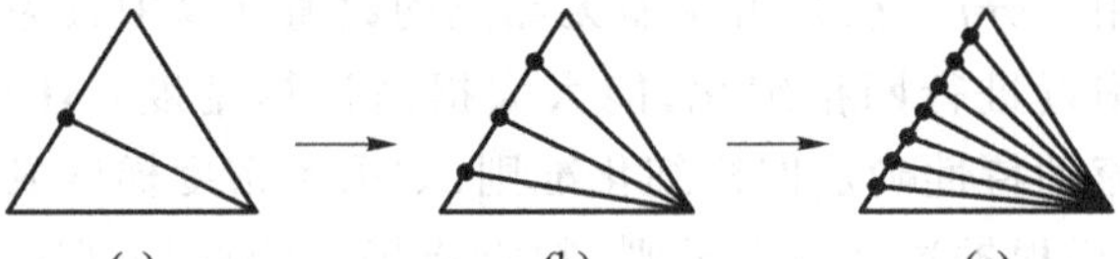

图 14.11　边重分的几种可能

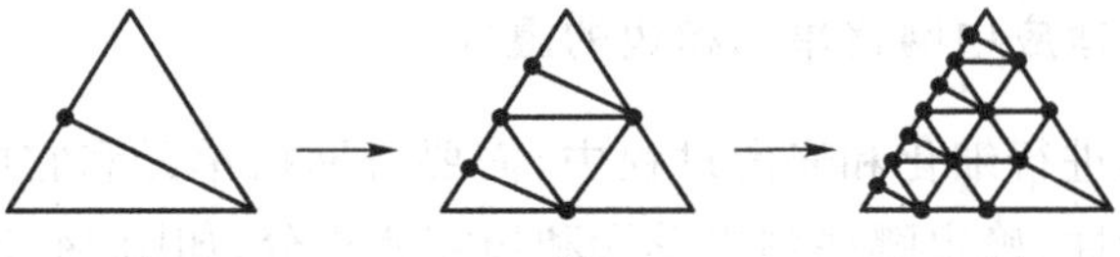

图 14.12　改进边重分的方法

由于 Cartesian 结构网格自适应技术不需要从物理平面转换到计算平面,因此它具有网格生成简单、省时,网格疏密易于控制的优点。但是它不可能使自适应后的网格成为完全体贴网格,如果想要得到完全贴体网格,还必须对物面和界面附近进行一些特殊处理。

第6节　运动网格技术——浸入边界法

在非定常流动中物面和界面都随时间运动，如何准确、高效地数值求解随时间运动的物面和界面的流动问题，一直是人们关注的课题。采用结构网格自适应技术和非结构网格是解决这类问题的一种途径。但是这种网格需要不断生成新网格和对网格进行细化，程序编制复杂，构造量也很大。近年来，学者提出了一种新的算法——浸入边界法（Immersed Boundary Method）[17]。浸入边界法基本思路是：在 Cartesian 结构网格中求解流动方程组时，在流动方程组中添加源项。这些源项反映了流动边界和流体的相互作用，也反映了运动边界的性质，它由 Level Set 函数来描述。通过求解带源项的流动方程组和 Level Set 函数使流动满足运动边界条件。

在浸入边界法中采用两种不同的网格[18,19]：一种是 Cartesian 结构网格用来离散和求解流动方程组，它是不随时间变化的；另一种是曲线网格（实际上它是流场中的点和它们的连线）用来描述运动边界。两种网格节点的信息需要通过 Delta 近似光滑函数来交换。

在流动方程组中添加源项有两种方式：一种只是在动量方程中加力源项；另一种在连续方程中加质量源项。按源项处理方法不同，浸入边界法也有两类算法：一类被称为连续力算法，源项在离散前就有解析表达式，这类算法已经成功地应用于生物流和多相流问题；另一类被称为离散力算法，必须通过求解离散方程才能得到源项，一般无法得到解析表达式，这类算法适合于处理刚性壁面问题。也可以把上述两种源项结合起来计算。这里简单介绍 Kim 提出的两种源项结合起来的浸入边界法[20]。它的具体做法是：在流动方程组的动量方程中添加体积力，同时在连续方程中添加质量源（汇）。流动方程组为：

$$\left.\begin{aligned}&\frac{\partial u}{\partial x}+\frac{\partial v}{\partial y}-q=0\\&\frac{\partial u}{\partial t}+\frac{\partial uu}{\partial x}+\frac{\partial uv}{\partial y}=\frac{1}{Re}\left(\frac{\partial^2 u}{\partial x^2}+\frac{\partial^2 u}{\partial y^2}\right)-\frac{\partial p}{\partial x}+f_x\\&\frac{\partial v}{\partial t}+\frac{\partial uv}{\partial x}+\frac{\partial vv}{\partial y}=\frac{1}{Re}\left(\frac{\partial^2 v}{\partial x^2}+\frac{\partial^2 v}{\partial y^2}\right)-\frac{\partial p}{\partial y}+f_y\end{aligned}\right\}\tag{14.6.1}$$

其中 q 为添加的质量源项，f_x、f_y 为添加的体积力源项。侵入边界由 Level Set 函数来描述，它的距离函数为：

$$\psi(x,y)=\begin{cases}d, & \text{流体}\\0, & \text{边界}\\-d, & \text{固体}\end{cases}\tag{14.6.2}$$

其中 d 为点 (x,y) 到边界的距离。

动量方程体积力通过虚拟网格法（Ghost Cell Method）求解，如图 14.13 所示。根据无滑移边界条件，利用一阶差分格式可求出：

$$f_x = \frac{u_g - u}{\Delta t}$$
$$f_y = \frac{u_g - v}{\Delta t} \tag{14.6.3}$$

其中控制体积 $V_{i,j}$ 称为虚拟网格，它的中心点 $P_{i,j}$ 在浸入边界内部，P_f 在浸入边界外部，u_g、v_g 为 $P_{i,j}$ 的速度，u_f、v_f 为 P_f 速度。连续方程的质量源项求解过程如图 14.14 所示。设浸入边界与控制体积的两个顶点相交，($u_{x,\mathrm{out}}$，$v_{y,\mathrm{out}}$)为浸入边界外部与控制体积单元边界垂直的速度分量；($u_{x,\mathrm{in}}$，$v_{y,\mathrm{in}}$)为浸入边界内部与控制体积单元边界垂直的速度分量。控制体积应满足质量守恒：

质量守恒：

$$\frac{-u_{x,\mathrm{out}}}{\Delta x} + \frac{v_{y,\mathrm{out}}}{\Delta y} = 0 \tag{14.6.4}$$

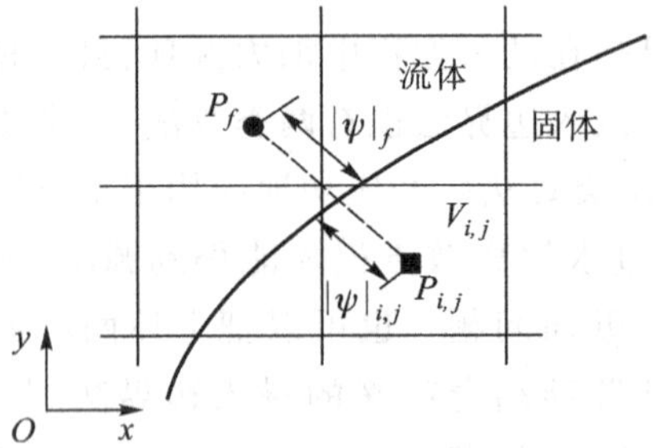

图 14.13　体积力求解网格示意图

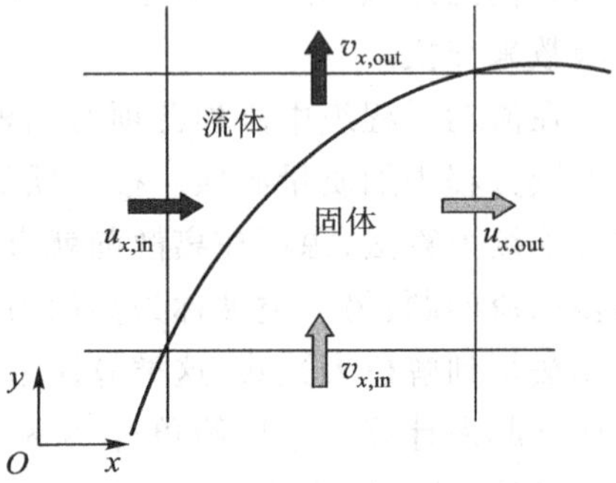

图 14.14　质量源项求解网格示意图

由连续方程可得到：

$$\frac{u_{x,\mathrm{in}} - u_{x,\mathrm{out}}}{\Delta x} + \frac{v_{y,\mathrm{out}} - v_{y,\mathrm{in}}}{\Delta y} - q = 0 \tag{14.6.4a}$$

由此可得到 q 表达式：

$$q = \frac{u_{x,\mathrm{in}}}{\Delta x} + \frac{-v_{y,\mathrm{in}}}{\Delta y} \tag{14.6.5}$$

它的差分格式为：

$$q_{i,j} = \frac{a_{i+\frac{1}{2},j}u_{i+\frac{1}{2},j} - a_{i-\frac{1}{2},j}u_{i-\frac{1}{2},j}}{x_{i+\frac{1}{2},j} - x_{x-\frac{1}{2},j}} + \frac{a_{i,j+\frac{1}{2}}v_{i,j+\frac{1}{2}} - a_{i,j-\frac{1}{2}}v_{i,j-\frac{1}{2}}}{y_{i,j+\frac{1}{2}} - y_{i,j-\frac{1}{2}}} \tag{14.6.6}$$

其中 a 为控制体积边界被浸入边界占据的比例，当该边界全部在浸入边界内时 $a=1$，当该边界全部在浸入边界外时 $a=0$。

采用分步算法求解上述流动方程组(14.6.1)，得到速度 u、v，利用 Level Set 函数，结合浸入边界法，最后可得到运动边界。

第7节　非结构网格技术

14-7-1　非结构网格技术基本思路

非结构网格技术基本思路是:利用三维的四面体单元或二维的三角形单元,随意和灵活地构造计算区域内所需要的网格单元,并在这些网格单元上完成各种流动数值计算[21,22],如图14.15所示。

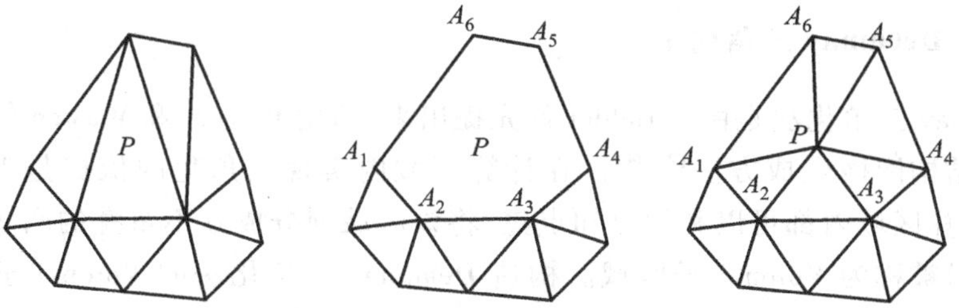

图14.15　非结构网格单元示意图

非结构网格技术有以下一些优点:

(1) 它没有网格节点的结构限制,易于控制网格单元大小、形状、节点位置和网格疏密,能更好地处理具有复杂物面形状和计算边界流动问题的边界条件,如图14.16所示。

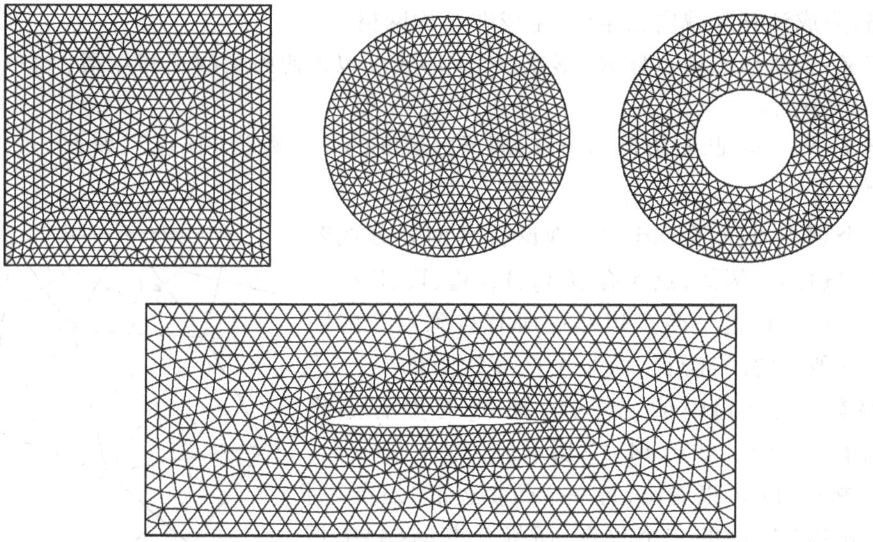

图14.16　非结构网格技术生成网格

(2) 它不需要有网格面和网格线保持连续和光滑等限制,可以随意和灵活地生成网格,具有很大的灵活性。

(3) 它的任何一个节点周围的其他网格节点数和网格单元数都是不固定的,可以方便地进行自适应网格细化,合理分布网格,提高计算精度。

自20世纪90年代以来非结构网格技术得到了飞速发展,形成了许多不同特色的生成非结构网格的方法。目前常用的非结构网格生成方法有:Delaunay三角化法和推进阵面方法。

14-7-2 Delaunay三角化法

Delaunay三角化法是由Dirichlet首先提出来,后由Bowyer和Waston等人发展和完善的非结构网格生成方法[23,24]。在计算区域内实现三角化的依据是Dirichlet理论:任何计算区域内都可以利用已知点集,将该区域划分成互不重叠的凸多边形。这些凸多边形被称为Voronoi子区域。构造Delaunay三角化法的Voronoi子区域的方法有Bowyer方法和Watson方法,其中Bowyer方法应用较多。Delaunay三角化法的发展重点是如何自动生成任意外形的点集。

1. Delaunay三角化法基本思路

首先,利用一些比较简单可行的方法在计算区域内生成网格节点,构成点集$\{A\}$;然后,根据Dirichlet理论,在点集$\{A\}$中每个节点P_j构造属于自己的Voronoi子区域S_j,使得子区域S_j内任意一点到P_j点的距离要比到点集$\{A\}$中其他节点的距离都近。最后,利用一定法则把P_j点和子区域S_j中与其相邻的节点连接起来构成三角形网格,完成计算区域内三角化,生成非结构网格。

定义:三角形的顶点称为"形成点"。形成点包含初始化的点和点集$\{A\}$中的点,如1、2、3、…点。

定义:Voronoi凸多边形的顶点,即子区域S_j的顶点称为"顶点",如V_1、V_2、V_3、…都是顶点 。

每个顶点可按照Dirichlet理论将平面划分成若干个凸多边形。例如,点5有以V_2、V_3、V_4、V_6、V_8构成的凸多边形。在这个凸多边形中所有点到点5的距离都比其他点的距离近。而每个凸多边形的"顶点"周围都有点集$\{A\}$中的三个点,如V_2周围有点集$\{A\}$中的2、3、5点,如图14.17所示。

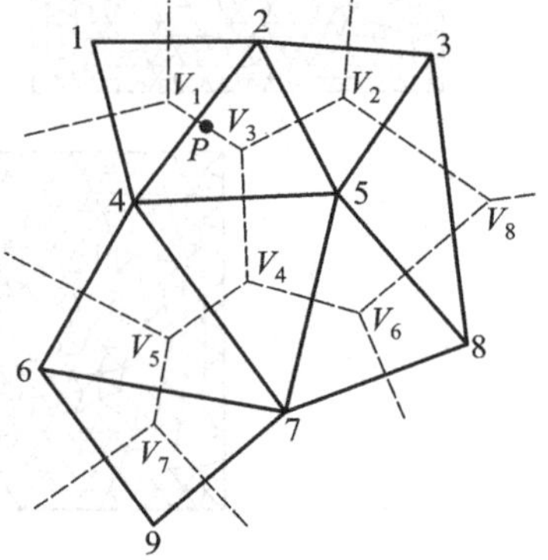

图14.17 Voronoi凸多边形和三角化

从图14.17可以看出,每一个凸多边形"顶点"周围都有点集$\{A\}$中的三个顶点,而每个点集$\{A\}$中顶点周围也有三个凸多边形的顶点。

2. 构造Delaunay三角化法具体做法

(1) 由于Delaunay三角化法是一种利用已知点

集，将平面划分成凸多边形的做法。首先需要设置点集{A}，并对该点集中所有点定义一个凸多边形，构成初始网格区域。最简单的方法是，把点5与点集{A}中的其他的八个点连线，对每一个线段做垂直平分线，这些垂直平分线就构成一个凸多边形。

（2）凸多边形的每一条边都对应着点集{A}中的两个点。例如，凸多边形 V_2、V_3、V_4、V_6、V_8 的边 V_2、V_3 对应着点集{A}中的点5、2，边 V_3、V_4 对应着点集{A}中的点5、4，将平面上所有的点连起来，就把整个平面三角化了。这种初始的三角化是唯一确定的。而且，生成的三角形都比较接近正三角形。

（3）在点集{A}中选取任意一点 P_j。例如，把 P_j 放在点集{A}中的点1、2、4、5区域内，如图14.17所示。它会破坏初始三角化结构，需要根据 Delaunay 准则删除初始网格区域中的一些三角形。如果新引入的点 P_j 恰好落入某个顶点所属的外接圆内，在该点将被删除。例如，点 P_j 正好落入三角形1－2－4（顶点为 V_1）和三角形2－4－5（顶点为 V_3）的外接圆内，顶点 V_1、V_3 将被删除，如图14.18所示。

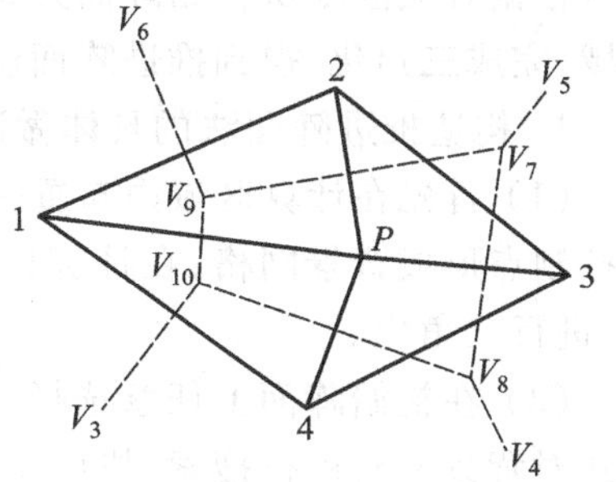

图14.18　新 Voronoi 凸多边形和三角化

（4）找出每个被删除的顶点的形成点，将这些形成点和新的点 P_j 连线，就构成一些新的三角形和他们的新的顶点。例如，点1、2、3、4就是形成点。

（5）确定与被删除的顶点相邻的顶点。例如，V_3、V_4、V_5、V_6 就是相邻的顶点。新的顶点和这些未被删除的顶点构成新的 Voronoi 凸多边形，并确定它的新顶点的形成点。利用新顶点和未被删除的顶点的形成点，确定新顶点的相邻顶点。

（6）重新整理 Voronoi 凸多边形的数据结构。将这些被删除的顶点改写成新顶点，形成新的三角化结构；引入新的 P_j，重复上述步骤，直到点集{A}中所有的点 P_j 都参与三角化，就得到 Delaunay 三角化法的非结构网格。

Delaunay 三角化法的一个显著特点是：它能使网格系统中的每一个三角形单元中最小角尽可能达到最大，或者说尽可能让每个三角形单元接近等边三角形单元。其次，Delaunay 三角化法在插入新点时能生成几个三角形单元，因此网格生成效率很高。

Delaunay 三角化法的不足之处是：由于在流动边界处的网格单元可能是在流动边界以外或与边界相交，这样就不能保证在流动边界处所构成网格单元的完整性，必须在边界附近做适当的限制和修正。此外，三维问题 Delaunay 三角化法的初始网格的构造比较复杂，因此，把它直接推广到三维问题有一定困难。

14－7－3　推进阵面法

Delaunay 三角化法是利用已知点集将平面划分成凸多边形的做法，因此节点的产生和三角化网格生成是彼此独立的。而推进阵面法是一种网格和节点同时生成的非结构网格生成法。

1. 推进阵面法基本思路

根据流动特性和网格疏密需要，在计算区域内布置一些控制点，并给每个控制点定义一个尺度，连接这些控制点，就可以把计算区域划分成三角形单元的背景网格。在每一个三角形背景网格中任何一点的尺度都可以根据该三角形三个顶点的尺度插值得到，这样就相当于在计算区域中设置了一个网格尺度函数。构成背景网格后需要定义计算区域的内外边界，确定三角化的初始阵面，一般把内边界作为初始阵面。然后根据有关法则从初始阵面开始生成新的节点和三角形，并不断推进到整个计算区域，完成三角化，得到推进阵面法的非结构网格[25]。

2. 构造推进阵面法的具体做法

(1) 首先在计算区域内布置一些控制点，并给每个控制点定义一个尺度，连接这些控制点形成背景网格；在计算区域内划分和定义内外边界，以内边界作为初始阵面，进行三角化。

(2) 在初始阵面上任意选择一条边作为基边（如 AB）和它的中点 M，按照一定方式对背景网格进行搜索，找出 M 点所在背景网格中的三角形。

(3) 根据 M 点所在的三角形的三个顶点尺度求出这个 M 点的尺度 δ，在基边（AB）的垂直平分线上根据 M 点长度 δ 确定连接点 C，它就是求出的新节点，如图 14.19 所示。

(4) 把这个新节点 C 包含到阵面中，形成新的阵面。对初始阵面每段基边重复上述过程，就能得到新的阵面；不断推进阵面，直到阵面上的点逐渐减少至零，或达到定义的外边界为止，就完成了三角化，得到推进阵面法的非结构网格。

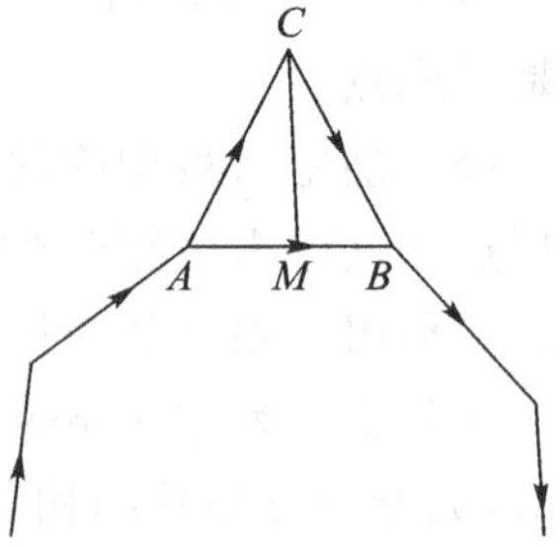

图 14.19 阵面推进示意图

由上述构造过程可以看出，推进阵面法生成非结构网格的质量和背景网格好坏有密切关系[26]。因此生成优质的背景网格是推进阵面法成败的关键。背景网格一般有结构网格和非结构网格两种。结构背景网格自动化程度较高，但需要求解非线性偏微分方程，求解比较麻烦；非结构背景网格一般由人工构造得到，这相当复杂且费时。20 世纪 90 年代有学者提出可利用 Delaunay 三角化法生成背景网格，这样做既方便，又可实现自动化。在它的基础上再利用推进阵面法，生成优质的非结构网格[27,28]。

14-7-4 非结构网格优化

无论是 Delaunay 三角化法，还是推进阵面法，在某些局部区域有可能出现网格扭曲和畸变。因此需要对生成网格进行优化，也称为网格“光顺”。通常采用的网格光顺方法是 Laplacian 光顺方法。它是把畸变网格的节点向这个节点周围的三角形所构成的多边形的形心移动来实现的。

第8节 结构网格和非结构网格相结合的混合网格技术

非结构网格技术有许多的优点，但是非结构网格技术也存在计算效率低和计算精度差等弱点，这使得它在推广应用上存在一定的局限性。基于这个原因，近年来人们把结构网格技术和非结构网格技术结合起来使用，产生了混合网格技术。混合网格技术综合了结构网格技术和非结构网格技术各自的优势，形成一种处理复杂物面形状和复杂计算边界的新型、有效的网格生成技术。关于结构网格和非结构网格相结合的混合网格技术目前正在发展中，这里不再详细介绍。对此有兴趣的读者可以参考有关文献[29,30]。

参考文献

[1] Thompson J F. Numerical grid generation [M]. New York: North-Holland, 1982.

[2] Thompson J F, Weatherill N P. Aspects of numerical grid generation: current and art [R]. AIAA Paper 93 - 3539, 1993.

[3] Eiseman P R. Grid generation for fluid mechanics computations [J]. Annual Review of Fluid Mechanics, 1985, 17:487 - 522.

[4] Gordon W J, Hall C A. Construction of curvilinear coordinate system and application to mesh generation [J]. International Journal for Numerical Methods in Engineering, 1973, 7:461 - 477.

[5] Thompson J F, Thames F C, Mastin C W. Automatic numerical generation of body-fitted curvilinear coordinate systems for fields containing any number of arbitrary two dimensional bodies [J]. Journal of Computational Physics, 1974, 15:299 - 319.

[6] Floryan J M. Conformal-mapping-based coordinate generation method for channel flow [J]. Journal of Computational Physics, 1985, 58:229 - 245.

[7] Davis R T. Numerical method of coordinate generation based on Schwarz-Christoffel transformations [R]. AIAA Paper 79 - 1463, 1979.

[8] Thompson J F, Middlecoff J F. Direct control of the grid point distribution in meshes generated by elliptic equations [J]. AIAA, 1979, 18:652 - 656.

[9] White J A. Elliptic grid generation with orthogonality and spacing control on an arbitrary number of boundaries [R]. AIAA Paper 90 - 1568, 1990.

[10] Steger J L, Chaussee D S. Generation of body fitting coordinates using hyperbolic partial differential equations [J]. SIAM Journal on Scientific and Statistical Computing, 1980, 1:431 - 437.

[11] Chan W M, Steger J L. A generalized scheme for three dimensional hyperbolic grid generation [R]. AIAA Paper 91 - 1588, 1991.

[12] Steinbrener J P, Chawner J R, Fouts C L. Multiple block grid generation in interactive environment [R]. AIAA Paper 90 - 1602, 1990.

[13] Sorenson R L, McCann K. A method for interactive specifications of multiple blocks topologies [R]. AIAA Paper 91 - 0147, 1991.

[14] Zeeuw D D, Powell K G. An adaptive refine Cartesian mesh solver for the Euler equations [J]. Journal of Computational Physics, 1993, 104:56 - 68.

[15] Dwyer H A, Kee R J, Sanders B R. An adaptive grid method for problems in fluid mechanics and heat transfer [R]. AIAA Paper 79 - 1464.

[16] Dwyer H A. Grid adaptive for problems in fluid dynamics [R]. AIAA Paper 83 - 0449,1983.

[17] Peskin C S. Flow patterns around heart valves: a numerical method [J]. Journal of Computational Physics, 1972, 10:252 - 271.

[18] Mittal R, Iaccarino G. Immersed boundary method [J]. Annual Review of Fluid Mechanics, 2005, 37:239 - 261.

[19] Ye T, et al. An accurate Cartesian grid method for viscous incompressible flow with complex immersed boundaries [J]. Journal of Computational Physics, 1999, 161:209 - 240.

[20] Goldstein D, Handler T, Sirovich L. Modeling a no-slip flow boundary with an external force field [J]. Journal of Computational Physics, 1993, 105:354 - 366.

[21] Kovman S L Jr. , Spragle G S. Development of unstructured CFD method [R]. AIAA Paper 91 - 0019, 1991.

[22] Spragle G S, McGrory W R, Fang J. Comparison of 2D unstructured grids generation techniques [J]. AIAA Paper 92 - 0726, 1992.

[23] Weatherill N P, Hassan O, Marcum D L, Marchant M J. Grid generation by the Delaunay triangulation [R]. Von Karman Institute For Fluid Dynamics 1993 - 1994 Lecture Series, January 1994.

[24] Watson D F. Computing the n-dimensional Delaunay tessellation with application to Voronoi Polytopes [J]. The Computer Journal, 1981, 24:167 - 172.

[25] Lohner R, Parikh P. Generation of three dimensional unstructured grids by the advancing front method [J]. International Journal for Numerical Methods in Fluids, 1988, 8:1135 - 1149.

[26] Mavriplis D J. An advancing front Delaunay triangulation algorithm desgned for robustness [R]. AIAA Paper 93 - 0671, 1993.

[27] Merriam M L. An efficient advancing front algorithm for Delaunay triangulation [R]. AIAA Paper 91 - 0792, 1991.

[28] Pirzadth S. Structured background grids for the generation of unstructured grids by advancing front method [J]. AIAA, 1993, 31(2):257 - 265.

[29] Aftosmis M, Gaitonde D, Tavares T S. Behavior of liner reconstruction techniques on unstructured meshes [J]. AIAA, 1995, 33:2038 - 2049.

[30] Venkatakrishnan V. Perspective on unstructured grid flow solvers [J]. AIAA, 1996, 34:533 - 547.